Härig
Günther / Klausen
Technologie der Baustoffe

Siegfried Härig
Karl Günther / Dietmar Klausen

Technologie der Baustoffe

Handbuch für Studium und Praxis

13. Auflage

C. F. Müller Verlag Heidelberg

Alle in diesem Buch enthaltenen Angaben, Daten, Ergebnisse etc. wurden von den Autoren nach bestem Wissen erstellt und von ihnen und dem Verlag mit größtmöglicher Sorgfalt überprüft. Gleichwohl sind inhaltliche Fehler nicht vollständig auszuschließen. Daher erfolgen die Angaben etc. ohne jegliche Verpflichtung oder Garantie des Verlags oder der Autoren. Sie übernehmen deshalb keinerlei Verantwortung und Haftung für etwaige inhaltliche Unrichtigkeiten.

Die Deutsche Bibliothek – CIP-Einheitsaufnahme

Härig, Siegfried:
Technologie der Baustoffe : Handbuch für Studium und Praxis /
Siegfried Härig ; Karl Günther ; Dietmar Klausen. – 13. Aufl. –
Heidelberg : Müller, 1996
   ISBN 3-7880-7576-7
NE: Günther, Karl; Klausen, Dietmar

13. Auflage 1996
© C. F. Müller Verlag, Hüthig GmbH, Heidelberg
Druck und Verarbeitung: Friedrich Pustet, Regensburg
Printed in Germany

ISBN 3-7880-7576-7

Vorwort

Dauerhaftigkeit und Wirtschaftlichkeit einer Bauweise sind von der Qualität der Konstruktion und Ausführung und den spezifischen Eigenschaften der verwendeten Baustoffe abhängig. Die Kenntnis der Zusammenhänge zwischen Baustoffeigenschaften und -verhalten ist damit unabdingbare Voraussetzung für werkstoffgerechtes Bauen. Das vorliegende Buch gibt eine allgemeinverständliche Übersicht über die Technologie der Baustoffe, das heißt über die stofflichen Zusammenhänge der Umwandlung der Rohstoffe in Fertigprodukte und die sich daraus ergebenden Erkenntnisse für die Anwendung.

Die praxisbezogene Fassung mit klarer Gliederung, zahlreichen Tabellen und Diagrammen sowie kurzgefaßten Erläuterungen und Hinweisen erleichtert den Zugriff auf die wichtigsten Daten. Der Weiterentwicklung auf dem Gebiet der Baustoffkunde und -prüfung und der Neuorientierung im Baugeschehen wurde auch in dieser Auflage durch eine redaktionelle Überarbeitung und inhaltliche Aktualisierung Rechnung getragen.

DIN-Normen und Richtlinien bilden heute einen Maßstab für einwandfreies technisches Verhalten. Dieses Buch bindet die jeweils wichtigsten DIN-Normen in die einzelnen Kapitel ein und vermerkt das jeweils letzte Ausgabedatum. Es wurde der Stand des Baunormenwerks bis März 1996 berücksichtigt. Bei einigen Normen fällt der Termin für eine Folgeausgabe in die Laufzeit der vorliegenden Auflage. Bei diesen Normen wurde der zu erwartende Stand angegeben.

Mit der Vollendung des europäischen Binnenmarktes wurden und werden im Rahmen der Harmonisierung der Baustoffnormen neben den nationalen Normen der einzelnen europäischen Länder auch europäische Normen (EN) im Auftrage der EG-Kommission von der europäischen Normenkommission (CEN) erarbeitet. So existiert z. B. bereits neben der nationalen Betonnorm DIN 1045 eine europäische Baustoffnorm für Beton als Vornorm (ENV 206).

Soweit europäische Baustoffnormen oder -vornormen erschienen sind, wurden sie bei der Bearbeitung der Neuauflage mit berücksichtigt. Damit diese schnell erkennbar sind und damit der Text leicht von den nationalen Normen unterscheidbar ist, wurde der Text der europäischen *kursiv* gedruckt.

Die technologische Charakterisierung insbesondere neuartiger Baustoffe orientiert sich nicht mehr ausschließlich an den konventionellen Kennwerten, wie z. B. der Festigkeit, sondern zunehmend an Kennwerten aus dem Bereich der Bauphysik. Dieser Tatsache wurde bei der Überarbeitung dieses Buches große Bedeutung zugemessen, was durch einen Anhang zu den Grundlagen der bauphysikalischen Bereiche Wärme-, Schall- und Feuchtigkeitsschutz sowie Brandschutz zum Ausdruck kommt.

Für die Bearbeitung der „Grundlagen des Schallschutzes" wurde als bekannter Fachmann auf dem Gebiet des Schallschutzes Herr Prof. Rostock, Köln, gewonnen.

Für interessierte Leser bieten die am Ende eines jeden Kapitels gegebenen Hinweise auf weiterführende Literatur und anwendungsbezogenes Schrifttum die Möglichkeit, sich vertieftes Wissen anzueignen. Auf die im Zusammenhang mit der Bauwerkserhaltung und -wiederherstellung zu treffenden Maßnahmen wird in dem im gleichen Verlag erschienenen Buch „Bauchemie" von Prof. Dr. R. Karsten eingegangen, das als ergänzende Literatur empfohlen wird.

Das vorliegende Buch ist aufgrund seiner inhaltlichen Gestaltung nicht nur für Studenten der Architektur und des Bauingenieurwesens, sondern auch für den in der betrieblichen Praxis stehenden Fachmann konzipiert, der sein baustoffkundliches Wissen vertiefen und ergänzen möchte.

Autoren und Verlag sind sich bewußt, daß die schnelle Entwicklung auf dem Gebiet der Baustoffe die Herausgabe dieses Buches zu einer gleichermaßen notwendigen wie schwierigen Aufgabe macht. Anregungen und kritische Hinweise werden daher dankbar entgegengenommen.

Juni 1996   Autoren und Verlag

Inhaltsverzeichnis

Inhaltsverzeichnis

1. Natursteine

1.1. Einteilung der Gesteine nach ihrer Entstehung

Die Eigenschaften und Merkmale der Naturgesteine lassen sich zumeist aus deren geologischer Entstehung herleiten.

Es wird zwischen den aus dem Schmelzfluß (Magma) erstarrten **Erstarrungsgesteinen** (Magmatische Gesteine)*) und den aus deren Verwitterungsprodukten stammenden wiederverfestigten **Ablagerungsgesteinen** (Sedimentgesteine) unterschieden. Eine dritte Gruppe bilden die durch Einwirkung von Hitze, Druck oder durch chemische Einflüsse zu neuen Gesteinsarten umgebildeten **Umwandlungsgesteine** (metamorphe Gesteine).

1.2. Geologische Formationen

Die Gesteinseinteilung kann auch nach geologischen Formationen, d. h. in erdgeschichtlicher Folge (Schichtenfolge) vorgenommen werden (Tafel 1).

Das Alter der Erde wird heute auf etwa fünf Milliarden Jahre geschätzt. Die Feststellung des Alters der Schichten erfolgt durch „Leitfossilien", d. s. Versteinerungen von Pflanzen und Tieren gleicher Zeit- und Entwicklungsstufe, ferner mit Hilfe des Verfallsgrades radioaktiver Stoffe („Halbwertszeiten") in den betreffenden Formationen.

Tafel 1: **Formationsgliederung** (Formationsgruppen)

Zeitabschnitt	**Formationsgruppen**	**Pflanzen- und Tierwelt**
Urzeit (Archaikum)	Urgebirge und Urozeane	Erste Pflanzen und Lebewesen
Altertum (Paläozoikum) über 350 Mill. Jahre	Kambrium, Ordovicium, Silur, Devon, Karbon (Steinkohlebildung), Perm (Salzlager)	Farne, Muscheln, Fische
Mittelalter (Mesozoikum) über 150 Mill. Jahre	Trias, Jura, Kreide	Nadelholz, Saurier, Reptilien
Neuzeit (Neozoikum) über 70 Mill. Jahre	Tertiär Quartär (600 000 Jahre): Diluvium (Eiszeit) und Alluvium (Jetztzeit, vor 20 000 Jahren beginnend)	Jetzige Pflanzenwelt, Säugetiere

Weitere Formationsgruppen, z. B. im Trias: Buntsandstein, Muschelkalk, Keuper.

---

*) auch Eruptivgesteine genannt

1.3. Stoffliche Zusammensetzung der Gesteine

Gesteine bestehen aus Mineralien (Mineralen) bzw. Mineralgemengen, die nach Art und Menge den Charakter der Gesteine bestimmen.

Die Einteilung der Minerale, die meist kristalliner, aber auch amorpher Art sind, erfolgt nach chemischen Gesichtspunkten:

Reine Elemente, Oxide, Hydroxide sowie Salze, z. B.: Silikate, Karbonate, Sulfate, Nitrate, Phosphate, Halogenide, Sulfide.

Die Beurteilung der gesteinsbildenden Minerale erfolgt nach Härte, Struktur und Witterungs-beständigkeit sowie nach der Farbe.

Härte der Minerale

Mohssche Ritzhärte	Mineral	Vickers-Härte N/mm^2	relative Schleifhärte nach Rosival
1	Talk	20	0,03
2	Gips	300	1
3	Kalkspat	1 700	3,75
4	Flußspat	2 430	4,17
5	Apatit	5 980	5,42
6	Feldspat	9 120	31
7	Quarz	10 980	100
8	Topas	12 260	146
9	Korund	20 590	833
10	Diamant	98 070	117 000

(Härten 1–2 mit Fingernagel, bis Härte 6 mit Messer ritzbar.)

Die Härtebestimmung eines Minerals erfolgt (mit den weichen Mineralien der Skala beginnend) mittels des nächsthärteren Minerals, z. B. Kalk wird von Flußspat geritzt.

Die hauptsächlichen Mineralien in Baugesteinen und Bauwesen

Quarz SiO_2   Dichte 2,65 g/cm^3
Erkennung: hohe Härte von 7, ritzt Fensterglas; glasglänzender und muscheliger Bruch; keine Spaltbar-keit; sehr wetterbeständig, daher überwiegend als Sand und Kiesel vorhanden
Farbe: am häufigsten farblos, durchsichtig grau, milchweiß, durch Beimengungen rosa, violett, schwarz, durchsichtige kristalline Form als „Bergkristall", Abarten Rosenquarz, Feuerstein (Flint), Achat, Opal, Amethyst, Onyx
Vorkommen: in sehr vielen magmatischen, metamorphen und sedimentären Gesteinen

Feldspäte: **Kalifeldspat K AlSi$_3$O$_8$ Orthoklas**
Erkennung: Härte 6, ritzt Fensterglas; vollkommene Spaltbarkeit; bei Verwitterung durch Übergang in Tonmineralien (Kaolin) auf der Oberfläche blind werdend. (Erdrinde zu 60 % aus Feldspäten bestehend)
Farbe: meist weiß oder fleischfarben; durchsichtig (Sanidin und Adular)
Vorkommen: Hauptgemengteil in Tiefen- und Ergußgesteinen, Gneisen

      Plagioklas (Kalknatronfeldspat)
      stufenlose Mischung von NaAlSi$_3$O$_8$ (Albit) und Ca Al$_2$Si$_2$O$_8$ (Anorthit)
Erkennung: Härte 6–6,5; vollkommene Spaltbarkeit
Farbe: meist weiß, oft grünlich, bläulichbraun
Vorkommen: sehr verbreitet in fast allen magmatischen Gesteinen, Metamorphiten

Feldspatvertreter Leucit und Nephelin
      bei ähnlichen Eigenschaften wie Feldspat aus Magma entstanden, jedoch wegen SiO$_2$-Armut der Schmelze Ersatz durch Al$_2$O$_3$
Vorkommen: in kieselsäurearmer Lava und Alkaligesteinen

Glimmer: **Biotitglimmer K $(Fe,Mg,Mn)_3(OH,F)_2(Si,Al)_4O_{10}$**

Erkennung: sehr vollkommene Spaltbarkeit in dünne, elastisch biegsame, im Idealfall 6seitige Blättchen; Härte 2–3 (mit dem Messer ritzbar), Biotit kann zu „Bluten" (Rosten) des Gesteins führen, leicht zerstörbares und verwitterungsempfindliches Gefüge

Farbe: schwarz, dunkelbraun, undurchsichtig bis durchscheinend

Vorkommen: in fast allen magmatischen Gesteinen, in Gneisen, Glimmerschiefern

Muskovitglimmer K $Al_2(OH,F)_2AlSi_3O_{10}$

Erkennung: sehr vollkommene Spaltbarkeit in dünne, elastisch biegsame, im Idealfall 6seitige Blättchen, Härte 2–3

Farbe: weißlich, grau, hellgelb, durchsichtig bis durchscheinend

Vorkommen: in Metamorphiten, in Sedimenten; nicht in Ergußgesteinen, besonders aber in Tiefengesteinen

Verwendung: von Muskovit („Moskauer Glas") für Ofentürverglasungen und als Blähglimmer zur Wärmedämmung (unter Hitze durch Verdampfen des Kristallwassers feinblättrig aufgeblähter Glimmer, Fabrikat: Vermiculite)

Hornblende (Amphibol) und Augit (Pyroxen)

Erkennung: Augit achteckiger, Amphibol sechseckiger Querschnitt; Härte 5–6

Farbe: dunkelgrün bis schwarz, Amphibol bei Verwitterung in Asbest übergehend

Vorkommen: Augit in Erstarrungsgesteinen, besonders in Tuffen, Amphibol in Syenit, Diorit, Gneis, Amphibolit

Olivin $(Mg,Fe)_2SiO_4$ Dichte 3,30 g/cm^3

Erkennung: Härte 6,5–7; muscheliger Bruch; Glasglanz

Farbe: flaschengrün, gelbgrün, selten braun

Vorkommen: in Magmatiten wie Peridotit und Dunit, in Gabbro, Diabas, Basalt und basischen Tuffen; in Talk- und Serpentinschiefer, kommt nicht zusammen mit Quarz vor

Tonminerale: Kaolinit $Al_4(OH)_8Si_4O_{10}$

Erkennung: Einzelkristalle fast stets submikroskopisch klein, sechseckige Blättchen, plastisches Verhalten, Verwendung in Keramik

Farbe: dichte Massen weiß, meist durch Beimengungen mit gelber, bräunlicher Tönung

Vorkommen: im Verwitterungsrückstand magmatischer und metamorpher Gesteine

Montmorillonit $Al_2(OH)_2Si_4O_{10}·nH_2O$

Erkennung: je nach Kationenbeladung unterschiedlich stark quellfähig, thixotrop

Farbe: wie Kaolinite

Vorkommen: wie Kaolinite

Verwendung: als Bentonite in Schlitzwandbauweise, als Dichtungskörper in Stauanlagen, als Kleber in Formsanden

Kalkspat (Calcit) $CaCO_3$ Dichte 2,72 g/cm^3

Erkennung: Härte 3; Aufbrausen mit kalter verdünnter Salzsäure, gute Spaltbarkeit

Farbe: alle Färbungen möglich, am häufigsten milchweiß und bräunlich

Vorkommen: gesteinsbildende Substanz wichtiger Sedimentgesteine in allen geologischen Systemen; in Klüften, aber auch in Ergußgesteinen, in anderer Kristallform als Aragonit

Dolomit $CaMg(CO_3)_2$

Erkennung: Härte 3,5–4; kein Aufbrausen mit kalter verdünnter Salzsäure, nur langsame Bläschenbildung

Farbe: weiß bis bräunlich, durch Verunreinigung rötlich oder grünlich

Vorkommen: in Dolomitstein, in Sedimenten wechsellagernd mit Kalkstein

Gips $CaSO_4·2H_2O$, wasserfreie Form Anhydrit

Erkennung: Härte 2; mit dem Fingernagel ritzbar, sehr gute Spaltbarkeit in einer Richtung; keine Reaktion mit Salzsäure; oft faserig; leicht wasserlöslich

Farbe: weißlich bis grau

Vorkommen: sedimentär in Seen und abgeschlossenen salzhaltigen Meeresbecken, Hydratisierung von Anhydrit unter Volumenzunahme bis 60 %

Sonstige Minerale:

Steinsalz (Halit) NaCl   Bleiglanz PbS Dichte 7,2–7,6 g/cm³
Pyrit (Schwefelkies) FeS₂   Hämatit Fe₂O₃
Limonit FeOOH   Siderit (Spateisenstein) FeCO₃
Baryt BaSO₄

Pyrit bei Verwitterung Umsetzung in Schwefelsäure und Eisen (Fleckenbildung im Gestein)

1.4. Arten und Eigenschaften der wichtigsten Gesteine in der Reihenfolge ihrer Entstehung

Die naturbezogenen wissenschaftlichen Benennungen der Gesteine werden vielfach auch von Handelsbezeichnungen, die sich z. B. auf Herkommen und Färbung beziehen, überlagert.

1.4.1. Erstarrungs- oder Eruptivgesteine (Magmatische Gesteine)

Die Erstarrungsgesteine werden in Tiefengesteine und Ergußgesteine unterteilt. Eine Zwischenstufe bilden die Ganggesteine (Abb. 1).

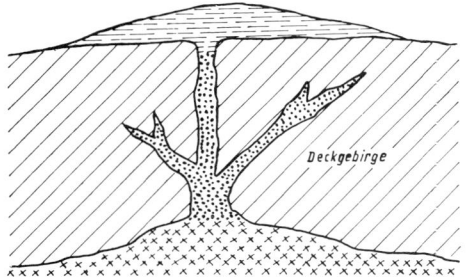

≈ = Ergußgesteine
∴ = Ganggesteine
ᵡᵡ = Tiefengesteine

Abb. 1.

Schnitt durch Erstarrungsformation

a) Tiefengesteine (Plutonite)

In der Tiefe langsam erstarrendes und daher dichtes grobkristallines Gestein mit gut polierbaren Eigenschaften.

Granit

Hauptbestandteile: Quarz, Feldspat, Glimmer, evtl. auch Hornblende und Augit. Farbe weißlich, gelblich oder rötlich mit schwarzen Einsprenglingen. (Helle Färbung des Gefüges wesentlich durch Feldspatgehalt bedingt.)

> Feinkörniger Granit („Pfeffer und Salz") ist i. allg. widerstandsfähiger als dekorativerer grobkörniger Granit, da unterschiedliche Wärmedehnung der Kristalle Frostzerstörungen durch feuchtigkeitssaugende Haarrißbildungen bewirken kann. Glimmer in größeren Mengen ist nachteilig, besonders Biotit.
>
> Verwitterungsspuren: Matte Farbe durch Feldspatverwitterung (Kaolinisierung), rostige Färbung (Eisenverbindungen durch Biotit), durchgehende Gefügelockerung der Kristalle.
>
> Druckfestigkeit[*]) bis 240 N/mm². Rohdichte 2,6–2,65 kg/dm³.

Anwendung: Pflaster, Bordsteine, Schotter, Schmuckgestein.

Syenit. Granitähnlich, jedoch quarzfrei und meist dunkler. Leichter als Granit zu bearbeiten. Druckfestigkeit und Rohdichte wie Granit.

---

[*]) s. Tafel 3, S. 20.

Diorit und Gabbro. Granitische Struktur, jedoch zäher und schwerer zu bearbeiten. Diorit vorwiegend mit Hornblende, Gabbro mit Augit. Farbe grünlich unterschiedlicher Tönung bis schwarz.

Druckfestigkeit[*]) bis 300 N/mm². Rohdichte 2,8–3,0 kg/dm³.

Die Bezeichnung der Tiefengesteine erfolgt auch nach den Grundbestandteilen und dem beigemengten Mineral, z. B. Hornblendesyenit, Augitdiorit.

Im Handel oft fälschliche Bezeichnungen nach dem Herkommen, z. B. „Schwedischer Granit" ist ein Syenit, „Belgischer Granit" (schwarzes Gestein) ist ein bituminöser Kalkstein!

b) Ganggesteine

In Gängen und Spalten älterer Gesteine auftretende granitähnliche Ergußgesteine porphyrischer Struktur, d. h. mit einzelnen größeren, bereits bei höheren Temperaturen ausgeschiedenen Mineralkristallen. Benennung nach dem vorherrschenden Grundmagma, z. B. Granitporphyr, Syenitporphyr (s. Tafel 2).

Tafel 2: Vereinfachtes Schema einer Magmen-Differentiation – Änderungen der Zusammensetzung von Gesteinsschmelzen und der daraus kristallisierenden Minerale mit abnehmender Temperatur (aus Brinkmann, 1980).

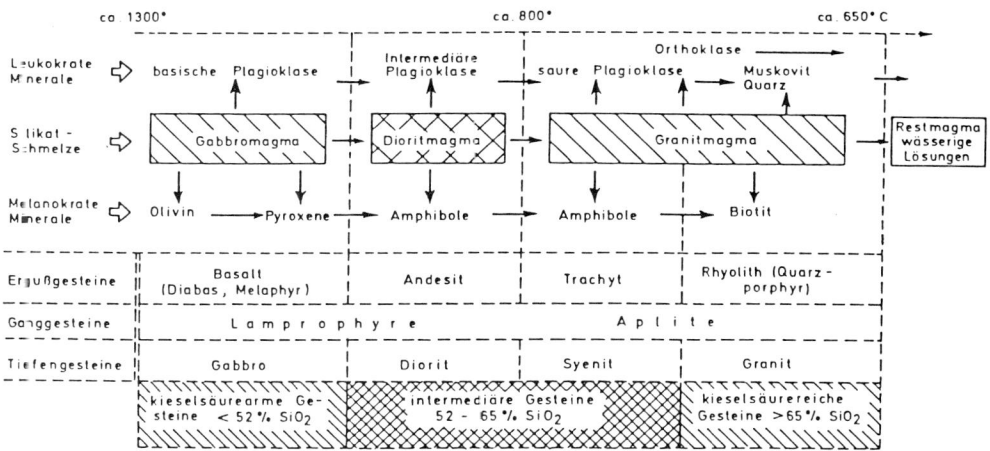

c) Ergußgesteine (Vulkanite)

Ältere, tieferliegende Ergußgesteine haben porphyrische Struktur, die aus gleichmäßig verteilter Einsprenglingen in feiner Grundmasse besteht (Porphyre).

In der Nähe der Oberfläche unter geringem Druck mehr oder weniger schnell erstarrte junge Ergußgesteine haben meist gleichmäßig feinkristalline, mit dem bloßen Auge kaum erkennbare Struktur (Basalte).

Porphyr

Ergußgestein des Granit (Quarzporphyr) und des Syenit. Rötliches oder graugrünliches Aussehen. Vorwiegende Verwendung als Straßenbaugestein.

Trachyt

Jüngere Ergußform des Syenit. Hellgraue bis gelbliche Grundmasse mit kleinen länglichen dunklen Einsprenglingen.

---

[*]) s. Tafel 3, S. 20.

Mittelfestes Gestein; feinporig, nicht polierbar. Als Baustein gut verwendbar (Kölner Dom), bei Gehalt an Sanidin-Einsprenglingen jedoch leicht verwitternd.

Basalt (Melaphyr, Diabas)

Dunkelfarbige Ergußgesteine des Gabbro. Splitterig, muschelartiger Bruch, sehr hart und wetterbeständig. Basalt meist in säulenförmigen Vorkommen (durch Schwinden bei Abkühlung entstanden).

Abarten: Melaphyr, dem Basalt sehr ähnlich; Diabas grünlich gesprenkelt oder geflammt („Grünstein") als Schmuckgestein.

Druckfestigkeit von Basalt und Melaphyr bis 400 N/mm^2. Rohdichte etwa 3,0 kg/dm^3. Verwendung im Wasser- und Straßenbau (wegen Rutschgefahr nicht mehr als Kleinpflaster zugelassen), Diabas auch als Schmuckstein.

> Mögliche Fehler des Basalt: „Sonnenbrenner" (helle sternförmige Flecken), durch Witterungseinflüsse in Grus zerfallend (chemische Prüfung vor Verwendung).

Basaltlava

Durch Gasabscheidung blasiger Oberflächenbasalt. Druckfestigkeit 80 bis 150 N/mm^2. Frostbeständig, da keine zusammenhängenden Poren. Geeignet für Treppenstufen und Fußbodenplatten (oberflächenrauh), in stark geblähter Form auch als Zuschlag für Leichtbeton. (Handelsbezeichnung: Lavalit.)

Bims

Glasig erstarrte, helle, durch Gase schaumig aufgeblähte, nicht an eine bestimmte Gesteinsart gebundene Auswurfmasse. Lose Ablagerungen im Vulkanbereich dicht unter der Erdoberfläche, z. B. im Neuwieder Becken (vor etwa 11 000 Jahren entstanden). Verwendung zu Leichtbetonbaustoffen.

Vulkanische Tuffe: s. u. Abschn. 1.4.2.1b. Ablagerungsgesteine.

1.4.2. Ablagerungsgesteine (Sedimentgesteine)

Hinsichtlich der Entstehung der aus Ablagerungsprodukten bestehenden Sedimente wird zwischen Trümmergesteinen und den aus gelösten Stoffen bestehenden Ausscheidungsgesteinen unterschieden.

1.4.2.1. Trümmergesteine (Klastische Sedimente)

Aus mechanischen Zerstörungen von Gesteinen entstandene lose Massen oder unter dem Einfluß von Bindemitteln, Druck und Wärme verfestigte Trümmer sowie verfestigte Massen aus vulkanischem Auswurfgestein.

a) Lose Trümmer

Ton. Gemisch aus Kaolinit (Aluminiumsilikat) und feinen Quarz-, Feldspat-, Kalkspat- und Glimmerteilchen. Ferner Schluff (staubfeiner Sand).

Lehm. Durch Eisenverbindungen gelb bis braun gefärbter stark sandhaltiger Ton.

Löß. Durch Windtransport porös abgelagerter kalkhaltiger Sand bzw. Lehm.

Sand, Kies, Geröll (s. a. Abschn. 2.1.1.).

Rundliche Gesteinskörner (Sand bis 4 mm, Kies bis 63 mm, Geröll > 63 mm).

> Flußkiessand: Alluviale Vorkommen aus Strombetten und deren Seitenablagerungen. Meist oberflächenglatt und lehmfrei.
>
> Grubenkiessand: Diluviale Vorkommen aus eiszeitlichen Gletscherablagerungen (Moränen). Meist lehmhaltig, oberflächenrauhe und gedrungene Kornform. Ferner sog. feinkörniger Silbersand aus Meeresablagerungen.

b) Verfestigte Trümmer

Tonschiefer

Dunkelgrau bis schwarz, je nach Beimengungen auch dunkelrot und grün. Durch hohen Druck- und Wärmeeinfluß silikatisiert.

Verwendung als Dachschiefer (Prüfung nach DIN 52 201/206 auf Biegefestigkeit, Wasseraufnahme, Frostbeständigkeit, Fehlen treibender Bestandteile, Temperaturwechsel, Verhalten gegen schädliche Bestandteile der Atmosphäre).

Mergel

Kalk- und tonhaltiges Gestein. Bezeichnung je nach überwiegendem Kalk- oder Tongehalt als Kalkmergel bzw. Tonmergel. Nicht witterungsbeständig. Verwendung nur als Rohstoff in der Zement- und Kalkindustrie.

Sandsteine

Durch Ton, Kalk oder Kieselsäure (SiO_2) verkitteter Quarzsand. Festigkeit und Witterungsbeständigkeit je nach Bindemittelbestandteilen.

> Tonige Bindung: Leichte Bearbeitbarkeit, jedoch meist nicht feuchtigkeitsbeständig.
>
> Kalkige Bindung: Gegen chemische Angriffe (Rauchgas, Seewasser) sowie gegen Feuer empfindlich. (Kennzeichen: In Säure aufbrausend.)
>
> Kieselige Bindung: Durch silikatische Lösungen entstandenes sehr widerstandsfähiges und wetterfestes Gestein, z. B. Karbonsandstein (Ruhrsandstein).
>
> Ferner auch gemischte, z. B. tonig-kieselige sowie eisenhaltige Bindungen.
>
> Farbe der Sandsteine aus mineralischen Beimengungen herrührend: Roter, gelber sowie rotbraun gebänderter Sandstein aus Eisenverbindungen. Grüner Sandstein aus Glaukonit-Mineralen, dunkler Sandstein meist kohlehaltig.

Grauwacke. Sandsteinartiges, dichtes gemischtkörniges, dunkelgraues oder bräunlichbuntes Gestein mit Druckfestigkeiten bis 300 N/mm². Verwendung meist im Straßenbau (Kleinpflaster, Schotter, Splitt).

Konglomerate

Betonartige Verkittung von Sand, Kies und Geröll mit kalk-, ton-, eisenhaltigen oder kieseligen Bindemitteln („Naturbeton"), mit entsprechender Festigkeit und Witterungsbeständigkeit.

Verfestigungen kantiger Gesteinstrümmer werden als „Brekzien" bezeichnet (z. B. Brekzienmarmor).

> Nagelfluh: Verkitteter alpiner Ablagerungsschutt (nagelartiges Aussehen der Kieseleinschlüsse). Verwendung zu Bruchsteinmauerwerk und geschliffen zu Wand- und Fassadenbekleidungen.

Vulkanische Tuffgesteine

Verfestigte Auswurfmassen verschiedener stofflicher Zusammensetzung: Porphyrtuff, Trachyttuff, Basalttuff.

Leicht zu bearbeitender, poröser, aber wetterfester, in der Struktur feinkörniger Werkstein, z. T. mit einzelnen größeren Einsprenglingen, Druckfestigkeit bis 30 N/mm².

Traß ist gemahlener Trachyttuff bestimmter Lagerungsschichten mit hydraulischen Eigenschaften. Verwendung als Zusatzstoff zu Bindemitteln (z. B. Traßzement).

1 4.2.2. Ausscheidungsgesteine

Durch Auskristallisieren von in Wasser gelösten Verwitterungsprodukten entstandenes Kalk-, Kiesel- und Salzgestein, einschließlich durch Organismen entstandener Ablagerungen.

Kalkstein. Entstehung durch Ablagerung aus kalkhaltigen Lösungen als dichter M a s s e n - k a l k , auch mit tierischen und pflanzlichen Versteinerungen (Jurakalk) oder aus Rückständen kalkschalenaufbauender Lebewesen als M u s c h e l k a l k (je nach späterer Verdichtung durch Kalksubstanz von unterschiedlicher Dichte und Festigkeit).

K e n n z e i c h e n aller Kalkgesteine ($CaCO_3$): Aufbrausen in Säure.

Kalkstein ist je nach Beimengungen (z. B. von Eisen, Magnesium, Kohle, Ton, Sand) hell- bis dunkelfarbig und zumeist wetterfest. Auch Übergänge zu Mergel- und Sandsteinen.

Polierbarer Kalkstein wird in der Natursteinindustrie als „Marmor" bezeichnet. (Technischer Marmor.)

Druckfestigkeit je nach Dichte 20–180 N/mm^2.

Verwendung im Straßenbau (Schotter, Splitt) und im Hochbau (Schmuckgestein, Beläge).

Abarten:

Kalksinter. Ausscheidungen aus Quellwässern im Gebirge (Tropfsteinhöhlen).

Travertin. Gelbliches, meist wetterbeständiges Gestein gleicher Entstehung wie vor, mit unterschiedlich poriger, von Pflanzeneinschlüssen herrührender Struktur. Verwendung als Schmuckgestein.
Druckfestigkeit bis 60 N/mm^2. Weicheres, stark poröses Kalkgestein wird als K a l k t u f f bezeichnet.

Solnhofer Platten (Jurakalk). Tonhaltiger heller Kalk, meist nicht wetterbeständig. Verwendung als Wand- und Fußbodenbelag. (Verlegung in Kalkmörtel zur Vermeidung von Verfärbungen durch Zement.)
Moosartige Gebilde auf den Spaltflächen (sog. „Dendriten") sind kristalline Ausscheidungen von manganhaltigen Lösungen.

O o l i t h i s c h e r K a l k („Rogenstein"). Aus Kügelchen zusammengesetzter Kalk. Verwendung als Baustein.

O n y x m a r m o r. Durchscheinender grüner oder gelber, aus kalkhaltigem Quellwasser kristallin ausgeschiedener Kalkstein (Schmuckgestein).

K r e i d e. Ablagerung von Mikrofossilien. Verwendung als Pigment in Anstrichen.

Dolomit

Gemenge aus Calcium- und Magnesiumkarbonat $CaCO_3 \cdot MgCO_3$ mit dichtem und wetterbeständigem Gefüge. In Aussehen und Anwendung ähnlich Kalkstein. In Salzsäure weniger, meist nur bei Erwärmung aufbrausend.

Gipsstein $CaSO_4 \cdot 2\,H_2O$

Bei kristallwasserfreiem Vorkommen ($CaSO_4$) als Anhydrit bezeichnet. Gips ist wasserlöslich und daher nicht wetterbeständig.

Verwendung im Bauwesen nur als Rohstoff für Bindemittel.

Sonstige Sedimente

Gangquarz
Aus Lösungen in Gängen und Spalten ausgeschiedenes reines Quarz SiO_2.

Kieselgur (Diatomeenerde)
Leichte lose Erde, aus Kieselpanzern von Lebewesen und aus Kieselalgen entstanden. Verwendung für Filter- und Isolierzwecke (Vorkommen: Vogelsberg und Lüneburger Heide).

Ablagerungen organischer Art:
K o h l e. Unter Druck fortschreitende Zersetzung von Pflanzenresten („Inkohlung"): Torf, Braunkohle, Steinkohle, Anthrazit, Graphit (reiner Kohlenstoff).
A s p h a l t. Mit Bitumen (Mineralölrückstand) durchtränktes sedimentäres Gestein.

1.4.3. Umwandlungsgesteine (Metamorphe Gesteine)

Nachträgliche Umwandlung von Erstarrungs- oder Ablagerungsgesteinen unter Hitze von Magmaausbrüchen und Gebirgsdruck (kristalline Umbildungen) oder unter chemischer Einwirkung gelöster bzw. gasförmiger Stoffe.

a) Kristalline Umlagerungen

Gneis. Granitmagma mit Fließstruktur (geschichtetes Aussehen). Durch seine Spaltbarkeit in seinen Eigenschaften begrenzt. Verwendung meist für Platten und Stufen. (Benennung nach Mineralbestand, z. B. Granitgneis, Dioritgneis, Hornblende- oder Augitgneis; allgemein auch unter der Handelsbezeichnung „Granit" laufend.)

Kristalliner Schiefer. Aus Tiefen- oder Sedimentgestein in schiefriger Anordnung der Mineralgemenge entstanden. Glimmerschiefer mit silbrig glänzender Bruchfläche. (Wachstum der gestreckten Minerallagen senkrecht zur Druckrichtung.) Wetterbeständig und hart. Verwendung zu Belagplatten, z. B. Alta-Quarzitschiefer (Nordnorwegen).

Phyllit. Ausgangsgestein toniges Sediment, gut geschiefert, seidenglänzend verwendet für Dachschieferplatten.

Quarzite. Feinkristalline, aus Sandstein hervorgegangene hellgraue, auch farbig getönte Quarzmasse, fast ohne Spaltbarkeit (z. B. Taunusquarzit).

Marmor (Kristalliner Marmor).

Aus dichtem Kalkstein entstanden. Als „Weißer Marmor" (Bildhauermarmor), z. B. in Italien vorkommend (Carrara- und Laaser-Marmor).

b) Chemische Umwandlung

Serpentingestein (Serpentinite). Im wesentlichen aus Serpentinmineral bestehend (Umwandlungsprodukt aus Olivingestein).

Schlangenhautartig grün-grau-marmoriert. Gut polierbar (Härte 3). Nicht wetterbeständig. Verwendung als Dekorationsgestein besonders in Innenräumen.

Asbest. Unbrennbare Mineralfaser aus umgewandelter Hornblende oder aus sekundär umgewandeltem Serpentinmineral: Allmähliche Lockerung bzw. Lösung der Bindungen entlang der „Molekülbänder" (s. Bandstruktur silikatischer Minerale in KARSTEN: Bauchemie, 9. Aufl., Ziff. 32.3) im Zuge von Verwitterungsvorgängen.

Verwendung für Asbestzementerzeugnisse und Spritzmassen u. ä. in der Dämmtechnik wegen karzinogener Wirkung nicht mehr zulässig.

> Talk („Speckstein"). Weißliches, durch feinschuppige Struktur sich fettig anfühlendes Gestein (Härte 1) ähnlicher Entstehung wie Serpentin. Verwendung als Schneiderkreide und Talkpuder (Talkum).

1.4.4. Erze

Erze sind Mineralgemische, deren Metallgehalt mit wirtschaftlichem Nutzen verhüttet werden kann, z. B. Eisenerz mit $> 20\%$ Fe-Gehalt, Kupfererz mit $\approx 1\%$ Cu-Gehalt.

Die Entstehung der Erze beruht auf magmatischen, sedimentären und metamorphen Vorgängen.

Für Bauzwecke sind Erze nur als Zuschlag für Schwerbeton verwendbar.

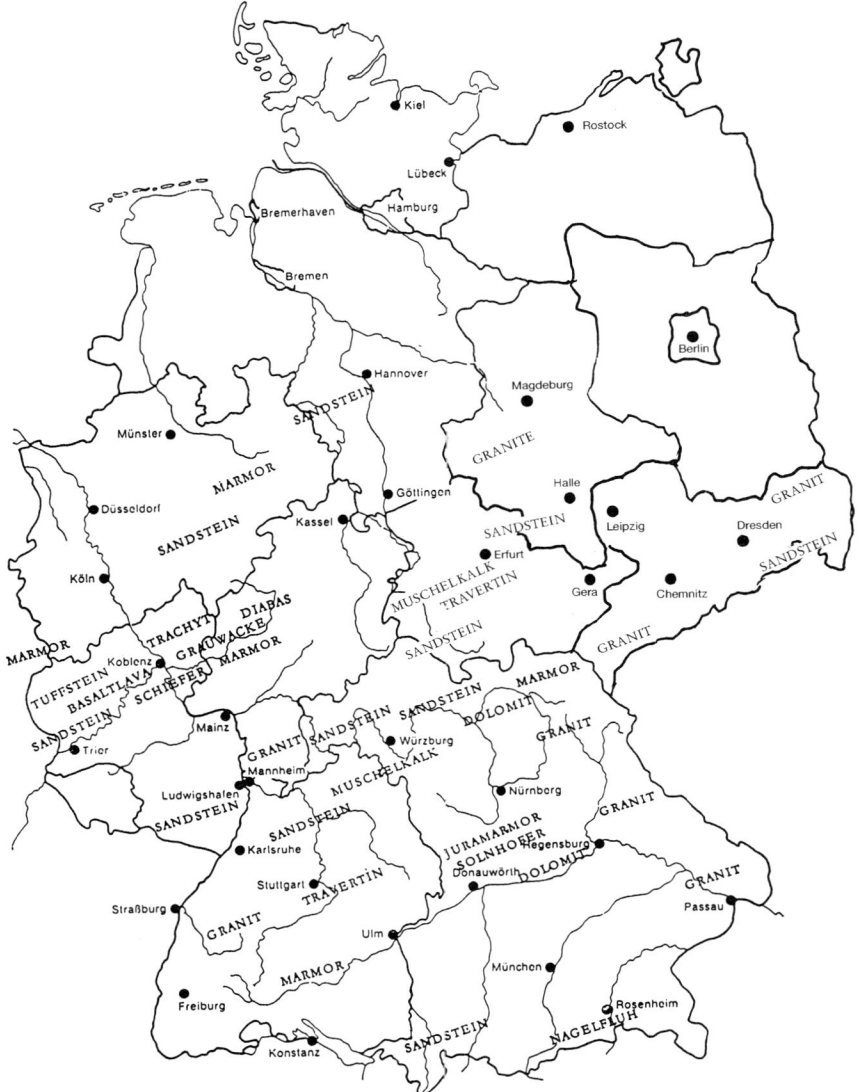

Abb. 2. Heimische Naturwerksteinvorkommen

1.5. Verarbeitung der Gesteine

1.5.1. Gewinnung im Steinbruch

Die zerstörungsfreie Gewinnung größerer Blöcke erfolgt im stufenweisen Abbau durch Spalten, d. h. durch reihenweises Eintreiben von Stahlkeilen (Keilsprengen) in mechanisch vorgebohrte Löcher. Bei weicherem Gestein (Kalk- und Sandstein) auch Heraussägen der Blöcke mit umlaufendem endlosen Stahldraht unter Zugabe von Sand und Wasser.

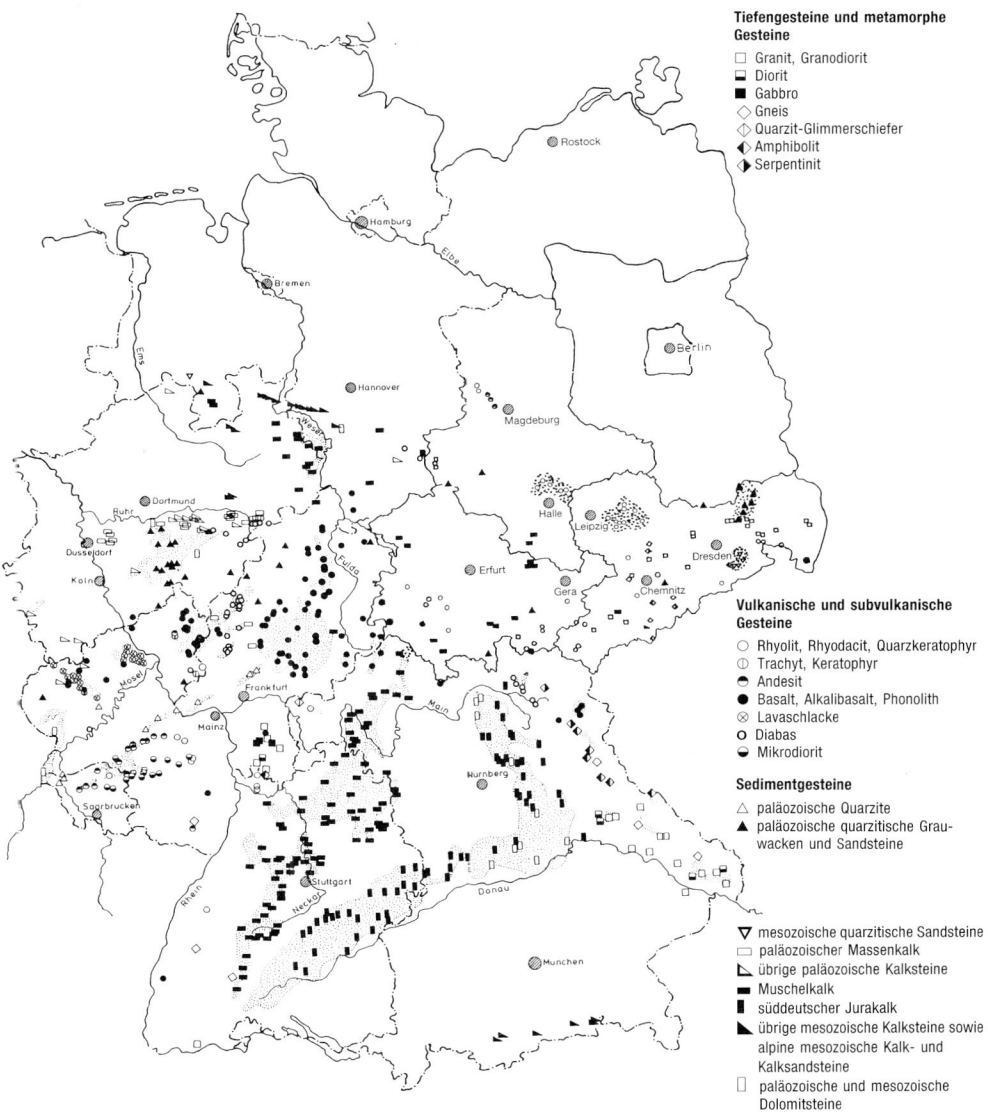

Tiefengesteine und metamorphe Gesteine

☐ Granit, Granodiorit
⊟ Diorit
■ Gabbro
◇ Gneis
◈ Quarzit-Glimmerschiefer
◆ Amphibolit
◗ Serpentinit

Vulkanische und subvulkanische Gesteine

○ Rhyolit, Rhyodacit, Quarzkeratophyr
⊙ Trachyt, Keratophyr
◐ Andesit
● Basalt, Alkalibasalt, Phonolith
⊗ Lavaschlacke
○ Diabas
◖ Mikrodiorit

Sedimentgesteine

△ paläozoische Quarzite
▲ paläozoische quarzitische Grau-
    wacken und Sandsteine
▽ mesozoische quarzitische Sandsteine
☐ paläozoischer Massenkalk
◣ übrige paläozoische Kalksteine
▬ Muschelkalk
▮ süddeutscher Jurakalk
◣ übrige mesozoische Kalksteine sowie
    alpine mesozoische Kalk- und
    Kalksandsteine
☐ paläozoische und mesozoische
    Dolomitsteine

Aοb. 3. Heimische Gewinnungsstätten güteüberwachter Festgesteine
(Quelle: Bundesverband Naturstein-Industrie e.V.)

1.5.2. Bearbeitung

a. Zerlegen der Gesteinsblöcke

Durch Aufspalten oder durch Auftrennen deː Blöcke zu Platten im Sägegatter mit zahnlosen Sːahlsägeblättern unter Zusatz von Stahlsand oder Quarzsand mit Wasser, auch diamantbesetzte Sägeblätter (Schnittgeschwindigkeit je nach Gesteinsart 3–30 cm/h). Weiteres Zuschneiden der Werkstücke auf Kreissägen mit Diamant- oder Korundbelag.

Pflastersteine werden durch maschinelles Aufspalten größerer Gesteinsstücke gewonnen. Die Zerkleinerung von Schotter und Splitt erfolgt in Steinbrecheranlagen (z. B. Backenbrecher).

b) Flächenbearbeitung

Steine mit werkmäßig bearbeiteten Flächen werden als „Werksteine" bezeichnet (Naturwerksteine).

Steinmetzmäßige Bearbeitung (Abb. 4)

Die Weiterbearbeitung der bruchrauhen Flächen („Bossen") der auf erforderliche Größe gespaltenen Blöcke erfolgt mit verschiedenen Schlagwerkzeugen je nach Gesteinsfestigkeit:

Granite, Syenite, Diorite, Diabase, Gabbros, Porphyre und ähnliche Hartgesteine	Basaltlava	Sandsteine, Tuffsteine	Travertine, Muschelkalke, Dolomite, Juramarmor, Handelsmarmore, kristalline Marmore, Serpentine und ähnliche

a) Manuelle Bearbeitung (steinmetzmäßige Bearbeitung)

bruchrauh	bruchrauh	bruchrauh	bruchrauh
bossiert	bossiert	bossiert	bossiert
gespitzt	gespitzt	gespitzt	gespitzt
fein gespitzt	grob gestockt	fein gespitzt	fein gespitzt
grob gestockt	gebeilt	gekrönelt	geflächt
mittel gestockt	grob scharriert	geflächt	gebeilt
fein gestockt	fein scharriert	gebeilt	gezahnt
	aufgeschlagen	gezahnt	grob scharriert
	abgerieben	grob scharriert	fein scharriert
		aufgeschlagen	aufgeschlagen
		abgerieben	abgerieben

b) Mechanische Bearbeitung (Bearbeitung mit Steinbearbeitungsmaschinen und -werkzeugen)

stahlsandgesägt	gesägt	stahlsandgesägt	quarzsandgesägt
diamantgesägt	gefräst	diamantgesägt	diamantgesägt
grob geschurt	gesandelt	gefräst	gefräst
fein geschurt	abgerieben	gesandelt	halbgeschliffen
gefräst	geschliffen	abgerieben	gesandelt
geschliffen		geschliffen	abgerieben
fein geschliffen			geschliffen
bis zur Politur geschliffen			fein geschliffen
poliert			anpoliert
geflammt			poliert

Hartgesteine
als Ausgangsbearbeitung gilt die stahlsandgesägte Steinfläche:

Grob geschurt: Flächen mit Stahlsand Nr. 13 bearbeitet.

Geschurt: Flächen mit Stahlsand Nr. 16 bearbeitet, griffige Fläche.

Fein geschurt: Flächen mit Stahlsand Nr. 34 bearbeitet, noch griffige Fläche, jedoch gute Reinigungsmöglichkeit.

Geschliffen: Flächen mit losem Silicium Carbid Nr. 120 bearbeitet. Mäßig glatte Oberfläche mit kleinen Rillen.

Fein geschliffen: Flächen mit Si C Nr. 220 bearbeitet. Die Flächen sind glatt, ohne Glanz und frei von Kratzern.

Abb. 4.

Steinmetzgeräte:
1. Zweispitz,
2. Flächhammer,
3. Bossierhammer,
4. Stockhammer,
5. Kröneleisen,
6. Scharriereisen,
7. Steinkeil.

Bis zur Politur geschliffen: Flächen, die bis einschließlich SiC Nr. 400 oder 500 (3F oder 5F) Schmirgel der Mikrokörnung 500 – oder Naxos-Schmirgel zum Polieren vorbereitet sind. Bezeichnung auch matt poliert oder seidenglanzpoliert. Flächen mit Mattglanz ohne Reflexe.

Poliert: Flächen auf Hoch- oder Spiegelglanz bearbeitet, materialeigene Naturpolitur mit scharfen Reflexen.

Beflammt: Abbrennen der gesägten Flächen mittels Brennstrahlverfahren. Die Fläche erhält ein leicht bruchrauhes Aussehen.

Weichgesteine:
als Ausgangsbearbeitung gilt die gesägte Fläche (diamantgesägt).

Gefräst: Schmale Flächen oder Steinkanten mit Diamantblatt geschnitten. Glatte Kante und Fläche mit geringem Glanz (matt).

Gesandelt: Gesägte Fläche mit scharfem Quarzsand abgeschliffen. Leicht rauhe Fläche mit leicht gebrochenem Naturkorn.

Halbgeschliffen: Mit Schleifsegment Nr. 2 (Körnung 100–120) bearbeitet. Noch ganz leicht gerauhte Fläche.

Geschliffen: Mit Schleifsegment Nr. 3 (Körnung 220) bearbeitete Fläche. Fläche glatt und frei von Kratzern.

Fein geschliffen: Mit Schleifsegment Nr. 4 (Körnung 320–500) bearbeitete Fläche. Sehr glatte und dichte Oberfläche.

Anpoliert: Mit Schellacksegment Nr. 5 oder mit Feinschleifscheiben bearbeitete Fläche. Glatte Fläche mit mattem Glanz.

Poliert: Gute Naturpolitur. Hochglänzende Fläche mit Spiegelreflexen.

1.6. Zerstörungsursachen und Schutz der Gesteine

1.6.1. Physikalische Einflüsse

a) Frostzerstörungen bei Feuchtigkeitsanreicherung im Gestein
(9% Volumenausdehnung bei Eisbildung)

Verhinderung durch Auswahl frostbeständigen Gesteins (s. Abschn. 1.8a) bzw. Behinderung des Eindringens von Feuchtigkeit: Lagerhaftes Verarbeiten (s. Abschn. 1.7.1), Gesimsabschrägungen oder Gesimsabdeckungen mit Blechen, evtl. Abdichten der Fassadenoberfläche mit wasserabweisenden, jedoch atmungsaktiven, d.h. nicht porenstopfenden Mitteln (z.B. Silikone), die keinen Rückstau von Diffusionsfeuchtigkeit aus dem Gebäude zulassen.

b) Rostzerstörungen durch Oxidation fest eingelassener Eisenteile

z. B. Geländer und Verankerungen, infolge des mehrfachens Volumens von Rost $Fe(OH)_3$ gegenüber Fe

Verhinderung von Rostsprengungen durch Verzinken von Eisenteilen sowie durch Vergießen oder Verstemmen der Einlassungen mit Blei bzw. Verwendung rostfreier Stähle.

Freiliegende oxydierende Stahlteile bedürfen vor der Montage, zur Vermeidung die Oberfläche verfärbender Rostabläufe, eines Voranstriches mit Rostschutzmitteln.

c) Spannungsschäden an Fassadenbekleidungen und Bodenbelägen

Temperatureinflüsse
Verformungsschäden an der Oberfläche von Bauteilen durch starke Temperaturwechsel:

Bei 100 K (Kelvin) Temperaturunterschied (von −20 °C bis +80 °C) kann insgesamt mit etwa 1 mm/m Dehnungsbewegung gerechnet werden. – Der Wärmeausdehnungskoeffizient ist bei dunkelfarbigen Belägen größer als bei hellfarbigen (s. Tafel 3, Seite 20).

Bei nicht mit dem Untergrund vermörtelten (hinterlüfteten) Belägen ist zudem der Wärmerückstau zu berücksichtigen, insbesondere bei Hinterlegung mit Dämmstoffen.

Feuchtigkeitseinflüsse
Bei Tuffen und Bims sind durch Feuchtigkeitsveränderungen geringe Quell- und Schwindbewegungen zu berücksichtigen.

Einflüsse durch Bewegung der Baukörper
Bewegungen der Baukörper sowie einzelner Bauteile gegeneinander (z. B. Wände, Decken, Gesimse) können wesentliche Spannungen in der Fassadenoberfläche verursachen, die durch entsprechende Fugenausbildung in der Bekleidung zu berücksichtigen sind (s. Abschn. 1.7.2d).

1.6.2. Atmosphärische, chemische und biologische Einflüsse

Verschmutzungen: Beeinträchtigung des Aussehens der Fassade durch Staub, Ruß oder ölige Bestandteile, die sich in der porösen Oberfläche festsetzen und durch chemische Umwandlung verkrusten können. (Evtl. vorbeugende Behandlung mit tiefeindringenden, wasserabweisenden Mitteln.)

Säureeinwirkungen: Je nach landschaftlichen und industriellen Gegebenheiten Einwirkung des Kohlendioxid (CO_2)- und Schwefeldioxid (SO_2)-Gehaltes der Luft bzw. des Niederschlagwassers (Rauchgase):

SO_2 reagiert mit Feuchtigkeit zu schwefliger Säure oder nach Aufoxidation zu Schwefelsäure H_2SO_4.

Kalk- oder dolomithaltige Natursteine werden durch Säure aufgelöst. Bei der Reaktion von $CaCO_3$ + $H_2SO_4 + H_2O \rightarrow CaSO_4.2\,H_2O + CO_2$ ist bei einer Auskristallisation als Gips eine 100%ige Volumenvergrößerung verbunden, die durch Treibwirkung zur Steinzerstörung führt.

Bei einer entsprechenden Reaktion von $MgCO_3 + H_2SO_4 + 7\,H_2O \rightarrow MgSO_4.7\,H_2O + H_2O + CO_2$ bei Dolomit ist die Volumenvergrößerung sogar 430%.

Durch CO_2 werden vorwiegend poröse Kalksteine und Sandsteine mit kalkigem Bindemittel angegriffen mit folgender Schadensreaktion: $CaCO_3 + H_2O + CO_2 \rightarrow Ca(HCO_3)_2$. Es wird also das schwer wasserlösliche $CaCO_3$ in das leicht wasserlösliche Calciumhydrogencarbonat überführt.

Keine Verwendung säureempfindlicher (kalkhaltiger) Steine mit polierter Oberfläche im Freien.

Biologische Einwirkungen: Pflanzenwachstum (Moose) bewirkt Humussäurebildung, größere Pflanzen (z. B. Efeu) verursachen Gefügelockerungen durch Wurzeldruck.

Abwendung der Zerstörungseinflüsse durch zeitweise Reinigung verschmutzter Fassaden: Je nach Gesteinsart durch werkmäßige Überarbeitung der Oberfläche **(Bearbeiten mit Stahlbürsten, Schar-**

rieren, Stocken, Schleifen) oder durch Sandstrahlen.*) Meist jedoch Fassadenbehandlung mit chemischen Reinigungsmitteln, je nach Gesteinsart und Verkrustung auf säure- oder schmutzlösender Alkalibasis bzw. mit fettlösenden Emulsionen (Nachspülen mit Wasser oder im Dampfstrahlverfahren) durch Spezialfirmen.

Bei Sandsteinen auch Oberflächenverfestigung durch Kieselsäureverbindungen.

1.7. Verwendung der Natursteine im Bauwesen

1.7.1. Massivbauweise

Die Verarbeitung von tragendem Mauerwerk aus natürlichen Steinen erfolgt nach DIN 1053, Teil 1, Ausg. 2.90, „Mauerwerk, Berechnung und Ausführung". Ferner VOB, DIN 18 332, Ausg. 12.92, „Naturwerksteinarbeiten".

Die Steine sind entsprechend ihrer natürlichen Schichtung „lagerhaft" zu verarbeiten, d. h. sie sollen rechtwinklig zum Kraftangriff liegen und zum Schutz gegen eindringende Witterungsfeuchtigkeit und mögliche Frostabplatzungen nicht „auf Spalt" gestellt werden.

Der Verband muß im Sinne der in der DIN 1053, Ziff. 12, gegebenen Richtlinien „handwerksgerecht" erfolgen, z. B. Wechsel von Läufer- und Bindeschichten, Auszwicken von Hohlräumen, Verfugen der Sichtflächen.

Trockenmauerwerk wird ohne Mörtel unter geringer Bearbeitung in richtigem Verband mit möglichst engen Fugen nur für Schwergewichtsmauern ausgeführt.

Zyklopenmauerwerk und **Bruchsteinmauerwerk** wird aus nur wenig bearbeiteten Bruchsteinen im Verband satt im Mörtel verlegt (s. Abb. 5a).

Hammerrechtes Schichtenmauerwerk besteht aus mind. 120 mm tief bearbeiteten Lager- und Stoßfugen, die ungefähr rechtwinklig zueinander stehen, bei wechselnder Schichtdicke innerhalb einer Schicht und in den verschiedenen Schichten.

Unregelmäßiges Schichtenmauerwerk erfordert mind. 150 mm tief bearbeitete rechtwinklig zueinander und zur Oberfläche stehende Lager- und Stoßfugen (s. Abb. 5b) bei mäßig wechselnden Schichthöhen innerhalb einer Schicht und in den verschiedenen Schichten.

Regelmäßiges Schichtenmauerkwerk wird wie vor, jedoch nicht mit wechselnden Schichthöhen innerhalb einer Schicht ausgeführt.

Quadermauerwerk weist nach angegebenen Maßen bearbeitete Steine auf. Die Lager- und Stoßfugen müssen in ganzer Tiefe bearbeitet sein.

Mittragendes Verblendmauerwerk (Mischmauerwerk) muß durch mindestens 30% Bindersteine mit der Hintermauerung bzw. mit dem Beton verzahnt sein.

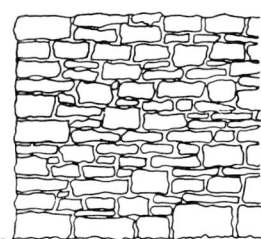

Abb. 5.
a) Bruchsteinmauerwerk
b) Unregelmäßiges Schichtenmauerwerk

---

*) Strahlmittel: Statt silikosegefährdeten Quarzsandes (Staublunge) neuerdings Verwendung von Steinkohlenschmelzgranulat nach DIN 8201, Teil 10, Ausg. 11.80. (s. Abschn. 2.1.2b).

1.7.2. Fassadenbekleidung

Für die Bekleidung von Gebäuden aus Mauerwerk oder Beton mit Platten, Mosaiken oder Riemchen gelten die DIN 18515, Teil 1, Ausg. 4.93, „Außenwandbekleidungen, Angemörtelte Fliesen und Platten"[*]) sowie die „Richtlinien für das Versetzen und Verlegen von Naturwerksteinen" (Fassung Januar 1973).[**]) Ferner DIN 18516, Ausg. 1.90 Teil 1: „Außenwandbekleidung, hinterlüftet"; Anforderungen, Prüfgrundsätze; Teil 3: Naturwerkstein; Anforderungen, Bemessung.

Fassadenbekleidungen werden mit Hinterlüftung (vom Untergrund abgesetzt) oder ohne Hinterlüftung (an den Untergrund angesetzt) ausgeführt.

Grundsätzlich sind Platten größer als $0,12\,m^2$ (z. B. $> 40 \times 30\,cm$) zu verankern, Platten unter $0,12\,m^2$ werden in der Regel angemörtelt.

a) Verankerung der Platten $> 0,12\,m^2$

Jede Platte wird im Regelfall an 4, mind. jedoch an 3 Punkten in den Vertikal- oder Horizontalfugen mit Trage- und Halteankern aus nichtrostendem Stahl, die mit Ankerdornen in die Dornlöcher der Platten eingreifen, befestigt. Die Belastung durch die Platten, einschließlich eventueller Hintermörtelung, muß von zwei der Anker (Trageanker) aufgenommen werden: Standsicherheitsnachweis erforderlich (Bemessung der Anker nach DIN 18516).

> Halteanker ohne Druckverteilungsplatte.
> Befestigung der Anker im Untergrund mit Zementmörtel hoher Frühfestigkeit.
> Die Ankerdorne werden in den Ankerdornlöchern mit feinsandigem Zementmörtel befestigt bzw. können einseitig in Kunststoffröhrchen beweglich eingelassen werden („Röhrchenanker").

Für die Verlegung der Platten sind Verlegepläne anzufertigen mit Angabe des Untergrundes, der Art und Abmessung der Platten, Anordnung der Befestigungsmittel sowie Fugenausbildung. Befestigung der Platten auch mit Hinterschnittdübel rückseitig (Systeme Fischer oder Keil).

> Mindestdicke der Natursteinplatten bei einer Neigung der Platte gegen die Horizontale von
>   größer als 60°:   30 mm   bis 60°:   40 mm
> im übrigen gemäß statischem Nachweis.

Hinterlüftete Platten

Der Abstand der Platten vom Untergrund soll mindestens 20 mm betragen:

> Entlüftungsschlitze sind am unteren und oberen Abschluß der Fassadenbekleidung vorzusehen. Statt dessen auch gleichmäßig verteilte horizontale und vertikale offene Plattenfugen.

– Fugenausbildung des Plattenbelages siehe Abschnitt d –

Mit Mörtel hinterfüllte verankerte Platten

Verankerte Naturstein- und Keramikplatten $\geqq 0,12\,m^2$ (nicht Betonwerksteinplatten, wegen Schwindspannungen), die durch Stöße oder Erschütterungen gefährdet sind, z. B. bei Sockelgeschossen und Pfeilern, werden – unter Beachtung der Dehnungsfugen – mit einem porösen Kalkzementmörtel (Einkornmörtel) hinterfüllt:

> Bei Keramikplatten mit Zementmörtel; bei Jura-Kalkstein-Platten (wegen Durchschlagen des Zementes) mit Kalk oder Traßkalkmörtel.

b) Angemörtelte Platten mit Flächen $< 0,12\,m^2$

Die Verbindung der Platten, deren Rückseiten i. allg. gerippt oder gerillt sind, mit dem Untergrund erfolgt ausschließlich durch die Haftung des Ansetzmörtels, der in geschlossenem Mörtelbett auf den Untergrund aufgebracht wird.

> Ein **Unterputz** ist an den Wetterseiten zur Erhöhung der wasserabweisenden Wirkung der Bekleidung erforderlich, ebenfalls zum Ausgleichen etwaiger Unebenheiten beim Aufbringen der Platten im „Dünnbettverfahren".

Sofern der Untergrund aus unterschiedlichen oder oberflächenglatten Baustoffen oder aus Baustoffen geringerer Festigkeit (z. B. Gasbeton oder Wärmedämmschichten) besteht, ist vor dem Ansetzen der

---

[*]) s. a. Abschn. 5.1.6.2. Grobkeramische gesinterte Erzeugnisse.
[**]) Herausgegeben vom Deutschen Naturwerksteinverband, Sanderstr. 4, 97070 Würzburg.

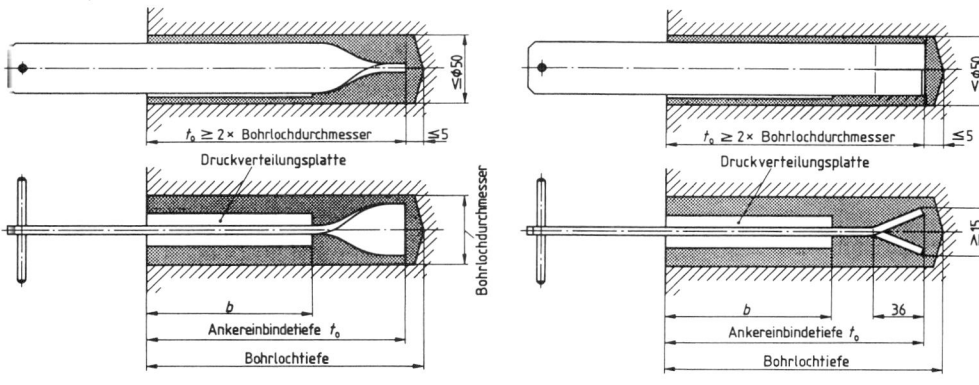

a) Tragankerende 40° bis 90° gedreht   b) Tragankerende gespreizt

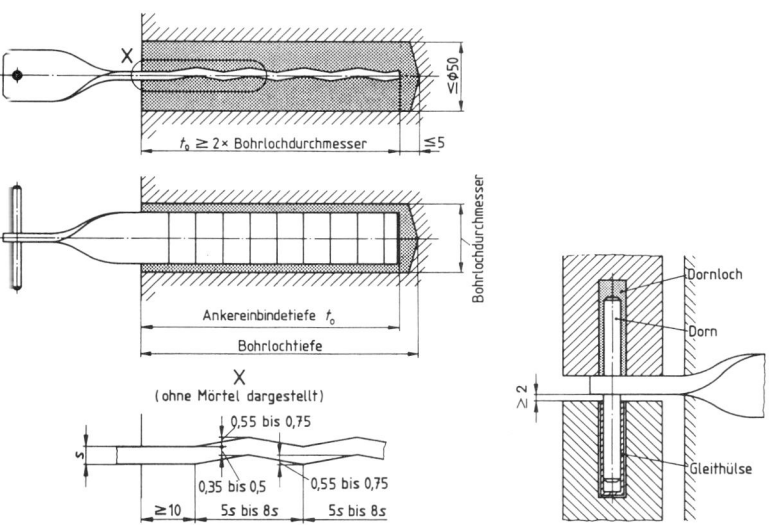

c) Trag- und Halteanker gewellt   d) Traganker in horizontalen Fugen

Aob. 6. Verankerung von Fassadenbekleidungen mit nichtrostenden Stahlankern nach DIN 17 440 Werkstoffnr. 1.4571 und 1.4401: X6 CrNiMoTi 17 12 2 und X5 CrNiMo 17 12 1.

Bekleidung ein Unterputz mit einer tragfähigen Bewehrung, z. B. aus Baustahlmatten, aufzubringen, die mit dem Untergrund zur Aufnahme der Lasten aus Putz, Bekleidung und Wind mit nichtrostenden Drahtankern zu befestigen ist. Die Bewehrung ist auch bei Unterputzstärken von mehr als 25 mm erforderlich.

Der **Ansetzmörtel** muß eine Dicke von i. M. 15 mm haben. Im **Dünnbettverfahren** beträgt die Mörteldicke 3–5 mm.

c) Bekleidung mit Riemchen

Natursteinriemchen haben bei unterschiedlicher Länge eine Höhe bis 60 mm und eine Dicke (Tiefe) bis 30 mm. – Keramische Riemchen siehe Abschn. 5.1.7.2b (S. 256).

Der Verbund angemauerter Riemchenschalen aus Naturstein, Beton und Keramik mit dem Untergrund erfolgt durch schichtweises sattes Hinterfüllen der 15–25 mm dicken Schalenfuge mit Zement- oder Kalkzementmörtel (nach DIN 18515, Tei 1, Tab. 1) und durch zusätzliche Verankerung in die Fugen einzuführender, im Untergrund verankerter nichtrostender Drahtanker.

Mindestens in jedem 2. Geschoß müssen mit dem Mauerwerk fest verbundene Aufstandsflächen (Konsolen) vorhanden sein.

Das Vermauern der Riemchen erfordert einen auf einem Spritzbewurf aufgebrachten 15 mm dicken Unterputz mit aufgerauhter Oberfläche.

d)   Fugenausbildung

d.1) Fugen bei verankerten Fassadenbekleidungen

Mörtelfugen (harte Fugen) kommen neuerdings nur noch bei hintermörtelten Platten zur Ausführung (satte Fugenhinterfüllung).

Mit Dichtmassen geschlossene Fugen (elastische Fugen) **oder offene Fugen**

Plattenfugen. Mindestbreite je nach Plattendehnung und Dauerdehnfähigkeit der Dichtmasse 5–10 mm. (Vorherige Unterfütterung der Fugen mit elastischen Füllstoffen.)

Dehnungsfugen. Bei Verwendung von Röhrchenankern können Dehnfugen entfallen. Bei hintermörtelten Platten sind bis zum Untergrund durchgehende Dehnfugen erforderlich, die mit Dichtmasse geschlossen werden.

Anschlußfugen. Stets erforderlich in mind. 10 mm Breite bei Anschlüssen der Platten an Holz, Metall, Glas, Beton bzw. an fest eingebaute Bauelemente (Gesimse, Fenster, Beleuchtungs- und Reklamekonstruktionen).

Gebäudetrennfugen. Im Bauwerk vorhandene Trennfugen müssen auch bei der Bekleidung in ausreichender Breite durchgeführt werden. Abdichtung mit Spezialprofilen aus Metallen oder Kunststoffen, bzw. Dichtung wie Dehnfugen mit dauerelastischen Dichtmassen (s. a. Abschn. 12.3, S. 471).

Offene Fugen. Mindestfugenbreite 4 mm. Verankerungsgrund soll wasserdicht sein. Ablauf am Fuß der Bekleidung (über Pflasterhöhe) erforderlich.

d.2) Fugen bei kleinformatigen Platten und Riemchen

Plattenfugen. Der Fugenmörtel (Zementmörtel 1 : 3–4 n. RT) wird nach Auskratzen des Mauermörtels in einer etwa der Fugenbreite entsprechenden Tiefe satt eingeschlämmt, in Sonderfällen mit dem Fugeisen verdichtet.

Fugenbreite je nach Plattenart 4–6 mm. Bei Natursteinriemchen auch Versetzen mit Preßfugen ohne nachträgliche Verfugung.

Dehnfugen. Elastische Ausbildung der Dehnfugen sowie der Anschluß- und Gebäudetrennfugen wie bei verankerten Platten.

Horizontale Dehnfugen sind in jedem Geschoß, in der Regel in Höhe der Deckenunterkante bzw. unter den Aufsetzflächen der Riemchen erforderlich, sonst im Abstand bis zu 3 m.

Vertikale Dehnfugen je nach Gegebenheiten bis zu 6 m, ferner an Gebäudeinnen- und -außenecken sowie zwischen Pfeilern und Brüstungsbekleidungen.

1.7.3. Beton- und Straßenbaustoffe

Für die Verarbeitung von Natursteinen zu Normal- und Leichtbeton gelten die Bestimmungen der DIN 4226 „Zuschlag für Beton", Teil 1 „Zuschlag mit dichtem Gefüge" und Teil 2 „Zuschlag mit porigem Gefüge" (s. Abschn. 2.1).

Als Durchschnittswerte für die Gesteinseigenschaften der Zuschläge können die in Tafel 3 aufgeführten Richtwerte gelten.

Für die Beurteilung der im Straßenbau verwendeten Natursteine sind, außer den DIN-Blättern 52098–52116, die „Merkblätter" der Forschungsgesellschaft für das Straßenwesen e.V. (Konrad-Adenauer-Str. 13, 50996 Köln) maßgebend, insbesondere auch die Technischen Lieferbedingungen für Mineralstoffe im Straßenwesen TL Min – StB 94.

Ferner DIN 482 (Ausg. 9.88) „Bordsteine – Naturstein" und DIN 18502 (Ausg. 12.65) „Pflastersteine – Naturstein".

1.7.4 Dichtungsstoffe

Montmorillonite werden als Dichtungsstoffe wegen ihres hohen Quellvermögens im Bereich von Deponien, Klärteichen oder Wasserspeicherbecken verwendet. Dies geschieht unter der Bezeichnung **Bentonit** nach einer chemischen Aktivierung wie z. B. Na-Bentonit mit einem Montmorillonitgehalt von über 70%. Mit der Einarbeitung von Bentonit zwischen Wellpappen oder textilen Trägern ist ein Einbau in Form von rollbaren Matten oder Platten möglich geworden. Bei Wasserdurchlässigkeitsbeiwerten k von 10^{-12} bis 10^{-11} m/s nach Darcy werden unabhängig von der Druckhöhe des Wassers k-Werte von $8,10^{-11}$ m/s garantiert.

1.7.5 Lehm als Baustoff

Einsatz von Lehmbaustoffen bei der Restaurierung und im modernen Wohnungsbau, z. B.
   tragende Bauweisen:
      Mauerwerk mit Lehmmörtel
      Lehmsteinbau mit vorgefertigten und trockenen Lehmsteinen
      Lehmstampfbau in Schalung (mit Steinzuschlag „Pisé-Bau")
      Stampflehm in verlorener Schalung
      Lehmdrahtwände
      Wellerbau mit Aufschichten von Strohlehm, Stampfen und Festschlagen
      Lehmbatzenbau
      Stampfbrote aus verdichteten und abgestochenen Strängen
   Skelettbauweisen: in Holzfachwerk mit Flechtwerken oder Staken
   Sonstige Anwendung:
      Lehmfüllungen in Decken, Lehmestriche, Sperrschichten als Feuchteschutz oder Abdichtungen von Wasserbecken, Lehmschindeln

Enteilung der Lehmarten nach Rohdichte (DIN 18951):

Schwerlehm	Rohdichte	2000–2400 kg/m³
Massivlehm		1700–2000 kg/m³
Faserlehm		1200–1700 kg/m³
Leichtlehm		300–1200 kg/m³
Lehmstroh		150– 300 kg/m³

Bezeichnung der Lehme nach ihrer Bindigkeit (Zugfestigkeit im feuchten Zustand):

		Bindekraft N/mm²
Sande	Sand	unter 0,003
	lehmiger Sand	0,003–0,005
Magerlehme	sehr mager	0,005–0,008
	mager	0,008–0,011
mittlere Lehme	fast mager	0,011–0,015
	fast fett	0,015–0,020
fette Lehme	fett	0,020–0,027
	sehr fett	0,027–0,036
Tone	mager	0,036–0,048
	fett	0,048–0,066
	sehr fett	0,066–0,090

Zusatzmitteln mit unterschiedlichen Wirkungsweisen wie Kalk, Zement, Gips, Wasserglas, Traß, Soda, Salze, Fäkalstoffe und Urin, Kasein, Molke, Seife, stärkehaltige Stoffe, Öle, Harze, Wachse, Huminsäuren.

Lehmbaunormen DIN 18951: Lehmbauten
18952: Baulehm, Begriffe, Arten, Prüfung
18953: Baulehm, Lehmbauteile
18954: Ausführung von Lehmbauten, Richtlinien
18955: Baulehm, Lehmbauteile, Feuchtigkeitsschutz
18956: Putz auf Lehmbauteilen
18957: Lehmschindeldach

1.8. Prüfung der Gesteine

Die Probenahme und Prüfung der Natursteine (Bruch- und Werksteine, Straßenbaugesteine, Gleisbettungsstoffe) erfolgt je nach den zu erwartenden Beanspruchungen nach den in der DIN 52 100 enthaltenen Anweisungen und Richtzahlen für die Bewertung von Natursteinen sowie nach den in DIN 52 101–52 116 gegebenen Prüfrichtlinien. Für Straßenbaustoffe auch Sonderrichtlinien (Merkblätter der Forschungsgesellschaft für das Straßenwesen, siehe Ziff. 1.7.3).

Beurteilung von Betonzuschlägen nach DIN 4226, T. 1–3.

a) Wetterbeständigkeit (DIN 52 106, Ausg. Vornorm 8.94)

Der Beurteilung der Witterungsbeständigkeit sind gesteinskundliche Untersuchungen an Hand von Proben sowie Erhebungen an der Lagerstätte und an bestehenden Bauwerken zugrunde zu legen. (Probenahmen nach DIN 52 101/88)

Der Bewertung dienen folgende physikalische Prüfungen:

Prüfung der Dichte und Rohdichte (DIN 52 102, 8.88). Hieraus Bestimmung des Dichtigkeitsgrades d (= Verhältnis der Rohdichte zur Dichte) und der Gesamtporosität $p = (1 - d) \cdot 100\,[\%]$. (Für Sande, Kiese und Splitte erfolgen die Prüfungen nach DIN 4226 bzw. DIN 1996.)

Der **Sättigungswert S** (DIN 52 113, Ausg. 5.65), der zur theoretischen Beurteilung der Frostbeständigkeit herangezogen werden kann (Eisdruck des Porenwassers), ergibt sich aus dem Verhältnis der Wasseraufnahme bei Normaldruck (W_a) zur Wasseraufnahme (W_d) unter Druck (s. a. Abschn. 4.8.2.1b).

Frostwechselversuch (DIN 52 104, T. 1 u. 2, Ausg. 11.82, T. 3 Vornorm, 9.92). Nach dem jeweiligen Verwendungszweck Frostbeanspruchungen an der Luft oder unter Wasser nach vorheriger Wassertränkung unter Atmosphärendruck oder im Vacuum möglich. Die Anzahl der Frost-Tau-Wechsel (FTW: Abkühlen auf $-17,5\,°C$ ($\pm 2,5\,°C$), $\geqq 4$ Std. Lagerung, Auftauen bei $+20\,°C$, Wasserlagerung $\geqq 1$ Std.) richtet sich nach den Anforderungen.

Beobachtungen nach Augenschein während der FTW sowie Feststellung von Art und Umfang der Frostschäden, ggfs. durch Ermittlung des Gewichtsverlustes bzw. der Abplatzungen.

Untersuchungsverfahren zur Beurteilung der Witterungsbeständigkeit (DIN 52 106, V. 8.94 und DIN 52 111, 3.90): Chemische und physikalische Prüfungen auf besondere Eigenschaften (Mängel) je nach Gesteinsart, z. B. Angreifbarkeit durch Säuren, rostige Verfärbungen, Sonnenbrenner bei Basalt.

b) Festigkeitseigenschaften

Druckversuch (DIN 52 105/88): Prüfung an mind. 5 Würfeln mit 50 mm, bei grobem Gefüge mit 100 mm Kantenlänge oder an ausgebohrten Zylindern entsprechender Größe. (Prüfung auch an feuchtem Gestein.)

Zulässige Druckbeanspruchung siehe DIN 1053, Teil 1, Ausg. 2.90 „Mauerwerk".

Schlagversuch an Schotter und Splitt (DIN 52 109, Ausg. 10.39): Prüfung der Widerstandsfähigkeit gegen Zertrümmerung im Fallwerk (Abb. 7).

Bei Schotter 20 Schläge, bei Splitt 10 Schläge mit dem Fallbär 500 N aus 50 cm Höhe auf die in einem Mörser befindliche Probe. Anschließend Feststellung des „Zertrümmerungswertes" durch Absiebung des zerstörten Gesteins auf den nachfolgenden kleineren Sieben (= Mittelwert der Siebdurchgänge).

DIN 52 115.1/88: Schlagprüfgerät
DIN 52 115.2/88: Schlagversuch an Schotter, Bestimmung des SD10-Wertes
DIN 52 115.3/88: Schlagversuch an Splitt und Kies Kornklasse 8/12,5 mm

Verschleißprüfung (DIN 52 108, Ausg. 8.88): Prüfung des Abnutzungswiderstandes durch Schleifen an belasteten ebenflächigen Prüfkörpern (Prüffläche $7,1 \cdot 7,1 = 50\,cm^2$) auf einer waagerecht rotierenden

Tafel 3: Eigenschaften wesentlicher Naturstoinarten sowie von Kies als Betonzuschlag nach DIN 4226 Teil 1

	Gesteinsgruppen	Dichte[2] ϱ	Trockenrohdichte[2] ϱ_R	Wasseraufnahme nach DIN 52103[2]	Quellen und Schwinden[2]	Druckfestigkeit nach DIN 52105[2] δ_D	Widerstandsfähigkeit gegen Schlag[1] Schotter SD 10	Splitt $SZ_{8/12}$	E-Modul[3]	Wärmedehnzahl[3] (Temperat.-bereich 0–60 °C) α
		g/cm³	g/cm³	Gew.-%	mm/m	N/mm²	Gew.-%	Gew.-%	10⁴ N/mm²	10⁻⁶/K
	1	2	3	4	5	6	7	8	9	10
Erstarrungsgestein	Granit, Granodiorit, Syenit	2,62–2,85	2,60–2,80	0,2–0,5	0,06–0,18	160–240	10–22	12–27	3,8–7,6	7,4
	Diorit, Gabbro	2,85–3,05	2,80–3,00	0,2–0,4	0,12–0,13	170–300	8–18	10–20	5–6	6,5
	Quarzporphyr, Porphyr, Porphyrit, Keratophyr, Phonolith, Liparit, Andesit, Trachyt	2,58–2,83	2,55–2,80	0,2–0,7	0,08–0,10	180–300	9–22	11–23	2,5–6,5	7,4
	Basalt, Melaphyr	3,00–3,15	2,95–3,00	0,1–0,3	[4]	250–400	7–17	9–20	9,60 ($\varrho_R = 3,05$)	6,5
	Diabas	2,85–2,95	2,80–2,90	0,1–0,4	0,10	180–250	7–17	9–20		
Ablagerungsgestein	Grauwacke, Quarzit, Gangquarz	2,64–2,68	2,60–2,65	0,2–0,5	[4]	150–300	10–22	12–27	5,99 ($\varrho_R = 2,63$)	11,8
	Quarzitischer Sandstein	2,64–2,68	2,60–2,65	0,2–0,5	0,30–0,70	120–200	10–22	12–27	1–2	11,8
	Kies gebrochen[1]	[4]	2,60–2,75	[4]	[4]	–	–	14–25	[4]	[4]
	Kies rund[1]	[4]	2,55–2,75	[4]	[4]	–	–	17–34	[4]	[4]
	Dichter Kalkstein, Dolomit	2,70–2,90	2,65–2,85	0,2–0,6	0,10	80–180	16–30	17–28	8,16 ($\varrho_R = 2,69$)	5,0–11,5
Umwandlungsgestein	Gneis, Granulit	2,67–3,05	2,65–3,00	0,1–0,6	[4]	160–280	10–22	12–27		
	Amphibolit	2,75–3,15	2,70–3,10	0,1–0,4	[4]	170–280	10–22	12–27		

1) aus Technische Lieferbedingungen für Mineralstoffe im Straßenbau TL Min 83
2) aus Beton-Handbuch, Bauverlag Wiesbaden/Berlin
3) aus Zementtaschenbuch 1984, Bauverlag Wiesbaden/Berlin
4) noch nicht festgelegt nach DIN 52100

Motor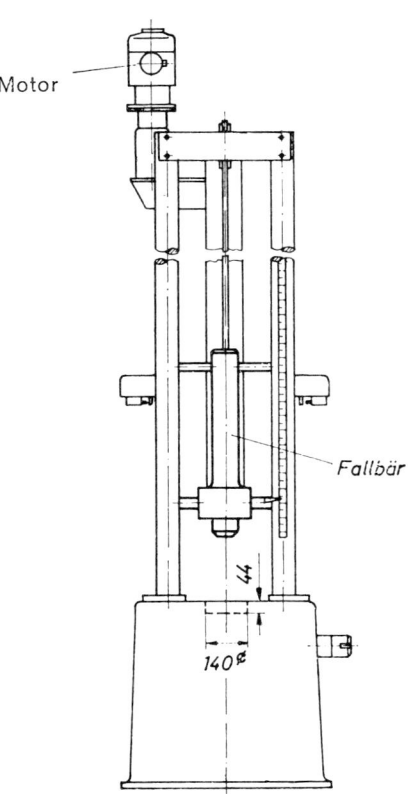

Fallbär

140⌀

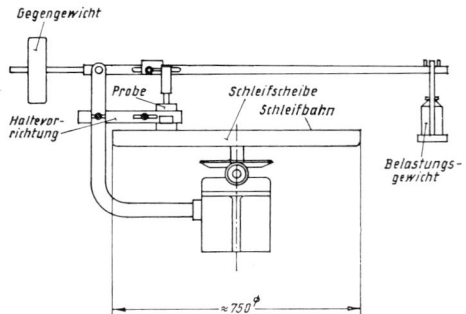

Abb. 8. Schleifscheibe nach Böhme

Abb. 7. Schlagfestigkeitsprüfung: Fallwerk

Metallscheibe (Schleifscheibe nach Böhme, s. Abb. 8) unter Verwendung eines Normschleifmittels (künstlicher Korund).

Die Feststellung des Schleifverschleißes erfolgt in $cm^3/50\,cm^2$ oder nach Dickenverlust in mm (s. a. Abschn. 4.8.1.6. Beton).

c) Sonstige Prüfungen

Bestimmung des Raummetergewichtes (Schüttgewicht) und des Hohlraumgehaltes (Haufwerkporigkeit an Steingekörn) (DIN 52 110/85)
Bestimmung der Kornform bei Schüttgütern (DIN 52 114/88)
Bestimmung der Bruchflächigkeit DIN 52 116/88

Bestimmung der Korngrößenverteilung durch Siebanalyse DIN 52 098/90

Prüfung auf Reinheit DIN 52 099/95

Versteifende Wirkung von Füllern (DIN 52 096, 4.87)

Technische Prüfvorschriften für Mineralstoffe im Straßenwesen, veröffentlicht von der Forschungsgesellschaft für Straßen- und Verkehrswesen, u. a. für

– Polierbeiwert von Splitt
– Kornform nach Pös
– Korngrößenverteilung von Sand
– Abschätzung des Brechsand-Natursand-Verhältnisses mit dem Binokular
– Prallprüfung an Sand in der Kugelmühle
– Fließversuch an Sand

sowie Los-Angeles-Prüfung: Prüfung der Kornzerkleinerung durch Abrieb, Schlag und Mahlen in einer rotierenden Stahltrommel mit Stahlkugeln als Mahlkörper gemäß ASTM C131–81

E DIN EN 932 T 1–6: Prüfverfahren für allgemeine Eigenschaften von Gesteinskörnungen
E DIN EN 933 T 1, 3.93: Prüfverfahren für geometrische Eigenschaften von Gesteinskörnungen, Bestimmung der Korngrößenverteilung, Siebverfahren
T 2, 6.93: Analysensiebe, Nennmaße der Sieböffnungen
T 6, 3.93: Bestimmung der Kornform, Plattigkeitskennzahl
T 8, 4.95: Bestimmung des prozentualen Anteils von gebrochenen Körnern in groben Gesteinskörnungen
T 10, 8.95: Bestimmung des Muschelschalengehaltes in groben Gesteinskörnungen
T 11, 11.95: Beurteilung von Feinanteilen, Sandäquivalentverfahren
T 12, 11.95: Beurteilung von Feinanteilen, Methylenbalu-Verfahren
CEN TC 154/SC 3+4, 10.95: Europäischer Normentwurf für Gesteinskörnungen in hydraulisch gebundenen und ungebundenen Schichten des Straßenbaus
TL 918061, 2.95: Deutsche Bundesbahn, Technische Lieferbedingungen für Gleisschotter, sowie Technische Prüfbestimmungen (TPG)

Schrifttum für die Anwendung

Bautechnische Informationen „Bauen mit Naturstein". Bezug durch Informationsstelle Naturwerkstein (Ludwigstraße 1, 97070 Würzburg).

Schriftenreihe „Naturstein im Straßenbau". Herausgeber: Bundesverband Natursteinindustrie e.V., Natursteinberatungsstelle (Buschstraße 22, 53113 Bonn).

Merkblätter der Forschungsgesellschaft für das Straßenwesen e.V. (Konrad-Adenauer-Str. 13, 50996 Köln).

Schneider/Schwimann/Bruckner: Lehmbau für Architekten und Ingenieure, Düsseldorf 1996

2. Zuschlag für Mörtel und Beton

Für die Beurteilung der Zuschläge sind maßgebend die Normen:

DIN 1045, Ausg. 7.88, „Beton und Stahlbetonbau"
DIN 1100, Ausg. 10.89, „Hartstoffe für zementgebundene Estriche"
DIN 4226, Ausg. 4.83, „Zuschlag für Beton"
       Teil 1, Zuschlag mit dichtem Gefüge
       Teil 2, Zuschlag mit porigem Gefüge (Leichtzuschlag)
       Teil 3, Prüfung von Zuschlag mit dichtem oder porigem Gefüge
       Teil 4, Überwachung (Güteüberwachung)
DIN 4301, Ausg. 11.80, Eisenhüttenschlacke und Metallhüttenschlacke für das Bauwesen

2.1. Einteilung der Zuschläge nach Herkommen und Verwendung

Zuschläge bilden mit Bindemittel und Wasser ein künstliches Konglomerat, das bei Korngrößen bis 4 mm-Quadratlochsieb als „Mörtel" und bei einem Größtkorn über 4 mm als „Beton" bezeichnet wird.

Nach Verwendung und Herkommen lassen sie sich in Zuschlag mit dichtem und porigem Gefüge (Schwerbeton-, Normalbeton- und Leichtbetonzuschlag) sowie in natürlichen und künstlichen Zuschlag einteilen. Ferner wird zwischen gebrochenem und ungebrochenem Zuschlag unterschieden.

2.1.1. Zuschläge aus natürlichem Gestein

a) **Gewinnung aus natürlichen Lagerstätten** (Lockergesteine)
   Verwendung als ungebrochener oder nachgebrochener Zuschlag

Flußkiessand: Ablagerungen in Flüssen und Flußniederungen. Körnung durch Strömung meist glatt und feinststoffarm.

Grubenkiessand: Ablagerungen von Gletschern (Moränen) mit gedrungener, wenig abgeschliffener Körnung, meist lehmig.

Vulkanisches Gestein: Ablagerungen vulkanischen Ursprungs mit porigem Gefüge: Bims, Lavaschlacke (Schaumlava), Tuff.

b) **Gewinnung aus Steinbrüchen** (Festgesteine)

Gebrochene Zuschläge aller Gesteinsarten, außer schiefrigem, mergeligem sowie sulfathaltigem Gestein.

2.1.2. Künstliche Zuschläge

a) Hochofenschlacken (Herstellung s. a. Abschn. 7.1.1.3)

Hochofenstückschlacke: Auf Halden langsam abgekühlte und gebrochene Schlacke mit feinkristallinem Gefüge. (Zulässiger Anteil an blasigen Stücken bei dichtem Beton $\leqq$ 5 M.-%.) Auch wesentliche Verwendung im Straßenbau.

Hochofenschlackensand (Granulierte Hochofenschlacke: „Hüttensand"): Durch Abschrecken von flüssiger Hochofenschlacke im Wasserstrom von glasig-schaumiger Beschaffenheit. Örtlich Verwendung als Mauersand im Gemisch mit feinkörnigem Natursand.

> Abgeschreckter basischer (kalkhaltiger) Schlackensand kann auch zufolge seiner hydraulischen Eigenschaften mit Portlandzementklinker vermahlen zu „Hüttenzementen" (z. B. EPZ, HOZ) verarbeitet werden (s. a. Abschn. 3.1.4.2b).

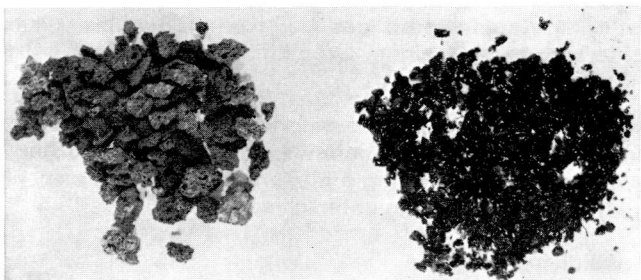

Abb. 9. Hüttenbims   **Abb. 10.** Schmelzkammergranulat

Hüttenbims (Abb. 9): Durch Einpressen von Wasser in flüssige Hochofenschlacke bimsartig aufgeschäumt und gebrochen, ähnlich der Lavaschlacke. Verwendung für wärmedämmenden Leichtbeton und Stahlleichtbeton. (Gefügedichter Leichtbeton mit Hüttenbims wird auch als „Thermocrete-Beton" bezeichnet.)

b) Steinkohlenaschen, -schlacken und -granulate

Kesselschlacke

Bei Rostfeuerungen anfallende festgesinterte Asche. Begrenzte Verwendung, oft stahl- und betonschädliche Schwefelverbindungen und Kohlerückstände enthaltend.

Schmelzkammergranulat (Schmelzgranulat) (Abb. 10)

Aus den Verbrennungskammern der Kohlenstaubfeuerung von Kraftwerken fließende geschmolzene Asche (mineralische Restbestandteile), die durch Abschrecken in einem Wasserbad zu einem glasigen Granulat erstarrt und z. B. in Prallmühlen zu einem gemischtkörnigen Brechsand aufbereitet werden kann.

> Das vorwiegend aus Silikat- und Aluminiumverbindungen bestehende Granulat enthält keine beton- und mörtelschädlichen Bestandteile.

> Verwendung in der Betonindustrie, in Mörtelwerken zur Ergänzung feinkörniger Sande, ferner im Straßenbau sowie bei Entwässerungen, z. B. zum Einbetten von Dränagerohren.

> > Neuerdings auch Verwendung als Strahlmittel (DIN 8201, T. 10) an Stelle des infolge freigesetzter Kieselsäure SiO_2 zu Silikose (Staublunge) führenden Sandstrahlens mit Quarzsand (s. a. Abschn. 1.6.2).

Filteraschepellets (Flugaschesinterpellets)

Bestehend aus in elektrischen Rauchgasfiltern von Kraftwerken ausgeschiedener Flugasche (Elektrofilterasche), die zunächst angefeuchtet zu kugelförmigen „Pellets" verschiedener Größe geformt wird.

Auf einem langsam sich bewegenden Sinterband werden die in der Flugasche noch enthaltenen Kohlebestandteile oder auch zugemischter Kohlenstaub durch eine Ölfeuerung zur Entzündung gebracht, so daß die Pellets eine äußere feste Sinterschicht und eine porige Innenstruktur erhalten.

Rohdichten 1,6–1,8 kg/dm^3. Fabrikat: z. B. „Fluasint" (VEBA)

Verwendung in Korngrößen bis 25 mm ähnlich Blähton und Blähschiefer, z. B. zu Konstruktionsleichtbeton.

c) Sinterbims aus verschiedenen Grundstoffen

Aus mineralischen Abraumstoffen verschiedener Herkunft, z. B. auch aus der Müllschlackenverwertung, ähnlich wie Sinterasche durch Kohlen- bzw. Kokszusatz auf dem Sinterband zu einer porigen bimsartigen Schlacke zusammengesintertes Material verschiedener Rohdichte und Kornfestigkeit.

Verwendung gebrochen und abgesiebt als Leichtbetonzuschlag oder für Wegebau.

d) Gebrannte tonhaltige Zuschläge

Ziegelsplitt: Gewinnung aus sortiertem Trümmergut: Verwendung zu Schüttbeton. Ferner Bruchabfälle aus Ziegeleien zu Kaminformsteinen.

Blähton, Blähschiefer (Abb. 11): Im Drehofen (ähnlich Zementdrehofen) bei Temperaturen über 1000 °C hergestellte, rundliche, außen gesinterte und innen poröse Granalien verschiedener Korngröße, aus tonhaltigen Rohstoffen bestehend, die bei höherer Temperatur aufblähende Gase entwickeln. Hohe Eigenfestigkeit. – Herstellung auch aus Tonschiefervorkommen (Blähschiefer). Kornform gedrungen, kantig.

Kornrohdichten je nach Korngröße 0,6–1,6 kg/dm^3, auch höher.

Verwendung zu gefügedichtem Stahlleichtbeton mit Rohdichten 1,0–2,0 kg/dm^3 und Betonfestigkeitsklassen bis LB 55 (s. Abschn. 4.10.2.2).

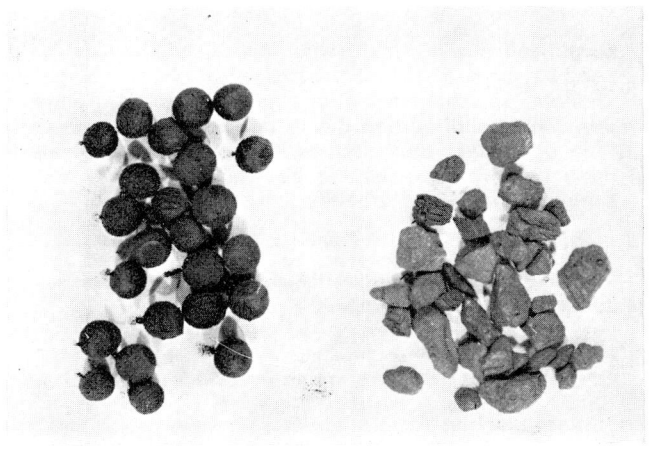

Abb. 11.   a) Blähton   b) Blähschiefer

e) Organische Zuschläge

Holzspäne (mineralisiert) für Holzbeton. Holzwolle für Leichtbauplatten: Bindung mit Magnesiamörtel (Fabrikat: Heraklith), Zement oder Gips. Ferner Schaumkunststoffe für Dämmzwecke, z. B. geschäumte Polystyrolkugeln für „Styroporbeton".

2.1.3. Natürliche oder künstliche Zuschläge für besondere Verwendung

Für Schwerbeton

Verwendung von Mineralien bzw. Gesteinen hoher Rohdichte insbesondere für Strahlenschutz, z. B. Schwerspat (Baryt, ϱ_{Rg} = 4,0–4,3 kg/dm³), Metallhüttenschlacken, kugelförmige Stahlgranalien und Stahlsand.

Für Hartbetonbeläge

Natürliche, meist quarzhaltige Hartgesteine oder künstliche Schmelzen, wie synthetischer Korund (durch Sintern aus Bauxit gewonnenes Al_2O_3) oder Carborund (aus Sand und Koks gebranntes Siliciumcarbid SiC); Härte 9.

Ferner Schlacken besonderer Art, z. B. Kupferschlacke, Metallspäne und Stahlfasern.

Für wärmedämmende Unterböden und Putze

Blähglimmer (Vermiculite): Erhitzter Glimmer mit blättriger Struktur infolge Verdampfen des enthaltenen Kristallwassers. – Schüttdichte 0,1–0,3 kg/dm³.

Blähperlit (Perlite): Kleine Kugeln verschiedenen Durchmessers aus künstlich geschäumtem kristallhaltigem vulkanischem Gestein (Perlstein). – Schüttdichte 0,1–0,2 kg/dm³ (Fabrikat: Superperlite).

Blähglas: Kugelförmig geschäumtes Glas (s. Abschn. 6.3.4.).

Geschäumtes Polystyrol: Kunststoffschaumkügelchen, geschlossenzellig, Schüttdichte etwa 0,012 kg/dm³.

2.2. Aufteilung nach Korngruppen

Korngruppen sind durch obere und untere Prüfkorngrößen begrenzt, die durch Siebung ermittelt werden. Ein Gemenge von mehreren Korngruppen wird als Zuschlaggemisch bezeichnet.

Nach der DIN 1045 „Beton- und Stahlbetonbau" und der DIN 4226 „Zuschlag für Beton" sind die Korngruppen bis einschließlich 2 mm Korngröße durch Prüfsiebgewebe (nach DIN 4188, T. 1, Ausg. 10.77) und bei Prüfkorngrößen ab 4 mm durch Lochsiebe mit Quadratlochung (nach DIN 4187, T. 2, Ausg. 4.74) begrenzt (Abb. 12).

Der Norm-Prüfsiebsatz ist auf der Verdoppelungsfolge aufgebaut:

$$0,125 - 0,25 - 0,50 - 1 - 2 - 4 - 8 - 16 - 32 - 63 - 125 \text{ mm}$$

Maschensiebe $\longrightarrow$ Quadratlochsiebe $\longrightarrow$

Für die Nenn-Prüfkorngröße 32 mm wird das Quadratlochsieb 31,5 mm verwendet. Ein zwischengeschaltetes Prüfsieb 25 mm bildet die obere Begrenzung der Leichtzuschläge (nach DIN 4226, Teil 2) und in der Regel für Splitte.

Die Festlegung von europaweit harmonisierten Korngrößen ist noch nicht erfolgt. Es zeichnet sich in dem entsprechenden „Technischen Komitee (TC)" für die europäische Normung ab, daß die obige Grundsiebreihe durch folgende Varianten der Ergänzungssiebreihe erweitert werden:

Ergänzungssiebreihe 1: 5,6 – 11,2 – 22,4 – 45 – 90 mm
　　　　　　　　　(5)　　(11)　　(22) (Nennbezeichnung)

Ergänzungssiebreihe 2: 6,3 – 10 – 12,5 – 14 – 20 – 40 mm

Anmerkung: Die Siebe 5 – 11 – 22 und 45 sind bereits heute üblich bei der Herstellung von gebrochenen Zuschlägen.

Korngrößen bis 4 mm werden als Sand und $\geq$ 4 mm als Kies bzw. bei gebrochenem Gestein als Splitt, Edelsplitt und Schotter bezeichnet (s. Tafel 4).

Edelsplitt erfüllt hinsichtlich Kornform, Korngröße, Über- und Unterkorn und Frostbeständigkeit erhöhte Güteanforderungen.

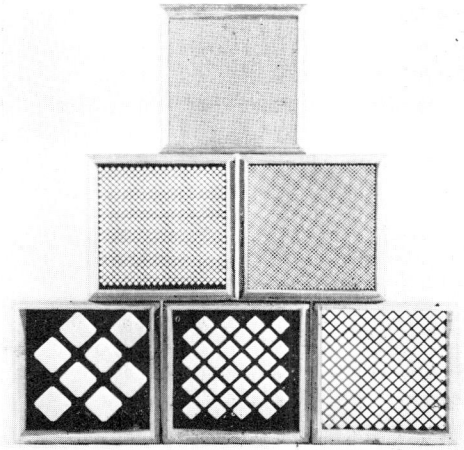

Abb. 12.

Quadratlochsiebe: 63 – 31,5 – 16 – 8 – 4 mm
und Maschensieb 2 mm

Bevorzugte Korngruppen für Beton mit stetiger Kornzusammensetzung:

$$\left. \begin{array}{l} 0/2 - 2/8 \\ \text{oder } 0/4 - 4/8 \end{array} \right\} - 8/16 - 16/32 - 32/63 \text{ mm (s. a. Abschn. 2.3.3.1.)}$$

sowie 4/16 – 4/32 – 8/32 mm

Bevorzugte Korngruppen für Leichtzuschläge und Splitte:

Wie vor, jedoch 16/25 statt 16/32 mm.

Gemenge von Kies und Sand werden als Kiessand bezeichnet, Gemenge von Splitt und Sand als Splitt-Sand-Gemisch.

Tafel 4: Zusätzliche Bezeichnungen für Zuschläge
(Nach DIN 4226, T. 1, Tab. 1)

Kleinstkorn mm	Größtkorn mm	Ungebrochener Zuschlag	Gebrochener Zuschlag
–	0,25	Feinstsand ⎫	Feinst- ⎫
–	1	Feinsand ⎬ Sand	Fein- ⎬ Brechsand, Edelbrechsand
1	4	Grobsand ⎭	Grob- ⎭
4	32	Kies	Splitt, Edelsplitt
32	63	Grobkies	Schotter

Korngrößen $\leqq$ 0,125 mm gelten als Mehlkorn

Werkgemischter Betonzuschlag (Abkürzung WBZ)

Herstellung bis Korngröße 32 mm:

Bei 8 mm Größtkorn aus mindestens 2 Korngruppen, bei 16 und 32 mm Größtkorn aus mindestens 3 Korngruppen nach stetig verlaufender Sieblinie A bis C bzw. nach unstetiger Sieblinie U (s. Abb. 18–20). Jeweils eine Korngruppe muß im Bereich 0 bis 4 mm liegen. – Vermeiden von Entmischungen beim Laden und Lagern. (Zwischenlagerung unzulässig!)

Verwendung nur bis Betonfestigkeitsklasse B 25.
(Güteanforderung s. Abschn. 2.3.3.1.).

2.3. Güteanforderungen und Prüfverfahren (DIN 4226, T. 1–3, 4.83)

Nach DIN 4226, T. 1 und T. 2, sind für Zuschlag mit dichtem Gefüge (Normalzuschlag) und für Zuschlag mit porigem Gefüge (Leichtzuschlag) a b g e s t u f t e Güteanforderungen für einige Eigenschaften festgelegt:

Regelanforderungen

Zuschlag der ohne jeden einschränkenden oder erweiternden Zusatz die Normforderungen der DIN 4226 erfüllen muß.

Erhöhte Anforderungen (e)

Erfordert der herzustellende Beton aufgrund seiner Beanspruchung durch Gebrauchs- und Umweltbedingungen die Einhaltung zusätzlicher Anforderungen an den Zuschlag, so ist dies zwischen Beton- und Zuschlaghersteller zu vereinbaren und von diesem sicherzustellen.

Verminderte Anforderungen (v)

Zuschlag, der hinsichtlich bestimmter Eigenschaften die Regelanforderungen nicht erfüllt, darf für gewisse Anwendungen des Betons verwendet werden, wenn die Eignung des Zuschlags durch Eignungsprüfungen nachgewiesen wurde.

Für folgende Güteeigenschaften sind Regelanforderungen festgelegt sowie erhöhte bzw. verminderte Anforderungen möglich.

Güteeigenschaften	Regel-anforderungen Normal- Leicht-Zuschlag		Erhöhte Anforderungen Normal- Leicht-Zuschlag		Verminderte Anforderungen Normal- Leicht-Zuschlag	
Kornzusammensetzung	×	×	–	–	–	–
Kornform	×	–	eK*)	–	vK	–
Festigkeit	×	–	–	–	vD	–
Widerstand gegen Frost	×	×	eF	–	vF	–
Widerstand gegen Frost und Taumittel	–	–	eFT	–	–	–
Schädliche Bestandteile						
Abschlämmbare Bestandteile	×	×	–	–	vA	vA
Fein verteilte organische Stoffe	×	×	–	–	vO	vO
Quellfähige organische Stoffe	×	×	eQ	eQ	–	–
Erhärtungsstörende Stoffe	×	×	–	–	–	–
Sulfatgehalt	×	×	–	–	vS	vS
Wasserlösliches Chlorid	×	×	eCl	eCl	vCl	–
Gleichmäßigkeit (Schüttdichte, Kornrohdichte, Kornfestigkeit)	–	–	–	eG	–	–

*) bei Edelsplitt

2.3.1. Probenahme

Für die Prüfung der Zuschläge auf Kornzusammensetzung und stoffliche Beschaffenheit sind nach DIN 4226 mindestens folgende Probemengen für Normalzuschlag bereitzustellen:

    Korngruppen bis 4 mm $\geqq$ 5 kg
    Korngruppen bis 8 mm $\geqq$ 20 kg
    Korngruppen bis 32 mm $\geqq$ 35 kg
    Korngruppen bis 63 mm $\geqq$ 65 kg

Für Körnungen mit porigem Gefüge gelten etwa die halben Gewichtsmengen.

Damit die Proben dem Durchschnitt des zu beurteilenden Prüfgutes entsprechen, soll mindestens das Vierfache der bei den Prüfungen geforderten Probemenge an verschiedenen Einzelstellen entnommen werden (meist Ablagerungen der groberen Körnung am Böschungsfuß, der feineren Körnung im oberen Teil des Böschungskegels). Die entnommene Durchschnittsprobe wird auf fester sauberer Unterlage kreisförmig durch Verziehen flach ausgebreitet und durch Viertelung verkleinert (Abb. 13).

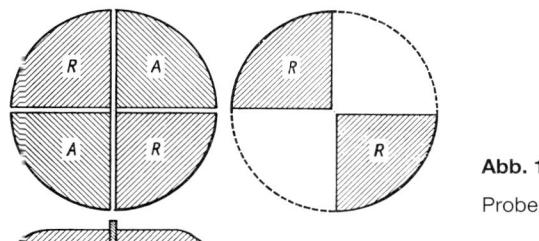

Abb. 13.

Probenteilung durch Viertelung

Unterteilung der Kreisfläche durch Kennzeichnung mit rechtwinklig aufeinanderstehenden Durchmessern und Entnahme des Zuschlags von zwei gegenüberliegenden Kreisausschnitten (A). Das Restgut (R) wird nach abermaliger kreisförmiger Ausbreitung weiter geviertelt, bis ungefähr die geforderte obige Probemenge verbleibt. Diese ist zur Vermeidung von Feinkornverlusten in dichten Behältern zur Prüfung bereitzustellen bzw. zum Versand zu bringen. (Bei der Probeteilung ist darauf zu achten, daß auch die Feinteile gleichmäßig erfaßt werden.)

Auch Verwendung eines in der Bodenmechanik üblichen „Probenteilers".

2.3.2. Stoffliche Beschaffenheit

2 3.2.1. Eigenschaften des Einzelkorns

a Kornform und Oberflächenbeschaffenheit

a 1) Kornform

Zuschläge gedrungener (kugeliger oder würfeliger) Kornform ergeben vergleichsweise bessere Betonfestigkeiten als plattige und splittrige Zuschläge.

Der Anteil an länglichen oder flachen Körnern über 8 mm soll nicht mehr als 50 M.-% betragen, bei Edelsplitt nicht mehr als 20 M.-%.

Oberflächenverhältnis (Formfaktoren) verschiedener Kornformen:

Kugel	:	Würfel	:	Tetraeder
1		1,4		2,8

Zuschlagkörner gelten als ungünstig, wenn das Verhältnis Länge zu Dicke (nicht Breite) größer als 3:1 ist.

Beurteilung nach Augenschein oder Auszählen einer Grobkornprobe von mind. 250 Körnern, evtl. unter Verwendung einer im Verhältnis 3:1 gestalteten Kornformschieblehre (nach DIN 52 114, Ausg. 11.72):

Von der Messung der Länge eines Kornes ausgehend, gilt dieses als ungünstig, wenn es durch den schrägen Schlitz der Lehre mit seiner Dicke hindurchgeht.

a 2) Oberflächenbeschaffenheit

Neben der Kornform hat auch die Oberflächenbeschaffenheit des Zuschlags wesentlichen Einfluß auf die Verdichtungswilligkeit und damit den Wasserbedarf des Betons. Splittrige und rauhe Körnungen bedürfen zur Verdichtung eines höheren Sandanteils. Eine oberflächenrauhe Körnung weist jedoch infolge besserer Gefügeverzahnung höhere Biegezugfestigkeiten auf.

b) Dichten

b.1) Schüttdichte: Dichte des lose geschütteten Materials, einschließlich Haufwerksporen und Eigenporen des Zuschlags

$$\varrho_{Sg} = \frac{Masse}{Gefäßvolumen} \; [kg/dm^3]$$

Außer der Abhängigkeit der Schüttdichte von der Kornrohdichte, vom Kornaufbau, von der Korngröße, von der Kornform und vom Verdichtungsgrad ist sie mit dem Feuchtigkeitsgehalt veränderlich: Mit steigender Eigenfeuchte, insbesondere bei sandreichen Gemischen, bewirken die Adhäsionskräfte der zwischen den Körnern haftenden Feuchtigkeit („Zwickelwasser") infolge der hierdurch bewirkten Auflockerung des Schüttgutes (Klebwirkung) zunächst eine Abnahme des Schüttgewichtes je Raumeinheit (Schüttdichte), die erst bei höherem Feuchtigkeitsgehalt des Zuschlags wieder zunimmt (Abb. 14).

> **Prüfverfahren:** Feststellung der Schüttdichte durch loses Einfüllen des Prüfgutes rund um den Rand des Gefäßes mit einer kleinen Schaufel oder Kelle, bei Korngruppen bis 4 mm in ein 1 l-Gefäß, bei größeren Körnungen in ein 10 l-Gefäß, und Wiegen des abgezogenen Inhalts. Die Schüttdichte ist der Quotient aus Gewicht und Volumen:
>
> $$\varrho_{Sg} = m/V \; [kg/dm^3] \quad \text{(Mittel aus 3 Prüfungen).}$$

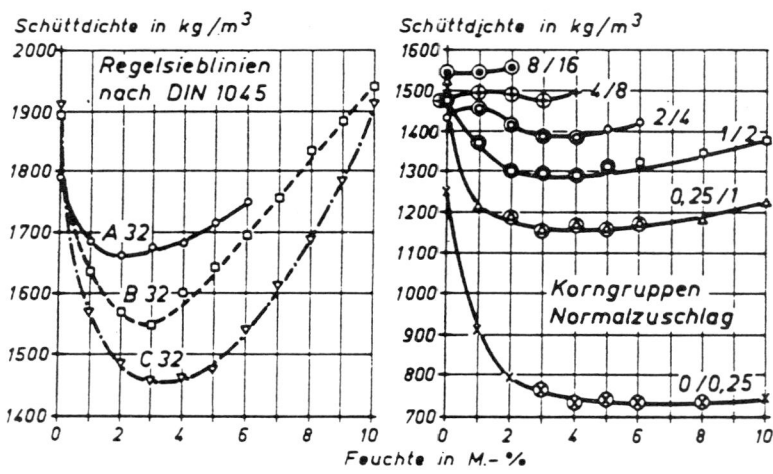

Abb. 14. Veränderung der Schüttdichte von Zuschlag durch Feuchtigkeit (nach Wesche)

a) Auflockerung von Kiessanden   b) Auflockerung von Korngruppen

b.2) Kornrohdichte: Stoffdichte einschließlich Eigenporen

$$\varrho_{Rg}{}^{*)} = \frac{Masse}{Kornvolumen \; einschl. \; Kornporen} \; [kg/dm^3]$$

Die Bestimmung erfolgt mit dem Wasserverdrängungsverfahren.

> **Prüfverfahren:** Aus einer größeren Menge Prüfgutes werden 1000 g getrockneten Zuschlags (m_g) nach halbstündiger Wasserlagerung, zur Wasserfüllung etwaiger Oberflächenporen, und nach geeigneter Oberflächentrocknung (mit saugenden Gewebebahnen oder mit Warmluftstrom) in einen mit 500 cm³

---

*) Nebenzeichen R nur dann, wenn zur Unterscheidung gegenüber anderen Stoffen (z. B. Zement) erforderlich.

Wasser gefüllten Meßzylinder von 1000 cm³ Inhalt vorsichtig eingefüllt und das Gesamtvolumen des Wassers (V), nach Entfernen von Luftblasen durch Klopfen, abgelesen. Die Kornrohdichte beträgt dann:
$$\varrho_{Rg} = m_g/(V - 500) \; [kg/dm^3].$$
Bei Zuschlag poriger Beschaffenheit wird eine geringere Probemenge verwendet. Die Probe wird zuvor mit einem wasserabweisenden Stoff (Petroleum oder Cyclohexan) mittels einer Sprühflasche so übersprüht, daß die Oberfläche aller Körner schwach benetzt ist. Bei Aufschwimmen von Leichtzuschlägen Auflegen einer gelochten Scheibe mit dem Volumen V_S:
$$\varrho_{Rg} = m_g/(V - (V_S + 500)) \; [kg/dm^3].$$

b.3) Dichte: Stoffdichte ohne Eigenporen

$$\varrho_g = \frac{Masse}{Stoffvolumen \; ohne \; Kornporen} \; [kg/dm^3]$$

Die Bestimmung der Dichte eines Gesteins erfolgt zur evtl. Ermittlung der Porosität (s. Abschnitt Natursteine, 1.8a Dichtigkeitsgrad).

Prüfverfahren: Feststellung der Dichte durch Einschütten einer pulverisierten Einwaage (m_g) des Stoffes in ein volumengeeichtes Meßgerät (Pyknometer mit z. B. 100 cm³ Inhalt) (Abb. 15). Nach Auffüllen des Gefäßes mit einer Flüssigkeit (bei der Dichtebestimmung von Zementen mit Tetrachlorkohlenstoff) ergibt sich, unter Entfernen der Luftblasen durch Kochen, das Volumen (V) der eingefüllten Flüssigkeit:
$$\varrho_g = m_g/V \; [kg/dm^3].$$

Abb. 15.

Pyknometer zur Dichtebestimmung

c) Festigkeit von Zuschlag mit dichtem Gefüge

Bei Kiesen und Sanden ist eine ausreichende Eigenfestigkeit durch die vorausgegangene natürliche Beanspruchung in der Regel gegeben. Tonige, schiefrige und merglige Gesteine sind ungeeignet, da sie beim Brechen und Fördern gewöhnlich verschmutzen.

Gebrochenes Felsgestein hat ausreichende Festigkeit bei über 100 N/mm² Druckfestigkeit des feuchten Gesteins (s. Abschn. 1.8., Tafel 3). Evtl. überschlägige Prüfung durch Hammerschlag auf Einzelkorn. In Zweifelsfällen und stets bei künstlich hergestellten Zuschlägen ist deren Eignung durch Betoneignungsprüfung nach DIN 1045 und 1048 in der geforderten Festigkeitsklasse nachzuweisen.

Ein unmittelbarer Aufschluß über die Festigkeit eines unbekannten Zuschlags kann evtl. auch durch einen Schlagversuch mittels Fallwerk (nach DIN 52 109) durch Feststellung des Schlagzertrümmerungswertes bestimmt werden. Anforderungen nach TL Min 78 (s. Abschn. 1.8b, Natursteine, S. 25).

d) Widerstand gegen Frost

Die Beständigkeit eines Zuschlags muß für den vorgesehenen Verwendungszweck ausreichend sein.

Hinsichtlich der Beurteilung der Kiese und Sande gelten die naturgegebenen Voraussetzungen wie bei der Festigkeit.

Bei gebrochenen Gesteinen ist i. allg. die Frostbeständigkeit bei mindestens 150 N/mm^2 Druckfestigkeit der Gesteinsart gegeben oder wenn die Wasseraufnahme des Gesteins 0,5 M.-% nicht überschreitet. – Überschlägige Prüfung auch durch Aufsetzen eines Wassertropfens auf Einzelkorn.

Im Zweifelsfall sind Frost-Tau-Wechsel-Prüfungen erforderlich, die den zu erwartenden Feuchtigkeits- und Frostbeanspruchungen des Bauwerkes angepaßt sind. Die Prüfungen erfolgen an Korngruppen, im allgemeinen $\geqq 8$ mm, die von Unter- und Überkorn befreit sind, und an denen nach der Frost-Tau-Wechsel-Prüfung der Anteil nicht frostbeständiger Körner, d. h. zerfallener Bestandteile, durch Absieben durch das nächst kleinere Sieb bestimmt wird.

Regelanforderungen: Widerstand gegen Frost bei mäßiger Durchfeuchtung, wie z. B. bei Hochbauten.

Prüfung durch Gefrieren des Zuschlags nach Wassersättigung **an der Luft** nach Verfahren P der DIN 52 104. Zulässiger Durchgang: $\leqq 4$ Gew.-%.

Erhöhte Anforderungen: (eF) Widerstand gegen Frost bei starker Durchfeuchtung, wie z. B. bei horizontalen Flächen im Freien und Bauwerken des Wasserbaues.

Prüfung durch Gefrieren des Zuschlags **unter Wasser** nach Verfahren N der DIN 52 104. Zulässiger Durchgang: $\leqq 4$ Gew.-%.

(eFT) Widerstand gegen Frost bei starker Durchfeuchtung und besonderen Anwendungsgebieten des Betons, wie z. B. Brückenbauwerken, Stützmauern im Straßenbau, Fahrbahndecken, Wasserbauwerken in der Wasserwechselzone.

Prüfung durch Gefrieren des Zuschlags unter Wasser nach Verfahren N der DIN 52 104. Zulässiger Durchgang: $\leqq 2$ Gew.-%.

Prüfverfahren P der DIN 52 104, T. 1, Ausg. 11.82, **Gefrieren an Luft,** nach Wasserlagerung und Abtropfen des Zuschlags, im 20maligen Frost-Tau-Wechsel von −17,5 ($\pm$ 2,5) °C auf +20 °C (Auftauen bei Wasserlagerung).

Prüfverfahren N der DIN 52 104, T. 1, Ausg. 11.82, **Gefrieren unter Wasser,** in einer Blechdose bei 10maligem Frost-Tau-Wechsel von −17,5 ($\pm$ 2,5) °C auf +20 °C (Lagerungszeit nach Norm).

2.3.2.2. Eigenfeuchtigkeit

Die Feststellung der Eigenfeuchte ist bei der Schüttdichte des Zuschlags (Abschn. 2.3.2.1b.1) sowie zur Ermittlung des Gesamtwassergehaltes bei der Betonherstellung erforderlich. Maßgebend ist hierbei die unmittelbar mitwirkende Oberflächenfeuchtigkeit der Körnung. Der innere Feuchtigkeitsgehalt (Kernwasser) bleibt i. allg. unberücksichtigt und dient bestenfalls der Nachhärtung des Betons.

Prüfverfahren: Die Prüfung der Eigenfeuchte (h_g) erfolgt durch Erhitzen einer guten Durchschnittsprobe (bei grober Körnung bis 5000 g, bei feiner Körnung etwa 1000 g) auf elektrisch- oder gasbeheizten Blechen bis zur Oberflächentrocknung.

Auch Verwendung von Spezialgeräten (Schnellfeuchtigkeitsprüfer) an geringeren Mengen, z. B. für Sand mit „CM-Gerät" (Manometermessung des je nach Oberflächenfeuchtigkeit des Zuschlags erzeugten Gasdrucks einer konstanten Karbidpulvermenge in einer Stahlflasche) oder bei gröberer Körnung mit „AM-Gerät" (Abflammen des Zuschlags mit flüssigem Brennstoff).

Der festgestellte Gewichtsverlust wird in M.-% auf das Trockengewicht ($m_{g,d}$) oder auch aus Zweckmäßigkeitsgründen auf das Ausgangsgewicht ($m_{g,h}$) bezogen:

bzw. $h_{g,o}' = [(m_{g,h} - m_{g,d}) / m_{g,d}] \cdot 100$ [M.-%]
bzw. $h_{g,o} = [(m_{g,h} - m_{g,d}) / m_{g,h}] \cdot 100$ [M.-%]

     Beispiel für 5000 g Einwaage:
     $h_{g,o} = ((5000-4850 / 4850) \cdot 100 = 3,1$ M.-%
     $h_{g,o}' = ((5000-4850 / 5000) \cdot 100 = 3,0$ M.-%

Vermerk: Bei Bestimmung der Oberflächenfeuchte durch Hitze ist die verdunstete Kernfeuchtigkeit in Abzug zu bringen, die bei dichtem Gestein 0,1–1,0 M.-%, i. allg. 0,5 M.-% beträgt, bei sandsteinhaltigen Zuschlägen bis etwa 2,5 M.-% (evtl. vorherige Bestimmung der Wasseraufnahme).

2 3.2.3. Schädliche Bestandteile

A s beton- und mörtelschädlich gelten ein Übermaß an abschlämmbaren Bestandteilen, Stoffe o ganischen Ursprungs sowie erweichende, quellende und treibende Bestandteile, bestimmte erhärtungsstörende Stoffe, Schwefelverbindungen oder korrosionsfördernde Stoffe, wie C loride.

D e überschlägige Beurteilung kann nach Augenschein oder hinsichtlich des Herkommens (Verunreinigungen) nach Geruch oder z. B. zur groben Feststellung der Lehmhaltigkeit durch Reiben einer feuchten Probe zwischen den Handflächen erfolgen. In Zweifelsfällen, insbesondere auch bei industrieller Herkunft der Zuschläge, sind eingehende Untersuchungen erforderlich.

a) Abschlämmbare Bestandteile (Durchgang durch Sieb 0,063 mm)

Als lehmige oder tonige Substanzen oder als beim Brechen anfallendes sehr feines Gesteinsmehl vorkommend.

Schädliche Auswirkungen in größeren Mengen. Besonders schädlich sind lehmige, nicht leicht abreibbare Verkrustungen der Zuschläge (Behinderung der Bindemittelhaftung), tonige Knollen (Quellen bei Wasseraufnahme) sowie hoher Glimmeranteil im Gesteinsmehl.

Richtwerte für die Begrenzung des Gehalts an abschlämmbaren Bestandteilen

Korngruppen 0/1, 0/2, 0/4	≤ 4 M.-%
Korngruppen 1/2, 1/4, 2/4, 0/8	≤ 3 M.-%
Korngruppen 2/8, 4/8, 0/16, 0/32	≤ 2 M.-%
Korngruppen 2/16, 4/16, 4/32, 0/63	≤ 1 M.-%
Korngruppen 8/16, 8/32, 16/32, 32/63	$\leq 0,5$ M.-%*)

*) bei gebrochenem Zuschlag bis 1 M.-% zulässig.

Überschreitungen sind zulässig, wenn die Brauchbarkeit des Betons oder Mörtels für den vorgesehenen Zweck nachgewiesen wird (vA).

Bei Leichtbeton sind höhere Anteile (gem. DIN 4226, T. 2) zulässig.

a.1) Absetzversuch

Die Feststellung des Gehaltes an abschlämmbaren Bestandteilen kann bei Korngruppen bis 4 mm überschlägig durch den Absetzversuch erfolgen, bei dem nach mehrfachem Schütteln eines mit Zuschlag und Wasser gefüllten Standzylinders die oberhalb abgesetzte Schicht des Abschlämmbaren nach Volumen (cm^3) abgelesen und in Gewichtsteile umgerechnet auf die Einwaage in M.-% bezogen wird.

Prüfverfahren: Einfüllen einer Probe ($m_{g,h}$) von 500 g (bei porigen Zuschlägen etwa 250 g) der Körnungen bis 4 mm in einen 1000 cm^3-Meßzylinder unter Zugabe von etwa ¾ l Wasser. Nach dreimaligem Durchschütteln des zu verschließenden Meßzylinders in Abständen von 20 min und nach einer Setzzeit von 1 Std., bzw. bei noch nicht genügender Klarheit der Flüssigkeit nach 24 Stunden, kann das Volumen (V_s) der oben abgesetzten schlammigen Bestandteile in cm^3 festgestellt werden, das, mit dem Trockengewicht der Schlämmeschicht je cm^3 multipliziert, das Gewicht (a) der Schlämmeschicht ergibt.

Als Näherungswerte für das Trockengewicht der Schlämmeschicht von natürlichen Zuschlägen nach 1 Std. Absetzzeit können etwa 0,6 g/cm^3 oder nach 24 Std. etwa 0,9 g/cm^3 angenommen werden. (Auch Selbstermittlung der Werte bei bestimmten Zuschlagvorkommen durch Auswaschversuch gemäß Abschnitt a.2.)

$$\text{Trockengewicht der Schlämmeschicht } a = 0,6 \ (0,9) \cdot V_s \ [g]$$

Die Ermittlung des Abschlämmbaren (a_g) in M.-% erfolgt aus dem Verhältnis des Schlämmegewichtes (a) zum Gesamtgewicht der Einwaage ($m_{g,h}$).

Beispiel: Für $V_s = 24 \ cm^3$ und 500 g Einwaage

$$a_g = \frac{0,6 \cdot V_s \cdot 100}{500} = \mathbf{0,12} \cdot V_s = 2,9 \ \text{M.-\%}$$

(Das abgelesene Volumen des Abschlämmbaren braucht demgemäß nur mit 0,12 multipliziert zu werden, um den Massenprozentsatz zu erhalten.)

a.2) Auswaschversuch

Bei vorstehend festgestelltem wesentlichen Überschreiten der zulässigen Menge an Abschlämmbarem erfolgt eine genaue Ermittlung mit dem Auswaschversuch, bei dem an Körnungen beliebiger Größe der Gehalt an abschlämmbaren Bestandteilen $\leqq 0{,}063$ mm durch Siebspülung festgestellt wird.

> **Prüfverfahren:** Prüfgutmenge (n. DIN 4226, T. 3, Tab. 4): Größtkorn bis 4 mm 1000 g, bis 8 mm 2000 g, $\geqq 8$ mm 5000 g. Leichtzuschläge halbe Mengen.
>
> Aus dem zuvor gut durchgemischten Zuschlag wird eine Probe vorstehender Gewichtsmenge für den Auswaschversuch und eine gewichtsmäßig gleichgroße Probe für die Bestimmung des Trockengewichts ($m_{g,d}$) entnommen. Nach 12stündiger Lagerung der Auswaschprobe unter Wasser und anschließendem gründlichen Durchrühren wird diese einschl. des Wassers auf 3 übereinander stehende Prüfsiebe 8 mm, 1 mm und 0,063 mm geschüttet (beim letzteren unter gleichzeitigem Überstreichen mit einem Haarpinsel) und mit einem Wasserstrahl so lange ausgewaschen, bis das durchtretende Wasser klar bleibt.
>
> Der Anteil abschlämmbarer Bestandteile errechnet sich aus der Differenz des Trockengewichtes der Ausgangsprobe ($m_{g,d}$) und der bis zur Gewichtskonstanz getrockneten Siebrückstände ($m_{g,a,d}$), bezogen auf das Ausgangstrockengewicht ($m_{g,d}$):
>
> $$a_g = 100\ (m_{g,d} - m_{g,a,d})\ /\ m_{g,d}\ \text{[M.-\%]}$$
>
> (Grundsätzlich Durchführung von 2 Versuchen, bei Abweichungen 3 Versuche.)

b) Stoffe organischen Ursprungs

Durch feinverteilte humose oder sonstige organische Stoffe kann der Erhärtungsvorgang des Betons oder Mörtels gestört werden. In körniger Form können Holz- oder Kohlebestandteile Verfärbungen oder durch Quellen Oberflächenzerstörungen, besonders bei Putzen, Estrichen oder Sichtbeton, hervorrufen.

b.1) Nachweis chemisch schädlicher Stoffe (Humus)

Einen Hinweis auf humussäurehaltige Bestandteile gibt eine Untersuchung mit 3%iger Natronlauge (NaOH), deren rötliche bis schwarze Verfärbung schädliche Bestandteile anzeigt, so daß in Zweifelsfällen eine Eignungsprüfung mit dem Zuschlagmaterial erforderlich wird. (Zuckerähnliche Stoffe werden durch den Versuch mit Natronlauge nicht erfaßt, siehe Abschnitt c.2.)

> **Prüfverfahren** (Abb. 16): Einfüllen von 130 cm^3 des Zuschlaganteils $\leqq 8$ mm in eine Glasflasche ($\varnothing$ 65–70 mm) von etwa 300 cm^3 Inhalt mit Meßmarken bei 130 und 200 cm^3 (oder behelfsweise in einem verschließbaren Meßzylinder). Übergießen des Zuschlags mit 3%iger Natronlauge bis zum Teilstrich 200 cm^3 und gründliches Durchschütteln der mit einem Stopfen zu verschließenden Flasche.

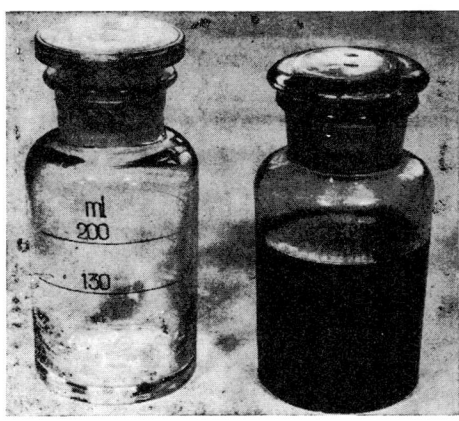

Abb. 16.

Humussäurebestimmung in 300-ml-Meßflasche

Nach 24 Stunden Feststellung der Färbung der überstehenden Flüssigkeit.

Farblos bis gelb: Mit großer Wahrscheinlichkeit keine wesentlichen organischen Bestandteile. Rötlich bis schwarz: Vorsicht geboten! Verwendung nur nach Eignungsprüfung. (Festigkeitsvergleich mit einwandfreiem Zuschlag gleichen Mischungsverhältnisses und Kornaufbaus.)

b.2) Nachweis quellfähiger Stoffe

Der Gehalt an quellfähigen organischen Stoffen wird durch Aufschwemmen in spezifisch schwerer Flüssigkeit festgestellt und soll 0,5 M.-% bei Korngruppen $\leqq$ 4 mm und 0,1 M.-% bei Korngruppen $\geqq$ 4 mm nicht überschreiten. (Bei Sichtbeton, Betonfahrbahndecken und Estrichen u. U. schärfere Anforderungen eQ.)

Prüfverfahren: Soweit nicht nach Augenschein auslesbar, wird eine Durchschnittsprobe getrockneten Zuschlags z. B. in gesättigter Zinkchloridlösung ($ZnCl_2$, Dichte 2,0 kg/dm³) unter Umrühren eingeschüttet. Die abzuschöpfenden aufschwimmenden Bestandteile werden gewaschen, getrocknet und gewogen. Der Gehalt wird auf die Einwaage bezogen.

c) Sonstige schädliche Bestandteile

c.1) Sulfate

Da der Gehalt an wasserlöslichen Schwefelverbindungen (wie Alkalisulfate, Gips, Anhydrit) sowie Sulfiden, die in wenig dichtem Beton durch Zutritt von Luft zu Sulfaten oxidieren, in größeren Mengen zu zerstörenden Veränderungen des Betons führen kann, darf deren Gehalt 1,0 M.-%, berechnet als SO_3, nicht überschreiten. (Für die Beurteilung von Sulfiden sind jedoch die zu erwartenden örtlichen Verhältnisse maßgebend.)

Prüfverfahren: Herstellen eines Filtrates nach DIN 4226, T. 3. Nach Zusatz von Salzsäure und Zugabe von Bariumchlorid $BaCl_2$ erfolgt die Umwandlung der Sulfatbestandteile in ausfällendes (unlösliches) Bariumsulfat $BaSO_4$, das nach Ausfilterung und Trocknung gewogen und auf SO_3 berechnet wird.

c.2) Weitere erhärtungsstörende Stoffe

Bei Verdacht auf Verunreinigungen, wie zuckerähnliche Stoffe und lösliche Salze, die u. U. schon in geringen Mengen die Erhärtung und/oder Erstarren des Betons beeinträchtigen können, sind mit den Zuschlägen durch Herstellen von Mörtelprismen bzw. Betonwürfeln in einer nach DIN 4226, T. 3, festgelegten Zusammensetzung vergleichende Festigkeitsprüfungen mit einem Mörtel oder Beton gleicher Zusammensetzung, jedoch unter Verwendung eines einwandfreien Zuschlags, durchzuführen. Beträgt der Festigkeitsabfall mehr als 15%, so sind schädliche Bestandteile im untersuchten Zuschlag als gegeben anzusehen.

c.3) Stahlangreifende Stoffe

Zuschlag für bewehrten Beton darf keine schädlichen Mengen an Salzen enthalten, die den Korrosionsschutz der Bewehrung beeinträchtigen, z. B. Nitrate, Chloride (bei nicht in Hüllrohren verlegtem Spannstahl höchstzulässige Chloridmenge 0,02 M.-%, berechnet als Chlor, bei Stahl- und Spannbeton mit nachträglichem Verbund $\leqq$ 0,04 M.-%).

Prüfverfahren: Chloridnachweis durch potentiometrische Ermittlung nach DIN 4226, Teil 3, an einer salpetersauren Lösung mit Silbernitratlösung.

c.4) Alkalilösliche Kieselsäure

Die in einem Teilgebiet Norddeutschlands erforderliche Überprüfung und Beurteilung neu erschlossener Kiessandvorkommen auf Gehalt an alkalilöslicher Kieselsäure (SiO_2), die unter ungünstigen Umständen im Beton mit den Alkalien des Zementes reagieren und zu einer Raumausdehnung und zu Rissen im Beton führen kann, ist durch ein fachkundiges Institut vorzunehmen[*]) (s. a. 3.1.4.4.2.c).

Auch im südlichen Bereich der neuen Bundesländer (Brandenburg, Sachsen-Anhalt, Thüringen) wurden ähnliche Schäden festgestellt. Genannt wurden in diesem Zusammenhang präkambrische Grauwacke, Quarzporphyr und Kieselschiefer. Ob diese Zuschläge ebenfalls zur Alkalireaktion neigen können, ist noch nicht endgültig geklärt.

---

[*]) s. a. „Richtlinie Alkalireaktion im Beton. Vorbeugende Maßnahmen gegen Alkalireaktion im Beton", Fassung Dez. 1986. (Bezug durch Beton-Verlag, 40545 Düsseldorf, Düsseldorfer Str. 8).

Nach der Richtlinie „Alkalireaktion" wird der Zuschlag in 3 Empfindlichkeitsklassen mit folgenden Grenzwerten unterteilt:

Begrenzung des Gehalts an alkaliempfindlichen Bestandteilen nach Richtlinie „Alkalireaktion"

Alkaliempfindlichkeits-klasse des Zuschlags	Gehalt an alkaliempfindlichen Bestandteilen in Gew.-%		
	Opalsandstein[1]) über 1 mm	Reaktionsfähiger Flint über 4 mm	5× Opalsandstein + reaktionsfähiger Flint
E I (unbedenklich)	≤ 0,5	≤ 3,0	≤ 4,0
E II (bedingt brauchbar)	≤ 2,0	≤ 10,0	≤ 15,0
E III (bedenklich)	> 2,0	> 10,0	> 15,0

[1]) In den Korngruppen 1/2 und 2/4 einschließlich reaktionsfähigem Flint.

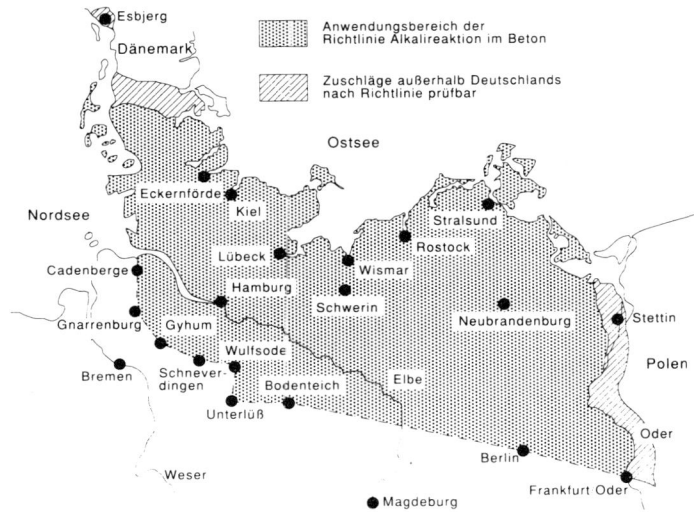

c.5) **Wasserlösliche Eisenverbindungen**

Bei Verwendung von Zuschlägen für S i c h t b e t o n können zur Vermeidung von Rostflecken Sonder-vereinbarungen (gem. amerikanischer Norm ASTM C641–71) getroffen werden:

Prüfverfahren durch Dampfbehandlung und evtl. chemische Untersuchung (s. Beton-Handbuch des Deutschen Betonvereins, Bauverlag, Abschn. 3.5.12).

2.3.2.4. Zusätzliche Anforderungen an künstliche Zuschläge

a) Gebrochene Hochofenschlacke (DIN 4301, Ausg. 4.81)

Erfordernis eines weitgehend dichten kristallinen Gefüges:

Feststellung des Anteils an glasigen und schaumigen Schlackenstücken durch Auslesen einer Probe. Zulässig bis 5 M.-%.

Nachweis der Raumbeständigkeit

Prüfung auf K a l k z e r f a l l im ultravioletten Licht (Analysenquarzlampe mit Filter) an frischen Bruchstücken: Zerfallsverdacht bei zahlreichen Nestern helleuchtender Flecke in einheitlich violetter Tönung der Schlacke.

Prüfung auf E i s e n z e r f a l l : Bei zweitägiger Lagerung von Schlackenstücken in Wasser darf kein Zerfall oder Rißbildung eintreten.

b) Künstlich hergestellte Leichtzuschläge

Bei künstlich hergestellten Leichtzuschlägen, z. B. Blähton, ist (durch ein Überwachungsinstitut) der Nachweis zu erbringen, daß der G l ü h v e r l u s t einer feingemahlenen Probe bei Luftzufuhr 5 M.-% nicht überschreitet, sowie der N a c h w e i s d e r R a u m b e s t ä n d i g k e i t ($\leqq$ 0,5 M.-% Siebdurchgang einer im Autoklav mit 210 °C und 20 bar geprüften wassergesättigten Korngruppe $\geqq$ 4 mm).

Weitere Anforderungen an Leichtzuschläge für Beton der Festigkeitsklassen $\geqq$ LB 8, sowie Leichtbeton einer bestimmten Rohdichteklasse

Die Gewährleistung der Gleichmäßigkeit des Zuschlags erfordert die Prüfung der Schüttdichte, der Kornrohdichte sowie die Feststellung des Einflusses des Leichtzuschlags auf die Festigkeit und Rohdichte des Betons:

Die S c h ü t t d i c h t e und die K o r n r o h d i c h t e dürfen von den bei der Eignungsprüfung des Herstellers festgestellten Werten nicht mehr als ± 15% abweichen.

V e r h a l t e n i m B e t o n . Die an einer nach DIN 4226, T. 3, in ihrer Zusammensetzung festgelegten Betonmischung ermittelte Druckfestigkeit darf die Festigkeit der Eignungsprüfung um höchstens 15% unterschreiten und die Betonrohdichte um nicht mehr als ± 0,10 kg/dm^3 abweichen.

(Die Gleichmäßigkeit der Kornfestigkeit der Korngruppen $\geqq$ 4 mm kann auch durch das Druckzylinderverfahren bestimmt werden. Einfüllen in Stahlzylinder, Zusammendrücken um 20 mm in 100 sec. Erforderliche Kraft in kN = Druckwert D.)

2.3.2.5. Anforderungen an Herstellwerke und Beförderungsunternehmen von Zuschlag

Werke, die getrennten oder werkgemischten natürlichen oder künstlichen Zuschlag herstellen und befördern, unterliegen nach DIN 4226, T. 1 u. 2, bestimmten Anforderungen hinsichtlich der Einrichtung, der Personalbesetzung und der Überwachung.

Die Güteüberwachung besteht aus laufender E i g e n ü b e r w a c h u n g und aus F r e m d ü b e r w a c h u n g in Zeitabständen, die durch eine anerkannte Güteüberwachungsgemeinschaft oder auf Grund eines Überwachungsvertrages durch eine amtlich anerkannte Prüfstelle erfolgt. DIN 4226, T. 4.

(Die Überwachung des Werkes ist auf dem Lieferschein durch den Vermerk „Normenüberwachung nach DIN 4226" unter Angabe der Normenüberwachungsstelle zu kennzeichnen.)

2.3.3. Kornzusammensetzung

2.3.3.1. Korngruppenbegrenzung

Das zulässige Überkorn einer Korngruppe (Rückstand auf dem Größtsieb) und das zulässige Unterkorn (Durchgang durch das entsprechende Kleinstsieb) sind nach Tafel 5 begrenzt, ebenfalls der stetige Aufbau innerhalb einer umfassenderen Korngruppe.

Allgemein darf (nach Tafel 5) der Anteil an Unterkorn 15 M.-% und Überkorn 10 M.-% nicht überschreiten. Bei größeren Prüfsiebabständen (z. B. 2/8 mm) ist zudem die Streuung für ein Zwischenprüfsieb (4 mm) begrenzt.

Bei gebrochener Körnung darf der Unterkornanteil bei allen Körnungen bis 20 M.-%, bei Edelsplitt $\leqq$ 15 M.-% betragen, jedoch müssen die Schwankungen zwischen den Lieferungen in einem Streubereich von ± 5% liegen.

Bei w e r k g e m i s c h t e m B e t o n z u s c h l a g (s. Abschn. 2.2.) muß die Kornzusammensetzung der festgelegten Sieblinie entsprechen. Sie darf beim Maschensieb 0,25 mm nicht mehr als ± 3 M.-% und bei den größeren Prüfsieben nicht mehr als ± 5 M.-% abweichen. Außerdem darf der Kennwert für die Kornverteilung (hinsichtlich des Wasseranspruchs) nicht ungünstiger als bei der festgelegten Sieblinie sein (siehe Abschnitt 2.3.3.5., S. 46). Der Anteil an mehlfeinen Stoffen $\leqq$ 0,25 mm ist auf Anfrage vom Lieferwerk aus der Eigenüberwachung anzugeben.

Tafel 5: Kornzusammensetzung für Zuschläge mit dichtem Gefüge (Auszug aus DIN 4226, Teil 1, Tabelle 1)

Korngruppe/ Lieferkörnung mm	Durchgang in M.-% durch das Prüfsieb (mm)									
	0,25	0,5	1	2	4	8	16	31,5	63	90
0/2 a	≦ 25¹)	≦ 60		≧ 90	100					
0/2 b	¹)	≦ 75		≧ 90	100					
0/4 a	¹)	≦ 60		55–85	≧ 90	100				
0/4 b	¹)	≦ 60			≧ 90	100				
2/4	≦ 3			≦ 15	≧ 90	100				
2/8	≦ 3			≦ 15	10–65²)	≧ 90	100			
4/8	≦ 3				≧ 15	≧ 90	100			
8/16	≦ 3					≦ 15	≧ 90	100		
16/32	≦ 3						≦ 15	≧ 90	100	
32/63							≦ 15	≧ 90	100	

¹) Auf Anfrage hat Herstellerwerk Mittelwert und Streubereich der Siebe 0,25 und 0,5 mm aus der Eigenüberwachung bekannt zu geben.
²) Der Streubereich eines Herstellerwerkes darf 30 M.-% nicht überschreiten. Auf Anfrage hat der Hersteller diesen Wert mitzuteilen.

2.3.3.2. Durchführung der Siebungen

Die Siebung des bei 105 °C zu trocknenden Siebgutes erfolgt auf dem Prüfsiebsatz durch Feststellung der Siebrückstände in der Folge vom Groben zum Feinen. Die Streuung der Ergebnisse erfordert in der Regel eine Mittelwertbildung aus 3 Siebungen.

Für die Siebungen werden die in Tafel 6 angegebenen Mindestprüfmengen aus den (nach Abschn. 2.3.1.) bereitgestellten Proben benötigt.

Prüfverfahren:

a) Trockensiebung

Die Prüfmenge wird in den mit dem größten Sieb zuoberst zusammengesetzten Siebsatz (Normsiebsatz) eingefüllt und von Hand oder durch eine mechanische Rüttelvorrichtung abgesiebt. Die Rückstände der Siebe werden, beim größten Sieb beginnend, nachdem jedes Sieb nochmals über Papier auf restliche Durchgänge überprüft wurde, eingewogen.

Die in der Waagschale zueinandergewogenen Siebrückstände (additive Wägung) dürfen in ihrer Endsumme von ihrer Ausgangsmenge nicht mehr als 1 M.-% abweichen. (Reinigung der Siebe vor und nach Benutzung!)

b) Naßsiebung

Zur Bestimmung der Kornanteile < 0,125 mm und durch abschlämmbare Bestandteile verkrustete Zuschlagproben werden – nach Trocknung, Einwiegen und 24stündiger Wasserlagerung – durch Wasserspülung naß gesiebt und die Siebrückstände nach Trocknung bestimmt.

Es sind mindestens 2 Siebungen durchzuführen.

Tafel 6: Mindestprüfmenge je Siebung (gem. DIN 4226, T. 3)

Korngruppen mit Größtkorn bis	Prüfgutmenge in g je Siebung bei Zuschlag	
	mit dichtem Gefüge	mit porigem Gefüge
4 mm	500	300
8 mm	2 000	1 000
16 mm	3 500	2 000
32 mm	5 000	2 500
63 mm	10 000	–

Auswertung der Siebergebnisse

Nach Eintragung der Rückstände jedes Siebes (= Rückstand auf dem Sieb, einschließlich der darüberliegenden Siebrückstände) in eine Tabelle (s. Tafel 7, Zeile 1) erfolgt die Summenbildung der Einzelsiebergebnisse (Zeile 2), die auf die Gesamteinwaage bezogen die Siebrückstände in M.-% ergibt (Zeile 3). Alsdann werden die Siebdurchgänge in M.-% als Differenz der Siebrückstände zu 100 gebildet (Zeile 4).

Tafel 7: Einwaage 3 · 5000 g = 15 000 g

Zeile	Siebweite (mm)		0,25	0,50	1	2	4	8	16	32	63
	Versuch Nr.	Gesamt-rückstand (g)	Rückstand (g)								
1	1	4 965	4 680	4 425	4 165	3 580	3 040	2 475	1 410	170	0
	2	4 975	4 745	4 410	4 075	3 600	3 085	2 445	1 315	192	0
	3	4 980	4 795	4 390	3 990	3 665	3 155	2 520	1 350	178	0
2	Summe	14 920	14 220	13 225	12 230	10 845	9 280	7 440	4 075	540	0
3	Rückstand M.-%*)		95	88	82	72	62	50	27	4	0
4	Durchgang M.-%*)		5	12	18	28	38	50	73	96	100

*) Praxisbezogen genügt eine Abrundung der Ergebnisse.

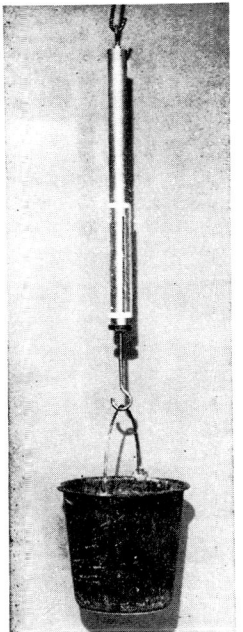

Schnellprüfung: Die Nachprüfung eines gemischtkörnigen Zuschlags kann auch mit einer Schnellsiebung auf einem oder mehreren Einzelsieben durch Spülung mit Wasser oder im Bereich der gröberen Körnung evtl. auch an dem naturfeuchten Körnungsgemisch erfolgen, so daß sich bereits aus der prozentualen Rückstandsmenge (z. B. auf dem 8-mm-Sieb) auf Abweichungen vom Sieblinienverlauf schließen läßt.

Bei Verwendung der „Sieblinienprozentfederwaage" (Abb. 17) kann überschläglich der Prozentsatz des durch Schnellsiebung ermittelten Körnungsrückstandes bzw. -durchganges ohne Gewichtseinwaage an einer auf eine beliebige Ausgangsmenge (z. B. Eimerfüllung) einzustellenden Prozentskala abgelesen werden.

Abb. 17.

Sieblinienprozentfederwaage (System SCHENDEKEHL)

Anwendung: Nach Tarieren der Federwaage auf das Leergefäß (Eimer) ist die auf der Federwaage befindliche verschieb- und drehbare, mit einer Prozentskala versehene durchsichtige Plastikhülse mit ihrem Nullpunkt auf die Federgewichtsanzeige des mit Zuschlag gefüllten Eimers einzustellen. Wird der Siebrückstand oder der Siebdurchgang eines Siebes des alsdann zu siebenden Zuschlags in den Eimer zurückgegeben, ist deren Anteil in Prozent des eingestellten Gesamtgewichtes des Zuschlags an der Plastikhülse ablesbar.

2.3.3.3. Sieblinienauftrag

Die Siebergebnisse werden durch Eintragen in ein Sieblinienraster veranschaulicht, auf dessen Abszisse die Sieböffnungen (Maschen- bzw. Quadratlochweiten) in mm und auf der Ordinate die Siebdurchgänge in M.-% aufgetragen werden. (Ordinateneinteilung in Stoffraumprozent bei Aufbau von Korngemischen unterschiedlicher Rohdichte siehe am Schluß dieses Abschnitts.)

Die günstigste Sieblinie entspricht einer von dem Amerikaner FULLER aufgestellten prozentualen Kornfolge, die (unbeschadet der Abmessungen des Größtkorns) eine Parabel nachfolgender Gleichung ergibt: $A = \sqrt{\dfrac{d}{D}}$. Hierin bedeuten: A = Anteil der Korngruppe o/d in %, d = beliebige Korndurchmesser, D = Durchmesser des Größtkorns. Sie stellt theoretisch die günstigste Zusammensetzung eines etwa kugelig gedachten Zuschlags mit geringstem Hohlraumgehalt und kleinster spezifischer Oberfläche dar, mit der die optimale Dichte eines Betons bzw. Mörtels und damit auch der geringste Zementleimbedarf erreichbar ist (s. a. Abschn. 2.3.3.4a).

Von der FULLER-Kurve ausgehend gelten für die Baupraxis folgende G r e n z s i e b l i n i e n (Regelsieblinien), die je nach Bauerfordernis Sieblinienflächenbereiche einschließen (Abb. 18–21).

> Eine über der Sieblinie C liegende Kornzusammensetzung würde durch zu große Kornoberfläche (s. Abschn. 2.3.3.4.) einen zu hohen Wasser- und Zementbedarf haben. Eine unter der Sieblinie A liegende Kornzusammensetzung würde zu schwer verarbeitbar sein, d. h. zufolge Fehlens des Mörtelanteils einen mangelnden Gefügeschluß (Kiesnester) aufweisen.

Nach der DIN 1045 führen die Regelsieblinien aller Korngemische in der Reihenfolge ihres Gütegefälles die Bezeichnung A – B – C mit einem Zahlenindex, der den Durchmesser des Größtkorns angibt.

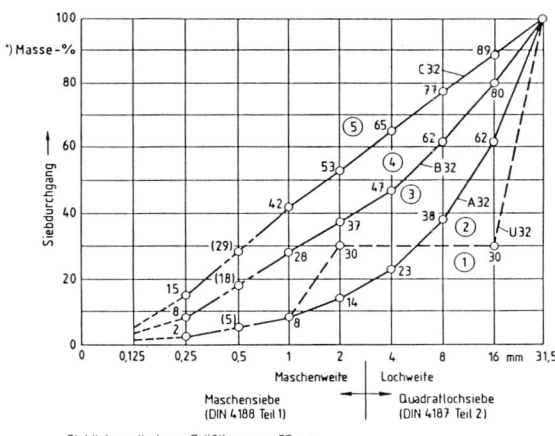

Erläuterungen zu den Flächenbereichen:

① ungünstig (zu schwer verarbeitbar)
② nur für Ausfallkörnungen
③ günstig
④ brauchbar (erhöhter Wasser- und Zementbedarf)
⑤ ungünstig (zu hoher Wasser- und Zementbedarf)

Abb. 18.

Sieblinien nach DIN 1045
Sieblinienbereiche für Zuschlaggemisch
0/32 mm

*) Bei Kornzusammensetzungen wesentlich verschiedener Rohdichte gilt der Siebdurchgang der Ordinatenachse in Stoffraum-% (s. S. 42).

Gestrichelte Sieblinien im Bereich des Prüfsiebes 0,50 mm:

Vorläufige Festlegung der Regelsieblinien als gradlinige Verbindung zwischen den Prüfsieben 0,25 und 1,0 mm.

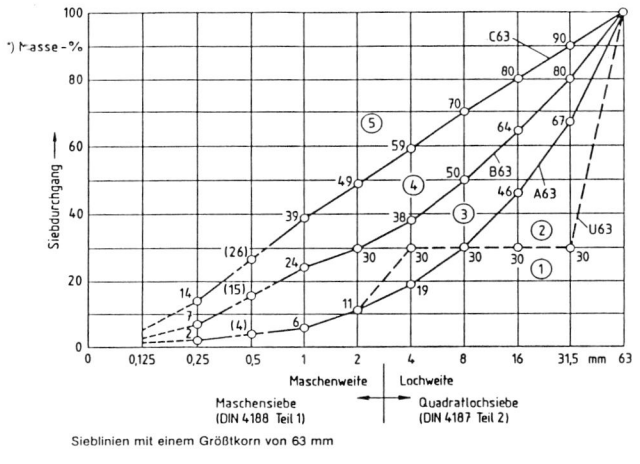

Abb. 19.

Sieblinien nach DIN 1045
Sieblinienbereiche für Zuschlaggemisch 0/63 mm

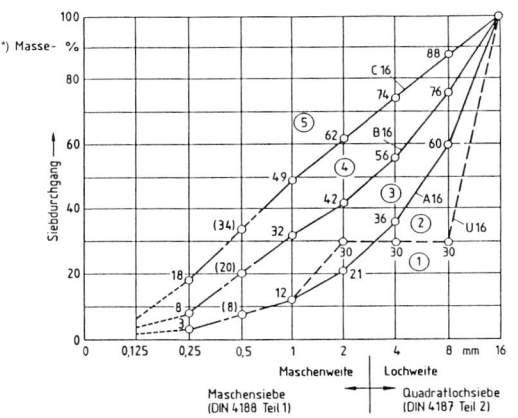

Abb. 20.

Sieblinien nach DIN 1045
Sieblinienbereiche für Zuschlaggemisch 0/16 mm

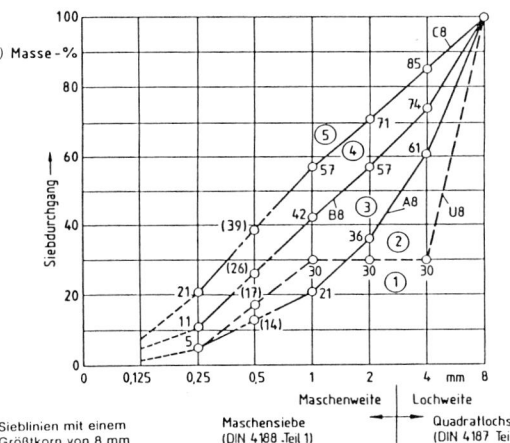

Abb. 21.

Sieblinien nach DIN 1045
Sieblinienbereiche für Zuschlaggemisch 0/8 mm

*) Bei Kornzusammensetzungen wesentlich verschiedener Rohdichte gilt der Siebdurchgang der Ordinaten-
achse in Stoffraum-% (s. S. 42).

Eine Veranschaulichung der sich durch die Sieblinien kennzeichnenden Siebrückstände ergibt sich, wenn behelfsweise die Rückstandsflächen rechts eines Siebes schraffiert angelegt werden, so daß die Körnungsrückstände (Korngruppen) keilförmige Abschnitte bilden (Abb. 22 für Sieblinie B_{32}).

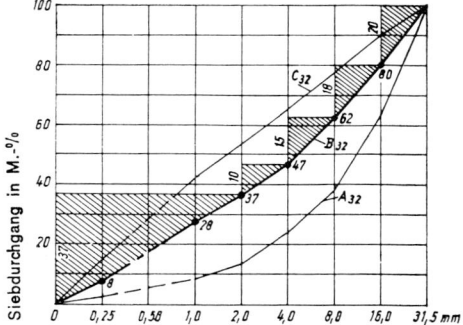

Abb. 22.

Darstellung der Korngruppenanteile (schraffiert) für Sieblinie B_{32} zwischen den Sieben

Maßstab der Sieblinien

Bei der sich fortlaufend verdoppelnden Sieböffnungsfolge erfolgt die Abszissenauftragung logarithmisch in gleichen Intervallen der Größenordnung lg 2, um die die vorausgehende Sieböffnungsabszisse zu vergrößern ist (s. Abb. 18–21). Die Massenanteile der Siebdurchgänge werden auf der Ordinate metrisch aufgetragen.

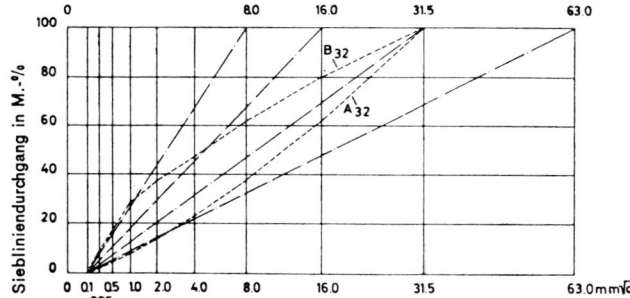

Abb. 23.

Siebliniendarstellung im Wurzelmaßstab ($\sqrt{d}$ auf der Abszisse)

Es kann auch der Wurzelmaßstab verwendet werden, bei dem der parabolische Verlauf der FULLER-Kurve zur gestreckten Linie (Diagonale) wird (Abb. 23).

Zuschlaggemische verschiedener Kornrohdichte

Bei Zusammensetzung von Zuschlägen unterschiedlicher Rohdichte (Stoffdichte) würde ein in Massenprozent nach Sieblinie ermitteltes Körnungsverhältnis insofern nicht den Volumen- und damit nicht den Oberflächengegebenheiten einer angezielten Kornzusammensetzung entsprechen, als der eingewogene spezifisch schwerere Zuschlag ein geringeres Volumen hat.

In diesen Fällen sind die Massenprozente der Sieblinienordinate (gem. DIN 1045, Ziffer 6.2.2.1, Fußnote) mit S t o f f r a u m p r o z e n t (Vol.-%) gleichzusetzen und aus den Stoffraumanteilen alsdann die erforderlichen Massenanteile zu errechnen:

Stoffraumanteile sind die durch die Kornrohdichte dividierten Massenanteile. (Anwendung: s. Beton, Abschnitt 4.7.1.2, Tafel 36 u. Abschnitt 4.7.4., Aufgabe 2a.)

2.3.3.4. Einflüsse der Kornzusammensetzung auf die Betoneigenschaften

a) Zuschlaggemische mit stetiger Sieblinie

Bei der betontechnologischen Bewertung der Sieblinien muß davon ausgegangen werden, daß die Kornzusammensetzung wirtschaftlich am günstigsten ist, die zu ihrer hohlraumfreien Verkittung die geringste Zementleimmenge erfordert. Die Umhüllung der Kornoberfläche grobkörniger Zuschlaggemische erfordert eine geringere Zementleimmenge und damit eine geringere Menge Zement als feinkörnigere Gemische, die eine ungleich größere Kornoberfläche haben ("Bindemittelfresser"), d. h. der Wasseranspruch zur Plastifizierung eines Zuschlaggemisches steigt mit dessen zunehmender Verfeinerung.

Die spezifische Kornoberfläche von 1 kg glatten kugelförmigen Zuschlags beträgt z. B.

bei Körnung 16   mm   etwa 0,15 m^2
bei Körnung 1   mm   etwa 2,30 m^2
bei Körnung 0,25 mm   etwa 9,25 m^2

oder es verhalten sich die Oberflächen eines Korngemisches der Sieblinien

$A_{32} : B_{32} : C_{32}$ wie etwa $1 : 2,9 : 4,5$

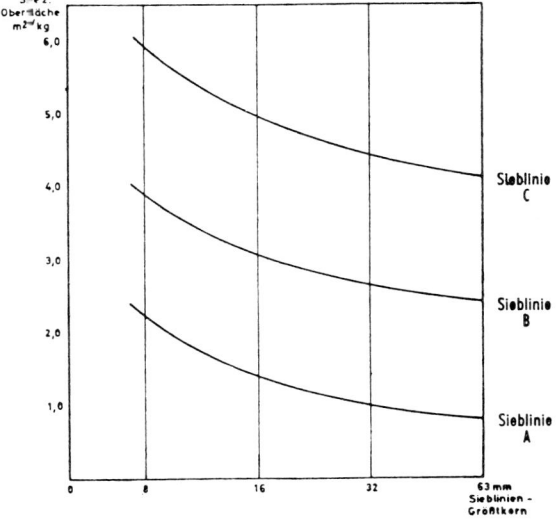

Abb. 24.

Veranschaulichung der spezifischen Oberfläche von 1 kg Korngemisch der Sieblinien A, B, C mit verschiedenem Größtkorn. (Näherungsweise Kurvendarstellung.)

Die in Abb. 23 dargestellten Kurven geben einen Vergleich der Kornoberfläche verschiedener Sieblinien unter Zugrundelegung rundlicher Körnung. – Bei Annahme anderer Kornform (s. Abschn. 2.3.2.1a) liegen die Werte entsprechend höher.

Beton mit grober Kornzusammensetzung ergibt somit, unter der Voraussetzung gleicher Verarbeitbarkeit (Konsistenz) und gleicher Zementmenge, gegenüber sandreicheren Zusammensetzungen einen niedrigeren W/Z-Wert, d. h. die günstigste Betonfestigkeit (s. Abb. 24 u. Abschn. 4.4.4.).

Eine Kornzusammensetzung im oberen Drittel des Sieblinienbereiches A/B weist eine bessere Verdichtungswilligkeit auf und wird bevorzugt bei wasserundurchlässigem Beton und bei Sichtbeton verwendet.

Für Straßenbeton (s. Abschn. 4.10.5.) muß nach der "ZTV-Beton 93" die Kornzusammensetzung der DIN 1045 entsprechen. Der Körnungsanteil bis 1 mm muß jedoch bei Decken der Bauklassen I–IV*) in der unteren Hälfte des Sieblinienbereiches A/B der Sieblinienbilder liegen.

---

*) s Abschn. 4.10.5.

b) Zuschlaggemische mit unstetiger Sieblinie

Ein Sonderfall der Kornzusammensetzungen gegenüber den Sieblinien mit stetigem Verlauf sind Sieblinien mit unstetiger Kornfolge unter Weglassung einer oder mehrerer Korngruppen, die als „Sieblinien mit Ausfallkörnungen" bezeichnet werden. Diese können Korngemischen mit stetigem Sieblinienverlauf gleichgesetzt werden, wenn bei logarithmisch auf der Abszisse aufgetragenen Sieböffnungen die zwischen der Sieblinie mit Ausfallkorn und der stetigen Bezugslinie eingeschlossenen Flächen zu beiden Seiten der Bezugslinie etwa gleich groß sind (Abb. 25).

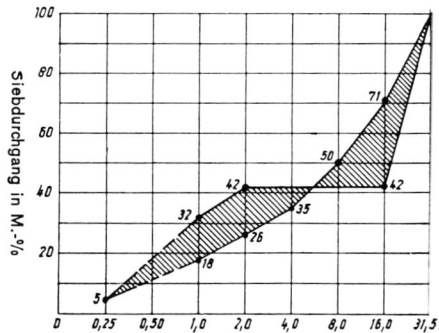

Abb. 25.

Gleichwertige stetige und unstetige Sieblinien für Zuschlag 0/32 mm

Der Unterschied zwischen grober und feiner Körnung muß jedoch groß genug sein und der Anteil der größeren Korngruppe oberhalb der gestrichelten Sieblinie U (Abb. 18–21) liegen. (Praktisch liegt also eine Feinvermörtelung grobkörniger Bestandteile vor.)

Anwendung der Ausfallkörnung meist aus wirtschaftlichen Gründen bei Mangel an Mittelkorn sowie bei Waschbeton. Verwendung besonders auch im Straßenbau, jedoch unter der Voraussetzung, daß die Betonmischung einwandfrei verarbeitbar ist. (Eignungsprüfung erforderlich!)

2.3.3.5. Kennwerte der Sieblinien

Es gilt die Regel, daß alle in einem logarithmischen System aufgetragenen stetigen und unstetigen Sieblinien mit gleicher Rückstandsfläche, unter der Voraussetzung gleichbleibender Frischbetonkonsistenz, den gleichen „Festigkeitsbildungswert", d. h. den gleichen Wasseranspruch, haben.

Zur Bewertung der Sieblinien und damit des Wasseranspruchs eines Korngemisches (s. Abschn. 2.3.3.4.) läßt sich eine Kennziffer aus der Ermittlung der Sieblinienfläche (F-Wert) oder auch aus der Summe der Ordinaten der Siebrückstände (x-Wert) bzw. der Siebdurchgänge (D-Wert) herleiten.

a) Feinheitsziffer: F-Wert

Bei den im logarithmischen Maßstab auf der Abszisse aufgetragenen Sieböffnungen ergibt der Abszissenmittelwert jeder Korngruppe multipliziert mit dem prozentualen Anteil der Korngruppe auf der Ordinate den anteiligen F-Wert (Abb. 26).

Der Gesamt-F-Wert setzt sich aus der Summe der anteiligen F-Werte der Korngruppen (bei 0,1 mm beginnend) zusammen.

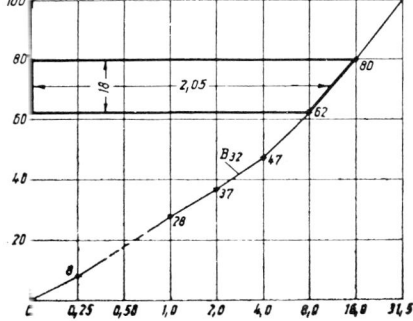

Abb. 26.

F-Wert nach HUMMEL: Beispiel für die Ermittlung des F-Wertes der Korngruppe 8/16 mm

Der F-Wert einer Korngruppe (bezogen auf ein Prozent des Korngruppenanteils) beträgt: lg 10 d$_m$

d$_m$ = logarithmisches Mittelkorn einer Korngruppe

   Beispiel für F-Wert der Korngruppe 8/16 mm

$$\text{lg } 10 \, d_m = \left\{ \begin{array}{l} \text{lg } 10 \cdot \ 8 = \text{lg} \ \ 80 = 1{,}9031 \\ \text{lg } 10 \cdot 16 = \text{lg } 160 = 2{,}2041 \end{array} \right\} = 2{,}05 \text{ (s. Tab. 8)}$$

Tafel 8: Beispiel für die Ermittlung des F-Wertes der Sieblinie B$_{32}$

Korngruppe mm	F-Wert der Korngruppe (Festwerte)	Korngruppen-anteil in %*)	Anteilige F-Werte
0 / 0,25	0,20	8	1,60
0 25/ 0,50	0,55	10	5,50
0 50/ 1	0,85	10	8,50
1 / 2	1,15	9	10,35
2 / 4	1,45	10	14,50
4 / 8	1,75	15	26,25
8 /16	**2,05**	**18**	**36,90**
16 /32	2,35	20	47,00
32 /63	2,62	0	–
		100	150,60

*) Differenz zweier benachbarter Siebdurchgänge (s. Siebtabelle, Tafel 9).

Tafel 9: Kornzusammensetzung der Sieblinie B$_{32}$ (als Beispiel)

Sieböffnungen mm	0,25	0,50	1	2	4	8	16	32	63
Rückstände in %	92	82	72	63	53	38	20	0	0
Durchgänge in %	8	18	28	37	47	62	80	100	100
Korngruppenanteile in %	8	10	10	9	10	15	18	20	= 100%

b) Körnungsziffer (x) (x-Wert)*)

Eine Vereinfachung in der Bewertung der Rückstandsflächen ergibt sich aus der Addition der Rückstandsordinaten bzw. als Kehrwert der Durchgangsordinaten (Abschn. c):

_____

*) Bevorzugtes Verfahren.

Summe der Rückstände auf den Sieben

0,25 − 0,50 − 1 − 2 − 4 − 8 − 16 − 32 − 63 mm dividiert durch 100.

Beispiel für B_{32} (s. Tafel 9)

$(\varkappa) = (92 + 82 + 72 + 63 + 53 + 38 + 20 + 0 + 0) / 100 = 4,20$

Die Berechnung des $(\varkappa)$-Wertes kann auch unmittelbar aus den Siebdurchgängen erfolgen:

$(\varkappa) = $ (Anzahl der Siebe · 100 − Summe der Durchgangsordinaten) / 100

$(\varkappa) = (9 \cdot 100 − 480) / 100 = 4,20$ (vgl. Abschn. c).

c) Durchgangssumme D (D-Summe)

Quersumme der Durchgangsordinaten.

Beispiel für B_{32}:

$D_{63} = 8 + 18 + 28 + 37 + 47 + 62 + 80 + 100 + 100 = 480$

bzw. $D_{32} = 380$

Da die D-Werte von der oberen Begrenzung des Siebsatzes abhängig sind, ist Index-Kennzeichnung (z. B. D_{63}) erforderlich: Je nach Größtkorn des Zuschlaggemisches unterschiedliche D-Werte (vgl. $(\varkappa)$-Wert: gleichbleibend).

Tafel 10: Vergleich der Kennwerte von Regelsieblinien

Kennwerte	A_8	A_{16}	A_{32}	B_8	B_{16}	B_{32}	C_8	C_{16}	C_{32}
F-Wert	134	162	189	111	134	151	92	107	123
$(\varkappa)$-Wert	**3,64**	**4,61**	**5,48**	**2,89**	**3,66**	**4,20**	**2,27**	**2,75**	**3,30**
D-Summe (D_{32})	236	239	252	311	334	380	373	425	470

Für die Beziehung des $(\varkappa)$-Wertes zum F-Wert gilt die Formel:

$$F = 23,95 + 30,1 \cdot (\varkappa)$$

und zur D-Summe:

$$D_{32} = 800 − (\varkappa) \cdot 100 \text{ (bei 32 mm Größtkorn)}$$

2.4. Zusammensetzung von Korngemischen

Da die gezielte Zusammensetzung von Korngemischen nach den sich aus der Sieblinie ergebenden Gewichts- bzw. Stoffraumanteilen bei größeren Überschreitungen des Über- und Unterkorns der Einzelkorngruppen zu wesentlichen Abweichungen der Ist-Sieblinie von der Soll-Sieblinie führt, läßt sich die Ermittlung der erforderlichen Korngruppenanteile entweder rechnerisch durch mehrfaches Probieren unter Veränderung der Prozentsätze oder unter Zugrundelegung der Sieblinienkennwerte durch Rechnung mit Unbekannten bzw. mittels sogen. „Mischkreuzrechnung" durchführen. Auch zeichnerische Verfahren möglich (Verfahren im Wurzelmaßstab nach ROTHFUCHS*)).

2.4.1. Zuschlaggemische aus zwei Korngruppen (s. Tafel 11)

2.4.1.1. Probierverfahren

Die festgestellten Siebdurchgänge zweier Einzelkörnungen (z. B. 0/4 und 4/32 mm) werden mit den zunächst geschätzten Prozentanteilen einer angestrebten Sieblinie (z. B. Mitte A/B_{32})

---

*) siehe Schrifttum am Schluß des Kapitels.

multipliziert. Die Summe der so errechneten Durchgänge ergibt den Sieblinienverlauf, der durch ein- oder mehrmaliges Wiederholen des gleichen Rechnungsganges mit veränderten Prozentanteilen dem angestrebten Sieblinienverlauf angenähert wird.

Die Annäherung läßt sich auch unter Zuhilfenahme der Kennwerte (F-Wert, $(\varkappa)$-Wert oder D-Summe) erkennen, die für die Einzelkörnungen festzustellen sind und im prozentualen Verhältnis der Kornanteile addiert, sich der Bewertungsziffer der angestrebten Sieblinie nähern müssen (Tafel 11, Kontrollzeilen).

Tafel 11: **Beispiel zur Zusammensetzung eines Korngemisches nach Sieblinie Mitte A/B$_{32}$ aus zwei Korngruppen 0/4 mm und 4/32 mm durch Probieren** (Soll-Körnungsziffer $(\varkappa)$ = 4,83)

Siebweite (mm)		0,25	0,50	1	2	4	8	16	32	63	$(\varkappa)^{1)}$
						– Siebdurchgänge –					
Angestrebte Sieblinie		5	12	18	26	35	50	71	100	100	4,83
Sieb-ergebnisse	0/4 mm	8	21	35	52	98	100	100	100	100	2,86
	4/32 mm	0	0	0	0	9	45	73	92	100	5,81
I. Versuch	35% 0/4	2,8	7,3	12,2	18,2	34,3	35,0	35,0	35,0	35,0	–
	65% 4/32	0	0	0	0	5,8	29,2	47,5	59,8	65,0	–
Summe	100% 0/32	3	7	12	18	40	64	83	95	100	4,78
		Kontrolle: $(\varkappa)$ = 0,35 · 2,86 + 0,65 · 5,81 =									4,78
Letzter Versuch	33% 0/4	2,6	6,9	11,5	17,2	32,4	33,0	33,0	33,0	33,0	–
	67% 4/32	0	0	0	0	6,0	30,2	49,0	61,6	67,0	–
Summe	100% 0/32	3	7	12	17	38	63	82	95	100	4,83
		Kontrolle: $(\varkappa)$ = 0,33 · 2,86 + 0,67 · 5,81 =								$^{2)}$	4,84

[1] Unmittelbare Errechnung des $(\varkappa)$-Wertes aus den Siebdurchgängen s. Abschn. 2.3.3.5b.
[2] Differenz durch Abrundungen.

2.4.1.2. Rechnung mit zwei Unbekannten

Das Prozentverhältnis der Einzelkornzugabe der Tafel 11 kann auch durch die für die Prozentsätze einzusetzenden Unbekannten x und y aus folgenden zwei Gleichungen unmittelbar errechnet werden, wobei anstelle des $(\varkappa)$-Wertes auch die D-Summe oder der F-Wert einsetzbar ist.

$$\frac{x}{100} \cdot (\varkappa_{0/4}) + \frac{y}{100} \cdot (\varkappa_{4/32}) = (\varkappa_{A/B_{32}})$$

$$x + y = 100; \quad y = 100 - x$$

Für Zahlenwerte der Tafel 11:

Angestrebte Sieblinie: Mitte A/B$_{32}$ $(\varkappa)$ = 4,83

Durch Siebung festgestellte $(\varkappa)$-Werte: $(\varkappa_{0/4})$ = 2,86 $(\varkappa_{4/32})$ = 5,81

$$\frac{x}{100} \cdot 2,86 + \frac{100 - x}{100} \cdot 5,81 = 4,83$$

$$x_{(0/4)} = 33,2(\%) \qquad y_{(4/32)} = 66,8(\%)$$

2.4.1.3. Mischkreuzrechnung

Die erforderlichen Prozentanteile der Körnungen lassen sich mittels der Bewertungsziffern durch „Mischkreuzrechnung" feststellen, bei der die Differenz zwischen dem Kennwert der angestrebten Sieblinie zu den Kennwerten der Einzelkörnungen über Kreuz, ohne Berücksichtigung des Vorzeichens, gebildet wird.

Beispiel mit Körnungsziffern (nach den Werten der Tafel 11):

$$(x)\text{-Ist} \qquad (x)\text{-Soll} \quad \text{Differenz}$$

$$
\begin{array}{llll}
0/4 \ \text{mm} = & 2,86 & 0,98 & \longrightarrow (0,98 \ / \ 2,95) \cdot 100 = 33,2\,\% \\
 & & 4,83 & \\
4/32\,\text{mm} = & 5,81 & \underline{1,97} & \longrightarrow (1,97 \ / \ 2,95) \cdot 100 = 66,8\,\% \\
 & & 2,95 &
\end{array}
$$

2.4.2. Zuschlaggemische aus mehreren Korngruppen

Bei Zuschlaggemischen aus mehr als zwei Korngruppen kann die Ermittlung der prozentualen Anteile unter Verwendung der Sieblinienkennwerte durch schrittweise erfolgende Näherungsrechnungen oder mit der Mischkreuzrechnung durch stufenweise rechnerische Zusammensetzung der Gesamtsieblinie erfolgen.

Rechnungsgang der Zusammensetzung einer Sieblinie 0/32 mm aus Korngruppen 0/2, 2/8, 8/16, 16/32 mm im Mischkreuzverfahren:

I. Feststellung der Kornzusammensetzung der Einzelkorngruppen sowie der Kennwerte.

II. Zur Ermittlung der erforderlichen Korngruppenanteile ist zunächst die Gesamt-Sollsieblinie 0/32 mm rechnerisch in Teil-Sollsieblinien 0/16 und 0/8 mm aufzugliedern, indem das jeweilige Größtkorn = 100 gesetzt wird.

III. Die Gesamt-Sollsieblinie wird im folgenden Rechnungsgang vom Größtkorn beginnend durch Mischkreuzrechnungen aus den Kennwerten der untergliederten Sollsieblinie und aus den Ist-Kennwerten der Korngruppen ermittelt:

Kennwerte der Sieblinien

Rechnungsgang a)   0/32 mm = 0/16 mm + 16/32 mm
                   Soll   Soll   Ist

Rechnungsgang b)   0/16 mm = 0/8 mm + 8/16 mm
                   Soll   Soll   Ist

Rechnungsgang c)   0/8 mm = 2/8 mm + 0/2 mm
                   Soll   Ist   Ist

Beispiel:

Angestrebter Sieblinienverlauf:

Oberes Drittel des günstigen Bereichs A/B$_{32}$ (Körnungsziffer (x) = 4,63)

I. Siebung der Einzelkorngruppen (Ist-Ergebnisse)

Körnung mm	[1]	0,25	0,50	1	2	4	8	16	32	(x)-Wert
16/32	D	0	0	0	0	0	0	4	95	
	R	100	100	100	100	100	100	96	5	7,01
8/16	D	0	0	0	0	1	4	91	100	
	R	100	100	100	100	99	96	9	0	6,04
2/8	D	0	3	6	18	47	96	100	100	
	R	100	97	94	82	53	4	0	0	4,30
0/2	D	19	47	75	91	100	100	100	100	
	R	81	53	25	9	0	0	0	0	1,68

[1]) D = Durchgang in M.-%, R = Rückstand in M.-%.

II. Sollsieblinie bzw. ermittelte Teil-Sollsieblinie

Sieblinie	[1])	0,25	0,50	1	2	4	8	16	32	($\varkappa$)-Wert
0/32	D	5	12	20	30	40	55	75	100	
(Sollsieblinie)	R	95	88	80	70	60	45	25	0	4,63
0/16	D	6,7	16,0	26,7	40,0	53,3	73,3[2])	100	100	
(16 mm = 100%)	R	93,3	84,0	73,3	60,0	46,7	26,7	0	0	3,84
0/8	D	9,1	21,8	36,4	54,5	72,6[2])	100	100	100	
(8 mm = 100%)	R	90,9	78,2	63,6	45,5	27,4	0	0	0	3,05

[1]) D = Durchgang in M.-%, R = Rückstand in M.-%.
[2]) Für Teil-Sollsieblinie 0/16 mm: z. B. Durchgang durch 8-mm-Sieb = (55/75) · 100 = 73,3%.
Für Teil-Sollsieblinie 0/8 mm: Durchgang durch 4-mm-Sieb = (40/55) · 100 = 72,6%.

III. Zusammensetzung der Sieblinie

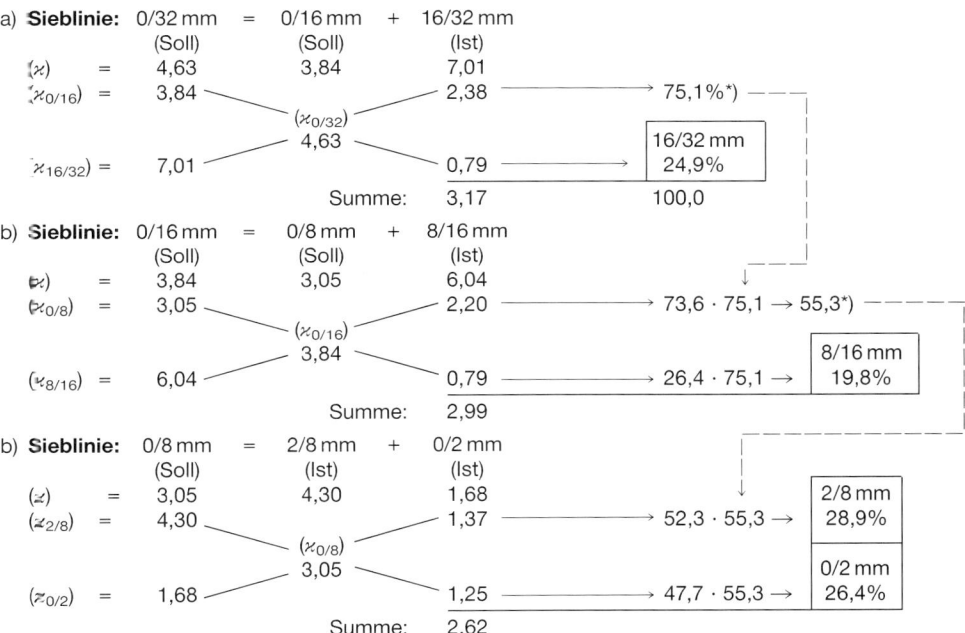

a) **Sieblinie:** 0/32 mm = 0/16 mm + 16/32 mm
  (Soll) (Soll) (Ist)
  $(\varkappa)$ = 4,63 3,84 7,01
  $(\varkappa_{0/16})$ = 3,84 → 2,38 → 75,1%*) ———
  $(\varkappa_{0/32})$ 4,63
  $(\varkappa_{16/32})$ = 7,01 → 0,79 → [16/32 mm 24,9%]
  Summe: 3,17 100,0

b) **Sieblinie:** 0/16 mm = 0/8 mm + 8/16 mm
  (Soll) (Soll) (Ist)
  $(\varkappa)$ = 3,84 3,05 6,04
  $(\varkappa_{0/8})$ = 3,05 → 2,20 → 73,6 · 75,1 → 55,3*) ———
  $(\varkappa_{0/16})$ 3,84
  $(\varkappa_{8/16})$ = 6,04 → 0,79 → 26,4 · 75,1 → [8/16 mm 19,8%]
  Summe: 2,99

b) **Sieblinie:** 0/8 mm = 2/8 mm + 0/2 mm
  (Soll) (Ist) (Ist)
  $(\varkappa)$ = 3,05 4,30 1,68
  $(\varkappa_{2/8})$ = 4,30 → 1,37 → 52,3 · 55,3 → [2/8 mm 28,9%]
  $(\varkappa_{0/8})$ 3,05
  $(\varkappa_{0/2})$ = 1,68 → 1,25 → 47,7 · 55,3 → [0/2 mm 26,4%]
  Summe: 2,62

*) Die Prozentsätze der Teil-Sieblinie werden im jeweils nachfolgenden Rechnungsgang prozentual aufgeteilt.

IV. Zusammensetzung der Ist-Sieblinie und Kontrolle der Körnungsziffer

Korngruppen		Ermittelte Korngruppenanteile		Siebdurchgänge (aus den Siebdurchgängen der Einzelkorngruppen)								
mm	($\varkappa$)-Wert	%	($\varkappa$)-Wert	0,25	0,50	1	2	4	8	16	32	63
16/32	7,01	24,9	1,75	0	0	0	0	0	0	1,0	23,7	24,9
8/16	6,04	19,8	1,20	0	0	0	0	0,2	0,8	18,0	19,8	19,8
2/8	4,30	28,9	1,24	0	0,9	1,7	5,2	13,6	27,7	28,9	28,9	28,9
0/2	1,68	26,4	0,44	5,0	12,4	19,6	24,0	26,4	26,4	26,4	26,4	26,4
Ist 0/32 mm		100,0	4,63	5	13	21	29	40	55	74	99	100
Soll 0/32 mm		100,0	4,63	5	12	20	30	40	55	75	100	100

2.4.3. Verbesserung von Korngemischen

Bei Verbesserung ungünstiger Korngemische durch Einzelkörnungen kann in gleicher Weise wie unter Abschnitt 2.4.1. verfahren werden.

Beispiel:

Verbesserung eines Kiessandes 0/32 mm der Sieblinie B_{32} mit einer Kieskörnung 8/32 mm auf eine Sieblinie in der Mitte des günstigen Bereichs A/B_{32}.

Angestrebte Sieblinie A/B_{32} $(x) = 4,83$
Vorhandene Körnung   0/32 mm $(x) = 4,20$ ⎫
Zugesetzte Körnung   8/32 mm $(x) = 6,60$ ⎬ durch Siebung ermittelt

$$
\begin{array}{llll}
0/32\,\text{mm} & 4,20 & \diagdown \quad \diagup\; 1,77 & \longrightarrow (1,77\,/\,2,40) \cdot 100 = 73,8\,\% \\
 & & 4,83 & \\
8/32\,\text{mm} & 6,60 & \diagup \quad \diagdown\; \dfrac{0,63}{2,40} & \longrightarrow (0,63\,/\,2,40) \cdot 100 = 26,2\,\%
\end{array}
$$

Kontrolle: $(x_{A/B_{32}}) = 4,20 \cdot 0,738 + 6,60 \cdot 0,262 = 4,83$

Schrifttum für die Anwendung

H. AURICH: Kleine Leichtbetonkunde. Bauverlag, Wiesbaden, 1971.

Deutscher Betonverein: Beton-Handbuch. Bauverlag, Wiesbaden, 3. Auflage, 1995.

S. HÄRIG: Bauen mit Splittbeton, 4. Auflage, 1993, Bundesverband Naturstein-Industrie e.V., Buschstr. 22, 53113 Bonn.

W. SCHULZE: Der Baustoff Beton und seine Technologie. VEB-Verlag, Berlin, 1975.

H. WEIGLER, S. KARL: Stahlleichtbeton; Herstellen, Eigenschaften, Ausführung. Bauverlag, Wiesbaden, 1972.

K. WESCHE: Baustoffe für tragende Bauteile, Band 2: Beton. Bauverlag, Wiesbaden, 3. Auflage 1992.

Zement-Taschenbuch 1984, Teil II: Zuschlag. Bauverlag, Wiesbaden, 1984.

3. Bindemittel, Mörtel und Estriche

3.1 Bindemittel

Die anorganischen Bindemittel werden nach den Erhärtungsbedingungen in lufthärtende und hydraulische Bindemittel eingeteilt.

Lufthärtende Bindemittel erhärten nach Wasserzugabe ausschließlich an der Luft:
  Baugipse,
  Anhydritbinder,
  Magnesiabinder,
  Luftkalke.

Hydraulische Bindemittel erhärten nach Wasserzugabe sowohl an der Luft als auch unter Wasser:

  Hydraulische Kalke,
  Zemente.

Die latenthydraulischen und puzzolanischen Zusätze erhärten nach Wasserzugabe nur bei Anwesenheit eines Anregers (wie z. B. Kalkhydrat):
  Hochofenschlacke,
  Puzzolane,
  Flugasche,
  Gebrannter Schiefer,
  Traß.

3.1.1. Baugipse

Norm: DIN 1168   Teil 1 (1.86)   Baugipse; Begriff, Sorten und Verwendung, Lieferung und Kennzeich-
                                 nung
                 Teil 2 (7.75)   Baugipse; Anforderungen, Prüfung, Überwachung

3.1.1.1. Vorkommen und Gewinnung

Gips kommt in der Natur als Calciumsulfat-Dihydrat, d.h. Gipsstein ($CaSO_4 \cdot 2\,H_2O$) und in einzelnen Lagerstätten als kristallwasserfreies Calciumsulfat, d.h. Anhydrit ($CaSO_4$) vor. Technische Gipse fallen heute zudem als Nebenprodukte chemischer und industrieller Prozesse an, so z.B. bei der Phosphorsäureherstellung und bei der Rauchgasentschwefelung (**REA**-Gips aus **R**auchgas-**E**ntschwefelungs-**A**nlagen).

Der gebrochene Gipsstein wird nach verschiedenen, auf das Rohmaterial und die zu erzeugende Gipssorte abgestimmten thermischen Verfahren gebrannt („entwässert") und anschließend gemahlen.

Beim Brennen nimmt Gips unterschiedliche kristalline Formen an, die aus einer oder mehreren Hydratstufen bestehen und das Erhärtungsverhalten der verschiedenen Gipssorten bestimmen:

Halbhydrate (Calciumsulfat-Halbhydrat) entstehen aus dem Doppelhydrat beim Brennen im Niedertemperaturbereich (Halbhydratbereich) beginnend ab 100 °C.

$$CaSO_4 \cdot 2\ H_2O \rightarrow CaSO_4 \cdot \tfrac{1}{2}\ H_2O + 1\tfrac{1}{2}\ H_2O$$

Die Halbhydrate treten je nach Brennvorgang in zwei Kristallformen mit verschiedenen Eigenschaften auf:

α-Halbhydrat bildet sich beim „nassen Brennen" unter Dampfeinwirkung in dichter kristalliner Form und entwickelt beim Abbinden hohe Festigkeiten.

β-Halbhydrat, das beim „trockenen Brennen" infolge schnelleren Austreibens des Kristallwassers in flockiger Kristallform entsteht, hat wesentlich geringere Festigkeitsentwicklung.

Nach dem Anmachen mit Wasser erfolgt Rückbildung (Rekristallisation) zu Gipsstein:

$$CaSO_4 \cdot \tfrac{1}{2}\ H_2O + 1\tfrac{1}{2}\ H_2O \rightarrow CaSO_4 \cdot 2\ H_2O$$

Anhydrite bilden sich bei weiterer Entwässerung im Hochtemperaturbereich (Anhydritbereich) über 200 °C.

Durch Austreiben des Kristallwassers entsteht bis auf geringe Reste: Anhydrit III.

Ab 300 °C völlige Entwässerung des Gipses („Totgebrannter Gips"): Anhydrit II. Dieser entspricht chemisch dem natürlichen Anhydrit $CaSO_4$. – Wasseraufnahme zur Erhärtung nur durch Zugabe von „Anregern", z. B. Kalk, möglich (vgl. Anhydritbinder, Abschn. 3.1.2).

Oberhalb von 900 °C zersetzen sich geringe Anteile Calciumsulfat in CaO, SO_2 und O_2. Der dabei freiwerdende Kalk ist als Anreger wirksam.

$$2\ CaSO_4 \rightarrow 2\ CaO + 2\ SO_2 + O_2$$

Der bei Temperaturen über 1200 °C entstehende Anhydrit I ist ohne praktische Bedeutung.

3.1.1.2. Baugipssorten

Es wird zwischen Baugipsen ohne und mit werkmäßig beigegebenen Zusätzen unterschieden.

a) Baugipse ohne werkmäßig beigegebene Zusätze

Stuckgips

Überwiegend aus Dehydratationsprodukten des Calciumsulfat-Dihydrates im Halbhydratbereich bestehend und verhältnismäßig rasch versteifend.

Versteifungsbeginn zwischen 8 und 25 min (nach Norm), Versteifungsende nach 20 bis 60 min (nicht mehr genormt).
Die Verarbeitung muß nach dem Versteifungsende abgeschlossen sein, sonst „Totreiben" des Gipses.

Verwendung bei Innenputzen, meist in Verbindung mit Kalkmörtel, ferner für Stuck-, Form- und Rabitzarbeiten (Drahtputz) sowie für die Herstellung von Gipsbauelementen.

Putzgips

Aus Dehydratationsprodukten im Hoch- und Niedertemperaturbereich bestehend. Schnellere Versteifungszeiten und damit frühere Verarbeitbarkeit als bei Stuckgips.

Versteifungsbeginn $\geqq$ 3 min; infolge langsameren Abbindens der Anhydrit-II-Anteile an der Putzfläche ohne Schaden länger bearbeitbar.
Je nach Sorte etwa gleiche Festigkeit wie Stuckgips.

Verwendung für Innenputz (auch Gipssandputz) sowie für Rabitzarbeiten.

b) Baugipse mit werkmäßig beigegebenen Zusätzen

Aus Stuckgips und/oder Putzgips bestehend, denen je nach Verwendungszweck die Konsistenz, Haftung und Versteifungszeit beeinflussende Stellmittel zugesetzt sind. Auch werksseitige Zugabe von Füllstoffen, wie Sand, Faserstoffe, Perlite, möglich.

Fertigputzgips

Für die Herstellung von Innenputzen fabrikfertige Lieferung mit Zusatz von Stellmitteln und Füllstoffen zum Erzielen besonderer Verarbeitungseigenschaften, u. a. langsames Versteifen.

Haftputzgips

Mit Zusätzen (z. B. Kunstharz) zur Verbesserung der Haftung; Zusatz von Füllstoffen möglich. Verwendung vorzugsweise für einlagige Innenputze sowie bei glattem, wenig saugfähigem Putzuntergrund (z. B. bei Betondecken).

Maschinenputzgips

Besonders für das Herstellen von Innenputzen unter Einsatz von Putzmaschinen. Stellmittel ermöglichen kontinuierliches maschinelles Verarbeiten. Füllstoffe dürfen zugesetzt sein.

Ansetzgips zum Ansetzen von Gipskarton-Bauplatten (als „Wand-Trockenputz") mit durch Stellmittel verbesserter Haftfestigkeit an den Platten.

Fugengips zum Verbinden von Gipsbauplatten.

Spachtelgips zum Verspachteln von Gipsbauplatten.

Bei Ansetz-, Fugen- und Spachtelgips wird durch Stellmittel ein ausreichendes Wasserrückhaltevermögen und langsames Versteifen bewirkt.

c) Nicht mehr genormte Gipssorten

Marmorgips
Vorwiegend aus Anhydrit II bestehend, dem während der Herstellung Alaunlösung zugesetzt wird (frühere fälschliche Bezeichnung „Marmorzement").
Härter und langsamer versteifend als Stuckgips. Reinweißer Farbton, schleif- und polierbar.

Verwendung. Zur Verfugung von Wandfliesen, jedoch wegen Wasserlöslichkeit nicht im Bereich von Dauerfeuchtigkeit, z. B. an Badewannen, Spülbecken. Ferner zur Herstellung von „Kunstmarmor": schlierenartige Mischung mit Farben. Heute weitgehend durch Weißzement verdrängt.

Estrichgips
Herstellung bei Temperaturen um $1000\,°C$, mit beim Brennen entstandenen als Anreger wirksamen geringen Kalkanteilen (s. Abschn. 3.1.1.1). Wird in Deutschland nicht mehr hergestellt.

Modellgips
Aus α-Halbhydrat $CaSo_4 \cdot \frac{1}{2}\,H_2O$, Anhydrit und speziellen Zusätzen bestehend.
Verwendung für Modellabgüsse und Formen in der Industrie, für Chirurgie und Zahntechnik.

3.1.1.3. Physikalische und chemische Eigenschaften
(Baugipse und Anhydritbinder)

Feuchtigkeitseinflüsse und Festigkeiten

Gipsbaustoffe sind durch Dauereinwirkung von Wasser löslich (etwa 2 bis 9 g Gips in 1 l Wasser). Daher keine Verwendung von Gips oder Anhydrit an Außenwänden oder in Räumen mit ständiger Feuchtigkeit (Hallenbäder u. dgl.). Der stetige Wechsel von Feuchtigkeit und Trocknung bewirkt durch Auskristallisieren der gelösten Bestandteile (Kristallisationsdruck) eine allmähliche Gefügezerstörung (fälschlich als „Faulen des Gipses" bezeichnet).

Nach dem Versteifen, d. h. nach abgeschlossener Anlagerung des Kristallwassers, hat Stuckgips etwa 40% seiner Endfestigkeit. Endgültige Aushärtung erst nach etwa vollständiger Trocknung:

Beim Austrocknen verkitten die in der Feuchtigkeit noch gelösten Gipsbestandteile die Kristallnadel-verfilzungen des abgebundenen Gipssteins (s. Abb. 28). Durch den Kristallisationsvorgang (Dihydrat-bildung) erfolgt eine Dehnung des Gipsgefüges bis zu 1%: Keine Schwindrisse bei Gipsputzen, Rabitzarbeiten und Estrichen; gute Verdübelung und formgerechte Modellabgüsse. Estriche aus Gips sowie aus Anhydritbinder sind praktisch raumbeständig.

Durch feinporige Gipsstruktur gute Luftfeuchtigkeitsregelung in Räumen: Aufnahme vor-übergehender überschüssiger Luftfeuchtigkeit (Küche und Bäder im Wohnungsbau) und rasche Wiederabgabe bewirken keine merkliche Veränderung der Festigkeit.

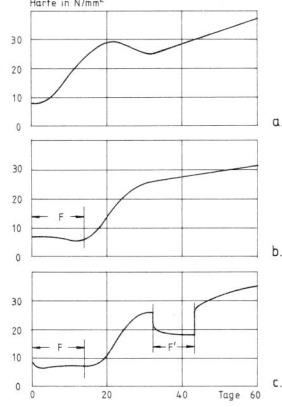

Abb. 27.

Verlauf der Erhärtung von Gipskalkmörtel aus Stuckgips, Weißkalk und Sand (2 : 1 : 3 Raumteile)

a) bei normalen Raumluftverhältnissen
b) bei anfänglich 14tägiger (F) sehr hoher rel. Luftfeuchtigkeit (ca. 100%)
c) bei anfänglich 14tägiger (F) und zwischenzeitlich 11tägiger (F') sehr hoher rel. Luftfeuchtigkeit (ca. 100%)

Beeinflussung der Versteifungszeiten

Feinverteilte Reste alten abgebundenen Gipses bewirken als Kristallisationskeime eine we-sentliche Verkürzung der Versteifungszeiten (sorgfältige Reinigung der Werkzeuge und Ma-schinen!). Eine Verzögerung der Versteifung (Verlangsamung der Kristallisation) kann durch Zugabe von chemischen Mitteln oder von Leimen bewirkt werden. Durch Erwärmen des Bindemittels oder des Anmachwassers sowie durch Zusatzmittel kann die Erhärtung be-schleunigt werden.

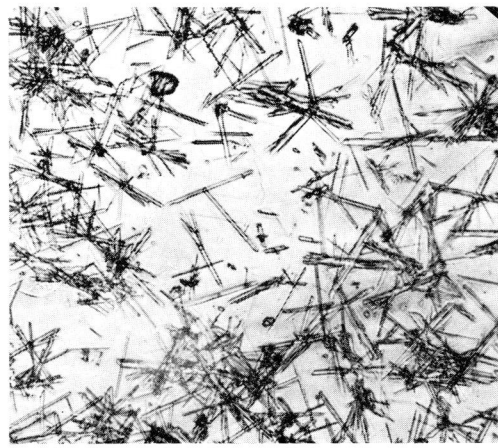

Abb. 28.

Mikroskopisches Bild der Nadelstruktur von abbindendem Gips

Chemische Reaktionen

Hydraulische Bindemittel. Keine Vermischung von Gips mit Zementen oder hydraulischen Kalken: Bildung von Ettringit („Zementbazillus"), das durch Kristallwasseranreicherung bis zu 32 H_2O eine Gefügezerstörung (Treiben) bewirken kann (s. Abschn. 3.1.4.3.1. Zement, S. 69).

Metalle. Gips hat als sulfatische Verbindung auf Eisen unter Einwirkung von Feuchtigkeit eine stark rostfördernde Wirkung: Verlacken oder Verzinken von Rabitzgeflechten und Aufhängevorrichtungen.

Blei und Kupfer werden durch Gips nicht angegriffen: Bildung von unlöslichem Bleisulfat $PbSO_4$ bzw. Kupfersulfat $CuSO_4$ (Eingipsen verbleiter Installationskabel und von Bleirohren).

Brandschutz. Gipsputz, Gipsverkleidungen (Ummantelungen) und Gipsplatten haben gute Brandschutzwirkung: Wärmedämmende Eigenschaften des Gipses und bei Hitze Bildung eines Wasserdampfschleiers aus dem austretenden Kristallwasser (s. a. Abschn. 3.1.1.1.).

Bemessungswerte

Schüttdichte von gebranntem Baugips ohne Füller i. M. 0,9 kg/dm^3.
Rohdichten von Gips- bzw. Porengips-Wandbauplatten s. Abschn. 3.1.1.6.

3.1.1.4. Güteanforderungen

An Baugipse werden nach DIN 1168 Teil 2 Anforderungen hinsichtlich Kornfeinheit, Versteifungsbeginn und Festigkeit, d. h. Biegezugfestigkeit, Druckfestigkeit und Härte, gestellt (s. Tafel 12).

Tafel 12: Anforderungen an Baugipse nach DIN 1168 Teil 2

Baugipssorte	Kornfeinheit Rückstand auf Drahtsiebboden nach DIN 4188 Blatt 1			Ver-steifungs-beginn	Biegezug-festigkeit	Druck-festigkeit	Härte
	3,15 mm	1,25 mm	0,2 mm				
	%	%	%	Minuten	MN/m^2		MN/m^2
Stuckgips	0	0	$\leqq$ 12	8 bis 25*)	$\geqq$ 2,5	–	$\geqq$ 10
Putzgips	0	–	–	$\geqq$ 3	$\geqq$ 2,5	–	$\geqq$ 10
Fertigputzgips	0	–	–	$\geqq$ 25	$\geqq$ 1,0	$\geqq$ 2,5	–
Haftputzgips	0	–	–	$\geqq$ 25	$\geqq$ 1,0	$\geqq$ 2,5	–
Maschinenputzgips	0	–	–	$\geqq$ 25	$\geqq$ 1,0	$\geqq$ 2,5	–
Ansetzgips	0	–	–	$\geqq$ 25	$\geqq$ 2,5	$\geqq$ 6,0	–
Fugengips	0	0	$\leqq$ 1	$\geqq$ 25	$\geqq$ 1,5	$\geqq$ 3,0	–
Spachtelgips	0	0	$\leqq$ 2	$\geqq$ 15	$\geqq$ 1,0	$\geqq$ 2,5	–

*) Bei werksmäßiger Weiterverarbeitung, z. B. zu Gipsbauplatten, darf der Versteifungsbeginn früher eintreten.

Der Bestimmung des Versteifungsbeginns und der Festigkeiten geht die Feststellung des Wassergipswertes voraus (s. Abschn. 3.1.1.5).

3.1.1.5. Prüfungen

Für die Durchführung der Prüfungen im einzelnen gelten die Bestimmungen der DIN 1168 Teil 2.

Prüfvoraussetzungen: Bei den mit Wasser durchzuführenden Prüfungen darf nur destilliertes oder entsalztes Wasser verwendet werden. Temperatur von Raum, Geräten, Gips und Wasser muß 18–25 °C betragen. Gefäße zum Anmachen des Gipses stets nach Gebrauch gründlichst reinigen, da bereits Spuren erhärteten Gipses die Versteifung frischen Gipsbreis beschleunigen.

1) Kornfeinheit

Feststellen der Rückstände je nach Gipssorte auf dem 3,15-mm-, 1,25-mm- oder 0,2-mm-Drahtsiebboden durch in der Regel Handsiebung an Proben von 500 bzw. 100 bzw. 50 g.

2) Wassergipswert

a) Für Baugipse ohne werkmäßig zugegebene Zusätze, d. h. bei Stuckgips und Putzgips, wird der Wassergipswert durch Feststellung der Einstreumenge ermittelt.

Bestimmung der Gipsmenge in g, die beim Einstreuen in ein mit 100 g H_2O gefülltes Becherglas bestimmter Größe bei einer Einstreuzeit von 2 min nach Normvorschrift durchfeuchtet wird. Die mittlere Einstreumenge E in g ergibt sich aus 3 Versuchen. Hieraus Bildung des Wassergipswertes w = W/E = 100/E. Unterschiedliche Wasseraufnahme des Gipses je nach Korndichte: Einstreumenge bei Stuck- und Putzgips zwischen 110–200 g auf 100 g H_2O liegend. Die Einstreumenge gibt i. a. den günstigsten Konsistenzwert des Gipsbreis hinsichtlich der Verarbeitung und Erhärtung an.

b) Für Baugipse mit werkmäßig zugegebenen Zusätzen wird der Wassergipswert über das Ausbreitmaß ermittelt.

Der Wassergipswert ergibt sich aus der durch mehrfache Versuche festgestellten Wassermenge, die erforderlich ist, um bei dem Wasser-Gips-Gemisch bzw. Wasser-Gips-Sand-Gemisch auf einem Ausbreittisch (gemäß DIN 1060 Teil 3) nach 15 Hubstößen ein Ausbreitmaß von 165 mm ± 5 mm zu erreichen: w = A/G (A = Menge des Anmachwassers in g; G = Gipsmenge in g).

3) Versteifungsbeginn

a) Für Baugipse ohne werkmäßig beigegebene Zusätze (d. h. Stuck- und Putzgips):

Prüfung durch Messerschnitte

Zur Bestimmung des Versteifungsbeginns werden 3 Kuchen von 10–12 cm ∅ und etwa 5 mm Dicke aus einem mit 100 g H_2O und der vorher bestimmten Einstreumenge Gips hergestellten Gipsbrei auf Glasplatten gegossen.

Versteifungsbeginn: Zeitpunkt, bei dem die Ränder eines durch den Gipsbrei geführten Messerschnittes nicht mehr zusammenfließen (Abb. 29).

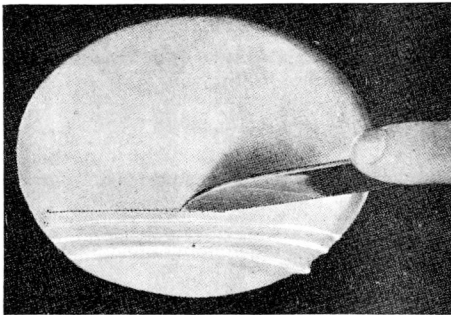

Abb. 29.

Feststellung des Versteifungsbeginns

b) Für Baugipse mit werkseitig beigegebenen Zusätzen:

Prüfung mit dem Tauchkonus

Verwendet wird ein Gerät ähnlicher Bauweise wie das für Zementprüfungen angewandte Nadelgerät, jedoch ist dieses mit einer Auslösevorrichtung zum Aufsetzen des Tauchkonus versehen (s. DIN 1168 Teil 2, Bild 1). Der Versteifungsbeginn ist erreicht, wenn der Tauchkonus (Spitzendurchmesser 1 mm) 18 mm ± 2 mm über der Glasplatte steckenbleibt. (2 Ringfüllungen für Näherungsversuche).

4) Biegezugfestigkeit, Druckfestigkeit und Härte

Die Biegezugfestigkeit wird für alle Baugipsarten an Prismen 4×4×16 cm ermittelt. Die Prismen werden aus Gips und Wasser mit den zuvor ermittelten Wassergipswerten hergestellt. Die Prüfung erfolgt nach 7tägiger Lagerung bei Normalklima (20 °C, 65% Feuchte), anschließender Trocknung bei 40 °C bis zur Gewichtskonstanz und Abkühlung auf Raumtemperatur.

Die Druckfestigkeit ist nur an Baugipsen mit Zusätzen zu ermitteln. Es werden die aus der Biegezugprüfung übriggebliebenen Prismenhälften geprüft.

Die Härte ist nur an Baugipsen ohne Zusätze zu ermitteln. Die Härte wird über die Eindringtiefe t einer mit 200 N belasteten Stahlkugel von 10 mm Durchmesser zu $H = 6{,}37/t$ (N/mm^2) errechnet.

5) Haftzugfestigkeit (Empfohlene Prüfung)

Zur Prüfung der Haftzugfestigkeit von Haftgips, Fugengips, Ansetzgips und Spachtelgips werden auf nach Norm definierter Unterlage (Faserzementplatten, Gipskarton-Bauplatten, Gips-Wandbauplatten) etwa 8 mm dicke kreisrunde Probekörper von 50 mm ⌀ nach rückseitigem Aufkleben einer Abziehplatte mit einem Spezialabziehgerät von der Unterlage abgerissen.

3.1.1.6. Anwendung von Baugips

a) Putzmörtel

Baugipse können, im Gegensatz zu Kalk und Zement, ohne Zuschläge schwindrißfrei verarbeitet werden. Auch Magerung mit Sand, wärmedämmenden Stoffen (Vermiculite, Perlite) oder Faserstoffen sowie Verarbeitung in Verbindung mit Luftkalk (nicht mit hydraulischen Kalken) möglich.

Gipsmörtel bilden die Mörtelgruppe P IV nach DIN 18550 „Putz". Mischungsverhältnisse sowie Mörtelarten und Putzausführung siehe Abschn. 3.2.1.

b) Wand- und Deckengipsbauelemente

Anwendung im Innenausbau für Zwischenwände, Wandverkleidungen, Deckenverkleidungen (Unterdecken).

Vorzüge: Geringes Konstruktionsgewicht, Trockeneinbau, schneller Arbeitsfortschritt. Ferner verbesserte Wärmedämmung, Deckengestaltung und Regulierung der Raumakustik sowie der Entlüftung mit Loch- und Schlitzplatten.

Gipskartonplatten (DIN 18180 (9.89))

Mit Karton beidseitig festummantelte dünne Gipsplatte. Gute Biegezugfestigkeit und große Elastizität auf Verbundwirkung von Gipskern und Kartonummantelung beruhend. Zudem geringes Gewicht, gute Wärmedämmung und leichte Bearbeitbarkeit. Produktionsablauf s. Abb. 30.

Dicken: 9,5; 12,5; 15; ≥ 18 mm

Regelbreiten: 40, 60, 125 cm; Längen bei 12,5 mm Dicke: 200 bis 400 cm

Längskanten kartonummantelt; Querkanten nicht kartonummantelt.

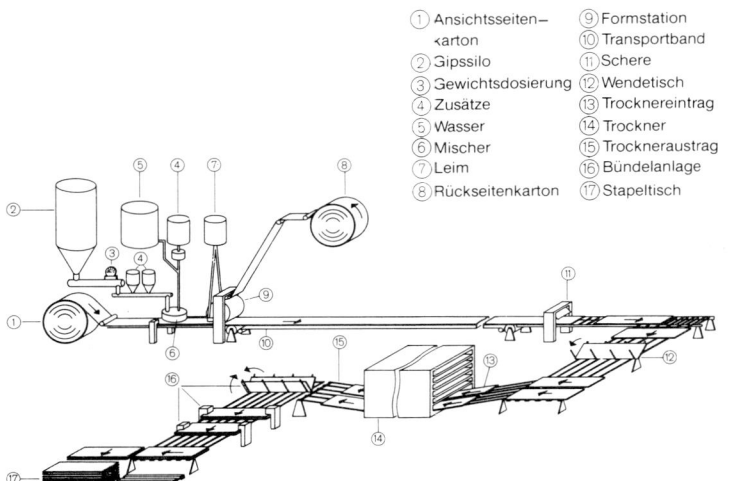

① Ansichtsseiten-   ⑨ Formstation
   karton   ⑩ Transportband
② Gipssilo   ⑪ Schere
③ Gewichtsdosierung   ⑫ Wendetisch
④ Zusätze   ⑬ Trocknereintrag
⑤ Wasser   ⑭ Trockner
⑥ Mischer   ⑮ Trockneraustrag
⑦ Leim   ⑯ Bündelanlage
⑧ Rückseitenkarton   ⑰ Stapeltisch

Abb. 30.

Herstellung von
Gipskartonplatten

Plattenarten und Verwendung:

Gipskarton-Bauplatten (GKB) für Wand- und Deckenbekleidungen auf Unterkonstruktionen, für schalldämmende Leichtwände (biegeweiche Schalen gem. DIN 4109, Schallschutz) oder als „Wand-trockenputz" zum unmittelbaren Ansetzen an Wände.

Gipskarton-Feuerschutzplatten (GKF) mit Anforderungen an den Brandschutz enthalten Einlagen aus Glasseide zur Verbesserung des Gefügezusammenhangs bei Brandeinwirkung. (Kennzeichnender Aufdruck in roter Farbe.)

Gipskarton-Bauplatten – imprägniert (GKBI) und Gipskarton-Feuerschutzplatten – imprägniert (GKFI) mit verzögerter Wasseraufnahme.

Gipskarton-Putzträgerplatten (GKP) mit geschlossener oder in Abständen gelochter saugfähiger Oberfläche zum Anbringen eines dünnen Gipsglättputzes. (Verwendung der Platten auf Unterkonstruktionen.)

Brandverhalten der GKF-Platten

Gipskarton-Feuerschutzplatten (GKF) mit Plattendicken $\geqq$ 12,5 mm gehören zur Baustoffklasse A 2 (bei Feuereinwirkung mit geringer Flammbildung brennend, jedoch Feuer nicht weiterleitend).

Nichttragende Trennwände mit beidseitiger Feuerschutzplatten-Bekleidung gelten je nach konstruktiver Ausführung und den im Ständerwerk verwendeten Stoffen als F 30 (feuerhemmend) oder F 90 (feuerbeständig).

Bei abgehängten Unterdecken aus Feuerschutzplatten gelten Holzbalkendecken als F 30 und Stahlträger- und Stahlbetondecken als F 90.

Gipskarton-Verbundplatten (DIN 18 184 (6.91))

Gipskartonplatten nach DIN 18 180, die werkmäßig mit Dämmstoffplatten aus Polystyrol- oder Polyurethan-Hartschaum verbunden sind. Dicke der Dämmschicht 20–60 mm.

Richtlinien für die Verarbeitung von Gipskartonplatten enthalten DIN 18181 (9.90) „Gipskartonplatten im Hochbau; Grundlagen für die Verarbeitung", sowie DIN 18183 (11.88) „Montagewände aus Gipskartonplatten; Ausführung von Metallständerwänden". Ausführungsbeispiele: Abb. 31.

Wandbauplatten aus Gips (DIN 18163 (6.78))

Leichte Bauplatten aus Stuckgips mit oder ohne anorganische Zuschläge oder Füllstoffe (Bez.: SW und GW) oder unter Verwendung porenbildender Zusätze als Porengipswandplatten (Bez.: PW). Die Platten dürfen Hohlräume haben. Stoß- und Lagerflächen sind mit Nut und Feder ausgebildet.

Dicken 60, 80, 100 mm, Höhe 500 mm, Länge 666 mm.

Platten-Rohdichte: Gips-Wandbauplatte   GW $>$ 0,70–0,90 kg/dm^3
                                         SW $>$ 0,90–1,20 kg/dm^3
                    Porengips-Wandbauplatte   PW $>$ 0,60–0,70 kg/dm^3

Flächengewicht: z. B. 90 kg/m^2 für Dicke 100 mm und Rohdichte 0,9 kg/dm^3

E-Modul für Wände aus Gips-Wandbauplatten: z. B. 8000 MN/m^2 für Dicke 100 mm und Rohdichte 0,9 kg/dm^3.

Nach DIN 4102 Teil 4 sind Wände mit 60 mm Dicke F 30-A (feuerhemmend), ab 80 mm Dicke F 90-A (feuerbeständig) und ab 100 mm Dicke F 180-A (hochfeuerbeständig).

Deckenplatten aus Gips (DIN 18169 (12.62))

Quadratische Gipsplatten von 625, 600 oder 500 mm Kantenlänge mit rückseitig wulstartig verstärktem Rand von meist 28 mm Dicke.

Dekorplatten (D) mit geschlossener, glatter, profilierter oder durchbrochener Sichtfläche.

Schallschluckplatten (S) und **Lüftungsplatten** (L) mit durchbrochener Sichtfläche, erstere rückwärtig mit schallschluckenden Einlagen (Faserstoffe).

Deckenheizplatten (H) mit eingebauten Verbindungsteilen für Strahlungsheizung (Kontaktheizung).

Feuerschutzplatten mit Dekor (DF) und **Schallschluckplatten** (SF) mit Glasgittergewebe- bzw. Mineralfaserdämmstoffeinlage.

Befestigung der seitlich mit Aussparungen versehenen Gipsdeckenplatten durch Einschieben in abgehängte verzinkte Stahlblechprofile oder durch Aufschrauben auf Profilschienen oder Lattenroste.

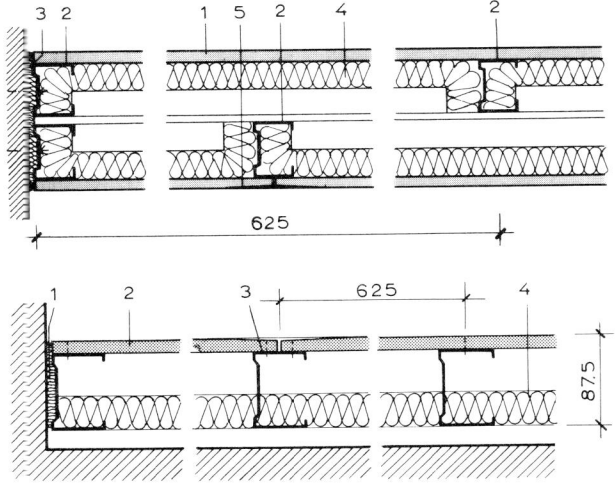

Abb. 31.

a) Doppelständerwand nach DIN 18183
1 Gipskartonplatte
   d $\geq$ 12,5 mm
2 C-Profil-Ständer
3 Anschlußdichtung
4 Mineralfasermatte
5 Fugenverspachtelung

b) Freistehende Vorsatzschale nach DIN 18183
1 Anschlußdichtung
2 Gipskarton-Bauplatte
3 C-Wandprofil CW
4 Mineralfasermatte

Sonstige Gipsbauelemente

Gipsfaserplatten bestehen aus einem Gemisch von Gips und Zellulosefasern. Sie werden als Wand- und Deckenbekleidungen eingesetzt und werkmäßig z. B. zu Trockenunterboden-platten und -verbundelementen weiterverarbeitet.

Trockenunterboden-Elemente werden aus Gipskarton- oder Gipsfaserplatten hergestellt. Aus Gipskartonplatten gefertigte Elemente bestehen aus drei miteinander verklebten Lagen von 8 mm dicken Platten. Abmessungen 600 × 2000 × 25 mm; auch als Verbundelemente mit 20 bzw. 30 mm dicken Schaumkunststoffplatten lieferbar. Auf der Basis von Gipsfaserplatten hergestellte Unterbodenplatten werden in den Abmessungen 600 × 1500 × 19 mm geliefert.

Gips-Deckenkörper sind Bauelemente in z. B. Trapez-, Keil- oder Sechseckform mit glatten geschlossenen oder durchlochten Sichtflächen für stark profilierte Deckenbekleidungen. Flächengewicht etwa 20 kg/m^2.

Gips-Paneel-Elemente bestehen aus zwei flächig miteinander verklebten 9,5 mm dicken Gipskartonplatten mit 600 mm Breite und 2000 bzw. 2600 mm Länge. Verwendung für Trennwände und Deckenbekleidungen.

Spezial-Gipsbauplatten mit besonderer Feuerwiderstandsfähigkeit bestehen aus einem Verbundmaterial aus Glasfaservlies, darauf kaschierter Glasseide und Gips. Abmessungen: Breite 1250 mm, Längen 2400, 2500 und 3000 mm, Dicken 15 und 20 mm.

Schrifttum für die Anwendung

VOLKART: Bauen mit Gips. Bundesverband der Gips- und Gipsbauplattenindustrie e.V., Birkenweg 13, Darmstadt, 1986

BÖKER: Trockenbaupraxis mit Gipskartonplatten-Systemen, Verlagsgesellschaft R. Müller, Köln-Braunsfeld, 1984

3.1.2. Anhydritbinder

Norm: DIN 4208 (03.84) Anhydritbinder

3.1.2.1. Vorkommen und Gewinnung

Anhydritbinder sind nichthydraulische Bindemittel aus natürlichem oder synthetischem Anhydrit und Anregern.

Natürlicher Anhydrit (NAT) kommt in der Natur als kristallwasserfreier Gips $CaSO_4$ vor. Synthetischer Anhydrit (SYN) fällt bei der Flußsäureherstellung aus Flußspat (CaF_2) an.

Herstellen von Anhydritbindern durch Vermahlen von wasserfreiem Calciumsulfat $CaSO_4$ (Anhydrit), dem ein salzartiger (Sulfate bis 3 M.-%) oder basischer Anreger (Kalk oder Portlandzement bis 7 M.-%) oder ein Gemisch aus beiden (bis 5 M.-%) zugesetzt wird. Die Anreger werden werkmäßig beigemischt oder getrennt in Beuteln zur Zugabe in das Anmachwasser mitgeliefert.

Anhydritbinder sind hinsichtlich ihrer physikalischen Eigenschaften und chemischen Reaktionen Gips vergleichbar (s. Abschnitt 3.1.1.3.).

3.1.2.2. Güteklassen und Eigenschaften

Anhydritbinder werden in zwei Güteklassen geliefert: AB 5 und AB 20.

Die Zahlen geben die Mindestdruckfestigkeit von Anhydritmörtel nach 28 Tagen in N/mm^2 an.

Tafel 13: Mindestfestigkeiten von Anhydritbindern

Güteklasse	Nach 3 Tagen in N/mm^2		Nach 28 Tagen in N/mm^2	
	Biegezugfestigkeit	Druckfestigkeit	Biegezugfestigkeit	Druckfestigkeit
AB 5	0,5	2,0	1,2	5,0
AB 20	1,6	8,0	4,0	20,0

Schüttdichte 0,90–1,0 kg/dm^3.

Erstarrungsbeginn (Kristallwasseraufnahme) frühestens nach 25 Minuten, Erstarrungsende spätestens nach 12 Stunden. Zumischen von verträglichen Farbstoffen nur im Herstellwerk.

Quell- oder Schwindwert $\leq$ 0,2 mm/m.

Anhydritbinder unterliegen einer Eigen- und Fremdüberwachung.
Säcke sind in mittlerer Höhe mit waagrecht verlaufenden Reihen schwarzer Punkte gekennzeichnet (AB 5 mit 1 Reihe, AB 20 mit 3 Reihen). Bei loser Verladung Versandpapiere in entsprechender Weise.

Bauphysikalische und chemische Eigenschaften siehe 3.1.1.3, S. 53.

Beispiel für Bezeichnung: Anhydritbinder DIN 4208 – AB 5 NAT

3.1.2.3. Prüfungen

Druck- und Biegezugfestigkeit. Herstellung des Mörtels mit Normsand (entsprechend Zement) im Mischungsverhältnis 1 : 3 n. MT und Lagerung in Normalklima (20 °C und 65 % rel. Luftfeuchte). Wasserzugabe so, daß Ausbreitmaß von 150 ± 2 mm entsteht.

Weitere Prüfungen: Mahlfeinheit (mit 0,09 mm-Sieb $\leq$ 20 M.-% Rückstand), Erstarren (wie Zement), Raumbeständigkeit (Kuchenlagerung im Wechsel: 48 Stunden Feuchtkasten – 12 Stunden Raumluft – 7 Tage unter Wasser – 7 Tage Raumluft), Quellen und Schwinden (Messung der Längenänderung von Prismen 4 × 4 × 16 cm).

3.1.2.4. Anwendungen

Verwendung für Innenputzmörtel nach DIN 18550 (s. 3.2.1.), Estriche nach DIN 18560 (s. 3.3.5.), Wandbauplatten und -steinen sowie Deckenplatten im Innenbereich (vergleichbar den Gipsbauelementen, s. 3.1.1.6., b).

Keine Vermischung von Anhydritbindern mit hydraulischen Bindemitteln und keine Verwendung in Bauteilen, die längerwirkender Feuchtigkeit ausgesetzt sind!

3.1.3. Baukalke

Normen: DIN 1060-1 (03.95) Baukalk – Teil 1: Defitionen, Anforderungen, Überwachung
DIN V ENV 459-1 (03.95)*) Baukalk – Teil 1: Definitionen, Anforderungen, Konformitätskriterien
DIN EN 459-2 (03.95) Baukalk – Teil 2: Prüfverfahren

3.1.3.1. Stoffliche Zusammensetzung

Baukalke werden durch Brennen unterhalb der Sintergrenze (900 bis 1200 °C) aus Kalkstein, Dolomitstein, Kalksteinmergel oder mergeligem Kalkstein ggf. unter Zusatz von hydraulischen, latent hydraulischen und puzzolanischen Stoffen hergestellt.

Hauptbestandteile der Baukalke sind die Oxide und Hydroxide des Calciums (Ca, $Ca(OH)_2$ mit geringen Anteilen des Magnesiums (MgO, $Mg(OH)_2$), Siliciums (SiO_2), Aluminiums (Al_2O_3) und Eisens (Fe_2O_3).

Baukalke erhärten durch Aufnahme von atmosphärischem Kohlenstoffdioxid (Carbonathärtung) und/oder hydraulisch.

Die DIN 1060-1 definiert folgende Baukalkarten:

- Luftkalke (Weißkalke), die vorwiegend aus CaO und $Ca(OH)_2$ bestehen und durch Aufnahme von Kohlenstoffdioxid an der Luft langsam erhärten. Sie erhärten i. a. nicht unter Wasser.
- Ungelöschte Kalke, die vorwiegend aus CaO (Branntkalke) oder aus CaO und MgO (Dolomitkalke) bestehen. Ungelöschte Kalke werden in verschiedenen Korngrößen stückig (Stückkalk) bis feingemahlen (Feinkalk) angeboten. Beim Kontakt mit Wasser reagieren sie exotherm.
- Gelöschte Kalke, die vorwiegend aus $Ca(OH)_2$ (Kalkhydrate) oder aus $Ca(OH)_2$, $Mg(OH)_2$ und MgO (Dolomitkalkhydrate) bestehen und durch gesteuertes Löschen von Branntkalk entstehen.

---

*) Diese Deutsche Vornorm ersetzt nicht die Deutsche Norm für Baukalk DIN 1060-1. In DIN 1060-1 sind die Festlegungen der Europäischen Vornorm ENV 459-1 weitgehend mit der Einschränkung übernommen worden, daß der in der Bundesrepublik Deutschland vorliegende Erfahrungsbereich nicht wesentlich überschritten wurde.

Gelöschte Kalke werden in Form von Pulver oder als Teig (Kalkteig) hergestellt. Keine exotherme Reaktion bei Kontakt mit Wasser.

Zu den gelöschten Kalken zählen auch Muschelkalke, die durch Brennen von Muscheln und nachfolgendem Löschen entstehen und Carbidkalke, die als Nebenprodukt bei der Herstellung von Acetylengas C_2H_2 aus Calciumcarbid CaC_2 entstehen.

– Halbgelöschte und vollständig gelöschte Dolomitkalke sind Dolomitkalkhydrate, die vorwiegend aus $Ca(OH)_2$ und Mgo bzw. aus $Ca(OH)_2$ und $Mg(OH)_2$ bestehen.

– Hydraulische Kalke und natürliche hydraulische Kalke, bestehen vorwiegend aus Calciumsilikaten, Calciumaluminaten und Calciumhydroxid und werden durch Brennen von tonhaltigem Kalkstein und nachfolgendem Löschen und Mahlen und/oder durch Mischen von geeigneten Stoffen und Calciumhydroxid hergestellt. Diese Kalke erstarren und erhärten auch unter Wasser, wobei Kohlenstoffdioxid zur Erhärtung beitragen kann.

Hydraulische Kalke (HL), die durch Brennen von Kalkstein, zu Pulver gelöscht, mit oder ohne Mahlung entstehen, werden „Natürliche hydraulische Kalke" (NHL) genannt.

Kalke, denen bis zu 20% geeignete puzzolanische oder hydraulische Stoffe zugemischt sind, werden mit „NHL-P" bezeichnet.

Organische Zusatzmittel dürfen bei NH und NHL zugegeben werden.

3.1.3.2.   Herstellung und Erhärtungseigenschaften

3.1.3.2.1. Luftkalke

Weißkalke

Chemischer Vorgang beim Brennen und Löschen:

$$CaCO_3 \xrightarrow{\text{bis } 1200°} CaO \quad + \quad CO_2$$
Kalkstein   Gebr. Kalk   Kohlendioxid

$$CaO \quad + \quad H_2O \longrightarrow Ca(OH)_2 \quad + \quad Wärme$$
Gebr. Kalk   Wasser   Kalkhydrat

Erhärtungsvorgang. Die Erhärtung von Luftkalken in Mörteln erfolgt durch langsame von außen nach innen fortschreitende Kohlensäureaufnahme, die das Calciumhydroxid wieder zu Calciumcarbonat (Kalkstein) umwandelt: „Karbonatisierung".

$$Ca(OH)_2 \quad + \quad \underbrace{H_2CO_3}_{CO_2 + H_2O} \longrightarrow CaCO_3 \quad + \quad 2\,H_2O$$

Kalkhydrat   +   Kohlensäure $\longrightarrow$ Kalkstein   +   Hydrat- und
                                           (Calcit)   Anmachwasser

      Nachweis des Karbonatisierungsfortschrittes mit Phenolphthalein: Rotfärbung der noch basischen Bestandteile.

Einflüsse auf den Erhärtungsvorgang. Die Karbonatisierung kann nur in dem Maße erfolgen, als Kohlendioxid in die Mörtelporen einzudringen vermag und sich hier mit Feuchtigkeit (Anmachwasser + ausscheidendes Hydratwasser) zu Kohlensäure umsetzt:

      Wasserüberschuß im Mörtel. Durch zu langsames Austrocknen in kühler Jahreszeit oder durch mangelnde Lüftung wird infolge Feuchtigkeitsrückstau das Eindringen des Kohlendioxids (CO_2-Gehalt der Luft 0,03%) verhindert.

      Vorzeitiges Austrocknen durch starken Luftzug, Überheizung oder stark saugenden Untergrund verhindert die Bildung von Kohlensäure: Der Karbonatisierungsvorgang kommt zum Stillstand. Erst bei späterer Einwirkung von Feuchtigkeit (z.B. Luftfeuchtigkeit beim Bewohnen) kann sich die Erhärtung allmählich fortsetzen. (Kein vorzeitiges Aufbringen luftsperrender dicker Tapeten oder dichter Anstriche.)

Begünstigung der Erhärtung. Nur geregelte Belüftung gewährleistet gleichmäßig fortschreitende Karbonatisierung des Kalkmörtels. Beschleunigung der Erhärtung durch Aufstellen von CO_2-erzeugenden Geräten (Ölbrenner). Vorsicht in bewohnten Bauten (CO_2 ist schwerer als Luft)!

Dolomitkalke

Ähnlich dem Weißkalk, jedoch mit höherem Gehalt an Magnesiumoxid (MgO $\geqq$ 10%) aus dolomitischem Gestein ($CaCO_3 \cdot MgCO_3$) zu CaO und MgO gebrannt: Je nach MgO-Gehalt langsamer löschend und etwas weniger ergiebig als Weißkalk, oft farblich leicht getönt (früher als Graukalk bezeichnet).

3.1.3.2.2. Hydraulische Kalke

Die Erhärtung der hydraulischen Kalke beruht wesentlich auf den Anteilen an Kieselsäure (SiO_2), Tonerde (Al_2O_3) und Eisenoxid (Fe_2O_3), die durch Erhitzen aufgeschlossen, d. h. reaktionsfähig werden und sich unter Einwirkung von Wasser mit den Kalkanteilen zu festen Bestandteilen verbinden.

Wegen der anfänglich geringen Gefügefestigkeit kann eine Unterwasserlagerung der hydraulisch erhärtenden Kalke erst nach mehrtägiger Vorhärtung an der Luft erfolgen.

Der vorwiegend durch die hydraulischen Stoffe („Hydraulefaktoren") bewirkten gleichmäßigen Gefügehärtung läuft je nach den Gegebenheiten eine Erhärtung der mehr oder minder freien, d. h. nicht chemisch gebundenen, Kalkbestandteile durch Luftkohlensäure von außen her parallel.

Die Mörtelliegezeit der werkseitig pulverförmig gelöschten hydraulischen Kalke (Löschung der freien Kalkbestandteile) ist nach dem Anmachen wegen ihrer zementähnlichen Erhärtungseigenschaften nach oben begrenzt.

Hydraulisch erhärtende Kalke können mit Zement, nicht aber mit Gips oder Anhydrit gemischt werden.

3.1.3.3. Handelsformen und Verarbeitung der Baukalke

Die Lieferung der Kalke erfolgt je nach Aufbereitung in verschiedenen Handelsformen:

Ungelöschter Kalk

Stückkalk. Gebrannter Kalk („Branntkalk") in Stücken (nur noch wenig im Handel).

Feinkalk. Feingemahlener Stückkalk.

Gelöschter Kalk

Kalkhydrat. Fabrikmäßig ohne Wasserüberschuß zu trockenem Pulver gelöschter Kalk.

Kalkteig. Mit Wasserüberschuß gelöschter und eingesumpfter Kalk. (Bezeichnungen wie „Ätzkalk", „Sackkalk", „Graukalk" u. ä. sind unzulässig.)

3.1.3.4. Klassifizierung der Baukalkarten

Die verschiedenen Baukalkarten werden nach ihrem (CaO+MgO)-Anteil oder, bei hydraulischen Kalken, nach ihrer Druckfestigkeit entsprechend Tafel 14 klassifiziert.

Benennung	Kurzzeichen
Weißkalk 90	CL 90
Weißkalk 80	CL 80
Weißkalk 70	CL 70
Dolomitkalk 85	DL 85
Dolomitkalk 80	DL 80
Hydraulischer Kalk 2	HL 2
Hydraulischer Kalk 3,5	HL 3,5
Hydraulischer Kalk 5	HL 5

Tafel 14: Klassifizierung der Baukalkarten

CL = calcium lime; DL = dolomitic lime; HL = hydraulic lime

Verarbeitungsanweisungen

Für alle Baukalke gilt die Verarbeitungsanweisung des Lieferwerkes, die auf der Verpackung aufgedruckt ist.

Bei Feinkalken und Stückkalken: „Frühestens nach t Stunden Einsumpfdauer oder Mörtelliegezeit verarbeiten" (mindestens 10 Stunden).

Einsumpfdauer ist die Zeit, die der Baukalk nach dem Löschen oder nach dem Anrühren mit Wasser mindestens eingesumpft sein muß, bevor er mit Sand zu sofort verarbeitbarem Mörtel angemacht werden darf.

Mörtelliegezeit ist die Zeit, die der nach Wasserzugabe angemachte Mörtel vor seiner Verwendung liegen muß.

Bei Kalkhydraten: „Im Anlieferungszustand verarbeitbar."

Bei hydraulischen Kalken: „Im Anlieferungszustand verarbeitbar. Der angemachte Mörtel muß spätestens nach t Stunden verarbeitet sein."

Löschvorgang auf der Baustelle

Feinkalk: In einer Löschpfanne wird der Kalk durch Einstreuen in Wasser (etwa dreifache Wassermenge des Kalkgewichtes) unter ständigem Rühren gelöscht.

Beachtung der Mindesteinsumpfdauer bzw. der Mörtelliegezeit, da etwa noch vorhandene ungelöschte Bestandteile durch nachträgliche Ausdehnung zum Abwölben bzw. Abplatzen des Putzes führen können.

Stückkalk: Überdecken in flacher Löschpfanne mit Wasser und weitere Wasserzugabe ohne Unterbrechung des Erhitzungsvorganges (Kochen). Alsdann Auslaufen des Kalkteiges durch Sieb (Abfangen der Löschrückstände) in Löschgrube: Lagerung zum Nachlöschen je nach Erfordernis. Versickern des überschüssigen Wassers durch den Untergrund.

3.1.3.5. Güteanforderungen und Prüfungen

Die chemischen und physikalischen Anforderungen an Baukalke nach DIN 1060-1 sind in Tafel 15 zusammengestellt. Probennahme, chemische Analysen und physikalische Prüfungen erfolgen nach DIN EN 459-2.

Chemische Zusammensetzung. Bei der Prüfung der chemischen Zusammensetzung müssen die Baukalke die in Tafel 15 angegebenen Gehalte an CaO, MgO, CO_2 und SO_3 einhalten. Insbesondere ist bei Luftkalken ein Mindestgehalt an $CaO + MgO$ zur ausreichenden Festigkeitsbildung erforderlich. Der CO_2-Gehalt im unverarbeiteten Zustand muß nach oben begrenzt werden, damit die Carbonaterhärtung wirksam werden kann. Der SO_3-Gehalt ist wegen Treibgefahr ebenfalls nach oben begrenzt.

Mahlfeinheit. Die Mahlfeinheit ist in Anlehnung an DIN EN 196 Teil 6 mit einem 0,09 mm Siebgewebe zu bestimmen. Für übergroße Körner sind zusätzlich Siebe mit 0,2 mm Maschenweite zu verwenden. Bei Baukalken CL und DL sollen die Rückstände auf dem 0,09 mm-Sieb $\leq$ 7 M.-% und auf dem 0,2 mm-Sieb $\leq$ 2 M.-% sein. Für Baukalke HL wird $\leq$ 15 M.-% (0,09 mm-Sieb) und $\leq$ 5 M.-% (0,2 mm-Sieb) gefordert.

Raumbeständigkeit. Überprüfung von Baukalken (außer Kalkteige und Dolomitkalkhydrate) mit dem Referenz- und Alternativverfahren nach DIN EN 459-2:
Im Referenzverfahren, das in Anlehnung an DIN EN 196-3 mit dem Le-Chatelier-Ring durchgeführt wird, darf das Dehnungsmaß nach 3-stündigem Kochen einer Probe im Dampfbad nicht größer als 20 mm sein.
Im Alternativverfahren wird eine zu einem scheibenförmigen Prüfkörper gepreßte Probe (Durchmesser

Tafel 15: Chemische und physikalische Anforderungen an Baukalke nach DIN 1060-1

Bau-kalkart	Chemische Zusammensetzung Massenanteil in % (nach 4. von DIN EN 459-2: 1995-03)					Mahlfeinheit[6] Rückstand als Massenanteil in % (nach 5.2 von DIN EN 459-2: 1995-03)		Raumbeständigkeit[5][7] (Siehe 5.3 von DIN EN 459-2: 1995-03)			Freies Wasser[4] % (nach 5.11 von DIN EN 459-2: 1995-03)	Mörtelprüfungen[8][9]		Erstar-rungszeit h (nach 5.4 von DIN EN 459-2: 1995-03)	Ergiebig-keit dm³ je 10 kg (nach 5.9 von DIN EN 459-2: 1995-03)	Druckfestigkeit (nach 5.1 von DIN EN 459-2: 1995-03)	
	CaO + MgO	MgO	CO₂	SO₃	freier Kalk	0,09 mm	0,2 mm	Für Kalkteige und Dolomitkalkhydrate (Verfahren nach 5.3.3) mm	Für Baukalke außer Kalkteige und Dolomitkalkhydrate[6] – Referenzverfahren nach 5.3.2.1 mm	Alternativverfahren nach 5.3.2.2 mm		Eindring-maß mm (nach 5.5)	Luftgehalt % (nach 5.7)			nach 7 Tagen N/mm²	nach 28 Tagen N/mm²
CL 90	≥ 90	≤ 5[1][3]	≤ 4	≤ 2	–	≤ 7	≤ 2	bestanden	≤ 20	≤ 2	≤ 2	> 20 und < 50	≤ 12	nicht anwendbar	≥ 26	nicht anwendbar	
CL 80	≥ 80	≤ 5[1]	≤ 7	≤ 2	–	≤ 7	≤ 2	bestanden	≤ 20	≤ 2	≤ 2	> 20 und < 50	≤ 12	nicht anwendbar	≥ 26	nicht anwendbar	
CL 70	≥ 70	≤ 5	≤ 12	≤ 2	–	≤ 7	≤ 2	bestanden	≤ 20	≤ 2	≤ 2	> 20 und < 50	≤ 12	nicht anwendbar	≥ 26	nicht anwendbar	
DL 85	≥ 85	≥ 30	≤ 7	≤ 2	–	≤ 7	≤ 2	bestanden	≤ 20	≤ 2	≤ 2	> 20 und < 50	≤ 12	nicht anwendbar	≥ 26	nicht anwendbar	
DL 80	≥ 80	> 5[1]	≤ 7	≤ 2	–	≤ 7	≤ 2	bestanden	≤ 20	≤ 2	≤ 2	> 20 und < 50	≤ 12	nicht anwendbar	≥ 26	nicht anwendbar	
HL 2	–	–	–	≤ 3[2]	≥ 8	≤ 15	≤ 5	nicht anwendbar	≤ 20	nicht anwendbar	≤ 2	> 20 und < 50	≤ 20	> 1 ≤ 15	nicht anwendbar	–	2 bis 7
HL 3,5	–	–	–	≤ 3[2]	≥ 6	≤ 15	≤ 5	nicht anwendbar	≤ 20	nicht anwendbar	≤ 2	> 20 und < 50	≤ 20	> 1 ≤ 15	nicht anwendbar	≥ 1,5	3,5 bis 10
HL 5	–	–	–	≤ 3[2]	≥ 3	≤ 15	≤ 5	nicht anwendbar	≤ 20	nicht anwendbar	≤ 1	> 20 und < 50	≤ 20	> 1 ≤ 15	nicht anwendbar	≥ 2	5 bis 15[10]

1) Für die Bodenverfestigung bzw. Bodenverbesserung ≤ 10%.
2) SO₃-Anteile größer als 3% und bis 7% sind zulässig, wenn die Raumbeständigkeit nach 28 Tagen Wasserlagerung nachgewiesen wurde.
3) Ein MgO-Anteil bis 7% ist zulässig, sofern die Prüfung der Raumbeständigkeit nach DIN EN 459-2 bestanden wurde.
4) Für Kalkteig beträgt der freie Wasseranteil zwischen 45% und 70%.
5) Siehe 5.3 von DIN EN 459-2: 1995-03.
6) Bei hydraulischen Kalken mit einem SO₃-Anteil von mehr als 3% und bis zu 7% ist die Raumbeständigkeit zusätzlich nach 5.3.2.3 von DIN EN 459-2: 1995-03 zu prüfen.
7) Kalkhydrat, Weißkalkteig und Dolomitkalkhydrat mit Körnern größer als 0,2 mm müssen zusätzlich raumbeständig sein, wenn sie nach 5.3.4 von DIN EN 459-2: 1995-03 geprüft werden.
8) Bei Verwendung von Normmörtel nach 5.5.1 von DIN EN 459-2: 1995-03.
9) Nicht für Kalkteig.
10) HL 5 mit einer Schüttdichte von weniger als 0,90 kg/dm³ darf eine Festigkeit von nicht mehr als 20 N/mm² aufweisen.

etwa 50 mm, Dicke etwa 10 mm) in ein Dampfbad gestellt und 90 min einem atmosphärischen Dampf ausgesetzt. Ist die Änderung des Scheibendurchmessers $\leq$ 2 mm gilt die Prüfung als bestanden.

Überprüfung von Kalkteigen und Dolomitkalkhydraten nach DIN EN 459-2:
Die Prüfung gilt als bestanden, wenn ein Kalkkuchen (Durchmesser 50 bis 70 mm, Dicke 10 mm) nach einer Liegezeit von etwa 5 min und anschließender 4-stündiger Lagerung im Wasserbad (105 °C) keine Treibrisse aufweist.

Freies Wasser. Der Massenverlust einer auf 105 °C erhitzten Probe wird als Feuchtegehalt bezeichnet. Er darf nicht größer als 2% (HL $\leq$ 1%) sein.

Eindringmaß. Das Eindringmaß, das ein Frischmörtel bei der Prüfung mit dem Steifemeßgerät nach DIN EN 459-2 aufweist, darf 2 min nach Beendigung des Mischvorgangs einen Wert von 20 mm nicht unterschreiten und einen Wert von 50 mm nicht überschreiten.

Luftgehalt. Der Luftgehalt des Frischmörtels wird nach dem Druckausgleichsverfahren gemessen. Er darf 12 Vol.-% bei Weiß- und Dolomitkalken bzw. 20 Vol.-% bei Hydraulischen Kalken nicht überschreiten.

Erstarrungszeit. Die Erstarrungszeiten der Hydraulischen Kalke sind nach DIN EN 196-3 mit dem Nadelgerät nach Vicat zu bestimmen. Erstarrungsbeginn $\geq$ 1 Stunde, Erstarrungsende $\leq$ 15 Stunden.

Ergiebigkeit. Die Ergiebigkeit von Weißkalk wird in einem Löschgefäß nach DIN EN 459-2 bestimmt. 10 kg ungelöschter Kalk müssen mindestens 26 dm^3 Kalkteig ergeben.

Druckfestigkeit. Anforderungen werden nur bei hydraulischen Kalken gestellt. Die Prüfung erfolgt an Mörtelprismen 4 × 4 × 16 cm aus Prüfmörtel bestimmter Zusammensetzung und Konsistenz. Für Weiß- und Dolomitkalke gibt es keine Anforderungen. Die 28-Tage-Druckfestigkeit wird bei Weißkalken auf 0,4 bis 0,8 N/mm^2, bei Dolomitkalken auf 1,0 bis 1,5 N/mm^2 geschätzt.

Schüttdichte. Die mittels Einlaufgerät ermittelte Schüttdichte sollte folgende Richtwerte nicht überschreiten:

CL 70, CL 80, CL 90:   0,3 bis 0,6 kg/dm^3
DL 80, DL 85   :   0,4 bis 0,6 kg/dm^3
HL 2   :   0,4 bis 0,8 kg/dm^3
HL 3,5   :   0,5 bis 0,9 kg/dm^3
HL 5   :   0,6 bis 1,0 kg/dm^3

Die in Tafel 15 geforderten Eigenschaften der Baukalke sind in vorgegebenen zeitlichen Abständen durch Eigen- und Fremdüberwachung nachzuweisen. Als Nachweis der Überwachung ist wahlweise auf der Verpackung oder auf dem Lieferschein das einheitliche Übereinstimmungszeichen zu führen, das durch das Gütezeichen der Gütegemeinschaft Kalkstein, Kalk und Mörtel e. V. (Abb. 32) ergänzt werden kann.

Abb. 32.
Baukalk-Gütezeichen

3.1.3.6. Anwendung

Die Baukalke werden vorwiegend für Putzmörtel nach DIN 18550 „Putz" (s. Abschn. 3.2.1.), für Mauermörtel nach DIN 1053 „Mauerwerk" (s. Abschn. 3.2.3.) sowie zur Herstellung von dampfgehärteten Mauersteinen, z. B. Kalksandsteine nach DIN 106 (s. Abschn. 5.2.1.1.) verwendet.

Verbesserung des Untergrundes von Verkehrsflächen (Bodenverbesserungen), nach der ZTVV-StB „Technische Vorschriften und Richtlinien für die Ausführung von Bodenverfestigungen und Bodenverbesserungen im Straßenbau": Je nach Feuchtigkeitsverhältnissen Einmischen von Feinkalk oder Kalkhydrat.

Schrifttum für die Anwendung von Baukalk

„Merkblätter für die Verwendung von Kalk im Bauwesen" (Bezug durch Bundesverband der Deutschen Kalkindustrie e. V., Köln).

„Merkblatt für Bodenverbesserung und Bodenverfestigung mit Kalken" (Bezug durch Forschungsgesellschaft für Straßen- und Verkehrswesen e. V., Köln).

DIN 18506 Hydraulische Bindemittel für Tragschichten, Bodenverfestigungen und Bodenverbesserungen; Hydraulische Tragschichtbinder.

ZTVT-StB „Zusätzliche Technische Vorschriften und Richtlinien für Tragschichten im Straßenbau (Bezug durch Forschungsgesellschaft für Straßen- und Verkehrswesen e. V., Köln).

3.1.4. Zemente

Normen:

DIN 1164-1		(10.94)	Zement – Teil 1: Zusammensetzung, Anforderungen
E DIN 1164-2		(06.95)	Zement – Teil 2: Übereinstimmungsnachweis (Güteüberwachung)
DIN 1164	Teil 8	(11.78)	Portland-, Eisenportland, Hochofen- und Traßzement; Bestimmung der Hydratationswärme mit dem Lösungskalorimeter
DIN 1164	Teil 31	(03.90)	Portland-, Eisenportland-, Hochofen- und Traßzement; Bestimmung des Hüttensandanteils von Eisenportland- und Hochofenzement und des Traßanteils von Traßzement
DIN EN 196-1		(05.95)	Prüfverfahren für Zement; Teil 1: Bestimmung der Festigkeit
DIN EN 196-2		(05.95)	–; Teil 2: Chemische Analyse von Zement
DIN EN 196-3		(05.95)	–; Teil 3: Bestimmung der Erstarrungszeiten und der Raumbeständigkeit
DIN VENV 196	Teil 4	(11.93)	–; Teil 4: Quantitative Bestimmung der Bestandteile (Vornorm)
DIN EN 196-5		(05.95)	–; Teil 5: Prüfung der Puzzolanität von Puzzolanzementen
DIN EN 196	Teil 6	(3.90)	–; Bestimmung der Mahlfeinheit
DIN EN 196	Teil 7	(3.90)	–; Verfahren für die Probenahme und Probenauswahl von Zement
DIN EN 196	Teil 21	(3.90)	–; Bestimmung des Chlorid-, Kohlenstoffdioxid- und Alkalianteils von Zement
DIN V ENV 197	Teil 1	(12.92)	Zement; Zusammensetzung, Anforderungen und Konformitätskriterien; Teil 1: Allgemein gebräuchlicher Zement (Vornorm)
DIN V ENV 197-2		(01.96)	Zement – Teil 2: Bewertung der Konformität

3.1.4.1. Rohstoffe

Zement ist ein fein gemahlenes hydraulisches Bindemittel, das im wesentlichen aus Verbindungen von Calciumoxid mit Siliciumdioxid, Aluminiumoxid und Eisenoxid besteht. Durch Reaktion mit Wasser erhärtet er an der Luft wie auch unter Wasser und bleibt nach der Erhärtung auch unter Wasser fest.

Stofflich ähnelt Zement den unterhalb der Sintergrenze gebrannten hydraulischen Kalken. Er entwickelt jedoch durch entsprechende Rohstoffauswahl sowie durch Verschmelzung und Umbildung der Rohstoffe oberhalb der Sintergrenze (1400–1500 °C), vorwiegend zu Calciumsilicaten, besonders hohe Festigkeiten. Die so gebrannten Produkte werden als Portlandzementklinker bezeichnet.

Die erforderlichen Bestandteile an CaO finden sich im Kalkstein und die hydraulisch wirkenden Stoffe („Hydraulefaktoren") SiO_2, Al_2O_3, Fe_2O_3 im Ton. Geologische Ablagerungen, die bereits auf natürlichem Wege eine innige Vermischung von Kalk und Ton darstellen und je nach vorwiegendem Anteil ihrer Stoffe als Kalk- oder Tonmergel bezeichnet werden, dienen in den meisten Fällen mit geringen Verbesserungen als Ausgangsprodukte der Zementherstellung.

Außer den natürlichen Gemengen können als Rohstoffe auch Stoffe industrieller Herkunft, die vorstehende Bestandteile enthalten, wie granulierte Hochofenschlacke (Hüttensand) oder Ölschieferrückstände, mit entsprechender stofflicher Ergänzung verwendet werden.

3.1.4.2. Herstellung der Zemente (Abb. 33)

Die im Tagebau gewonnenen und zu Schotter gebrochenen Rohstoffe (Kalkstein/Kreide und Ton bzw. Mergel) werden zunächst zur Homogenisierung zu „Mischbetten" aufgeschüttet und anschließend trocken oder seltener naß vermahlen. Im so gewonnenen Rohmehl bzw. Rohschlamm muß der Kalkgehalt durch Korrekturen genauestens abgestimmt werden, damit im Brennprodukt, dem Klinker, kein schädlich wirkender freier Kalk verbleibt. Außerdem können durch Verschiebung der Rohstoffverhältnisse von Kalk zu Kieselsäure bzw. von Tonerde zu Eisenoxid die Zementeigenschaften in gewissen Grenzen beeinflußt werden.

Die Rohmischung wird im Drehofen bis zur Sinterung zu „Klinkern" gebrannt. In dem schwach geneigten, auf Rollen gelagerten langsam rotierenden Drehofen (Durchmesser 3–6 m, Länge 50–200 m) bewegt sich das Rohmehl der am Ofenende unter Druck eingeblasenen Kohlenstaub-, Öl- oder Gasflamme entgegen und verläßt hier unter Luftabkühlung als Klinker den Ofen. Der Klinker wird vorwiegend in Silos oder Hallen gelagert und nochmals homogenisiert.

Anschließend erfolgt die Feinmahlung der abgekühlten steinharten Klinkergranalien in Kugelmühlen, das sind mit rundlichen Stahlkörpern gefüllte waagerecht liegende Mehrkammerrohrmühlen von etwa 15 m Länge. Gleichzeitig werden zur Verzögerung der sehr kurzfristigen Erstarrungszeiten des Klinkers geringe Mengen Calciumsulfat in Form von Gipsstein oder Anhydrit zugesetzt (SO_3-Gehalt je nach Zement und Feinmahlung 3,5–4,5 M.-%). Je nach Zementart wird Klinker allein oder mit Hüttensand, natürlichem Puzzolan (Traß), Ölschieferabbrand, Flugasche oder Kalksteinmehl gemahlen. Das gemeinsame Vermahlen kann durch geeignete Mahl- und Homogenisierungsverfahren ersetzt werden.

Der in Silos eingelagerte Zement wird in automatischen Wiegevorrichtungen in Säcke gefüllt oder kommt lose in Transportbehältern zum Versand (z. Z. etwa 80%).

3.1.4.3. Erhärtung der Zemente

Bei den oberhalb der Sintergrenze gebrannten Klinkern sind wasserfreie feste kristalline Bestandteile entstanden, die als Klinkerphasen bezeichnet werden. Diese mikroskopisch als Mineralien sichtbaren, wenn auch meist nicht in reiner Form vorkommenden Klinkerphasen setzen sich aus Verbindungen von CaO mit SiO_2 (Calciumsilicate) sowie CaO mit Al_2O_3 und Fe_2O_3 (Calciumaluminate und Calciumaluminatferrite) zusammen und bestimmen anteilig die Zementeigenschaften hinsichtlich des Erhärtungsverlaufes, der Hydratationswärme und der Widerstandsfähigkeit gegen aggressive Wässer.

Die Klinkerphasen, ihre Eigenschaften und ihr Gehalt im Klinker sind in Tafel 16 zusammengestellt.

3.1.4.3.1. Chemische Erhärtungsreaktionen

Das als „Zementleim" bezeichnete Zement-Wasser-Gemisch, erhärtet zu „Zementstein" durch Hydratation, d. h. durch chemische Wasserbindung. Die entstehenden kristallwasserhaltigen Verbindungen bezeichnet man als Hydratphasen.

Chemisch handelt es sich bei der Hydratation um das Einbinden von Anmachwasser als Kristallwasser in die wasserfreien Klinkerphasen, d. h. um deren chemische Umwandlung zu Hydraten unter Freisetzung von Kalkhydrat bei den Calciumsilicaten.

Bei C_3S und C_2S bildet sich im allgemeinen $3\,CaO \cdot 2\,SiO_2 \cdot 3\,H_2O$ Tricalciumsilicathydrat („Tobermorit")

Vereinfachte Darstellung des Reaktionsablaufs des C_3S: $2\,C_3S + aq \rightarrow C_3S_2 \cdot aq + 3\,Ca(OH)_2$

Hierbei werden bei C_3S größere Anteile und bei C_2S geringere Anteile Kalkhydrat $Ca(OH)_2$ frei. Die Hydratbildungen bei den Klinkerphasen C_3A und $C_2(A, F)$ sind ähnlicher Art, jedoch wird hier kein Kalkhydrat abgespalten.

Tafel 16: Übersicht über die wesentlichen Komponenten der Zementklinker (Klinkerphasen) **und ihre zementtechnischen Eigenschaften**

Formel	Bezeichnung	Abkür-zung[1])	Eigenschaften	Mittl. Gehalt M.-%[2])
$3\,CaO \cdot SiO_2$	Tricalciumsilicat	C_3S	Schnelle Erhärtung, hohe Hydratationswärme	63 (45–80)
$2\,CaO \cdot SiO_2$	Dicalciumsilicat	C_2S	Langsame, stetige Erhärtung, niedrige Hydratationswärme	16 (0–32)
$3\,CaO \cdot Al_2O_3$	Tricalciumaluminat	C_3A	In größeren Mengen: schnelles Erstarren, höhere Hydratations-wärme, Schwindneigung, Emp-findlichkeit gegen Sulfatwässer	11 (7–15)
$2\,CaO\,(Al_2O_3, Fe_2O_3)$	Calciumaluminatferrit	$C_2\,(A, F)$	Langsame Erhärtung, Wider-standsfähigkeit gegen Sulfat-wässer	8 (4–14)
Freier Kalk CaO: In geringer Menge unschädlich; in größerer Menge Treiben und Schnellbinden.				1 (0,1–3)
Freie Magnesia MgO: In größerer Menge Magnesiatreiben.				1,5 (0,5–4,5)

[1]) In der Silikatchemie übliche Kurzzeichen: C = CaO   S = SiO_2 A = Al_2O_3 F = Fe_2O_3
[2]) Klammerangaben geben die Niedrigst- und Höchstwerte wieder.

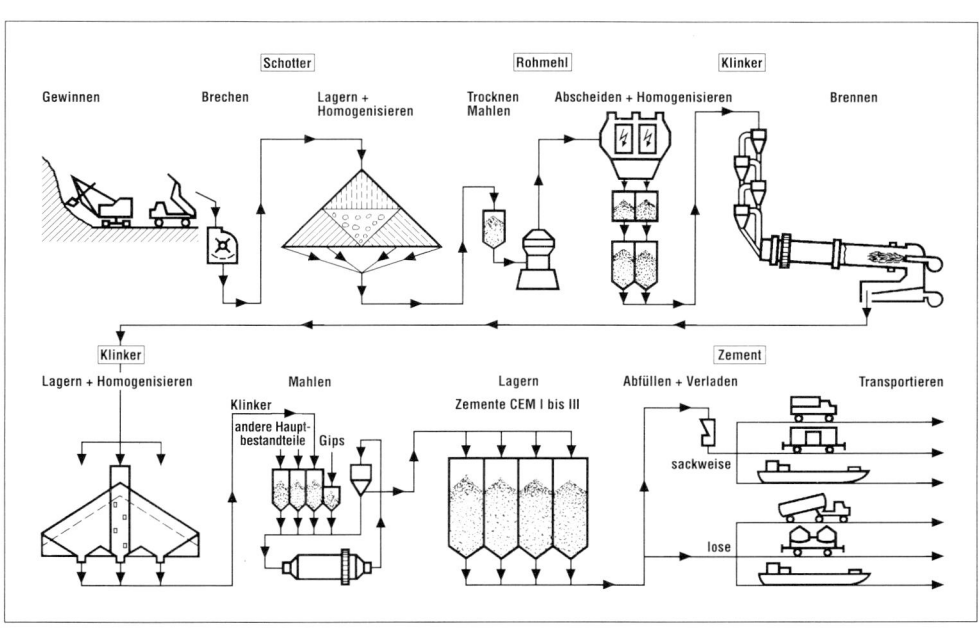

Abb. 33. Zementherstellung (Trockenverfahren)

Das Kalkhydrat sowie auch alle Calciumsilicate und Calciumaluminate im Zementstein reagieren stark alkalisch und bilden daher eine wesentliche Voraussetzung der Rostsicherheit von Stahleinlagen. Das Kalkhydrat ist allerdings wegen seiner Wasserlöslichkeit bei wenig dichtem Gefüge leicht auslaugbar (z. B. Ausblühungen).

Der beim Vermahlen des Zementes zugegebene Gipsanteil bremst durch sofortige Bindung mit der C_3A-Komponente den sonst bei Beginn sehr schnell verlaufenden Hydratationsvorgang, wodurch eine Verzögerung eintritt.

Eine überhöhte Zugabe an Gips bzw. sulfathaltige Bestandteile aus Grundwässern oder Zuschlägen können zum Gipstreiben bzw. zur Bildung des voluminösen kristallwasserhaltigen Ettringits (nach einem ähnlichen natürlichen Mineral benannt) führen, das fälschlich auch als „Zementbazillus" bezeichnet wird:

$$3 \, CaO \cdot Al_2O_3 \cdot 3 \, CaSO_4 \cdot 32 \, H_2O \quad \text{Calciumsulfataluminathydrat}$$

Die starke Anreicherung des Ettringits mit Kristallwasser führt zum Wachstum nadelförmiger, mikroskopisch sichtbarer Kristalle, die durch ihre Volumenvergrößerung eine allmähliche Zerstörung des Zementsteingefüges zur Folge haben.

3.1.4.3.2. Ablauf des Hydratationsvorganges

Bei Berührung des Zementes mit Wasser beginnen sogleich aus den Kornoberflächen faserförmige und aus gerollten Folien bestehende kristalline Gebilde von kolloidaler Größenordnung mit filzartiger Struktur in den wassergefüllten Raum hineinzuwachsen, die eine „gelartige" Substanz, das Zementgel, unter gleichzeitiger Abscheidung von größeren Kalkhydratkristallen bilden (s. Abb. 34).

 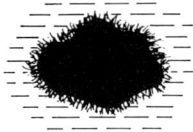 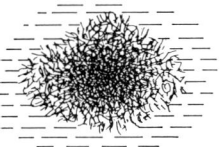

a) Zementkorn   b) Zementkorn   c) Ende der   **Abb. 34.**
   vor Wasser-   kurz nach   Hydratation
   zugabe   Wasserzugabe   Schematische Darstellung der
                                                            Hydratation eines Zement-
                                                            korns

Die nur unter dem Elektronenmikroskop erkennbaren Neubildungen umgeben das Zementkorn zunächst in einer dünnen Schicht, was sich in einem Ansteifen des Zementleims, dem Erstarren, bemerkbar macht.

Durch mechanische Einflüsse kann die Ansteifung in diesem Frühstadium des Hydratationsverlaufes vorübergehend aufgehoben werden. Ähnlich wie bei vielen anderen wässerigen kolloidalen Systemen nennt man diese Eigenschaft „thixotropes Verhalten".

Beim weiteren Hydratationsverlauf tritt eine weitere Verfestigung des Zementgels, das Erhärten, dadurch ein, daß das Wasser durch die Zwischenräume der neugebildeten Hydratphasen der äußeren Gelschicht, den Gelporen, bis zu dem noch nicht hydratisierten Kern des Zementkorns diffundiert. Bei der Berührung löst es dort einen weiteren Teil des Zementkorns und wandelt es in Hydratphasen um.

Ein Teil der gelösten Stoffe fällt in dem frei werdenden Raum sofort als Zementgel aus. Der Rest diffundiert durch die Gelporen der bereits vorhandenen Gelschicht nach außen und fällt dort an der Grenze Gelschicht-Wasser aus.

Die Zementkörner werden so von außen nach innen abgebaut, wobei das Zementgel nach vollständiger Hydratation im Vergleich zu dem unhydratisierten Zement mehr als doppel soviel Raum einnimmt.

Je nach Größe des Zementkorns und Feuchtigkeitsangebot kann sich der Hydratationsvorgang über Tage, Monate bis zu mehreren Jahren erstrecken.

Der Erstarrungs- und Erhärtungsvorgang sind im wesentlichen gleichartige Hydratationsvorgänge, die ineinander übergehen.

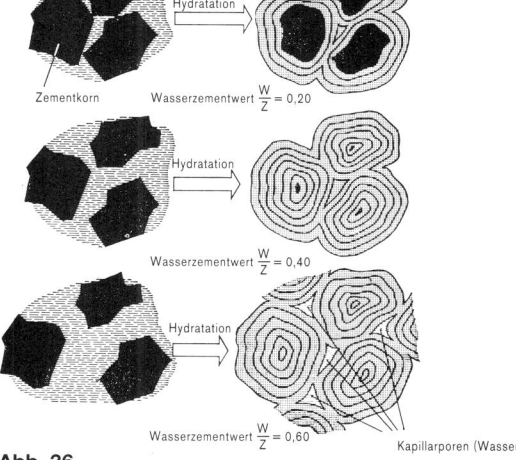

Abb. 35.

Hydration von Zement: CSH-Phasen in Beton mit w/z ≥ 0,50. (REM-Foto: Dr. Wihler, Wilhelm Dyckerhoff Institut, Wiesbaden)

Abb. 36.

Hydratation von Zement mit verschiedenen w/z-Werten

3.1.4.3.3. Einflüsse auf die Eigenschaften des Zementsteins

Die Festigkeit des Zementsteins wird wesentlich von seinem Kapillarporenraum bestimmt, während die Festigkeitsentwicklung, d. h. die Hydratationsgeschwindigkeit bis zur Endfestigkeit, von der chemischen Zusammensetzung, von der Mahlfeinheit des Zementes (Vergrößerung der unmittelbar wirksamen Oberfläche) sowie von den Temperatur- und Feuchtigkeitsverhältnissen während der Erhärtung abhängig ist.

a) Einfluß des Kapillarporenraumes (Abb. 36)

Von dem Anmachwasser werden etwa bis zu 25% der Zementmasse chemisch als Hydratwasser in das Zementgel eingebunden. Weitere 15% werden physikalisch in den Gelporen des kolloidalen und vorwiegend aus faserigen und aufgerollten Folien bestehenden Kristallfilzes festgehalten. Dieses „Gelwasser" ist verdampfbar und kann bei Temperaturen ≧ 105 °C aus dem Gel entfernt werden. Weiteres Anmachwasser, d. h. bei Wasser-Zement-Werten w/z > 0,40, verbleibt zunächst in den Kapillarporen, aus denen es bei normaler Temperatur verdunsten kann.

Ist der w/z-Wert > 0,40, d. h. wird der Zementleim verdünnt, so haben die einzelnen Zementkörner einen größeren Abstand voneinander. Da die Zwischenräume nicht mit Gel ausgefüllt sind, bleiben wassergefüllte Hohlräume zurück, die nach dem Verdunsten des Wassers den Kapillarporenraum bilden, d. h. je höher der w/z-Wert, desto größer der Kapillarporenraum, um so geringer die Festigkeit und um so größer die Wasserdurchlässigkeit (Abb. 39). (Die Kapillarporen sind im Durchschnitt 1000mal so groß wie die Gelporen.)

Mit zunehmendem w/z-Wert treten neben Wasserabsonderung („Bluten") auch andere nachteilige Einflüsse auf, wie z. B. größere Durchlässigkeit, geringere Widerstandsfähigkeit gegen Frost und chemische Angriffe, höheres Schwindmaß.

Ist der w/z-Wert $< 0{,}40$, so bleiben unhydratisierte Reste des Zementes zurück, weil der zur Gelbildung zur Verfügung stehende Raum nicht ausreicht. Die in diesem Falle größere Festigkeit läßt sich damit erklären, daß unhydratisierte Klinker eine dem Naturstein ähnliche und damit höhere Festigkeit besitzen als das Zementgel.

Zum w/z-Wert sind hinsichtlich der Festigkeitsbeeinflussung auch durch chemische Zusatzmittel in den Zementleim eingebrachte Luftporen zu rechnen: $(w + p)/z$ = Wirksamer w/z-Wert (s. a. Abschn. 4.7.1.1b.1, letzter Abschnitt: Zementbedarf).

b) Einfluß der chemischen Zusammensetzung

Die chemische Zusammensetzung ist sowohl für die Hydratationsgeschwindigkeit, d. h. für den erreichten Hydratationsgrad, als auch für die Widerstandsfähigkeit des Zementes gegen aggressive Einflüsse von Bedeutung.

Entsprechend Tafel 16 verhalten sich C_3S- und C_3A-reiche Zemente unter gleichzeitiger Freisetzung erheblicher Hydratationswärme („Wärmetönung") reaktionsfreudiger, da sie kalkreicher und damit energiereicher sind.

C_2S-reiche Zemente verhalten sich reaktionsträger, setzen dabei wenig Wärme frei und liefern zur Anfangsfestigkeit nur einen geringen Beitrag.

Wird die Bildung der gegenüber sulfathaltigen Wässern anfälligen C_3A-Komponente durch Erhöhung des Eisenoxidanteils zugunsten des mit solchen Wässern nur sehr träge reagierenden $C_2(A, F)$ mehr und mehr unterdrückt, so entstehen Zemente mit erhöhtem Widerstand gegen Sulfatwässer, die auch wegen geringerer Wärmetönung für massige Bauteile verwendbar sind.

c) Einflüsse der Mahlfeinheit, Temperatur und Feuchtigkeit

Die Mahlfeinheit wirkt sich ebenfalls entscheidend auf die Erhärtungsgeschwindigkeit aus: Wird die spezifische Oberfläche des Zementes durch Feinmahlen gesteigert, so bietet sich dem Anmachwasser eine vergrößerte Reaktionsoberfläche, die zu erhöhter Frühfestigkeit führt.

Wie alle chemischen Reaktionen ist auch die Zementerhärtung temperaturabhängig: Höhere Temperaturen beschleunigen den Ablauf der chemischen Reaktion und führen zu überwiegend kurzfaserigen Hydratphasen. Niedere Temperaturen bewirken eine Verlangsamung und führen zu überwiegend langfaserigen Hydratphasen, die eine höhere Endfestigkeit des Zementsteins zur Folge haben (s. a. Abschn. 4.5.2., S. 124). Einen ähnlichen Einfluß bewirken beschleunigende bzw. verzögernde Zusatzmittel.

Bei starkem Frost kommt die Hydratation zum Ruhen (Gefriertemperatur des Gelwassers bei -5 bis $-10\,°C$).

Die Feuchthaltung in der ersten Erhärtungsphase ist von besonderer Bedeutung, da die Hydratation, d. h. die chemische Wasserbindung, nur bei Vorhandensein von Kapillarwasser vor sich gehen kann.

Ein zu frühzeitiges Austrocknen kann zum vollständigen Stillstand der Erhärtung („Verdursten") führen, was sich in den Randzonen von Beton und Estrich durch Absanden bemerkbar macht. Bei vorzeitiger Austrocknung des noch wenig widerstandsfähigen Gels kommt es zudem zu starken Schrumpf- und Schwinderscheinungen.

3.1.4.4.   Genormte Zemente (DIN 1164-1)

3.1.4.4.1. Zusammensetzung und Eigenschaften

a) Chemische Zusammensetzung

Die Hauptbestandteile der genormten Zemente sind Portlandzementklinker, Hüttensand, natürliche Puzzolane, kieselsäurereiche Flugasche, gebrannter Ölschiefer und Kalkstein. Ihr massenmäßiger Anteil ist durch Grenzwerte festgelegt (Tafel 17/1).

Tafel 17/1: Zementarten und Zusammensetzung nach DIN 1164-1

Zement-art	Benennung	Kurzzeichen	Hauptbestandteile						Neben-bestand-teile[2])
			Portland-zement-klinker	Hütten-sand	natür-liches Puzzolan	kiesel-säure-reiche Flugasche	gebrannter Schiefer	Kalk-stein	
			K	S	P	V	T	L	
CEM I	Portlandzement	CEM I	95 bis 100	–	–	–	–	–	0 bis 5
CEM II	Portland-hüttenzement	CEM II/A-S	80 bis 94	6 bis 20	–	–	–	–	0 bis 5
		CEM II/B-S	65 bis 79	21 bis 35	–	–	–	–	0 bis 5
	Portland-puzzolanzement	CEM II/A-P	80 bis 94	–	6 bis 20	–	–	–	0 bis 5
		CEM II/B-P	65 bis 79	–	21 bis 35	–	–	–	0 bis 5
	Portland-flugaschezement	CEM II/A-V	80 bis 94	–	–	6–20	–	–	0 bis 5
	Portland-ölschieferzement	CEM II/A-T	80 bis 94	–	–	–	6 bis 20	–	0 bis 5
		CEM II/B-T	65 bis 79	–	–	–	21 bis 35	–	0 bis 5
	Portland-kalksteinzement	CEM II/A-L	80 bis 94	–	–	–	–	6 bis 20	0 bis 5
	Portland-flugasche-hüttenzement	CEM II/B-SV	65 bis 79	10 bis 20	–	10 bis 20	–	–	0 bis 5
CEM III	Hochofenzement	CEM III/A	35 bis 64	36 bis 65	–	–	–	–	0 bis 5
		CEM III/B	20 bis 34	66 bis 80	–	–	–	–	0 bis 5

[1]) Die in der Tabelle angegebenen Werte beziehen sich auf die aufgeführten Haupt- und Nebenbestand-teile des Zements ohne Calciumsulfat und Zementzusatzmittel.

[2]) Nebenbestandteile können Füller sein oder eine oder mehrere Hauptbestandteile, soweit sie nicht Hauptbestandteile des Zements sind.

Grenzwerte bestehen auch für Glühverlust, Nebenbestandteile und Zusätze. So ist z. B. der SO_3-Gehalt wegen der Gefahr des Gipstreibens je nach Zementart auf 3,5 bis 4,5 M.-% begrenzt.

An Normzemente mit besonderen Eigenschaften, wie z. B. HS-Zemente und NA-Zemente, werden besondere Anforderungen an die stoffliche Zusammensetzung gestellt.

Die stoffliche Zusammensetzung wird durch chemische Analysenverfahren nach DIN EN 196-2 bestimmt.

b) Druckfestigkeit

Die Druckfestigkeiten der Normzemente müssen den in Tafel 17/2 angegebenen Anforderun-gen entsprechen. Zur Erzielung einer hohen Gleichmäßigkeit der Zemente und zur Eingren-zung von Festigkeitsstreuungen sind für die 28-Tage-Festigkeit Minimal- und Maximalwerte festgelegt, die nicht unter- bzw. überschritten werden dürfen. Der untere Grenzwert dient der Kennzeichnung der Festigkeitsklasse.*)

---

*) Genauere Festlegungen hierzu wird DIN 1164-2 enthalten. Danach sind die unteren Grenzwerte der Festigkeit als 5%-Fraktile und die oberen Grenzwerte als 10%-Fraktile der jeweiligen Grundgesamtheit ausgewiesen.

Aufgrund ihres Erhärtungsverlaufs gehören in der Regel Portland-, Eisenportland- und Portlandölschieferzemente zu den Zementen mit höherer Frühfestigkeit (F), Hochofen- und Traßzemente dagegen zu den langsamer erhärtenden (L).

Tafel 17/2: Festigkeitsklassen und Kennfarben der Zemente nach DIN 1164-1

Festigkeits-klasse[1])	Druckfestigkeit N/mm^2			Kennfarbe	Farbe des Aufdrucks
	Anfangsfestigkeit		Normfestigkeit		
	2 Tage	7 Tage	28 Tage		
32,5	–	≥ 16	$\geq 32,5$	$\leq 52,5$	hellbraun	schwarz
32,5 R	≥ 10	–				rot
42,5	≥ 10	–	$\geq 42,5$	$\leq 62,5$	grün	schwarz
42,5 R	≥ 20	–				rot
52,5	≥ 20	–	$\geq 52,5$	–	rot	schwarz
52,5 R	≥ 30	–				weiß

[1]) Normalhärtende Zemente: Ohne Kennbuchstaben.
[2]) Schnellhärtende Zemente: Mit Kennbuchstaben R = Rapid.

Entsprechend DIN EN 196-1 erfolgt die Feststellung der Druckfestigkeiten nach 2, 7 und 28 Tagen an 3 Mörtelprismen $4 \times 4 \times 16$ cm, die aus 1 Massenteil Zement + 3 Massenteilen Normsand + 0,5 Massenteilen Wasser hergestellt werden. (Die Prismen dienen auch der Ermittlung der Biegezugfestigkeiten, jedoch sind an diese keine Normforderungen gestellt.)

c) Mahlfeinheit

DIN 1164-1 enthält keine Anforderungen an die Mahlfeinheit der Zemente. Die Bestimmung der spezifischen Oberfläche mit dem Luftdurchlässigkeitsverfahren (Blaine) nach DIN EN 196 Teil 6 dient in erster Linie der Kontrolle der Gleichmäßigkeit des Mahlprozesses im Werk. Das Siebverfahren nach DIN EN 196 Teil 6 dient nur dem Nachweis grober Zementpartikel und eignet sich damit vorrangig für die Kontrolle und Steuerung des Herstellprozesses.

> Grobgemahlene Zemente (< 2800 cm^2/g) haben ein geringes Wasserrückhaltevermögen und neigen daher zum Wasserabsondern, zum Bluten ("kurze" Zemente).

> Sehr fein gemahlene Zemente (> 5000 cm^2/g) haben einen erhöhten Wasseranspruch und ergeben bei niedrigen W/Z-Werten einen zähklebrigen Zementleim, was bei zementreichen Mischungen einen erhöhten Verarbeitungs- und Verdichtungsaufwand erforderlich macht.

d) Erstarren

Prüfung mit dem Nadelgerät (Vicatsche Nadel) an einem in „Normsteife" hergestellten Zementleim nach DIN EN 196-3:

Erstarrungsbeginn ≥ 60 Minuten (Festigkeitsklassen 32,5 und 42,5)
≥ 45 Minuten (Festigkeitsklasse 52,5)
Erstarrungsende ≤ 12 Stunden

Im allgemeinen liegt bei sehr schnell erhärtenden Zementen der Erstarrungsbeginn zwischen 1 und 2 Stunden, bei langsam erhärtenden Zementen zwischen 2 und 4 Stunden (Portlandzemente (CEM I) i. allg. früher als Hochofenzemente (CEM III)). Als schnelles Erstarren (im Sprachgebrauch „Schnellbinden") bezeichnet man einen vor 1 Stunde liegenden Erstarrungsbeginn.

Falsches Erstarren, bei dem der Zementleim gelegentlich kurzzeitig vorübergehend ansteift, jedoch bei weiterem Mischen wieder weich wird, tritt meist dadurch auf, daß aus dem als Abbinderegler zugesetzten Gipsstein bei der Feinmahlung durch Entwässerung Halbhydrat (Stuckgips) entstanden ist.

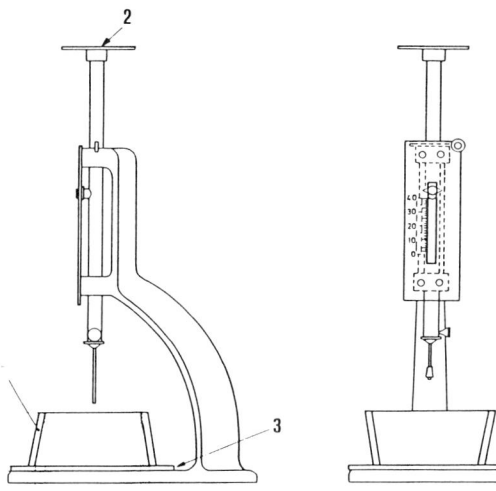

1 Hartgummiring
2 Platte für Zusatzgewichte
3 Glasplatte

Seitenansicht mit aufrecht stehendem Vicat-Ring zur Bestimmung des Erstarrungsbeginns

Vorderansicht mit umgekehrtem Vicat-Ring zur Bestimmung des Erstarrungsendes

Abb. 37.
Vicat-Gerät zur Bestimmung der Erstarrungszeiten von Zement

e) Raumbeständigkeit

Prüfung mit dem Le-Chatelier-Ring an einem Zementleim von Normsteife nach DIN EN 196-3. Zement gilt als raumbeständig, wenn nach dreistündigem Kochen das Ausdehnungsmaß 10 mm nicht überschreitet. Die Ausdehnung wird zwischen den beiden Nadelspitzen des Le-Chatelier-Rings gemessen.

Das Ziel des Raumbeständigkeitsversuchs ist es, die mögliche Gefahr einer späteren Ausdehnung des erhärteten Zements abzuschätzen, die auf der Hydratation von freiem Calciumoxid und/oder freiem Magnesiumoxid beruht.

Erstarren und Raumbeständigkeit von Normzementen und bauaufsichtlich zugelassenen Zementen müssen vom Verbraucher vor der Verwendung nicht überprüft werden.

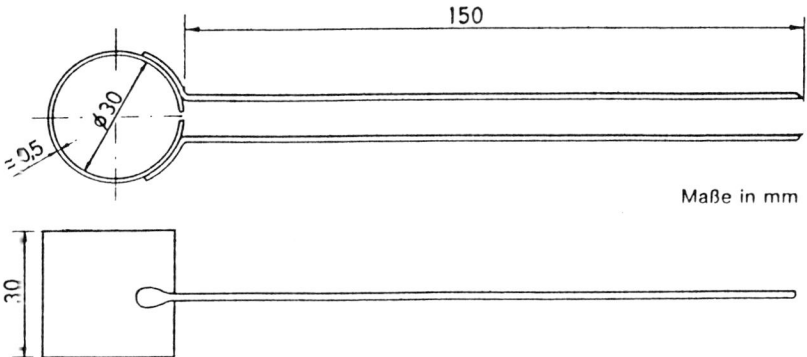

Abb. 38. Le-Chatelier-Ring zur Bestimmung der Raumbeständigkeit von Zement

3.1.4.4.2. Besondere Güteeigenschaften nach DIN 1164-1

a) Niedrige Wärmeentwicklung (Hydratationswärme)

Mit dem Lösungswärmeverfahren nach DIN 1164 Teil 8 ermittelte zulässige Wärmeentwicklung innerhalb der ersten 7 Tage $\leqq$ 270 J je g Zement.

Zemente, die diese Gütebedingung erfüllen, gelten als Zemente mit niedriger Wärmeentwicklung und erhalten die Zusatzbezeichnung NW (NW-Zemente).

Tafel 17/3: Hydratationswärme verschiedener Zemente (Richtwerte)

Zementart und -festigkeitsklasse	Festigkeits- und Wärmeentwicklung	Wärmemenge [J/g] bei 18–21 °C gemessen im Lösungskalorimeter im Alter von Tagen		
		2	7	28
CEM III/B 32,5	langsam	70–150	150–270	210–340
CEM I 32,5 R	normal	170–300	270–340	300–400
CEM I 52,5 R	schnell	230–320	330–380	380–420

Abweichungen von den angegebenen Werten sind bei den verschiedenen Zementarten und Festigkeitsklassen möglich.

b) Hoher Sulfatwiderstand

Portlandzemente CEM I: Gehalt an $C_3A \leqq$ 3 M.-% und $Al_2O_3 \leqq$ 5 M.-%
Hochofenzemente CEM III/B: Gehalt an Hüttensand $\geqq$ 66 M.-%

Zemente, die diese Gütebedingung erfüllen, gelten als Zemente mit hohem Sulfatwiderstand und erhalten die Zusatzbezeichnung HS (HS-Zemente).

Beispiel für die Zementbezeichnung: Hochofenzement DIN 1164-CEM III/B 32,5-NW/HS

c) Niedriger Alkaligehalt

Als Zemente mit einem niedrigen wirksamen Alkaligehalt gelten Zemente, die die Anforderungen nach Taf. 17/4 erfüllen. Sie erhalten die Zusatzbezeichnung NA.

Tafel 17/4: Anforderungen an NA-Zemente

Zementart	Gesamtalkaligehalt in M.-% Na_2O-Äquivalent	Hüttensandgehalt in M.-%
CEM I bzw. CEM II	$\leqq$ 0,60	–
CEM III/A	$\leqq$ 1,10	$\geqq$ 50
CEM III/B	$\leqq$ 2,00	$\geqq$ 65

Die NA-Zemente können aufgrund der Zuschlagsituation in einem begrenzten Raum Norddeutschlands dann erforderlich werden, wenn die in der „Richtlinie Alkalireaktion im Beton" (12.86) des DAfStb geregelten Anwendungsfälle erfüllt sind, da bestimmte kieselsäurehaltige Gesteine (z. B. Opal, reaktionsfähiger Flint) mit stärker alkalihaltigen Zementen eine mit Volumenvergrößerung verbundene Reaktion bewirken können (s. a. Abschn. 2.3.2.3c.4).

3.1.4.4.3. Nichtgenormte Güteeigenschaften

a) Dichte und Schüttdichte

Die Dichte von Zement kann mit einem Flüssigkeitspyknometer bestimmt werden (s. Abschn. 2.3.2.1b.3 und Abb. 15).

Je nach chemischer Zusammensetzung der Zemente ist die Dichte unterschiedlich:

CEMI I-HS:	$3{,}20\,kg/dm^3$	CEM III u. a.:	$3{,}00\,kg/dm^3$
CEM I:	$3{,}10\,kg/dm^3$	CEM II/A-P; CEM II/B-P;	
		CEM II/A-V:	$2{,}90\,kg/dm^3$

Die Schüttdichte ist von der Lagerungsdichte, der Korngröße und der Mahlfeinheit abhängig:

Lose eingefüllter Zement:	$0{,}9\text{--}1{,}3\,kg/dm^3$
Eingerüttelter Zement:	$1{,}2\text{--}1{,}7\,kg/dm^3$

Anmerkung: Nach DIN 1053 „Mauerwerk" ist für Zement eine Schüttdichte von $1{,}2\,kg/dm^3$ als Rechenwert einzusetzen.

b) Schwinden und Kriechen

Als Schwinden bezeichnet man die Volumenverringerung von Zementstein bzw. zementgebundenen Massen infolge Austrocknung.

Das Schwindmaß und der Schwindverlauf sind in erster Linie vom W/Z-Wert und von der Luftfeuchtigkeit abhängig. Dagegen ist der Einfluß der Mahlfeinheit des Zementes auf das Schwinden größerer Betonkonstruktionen vernachlässigbar klein (s. a. Abschn. Beton 4.8.3.1).

Bei großflächigen Bauteilen, die gegen Austrocknen und damit Schwinden besonders empfindlich sind (z. B. dünne Platten, Estriche) bieten Zemente mit sehr langsamer oder sehr schneller Erhärtung eine geringere Sicherheit gegen Schwindrisse.

Für diese Zwecke eignen sich nicht zu fein gemahlene Zemente der Festigkeitsklassen 32,5 R und 42,5.

Unter Kriechen versteht man die plastische Verformung des Zementsteines unter Dauerlast.

Der Zement mit der größten Festigkeit zur Zeit der Belastung weist das geringste Kriechmaß auf bzw. bei gleichem Kriechmaß kann ein schnell erhärtender Zement früher belastet werden (s a. Abschn. Beton 4.8.3.4.).

c) Farbe und Helligkeit

Die Farbe des Zementes, die eine besondere Bedeutung bei der Herstellung von Sichtbeton hat, hängt stark von den verwendeten Rohstoffen, den Brenn- sowie sonstigen verfahrenstechnischen Bedingungen und der Mahlfeinheit des Zementes ab. Sie liegt im allgemeinen zwischen hellgrau bis dunkelgrau.

Portlandzemente sind im allgemeinen dunkler als Hochofenzemente. Schlackenreiche Hochofenzemente sind meist hellgrau. Feingemahlene Zemente des gleichen Herstellerwerkes sind in der Regel heller als gröbere Zemente.

d) Wasserdurchlässigkeit

Die Wasserdurchlässigkeit des Zementsteins wird ausschließlich durch den Gehalt an Kapillarporen bestimmt. Nach Abb. 39 steigt die Wasserdurchlässigkeit ab einem Kapillarporengehalt von etwa 25 Vol.-% rasch an. Dieser kritische Wert wird bei vollständiger Hydratation bei einem Wasserzement-Wert w/z = 0,6 erreicht, bei einem Hydratationsgrad von 80% schon bei w/z = 0,5.

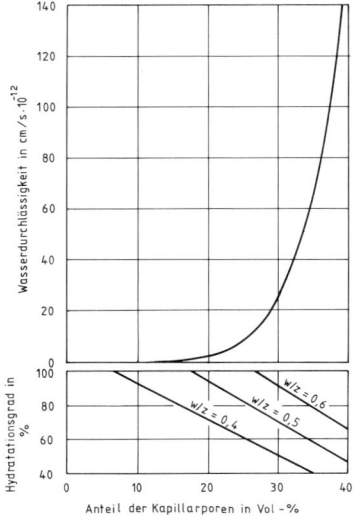

Anteil der Kapillarporen in Vol -%

Abb. 39.

Kapillarporosität und Wasserdurchlässigkeit von Zementstein in Abhängigkeit vom Wasserzementwert und Hydratationsgrad (nach T. C. Powers)

3.1.4.4.4. Güteüberwachung und Gütenachweis

Zemente nach DIN 1164-1 und allgemein bauaufsichtlich zugelassene Zemente werden durch den Hersteller (Eigenüberwachung) und durch eine Überwachungsgemeinschaft oder Prüfstelle (Fremdüberwachung) ständig überwacht. Zemente, die den Anforderungen von DIN 1164-1 entsprechen, sind auf der Verpackung oder, bei loser Lieferung, auf dem Lieferschein durch das Überwachungszeichen sowie durch das Zeichen der Überwachungsgemeinschaft oder der fremdüberwachenden Prüfstelle gekennzeichnet (Abb. 40).

Abb. 40.

Übereinstimmungszeichen und Zeichen der Güteüberwachungsgemeinschaft Verein Deutscher Zementwerke e.V. (VDZ)

Baustellenprüfungen sind für den Gütenachweis der Zemente nicht erforderlich, da durch die Überwachung der Zemente in den Werken alle notwendigen Prüfungen schon durchgeführt wurden. Zur Wahrung etwaiger Gewährleistungsansprüche sollte der Käufer bei der Übernahme des Zements eine Rückstellprobe nehmen.

Die Zementwerke sehen für die Probennahme in ihren Verkaufs- und Lieferbedingungen i. a. folgendes vor:

Die Probe muß in jedem Fall mindestens 5 kg betragen. Bei losem Zement muß sie aus der oberen Einfüllöffnung des Silofahrzeugs entnommen werden. Bei verpacktem Zement muß sich die Probe aus Teilproben von 1 bis 2 kg zusammensetzen, die zu einer Durchschnittsprobe von rund 5 kg zu vereinigen sind. Die Teilproben müssen aus der Mitte der Sackfüllung von mindestens 5 bis dahin unversehrten Säcken entnommen sein.

Die Proben sind luftdicht verschlossen aufzubewahren und durch folgende Angaben zu kennzeichnen: Lieferwerk und/oder Werkslager, Tag und Stunde der Anlieferung, Zementart, Festigkeitsklasse, ggf. Zusatzbezeichnung für Sonderzemente, Tag und Stunde der Probennahme, Ort und Art der Lagerung sowie die Nummer des Werklieferscheins.

3.1.4.4.5. Verwendungseigenschaften der Normzemente nach DIN 1164-1

Portlandzement (CEM I)

Benennung nach der in einer englischen Patentschrift (1824) zum Ausdruck gebrachten Ähnlichkeit des Zements mit dem als Werkstoff verwendeten Naturstein der Halbinsel Portland in Südengland. Erstes Zementwerk in Deutschland 1855. Normung des Portlandzements im Jahre 1878.

Unter den Normzementen nach DIN 1164-1 zeichnen sich die Portlandzemente infolge des gegenüber anderen Zementen höheren C_3S-Gehaltes durch schnellere Anfangserhärtung aus, die besonders bei den hochwertigen Zementen ausgeprägt ist. Portlandzemente („R") werden daher bevorzugt eingesetzt, wo es auf kurze Ausschalfristen, das Erreichen hoher Anfangsfestigkeiten (Betonsteinwerke, Spannbetonbau) und schnelles Erreichen der Frostbeständigkeit (Winterbau) ankommt.

Der hohe Gehalt an $Ca(OH)_2$ im erhärteten Zementstein bewirkt zudem einen besonders guten Korrosionsschutz der Bewehrung in Stahl- und Spannbetonkonstruktionen (für das Einpressen in Spannkanälen ist CEM I vorgeschrieben).

> Für Betonbauteile in aggressiven Wässern und Böden sind Zemente mit begrenztem C_3A- und Al_2O_3-Gehalt entwickelt worden (s. Abschn. 3.1.4.4.2.b).

Portlandhüttenzement CEM II/A-S oder CEM II/B-S und Hochofenzement CEM III/A oder CFM III/B

Seit Anfang dieses Jahrhunderts werden Eisenportlandzement (1901) und Hochofenzement (1907) durch Zumahlen schnell gekühlter basischer Hochofenschlacke (Hüttensand) zum Portlandzementklinker hergestellt.

Die zugemahlene Hochofenschlacke wird infolge ihrer latent (verborgen) hydraulischen Eigenschaften durch das bei der Hydratation freiwerdende Kalkhydrat des PZ-Klinkers angeregt. Allgemein ergibt sich hieraus ein etwas anderer Erhärtungsverlauf als beim Portlandzement.

Die Eigenschaften der Hütten- bzw. Hochofenzemente hängen von der Schlackenart und vom Schlackengehalt ab. Die schlackenärmeren Hüttenzemente haben überwiegend die Eigenschaften der Portlandzemente. Die Hochofenzemente, besonders die schlackenreichen, haben gegenüber den Portlandzementen eine geringere Hydratationswärme und langsamere Anfangserhärtung, die sich besonders bei niedrigen Temperaturen bemerkbar machen. Die Nacherhärtung ist jedoch meist größer als die der Portlandzemente. Schlackenreiche Hochofenzemente enthalten infolge des geringen Klinkeranteils ($\leqq 34$ M.-%) nur sehr kleine C_3A-Gehalte. Sie besitzen daher einen größeren Widerstand gegen betonangreifende schwachsaure und sulfathaltige Wässer und eignen sich wegen der niedrigen Wärmeentwicklung besonders für massige Betonbauten im Tief- und Wasserbau.

Portlandpuzzolanzement CEM II/A-P oder CEM II/B-P

Portlandpuzzolanzemente bestehen aus 6 bis 35 M.-% natürlichen Puzzolanen; 65 bis 94 M.-% Portlandzementklinker, Gips oder Anhydrit zur Regelung der Erstarrungszeit sowie ggf. weiteren Zusätzen.

Die natürlichen Puzzolane sind kieselsäurehaltige oder kieselsäure- und tonerdehaltige Stoffe (z. B. Traß, Lava oder Phonolith), die im feingemahlenem Zustand durch das bei der Hydratation des PZ-Klinkers freiwerdende Kalkhydrat angeregt und teilweise chemisch gebunden werden. Es entstehen durch Wasseranlagerungen gelbildende Calciumsilicat- und Calciumaluminathydrate, die durch ihre Volumenvergrößerung eine Verstopfung der Zementsteinporen bewirken („Quellen" des Trasses).

Die Feinmahlung der Puzzolane (BLAINE-Wert $> 5000\,cm^2/g$) bewirkt zudem eine gute Verarbeitbarkeit des Betons: Geringere Entmischung, leichtere Verdichtung, Verbesserung der

Pumpfähigkeit. Der Puzzolangehalt bewirkt geringere Anfangsfestigkeit als bei Portlandzement, bei gleichzeitig geringerer Hydratationswärme und erhöhter Widerstandsfähigkeit gegen aggressive Wässer, insbesondere durch Bindung des auslaugbaren Kalkhydrates.

Anwendung der Portlandpuzzolanzemente vorwiegend im Grund-, Wasser- und Tiefbau.
Keine Verwendung für Spannbeton. Festigkeitsklasse 32,5 und 32,5 R.

Portlandflugaschezement CEM II/A-V und **Portlandflugaschehüttenzement** CEM II/B-SV

Portlandflugaschezement enthält neben Portlandzementklinker zwischen 6 und 20% kieselsäurereiche Flugasche. Der Zement besitzt folgende wesentliche bautechnische Eigenschaften:

> Langsame Erhärtung, geringere Frühfestigkeit, mittlere Nachhärtung bei entsprechender Nachbe-
> handlung, etwas größere Erhärtungsverzögerung durch niedrige Temperatur, schnellere Carbonati-
> sierung, ohne LP etwas geringerer Frostwiderstand, geringerer Wasseranspruch, gute Verarbeitbar-
> keit, längere Verarbeitbarkeitszeit, längere Nachbehandlungsdauer.

Portlandflugaschehüttenzement enthält neben Portlandzementklinker 10 bis 20% kieselsäurereiche Flugasche und 10 bis 20% Hüttensand. Die Eigenschaften sind denen des Portland-
flugaschezements vergleichbar.

Portlandölschieferzement CEM II/A-T oder CEM II/B-T

Portlandölschieferzement besteht aus 65% bis 94% Portlandzementklinker und 6 bis 35%
gebranntem Ölschiefer. Der Ölschiefer setzt sich aus etwa 11% organischer, bituminöser
Substanz, 41% Kalk, 27% Ton und 12% Quarz zusammen. Er wird durch Brennen bei etwa
800 °C im Wirbelschichtverfahren und anschließende Feinmahlung in einen hydraulisch
erhärtenden Stoff überführt.

Portlandölfschieferzement wird meist in den Festigkeitsklassen 32,5 R und 42,5 R hergestellt
und ist sehr fein gemahlen (BLAINE-Wert $> 4000\,\text{cm}^2/\text{g}$).

Portlandkalksteinzement CEM II/A-L

Portlandkalksteinzement besteht aus Portlandzementklinker und 6 bis 20% Kalkstein. Der
Zement besitzt folgende wesentliche bautechnische Eigenschaften:

> Schnelle Erhärtung, hohe Frühfestigkeit, fast keine Nachhärtung, geringe Erhärtungsverzögerung
> durch niedrige Temperatur, langsame Carbonatisierung, etwas geringere Hydratationswärme, bei LP-
> Beton hoher Frost-Tausalz-Widerstand, geringerer Wasseranspruch, verbesserte Verarbeitbarkeit,
> Dauer der Nachbehandlung und der Verarbeitbarkeit wie bei Portlandzement. Die Eigenschaften sind
> denen des Portlandpuzzolanzements ähnlich.

3.1.4.4.6. Normzemente mit besonderen Eigenschaften

Weißzement

Weißzement wird als eisenoxidarmer Portlandzement 42,5 R („Dyckerhoff-Weiß") entsprechend DIN 1164-1 hergestellt. Weißzement unterscheidet sich in seinen technologischen
Eigenschaften (z. B. Festigkeit, Erstarrungsverhalten, Schwinden und Kriechen) nicht von
grauem Portlandzement.

Verwendung für hellfarbigen Beton (Vorsatzbeton) und Putz, Fahrbahnmarkierungen, Beton-
werksteine, wetterfeste Anstriche, Verfugungen usw.

Hydrophober Zement

Hydrophober Zement (wasserabstoßender Zement) ist ein Portlandzement 32,5 R („Pecta-
crete"), dessen Zementpartikel durch Zumischen hydrophober Substanzen wasserabstoßend
umhüllt werden. Er ist gegen Feuchtigkeit unempfindlich und praktisch unbegrenzt lagerfähig.
Erst beim Mischvorgang (Einarbeiten in den Boden) werden die hydrophoben Hüllen zerstört
und die Zementkörner reaktionsfähig gemacht. Verwendung bei der Bodenverfestigung im
Straßen-, Wege- und Kanalbau.

Injektionszement

Als Injektionszement können alle Normzemente und bauaufsichtlich zugelassenen Zemente verwendet werden, die besonders fließfähige Eigenschaften und eine geringe Sedimentationsgeschwindigkeit aufweisen. Maßgebende Eigenschaft ist die Mahlfeinheit bzw. Korngrößenverteilung der Zementpartikel.

Verwendung bei der Verfestigung und/oder Abdichtung von klüftigem Gestein, Lockergestein oder Gesteinsschüttungen sowie in der Umwelttechnik und bei Instandsetzungsarbeiten im Beton- und Mauerwerksbau.

Straßenbauzement

ZTV Beton – StB 93*) schreibt vor, welche Zemente für den Bau von Fahrbahndecken aus Beton eingesetzt werden können.

In der Regel ist ein Portlandzement der Festigkeitsklasse 32,5 R nach DIN 1164-1 zu verwenden. Für Zement CEM I 32,5 R gelten folgende über die DIN 1164-1 hinausgehenden Anforderungen:

- Die Druckfestigkeit im Alter von 2 Tagen, bestimmt nach DIN EN 196-1, darf 29,0 N/mm^2 nicht überschreiten.
- Die Mahlfeinzeit, bestimmt als spezifische Oberfläche nach DIN EN 196 Teil 6, darf 3500 cm^2/g nicht überschreiten.
- Das Erstarren des Zements bei 20 °C, geprüft nach DIN EN 196-3, darf frühestens 2 Stunden nach dem Anmachen beginnen.

In Abstimmung mit dem Auftraggeber können auch folgende Zemente nach DIN 1164-1 verwendet werden:

- Portlandhüttenzement CEM II/A-S und CEM II/B-S
- Portlandölschieferzement CEM II/A-T und CEM II/B-T
- Portlandkalksteinzement CEM II/A-L
- Hochofenzement CEM III/A (mindestens Festigkeitsklasse 42,5 erforderlich).

Für die Herstellung von Decken aus frühhochfestem Straßenbeton mit Fließmittel ist ein Zement der Festigkeitsklasse 42,5 R zu verwenden.

3.1.4.5. Bauaufsichtlich zugelassene Zemente

Die derzeit bauaufsichtlich zugelassenen Zemente sind in Tafel 18 zusammengestellt. Tafel 18 enthält auch die jeweiligen Hauptbestandteile und die für diese Zemente vorkommenden Festigkeitsklassen.

Tafel 18: Bezeichnung und Hauptbestandteile bauaufsichtlich zugelassener Zemente

Zementart	Kurz-bezeichnung	Portland-zementklinker	Hüttensand[1]	natürliches Puzzolan	Festigkeits-klasse
		Massenanteile in Gew.-%[2]			32,5 R
Phonolithzement	PUZ	65–80[3]	–	35–20[3][4]	32,5 R
Vulkanzement	VKZ	67,5–82,5[3]	–	32,5–17,5[3][5]	32,5
Traßhochofenzement	TrHOZ	47,5–62,5[3]	37,5–22,5[3]	22,5–7,5[3][6]	< 32,5
Traßhochofenzement NW/HS	TrHOZ NW/HS	22,5–37,5[3]	57,5–42,5[3]	27,5–12,5[3][6]	

[1]) schnell gekühlte, granulierte Hochofenschlacke
[2]) bezogen auf die Summe von Portlandzement und den jeweiligen Hauptbestandteilen
[3]) näheres siehe Zulassungsbescheid, i. a. × ± 7,5
[4]) getemperter Phonolith   [5]) Lavamehl   [6]) Traß

*) Zusätzliche Technische Vertragsbedingungen und Richtlinien für den Bau von Fahrbahndecken aus Beton, 1993.

Die bauaufsichtlich zugelassenen Zemente weisen im einzelnen folgende wesentliche bautechnische Eigenschaften auf:

PUZ:	Langsamere Erhärtung, geringere Frühfestigkeit, mittlere Nacherhärtung bei entsprechender Nachbehandlung, größere Erhärtungsverzögerung durch niedrige Temperatur, schnellere Carbonatisierung, längere Verarbeitbarkeitszeit, längere Nachbehandlungsdauer.
VKZ:	Langsamere Erhärtung, geringere Frühfestigkeit, mittlere Nacherhärtung bei entsprechender Nachbehandlung, größere Erhärtungsverzögerung durch niedrige Temperatur, jedoch ohne LP etwas geringerer Frostwiderstand, längere Verarbeitbarkeitszeit, längere Nachbehandlungsdauer, dem Portlandpuzzolanzementen ähnlich.
TrHOZ:	Sehr langsame Erhärtung, sehr geringe Frühfestigkeit, gute Nacherhärtung bei entsprechender Nachbehandlung, schnellere Carbonatisierung, etwas geringerer Frostwiderstand, lange Nachbehandlungsdauer. Sonderanwendungsgebiete.
TrHOZ-NW/HS:	Ein dem TrHOZ ähnliches Verhalten, als NW/HS-Zement niedrige Hydrationswärme und hohe Sulfatbeständigkeit.

3.1.4.6. Zemente nach Europäischer Norm (DIN V ENV 197 Teil 1 (12.92))

Die Europäische Norm enthält Anforderungen an die Eigenschaften von Bestandteilen gebräuchlicher Zemente sowie Angaben über die Zusammensetzung der Anteile, die erforderlich sind, um entsprechende Zementarten und -klassen herzustellen. Sie beinhaltet ferner Festlegungen der mechanischen, physikalischen und chemischen Anforderungen an diese Arten und Klassen und Regelungen zum Nachweis ihrer Konformität mit diesen Anforderungen.

Die Leistungsfähigkeit (performance) von Zement wurde nur insoweit direkt spezifiziert, als europäisch genormte Prüfverfahren zur Verfügung stehen, d. h. für Festigkeit, Erstarrungszeit und Raumbeständigkeit. Es fehlen jedoch Kriterien zur Beurteilung des Einflusses des Zements auf den Frost- und Frosttausalzwiderstand des Betons sowie auf den Korrosionsschutz der Bewehrung im Beton unter den verschiedenen Umweltbedingungen.

Für diejenigen in DIN V ENV 197 Teil 1 definierten Zemente (siehe Taf. 19), die außerhalb des deutschen Erfahrungsbereichs liegen, fehlen daher die Informationen, um in DIN V ENV 206 und DIN 1045 Angaben über deren Eignung sowie bei ihrer Verwendung über die dann notwendige Zusammensetzung von dauerhaftem Beton bzw. von Beton mit besonderen Eigenschaften machen zu können.

Um eine vorläufige Anwendung zumindest von Teilen der Vornorm zu ermöglichen, ist die nationale Norm DIN 1164-1 (10.94) eingeführt worden, bei der diejenigen Zementarten aus DIN V ENV 197 Teil 1 übernommen wurden, für die ausreichende Erfahrungen bei den in Deutschland üblichen Beanspruchungen vorliegen. Für die nicht in DIN 1164-1 aufgeführten Zemente ist die Brauchbarkeit für den Verwendungszweck nachzuweisen, z. B. durch eine allgemeine bauaufsichtliche Zulassung.

Die Europäische Vornorm ersetzt nicht die nationale Norm DIN 1164-1. Erst wenn sie als Europäische Norm verabschiedet ist, wird sie die Festlegungen in DIN 1164-1 ersetzen. Dazu ist vermutlich eine mehrjährige Erprobungs- und Überarbeitungszeit erforderlich.

3.1.4.7. Sonstige Zemente

Tonerdezement (TZ)

Herstellung aus tonerdereichem Bauxit (Mineralvorkommen in Südfrankreich, Balkan) und Kalkstein durch Schmelzen bei Temperaturen bis 1600 °C: In Frankreich durch Niederschmelzen der Rohmasse („Schmelzzement") in elektrischen Lichtbogenöfen (LAFARGE-Zement), in Deutschland (Metallhüttenwerke, Lübeck) bei der Erschmelzung von Spezialroheisen im Hochofen.

Tonerdezement besteht im Gegensatz zu Portland-Zement im wesentlichen aus Calciumaluminaten. Die Hydratation und damit die Erhärtung erfolgt zum größten Teil in den ersten 24 Stunden: sehr hohe Anfangsfestigkeiten unter hoher Wärmeentwicklung. TZ-Beton ist gegen saures und sulfatisches Wasser besonders widerstandsfähig.

Tafel 19: Zementarten und Zusammensetzung nach DIN V ENV 197 Teil 1 (12.92)

Zement-art	Bezeichnung	Kenn-zeichnung	Portland-zement-klinker [M.-%]	Zumahlung*) [M.-%]	
I	Portlandzement	I	95–100		
II	Portlandhüttenzement	II/A-S	80– 94	Hüttensand (S)	6–20
		II/B-S	65– 79		21–35
	Portlandsilicastaubzement	II/A-D	90– 94	Silicastaub (D)	6–10
	Portlandpuzzolanzement	II/A-P	80– 94	Natürl. Puzzolan (P)	6–20
		II/B-P	65– 79		21–35
		II/A-Q	80– 94	Industr. Puzzolan (Q)	6–20
		II/B-Q	65– 79		21–35
	Portlandflugaschezement	II/A-V	80– 94	Kieselsäurereiche Flugasche (V)	6–20
		II/B-V	65– 79		21–35
		II/A-W	80– 94	Kalkreiche Flugasche (W)	6–20
		II/B-W	65– 79		21–35
	Portlandschieferzement	II/A-T	80– 94	Gebrannter Schiefer (T)	6–20
		II/B-T	65– 79		21–35
	Portlandkalksteinzement	II/A-L	80– 94	Kalkstein (L)	6–20
		II/B-L	65– 79		21–35
	Portlandkompositzement	II/A-M	80– 94	Mehrstoffzumahlung (M)	6–20
		II/B-M	65– 79		21–35
III	Hochofenzement	III/A	35– 64	Hüttensand	36–65
		III/B	20– 34		66–80
		III/C	5– 19		81–95
IV	Puzzolanzement	IV/A	65– 89	Mehrstoffzumahlung	11–35
		IV/B	45– 64		36–55
V	Kompositzement	V/A	40– 64	Mehrstoffzumahlung	36–60
		V/B	20– 39		61–80

*) Nebenbestandteile 0–5 M.-%.

Mit dem Erhärtungsvorgang ist bei feuchter Wärme im Laufe der Zeit infolge chemischer Umwandlung eine Volumenverringerung verbunden, die zur Porosität des Zementsteins und damit zu einem Festigkeitsrückgang führt. Da TZ zudem bei der Erhärtung nur geringe Mengen Kalkhydrat ausscheidet, ist keine ausreichende Gewähr für den Rostschutz der Bewehrung gegeben.

Tonerdezement ist daher für Stahl- und Spannbeton sowie für tragende Bauteile aus Beton nicht mehr zugelassen! Auch darf TZ grundsätzlich nicht mit anderen Zementen vermischt werden: Entstehen von Schnellbinder!

Das Hauptanwendungsgebiet des TZ ist der Feuerungsbau: Bei Verwendung entsprechend feuerfester Zuschläge tritt bei hohen Temperaturen eine keramische Verschmelzung der tonigen Bestandteile ein; es entsteht ein bis 1600 °C hitzebeständiger Beton.

Schnellzement

Schnellzement ist ein kalkreicher Portlandzement mit erhöhtem Aluminat- und zusätzlichem Fluorgehalt. Er ist durch eine sehr kurze Erstarrungszeit und eine hohe Anfangsfestigkeit gekennzeichnet. Verarbeitungszeit bei $+20\,°C$ etwa 15 Minuten; Druckfestigkeit nach 1 Stunde etwa $5\,N/mm^2$, nach 2 Tagen etwa $40\,N/mm^2$.

Verwendung u.a. für schnell auszuführende Ausbesserungsarbeiten. Schnellzement darf nur für nichttragende Bauteile und nicht bei Warmbehandlung eingesetzt werden. Ein Mischen mit Normzementen ist nicht zulässig.

Schnellzement kann auch aus einer Mischung von Portlandzement, Tonerdeschmelzzement und Zusätzen hergestellt werden (z.B. Wittener Schnellzement Z 35 SF).

Keine Zemente

Keine Zemente sind die nachstehend aufgeführten, früher so bezeichneten Bindemittel:

Magnesitbinder (früher Magnesiazement, Magnesitzement, Sorelzement),

Phosphatbinder (früher Phosphatzement), der u.a. in der Zahnmedizin verwendet wird,

Marmorgips (früher Marmorzement, englscher Zement, Keenezement),

hydraulischer Kalk, hochhydraulischer Kalk, Romankalk (früher Zementkalk, zum Teil auch Romankalk oder Romanzement),

Kraterzement und anderer sogenannter feuerfester Zement.

3.1.4.8 Beförderung und Lagerung der Zemente

Transport. Sackweiser Transport in 2–3lagigen Papiersäcken von 25 kg, bei Überseetransporten mehrlagig mit einer Lage bituminiertem Papier.

Bei losem Zement Transport mit Silowagen (Entleerung durch Kompressorvorrichtung) oder im Behälterverkehr (Entleerung durch Bodenventil).

Lagerung. Zement ist hygroskopisch, d.h. er nimmt – auch aus der Luft – schnell Feuchtigkeit auf.

Lagerung von Sackzement in trockenen Schuppen, die gegen Einfluß von höherer Luftfeuchtigkeit geschützt sind. (Gewährleistung des Verbrauchs nach Reihenfolge der Anlieferung!)

Die Lagerung des losen Zementes erfolgt in transportablen Baustellensilos von 3–25 t Inhalt.

Lagerungsdauer der Zemente in Säcken: Festigkeitsklasse 52,5 bis 1 Monat; Festigkeitsklassen 42,5 und 32,5 bis 2 Monate.

Der Festigkeitsverlust beträgt bei Sackzement in trockenen Lagerschuppen 10–20% nach 3 Monaten; 20–30% nach 6 Monaten. Säcke mit bituminiertem Papier haben mehrjährige Lagerbeständigkeit.

3.1.4.9 Sicherheit beim Umgang mit Zement

Entsprechend dem Chemikaliengesetz – ChemG (07.94) sind Zemente, als Zementleimsuspension geprüft, unter Berücksichtigung des bestimmungsgemäßen Gebrauchs als Gefahrstoff mit der Kennzeichnung „Reizend – X_i" einzustufen.

Auf Verpackung und Versandpapieren wird dementsprechend der Gefahrenhinweis zusammen mit dem Gefahrensymbol X_i auf orangefarbenem Untergrund und den dafür vorgeschriebenen Sicherheitsratschlägen S 24, S 25, S 26, S 37 sowie den Risikosätzen R 36 und R 38 angebracht. Die Risikosätze beinhalten auch einen Hinweis auf mögliche sensibilisierende Eigenschaften des Zements, die bei direktem Hautkontakt zu beachten sind.

Xi	Reizt die Augen und die Haut.
	Sensibilisierung durch Hautkontakt möglich.
	Darf nicht in die Hände von Kindern gelangen.
	Berührung mit der Haut vermeiden.
	Berührung mit den Augen vermeiden.
Reizend	Bei Berührung mit den Augen gründlich mit Wasser abspülen und Arzt konsultieren.
	Geeignete Schutzhandschuhe tragen.

3.1.4.10. Hydraulische Bindemittel auf Zementbasis

Hydraulische Tragschichtbinder HT (DIN 18506 (6.91))

Bestehen i. w. aus einem Gemisch von Portlandzement und / oder Luftkalk und / oder Hochhydraulischem Kalk und ggf. Hüttensand oder Traß oder Ölschiefer oder Flugasche und Gips / Anhydrit zur Erstarrungsregelung.

Erhärten sowohl an der Luft als auch unter Wasser und bleiben unter Wasser fest.

Festigkeitsklasse	Druckfestigkeit in N/mm² nach		
	7 Tagen	28 Tagen	
	min.	min.	max.
HT 15	5	15	35
HT 35	18	35	55

Spezifische Oberfläche: mindestens 2200 cm²/g
Erstarrungszeit: ≥ 2 Stunden und ≤ 12 Stunden
Raumbeständigkeit: gefordert

Verwendung für hydraulisch gebundene Tragschichten (HGT), Bodenverbesserungen oder Bodenverfestigungen.

Putz- und Mauerbinder (DIN 4211)

Normen: DIN 4211 (03.95) Putz- und Mauerbinder – Anforderungen, Überwachung
DIN V ENV 413-1 (03.95)*) Putz- und Mauerbinder – Teil 1: Anforderungen
DIN EN 413-2 (03.95) Putz- und Mauerbinder – Teil 2: Prüfungen

Putz- und Mauerbinder („MC") ist ein werkmäßig hergestelltes, feingemahlenes, hydraulisches Bindemittel für Mauer- und Putzmörtel. Hauptbestandteile sind Zement und Gesteinsmehl. Außerdem können Kalkhydrat und Zusätze (z. B. Luftporenbildner LP) zur Verbesserung der Verarbeitbarkeit zugegeben werden.

Putz- und Mauerbinderarten: MC 5 und MC 12,5 (mit LP)
MC 12,5 X (ohne LP)

Festigkeitsklassen: 5 und 12,5

Zusammensetzung: MC 5 mit $\geq$ 25.-% PZ-Klinker
MC 12,5 und MC 12,5 X mit $\geq$ 40 M.-% PZ-Klinker

Die physikalischen und chemischen Eigenschaften werden nach den in DIN EN 413-2 und DIN EN 196 genannten Prüfverfahren ermittelt.

Siebrückstand: $\leq$ 15 M.-% auf dem 0,09 mm-Sieb

Erstarrungszeiten: Erstarrungsbeginn $\geq$ 1 Stunde
Erstarrungsende $\leq$ 15 Stunden (überprüft mit dem Nadelgerät nach Vicat)

*) Die Deutsche Vornorm ersetzt nicht die Deutsche Norm DIN 4211.

Raumbeständigkeit: Raumbeständigkeit bei Dehnungsmaß ≤ 10 mm (überprüft mit dem Le-Chatelier-Ring) gegeben.

Frischmörtel: Eindringmaß bei Prüfung mit dem Steifemeßgerät: (35 ± 3) mm
                            Luftgehalt bei MC 5 und MC 12,5: 8 bis 20 Vol.-%
                            Luftgehalt bei MC 12,5 X: ≤ 6 Vol.-%
                            Wasserrückhaltevermögen: 80 bis 95 M.-%

Druckfestigkeit:

Art	7-Tage-Festigkeit N/mm^2	28-Tage-Festigkeit N/mm^2	
MC 5	–	≥ 5	≤ 15
MC 12,5 MC 12,5 X	≥ 7	$\geq 12,5$	$\leq 32,5$

Kennfarbe der Säcke bzw. Lieferscheine: Gelb; Farbe des Aufdrucks: Blau.
Hinweis: Kein Vermischen mit Gips oder Anhydrit!

Schrifttum für die Anwendung

Zement Taschenbuch 48. Ausgabe (1984), Hrsg. Verein Deutscher Zementwerke e.V., Düsseldorf, Bauverlag, Wiesbaden–Berlin, 1984

KARSTEN, R.: Bauchemie, 9. Aufl., Verlag C. F. Müller, Karlsruhe, 1992

KROBOTH, K.: Zement (Herstellung-Eigenschaften-Hydratation). In: Gesundes Wohnen, Hrsg.: J. BECKERT u. a., Beton-Verlag, Düsseldorf, 1986

Zement-Merkblätter, Hrsg. Bundesverband der Deutschen Zementindustrie e. V., Köln

3.2 Mörtel

Mörtel werden für die Herstellung von Mauerwerk, Putz und Estrichen verwendet. Daneben kommen besonders zusammengesetzte Mörtel z. B. auch als Einpreß- und Injektionsmörtel und als Ansetz-, Verlege- und Fugenmörtel zum Einsatz.

Nach der Art der mineralischen Bindemittel werden Gipsmörtel, Gipskalkmörtel, Anhydridmörtel, Anhydridkalkmörtel, Putz- und Mauerbindermörtel, Zementmörtel und Magnesiamörtel unterschieden. Organische Bindemittel werden z. B. in Kunstharzmörteln verwendet.

Nach der Rohdichte unterteilt man in Normalmörtel mit Zuschlägen aus Sand und Leichtmörtel (Trockenrohdichte $\leq 1,0$ kg/dm^3) mit Leichtzuschlägen und/oder Luftporen.

Nach der Art der Herstellung werden Baustellenmörtel und Werkmörtel unterschieden. Mauer- und Putzmörtel werden heute überwiegend als Werkmörtel geliefert. Die Herstellung, Überwachung und Lieferung von Werkmörtel werden in DIN 18 557 (5.82)*) geregelt. Der Mörtel muß danach so zusammengesetzt sein, daß bei fachkundiger Verarbeitung die Anforderungen für den jeweiligen Verwendungszweck im Verarbeitungs- und Endzustand erfüllt werden. Grundlage für die Auswahl der Ausgangsstoffe und deren Mischungsanteile sind die Anforderungen der Anwendungsnorm bzw. die geforderten oder angestrebten Mörteleigenschaften.

---

*) DIN 18 557 gilt nicht für Fertig-, Haft- und Maschinenputzgips sowie nicht für Kunstharzputze.

Lieferformen von Werkmörtel (Beispiel Mauermörtel)

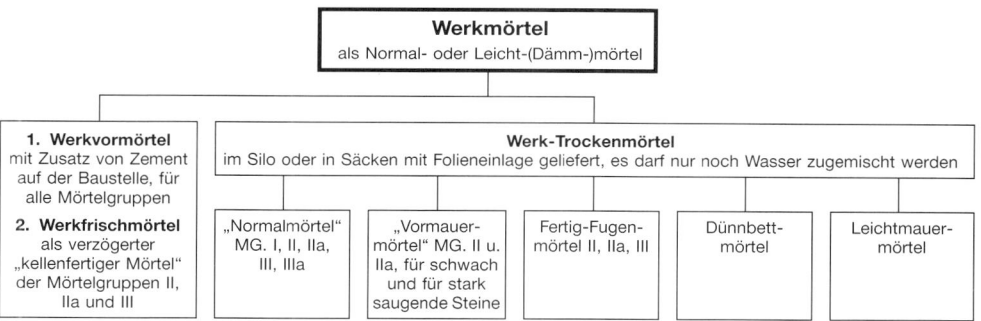

Man unterscheidet folgende Lieferformen:

Werk-Trockenmörtel ist ein Gemisch der Ausgangsstoffe, das auf der Baustelle durch ausschließliche Zugabe einer vom Hersteller anzugebenden Menge Wasser und durch Mischen verarbeitbar gemacht wird.

Werk-Vormörtel (Werk-Naßmörtel) ist ein Gemisch aus Zuschlägen und Luft- und Wasserkalken sowie ggf. Zusätzen, das auf der Baustelle nach Zugabe von Wasser und ggf. zusätzlichem Bindemittel seine endgültige Zusammensetzung erhält und durch Mischen verarbeitbar gemacht wird.

Werk-Frischmörtel ist ein gebrauchsfertiger Mörtel in verarbeitbarer Konsistenz. Diesem Mörtel sind abbindeverzögernde Zusätze für Verzögerungszeiten von 24 bis 36 Stunden zugegeben.

3.2.1. Putzmörtel

DIN 18550 Teil 1 (1.85) Putz; Begriffe und Anforderungen
Teil 2 (1.85) Putz; Putze aus Mörteln mit mineralischen Bindemitteln, Ausführung
Teil 3 (3.91) Putz; Wärmedämmputzsysteme aus Mörteln mit mineralischen Bindemitteln und expandiertem Polystyrol (EPS) als Zuschlag
Teil 4 (8.93) Putz; Leichtputze; Ausführung
DIN 18557 (5.82) Werkmörtel; Herstellung, Überwachung, Lieferung
VOB, DIN 18350 (12.92) Putz- und Stuckarbeiten

Putzarten und Anforderungen

Putze werden an Wänden und Decken je nach Erfordernis ein- oder mehrlagig aufgetragen. Außer der ästhetischen Gestaltung der Oberfläche dienen sie als Außenputze der Abhaltung der Witterungseinflüsse und als Innenputze der ebenflächigen Unterlage von Anstrichen und Tapeten; bei Stahlbetondecken und -treppen sowie bei Stahlstützen auch dem Brandschutz sowie bei Verwendung poriger Zuschläge dem Wärmeschutz.

Innen- und Außenputz sollen grundsätzlich atmungsaktiv sein, d. h. einen Feuchtigkeitsaustausch durch Dampfdiffusion zwischen den verputzten Bauteilen und der Luft zulassen.

Für Putze mit mineralischen Bindemitteln werden Putzmörtel und für Putze mit organischen Bindemitteln Beschichtungsstoffe (Kunstharzputze) verwendet. Beide können auch im Verbund als Putzsystem wirken. Putzmörtel werden je nach Bindemittelart entsprechend Tafel 20 in die Mörtelgruppen PI bis PV eingeordnet und in bestimmten Verhältnissen Bindemittel – zu Sandanteil zusammengesetzt. Beschichtungsstoffe für die Herstellung von Kunstharzputzen bestehen aus organischen Bindemitteln in Form von Dispersionen oder Lösungen und Füllstoffen mit überwiegendem Kornanteil $> 0{,}25$ mm. Sie werden im Werk gefertigt und verarbeitungsfähig geliefert (s. auch DIN 18558).

Aus Putzmörtel werden Putze hergestellt, die entweder allgemeinen Anforderungen an z. B. Haftung, Gefügeaufbau und Wasserdampfdurchlässigkeit genügen oder die zusätzliche Anforderungen erfüllen. Hierzu gehören:

- Innenwand- und Innendeckenputz für Feuchträume
- Wasserhemmender Putz
- Wasserabweisender Putz
- Außenputz mit erhöhter Festigkeit
- Innenwandputz mit erhöhter Abriebfestigkeit

Auf einen Nachweis der in DIN 18 550 Teil 1 angegebenen Zusatzanforderungen kann verzichtet werden, wenn die entsprechenden, in der Norm vorgegebenen Putzsysteme Anwendung finden.

Putzmörtel können auf der Baustelle oder im Mörtelwerk hergestellt werden. Herstellung, Überwachung und Lieferung von Werkmörteln ist in DIN 18 557 (5.82) festgelegt. Danach sind Werkmörtel so zusammenzusetzen, daß die an das Putzsystem gestellten allgemeinen und zusätzlichen Anforderungen erfüllt werden bzw. der Nachweis erbracht wird, daß die Werkmörtel den Anforderungen an die Mörtelgruppen entsprechen.

Für Putze für Sonderzwecke, wie Wärmedämmputz, Putz als Brandschutzbekleidung und Putz mit erhöhter Strahlenabsorption gelten gesonderte Anforderungen.

Putzlagen

Innenputze sollen im Mittel mit 15 mm Dicke und Außenputze mit 20 mm Dicke hergestellt werden. Bei einlagigen Innenputzen aus Werk-Trockenmörtel sind 10 mm ausreichend.

Der Unterputz bildet die tragende Schicht, der dünne Oberputz dient der Gestaltung (Glättung, Profilierung) der Oberfläche. (Ein Spritzbewurf als Vorbehandlung des Putzgrundes zählt nicht als Putzlage.)

> Jeder Putz darf erst nach Erstarrung der vorhergehenden Lage aufgebracht werden. Der Unterputz muß zur haftsicheren Bindung des Oberputzes (bei Wänden waagerecht) aufgerauht sein. Keinesfalls darf auf gefrorenem Untergrund geputzt werden.

Aus Gründen einwandfreier Spannungsübertragung soll der Unterputz mindestens so fest wie der Oberputz sein. (Alte Handwerksregel: Nicht hart auf weich!)

> Wird z. B. ein Oberputz unter Verwendung von Baugips ausgeführt, so ist auch einem in Kalkmörtel ausgeführten Unterputz Gips zuzusetzen bzw. hier eine härtere Mörtelgruppe zu verwenden.

Dichte Anstriche, Kunstharzbeschichtungen, schwere Tapeten und Schallschluckplatten erfordern wegen der von ihnen ausgehenden Spannungen erhöhte Festigkeit beider Putzlagen.

Putzgrund

Die Beschaffenheit des Putzgrundes soll die gleichmäßige Erhärtung des Putzes und dessen ausreichende Haftung gewährleisten.

> Der Putzgrund soll staubfrei sein, putzschädigende Ausscheidungen sind unschädlich zu machen oder zu beseitigen, nicht maßgerechter Untergrund ist vorher auszugleichen.
>
> Saugender Untergrund ist vorzunässen, um dem Verdursten des Putzes beim Erhärten vorzubeugen.

Stark oder schwach saugender oder in seiner Saugfähigkeit wechselnder Putzgrund ist mit einem grobkörnigen, warzenförmig aufgebrachten Spritzbewurf (nicht glasurartige Schlämme) aus Kalkzement-, Zement- oder Gipsmörtel zu versehen. Dieser muß in Abhängigkeit von der Saugfähigkeit des Putzgrundes durchscheinend oder dicht sein. Unter Umständen ist ein kunststoffvergüteter Spezialhaftputz zu verwenden. Putzauftrag erst nach Erhärtung des Spritzbewurfs!

Ungeeigneter Putzgrund (Holz- oder Eisenteile) ist mit einem mind. 10 cm über dessen Ränder greifenden Putzträger (Rohr-, Ziegeldrahtgewebe oder Rippenstreckmetall), der mit der überspannten Unterlage keine Verbindung haben darf, zu überspannen.

> Holzwolle-Leichtbauplatten erhalten zur Aufnahme der Putzspannungen stets einen Spritzbewurf (ohne Vornässen der Platten). Außenputz auf wärmedämmenden Baustoffen ist durch Sonnenbestrahlung besonders hohen rückstauenden thermischen Beanspruchungen ausgesetzt, insbesondere dunkelfarbige Putze.

Nachbehandlung der Putze. Gegen vorzeitige Austrocknung (meist Ursache von Rißbildungen!) durch Luftzug und Sonnenbestrahlung sind Putze durch geeignete Maßnahmen zu schützen: Besprühen mit Wasser, Sonnenblenden bei Außenputzen, Verschließen der Fensteröffnungen bei Innenputzen, jedoch Belüftungsmöglichkeit zum Abdunsten der Feuchtigkeit.

Putzmörtelzusammensetzung

Hinweise für geeignete Mischungsverhältnisse sowie die für die Mörtelgruppen geforderten Mindestdruckfestigkeiten sind in der DIN 18 550 Teil 2, Tabellen 2–3, gegeben (s. Tafel 20).

Maschinenputzgips, Fertigputzgips und Haftputzgips nach DIN 1168 Teil 1 gelten als Werk-Trockenmörtel*) und sind nach den von den Lieferwerken angegebenen Mischungsverhältnissen bzw. Wasserzugaben zu verarbeiten.

Der Sandanteil ist jeweils nach der Intensität des Mischvorgangs begrenzt: Für Handmischungen gilt der niedrigere Wert, für Maschinenmischung der höhere Wert der Tafel 20.

Ein richtiges Mischungsverhältnis hängt auch von der Kornzusammensetzung des Zuschlags ab: Geringer Hohlraumgehalt (günstige Sieblinie) erfordert weniger Bindemittel. Der Feinkornanteil 0/0,25 mm soll zwischen 10–30 M.-% liegen. Zur Verbesserung feinkörniger Natursande können bei Unterputzen auch Industriegranulate, z. B. Schlackensand, verwendet werden.

Überprüfung der Zuschläge auf organische und auf quellende tonige sowie auf mehlfeine Bestandteile (zulässig $\leqq$ 5 M.-%) ist erforderlich.

Prüfverfahren s. Abschn. 2.3.2.3, Betonzuschlag.

Putzweisen

Benennung von Putzweisen nach der Oberflächengestaltung (Abb. 41):

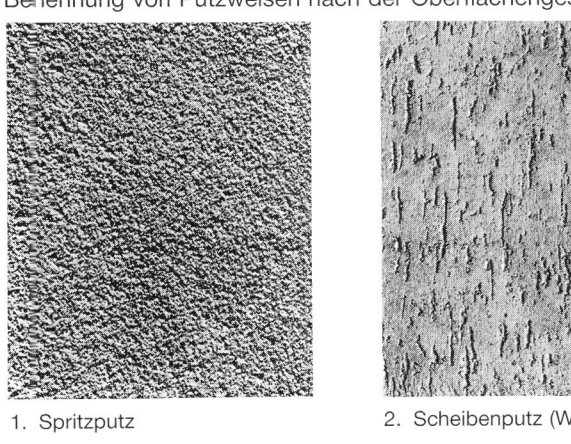

1. Spritzputz

2. Scheibenputz (Wurmputz)

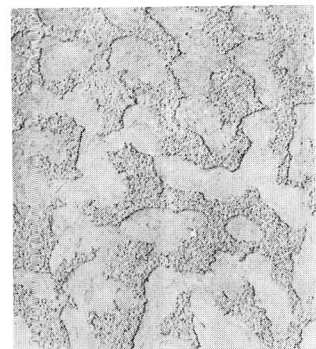

3. Nesterputz

4. Kratzputz

Abb. 41.

Putzweisen (Beispiele)

*) Gelten nicht als Werkmörtel nach DIN 18557.

Tafel 20: Zusammensetzung von Putzmörteln in Raumteilen nach DIN 18 550 und geforderte Mindestdruckfestigkeiten

| Mörtel-gruppe | Mörtelart | Baukalke DIN 1060⁴) Luftkalk Wasserkalk | | Hydrau-lischer Kalk | Hoch-hydrau-lischer Kalk | Putz- u. Mauer-binder DIN 4211 | Zement DIN 1164 | Sand¹) | Mindest-druck-festigkeit N/mm² |
		Kalk-teig	Kalk-hydrat						
P I a	Luftkalk- und Wasser-Kalkmörtel	1,0³)						3,5–4,5	keine Anforderungen
P I b			1,0³)					3,0–4,0	
P I c	Hydraul. Kalkmörtel			1,0				3,0–4,0	1,0
P II a	Hochhydraulischer Kalkmörtel; Mörtel mit Putz- und Mauerbinder				1,0 oder 1,0			3,0–4,0	2,5
P II b	Kalkzementmörtel	1,5 oder 2,0					1,0	9,0–11,0	
P III a	Zementmörtel mit Zusatz von Luftkalk	≦ 0,5					2,0	6,0–8,0	10
P III b	Zementmörtel						1,0	3,0–4,0	

| Mörtel-gruppe | Mörtelart | Baukalke DIN 1060⁴) Luftkalk Wasserkalk | | Baugipse ohne werkseitig beigegebene Zusätze DIN 1168 Stuckgips   Putzgips | | Anhydrit-binder DIN 4208 | Sand | Mindest-druck-festigkeit N/mm² |
		Kalk-teig	Kalk-hydrat	Stuckgips	Putzgips			
P IV a	Gipsmörtel			1,0²)			–	2,0
P IV b	Gipssandmörtel			1,0²) oder 1,0²)			1,0–3,0	
P IV c	Gipskalkmörtel	1,0 oder 1,0		0,5–1,0 od. 1,0–2,0			3,0–4,0	
P IV d	Kalkgipsmörtel	1,0 oder 1,0		0,1–0,2 od. 0,2–0,5			3,0–4,0	kein. Anford.
P V a	Anhydritmörtel					1,0	≦ 2,5	2,0
P V b	Anhydritkalkmörtel	1,0 oder 1,5				3,0	12,0	

¹) Die Werte dieser Tabelle gelten nur für mineralische Zuschläge mit dichtem Gefüge.
²) Um die Geschmeidigkeit zu verbessern, kann Weißkalk in geringen Mengen, zur Regelung der Versteifungszeiten können Verzögerer zugesetzt werden.
³) Ein begrenzter Zementzusatz ist zulässig.
⁴) Neue Bezeichnungen in DIN 1060-1 (03.95).

Gefilzter, geglätteter oder geriebener Putz, Spritzputz, Kratzputz (Aufrauhen nach Anfangser-härtung mit Nagelbrett), Kellenwurfputz, Nesterputz, Scheibenputz (Wurmputz) usw.

Ferner Sgraffitoputz: Lagenweiser dünner Auftrag verschiedenfarbiger Mörtelschichten und unterschiedlich tiefes Auskratzen von Linien bzw. Flächen aus dem noch weichen Mörtel.

Edelputz. Meist fabrikfertiges Herstellen des Trockenmörtels aus Kalk und Zement (Weiß-zement) mit farbigem Naturgestein bzw. mit zement- und kalkechten Farbzusätzen.

Steinputz. Steinmetzmäßige Bearbeitung eines zementgebundenen Edelputzmaterials nach mehrtägiger Erhärtung, z. B. durch Scharrieren oder Stocken.

Waschputz. Freilegen der Oberfläche eines frisch aufgetragenen grobkörnigen Zement-putzes durch Auswaschen mit weicher Bürste.

Wärmedämmputze

Die überwiegende Anzahl der bauaufsichtlich zugelassenen Dämmputz-Systeme setzt sich aus zwei Putzlagen, einem wärmedämmenden leichten Unterputz und einem Oberputz zusammen. Der Oberputz muß wasserabweisend und in seiner Festigkeit auf den Unterputz abgestimmt sein. Die Verwendung eines Spritzbewurfs nach DIN 18550 richtet sich nach dem jeweiligen Putzgrund.

Der Unterputz besteht in der Regel aus mineralischen Bindemitteln, organischen und mineralischen Zuschlägen (expandiertes Polystyrol-EPS, Perlite, Vermiculite) sowie Zusätzen und wird aus Werkmörtel hergestellt. Der Oberputz besteht aus mineralischen Bindemitteln, mineralischen Zuschlägen und Zusätzen und sollte ebenfalls aus Werkmörtel hergestellt werden.

Die Anforderungen an das Dämmputz-System betreffen i. w. die Wärmeleitfähigkeit des Unterputzes, die Druckfestigkeit des Unter- und Oberputzes und die Widerstandsfähigkeit gegenüber Schlagregen. Die Rechenwerte für die Wärmeleitfähigkeit liegen zwischen 0,08 und 0,12 W/mK; dies bedingt Trockenrohdichten deutlich unter 0,6 kg/dm^3. Die Druckfestigkeit (bestimmt nach DIN 18555) im Alter von 28 Tagen muß für den Unterputz $\geqq 0,5$ N/mm^2 und für den Operputz $\geqq 0,8$ und $\leqq 4,0$ N/mm^2 betragen. Durch den Nachweis der Widerstandsfähigkeit des Systems gegen Schlagregen wird sichergestellt, daß die Wärmedämmung auch bei Feuchtigkeitseinfluß nicht gemindert wird. Die Systeme müssen schwerentflammbar (Klasse B1 nach DIN 4102 Teil 1) sein.

Luftporenputze (LP-Putze) wirken durch Trockenhalten des Wandaufbaus indirekt wärmedämmend. Die im Zementstein feinverteilten Mikroporen unterbrechen das Porengefüge des Mörtels. Damit wird kapillar eindringendes Wasser gebremst und zum Verdunsten innerhalb der Putzschicht bewogen. Die Wandoberfläche erscheint trocken. Ähnlich wirken Perliteputze und die sogenannten Sanierputze.

Putze für den Brandschutz

Putze erhöhen generell die Feuerwiderstandsdauer von Wänden, Decken, Balken und Stützen, wenn sie gemäß DIN 4102 Teil 4 ausgeführt werden.

Putze der Mörtelgruppen II (Kalkzementmörtel) und IV (Gipsmörtel) gelten auf Beton und Steinen sowie mit Putzträgern (Drahtgewebe, Holzstabgewebe, Holzwolle-Leichtbauplatten, Streckmetall) auf Holz und Stahl bei 15 mm Dicke (über Putzträger) als feuerhemmend (F 30). Ferner hängende Drahtputzdecken (DIN 4121) sowie alle mit diesen Unterdecken geschützten Bauteile.

> Putze mit zement- oder gipsgebundenen hochwärmedämmenden Zuschlägen (Vermiculite, Perlite) gelten als 25 mm dicker abgehängter Drahtputz (Rabitz) unter Stahlträgerdecken oder als 35 mm dicke Ummantelung mit Drahtgewebeeinlage um Stahlstützen als feuerbeständig (F 90).

3.2.2. Kunstharzputze

DIN 18558 (1.85)   Kunstharzputze; Begriffe, Anforderungen, Ausführung

Für die Herstellung werden Beschichtungsstoffe aus Polymerisatharz als Kunststoffdispersion oder als Lösung, mineralische oder organische Zuschläge/Füllstoffe mit dichtem oder porigen Gefüge und ggf. Zusätze, wie z. B. Weiß- und Buntpigmente, Filmbildner, Verdickungsmittel usw. verwendet.

Nach Anwendung und Bindemittelanteil werden 2 Typen von Beschichtungsstoffen unterschieden:

P Org 1 für Kunstharzputz als Außen- und Innenputz
P Org 2 für Kunstharzputz als Innenputz

Tafel 21: Putzsysteme für Außenwandflächen mit Kunstharzputz als Oberputz

Anforderung	Mörtelgruppe für Unterputz	Beschichtungsstoff-Typ für Oberputz
ohne besondere Anforderung	P II –	P Org 1 P Org 1[1)
wasserhemmend	P II –	P Org 1[1) P Org 1[1)
wasserabweisend	P II –	P Org 1 P Org 1[1)
erhöhte Festigkeit	P II –	P Org 1 P Org 1[1)
Außensockelputz	P III –	P Org 1 P Org 1[1)

[1) Nur bei Beton als Putzgrund

Kunstharzputze werden nur als Oberputz auf Unterputz aus Mörteln mit mineralischen Bindemitteln der Mörtelgruppen PII bis PV nach DIN 18550 Teil 1 oder auf Beton verwendet. Ein Grundanstrich ist erforderlich. Die Schichtdicke des Kunstharzputzes richtet sich nach der Korngröße des Größtkorns und/oder der gewählten Oberflächenstruktur (z. B. Kratz-, Reibe-, Spritz-, Rollputz).

Über die allgemeinen Anforderungen an Außen- und Innenputz nach DIN 18550 Teil 1 hinaus sind besondere Anforderungen, z. B. an die Witterungs- und Frostbeständigkeit oder bei Verwendung in Feuchträumen, zu erfüllen. Hierzu können Nachweise nach DIN 18556 (1.85) „Prüfung von Beschichtungsstoffen für Kunstharzputze und von Kunstharzputzen" erforderlich werden. Die besonderen Anforderungen gelten meist als erfüllt, wenn die in DIN 18558 aufgeführten Putzsysteme angewendet werden.

Kunstharzputze werden in großem Umfang als Deckschicht außenliegender Wärmedämmsysteme („Thermohaut") und zur Beschichtung von Fertigteilen (Großtafelbau) und Holzwerkstoffplatten (Fertighausbau) eingesetzt.

3.2.3. Mauermörtel

DIN 1053 Teil 1 (2.90)   Mauerwerk; Rezeptmauerwerk; Berechnung und Ausführung
DIN 1053 Teil 2 (7.84)   Mauerwerk; Mauerwerk nach Eignungsprüfung, Berechnung und Ausführung
DIN 1053 Teil 3 (2.90)   Mauerwerk; Bewehrtes Mauerwerk; Berechnung und Ausführung

Zusammensetzung

Mauermörtel ist ein Gemisch von Bindemitteln, Zuschlägen und Wasser, ggf. auch von Zusatzstoffen und Zusatzmitteln.

Als Bindemittel dürfen nur Zement nach DIN 1164-1, Baukalk nach DIN 1060-1 und Putz- und Mauerbinder nach DIN 4211 sowie bauaufsichtlich als gleichwertig zugelassene Bindemittel verwendet werden. Der Zuschlag muß Sand mineralischen Ursprungs nach DIN 4226 sein. Er darf keine schädlichen Bestandteile enthalten, wie z. B. Stoffe organischen Ursprungs (z. B. Kohleteile) und größere Mengen an abschlämmbaren Bestandteilen (z. B. Lehm und Ton). Als Zusatzstoffe können Traß (DIN 51043), Gesteinsmehl, Flugasche und Farbpigmente zugegeben werden. Als Zusatzmittel kommen vorwiegend Erstarrungsverzögerer, Erstarrungsbeschleuniger („Frostschutzmittel"), Verflüssiger, Luftporenbildner und Haftvermittler zur Anwendung.

Normalmörtel für Mauerwerk nach DIN 1053 Teil 1

Die Mauermörtel werden aufgrund ihrer Zusammensetzung und Druckfestigkeit in die Mörtelgruppen I (Kalkmörtel), II und IIa (Kalk-Zement-Mörtel) und III und IIIa (Zementmörtel) eingeteilt (Tafel 22).

Tafel 22: Mörtelzusammensetzung (Mischungsverhältnis in Raumteilen) und Anforderungen an die Mörteldruck- und Haftscherfestigkeit.

Mörtel-gruppe	Luftkalk und Wasserkalk[4]		Hydraul. Kalk[4]	Hochhydrau-lischer Kalk[4], Putz- und Mauerbinder	Zement	Sand[1] (Natursand)	Mindestdruckfestigkeit im Alter von 28 Tagen Mittelwert		Mindest-haftscher-festigkeit im Alter von 28 Tagen, Mittelwert bei Eignungs-prüfungen
							bei Eignungs-prü-fungen[3] N/mm^2	bei Güte-prüfungen N/mm^2	N/mm^2
	Kalkteig	Kalkhydrat							
I	1	1	1	1		4 3 3 4,5	–	–	–
II	1,5	2	2	1	1 1 1	8 8 8 3	3,5	2,5	0,10
IIa		1		2	1 1	6 8	7	5	0,20
III[2]					1	4	14	10	0,25
IIIa[2]					1	4	25	20	0,30

[1] Die Werte des Sandanteils beziehen sich auf den lagerfeuchten Zustand.
[2] Der Zementgehalt darf nicht vermindert werden, wenn Zusätze zur Verbesserung der Verarbeitbarkeit verwendet werden.
[3] Richtwert bei Werkmörtel
[4] Neue Bezeichnungen in DIN 1060-1 (03.95)

Mörtel, die nach Tafel 22 zusammengesetzt werden, können ohne Eignungsprüfung verwendet werden. Eignungsprüfungen müssen durchgeführt werden, wenn

- der Mörtel in einem Werk hergestellt wird (Werkmörtel)
- die Zusammensetzung von Mörteln der Mörtelgruppen II, IIa und III nicht der Tafel 22 entspricht oder Mörtel der Gruppe IIIa verwendet wird
- Zusatzmittel verwendet werden
- die Brauchbarkeit des Zuschlags angezweifelt wird
- Gebäude mit mehr als 6 gemauerten Vollgeschossen errichtet werden.

Bei der Eignungsprüfung muß nachgewiesen werden, daß die nach DIN 18 555 „Prüfung von Mörteln mit mineralischen Bindemitteln" geprüfte Mörteldruckfestigkeit die Anforderungen nach Tafel 22 erfüllt.

Bei Verwendung der Mörtelgruppen sind folgende Beschränkungen zu beachten:

Mörtelgruppe I: a) nicht zulässig für Gewölbe, bewehrtes Mauerwerk, Kellermauerwerk
                     b) zulässig bis maximal 2 Vollgeschosse bei Wanddicken $\geqq 24$ cm, wobei bei zwei-
                        schaligen Wänden mit oder ohne durchgehende Luftschicht als Wanddicke die
                        Dicke der inneren Wandschale gilt.
                     c) nicht zulässig für Außenschale zweischaliger Außenwände.

Mörtelgruppe II
und IIa: Nicht zulässig für Gewölbe und bewehrtes Mauerwerk.

Mörtelgruppe III
und IIIa: Nicht zulässig für Außenschale zweischaliger Außenwände.

Normalmörtel für Mauerwerk nach DIN 1053 Teil 2

Für Mauerwerk nach DIN 1053 Teil 2 dürfen nur Mörtel der Mörtelgruppen IIa, III und IIIa verwendet werden. An diese werden die in Tafel 22 angegebenen Anforderungen an die Druckfestigkeit gestellt. Mörtel der Gruppe IIIa sollen wie Mörtel der Gruppe III zusammenge-setzt sein. Die bei der MG IIIa geforderte Mindestdruckfestigkeit von 20 N/mm^2 nach 28 Tagen wird durch Auswahl geeigneter Sande erreicht.

Bei Mörteln, für die eine Eignungsprüfung gefordert wird, ist zusätzlich zur Druckfestigkeit die Haftscherfestigkeit nach DIN 18555 Teil 5 (3.86) zu prüfen.

Eignungsprüfungen sind durchzuführen

– bei Baustellenmörtel, soweit in DIN 1053 Teil 1 gefordert, aber stets bei Mörtel der MG IIIa
– bei Werkmörtel
– bei der Einstufungsprüfung in eine Mauerwerksfestigkeitsklasse nach Tab. 1 in DIN 1053 Teil 2 (Mauerwerk nach Eignungsprüfung EM) und Tab. B1 in DIN 1053 Teil 2, Anhang B (Rezeptmauerwerk RM).

Dünnbettmörtel nach DIN 1053 Teil 1

Dünnbettmörtel sind Mörtel für „Plansteinmauerwerk" aus Gasbeton- und Kalksandstein-Planelementen mit etwa 1 bis 3 mm dicken Fugen. Sie bestehen in der Regel aus Zement, Feinsand mit Größtkorn $\leqq 1$ mm und organischen Zusätzen zur Verbesserung der Verarbeit-barkeit und des Wasserrückhaltevermögens. Dünnbettmörtel entsprechen meist der Mörtel-gruppe MG III mit einer Mindestdruckfestigkeit von 10 N/mm^2. Sie werden als Werkmörtel (meist Werk-Trockenmörtel) geliefert und werden aufgrund einer Eignungsprüfung zusam-mengesetzt.

Aufgrund der unterschiedlichen Saugwirkung der Mauersteine können bestimmte Dünnbett-mörtel nur mit bestimmten Mauersteinarten kombiniert werden.

Leichtmörtel nach DIN 1053 Teil 1

Leichtmörtel (auch „Wärmedämmender Mörtel" genannt) wird zur Verbesserung der Wärme-dämmung von Mauerwerk aus hochwärmedämmenden Wandbausteinen eingesetzt. Er be-steht meist aus Zement, Leichtzuschlägen nach DIN 4226 Teil 2 (z.B. Naturbims, Blähton, Blähschiefer, Hüttenbims) oder Blähperlit, Blähglimmer und Polystyrolschaumperlen sowie organischen Zusätzen mit plastifizierender und verzögernder Wirkung.

Die Regelzusammensetzungen nach Tafel 22 gelten für Leichtmörtel nicht; die Anforderungen sind daher durch Eignungsprüfungen nachzuweisen. Die Trockenrohdichte soll 0,7 kg/dm^3 (LM 21[1])) bzw. 1,0 kg/dm^3 (LM 36[2])) nicht übersteigen. Die Mindestdruckfestigkeit beträgt 7 N/mm^2; dies entspricht der MG IIa bei Normalmörtel. Leichtmörtel weisen jedoch bei gleicher Festigkeit größere Verformungen als Normalmörtel auf. Daraus resultieren erheblich geringere Mauerwerksdruckfestigkeiten (vgl. Tafel 47/1 und 47/2). Leichtmörtel werden in der Regel als Werkmörtel (meist Werk-Trockenmörtel) geliefert.

---

[1]) LM 21   (Rechenwert der Wärmeleitfähigkeit 0,21 W/(m·K).
[2]) LM 36   (Rechenwert der Wärmeleitfähigkeit 0,36 W/(m·K).

Gießmörtel

Mit Gießmörtel vergießt man besonders geformte Steine, die trocken aufeinandergesetzt werden, so daß ein Vermauern mit üblichen Mörteln entfällt. Auch bei schlagregenbeanspruchtem Sichtmauerwerk mit mindestens 37,5 cm Dicke und einer 2,0 cm dicken Längsstoßfuge kann die notwendige Vollfugigkeit mit Gießmörtel erreicht werden.

Zu den besonderen Mauermörteln sind Mörtel für Glasbausteinwände, Mörtel für Gärfuttersilos und Mörtel für freitragende Schornsteine zu zählen, die entsprechend dem vorgesehenen Anwendungsgebiet zusammengesetzt werden.

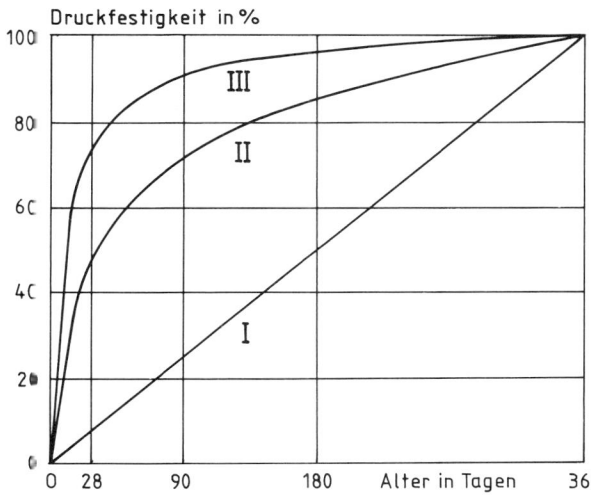

Abb. 42.

Festigkeitsentwicklung der Mörtelgruppen I–III

3.2.4. Spezielle Mörtel

3.2.4.1. Einpreßmörtel für Spannkanäle

Bei Spannbeton, dessen Spannglieder in einem meist rohrartigen Hohlraum zunächst ohne Verbund mit dem Betonkörper vorgespannt werden, ist die nachträgliche Auspressung des Spannkanals zur Herstellung eines guten Verbundes, insbesondere aber auch zum Rostschutz der Spannglieder, mit einem hohlraumfrei eingebrachten Einpreßmörtel erforderlich.

> Die Anforderungen an den Einpreßmörtel hinsichtlich Druckfestigkeit, Frostbeständigkeit, Fließvermögen, Absetzen infolge Sedimentation und Schrumpfen sowie die Prüfbestimmungen sind in der DIN 4227 Teil 5 (12.79) enthalten.
>
> Mörteldruckfestigkeit nach 28 Tagen $\geqq 30\,N/mm^2$, Feststellung der Druckfestigkeit an Prüfzylindern von 10 cm $\varnothing$, die durch Eingießen des Mörtels in 1-kg-DIN-Konservendosen hergestellt werden. Raumverminderung durch Absetzen $\leqq 2\%$.
>
> Frostbeständigkeit: Keine Raumveränderung bei einmaligem Gefrieren bei $-20\,°C$ an 3 Tage alten Proben.

Herstellung des Einpreßmörtels unter Verwendung von CEM I $\geq 32,5\,R$ mit geringem Feinsandzusatz (W/Z $\leqq 0,44$). Zur Verbesserung des Fließvermögens und zur Verringerung des Wasserbedarfs werden Zusatzmittel (Einpreßhilfen s. Abschn. 4.4.6.2) zugegeben.

> Die Bestimmung des Fließvermögens des Einpreßmörtels erfolgt mit einem „Tauchgerät" (Feststellung der Absinkzeit eines Metallkörpers in einem mit dem Einpreßmörtel gefüllten Glasrohr). Die Mischung ist so abzustimmen, daß die Tauchzeit für enge oder lange Spannglieder mind. 30 Sekunden, für weite Spannglieder mind. 40 Sekunden und 30 Minuten nach dem Mischen höchstens 90 Sekunden beträgt.

3.2.4.2. Zementeinpressungen (Injektionen)

Zur Verfestigung oder Verdichtung von Felsgestein, von Lockergesteinsböden sowie zur Abdichtung gegen Wasser werden im Tunnel-, Talsperren- und Bergbau Einpressungen von Zementsuspensionen vorgenommen.

Die Zementsuspension ist ein Zement-Wasser-Gemisch mit oder ohne Zusätzen, bzw. mit Sandzusatz ein dünnflüssiger Mörtel.

Wasserzementwert i. allg. 0,50–1,0 je nach erforderlicher Viskosität: Enge Spalten sowie wasseraufsaugendes Gestein erfordern stärkere Verflüssigung bei möglichst langsamer Sedimentation, d. h. Begrenzung der Sinkgeschwindigkeit des Zementes. Bei Sandzugaben und langen Förderwegen kann thixotropes Verhalten des Mörtels durch Bentonitzugabe erforderlich werden.

Verwendung von nieder- und hochtourigen Rührwerken zur Herstellung der Suspension und Verpressen in Bohrlöcher mittels Pumpe aus einem Zwischenbehälter.

Die Viskosität von Suspensionen mit $w/z \leqq 0,50$ wird nach den „Richtlinien für das Einpressen von Zementmörtel in Spannkanäle" beurteilt (Feststellung des Fließvermögens im Eintauchversuch).

3.2.4.3. Fugenmörtel für Betonfertigteile

Für Fugen bei Fertigteilen und Zwischenbauteilen muß der Zementmörtel folgende Bedingungen nach DIN 1045, Ziffer 6.7.1 u. 7.6.5, erfüllen:

Zementfestigkeitsklasse $\geqq 32,5$ R
Zementgehalt $\geqq 400$ kg/m^3
Gemischtkörniger Sand 0/4 mm

Andere Zusammensetzung nur bei Nachweis einer Mörtelfestigkeit $\geqq 15$ N/mm^2 nach 28 Tagen.

3.2.4.4. Fugmörtel für Mauerwerk

Die Verfugung von Sichtmauerwerk erfolgt nach 1,5 cm tiefem Auskratzen des Mauermörtels mit einem Zementmörtel im MV 1 : 3 nach Raumteilen, dem in geringen Mengen zementechte Farbpigmente zugesetzt werden können.

Die Wasserundurchlässigkeit der Fugen setzt eine gemischtkörnige Zusammensetzung des Sandes 0/2 mm voraus, dem zur Dichtung und verbesserten Geschmeidigkeit Traß im MV 1 RT Portlandzement + 1 RT Traß + 4–5 RT Sand zuzumischen ist.

3.2.5. Prüfung von Mauermörtel, Putzen, Estrichen

Mörtel für Mauerwerk, Putze und Estriche aus mineralischen Bindemitteln sowie aus Zuschlag in der Regel bis 4 mm Korngröße und Wasser, gegebenenfalls auch Zusätzen, können nach DIN 18555 T 1–3 (9.82), „Prüfung von Mörtel mit mineralischen Bindemitteln" im verarbeitbarem Zustand als Frischmörtel oder im erhärteten Zustand als Festmörtel geprüft werden. (Prüfung von Einpreßmörtel für Spannbeton s. Abschn. 3.2.4.1.).

Probenahme: Proben stets so entnehmen, daß sie dem Durchschnitt des Materials entsprechen. Mindestprobemengen nach Norm.

Frischmörtel ist möglichst unmittelbar nach der Entnahme zu prüfen bzw. zu Prüfkörpern zu verarbeiten.

Am Ort hergestellte Prüfkörper müssen am Ort solange verbleiben, bis sie transportfähig sind, d. h. in der Regel 24 Std. erschütterungsfrei und windgeschützt lagern.

Prüfung von Frischmörtel auf Konsistenz, Rohdichte, Luftgehalt.

a) Konsistenz: Die Mörtelkonsistenz wird in Abhängigkeit vom Ausbreitmaß in folgende Konsistenzbereiche eingeteilt

K_M 1 < 14 cm Ausbreitmaß
K_M 2   14 bis 20 cm Ausbreitmaß
K_M 3 > 20 cm Ausbreitmaß

Prüfung mit dem Ausbreittisch nach EN 459-2. Auch Ausbreitversuch nach DIN 1048 und spezieller Verdichtungsversuch für K_M 1 zulässig, wenn diese hinreichend genaue und mit dem Ausbreittisch nach EN 459-2 vergleichbare Ergebnisse erbringen.

b) Rohdichte: Entsprechend der Konsistenz der Mörtel wird die Rohdichte in einem zylindrischen Meßgefäß von 1 dm³ bei unterschiedlicher Verdichtungsart nach Norm bestimmt. Auch andere Gefäße zulässig, wenn sich vergleichbare Ergebnisse ergeben.

c) Luftgehalt: Luftgehaltsprüfung mit einem Luftporenmeßgerät nach dem Druckausgleichverfahren (s. a. 4.3.3).

Prüfung von Festmörtel auf Biegezug-, Druckfestigkeit und Rohdichte

a) Herstellen und Lagerung der Prüfkörper: Einfüllen des Mörtels in Prismenformen 40×40×160 mm entsprechend DIN EN 196-1. Verdichtung in Abhängigkeit von der Konsistenz nach Norm. Lagerung für Magnesiamörtel: 28 Tage Normklima; gips- und anhydrithaltige Mörtel: 2 Tage bei 95% rel. Luftf. und 26 Tage Normklima; sonstige Mörtel: 7 Tage bei 95% rel. Luftf. und 21 Tage Normklima.

b) Prüfung auf Biegezug- und Druckfestigkeit: Die Bestimmung der Biegezug- und Druckfestigkeit erfolgt nach DIN EN 196-1.

c) Rohdichte: Unterscheidung zwischen Rohdichte nach 28 Tagen Lagerung und nach Trocknung bei 105° C (bei gips- und anhydrithaltigen Mörteln bei 40 °C). Messung und Gewichtsbestimmung auf 0,1 mm bzw. 0,1% genau und Berechnung nach $\varrho = \frac{m}{V}$ in kg/dm³.

3.3. Estriche

DIN 18 560 Teil 1 (05.92) Estriche im Bauwesen; Begriffe, Allgemeine Anforderungen, Prüfung
Teil 2 (05.92) –; Estriche und Heizestriche auf Dämmschichten (schwimmende Estriche)
Teil 3 (05.92) –; Verbundestriche
Teil 4 (05.92) –; Estriche auf Trennschicht
Teil 7 (05.92) –; Hochbeanspruchte Estriche (Industrieestriche)

3.3.1. Estricharten

Estrich ist ein auf einem tragenden Untergrund oder auf einer zwischenliegenden Trenn- und Dämmschicht hergestelltes Bauteil, das unmittelbar nutzfähig ist oder mit einem Belag, gegebenenfalls frisch-in-frisch, versehen werden kann.

Nach der Verbindung des Estrichs zur Unterlage werden unterschieden:

Verbundestrich

Mit einem tragenden Untergrund (Massivdecke, Bodenplatte, Unterbeton) fest verbundener Estrich.

Estrich auf Trennschicht

Durch eine dünne Zwischenlage (Trennschicht) vom tragenden Untergrund getrennter Estrich. Die aus bautechnischen oder bauphysikalischen Gründen erforderliche, in der Regel zweilagigen Trennschichten können aus PE-Folien, nackten Bitumenbahnen, Rohglasvliesen u. ä. bestehen.

Industrieestrich

Industrieestrich (Hochbeanspruchbarer Estrich) ist ein Estrich für hohe Beanspruchung. Benennung bei Verwendung von Gußasphalt mit „Gußasphaltestrich", von kaustischer Magnesia mit „Magnesiaestrich", von Zement zusammen mit Hartstoffen nach DIN 1100 mit „Hartstoffestrich".

Estrich auf Dämmschicht (schwimmender Estrich)

Biegesteife, lastverteilende Estrichplatte, die auf einer Dämmschicht aufliegt und keine unmittelbare Verbindung mit angrenzenden Bauteilen aufweist, z. B. Wänden oder Rohren.

Ein beheizbarer schwimmender Estrich wird als **Heizestrich** bezeichnet.

Fertigteilestriche (nicht genormt)

Bestehen aus vorgefertigten, kraftschlüssig miteinander verbundenen Plattenelementen, die trocken eingebaut werden (z. B. Holzwerkstoffplatten, Gipskartonplatten).

3.3.2. Estrichfestigkeitsklassen

Anhydrit-, Magnesia- und Zementestriche werden in Festigkeitsklassen eingeteilt; Hartstoffestriche zusätzlich durch ihren Widerstand gegen Schleifverschleiß.

Gußasphaltestrich wird nach seiner Härte (Eindringtiefe) in Härteklassen unterteilt.

> Die Benennung der Festigkeitsklassen erfolgt nach der geforderten Mindestfestigkeit der Prismen 4 × 4 × 16 cm einer Serie, die nach DIN 18 555 (Magnesiaestrich zusätzlich nach DIN 272) im Rahmen einer Güteprüfung geprüft werden.
>
> Die Härteprüfung bei Gußasphaltestrichen erfolgt nach DIN 1996 Teil 13 (Abschn. 9.4.6.b).

3.3.3. Nachweis der Estrichfestigkeit

Für den Nachweis der Estrichfestigkeit sind ähnlich wie bei der Betonfestigkeit folgende Verfahrensweisen zu unterscheiden (Abschn. 4.2.2.1.):

> **Eignungsprüfung** wird **vor der Herstellung** des Estriches durchgeführt und dient dazu, festzustellen, ob der Estrich in der vorgesehenen Zusammensetzung auf der Baustelle mit den vorgesehenen Ausgangsstoffen zuverlässig hergestellt werden kann und die geforderten Eigenschaften erreicht.

Tafel 23: Festigkeitsklassen für Anhydrit-, Magnesia- und Zementestrich

Estrichart		**Druckfestigkeit** in N/mm²: Kleinster Einzelwert[3] (Mittelwert)[3][4] **Biegezugfestigkeit** in N/mm²: Mittelwert[3]						
Anhydritestrich	**AE**		12 (15) 3	20 (25) 4	30[1] (35) 6	40[1] (45) 7		
Magnesiaestrich	**ME**	5 (8) 3	7 (10) 4	10 (15) 5	20 (25) 7	30 (35) 8	40[1] (45) 10	50[1] (55) 11
Zementestrich	**ZE**		12 (15) 3	20 (25) 4	30 (35) 5	40[1] (45) 6	50[1] (55) 7	55[1][2] (70) 11 65[1][2] (75) 9

[1] Stets Eignungsprüfung erforderlich.
[2] Nur als Hartstoffgruppe ZE 55 M bzw. ZE 65 A und ZE 65 KS.
[3] Bei der Güteprüfung.
[4] Bei der Eignungsprüfung: + 5 N/mm² (Ausnahmen: Klassen AE 12 und ZE 12: + 3 N/mm², Klasse ME 5: + 4 N/mm²).

Tafel 23a: Härteklassen für Gußasphaltestrich

Härteklasse	Eindringtiefe in mm nach DIN 1996 T. 13			Biegezug-festigkeit in N/mm² [2]
	Stempelquerschnitt 100 mm²		Stempelquerschnitt 500 mm²	
	bei (22 ± 1) °C Prüfdauer 5 h	bei (40 ± 1) °C Prüfdauer 2 h	bei (40 ± 1) °C Prüfdauer 0,5 h	
GE 10	≦ 1,0	≦ 4,0 (≦ 2,0)[1]	–	≧ 8
GE 15	≦ 1,5	≦ 6,0	–	≧ 8
GE 40	–	–	> 1,5 bis 4,0	–
GE 100	–	–	> 4,0 bis 10,0	–

[1] Klammerwert für Heizestrich.
[2] Wert für die Eignungsprüfung bei hochbeanspruchbarem Gußasphaltestrich.

Güteprüfung wird an Proben, die **während der Herstellung** des Estrichs zu entnehmen sind, durchgeführt. Sie dient dem Nachweis, daß der für den Einbau hergestellte Estrich die geforderten Eigenschaften erreicht.

Erhärtungsprüfung gibt einen Anhalt über die **Eigenschaften des Estrichs im Bauwerk zu einem bestimmten Zeitpunkt,** ggf. bei ungünstigen Bedingungen Aufschluß über die Gebrauchsfähigkeit. Probekörper sind wie bei der Güteprüfung herzustellen, jedoch unmittelbar neben oder auf dem Estrich zu lagern und wie dieser nachzubehandeln.

Bestätigungsprüfung dient dem Nachweis der **Güteeigenschaften des eingebauten Estrichs,** wenn z. B. erhebliche Zweifel an der Güte des Estrichs im Bauwerk bestehen. Sie erfordert die Entnahme von Proben aus dem verlegten Estrich und ist abhängig von der Estrichart.

3.3.4. Zementestrich (Kurzzeichen: ZE)

a) Verbundestrich

Herstellung nach den „Allgemeinen technischen Vorschriften" der VOB, Teil C, DIN 18 353 (9.88) „Estricharbeiten"; ferner nach den Arbeitsblättern A 10 und A 11 „Industrieböden" der Arbeitsgemeinschaft Industriebau e.V., Köln.

Anwendungen: | | |
|---|---|
| ZE 12 | Unterlage für Beläge |
| ZE 20 | Bei unmittelbarer Nutzung |
| ZE 30 + 40 | Fahrverkehr mit weicher Bereifung und Lagern leichter Güter |
| ZE 55 + 65 | Hartstoffestriche |

Stofflicher Aufbau

Zementgehalt: Je nach Estrichfestigkeitsklasse und Korngröße der Zuschläge 300–400 kg/m³. 400 kg/m³ sollte nicht überschritten werden (Mischungsverhältnis nach Raumteilen etwa 1 : 5 bis 1 : 3).

Zuschläge: Korngröße bis 8 mm bei 40 mm Estrichdicke,
bis 16 mm bei Estrichdicken >40 mm.

Zusätze: Betonverflüssiger (BV) oder Fließmittel zur Verbesserung der Verarbeitbarkeit; Erstarrungsbeschleuniger (BE) zur früheren Benutzbarkeit; Luftporenbildner (LP) bei Estrichen im Freien zur Erzielung eines hohen Frost-Tausalz-Widerstandes. Kunststoffdispersionen zur Verbesserung der elastischen Eigenschaften (geringere Schwindneigungen) sowie als Haftbrücke und bei der Ausbesserung von Oberflächen.

Dicke: Aus fertigungstechnischen Gründen nicht weniger als das Dreifache des Größtkorns des Zuschlags, jedoch nicht dicker als 80 mm bei einschichtiger Ausführung.

Verarbeitung (VOB, DIN 18 353): Die beim Erhärten des Estrichs auftretenden Spannungen erfordern festen Verbund zwischen Estrich und Untergrund, um ein Ablösen des Estrichs vom Untergrund (Erkennen am Hohlklingen) und Schwindrißbildungen zu vermeiden: Rauhe Oberfläche des Betonuntergrundes, dessen Zementgehalt mind. 50% des Estrichzementgehaltes betragen soll. (Sonst mind. 20 mm dicke Ausgleichsschicht zwischen Untergrund und Estrich erforderlich). Frisch-auf-frisch-Verarbeitung des Estrichs auf Beton. Alter Beton ist aufzurauhen, zu nässen und vorzuschlämmen.

Bauwerksfugen (Gebäudetrennfugen) sind an gleicher Stelle und in gleicher Breite im Verbundestrich zu übernehmen. Die Unterteilung der Estrichfelder durch Bewegungsfugen (Feldbegrenzungsfugen) ist bei Verbundestrich zu unterlassen. Die Anordnung von Randfugen kann in bestimmten Fällen notwendig werden [4].

Nachbehandlung: Verhinderung von Feuchtigkeitsentzug infolge Temperatur, Wärme und Zugluft durch Feuchthalten und Abdecken bis zu 14 Tagen: Schnelles Austrocknen hat Schwindrißbildung und hohen Verschleiß durch Absanden der Oberfläche zur Folge.

Estricharbeiten dürfen nicht bei Temperaturen unter 5 °C ausgeführt werden.

Oberflächenbehandlung (AGI-Arbeitsblatt A 80): Zur Verbesserung der mechanischen Beanspruchbarkeit und Vermeidung von Staubbildung:

Fluatierung: Verkieselung durch Bindung des freien Kalkes.

Imprägnierung: Tränkung mit dünnflüssiger Kunstharzlösung.

Versiegelung: (bis 0,3 mm) oder Beschichtung (bis 2 mm) mit Polymerisaten oder Reaktionskunstharzen. Dickere Kunstharzbeschichtungen (5–10 mm) gelten als Kunststoffestriche (s. Abschn. 3.3.8., S. 103).

Bezeichnung:

Beispiel: Zementestrich der Festigkeitsklasse 30 mit 25 mm Nenndicke:
Estrich DIN 18 560 – ZE 30 – V 25

b) Estrich auf Trennschicht

Zur Ermöglichung größerer Wärmedehnung oder bei starker Verschmutzung des Untergrundes Verlegen des Estrichs auf glatter Trennschicht.

Als Trennschicht kommen PE-Folien, nackte Bitumenbahnen, Rohglasvliesbahnen u. a. in Frage.
Estrichdicke: $> 35 < 50$ mm

Bezeichnung:

> Beispiel: Zementestrich der Festigkeitsklasse 20 auf Trennschicht mit 30 mm Nenndicke:
> Estrich DIN 18560 – ZE 20 – T 30

c) Zementgebundener Hartstoffestrich

Für Böden mit Fußgängerverkehr, Fahrverkehr mit weicher und harter Bereifung, Gütertransporte, Industrieböden, von denen ein hoher Widerstand gegen Verschleiß und besondere Festigkeiten gefordert werden.

Anforderungen an die Herstellung nach DIN 18560 T 7 (5.92), AGI-Arbeitsblatt A 12 und DIN 1100 (10.89), „Hartstoffe für zementgebundene Hartstoffestriche".

Hartstoffestriche können ein- und zweischichtig hergestellt werden.

> **Einschichtiger** Hartstoffestrich wird entweder auf den erhärteten Tragbeton unter Verwendung einer Haftbrücke oder frisch-in-frisch auf den erstarrenden oder frischen Tragbeton aufgebracht.
>
> **Zweischichtiger** Hartstoffestrich besteht aus einer Übergangsschicht, die die Verbindung zwischen Tragbeton und Hartstoffschicht herstellt, und der Hartstoffschicht.
>
> **Übergangsschicht** muß mind. > 25 mm dick sein und mind. der Festigkeitsklasse ZE 30 entsprechen.
>
> **Hartstoffschicht** je nach Art der Beanspruchung (schleifende und/oder rollende Reibung, Stoß, Druck oder Schlag) und nach Höhe der Beanspruchung (leicht, mittel, schwer) aus Hartstoffen der Gruppen:
>
> | | |
> |---|---|
> | A (allgemein) | : Naturgestein, Schlacken oder Gemische mit Stoffen der Gruppen M und KS |
> | M | : Metalle |
> | KS | : Korund/Siliciumkarbid |
> | Dicken | : 4–15 mm |
> | Druckfestigkeiten (Mittelwerte) | : 70 bzw. 75 N/mm^2 |
> | Biegezugfestigkeiten (Mittelwerte) | : 9–11 N/mm^2 |
> | Schleifverschleiß (Mittelwerte) | : 2–7 cm^3/50 cm^2 |
> | Festigkeitsklassen | : ZE 55 M, ZE 65 A, ZE 65 KS |
>
> Auch Hartbetonplattenbeläge (AGI-Arbeitsblatt A 10, Blatt 3) 30 × 30 × 2,5 oder 4,5 cm.

Bezeichnung:

> Beispiel: Zweischichtiger zementgebundener Hartstoffestrich der Festigkeitsklasse 65 mit Hartstoffen der Gruppe A nach DIN 1100 (ZE 65 A) als Verbundestrich (V) mit Nenndicken von 10 mm für die Hartstoffschicht und 30 mm für die Übergangsschicht, hochbeanspruchbar (F):
> Hartstoffestrich DIN 18560 – ZE 65 A – V 10/30 F

d) Estrich auf Dämmschicht (schwimmender Estrich)

Schwimmende Estriche werden auf Dämmschichten verlegt, um Anforderungen an den Schall- und/oder Wärmeschutz zu erfüllen.

> Für gleichmäßig verteilte Verkehrslasten im Wohnungsbau bis 1,5 kN/m^2 muß die Estrichdicke in Abhängigkeit von der Zusammendrückbarkeit der Dämmschicht (Dicke bis 30 mm) betragen:
>
> bis 5 mm Zusammendrückbarkeit: $\geqq 35$ mm Dicke ($\geqq 20$ mm Dicke bei Gußasphalt)
> > 5 mm $\leqq 10$ mm Zusammendrückbarkeit: $\geqq 40$ mm Dicke ($\geqq 25$ mm Dicke bei Gußasphalt)
> Bei Heizestrichen können größere Dicken erforderlich werden.
>
> Estrichfestigkeitsklassen: ZE 20, AE 20, ME 7, GE 10
>
> Bei Bestätigungsprüfungen muß die Biegezugfestigkeit im Mittel $\geqq 2,5$ N/mm^2 (kleinster Einzelwert $\geqq 2,0$ N/mm^2) betragen. Zur Prüfung sind mindestens 2 Platten 40 × 40 cm trocken aus dem Estrich herauszusägen und aus jeder Platte 3 bis 5 Streifen von 6 cm Breite auszuschneiden.

Bezeichnung:

Beispiel: Zementestrich der Festigkeitsklasse 20, schwimmend, mit 40 mm Nenndicke:
Estrich DIN 18 560 – ZE 20 – S 40

3.3.5. Anhydritestrich (Kurzzeichen: AE)

Ausführung im Wohnungsbau als schwimmender Estrich und als Verbundestrich bei unmittelbarer Nutzung in der Festigkeitsklasse AE 20. Verbundestrich mit Belag: AE 12.

Bei höheren Belastungen: AE 30 und AE 40. Auch Zumischung von Hartzuschlägen möglich.

Herstellung nach Lieferanweisung mit mind. 450 kg/m^3 Anhydritbinder der Festigkeitsklasse AB 20 nach DIN 4208.

Verarbeitung erdfeucht oder plastisch. Fließestrich durch Zugabe von Fließmittel.

Einbringen nicht bei Temperaturen < 5 °C. Mindestens 2 Tage vor schädlichen Einwirkungen, wie z. B. Wärme, Schlagregen, Zugluft, schützen. Nicht vor Ablauf von 2 Tagen begehen und nicht vor Ablauf von 5 Tagen höher belasten.

Anhydritestriche nicht dauernder Feuchtigkeitsbeanspruchung aussetzen (Feuchträume). Bei zu erwartender Feuchtigkeit infolge Dampfdiffusion Dampfsperre einplanen und anordnen.

3.3.6. Magnesiaestrich (Kurzzeichen: ME)

Magnesiaestrich wird aus Kaustischer Magnesia nach DIN 273 Teil 1 (5.81) organischen und/oder anorganischen Füllstoffen als Zuschlag und einer wässrigen Salzlösung, meist Magnesiumchlorid MgCl$_2$ nach DIN 273 Teil 2 (7.83) sowie ggf. Zusätzen (Farbstoffen) hergestellt. Als Füllstoffe werden je nach Beanspruchung der Estriche Gemenge aus Weichholzspänen, Textilfasern, Papier- und Korkmehl, Quarzsand, künstliche Hartstoffe, u. a. verwendet.

Magnesiaestrich wird als Verbundestrich oder als schwimmender Estrich ausgeführt.

Festigkeitsklassen: ME 5, ME 7, ME 10, ME 20, ME 30, ME 40, ME 50.

Magnesiaestriche werden auch als Steinholzestriche bezeichnet, wenn sie durch ihren überwiegend organischen Füllstoffgehalt je nach Anwendung eine Rohdichte bis 1,6 kg/dm^3 aufweisen.

Homogen einfärbbare einschichtige Nutzschicht oder zweischichtige Herstellung aus poröser Unterschicht und gefügedichter Nutzschicht bzw. als Oberschicht zur Aufnahme andersartiger Beläge.

Mittlere Druckfestigkeit der Nutzschicht 8–55 N/mm^2, mittlere Biegezugfestigkeit 3–11 N/mm^2, mittlere Oberflächenhärte 30–200 N/mm^2, mittlere Trockenrohdichte 0,4–2,2 kg/dm^3.

Verwendung magnesiagebundener Beläge auch als widerstandsfähige Industrieböden bei entsprechenden mineralischen Zuschlägen nach den Richtlinien der Arbeitsgemeinschaft Industriebau (AGI), Arbeitsblatt A 50.

Verlegung:

Magnesiagebundene Estriche können nicht im Freien und in Räumen mit Dauerfeuchtigkeit verwendet werden. Schutz gegen aufsteigende Feuchtigkeit erforderlich (vorübergehende Feuchtigkeit unbedenklich.)

Bei Verlegung des chloridhaltigen Mörtels auf fester Betonunterlage sind Metallteile der Decken (Träger, Rohre) durch bituminöse Anstriche oder Bahnen zu schützen und auf genügende Betonüberdeckung der Bewehrung zu achten. Isolierung der Anschlüsse an saugende Wandflächen. Anordnung von Trennfugen über Dehnungsfugen des Untergrundes.

Keine Verlegung auf Gips-, Anhydrit- und Gußasphaltestrich. Magnesiamörtel ist bei Spann-beton nicht zulässig.

Die Zusammensetzung von Magnesiamörtel erfordert umfassende Erfahrungen! (Ausführung nur durch Spezialfirmen.)

3.3.7. Gußasphaltestrich (Kurzzeichen: GE) (s. a. Abschn. 9.4.1.4.)

Härteklassen: GE 10, GE 15, GE 40, GE 100.

Bezeichnung nach der Härte (Eindringtiefe), gemessen nach DIN 1996 Teil 13 (7.84) bei 22 °C.

Hergestellt aus Bitumen nach DIN 1995, Hochvakuum- oder Hartbitumen oder einem Gemisch aus diesen und Zuschlag.

Verlegung als Verbundbelag oder als schwimmender Estrich nach VOB, DIN 18 354 (12.92) „Gußasphaltarbeiten" und AGI-Arbeitsblatt A 12 T 3 (3.91) „Industrieböden; Gußasphalt-estrich".

Auch vorteilhafte Anwendung als feuchtigkeitsfreie Belagsunterlage. Estrichdicke 20–30 mm.

3.3.8. Kunststoffestriche (s. a. Abschn. 12.2.2c)

Anforderungen an die Herstellung in AGI-Arbeitsblatt 81 „Industrieböden-Kunststoffestriche".

Einschichtiges Aufbringen des kunststoffgebundenen Mörtels von 5–10 mm Dicke auf Beton, Zementestrich, Gips- und Anhydritestrich, Metallunterlagen oder abgenutzte Keramikbeläge.

Herstellung aus natürlichen und / oder künstlichen mineralischen Zuschlägen mit folgenden Reaktionskunstharzen aus zwei oder mehr Komponenten:

Epoxidharz,   Polyurethanharz,
Polyesterharz,   Polymethacrylharz   (s. a. Kapitel 10.4.2.).

Kunststoffestriche sind für schwerste mechanische Beanspruchungen geeignet, nicht stau-bend, flüssigkeitsdicht, jedoch von unterschiedlichem Verhalten gegen chemische Beanspru-chung und Wärmebeanspruchung (über 50 °C) sowie zur elektrischen Aufladung neigend.

Die Festigkeitsunterschiede der verschiedenen mit Pigmenten einfärbbaren Kunststoffestriche sind gering. Das stärkere Schwinden von Polyester- und Polymethacrylharzen kann durch dichten Körnungsaufbau der Zuschläge gemindert werden. (Korngröße bis ⅓ der Schichtdicke.) Rauhe Oberflächengestaltung zur Verbesserung der Gleitsicherheit, evtl. durch Einstreuen von Hartstoffen.

Verlegung auf trockenen Untergrund. Mechanische Beanspruchung nach 3–4 Tagen möglich.

Schrifttum für die Anwendung von Estrichen

[1] AGI-Arbeitsblätter der Arbeitsgemeinschaft Industriebau e.V., Bezug: C. R. Vincentz Verlag, Han-nover.

[2] „Zementestrich", Zement-Taschenbuch 1972/73, Hrsg.: Verein Deutscher Zementwerke, Bauverlag GmbH.

[3] Schütze: Estrichmängel – Entstehen, Vermeiden, Beseitigen. Band 1 u. 2. Industriefußböden. Bauver-lag, Wiesbaden.

[4] Frick, Knöll, Neumann, Weinbrenner: Baukonstruktionslehre Teil 1, B. G. Teubner, Stuttgart, 1992.

[5] Timm, H. und Heeser, R.: Estriche – Arbeitshilfen für Planung und Qualitätssicherung. Bauverlag, Wiesbaden, 1995.

[6] Seidler, P. (Hrsg.): Handbuch Industriefußböden. 3. Auflage, expert-Verlag Renningen, 1994.

[7] Guß-Asphalt-Informationen, Hrsg. und Bezug: Beratungsstelle für Asphaltverwendung e.V., Bonn.

4. Beton

Mit der Vollendung des europäischen Binnenmarktes wurden und werden im Rahmen der Harmonisierung der Baustoffnormen neben den nationalen Betonnormen der einzelnen europäischen Ländern auch europäische Normen (EN) im Auftrage der EG-Kommission von der europäischen Normenkommission CEN erarbeitet. Dies bedeutet, daß die Festlegungen in der europäischen Norm zunächst parallel zu den jeweiligen nationalen Normen gelten.

So existiert bereits seit Ende 1990 neben der nationalen Betonnorm **DIN 1045** als Vornorm eine europäische Baustoffnorm **ENV 206** „Beton; Eigenschaften, Herstellung, Verarbeitung und Gütenachweis".

Die ENV 206 wird allerdings verbindlich, wenn eine Stahlbetonkonstruktion nach der Vornorm **Eurocode 2 (EC 2)** „Planung von Stahlbeton- und Spannbetontragwerken; Grundlagen und Anwendungsregeln für den Hochbau" bemessen wurde und ausgeführt werden soll.

In den vom Deutschen Ausschuß für Stahlbeton (DAfSt) herausgegebenen „Richtlinien für die Anwendung Europäischer Normen im Betonbau" sind Hinweise und Zusatzregelungen für die DIN V ENV 206 und den Eurocode 2 enthalten.

Das Vorstehende hat zur Folge, daß im folgenden Kapitel an den wesentlichen Stellen die in den nationalen und europäischen Normen enthaltenen, jedoch voneinander abweichenden Betondaten nebeneinander aufgeführt sind. Damit der Leser schnell die Angaben der europäischen Norm erkennen kann, wurden diese „*kursiv*" gedruckt.

4.0. Normen, Richtlinien, Merkblätter

Die Güte- und Prüfbestimmungen für die Ausführung von baulichen Anlagen und Bauteilen aus Beton und Stahlbeton sind im wesentlichen in folgenden Regelwerken festgelegt.

DIN	Ausgabe	Teil	Titel
459	10.93	1	Mischer für Beton und Mörtel. Begriffe, Leistungsermittlung, Größen
488	9.84 u. 6.86	1–7	Betonstahl
1045	7.88		Beton und Stahlbeton; Bemessung und Ausführung
1048	6.91	1–5	Prüfverfahren für Beton
		1	Prüfverfahren für Beton; Frischbeton
		2	–; Festbeton in Bauwerken und Bauteilen
		4	–; Anwendung von Bezugsgraden und Auswertung mit besonderen Verfahren
		5	–; Festbeton, gesondert hergestellter Probekörper
1084	12.78	1–3	Überwachung (Güteüberwachung) im Beton- und Stahlbetonbau
		1	–; Beton B II auf Baustellen
		2	–; Fertigteile
		3	–; Transportbeton
1164	3.90	1	Portland-, Eisenportland-, Hochofen- und Traßzement; Begriffe, Bestandteile, Anforderungen, Lieferung
		100	Zement; Portlandölschieferzement; Anforderungen, Prüfung, Überwachung

DIN	Ausgabe	Teil	Titel
4030	6.91	1	Beurteilung betonangreifender Wässer, Böden und Gase; Grundlagen u. Grenzwerte
4219	12.79	1–2	Leichtbeton und Stahlleichtbeton mit geschlossenem Gefüge
4226	4.83	1–3	Zuschlag für Beton
4227		1–6	Spannbeton
	7.88	1	–; Bauteile aus Normalbeton mit beschränkter oder voller Vorspannung
	12.79	5	–; Einpreßmörtel für Spannkanäle
4232	9.87		Wände aus Leichtbeton mit haufwerksporigem Gefüge
4235	12.78	1–5	Verdichten von Beton durch Rütteln
18217	12.81		Betonoberflächen und Schalungshaut; Begriffe und Anforderungen
18331	9.88		VOB Teil C; ATV für Bauleistungen; Beton- und Stahlbetonarbeiten
18551	3.93		Spritzbeton; Herstellung und Prüfung
51043	8.79		Traß; Anforderungen, Prüfungen
DIN V 18932	10.91	1	Eurocode 2; Planung von Stahlbeton- und Spannbetontragwerken; Grundlagen und Anwendungsregeln für den Hochbau
DIN V ENV 206	10.90		Beton; Eigenschaften, Herstellung, Verarbeitung und Gütenachweis

DIN ISO	Ausgabe	Teil	Titel
2736	8.86	1	Betonprüfungen; Herstellung von Probekörpern; Probenahme von Frischbeton
		2	Betonprüfungen; Herstellung von Probekörpern; Herstellung und Nachbehandlung von Probekörpern für Festigkeitsprüfungen
4012	11.78		Beton; Bestimmung der Druckfestigkeit von Probekörpern
4111	12.79		Frischbeton; Bestimmung der Konsistenz; Verdichtungsmaß
4848	3.80		Beton; Bestimmung des Luftgehaltes von Frischbeton; Druckverfahren
6276	1.82		Verdichteter Frischbeton; Bestimmung der Dichte
7031 E	4.83		Festbeton; Bestimmung der Eindringtiefe von Wasser unter Druck
9812 E			Frischbeton; Bestimmung der Konsistenz; Ausbreitversuch

Regelwerke des Bundesministers für Verkehr

ZTV – K 88	6.89	Zusätzliche Technische Vertragsbedingungen für Kunstbauten
Ergänzung	1.92	Ergänzung Nr. 1 zur ZTV – K 88, Ausg. 1989
ZTV Beton St 93	93	Zusätzliche Technische Vertragsbedingungen und Richtlinien für den Bau von Fahrbahndecken aus Beton
ZTV – SIB	90	Zusätzliche Technische Vertragsbedingungen und Richtlinien für Schutz und Instandsetzung von Betonbauteilen
ZTV – W	90	Zusätzliche Technische Vertragsbedingungen für Wasserbauwerke aus Beton und Stahlbeton

Richtlinien des Deutschen Ausschusses für Stahlbeton

Richtlinien für die Erteilung von Prüfzeichen für Betonzusatzmittel (Prüfrichtlinien) – Fassung 6.93

Richtlinie für Fließbeton; Herstellung, Verarbeitung und Prüfung; – 8.95

Richtlinie für die Nachbehandlung von Beton; – 2.84

Richtlinie für die Herstellung von Trockenbeton; – 7.88

Richtlinie für hochfesten Beton. Ergänzung zu DIN 1045/7.88 für die Festigkeitsklassen B 65 bis B 115; – 8.95

Richtlinie für die Lieferung, Anwendung und Prüfung von Trennmittel für Betonschalungen und -formen; – 1977

Richtlinien für die Anwendung Europäischer Normen im Betonbau; – 11.91

- Richtlinie zur Anwendung von DIN V ENV 206
- Richtlinie zur Anwendung von Eurocode 2

Richtlinie für Herstellung von Beton unter Verwendung von Restwasser, Restbeton und Restmörtel; – 8.95

Richtlinie Alkalireaktion im Beton; Vorbeugende Maßnahmen gegen schädigende Alkalireaktion; – 12.86

Richtlinie für Schutz und Instandsetzung von Betonbauteilen; – 8.90

Richtlinie für Beton mit verlängerter Verarbeitungszeit (Verzögerter Beton); – 8.95

Heft 422 DAfSt „Prüfung von Beton; Empfehlungen und Hinweise als Ergänzung zu DIN 1048"

Merkblätter, Sachstandsberichte, Richtlinien des Deutschen Beton-Vereins, DBV-Merkblatt-Sammlung, Ausgabe 1991, Eigenverlag

4.1. Betonarten

Beton ist ein künstlicher Stein, der aus einem Gemisch von Zement, Betonzuschlag und Wasser, u.U. auch von Betonzusätzen, besteht. Es wird zwischen bewehrtem Beton (Stahlbeton- und Spannbeton) und unbewehrtem Beton unterschieden.

Zementmörtel unterscheidet sich vom Beton durch Beschränkung des Zuschlags auf Korngrößen bis 4 mm Quadratlochsieb.

Beton im verarbeitbaren Zustand wird als Frischbeton (loser oder verdichteter Frischbeton) und Beton im erhärteten Zustand als Festbeton bezeichnet.

Die Einteilung des Betons erfolgt im allgemeinen:

... nach der Trockenrohdichte

Bezeichnung	Kurzzeichen n. ENV 206	Rohdichte [kg/dm³]	Zuschläge z. B.
Leichtbeton	LC (Light Concrete)	≤ 2,0	Blähschiefer, Blähton, Hüttenbims, Naturbims
(Normal-)Beton[1])	C (Concrete)	> 2,0 ... 2,8	Sand, Kies, Splitt, Hochofenschlacke
Schwerbeton	HC (Heavy Concrete)	> 2,8	Schwerspat, Eisenerz, Stahlschrott

[1]) Wenn keine Verwechslung mit Schwer- oder Leichtbeton möglich ist, wird der Normalbeton als „Beton" bezeichnet

... nach dem Erhärtungszustand

Frischbeton	Junger Beton	Festbeton
noch verarbeitbar	erhärtend, nicht mehr verarbeitbar	erhärtet

... nach dem Ort des Herstellens

	Baustellenbeton	Transportbeton	
		werkgemischt	fahrzeuggemischt
Ort des Abmessens der Bestandteile	auf der Baustelle	im Werk	im Werk
Ort des Mischens	auf der Baustelle	im Werk	im Fahrzeug

... nach dem Ort des Einbringens

Ortbeton	Betonfertigteile, Betonwaren, Betonwerkstein
Einbringen des Frischbetons in endgültige Lage und dort Erhärten	erst Erhärten, dann Einbau in endgültige Lage

... nach den Umgebungsbedingungen

Beton für Innenbauteile	Beton für Außenbauteile
im allgemeinen ständig trocken	der Witterung unmittelbar ausgesetzt

... nach Umweltklassen

Umweltklassen		Beispiele für Umweltbedingungen
1 Trockene Umgebung		– Innenräume von Wohn- oder Bürogebäuden[1])
2 Feuchte Umgebung	**a** ohne Frost	– Innenräume mit hoher Feuchte (z. B. Wäschereien) – Außenbauteile – Bauteile in nichtangreifendem Boden und / oder Wasser
	b mit Frost	– Außenbauteile, die Frost ausgesetzt sind – Bauteile in nichtangreifendem Boden und / oder Wasser, die Frost ausgesetzt sind – Innenbauteile bei hoher Luftfeuchte, die Frost ausgesetzt sind
3 Feuchte Umgebung mit Frost und Taumitteleinwirkung		– Außenbauteile, die Frost und Taumitteln ausgesetzt sind
4 Meerwasser-umgebung	**a** ohne Frost	– Bauteile im Spritzwasserbereich oder die ganz oder nur teilweise in Meerwasser eingetaucht sind – Bauteile in salzgesättigter Luft (unmittelbarer Küstenbereich)
	b mit Frost	– Bauteile im Spritzwasserbereich oder die nur teilweise in Meerwasser eingetaucht und Frost ausgesetzt sind – Bauteile, die salzgesättigter Luft und Frost ausgesetzt sind
5 Chemisch angreifende Umgebung	**a**	– schwach chemisch angreifende Umgebung – aggressive industrielle Atmosphäre
	b	– mäßig chemisch angreifende Umgebung
	c	– stark chemisch angreifende Umgebung

Die Klassen 5a, b, c können einzeln oder in Kombination mit den anderen genannten Klassen vorliegen

[1]) Diese Umweltklasse gilt nur dann, wenn das Bauwerk oder einige seiner Bauteile während der Bauausführung über einen längeren Zeitraum hinweg keinen schlechteren Bedingungen ausgesetzt wird.

... nach der Festlegung der Betonzusammensetzung

	Entwurfsmischung	*Vorgeschriebene Mischung*
Bauausführender legt fest:	*die erforderlichen Eigenschaften des Frisch- und Festbetons*	*die Ausgangsstoffe und die Zusammensetzung des Betons*
Betonhersteller ist verantwortlich:	*daß die festgelegten Eigenschaften erfüllt werden*	*daß Mischung den Angaben entspricht; keine Verantwortung für Eigenschaften*

Weitere Kennzeichnungen des Betons:

Nach dem stofflichen Aufbau, z. B. Kiessand-, Splitt-, Hüttenbimsbeton.

Nach Frischbetoneigenschaften und Verarbeitungsweise, z. B. Stampf-, Rüttel-, Pump-, Spritzbeton.

4.2. Güte des Betons

4.2.1. Betonfestigkeitsklassen und Betongruppen

4.2.1.1. Betonfestigkeitsklassen und Betongruppen nach DIN 1045

Der Beton wird nach seiner bei der Güteprüfung im Alter von 28 Tagen an Würfeln von 20 cm Kantenlänge festgestellten Druckfestigkeit β_{w28} bei normengerechter Lagerung benannt.

Normgerechte Lagerung nach DIN 1048, Teil 5, bedeutet:

Nach dem Entformen Lagerung bis zum 7. Tag feucht oder unter Wasser, anschließend bis zur Prüfung am 28. Tag trocken bei Temperaturen von 15 °C–22 °C.

Benennung der Betonfestigkeitsklasse nach der **Mindestfestigkeit der Würfel einer Serie,** die aus verschiedenen Mischerfüllungen während der Bauzeit bzw. eines Bauabschnitts stammen – bei Transportbeton möglichst aus verschiedenen Lieferungen.

Tafel 24: Festigkeitsklassen des Betons (nach DIN 1045. Tab. 1)

Betongruppe	Betonfestig-keitsklasse	Nennfestigkeit β_{WN} N/mm²	Serienfestigkeit β_{WS} N/mm²	Anwendung
Beton B I	B 5 B 10	5 10	8 15	Nur für unbe-wehrten Beton
	B 15 B 25	15 25	20 30	Für unbewehrten und bewehrten Beton
Beton B II	B 35 B 45 B 55	35 45 55	40 50 60	

In der „Richtlinie für hochfesten Beton; Ergänzung zu DIN 1045/7.88" sind für die Betonfestigkeitsklassen B 65 bis B 115 entsprechende Festlegungen getroffen (s. Abschn. 4.10.2.).

Nennfestigkeit β_{WN} = Mindestwert für die Druckfestigkeit β_{W28} jedes Würfels einer Serie von 3 aufeinanderfolgenden Würfeln.

Serienfestigkeit β_{WS} = Mindestwert für die mittlere Druckfestigkeit β_{wm} jeder Würfelserie.

Beton für Außenbauteile muß mindestens der Festigkeitsklasse B 25 entsprechen.

Die Serienfestigkeit liegt bei B 5 um 3 N/mm^2 und bei den übrigen Festigkeitsklassen um 5 N/mm^2 über der Nennfestigkeit.

Bei jeder Festigkeitsklasse müssen sowohl die Mindestfestigkeit β_{WN} als auch die Serienfestigkeit β_{WS} erreicht werden.

> Beispiel: Eine nach 28 Tagen bei normengerechter Lagerung an 20-cm-Würfeln festgestellte mittlere Würfelfestigkeit β_{Wm} = 30,8 N/mm^2 und kleinste Druckfestigkeit β_{w28} = 26,5 N/mm^2 entspricht der Festigkeitsklasse B 25.

Bei höherem und geringerem Betonalter als 28 Tage sowie an Prüfkörpern anderer Abmessungen festgestellte Druckfestigkeiten bedürfen entsprechender Umrechnungen (s. Abschn. 4.8.1.1.a. 4 u. 5).

Nach Festigkeitsklasse, Herstellverfahren und Güteüberwachung werden folgende Betongruppen unterschieden:

Beton B I = Beton der Festigkeitsklassen
B 5 bis B 25 (siehe auch folgende Tafel)

Beton B II = Beton der Festigkeitsklassen
B 35 und höher
sowie in der Regel Beton mit besonderen Eigenschaften

Betongruppe	B I		B II
Anwendung bei Festigkeitsklassen	B 5 ... B 25		B 35 ... B 55
bei besonderen Eigenschaften nach DIN 1045	Wasserundurchlässigkeit, hoher Widerstand gegen Frost und gegen schwachen chemischen Angriff		alle
Eignungsprüfung	nein	ja	ja
	Mindest- zementgehalt	festgelegte Vorhaltemaße	freigewählte Vorhaltemaße
Umfang der Güteprüfung bei Baustellenbeton	Eigenüberwachung		Eigen- und Fremdüberwachung
bei Transportbeton und Beton für Fertigteile	Eigen- und Fremdüberwachung		

4.2.1.2. Betonfestigkeitsklassen nach DIN V ENV 206

Die Prüfung der Druckfestigkeit erfolgt am Zylinder mit 15 cm Durchmesser und 30 cm Höhe oder am 15 cm Würfel nach normgerechter Lagerung nach ISO 2736.

Normgerechte Lagerung nach ISO 2736 bedeutet:
Nach dem Entformen Lagerung bis zur Prüfung am 28. Tag unter Wasser von 18 °C–22 °C oder rel. Luftfeuchtigkeit > 95 %.

Wenn nichts anderes vereinbart ist, ist die Druckfestigkeit am Probewürfel mit 150 mm Kantenlänge unter den Lagerungsbedingungen nach DIN 1048 zu ermitteln ($\beta_{WN\,(150mm)}$). Die Druckfestigkeit bei Lagerung nach ISO 2736 ($f_{c(ISO)}$) ist dann wie folgt zu berechnen:

$$f_{c(ISO)} = 0{,}92 \cdot \beta_{WN\,(150\,mm)}$$

Festigkeitsklassen des Betons

Festigkeits-klasse		C12/15¹⁾	C 16/20	C 20/25¹⁾	C 25/30	C 30/37¹⁾	C 35/45	C 40/50¹⁾	C 45/55	C 50/60¹⁾
$f_{ck_{cyl}}$²⁾	N/mm²	12	16	20	25	30	35	40	45	50
$f_{ck_{cube}}$³⁾	N/mm²	15	20	25	30	37	45	50	55	60

¹⁾ Die unterstrichenen Festigkeitsklassen sind bevorzugt zu verwenden.
²⁾ $f_{ck_{cyl}}$ = die am Zylinder bestimmte Festigkeit; sie ist mit der im Eurocode 2 (DIN V 18932) verwendeten charakteristischen Festigkeit f_{ck} identisch.
³⁾ $f_{ck_{cube}}$ = die am 150-mm-Würfel bestimmte Festigkeit.

4.2.2. Nachweis der Betonfestigkeit

4.2.2.1. Eignungs-, Güte- und Erhärtungsprüfungen

Für den Nachweis der Betongüte sind folgende Verfahrensweisen zu unterscheiden (s. a. Nachweis der Betoneigenschaften, Abschn. 4.13.2.2.):

a) Eignungsprüfung

Durch die vor der Verwendung des Betons durchzuführende Eignungsprüfung soll festgestellt werden, welche stoffliche Zusammensetzung und Konsistenz der Beton haben muß, um mit den in Aussicht genommenen Baustoffen die den Baustellenverhältnissen entsprechende Verarbeitbarkeit sowie die an seine Eigenschaften gestellten Anforderungen zu erreichen.

Die Eignungsprüfungen erfüllen jedoch nur ihren Zweck, wenn hierfür die gleichen stofflichen Voraussetzungen wie bei der späteren Bauausführung gegeben sind.

b) Güteprüfung

Die während der Bauausführung durchzuführenden Güteprüfungen dienen dem Nachweis, daß der für den Einbau hergestellte Beton die geforderten Eigenschaften erreicht.

Bei den Eignungs- und Güteprüfungen sind die Probekörper für die Druckfestigkeit sofort nach dem Herstellen vor Zugluft geschützt in einem geschlossenen Raum mit einer Lufttemperatur zwischen +15° und +22°C vor Feuchtigkeitsverlusten geschützt aufzubewahren: Nach dem Entformen sind sie auf einem Lattenrost unter Wasser, in einem Feuchtraum oder in ständig naß zu haltendem Sand oder Sägemehl nach Normvorschrift bis zum 7. Tag nach Herstellung zu lagern und anschließend bis zur Prüfung trocken im Lagerraum zu belassen (Abb. 43).

Probekörper für die Biegezugfestigkeit, Spaltzugfestigkeit und Wasserundurchlässigkeit müssen bis zur Prüfung unter Wasser lagern.

Für Leichtbeton gilt Sonderregelung (s. Abschn. 4.10.2.2).

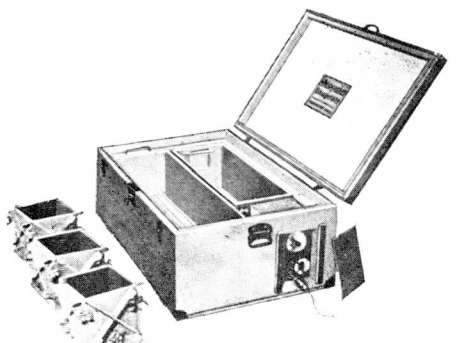

Abb. 43.

Klimakiste zur Lagerung von 6 Würfeln

c) Erhärtungsprüfung

Um einen Anhalt über die Betonfestigkeit am Bauwerk unter bestimmten Witterungsverhältnissen zu erhalten, zum Beispiel zwecks Schätzung der Ausschalfristen bei kühler Witterung oder bei Spannbeton zwecks Aufbringens einer Teilvorspannung oder der Vollvorspannung, erfolgt die Lagerung zusätzlich zur Güteprüfung hergestellter Prüfkörper unter den gleichen Temperatur- und Feuchtigkeitsbedingungen wie am Bauwerk.

Die Prüfkörper werden je nach Erfordernis in verschiedenen Zeitabständen geprüft.

4.2.2.2. Probenahmen

Die Frischbetonproben sind bei Güte- und Erhärtungsprüfungen an der Einbaustelle (aus der Mitte der ankommenden Betonmasse) zu entnehmen.

Die Prüfung des Frischbetons und die Herstellung der Prüfkörper erfolgt bei Eignungsprüfungen in der Nähe der Mischstelle bzw. bei den Güte- und Erhärtungsprüfungen in der Nähe der Entnahmestelle.

> Bei unvermeidbarem Transport ist der Frischbeton vor Veränderungen (Wasserverlust, Wasserzutritt, Frost, Hitze) durch luftdicht verschlossene Behälter von etwa 15 l Inhalt zu schützen. Mit der Frischbetonprüfung bzw. Verarbeitung ist nach nochmals gründlichem Durchmischen frühestmöglich zu beginnen. Die Arbeiten müssen spätestens 2 Stunden nach Wasserzugabe abgeschlossen sein.
>
> Die Verdichtungsweise der Probekörper muß weitgehend mit der des Baustellenbetons übereinstimmen.
>
> Herstellung der Probekörper s. Abschn. 4.8.1.1., 4.8.1.3. und 4.8.2.2.

4.3. Eigenschaften des Frischbetons und deren Prüfung

4.3.1. Konsistenz

Unter der Konsistenz wird die Steife des Frischbetons verstanden. Diese wird durch den Wassergehalt der Mischung, durch den Zementgehalt, durch die Kornzusammensetzung und Kornform des Zuschlags sowie evtl. durch plastifizierende Zusätze beeinflußt. Durch Messung der Konsistenz lassen sich die Verarbeitungsmerkmale des Frischbetons erfassen.

4.3.1.1. Konsistenzbereiche

Es werden die Konsistenzbereiche KS, KP, KR, KF unterschieden, die durch Konsistenzmaße genauer festgelegt sind (s. Tafel 25).

> Wenn nichts anderes vereinbart ist, ist die Konsistenz nach DIN 1048 Teil 1 zu prüfen. Bei weichem und fließfähigem Beton ist das Ausbreitmaß zu bestimmen.

4.3.1.2. Konsistenzprüfungen (DIN 1048, Teil 1)

Die Prüfung erfolgt je nach Gegebenheiten entweder mittels des Verdichtungsversuches oder mittels des Ausbreitversuches.

> Wegen der Verschiedenartigkeit der Verfahren ist eine vergleichsweise genaue Übereinstimmung der für die Konsistenzbereiche angegebenen Zahlenwerte meist nicht gegeben. Es ist daher bei der Eignungsprüfung und bei der Baustellenüberwachung das gleiche Prüfverfahren anzuwenden. Auch Leichtbeton (Abschn. 4.10.2.2d) ergibt andere Konsistenzwerte.

a) Verdichtungsversuch

Bestimmung des Verdichtungsmaßes v bei allen Betonkonsistenzen als Verhältnis eines in einem 40 cm hohen Behälter lose eingeschütteten Betons zu dessen Verdichtungshöhe:

$$v = 40/h$$

Tafel 25: Konsistenzbereiche des Frischbetons nach DIN 1045

Konsistenzbereich		Verdich-tungs-maß v [–]	Ausbreitmaß a [cm]		Eigenschaften des		Verdich-tungsart[1])
Symbol	Bezeich-nung		Grenz-werte	Ziel-wert	Fein-mörtels	Frischbetons beim Schütten	
KS	steif	$\geqq 1{,}20$	–	–	etwas nasser als erd-feucht	noch lose	Kräftig wirkende Rüttler oder kräftiges Stampfen bei dünner Schüttlage
KP	plastisch	1,19-1,08	35–41	38	weich	schollig bis knapp zusammen-hängend	Rütteln oder Stochern und Stampfen
KR[3])	weich = Regel-konsistenz	1,07-1,02	42–48	45	flüssig	schwach fließend	Rütteln oder Stochern
KF[2])[3])	fließfähig = Fließbeton	–	49–60	$\geqq 55$[4])	sehr flüssig	gut fließend	„Entlüften" durch leichtes Rütteln oder Stochern

[1]) Wegen seiner gleichmäßigen Wirkung empfiehlt sich Rütteln mit auf den Konsistenzbereich abgestimmter Intensität in jedem Falle als Verdichtungsart.
[2]) Darf nur durch Fließmittelzugabe hergestellt werden; siehe DAfStb-Richtlinie.
[3]) Vorzugsweise für Ortbeton.
[4]) ggf. entsprechend den Einbauverhältnissen festlegen.

Tafel 26: Konsistenzklassen nach DIN V ENV 206

Klasse	Ausbreitmaß nach ISO 9812 in mm	Klasse	Verdichtungsmaß nach ISO 4111*)
F 1	≤ 340	C 0	$\geq 1{,}46$
F 2	350 . . . 410	C 1	1,45 . . . 1,26
F 3	420 . . . 480	C 2	1,25 . . . 1,11
F 4	490 . . . 600	C 3	1,10 . . . 1,04

*) DIN ISO-Normen sind internationale Normen, die von den Technischen Komitees der ISO (International Standard Organization) erarbeitet wurden.

Verwendet wird ein oben offener Blechkasten von 40 cm Höhe und 20 × 20 cm Grundfläche oder eine 20-cm-Würfelform mit Aufsatzrahmen (Abb. 44a u. b).

Das Verdichtungsmaß empfiehlt sich vor allem für Splittbeton, sehr mehlkornreichen Beton sowie für Leicht- und Schwerbeton.

Verfahrensweise. In den feucht ausgewischten oder leicht eingeölten Behälter wird der Beton mittels Kelle reihum von den einzelnen Behälterkanten aus über die Längsseite der Kelle locker bis zur gehäuften Füllung eingekippt und der überstehende Beton ohne Verdichtungswirkung abgestrichen.

Nachdem der im Behälter befindliche Beton durch Rütteln so lange verdichtet worden ist, bis er nicht mehr zusammensackt und eine evtl. Oberflächenwölbung durch Stampfen ausgeglichen ist, wird dessen Verdichtungshöhe h als Mittel einer an den vier Behälterecken von oben erfolgten Differenzmessung s festgestellt.

Beispiel: Gemessene Höhendifferenz (Abstichmaß) s = 6 cm, h = 40 – s
v = 40/(40 – s) = 40/34 = 1,18 ≙ KP (1,19 – 1,08).

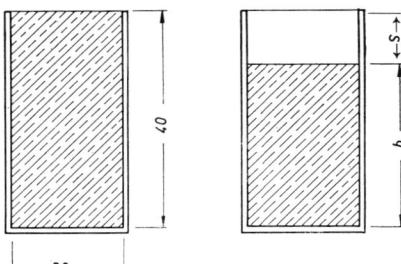

Abb. 44a.

Darstellung des Verdichtungsversuchs an Frischbeton

Abb. 44b.

Blechbehälter für den Verdichtungsversuch (20 × 20 × 40 cm)

Anmerkung: Das Verdichtungsmaß kann, von der vollständigen Verdichtung (v = 1,0) aus gesehen, auch als „Auflockerungsmaß des Betons" betrachtet werden (vgl. Mischerbeschickung, Abschn. 4.7.2.3a.2, S. 140).

Da bei Verwendung von gebrochenen Zuschlägen die Verarbeitbarkeit des Betons durch den Verdichtungs- und Ausbreitversuch nicht voll erfaßt wird, kann für Splittbeton die Bestimmung der **Fließzeit** herangezogen werden. Dies geschieht mit dem Behälter für den Verdichtungsversuch und einer Zusatzeinrichtung. Versuchsdurchführung und Zusatzeinrichtung siehe DAfSt, Heft 422.

b) Ausbreitversuch

Die Bestimmung des Ausbreitmaßes a mittels des 70 × 70 cm großen Ausbreittisches kann nur bei KP, KR und KF Beton erfolgen (Abb. 45).

Abb. 45.

Ausbreittisch mit Setzbecher

Verfahrensweise. Nach waagerechter und unnachgiebiger Lagerung des Tisches, dessen 2 mm dicke Blechplatte vor jedem Versuch feucht abzuwischen ist, wird der Beton mittels einer Kelle in die auf die Mitte des Ausbreittisches zu stellende kegelstumpfförmige, innen ebenfalls feucht auszuwischende Blechform in zwei etwa gleichhohen Schichten eingebracht, die mit einem Holzstab zu ebnen sind. (Während des Verfüllens steht der Prüfende auf den beiden Trittblechen der Blechform.)

Der überstehende Beton wird alsdann bündig abgezogen, die freie Fläche der Tischplatte gereinigt und die Blechform (½ Minute nach dem Abziehen des Betons) langsam lotrecht abgehoben.

Zur Feststellung der Betonkonsistenz wird die mit einem Handgriff versehene obere Tischplatte, die mit einer gleichgroßen Unterlage durch Scharniere verbunden ist, in etwa 15 Sekunden 15mal um 4 cm bis zum Anschlag gehoben (ohne am Anschlag kräftig anzustoßen) und wieder frei fallen gelassen.

Das Ausbreitmaß ist durch Mittelung der parallel zu den Tischkanten festgestellten Durchmesser a_1 und a_2 in ganzen Zentimetern anzugeben.

Bildet der Beton nach dem Ausbreiten keine geschlossene gleichförmige Masse, so ist der Ausbreitversuch zur Konsistenzbestimmung nicht geeignet.

c) Weitere Verfahrensweisen

Zur Überwachung gleichmäßiger Betonkonsistenz sind auch andere, internationale DIN ISO genormte Verfahren möglich, z. B. Setzversuch (DIN ISO 4109), Vebe-Test Setzzeitversuch (DIN ISO 4110).

Alle Konsistenzprüfverfahren sind auch für Leichtbeton anwendbar, jedoch gelten hier je nach Rohdichte evtl. andere Konsistenzgrenzen.

4.3.1.3. Grünstandfestigkeit des Frischbetons

Bei noch nicht in die Erhärtungsphase eingetretenem verdichteten Beton („grüner Beton") ist hinsichtlich des Ausschalens bei der Werksherstellung von Betonelementen die Grünstand-festigkeit von Bedeutung.

Die Gründruckfestigkeit ist im wesentlichen von der Zementmenge, vom Wassergehalt, vom Körnungsaufbau und insbesondere auch von der aufgewendeten Verdichtungsarbeit am Beton abhängig und liegt in der Größenordnung bis 0,4 N/mm^2.

Zu unterscheiden hiervon ist die z. B. beim Gleitschalungsbau maßgebende, von der Erhärtungsgeschwindigkeit abhängige Erhärtungsentwicklung des „jungen Betons".

4.3.2. Rohdichte (DIN 1048, Teil 1, Ziffer 3.2)

Die Bestimmung der Rohdichte des Frischbetons erfolgt durch Wiegen beim Herstellen der Frischbetonkörper unmittelbar nach Abziehen der freien Oberfläche des verdichteten Betons, unter Abzug des Gewichtes der Prüfkörperform:

$$\varrho_{Rb,h} = m_{b,h} : V \text{ in kg/dm}^3.$$

Die Masse $m_{b,h}$ des Betons ist auf 0,1 kg, die Formenabmessungen auf Millimeter abgerundet zu ermitteln und die Rohdichte auf zwei Dezimalstellen abgerundet anzugeben.

Bei Beton mit stark saugenden Zuschlägen kann das Prüfergebnis durch verschiedene Wasseraufnahme der Zuschläge beeinflußt werden.

4.3.3. Luftporengehalt (DIN 1048, Teil 1, Ziffer 3.5)

Bei Frischbeton aus Zuschlägen mit dichtem Gefüge kann der Luftporengehalt mittels des „Druckausgleichverfahrens" geprüft werden. Bei normalverdichtetem Beton liegt der Luftporengehalt bei 1–2 Vol.-%, unter Zugabe von Luftporenbildnern (LP-Mittel) entsprechend höher.

Verfahrensweise (Abb. 46)

Der in den 8 l fassenden Behälter eines handelsüblichen Luftporenmeßgerätes eingebrachte Frischbeton wird nach vollständiger – jedoch nicht mittels eines Innenrüttlers – erfolgter Verdichtung bündig mit dem Gefäßrand abgezogen und evtl. die Rohdichte überprüft.

Nach Aufsetzen des dichtschließenden Oberteils und Ausfüllen des verbliebenen Hohlraums über zwei verschließbare Füllstutzen mit Wasser wird das Ventil eines auf dem Gerät befindlichen Behälters bestimmten Volumens und aufpumpbaren Luftdrucks geöffnet.

Der durch Zusammendrücken des Betons je nach dessen Luftporengehalt entstehende Luftdruckverlust gibt an einem justierten Druckmanometer den Luftporengehalt des Betons in Volumenprozent an.

Die Bestimmung des Luftporengehaltes von Beton mit porigen Zuschlägen erfordert besondere Verfahren.

Abb. 46.

Luftporenmeßgerät für Beton (8 l Inhalt)

4.3.4. Frischbetontemperatur

Höhere und niedere Frischbetontemperaturen können die Betonerhärtung wesentlich beeinflussen, z. B. beim Betonieren bei warmer Witterung oder bei Frost (s. Abschn. 4.5.2.) sowie bei Massenbeton (s. Abschn. 4.10.4.).

Es sind daher gegebenenfalls Messungen der Frischbetontemperaturen, zweckmäßig mittels eines Metallthermometers (Abb. 47), durchzuführen.

Lufttemperaturen unter +5 ° und über 30° C erfordern hinsichtlich der Temperatur des einzubringenden Frischbetons besondere Maßnahmen (s. Abschn. 4.11.8.).

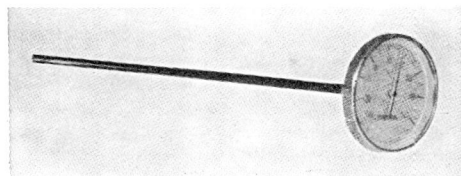

Abb. 47.

Beton-Thermometer

4.4. Einfluß der Mischungsbestandteile auf die Betoneigenschaften

4.4.1. Zement

Die Festigkeitseigenschaften eines Betons stehen unter der Voraussetzung sonstiger gleichbleibender Einflußgrößen (Mischungsverhältnis, Kornzusammensetzung, Wasserzementwert, Betonsteife, Verdichtung usw.) näherungsweise im direkten Verhältnis zur Normfestigkeit des Zementes.

Beispiel:

Ein Beton B 25 mit einer festgestellten mittleren Druckfestigkeit β_{Wm} = 31,5 N/mm², der mit einem Zement Z 32,5 der nachgewiesenen Normfestigkeit $N_{28} \approx$ 43,0 N/mm² (s. Abschn. 3.1.4.4.1b) hergestellt ist, läßt bei unveränderter Zement- und Wasserzugabe, jedoch unter Verwendung eines Zementes Z 42,5 mit der Normfestigkeit $N_{28} \approx$ 55,0 N/mm², etwa folgende Druckfestigkeit erwarten:

$$\beta_{Wm} = 31,5 \cdot \frac{55,0}{43,0} \approx 40,0 \text{ N/mm}^2.$$

Weitere Einflüsse der Zementgüten auf Beton s. Abschn. 3.1.4.4.

4.4.2. Wasserzementwert

Die Güte des Zementsteins hängt von der Normfestigkeit des Zementes und vom Wasserzementwert des Zementleims ab (s. a. Abschn. 3.1.4.3.3a). Der Wasserzementwert (ω) ist das Verhältnis vom Wassergewicht (w), einschließlich der Oberflächenfeuchtigkeit des Zuschlags, zum Zementgewicht (z):

$$\omega = w/z.$$

Da bei der Erhärtung des Zementes nur etwa 40% seines Gewichtes an Wasser gebunden werden, ist der Zementstein demgemäß in seiner Festigkeit und Dichtigkeit um so hochwertiger, je weniger er von überschüssigem Wasser, das beim Austrocknen Kapillaren hinterläßt, durchsetzt ist (Festleimporenraum).

Der relative Festigkeitsabfall („Verdünnungsabfall") eines beliebig zusammengesetzten Betons infolge veränderlichen Wasserzementwertes wird durch Abb. 48 veranschaulicht.

Aus der Kurve (Abb. 48) lassen sich näherungsweise innerhalb eines gleichen Betons bei verschiedenen Verflüssigungsstufen des Zementleims, d. h. bei veränderlichem w/z-Wert, vergleichende Schlüsse auf die Veränderung der Betonfestigkeit ziehen. (Die Betondruckfestigkeit ist hier für den w/z-Wert 0,50 = 100% gesetzt.)

Anwendungsbeispiel (s. Abb. 48)

Wird ein Beton B 25, dessen mittlere Druckfestigkeit mit β_{Wm} = 32,0 N/mm² auf Grund eines festgelegten w/z-Wertes bekannt ist, in seiner Konsistenz durch höhere Wasserzugabe verändert, so daß sich der w/z-Wert von z. B. ω = 0,55 (Ordinate 90) auf ω = 0,70 (Ordinate 60) vergrößert, so verringert sich die Betondruckfestigkeit β'_{Wm} nach dem Kurvenverlauf im Verhältnis der Ordinaten:

$\beta'_{Wm}/32,0 = 60/90$ $\beta'_{Wm} = 32,0 \cdot 60/90 \approx 21,3 \text{ N/mm}^2 \triangleq \text{ B 15}$

Anwendung des w/z-Wertes

1. Veränderung der Wassermenge bei konstantem Zementgehalt

Die alleinige Vergrößerung der Wassermenge w zur Verflüssigung der Konsistenz bedingt einen Abfall der Zementsteinfestigkeit (Zementsteindichte) und damit Abfall der Betonfestigkeit:

Beispiel: Ausgangsmischung: Bei 10 l Wasserzugabe:

$$\frac{w}{z} = \frac{50 \text{ kg}}{100 \text{ kg}} = 0,50 \qquad \frac{w}{z} = \frac{50 + 10 \text{ kg}}{100 \text{ kg}} = 0,60$$

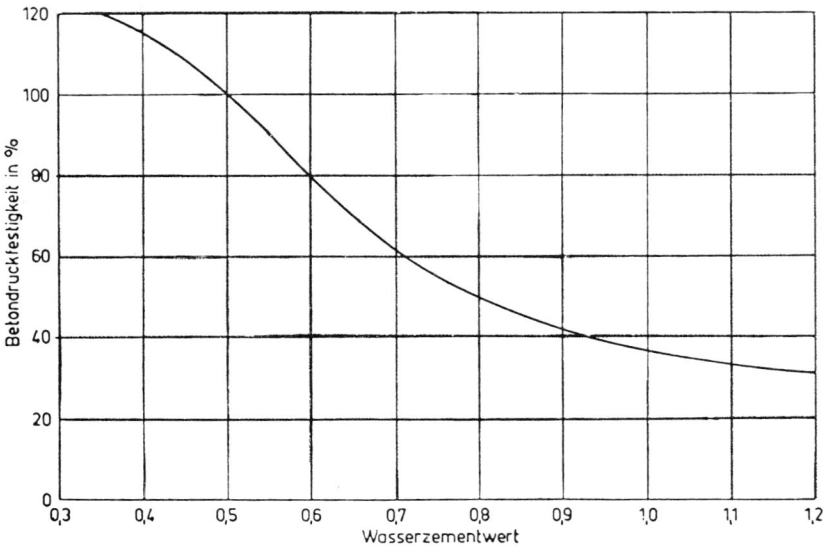

Abb. 48. Abhängigkeit der Betondruckfestigkeit vom Wasserzementwert
Festigkeit beim w/z-Wert 0,5 gleich 100% gesetzt

2. Verhältnisgleiche Veränderung der Wasser- und Zementmenge

Veränderungen der Wasser- und Zementmenge im gleichbleibenden Verhältnis (w/z = konstant) ergeben keine Veränderung der Zementleimgüte, sondern nur der Zementleimmenge.

Beispiel: $\dfrac{w}{z} = \dfrac{50\,kg}{100\,kg} = \dfrac{50+10\,kg}{100+20\,kg} = 0,50$

Ein Beton bzw. Mörtel kann demnach durch Vergrößerung oder Verringerung der Zementleimmenge **gleicher Güte** in seiner Konsistenz (Verarbeitbarkeit) ohne wesentliche Beeinträchtigung der Festigkeit verändert werden.

(**Beweis**: Keine Verschiebung der Ordinate für w/z = 0,50 in Abb. 48.)

Auch die Überlegung, daß bei „Verleimungen", im vorliegenden Falle von Zuschlagkörnern (ähnlich wie bei Holzverleimungen), in gewissen Grenzen nicht die Dicke der Leimschicht, sondern deren Güte maßgebend ist, bestätigt die Richtigkeit der Wasser-Zement-Wert-Theorie.

Vorstehende Gesetzmäßigkeit gilt praktisch nur innerhalb der Grenzen üblicher Verarbeitbarkeit des Frischbetons oder Mörtels: Die untere Grenze der Zementleimmenge konstanten W/Z-Wertes ist die genügende Umhüllung der Zuschlagkörner und die Auffüllung aller Hohlräume im Korngemisch mit Zementleim. Andererseits bedingen höhere Zementleimmengen – abgesehen von der Entmischungsgefahr flüssiger werdenden Mischgutes – zufolge des größeren Abstandes der Zuschlagstoffkörner voneinander, die härter als der Zementstein sind, eine geringe Abnahme der Gesamtfestigkeit, die jedoch praktisch vernachlässigbar ist.

Die Verarbeitbarkeit eines Betons (Konsistenz) ist demgemäß bei Konstanthaltung des w/z-Wertes ohne Beeinträchtigung der erforderlichen Betonfestigkeit regelbar, wobei die M e n g e des Zementleims und damit der Zementbedarf u. a. von der Sieblinie (spezifische Kornoberfläche) und von der Kornform des Zuschlags sowie von der Betonverdichtung abhängig ist (s. Abschn. 2.3.3.4a).

Es ergibt sich hieraus die Überlegung, daß auch ein Beton aus vorbereitetem Zementleim festgelegter Güte herstellbar ist, was allerdings die Trocknung der Zuschläge zur Vermeidung einer Veränderung der Zementleimkonsistenz erfordert.

Die verbrauchte Zementmenge (m_z) einer Mischung ergibt sich dann aus dem Gewicht des zugegebenen Zementleims (m_{zl}) und dem bekannten w/z-Wert (ω):

$$m_{zl} = m_z + m_z \cdot \omega$$
$$m_z = m_{zl}/(1 + \omega) \text{ in kg}$$

Höchstzulässige w/z-Werte

Bei Stahlbeton darf aus Gründen des Korrosionsschutzes ein w/z-Wert von 0,75 nicht überschritten werden. Bei Stahlbeton für Außenbauteile ist der Betonzusammensetzung ein w/z-Wert von 0,60 zugrunde zu legen.

Für Beton mit besonderen Eigenschaften, wie wasserundurchlässiger Beton, Beton mit hohem Frostwiderstand oder mit hohem Abnutzungswiderstand sowie mit höherem Widerstand gegen aggressive Stoffe, sind weitere Begrenzungen des w/z-Wertes einzuhalten (s. Abschn. 4.9.).

4.4.3. Wasser

Als Zugabewasser ist das in der Natur vorkommende Wasser geeignet, soweit es nicht Bestandteile enthält, die das Erhärten des Betons ungünstig beeinflussen oder den Korrosionsschutz der Bewehrung beeinträchtigen, z. B. bestimmte Industrieabwässer und Moorwasser. Der Chloridgehalt des Wassers darf für Stahlbeton maximal 2000 mg/l und für Spannbeton und Einpreßmörtel maximal 600 mg/l betragen.

Beurteilung des Zugabewassers nach dem Merkblatt „Zugabewasser" des Deutschen-Beton-Vereins.

Grundwasser, das durch Dauerwirkung auf den erhärteten Beton schädlich wirkt, kann als Anmachwasser noch geeignet sein. Im Zweifelsfalle sind jedoch eingehende Laboratoriumsuntersuchungen erforderlich oder auch Vergleichsversuche mit Trinkwasser an Zementleim, Mörtel oder Beton hinsichtlich Erstarrungsverhalten und Festigkeiten.

Bei der Betonherstellung anfallendes Restwasser ist verwendbar, sofern die Auflagen in der „Richtlinie für die Herstellung von Beton unter Verwendung von Restwasser, Restbeton und Restmörtel" des DAfStb erfüllt werden.

4.4.4. Betonzuschlag

Der unterschiedliche Kornaufbau der Zuschlaggemische beeinflußt wesentlich den Zementleimbedarf und damit den Zementgehalt und Wasseranspruch einer Mischung: Feinkörnigere Mischungen haben zufolge ihrer größeren Kornoberfläche einen größeren Flüssigkeitsanspruch und benötigen daher, bei gleichem Festigkeitserfordernis und gleicher Konsistenz, eine größere Zementleimmenge als grobkörnigere Mischungen (s. Abschn. 2.3.3.4. und 4.4.2.).

> Beispiel:
> Würde die für einen plastischen Beton mit der Sieblinie A_{32} ausreichende Zementleimmenge einem Zuschlag mit der Sieblinie C_{32} zugegeben, so ergäbe sich ein nicht mehr verarbeitbarer trockener Beton.

Abweichungen von der Sieblinie im Bereich über 8 mm Korngröße wirken sich auf die Betoneigenschaften relativ wenig aus.

> Das Größtkorn des Zuschlags richtet sich nach der Verarbeitbarkeit und darf ⅓ der kleinsten Bauteilabmessung nicht überschreiten. (Der überwiegende Teil des Zuschlags soll zudem kleiner als der Abstand der Bewehrungsstähle untereinander und von der Schalung sein.)

4.4.5. Mehlkorngehalt sowie Mehlkorn- und Feinstsandgehalt

Gute Verarbeitbarkeit, Wasserrückhaltevermögen sowie ein geschlossenes Gefüge setzen eine bestimmte Menge an Mehlkorn im Beton voraus. Dieses gilt insbesondere für Beton, der auf längere Strecken oder in Rohrleitungen gefördert wird, ferner bei dünnwandigen bewehrten Bauteilen, wasserundurchlässigem Beton und für Sichtbeton. Die Höhe des Mehlkorngehaltes kann den Bedürfnissen entsprechend frei gewählt werden.

Unter Mehlkorn wird der Gehalt des Betons an Zement + der im Zuschlag enthaltenen Mehlkornanteile 0/0,125 mm + gegebenenfalls Betonzusatzstoff verstanden.

Feinstsandgehalt ist der Anteil des Zuschlages zwischen 0,125 mm und 0,25 mm.

Eine Beschränkung des Mehlkorngehaltes ist jedoch auf das für die Verarbeitung notwendige Maß, sofern der Beton für Außenbauteile sowie für Beton mit hohem Widerstand gegen Frost, Frost und Tausalz und auch mit hohem Verschleißwiderstand verwendet wird, erforderlich, weil sich bei diesen Festbetoneigenschaften ein zu hoher Mehlkorngehalt nachteilig auswirkt.

Für diese Betone sind höchstzulässige Werte des Mehlkorngehaltes sowie des Mehlkorn- und Feinstsandgehaltes nach der DIN 1045 festgelegt:

Tafel 27: Höchstzulässiger Mehlkorngehalt sowie höchstzulässiger Mehlkorn- und Feinstsandgehalt für Betone mit einem Größtkorn des Zuschlaggemisches von 16 mm bis 63 mm (DIN 1045, Tabelle 3)

	1	2	3
	Zementgehalt kg/m^3	Höchstzulässiger Gehalt in kg/m^3 an	
		Mehlkorn	Mehlkorn und Feinstsand
		bei einer Prüfkorngröße von	
		0,125 mm	0,250 mm
1	$\leqq 300$	350	450
2	350	400	500

- Liegt der z-Gehalt zwischen 300 kg/m^3 und 350 kg/m^3, so ist zwischen den Tafelwerten linear zu interpolieren.
- Die Grenzwerte dürfen erhöht werden um die über den z-Gehalt von 350 kg/m^3 hinausgehende Zementmenge oder um die Menge eines zugegebenen puzzolanischen Betonzusatzstoffes.
  In beiden Fällen darf die Erhöhung höchstens 50 kg/m^3 betragen, auch wenn von beiden Möglichkeiten Gebrauch gemacht wird.
- Bei Verwendung eines Zuschlaggemisches mit Größtkorn 8 mm dürfen die Grenzwerte um 50 kg/m^3 erhöht werden.

4.4.6. Betonzusätze

Es ist zwischen Betonzusatzstoffen und Betonzusatzmitteln zu unterscheiden.

Die Betonzusätze finden auch entsprechende Anwendung bei den Zementmörteln (s. Abschn. 3.2.).

4.4.6.1. Zusatzstoffe

Unter Zusatzstoffen sind fein aufgeteilte Stoffe zu verstehen, die bestimmte Betoneigenschaften, z. B. die Verarbeitbarkeit des Frischbetons oder die Wasserundurchlässigkeit des erhärteten Betons, beeinflussen und als Volumenbestandteile (z. B. bei der Stoffraumrechnung) zu berücksichtigen sind:

> Steinmehle, hydraulisch wirkende Stoffe (Puzzolane, z. B. Traß, gemahlene Hochofenschlacke, Flugasche), Bentonit (thixotrope, d. h. vorübergehend den Frischbeton stabilisierende tonige Bestandteile), Farbkörper (Pigmente), Kunststoffdispersionen.

Hydraulische, d. h. mit Zement bzw. Kalk reagierende Zusätze, wirken sich, außer auf die Verbesserung der Verarbeitbarkeit und Wasserundurchlässigkeit, auch auf die Verringerung der Wärmeentwicklung und auf die chemische Beständigkeit des Betons aus.

> Die hydraulisch wirkenden Zusätze (Puzzolane) dürfen dem Bindemittel nur im Rahmen einer bauaufsichtlichen Regelung und auf Grund einer Betoneignungsprüfung unter Einhaltung der für Stahlbeton erforderlichen Mindestzementmenge zugerechnet werden, z. B. Bindemittelgehalt $\geqq 300 \, kg/m^3$, davon PZ-Gehalt $\geqq 270 \, kg/m^3 + 60 \, kg/m^3$ Flugasche für Außenbauteile.

Die Zusatzstoffe dürfen das Erhärten des Zementes, die Festigkeit und Beständigkeit des Betons sowie den Korrosionsschutz der Bewehrung nicht beeinträchtigen, und die Farbzusätze müssen mit Zement verträglich sein („Zementfarben"). DIN 53 237 „Prüfung von Pigmenten zum Einfärben von zement- und kalkgebundenen Baustoffen".

Zusatzstoffe, die nicht der DIN 4226 „Zuschlag" oder der DIN 51 043 „Traß" entsprechen, bedürfen der bauaufsichtlichen Zulassung bzw. der Erteilung eines „Prüfzeichens", d. h. sie müssen güteüberwacht sein. Organische Stoffe (Kunststoffdispersionen) bedürfen ebenfalls einer Zulassung sowie einer Eignungsprüfung.

> Bei Kunststoffdispersionen ist der etwa 50% betragende Wassergehalt unter Beachtung der in der Zulassung gegebenen Anweisungen auf den W/Z-Wert anzurechnen.

Zur Herstellung von hochfestem Beton mit Festigkeitsklassen $>$ B 55 wird bevorzugt Silicastaub als Zusatzstoff verwendet, der bei der Ferrosiliciumherstellung anfällt.

Hierbei werden Quarzsand, Kohle und Eisen bei rd. 2000 °C im Elektroofen zusammengeschmolzen. In der dampfförmigen Phase kondensiert Silicastaub.

Die günstige festigkeitssteigernde Wirkung im Beton ist im wesentlichen auf

– die Füllerwirkung
– die puzzolanische Reaktion
– den verbesserten Verbund zwischen Zementstein und Zuschlag

zurückzuführen.

Die üblichen Zugabemengen liegen zwischen 3% und 10% der Zementmenge.

Kennwerte für Betonzusatzstoffe

Zusatzstoffart	Spez. Oberfläche [cm²/g]	Dichte [kg/dm³]	Schüttdichte [kg/dm³]
Traß (DIN 51 043)	$\geqq 5000$	2,4 ... 2,6	0,7 ... 1,0
Kalksteinmehl (DIN 4226)	$\geqq 3500$	2,6 ... 2,7	1,0 ... 1,3
Quarzmehl (DIN 4226)	$\geqq 1000$	2,65	1,3 ... 1,5
Steinkohlenflugasche (Prüfzeichen)	$\geqq 2000$	2,2 ... 2,6	1,0 ... 1,1
Silicastaub (Prüfzeichen)	$\geqq 180\,000$ $\leqq 250\,000$	ca. 2,2	0,3 ... 0,6
Silicasuspension (Prüfzeichen)	–	ca. 1,4	–

4.4.6.2. Zusatzmittel

Zusatzmittel sind flüssige oder pulverförmige Zusätze, die durch chemische und / oder physikalische Wirkung die Eigenschaften des frischen oder erhärteten Betons, z. B. Verarbeitbarkeit, Frost- bzw. Tausalzwiderstand, Wasseraufnahme, Erstarrungszeiten, ändern.

Als Volumenanteil des Betons sind sie ohne Bedeutung (mit Ausnahme der Luftporenbildung durch LP-Mittel).

Für Beton und Zementmörtel – auch zum Einsetzen von Dübeln – dürfen nur Zusatzmittel mit einem vom Institut für Bautechnik Berlin erteilten Prüfzeichen und unter den im Prüfbescheid angegebenen Bedingungen verwendet werden.

> Die amtliche Prüfung erstreckt sich lediglich auf den Nachweis, daß keine beton- und bewehrungsschädlichen Stoffe (z. B. Chloride) enthalten sind und die Wirksamkeit des Mittels an einer vorgegebenen Standardmischung nachgewiesen ist („Wirksamkeitsprüfung").

Unbeschadet der amtlichen Prüfung muß der Anwendung der Zusatzmittel eine Eignungsprüfung unter den vorgesehenen Gegebenheiten der Betonherstellung (auch bei Transportbeton) vorausgehen, da die Mittel je nach Zusatzmenge sowie nach stofflicher Zusammensetzung und Verarbeitungsweise des Betons unterschiedlich reagieren bzw. nachteilige Wirkung haben können, z. B. erhöhtes Schwindmaß, Beeinträchtigung der Festigkeit, Umschlagen des Mittels in gegenteilige Wirkung u. dgl. (Verzicht auf Eignungsprüfung nur bei vorliegenden Erfahrungswerten unter gleichen Arbeits- und Witterungsverhältnissen gleicher Betonzusammensetzung). –

Zweckmäßig sind vergleichende Eignungsprüfungen mit Nullmischung.

> Der Zusatz pulverförmiger Mittel geschieht zusammen mit der Zementzugabe in g auf das Zementgewicht (kg) bezogen. – Flüssige Zusatzmittel werden, in cm^3 je kg Zement, zur Gewährleistung gleichmäßiger Verteilung zuvor mit einem Teil des Anmachwassers verrührt. Bei Leichtbeton Zugabe mit dem Rest des Anmachwassers wegen Saugfähigkeit der Zuschlagporen.
>
> Grenzwerte für die Zugabemengen nach DIN 1045:
> Mindestzugabe   2 ml/kg z bzw. 2 g/kg z;
> Maximalzugabe 50 ml/kg z bzw. 50 g/kg z (bei mehreren Zusatzmitteln 60 ml/kg z bzw. 60 g/kg z).

Wirkungsweise der Zusatzmittel

Betonverflüssiger Kurzbezeichnung BV (Kennfarbe des Gebindes: gelb).

Die Herabsetzung der Oberflächenspannung des Anmachwassers bewirkt eine intensivere Benetzung und damit Verteilung (Dispersion) des Zementes, so daß sich die Konsistenz des Betons ohne Veränderung des Wassergehaltes und damit der Festigkeit verbessert. Auch wird durch verringerte Wasserabstoßung (Bluten) der Entmischungsneigung beim Transport und beim Einbau vorgebeugt.

Andererseits kann unter Beibehaltung der Konsistenz (durch Verminderung des Wasseranspruchs) der Wassergehalt verringert und damit die Festigkeit verbessert werden oder auch durch Verminderung der Zementleimmenge eine Einsparung an Zement erfolgen, die auch geringeren Wärme- und Schwindspannungen sowie einer Verminderung des Kriechens zugute kommt.

> Bei Überdosierung Erstarrungsverzögerung sowie größeres Schwinden und Kriechen.

Bevorzugte Anwendung: Für Pumpbeton sowie zur Verbesserung des Gefügeschlusses bei feingliedrigen Bauteilen, Sichtbeton und wasserundurchlässigem Beton.

Fließmittel FM (grau)

Mit besonders hohem Verflüssigungsgrad als Fließmittel wirkende BV-Mittel (sogen. „Superverflüssiger"), die erst unmittelbar vor der Betonverarbeitung zugemischt werden und die Konsistenz KP/KR für die Dauer von 30–90 Minuten in KF zu sogenannten Fließbeton erhöhen. Ohne nachteiligen Einfluß auf die Betonfestigkeit und die Entmischbarkeit des Frischbetons. (Mindestzusatzmenge 4 ml/kg oder 4 g/kg Zement, Einmischdauer mind. 5 Minuten).

Die Anwendung erfolgt nach den „Richtlinien für Beton mit Fließmitteln und Fließbeton", Fassung 8.95.

Anwendung. Außer bei obenstehenden Gegebenheiten wesentliche Arbeitsersparnis durch geringeren Verdichtungsaufwand sowie Möglichkeit einer Verteilung des Mischgutes durch Rinnenschüttung. Ferner Plastifizierung steifer Frischbetonmischungen, z. B. bei Transportbeton.

Die Wirksamkeit ist je nach der Zusammensetzung des Betons, nach Verträglichkeit mit anderen Zusätzen sowie nach Temperatureinflüssen durch entsprechende Eignungsprüfungen zu klären. – (Bevorzugt werden bei Fließmitteln Kornzusammensetzungen stetiger Sieblinie etwa im Verlauf der Regelsieblinie B.)

Luftporenbildner LP (blau)

Durch gleichmäßig verteilte kleinste Luftporen $(\varnothing \leqq 0,3\,mm)$ werden die Kapillaren des Zementsteins unterbrochen. Hierdurch wird die Wasseraufnahmefähigkeit des Betons verringert und insbesondere die Frost- und Tausalzbeständigkeit verbessert, indem die luftgefüllten Poren die Ausdehnung der sich in den Kapillarröhrchen bildenden Eiskristalle sowie der auskristallisierenden Tausalze aufnehmen und damit die inneren Spannungen verringern.

Die Verarbeitbarkeit des Frischbetons wird durch die Gleitwirkung der kugeligen Luftporen verbessert und die Entmischungsneigung verringert (1 Vol.-% zusätzliche Luftporen haben eine ähnliche Wirkung wie etwa 15 kg Mehlkorn je m^3 Beton).

Bei gleichbleibender Konsistenz wird die durch Poren verursachte Festigkeitsminderung in etwa aufgehoben. Höherer LP-Gehalt führt zu wesentlichen Festigkeitsminderungen.

> Weicher sowie feinstoffarmer Beton ergibt bei gleicher Dosierung höheren LP-Gehalt als steife und feinstoffreiche Mischungen. Bei zu langem Mischen und zu intensivem Rütteln vermindert sich der Luftporengehalt (s. a. Transportbeton). – Laufende Luftporenkontrolle erforderlich!

Anwendung insbesondere beim Straßen- unc Flugplatzbau (Mindestporengehalt 3,5 Vol.-%) sowie beim Talsperrenbau.

> Beim Verwenden von LP-Mitteln muß mit verstärktem Schwinden und Kriechen gerechnet werden.

Betondichtungsmittel DM (braun)

Die wirksame Anwendung der Dichtungsmittel setzt einen im Kornaufbau einwandfrei zusammengesetzten und gut verdichteten Beton voraus! Die Mittel reagieren mit den Hydratationsprodukten des Zementes und bewirken außer einer Hydrophobierung (Wasserabstoßung) der Kapillarwände auch eine gewisse Verstopfung der Poren, die allerdings erst bei Wasserandrang eintritt. Bei höherem Wasserdruck wird jedoch die wasserabweisende Wirkung in den Kapillaren überwunden.

> Verbesserung der Verarbeitbarkeit evtl. durch entstehende Luftporen (Festigkeitsabfall möglich).

Anwendung beim Behälterbau, bei Bauwerken im Grundwasser, bei Betonrohren und gegen aufsteigende Feuchtigkeit.

Erstarrungsverzögerer VZ (rot)

Durch Verzögerung des Beginns der Hydratation des Zementes bewirken die Mittel eine längere Verarbeitungszeit des Betons. In ihrer Wirkungsweise sind sie wesentlich von der chemischen Zusammensetzung des Zementes sowie von Temperatureinflüssen abhängig.

Die Hinauszögerung der Betonverarbeitung erfordert entsprechende Maßnahmen gegen vorzeitiges Verdunsten des Anmachwassers (bei Sichtbeton evtl. ausreichendes Vorfeuchten der Schalung).

Die langsamere Anfangserhärtung bewirkt geringere Wärmeentwicklung. Mit höherer Endfestigkeit kann i. allg. gerechnet werden.

> Bei Überdosierung Umschlagen zur Wirkung eines Erstarrungsbeschleunigers möglich.

Richtlinie für Beton mit verlängerter Verarbeitungszeit (Verzögerter Beton); Eignungsprüfung, Herstellung, Verarbeitung und Nachbehandlung", Fassung 8.95.

Anwendung zur Vermeidung von Arbeitsfugen bei lagenweisem Betonieren sowie von Rißbildungen bei Lehrgerüstverformungen; ferner zur Verlängerung der Verarbeitungszeit bei längeren Transportwegen.

Erstarrungsbeschleuniger BE (grün)

Durch Anregung der reaktionsfreudigeren Bestandteile des Zementes läßt sich eine Beschleunigung des Erstarrungsbeginns des Betons oder Mörtels bis zu wenigen Minuten herbeiführen. Die schnelle Reaktion bewirkt Freisetzung von Wärme, vermindert jedoch die Endfestigkeit und vergrößert das Schwindmaß des Betons.

> Je nach verwendetem Mittel sind Ausblühungen möglich. Eine Überdosierung kann Umschlagen zum Verzögerer bewirken.

Anwendung zur Abdichtung von Wassereinbrüchen, bei Spritzbeton, zum Einsetzen von Verankerungen, zur Verbesserung der Grünstandfestigkeit von Betonerzeugnissen. Bei kalter Witterung raschere Widerstandsfähigkeit des Betons (Gefrierschutz).

Bei Stahlbeton keine Verwendung chloridhaltiger Mittel (sogen. „Frostschutzmittel"); auch nicht bei Beton und bei Putzmörteln oder Mörteln, die z. B. beim Einsetzen von Dübeln mit Stahlbeton in Berührung kommen.

Einpreßhilfen EH (weiß)

Das beim Verpressen von Spannkanälen und Hohlräumen zu verwendende Mittel fördert das Fließvermögen des Einpreßgutes, verhindert das Absetzen des Mörtels und bewirkt durch gasbildende Stoffe (z. B. Wasserstoffentwicklung durch Aluminiumpulver) ein sattes Ausfüllen der Hohlräume sowie durch die Gasporen erhöhten Frostwiderstand.

> Treibwirkung wesentlich von Temperatur und chemischer Zusammensetzung des Zementes abhängig.

Stabilisierer ST (violett)

Der innere Zusammenhalt des Betons wird verbessert, die Neigung des Betons zum Wasserabstoßen („Bluten") wird vermindert durch die Erhöhung der Viscosität des Wassers.

Anwendung: Pumpbeton, Leichtbeton, Spritzbeton, Sichtbeton.

4.5. Sonstige Einflüsse auf die Betoneigenschaften

4.5.1. Verdichtung

Zur Erzielung vollständiger Gefügedichte (bis auf geringe Luftporeneinschlüsse) als Voraussetzung einer dem Mischungsaufbau entsprechenden Festigkeit, Wasserundurchlässigkeit und Beständigkeit des Betons sowie zur satten Einhüllung der Bewehrungsstäbe muß dieser je nach seiner Konsistenz von Hand oder maschinell verdichtet werden.

Hierzu muß die beim Einbringen des Betons eingeschlossene Luft weitgehend ausgetrieben und die Zuschläge müssen in ihre dichteste Packung gebracht werden: Mit zunehmenden Porenraum im Beton fällt die Druckfestigkeit stark ab!

Die Verdichtung kann je nach Konsistenz des Betons durch Stampfen, Stochern und vorzugsweise durch Rütteln mit verschiedenartigen Rüttelgeräten sowie durch zusätzliches Klopfen der Schalung erreicht werden – Verfahrensweisen s. Abschn. 4.11.3c.

4.5.2. Erhärtungstemperatur

Die Betonerhärtung wird durch höhere Lagerungstemperaturen beschleunigt und durch niedere Temperaturen verzögert. Als normale Temperatur für die Erhärtung des Betons gilt +15–22 °C. Bereits bei +10 °C erfolgt eine merkbare Verlangsamung des Erhärtungsverlaufes (je nach Dicke des Bauteils etwa 10–20%) und bei mehreren Graden Frost (niedrigerer Gefrierpunkt des Gelwassers, s. Abschn. 3.1.4.3.3c) völliges Aussetzen der Erhärtung, die erst bei wärmerer Temperatur wieder einsetzt.

Anfangs langsam erhärteter Beton weist etwas höhere Endfestigkeit auf, was auf die Bildung langfaseriger gegenüber den bei höheren Erhärtungstemperaturen sich bildenden kurzfaserigen Hydratationsprodukten zurückgeführt wird (s. Abb. 49).

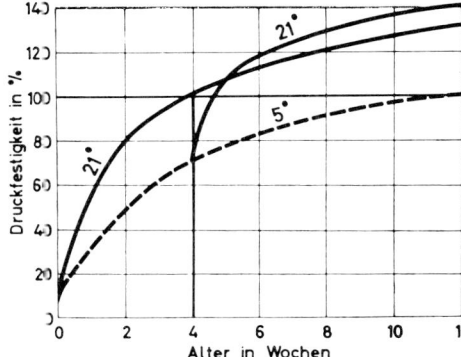

Abb. 49.

Einfluß der Temperatur auf die Festigkeitsentwicklung

Ermittlung der relativen Betonfestigkeit bei niederen Temperaturen

Die Verlangsamung der Betonerhärtung bei niederen Temperaturen läßt sich durch den Begriff des „**Reifewertes**" (R) als Produkt des Betonalters und der mittleren Lagertemperatur nach der Saulschen Regel angenähert ermitteln:

$$R = t \, (T + 10) \; [^\circ C \cdot Tage]$$

t = Betonalter [Tage]
T = mittlere Lagertemperatur [$^\circ$ C]

(Der Faktor 10 berücksichtigt die Weiterhärtung des Zementes unter dem Gefrierpunkt bis etwa −10 $^\circ$C.)

Anwendungsbeispiel:

Ein 14 Tage bei +5 $^\circ$C lagernder Beton (R = 14 [5 + 10] = 210) hat etwa die gleiche Druckfestigkeit wie ein Beton gleicher Mischung, der 7 Tage bei +20 $^\circ$C lagert (R = 7 [20 + 10] = 210), d. h. er muß zum Erreichen dieser Festigkeit doppelt so lange lagern.

Auch Anwendung der Reifeformel in abgewandelter Form für Wärmebehandlung des Betons (s. Abschn. 4.11.8.3.).

4.5.3. Feuchtigkeit

Wird dem Beton besonders im Anfang der Erhärtung das Anmachwasser, z. B. durch zu schnelles Austrocknen, entzogen, so kann es zu Erhärtungsstörungen wie Absanden oder zu Schwindrissen kommen.

Daher ist der frisch eingebrachte Beton gegen starken und schnellen Wasserentzug zu schützen. Hierbei ist vor allem die Verdunstungsgeschwindigkeit des Wassers zu berücksichtigen, die nicht nur von der Temperatur des Betons und der Umwelt, sondern auch von der Windgeschwindigkeit und der relativen Luftfeuchtigkeit der umgebenden Luft beeinflußt wird.

Ein dauernd feucht gelagerter Beton erhält eine deutlich höhere Endfestigkeit als ein nur im Anfang feucht nachbehandelter Beton (s. Abb. 50).

Die Mindestdauer der erforderlichen Nachbehandlung, die von der Art der Nutzung des Bauwerkes, von der Festigkeitsentwicklung des Betons und den Umweltbedingungen abhängt ist in der „Richtlinie zur Nachbehandlung von Beton", Fassung Febr. 1984, festgelegt.

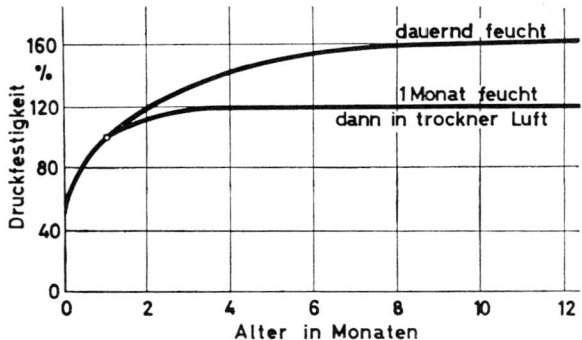

Abb. 50.

Einfluß der Feuchtigkeit auf die
Festigkeitsentwicklung

4.5.4. Betonalter

Die bei den statischen Berechnungen zugrunde liegende Nennfestigkeit des Betons stützt sich auf die 28-Tage-Würfelfestigkeit bei Normallagerung (+15–22 °C). Je nach Zementart, Zementfestigkeitsklasse und Feuchtigkeit (Nachbehandlung des Betons) erhärtet der Beton unterschiedlich, wobei bis zum Ausklingen der Erhärtung (Nacherhärtung) bei Luftlagerung bis zu einem Jahr gerechnet werden kann, bei Feuchtlagerung bis zu mehreren Jahren. Ein Anhalt für die unterschiedliche Festigkeitsentwicklung ist in Abb. 51 gegeben.

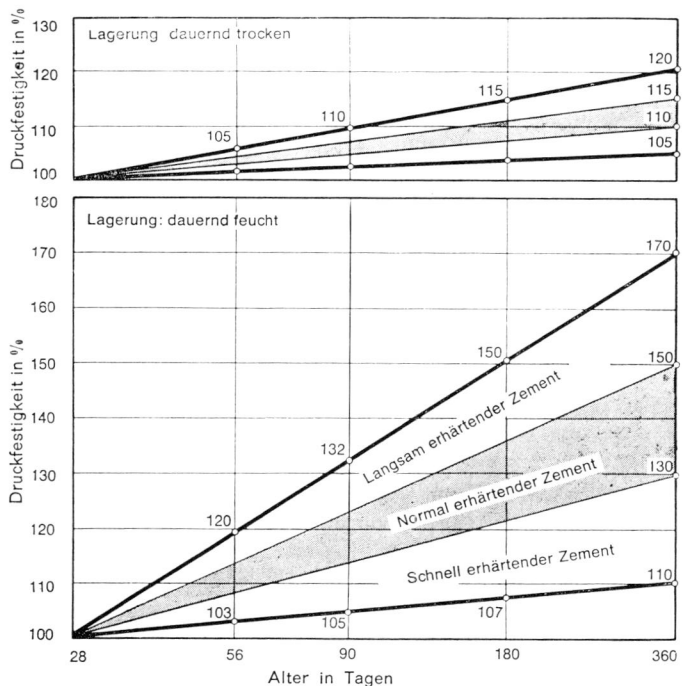

Abb. 51.

Einfluß des Betonalters auf
die Festigkeitsentwicklung
(nach Basalla)

Bei der Beurteilung der Prüfergebnisse älteren Betons ist zur Umrechnung auf die Betonfestigkeit nach 28 Tagen β_{W28} die Nacherhärtung entsprechend zu berücksichtigen. (Für Straßenbeton sind in der TV-Beton Zeitbeiwerte gegeben.)

4.6. Zusammensetzung der Betongruppen B I und B II nach DIN 1045

Beton B I

Die Zusammensetzung von Beton der Festigkeitsklasse B 5 bis einschl. B 25 erfolgt entweder nach den in Tafel 29 vorgegebenen Rezepten („Rezeptbeton") oder auf Grund einer vorherigen Eignungsprüfung.

Beton B II

An Beton der Festigkeitsklassen B 35 und höher werden hinsichtlich der Herstellung, Baustelleneinrichtung, Baustellenbesetzung und Güteüberwachung erhöhte Anforderungen gestellt. Die stoffliche Zusammensetzung erfolgt stets auf Grund einer Eignungsprüfung.

Tafel 28: Herstellverfahren für B I–B II

Betongruppe	B I		B II
Anwendung			
bei Festigkeitsklassen	B 5 ... B 25		B 35 ... B 55
bei besonderen Eigenschaften nach DIN 1045	Wasserundurchlässigkeit, hoher Widerstand gegen Frost und gegen schwachen chemischen Angriff		alle
Eignungsprüfung	nein	ja	ja
	Mindest-zementgehalt	festgelegte Vorhaltemaße	freigewählte Vorhaltemaße
Umfang der Güteprüfung			
bei Baustellenbeton	Eigenüberwachung		Eigen- und Fremdüberwachung
bei Transportbeton und Beton für Fertigteile	Eigen- und Fremdüberwachung		

4.6.1. Zusammensetzung von Beton B I

a)   Zementgehalt

a.1) Betonherstellung mit vorgeschriebener Zementmenge (Rezeptbeton)

Der Mindestzementgehalt wird bei Beton B I gemäß DIN 1045 (s. Tafel 29) so bemessen, daß in Abhängigkeit von der Betonkonsistenz, der Kornzusammensetzung und der Zementfestigkeitsklasse die geforderten Betonfestigkeitsklassen B 5 bis B 25 sowie der Rostschutz der Stahleinlagen mit ausreichender Sicherheit gewährleistet sind.

Tafel 29: Mindestzementgehalt für Beton B I bei Betonzuschlag mit einem Größtkorn von 32 mm und Zement der Festigkeitsklasse Z 32,5; 32,5 R nach DIN 1164 Teil 1 (DIN 1045, Tab. 4)

	1	2	3	4	5
	Festigkeitsklasse des Betons	Sieblinienbereich des Betonzuschlags	Mindestzementgehalt in kg je m^3 verdichteten Betons für Konsistenzbereich		
			KS*)	KP	KR
1	B 5*)	③	140	160	–
2		④	160	180	–
3	B 10*)	③	190	210	230
4		④	210	230	260
5	B 15	③	240	270	300
6		④	270	300	330
7	B 25 allgemein	③	280	310	340
8		④	310	340	380
9	B 25 für Außenbauteile	③	300	320	350
10		④	320	350	380

*) Nur für unbewehrten Beton.   Starke Umrandung: Stahlbeton

Der Zementgehalt der Tafel 29 muß vergrößert werden:

Bei einem Größtkorn des Zuschlags von 16 mm	um 10%
Bei einem Größtkorn des Zuschlags von 8 mm	um 20%

Der Zementgehalt darf verringert werden:

Bei Verwendung von Zement Z 42,5; 42,5*)	um höchstens 10%
Bei einem Größtkorn des Zuschlags von 63 mm	um höchstens 10%

*) Die Verwendung eines Z 55 kommt für Beton B I praktisch nicht in Frage.

Bei Stahlbeton (allgemein) **jedoch nicht unter 240 kg/m^3**, und bei B 25 für Außenbauteile nicht unter 300 kg/m^3 bzw. 270 kg/m^3 bei Verwendung von Z 42,5; 42,5 R.

Die Vergrößerungen des Zementgehaltes **müssen, die Verringerungen dürfen** zusammengezählt werden.

a.2) Betonherstellung mit vorausgehender Eignungsprüfung

Werden für die Zusammenstellung von Beton B I nicht die Anforderungen der Tafel 29 zugrunde gelegt, so ist die erforderliche Zementmenge durch eine Eignungsprüfung unter gleichen Verarbeitungsvoraussetzungen wie beim Bau festzustellen. Eine Eignungsprüfung für Beton B I ist stets erforderlich bei unstetigen Sieblinien (Ausfallkörnung), bei Zuschlag mit verminderten Anforderungen, bei Verwendung von Betonzusatzmitteln oder bei -zusatzstoffen.

Der Zementgehalt je m^3 verdichteten Betons muß bei Durchführung einer Eignungsprüfung mindestens betragen:

Bei unbewehrtem Beton $\geqq 100\,\text{kg/m}^3$
Bei Stahlbeton, mit Rücksicht auf den Korrosionsschutz der Stahleinlagen,
allgemein: $\geqq 240\,\text{kg/m}^3$ bei Zement Z 32,5 und höher
bei Außenbauteilen: $\geqq 300\,\text{kg/m}^3$ bei Zementen Z 32,5 R
   $\geqq 270\,\text{kg/m}^3$ bei Zementen Z 42,5 u. höher

(Entwurf der Eignungsprüfungen s. Abschn. 4.13.1.2.2a)

Für die Druckfestigkeit und Konsistenz sind in der Eignungsprüfung Vorhaltemaße einzuhalten.

b) **Betonzuschlaggemische** (Kornzusammensetzung des Zuschlags)

Bei einer Kornzusammensetzung nach Tafel 29 (Rezeptbeton) muß die Sieblinie des Zuschlaggemisches zwischen den Sieblinien A bis C unter Einhaltung des erforderlichen Mindestzementgehaltes verlaufen.

Erfolgt die Betonzusammensetzung auf Grund einer Eignungsprüfung, so dürfen außer stetigen Sieblinien auch Ausfallkörnungen bis 32 mm verwendet werden.

(Die Kornzusammensetzung der Eignungsprüfung ist bei der Betonherstellung unbedingt einzuhalten!)

Für Beton B 15 und B 25 ist das Zuschlaggemisch wenigstens aus zwei Korngruppen zusammenzusetzen, von denen eine im Bereich 0 bis 4 mm liegen soll. Bei stetigen und unstetigen Sieblinien kann auch werkgemischter Zuschlag bis 32 mm verwendet werden.

Tafel 30: Anforderungen an das Zuschlaggemisch

	Beton B I				Beton B II
	ohne Eignungs- prüfung		mit Eignungs- prüfung		
	B 5 B 10	B 15 B 25	B 5 B 10	B 15 B 25	
Sieblinienbereich nach DIN 1045	A/B oder B/C	A/B oder B/C	/////	/////	/////
werkgemischter Betonzuschlag bis 32 mm	+	+	+	+	−
ungetrennter Betonzuschlag	+	−	+	−	−
Ausfallkörnung	−	−	+	+	+
Zuschlag mit verminderten Anforderungen	−	−	+	+	+
Mindestzahl der Korngruppen bei Größtkorn 8 und 16 mm	/////	2	/////	2	2
32 mm	/////	2	/////	2	3
bei Ausfallkörnung	−	−	/////	2	2
eine Korngruppe im Bereich von	/////	0/4	/////	0/4	0/2*)

*) Auch Korngruppe 0/4a möglich.
///// keine Anforderungen   + möglich   − nicht möglich

Vor Verwendung künstlicher Zuschläge ist stets Eignungsprüfung erforderlich.

Unmittelbar aus Gewinnungsstellen gelieferter ungetrennter Betonzuschlag ist nur für B 5 und B 10 zulässig, sofern er in der stofflichen Beschaffenheit und in der Kornzusammensetzung den Anforderungen der Norm entspricht.

c) Konsistenz (Wasserzugabe)

Die Konsistenz des Frischbetons (gem. Abschn. 4.3.1.1., Tafel 25) ist nach den jeweiligen Verarbeitungsbedingungen vor Baubeginn festzulegen.

Bei Beton, dessen Festigkeit und Zementmenge durch Eignungsprüfung ermittelt wurde, gilt als Maßstab der Wasserzugabe die hierbei festgelegte Konsistenz (s. Abschn. 4.13.1.2.2a).

4.6.2. Zusammensetzung von Beton B II

a) Zementgehalt

Der erforderliche Zementgehalt wird durch Festlegung des w/z-Wertes immer auf Grund einer Eignungsprüfung ermittelt, wobei wegen des Korrosionsschutzes der Stahlbewehrung der für die Eignungsprüfung bei Beton B I gültige Mindestzementgehalt nicht unterschritten werden darf. Für Außenbauteile gilt bei Stahlbeton B II ein Mindestzementgehalt von $\geqq 270 \, kg/m^3$.

b) Zuschlaggemische (siehe auch Tafel 30)

Zusammensetzung des Zuschlaggemisches bei stetigem Sieblinienverlauf beliebigen Bereiches 0/32 mm aus mindestens drei getrennt angelieferten Korngruppen, bei unstetigen Sieblinien aus mindestens zwei Korngruppen. – Eine Korngruppe davon muß im Bereich 0 bis 2 mm liegen.

> Bei Mangel an Natursandvorkommen 0/2 mm sind Ausnahmen durch Verwendung von 0/4a mm unter bestimmten Auflagen (Begrenzung der Kornanteile 0/2 und 2/4 mm) möglich.

Bei Zuschlaggemischen 0/16 und 0/8 mm genügt die Trennung in eine Korngruppe 0/2 mm und eine größere Korngruppe. (Ein Mehlkornzusatz gilt nicht als Korngruppe.)

Keine Verwendung von werkgemischtem Betonzuschlag.

c) w/z-Wert und Konsistenz

Für die Wasserzugabe ist der bei der Eignungsprüfung festgelegte Wasserzementwert maßgebend, der nicht überschritten werden darf. – Die Wasserzugabe muß über Durchlaufmesser erfolgen.

Erweist sich der Beton bei einzelnen Betonierabschnitten gegenüber der bei der Eignungsprüfung festgelegten Konsistenz als nicht ausreichend verarbeitbar, so muß bei einer notwendigen Wasserzugabe der Zementanteil im Verhältnis des w/z-Wertes erhöht werden (s. Abschn. 4.4.2.).

Höchstzulässige w/z-Werte siehe Abschn. 4.4.2. vorletzter und letzter Absatz.

4.6.3. Zusammensetzung nach DIN V ENV 206

Tafel 31: Zulässige Zemente in Abhängigkeit von Umweltklassen und Anwendungsbereich

Anwendungs-bereich	Umweltklassen									
	1 trocken	2a feucht	2b	3 feucht mit Frost und Tausalz[1]	4a Meer-wasser-umgebung	4b	5a chemischer Angriff	5b	5c	
		ohne Frost	mit Frost		ohne Frost	mit Frost	schwach	mäßig	stark	
Unbewehrter Beton, Stahlbeton	alle Zemente nach DIN 1164 sowie bauaufsichtlich zu-gelassene Zemente[2]			alle Zemente nach DIN 1164 ≥ Z 35 sowie bau-aufsichtlich zugelassene Zemente[2]	wie Um-weltklassen 1, 2a und 2b		wie Umweltklassen 1, 2a und 2b; bei Sulfatgehalt > 500 mg/kg im Wasser > 3000 mg/kg im Boden sind HS-Zemente nach DIN 1164 zu verwenden			
Spannbeton mit nachträglichem Verbund oder Vor-spannung ohne Verbund	alle Zemente nach DIN 1164 sowie bauaufsichtlich zugelassene Zemente[2] mit den Einschränkungen wie bei unbewehrtem Beton und bei Stahlbeton									
Spannbeton mit sofortigem Ver-bund	PZ, EPZ und PÖZ ≥ Z 35, HOZ 45 L sowie bauaufsichtlich zugelassene Zemente[2]									

[1] Bei sehr starkem Frost- und Tausalzangriff PZ, EPZ und PÖZ ≥ Z 35, HOZ 45 L sowie bauaufsichtlich zugelassene Zemente.
[2] Für zugelassene Zemente je nach Zulassungsbescheid.

Für die verschiedenen Umweltklassen werden zur Gewährleistung der Dauerhaftigkeit für den w/z-Wert, Mindestzementgehalt und Mindestluftporengehalt folgende Anforderungen an die Zusammensetzung des Betons gestellt:

Tafel 32: Anforderungen an die Zusammensetzung des Betons hinsichtlich Dauerhaftigkeit[1])

Umweltklassen	1 trocken	2a feucht	2b feucht	3 feucht mit Frost und Taumittel	4a Meerwasserumgebung	4b Meerwasserumgebung	5a chemischer Angriff	5b chemischer Angriff	5c chemischer Angriff
		ohne Frost	mit Frost		ohne Frost	mit Frost	schwach	mäßig	stark[2])
w/z max. für									
unbewehrten Beton	–	0,70	0,55	0,50	0,55	0,50	0,55	0,50	0,45
Stahlbeton	0,65	0,60	0,55	0,50	0,55	0,50	0,55	0,50	0,45
Spannbeton	0,60	0,60	0,55	0,50	0,55	0,50	0,55	0,50	0,45
Mindestzementgehalt in kg/m³ für									
unbewehrten Beton	150	200	300	300	300	300	200	300	300
Stahlbeton	260	280	280	300	300	300	280	300	300
Spannbeton	300	300	300	300	300	300	300	300	300
Mindestluftgehalt in Vol.-% bei		[3])		[3])		[3])			
32 mm	–	–	4	4	–	4	–	–	–
16 mm	–	–	5	5	–	5	–	–	–
8 mm	–	–	6	6	–	6	–	–	–
Frostbeständige Zuschläge	–	–	×[4])	×[4])	–	×[4])	–	–	–
Wasserundurchlässiger Beton	–	–	×	×	×	×	×	×	×

[1]) Die Angaben zum Zementgehalt und zum w/z-Wert gelten für Betone mit Zuschlaggemischen bis 32 mm Größtkorn. Bei Beton mit Zuschlaggrößtkorn erheblich über 32 mm, z. B. für Massenbeton, kann ein niedrigerer Zementgehalt als der in der Tafel angegebene Mindestzementgehalt gewählt werden.

[2]) Außerdem Schutz des Betons.

[3]) Sofern ein hoher Sättigungsgrad über längere Zeit hinweg vorliegt. Für die Umweltklasse 3 ist stets ein hoher Sättigungsgrad des Betons anzunehmen. Für die Umweltklassen 2b und 4b sind die Bedingungen bezüglich des Luftgehalts dann einzuhalten, wenn der Beton für ein Bauteil bestimmt ist, das über mehrere Tage mit Wasser unmittelbar in Kontakt steht. Dagegen ist für Außenbauteile nach DIN 1045 ein hoher Sättigungsgrad nicht zu erwarten; bei ihnen kann von einem entsprechenden Frostwiderstand auch ohne den geforderten Mindestluftgehalt ausgegangen werden.

[4]) Für die Umweltklasse 2b ist bei hohem Sättigungsgrad Betonzuschlag eF, für die Umweltklassen 3 und 4b Betonzuschlag eFT nach DIN 4226 zu verwenden.

Bei der Festlegung der Zusammensetzung des Betons wird unterschieden zwischen „Entwurfsmischung" und „Vorgeschriebene Mischung". Hierzu müssen die in Tafel 33 aufgeführten Angaben vorliegen:

Tafel 33:

Entwurfsmischung	Vorgeschriebene Mischung
Mindestangaben	*Mindestangaben*
– Festigkeitsklasse – Größtkorn des Zuschlags – Mindestanforderung an die Zusammensetzung je nach Verwendungszweck des Betons (z. B. Umweltklasse, unbewehrter Beton, Stahlbeton oder Spannbeton) – Konsistenzklasse (nur bei Transportbeton, vom Bauausführenden vorzugeben)	– Zementgehalt je m^3 verdichteten Betons – Art und Festigkeitsklasse des Zements – Konsistenzklasse oder w/z-Wert – Art, Größtkorn und Sieblinie des Zuschlags – gegebenenfalls Art und Menge von Zusatzmittel oder Zusatzstoff – Herkunft der Ausgangsstoffe des Betons, wenn Zusatzmittel oder Zusatzstoff verwendet werden
Zusätzliche Angaben *zur Betonzusammensetzung*	*Zusätzliche Angaben* *zur Betonzusammensetzung*
– Zementart – Konsistenzklasse – Betonrohdichte, z. B. bei Leicht- oder Schwerbeton – Widerstand gegen eindringendes Wasser – Frost-Tauwechselwiderstand – Frost-Taumittelwiderstand – Widerstand gegen chem. Angriff – Verschleißwiderstand – Widerstand gegen hohe Temperaturen – Luftgehalt – beschleunigte Festigkeitsentwicklung – Wärmeentwicklung während der Hydratation – verzögerte Hydratation – besondere Anforderungen an Zuschlag – besondere Anforderungen bezüglich Alkali-Kieselsäure-Reaktion – besondere Anforderungen an die Temperatur des Frischbetons – andere zusätzliche technische Anforderungen	– Herkunft der Ausgangsstoffe – besondere Anforderungen an Zuschlag, gegebenenfalls einschließlich besonderer Sieblinie – besondere Anforderungen hinsichtlich der Temperatur des Frischbetons bei der Lieferung – andere zusätzliche technische Anforderungen
Bei Transportbeton *zusätzliche Angaben*	*Bei Transportbeton* *zusätzliche Angaben*
– Lieferzeit und -menge – Förderung auf der Baustelle (Pumpe, Förderband) – Beschränkung der Fahrzeugart (mit oder ohne Rührwerk), Größe, Höhe oder Gewicht des Fahrzeugs	– Lieferzeit und -menge – Förderung auf der Baustelle (Pumpe, Förderband) – Beschränkung der Fahrzeugart (mit oder ohne Rührwerk), Größe, Höhe oder Gewicht des Fahrzeugs

4.7. Entwerfen von Betonmischungen

4.7.1. Berechnung des Baustoffbedarfs

4.7.1.1. Wasser- und Zementbedarf

a) Ermittlung des w/z-Wertes

Von der Voraussetzung ausgehend, daß die Betondruckfestigkeit von der Güte des Zement-leims abhängt, kann der für die Druckfestigkeit eines Betons erforderliche w/z-Wert aus Kurventafeln entnommen werden, sofern die tatsächliche Zementgüte, d. h. die Normdruckfe-stigkeit des Zementes nach 28 Tagen (N_{28}), geschätzt wird bzw. angenähert bekannt ist.

Einen Anhalt für den zu wählenden w/z-Wert gibt die Kurvendarstellung Abb. 52, bei der die Normdruckfestigkeiten N_{28} der die Zementfestigkeitsklassen Z 32,5, Z 42,5 kennzeichnenden Kurven um 10 N/mm² und bei Z 52,5 um 8,5 N/mm² höher angesetzt sind.

Hierbei ist davon ausgegangen, daß die zulässigen Höchstwerte für die Zemente Z 32,5 und Z 42,5 nach DIN 1164 um 20 N/mm² über der Zement-Mindestnormfestigkeit und erfah-

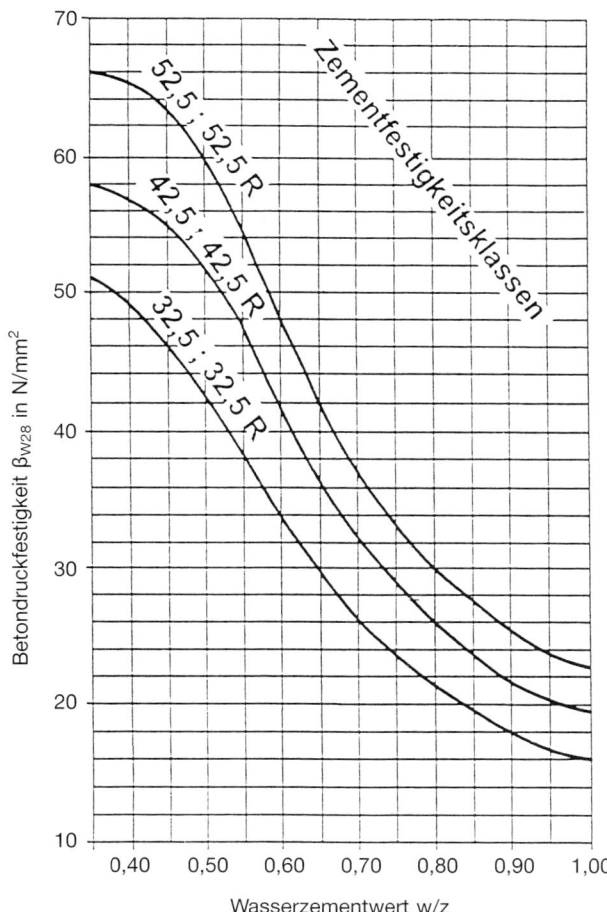

Abb. 52.

Zusammenhang zwischen Beton-druckfestigkeit, Normfestigkeit des Zements und Wasser-Zement-Wert

(nach WALZ)

rungsgemäß die tatsächlichen Zementfestigkeiten etwa im Mittelbereich der zulässigen Festigkeitsspanne liegen. Sofern statt dieser Erfahrungswerte die festgestellten Normdruckfestigkeiten N_{28} zugrunde gelegt werden, ist ein entsprechend gedachter Kurvenverlauf zu interpolieren.

Die Kurvendarstellungen sind für einen natürlichen Luftporengehalt des Betons von 1,5% ausgelegt. Ein höherer, durch Betonzusatzmittel bewirkter darüber hinausgehender Luftgehalt ist als festigkeitsmindernd wie ein Teil des Anmachwassers in Ansatz zu bringen.

Beispiel:

Für eine als Beton B I herzustellende Festigkeitsklasse B 25 mit einer Serienfestigkeit β_{WS} = 30 N/mm^2 ist unter Einbeziehung eines bei einer Eignungsprüfung (s. Abschn. 4.13.1.2.2a) erforderlichen Vorhaltemaßes von 5 N/mm^2 eine Betondruckfestigkeit von β_{D28} 35 N/mm^2 anzusetzen*).

Bei Verwendung eines Z 32,5 darf demgemäß ein w/z-Wert von 0,58 und bei Verwendung eines Z 42,5 ein w/z-Wert von 0,67 nicht überschritten werden.

Da die Kurventafel zur Ermittlung des w/z-Wertes im Hinblick auf die verschiedenen von vornherein nicht erkennbaren Einflußgrößen lediglich Anhaltswerte ergeben können, ist nach DIN 1045 der Mischungsentwurf durch eine Eignungsprüfung zu ergänzen!

Kontrolle der Druckfestigkeit einer Betonmischung

Aus der Kurvendarstellung Abb. 52 kann umgekehrt, z. B. zur Baustellenkontrolle, aus der am Mischer festzustellenden Zement- und Wassermenge (einschl. Eigenfeuchte des Zuschlags) vom w/z-Wert ausgehend auf die zu erwartende Betondruckfestigkeit geschlossen werden.

Beispiel:

Bei Verwendung eines Z 42,5 läßt ein festgestellter w/z-Wert von z. B. ω = 0,60 auf eine mittlere Betondruckfestigkeit von β_{D28} = 42,0 N/mm^2 schließen.

b) Ermittlung der Wasser- und Zementmenge

Die benötigte Zementmenge je m^3 Frischbeton ergibt sich, unter Berücksichtigung des festgelegten w/z-Wertes, aus dem für die Verarbeitbarkeit des Betons erforderlichen Zementleimbedarf, der in erster Linie von der Kornzusammensetzung des Zuschlags abhängig ist. Ferner aus dem Mehlkorngehalt, der Kornform und -oberfläche und ggf. der Wirkung eines Zusatzmittels.

Wasserbedarfsrichtwerte

Die für die Konsistenzbereiche KS bis KR je m^3 verdichteten Frischbetons erforderliche Gesamtwassermenge (einschl. Eigenfeuchtigkeit des Zuschlags) kann aus den Richtwerten der Abb. 53 oder der Tafel 34 entsprechend der Kornzusammensetzung des Zuschlags nach der Sieblinie oder nach der Körnungsziffer ($\varkappa$) entnommen werden.

Bei unstetig verlaufenden Sieblinien (Ausfallkörnungen) ist zur Ermittlung des Wasserbedarfs die Körnungsziffer des Zuschlaggemisches in Ansatz zu bringen.

Je nach Zuschlagart, Mehlkorngehalt und Zusatzmittel können die Wasserrichtwerte über- oder unterschritten werden, so daß eine endgültige Festlegung des Gesamtwasserbedarfs erst durch die Eignungsprüfung möglich ist. Die Richtwerte beruhen auf empirischen Ermittlungen.

---

*) Die bei Eignungsprüfungen nachzuweisende Würfeldruckfestigkeit im Alter von 28 Tagen wird mit β_{D28} bezeichnet, da sie für 3 Würfel aus einer Mischung gilt. Vergleiche hierzu die bei Güteprüfungen nachzuweisenden Würfeldruckfestigkeiten β_{W28}, die aus verschiedenen Mischungen entnommen werden (s. Abschn. 4.2.1.).

Tafel 34: Abschätzung des Wasseranspruchs w (kg/m³) von Frischbeton für verschiedene Konsistenzbereiche

Konsistenz-bereich	Wasser-anspruch des Zuschlags	Sieblinie								
		A 8	B 8	C 8	A 16	B 16	C 16	A 32	B 32	C 32
KS	hoch	155	190	210	140	170	190	130	145	165
	niedrig	145	175	195	120	150	175	105	130	160
KP	hoch	180	205	230	160	185	210	155	180	200
	niedrig	170	195	220	140	170	200	135	165	190
KR	hoch	200	230	250	185	215	235	175	195	215
	niedrig	185	215	235	170	195	220	155	180	205
Körnungsziffer		3,64	2,89	2,27	4,61	3,66	2,75	5,48	4,20	3,30

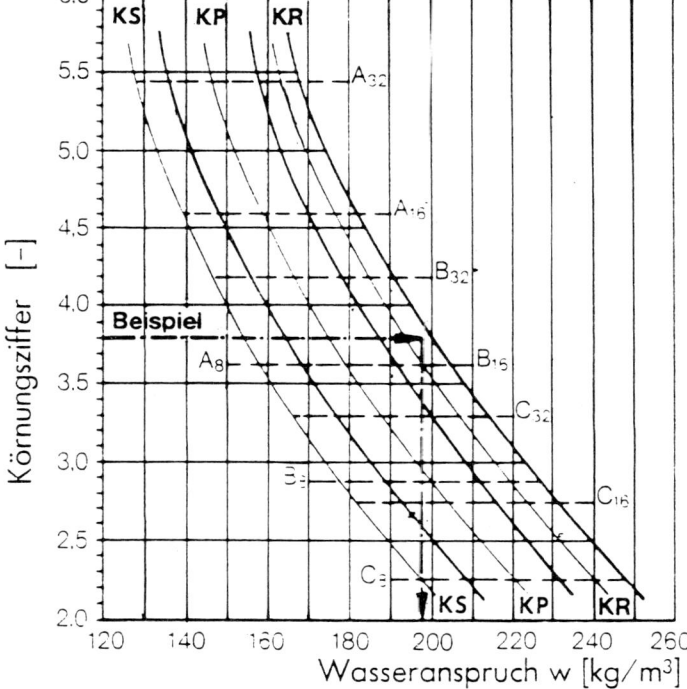

Abb. 53.

Abhängigkeit zwischen Körnungsziffer des Zuschlaggemischs und Wasseranspruch w des Frischbetons

Beispiel: Ermittlung des Wasseranspruchs

Gegeben: Zuschlaggemisch mit Größtkorn 32 mm, k-Wert 3,80; Konsistenz KR (oberer Bereich für Eignungsprüfung)

Gesucht: Wasseranspruch

Ergebnis: 197 l/m³ verdichteten Beton (siehe Pfeilweg in Abb. 53). Die Interpolation in Tafel 34 ergibt einen ähnlichen Wert. Der tatsächliche Wassergehalt der Betonmischung ist bei der Eignungsprüfung zu ermitteln.

Anmerkung: Bei ungünstig geformtem Zuschlag erhöht sich der Wasseranspruch, bei verflüssigenden Zusätzen vermindert er sich.

Zementbedarf

Von dem nach den Richtwerten der Abb. 53 bzw. der Tafel 34 ermittelten voraussichtlichen Wasserbedarf ausgehend, wird der Zementbedarf aus dem Wasserzementwert ω = w/z errechnet:

$$z = w/\omega$$

Es ergibt sich hieraus, daß bei konstantem w/z-Wert, d. h. bei gleichbleibender Güte des Zementleims, jede Veränderung des Wasserbedarfes und damit der Betonkonsistenz eine Veränderung der Zementmenge bedingt (s. Abschn. 4.4.2.).

Beispiel:

Für 1 m³ Frischbeton mit der Konsistenz KP und Sieblinie B_{32} (($\varkappa$) = 4,20) beträgt nach Abb. 53 der Richtwert für den Gesamtwassergehalt w = 165 l/m³.

Hieraus ergibt sich für einen festgestellten w/z-Wert 0,58 bei Verwendung eines Zementes Z 32,5 der Zementbedarf für 1 m³ Beton:

$$z = w/\omega = 165/0,58 = 285 \,\text{kg/m}^3$$

Der Zementbedarf muß auf jeden Fall größer sein als die nach DIN 1045 geforderte Mindestzementmenge (s. Abschn. 4.6.1a.2.).

> Bei der erforderlichen Eignungsprüfung empfiehlt es sich, die Wasserzugabe je nach Konsistenzerfordernis bis zu dem für die errechnete Zementmenge zulässigen Höchstwert zu steigern. Ergibt sich die Konsistenz aus der ermittelten Zementleimmenge als nicht ausreichend, so ist der Wasser- und Zementanteil entsprechend zu erhöhen.

Zementbedarf bei Verwendung von LP-Mitteln

Da je 1 % Luftporen (über 1,5 % übliche Luftporen hinaus) eine Minderung der Betondruckfestigkeit um 1,5–2,0 N/mm² bedeuten würde, ist der zusätzliche Luftporengehalt p im w/z-Wert zu berücksichtigen:

$$z = (w + p)/\omega \quad \text{(s. a. Abschn. 3.1.4.3.3a, letzter Absatz)}$$

Beispiel:

Für einen Wassergehalt von w = 165 kg/m³ und des über 1,5 % hinausgehenden Luftporengehaltes von 2 % (= 20 dm³/m³):

$$z = \frac{165 + 20}{0,58} = 319 \,\text{kg/m}^3.$$

4.7.1.2. Zuschlagbedarf und Mischungsverhältnisse

Von der errechneten Zementmenge je m³ verdichteten Frischbetons bzw. von der geforderten Zementmindestmenge (Abschn. 4.6.1a.2.) ausgehend, kann mittels der S t o f f r a u m r e c h - n u n g der Zuschlagbedarf festgestellt werden.

Die Stoffraumrechnung (Festraumrechnung) beruht auf der Vorstellung, daß die Bestandteile des Betons (Zement + Wasser + Zuschlag + Luft) stofflich getrennt in festen Massen bzw. in Volumen den Raum von 1 m³ ausfüllen (s. Abb. 54).

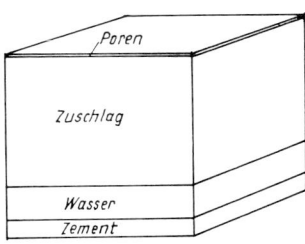

Abb. 54.

Schemadarstellung der Stoffraumanteile in 1 m³ Beton = z + g + w + p

Die rechnerische Stoffraumeinheit ist das **Stoffraumliter**

$$\text{Stoffraum} = \frac{\text{Masse des Baustoffs [kg]}}{\text{Dichte bzw. Rohdichte des Baustoffs [kg/dm}^3]} \; [\text{dm}^3]$$

Der Stoffraum, d. h. das Volumen der Bestandteile an Zement, Wasser, Zuschlag und Luft in $1\,\text{m}^3$ Beton, beträgt:

$$\frac{z}{\varrho_z} + \frac{w}{\varrho_w} + \frac{g}{\varrho_{Rg}} + p = 100 \; [\text{dm}^3]$$

z	$= $ Zementgehalt in kg/m^3	g = Zuschlaggehalt in kg/m^3
w	$= $ Wassergehalt in kg/m^3	p = Luftporenraum in l/m^3
ϱ_z	$= $ Dichte des Zementes in kg/dm^3	
ϱ_w	$= $ Dichte des Wassers $= 1\,\text{kg/dm}^3$	
ϱ_{Rg}	$= $ Kornrohdichte in kg/dm^3 (Stoffdichte einschl. Eigenporen)	

Gehalt an oberflächentrockenem Zuschlag (g):

$$g = \varrho_{Rg}\,[1000 - (z/\varrho_z + w + p)] \; [\text{kg/m}^3]$$

Die unterschiedliche Kornzusammensetzung des Zuschlaggemisches wirkt sich bei der Stoffraumrechnung in einer Veränderung des Wasser- und Zementbedarfs (Zementleimmenge) aus (s. Abschn. 4.7.1.1b).

Richtwerte für die Dichten und Rohdichten

Dichten von Zement: PZ = 3,1; HOZ = 3,0; TrZ = 2,9 kg/dm^3 (Bestimmung mit Pyknometer unter Verwendung von Benzol als Verdrängungsflüssigkeit: $\varrho_z = m_z/V$).

Rohdichten ϱ_g oberflächentrockener Gesteine:

Kieselige Gesteine	2,60–2,65 kg/dm^3
Dichter Kalkstein	2,70–2,80 kg/dm^3
Erstarrungsgesteine	2,70–2,90 kg/dm^3

Gehalt an natürlichen Luftporen im verdichteten Frischbeton: i. allg. 1–2 Vol.-%, bei luftporenbildenden Zusätzen $\geqq 3{,}5$ Vol.-%.

Beispiel: **Zuschlagbedarf**

Erforderliche Zementmenge 300 kg/m^3 HOZ mit $\varrho_z = 3{,}0\,\text{kg/dm}^3$; Quarzkiessand Sieblinie B_{32} mit $\varrho_g = 2{,}65\,\text{kg/dm}^3$; Luftporen 1,5 Vol.-% (angenommen), w/z-Wert = 0,60; Wassermenge w = $0{,}60 \cdot 300 = 180\,\text{kg/m}^3$.

$$\frac{300}{3{,}0} + \frac{180}{1} + \frac{g}{2{,}65} + 15 = 1000 \; [\text{dm}^3]$$

g = 2,65 · [1000 − (100 + 180 + 15)] = 2,65 (1000−295)

g = 2,65 · 705 = 1870 kg/m^3

Soll-Rohdichte des Frischbetons:

$\varrho_{b,h}$ = z + g + w = 300 + 1870 + 180 = 2350 kg/dm^3

Mischungsverhältnis für trockenen Zuschlag:

MV = 300/300 : 1870/300 : 180/300 = 1 : 6,23 : 0,60 nach Gewichtsteilen (GT).

Berücksichtigung des Feuchtigkeitsgehaltes der Zuschläge

Beim Einwiegen der Mischungen ist die jeweils (nach Abschn. 2.3.2.2.) festgestellte Eigenfeuchtigkeit der Zuschläge zu berücksichtigen (Tafel 35):

Die Eigenfeuchtigkeit bezieht sich nur auf die Oberflächenfeuchtigkeit der Körnung. Wurde der Zuschlag vollständig ausgetrocknet, so kann bei Zuschlag mit dichtem Gefüge ungefähr 0,5 M.-%, bei Sandstein bis zu 2,5 M.-% in Abzug gebracht werden. (Evtl. Versuche erforderlich.)

Tafel 35: Berücksichtigung der Eigenfeuchtigkeit der Zuschläge (Beispiel)

Korngruppe mm	Zuschlag trocken kg/m^3	Gew.-%	Ermittelte Feuchtigkeit M.-%	Feuchtigkeits-anteil kg/m^3	Gewicht der feuchten Zuschläge kg/m^3
0/4	749	40	5,0	38	787
4/8	281	15	3,5	10	291
8/32	840	45	1,0	8	848
0/32	1870	100	–	56	1926

Die Gesamteigenfeuchte des Zuschlags h_g ist von der für die Mischung vorgesehenen Gesamtwasser-menge in Abzug zu bringen:

$$\text{Wasserzugabe} = 180 - 56 = 124\,\text{kg/m}^3$$

Beispiel: **Gesamtbaustoffbedarf**

Berechnungsbeispiel für vorstehende stoffliche Gegebenheiten:
Zement 300 kg/m^3; Zuschlag, trocken 1870 kg/m^3; w/z = 0,60; Wasser 180 kg/m^3. Mischungsverhält-nis für trockenen Zuschlag 1 : 6,23 : 0,60 n. GT; Eigenfeuchtigkeit 3,0 M.-%.

Zement	z =	300 kg/m^3
Zuschlag 300 · 6,23	=	1870 kg/m^3
Zuzügl. Eigenfeuchte (Ausgleich) 1870 · 3,0/100		+ 56 kg/m^3
Zuschlag-Einwaage (feucht)	g_h =	1926 kg/m^3
(evtl. Aufteilung nach Korngruppenanteilen)		
Wasserbedarf 0,60 · 300	=	180 kg/m^3
Abzügl. Eigenfeuchtigkeit		– rd. 56 kg/m^3
	$w - h_g =$	124 kg/m^3

Sollrohdichte des Frischbetons:

$$\varrho_{b,h} = 300 + 1926 + 124 = 2350\,\text{kg/m}^3$$

Mischungsverhältnis einschließlich Eigenfeuchte des Zuschlags:

$$MV = 1 : 6,42\ \text{n. GT}$$

Unter Berücksichtigung der Eigenfeuchte des Zuschlags läßt sich das Mischungsverhältnis auch unmittelbar umrechnen:

$$MV = 1 : (6,23 + 6,23 \cdot 3/100) = 1 : (6,23 + 0,19) = 1 : 6,42\ \text{n. GT}$$

Wird die Eigenfeuchte bei der Einwaage des Zuschlags nicht berücksichtigt, so würde die Mischung fetter werden, d. h. der Zementgehalt je m^3 Beton wird höher als vorgesehen: Die Zementbemessung liegt in diesem Fall zu Lasten einer höheren Zementzugabe auf der sicheren Seite.

Bei **Korngemischen unterschiedlicher Rohdichte** werden die Gewichtsanteile der Korngruppen des Beispiels Tafel 36 als Stoffraumanteile gesetzt. Bei einem erforderlichen Gesamtzuschlagbedarf von 705 dm^3 errechnen sich dann die erforderlichen Gewichtsmengen der einzelnen Korngruppen wie folgt (Tafel 36):

Tafel 36: Gewichtsanteile der Korngruppen 0/4, 4/8 mm Quarzkiessand, 8/25 mm Basaltsplitt

Korngruppe mm	Anteile Stoffr.-%	Gesamtstoff-raum dm^3/m^3	Stoffraum der Korngruppen dm^3/m^3	Rohdichte ϱ_g	Gewicht kg/m^3
0/4	40		282	2,65	749
4/8	15		106	2,65	281
8/25	45		317	2,90	920
0/25	100	705	Zuschlag insgesamt:		1950 kg/m^3

(s. a. Abschn. Zuschläge 2.3.3.3., letzter Absatz)

4.7.2. Berechnung der Mischerbeschickung
(Zumessungsrichtlinien s. Abschn. 4.11.1.)

4.7.2.1. Mischerarten (DIN 459 „Mischer für Beton und Mörtel")

Es ist zwischen absatzweise arbeitenden Mischern (Chargenmischern) und stetig arbeitenden Mischern (Durchlaufmischern) zu unterscheiden. Die Mischer können ortsfest oder fahrbar sein.

Nach dem **Mischverfahren** werden bei den Chargenmischern unterschieden:

Freifallmischer:
– Trommelmischer mit verschiedener Entleerungsart (Kipptrommelmischer und Umkehrmischer)

Zwangsmischer:
– Tellermischer (mit feststehendem oder sich drehendem zylindrischem Mischgefäß und mit drehenden oder feststehenden zentrisch oder exzentrisch angeordneten Mischwerkzeugen)
– Ringtellermischer (mit feststehendem ringförmigem Mischgefäß, in dessen Ringraum Mischwerkzeuge umlaufen)
– Trogmischer (mit trogförmigem Mischgefäß, in dem sich ein oder mehrere Mischwellen drehen).

Die Mischzeit der absatzweise arbeitenden Mischer soll bei Mischern mit besonders guter Mischwirkung (Zwangsmischer) wenigstens ½ Minute und bei sonstigen Betonmischern (Trommelmischer) wenigstens 1 Minute nach Zugabe aller Stoffe betragen.

Längere Mischzeiten fördern eine gleichmäßige Verteilung der Betonkomponenten, insbesondere von Betonzusätzen (bei luftporenbildenden Mitteln höchstens 1½ Minuten).

Die Spielzeit eines Chargenmischers besteht aus

Einfüllzeit – Mischzeit – Entleerzeit – Rückstellzeit.

Mischen des Betons von Hand nur in Ausnahmefällen bei B 5 und B 10 in geringen Mengen zulässig.

4.7.2.2. Mischer-Größen

Mischergrößen für absatzweise arbeitende Mischer in m^3

– 0,05 – 0,075 – 0,1 – 0,25 – 0,33 – 0,5 – 0,75 – 1,0 – 1,25 – 1,5 – 2,0 – 2,5 – 3,0 – 4,0 – 5,0 usw.
– 12,0 m^3

Nach der DIN 459 (Ausg. 10.93) „Mischer für Beton und Mörtel" bezieht sich die Größenangabe des Mischers in m^3 auf den Nenninhalt, der das Volumen an verdichtetem Frischbeton in steifer Konsistenz mit einem Verdichtungsmaß v = 1,45 angibt.

4.7.2.3. Bemessung der Mischerbeschickung

a) Vollbeschickung des Mischers

Da der Nenninhalt des Mischers sich auf den steifen verdichteten Frischbeton bezieht, ist die Größe eines Mischers so ausgelegt, daß sowohl der Mischbehälter als auch der Beschicker das lose Material (Zement + Zuschlag + Zusatzstoff) ohne Streuverluste aufzunehmen vermag. Die Wasserzugabe verläuft sich in den Hohlräumen des Materials.

Das Volumen der Trockenfüllmenge ist für Kiesbeton mit dem 1,5fachen und für Splittbeton mit dem 1,62fachen des Nenninhaltes anzunehmen.

Beispiel: Für die Beschickung eines 1,5 m^3-Mischers wird bei den folgenden stofflichen Gegebenheiten erforderlich:

Zement	300 kg · 1,5 =	450 kg
Zuschlag	1925 kg · 1,5 =	2888 kg
Wasserzugabe	124 kg · 1,5 =	186 kg.

b) Teilbeschickung eines Mischers

Bei der Herstellung einer begrenzten Betonmenge, z. B. bei Eignungsprüfungen, wird von dem erforderlichen Volumen an verdichtetem Frischbeton ausgegangen.

Beispiel:
Für die Herstellung von 6 Stück 20-cm-Würfeln je 8 dm^3 sind, einschl. Luftporenprüfungen und Verlusten rd. 75 dm^3 Frischbeton erforderlich. – Stoffliche Erfordernisse wie im vorstehenden Beispiel.

Zement	300 · 75/1000 =	22,5 kg
Zuschlag	1925 · 75/1000 =	144,0 kg
Wasserzugabe	124 · 75/1000 =	9,3 kg

4.7.3. Überprüfung der Betonzusammensetzung

Auch bei sorgfältiger Ermittlung der stofflichen Zusammensetzung durch Rechnung oder aus Tabellen kann der Zement-, Zuschlag- und Wassergehalt einer Mischung – auf den m^3 verdichteten Frischbeton bezogen – durch nicht vorherzusehende Verarbeitungsgegebenheiten von der angezielten Menge abweichen, so daß eine Verbesserung der Mischungsverhältnisse erforderlich wird.

Zum Beispiel ergibt eine größere Verdichtung einen höheren und eine geringere Verdichtung einen niedrigeren Zementgehalt auf die Volumeneinheit (m^3 bzw. dm^3) bezogen, ferner Ungenauigkeit der Zumessung usf.

a) Überprüfung des Zementgehaltes

Der Nachweis des tatsächlichen Zementgehaltes einer Frischbetonmischung erfolgt je nach den gegebenen Voraussetzungen.

a.1) Gewichtsmenge der zugegebenen Stoffe (Zement, Zuschlag, Wasser) bekannt:

Nachprüfung der Zementmenge z in kg/m^3 mittels Verhältnisgleichung aus der festgestellten Frischbetonrohdichte $\varrho_{b,h}$ in kg/m^3 und den dem Mischer zugegebenen Stoffen in kg (Zement m_z, Zuschlag einschl. Eigenf. $m_{g,h}$, Wasserzugabe m_w).[*]

$$\frac{z}{\varrho_{b,h} \cdot 1000} = \frac{m_z}{m_z + m_{g,h} + m_w} \qquad \boxed{z = \varrho_{b,h} \cdot 1000 \cdot \frac{m_z}{m_z + m_{g,h} + m_w} \text{ in kg/m}^3}$$

Beispiel: Würfelgewicht 18,9 kg $\varrho_{b,h}$ = 18,9 / 8 = 2,36 kg/dm^3

$$m_z = 107 \text{ kg} \qquad m_{g,h} = 685 \text{ kg} \qquad m_w = 44 \text{ kg}$$
$$z = 2,36 \cdot 1000 \cdot 107 / (107 + 685 + 44) = 302 \text{ kg/m}^3$$

Entsprechend ermittelt sich die Zuschlag- und Wassermenge je m^3 Beton:

$$g = \varrho_{b,h} \cdot 1000 \frac{m_{g,h}}{m_z + m_{g,h} + m_w}; \quad w = \varrho_{b,h} \cdot 1000 \frac{m_w}{m_z + m_{g,h} + m_w}$$

Die Zementmenge kann auch aus der Frischbetonrohdichte und der Summe des Mischungsverhältnisses festgestellt werden:

$$\boxed{z = \varrho_{b,h} \cdot 1000 / (1 + \varkappa_g + \varkappa_w')}$$

$\varkappa_g$ = Verhältnis Zuschlag : Zement
$\varkappa_w'$ = Verhältnis Wasserzugabe : Zement (nicht w/z-Wert!)

Für vorstehendes Beispiel: $\varkappa$ = 107 : 685 : 44 = 1 : 6,4 : 0,41
$$z = 2360 / (1 + 6,4 + 0,41) = 302 \text{ kg/m}^3$$

---

[*] Genauigkeit der Prüfung hängt von der Überprüfbarkeit der Einwaagen ab.

a.2) Nur Zementzugabe bekannt: Meßkastenprobe (Abb. 55)

(Zugegebene Zuschlag- und Wassermenge nicht bekannt)

Die Prüfung erfolgt am Mischer mit einem aus Holz gefertigten Meßkastenrahmen (ohne Boden) mit z. B. 1,00 · 1,00 = 1 m² Grundfläche.

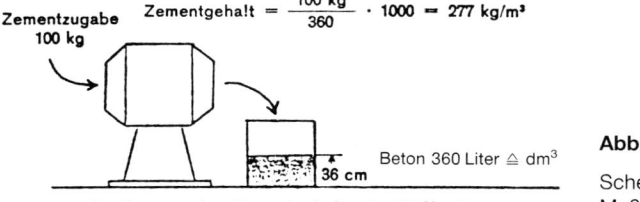

Zementzugabe   Zementgehalt $= \dfrac{100\ kg}{360} \cdot 1000 = 277\ kg/m^3$
100 kg

Beton 360 Liter $\triangleq$ dm³

36 cm

Bestimmung des Zementgehaltes im Meßkasten

Abb. 55.

Schemadarstellung einer Meßkastenprobe

Nach Einfüllen des gesamten Frischbetons einer Mischerfüllung M im Meßrahmen und Verdichten wie am Bauwerk wird das Betonvolumen V_b durch Stichmaß an den vier Ecken festgestellt. (Die beim Betoniervorgang im Mischgefäß stets verbleibenden Betonreste werden als annähernd gleichbleibend angenommen.)

Der Zementgehalt z je m³ Beton ergibt sich durch Division der festgestellten Zementzugabe m_z durch das Volumen des Frischbetons V_b:

$$z = m_z/V_b \text{ in kg/m}^3$$

Statt des Meßkastens kann auch der Krankübel ausgelitert und zur Feststellung des jeweiligen Inhalts mit einer Meßskala versehen werden.

Beispiel: Zementzugabe 2 Sack = 100 kg (s. Abb. 55)

b) Überprüfung der Mischungsanteile bei nicht bekannter stofflicher Zumessung

Feststellung durch Ausschlämmversuch (nach DIN 52171). Der Bindemittelanteil (Zement + Zusatzstoff, z. B. Traß) ergibt sich aus der Differenz zweier Proben P_1 und P_2 gleichen Ausgangsgewichtes (z. B. 5000 g), von denen die Probe P_1 getrocknet und gewogen ($m_{b,d}$ = Bindemittel + Zuschlag) und die Probe P_2 nach Auswaschen durch ein 0,25 mm-Sieb ebenfalls getrocknet und gewogen wird ($m_{g,a,od}$ = Zuschlag). Eine dritte Probe P_3 gleichen Gewichts dient der Feststellung der Frischbetonrohdichte $\varrho_{b,h}$.

$$m_{b,d} - m_{g,a,od} = \text{Bindemittelgehalt der Probe}$$

Der Stoffgehalt je m³ Frischbeton beträgt somit nach der Verhältnisgleichung: Bindemittelgehalt je m³ Beton zur Rohdichte ($\varrho_{b,h}$) = Bindemittelgehalt der Probe ($m_{b,d} - m_{g,a,od}$) zum Gewicht der Probe (z. B. 5000 g):

$$\text{Bindemittel (Zement + Zusatzstoff)} = \frac{\varrho_{b,h} \cdot (m_{b,d} - m_{g,a,od})}{5000}\ kg/m^3$$

$$\text{Zuschlag, trocken} = \frac{\varrho_{b,h} \cdot m_{g,a,od}}{5000}\ [kg/m^3] \qquad \text{Wasser} = \frac{\varrho_{b,h} \cdot (5000 - m_{b,d})}{5000}\ [kg/m^3]$$

Vorstehendes Verfahren setzt voraus, daß aus einem vorhandenen Vorrat an Zuschlagmaterial durch Siebung der prozentuale Kornanteil $\leqq$ 0,25 mm festgestellt werden kann, der dem Trockengewicht der abgeschlämmten Probe $m_{g,a,od}$ anteilig (gem. DIN 52171) zuzuzählen ist.

c) Berichtigung des Zementgehaltes und des Mischungsverhältnisses

Anwendungsbeispiel (Für Beispiel in Abschnitt 4.7.1.2., S. 139):

Geforderte Zementmenge Soll-z = 300 kg/m³; MV = 1 : 6.42 n. GT einschl. EF. des Zuschlages
Festgestellte Ist-Zementmenge: z. B. Ist-z = 292 kg/m³
Zementzugabe im 0,33 m³-Mischer: Ist-m_z = 99 kg

$$\frac{\text{Soll-}m_z}{\text{Ist-}m_z} = \frac{\text{Soll-}z}{\text{Ist-}z} \; ; \; \text{Soll-}m_z = \frac{300}{292} \cdot 99 = 102 \text{ kg}$$

Berichtigtes Mischungsverhältnis bei $99 \cdot 6{,}42 = 636$ kg Zuschlagzugabe:

$$MV = 102 : 636 = 1 : 6{,}23 \text{ n. GT}$$

Der Wasserbedarf ändert sich entsprechend dem w/z-Wert.

Bei festliegender Zementzugabe, insbesondere bei Bemessung nach Zementsäcken, erfolgt eine entsprechende Veränderung der Zuschlagmenge.

d) Überwachung des Wasserzementwertes

Die Prüfung kann durch Trocknung einer eingewogenen Frischbetonprobe erfolgen. Sie setzt allerdings voraus, daß der Zementanteil der Mischung bekannt bzw. ermittelt worden ist.

Verfahrensweise: Nach Feststellung des Gewichtsverlustes einer in einer Blechschüssel von ~ 40 cm $\varnothing$ unter Umrühren rasch getrockneten Einwaage ($m_{b,\,d}$) von 10 kg und nach Bestimmung der Rohdichte des Frischbetons ($\varrho_{b,\,h}$) errechnet sich der w/z-Wert aus folgender Gleichung:

$$w/z = \frac{1000 \cdot \varrho_{b,\,h} \cdot m_w}{z \cdot m_{b,\,d}} \qquad (w = 1000 \cdot \varrho_{b,\,b} \cdot \frac{m_w}{m_{b,\,d}})$$

m_w = Wassergehalt in 10 kg Frischbeton in kg
z = Zementgehalt; w = Wassergehalt in 1 m^3 Frischbeton in kg

(Bei Beton mit stark saugenden Zuschlägen wird das Versuchsergebnis durch die Wasseraufnahme der Zuschläge beeinflußt.)

e) Bestimmung der Stoffzusammensetzung bei erhärtetem Beton und Mörtel

Der Bindemittelgehalt sowie der Gehalt und die Kornzusammensetzung des Zuschlags kann an Festbeton bzw. Festmörtel auf chemischem Wege durch Herauslösen des völlig in Salzsäure löslichen Zementes erfolgen, mit der bedingten Einschränkung, daß der Zuschlag nicht säurelöslich ist (s. DIN 52170 „Bestimmung der Zusammensetzung von erhärtetem Beton"). Bei säurelöslichem Zuschlag siehe DIN 52170, Teil 1–4, Ausg. 2. 80.

4.7.4. Beispiele für den Entwurf von Betonmischungen

Aufgabenstellung 1

Für einen Rohrkanal (Wanddicke 30 cm) soll ein wasserundurchlässiger Beton der Festigkeitsklasse B 25 in der Konsistenz KP nach den Mindestforderungen eines „Rezeptbetons" (B I) hergestellt werden.

Es stehen folgende Baustoffe zur Verfügung:

HOZ 32,5 (CEM III A-32,5)
Rheinkiessand WBK*), Sieblinie A/B$_{32}$ Bereich ③

a) *Ermittlung der Mischungszusammensetzung.*
b) *Bei einem vorhandenen Mischer mit einem Nenninhalt von 750 l sind, unter Berücksichtigung von 3% Eigenfeuchtigkeit des Zuschlags, die Stoffmengen zur Beschickung einer Mischercharge zu berechnen.*
c) *Bestimmung des tatsächlichen Zementgehaltes des Frischbetons, wenn an den fertigverdichteten 20-cm-Würfeln ein Würfelgewicht von i. M. 18,85 kg festgestellt wird.*
d) *Berichtigung des Mischungsverhältnisses auf Grund des überprüften Zementgehaltes.*

---

*) Werkgemischter Betonkiessand

$$\boxed{\textbf{Rechengang}}$$

a) Mischungszusammensetzung

Zementbedarf

Für „Rezeptbeton" ergibt sich aus Tafel 29 (s. Abschn. 4.6.1) S. 128, ohne Erfordernis einer Eignungs-prüfung, für Beton B 25 bei günstiger Sieblinie für KP ein Mindestzementgehalt nach DIN 1045 von 310 kg/m^3 fertigverdichtetem Beton. (Für Konsistenz KR würde der Mindestzementgehalt 340 kg/m^3 betragen.)

Für wasserundurchlässigen Beton B I („Rezeptbeton") ist jedoch nach DIN 1045 bei einer Sieblinie im günstigen Bereich A/B$_{32}$ eine Zementmindestmenge von 350 kg/m^3 zu wählen (s. Abschn. 4.9.1), Tafel 38, S. 169).

Wasserbedarf

Der Wasserbedarf ergibt sich entweder durch Zugabe des Wassers bis zur vorgesehenen Konsistenz oder er kann als Richtwert aus der Abb. 53 (Abschn. 4.7.1.1b., S. 136) für eine Sieblinie A/B$_{32}$ mit einer Körnungsziffer $\varkappa \sim 4{,}5$ für Konsistenz KP mit etwa 160 l/m^3 ermittelt werden.

Zuschlagbedarf

Die erforderliche Zuschlagmenge ergibt sich aus der Gleichung (s. Abschn. 4.7.1.2., S. 138).

$$\frac{z}{\varrho_z} + \frac{w}{\varrho_w} + \frac{g}{\varrho_{Rg}} + p = 1000$$

Dichte und Rohdichte der Stoffe (s. Abschn. 4.7.1.2.). Porengehalt geschätzt mit 1 Vol.-%.

$$\frac{350}{3{,}0} + \frac{160}{1} + \frac{g}{2{,}65} + 10 = 1000.$$

$$\frac{g}{2{,}65} = 1000 - (117 + 160 + 10) = 1000 - 287 = 713$$

$$g = 713 \cdot 2{,}65 = 1890 \text{ kg/m}^3$$

Zusammensetzung der Mischung

Zement	z =	350 kg/m^3
Zuschlag (trocken)	g =	1890 kg/m^3
Wasser	w =	160 kg/m^3
Soll-Rohdichte des Frischbetons		2400 kg/m^3

Mischungsverhältnis für trockenen Zuschlag:
$$MV = 350 : 1890 : 160 = \textbf{1 : 5,40 : 0,46 n. GT}$$

b) Mischerbeschickung

Bei einem 0,75 m^3-Mischer – auf verdichteten Frischbeton bezogen (s. Abschn. 4.7.2.3a, S. 140) – errechnet sich die Beschickung ohne Berücksichtigung der Eigenfeuchtigkeit des Zuschlags:

Zement	350 · 0,750	=	263 kg
Zuschlag	1890 · 0,750	=	1418 kg
Wasser	160 · 0,750	=	120 kg
	Gesamtgewicht	=	1801 kg

Bei Berücksichtigung von 3% Eigenfeuchte des Zuschlags:

Zement			263 kg
Zuschlag	1418 – 1418 · 3/100	=	1461 kg
Wasser	(Wasserbedarf – E. F.)	rd.	77 kg
	Gesamtgewicht (wie vor)	=	1801 kg

c) Überprüfung des Zementgehaltes der ausgeführten Frischbetonmischung

Der tatsächliche z-Gehalt je m^3 verdichteten Beton ergibt sich aus (s. Abschn. 4.7.3a):

$$z = \varrho_{b,h} \cdot 1000 \cdot \frac{m_z}{m_z + m_g + m_w} \ [kg/m^3]$$

Festgestellte Frischbetonrohdichte:

$$\varrho_{b,h} = \frac{m_{Würfel}}{V_{Würfel}} = i.\ M.\ 18{,}85/8 = 2{,}36\ kg/dm^3$$

$$z = 2{,}36 \cdot 1000 \cdot \frac{263}{1801} = 345\ kg/dm^3$$

Es fehlen also an der Soll-Zementmenge 5 kg/m^3.

d) Mischungskorrektur

Sofern der geringe Zementgehalt nicht aus unzulänglicher Frischbetonverdichtung herrührt, ist eine Berichtigung der Zementzugabe erforderlich:

$$Soll\text{-}m_z = \frac{Soll\text{-}z}{Ist\text{-}z} \cdot Ist\text{-}m_z = \frac{350}{345} \cdot 263 = 267\ kg\ Zement\ je\ Mischung$$

Neues Mischungsverhältnis bei gleichbleibender Zuschlag- und Wasserzugabe:

Für trockenen Zuschlag   MV = 267:1418 = 1:5,31 n. GT
Für feuchten   Zuschlag   MV = 267:1461 = 1:5,47 n. GT

Aufgabenstellung 2

Für einen Erzbunker soll ein Beton der Festigkeitsklasse B 45 hergestellt werden. Als Beton B II ist hierfür eine Eignungsprüfung erforderlich.

Da der Beton hohen mechanischen Beanspruchungen ausgesetzt wird, ist nach DIN 1045 (s. Abschn. 4.9.4) ein möglichst steifer Beton zu verwenden, damit sich die obere Schicht bei der Verdichtung nicht mit Zementschlämme anreichert: Gewählte Konsistenz KS/KP.

Es stehen folgende Baustoffe zur Verfügung:

PZ 52,5 (CEM I/52,5 R)
Quarzsand   0/2 mm   (ϱ_{Rg} = 2,63 kg/dm^3)
Quarzkiessand   2/8 mm   (ϱ_{Rg} = 2,65 kg/dm^3)
Basaltsplitt   8/16 mm   (ϱ_{Rg} = 2,82 kg/dm^3)
Basaltsplitt   16/32 mm   (ϱ_{Rg} = 2,82 kg/dm^3)

a) *Wie muß die Mischung zusammengesetzt sein, damit vorstehende Bedingungen erfüllt werden?*
b) *Welche Stoffmengen benötigt man für eine Eignungsprüfung?*
c) *Wie muß die Beschickung eines Mischers mit einem Nenninhalt von 1250 l aussehen, wenn die Körnungen folgende Eigenfeuchtigkeit aufweisen:*

Körnung   0/2 mm = 5,0 M.-%
Körnung   2/8 mm = 3,5 M.-%
Körnung   8/16 mm = 2,0 M.-%
Körnung 16/32 mm = 1,5 M.-%

$$\boxed{\textbf{Rechengang}}$$

a) Mischungszusammensetzung

Auf Grund der für Beton B II geforderten Baustelleneinrichtung und personellen Besetzung der Baustelle hält der Betoningenieur ein Vorhaltemaß von 5,0 N/mm² für angemessen (vgl. 4.13.2.2a).

Somit ergibt sich aus der anzustrebenden Betonfestigkeit in der Eignungsprüfung β_{D28} = 55 N/mm².

Aus Abb. 52, S. 134 ergibt sich ein maximaler w/z-Wert von

$$w/z \leqq 0,53$$

Die Kornzusammensetzung soll gemäß DIN 1045 für Beton mit hohem Abnutzungswiderstand n a h e d e r S i e b l i n i e A_{32} liegen.

Sie wurde wie folgt gewählt (s. Sieblinie Abb. 20 in Abschn. 2.3.3.3., S. 40):

    Körnung   0/2 mm = 15 Stoffraum-%
    Körnung   2/8 mm = 25 Stoffraum-%
    Körnung   8/16 mm = 25 Stoffraum-%
    Körnung 16/32 mm = 35 Stoffraum-%

Aus der vorgegebenen Kornzusammensetzung der Einzelkörnungen und der gewählten Kornzusammensetzung nahe der Sieblinie A_{32} errechnet sich eine Körnungsziffer des Gesamtzuschlags zu (s. Abschn. 2.3.3.5b, S. 45):

$$(\varkappa) = (97 + 93 + 90 + 85 + 75 + 60 + 35 + 0) / 100 = 5,35$$

Nach Abb. 53, S. 136 ergibt sich aus der gewählten Kornzusammensetzung bzw. Körnungsziffer und der Konsistenz KS/KP ein Wasserbedarf von 135 kg/m³, der um ca. 10 kg/m³ wegen des Splittanteils der Zuschläge zu erhöhen ist

$$w = 145 \text{ kg/m}^3.$$

Aus dem w/z-Wert = ω und dem Wassergehalt w errechnet sich der erforderliche Zementgehalt z zu

$$\omega = w/z \qquad 0,55 = \frac{145}{z} \qquad z = \frac{145}{0,53}$$

$$z = 274 \text{ kg/m}^3$$

Der nach DIN 1045 aus Gründen des Korrosionsschutzes der Stahleinlagen geforderte Mindestzementgehalt von $\geqq$ 270 kg/m³ ist vorhanden (s. Abschn. 4.6.1a.2., S. 129).

Die erforderliche Zuschlagmenge errechnet sich aus der Gleichung (s. Abschn. 4.7.1.2a, S. 138)

$$\frac{z}{\varrho_z} + \frac{w}{\varrho_w} + \frac{g}{\varrho_{Rg}} + p = 1000 \text{ dm}^3.$$

Da sich im vorliegenden Falle g aus 4 Körnungen mit unterschiedlichen Rohdichten zusammensetzt, wird zweckmäßigerweise in Tabellenform weitergerechnet:

Stoff		Stoffgewicht kg/m³	Dichte bzw. [1] Rohdichte kg/dm³		Stoffraum dm³/m³	
Zement		274	:	3,1 $\longrightarrow$	88	
Wasser		145	:	1,0 $\longrightarrow$	145	
Poren		–		–	20[2]	
					253	
Zuschlag	15 Stoffr.-% 0/2 mm	⎧ 295	$\longleftarrow$	2,63 $\times$	112 ⎫	
	25 Stoffr.-% 2/8 mm	2054 ⎨ 496	$\longleftarrow$	2,65 $\times$	187 ⎬ 747	
	25 Stoffr.-% 8/16 mm	527	$\longleftarrow$	2,82 $\times$	187	
	35 Stoffr.-% 16/32 mm	⎩ 736	$\longleftarrow$	2,82 $\times$	261 ⎭	
		2473		–	1000	

[1] Werte s. Aufgabenstellung und Abschn. 4.7.1.2
[2] Porenvolumen geschätzt mit 2% (keine Zusatzmittel)

Nebenrechnung: Zement, Wasser und Poren nehmen in $1\,m^3 = 1000\,dm^3$ einen Stoffraum von $253\,dm^3$ ein. Somit verbleiben für die Zuschläge:

$$1000 - 253 = 747\,dm^3 \text{ Stoffraum, der sich aufteilt in:}$$

$$(^{15}/_{100}) \cdot 754 = 112\,dm^3 \text{ Körnung } 0/2 \text{ mm}$$
$$(^{25}/_{100}) \cdot 754 = 187\,dm^3 \text{ Körnung } 2/8 \text{ mm}$$
$$(^{25}/_{100}) \cdot 754 = 187\,dm^3 \text{ Körnung } 8/16 \text{ mm}$$
$$(^{35}/_{100}) \cdot 754 = 261\,dm^3 \text{ Körnung } 16/32 \text{ mm}$$

$$747\,dm^3 \text{ Körnung } 0/32 \text{ mm}$$

Mischungszusammensetzung:

Zement:		$274\,kg/m^3$
Zuschlag (trocken):		$2054\,kg/m^3$

Davon nach obiger Tafel: 15% Quarzsand 0/2 mm: $295\,kg/m^3$
25% Quarzsand 2/8 mm: $496\,kg/m^3$
25% Basaltsplitt 8/16 mm: $527\,kg/m^3$
35% Basaltsplitt 16/32 mm: $736\,kg/m^3$

Wasser: $145\,kg/m^3$

Frischbeton-Soll-Rohdichte: $2473\,kg/m^3$

Wasserzementwert $\omega = w/z = 145/274 \leqq 0,53$ (Soll)

b) Stoffmengen für Eignungsprüfung (s. Abschn. 4.7.2.3b)

Herstellung von 9 Stück 20-cm-Würfeln = $9 \times 8\,dm^3$ $= 72\,dm^3$
Messung der Luftporen, Verluste etc. $= 18\,dm^3$
Stoffmenge für Eignungsprüfung $V_M = 90\,dm^3$

Zement: $\dfrac{274 \cdot 90}{1000} = 24,7\,kg$

Zuschlag (trocken):

Körnung 0/2 mm: $\dfrac{295 \cdot 90}{1000} = 26,8\,kg$

Körnung 2/8 mm: $\dfrac{496 \cdot 90}{1000} = 44,6\,kg$

Körnung 8/16 mm: $\dfrac{527 \cdot 90}{1000} = 47,9\,kg$

Körnung 16/32 mm: $\dfrac{736 \cdot 90}{1000} = 66,2\,kg$

Gesamtwasser: $\dfrac{145 \cdot 90}{1000} = 13,0\,kg$

(Kontrolle des Zementgehaltes am verdichteten Frischbeton wie in Aufgabe 1)

c) Beschickung eines 1250-l-Mischers
unter Berücksichtigung der Eigenfeuchtigkeit der Zuschläge

Nach Abschnitt 4.7.2.3a errechnet sich die Beschickung für den trockenen Zuschlag für einen $1,25\,m^3$-Mischer

Gesamtzuschläge (trocken): $2054 \cdot 1,25 = 2568\,kg/\text{Mischercharge}$

Zuschläge: Unter Berücksichtigung der festgestellten Eigenfeuchtigkeit der einzelnen Körnungen (s. Abschn. 4.7.1.2a):

Korngruppe mm	Ermittelte Feuchtigkeit M.-%	Zuschlag trocken kg/M	Feuchtigkeits- anteil kg/M	Gewicht des feuchten Zuschlags kg/M
0/2	5,0	369 (295 · 1,25)	18,5	387
2/8	3,5	620 (496 · 1,25)	21,7	642
8/16	2,0	659 (527 · 1,25)	13,2	672
16/32	1,5	920 (736 · 1,25)	13,8	934
0/32	–	2568	67,2	2635

Gesamtbedarf je Mischercharge (M):

Zement:	274 · 1,25	rd. 343 kg/M
Wasserzugabe:	145 · 1,25 − 67	rd. 114 kg/M

Zuschläge (feucht): Körnung 0/2 mm   rd. 387 kg/M
Körnung 2/8 mm   rd. 642 kg/M
Körnung 8/16 mm   rd. 672 kg/M
Körnung 16/32 mm   rd. 934 kg/M

4.8 Eigenschaften des erhärteten Betons und deren Prüfung (Technologie des Festbetons)

4.8.1. Festigkeitseigenschaften

4.8.1.1. Druckfestigkeit

Die Druckfestigkeitsbestimmung von Beton kann durch Druckprüfmaschinen (Druckpressen) an Würfeln, an Zylindern, an Bohrkernen sowie an ausgestemmten und zu würfeligen Prüfkörpern ausgeschnittenen Betonteilen erfolgen.

Weiterhin sind unter bestimmten Bedingungen näherungsweise Überprüfungen der Betongüte durch Oberflächenprüfverfahren mittels Rückprallhammer möglich sowie in begrenztem Umfang Ultraschallmessungen.

a)   Druckprüfungen an gesondert hergestellten Probekörpern
(DIN 1048, Teil 1 und 5)

a.1) Gestalt und Abmessungen der Probekörper

Voraussetzung für einwandfreie Prüfergebnisse sind völlig planebene und planparallele Druckflächen der Prüfkörper (Verwendung von Formen aus Gußeisen oder Stahl oder anderen nichtsaugenden Werkstoffen).

Würfel sollen je nach Korngröße des Zuschlags 100, 150, 200 oder 300 mm Kantenlänge haben und Zylinder 100, 150, 200 oder 300 mm Durchmesser mit jeweils doppelter Höhe des Durchmessers. Regelgröße bei Würfeln 200 mm und bei Zylindern 150 mm ⌀ mit 300 mm Höhe (DIN 51 229).

Die kleinsten Abmessungen des Probekörpers sollen mindestens das Vierfache der Größtkornabmessungen betragen.

a.2) Herstellen der Probekörper

Da die Probekörper die gleiche Konsistenz und den gleichen Verdichtungsgrad aufweisen müssen wie der Baustellenbeton, erfolgt deren Verdichtung in entsprechender Weise durch Rütteln, Stampfen oder Stochern (Beton mit luftporenbildenden Zusätzen nicht mit Innenrüttlern).

Zum Füllen der Probekörperformen, die zuvor leicht einzuölen oder mit Entschalungsmitteln zu behandeln sind, werden Aufsatzrahmen verwandt.

Beim Verdichten durch Stampfen oder Stochern erfolgt das Einbringen des Betons in die Formen in Lagen von höchstens 15 cm verdichteten Materials, wobei nach dem Einfüllen jeder Lage rundum an den Wandungen der Formen zur Beseitigung von Hohlräumen mit einem Spatel (oder Kelle) herunterzustechen ist. Für das Stampfen von steifem Beton sind 12 kg schwere eiserne Stampfer, für das Stochern Stäbe zu verwenden. (Vor Aufbringen einer neuen Schicht wird die untere Schicht mittels Spatel oder Kelle aufgerauht.)

Durch Rütteln zu verdichtender Beton ist fast bis zum oberen Rand des Aufsatzrahmens einzufüllen.

Innenrüttler sind i. allg. in der senkrechten Achse der Formen bis 2 cm über Bodenhöhe einzuführen und so lange in dieser Stellung zu belassen, bis das Austreten von größeren Luftblasen an der Oberfläche deutlich nachgelassen hat. Bei 300- mm-Würfel erfolgt das Eintauchen zusätzlich in den 4 Ecken. (Keine Verwendung von Innenrüttlern bei Zugabe von LP-Mitteln.)

Beim langsamen Herausziehen des Rüttlers muß sich der von der Rüttelflasche erzeugte Hohlraum wieder schließen.

Beim Verdichten mittels Rütteltisch genügt es, die Formen lose auf den Rütteltisch zu stellen (bei Leichtbeton evtl. mit Auflast).

> Beim Verdichten von Beton mit Zuschlägen stark unterschiedlicher Rohdichte (z. B. Leichtzuschläge mit Sand) ist darauf zu achten, daß der Beton sich nicht entmischt. Leichtbeton mit offenem Gefüge (Haufwerksporigkeit) ist nur so weit zu verdichten, daß keine größere Rohdichte als im Bauwerk entsteht.

Das Abziehen des überstehenden Betons erfolgt bündig mit den Formrändern mittels Stahllineal.

Während des Erstarrens sind die Formen vor Erschütterungen (z. B. beim Befördern) zu schützen.

Ausschalen je nach Erhärtung, in der Regel etwa nach 24 Stunden. Lagerung auf Lattenrosten nach den Erfordernissen der Eignungs- und Güteprüfung sowie der Erhärtungsprüfung (s. Abschn. 4.2.2.1.).

a.3) Druckfestigkeitsprüfung

Die Lastaufbringung erfolgt i. allg. senkrecht zur Einfüllrichtung des Betons, d. h. bei Würfeln auf den Seitenflächen, bei Bohrkernen und Zylindern jedoch in Richtung der Längsachse (Abgleichen oder Abschleifen der Einfülloberfläche).

Unebenheiten bedingen punktförmige Belastungen und damit ungünstige Ergebnisse. Vor der Prüfung sind daher die Probekörper auf Ebenheit zu prüfen. Bei Abweichung von der Ebenheit um mehr als 0,1 mm sind die Prüfflächen dünn mit Zementmörtel (MV = 1 : 1 n. RT aus Z 45 oder Z 55 + Sand 0/1) auf geschliffenen Spiegelglas- bzw. Stahlplatten abzugleichen (zweitägige Feuchtlagerung), oder die Prüfflächen sind mit einer Präzisionsschleifmaschine abzuschleifen.

$$\text{Druckfestigkeit } \beta_D = F/A \text{ in N/mm}^2$$

F = Höchstlast in N; A = Druckfläche in der Mitte des Würfels gemessen in mm^2.

Da die Prüfgeschwindigkeit von Einfluß auf das Festigkeitsergebnis ist, ist die Druckspannung um etwa 0,5 N/mm^2 in der Sekunde zu steigern, d. i. bei 200-mm-Würfeln eine Laststeigerung der Druckpresse um $20 \times 20 \times 5 = 20$ kN/s.

Vor der Prüfung ist die Feststellung der Probekörperabmessung in mm und des Gewichtes mit 0,1 kg Genauigkeit zur Ermittlung der Rohdichte erforderlich (s. Abschn. 4.3.2.).

Anforderungen an Werkstoffprüfmaschinen DIN 51223, Ausg. 12.81.

a.4) Einfluß der Prüfkörpergröße

Die Ergebnisse der Druckfestigkeit sind zufolge der Prüfplattenreibung (Behinderung der Querdehnung) von der Prüfkörpergröße abhängig:

Plattenförmige Prüfkörper sowie kleinere Prüfwürfel ergeben größere Druckfestigkeiten als 200-mm-Würfel gleichen Betons; größere Prüfwürfel haben geringere Druckfestigkeitsergebnisse

Werden an Stelle von 200-mm-Würfeln solche mit 150 mm Kantenlänge verwendet, so darf die Beziehung

$$\beta_{W_{200}} = 0,95 \; \beta_{W_{150}}$$

verwendet werden.

Für die Druckfestigkeit β_C von zylindrischen Prüfkörpern mit 150 mm $\varnothing$ und 300 mm Höhe sind nach DIN 1045 zur Umrechnung auf die Druckfestigkeit β_W der Regelwürfelgröße (200-mm-Würfel) bei gleichartiger Lagerung folgende Beziehungen gegeben:

Für Betongüten $\leqq$ B 15 $\beta_W \sim 1{,}25\,\beta_C$ bzw. $\beta_C \sim 0{,}80\,\beta_W$
Für Betongüten $\geqq$ B 25 $\beta_W \sim 1{,}18\,\beta_C$ bzw. $\beta_C \sim 0{,}85\,\beta_W$

Bei Verwendung von Würfeln und Zylindern anderer Größe muß das Druckfestigkeitsverhältnis zum 200-mm-Würfel über eine Eignungsprüfung nachgewiesen werden.

a.5) Berücksichtigung des Prüfalters

Soll bei Eignungs- und Güteprüfungen bereits von der 7-Tage-Würfelfestigkeit β_{W_7} auf die 28-Tage-Festigkeit $\beta_{W_{28}}$ geschlossen werden oder auch umgekehrt von der 28-Tage- auf die 7-Tage-Festigkeit, so dürfen gemäß DIN 1045 je nach Zementfestigkeitsklasse die Beziehungen der Tafel 37 angenommen werden.

Tafel 37:

Zementfestigkeit	$\beta_{W_{28}}$	β_{W_7}
32,5	$\geqq 1{,}3\,\beta_{W_7}$	$\geqq 0{,}77\,\beta_{W_{28}}$
32,5 R und 42,5	$\geqq 1{,}2\,\beta_{W_7}$	$\geqq 0{,}83\,\beta_{W_{28}}$
42,5 R und 52,5	$\geqq 1{,}1\,\beta_{W_7}$	$\geqq 0{,}91\,\beta_{W_{28}}$

Die Zugrundelegung anderer Verhältnisse erfordert Nachweis durch Eignungsprüfungen!

Beispiel:

Festgestellte 7-Tage-Druckfestigkeit bei Verwendung eines Z 32,5 R:

Kleinstwert β_{W_7} = 38,0 N/mm² $\qquad$ $\beta_{W_{28}}$ = 1,2 · 38,0 $\geqq$ 46 N/mm²
β_{Wm} = 44,0 N/mm² $\qquad$ β_{Wm} = 1,2 · 44,0 $\geqq$ 53 N/mm²

Haben Prüfkörper ein höheres Prüfalter als 28 Tage, so sind zur Feststellung der auf das 28-Tage-Prüfergebnis bemessenen Betonfestigkeitsklasse infolge der zwischenzeitlichen Nachhärtung je nach Zementklasse bestimmte Abzüge erforderlich, die aus Erfahrungswerten zu entnehmen sind (s. Abschn. 4.5.4.).

Der Nachweis der Würfeldruckfestigkeit darf auch für einen späteren Zeitpunkt vereinbart werden, wenn dies z. B. durch die Verwendung von langsam erhärtenden Zementen zweckmäßig und bei der vorliegenden Beanspruchung zulässig ist.

b) Prüfung von Beton an Bauwerken und Bauteilen
(DIN 1048, Teil 2 und Teil 4)

Die Druckfestigkeit des Betons in Bauwerken oder Bauteilen kann an entnommenen Proben durch zerstörende Prüfung oder durch zerstörungsfreie Schlagprüfungen oder durch Kombination beider Verfahren bestimmt werden.

Die Prüfung des Betons im Bauwerk oder Bauteil entspricht einer Erhärtungsprüfung. Sie kann deshalb wegen abweichender Erhärtungsbedingungen gegenüber einem in Formen hergestellten und normgerecht gelagerten Beton trotz gleicher Betonzusammensetzung unterschiedliche Druckfestigkeiten ergeben.

b.1) Zerstörende Prüfverfahren

Soweit nicht Beton- und Stahlbetonfertigteile geeigneter Form unmittelbar prüfbar sind, können Probekörper, i. allg. bei Druckfestigkeiten über 10 N/mm², ohne Gefügezerstörung als Bohrkerne im Naßbohrverfahren entnommen werden (s. Abb. 56).

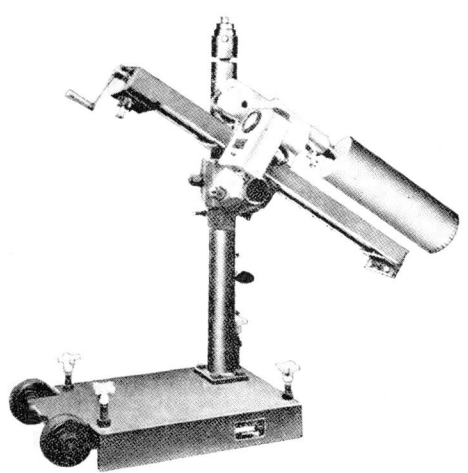

Abb. 56.

Bohrkern-Entnahmegerät mit Diamant-Bohrkrone

Der Durchmesser der Bohrkerne soll vorzugsweise 150 mm oder 100 mm betragen. Die Druckfestigkeit der geprüften Bohrkerne darf der Druckfestigkeit von 200-mm-Würfeln gleichgesetzt werden, wenn $\varnothing:h = 1:1$ betragen.

In Sonderfällen, z. B. bei feingliederigen oder stark bewehrten Bauteilen, dürfen auch Bohrkerne mit kleinerem Durchmesser bis zu 50 mm verwendet werden. Hierfür gilt $0,9 \cdot \beta_{C_{50}} = \beta_{W_{200}}$.

Die erforderliche Anzahl der Prüfkörper richtet sich nach der in DIN 1045 für Güteprüfungen geforderten Anzahl Probekörper. Es sind erforderlich:

Einfache Anzahl Proben bei Durchmesser bzw. Kantenlänge der Proben $\geqq 100$ mm.

Eineinhalbfache Anzahl Proben bei Durchmesser bzw. Kantenlänge der Proben < 100 mm und Zuschlaggrößtkorn $\leqq 16$ mm.

Doppelte Anzahl Proben bei Durchmesser bzw. Kantenlänge der Proben < 100 mm und Zuschlaggrößtkorn > 16 mm.

Die Ebenheit der Druckflächen der Prüfkörper kann durch Naßschleifen bzw. Abgleichen mit Zementmörtel erreicht werden.

Die Prüfkörperhöhe, einschl. gegebenenfalls aufgebrachter Abgleichschichten, soll dem 0,9- bis 1,1fachen ($\pm 10\%$) des Durchmessers betragen.

Bewehrungsstäbe dürfen in Druckrichtung nicht vorhanden sein. Bewehrungsstäbe senkrecht oder schräg zur Druckrichtung wirken sich i. allg. festigkeitsmindernd aus. Deshalb brauchen Prüfkörper mit einem Bewehrungsanteil $\geqq 1$ Vol.-% im mittleren Drittel der Prüfkörperhöhe oder > 5 Vol.-% im ganzen Prüfkörper bei der Auswertung nicht berücksichtigt zu werden.

Die Probekörper müssen bei der Prüfung lufttrocken sein und sollten deshalb bis zur Prüfung etwa 3 Tage in Raumluft lagern.

b.2) Zerstörungsfreie Prüfverfahren

Unter bestimmten, in der DIN 1048, Teil 2, festgelegten Voraussetzungen lassen sich an Normalbeton und Leichtbeton mit geschlossenem Gefüge zerstörungsfreie Prüfungen mit dem Rückprallhammer, s. Abb. 57 und 58, vornehmen, deren aus der elastischen Verformbarkeit der oberflächennahen Schichten sich ergebende Kennwerte Schlüsse auf die Betonfestigkeitsklasse nach Tabellen zulassen (Tabelle 2 der DIN 1048, Teil 2).

Abb. 57.

Rückprallhammer

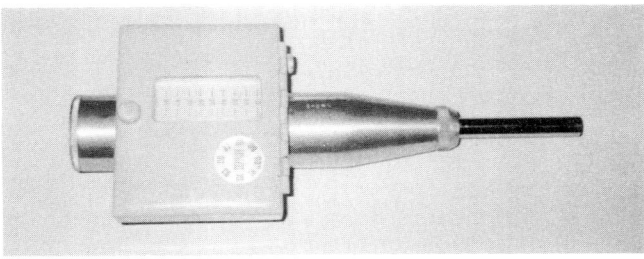

Abb. 58.

Rückprallhammer mit
Registriereinrichtung

Schlagprüfungen dürfen nicht an durchfeuchteten, gefrorenen oder durch besondere Einwirkung geschädigten Betonflächen durchgeführt werden.

Die Anzahl der Meßstellen muß dreimal so groß sein wie die nach DIN 1045 für Güteprüfungen geforderte Probenzahl.

Prüfung mit dem Rückprallhammer

Messung des federnd gespeicherten Rückprallanteiles des Schlaggewichtes des Rückprallhammers als Rückprallstrecke R auf einer Skala des Hammers, das durch einen mechanisch ausgelösten Federschlagbolzen auf die Oberfläche des zu prüfenden Betons trifft.

Die Schlagstellen sind gleichmäßig auf Meßstellen von $2\,dm^2$, die von lose anhaftenden Teilen und Überzügen, z. B. mit einem Schmirgelstein, befreit sind, in Abständen von 3 cm (von Betonkante 4 cm entfernt) vorzunehmen. (Beim Betonieren obengelegene Flächen müssen bis auf die Zuschlagkörner geglättet werden.)

Erkennbare große Zuschlagkörner und Fehlstellen sind zu meiden.

Vor jeder Prüfung ist der Hammer auf einem Prüfamboß zu überprüfen.

An einer Meßstelle sind jeweils 10 Werte zu ermitteln und das arithmetische Mittel R_m zu errechnen.

Der Einfluß der Schlagrichtung des stets senkrecht auf die Prüfstelle aufzusetzenden Hammers ist bei abweichender Schlagrichtung von der Waagerechten wegen des Einflusses der Erdschwere durch einen in der Norm angegebenen Korrekturwert zu berücksichtigen.

Beurteilung der Prüfergebnisse

Der nach DIN 1048, Teil 2, geprüfte Beton darf für den Tragfähigkeitsnachweis einer Festigkeitsklasse zugeordnet werden, wenn er bei der Prüfung ein Betonalter von 28 bis 90 Tagen aufweist und

bei zerstörenden Prüfungen die Ergebnisse der Prüfungen mindestens 85% der Nenn- und Serienfestigkeit der DIN 1045 erreichen,

bei zerstörungsfreien Schlagprüfungen die Ergebnisse den in Tabelle 2 DIN 1048, Teil 2, angegebenen Werten entsprechen.

Unter Berücksichtigung der DIN 1048, Teil 4, kann auch Beton im jüngeren oder höheren Alter beurteilt sowie durch Anwendung der Kombination von zerstörenden und zerstörungsfreien Prüfungen eine „Bezugsgerade" ermittelt werden, nach der die Betonfestigkeitsklasse statt nach den in der DIN 1048, Teil 2, angegebenen Tabellenwerten beurteilt werden kann.

b.3) Weitere Prüfverfahren

Zur Feststellung der Gleichmäßigkeit des Betongefüges (z. B. Risse, verdeckte Kiesnester) können Messungen mit Ultraschallgeräten oder radioaktiven Stoffen durchgeführt werden. Mit Ultraschall sind zudem auch grobe Bestimmungen der Betonfestigkeiten über den E-Modul zufolge veränderlicher Impulslaufzeiten des Schalls oder entstehender Resonanzfrequenz bei verschiedener Gefügedichte möglich. DIN 54 119, Ausg. 8. 81, „Ultraschallprüfung; Begriffe" und DAfSt Heft 422 „Prüfung von Beton; Empfehlungen und Hinweise als Ergänzung zu DIN 1048".

Anwendung vorzugsweise zur Beobachtung des Erhärtungsverlaufs und der Zerstörung bei Frostbeanspruchung sowie bei Lagerung von Probekörpern in chemischen Agenzien.

4.8.1.2. Zugfestigkeit (Heft 422 DAfSt)

Im allgemeinen werden im Stahlbetonbau bei der Beanspruchung von Biegequerschnitten vom Beton die Druck- und vom Betonstahl die Zugspannungen aufgenommen. Die Bemessung erfolgt nach Stadium II, wobei angenommen wird, daß die Zugzone des Betons gerissen ist.

Bei Bauteilen, die jedoch auch in der Zugzone rissefrei sein müssen, wie z. B. Rohre, Behälter, besondere Betonplatten, sowie bei dynamischer und Dauerlastbeanspruchung ist eine möglichst hohe Zugfestigkeit des Betons von besonderer Bedeutung. Die Bemessung erfolgt hierbei nach Stadium I.

Bei der nichtgenormten Prüfung werden Zylinder 150/300 mm mit einer Belastungsgeschwindigkeit von rd. 0,05 N/mm^2 je Sekunde bis zum Zugbruch belastet.

Abb. 59.

Prüfung der Betonzugfestigkeit

$$\text{Zugfestigkeit: } \beta_Z = \frac{4 \cdot F}{\pi \cdot d^2} = 1{,}27 \cdot \frac{F}{d^2} \text{ in N/mm}^2$$

β_Z = Zugfestigkeit in N/mm^2; F = Höchstlast in N; d = Durchmesser des Probekörpers in mm

Hierzu werden auf die zunächst abgeschliffenen und aufgerauhten Stirnflächen der Betonzylinder in der Regel 7 bis 14 Tage vor der Prüfung ausreichend steife stählerne Platten zur Lasteintragung mit Zweikomponenten-Kunststoffkleber aufgeklebt, auf die kurz vor der Prüfung zur zwängungsfreien und zentrischen Lasteinleitung kalottenartig gelagerte Stahlplatten mit Zugstangen aufgeschraubt werden (Abb. 59).

Wegen des relativ großen Versuchsaufwandes zur Bestimmung der Zugfestigkeit haben sich in der Praxis zur Ermittlung eines Kennwertes für die Zugfestigkeit andere einfachere Prüfungen wie die Biegezug- und Spaltzugprüfung durchgesetzt.

4.8.1.3. Biegezugfestigkeit (DIN 1048, Teil 1 und 5)

Die Biegezugfestigkeit wird vorzugsweise an Betonbalken mit den Abmessungen 150 × 150 × 700 mm geprüft. Bei Größtkorn > 32 mm Balkengröße 200 × 200 × 900 mm.

Die Lastaufbringung erfolgt mit 2 gleichgroßen Schneidenlasten F/2 senkrecht zur Einfüllrichtung in den Drittelpunkten der Stützweite l, die 10 cm kleiner als die Balkenlänge ist, d. h. 60 (bzw. 80) cm (Abb. 60).

Die Biegezugfestigkeit β_{BZ} errechnet sich aus der Bruchlast F (= Höchstlast + Eigenlast der Lastverteilungseinrichtung) nach der Formel:

$$\beta_{BZ} = F \cdot \frac{l}{b \cdot h^2} \text{ in N/mm}^2$$

l = Stützweite des Balkens; b = Breite des Balkens im Bruchquerschnitt; h = Mittlere Höhe im Bruchquerschnitt in mm.

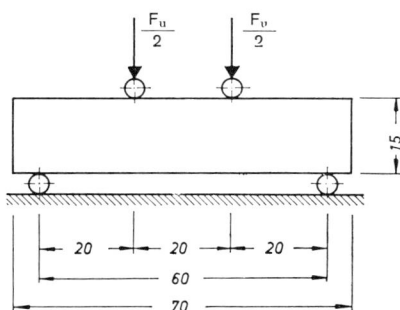

Abb. 60.

Biegezugversuch nach DIN 1048

Die Laststeigerung erfolgt so, daß die Biegespannung je Sekunde um etwa 0,05 N/mm^2 zunimmt (d. i. etwa 280 N/s beim Balken 150×150×700 mm und etwa 500 N/s beim Balken 200×200×900 mm.

Wird die Prüfung an Betonbalken für den Straßenbau nach „ZTV-Beton 91" mit 100 mm Höhe, 150 mm Breite und 700 mm Länge vorgenommen, so erfolgt – falls nicht anders vereinbart – mittige Belastung.

Die Biegezugfestigkeit ergibt sich aus der Formel

$$\beta_{BZ} = M/W = 1{,}5 \cdot F \cdot l/(b \cdot h^2) \text{ in N/mm}^2$$

M = Biegemoment = F · l/4 Nm; W = Widerstandsmoment = b·h^2/6 mm^3

Laststeigerung 170 N/s

Dieses Ergebnis erbringt etwas höhere und stärker streuende Werte als bei einer Belastung in den Drittelpunkten.

Bei Bordsteinen (DIN 483) und Gehwegplatten (DIN 485) erfolgt die Biegezugprüfung ebenfalls durch mittige Belastung.

Bei Biegezugfestigkeitsprüfungen stets vorausgehende Unterwasserlagerung der Biegekörper bis unmittelbar vor der Prüfung zur Vermeidung ungünstiger Spannungsüberlagerungen infolge Schwindspannungen beim Austrocknen des Betons.

Herstellung der Probekörper (Abb. 61)

Nach Füllen der Form einschließlich Aufsatzkasten erfolgt schräges Einsetzen des Innenrüttlers in der Längsachse des Balkens an mindestens vier Stellen bei längeren Balken an mehr Stellen) mit Eintauchtiefe 2 cm über der Bodenplatte im gleichen Verfahren wie bei Würfeln. Beim Entschalen zur Vermeidung von Beschädigungen nach 24 Stunden zunächst nur Seitenschalung entfernen.

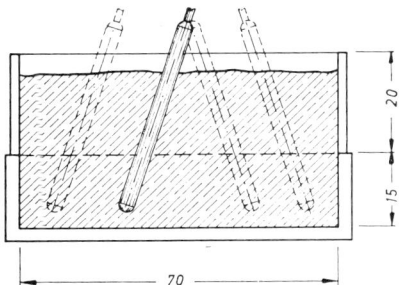

Abb. 61.

Einsetzen des Innenrüttlers bei der Balkenherstellung

4.8.1.4. Spaltzugfestigkeit (DIN 1048, Teil 5)

Die Bestimmung der Spaltzugfestigkeit des Betons kann an zylindrischen Prüfkörpern oder an Prüfkörpern mit rechteckigem Querschnitt bis zum Seitenverhältnis 1 : 1,5 (Würfel oder Balkenreste) erfolgen.

Aus der Spaltzugfestigkeit lassen sich Beziehungen zur Biegezugfestigkeit und zur Zugfestigkeit sowie in weiteren Grenzen auch zur Druckfestigkeit des Betons herleiten.

Durchführung der Prüfungen

Die von der Druckpresse (gemäß Abb. 62 u. 63) auf zwei gegenüberliegenden Streifen aus Hartfilz oder Holzfaserhartplatten (von 10 mm Breite und 5 mm Dicke) aufgebrachte Schneidenlast wird bis zum Spalten des Prüfkörpers so gesteigert, daß die Spaltzugspannung je Sekunde um 0,05 N/mm² zunimmt (d. i. bei Zylindern von 150 mm ⌀ und 300 mm Höhe eine Laststeigerung von 3,5 kN/s).

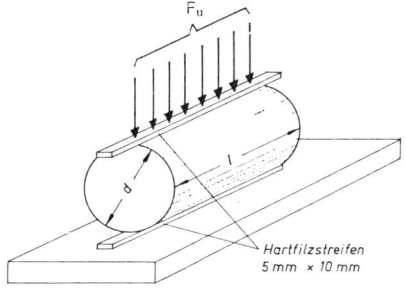

Abb. 62.

Spaltzugfestigkeitsprüfung an Zylindern

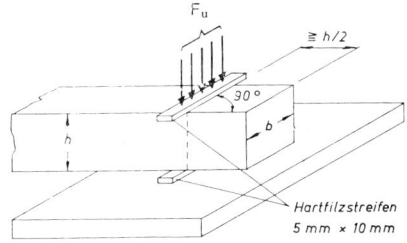

Abb. 63.

Spaltzugfestigkeitsprüfung an prismatischen Prüfkörpern

Aus der erreichten Höchstlast erfolgt die Errechnung der Spaltzugfestigkeit β_{SZ}:

a) Bei zylindrischen Prüfkörpern

$$\beta_{SZ} = \frac{2}{\pi} \cdot \frac{F}{d \cdot l} = \frac{0,64 \cdot F}{d \cdot l} \text{ in N/mm}^2$$

b) Bei Prüfkörpern mit rechteckigem Querschnitt

$$\beta_{SZ} = \frac{2}{\pi} \cdot \frac{F}{b \cdot h} = \frac{0,64 \cdot F}{b \cdot h} \text{ in N/mm}^2$$

c) Bei Würfeln (Kantenlänge a)

$$\beta_{SZ} = 0,64 \cdot F/a^2 \text{ in N/mm}^2$$

Die Probekörper werden bis zur Prüfung unter Wasser gelagert.

4.8.1.5. Festigkeitsverhältniswerte*)

Die Druckfestigkeit beträgt je nach Betonfestigkeit (im Bereich 10–60 N/mm²):

etwa das 8- bis 14,5fache der Spaltzugfestigkeit,
etwa das 4- bis 10fache der Biegezugfestigkeit bei Splittbeton,
etwa das 5- bis 12fache bei Kiessandbeton.

Die Biegezugfestigkeit beträgt je nach Betonfestigkeit (im Bereich 1–6 N/mm²):

etwa das 2- bis 1,5fache der Spaltzugfestigkeit,
etwa i. M. das 2fache der Zugfestigkeit.

Die Zugfestigkeit beträgt:

etwa i. M. das 0,75fache der Spaltzugfestigkeit.

4.8.1.6. Oberflächenzugfestigkeit (DIN 1048, Teil 2)

Zum Schutz oder zur Sanierung von Betonbauwerken werden Kunststoffbeschichtungen oder kunststoffmodifizierte Mörtel angewendet. Diese haben jedoch nur dann eine ausreichende Lebensdauer, wenn neben anderen Faktoren auch die oberflächennahen Betonzonen, die beschichtet werden sollen, in der Lage sind, die zwischen Beschichtung und Beton auftretenden Beanspruchungen aufzunehmen.

Zur Prüfung der Eignung der Betonoberfläche dient die Oberflächenzugfestigkeit (Abreißversuch).

Hierzu werden runde Prüfstempel (Abzugplatten) mit mindestens 50 mm ∅ (Dicke des Prüfstempels ≧ ½ ∅) auf die zu prüfende Betonoberfläche aufgeklebt.

Je nach Prüfzweck und Anforderung wird der Zugversuch entweder ohne oder an einer durch eine Ringnut begrenzten Fläche durchgeführt. Die Ringnut wird mit einer diamantenbesetzten Krone gebohrt, die etwa ⅕ ∅ in den Beton eingreifen soll.

Gewindebohrungen in den aufgeklebten Prüfstempeln dienen zur Aufnahme von zentrischen Zugstangen, die mit einer transportablen oder stationären Zugvorrichtung verbunden werden, die in der Lage ist, die Zugkräfte momenten- und querkraftfrei in die Prüffläche einzuleiten.

Die Belastungsgeschwindigkeit soll 0,05 N/mm² in der Sekunde betragen. Für Stempel d_s = 50 mm entspricht dies einer Kraftsteigerung von ca. 100 N/sec.

Aus der erreichten Höchstkraft F ergibt sich die Oberflächenzugfestigkeit zu:

$$\beta_{oz} = \frac{4 \cdot F}{\pi \cdot d_s^2} \text{ in N/mm}^2$$

Für d_s = 50 mm und F in N:

$$\beta_{oz} = \frac{0,51 \cdot F}{1000} \text{ in N/mm}^2$$

*) s. a. BONZEL: Biegezug- und Spaltzugfestigkeit des Betons. Beton-Verlag, Düsseldorf.

Die Bruchfläche ist nach Augenschein zu beurteilen:

B = Bruch im Beton
K = Bruch in der Klebefuge
A = Bruch in der Grenzfläche Kleber / Beton

Bei wechselndem Bruchverlauf sind erforderlichenfalls Flächenanteile abzuschätzen.

Bei nicht frei gebohrten Prüfflächen wird im allgemeinen ein den Prüfstempel überkragender Kegel aus der Oberfläche gerissen. Die Versuchsergebnisse liegen in der Tendenz oberhalb der für die freigebohrte Prüffläche.

Die Entscheidung über das Freibohren muß in der jeweiligen Anwendungsvorschrift in Verbindung mit der zu stellenden Mindestanforderung für die Oberflächenzugfestigkeit und die notwendige Anzahl der Versuche getroffen werden.

Im allgemeinen wird eine Betonoberfläche für eine Beschichtung als geeignet angesehen, wenn die Oberflächenzugfestigkeit 1,5 N/mm^2 beträgt.

4.8.1.7. Schleifverschleiß (Abnutzbarkeit durch Schleifen)

Der Verschleißwiderstand ist von der Betonfestigkeit und insbesondere von der Härte des Zuschlags abhängig. Dieses gilt auch für Estriche und Vorsatzschichten, z. B. bei Bordsteinen und Platten.

Die Verschleißprüfung (DIN 52 108) erfolgt an ausgeschnittenen Plattenstücken 7,1 × 7,1 cm = 50 cm^2 auf der Schleifscheibe nach Böhme (waagerecht rotierende Gußeisenplatte) mit festgelegter Umdrehungszahl unter Aufstreuen von Prüfschmirgel „Elektrokorund" (s. Abschn. 1. Natursteine, Abb. 8). Die Angabe des Verschleißes erfolgt in cm^3 je 50 cm^2 Prüffläche oder als Dickenverlust in mm.

Mindestforderungen:
Bordsteine und Gehwegplatten $\leq$ 15 cm^3/50 cm^2
Hartbetonestriche mit künstlichen oder natürlichen Hartzuschlägen $\leq$ 1,5–6 cm^3/50 cm^2.
(Vgl.: Granit $\leq$ 5–8 cm^3/50 cm^2, Kalkstein $\leq$ 15–40 cm^3/50 cm^2.)

(Herstellen von Beton mit hohem Verschleißwiderstand, s. Abschn. 4.9.4.).

4.8.1.8. Sonstige Festigkeiten

Scherfestigkeit ist die bis zum Bruch erreichte Höchstspannung beim Abscheren, wobei die Abscherkraft parallel zur Scherfläche wirksam ist. Bedeutung bei Klebeverbindungen im Betonbau, bei Verbindungen durch Nieten, Schrauben, Schweißnähten im Stahlbau und Bolzen, Dübel, Nägel, Leimen im Holzbau.

Schubfestigkeit ist die im Biegeversuch erreichte höchste Spannung infolge unterschiedlicher Verformung der horizontalen Schichten.

Torsionsfestigkeit ist die höchste erreichbare Spannung bei einer Beanspruchung auf Verdrehen.

Schlagfestigkeit ist der Widerstand gegen Schlagbeanspruchung, d. h. die Arbeit, die erforderlich ist, um eine Probe durch Schlag zum Bruch zu bringen.

4.8.2. Undurchlässigkeit

4.8.2.1. Porenraum, Wasseraufnahme und Wasseraufnahmekoeffizient
(DAfSt, Heft 422)

a) Ermittlung des Porenvolumens

Die Festbetondichtigkeit ergibt sich aus dem Porenraum des Frischbetons und aus den Hohlräumen, die durch Verdunsten des vom Zement nicht gebundenen Wassers entstanden und im Zementstein fein verteilt sind.

Die im Festbeton dadurch vorliegenden verschiedenen Porenarten umfassen unterschiedliche Größenbereiche. Sie lassen sich aufgrund ihrer Porengröße unterscheiden in:

- Verdichtungsporen   (VP)   Millimeterbereich
- Mikroluftporen (künstlich eingeführt) (LP) $> 30\,\mu m$
- Kapillarporen   (KP) $< 50\,\mu m$
- Gelporen   (GP) $< 50\,nm$

Unter dem Dichtigkeitsgrad (d) wird das Verhältnis der Rohdichte des getrockneten Festbetons ($\varrho_{Rb,\,od}$) zur Betondichte (ϱ_b) verstanden:

$$d = \varrho_{Rb,\,od}/\varrho_b$$

Entsprechend ist der Undichtigkeitsgrad (u) die Differenz des Dichtigkeitsgrades zur Raumeinheit (1):

$$u = 1 - d$$

Der Gesamtporengehalt des Betons (P) beträgt somit in Volumen-%:

$$p = (1 - \varrho_{Rb,\,od}/\varrho_b) \cdot 100 \quad bzw. \quad \frac{\varrho_b - \varrho_{Rb,\,od}}{\varrho_b} \cdot 100 \text{ in Vol.-\%}$$

Die Dichte des Betons wird mit dem Pyknometer (s. Abb. 15) festgestellt:

$$\varrho_b = m_{b,\,d}/V \text{ [kg/dm}^3]$$

$m_{b,\,d}$ = Eingewogene Betonmenge (pulverisiert), getrocknet
V   = Im Pyknometer (Glasgefäß mit geeichtem Volumen) durch die Betonmenge $m_{b,\,d}$ verdrängtes Benzol

Beispiel: Dichte von Kiessandbeton ϱ_b = 2,62 kg/dm³
            Rohdichte des Festbetons (getrocknet) $\varrho_{Rb,\,od}$ = 2,34 kg/dm³
            p = (1 − 2,34/2,62) · 100 = 10,7 Vol.-%

Der Porenraum von erhärtetem Normalbeton liegt zwischen 8–20 Vol.-%; bei Leichtbeton, je nach Haufwerk- und Eigenporigkeit, bis zu 80% (Bims).

Mit erhöhtem Porenraum nimmt die Festigkeit des Betons entsprechend ab.

b) Wasseraufnahme

Die Wasseraufnahme des Betons ist ebenso wie die Wasserundurchlässigkeit vom Porenraum, von der Porenart und von der Porenverteilung abhängig. Sie wird in Anlehnung an das Verfahren bei Naturstein (DIN 52 103) bei normalem Luftdruck geprüft und kann zusätzlich auch bei 150 bar geprüft werden (DIN 52 113).

Verfahrensweise. Nach Trocknung bis zur Gewichtskonstanz erfolgt die Einlagerung der Prüfkörper in Wasser zwecks Entweichens der Luft stufenweise, zunächst zur Hälfte, nach 1 Stunde voll eintauchend. Die Prüfkörper bleiben bis zum Erreichen des Sättigungszustandes unter Wasser.

Die Gewichtszunahme auf das Trockengewicht bezogen ergibt die Wasseraufnahme W_{ma} in Massenprozent:

$$W_{ma} = \frac{m_{wa} - m_d}{m_d}$$

Zur Umrechnung der Wasseraufnahme auf Volumenprozent sind die Massenprozente mit der Rohdichte des Betons zu multiplizieren.

Die Wasseraufnahme bei normalem Luftdruck in Volumenprozent wird auch als „scheinbare Porosität" bezeichnet.

Beispiel: Wasseraufnahme 3,2 M.-%, Betonrohdichte 2,40 kg/dm³
            W_{ma} = 2,40 · 3,2 = 7,7 Vol.-%

Die Wasseraufnahme unter Druck von 15 N/mm² (W_{a15}) erfolgt im Drucktopf unter Wasser bei einem Druck von 15 N/mm² (150 bar) über einen Zeitraum von 24 Std. Anschließend wird die Masse m_{wa15} bestimmt und W_{ma15} nach der gleichen Formel berechnet.

Die Wasseraufnahme bei 15 N/mm² in Volumenprozent entspricht etwa dem tatsächlichen Porenvolumen.

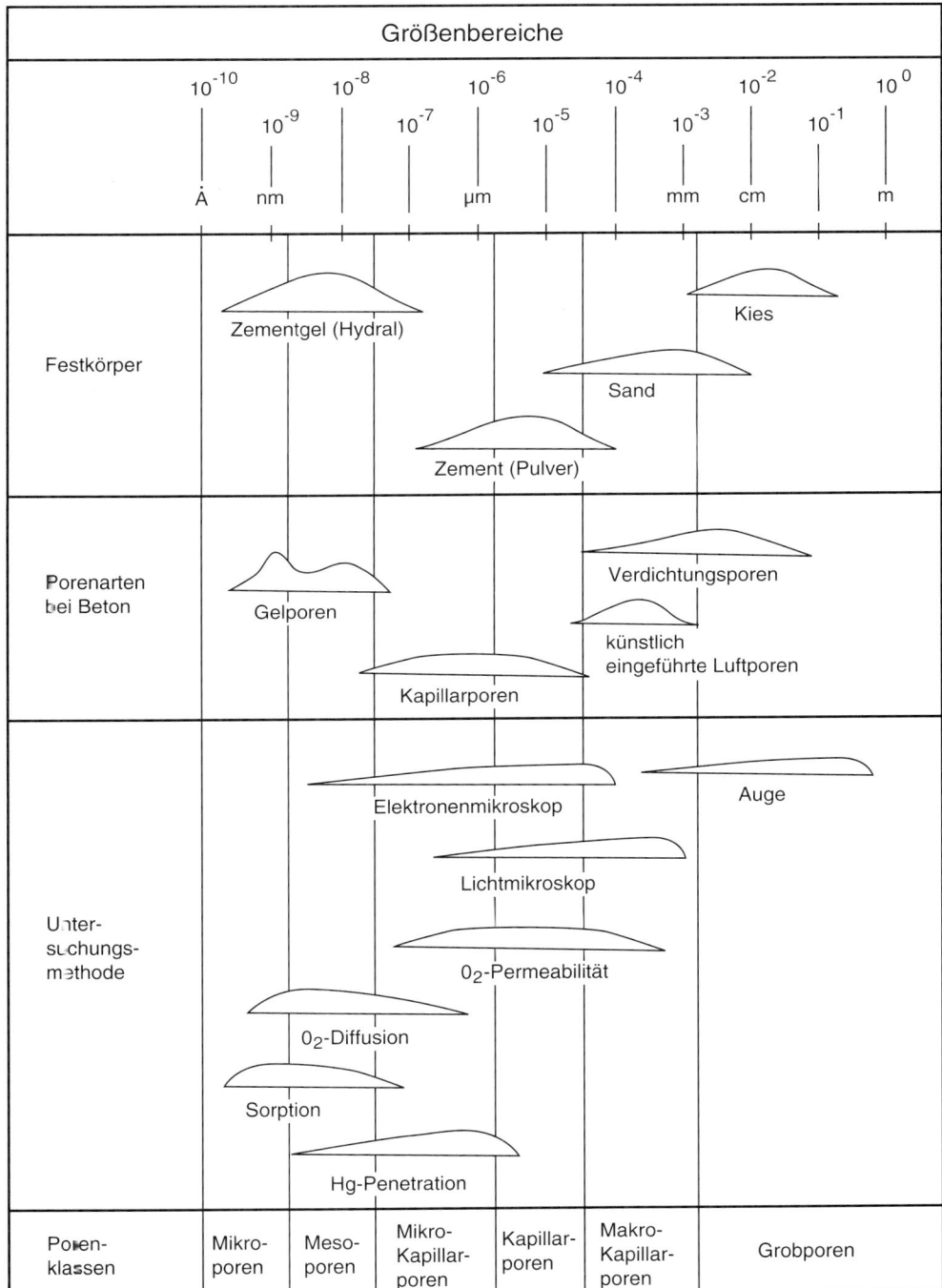

Abb. 64.

Größenbereiche der Betonbestandteile und Porenarten sowie zugehörige Untersuchungsmethoden

c) Kapillare Wasseraufnahme, Wasseraufnahmekoeffizient

Die Bestimmung der **kapillaren Wasseraufnahme (W$_{ak}$)** bei einseitiger Wasserberührung erfolgt i. allg. durch Einstellen von Betonprismen in 5 mm tiefes Wasser auf Dreikantleisten. Da die äußeren Feuchtigkeitsmerkmale zufolge Porenstörung an der Oberflächenzone sowie durch Verdunstung kein richtiges Bild der Saugfähigkeit des Betons ergeben können, wird die Wasseraufsaugfähigkeit durch Gewichtsbestimmung in Zeitabständen festgestellt. (Abdecken des Prüfkörpers gegen Verdunstung.) Die Gewichtszunahme wird auf den cm^2 oder dm^2 Grundfläche des Prüfkörpers bezogen (g/cm^2 bzw. g/dm^2).

Der **Wasseraufnahmekoeffizient W** ergibt sich aus der flächenbezogenen kapillaren Wasseraufnahme W$_{akt}$ bis zur Zeit t und der Zeit t zu

$$W = \frac{W_{akt}}{\sqrt{t}}$$

4.8.2.2. Wasserundurchlässigkeit (DIN 1048, Teil 1, Ziffer 4.7)

Die Wasserundurchlässigkeitsprüfung erfolgt an plattenförmigen quadratischen Prüfkörpern von 200 mm Kantenlänge und 120 mm Dicke bzw. an runden Prüfkörpern von 150 mm ∅ und 120 mm Dicke.

> Auch Prüfung an Platten von 300 mm Kantenlänge bzw. Durchmesser mit mind. vierfacher Dicke des Größtkorns oder an 300-mm-Würfeln.

Bei der nach 28 Tagen auf einem Spezialprüfgerät (Abb. 65) durchzuführenden Prüfung wirkt ein konstanter Wasserdruck von 0,5 N/mm^2 (5 bar) auf einer mittigen kreisrunden Fläche von 100 mm ∅ (bzw. 150 mm ∅ bei 300-mm-Prüfkörpern) senkrecht zur Prüfplatte und bei Würfeln auf den Seiten senkrecht zur Einfüllrichtung über einen Zeitraum von 3 Tagen.

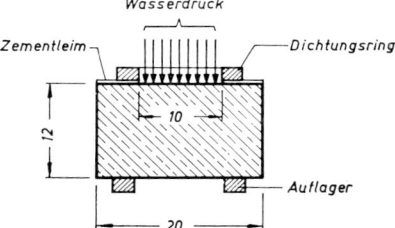

Abb. 65.

Wasserundurchlässigkeitsprüfung an Prüfkörpern 20 × 20 × 12 cm

Nach Abschluß des 3tägigen Versuches werden die Prüfkörper auf Druckpressen durch Auflegen von Rundstählen (ähnlich Spaltversuch) mittig aufgebrochen und die sichtbare Eindringtiefe des Wassers gekennzeichnet.

Nach DIN 1045 darf die größte Wassereindringtiefe e$_w$ als Mittel aus 3 Prüfkörpern 5 cm, bei Beton mit starken chemischen Angriffen 3 cm nicht überschreiten. (Voraussetzung für die Herstellung wasserundurchlässigen Betons s. Abschn. 4.9.1.)

Herstellung der Prüfkörper

> Für die Prüfplatten, die – wenn nicht ausdrücklich anders vereinbart – senkrecht herzustellen sind, werden Spezialformen oder meist Würfelformen mit nichtsaugender Ausfütterung verwendet. (Waagerechte Herstellung der Platten nur bei im Bauwerk gleichlaufend zur Einfüllrichtung des Betons verlaufendem Wasserdruck.) – Verdichtung stets durch Rüttler.
>
> Bei den Prüfkörpern ist sofort nach dem Entschalen auf der mittigen kreisförmigen Fläche (Durchmesser 100 mm oder 150 mm) die Zementschlämme mit einer Drahtbürste zu entfernen, und der Probekörper bis zur Prüfung unter Wasser zu lagern.
>
> Prüfung nach ISO 7031 wie vor, jedoch mit Wasserdruck 48 Std. mit 0,1 N/mm^2 (1 bar), 24 Std. mit 0,3 N/mm^2 (3 bar), 24 Std. mit 0,7 N/mm^2 (7 bar). Maximale Eindringtiefe e$_{wmax}$ ≦ 50 mm, mittlere Eindringtiefe als Mittel aus 3 Probekörpern e$_{wmittel}$ ≦ 20 mm.

4.8.2.3. Wasserdampfundurchlässigkeit

Die Wasserdampfundurchlässigkeit wird gekennzeichnet durch den Diffusionswiderstandsfaktor μ (ohne Dimensionsangabe).

Dieser Faktor μ gibt an, um wieviel Mal größer der Diffusionswiderstand einer Materialschicht ist, als der einer gleichdicken Luftschicht mit $\mu = 1$.

> Je dampfdurchlässiger ein Beton ist, um so kleiner wird μ. μ liegt je nach Betondichtigkeit, die abhängig vom w/z-Wert, von der Verdichtung und von der Zuschlagart ist, zwischen 3 bis 150.
>
> Trockener Beton ist erheblich durchlässiger als feucht gehaltener.

Während die Herstellung von dampfundurchlässigem Beton, z.B. bei Gasbehältern und Druckluftsenkkästen, eine möglichst hohe Betondichtigkeit mit einem großen μ-Faktor erforderlich macht, ist z.B. bei Außenwandkonstruktionen von Wohnbauten aus Sichtbeton gerade eine hohe Dampfdurchlässigkeit wünschenswert, damit es nicht zur Kondenswasserbildung im Inneren des Betongefüges kommt. Eine hohe Wasserdampfdurchlässigkeit erreicht man z.B. durch gefügedichten Leichtbeton.

4.8.2.4. Strahlenundurchlässigkeit

Für den Schutz gegen Strahlen jeder Art, die auf den Organismus schädlich wirken (α-, β-, γ- und Neutronen-Strahlen), ist Abschirmbeton am günstigsten geeignet, da er außer der strahlenschützenden Wirkung zugleich eine tragende sowie raumabschließende Aufgabe erfüllt.

Es sind an schädlichen Strahlen zu unterscheiden:

α-Strahlen (Helium-Kerne, aus Protonen und Neutronen bestehend)
β-Strahlen (Elektronen)
γ-Strahlen (energiereiche elektromagnetische Wellenstrahlen)
Neutronen-Strahlen (bei Atomspaltungen auftretende elektrisch neutrale Neutronen)

Da die α- und β-Strahlen ihre Energien schnell an die Umwelt abgeben, sind i. allg. die gegen die gefährlicheren γ- und Neutronen-Strahlen zu ergreifenden Schutzmaßnahmen auch zu deren Vernichtung ausreichend.

γ-Strahlen werden vor allem durch Stoffe mit hoher Rohdichte abgeschwächt, so daß hierfür Schwerbeton aus Zuschlägen wie Baryt (Schwerspat), Eisenerzen und zerkleinerten Eisenabfällen am besten geeignet ist.

Für die in ihrer Wellenlänge zwischen ultraviolettem Licht und den γ-Strahlen liegenden Röntgenstrahlen erfolgt hingegen die Abschirmung mit Stoffen hoher Ordnungszahl, wie z.B. Blei.

Die bei der Kernspaltung gemeinsam mit den γ-Strahlen entstehenden Neutronen-Strahlen werden durch Verlangsamung vor allem durch Wasserstoffatome absorbiert. Dem Strahlenschutzbeton werden daher auch kristallwasserhaltige Zuschläge, z.B. Limonit (Brauneisenstein $Fe_2O_3 \cdot 3\,H_2O$) oder borhaltige Zusatzstoffe, zugefügt. Günstig wirken sich auch die Kristallwasserbindungen des Zementsteins ($\sim 20\%$) aus. (Spezialzemente werden jedoch nicht verwendet.)

(Weiteres zur Herstellung des Abschirmbetons s. Abschn. 4.10.3.).

4.8.2.5. Gasundurchlässigkeit

Für den Transport von Flüssigkeiten und Gasen, und damit z.B. für den Carbonatisierungsfortschritt und den Transport von chloridhaltigen Lösungen, die wiederum für die Korrosion der Stahlbewehrung von Bedeutung sind, stellt die Gasdurchlässigkeit eine wichtige Einflußgröße dar.

Als Maß für die Gasdurchlässigkeit unter einseitigem Überdruck im einachsigen Durchströmungsversuch an Probekörpern, die 6 Wochen im Klimaraum bei Normklima 20/65 gelagert haben, wird der **spezifische Permeabilitätskoeffizient K(m²)** ermittelt.

> Als Prüfgas wird vorzugsweise Sauerstoffgas verwendet. Versuchseinrichtung und -durchführung siehe Heft 422 DAfSt.

Übliche Betone weisen Permeabilitätskoeffizienten von $10^{-14}\,m^2$ bis $10^{-19}\,m^2$ auf.

4.8.3. Formänderungen

4.8.3.1. Schrumpfen, Schwinden, Quellen

Wasseraufnahme und Wasserabgabe bewirken im Beton räumliche Veränderungen:

Schrumpfen

Raumverringerung der Betonmasse während der Hydratation, infolge chemischer Wasserbindung des Zementes auch „Chemisches Schwinden" genannt. (Geringeres Volumen der Hydratationsprodukte als die Summe der Ausgangsstoffe Zement + Wasser).

Der Schrumpfvorgang geht entsprechend dem Hydratationsverlauf anfangs schnell, später langsamer vonstatten. Das Ausmaß des Schrumpfens ist gering und fällt bei normal erhärtendem Beton nicht ins Gewicht. Bei beschleunigter Wasserbindung zufolge Wärmeeinflüssen oder größerer Zementmenge besteht jedoch im Zusammenwirken mit dem früh einsetzenden physikalischen Schwinden, dem Frühschwinden oder plastischen Schwinden die Gefahr der Bildung tiefgehender „Frühschwindrisse" (Schutzmaßnahmen: Feuchthalten des Betons bzw. Abdecken zum Schutz gegen Sonneneinstrahlung und Luftzug).

Schwinden und Quellen

Volumenveränderungen, die während des Austrocknens des erhärteten, unbelasteten Betons zum physikalischen Schwinden und bei Durchfeuchtung (z. B. Wasserlagerung) zum Quellen führen. Bei Stahlbetontragwerken kann im allgemeinen ein Nachweis der hierdurch bedingten Formänderungen entfallen. Ist ein Nachweis erforderlich, so ist dieser nach DIN 4227, Teil 1 „Spannbeton; Bauteile aus Normalbeton mit beschränkter oder voller Vorspannung" zu führen.

> Das Ausmaß des Schwindens hängt in erster Linie von der Feuchte der umgebenden Luft (Austrocknungsbedingungen), den Bauteilabmessungen und der Zusammensetzung des Betons, vor allem Wasserzementwert und Zementgehalt ab.
>
> Bei schlanken, dünnen Bauteilen ist das Endschwindmaß $\varepsilon_{s\,\infty}$, d. h. das Schwinden von Wirkungsbeginn bis zum Zeitpunkt t = ∞, nach etwa 1–2 Jahren erreicht, bei dickeren Bauteilen erst wesentlich später.
>
> Die Endschwindmaße für Normalbeton liegen zwischen 0,1 bis 0,6 mm/m. Bei Leichtbeton, insbesondere bei Naturbims als Zuschlag, kann das Endschwindmaß bis zu 2 mm/m betragen.
>
> Das Schwindmaß zu einem bestimmten Zeitpunkt $\varepsilon_{s,\,t}$ oder das Restschwindmaß (Nachschwinden von Betonwaren und Fertigteilen nach Auslieferung) kann nach DIN 4227, Teil 1, durch Berechnung nach folgender Gleichung abgeschätzt werden:
>
> $\varepsilon_{s,\,t} = \varepsilon_{s0} \cdot (k_{s,\,t} - k_{s,\,t0})$
>
> ε_{s0} = Grundschwindmaß nach DIN 4227, Tabelle 8, in Abhängigkeit von der Lage des Bauteils (Mittl. rel. Luftfeuchtigkeit), Abb. 66.
>
> k_s = Beiwert zur Berücksichtigung der zeitlichen Entwicklung des Schwindens nach DIN 4227, Bild 3 in Abhängigkeit von der wirksamen Bauteildicke, Abb. 67.
>
> k_{ef} aus Abb. 66 dient zur Ermittlung der wirksamen Körperdicke
>
> $$d_{ef} = k_{ef} \cdot \frac{2\,A}{U}$$
>
> A = Fläche des gesamten Querschnittes
>
> B = Abwicklung der der Austrocknung ausgesetzten Begrenzungsfläche

1	2	3	4	5
Lage des Bauteiles	Mittlere relative Luftfeuchte in % etwa	Grund-fließzahl φ_{f0}	Grund-schwindmaß ε_{s0} mm/m	Beiwert k_{ef} nach Abschnitt 8,5
1 im Wasser	–	0,8	+ 0,10	30
2 in sehr feuchter Luft, z. B. unmittelbar über dem Wasser	90	1,3	– 0,13	5,0
3 allgemein im Freien	70	2,0	– 0,32	1,5
4 in trockener Luft, z. B. in trockenen Innenräumen	50	2,7	– 0,46	1,0

Abb. 66. Grundfließzahl und Grundschwindmaß in Abhängigkeit von der Lage des Bauteiles nach DIN 4227

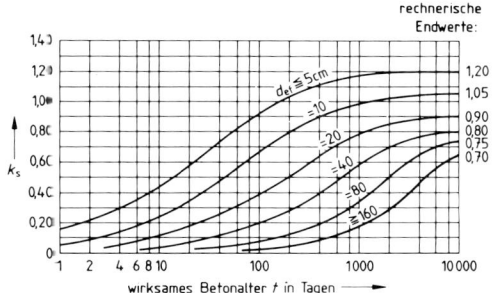

Abb. 67.

Kurvenbild zur Ermittlung des Beiwertes k, nach DIN 4227, Bild 3

Bei **Leichtbeton** nach DIN 4219 sind die Rechenwerte für die Schwindmaße zu erhöhen bei:
LB 8–LB 15 um 50%.
LB 25–LB 55 um 20%.

Wird der Beton bzw. das Bauteil am Schwinden gehindert, so entstehen Schwindspannungen, die bei Überschreitung der Gefügefestigkeit zu „Schwindrissen" führen.

Die Reißneigung des Betons ist außer von der Zugfestigkeit, dem Schwindmaß und der zeitlichen Verformbarkeit des Betons vor allem vom zeitlichen Ablauf des Schwindvorganges abhängig. Wegen des anfänglich starken Schwindens sollten Beton bzw. Estriche und Mörtel zur Verhinderung von Rissen so lange feucht und nachbehandelt und damit das Schwinden so lange hinausgezögert werden, bis die entstehenden Schwindspannungen von der zwischenzeitlich zunehmenden inneren Gefügefestigkeit aufgenommen werden können.

Weniger praktische Bedeutung hat das **Quellen** des Betons, das auch bei längerer Wasserlagerung nur etwa 40–80% der vorangegangenen Schwindverformung erreichen kann. Die bei Behinderung auftretenden Druckspannungen können in jedem Fall vom Beton aufgenommen werden.

4.8.3.2. Wärmedehnung

Wärmedehnungen entstehen durch äußere Temperaturänderungen oder durch die Hydratationswärme des Betons beim Erhärten.

Der Wärmeausdehnungskoeffizient von Beton und Stahl ist angenähert gleich und wird nach den Stahlbeton-Bestimmungen (DIN 1045, Ziffer 16.5) im Mittel angenommen mit

$$\alpha_T = 0,000010 = 10^{-5} \text{ bzw. } 10 \cdot 10^{-6} \text{ K}^{-1}$$

Wärmeausdehnung Δl eines Bauteils von der Länge l bei einer Temperaturveränderung ΔT [K]:

$$\Delta l = \alpha_T \cdot \Delta T \cdot l$$

Je Grad und Meter (in mm) beträgt somit die Betondehnung:

$$10^{-5} \cdot 1 \cdot 10^3 = 10^{-2} = 0,01 = \frac{1}{100}\,\text{mm/mK}$$

Beispiel: 20 m Betonplatte bei 50° C Temperaturveränderung.
Wärmedehnung: $\Delta l = 0,01 \cdot 50 \cdot 20 = 10\,\text{mm}$

Temperaturdehnzahl von Leichtbeton mit geschlossenem Gefüge etwa wie bei Normalbeton.

Die Wärmeleitfähigkeit des Stahles ist jedoch rd. 30mal größer als die von Beton. Hierdurch verändert sich die Temperatur und Dehnung des Stahles schneller als die des Betons, was z. B. bei Bränden zu hohen Zwängungen führen kann.

4.8.3.3. Spannungs-Dehnungsverhalten (E-Modul)

Beton ist ein „viskoelastischer Stoff", d. h. daß nach Entspannung einer erzwungenen Formänderung diese nicht vollständig wieder zurückfedert.

Den bei der Entlastung zurückfedernden größeren Teil der Verformung nennt man **federnde oder elastische Formänderung**

$$\varepsilon_{el} = \Delta l/l$$

den kleineren Teil **bleibende oder plastische Formänderung**

$$\varepsilon_{pl} = \varepsilon_{tot} - \varepsilon_{el}$$

In Verbindung mit der aufgebrachten Spannung ergibt sich hierfür eine Kenngröße, der Elastizitätsmodul (E-Modul) E:

$$E = \frac{\sigma}{\varepsilon_{el}}\,[\text{N/mm}^2]\ \text{bzw.}\ \varepsilon_{el} = \frac{\sigma}{E}$$

Bei einer Druckspannung von der Einheit 1 N/mm² würde z. B. für einen Beton B 25 mit einem E-Modul von 30000 N/mm² die elastische Zusammendrückung el $\varepsilon = \sigma/E = \frac{1}{30000}$ einer beliebigen Länge betragen. (Ein Säulenabschnitt vor 1 m Länge erfährt demgemäß unter 10 N/mm² Belastung eine elastische Verformung von $1000 \cdot \frac{10}{30000} = 0,33\,\text{mm/m}$.)

Der Elastizitätsmodul (E-Modul) ist bei Beton – im Gegensatz zu Stahl ($E_{Fe} = 210\,000$ N/mm²) – je nach Betonfestigkeit und Gebrauchslast veränderlich. Der E-Modul des Betons ist als Sehnenmodul der Spannungs-Dehnungslinie zwischen einer Druckspannungsdifferenz definiert.

Der E-Modul ist zudem abhängig vom Zuschlaggestein, vom Feuchtigkeitszustand des Betons, von der Zementsteindichtigkeit und vom Verhältnis des Zementsteins zum Zuschlagvolumen.

Bei der Berechnung der Formänderungen des Betons unter Gebrauchslast sind nach DIN 1045 folgende Rechenwerte für Druck und Zug zugrunde zu legen. (Diese gelten nicht für Beton mit porigen Zuschlägen, s. Abschn. 4.10.2.2a):

Betonfestigkeitsklasse	B 10	B 15	B 25	B 35	B 45	B 55
Mittlere Betonfestigkeit N/mm²	15	20	30	40	50	60
Elastizitätsmodul N/mm²	22 000	26 000	30 000	34 000	37 000	39 000

Ermittlung des Elastizitätsmoduls
nach DIN 1048, Teil 5

Als Prüfkörper zur Bestimmung des E-Moduls werden 3 Zylinder von i. allg. 15 cm ⌀ und 30 cm Höhe hergestellt bzw. aus dem Bauwerk entnommene Bohrkerne verwendet.

Die Messung der Längenänderung des nach 28tägiger Normlagerung in eine Druckprüfmaschine mittig einzusetzenden Prüfkörpers erfolgt an senkrecht auf zwei gegenüberliegenden Mantellinien liegenden Meßstrecken, entweder durch Aufsetzen mechanisch wirkender Geräte (z. B. Meßuhren) oder optisch durch Ablesen einer durch eine Spiegelvorrichtung übertragene Meßstreckenänderung mittels Fernrohr. Die Prüfung kann auch auf elektrischem Wege erfolgen durch Messen des bei Längenänderung veränderlichen Widerstandes von unmittelbar auf die Betonoberfläche mit Kunstharz fest aufgeklebten Dehnungsmeßstreifen.

> Die Empfindlichkeit (E) der Meßgeräte wird im Verhältnis der Meßzeigerveränderung in mm zur Längenänderung der Meßstrecke in μm gekennzeichnet. Sie muß so groß sein, daß eine Änderung der Anzeige um 1 mm bzw. einer Digitalanzeige um 1 Ableseeinheit einer Dehnungsänderung von höchstens 5 μm/m entspricht.

Verfahrensweise
Von einer in der Druckprüfmaschine aufgebrachten Grundspannung (σ_u) von 0,5 N/mm^2 ausgehend wird ein 2maliger zügiger Lastwechsel (mit einer Geschwindigkeit von 0,5 N/mm^2 je Sekunde) bis zu einer oberen Spannung (σ_o) von $\frac{1}{3}$ der vermutbaren Bruchlast (die auch zuvor an gleichartigen Prüfkörpern ermittelt werden kann) vorgenommen. Bei einer 3. Laststeigerung wird die Längenänderung $\varepsilon_o - \varepsilon_u$ zwischen oberer Prüfspannung σ_o und unterer Prüfspannung σ_u gemessen.

Der Druckelastizitätsmodul errechnet sich zu

$$E_D = \frac{\Delta\sigma}{\Delta\varepsilon} = \frac{\sigma_o - \sigma_u}{\varepsilon_o - \varepsilon_u} = \text{in N/mm}^2$$

Anschließend an den Versuch wird der Prüfkörper bis zum Bruch belastet. Weicht die Druckfestigkeit um mehr als 20 % von der vorausgesetzten ab, so ist dies besonders zu vermerken.

Die Q u e r d e h n u n g des Betons liegt je nach Zuschlagsart zwischen 0,1–0,35 der Längsdehnung.

Die Q u e r d e h n z a h l $\mu = \frac{\varepsilon_q}{\varepsilon_l}$ darf nach DIN 1045 mit einem mittleren Wert von 0,2 angesetzt werden.

4.8.3.4. Kriechen und Relaxation

Unter K r i e c h e n werden zusammenfassend die bleibenden und / oder zeitabhängigen Formänderungen von Beton unter Dauerlast verstanden. Das Kriechen hängt ähnlich wie das Schwinden mit dem Wasserhaushalt des Zementsteines zusammen.

Unter R e l a x a t i o n versteht man die unter einer aufgezwungenen Verformung konstanter Größe zeitabhängige Abnahme der Spannungen. (Besonders wichtig beim Spannbeton!)

Die K r i e c h v e r f o r m u n g ε_k setzt sich aus dem irreversiblen (bleibenden) Verformungsteil, dem F l i e ß a n t e i l ε_f, und dem v e r z ö g e r t e n elastischen Verformungsanteil ε_{vel} zusammen:

$$\varepsilon_k = \varepsilon_f + \varepsilon_{vel}$$

Der Fließanteil ε_f nimmt anfangs schnell zu und strebt nach mehreren Jahren, u. U. bis zu 5 Jahren, allmählich einem Endwert zu. Der verzögerte Verformungsanteil ε_{vel} erreicht seinen Endwert nach etwa 3 Jahren und federt ebenso langsam bei einer Entlastung wieder zurück.

Der zeitliche Verlauf und die Größe des Kriechens ist abhängig von der Größe der aufgebrachten Last, von der Belastungsdauer, von der Betonfestigkeit zum Zeitpunkt der Belastung, von den Austrocknungsbedingungen, von den Bauteilabmessungen, vom Volumenanteil des Zementsteins.

Die Kriechverformung ist um so größer, je größer die Belastung, je kleiner die Betonfestigkeit (je größer der w/z-Wert), je trockener die Umweltbedingungen, je schlanker das Bauteil und je höher der Volumenanteil an Zementstein im Beton ist. Umgekehrt kriecht ein Beton um so weniger, je später ein Beton belastet wird und je höher sein Erhärtungszustand (Reifegrad) zu diesem Zeitpunkt ist.

Kriechverformungen können in Dauerstandsversuchen gemessen werden. Das Kriechmaß $\varepsilon_{k,t}$ zum Zeitpunkt t ergibt sich aus der Gesamtverformung $\varepsilon_{ges,t}$ vermindert um die augenblickliche elastische Zusammendrückung $\varepsilon_{el,to}$ zufolge der aufgebrachten Spannung σ_k und um das Schwindmaß $\varepsilon_{s,t}$ eines unbelasteten Vergleichskörpers:

$$\varepsilon_{k,t} = \varepsilon_{ges,t} - (\varepsilon_{el,to} + \varepsilon_{s,t})$$

Spezifisches Kriechmaß: spez. $\varepsilon_{k,t} = \frac{\varepsilon_{k,t}}{\sigma_k} \quad \frac{\mu m/mm}{N/mm^2}$

Die Kriechverformungen liegen in einer Größenordnung von 0,1 bis 1 mm/m.

Bei Stahlbetontragwerken werden Kriechverformungen im allgemeinen vernachlässigt. Beim Spannbeton ist jedoch wegen des mit dem Kriechen verbundenen Spannkraftverlustes eine rechnerische Ermittlung erforderlich. Sie erfolgt nach DIN 4227, Teil 1, über die Kriechzahl φ_t, die das Verhältnis der Kriechverformung zur elastischen Verformung wiedergibt

$$\varphi_t = \varepsilon_{k(t)} / \varepsilon_{el}.$$

Da $\varepsilon_{el} = \dfrac{\sigma}{E}$ ist, ergibt sich

$$\varepsilon_{k(t)} = \frac{\sigma}{E} \cdot \varphi_t.$$

Unter Berücksichtigung der in der DIN 4227, Teil 1, Tabelle 8 angegebenen Grundfließzahl φ_{f0} (siehe Abb. 66) in Abhängigkeit von den Austrocknungsbedingungen und entsprechender Beiwerte, die aus Kurvenbildern entnommen bzw. berechnet werden können, und die die wirksame Dicke des Bauteils, das wirksame Betonalter (Alter, das in einer durchgehenden Lagerungstemperatur von 20 °C entspricht) zum Zeitpunkt der Lastaufbringung, Dauer der Lasteinwirkung, die Zementart und die Betonzusammensetzung berücksichtigen, läßt sich die Kriechzahl φ_t berechnen.

Im allgemeinen sind die Kriechverformungen nur für den Zeitpunkt t = ∞ zu berücksichtigen. Dann kann nach DIN 4227 vereinfacht mit den in Tabelle 7 angegebenen Endkriechzahlen φ_∞ gerechnet werden.

Bei Stahl- und Spannleichtbeton kann das Kriechen mit der gleichen Grund- (φ_{f0}) bzw. Endkriechzahl (φ_∞) berechnet werden, die allerdings entsprechend abzumindern ist (s. a. 4.10.2.2b).

LB 8 – LB 15 : 1,3 · E_{LB}/E_B
LB 25 – LB 55 : 1,0 · E_{LB}/E_B.

4.8.4. Widerstandsfähigkeit

4.8.4.1. Widerstand gegen Frost sowie Frost und Tausalze

In den Kapillarporen des Betons gefrierendes Wasser bewirkt zufolge seiner Ausdehnung ($\frac{1}{11}$ des Wasservolumens) Spannungen im Betongefüge, die je nach dessen Festigkeit elastisch aufgenommen werden oder eine Gefügelockerung zur Folge haben. Der wirksamste Frostschutz ist ein geringstmögliches Porenvolumen im Zementstein (niedriger w/z-Wert) und gute Verdichtung sowie die Verwendung von LP-Mitteln (s. Abschn. 4.4.6.2. und 4.9.2.).

Die Widerstandsfähigkeit gegen Frost wird an wassergesättigten Proben, die in speziellen Messingbehältern lagern, durch 100 Frost-Tau-Wechsel von −15 °C auf +20 °C festgestellt. (16stündige Abkühlphase und anschließendes achtstündiges Auftauen in Wasser.) Versuchseinrichtung und -durchführung siehe Heft 422 des DAfSt. Auch Prüfung nach ÖNORM 3303.

Vgl. Frostprüfung von Zuschlägen (nach DIN 4226, T. 3) je nach Beanspruchung durch 10- bzw. 20maligem Frost-Tau-Wechsel von −17,5 (±2,5) °C auf +20 °C (s. Abschn. 2.3.2.1d).

Augenscheinliche Feststellung, ob Risse oder sonstige Veränderungen aufgetreten sind und ob flächige oder Kantenabwitterungen nach 10, 25, 50, 75 und 100 Frost-Tau-Wechseln vorliegen. Feststellung der abgefrosteten Bestandteile, die 24 Std. bei 110 °C getrocknet wurden.

Anforderungen an Beton mit hohem Frostwiderstand siehe Abschnitt 4.9.2.

Bei Frost-Tausalz-Prüfungen wird in die Blechbehälter eine 3%ige NaCl-Lösung eingefüllt und die Probekörper in der NaCl-Lösung eingefroren und aufgetaut. Auch Prüfungen durch Aufstreuen von Salz auf eine gefrorene Eisschicht, durch Einfrieren einer 3%igen NaCl-Lösung auf der Oberfläche der Probekörper (ÖNORM 3303) oder durch Eintauchen der Oberfläche von Probekörpern in 3%ige NaCl-Lösung und Einfrieren des Körpers mit der Lösung.

4.8.4.2. Widerstand gegen hohe Temperaturen und gegen Feuer

Beton gehört im Sinne der DIN 4102 „Brandverhalten von Baustoffen und Bauteilen" zur Gruppe der „nichtbrennbaren Baustoffe" (Klasse A)*), bei höheren Temperaturen verändern sich jedoch die technischen Eigenschaften des Betons, insbesondere auch des Stahlbetons.

---

*) s. Anhang.

Die Druckfestigkeit des Betons, die sich bei zunehmender Erwärmung je nach Hydratationsgrad des Zementes anfangs evtl. noch steigert, vermindert sich bei höheren Temperaturen und kann bei 200 °C bereits etwa 80% und bei 400 °C 50% der Kaltfestigkeit betragen (Heißdruckfestigkeit). Ebenfalls starker Abfall des E-Moduls.

> Konstruktiv kann auch bei zunehmenden Temperaturen die Wärmedehnung des Betons zu Formänderungen oder bei Behinderung zu Zwängungsspannungen führen. Da der Wärmedehnungskoeffizient quarzitischer Zuschläge zwischen 500 bis 600 °C sprunghaft ansteigt, sind bei zu erwartenden höheren Temperaturen zur Erreichung möglichst geringer Formänderungen quarzitarme Zuschläge zu verwenden (s. Abschn. 4.9.5.).

Die Tragfähigkeit bewehrter Bauteile ist infolge der relativ geringen Betondeckung der Stahleinlagen bei Hitzeeinwirkung durch Absinken der Streckgrenze des Stahls, die bereits bei Temperaturen > 200 °C beginnt, besonders gefährdet. Bei naturharten Stählen treten geringere Festigkeitsverluste als bei kaltgezogenen Stählen auf. Auf Zug beanspruchter Stahl erreicht bei 500 °C seine Fließgrenze. Bei Spannstahl beträgt die kritische Grenze 350 °C.

Durch den Abschreckeffekt von Löschwasser auf freiliegende Bewehrung kann je nach Stahlart eine Versprödung oder Verfestigung des Stahles eintreten. Die Wärmedehnung des Stahles ist bei erhöhter Temperatur größer als diejenige des Betons. Hieraus resultieren Spannungen, die zunächst in den Ecken von Bauteilen, wie z. B. Stützen und Unterzüge, zu Betonabplatzungen führen.

Zur Bautensicherung bei Bränden sind demgemäß die Bestimmungen des vorbeugenden Feuerschutzes nach DIN 4102, Teil 4, zu beachten: Verstärkung der Betonüberdeckung (s. Abschn. 4.12.6.), Putze oder Verkleidungen.

Feuerbeton. Für Sonderzwecke hoher Hitzebeanspruchungen (z. B. bei Hochofenfundamenten) führen Temperaturen über 1000 °C, besonders bei Verwendung von Tonerdezementen, zur Verfestigung durch Verschmelzen der keramischen Bestandteile (Tonerde) oder durch Zusatz mineralischer Stoffe zur Veränderung der Zementsteinstruktur.*)

Anforderungen an Beton mit ausreichendem Widerstand gegen Hitze s. Abschn. 4.9.5.

4.8.4.3. Widerstand gegen chemische Stoffe
(DIN 4030, „Beurteilung betonangreifender Wässer, Böden und Gase")

Beton kann durch längere Einwirkung von Wässern und Böden, die chemisch angreifende Stoffe enthalten, zerstört werden. Je nach Art der angreifenden chemischen Verbindungen wird nach dem Angriffsgrad zwischen schwachem, starkem und sehr starkem Angriff, aufgrund der Wirkungsweise der Zerstörung zwischen lösendem und treibendem Angriff unterschieden.

> Zu einem lösenden Angriff kommt es, wenn Säuren, in Wasser gelegentlich vorkommende austauschfähige Salze, weiches Wasser sowie organische Fette und Öle auf den Beton einwirken. Hierbei entstehende wasserlösliche Reaktionsprodukte führen zur Auflösung des Zementsteines von der Oberfläche her.
>
> Ein treibender Angriff wird in erster Linie von den Sulfaten hervorgerufen. Hierbei benötigen die sich neu bildenden Reaktionsprodukte infolge wachsender Kristalle einen erheblich größeren Raum, wodurch es zur Dehnung und schließlich zur Zerstörung des Betongefüges kommt.

Säuren: Für den Angriffsgrad saurer Wässer ist außer der Konzentration auch ihre Stärke maßgebend. Das Lösungsvermögen einer Säure wird i. allg. durch den pH-Wert gekennzeichnet.

> Starke Mineralsäuren, wie z. B. Salz-, Schwefel-, Salpetersäure, lösen alle Bestandteile des Zementsteines auf.
>
> Schwache Säuren wie z. B. Kohlensäure bilden mit dem Kalk des Zementsteines wasserlösliche Salze. In diesem Fall reicht der pH-Wert als Kennzeichen des Angriffsgrades nicht aus. Hierbei muß zusätzlich der Gehalt an kalklösender Kohlensäure bestimmt werden.

---

*) s. a. NEKRASSOW: Hitzebeständiger Beton. Bauverlag, Wiesbaden.

Organische Säuren greifen den Beton weniger stark an als anorganische, da die Reaktionsprodukte auf der Oberfläche des Betons Schutzschichten bilden.

Dagegen kann Humussäure (Huminsäure) den Erhärtungsverlauf des Betons wesentlich stören.

Austauschfähige Salze. Durch Wechselwirkung (Ionenaustausch) meist in Verbindung mit Chloriden vorkommender Magnesium- oder Ammoniumsalze wird der Beton dadurch ausgelaugt, daß diese mit dem Kalk des Zementsteins wasserlösliche Verbindungen bilden.

Weiches Wasser mit einer Gesamthärte $\leq 3°$ dH[1]) kann, da es nur wenig gelöste Salze enthält, den Zementstein nur in geringem Maße lösen. Im Regenwasser kann auch aus der Luft aufgenommene Kohlensäure enthalten sein.

Fette und Öle planzlicher oder tierischer Herkunft enthalten einen mehr oder weniger großen Anteil an freien Fettsäuren, die den Beton angreifen können. Auch gebundene Fettsäuren können mit dem Kalk des Zementsteins reagieren, wobei es zur Kalkseifenbildung kommt, die den Beton aufweicht.

Mineralöle greifen den Beton nicht an, sofern sie frei von Säuren und Fetten vorstehender Art sind.

Sulfate. Wenn in Wasser gelöste Sulfate in den Beton eindringen, findet eine Reaktion mit den Aluminiumhydraten des erhärteten Zementsteins statt, und es entsteht Ettringit (s. Abschn. 3.1.4.3.1.). Außerdem kann sich mit dem $Ca(OH)_2$ des Zementsteins unter bestimmten Bedingungen Gips bilden. Die kristalline Volumenvergrößerung der Reaktionsprodukte bewirkt das Treiben, d. h. die Lockerung des Betongefüges.

Maßnahmen zum Schutz gegen chemische Angriffe, z. B. durch Kunststoffe oder bituminöse Überzüge, siehe „Merkblatt für Schutzüberzüge auf Beton bei sehr starken Angriffen nach DIN 4030", Fassung April 1973. (S. a. Abschn. 4.12.6., Betondeckung der Bewehrung.)

4.9. Anforderungen an Beton mit besonderen Eigenschaften

Beton, an den besondere Anforderungen gestellt werden, bedarf der Einhaltung besonderer Maßnahmen: Für die Herstellung dieser Betone, die sorgfältigste Zusammensetzung, Verdichtung und Nachbehandlung (Feuchthaltung) erfordern, gelten allgemein die Bedingungen für Beton B II sofern nicht besondere Anweisungen für Beton B I festgelegt sind.

4.9.1. Wasserundurchlässiger Beton (s. a. Abschn. 4.8.2.2.)

Die Wasserundurchlässigkeit des Betons als Voraussetzung für den Rostschutz der Stahleinlagen sowie als wirkungsvollster Schutz gegen angreifende Wässer (DIN 4030) hängt von dessen gleichmäßiger Gefügedichte ab[2]).

Bei Betonteilen einer Dicke von 10–40 cm gilt der Beton als ausreichend wasserundurchlässig, wenn die größte Wassereindringtiefe bei Betonprüfkörpern nach DIN 1048 im Mittel 5 cm, bei starken chemischen Angriffen 3 cm, nicht überschreitet (s. Abschn. 4.9.3.).

Herstellungsbedingungen

Die Dichte des Zementsteins ist weitgehend für die Wasserundurchlässigkeit und damit auch für die Frostbeständigkeit des Betons bestimmend. Wesentlich ist ferner ein ausreichender Mehlkorngehalt 0/0,125 mm (s. Abschnitt 4.4.5.).

Bei Beton B II soll für Bauteile von 10 bis 40 cm Dicke der w/z-Wert 0,60 und für dickere Bauteile 0,70 nicht überschreiten.

---

[1]) deutsche Härte.
[2]) Hinsichtlich der Eindringtiefe von Ölen in Beton oder Estriche siehe „Vorläufiges Merkblatt über das Verhalten von Beton gegenüber Mineral- und Teerölen".

Bei Herstellung von Beton B I muß die Mindestzementmenge unter Verwendung von Zuschlaggemischen A/B$_{32}$ → 350 kg/m^3 und bei A/B$_{16}$ → 370 kg/m^3 betragen. (Eignungsprüfung nicht erforderlich, außer bei Verwendung von Zusätzen gem. Abschn. 4.4.6.).

Ein Sieblinienverlauf im oberen Teil des Sieblinienbereiches ③ gewährleistet bessere Verdichtung als in dessen unterem Teil (Gefahr der Kiesnesterbildung). Bei Zuschlag aus gebrochenem Korn sollte mindestens der Sandanteil aus rolligem Flußsand bestehen. Ferner zusätzliche Verbesserung der Gefügedichtigkeit durch plastifizierende, luftporenbildende oder porendichtende Zusätze (s. Abschnitt 4.4.6.). – Auch Verwendung von Blähton und Blähschiefer möglich.

Verarbeitung: Gefügeverdichtung nur mit Rüttlern. (Stampfbeton ergibt keinen ausreichenden Gefügeschluß!) Besondere Sorgfalt bei Arbeitsfugen (s. Abschn. 4.11.5.). Ferner Verbesserung der Porendichtigkeit durch längeres Feuchthalten des Betons (Gelbildung).

Evtl. Verwendung von Fugenbändern zur Abdichtung von Fugen im Beton. „Elastomer-Fugenbänder" DIN 7865, Ausg. 2.82.

Tafel 38: Anforderungen an wasserundurchlässigen Beton sowie Beton mit hohem Widerstand gegen Frost und Frost-Tausalz

Beton-eigenschaft	Her-stellung als	Sieblinien-bereich	Mindest-zement-gehalt [kg/m^3]	Wasser-Zement-Wert[1])	Zusätzliche Anforderungen
Wasser-undurch-lässigkeit	B I	A 16/B 16 A 32/B 32	370 350	– –	Wassereindringtiefe $e_w \leq 50$ mm
	B II[2])	–	–	$d \leq 40$ cm, w/z $\leq 0{,}60$[3])	
		–	–	$d > 40$ cm, w/z $\leq 0{,}70$[3])	
Hoher Frost-widerstand	B I	A 16/B 16 A 32/B 32	370 350	– –	Zuschlag eF; $e_w \leq 50$ mm
	B II	–	–	$\leq 0{,}60$[3])	
		–	bei massigen Bauteilen $\leq 0{,}70$[3])	Zuschlag eF bzw. eFT; $e_w \leq 50$ mm; mittl. Luftgehalt[4]) bei 8 mm Größtkorn[5]) $\geq 5{,}5$ Vol.-% 16 mm Größtkorn[5]) $\geq 4{,}5$ Vol.-%
Hoher Frost- und Tausalz-widerstand	B II	–	–[6])	$\leq 0{,}50$	32 mm Größtkorn[5]) $\geq 4{,}0$ Vol.-% 63 mm Größtkorn[5]) $\geq 3{,}5$ Vol.-%

[1]) Zur Berücksichtigung der Streuungen während der Betonherstellung ist bei der Festlegung der Betonzusammensetzung ein um etwa 0,05 niedrigerer Höchstwert zugrunde zu legen.
[2]) Bei Transportbeton und mit Zustimmung des Auftraggebers auch als B I zulässig.
[3]) Anrechnung eines SFA-Gehaltes f mit der Formel w/(z + 0,3 · f) möglich, wobei f $\leq 0{,}25 \cdot z$.
[4]) Bei Betonwaren aus sehr steifem Beton (w/z $< 0{,}40$) nicht erforderlich.
[5]) Zur Berücksichtigung der Streuungen während der Bauausführung ist bei der Eignungsprüfung der LP-Gehalt um etwa 0,5 Vol.-% höher einzustellen. Einzelwerte dürfen den mittleren LP-Gehalt um höchstens 0,5 Vol.-% unterschreiten.
[6]) PZ, EPZ, HOZ, PöZ $\geq$ Z 35; bei sehr starkem Frost-Tausalzangriff (z. B. Betonfahrbahnen) PZ, EPZ, PÖZ $\geq$ Z 35 und HOZ 45 L.

4.9.2. Beton mit hohem Frost- und Frost-Tausalz-Widerstand
(s. a. Abschn. 4.8.4.1.)

Voraussetzungen für die Frostbeständigkeit sind wasserundurchlässiger Beton (Abschn. 4.9.1.) und Zuschläge mit erhöhtem Frostwiderstand eF (Abschn. 2.3.2.1d).

Bei Beton mit hohem Frostwiderstand darf der w/z-Wert von 0,60 nicht überschritten werden.

Häufig mit Tausalzen in Berührung kommender Beton ist nur als B II herzustellen und bedarf eines Mindestluftporengehaltes nach Tafel 39.

Tafel 39: Luftgehalt im Frischbeton unmittelbar nach dem Einbau

Größtkorn des Zuschlags	Mittlerer Luftgehalt
8 mm	$\geqq 5,5$ Vol.-%
16 mm	$\geqq 4,5$ Vol.-%
32 mm	$\geqq 4,0$ Vol.-%
63 mm	$\geqq 3,5$ Vol.-%

Einzelwerte dürfen um höchstens 0,5% unterschreiten

Da ein zu hoher Mehlkorngehalt den Frost-Tausalz-Widerstand nachteilig beeinflußt, ist dieser auf das notwendige Maß zu beschränken (s. Abschn. 4.4.5.).

Bei massigen Bauteilen, die nicht mit Tausalzen in Berührung kommen, kann der w/z-Wert bis 0,70 erhöht werden, sofern der Luftporengehalt den Mindestwerten der Tafel 39 entspricht.

Bei Anwendung von Beton B I gelten hinsichtlich dessen Herstellung die gleichen stofflichen Voraussetzungen wie für wasserundurchlässigen Beton (Abschn. 4.9.1., Tafel 38) sowie die Gewährleistung von Zuschlägen mit erhöhtem Frostwiderstand (eF).

4.9.3. Beton mit hohem Widerstand gegen chemische Angriffe
(s. a. Abschn. 4.8.4.3.)

Die Beurteilung des Angriffsvermögens von Flüssigkeiten, Böden oder Dämpfen erfolgt nach DIN 4030. Hiernach ist zwischen „schwachen", „starken" und „sehr starken" Angriffen zu unterscheiden, die vom p_H-Wert, vom kalklösenden CO_2-Gehalt und dem Gehalt an Ammonium-, Magnesium- und Sulfationen bestimmt werden (Tafel 40). –

Da die Widerstandsfähigkeit des Betons weitgehend von seiner Dichtigkeit abhängt, darf die größte Wassereindringtiefe (Mittel aus 3 Prüfkörpern) bei schwachem Angriff 5 cm und bei starkem sowie sehr starkem Angriff 3 cm nicht überschreiten (Tafel 41).

Beurteilung des Angriffsgrades von Böden siehe Tafel 40.

Bei Verwendung von B II muß der w/z-Wert bei schwachem Angriff $\leqq 0,60$ und bei starkem sowie sehr starkem Angriff $\leqq 0,50$ betragen.

Bei Verwendung von Beton B I gilt bei schwachem Angriff gleiche stoffliche Regelung wie bei wasserundurchlässigem Beton.

Betonschädliche Wässer sollen von jungem Beton möglichst lange ferngehalten werden. – Vermeiden von scharfen Bauwerkskanten (vergrößerte Angriffsflächen) und von Arbeitsfugen.

Tafel 40: Grenzwerte zur Beurteilung des Angriffgrades von Wässern und Böden nach DIN 4030

Vorkommen	Untersuchung		Angriffsgrad		
			schwach angreifend	stark angreifend	sehr stark angreifend
Wässer	pH-Wert		6,5 ... 5,5	< 5,5 ... 4,5	< 4,5
	kalklösende Kohlensäure (CO_2)	mg/l	15 ... 40	> 40 ... 100	> 100
	Ammonium (NH_4^+)	mg/l	15 ... 30	> 30 ... 60	> 60
	Magnesium (Mg^{2+})	mg/l	300 ... 1000	> 1000 ... 3000	> 3000
	Sulfat[1] (SO_4^{2-})	mg/l	200 ... 600	> 600 ... 3000	> 3000
Böden	Säuregrad nach Baumann-Gully	ml/kg	> 200	–	–
	Sulfat[2] (SO_4^{2-})	mg/kg	2000 ... 5000	> 5000	–

[1] Bei Sulfatgehalten > 600 mg SO_4^{2-} je l Wasser, ausgenommen Meerwasser, ist ein HS-Zement zu verwenden.
[2] Bei Sulfatgehalten > 3000 mg SO_4^{2-} je kg lufttrockenen Bodens ist ein HS-Zement zu verwenden.

Tafel 41: Anforderungen an Beton mit hohem Widerstand gegen chemische Angriffe

Angriffsgrad	Herstellung als	Sieblinien-bereich	Mindest-zement-gehalt [kg/m³]	Wasser-Zement-Wert[1][2]	Wassereindringtiefe e_w
schwach	B I	A 16/B 16 A 32/B 32	370 350	– –	≤ 50 mm
	B II	–	–	≤ 0,60	
stark	B II	–	–	≤ 0,50	≤ 30 mm
sehr stark[3]	B II	–	–	≤ 0,50	≤ 30 mm

[1] Zur Berücksichtigung der Streuungen während der Betonherstellung ist bei der Festlegung der Betonzusammensetzung ein um etwa 0,05 niedrigerer Höchstwert zugrunde zu legen.
[2] Anrechnung eines SFA-Gehaltes f mit der Formel w/(z + 0,3 · f) möglich, wobei 5 ≤ 0,25 · z.
[3] Zusätzlich Schutz des Betons.

Tafel 42: Zuordnung der Umweltklassen 5a, 5b und 5c nach ENV 206 zu den Angriffsgraden nach DIN 4030 Teil 1

		Angriffsgrad		
ENV 206		DIN 4030 Teil 1		
		Wässer	Böden	Gase
Chemisch angreifende Umgebung	5a	schwach	schwach	schwach
	5b	stark	stark	[1]
	5c	sehr stark	[1]	[1]

[1] Keine Regelung in DIN 4030 Teil 1.

4.9.4. Beton mit hohem Verschleißwiderstand (s. a. Abschn. 4.8.1.6.)

Beton mit besonders starker mechanischer Beanspruchung, z. B. durch starken Verkehr, rutschende Schüttgüter, stark strömendes Wasser (Sandschliff) u. a., muß mindestens der Festigkeitsklasse B 35 entsprechen (Tafel 43).

Zementgehalt nicht über 350 kg/m^3 bei Größtkorn bis 32 mm, Sieblinienverlauf nahe Sieblinie A, Sandanteil 0/4 mm möglichst quarzhaltig, gröbere Körnung aus natürlichen oder künstlichen Stoffen mit hohem Verschleißwiderstand. Bei besonders hoher Beanspruchung sind Hartstoffe zu verwenden (s. Abschn. 2.1.3., 3.3.1a u. 4.8.1.6.).

Steife Betonkonsistenz (KS) zur Verhinderung des Absetzens von Zementschlämme in der oberen Schicht. Eine mindest doppelt so lange Nachbehandlung erforderlich wie in der Nachbehandlungsrichtlinie gefordert (s. a. 4.11.6.).

Nach ENV 206 empfohlene Maßnahmen:
Festigkeitsklasse ≧ C 30/37; Verwendung gut abgestufter, harter Zuschläge mit rauher Oberflächenbeschaffenheit und hohem Grobkornanteil; Verdoppelung der Nachbehandlungsdauer; bei besonders starkem Verschleiß Auftragen einer Verschleißschicht.

4.9.5. Beton für hohe Gebrauchstemperaturen bis 250 °C
(s. a. Abschn. 4.8.4.2.)

Beton tragender Bauteile darf Gebrauchstemperaturen über 250 °C längere Zeit nicht ausgesetzt werden.

Bei Beton mit Gebrauchstemperaturen bis 250 °C:

Verwendung von Zuschlägen mit geringerer Wärmedehnung als quarzhaltige Stoffe, z. B. Kalksteine bestimmter Art, Basalt, Hochofenschlacke, Blähton.

Feuchthaltung des Betons mind. doppelt so lange wie die Nachbehandlungsrichtlinie für die Umgebungsbedingungen „ungünstig" fordert.

Bei schroffen Temperaturwechseln Verkleidung des Betons mit feuerfestem Mauerwerk oder Anordnung von Luftschichten.

Verarbeiten des Betons bei extremen Temperaturen s. Abschn. 4.11.8.

Rechenwerte für die Druckfestigkeit und den E-Modul sind aus Versuchen mit dem Beton abzuleiten, wenn er ständig Temperaturen > 80 °C ausgesetzt ist.

Ohne genauere Untersuchungen dürfen bei Temperaturen von 250 °C die Rechenwerte der Festigkeit nur mit dem 0,7fachen Wert, die des E-Moduls nur mit dem 0,6fachen Wert angesetzt werden.

Tafel 43: Anforderungen an Beton mit hohem Verschleißwiderstand sowie an Beton für Temperaturen bis 250 °C

Beton-eigenschaft	Her-stellung als	Sieblinien-bereich	Zement-gehalt [kg/m^3]	Wasser-Zement-Wert	Zusätzliche Anforderungen
hoher Verschleiß-widerstand	B II	nahe A oder B/U	nicht zu hoch (z. B. ≤ 350 bei Zuschlag 0/32)	–	Beton ≥ B 35; Zuschlag bis 4 mm Quarz o. ä., > 4 mm mit hohem Verschleiß-widerstand; Nachbehandlungsdauer mindestens verdoppeln
Eignung für Temperaturen bis 250 °C	B II	–	–	–	geeigneter Zuschlag; Nach-behandlungsdauer mindestens verdoppeln

4.10. Beton für besondere Anwendungsgebiete

4.10.1. Sichtbeton

Sichtbeton (eigentlich „Beton mit sichtbar bleibender Oberfläche") wird zur architektonischen Gestaltung im Hoch- und Ingenieurbau verwendet. Er kann als Normalbeton oder Leichtbeton hergestellt werden, muß oberflächendicht sein und bei Außenflächen witterungsbeständig (Verwendung von frostbeständigen Zuschlägen). Anforderungen an Betonflächen und Schalungshaut DIN 18217, 12.81.

> Seine durch sorgfältigere Ausführung entstehenden Mehrkosten werden durch Ersparnisse an Putz und Fassadenbekleidung aufgewogen. – Für die Ausführung gilt die VOB, DIN 18331 (Ausg. 9.88) „Beton- und Stahlbetonarbeiten", jedoch sind zur objektiven Bewertung der Ausführung vorherige Eignungsprüfungen an Modellen zweckmäßig. Siehe auch „Merkblatt Sichtbeton" des Deutschen Beton-Vereins als Merkblatt für Ausschreibung, Herstellung und Abnahme von Beton mit gestalteten Ansichtsflächen.

Oberflächengestaltung:
Es wird zwischen schalungstechnisch gestalteten Oberflächen und Oberflächen mit nachträglich entfernter Mörtelhaut, d. h. steinmetzmäßig bearbeitetem Beton, und Waschbeton unterschieden. Auch farbliche Gestaltung durch Einfärben des Betons mit Pigmenten möglich (DIN 53237, Ausg. 2.77).

a) Schalungsvergüteter unbearbeiteter Sichtbeton

Strukturierte Oberflächen. Verwendung von sägerauhen oder sandstrahlbehandelten Brettern, die nach Mustern geordnet sind (Schalungsplanung)! Auch ornamentale Gestaltung durch Einlagen von Formteilen aus Holz, Hartschaumstoffen oder strukturierten Gummimatten („Strukturbeton"). Schwierige Schalungsteile werden aus nach Modell gefertigten glasfaserverstärkten Polyesterschalen hergestellt.

Glatte Oberflächen. Gehobelte, evtl. auch gespundete Bretter oder Brettplattenschalung (DIN 18215 „Schalungsplatten aus Holz für Beton- und Stahlbetonbauten, Standardmaße 50 × 1,50 m") oder kunstharzbeschichtete Hartfaserplatten als Vorsatzschalung vor Normalschalung, meist jedoch witterungsbeständige Sperrholzplatten (AW 100: s. Abschn. 8.7.1.1.) als Vorsatzschalung bzw. ab 12 mm selbsttragend sowie Tischlerplatten (DIN 68791 „Großflächenschalungsplatten aus Sperrholz").

Vorbehandlung der Schalungen
Sorgfältige Säuberung der Schalung (kunstharzbehandelte Flächen benötigen geringeren Arbeitsaufwand). Wahl der Trennmittel je nach Schalungsart (kein Schalölüberschuß); Kunststoffschalungen i. allg. ohne Schalölbehandlung.[1]

Fugenspachtelung zur Vermeidung von Gratbildungen auf der Betonoberfläche. – Bei Holzschalungen gründliche Vornässung zum Verquellen der Fugen. – Sorgfältige Schalungsabstützung! –

b) Oberflächenbearbeiteter Sichtbeton

Nachträgliche steinmetzmäßige Bearbeitung wie bei Natur- und Betonwerksteinen durch Spitzen, Stocken, Scharrieren, Sandstrahlen – bei gefügedichtem Leichtbeton aus Blähton und Blähschiefer auch Schleifen.

Bei Stahlbeton entsprechende Verstärkung der Betondeckung der Bewehrung! (S. a. Abschn. 4.12.6.).

> Ferner Flammstrahlen: Splittriges Abplatzen der Betonoberfläche durch Erhitzen mittels Flammstrahler (ähnliches Gerät wie bei Stahlentrostung, s. Abb. 132a).

---

[1]) Trennmittel siehe a. Abschnitt 4.12.5., S. 206.

c) Waschbeton (s. Abb. 68)

Sichtbarmachung des Größtkorns durch Auswaschen der Feinbestandteile an der Oberfläche des zumeist mit Ausfallkörnung hergestellten Betons (z. B. Körnung 0/4 + 16/32) kurz nach dem Ausschalen vor der vollständigen Erhärtung mittels Bürste und Wasser; auch Verwendung von Grobsplitt.

Abb. 68.

Waschbetonplatte

Freilegung der Körnung zur Vermeidung des Auswitterns nur bis ⅓ ihrer Dicke. Nachbehandlung durch Feuchthaltung! Ferner Oberflächenbehandlung nach vorherigem Auftragen pastöser Erhärtungsverzögerer auf die Schalungsflächen. Vergrößerung der Betonüberdeckung der Stahleinlagen um 0,5–1 cm.

Besonders vorteilhafte Anwendung des Waschbetons bei der Fertigteilherstellung mit nach unten liegender gleichmäßig verteilter Grobbetonschicht.

d) Fabrikfertige Sichtbetonflächen (Fassadenplatten)

Verwendung von Fertigelementen aus Beton (oder Keramik) als Vorsatz, d.h. als rückwärtig verankerte „verlorene Schalung", beim Betonieren.

Schrifttum für die Anwendung

G. Rapp: Technik des Sichtbetons. Beton-Verlag, Düsseldorf, 1969.

U. Trüb: Die Betonoberfläche. Bauverlag, Wiesbaden, 1973.

W. Künzel: Sichtbeton im Hoch- und Tiefbau. Beton-Verlag, Düsseldorf, 1965.

J. Schmidt-Morsbach: Sichtbeton. Bauverlag, Wiesbaden, 1964.

J. Wilson: Sichtflächen des Betons. Bauverlag, Wiesbaden, 1967.

4.10.2 Hochfester Beton

In der DIN 1045 sind nur die Betonfestigkeitsklassen ≤ B 55 festgelegt. Der DAfSt hat in Ergänzung zur DIN 1045 in einer **„Richtlinie für hochfesten Beton"** Beton der Festigkeitsklassen B 65 bis B 115 geregelt. Während dadurch für B 65 bis B 95 im Einzelfall keine Zulassung mehr notwendig ist, wird diese jedoch für B 105 und B 115 weiterhin gefordert. Für die Betonfestigkeit B 105 und B 115 sind die entsprechenden Werte der Tafel 43a im Einzelfall für den Verwendungszweck festzulegen.

Tafel 43a: Festigkeitsklassen des hochfesten Betons

Festigkeitsklasse	Nennfestigkeits-klasse [N/mm^2]	kleinster Einzelwert β_{wmin} [N/mm^2]	Serienfestigkeit β_{wmin} [N/mm^2]	Zielwert der Eignungsprüfung [N/mm^2]
B 65	65	60	70	75
B 75	75	70	80	87
B 85	85	80	90	99
B 95	95	90	100	111

Betonzusammensetzung und Eignungsprüfung

Bei der **Eignungsprüfung** sind die in der Tafel 43a, Spalte 5, angegebenen Zielwerte anzustreben. Zusätzliche Eignungsprüfungen sind erforderlich, wenn mit Frischbetontemperaturen > 25 °C beim Herstellen und Einbauen zu rechnen ist. Zu jeder Eignungsprüfung sind an je 3 Betonprobekörpern Druckfestigkeit, Spaltzugfestigkeit und E-Modul zu bestimmen.

Für die **Betonzusammensetzung** dürfen nur Normenzemente verwendet werden. Die Verwendung von Restzuschlag und -wasser ist nicht zulässig. Bei Verwendung von Silicasuspension ist der Wassergehalt der Suspension dem Wassergehalt des Betons zuzurechnen. Der Beton muß die Konsistenz KR oder KF haben. Bei der Eignungsprüfung ist der Zeitpunkt der Fließmitteldosierung bzw. -nachdosierung der voraussichtlichen Zugabezeit auf der Baustelle anzupassen. Zugabemenge von verflüssigenden Zusatzmitteln ist auf 70 g/kg bzw. 70 ml/kg Zement begrenzt. Bei gleichzeitiger Anwendung mehrerer Betonzusatzmittel darf die Gesamtmenge 80 g/kg bzw. 80 ml/kg Zement nicht überschreiten.

Richtwerte für den Mehlkorn- bzw. Mehlkorn- und Feinstsandgehalt in Tafel 43b.

Tafel 43b: Zulässiger Mehlkorn- sowie Mehlkorn- und Feinstsandgehalt

Zementgehalt kg/m^3	Höchstzulässiger Gehalt in kg/m^3 an	
	Mehlkorn ≤ 0,125 mmm	Mehlkorn und Feinstsand ≤ 0,25 mm
< 400	500	550
450	550	600
≥ 500	600	650

Güteprüfung – Qualitätssicherungsplan

Aufgrund seiner Bedeutung ist für hochfesten Beton ein **Qualitätssicherungsplan** aufzustellen, in dem neben der Festlegung, welche Prüfungen wann wie oft durchzuführen sind, u. a. auch die verantwortlichen Ansprechpartner und die Zuständigkeit festzulegen sind.

In der **Güteprüfung** müssen vom Betonhersteller folgende Prüfungen durchgeführt werden, wobei die mit dem Hersteller vereinbarten Toleranzen einzuhalten sind.

Zement:	Mahlfeinheit, Sulfatgehalt, Wasseranspruch
Zusatzmittel:	Dichte
Zusatzstoff:	Wassergehalt u. Dichte bei Suspensionen; Wasseranspruch bei Flugasche
Kornzusammensetzung der einzelnen Korngruppen:	einmal je Betoniertag
Konsistenz:	Vor dem Verlassen des Lieferwerkes; vor und nach der Fließmittelzugabe
Druckfestigkeit:	3 Würfel je 50 m^3 Beton oder je Betoniertag oder je Geschoß.

4.10.3. Leichtbeton ($\varrho_{Rb} \leqq 2,0\,t/m^3$)

Abkürzung für Leichtbeton: LB *(LC)*

4.10.2.1. Wärmedämmender Leichtbeton

a) Leichtbeton aus Zuschlägen geringerer Festigkeit

Leichtbeton aus Leichtzuschlägen mit haufswerksporigem Gefüge und relativ geringer Druckfestigkeit findet als wärmedämmender Baustoff für Wandbausteine (DIN 18 151/52) und Wandbauplatten (DIN 18 162), für Deckenhohlkörper (DIN 4158), Geschüttete Wände (DIN 4232) oder auch für bewehrte Deckenplatten (DIN 4027) Verwendung.

> Festigkeitsklassen LB 2, LB 4, LB 6 und LB 8 mit Rohdichten $\geqq 0,80\,kg/dm^3$.

> Die Festigkeit läßt sich durch Sandzugabe, allerdings zu Lasten der Rohdichte und Wärmedämmung, bis LB 10 und LB 15 steigern.

>> Bei den Leichtbetonsteinen Kennzeichnung nach der Steinfestigkeit, Hbl 2, Hbl 4, Hbl 6, Vbl bzw. V 2, V 4, V 6, V 12 (s. Abschn. 5.2.2.).

Als Zuschläge kommen in Betracht (s. a. Abschn. 2.1.):

> Naturbims, porige Lavaschlacke, Hüttenbims (geschäumte Hochofenschlacke), Sinterbims (durch Sintern unter Kohlezugabe porös zusammengebackene, gebrochene und klassierte mineralische Massen verschiedenen Herkommens), Ziegelsplitt. Ferner Blähton und Blähschiefer (Fabrikate: Leca, Liapor, Berwilit, Korlin u. a.).

>> Die Herstellung von geschütteten Leichtbetonwänden in stockwerkshohen Schalungen erfolgt nach DIN 4232 (Ausg. 9.87) „Wände aus Leichtbeton mit haufwerksporigem Gefüge" in den Festigkeitsklassen LB 2, LB 4, LB 6 und LB 8 und in den Rohdichteklassen 1,0 bis 2,0.

Als „Leichter Leichtbeton" wird nur der Wärmedämmung dienender Dämmbeton haufwerksporiger oder dichter Gefügestruktur und geringer Druckfestigkeit mit Rohdichten unter $0,80\,kg/dm^3$ bezeichnet[*]).

> Als Zuschläge dienen Blähgranulate geringerer Rohdichte als $0,50\,kg/dm^3$ auf Tonbasis, Blähperlit und Blähglimmer sowie Blähglas (s. a. Abschn. 2.1.3. und 6.3.4.).

> Ferner in zunehmendem Maße Schaumpolystyrolkugeln (Styropor-Beton), meist mit Kunstharzdispersionen als Haftvermittler oder mit Zement und Steinmehl zur Vermeidung des Aufschwimmens vorpräpariert.

Die Anwendung erstreckt sich auf wärmedämmende Einlagen in Sandwichelementen der Großtafelbauweise, als ausfachende Plattenelemente, als feuerhemmende und wärmedämmende Putze und Mörtel, wärmedämmende Stallunterböden sowie (zunächst noch im Versuchsstadium) als frostschädenverhindernder Unterbau bei Verkehrswegen.

b) Gas- und Schaumbeton

Auflockerung sehr feinkörnigen Betons (Mörtel) aus quarzitischen Zuschlägen oder Steinkohlenflugasche mit porenbildenden Mitteln: Gasbildung durch Aluminiumpulver, Calciumkarbid, Wasserstoffperoxid oder baustellenmäßig vorgefertigten Schaum.

> Nur werkmäßige Herstellung (Handelsnamen z. B. Siporex, Ytong, Hebel).

Wegen starker Schwindneigung bei Lufthärtung (2 mm/m) erfolgt grundsätzlich Härtung in gespanntem Dampf (s. Abschn. 4.11.8.3. und 5.2.1.3.). Nachschwindung nur bis zu 0,5 mm/m zulässig.

>> Festigkeitsklassen G 2, G 4, G 6, G 8 N/mm^2
>> Rohdichten $0,40-1,0\,kg/dm^3$

---

[*]) s. a. AURICH: Leichte Leichtbetone. Zeitschr. „beton" (1973), Heft 5.

Herstellung von großformatigen Wandbausteinen nach DIN 4165/66 E Ausg. 12. 89 „Gasbeton-Blocksteine und -bauplatten" (s. Abschn. 5.2.1.3.) sowie bewehrte Dach- und Deckenplatten nach DIN 4223 E, Ausg. 8.78.

Die Bewehrung (Baustahlmatten) bedarf als Rostschutz wegen der Porigkeit des Gasbetons eines besonderen Schutzüberzuges: Spezialzementschlämme, bituminöse oder Kunststoffmassen.

4.10.2.2. Stahlleichtbeton und Spannleichtbeton (DIN 4219, Ausg. 12.79)

Konstruktions-Leichtbeton mit geschlossenem Gefüge unter Verwendung kornfester und poröser Leichtzuschläge, wie Blähton, Blähschiefer, Hüttenbims, Flugaschesinter u. ä. (s. Abschn. 2.1.2.), meist in den Korngrößen 0/4, 4/8, 8/16, 16/25 mm.

Die Anwendungsvorteile des Stahlleichtbetons liegen, außer in den wärmedämmenden Eigenschaften, insbesondere in den durch kleineres Eigengewicht gegenüber Normalbeton möglichen größeren Spannweiten, auch bei Brücken, in einfacheren Gründungen sowie in geringeren Transport- und Montagekosten von Fertigteilen, so daß sich die Mehrkosten der Leichtbaustoffe wesentlich ausgleichen. Stahlleichtbeton kann auch für Sichtbeton verwendet werden.

Ferner Verwendung bei außenliegenden Bauteilen, die als „Wärmebrücken" sonst zusätzlicher Wärmedämmung bedürfen, wie Fensterstürze, Balkonkragplatten und Gesimse. Frischinfrisch-Verarbeitung von Leichtbeton an Normalbeton (Gemischtbauweise) möglich.

Für die Anforderungen an den Beton, Herstellung und Güteüberwachung, gilt DIN 4219, Teil 1.

In DIN 4219, Teil 2, ist die Bemessung und Ausführung erfaßt.

Im übrigen gelten die Vorschriften der DIN 1045 „Beton und Stahlbetonbau", DIN 4227 „Spannbeton" und DIN 4226 „Zuschlag für Beton" Teil 2 (Leichtzuschlag).

a) Druckfestigkeit und Rohdichte

Druckfestigkeitsklassen:

Betongruppe B I: LB 8, 10, 15, 25
Betongruppe B II: LB 35, 45, 55

Ausführung in Stahlleichtbeton LB 55 nur mit Sondergenehmigung. Spannbeton nur ab LB 25. Stahlleichtbeton LB 8 und 10 nur für Wände und für Fassaden- und Brüstungselemente.

Rohdichteklassen, Berechnungsgewichte und Rechenwerte für E-Modul s. Tafel 44.

Tafel 44: Rohdichteklassen von Stahlleichtbeton

Rohdichteklasse	Grenzwerte der Trockenrohdichte kg/dm^3	Berechnungsgewicht (kN/m^3)		Rechenwerte für E-Modul N/mm^2
		unbewehrt	bewehrt	
1,0	0,80–1,00	10,5	11,5	5 000
1,2	1,01–1,20	12,5	13,5	8 000
1,4	1,21–1,40	14,5	15,5	11 000
1,6	1,41–1,60	16,5	17,5	15 000
1,8	1,61–1,80	18,5	19,5	19 000
2,0	1,81–2,00	20,5	21,5	23 000

Die R o h d i c h t e wird aus dem bei 105 °C getrockneten Beton ermittelt.

Vorausberechnung der Trockenrohdichte (mit 20% chem. gebundenem Wasser):

$$\varrho_{Rb,od} = (1,2 \cdot z + m_{g,d}) / 1000 \; kg/dm^3$$

z = Zementgehalt in kg/m^3 $m_{g,d}$ = Trockengewicht des Zuschlags

Die W ä r m e l e i t z a h l e n der Leichtbetone (ohne Natursandzusatz) liegen bei Rohdichten von 0,80 bis 1,60 kg/dm^3 zwischen 0,30 und 0,73 W/m K (Vergleich: Vollziegelmauerwerk zwischen $\lambda_R = 0,50$ und 0,96, Normalbeton $\lambda_R = 2,10$ W/m K).

Zusammenhang zwischen Betondruckfestigkeit und Leichtbetonrohdichte

Rohdichteklasse		Erreichbare Druckfestigkeitsklasse
mit Natursand	mit Leichtsand	
–	$\geqq 1{,}0$	LB 8
$\geqq 1{,}4$	$\geqq 1{,}2$	LB 10 und LB 15
$\geqq 1{,}6$	$\geqq 1{,}4$	LB 25 und LB 35
$\geqq 1{,}8$	$\geqq 1{,}6$	LB 45

b) Güteeigenschaften

Bei der Güteprüfung ist stets neben der Druckfestigkeit auch die Trockenrohdichte zu ermitteln.

Druckfestigkeitsprüfung nach 28 Tagen: Prüfkörperzahl beträgt stets 6 je 500 m^3 Beton, je Geschoß oder je 7 Betoniertage.

7-Tage-Prüfungen als Güteprüfung gelten nur bei vorliegenden Relationen zu den 28-Tage-Prüfungen (Festigkeitssteigerung evtl. durch Kornfestigkeit begrenzt).

Elastizitätsmodul mit zunehmender Rohdichte zwischen 5000 (ϱ_{Rb} = 1,0 kg/dm^3) bis 23 000 (ϱ_{Rb} = 2,0 kg/dm^3) N/mm^2 (s. Tafel 44).

Wegen des kleineren E-Moduls gegenüber Normalbeton ist bei weiter gespannten Bauteilen die größere Durchbiegung zu beachten.

Kriechverformung: Die Endkriechzahl $\gamma^\infty{}_b$ kann der Tabelle 7 der DIN 4227 entnommen werden und ist dann mit dem Verhältnis des E-Moduls E_{lb} von Leichtbeton (Tafel 35, S. 224) zum E-Modul des Normalbetons E_b gleicher Festigkeitsklasse wie folgt abzumindern:

    LB 8 bis LB 15: $\varphi^\infty{}_{lb} = \varphi^\infty{}_b \cdot 1{,}3\ E_{lb}/E_b$
    LB 25 bis LB 55: $\varphi^\infty{}_{lb} = \varphi^\infty{}_b \cdot 1{,}0\ E_{lb}/E_b$

Schwindverformung: Berechnung des Endschwindmaßes nach DIN 4227, das im Regelfall bei LB 8 – LB 15 um 50%, bei LB 25 – LB 55 um 20% zu erhöhen ist.

Wärmedehnung: $\alpha_T = 0{,}6 - 0{,}8 \cdot 10^{-5}\ K^{-1}$ (vgl. Abschn. 4.8.3.2, S. 163). Zur Berechnung kann $\alpha_T = 0{,}8 \cdot 10^{-5}\ K^{-1}$ angenommen werden.

Die Wasseraufnahme kann etwas größer als bei Normalbeton sein, die Wasserundurchlässigkeit ist fast gleich. Die Frostbeständigkeit ist i. allg. gegeben.

Leichtbeton hat nur geringen Verschleißwiderstand: Gute Schleifbarkeit bei Sichtbeton.

Bewehrung nur mit Betonrippenstählen ($\varnothing \leqq 22$ mm) und Betonstahlmatten aus profilierten und gerippten Stäben.

Die Betondeckung der Stähle richtet sich, im Gegensatz zum Normalbeton, auch nach dem Größtkorn der Zuschläge und muß wegen der Porosität des Zuschlags i. allg. mind. 0,5 cm größer sein als bei Normalbeton (s. Tab. 1 der DIN 4219, Teil 2).

Der Feuerwiderstand ist infolge der Wärmedämmung um mehr als 50% größer als bei Normalbeton.

c) Herstellung

Die Festigkeit von Leichtbeton mit geschlossenem Gefüge läßt sich, im Gegensatz zu Normalbeton, wegen der geringeren Kornfestigkeit und infolge der durch die Wasseraufsaugfähigkeit des Zuschlags (5–20 Vol.-%) erschwerten Erfassung des „wirksamen Wasserzementwertes" nur auf Grund von Erfahrungswerten, die evtl. beim Lieferwerk zu erfragen sind, ermitteln:

Eignungsprüfung stets erforderlich.

Als wirksamer Wasserzementwert wird das Verhältnis des Gesamtwasserbedarfs, abzüglich des vom Zuschlag in 30 min aufgesaugten Wassers, zum Zementgewicht bezeichnet.

Feststellung der Wasseraufnahme des Zuschlags:

Gewicht einer in Wärme getrockneten Zuschlagprobe ($m_{g,\,d}$ = 500 g) nach 30 min Wasserlagerung und Oberflächentrocknung mit Tuch oder Föhn, abzüglich Trockenmasse, auf die Trockenmasse in Gew.-% bezogen.

Die Betonrohdichte hängt wesentlich von der Kornzusammensetzung ab, wobei zu berücksichtigen ist, daß größere Körnungen leichter und auch weniger fest sind als die relativ stärker gesinterten kleineren Körnungen. Sandreichere Körnungen sind entsprechend schwerer, insbesondere der Festigkeitssteigerung dienliche Natursandzusätze.

Mindestzementmenge: 300 kg/m³. Höchstmenge 450 kg/m³ (wegen Wärmerückstau) für Stahlleicht- und Spannleichtbeton. Für unbewehrten Leichtbeton empfohlener Richtwert 200 kg/m³.

Kornaufbau nach stetiger oder unstetiger Sieblinie (Ausfallkörnung). Größtkorn 25 mm (nur bei leichterem Beton), ab etwa LB 25 kleineres Größtkorn. Sieblinienauftrag wegen der unterschiedlichen Kornrohdichte nach Stoffraum-% (s. Abschn. 2.3.3.3.).

Die Zumessung der Leichtzuschläge erfolgt wegen des stark veränderlichen Feuchtigkeitsgehaltes zumeist nach Raumteilen, der Sandzusatz i. allg. nach Gewicht.

Wasserzugabe entsprechend erforderlicher Konsistenz: Messung nach 15 min Standzeit.

Betonzusätze haben ähnliche Wirkung wie bei Normalbeton. (Beachte: Erhöhung der Betonrohdichte bei Zusatzstoffen, Verringerung bei Luftporenbildnern.) Flüssige Zusatzmittel werden zur Gewährleistung der Verteilung mit dem Rest des Anmachwassers zugegeben.

Bei Zugabe von LP-Mitteln ist der Luftporengehalt des Betons nur mit besonderen Verfahren feststellbar: Vergleich der Frischbetonrohdichten vor und nach der Zugabe.

Der Wasserbedarf entspricht etwa den Richtwerten von Normalbeton, jedoch ist bei der Wasserzugabe das während der Verarbeitung vom Leichtzuschlag aufgenommene Kernwasser zu berücksichtigen.

Zugabefolge: Zuschlag + ⅔ Wasser + Zement + Restwassermenge.

Pulverförmige Zusatzmittel werden mit dem Zement, flüssige mit dem Rest des Anmachwassers zugegeben.

Mischdauer nach Zugabe aller Stoffe mindestens 1½ min.

d) Verarbeitung

Betonkonsistenz wegen Entmischungsneigung (Aufschwimmen der Zuschläge) nur KS und KP. Bevorzugung des Verdichtungsmaßes zur Konsistenzbestimmung: Das Ausbreitmaß ist wegen geringeren Gewichtes der Zuschläge etwas geringer als bei Normalbeton.

Lange Transportwege und freien Fall wegen Entmischungsgefahr vermeiden. (Pumpförderung nicht empfehlenswert.)

Verdichtung stets durch Rütteln! Wegen innerer Dämpfung durch geringere Massen erfolgt das Rütteln in kleineren Abständen als bei Normalbeton und in geringerer Lagenhöhe (bis 50 cm).

Um die Verarbeitungseigenschaften des zu verwendenden Betons kennenzulernen, empfiehlt es sich, unter den Baustellengegebenheiten einen Betonierversuch durchzuführen.

Nachbehandlung der Betonoberfläche erforderlich zur Vermeidung starken Feuchtigkeitsgefälles zwischen Kern und Außenzone.

e) Güteüberwachung

Würfelherstellung und Lagerung erfolgt nach DIN 1048, Teil 1. (vgl. Abschn. 4.8.1.1.a.2).

Überwachung der Leichtzuschläge auf der Baustelle auf Gleichmäßigkeit der Lieferungen: Prüfung auf Schüttdichte und Feuchtigkeitsgehalt, ab LB 25 auch auf Rohdichte (vorausgehende Prüfungen s. Abschn. 2.3.2.4b).

Stahlleichtbeton ist auch als Transportbeton lieferbar: Beachtung des Wasseraufsaugens der Zuschläge während des Transportes (nachträgliche Wasserzugabe zur Erreichung der vorgesehenen Konsistenz zulässig).

Die besonderen Eigenschaften des Leichtbetons erfordern enge Zusammenarbeit zwischen Transportbetonwerk und Baustelle (bei Erstlieferung unmittelbare Beratung)!

Literatur zur Anwendung von Leichtbeton:

WEIGLER/KARL: Stahlleichtbeton. Bauverlag Wiesbaden.

AURICH: Kleine Leichtbetonkunde. Bauverlag Wiesbaden.

4.10.4. Schwerbeton ($\varrho_{Rb} > 2,8\,t/m^3$)

Abkürzung für Schwerbeton: SB *(HC)*

Nach dem Verwendungszweck ist zwischen Schwergewichtsbeton und Strahlenschutzbeton zu unterscheiden.

Schwergewichtsbeton wird für besonders schwere Fundamente (z. B. in der Stahlindustrie), als Gegengewichte für Bagger und Krane sowie als Tresorbeton verwendet.

Strahlenschutzbeton (Abschirmbeton) findet im Reaktorbau, bei Röntgenanlagen und als Strahlenschutz in Medizin und Forschung Anwendung (s. a. Abschn. 4.8.2.4.).

Für den Strahlenschutz kann Beton deshalb als Baustoff vorteilhaft verwendet werden, weil er sowohl strahlenschutztechnische als auch raumabschließende und tragende Aufgaben übernimmt.

DIN 25413, T 1 u. 2, Aus. 10. 82, „Klassifikation von Abschirmbeton nach Elementanteilen".

Baustoffe für Strahlenschutzbeton

Zement. Es können die üblichen Normzemente verwendet werden. Aus bautechnischen Gründen (Massenbeton) sind NW-Zemente besonders geeignet.

> Spezialzemente, bei denen z. B. zur besseren γ-Strahlenabsorption das Calcium des Zementes (Atomgewicht 40) durch Barium (Atomgewicht 137) ersetzt ist, oder Zemente mit höherer chemischer Wasserbindung zur Abschwächung der Neutronenstrahlung haben sich nicht durchgesetzt, weil der Zement nur rd. 10 Gew.-% im Beton ausmacht. ·

Zuschläge. Für die γ-Strahlenabschwächung sind möglichst hohe Betonrohdichten erforderlich. Dies wird durch Schwerzuschläge mit Kornrohdichten $\varrho_{Rg} \geqq 3,0\,kg/dm^3$ erreicht. Folgende natürliche und künstliche Schwerzuschläge kommen hierfür in Frage:

Natürliche Zuschläge:	Baryt (Schwerspat):	$\varrho Rg = 4,0–4,3\,kg/dm^3$
	Eisenerze (Magnetit, Hämatit):	$\varrho Rg = 4,6–4,9\,kg/dm^3$
Künstliche Zuschläge:	Stahlgranalien, Stahlsand:	$\varrho Rg = 6,8–7,6\,kg/dm^3$
	Ferrosilicium, Ferrophosphor:	$\varrho Rg = 5,8–6,2\,kg/dm^3$

Zusatzstoffe: Eine Erhöhung der Neutronenstrahlenabsorption und eine Verminderung der Sekundärstrahlung kann durch Zusatz von borhaltigen Stoffen erreicht werden (z. B. Borglas, Borcarbid oder Calciumborat). Auch Verwendung von kristallwasserhaltigen Zuschlägen wie z. B. Limonit (Brauneisenstein) möglich.

Betonherstellung

Wegen der aus der unterschiedlichen Rohdichte der Zuschläge sich ergebenden Schwierigkeiten der Betonherstellung empfehlen sich die Überwachungsmaßnahmen des Betons B II.

Die Erzielung maximaler Dichte erfordert einen zweckentsprechenden, wenig zur Entmischung neigenden Kornaufbau.

w/z-Wert $\leqq 0,60$. (Höhere Wasserzementwerte wegen zunehmender Neigung des Zementleimes zum Wasserabsondern und wegen der geringen Dichte des Zementsteines ungeeignet.)

Übliche Zementgehalte von $250–300\,kg/m^3$.

Betonrohdichte hängt wesentlich von den Kornrohdichten der verwendeten Zuschläge ab.

Betonkonsistenz: Um die Neigung zum Entmischen zu verhindern, sollte möglichst steifer Rüttelbeton (KS/KP) verwendet werden.

> Die sich beim Rütteln des Betons evtl. ungünstig auswirkenden stark unterschiedlichen Rohdichten der Zuschläge und des Zementleimes erfordern u. U. beim Einbringen des Betons Sonderverfahren, z. B. Ausgußbeton (Colcrete oder Prepakt-Verfahren), bei denen in ein feinkornfreies Zuschlaggerüst Mörtel eingepumpt wird (s. a. Abschn. 4.11.4.6.).

Hinsichtlich der bei Strahlenschutzbeton beträchtlichen Abmessungen der Bauteile sind die Gegebenheiten des Abschnittes 4.10.4 „Massenbeton" wegen der hierbei auftretenden Wärmespannungen und der damit verbundenen Gefahr der Rißbildung zu berücksichtigen.

Die Schwere des Betons erfordert die Ausbildung besonders widerstandsfähiger Schalungskonstruktionen.

Nachbehandlung: Der Beton ist wenigstens 4 Wochen gegen Austrocknen zu schützen, damit der Zement möglichst viel Wasser chemisch bindet. Anschließend soll der Beton das Überschußwasser nur langsam abgeben.

Zu Auslegungsberechnungen für Betonschilde mit großem Strahlungsschwächungsfaktor gelten die in DIN 15413 angegebenen Elementanteile für Beton.

Literatur zum Strahlenschutzbeton:

WISCHERS: Strahlenschutzbeton, Zement-Taschenbuch 1962, Bauverlag Wiesbaden.

MANNS: Zuschlag für Strahlenschutzbeton, Zement-Taschenbuch 1974/75. Bauverlag.

Merkblatt für das Entwerfen, Herstellen und Prüfen von Betonen des bautechnischen Strahlenschutzes, DBV-Merkblatt-Sammlung, 1991, Deutscher Beton-Verein, Wiesbaden.

4.10.5. Massenbeton

Bei der Herstellung massiger Bauteile (etwa ab 1 m Dicke), wie Staumauern, Gründungskörper, Brückenpfeiler usw., spielt meist die Betondruckfestigkeit eine geringere Rolle als die Folgen der bei der Hydratation des Zementes freiwerdenden Wärme:

Durch das nur langsame Abfließen der Wärme aus dem Inneren eines dickeren Bauteils bildet sich ein Temperaturgefälle vom Kern zu den oberflächennahen Schichten, der Schale, aus.

Infolge der unterschiedlichen Erwärmung will sich der Beton im Kern mehr ausdehnen als in den Randzonen, was nur mit unterschiedlichen Formänderungen möglich wäre. Somit entstehen im Baukörper Eigenspannungen, und zwar im Kern Druck- und in der Randzone Zugspannungen.

Da Beton Druckspannungen gut, jedoch Zugspannungen nur in geringem Umfang aufzunehmen vermag, treten beim Überschreiten der Zugfestigkeit **Schalenrisse** auf, die meist nur wenige Zentimeter Tiefe haben und sich bei einem späteren Temperaturausgleich zwischen Kern und Schale wieder weitgehend schließen können.

Werden bei der Abkühlung eines Betonbauteils die auftretenden Formänderungen teilweise oder vollständig von außen her behindert, z. B. wenn ein aufgehendes Bauteil auf ein bereits fertiggestelltes Fundament oder eine Gründungssohle betoniert wird, dann treten Zwängungsspannungen auf.

Die Verkürzung des aufgehenden Teiles während seiner Abkühlung wird durch das bereits abgekühlte Bauteil an der Formänderung infolge Haftung gehindert, was Zugspannungen im aufgehenden Teil zur Folge hat. Diese Zugspannungen überschreiten häufig die relativ geringen Zugfestigkeiten des jungen Betons und führen so zu **Spaltrissen,** die durch das ganze Bauteil verlaufen.

Schwindspannungen können beim Austrocknen des Bauwerkes die Temperaturspannungen überlagern und die Rißgefahr vergrößern.

Daß dem Einfluß der Betonzusammensetzung auf die Erwärmung des Betons im Kern eines massigen Bauteils besondere Bedeutung zukommt, ergibt sich aus folgender Gleichung:

$$\Delta T_n = \frac{z \cdot H_n}{\varrho_b \cdot c_b}$$

ΔT_n = Temperaturanstieg in K nach n Tagen
z = Zementgehalt in kg/m^3
H_n = Hydratationswärme des Zementes in Wh/kg nach n Tagen
ϱ_b = Betonrohdichte in kg/m^3
c_b = Spezifische Wärme des Betons in Wh/kg K

Da der Nenner der Gleichung bei den üblichen Betonen nahezu immer gleich groß ist, rd. 700 Wh/m^3 K (für älteren Beton 640 Wh/m^3 K), ergibt sich, daß der Temperaturanstieg praktisch nur vom Zementgehalt und der Wärmeentwicklung (Hydratationswärme) des Zementes abhängt.

Sowohl durch betontechnologische als auch bautechnische Maßnahmen können die Temperaturspannungen und damit die Gefahr der Rißbildung gering gehalten werden.

Betontechnologische Maßnahmen

- Verwendung von Zementen mit niedriger Wärmeentwicklung (NW-Zemente), d. h. C$_3$A- und C$_3$S-arme PZ bzw. hüttensandreiche HOZ mit mehr als 70% Hüttensand, oder Zugabe von hydraulischen Zusatzstoffen, z. B. Traß, Flugasche

- Günstiger Kornaufbau mit möglichst geringem Zementleimanspruch (evtl. Ausfallkörnungen).

- Möglichst großes Größtkorn des Zuschlages (Mischung mit 63 mm Größtkorn erfordert weniger Zement als Mischung mit 32 mm Größtkorn).

- Möglichst niedrige Frischbetontemperatur durch Kühlen des Wassers und des Zuschlags (Zumischen von Eisschnee oder feinkörnigem Splittereis).

- Verwendung wassersparender Zusatzmittel (z. B. BV).

- Sorgfältige Nachbehandlung, die vor zu schneller Austrocknung und Auskühlung schützt.

Bautechnische Maßnahmen

- Anordnung von Raumfugen (Dehnungsfugen), die durch den gesamten Querschnitt gehen, oder von Scheinfugen, bei denen der Bauwerksquerschnitt an vorherbestimmter „Soll-Rißstelle" geschwächt wird.

- Fugenabstand höchstens 15 m bis zu 3 m je nach Frischbeton- und Außentemperatur sowie nach den stofflichen Gegebenheiten. Bei wasserundurchlässigem Beton Einbau von Fugenbändern.

- Zur schnelleren Wärmeabführung Betonieren in kleineren Abschnitten bzw. in Blöcken mit Zwischenräumen.

- Bei Massenbauwerken auch Rohrinnenkühlung durch Einbetonieren von aufblasbaren und wiedergewinnbaren Gummischläuchen oder von Stahlrohren. (Kostenaufwendiges Verfahren.)

- Schalung mit mittlerer Wärmedämmung verwenden (Hohlschalung).

Literatur zum Schwerbeton:

EISENMANN: Grundlagen der Temperaturberechnung des frischen und des erhärteten Betons, Beton-Informationen, 3/70, S. 36/41

HAMPE: Temperaturschäden im Beton im besonderen im Massenbeton und Maßnahmen zu ihrer Verhütung. 2. Aufl. Verlag Ernst & Sohn, Berlin, 1944.

SPRINGENSCHMIDT: Risse im Beton infolge Hydratationswärme, Zement − Kalk − Gips 44 (1991), Heft 3, S. 132/138

4.10.6. Straßenbeton

Die Herstellung erfolgt nach den „Zusätzlichen Technischen Vorschriften und Richtlinien für den Bau von Fahrbahnbefestigungen aus Beton − ZTV-Beton 93*). Vorschriften für Bauleistungen s. VOB, DIN 18 316 (Ausg. 12.92) „Verkehrswegebauarbeiten, Oberbauschichten mit hydraulischen Bindemitteln".

An Straßenbeton werden besonders hohe Anforderungen hinsichtlich Druck und Biegezugfestigkeit, Ebenheit der Oberfläche sowie Widerstand gegen Frost- und Tausalzeinwirkung entsprechend den Bauklassen I–V gestellt (s. Abschn. 9.4.1.2.).

Die wesentlichen Anforderungen ergeben sich aus folgender Übersicht:

---

*) Bezug durch Forschungsgemeinschaft für das Straßenwesen, Köln.

Tafel 45: Anforderungen an Straßenbeton

Bau-klasse	Mindestfestigkeit nach 28 Tagen			Mindestluft-porengehalt*)		Mindest. erforderl. Korngruppen	Ebenheit (auf 4 m Meßstrecke)
	Druckfestigkeit		Biege-zugf.	Tages-mittel	Einzel-wert		
	Mind. N/mm²	Mittel N/mm²	N/mm²	%	%	mm	mm
SV	35	40	5,5	4,0	3,5	⎫ 0/2, 2/8, > 8 oder 0/4, 4/8, > 8 ⎬ 0/4, > 4 ⎭	
I	35	40	5,5	4,0	3,5		4
II	35	40	5,5	4,0	3,5		4
III	35	40	5,5	4,0	3,5		4
IV	35	40	5,5	4,0	3,5		6
V	25	30	4,0	4,0	3,5		6
VI	25	30	4,0	4,0	3,5		

*) für Beton ohne BV oder FM (mit BV und/oder FM 0,5% höher)

Die Kornzusammensetzung des Zuschlags mit erhöhten Anforderungen (eF, eQ, eK) muß den Sieblinien der DIN 1045 entsprechen, bei den Bauklassen I–IV soll jedoch der Zuschlaganteil bis 1 mm in der unteren Hälfte des günstigen Bereichs liegen.

Zementfestigkeitsklasse PZ, EPZ, PÖZ: $\geqq$ Z 32,5
HOZ: $\geqq$ Z 42,5

w/z-Wert und z-Gehalt nach Festigkeitsanforderung auf Grund einer Eignungsprüfung. Zementgehalt $\geqq$ 340 kg/m³

Luftporenbildner als Zusatzmittel erforderlich. Auch Verwendung sonstiger zugelassener Zusätze. Zusatzstoffe dürfen nicht auf den z-Gehalt angerechnet werden. Mehlkorn- und Feinstsandgehalt (< 0,25 mm) darf 450 kg/m³ Festbeton nicht überschreiten (Fließbeton $\leqq$ 500 kg/m³). Für Betonieren bei Frost gelten Sonderbestimmungen.

Ein- oder zweischichtige Deckenausführung mit Raum-, Schein- oder Preßfugen in Quer- und Längsrichtung.

Im Oberbeton Zuschlagkörnung > 8 mm bei Verkehrsklassen SV, I bis III aus mind. 50% gebrochenem Gestein.

Bei bewehrten Decken Betonüberdeckung der oberen Stahleinlagen > 5 < 7 cm. Einbau von beweglichen Dübeln an den Querfugen und von Ankern an den Längsfugen. Nachbehandlung > 3 Tage.

Prüfungen

Festigkeitsprüfungen an 20-cm-Würfeln und an Balken 15×10×70 cm abweichend von DIN 1048. Balkenbelastung mit mittiger Einzellast.

Kontrollprüfungen an Bohrkernen von 15 cm ∅ im Alter von 60 Tagen (Umrechnung auf 20-cm-Würfel bei unterschiedlicher Höhe durch „Formbeiwert" und bei Entnahme zu unterschiedlichen Zeiten durch „Zeitbeiwert" gemäß ZTV-Beton 91).

Für die Verkehrsfreigabe gilt die bei Lagerung von Prüfkörpern auf der Baustelle festgestelle Festigkeit (Erhärtungsprüfung).

4.10.7. Faserbeton

Zur Verbesserung bestimmter Betoneigenschaften, wie Erhöhung der Zugfestigkeit, Verminderung der Reißneigung, Erhöhung der Schlagzähigkeit, Verbesserung des Verformungsverhaltens, werden dem Beton Fasern zugemischt.

Um jedoch bei bestimmten Anforderungen diese Verbesserungen der Festbetoneigenschaften zu erreichen, müssen die Fasern eine bestimmte Länge im Verhältnis zu ihrer Dicke aufweisen, damit die Zugfestigkeit der Fasern voll ausgeschöpft werden kann, bevor der Haftverbund der Fasern in der Mörtelmatrix versagt und die Fasern sich aus der Mörtelmatrix herausziehen („kritische Länge"). Für die praktische Anwendung im Beton sind somit die Fasern am günstigsten, die den geringsten Faserdurchmesser aufweisen.

Dieses Verhältnis ist bei dem sehr feinfaserigen Asbest mit Faserdurchmesser von $\leqq 1\,\mu$m am günstigsten, was seit der Jahrhundertwende zu einer Palette von Asbestzementerzeugnissen für den Bausektor geführt hat.

Wegen der nachgewiesenen gesundheitsgefährdenden Wirkung von Asbestfasern müssen diese heute in den betreffenden Erzeugnissen durch andere wirksame Fasern ersetzt werden.

Neuere Herstellverfahren, bei denen Fasern aus Stahl, Glas, Kunststoff, Kohlenstoff oder Zellulose zur Anwendung kommen, sind in ihrer Entwicklung noch nicht abgeschlossen, weil sich bei der bis zu 2 Zehnerpotenzen größeren Dicke der Fasern größere erforderliche Faserlängen ergeben, deren Beimischung verfahrenstechnische Schwierigkeiten ergeben.

Stahlfasern

Die zur Anwendung kommenden Stahlfasern haben Dicken von 30–100 μm und Längen von 12–50 mm. Beim Einmischen der Fasern kann es leicht zu ungleichmäßiger Verteilung der Fasern und zu Zusammenballungen (sog. „Igelbildung") kommen.

Neuerdings auch Verwendung von gefrästen Stahlfasern mit rauher Oberfläche („Harex-Stahlfasern").

Die üblichen Fasergehalte liegen bei 1–2 Vol.-% je m^3 verdichteten Beton in Abhängigkeit vom Größtkorn. Kleines Größtkorn verhält sich günstiger, da die Fasern nur in der Mörtelmatrix wirksam sind. Praktische Erfahrungen liegen bereits mit Stahlfaser-Spritzbeton vor. Hierfür gilt neben der DIN 18551 das Merkblatt „Stahlfaser-Spritzbeton"*).

Anwendung des Stahlfaserbetons:
Tresorbau, Rammpfähle, Dünne Schalen, Hangsicherung, Tunnelbau, Betonsteinerzeugnisse.

Glasfasern

Die normalgebräuchlichen Glasfasern sind wegen ihres Alkaligehaltes mit dem Zement nicht verträglich, daher nur Verwendung von Fasern aus teuren Spezialgläsern, z.B. aus Soda-Zirkon-Glas = Cem-Fil-Fasern aus England.

Der Faseranteil liegt im allgemeinen bei etwa 2–5 Vol.-% bis maximal 15 Vol.-% je m^3 verdichteten Beton und je nach Verfahrensmethode. Die Faserdicke liegt bei 5–20 μm.

Die Verarbeitung kann durch Einrieseln oder Einspritzen der geschnittenen Endlosfasern erfolgen („spray-up Verfahren"), durch Einlegen von Faserbündel, Gewebe, Vliese oder Matten in die Mörtelmatrix („lay-up Verfahren") oder durch Aufwickeln von Endlosfasern auf einen Zylinder, der danach mit Zementmörtel, der gehäckselte Fasern enthält, bespritzt wird („winding Verfahren").

Anwendung des Glasfaserbetons:
Vielgestaltige, dünnwandige Fassadenelemente, Rohre, Schalen und Faltwerke, Spezialputze, Estriche, Spritzbeton.

Zukunftsträchtig sind Zugbewehrungen von mit Spannstahl vergleichbaren Glasfaser-Kunstharz-Verbundstäben, die aus Hunderten von endlos parallelgerichteten und in eine Kunstmatrix eingebetteter Glasfäden etwa vom Querschnitt eines 16 mm Rundstabes bestehen und bei einem E-Modul von etwa 50000 N/mm^2 eine Zugfestigkeit von über 1500 N/mm^2 haben.

Bei der sich wahrscheinlich nur auf Spannbeton begrenzenden Verwendung der Glasfaserverbundstäbe, die wegen der Kunstharzmatrix nicht höheren Temperaturen ausgesetzt werden dürfen, liegen die Schwierigkeiten in den Verankerungsgegebenheiten.

---

*) Veröffentlicht in Zeitschrift „beton" 1977, Heft 2.

Erste derartige Spannbetonbrücke mit einer Sondergenehmigung im Jahre 1987 in Düsseldorf gebaut.

Kunststofffasern

Die Kunststofffasern, Faserdicke d = 10–15 µm, Faserlänge 1 = ca. 40 mm, meist aus Polyamiden (z. B. „Kevlar"), Nylon oder Polypropylen bestehend, beschränken sich in ihrer Anwendung wegen ihres niedrigen E.-Moduls bisher nur zur Verbesserung der Grünstandfestigkeit bei der Herstellung von Betonwaren sowie bei der Herstellung von Putzen zur Rißüberbrückung.

Kohlenstofffasern besitzen einen hohen E-Modul und eine hohe Zugfestigkeit. Sie wären daher für die Betonherstellung geeignet, sind aber leider viel zu teuer. Mögliche Zukunftsbedeutung als Bewehrung in Form von Kohlenfaser-Kunstharz-Verbundstäben.

Zellulosefasern in Form chemisch aufbereiteter Viskose. Weniger für die übliche Betonherstellung, sondern verstärkt als Asbestersatz in Verbindung mit Kunststofffasern für frühere Asbestzementerzeugnisse.

Faserzement, der heute an die Stelle der Asbestzementerzeugnisse getreten ist, besteht zu 5% aus Zellulosefasern als Filterfasern während der Herstellung, 2% Armierungsfasern aus Polyvinylalkohol oder Polyacrylvinil, 40% PZ-Zement, 11% Zusatzstoffe z. B. als Kalksteinmehl und als Recycling-Material von erhärtetem und gemahlenem Faserzement, 12% Wasser und 30% Luftporen.

4.11. Mischen, Fördern und Verarbeiten des Betons

4.11.1. Lagerung, Bemessung und Zusammensetzung der Ausgangsstoffe

Zement

Bei Anlieferung des Zementes sofortige Anbringung des Lieferscheins im Drahtgitter des Silos und zur Wahrnehmung eventueller Gewährleistungsansprüche (gemäß „Gewährleistungsbedingungen für Normzement") Entnahme einer Rückstellprobe (10 kg) aus dem Transportwagen bzw. aus mehreren Säcken in luftdicht verschlossenem Behältnis (Klemmdeckelbüchse).

> Hinsichtlich Transport und feuchtigkeitsgeschützter Aufbewahrung des in Behältern oder Säcken gelieferten Zementes s. unter Abschn. 3.1.4.7. Zement.

Bindemittel werden stets nach Gewicht durch Silowaage mit einer Genauigkeit von ± 3 Gew.-% (Kontrolle der Waage insbesondere bei Aufstellung) oder in ganzen Säcken zugegeben.

Zuschlag

Lagerung der Zuschläge zur Fernhaltung von Verunreinigungen grundsätzlich auf festem Untergrund. Auch Vermeiden des Einmischens von Mutterboden durch Räder der Transportfahrzeuge.

Bei getrennten Körnungen Sicherung der Lagerboxen durch genügend hohe und stabile Trennwände und Entwässerung der Boxen durch Gefälle zur Vermeidung von Niederschlagsanreicherungen. Werkgemischter Betonzuschlag ist so abzuladen, daß keine Entmischung, z. B. durch Schütten auf Kegel, erfolgt.

Betonzuschläge werden in der Regel nach Gewicht, unter Berücksichtigung der Eigenfeuchtigkeit des Zuschlags, mit einer Genauigkeit von 3 Gew.-% bemessen. Bei Zuschlag mit unterschiedlicher Kornrohdichte sind die Gewichte nach den Stoffanteilen der Sieblinien zu errechnen (s. Abschn. 2.3.3.3., letzter Absatz).

Bei Zuschlägen mit stark wechselndem Feuchtigkeitsgehalt oder unterschiedlicher Kornrohdichte (z. B. Leichtzuschlägen) kann es zweckmäßig sein, die Zuschlagkorngruppen nach Raumteilen abzumessen.

> Bei Zugabe nach Raumteilen sind die Gewichte der Korngruppen häufig nachzuprüfen. Bei Beton B II ist die Zumessung nach Raumteilen nur bei selbsttätigen Abmeßvorrichtungen zulässig.

Zugabewasser

Das Wasser wird unter Berücksichtigung der Oberflächenfeuchtigkeit der Zuschläge mit einer Genauigkeit von 3 Gew.-% zugegeben. (Wassersaugende Zuschläge sind vorher anzufeuchten.) Bei Beton B I erfolgt die Zugabe nach dem einzuhaltenden Konsistenzmaß, bei Beton B II nach dem Wasserzementwert.

Mischungszusammensetzung

Die Zusammensetzung der Mischerfüllung ist an der Mischstelle mit folgenden Angaben deutlich lesbar anzuschlagen:

> Festigkeitsklasse des Betons,
> Art, Festigkeitsklasse und Menge des Zementes,
> Zuschlagart und Korngruppenanteile,
> Konsistenzmaß des Frischbetons,
> gegebenenfalls Art und Menge des Betonzusatzes,
> ferner bei Beton B II: w/z-Wert und Gesamtwassergehalt.

Die Mischzeit beträgt im allgemeinen mind. 1 Minute, bei Mischern mit besonders guter Mischwirkung mind. ½ Minute.

Mischen von Hand nur in Ausnahmefällen bei B 5 und B 10 in geringen Mengen.

4.11.2. Transportbeton und Trockenbeton

Transportbeton

Begriffe: Beton, dessen Bestandteile außerhalb der Baustelle zugemessen werden und der in einbaufertigem Zustand angeliefert wird. Transportbeton kann in den Festigkeitsklassen B I und B II sowie auch mit besonderen Eigenschaften hergestellt werden.

Nach dem Mischvorgang werden unterschieden:

a) Werkgemischter Transportbeton. Im Werk fertiggemischter und in Fahrzeugen, die mit einem Rührwerk versehen sind, zur Baustelle beförderter Beton. Beförderung auch in Mischfahrzeugen (s. unter b).

> Während des Beförderns ist der Beton mit einer Rührgeschwindigkeit von 2–6 U/min zu bewegen. (Bei Verwendung von LP-Mitteln Sonderregelung.)

Bei Konsistenz KS Transport mit Fahrzeugen ohne Rührwerk bei kurzfristiger Entladung zulässig.

b) Fahrzeuggemischter Transportbeton. Im Werk zugemessener, jedoch erst im Mischfahrzeug während der Fahrt oder nach Eintreffen an der Verwendungsstelle unter Wasserzugabe gemischter Beton.

Inhalt der Transportmischer 2–10 m³ Frischbeton. (Bei Beton B II nur ⅔-Füllung des Mischers zugelassen.)

Entladezeiten. Beendung der Entladung spätestens 90 Minuten nach Wasserzugabe. Je nach Witterungseinflüssen auch kürzere Frist.

Anlieferungstemperatur mind. +5 °C, bei Frost unter −3 °C mind. +10 °C (s. Abschnitt 4.11.8.1., S. 196).

Gütenachweis (DIN 1084, Teil 3, Güteüberwachung von Transportbeton).

Transportbetonwerke müssen die für Beton B II geforderten Voraussetzungen erfüllen und zur Eigenüberwachung über eine Prüfstelle verfügen. Sie unterliegen außerdem der Überwachung eines Güteschutzverbandes oder eines amtlichen Prüfinstitutes (Fremdüberwachung).

Transportbeton B II verarbeitende Baustellen müssen die für Beton B II erforderlichen Voraussetzungen hinsichtlich Einrichtungen und Gütekontrollen erfüllen.

Güteprüfungen. Bei jeder monatlich ausgelieferten Festigkeitsklasse ist eine Serie Würfel je 500 m³ Beton erforderlich: Bei Beton B I je Serie 3 Würfel, bei Beton B II je 6 Würfel, davon ersatzweise für 3 Würfel die doppelte Zahl W/Z-Wert-Überprüfungen. (Bei statistischer Qualitätskontrolle Verringerung der Prüfverpflichtungen.)

Hinsichtlich der Belange der Baustelle ist von der bauausführenden Firma der Gütenachweis für Transportbeton B I und B II in gleicher Weise und Anzahl wie für Ortbeton vorzunehmen.

Die Güteprüfungen des Transportbetonwerkes können hierbei auf die bei der Baustelle erforderlichen Güteprüfungen angerechnet werden, sofern die Proben bei Abgabe des Transportbetons auf der Baustelle entnommen werden. (Lagerung der Proben nach Norm bis zur Prüfung.)

Bei besonderen Witterungsverhältnissen können bei Transportbeton vorherige Eignungsprüfungen auf der Baustelle, z. B. zur Feststellung der Erhärtungsgegebenheiten (Ausschalung), erforderlich sein.

Lieferungsvereinbarungen

Bestellungen des Betons erfolgen unter Angabe des Verwendungszweckes (z. B. wasserundurchlässiger Beton) auf Grund eines Betonsortenverzeichnisses des Transportbetonwerkes.

In diesem müssen sämtliche Angaben über Betonfestigkeitsklasse, stoffliche Zusammensetzung, Konsistenz, Zementart und -menge sowie den W/Z-Wert enthalten sein, auch über die Menge des zugesetzten Mehlkorns oder des Zusatzmittels; ferner Angaben über Eignung für Außenbauteile und über die Festigkeitsentwicklung des Betons aus Gründen der erforderlichen Nachbehandlung entsprechend der „Nachbehandlungsrichtlinie". Bei der Abnahme Überprüfung der Angaben des Lieferscheins mit den Angaben der Bestellung!

Eine Änderung der Konsistenz des gelieferten Betons auf der Baustelle durch Wasserzugabe ist in keinem Fall zulässig.

Betonlieferungen von Nachbarbaustellen gleichen Unternehmens bis zu 5 km Entfernung sind auch ohne Spezialfahrzeuge zulässig.

Trockenbeton

Trockenbeton ist ein Baustoff, der aus Zement, getrocknetem Zuschlag und ggfls. Betonzusätzen in einem gleichbleibenden Mischungsverhältnis hergestellt und lagerungsfähig (mit einer Garantiezeit von 2 Jahren) verpackt ist. Er darf nur mit der auf der Verpackung aufgedruckten höchstzulässigen Wassermenge, die zu weicher Betonkonsistenz KR führt, verarbeitet werden.

Seine Herstellung und Verwendung unterliegt den „Richtlinien für die Herstellung und Verwendung von Trockenbeton", Fassung 7.88.

Er darf nur im Sinne der DIN 1045 von Fachkräften für Beton und Stahlbeton verarbeitet werden, nicht jedoch für Fließ- und Spannbeton. Für die Herstellung ist nach obigen Richtlinien eine bestimmte Mindestzementmenge vorgeschrieben.

Nach Herstellung und Lieferung ist der Trockenbeton als Transportbeton anzusehen und unterliegt somit den gleichen Gütebestimmungen hinsichtlich der Eigen- und Fremdüberwachung wie Transportbeton. – Entsprechender Gütenachweis auf Baustellen erforderlich.

4.11.3. Fördern, Einbringen und Verdichtungsverfahren

Der Beton ist beim Transport und Einbau vor Entmischung und vor schädlichen Witterungseinflüssen (Sonne, Frost, Regen, Wind) zu schützen.

a) Fördern

Der Transport zur Einbaustelle erfolgt durch Förderbehälter (Transportwagen und Krankübel), durch Bandförderer oder in Rohrleitungen (Pump- oder Druckluftförderung).

Die Verhinderung des Entmischens beim Transport erfordert folgende Maßnahmen:

Transportwagen (gummibereift bzw. gefedert)
Kein Transport bei Konsistenz KR und KF über längere Strecken.

Krankübel (Einwandfreies Schließen cer Verschlußklappe zur Vermeidung von Zementleimverlusten).

Bandförderer
Regelung von Neigung und Geschwindigkeit zur Verhinderung des Abrollens bzw. des weiten Abwurfs der gröberen Körnung. Anbringen eines Prallbleches an der Umlenkrolle sowie eines Abstreifbleches an der Bandunterseite zum Entfernen des anhaftenden Zementleims. Vermeiden von Schüttkegeln durch hohen Abwurf.

Rohrförderung
Meist Pumpförderung, da Druckluftförderung (pneumatische Förderung) umsichtigere Wartung erfordert. – Siehe Abschn. 4.11.4.1 Pumpbeton, S. 189.

b) Einbringen

Kein Entmischen des Betons beim Abstürzen in die Schalung: Verwendung von über der Verarbeitungsstelle endenden Fallrohren. Freier Fall nur bei sich nicht entmischendem Beton bis zu 2 m zulässig. Bei höheren Bauteilen kann das Einbringen des Betons durch wiederverschließbare Öffnungen der Seitenschalung erfolgen.

Bei den Schalungsanschlüssen von Säulen und Wänden an bereits erhärtetem Beton ist zur Vermeidung von Entmischung die gröbere Körnung wegzulassen, so daß bei gleicher Zement- und Wassermenge ein plastischer Beton entsteht. Betonieren der oberen Anschlüsse (Balken und Decken) erst nach genügendem Setzen des Betons der Stützkonstruktion (Vermeidung von Rißbildungen).

Keine Verunreinigung von Bewehrung, Schalungsflächen und Einbauteilen späterer Betonierabschnitte!

Vorbehandlung der Schalungen. Bei Holzschalungen beidseitiges Vornässen (Schließen der Fugen durch Quellen des Holzes: Verhinderung des Auslaufens von Zementleim). Verwendung von Schalölen zur Unterbindung des Anhaftens von Beton an der Schalung. Bei Stahlschalungen Verwendung von Mineralöl; bei kunststoffbeschichteten Schalungen ist i. allg. kein Trennmittel erforderlich.

Frischbetondruck auf lotrechter Schalung: DIN 18217

c) Verdichtungsverfahren (s. a. Abschn. 4.5.1.)

Stampfen (Stampfbeton). Stampfverdichtung erfolgt durch Hand-, besser Maschinenstampfen, nur bei steifem Beton (Konsistenz KS). Verdichtung bis zur Bildung weicher und geschlossener Betonoberfläche in Schichten von ≤ 15 cm. Schichtenfolge möglichst rechtwinklig zu der im Bauteil verlaufenden Druckrichtung, sonst Anwendung von KP, so daß gleichlaufend zur Druckrichtung keine Stampffugen entstehen. Da bei einem durch Stampfen verdichteten Beton eine ausreichende Gefügedichte nicht immer gewährleistet ist, wird er i. allg. nur bei Bauteilen angewandt, an deren Güte hinsichtlich der Dichte keine besonderen Anforderungen gestellt werden.

Stochern. Beton der Konsistenz KR und KP, sofern letzterer nicht gerüttelt wird, ist mit gerundeten Stocherlatten (bei Decken zusätzlich auch mit leichten Stampfern) so durchzuarbeiten, daß enthaltene Luftblasen möglichst entweichen und der Beton ein gleichmäßig dichtes Gefüge erhält, so daß auch die Bewehrung satt umhüllt ist.

Rütteln. Meist angewandte Verdichtungsweise für steifen und plastischen Beton KS und KP. Erzeugung der Rüttelfrequenz zumeist durch schnell rotierende Unwuchten (3000–20 000 Schwingungen/min).

Wirkungsweise: Die durch die Rüttelfrequenz in Schwingung gebrachten Zuschlagkörner ordnen sich, im unteren Teil des Betons beginnend, infolge ihrer Schwere zu einer dichtmöglichsten Lagerung unter gleichzeitiger Verdrängung der Luftblasen und des Überschusses an Zementleim, die als spezifisch leichter nach oben steigen. Das Erscheinen der Zementschlempe an der Betonoberfläche sowie das Nachlassen des Aufsteigens der Luftblasen lassen die Verdichtung des Betongefüges erkennen.

Zuschläge mit ungünstiger Sieblinie oder gebrochene Zuschläge bedürfen einer größeren Verdichtungsarbeit als gut zusammengesetzte bzw. rundliche Körnungen. Nachrütteln noch nicht erstarrten Betons verbessert die Dichtigkeit des Betongefüges. Weicher Beton ist wegen Entmischungsgefahr nicht zu rütteln.

Klopfen der Schalung. Besonders sorgfältiges Klopfen in den Schalungsecken und längs der Schalungsränder.

Arten der Rüttelverfahren: DIN 4235, Teil 1–5 (Ausg. 12.78)

Rüttelgeräte und Rüttelmechanik – Teil 1 –

Innenrüttler (Tauchrüttler) – Teil 2 –
Möglichst rasches Eintauchen der Rüttelflasche in Schichten von 30–50 cm und im Zuge der nach oben fortschreitenden Verdichtung langsames Wiederherausziehen, ohne daß Löcher entstehen. (Langsames Eintauchen würde durch Verdichten der oberen Betonschicht die Entlüftung der unteren Schichten behindern.) Bei schichtweisem Betonieren ist zur Verbesserung des Anschlusses die Rüttelflasche etwa 10–15 cm in die unterliegende, noch nicht völlig erstarrte Betonschicht einzutauchen („Vernähung"). Tauchen des Rüttlers mind. 10 cm von der Schalung entfernt zur Vermeidung von Schalungsschwingungen (Beeinträchtigung der Betonsichtflächen durch aufsteigende Wassergerinnsel). – Auch Rüttelflaschen mit Gummikopf zur Vermeidung von Beschädigung der Schalung bei Sichtbeton.

Rütteltische – Teil 3 –
Erzeugung der Schwingungen an einer gefedert gelagerten Tischplatte durch unterwärts befestigten Unwuchterreger. Anwendung bei Werkstücken hoher Betongüte und in der Betonsteinerzeugung.

Schalungsrüttler (Außenrüttler) – Teil 4 –
Anstelle des Abklopfens der Schalung mit Handhämmern oder mit preßluftbetriebenen Schlagkolben können Rüttelaggregate auf die Versteifung der Schalung aufgesetzt werden. Wegen geringer Tiefenwirkung Verwendung zumeist bei gleichzeitigem Einsatz von Innenrüttlern. Anwendung besonders auch bei feingliederigen Werkstücken (Fertigteile).

Oberflächenrüttler – Teil 5 –
Auf Platten verschiedener Größe oder auf Bohlen (Straßenfertiger) montierte Rüttelaggregate. Einsatz auf gleichmäßig geebneten Betonschichten bis zu 20 cm Dicke. Fortbewegung des Rüttlers langsam, so daß der Beton darunter weich wird und die Betonoberfläche dahinter geschlossen ist.

4.11.4. Sondereinbring- und Verdichtungsverfahren

4.11.4.1. Pumpbeton

Die Förderung von Pumpbeton erfolgt mit mechanisch oder zumeist ölhydraulisch angetriebenen Pumpen (Kolbenpumpen) in Leitungen von 180 mm oder 150 mm $\varnothing$, auch mit 100 mm oder 80 mm $\varnothing$ (geringere Rohrgewichte, jedoch höherer Reibungswiderstand). Weitere Herabsetzung des Leitungsgewichtes durch Verwendung von Kunststoff- statt Stahlrohren.

Anwendung bei größeren Förderlängen bis zu mehreren 100 m und Höhen bis über 300 m. Förderleistung 10–80 m^3/h.

Frischbetonbeschaffenheit: Zur Minderung des Reibungswiderstandes und zur Vermeidung des Abreißens des Betonstromes durch „Verstopfer" Verarbeitung des Betons in plastischer Konsistenz KP mit ausreichendem Feinmörtelanteil (Zementgehalt mind. 250 kg/m^3, besser 300 kg/m^3, jedoch nicht wesentlich über 350 kg/m^3) oder Verwendung plastifizierender Zusätze (Schmierfilmbildung an den Rohrwandungen).

Kornzusammensetzung im günstigen Bereich, nahe Sieblinie B. Auch Ausfallkörnung für Pumpbeton (nach Eignungsprüfung) verwendbar.

Förderleitungen so verlegen, daß der Betonstrom in den Gefällestrecken, innerhalb der Rohre, nicht abreißt.

Zügige Leitungsführung mit wenig Krümmern, kein Durchhängen der Leitungen (Ursache von Undichtigkeiten an den Verbindungsstücken). Verankerung an Krümmungen. Keine Übertragung von Erschütterungen auf die Schalung.

Schutz vor Sonneneinstrahlung und vor Frost durch Isoliermaterial. Reinigung der Leitungen mittels Schaumgummibällen und Druckwasser.

Autobetonpumpen für Transportbeton mit kombinierten Verteilermasten, die auf serienmäßige 4-Achs-Fahrgestelle montiert sind (Abb. 69 u. 70).

Abb. 69.

Betonpumpe mit dreiteiligem Knickausleger auf LKW-Fahrgestell

Auch Druckluftförderung unter den gleichen Gegebenheiten wie beim Pumpen, jedoch zur Vermeidung von Entmischungen besondere Beachtung eines zusammenhängenden Betonstroms. (Höhere Anforderung an die Wartung!)

4.11.4.2. Spritzbeton (DIN 18 551, Ausg. 3.93)

Beton für tragende Bauteile mit geschlossenem Gefüge, der im Spritzverfahren gefördert, aufgetragen und dabei verdichtet wird.

Anwendung des Verfahrens zur Bergsicherung im Untertagebau, zur Sicherung von Böschungen, zur Instandsetzung beschädigter Stahlbetonbauteile sowie zur Herstellung dünnwandiger Stahlbetonkonstruktionen (Schalenbauweise) (s. Abb. 71).

Förderung des Betons oder Mörtels in Schläuchen und/oder Rohren als trockenes Ausgangsgemisch („Trockenspritzbeton") oder als nasses Ausgangsgemisch („Naßspritzbeton").

Die Förderung kann pneumatisch erfolgen, wobei das Trocken- und Naßgemisch in einem Druckluftstrom schwimmt („Dünnstromförderung") oder beim Naßgemisch ohne Auflockerung durch Pumpen („Dichtstromförderung").

Beim Trockenspritzverfahren erfolgt die Wasserzugabe an der Spritzdüse. Bei der Dichtstromförderung des Naßspritzverfahrens wird an der Spritzdrüse zur Erhöhung der Geschwindigkeit des Spritzgutes Treibluft zugeführt, so daß hier ein Dünnstrom entsteht. Flüssige Zusatzmittel (z. B. Erstarrungsbeschleuniger) werden ebenfalls an der Spritzdüse zugegeben.

Anforderungen an die Herstellung

Spritzbeton wird i. allg. als Beton B I hergestellt, bei Ausbesserungen und Verstärkung von Bauteilen auch als B II.

Größtzuschlag 8, 16 oder 32 mm in stetiger Sieblinie zwischen A und C unter Einhaltung eines Mindestfeinkornanteils. (Bei Korngrößen bis 4 mm Bezeichnung als „Spritzmörtel".)

Beachtung der Veränderung in der Zusammensetzung des Ausgangsgutes durch Rückprallverluste!

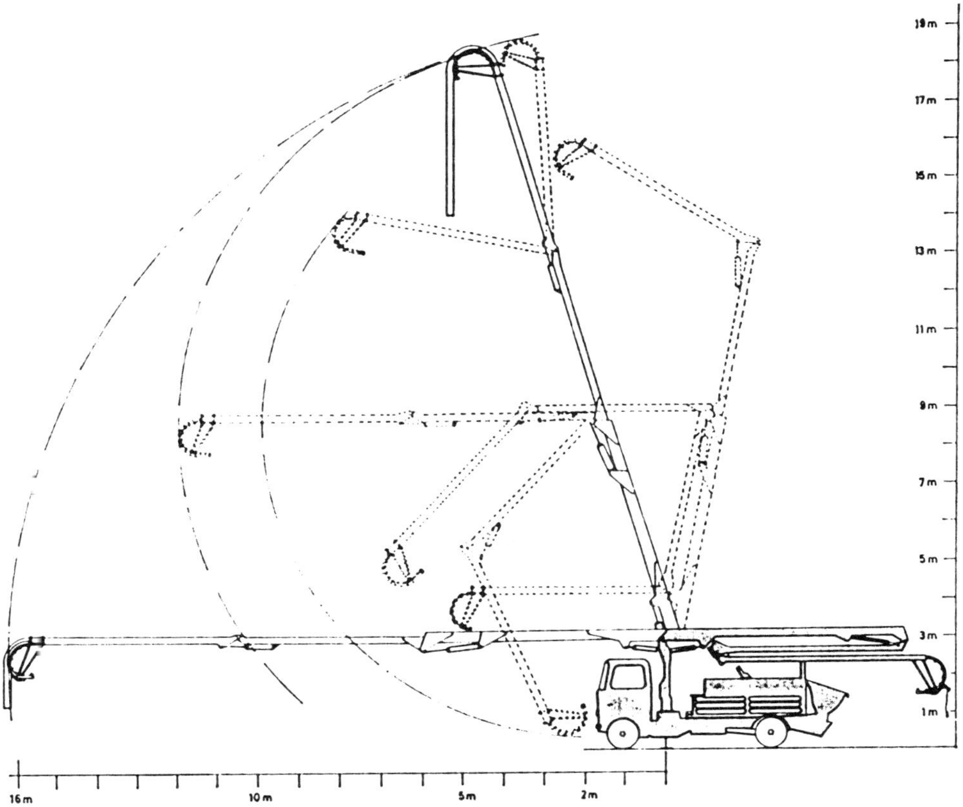

Abb. 70. Arbeitsstellungen einer Betonpumpe mit dreiteiligem hydraulischem Knickausleger

Die Konsistenz des im Naßspritzverfahren aufgebrachten Betons beträgt bei Dünnstromförderung KS bis KP, bei Dichtstromförderung KP bis KR. (Beim Trockenspritzverfahren handelt es sich um einen steifen Beton.)

Abb. 71.

Spritzbeton im Naßspritzverfahren
(Instandsetzung einer Betonböschung)

Bei Stahleinlagen sind kleine Querschnitte zu bevorzugen. (Nichtfedernde Befestigung.) Mindestbeton-deckung 20 mm.

Rauhe Auftragsflächen erforderlich (Sandstrahlen). Abstand der Spritzdüse 0,50–1,50 m.

Die Oberfläche des Spritzbetons ist zur Vermeidung einer Störung der inneren Gefügestruktur spritzrauh zu lassen, evtl. Glättung durch nachträglichen Mörtelauftrag. Sorgfältige Nachbehandlung (Feuchthaltung).

Eignungsprüfung (unter den örtlichen Bedingungen) erforderlich durch Herstellen von 2 Platten mind. 50×50 cm mind. 12 cm Dicke: Je eine Platte zur Frischbetonanalyse und zur Ermittlung der Festig-keitseigenschaften (Bohrkernentnahme $\varnothing$ 10 cm).

Güteprüfung der Druckfestigkeit durch Bohrkernentnahme am Bauwerk oder wie bei der Eignungs-prüfung an gesondert hergestellten Platten. – Bei Wasserundurchlässigkeitsprüfung Bohrkerndurch-messer 15 cm.

Zur Feststellung der Gleichmäßigkeit der Betongüte auch zerstörungsfreie Prüfung möglich.

4.11.4.3. Schleuderbeton

Verdichtung des in schnell rotierende Formen eingebrachten Betons infolge Zentrifugalkraft unter innenseitiger Absonderung des überschüssigen Wassers.

Herstellung rohrförmiger Körper, z. B. Betonrohre, Leitungsmaste.

4.11.4.4. Schockbeton

Zur Verdichtung mechanisches Heben und Fallenlassen von Fertigteilschalungen mittels darunter befindlicher Nockenwellen (60–120 Stöße/min).

4.11.4.5. Vakuumbeton

Nachträgliches Absaugen des überflüssigen Wassers nach dem Verdichten des Frischbetons durch Vakuumschalung: Siebartige mit Filtertuch überspannte Schalkörper, die mit einem Vakuumerzeuger durch Schläuche verbunden sind. Nach dem Wasserentzug erfolgt Nachrüt-teln zur Schließung der Poren. Vorteil: Frühzeitiges Ausschalen.

4.11.4.6. Ausgußbeton

Ausfüllen eines in eine feste Schalung eingerüttelten Grobzuschlagskelettes ($\geqq 32$ mm) durch Zementmörtel, der in die Schalung von unten langsam steigend durch Rohrleitungen einge-preßt wird.

Verschiedene Verfahrensweisen zur Herstellung eines geschmeidigen Mörtels mit schnellrotie-renden Mischern, auch unter Verwendung von Zusätzen (Prepakt- oder Colcrete-Verfahren).

Geringeres Schwinden des Betons durch punktförmige Berührung der Zuschlagkörner. Anwendung insbesondere auch bei Unterwasserbeton und Abschirmbeton.

4.11.4.7. Unterwasserbeton

In Baugruben mit ruhig stehendem Wasser geschütteter Beton (in der Regel nur unbewehrte Bauteile) muß zügig als zusammenhängende, keine Verdichtung erfordende Masse einge-bracht werden. Nur als B II zulässig.

Verarbeitung

Verarbeitung in weicher Konsistenz mit Ausbreitmaß 45–50 cm. Wasserzementwert $\leqq 0,60$, bei aggressiven Wässern auch geringer. Zementmindestmenge 350 kg/m^3, bei Zuschlaggemisch 0/32 mm in der Mitte des günstigen Bereichs stetiger Kornzusammensetzung mit ausreichendem Mehlkorngehalt. Der Beton muß beim Einbringen unter Wasser ohne Verdichtung als zusammenhän-gende Masse fließen.

Einbringen von Unterwasserbeton
(nach DIN 1045, Ziffern 6.5.7.7 und 10.4)

Bei geringen Wassertiefen bis 1 m wird der Beton in der Konsistenz KP durch Vortreiben in natürlicher Böschung eingebracht, wobei die Aufschüttstelle über dem Wasser liegen soll.

Bei größeren Tiefen als 1 m erfolgt das Einbringen als weicher Beton (s. o.) mittels Trichtern oder Klappkästen, die ständig gefüllt und unter langsamem Hochziehen ausreichend tief im Beton stecken müssen, so daß der Beton nicht frei durch das Wasser fallen bzw. an der unteren Ausmündung nicht ausgewaschen werden kann.

Das Einbringen des Betons soll in waagerechten Lagen und ohne Unterbrechung des Betoniervorganges erfolgen (Vermeidung von Zementschlämmeschichten).

Auch Herstellung von Unterwasserbeton im Ausgußverfahren (s. Abschn. 4.11.4.6.).

4.11.5. Ausbildung von Arbeitsfugen

Die Betonierabschnitte sind vor Beginn des Betonierens festzulegen. Unvermeidbare Arbeitsfugen sind so auszubilden, daß bauliche Beanspruchungen einwandfrei aufgenommen werden. Kraftschlüssiger und dichter Verbund der Betonierflächen. (Abtreppungen und Verzahnungen durch Aussparungen mittels Latten, Beseitigung von Verschmutzungen und Zementschlamm.)

Älterer Beton ist mehrtägig vorzufeuchten, um das Schwindgefälle zwischen jungem und altem Beton gering zu halten, muß jedoch zur Haftung des Zementleims des einzubringenden Betons an der Oberfläche abgetrocknet sein.

Verwendung feinteilreicherer Mischungen beim Beginn der Betonschüttung (s. Abschn. 4.11.3b). Evtl. Zusatz von Haftemulsionen.

Wasserundurchlässiger Beton erfordert wasserdichte Arbeitsfugen (Fugenbandabdichtungen o. ä.).

4.11.6. Nachbehandlung des Betons

Unter Nachbehandlung werden Maßnahmen zum Schutz des Betons gegen Einflüsse verstanden, die sich auf dessen Erhärtung nachteilig auswirken, z. B. starkes Abkühlen oder Austrocknung durch Wärme und Wind, Regeneinwirkung während der ersten Erhärtungszeit sowie Erschütterungen, soweit diese das Betongefüge und den Verbund zwischen Stahleinlagen und Beton lockern können.

Zur Vermeidung unzulänglicher Oberflächenerhärtung des Betons durch vorzeitige Wasserabgabe (Verdunsten) sowie zur Unterbindung der zu Schwindrissen führenden Austrocknungsspannungen vor dem Erreichen genügender innerer Gefügeverfestigung des Betons sind die freien Betonoberflächen ausreichend, d. h. i. allg. 7 Tage, feucht zu halten bzw. durch Abdecken mit Sand, Strohmatten, Folien oder durch Schutzanstriche vor Feuchtigkeitsverlusten zu schützen. (Vermeiden des Abschreckens sonnenbestrahlten Betons mit Leitungswasser; ferner bei Wasserbehandlung jungen Betons durch Kalkausscheidungen an Sichtflächen entstehende helle Flecken.)

In der vom Deutschen Ausschuß für Stahlbeton herausgegebenen „Richtlinie zur Nachbehandlung von Beton" (Fassung Februar 1984) wird die Art und die Mindestdauer der Nachbehandlung in Abhängigkeit von den Umgebungsbedingungen geregelt (Tafel 46). Tafel 47 gibt die Nachbehandlungsdauer der DIN V ENV 206 wieder.

4.11.7. Ausschalfristen

Die Fristen für das Ausschalen des Betons sind von der Beton- und Zementqualität, von den Belastungsverhältnissen des Bauwerks und wesentlich auch von den Witterungsgegebenheiten während der Betonerhärtung abhängig. Bei Erhärtungstemperaturen seit dem Einbringen des Betons von mind. +5 °C gelten die nach DIN 1045, Tab. 8, angegebenen Anhaltswerte für die Ausschalfristen (s. Tafel 48), sofern nicht durch Erhärtungsprüfungen andere Gesichtspunkte maßgebend sind.

Tafel 46: Nachbehandlungsdauer für Außenbauteile bei Temperaturen $\geqq 10\,°C$

Festigkeitsentwicklung des Betons bezogen auf Wasser-Zement-Wert, Zementart und Zementfestigkeitsklasse	schnell			mittel			langsam		
	W/Z-Wert < 0,50 Z 55 oder Z 45 F			W/Z-Wert zwischen 0,50 und 0,60 Z 55, Z 45 oder Z 35 F oder W/Z-Wert < 0,50 Z 35 L			W/Z-Wert zwischen 0,50 und 0,60 Z 35 L oder W/Z-Wert < 0,50 Z 25 oder Z 35 L-NW/HS		
Umgebungsbedingungen bezogen auf Sonneneinstrahlung, Windeinwirkung und relative Luftfeuchtigkeit	günstig	normal	ungünstig	günstig	normal	ungünstig	günstig	normal	ungünstig
	geschützt vor unmittelbarer Sonneneinstrahlung u. vor Windeinwirkung relative Luftfeuchtigkeit ≧ 80%	mittlere Sonneneinstrahlung und/oder mittlere Windeinwirkung relative Luftfeuchtigkeit ≧ 50%	starke Sonneneinstrahlung und/oder starke Windeinwirkung relative Luftfeuchtigkeit < 50%	geschützt vor unmittelbarer Sonneneinstrahlung u. vor Windeinwirkung relative Luftfeuchtigkeit ≧ 80%	mittlere Sonneneinstrahlung und/oder mittlere Windeinwirkung relative Luftfeuchtigkeit ≧ 50%	starke Sonneneinstrahlung und/oder starke Windeinwirkung relative Luftfeuchtigkeit < 50%	geschützt vor unmittelbarer Sonneneinstrahlung u. vor Windeinwirkung relative Luftfeuchtigkeit ≧ 80%	mittlere Sonneneinstrahlung und/oder mittlere Windeinwirkung relative Luftfeuchtigkeit ≧ 50%	starke Sonneneinstrahlung und/oder starke Windeinwirkung relative Luftfeuchtigkeit < 50%
Nachbehandlungsdauer bei Betontemperaturen über 10 °C in Tagen	1	1	2	2	3	4	2	4	5

Die Richtlinie ergänzt die Angaben in der DIN 1045.
Die Dauer der Nachbehandlung ist zu verlängern:
– verdoppeln bei Temperaturen < 10 °C
– um die Frostdauer bei Temperaturen der Betonoberfläche < 0 °C
– um die Verzögerungszeit bei verzögertem Beton
– um 2 Tage bei Anrechnung von Flugasche auf den W/Z-Wert bzw. den Zementgehalt
– verdoppeln bei Bauteilen mit hohen Anforderungen an die Oberfläche (z. B. hoher Verschleißwiderstand)
– verdoppeln bei Beton für Temperaturen bis 250 °C

Nach DIN V ENV 206 gilt:

Tafel 47: Mindestdauer der Nachbehandlung in Tagen für Umweltklassen 2 (feucht ohne und mit Frost) und 5a (schwacher chemischer Angriff)

Umgebungsbedingungen während der Nachbehandlung	Festigkeitsentwicklung des Betons								
	schnell $w/z < 0,5$ Z 45 F, Z 55			**mittel** $w/z\ 0,5 \ldots 0,6$ Z 45 F, Z 55 ——— $w/z < 0,5$ Z 35 F, Z 45 L			**langsam** alle anderen Fälle		
	Betontemperaturen in °C während der Nachbehandlung[1]								
	5	10	15	5	10	15	5	10	15
I günstig *Keine direkte Sonneneinstrahlung, kein Wind, rel. Luftfeuchte ≥ 80%*	2	2	1	3	3	2	3	3	2
II normal *Mittlere Sonneneinstrahlung oder mittlere Windgeschwindigkeit oder rel. Luftfeuchte ≥ 50%*	4	3	2	6	4	3	8	5	4
III ungünstig *Starke Sonneneinstrahlung oder hohe Windgeschwindigkeit oder rel. Luftfeuchte < 50%*	4	3	2	8	6	5	10	8	5

[1] *Z. B. an der Betonoberfläche oder mittlere Lufttemperatur*

Bei stark angreifenden Umweltbedingungen (Umweltklassen 3, 4, 5b und 5c) sowie bei Beton mit hohem Verschleißwiderstand soll die in der Tafel angegebene Dauer der Nachbehandlung erheblich verlängert werden. Je nach Art und Nutzung des Bauteils soll die Mindestdauer gemäß Tafel auch bei Innenbauteilen angewandt werden.

Zur Verhinderung einer Rißbildung infolge Wärmeentwicklung des Betons muß der Temperaturunterschied zwischen Kernbeton und Betonoberfläche < 20 K betragen. Bei Frost ist die Betonoberfläche so lange zu schützen, bis eine Druckfestigkeit von 5 N/mm^2 erreicht ist.

Tafel 48: Ausschalfristen (Anhaltswerte in Tagen)

Zementfestigkeitsklasse	Seitliche Schalung von Balken; Schalung von Wänden und Stützen	Schalung von Deckenplatten	Rüstung (Stützung der Balken, Rahmen und weitgespannte Platten)
25	4	10	28
35 L	3	8	20
35 F 45 L	2	5	10
45 F 55	1	3	6

Liegen die Temperaturen während der Erhärtungszeit überwiegend unter +5 °C, so sind die Ausschalfristen größer, unter Umständen doppelt so groß, wie in der Tabelle angegeben. Bei Frost sind die Ausschalfristen um die Dauer der Frostzeit zu verlängern. Zur Vermeidung von Rißbildungen und Kriechverformungen können auch längere Ausschalfristen maßgebend sein.

> Nach dem Ausschalen sind in den einzelnen Stockwerken übereinanderstehende Hilfsstützen zu belassen. Keine Materialbelastung frisch betonierter Decken!

Bei Gleit- und Kletterschalungen kann nach den jeweiligen Beanspruchungen des Bauwerks von kürzeren Schalungsfristen ausgegangen werden.

4.11.8. Verarbeiten des Betons unter extremen Temperaturen

4.11.8.1. Betonieren bei kühler Witterung und bei Frost

Da das im Frischbeton angespannt vorhandene Wasser bei Frostausdehnung das entstehende Festigkeitsgefüge sprengen würde, ist während der Erstarrung und Anfangserhärtung jede Frosteinwirkung fernzuhalten. Die unmittelbare Zerstörungsgefahr wird erst nach einigen Tagen mit zunehmender chemischer Bindung des Anmachwassers (Gelbildung) sowie durch schnelle Festigkeitssteigerung des Betons verringert, die durch Verwendung von Zementen mit hoher Anfangsfestigkeit sowie durch geringstmöglichen Anmachwassergehalt bei guter Verdichtung gefördert wird (s. a. Abschn. 4.5.2.).

Bei kühler Witterung und bei Frost ist der Beton zur Gewährleistung einer für die Einleitung des chemischen Erhärtungsprozesses erforderlichen Anlaufzeit, um Erhärtungsverzögerungen und bleibende Schäden zu vermeiden, mit bestimmten Mindesttemperaturen einzubringen und während der Anfangserhärtung durch wärmedämmende Abdeckung oder durch späteres Ausschalen gegen Wärmeverlust, Durchfrieren und Austrocknen zu schützen.

Vorgeschriebene Mindesttemperaturen des Frischbetons

Bei Lufttemperaturen unter +5 °C und bei Lufttemperaturen über +30 °C ist beim Betonieren die Temperatur des Frischbetons festzustellen (s. Abschn. 4.3.4.).

Bei Lufttemperatur zwischen +5 °C bis −3 °C:

Betontemperatur beim Einbringen $\geqq$ +5 °C.

Bei geringerem Zementgehalt als 240 kg/m^3 und bei Zementen mit niedriger Hydratationswärme soll die Betontemperatur mind. +10 °C betragen.

Bei Lufttemperatur unter −3 °C:

Betontemperatur beim Einbringen $\geqq$ +10 °C.

Die Temperatur des erhärtenden Betons ist mind. 3 Tage auf $\geqq$ 10 °C zu halten. Die Frischbetontemperatur darf jedoch +30 °C nicht überschreiten (erhöhte Verdunstung des Anmachwassers).

Maßnahmen zur Gewährleistung der Gefrierbeständigkeit des Betons[*]

Gefrierbeständigkeit: Gegen Niederschlag geschützter junger Beton kann in der Regel ohne Schaden dann einmal durchfrieren, wenn er eine Druckfestigkeit von 5 N/mm^2 erreicht hat.

Die Temperaturerhöhung des Frischbetons kann durch Anwärmen des Anmachwassers und der Zuschläge erfolgen. (Bei Wassertemperaturen über 70 °C Zumischen des Wassers zum Zuschlag vor Zugabe des Zementes.)

---

[*] Der Begriff der Gefrierbeständigkeit in den ersten Tagen der Betonerhärtung ist vom Begriff der späteren Frostbeständigkeit des Betons zu unterscheiden (s. Abschn. 4.8.4.1. und 4.9.2.).

Erforderliche Erhärtungszeit zum Erreichen der Gefrierbeständigkeit

Festigkeitsklasse des Zements	Erforderliche Erhärtungszeit in Tagen zum Erreichen der Gefrierbeständigkeit eines Betons mit w/z-Wert 0,60		
	Betontemperatur		
	5 °C	12 °C	20 °C
Z 52,5; Z 42,5 R	¾	½	½
Z 42,5; Z 32,5 R	2	1½	1
Z 32,5	5	3½	2

Ferner Verwendung von Zementen mit höherer Hydratationswärme (F-Zemente), evtl. auch Erhöhung der Zementmenge. Keine Verwendung von gefrorenen Baustoffen und kein Betonieren an gefrorene Bauteile! (Schutz der Zuschläge vor Frost durch Abdecken.)

Verringerung des Wasseranteils durch niedere Konsistenz und günstigen Sieblinienverlauf. Auch Verwendung wassereinsparender oder erhärtungsbeschleunigender Zusatzmittel (Eignungsprüfung unter gleichen Witterungsbedingungen!).

Vermeidung von Wärmeverlusten durch Abdecken der Betonoberfläche: Bei Folien ruhenden Luftraum belassen, bei Matten und Schaumplatten unmittelbare Auflage möglich.

Feingliedrige Bauteile sind frostempfindlicher als Massenbeton. Evtl. Verwendung wärmedämmender oder elektrisch beheizter Schalung (Vermeiden der Verdunstung des zur Erhärtung des Betons erforderlichen Anmachwassers!).

Bei langfristig kalter Witterung auch Umschließen und Beheizen der Arbeitsstelle, der Mischanlage und Vorratsbehälter sowie Abdecken der Transportmittel.

Nach DIN 1045 kann junger Beton mit einem Zementgehalt von mindestens 270 kg/m³ und einem w/z-Wert von höchstens 0,60, der vor starkem Feuchtigkeitszutritt (z. B. Niederschläge) geschützt wird, in der Regel ohne Schaden erst dann durchfrieren, wenn seine Temperatur bei Verwendung von rasch erhärtenden Zementen 32,5 R; 42,5; 42,5 R; 52,5 vorher wenigstens 3 Tage lang +10 °C nicht unterschritten oder wenn er bereits eine Druckfestigkeit von 5 N/mm² erreicht hat, was durch Erhärtungsprüfungen nachzuweisen ist.

Berechnung der Frischbetontemperatur

Die Frischbetontemperatur läßt sich mit guter Genauigkeit aus der Temperatur der einzelnen Betonkomponenten, deren Menge und deren spezifischer Wärme ermitteln.

$$T_b = \frac{z \cdot T_z \cdot c_z + g \cdot T_g \cdot c_g + w \cdot T_w \cdot c_w}{z \cdot c_z + g \cdot c_g + w \cdot c_w}$$

z, g, w = Menge des Zementes, Zuschlags und Wassers in kg/m³
T_z, T_g, T_w = Temperatur des Zementes, Zuschlags und Wassers in °C
c_z, c_g, c_w = Spezifische Wärme des Zementes, Zuschlags und Wassers in Wh/kg K
c_z = 0,23 Wh/kg K c_g = 0,23 Wh/kg K bei quarzistischem Gestein c_w = 1,16 Wh/kg K

Da die spezifische Wärme des Wassers 5mal so groß ist wie die von quarzitischem Zuschlag und Zement, vereinfacht sich die Gleichung:

$$T_b = \frac{z \cdot T_z + g \cdot T_g + 5 \cdot w \cdot T_w}{z + g + 5 \cdot w}$$

Wegen der in der Praxis bereits in den Zuschlägen enthaltenen Eigenfeuchtigkeit $h_{g,\,o}$, die oft einen beträchtlichen Anteil des Gesamtwassers ausmachen kann und die Ausgangstemperatur der Zuschläge und nicht des Wassers hat, wird:

$$T_b = \frac{z \cdot T_z + (g + 5 \cdot h_{g,\,o}) \cdot T_g + 5 m_w \cdot T_w}{z + g + 5 \cdot w}$$

w $= h_{g,\,o} + m_w =$ Gesamtwasser kg/m^3
$h_{g,o}$ $=$ Eigenfeuchtigkeit der Zuschläge kg/m^3
m_w $=$ Zugabewasser in kg/m^3
T_w $=$ Temperatur des Zugabewassers in °C

B e i s p i e l :   Zement $= 300$ kg/m^3; $T_z = 60$ °C
               Zuschläge (trocken) $= 1890$ kg/dm^3; $T_g = 18$ °C
               Gesamtwasser $= 165$ kg/m^3
               Eigenfeuchtigkeit der Zuschläge $= 2,5$ M.-%
               $h_{g,\,o} = 2,5 \cdot 18,90 = 48$ kg/m^3
               $m_w = 165 - 48 = 117$ kg/m^3; $T_w = 12$ °C

$$T_b = \frac{300 \cdot 60 + (1890 + 5 \cdot 48) \cdot 18 + 5 \cdot 117 \cdot 12}{300 + 1890 + 5 \cdot 165}$$

$$T_b = \frac{18\,000 + 38\,400 + 7020}{3019} = 21 \text{ °C}$$

Für einen Beton mittlerer Zusammensetzung errechnet sich eine Frischbetontemperaturänderung um ± 1 K, wenn die Temperaturen des Zementes um ± 10 K oder die des Zuschlags um $\pm 1,6$ K oder die des Wassers um $\pm 3,6$ K verändert wird.

4.11.8.2. Betonieren bei heißem Wetter

Bei warmen Temperaturen besteht durch Sonneneinstrahlung und durch Luftbewegung sowie bei niederer relativer Luftfeuchtigkeit besondere Gefahr einer Störung des Erhärtungsvorgangs (Hydratation) durch vorzeitiges Verdunsten des Anmachwassers. Auch Bildung tiefgehender Trocknungsrisse (s. Abschn. 4.8.3.1.).

Durch Wärmeeinwirkung kann auch die Wirkungsweise von Zusatzmitteln verändert werden.

Die Frischbetontemperatur darf bei der Verarbeitung $+30$ °C nicht übersteigen und ist laufend zu kontrollieren.

Wirksame Maßnahmen sind zugluftfreies Abdecken des frischen Betons sowie der Transporteinrichtungen mit Folien, Matten u. dgl. Auch Schutz von Stahlschalungen gegen Sonneneinwirkung.

4.11.8.3. Wärmebehandlung zur Erhärtungsbeschleunigung

Zur Erlangung möglichst früher Betonfestigkeiten, vorwiegend in der Betonstein- und Fertigteilindustrie zur raschen Wiederverwendung der Schalung, Lagerung, Transport und Montage, insbesondere auch zum Vorspannen von Spannbeton, bestehen verschiedene Möglichkeiten.

Abgesehen von einer Frühverfestigung durch Verwendung eines früherhärtenden Zementes läßt sich diese auch durch Verringerung des w/z-Wertes bewirken.

Eine weitere Beschleunigung der Erhärtung ist je nach den wirtschaftlichen Gegebenheiten durch W a r m b e h a n d l u n g*) erreichbar:

Zu unterscheiden ist bei dieser die Wärmezuführung durch V o r w ä r m e n   d e r   B e t o n k o m p o n e n t e n : Zuschläge und Anmachwasser (s. a. Betonieren bei kühler Witterung, Abschn. 4.11.8.1.)

oder die W a r m b e h a n d l u n g   d e s   e r h ä r t e n d e n   B e t o n s durch Dampf, Warmluft, Aufheizen der Schalung sowie durch unmittelbare elektrische Beheizung des Betons mittels Heizdrähten.

---

*) s. a. Basalla: Baupraktische Betontechnologie. Bauverlag, Wiesbaden.
   Wierig: Warmbehandlung von Beton. Zement-Taschenbuch 1970/71. Bauverlag, Wiesbaden.

Die bei schnellerer Erhärtung geringere Endfestigkeit des Betons kann evtl. durch „Überdimensionierung" der Mischungen ausgeglichen werden.

a) Dampfbehandlung

Bisher gebräuchlichstes Verfahren durch 3- bis 5stündiges Einleiten von ungespanntem Dampf bis zu 100 °C in Dampfkammern oder unter Folienabdeckungen nach kurzfristiger Vorhärtung des Betons bei Normaltemperatur.

Nachteile: Starkes Korrodieren der Anlage oder Fleckenbildung auf dem Beton durch abtropfendes Kondenswasser.

Die Dampfbehandlung in gespanntem Dampf (als „Dampfhärtung" bezeichnet) bei Temperaturen bis zu 200 °C in Autoklaven (Druckkesseln) bewirkt neben der Bindemittelerhärtung auch eine chemische Bindung mit der Oberfläche der quarzitischen Zuschläge und dadurch einen wesentlichen Festigkeitsanstieg gegenüber Normalerhärtung.

Aus Wirtschaftlichkeitsgründen Anwendung fast nur bei dampfgehärteten Mauersteinen und bei Gasbeton.

b) Warmluftbehandlung

Erwärmung der Kammern mit öl- oder dampfbeheizten Aggregaten. Durch die bei gut verdichtetem Beton nur langsam verdampfende Eigenfeuchte oder auch durch zusätzliches Verdampfen von Wasser ist der Festigkeitsabfall gegenüber Dampfbehandlung gering.

Neuerdings auch Aufstellen von Infrarotstrahlern, soweit gleichmäßige Erwärmung der Betonkörper, z. B. in der Achse von Rohren, und keine Überhitzung der Betonoberflächen gewährleistet ist.

c) Betonmischen mit Dampfzuführung

Siehe „Merkblatt für die Anwendung des Betonmischens mit Dampfzuführung" (Fassung Juni 1974), Zeitschr. „beton" 1974, Heft 9.

d) Aufheizen der Schalung

Anwendung je nach betrieblichen Gegebenheiten insbesondere bei Serienproduktion großflächiger Bauelemente. Beheizung der Schalung elektrisch oder durch Rohrschlangen mit Dampf bzw. mit Thermoöl (Verdampfung erst über 300 °C; kein Einfrieren im Winter).

e) Unmittelbares Aufheizen mit Elektrowärme

Erwärmung des Betons aus dem Inneren heraus durch Einlegen verlorener Heizdrähte mit 20–40 cm Abstand (Transformieren der Anschlußspannung auf 40 V).

In Sonderfällen auch unmittelbare Anlegung der elektrischen Spannung unter Ausnutzung der Leitfähigkeit (bei allerdings nachlassender Eigenfeuchte) des jungen Betons.

Keine Anwendung bei bewehrtem Beton.

4.12. Bewehrung für Stahl- und Spannbeton

4.12.1. Betonstahl

DIN 488, Teil 1, Ausg. 9.84, Betonstahl; Sorten, Eigenschaften, Kennzeichen.
DIN 488, Teil 2, Ausg. 6.86, Betonstahl; Betonstabstahl, Maße und Gewichte.
DIN 488, Teil 3, Ausg. 6.86, Betonstahl; Betonstabstahl, Prüfungen
DIN 488, Teil 4, Ausg. 6.86, Betonstahl; Betonstahlmatten und Bewehrungsdraht, Aufbau, Maße und
                                                Gewichte.
DIN 488, Teil 5, Ausg. 6.86, Betonstahl; Betonstahlmatten und Bewehrungsdraht; Prüfungen.
DIN 488, Teil 6, Ausg. 6.86, Betonstahl; Überwachung (Güteüberwachung).
DIN 488, Teil 7, Ausg. 6.86, Betonstahl; Nachweis der Schweißeignung von Betonstahl, Durchfüh-
                                                rung und Bewertung der Prüfungen.

a) Sorteneinteilung

Einteilung nach den Festigkeitseigenschaften in zwei Stahlgruppen, die nach der Streckgrenze und der Erzeugnisform (Stabstahl S oder Stahlmatten M) benannt werden (s. Tafel 49)
und die grundsätzlich schweißgeeignet sind.

Sorte	Erzeugnisform	Bezeichnung	Mindeststreckgrenze	Mindestzugfestigkeit
			N/mm²	
Betonstahl III	S	BSt 420 S	420	500
Betonstahl IV	S M	BSt 500 S bezw. M	500	550

Betonstahl I und II sind entfallen.

Sorteneinteilung

Betonstabstahl BSt 420 S und BSt 500 S

Gerippter Betonstahl für die Einzelstabbewehrung. Herstellung durch Warmwalzen ohne Nachbehandlung, durch Warmwalzen und Wärmebehandlung aus der Walzhitze oder durch Kaltverformung (durch
Verwinden oder Recken der warmgewalzten Ausgangserzeugnisse).

Betonstahlmatte BSt 500 M

Werkmäßig vorgefertigte Bewehrung aus sich kreuzenden Stäben, die an den Kreuzungspunkten durch
Widerstands-Punktschweißung scherfest miteinander verbunden sind. Außerdem aus gerippten, kaltverformten Stäben.

Bewehrungsdraht BSt 500 G und BSt 500 P

Glatter und profilierter Draht, der als Ring hergestellt und vom Ring werkmäßig zu Bewehrungen
weiterverarbeitet wird. Herstellung durch Kaltverformung.

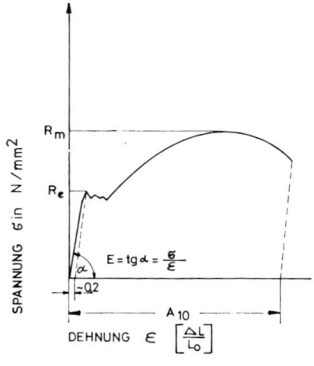

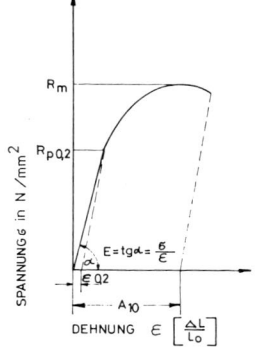

Abb. 72.

Spannungs-Dehnungs-Linie von
naturhartem und kaltgerecktem
Stahl

b) Merkmale der Betonstähle

b.1) Betonstabstahl

BSt 420 S (III S)

Zwei einander gegenüberliegende Reihen zueinander parallel verlaufende sichelförmige Schrägrippen. Unterschiedliche Abstände der Schrägrippen auf den Umfangshälften. Längsrippen möglich.

Kalt verwundener Betonstabstahl mit um die Längsachse verwundenen Schräg- und Längsrippen.

BSt 500 S (IV S)

Zwei einander gegenüberliegende Reihen von sichelförmigen Schrägrippen, wobei eine Reihe zueinander parallel verlaufende Schrägrippen, die andere Reihe dagegen zur Stabachse alternierend geneigte Schrägrippe aufweist.

Kaltverwundener Betonstabstahl muß Längsrippen aufweisen.

Nicht verwundener Betonstahl mit und ohne Längsrippen

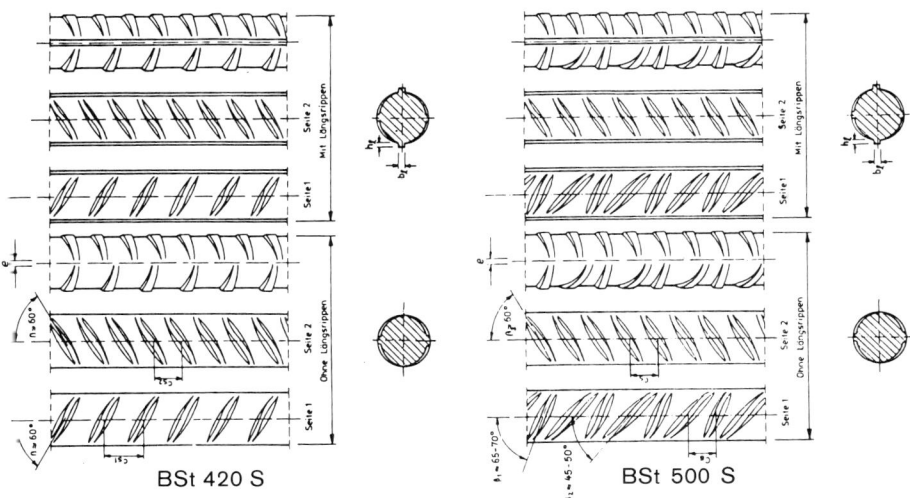

BSt 420 S   BSt 500 S

Kalt verwundener Betonstahl

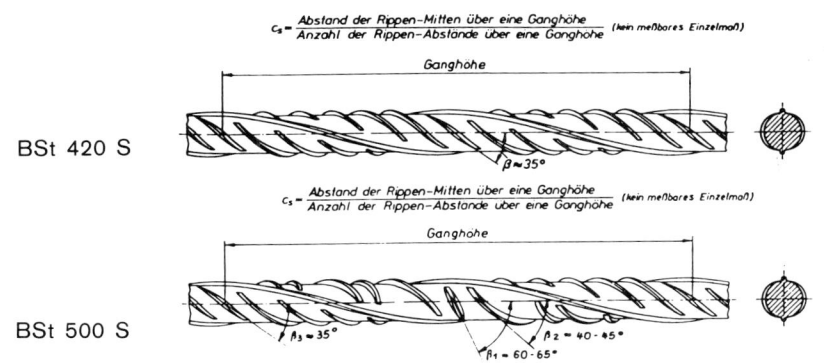

b.2) Betonstahlmatten BSt 500 M (IV M)

Die Stäbe der punktgeschweißten Betonstahlmatten besitzen drei auf einen Umfanganteil von je ~ d · π/3 angeordnete Reihen von sichelförmigen Schrägrippen.

Eine Rippenreihe muß gegenläufig sein. Die einzelnen Rippenreihen dürfen gegeneinander versetzt sein.

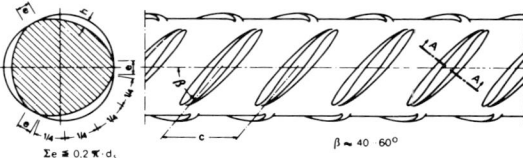

$\Sigma e \gtrless 0.2 \cdot \pi \cdot d_s$ $\beta \sim 40 \cdot 60°$

Tafel 49: Sorteneinteilung und Eigenschaften der Betonstähle
Nach DIN 488, T. 1 (Auszug)

1	2	3	4	5
Kurzname	BST 420 S	BSt 500 S	BSt 500 M[2])	
Kurzzeichen[1])	III S	IV S	IV M	Wert p %[3])
Werkstoffnummer	1.0428	1.0438	1.0466	
Erzeugnisform	Betonstabstahl	Betonstabstahl	Betonstahlmatten[2])	
Nenndurchmesser d_s mm	6 bis 28	6 bis 28	3 bis 12[4])	–
Streckgrenze R_e (β_s)[5]) bzw. 0,2%-Dehngrenze N/mm² $R_{p0,2}$ $(\beta_{0,2})$[5])	420	500	500	5,0
Zugfestigkeit R_m (β_Z)[5]) N/mm²	500[6])	550[6])	550[6])	5,0
Bruchdehnung A_{10} (δ_{10})[5]) %	10	10	8	5,0
Rückbiegeversuch mit 6 bis 12	5 d_s	5 d_s	–	1,0
Biegerollendurchmesser für 14 und 16	6 d_s	6 d_s	–	1,0
Nenndurchmesser d_s mm 20 bis 28	8 d_s	8 d_s	–	1,0
Biegedorndurchmesser beim Falt- versuch an der Schweißstelle	–	–	6 d_s	5,0
Schweißeignung für Verfahren[7])	E, MAG, GP, RA, RP	E, MAG, GP, RA, RP	E[8]), MAG[8]), RP	–

[1]) Für Zeichnungen und statische Berechnungen.
[2]) Mit den Einschränkungen nach Abschnitt 8.3 gelten die in dieser Spalte festgelegten Anforderungen auch für Bewehrungsdraht.
[3]) p-Wert für eine statische Wahrscheinlichkeit $W = 1 - a = 0,90$ (einseitig) (siehe Abschnitt 5.2.2.).
[4]) Für Betonstahlmatten mit Nenndurchmessern von 4,0 und 4,5 mm gelten die in Anwendungsnormen festgelegten einschränkenden Bestimmungen; die Dauerschwingfestigkeit braucht nicht nachgewiesen zu werden.
[5]) Früher verwendete Zeichen.
[6]) Für die Istwerte des Zuversuchs gilt, daß R_m min. 1,05 · R_e (bzw. $R_{p0,2}$), beim Betonstahl BSt 500 M mit Streckgrenzwerten über 550 N/mm² min. 1,03 · R_e (bzw. $R_{p0,2}$) betragen muß.
[7]) Die Kennbuchstaben bedeuten: E = Metall-Lichtbogenhandschweißen, MAG = Metall-Aktivgasschweißen, GP = Gaspreßschweißen, RA = Abbrennstumpfschweißen, RP = Widerstandspunktschweißen.
[8]) Der Nenndurchmesser der Mattenstäbe muß mindestens 6 mm beim Verfahren MAG und mindestens 8 mm beim Verfahren E betragen, wenn Stäbe von Matten untereinander oder mit Stäben ≦ 14 mm Nenndurchmesser verschweißt werden.

c) Werkkennzeichnungen (Abb. 74)

Bei Rippenstählen wird Land und Herstellwerk durch eine bestimmte Anzahl von normalen Rippen zwischen verbreiterten Quer- bzw. Schrägrippen gekennzeichnet.[*)]

(Länderkennzeichnung: Deutschland 1 Rippe, Benelux und Schweiz 2 Rippen, Frankreich 3 Rippen, Italien 4 Rippen usf.)

Bei Betonstabstählen beginnt das Werkkennzeichen mit 2 verstärkten Rippen.

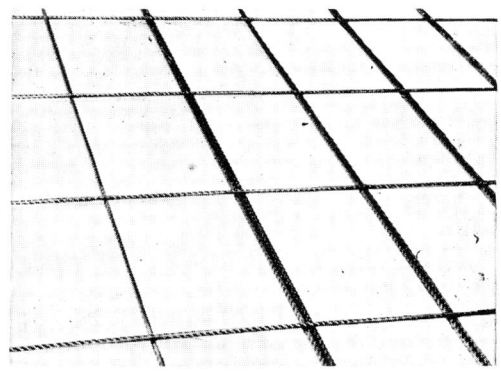

Abb. 73. Betonstahlmatten

Ausschnitt aus einer geschweißten Betonstahlmatte

Betonstahlmatten sind mit einem witterungsbeständigen Anhänger zu versehen, auf dem Nummer des Herstellerwerkes und die Mattenbezeichnung erkennbar sind.

Außerdem werden gerippte und profilierte Stäbe der Matten in ähnlicher Weise wie Stabstähle gemäß DIN 488, T. 1 mit Walzzeichen gekennzeichnet.

Die Werkkennzeichen sollen sich in Abständen von rd. 1 m wiederholen.

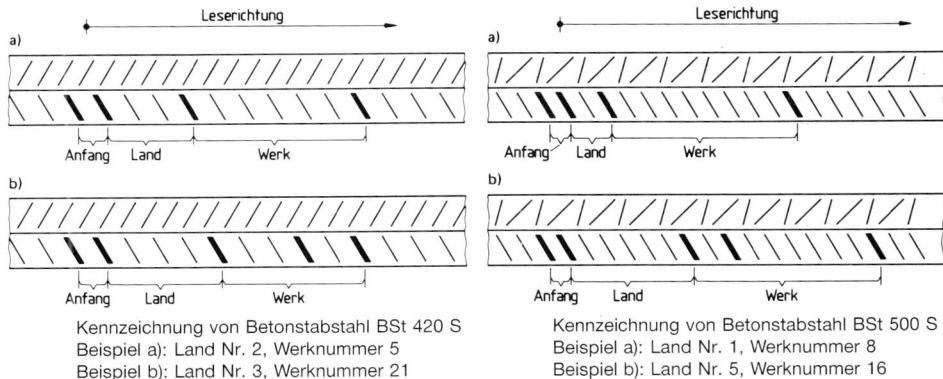

Kennzeichnung von Betonstabstahl BSt 420 S
Beispiel a): Land Nr. 2, Werknummer 5
Beispiel b): Land Nr. 3, Werknummer 21

Kennzeichnung von Betonstabstahl BSt 500 S
Beispiel a): Land Nr. 1, Werknummer 8
Beispiel b): Land Nr. 5, Werknummer 16

Abb. 74. Beispiele für Werkkennzeichen

d) Abmessungen der Betonstähle (DIN 488, T. 2 u. 3)

d.1) Betonstabstahl

$$\varnothing \ 6 - 8 - 10 - 12 - 14 - 16 - 20 - 25 - 28 \, mm$$

Lieferung in Regellängen von 12–15 m, auf Bestellung Sonderlängen.

[*)] Verzeichnis der Werkkennzeichen wird vom Institut für Bautechnik, Reichpietschufer 72/76, Berlin 30, veröffentlicht.

Bezeichnungsbeispiel für Betonstabstahl IV S, $\varnothing$ 20 mm, 12 m Länge:
Betonstabstahl DIN 488 – BSt 500 S – 20 × 12

B e i g e r i p p t e m B e t o n s t a b s t a h l werden Nennquerschnitt F_e und Nenndurchmesser d_e nach dem Gewicht G (in g/mm = kg/m) und der Stablänge l (in mm) ermittelt:

$A_s = 1{,}274$ G/l in cm^2 $d_s = 12{,}74 \sqrt{G/l}$ in mm

d.2) Betonstahlmatten

$\varnothing$ 4,0 – 4,5 – 5.0 – (in Abständen von 0,5) – 12 mm

Mattenbreiten bei Straßentransport $\leqq 2{,}45$ m, bei Bahntransport $\leqq 2{,}65$ m. Mattenlängen $\leqq 12$ m.

Mattenarten:

Listenmatten: Vom Besteller angegebene Abmessungen.

Lagermatten: Vom Hersteller festgelegte Abmessungen

Zeichnungsmatten: Von Lager- und Listenmatten abweichende Abmessungen.

– Statisch verwendete Betonstahlmatten dürfen nicht gerollt werden! –

4.12.2. Spannstähle

Verwendung für Spannstahl auf Grund bauaufsichtlicher Zulassung.

Die Bezeichnung der Stahlgüten erfolgt durch Angabe ihrer Mindeststreckgrenze und der Mindestzugfestigkeit, z. B. 1350/1500 (s. Tafel 50 u. Abb. 75).

Tafel 50: Gebräuchliche Spannstähle*)

Stahlsorte	Nenn-durchm. mm	Form und Oberfläche		Herstellungsart
Stabstähle St 850/1050– 1100/1350	13–36	rund	glatt oder mit Gewinderippen	warm gewalzt, gereckt und angelassen
Drähte St 1350/1500– 1600/1800	5–13	rund oder oval oder rechteckig	glatt oder gerippt oder profiliert	vergütet (Härten und Anlassen) oder kaltgezogen
Litze St 1600/1800	bis zu 7 Drähte 3–5 mm ver- litzt	rund	glatt	kaltgezogen

Die zulässige Stahlzugspannung darf höchstens 75% der Streckgrenze oder 55% der Zugfestigkeit betragen. (Maßgebend ist der geringere Wert von beiden.)

Kennzeichnung der einzeln, gebündelt oder in Ringen gelieferten Stähle mit 10 cm breitem farbigem Ring etwa 50 cm vom Stabende und durch angehängte Blechmarken mit Sortenangaben; vielfach auch Firmenbezeichnung, z. B. Sigma-, Zeuß-, Neptunstahl.

Besondere Sorgfalt bei Lagerung und Einbau, vor schädlichen Einflüssen (Feuchtigkeit, Verschmutzung) schützen!

Die Güteprüfungen erfolgen nach den „Vorläufigen Richtlinien für die Prüfung bei Zulassung und Abnahme von Spannstählen und Spannverfahren bei Spannbeton nach DIN 4227".

Das Schweißen von Spannstählen ist unzulässig.

---

*) Aus „Kleine Stahlkunde für das Bauwesen". VDI-Verlag, Düsseldorf, 1974.

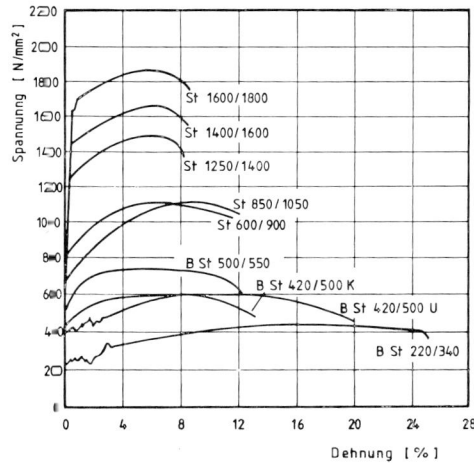

Abb. 75.

Spannungs-Dehnungs-Linien verschiedener
Beton- und Spannbetonstähle

Verbundwirkung bei Spannstählen

Es sind folgende Einbausysteme zu unterscheiden:

a Vorspannung mit sofortigem Verbund
Die Spannstähle werden nach dem Spannen im Spannbett so in den Beton eingebettet, daß mit dem Erhärten des Betons eine Verbundwirkung entsteht.

b Vorspannung ohne Verbund
Die Vorspannglieder liegen außerhalb oder geschützt innerhalb des Betonquerschnitts ohne unmittelbaren Betonverbund. Nach der Betonerhärtung werden sie an den Bauteilenden verankert und gespannt.

c) Vorspannung mit nachträglichem Verbund
Die Stahleinlagen werden vor dem Betonieren in Spannkanälen verlegt und nach dem Erhärten des Betons ohne Verbund gespannt. Die Zwischenräume in den Spannkanälen werden alsdann mit Zementmörtel ausgepreßt.

4.12.3. Schweißen von Betonstahl

Es wird unterschieden zwischen tragenden Schweißverbindungen, die nach DIN 1045 mit einem bestimmten Querschnitt in Rechnung gestellt werden dürfen, und nichttragenden Schweißverbindungen (Haftverbindungen), zur Sicherung von Einzelteilen der Bewehrung gegen Verschieben, die nicht in Rechnung gestellt werden.

Es dürfen nur geprüfte Schweißer unter Aufsicht eines verantwortlichen Schweißfachmanns eingesetzt werden.

Für die Schweißarbeiten auf Baustellen und in Betrieben ist die DIN 4099 Teil 1 u. 2 „Schweißen von Betonstahl" maßgebend.

Folgende Schweißverfahren sind für die einzelnen Betonstahlsorten nach Tafel 38, gemäß „Schweißeignung", anwendbar (DIN 1910, T. 1, Ausg. 12.74).

a) Preßschweißen

Widerstands-Abbrennstumpfschweißen (RA)

Strom- und Preßkraft werden von Spannbacken übertragen, indem sich die stromdurchflossenen Stabenden unter leichtem Berühren erwärmen, wobei schmelzflüssiger Werkstoff herausgeschleudert wird (Abbrennen) und die Enden durch schlagartiges Stauchen verschweißt werden (Stumpfschweißen).

Widerstands-Punktschweißen (RP)

Die aufeinandergepreßten Flächen der zu verschweißenden Teile werden unter Druck und Strom beidseitig aufgesetzter Elektroden bei örtlicher Erwärmung punktförmig verschweißt.

b) Schmelzschweißen (Druckloses Schweißen)

Metall-Lichtbogenschweißen (E)

Schweißen im sichtbar brennenden Lichtbogen zwischen einer schmelzenden Stabelektrode und dem Werkstück.

Abschirmung der Schweißung gegen atmosphärische Einflüsse durch in der Ummantelung der Stabelektrode enthaltene verflüssigende Stoffe oder durch einen der Schweißstelle zugeführten Schutzgasmantel (z. B. Argon).

Je nach Gegebenheiten sind auch andere Schweißverfahren, z. B. Gaspreßschweißen (GP) und Metall-Aktivgasschweißen (MAG), möglich.

Beim Schweißen sind allgemein mögliche Gefügeveränderungen des Stahls, die z. B. zu Spannungen, Versprödungen, Festigkeitsveränderungen führen, zu berücksichtigen. Das Schweißen von kaltverformten Stählen ist daher – als schnelles Schweißen mit geringer Gefügeänderung – nur nach den Zulassungsrichtlinien möglich.

Spannbetonstähle werden nicht geschweißt!

4.12.4. Prüfung von Betonstahl

Bei der Lieferung von Betonstahl ist zu prüfen, ob diese die Kennzeichen der Stahlgruppe und das Werkkennzeichen tragen.

Die vom Werk nachzuweisenden Festigkeitseigenschaften (s. Tafel 49) erstrecken sich auf die Feststellung der Streckgrenze, der Zugfestigkeit und der Bruchdehnung sowie auf die Verformbarkeit durch den Faltversuch um 180° bzw. Rückbiegeversuch um 90° mit vorgeschriebenem Dorndurchmesser. Ferner auf die Knotenscherfestigkeit von geschweißten Betonstahlmatten sowie auf die Dauerschwingfestigkeit gerader oder gekrümmter Betonstähle.

Bei Schweißarbeiten auf Baustellen und in Betrieben sind gemäß DIN 4099, Ausg. 11.85, „Schweißen von Betonstahl" entsprechende vorherige Eignungsprüfungen (Verfahrensprüfungen) sowie tägliche Güteprüfungen (Arbeitsproben) durch Zug-, Biege- oder Scherversuche erforderlich (evtl. auch unter Berücksichtigung niederer Temperatur beim Biegevorgang) nach DIN 50121, 50123, 50124, 50127.

Bei Abbiegungen müssen Schweißstellen mindestens 10 Stabdurchmesser vom Ende der Biegung entfernt sein.

4.12.5. Lagern, Biegen, Verlegen der Bewehrung

a) Lagern

Der Betonstahl soll sofort nach dem Eintreffen übersichtlich nach Sorte und Durchmesser unter Anbringung von Tafeln mit dem Kurzzeichen der Stahlsorte zur Vermeidung von Verwechslungen gelagert werden.

Zum Schutz gegen Korrosion sind Kanthölzer so zu unterlegen, daß keine Bodenberührung erfolgt; längere Lagerung, besonders im Winter, erfordert Folienabdeckung mit genügend Luftzirkulation.

b) Biegen

Je nach Stahlsorte und Durchmesser sind bei Haken, Schlaufen, Bügeln und Aufbiegungen bestimmte Mindestwerte der Biegerollendurchmesser als Vielfaches des Stahldurchmessers (nach DIN 1045, Tabelle 14) zur Vermeidung von Rissen im Stahl oder Überbeanspruchung des Betons an den Biegestellen einzuhalten.

DBV-Merkblatt „Rückbiegen", Ausg. 8.84.

Be kalter Witterung sind wegen Kaltbruchgefahr des Stahls größere Biegedurchmesser oder beheizte Hallen erforderlich.

> Wegen geringer Längung des Stahls beim Biegen ist auf die Einhaltung der Verlegelänge (Einbaulänge) besonders zu achten.

c) Verlegen

Die Bewehrungsstähle sind v o r dem Verlegen von losem Rost, Schmutz und Eis zu befreien. Beim Verlegen auf die Möglichkeit der Einführung von Innenrüttlern (Rüttellücken) achten.

Abstand der Stähle gegeneinander (außer Überdeckungsstöße) mindestens 2 cm bzw. größer als der Stabdurchmesser.

> Verwendung von Abstandhaltern und Halterungen gegen Herunterdrücken der oberen Bewehrung. Für Transportbohlen stets gesonderte Unterbauungen!

> Zunächst offen zu verlegende Bügel sind zur Vermeidung seitlicher Ausbeulung, die zu unzulänglicher Betonüberdeckung des Stahls führt, durch vorübergehende seitliche Unterlegung mit einer Latte oder durch Überziehen über 90° zu schließen.

> Statt Bindedrahtverknüpfung der Bewehrung sind bei „überwiegend ruhender Belastung" auch Heftschweißungen gemäß DIN 4099 möglich.

Richtlinien für die Verlegung der Bewehrung (Verankerung der Bewehrungsstäbe und -matten, Bewehrungsführungen und Stöße) sind in DIN 1045, Ziffer 18, gegeben.

4.12.6. Betondeckung der Bewehrung

Der Verbund zwischen Bewehrung und Beton ist durch eine ausreichend dicke und dichte Betondeckung zu sichern, die gleichzeitig den Korrosionsschutz der Stahlbewehrung und ausreichenden Schutz gegen Brandeinwirkung gewährleistet.

Der Korrosionsschutz der Bewehrung ist i. allg. so lange gegeben wie der Stahl von alkalischen Bestandteilen, die als Kalkhydrat $Ca(OH)_2$ beim Erhärten des Zementes frei werden, umschlossen ist. Durch ausreichend dichtes Betongefüge muß demgemäß verhindert werden, daß von außen eindringende Luftkohlensäure H_2CO_3 die basischen Bestandteile der überdeckenden Betonschicht neutralisiert (vgl. Abschn. 3.1.3.3.1., Kalkerhärtung). Auch korrosionsfördernde Stoffe, vor allem Chloride, z. B. aus Tausalzlösungen, können in den Beton eindiffundieren und Stahlkorrosion verursachen. Der durch ungenügende Überdeckung, auch an einzelnen Stellen, z. B. an Bügeln, entstehende Rost verursacht durch sein mehrfaches Volumen gegenüber Stahl eine Absprengung der Betondeckung und fördert damit weitere Rostzerstörungen.

> Neuerdings auch zusätzliche Verzinkung besonders gefährdeter Betonstähle.

Betonmindestdeckung der Bewehrung nach DIN 1045

Für die Betondeckung (lichter Abstand zwischen Schalungsfläche und Stahleinlagen, einschließlich Bügel) gelten die nach Tafel 10 der DIN 1045 gegebenen **Mindestmaße min c,** die für Betonfestigkeitsklassen $\geqq$ B 25 von den Umweltbedingungen abhängig sind.

> Für Leichtbeton gelten Sonderbestimmungen (s. Abschn. 4.10.2.2b), ebenfalls für Spanndrähte sowie für Hüllrohre.

Zur Sicherstellung der Mindestmaße sind dem Entwurf und der Ausführung jedoch die **Nennmaße nom c** der Betondeckung der Tafel 10 der DIN 1045 zugrunde zu legen, die sich aus den Mindestmaßen min c und einem Vorhaltemaß zusammensetzen, das in der Regel 1,0 cm beträgt.

- Für Beton der Festigkeitsklasse B 35 und höher dürfen die Mindest- und die Nennmaße um 0,5 cm verringert werden, jedoch nicht kleiner als der Bewehrungsdurchmesser oder kleiner als 1,0 cm.

– Bei Bauteilen in geschlossenen Räumen und für Bauteile, die ständig trocken sind (Zeile 1, Tafel 51 bzw. Zeile 1, Tafel 10 DIN 1045), darf auch Beton der Festigkeitsklasse B 15 verwendet werden. Hierfür sind bei Stab-$\emptyset$ $\leqq$ 12 mm min c = 1,5 cm und nom c = 2,5 cm anzusetzen.

Bei größeren Stab-$\emptyset$ gelten die entsprechenden Werte der Tafel, Zeile 1.

Schichten aus natürlichen oder künstlichen Steinen, haufwerksporigem Beton, Holz u. dgl. dürfen nicht auf die Betondeckung angerechnet werden. Bei einem Größtkorn des Zuschlages >32 mm ist die Betondeckung um 0,5 cm zu vergrößern.

Eine angemessene Vergrößerung der Betondeckung kann auch aus Gründen des Brandschutzes (siehe DIN 4102) notwendig werden, ferner bei Flächen besonders starker Verschleißbeanspruchung sowie bei Flächen, die im Frischzustand ausgewaschen (Waschbeton) oder steinmetzmäßig bearbeitet werden, wobei die Tiefe der Gefügelockerung durch die Bearbeitung zu berücksichtigen ist.

Tafel 51: Maße der Betondeckung in cm, bezogen auf die Umweltbedingungen (Korrosionsschutz) **und die Sicherung des Verbundes** (DIN 1045, Tabelle 10)

	1	2	3	4
	Umweltbedingungen	Stabdurchmesser d_s mm	Mindestmaße für $\geqq$ B 25 min c cm	Nennmaße für $\geqq$ B 25 nom c cm
1	Bauteile in geschlossenen Räumen, z.B. in Wohnungen (einschließlich Küche, Bad und Waschküche), Büroräumen, Schulen, Krankenhäusern, Verkaufsstätten – soweit nicht im folgenden etwas anderes gesagt ist. Bauteile, die ständig trocken sind.	bis 12, 14, 16 20 25 28	1,0 1,5 2,0 2,5 3,0	2,0 2,5 3,0 3,5 4,0
2	Bauteile, zu denen die Außenluft häufig oder ständig Zugang hat, z.B. offene Hallen und Garagen. Bauteile, die ständig unter Wasser oder im Boden verbleiben, soweit nicht Zeile 3 oder Zeile 4 oder andere Gründe maßgebend sind. Dächer mit einer wasserdichten Dachhaut für die Seite, auf der die Dachhaut liegt.	bis 20 25 28	2,0 2,5 3,0	3,0 3,5 4,0
3	Bauteile im Freien. Bauteile in geschlossenen Räumen mit oft auftretender, sehr hoher Luftfeuchtigkeit bei üblicher Raumtemperatur, z.B. in gewerblichen Küchen, Bädern, Wäschereien, in Feuchträumen von Hallenbädern und in Viehställen Bauteile, die wechselnder Durchfeuchtung ausgesetzt sind, z.B. durch häufig starke Tauwasserbildung oder in der Wasserwechselzone. Bauteile, die „schwachem" chemischem Angriff nach DIN 4030 ausgesetzt sind.	bis 25 28	2,5 3,0	3,5 4,0
4	Bauteile, die besonders korrosionsfördernden Einflüssen auf Stahl oder Beton ausgesetzt sind, z.B. durch häufige Einwirkung angreifender Gase oder Tausalze (Sprühnebel- oder Spritzwasserbereich) oder durch „starken" chemischen Angriff nach DIN 4030.	bis 28	4,0	5,0

Be besonders stark korrosionsfördernden Einflüssen (Tafel 51, Zeile 4) können auch andere Maßnahmen, z. B. Sperrschichten durch wasserundurchlässigen Zementputz, in Betracht kommen bzw. Schutzüberzüge auf Bitumen- oder Kunststoffbasis*).

Bei Flächen, an denen Ortbeton unmittelbar an Stahlbetonfertigteile betoniert wird, genügt für Ortbeton und Fertigteil jeweils eine Betondeckung von 1 cm.

Betonmindestdeckung der Bewehrung nach DIN V ENV 206

Tafel 51a: Mindestmaße für die Betondeckung von Normalbeton in mm¹)

Umwelt-klassen	1 trocken	2a	2b	3	4a	4b	5a	5b	5c
		feucht		feucht mit Frost und Taumittel	Meerwasser-umgebung		chemischer Angriff		
		ohne Frost	mit Frost		ohne Frost	mit Frost	schwach	mäßig	stark
Stahlbeton	15	20	25	40	40	40	25	30	40
Spannbeton	25	30	35	50	50	50	35	40	50

¹) Verringerungen der Mindestmaße um 5 mm sind möglich:
 – bei plattenförmigen Tragelementen für die Umweltklassen 2 bis 5
 – bei Stahl- und Spannbeton der Festigkeitsklassen $\geq$ C 40/50 für die Umweltklassen 2 bis 5a

Falls mit stahlangreifenden Stoffen (z. B. Chloride) gerechnet werden muß, ist die Mindestbetondeckung für Umweltklasse 5c einzuhalten, wenn nicht besondere Maßnahmen zum Korrosionsschutz der Bewehrung getroffen werden.

Zur Sicherstellung der Mindestbetondeckung empfiehlt EC 2 ein Vorhaltemaß Δc zwischen 5 mm und 10 mm bei Ortbetonteilen und bis 5 mm bei Fertigteilen. Nach der DAfStb-Anwendungsrichtlinie zu EC 2 sind Vorhaltemaße < 10 mm nur dann zulässig, wenn besondere Maßnahmen nach Merkblatt „Betondeckung" getroffen werden.

4.12.7. Schutz und Instandsetzung von Beton

4.12.7.1. Korrosionsschutz des Stahls im Beton

Im allgemeinen ist Bewehrungsstahl im Beton dauerhaft vor Korrosion geschützt.

Voraussetzung für den dauerhaften Rostschutz der Stahlbewehrung ist eine hohe Alkalität des ihn umgebenden Betons mit einem pH-Wert von 12–13, die eine Passivschicht auf der Stahloberfläche erzeugt.

Lagert Beton an der Luft, kann die Alkalität im oberflächennahen Bereich des Betons je nach Dichtigkeit des Betongefüges durch das CO_2 der Luft langsam abgebaut werden, indem das $Ca(OH)_2$ in $CaCO_3$ umgewandelt wird. Sinkt der pH-Wert des Betons dabei unter 9 ab, wird der alkalische Rostschutz der Bewehrung aufgehoben, soweit Bewehrungsstahl im „karbonatisierten" Betonbereich liegt.

Zur Korrosion des Bewehrungsstahles kann es jedoch erst kommen, wenn folgende 3 Bedingungen gleichzeitig vorliegen:

 – Der Stahl liegt im karbonatisierten Betonbereich;
 – Feuchtigkeitseinwirkung ist gegeben;
 – Sauerstoffzutritt ist möglich.

---

*) s. a. „Vorl. Merkblatt für Schutzüberzüge auf Beton bei sehr starken Angriffen nach DIN 4030" (Fassung April 1973) Zement-Taschenbuch 1974/75, S. 455.

Auch andere korrosionsfördernde Stoffe, insbesondere **Chloride,** z. B. aus Tausalzlösungen, können zur Stahlkorrosion führen, wenn diese in den Beton eindringen und bis zum Stahl gelangen können.

Der Einfluß von SO_2 aus der Luft (saurer Regen) ist dagegen für die Entstehung von Korrosionsschäden ohne große Bedeutung.

4.12.7.2. Schutz- und Instandsetzungsmaßnahmen

Die „Richtlinie Schutz und Instandsetzung von Betonbauteilen" des Deutschen Ausschusses für Stahlbeton Teil 1 bis Teil 3, regelt die Planung, Durchführung und Überwachung derartiger Maßnahmen für Bauwerke und Bauteile aus Beton und Stahlbeton nach DIN 1045.

> Für den Bereich des Bundesverkehrsministers sind die Schutz- und Instandsetzungsmaßnahmen in den „Zusätzlichen Technischen Vorschriften und Richtlinien für Schutz und Instandsetzung von Betonbauteilen" ZTV-SIB 87 geregelt.

Schutzmaßnahmen   = Erhöhung der Widerstandsfähigkeit von Betonbauteilen gegen besondere chemische oder mechanische Einwirkungen.

Instandsetzungsmaßnahmen = Dauerhafter Ersatz von zerstörtem oder abgetragenem Beton durch Beton oder Mörtel sowie dauerhafter Schutz der instandgesetzten Betonbauteile und dauerhafter Korrosionsschutz der Bewehrung.

Nach einer ausreichenden Behandlung des Untergrundes kommen für den Schutz und die Instandsetzung des Betons folgende Maßnahmen in Betracht:

Abb. 76.1.

Füllen von Rissen mit Reaktionsharzen oder Zementleim

Abb. 76.2.

Auftragen von hydrophobierenden Imprägnierungen

Abb. 76.3.

Ausfüllen von örtlichen Fehlstellen mit Mörtel oder Beton

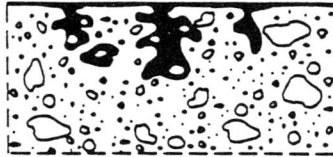

Abb. 76.4.

Auftragen von Versiegelungen (teilweise filmbildend)

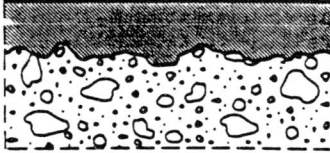

Abb. 76.5.

Großflächiges Auftragen von Mörtel oder Beton

Abb. 76.6.

Auftragen von filmbildenden Beschichtungen

4.12.7.3. Grundsätze für den Korrosionsschutz der Bewehrung

Unter Berücksichtigung der elektro-chemischen Korrosionsvorgänge an der Stahloberfläche und der chemisch-physikalischen Vorgänge im umgebenden Beton muß der Korrosionsschutz geplant werden.

In Abhängigkeit vom Istzustand ist die Anwendung unterschiedlichster Korrosionsschutzprinzipien und daraus abgeleiteter Grundsatzlösungen zur Erreichung des Sollzustandes möglich.

Instandsetzungsprinzip R – Korrosionsschutz durch Wiederherstellung des alkalischen Milieus:

Das Prinzip beruht auf der erneuten Bildung einer Passivschicht auf der Stahloberfläche (Repassivierung) durch Auftragen zementgebundener Instandsetzungsstoffe.

Instandsetzungsprinzip W – Korrosionsschutz durch Begrenzung des Wassergehaltes im Beton:

Das Prinzip beruht auf einer Absenkung des Wassergehaltes im Beton, die die elektrolytische Leitfähigkeit so stark reduziert, daß die Korrosionsgeschwindigkeit auf praktisch vernachlässigbare Werte gesenkt wird.

Instandsetzungsprinzip C – Korrosionsschutz durch Beschichtung der Bewehrung:

Das Prinzip beruht auf einer Verhinderung der anodischen Eisenauflösung durch Anordnung einer geeigneten Beschichtung der Stahloberfläche.

Instandsetzungsprinzip K – Kathodischer Korrosionsschutz:

Durch gezielte Beaufschlagung der Bewehrung mit Fremdstrom und/oder Anordnung von Opfer- oder Inertanoden wirkt die gesamte Bewehrung kathodisch, wodurch eine Korrosion verhindert wird.

Grundsatzlösungen bei Korrosion durch Chlorideinwirkung

Bei Chloridkorrosion sind einige Besonderheiten zu beachten, insbesondere der Chloridgehalt im Beton und die Umgebungsbedingungen.

Dies gilt besonders dann, wenn bei Stahlbetonbauteilen die Chloridgehalte über 0,5% Cl⁻ (bezogen auf den Zementgehalt) und bei Spannbetonbauteilen über 0,2% Cl⁻ ermittelt werden.

Zwar sind grundsätzlich die Instandsetzungsprinzipien gegen Korrosion infolge Karbonatisierung anwendbar, jedoch muß sichergestellt werden, daß kein weiteres Chlorid in den Beton eindringen kann, was in der Regel durch eine zusätzliche, dichte filmbildende Beschichtung erfolgt.

In der Regel muß zur Beurteilung der erforderlichen Maßnahmen ein sachkundiger Planungsingenieur eingeschaltet werden.

Anforderungen an Betonuntergrund, Vorbehandlung der Bewehrung, Instandsetzungsbetone und -mörtel

In Teil 2 der Richtlinien sind umfangreiche Festlegungen der Anforderungen an die mechanischen und chemischen Eigenschaften der zu verwendenden Stoffe und der zu treffenden Maßnahmen zum Erreichen der geforderten Eigenschaften, sowie Prüfanforderungen an die anzuwendenden Ausgangsstoffe aufgeführt.

4.12.7.4. Oberflächenschutzsysteme

Oberflächenschutzsysteme, die von Imprägnierungen bis zu Kunststoffbeschichtungen reichen sollen zur Erhöhung der Dauerhaftigkeit von Beton- und Stahlbetonteilen beitragen.

In den Richtlinien sind 12 Oberflächenschutzsysteme mit unterschiedlichen Anwendungsbereichen und Beanspruchungen einschl. Richtwerte für die spezifischen Mindestschichtdicken und die in der Regel verwendeten Bindemittelgruppen aufgeführt (Tafel 52):

Tafel 52: Oberflächenschutzsysteme

Kurzbeschreibung	Richtwerte für systemspezifische Mindestschichtdicke	Hauptbindemittel-gruppen
1	2	3
OS 1 Hydrophobierende Imprägnierung	–	Silan, Siloxan, Silikon-harz
OS 2 Versiegelung für nicht befahrbare Flächen	50 µm	AY
OS 3 Versiegelung für befahrbare Flächen	50 µm	EP, AY, PUR
OS 4 Beschichtung für nicht befahrbare Flächen	80 µm	AY, PUR-AY
OS 5 Beschichtung für nicht befahrbare Flächen mit mindestens sehr geringer Rißüberbrückung	a) 300 µm b) 2000 µm	AY-Dispersion Propionat-Copolymere Dispersion Dispersion-Zement-Schlämmen
OS 6 Chemisch widerstandsfähige Beschichtung für mechanisch gering beanspruchte Flächen	500 µm	EP, PUR
OS 7 Beschichtung unter bituminösen Dichtungsschichten bei Brücken und ähnlichen Bauwerken	1 mm	EP
OS 8 Chemisch widerstandsfähige Beschichtung für befahrbare, mechanisch stark belastete Flächen	1 mm	EP
OS 9 Beschichtung für nicht befahrbare Flächen mit mindestens erhöhter Rißüberbrückung	1 mm	PUR
OS 10 Beschichtung als Dichtungsschicht unter bituminösen oder anderen Schutz- und Deckschichten mit sehr hoher Rißüberbrückung	2 mm	PUR
OS 11 Beschichtung für befahrbare Flächen mit mindestens erhöhter Rißüberbrückung	3–5 mm	EP-PUR
OS 12 Beschichtung mit Reaktionsharzbeton bzw. -mörtel für befahrbare, mechanisch stark belastete Flächen	5 mm	EP

EP = Epoxide; PUR = Polyurethane; AY = Acrylate

Wesentliche Anforderungen und Prüfungen für erhärtete Stoffe nach der Richtlinie DAfSt:

Tafel 53: Anforderungen und Prüfungen für erhärtete Stoffe (mechanische, chemische, diffusions-technische und thermische Eigenschaften)

Die Kennzeichnung × in den Tabellen bedeutet, daß das Prüfmerkmal zur Identitätssicherung zu ermitteln ist quantitative Anforderungen aber nicht gestellt werden.

Prüfungen	Anforderungen	Prüfung erforderlich für
1	2	3
1. Mechanische Eigenschaften		
1. .1 Biegezug- und Druckfestigkeit	β_D $\geq 35\,\text{N/mm}^2$ β_{BZ} $\geq 20\,\text{N/mm}^2$	OS 8;
	β_D $\geq 45\,\text{N/mm}^2$ β_{BZ} $\geq 15\,\text{N/mm}^2$	OS 12;
1. .2 Zugfestigkeit Reißdehnung	$\geq 4\,\text{N/mm}^2$ $\geq 250\%$	OS 10;
	×	OS 9;
1. .3 Dynamischer Elastizitätsmodul	$\geq 15\,000\,\text{N/mm}^2$	OS 12;
1. .4 Verschleißwiderstand	Reduktion um min. 25%	OS 3;
	$\leq 8\,\text{cm}^3/50\,\text{cm}^2$	OS 3; OS 11; OS 12;
	$\leq 100\,\text{mg}$	OS 8;
1. .5 Shore-Härte	Shore A ≥ 58	OS 10;
2. Chemische Eigenschaften		
2. .1 Freies Schrumpfen	$\leq 0,3\%$	OS 8;
	$\leq 0,07\%$ bis 10 mm Schichtdicke $\leq 0,04\%$ über 10 mm Schichtdicke	OS 12;
2. .2 Chemikalienbeständigkeit	keine Blasen Härteabfall $\leq 20\%$	OS 6; OS 8; OS 11;
2.2 Diffusionstechnische Eigenschaften		
2.2.1 Wasseraufnahme	$\leq 2,5\,\text{M-}\%$	OS 7;
	×	OS 9;
2.2.2 Wasserdampfdiffusions-widerstand	$\leq 4\,\text{m}$	OS 2; OS 4; OS 5;
	×	OS 9;
2.2.3 CO_2-Diffusionswiderstand	$\geq 50\,\text{m}$	OS 2; OS 4; OS 5;
	×	OS 9;
2.3 Thermische Eigenschaften		
2.3.1 Thermische Dehnung (-20 bis $+40\,°\text{C}$)	$\alpha_t \leq 25 \times 10^{-6}\,\text{K}^{-1}$ (bis 10 mm Schichtdicke) $\alpha_t \leq 20 \times 10^{-6}\,\text{K}^{-1}$ (über 10 mm Schichtdicke)	OS 12;

4.12.7.5. Füllen von Rissen

Die Ausfüllung von Rissen dient der Abdichtung durchlässiger Bauteile, der Verhinderung des Eindringens korrosionsfördernder Stoffe oder der Wiederherstellung eines monolithischen Bauteilverhaltens. Diese Ziele können erreicht werden durch unterschiedliche Füllarten (Tränkung oder Injektion) und verschiedene Rißfüllstoffe (EP, PUR, ZL).

Die Füllart und der Füllstoff sind im wesentlichen abhängig von der Rißursache, -breite und dem Feuchtezustand der Risse (siehe Tafel 54):

Tafel 54: Anwendungsbereiche

			Feuchtezustand von Rissen und Rißufern			
			trocken	feucht	„drucklos" wasser- führend	„unter Druck" wasser- führend
1		1	2	3	4	5	6
1	Rißursachen	Ziel	zulässige Maßnahmen			
2	bekannt	Schließen	EP – T EP – I PUR – I¹) ZL – I²)	EP – I³) PUR – I ZL – I	PUR – I ZL – I	PUR – I⁴)
3	bekannt	Abdichten	EP – I PUR – I¹) ZL – I²)	EP – I³) PUR – I ZL – I²)	PUR – I ZL – I	PUR – I⁴)
4	bekannt	Dehnfähiges Verbinden	PUR – I¹)	PUR – I	PUR – I	PUR – I⁴)
5	bekannt nicht wieder- kehrend	Kraftschlüssiges Verbinden	EP – I	–	–	–

¹) Rißufer müssen ggf. vorgefeuchtet werden.
²) Rißufer müssen vorgenäßt werden.
³) das Verhalten im feuchten Riß ist besonders nachzuweisen.
⁴) ggf. unter Anwendung eines schnellschäumenden PUR vor der Hauptinjektion.

4.13. Gütegewährleistung

4.13.1. Anforderungen nach DIN 1045 und 1084

4.13.1.1. Anforderungen an die Baustellenausstattung, Personal und Prüfeinrichtungen

a) Baustellen für Beton B I

Nur Verwendung von Baustellen- und Transportbeton der Festigkeitsklassen B 5 bis B 25.

An die Herstellung von Baustellenbeton B I werden bestimmte Voraussetzungen hinsichtlich der Baustelleneinrichtung geknüpft (s. a. Abschn. 4.11.1.):

> Trockene Lagerung der Bindemittel, saubere und getrennte Lagerung der Zuschläge sowie der Betonstähle! Ferner an das Abmessen der Bindemittel, der Zuschläge und des Wassers sowie auch hinsichtlich des Mischens. (Überprüfung der Einrichtungen in angemessenen Abständen auf einwandfreies Arbeiten innerhalb ihrer zulässigen Fehlergrenzen, z. B. durch Einfüllen eimerweise vorgewogener Stoffmengen).

Weiterhin sind Einrichtungen für ordnungsgemäßes Fördern, Einbauen und Nachbehandeln (Abdeckung bzw. Feuchthaltung) des Betons erforderlich.

Im Hinblick auf die Gütesicherung müssen die Voraussetzungen für die Prüfung des Zuschlags, der Konsistenz und zur Nachprüfung des Zementgehaltes am Frischbeton sowie für die Herstellung und sachgemäße Lagerung der Prüfkörper gegeben sein. (Diese Voraussetzungen sind i. allg. erfüllt, wenn die Prüfkisten des Deutschen Betonvereins sowie klimatisierte Behälter oder Räumlichkeiten für die Lagerung der Probekörper vorhanden sind.)

Die vorstehenden Anforderungen gelten auch für Transportbeton B I hinsichtlich Überprüfung und Verarbeitung.

b) Baustellen für Beton B II

Verwendung von Baustellen- und Transportbeton der Festigkeitsklassen B 35 und höher, sowie in der Regel Betone mit besonderen Eigenschaften.

Die Baustellen für Beton B II unterliegen hinsichtlich Einrichtungen und Gütenachweisen den Bestimmungen der DIN 1084, Teil 1 „Güteüberwachung Beton B II auf Baustellen".

b.1) Prüfeinrichtungen

Außer den für die Herstellung und Verarbeitung von Beton B I genannten Ausrüstungen müssen Mischmaschinen besonders guter Mischwirkung vorhanden sein.

Ferner sind hinsichtlich der Gütesicherung zusätzliche Geräte erforderlich zur Ermittlung der abschlämmbaren Bestandteile, zur Bestimmung der Eigenfeuchtigkeit des Betonzuschlags, zur Ermittlung der Betonzusammensetzung (Zementgehalt, w/z-Wert, Frischbetonrohdichte), zur Bestimmung des Luftporengehaltes sowie zur zerstörungsfreien Prüfung von Beton.

b.2) Eigenüberwachung

Bei Verwendung von Beton B II werden besondere Anforderungen an die Führungskräfte der Baustelle und deren ausreichende Erfahrungen, zumindest in der Herstellung der nächstniedrigen Betonfestigkeitsklasse, gestellt.

Außerdem soll dem Unternehmen eine eigene oder fremde ständige Betonprüfstelle (evtl. auch eine Prüfstelle für mehrere Unternehmen) zur Verfügung stehen, die so gelegen ist, daß eine enge Zusammenarbeit zwischen Prüfstelle und Baustelle gewährleistet ist („Prüfstelle E"). Jedoch darf keine Prüfstelle E beauftragt werden, die auch einen seiner Zulieferer überwacht.

> Diese muß von einem in der Betontechnologie und Betonherstellung erfahrenen Fachmann geleitet werden, dem außer der laufenden Überwachung der Baustelle auch die Schulung des Führungspersonals der Baustellen obliegt. (Die für diese Tätigkeit notwendige erweiterte betontechnologische Ausbildung ist durch eine Bescheinigung einer hierfür anerkannten Stelle nachzuweisen.)

> Die Güte- und Erhärtungsprüfungen können auch in Verbindung mit einer Betonprüfstelle W (Würfel) erfolgen.

Statistische Qualitätskontrolle

Die Ergebnisse der durchgeführten Prüfungen sind nach Möglichkeit statistisch auszuwerten und können der Güteprüfung des Betons zugrunde gelegt werden:

> Siehe Abschnitte 4.13.1.2.2b, letzter Absatz, und 4.13.3.

b.3) Fremdüberwachung von Baustellenbeton B II

Die Eigenüberwachung der Unternehmung ist von einer anerkannten Güteschutzgemeinschaft oder durch eine amtliche Prüfstelle („Prüfstelle F") in etwa halbjährlichen Abständen zu überprüfen.

Eine Überprüfung ist ferner bei Beginn der Betonierarbeiten einer Baustelle, auf der Beton B II verarbeitet wird, sowie bei länger dauernden Baustellen in angemessenen Abständen erforderlich (s. DIN 1084, Teil 1 „Güteüberwachung Beton B II auf Baustellen").

Güteüberwachungszeichen

| Güteüberwachung Beton B II- Baustellen E. V. | Güteschutz Beton- und Stahl- betonfertigteile e.V. | Güteüberwachung Transportbeton e.V. | Materialprüfungs- anstalten |

4.13.1.2. Anforderungen an den Gütenachweis

4.13.1.2.1. Gütenachweis der Ausgangsstoffe

Bindemittel und Zusätze

Es dürfen nur normenüberwachte Bindemittel und Zusatzmittel mit amtlicher Zulassung verwendet werden. Zusatzstoffe, die auf den Zementgehalt angerechnet werden oder die nicht den Normen entsprechen, bedürfen ebenfalls der Zulassung. Bei Zementen Rückstellprobe erforderlich (s. Abschn. 3.1.4.4.4.).

Betonzuschlag

Für Normal- und Leichtbeton nur güteüberwachter Zuschlag nach DIN 4226. – Siebversuche sind stets bei der ersten Lieferung sowie beim Wechsel des Herstellwerkes erforderlich.

> Bei Beton B I sind in angemessenen Abständen Siebversuche an den Korngruppen bzw. am werkgemischten Zuschlag durchzuführen, wenn die Kornzusammensetzung im günstigen Bereich gewählt oder wenn sie auf Grund einer Eignungsprüfung festgelegt worden ist.

> Bei Beton B II und bei Beton mit besonderen Eigenschaften sind stets in angemessenen Abständen Siebversuche erforderlich.

>> Bei der Prüfung von Einzelkorngruppen auf Über- und Unterkorn sind die in DIN 4226, Betonzuschlag (s. Abschn. 2.3.3.1), angegebenen Höchstwerte maßgebend.

>> Die Kornzusammensetzung von Zuschlaggemischen gilt als noch eingehalten, wenn der Siebdurchgang nicht mehr als 5 Gew.-% bzw. 5 Stoffraum-% des Gesamtgewichtes von der festgelegten Sieblinie abweicht und deren Kennwert nicht ungünstiger ist (bei Korngruppe 0/0,25 mm nur Abweichungen ± 3 Gew.-% zulässig).

Anmachwasser (Zugabewasser): Siehe Abschnitt 4.4.3.

4.13.1.2.2. Nachweis der Betoneigenschaften

> Die Herstellung und Lagerung der Prüfkörper sowie die Durchführung der Betonprüfungen erfolgt nach DIN 1048, Teil 1–3 (s. a. Abschn. 4.2.2. und 4.8.1.).

a) Eignungsprüfung

Beton B I

Eignungsprüfungen sind nur erforderlich, wenn kein „Rezeptbeton" gemäß Tafel 29 verwendet wird (s. Abschn. 4.6.1.). Ferner bei Verwendung von Betonzusatzmitteln und von Betonzusatz-

Tafel 55: Umfang der Prüfungen an Ausgangsstoffen nach DIN 1084

Ausgangsstoff	Prüfungen	Häufigkeit	Anforderungen
Zement	Kontrolle von Liefer-schein und Verpackungs-aufdruck	jede Lieferung	Kennzeichnung (Art, Festig-keitsklasse und Nachweis der Überwachung) nach DIN 1164
Zuschlag	Lieferscheinkontrolle	jede Lieferung	Bezeichnung, Nachweis der Überwachung nach DIN 4226
	Sichtprüfung auf Zu-schlagart, Kornzusam-mensetzung, Gesteins-beschaffenheit und schädliche Bestandteile	jede Lieferung	Einhaltung der Bestimmungen von DIN 4226 (Übereinstim-mung mit der Bestellung)
	Kornzusammensetzung durch Siebversuch nach DIN 4226	bei der ersten Lieferung, in angemessenen Zeitab-ständen, bei Wechsel des Herstellwerks	zulässige Abweichungen von festgelegter Sieblinie: Durchgang bei Prüfsieben $\geq 0{,}5$ mm: $\pm 5\%$; Durchgang bei Prüfsieb $0{,}25$ mm: $\pm 3\%$; Kennwert (z. B. Körnungsziffer) für die Kornzusammensetzung darf nicht ungünstiger sein
Betonzusatz-stoff	Kontrolle von Liefer-schein und Verpackungs-aufdruck	jede Lieferung	Bezeichnung, gegebenenfalls Prüfzeichen und Nachweis der Überwachung
Betonzusatz-mittel	Kontrolle von Liefer-schein und Verpackungs-aufdruck	jede Lieferung	Bezeichnung, Prüfzeichen und Nachweis der Überwachung

stoffen, die nicht mineralisch sind (Kunststoffe) oder von Zusatzstoffen, die durch bauaufsicht-liche Regelung auf den Bindemittelgehalt angerechnet werden dürfen (s. a. Abschn. 3.1.4.9.).

Die Verwendung von Leichtzuschlägen für Konstruktionsbeton bedarf stets einer Eignungs-prüfung.

Der Mittelwert der Druckfestigkeit einer normengerecht gelagerten Serie von mindestens 3 Würfeln muß die Werte des in Tafel 24 geforderten Mittelwertes β_{ws} um ein **Vorhaltemaß** wie folgt überschreiten:

Bei der Festigkeitsklasse B 5 um mind. $3\,\mathrm{N/mm^2}$

Bei den Festigkeitsklassen $\geq$ B 10 bis einschl. B 25 um mind. $5\,\mathrm{N/mm^2}$

Beispiel für B 25: β_{D28} = Serienfestigkeit + Vorhaltemaß = $30 + 5 = 35\,\mathrm{N/mm^2}$

Der Eignungsprüfung können zur Schätzung des Zement- und Wasserbedarfs die Kurventa-fen des Abschn. 4.7.1.1. zugrunde gelegt werden. – Für die der Eignungsprüfung folgenden Betonmischungen sind jedoch nicht der Wasserzementwert, sondern die bei der Eignungs-prüfung ermittelten **Stoffzugaben** und die **Konsistenz** maßgebend.

Die Betonkonsistenz soll bei der Eignungsprüfung an der weicheren Grenze des gewählten Konsistenzbereiches liegen („Vorhaltemaß der Konsistenz").

Beton B II

Eignungsprüfungen sind bei Beton B II und bei Beton mit besonderen Eigenschaften (s. Abschn. 4.9.1. bis 4.9.5.) stets erforderlich. Hierbei ist außer der stofflichen Zusammensetzung und Konsistenz der höchstzulässige Wasserzementwert festzulegen.

Auf Eignungsprüfungen kann bei B I und B II verzichtet werden, wenn Transportbeton verwendet wird oder wenn für Beton gleicher Zusammensetzung und gleicher Ausgangsstoffe verläßliche Erfahrungswerte vorliegen, d. h. die geforderten Eigenschaften bei früheren Prüfungen sicher erreicht wurden (s. a. Abschn. 4.13.3., Statistische Qualitätskontrolle).

> Bei ungewöhnlichen Witterungsbedingungen (kaltes oder warmes Wetter) kann es jedoch, insbesondere bei Verwendung von Betonzusätzen, zweckmäßig sein, sich durch eine Eignungsprüfung hinsichtlich der Verarbeitbarkeit und Erhärtung des Betons zusätzlich Aufschluß zu verschaffen, was auch für Transportbeton gilt.

Dem Unternehmer bleibt es überlassen, das Vorhaltemaß für die Druckfestigkeit nach seinen Erfahrungen unter Berücksichtigung des zu erwartenden Streubereiches (auf der Grundlage statistischer Auswertung) so zu wählen, daß die Anforderungen bei der Güteprüfung mit Sicherheit erreicht werden (s. Abschn. 4.13.3.5.).

Von jeder Eignungsprüfung sind je vorgesehenem Prüftermin 3 Probekörper erforderlich.

> Es ist hierbei zweckmäßig, 3 Mischungen anzusetzen, die sich von dem nach Tabelle (Abschn. 4.7.1.1) ermittelten w/z-Wert um rd. +0,05 und −0,05 unterscheiden.

> Bei vergleichenden Eignungsprüfungen sollte die Lagertemperatur auf 18–21 °C und die Luftfeuchte auf 55–70% begrenzt sein.

Neue Eignungsprüfungen sind bei Beton B I und B II erforderlich, wenn sich die Ausgangsstoffe oder die Baustellenverhältnisse ändern.

b) Güteprüfung

Bei dem für den Einbau hergestellten Beton sollen die Güteprüfungen den Nachweis über folgende geforderte Eigenschaften erbringen:

Am Frischbeton: Zementgehalt und Betonkonsistenz,
                     ferner w/z-Wert bei Beton B II

An Probekörpern: Druckfestigkeit und evtl. Prüfungen an Beton mit besonderen Eigenschaften (z. B. Biegezugfestigkeit, Wasserundurchlässigkeit)

Die Betonprobe für die Güteprüfung ist für jeden Prüfkörper sowie für jede Prüfung der Konsistenz und jede Prüfung des w/z-Wertes aus einer anderen Mischerfüllung – bei Transportbeton möglichst aus einer anderen Lieferung des gleichen Betons – zufällig und etwa gleichmäßig über die Betonierzeit verteilt zu entnehmen (s. a. Abschn. 4.2.1. u. 2.).

> **Zementgehalt.** Für B I für jede Betonsorte ist der Zementgehalt je m^3 verdichteten Betons beim erstmaligen Einbringen und beim weiteren Betonieren in angemessenen Zeitabständen nachzuprüfen (Prüfverfahren gemäß Abschn. 4.7.3.). Bei Transportbeton kann die Angabe des Lieferscheins, sofern kein Zweifel besteht, zugrunde gelegt werden.

> **Konsistenz.** Bei Beton B I und B II ist – außer einer laufenden Überwachung nach Augenschein – die Nachprüfung des Konsistenzmaßes für jede Betonsorte beim ersten Einbringen sowie jeweils bei Herstellung von Probekörpern für die Eignungs- und Güteprüfung erforderlich; ferner beim Auftreten von Zweifelsfällen. Bei Beton B II und bei Beton mit besonderen Eigenschaften erfolgen die Prüfungen außerdem in angemessenen Zeitabständen (Prüfverfahren gemäß Abschn. 4.3.1.2.).

> **Wasserzementwert.** Bei B I und B II je Betonsorte: Beim ersten Einbringen einer Festigkeitsklasse und alsdann einmal täglich (Prüfverfahren gemäß Abschn. 4.7.3d). – Der Mittelwert dreier aufeinanderfolgender w/z-Wert-Prüfungen darf den bei der Eignungsprüfung festgelegten w/z-Wert nicht überschreiten (Einzelabweichungen bis 10% zulässig, jedoch nicht bei Beton mit besonderen Eigenschaften und Beton mit besonders korrosionsgefährdeter Bewehrung). Es wird empfohlen, den w/z-Wert auf der Baustelle so einzustellen, daß er um etwa 0.05 unter dem zulässigen Höchstwert liegt.

Tafel 56: Umfang der Güteprüfung für Ortbeton nach DIN 1084

	Beton-gruppe		Häufigkeit			Anforderungen
Zement-gehalt	B I	je Betonsorte	beim ersten Einbringen, dann in angemessenen Zeitabständen			–
Wasser-Zement-Wert	B I B II	je Betonsorte	beim ersten Einbringen, dann einmal je Betonier-tag			zulässige Überschreitung vom w/z-Wert der Eignungsprüfung: *Mittelwert* darf nicht überschritten werden *Einzelwerte* dürfen bis höchstens 10% über-schritten werden; die Grenzwerte für Stahlbeton und für Betone mit be-sonderen Eigenschaften dürfen nicht überschritten werden
Konsistenz	B I B II	je Betonsorte	beim ersten Einbringen, beim Herstellen der Pro-bekörper			die vereinbarte Konsistenz muß bei Übergabe des Betons auf der Bau-stelle vorhanden sein
	B II		zusätzlich in angemes-senen Zeitabständen			
Druck-festigkeit	B I	tragende Wände und Stützen aus B 5, B 10	3 Würfel	je 500 m³ Beton oder je Geschoß oder je 7 Betonier-tage[2])		*Mittelwert* jeder Serie von drei aufeinanderfol-genden Würfeln $\geq \beta_{WS}$ *Einzelwert* $\geq \beta_{WN}$, jedoch darf jeweils einer von 9 aufeinanderfolgenden Würfeln β_{WN} um höchstens 20% unterschreiten, sofern jeder mögliche Mittelwert von drei aufeinanderfolgenden Würfeln $\geq \beta_{WS}$ bei statistischem Nachweis muß die 5%-Fraktile mindestens β_{WN} ent-sprechen
		allgemein B 15, B 25				
	B II	B 35, B 45, B 55	6 Würfel[1])			
Besondere Eigen-schaften	B I B II		nach Vereinbarung			Wassereindringtiefe $e_W \leq 50\,mm$ bzw. $e_W \leq 30\,mm$ (siehe S. 168 f.) mittlerer Luftgehalt (siehe S. 168 f.)

[1]) Die Hälfte der geforderten Würfelprüfungen kann durch zusätzliche w/z-Wert-Bestimmungen ersetzt werden. Zwei w/z-Werte ersetzen einen Würfel.

[2]) Die Forderung, die die größte Anzahl von Würfeln ergibt, ist maßgebend.

Druckfestigkeit

Beton B I. Bei Verwendung von Baustellen- und Transportbeton ist bei B 15 und B 25 sowie bei tragenden Wänden und Stützen aus B 5 und 10 für jede Festigkeitsklasse eine Serie von 3 Probekörpern nach Maßgabe der Betonmenge oder des Bauteils oder der Bauzeit zu prüfen:

für höchstens 500 m³ Beton,
für jedes Geschoß im Hochbau,
für je 7 Arbeitstage, an denen betoniert wird.

Maßgebend ist die die größte Anzahl Würfel ergebende Forderung.

Beton B II. Bei Baustellen- und Transportbeton ist die doppelte Zahl der bei Beton B I erforderlichen Würfelserie gleichmäßig verteilt zu entnehmen und zu prüfen. Hierbei kann die Hälfte der geforderten Würfel durch eine doppelte Zahl von w/z-Wert-Feststellungen ersetzt werden.

> Das Mittel zweier w/z-Wert-Feststellungen kann nach dem Diagramm Abb. 52, S. 134 oder nach den bei Eignungsprüfungen aufgestellten Beziehungen auf Würfelfestigkeiten umgerechnet werden.

Anrechnung der Güteprüfungen der Transportbetonwerke

Bei Beton B I und B II kann eine Anrechnung der für die Eigenüberwachung der Transportbetonwerke erforderlichen Güteprüfungen (s. Abschnitt 4.11.2) erfolgen, sofern der Beton der Prüfkörper auf der betreffenden Baustelle entnommen wird.

> Beim Einbringen von geringeren Mengen Transportbeton B I als 100 m³ kann hierbei die Güteprüfung des gleichen Betons auf einer anderen Baustelle angerechnet werden, sofern dieser in derselben Woche hergestellt wurde und das Transportbetonwerk bestimmte Voraussetzungen der Qualitätskontrolle erfüllt.

Festigkeitsanforderungen (s. Seite 109). Die Forderungen sind erfüllt, wenn die mittlere Druckfestigkeit β_{Wm} einer Würfelserie die geforderte Serienfestigkeit β_{WS} und die Druckfestigkeit jedes Einzelwürfels β_{W28} die geforderte Nennfestigkeit β_{WN} erreicht.

Beispiel für B 25

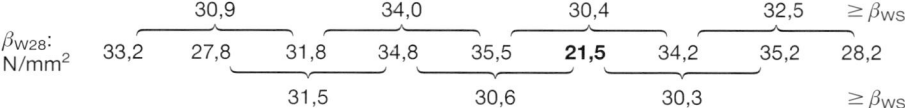

| | 30,9 | | 34,0 | | 30,4 | | 32,5 | | $\geq \beta_{WS}$ |

β_{W28}: N/mm² : 33,2 27,8 31,8 34,8 35,5 **21,5** 34,2 35,2 28,2

| | 31,5 | | 30,6 | | 30,3 | | $\geq \beta_{WS}$ |

> Bei Beton gleicher Zusammensetzung und Herstellung darf bei 9 aufeinanderfolgenden Würfeln einer den Mindestwert der betreffenden Festigkeitsklasse unterschreiten, jedoch höchstens um 20%, dabei muß jeder mögliche Mittelwert von 3 aufeinanderfolgenden Würfeln den Serienmittelwert der Tafel 24 erreichen (siehe Beispiel).

> Von den Druckfestigkeitsanforderungen darf ferner (gem. DIN 1084, Teil 1) bei Herstellung von Beton II gleicher Betonsorte abgewichen werden, wenn durch statistische Auswertung aus den Ergebnissen von 35 aufeinanderfolgenden Probekörpern nachgewiesen wird, daß die Nennfestigkeit die 5%-Fraktile nicht unterschreitet (s. Abschn. 4.13.3.4. S. 231).

c) Erhärtungsprüfung (Kann-Prüfung)

Zur Prüfung des den Witterungsverhältnissen der Baustelle ausgesetzten Betons sind sowohl für Beton B I wie für Beton B II mindestens 3 Probekörper herzustellen; es empfiehlt sich jedoch eine größere Zahl, um Festigkeitsprüfungen in verschiedenen Zeitabständen vornehmen zu können.

Die Prüfungen können auch zerstörungsfrei, z. B. mit Rückprallhammer, erfolgen, nicht jedoch bei feuchtem oder gefrorenem Beton.

> Bei Bauteilen mit anderen Abmessungen als die Probekörper ist zu beachten, daß diese bei unterschiedlicher innerer Wärmeentwicklung einen anderen Erhärtungszustand aufweisen können.

d) Nachweis der Betonfestigkeit am Bauwerk

Sofern ein Erfordernis zur unmittelbaren Prüfung des Betons am Bauwerk besteht, kann eine Entnahme von Probekörpern, z. B. durch Kernbohrung von Zylindern oder durch zerstörungsfreie Prüfung, in der Regel unter Hinzuziehung eines Sachverständigen, erfolgen (s. Abschn. 4.8.1.1 b, S. 150).

4.13.2. Anforderungen nach DIN V ENV 206

*Die Güteüberwachung setzt sich aus **Eigenüberwachung (Fertigungskontrolle)** und dem **Gütenachweis (Fremdüberwachung)** zusammen.*

Der Gütenachweis kann nach zwei unterschiedlichen Systemen erfolgen.

Tafel 57: Gütenachweissysteme

Nachweis	Beton
durch Zertifizierungsstelle (Güteüberwachungs-gemeinschaft, Betonprüfstelle F)	*Transportbeton* *Beton für Fertigteile* *Baustellenbeton ≥ C 25/30* *Beton für Umweltklassen 3, 4, 5b und 5c*
im Auftrag des Auftraggebers	*Baustellenbeton ≤ C 20/25* *Beton für Umweltklassen 1, 2a, 2b und 5a*

4.13.2.1. Kontrollen der Einrichtungen und Geräte zur Betonherstellung

Art, Umfang und Häufigkeit der Kontrollen der Einrichtungen und Geräte zur Betonherstellung sind im wesentlichen ähnlich konzipiert wie die Forderungen nach DIN 1045/DIN 1084.

Tafel 58: Prüfung der Einrichtungen und Geräte

	Einrichtung, Gerät	Prüfung	Häufigkeit
1	*Lager, Silos usw.*	*Augenscheinprüfung*	*Einmal wöchentlich*
2	*Wägeeinrichtungen*	*Augenscheinprüfung der Funktionen*	*Täglich*
3		*Prüfung der Wägegenauigkeit*	*I) Nach Aufstellung* *II) In regelmäßigen Abständen abhängig von nationalen Regelungen*
4	*Dosiergerät für Zusatz-mittel*	*Augenscheinprüfung der Funktionen*	*Für jedes Zusatzmittel bei der ersten Dosierung des Tages*
5		*Genauigkeitsprüfung*	*I) Nach Aufstellung* *II) Monatlich nach Aufstellung* *III) In Zweifelsfällen*
6	*Wasserzähler*	*Vergleich der tatsächlich mit der vom Meßgerät angezeigten Wasser-menge*	*I) Nach Aufstellung* *II) Monatlich nach Aufstellung* *III) In Zweifelsfällen*
7	*Gerät zur kontinuier-lichen Messung des Wassergehaltes der feinkörnigen Zuschläge*	*Vergleich des tatsächlichen mit dem vom Meßgerät angezeigten Wasser-gehalt*	*I) Nach Aufstellung* *II) Monatlich nach Aufstellung* *III) In Zweifelsfällen*
8	*Dosieranlage*	*Vergleich der tatsächlichen Menge der Mischungsbestandteile mit den Zielwerten mit Hilfe eines für die je-weilige Dosieranlage geeigneten Verfahrens*	*I) Nach erstmaliger Aufstellung* *II) In Zweifelsfällen nach weite-ren Aufstellungen* *III) Monatlich nach Aufstellung*
9		*Augenscheinprüfung*	*Täglich*
10	*Prüfgeräte*	*Prüfungen nach Normen oder ande-ren Bestimmungen*	*In regelmäßigen Abständen, ab-hängig vom Gerät, mindestens jedoch alle 2 Jahre*
11	*Mischer (einschließlich Mischfahrzeuge)*	*Augenscheinprüfung*	*Monatlich*

4.13.2.2. Gütenachweis der Ausgangsstoffe

Die erforderlichen Prüfungen der Betonausgangsstoffe und deren Mindesthäufigkeit gibt Tafel 59 wieder:

Tafel 59: Prüfungen an Ausgangsstoffen

	Prüfungen	Mindesthäufigkeit
Zement[1])	Kontrolle des Lieferscheins[2])	jede Lieferung
Zuschlag[3])	Kontrolle des Lieferscheins und augenscheinliche Beurteilung	jede Lieferung
	Kornzusammensetzung und Prüfung auf Verunreinigungen	– erste Lieferung neuer Herkunft – in regelmäßigen Abständen, abhängig von örtlichen Bedingungen oder Lieferbedingungen – in Zweifelsfällen
Zuschlag für Schwerbeton[3])	Schüttdichte nach ISO 6782	
Zusatzmittel[4])	Kontrolle von Lieferschein und Beschriftung des Behälters	jede Lieferung
	Dichte	in Zweifelsfällen
Zusatzstoff[4])	Kontrolle des Lieferscheins	jede Lieferung
Wasser	chemische Analyse	– nur wenn das Wasser nicht aus öffentlicher Versorgungsleitung stammt – beim erstmaligen Gebrauch – in Zweifelsfällen
	Eignungsprüfung an Beton- oder Mörtelprobekörpern nach ISO 2736	

[1]) Es wird empfohlen, je Zementart einmal wöchentlich eine Probe für Prüfungen in Zweifelsfällen zu entnehmen. Für die Probenahme siehe DIN EN 196 Teil 7.
[2]) Bei der Lieferung sind mindestens die Zementart, Herkunft und Festigkeitsklasse auf dem Lieferschein anzugeben.
[3]) Der Lieferschein sollte Angaben über den Höchstgehalt an löslichem Chlorid enthalten, sofern der Chloridgehalt nicht in Normen oder Regelungen, auf die verwiesen wird, begrenzt ist. Falls erforderlich, sollte der Lieferschein Angaben zu möglichen Alkali-Kieselsäure-Reaktionen enthalten.
[4]) Es wird empfohlen, von jeder Lieferung Proben zu entnehmen.

4.13.2.3. Nachweis der Betoneigenschaften

Der Umfang der erforderlichen Prüfungen des Betons durch den Hersteller für den Gütenachweis sind in der Tafel 60 zusammengefaßt.

Tafel 60: Prüfungen des Betons durch den Hersteller

	Prüfungen	Mindesthäufigkeit
Mischungs-zusammen-setzung	Eignungsprüfung	vor der Verwendung einer neuen Mischung, wenn keine Angaben aufgrund langjähriger Erfahrung zur Verfügung stehen
Zementgehalt	Aufzeichnung der zugegebenen Menge[1])	jede Mischerfüllung
Wassergehalt des Zuschlags	Darren oder Gleichwertiges, kontinuierliches Meßverfahren bei feinkörnigem Sand	wenn nicht kontinuierlich: täglich oder öfter, abhängig von örtlichen und Wetterbedingungen

Fortsetzung nächste Seite

Tafel 60: (Fortsetzung)

	Prüfungen	Mindesthäufigkeit
Zugabewasser	Aufzeichnung der zugegebenen Menge[1]	jede Mischerfüllung
Wasser-Zement-Wert	rechnerisch oder durch vereinbarte Prüfverfahren	täglich oder häufiger, je nach Bedarf
Zusatzstoff	Aufzeichnung der zugegebenen Menge[1]	jede Mischerfüllung
Konsistenz	augenscheinliche Beurteilung	jede Mischerfüllung oder Lieferung
	nach ISO 4111 oder ISO 9812	– bei der Herstellung von Probekörpern für die Prüfung von Festbeton – bei der Prüfung des Luftgehalts – in Zweifelsfällen
Rohdichte des Frischbetons	nach ISO 6276	so häufig wie für die Druckfestigkeitsprüfung
Luftgehalt von Mischungen mit festgelegtem Luftgehalt	nach ISO 4848	für Mischungen mit künstlich eingeführten Luftporen: – mindestens täglich erste Mischerfüllung – öfter, abhängig von Herstellungsbedingungen und Umwelteinflüssen
Druckfestigkeit an in Formen hergestellten Probekörpern	nach ISO 4012	so häufig wie für den Gütenachweis erforderlich (siehe Seite 224)
Wasser-eindringtiefe	nach ISO 7031	bei der Eignungsprüfung und nach Vereinbarung

[1] Diese Angabe kann durch Verweisung auf das Betonsortenverzeichnis oder durch aufgezeichnete Mischanweisung erfolgen.

Bei der Verwendung von Transportbeton sind von dem Bauausführenden die in Tafel 61 aufgeführten Betonprüfungen durchzuführen.

4.13.2.4. Nachweis der Konformität

Konformität bezeichnet die Übereinstimmung eines Bauproduktes mit den Anforderungen einer technischen Spezifikation.

Für die Häufigkeit und Konformitätskriterien für die **Druckfestigkeitsprüfung** gelten die in Tafel 62 zusammengefaßten Anforderungen.

Hierbei wird unterschieden zwischen **Baustellenbeton, Transportbeton im Werk, Transportbeton auf der Baustelle** und **Beton im Fertigteilwerk.**

Beim Transportbeton auf der Baustelle bestehen für den Konformitätsnachweis zwei Wahlmöglichkeiten.

Tafel 61: Prüfungen des Betons durch den Bauausführenden bei Verwendung von Transportbeton

	Prüfungen	Mindesthäufigkeit
Eigenüberwachung des Betonherstellers	Kontrolle der Zertifikationsbescheini-gung oder Inspektion des Transport-betonwerks	– bei erstem Vertrag mit neuen Lieferanten – in Zweifelsfällen
Vor Übergabe Transportbeton	Kontrolle des Lieferscheins	jeder Lieferung
Homogenität	augenscheinliche Beurteilung	jede Lieferung
	vergleichende Prüfungen der Eigen-schaften von Teilproben von unter-schiedlichen Stellen einer Mischer-füllung	in Zweifelsfällen
Konsistenz	augenscheinliche Beurteilung	jede Lieferung
	nach ISO 4111 oder ISO 9812	– bei der Herstellung von Probekör-pern zur Prüfung von Festbeton – in Zweifelsfällen
Luftgehalt von Mischun-gen mit festgelegtem Luftgehalt	auf der Baustelle nach ISO 4848	– so häufig wie für den Gütenach-weis erforderlich – mindestes täglich, ggf. je nach den Umwelteinflüssen häufiger – in Zweifelsfällen
Druckfestigkeit an auf der Baustelle entnom-menen Betonproben	nach ISO 4012	so häufig wie für den Gütenachweis erforderlich (siehe Tafel 60)

Tafel 62: Häufigkeit und Konformitätskriterien für Druckfestigkeitsprüfungen

Baustellenbeton

	Betonfestig-keitsklasse	Anzahl der Proben	Los	Konformitäts-kriterien
			Häufigkeit	
Kriterium 1	$\geq C\,25/30$	$n \geq 6$	je Geschoß je Gruppe Balken/Platten, Stützen/Wände eines Geschosses jedoch $\leq 450\,m^3$ bzw. $\leq$ die Betonmenge, die in einer Woche verarbeitet wird	$\bar{x}_n \geq f_{ck} + \lambda \cdot s_n$ $x_{min} \geq f_{ck} - k$
Kriterium 2	$\leq C\,20/25$	$n = 3$	Betonmenge $\leq 150\,m^3$	$\bar{x}_3 \geq f_{ck} + 5$ $x_{min} \geq f_{ck} - 1$

Fortsetzung nächste Seite

Tafel 62: (Fortsetzung)

Transportbeton im Werk

Betonfestigkeitsklasse	Anzahl der Proben je Betonfamilie[1]	Konformitätskriterien[2]
$\geq C\ 25/30$	$n_{min} = 1/Tag$ oder $1/75\ m^3$; $n_{max} = 15/Tag$	$\bar{x}_n \geq f_{ck} + \lambda \cdot s_n$
$\leq C\ 20/25$	$n_{min} = 1/Tag$ oder $1/150\ m^3$; $n_{max} = 6/Tag$	$x_{min} \geq f_{ck} - k$

[1] Betonfamilie = Betonsorte mit Zement derselben Art, Festigkeitsklasse und Herkunft sowie mit Zuschlag derselben Art und geologischen Herkunft

[2] Für n > 15 sind nur die letzten 15 Prüfergebnisse zu berücksichtigen

Transportbeton auf der Baustelle

Nachweis der Konformität nach 2 Möglichkeiten:
– Probenahme auf der Baustelle entsprechend dem jeweiligen Los: wie bei Baustellenbeton
– liegen ≥ 15 Prüfergebnisse für den Transportbeton vor, gilt:

Kriterium 1 (n ≥ 6)	Kriterium 2 (n = 3)
$\bar{x}_n \geq f_{ck} + 1,48 \cdot s_n$; $x_{min} \geq f_{ck} - k$	$\bar{x}_3 \geq f_{ck} + 3$; $x_{min} \geq f_{ck} - 1$

Probenahme und Prüfung sind nicht notwendig, wenn
– Nachweis der Konformität des Transportbetons durch Zertifizierungsstelle vorliegt und
– Stichprobe aus ≤ 150 m³ Beton ≤ C20/25 und
– Probenahme aus laufender Produktion oder auf der Baustelle aus gleicher Betonfamilie und
– Prüfergebnisse nicht älter als 7 Tage

Fertigteilwerk

Es gelten der Probenahmeplan und die Konformitätskriterien wie für ein Transportbetonwerk, wenn das Fertigteilwerk dem Zertifizierungssystem einer zertifizierenden Stelle unterliegt; anderenfalls gelten die Bedingungen für Baustellenbeton.

Bei der Berechnung des Mittelwertes $\bar{x}_n$ und des kleinsten Einzelwertes x_{min} sind die folgenden Koeffizienten λ und k zu verwenden.

Koeffizienten λ und k in Abhängigkeit von der Probenanzahl n

Anzahl der Proben $\quad n$	6	7	8	9	10	11	12	13	14	15
Koeffizient $\qquad \lambda$	1,87	1,77	1,72	1,67	1,62	1,58	1,55	1,52	1,50	1,48
$\qquad\qquad\quad\ k$	3	3	3	3	4	4	4	4	4	4

Die Häufigkeit der Prüfung **anderer Betoneigenschaften** und die Anforderungen an den Konformitätsnachweis siehe Tafel 63.

4.13.3. Statistische Qualitätskontrolle

4.13.3.1. Zweck der statistischen Qualitätskontrolle

Um hinsichtlich der Festigkeit bei einer Vielzahl von Betonwürfeln oder Betonerzeugnissen einen Überblick über die möglichen Streuungen und damit eine Beziehung zwischen dem Mittelwert der Festigkeit β_{Wm} und dem noch zulässigen Kleinstwert β_{WN} zu erhalten, bedient man sich der „statistischen Qualitätskontrolle".

Tafel 63: Häufigkeit und Konformitätskriterien für andere Betoneigenschaften

Eigenschaft	Häufigkeit	Anforderungen für Konformitätsnachweis
Zementgehalt z	vereinbarungsgemäß	$z_{mittel} \geq z_{soll}$ $z_{min} \geq 0,95\,z_{soll}$
Wasser-Zement-Wert	$\geq 1\times$ je Betoniertag (die Ergebnisse der Eigenüber-wachung des Transport-betonherstellers dürfen anerkannt werden)	a) $\quad w/z_{mittel} \leq w/z_{soll}$ $\quad\quad w/z_{max} \leq w/z_{soll} + 0,02$ b) Anforderung gilt auch als erfüllt, wenn der Beton den nachstehenden Festigkeits-klassen entspricht
Konsistenz	jede Mischerfüllung bzw. jede Lieferung	augenscheinliche Beurteilung
	– bei der Herstellung von Probekörpern für die Druckfestigkeitsprüfung – in Zweifelsfällen	die Konsistenz muß innerhalb der Kon-sistenzklasse liegen
Luftgehalt im Frischbeton L_{Fb}	$\geq 1 \times$ je Betoniertag oder je $150\,m^3$	$L_{soll} < L_{Fb} < 1,03\,L_{soll}$ (sofern keine anderen Festlegungen)
Wasserundurchlässigkeit	vereinbarungsgemäß (die Ergebnisse der Eigenüber-wachung des Transport-betonherstellers dürfen anerkannt werden)	$e_{w_{mittel}} \leq 20\,mm$ $e_{w_{max}} \leq 50\,mm$

Wasser-Zement-Wert	Festigkeitsklasse des Zements	
	Z 35	Z 45
0,65	C 20/25	C 25/30
0,60	C 25/30	C 30/37
0,55	C 30/37	C 35/45
0,50	C 35/45	C 40/50
0,45	C 40/50	C 45/55

Mit Hilfe rückliegender, aus der Eigenüberwachung stammender Prüfwerte läßt sich die sogenannte „Standardabweichung" als Kennwert der mittleren Streuung vom Festig-keitswert rechnerisch oder auch durch graphische Verfahren feststellen, die dem anzuzielen-den Festigkeitsmittelwert unter Gewährleistung der Festigkeitsmindestgrenze zugrunde zu legen ist.

Es ist damit auch die Möglichkeit gegeben, das erforderliche Vorhaltemaß für Beton B II nach den jeweiligen betrieblichen Gegebenheiten selbst zu bestimmen.

Andererseits ermöglicht die laufende Ermittlung der Standardabweichung eine bessere Steuerung der aus der Zusammensetzung, Verarbeitung, Verdichtung oder Nachbehandlung des Betons herrühren-den Produktionsschwankungen.

Die Anwendung der innerbetrieblichen Qualitätskontrolle erstreckt sich insbesondere auf die Herstel-lung von Beton B II (DIN 1084, Teil 1), Fertigteile (DIN 1084, Teil 2) und Transportbeton (DIN 1084, Teil 3).

4.13.3.2. Grundlagen der Statistik

Grundlage der statistischen Auswertung gleicher Festigkeitsklasse (Grundgesamtheit) ist die Urliste, aus der die Auftragung der Einzelprüfergebnisse in der zeitlichen Folge ihrer Feststellung erfolgt: Graphische Urliste oder auch „Fieberkurve" genannt (Abb. 77).

Aus der rechtsseitigen graphischen Urliste, deren Prüfwerte auf der Ordinate nach Klassen in Stufen (Klassenbreiten) von je 1 N/mm² aufgetragen sind, ergibt sich linksseitig durch Zusammenzählung der

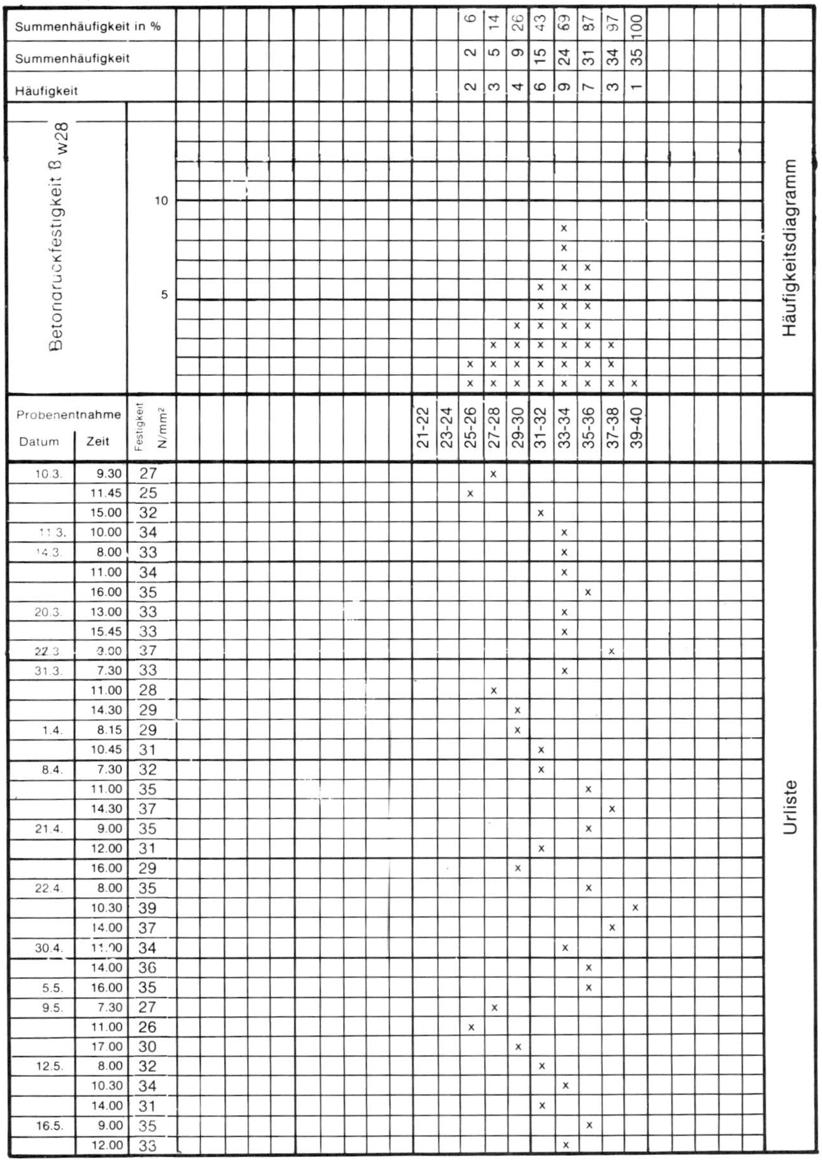

Summenhäufigkeit in %	6	14	26	43	69	87	97	100
Summenhäufigkeit	2	5	9	15	24	31	34	35
Häufigkeit	2	3	4	6	9	7	3	1

Häufigkeitsdiagramm (Betondruckfestigkeit β w28), Klassen: 21-22, 23-24, 25-26, 27-28, 29-30, 31-32, 33-34, 35-36, 37-38, 39-40

Urliste:

Datum	Zeit	Festigkeit N/mm²
10.3.	9.30	27
	11.45	25
	15.00	32
11.3.	10.00	34
14.3.	8.00	33
	11.00	34
	16.00	35
20.3.	13.00	33
	15.45	33
22.3.	9.00	37
31.3.	7.30	33
	11.00	28
	14.30	29
1.4.	8.15	29
	10.45	31
8.4.	7.30	32
	11.00	35
	14.30	37
21.4.	9.00	35
	12.00	31
	16.00	29
22.4.	8.00	35
	10.30	39
	14.00	37
30.4.	11.00	34
	14.00	36
5.5.	16.00	35
9.5.	7.30	27
	11.00	26
	17.00	30
12.5.	8.00	32
	10.30	34
	14.00	31
16.5.	9.00	35
	12.00	33

Abb. 77. Formblatt für graphische Urliste („Fieberkurve") und Häufigkeitsdiagramm

in jeder Klasse anfallenden Prüfwerte ein Häufigkeitsdiagramm, dessen Grundform in etwa dem Modell einer Glockenkurve entspricht.

Bei Zugrundelegung der Normalverteilung der sogenannten Gaussschen Glockenkurve lassen sich (unter der Annahme des Idealfalles völliger Regelmäßigkeit) aus ihrer mathematischen Gleichung folgende Regelbeziehungen (Kennwerte) herleiten (Abb. 78 und 79):

1. Der Mittelwert (arithmetisches Mittel) $\overline{\beta}$*) der Festigkeit.
   Er liegt im Schwerpunkt des Häufigkeitsdiagramms.

2. Die Standardabweichung σ als Kennwert der mittleren Streuung.
   Sie liegt im Wendepunkt der Häufigkeitskurve.

3. Die am Kurvenende auslaufenden Streuwerte werden durch die 5%-Fraktile $\beta_{5\%}$ begrenzt (Fraktile = Teilchen einer Grundgesamtheit). Sie liegt im Abstand 1,64 σ vom Mittelwert $\overline{\beta}_n$.

   Bei einer Bewertung einer Vielzahl von Festigkeitsergebnissen werden die unterhalb der 5%-Fraktile liegenden Werte vernachlässigt, so daß der Festigkeitsbeurteilung eine 95prozentige Sicherheit zugrunde liegt.

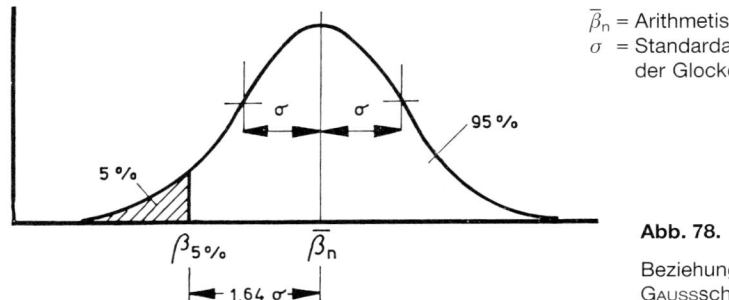

$\overline{\beta}_n$ = Arithmetischer Mittelwert
σ = Standardabweichung (Wendepunkt der Glockenkurve)

Abb. 78.

Beziehungen innerhalb der Gaussschen Glockenkurve

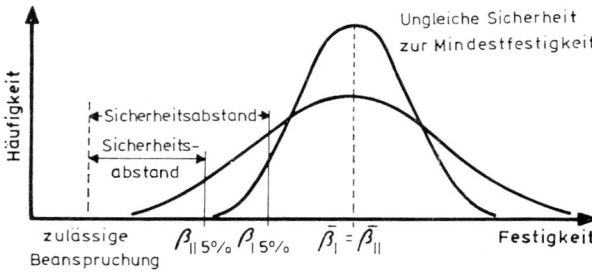

Abb. 79.

Gegenüberstellung der Häufigkeitskurven zweier Grundgesamtheiten gleichen Mittelwertes, jedoch ungleicher Sicherheit zur Mindestfestigkeit

Der Beton-Nennfestigkeit β_{WN} liegt die 5%-Fraktile einer Grundgesamtheit von Prüfergebnissen zugrunde.

   Das bedeutet, daß z. B. bei einer Festigkeit B 25 der einzuhaltende Mindestwert β_{WN} N/mm² möglicherweise noch von 5% einer statistischen Grundgesamtheit unterschritten wird.

Zwischen der 5%-Fraktile $\beta_{5\%}$ und dem Mittelwert (arithmetisches Mittel) $\overline{\beta}$ besteht somit folgende Beziehung:

$$B = \beta_{5\%} = \overline{\beta} - 1,64 \cdot \sigma \qquad N/mm^2$$

---

*) gesprochen: „β quer".

4.13.3.3. Ermittlung der Kennwerte

A Rechnerische Ermittlung

1. Arithmetischer Mittelwert der Festigkeit N/mm^2

$$\overline{\beta}_n = \frac{\Sigma \beta_i}{n} \quad \text{(Allgemeine Norm-Abkürzung } \bar{x}\text{, bei Betonfestigkeitsauswertungen } \overline{\beta}_n\text{)}$$

$\overline{\beta}_n$ = Festigkeitsmittelwert einer Stichprobe (Zufallsstichprobe einer Grundgesamtheit) von n Einzelproben

$\beta_i = \beta_{w28}$ = Festigkeitseinzelwert einer Stichprobe

2 Standardabweichung (vom Mittelwert)
= Statistischer Kennwert (Streuungsmaß):

$$s = \sqrt{\frac{\Sigma(\beta_i - \overline{\beta})^2}{n - 1}}$$

$(\beta_i - \overline{\beta})^2$ = Abweichung der Einzelwerte vom Mittelwert
      (Durch Quadrierung entfällt Unterschied zwischen positiver und negativer Abweichung)
$n - 1$ = In der mathem. Statistik festgelegter Nenner (vgl. DIN 55302, T.1, Erläuterungen)

Bekannte Standardabweichungen einer Grundgesamtheit werden mit σ, noch zu ermittelnde Standardabweichungen mit s bezeichnet.

Das Quadrat s^2 der Standardabweichung wird als „Varianz" bezeichnet.

Beispiel:
Für eine Stichprobe („Zufallsstichprobe") einer Grundgesamtheit von n = 35 Prüfergebnissen gilt

$$s = \sqrt{\frac{1}{34} \cdot \sum_{1}^{35} (\beta_{w28} - \beta_{35})^2} \quad [N/mm^2]$$

Der s-Wert kann in Listenform rechnerisch ermittelt werden oder vereinfacht im graphischen Verfahren gemäß Abschnitt B.

3. Variationszahl (Variationskoeffizient)
= auf den Mittelwert bezogene Standardabweichung:

$$v = \frac{s}{\overline{\beta}} \cdot 100 [\%]$$

d. h. Verhältnis der Standardabweichung zum Festigkeitsmittelwert einer Stichprobe: Je nach Sorgfalt der Herstellung zwischen 5–15% liegend.

B. Graphische Ermittlung

Wird die Häufigkeitskurve (Glockenkurve, Abb. 80a) von links nach rechts summiert (integriert), so erhält man die S-förmige Summenhäufigkeitskurve (Abb. 80b).

Durch entsprechende Verzerrung des Ordinatenmaßstabes wird die „Summenkurve der Normalverteilung" zur Geraden (Abb. 80c).

Das entstandene Liniennetz wird als Wahrscheinlichkeitsnetz bezeichnet (Abb. 81).

Anwendung:
Wird aus dem in Abb. 81 (unterer Teil) eingetragenen Häufigkeitsdiagramm der Urliste die „Summenhäufigkeit" bzw. daraus die „Summenhäufigkeit in %" gebildet und werden diese Prozentzahlen mit der prozentualen Ordinatenteilung des darüber entsprechend angeordneten Wahrscheinlichkeitsnetzes zum Schnitt gebracht, so ergibt sich durch näherungsweise Verbindung der gefundenen Schnittpunkte eine Gerade.

Auf der nach ihrer Neigung eine Charakteristik des Verlaufs der Glockenkurve bildenden Geraden (vgl. Abb. 81) können folgende Werte abgelesen werden:

1. Das arithmetische Mittel $\bar{\beta}$ bei 50% = 32,0 N/mm^2
2. Die Standardabweichung s bei 16 bzw. 84%*) (als Wendepunkt der Glockenkurve) = 35,4 − 28,6/2 = 3,4 N/mm^2
3. Die untere 5%-Fraktile bei 5% = (32,0 − 1,64 · 3,4) = 26,4 N/mm^2

> **Vermerk:** In die statistische Auswertung können auch die aus zwei aufeinanderfolgenden w/z-Wert-Bestimmungen gemittelten und auf Druckfestigkeit umgerechneten Ergebnisse einbezogen werden (s. a. Abschn. 4.13.1.2.2b, S. 218).

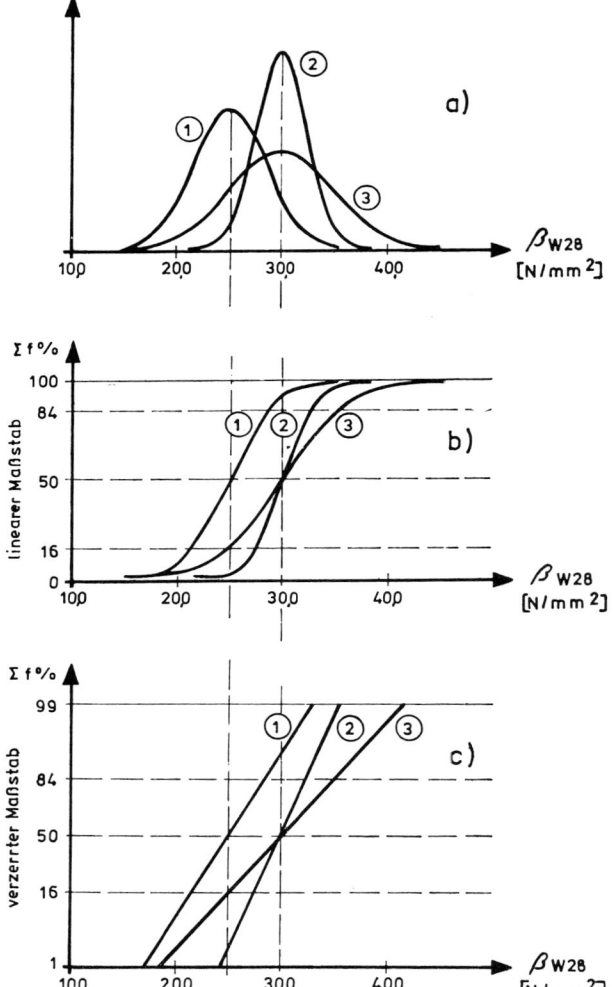

Abb. 80.

Übergang von der Häufigkeits-kurve über die Summenhäufig-keitskurve zum Wahrscheinlich-keitsnetz (Abb. 81)

---

*) Bei der standardisierten Form der Gaussschen Glockenkurve ergeben deren Wendepunkte die 16- bzw. 84%-Fraktile der Grundgesamtheit (s. Abb. 78). Die Standardabweichung ergibt sich daher aus der Differenz zwischen den Schnittpunkten mit der 16- und 84%-Linie dividiert durch 2.

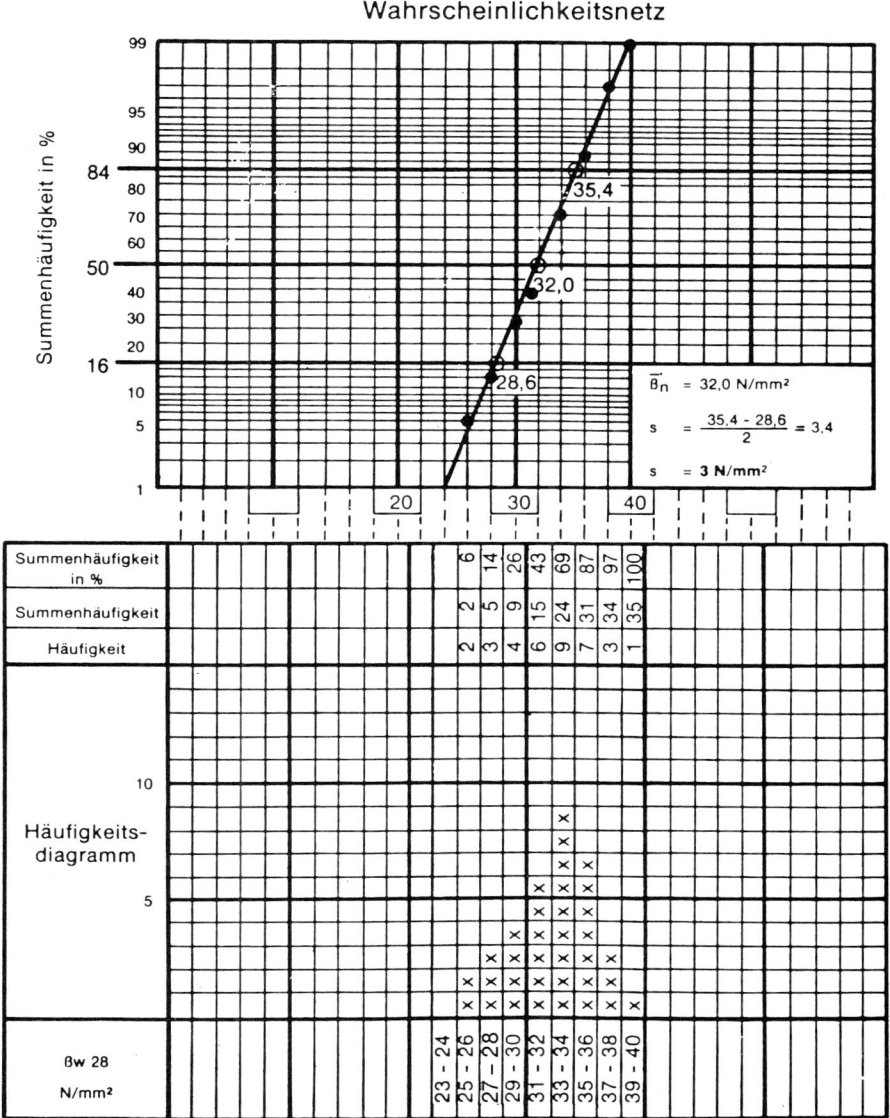

Abb. 81. Beispiel für die Bestimmung von Mittelwert, Standardabweichung und Fraktile im Wahrscheinlichkeitsnetz

4.13.3.4. Güteüberwachung der Produktion

Nach DIN 1084, T. 1–3, kann von den Anforderungen der DIN 1045 hinsichtlich der Feststellung der Prüfergebnisse abgewichen werden, wenn durch statistische Auswertung nachgewiesen wird, daß die 5%-Fraktile der Grundgesamtheit gleicher Betonherstellung die Nennfestigkeit β_{WN} nicht unterschreitet (s. auch Abschn. 4.13.1.2.2.b, letzter Absatz, S. 220).

Hierfür ist folgender Nachweis zu erbringen (s. a. Abb. 78):

a) Bei bisher **unbekannter** Standardabweichung der Grundgesamtheit von **mindestens 35 Festigkeitsergebnissen**

$$z = \bar\beta_{35} - 1{,}64 \cdot s \geqq \beta_{WN} \quad (z = \text{Prüfgröße})$$

s ist aus den $\geqq 35$ Prüfergebnissen graphisch oder rechnerisch zu ermitteln.

Größe der ermittelten Standardabweichung s mind. $3{,}0\,\text{N}/\text{mm}^2$.

b) Bei bereits **bekannter** Standardabweichung σ der Grundgesamtheit und Vorliegen von **mindestens 15 Prüfergebnissen**

$$z = \bar\beta_{15} - 1{,}64 \cdot \sigma \geqq \beta_{WN}$$

Liegt eine bekannte Größe für σ aus früheren Ergebnissen nicht vor, so ist als Erfahrungswert als obere Grenze der Standardabweichung $7{,}0\,\text{N}/\text{mm}^2$ einzusetzen.

4.13.3.5. Ermittlung des Vorhaltemaßes (s. a. Abb. 82)
(s. a. DIN 1045, Ziffer 7.4.2.2b)

Ist die Standardabweichung (σ) einer Produktion festgestellt, so läßt sich auf Grund vorstehender Formeln der zu einer bestimmten Nennfestigkeit β_{WN} gehörige Mittelwert β_{Wm} (Zielfestigkeit) und damit das über die Serienfestigkeit β_{WS} hinausgehende **Vorhaltemaß V** wie folgt feststellen:

$$\beta_{Wm} = (\beta_{WS} + V) = \beta_{WN} + 1{,}64 \cdot \sigma$$

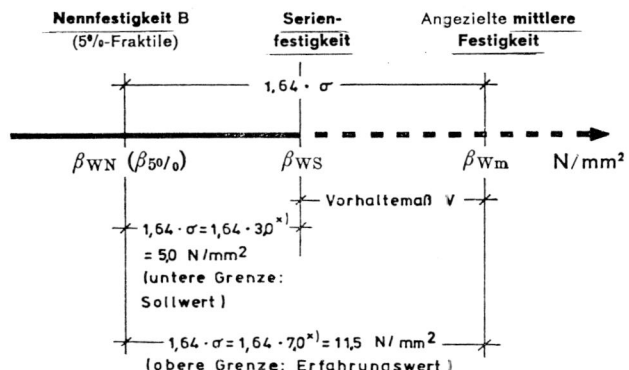

Abb. 82.

Schematische Darstellung des Vorhaltemaßes

*) Grenzwerte 3,0 und $7{,}0\,\text{N}/\text{mm}^2$ s. Abschn. 4.13.3.4.

Beispiel:
Für eine festgestellte Standardabweichung (σ) einer Produktion (als Ergebnis von 35 aufeinanderfolgend hergestellten Prüfkörpern) von z. B. $\sigma = 5{,}5\,\text{N}/\text{mm}^2$ ergibt sich der erforderliche Mittelwert für einen Beton B 35:

$$\beta_{Wm} = 35{,}0 + 1{,}64 \cdot 5{,}5 = 35{,}0 + 9{,}0 = 44{,}0\,\text{N}/\text{mm}^2$$

Das Vorhaltemaß beträgt demgemäß

$$V = \beta_{Wm} - \beta_{WS} = 44{,}0 - 40{,}0 = 4{,}0\,\text{N}/\text{mm}^2$$

Schrifttum

ALBRECHT/MANNHERZ: Zusatzmittel, Anstrichstoffe, Hilfsstoffe für Beton und Mörtel, Bauverlag, Wiesbaden und Berlin, 8. Auflage 1968.

AURICH: Kleine Leichtbetonkunde, Bauverlag, Wiesbaden/Berlin, 1971.

BASALLA: Baupraktische Betontechnologie, Bauverlag, Wiesbaden/Berlin, 4. Aufl. 1980.

BAYER/KAMPEN/MORITZ: Betonpraxis – Ein Leitfaden für die Baustelle, Beton-Verlag, Düsseldorf, 6. Aufl. 1995.

BERTRAM u. a.: Praktische Beton-Technik, Ein Ratgeber für Architekten und Ingenieure, Beton-Verlag, Düsseldorf.

BLAUT: Statistische Verfahren für die Gütesicherung von Beton, Bauverlag, Wiesbaden 1968.

BONZEL: Beton bestimmter Festigkeit, Zementtaschenbuch 1984, Bauverlag, Wiesbaden/Berlin.

BONZEL u. a.: Beton. Betonkalender, Verlag W. Ernst & Sohn, Berlin/München/Düsseldorf.

BONZEL u. a.: Erläuterungen zu den Stahlbetonbestimmungen, Bd. 1, DIN 1045, Verlag W. Ernst & Sohn, Berlin 1972.

BONZEL/KRUMM: Betonzusätze, Zementtaschenbuch 1984, Bauverlag, Wiesbaden/Berlin.

BONZEL/MANNS: Beton mit besonderen Eigenschaften, Zementtaschenbuch 1984, Bauverlag, Wiesbaden/Berlin.

DEUTSCHER BETON-VEREIN: Beton-Handbuch, Leitsätze für die Bauüberwachung und Bauausführung, Bauverlag, Wiesbaden/Berlin, 3. Aufl. 1995.

FORSCH. D. ZEMENTIND.: Betontechnische Berichte, Beton-Verlag, Düsseldorf.

FRANJETIC: Beton-Schnellerhärtung, Bauverlag, Wiesbaden/Berlin 1969.

GRAF u. a.: Die Eigenschaften des Betons, Springer-Verlag, Berlin, 2. Aufl. 1960.

GRUBE: Wasserundurchlässige Bauwerke aus Beton, Elsner Verlag, Darmstadt, 1982.

HUMMEL: Das Beton-ABC, Verlag W. Ernst & Sohn, Berlin, 12. Aufl. 1959.

IKEN u. a.: Handbuch der Betonprüfung, Beton-Verlag, Düsseldorf, 4. Aufl. 1993.

LAMPRECHT: Betonprüfungen auf der Baustelle und im Labor, Beton-Verlag, Düsseldorf 1971.

MÄNGEL u. a.: Betonherstellung und Verarbeitung, Bauverlag, Wiesbaden/Berlin 1973.

MANNS: Formänderungen von Beton, Zementtaschenbuch 1984, Bauverlag, Wiesbaden/Berlin.

Montanzement, Beton-DIN, ZTV, ENV; Beton-Verlag Düsseldorf, 1992.

NEKRASSOW: Hitzebeständiger Beton, Dt. Ausg. von L. LENZ, Bauverlag, Wiesbaden/Berlin 1961.

NEVILLE: Properties of concrete, Pitman publishing, London, 2. Aufl. 1973/75.

PETZOLD u. a.: Beton für hohe Temperaturen, Beton-Verlag, Düsseldorf 1965.

RAPP: Technik des Sichtbetons, Beton-Verlag, Düsseldorf 1969.

REICHEL u. a.: Beton, Bd. 1: Eigenschaften, Projektierung, Prüfung, VEB-Verlag für Bauwesen, Berlin.

REICHEL u. a.: Beton, Bd. 2: Herstellung, Verarbeitung, Erhärtung, VEB-Verlag für Bauwesen, Berlin.

REINHARDT: Ingenieurbaustoffe, Ernst & Sohn, Berlin 1973.

REINSDORF: Betontaschenbuch, VEB-Verlag für Bauwesen, Berlin, 5. Aufl. 1987.

RÖBERT: Systematische Baustofflehre, VEB-Verlag für Bauwesen, Berlin, Bd. 1, 3. Aufl. 1979, Bd. 2, 2. Aufl. 1984.

ROTHFUCHS u. a.: Betonfibel, Bauverlag, Wiesbaden/Berlin, 5. Aufl. 1973.

RÜSCH u. a.: Stahlbeton–Spannbeton, Bd. 1: Werkstoffeigenschaften und Bemessungsverfahren, 1972. Bd. 2: Berücksichtigung der Einflüsse von Kriechen und Schwinden auf das Verhalten der Tragwerke, 1976, Werner-Verlag, Düsseldorf.

SCHMIDT-MORSBACH: Sichtbeton, Bauverlag, Wiesbaden/Berlin 1972.

SCHORN: Beton mit Kunststoffen und andere Instandsetzungsstoffe, Ernst & Sohn, Berlin 1991.

SCHULZE u. a.: Der Baustoff Beton, 2 Bde, VEB-Verlag für Bauwesen, Berlin, 1988 bzw. 1987.

SCHULZE: Einführung in die Baustoffprüfung, VEB-Verlag für Bauwesen, Berlin.

TRÜB: Baustoff Beton, T. F. B. der Schweizerischen Zementindustrie, Wildegg 1968.

TRÜB: Die Betonoberfläche, Bauverlag, Wiesbaden/Berlin 1973.

VEREIN DT. ZEMENTW.: Zementtaschenbuch 1984, Bauverlag, Wiesbaden/Berlin.

WALZ: Rüttelbeton, Verlag W. Ernst & Sohn, Berlin, 3. Aufl. 1960.

WALZ: Herstellung von Beton nach DIN 1045, Betonherstellung, Beton-Verlag, Düsseldorf, 12. Aufl. 1979.

WEBER u. a.: Guter Beton, Ratschläge für die richtige Betonherstellung, Beton-Verlag, Düsseldorf, 18. Aufl. 1993.

WEIGLER u. a.: Beton; Arten – Herstellung – Eigenschaften, Ernst & Sohn, Berlin 1989.

WEIGLER u. a.: Stahlleichtbeton, Bauverlag, Wiesbaden/Berlin.

WESCHE: Baustoffe für tragende Bauteile, Bd. 2, Beton, Bauverlag, Wiesbaden/Berlin.

WIERIG: Verfahren zur Prüfung der Konsistenz von Frischmörtel und Frischbeton, Beton-Verlag, Düsseldorf.

5. Gebrannte und mit Bindemitteln gefertigte Erzeugnisse

5.1. Gebrannte Erzeugnisse (Ziegel- und Tonwaren)

5.1.1. Rohstoffe

Ziegel- und Tonwaren sind „gebrannte Erden" (Ton, Lehm), deren Festigkeit und Scherbendichte durch entsprechende Aufbereitung der Rohstoffe und durch verschieden hohe Brenntemperaturen bewirkt wird.

Ton besteht aus Aluminiumsilikaten, vorwiegend Kaolinit $Al_2O_3 \cdot 2\ SiO_2 \cdot 2\ H_2O$, einem Verwitterungsprodukt von Feldspat, das durch Beimengungen insbesondere von Quarz, Feldspat, Glimmer und Kalkspat gemagert ist.

Lehm ist stark mit Sand (30–80%) gemagerter Ton mit Bestandteilen an braunfärbendem Eisenhydroxid (nach Brand rot), mitunter auch kalkhaltig (nach Brand gelb).

Die Rohstoffe haben eine gute Verformbarkeit durch Wasseranlagerung in den blättchenförmigen Grundbestandteilen. Der Wasserverlust beim Trocknen und Brennen hat aber ein Schwinden der Masse zur Folge.

Beim Brennen ab 800 °C erfolgt Umwandlung der Rohstoffe durch Austreiben des Hydratwassers zu wasserunlöslichem $Al_2O_3 \cdot 2\ SiO_2$. Ab 1100 °C beginnen die Bestandteile bei gleichzeitiger Verdichtung der Masse zu verschmelzen (Sintern).

5.1.2. Einteilung der gebrannten Baustoffe nach der Scherbenbeschaffenheit

Die Verwendungseigenschaften der gebrannten Erzeugnisse werden weitgehend von der Güte des Scherbens bestimmt:

a) Poröser Scherben („Irdengut"), unterhalb der Sintergrenze gebrannt.

Grobkeramische Ziegeleierzeugnisse aus Lehm:

Mauerziegel, Dachziegel, Deckenziegel, Dränrohre, Kabelschutzhauben.

Feinkeramische glasierte Erzeugnisse aus besonders aufbereitetem Ton mit wasserdichter Abschließung des porösen Scherbens auf der Sichtfläche durch zweiten Brand mit leichtschmelzender Glasur:

Steingutfliesen mit hellem oder Irdengutfliesen mit farbigem Scherben, sanitäre Einrichtungen und Gebrauchsgeschirre.

b) Gesinterte Scherben („Sinterzeug"), oberhalb der Sintergrenze gebrannt.

Grobkeramische Erzeugnisse aus Ton:

Klinker, Riemchen, Spaltplatten, glasierte Steinzeugwaren, z. B. Rohre.

Feinkeramische Erzeugnisse aus besonders aufbereitetem Ton:

Unglasierte oder glasierte ein- oder mehrfarbige Steinzeugfliesen, Porzellan (reiner weißer Ton).

c) Feuerfeste Steine

Grobkeramische Gemenge aus hochfeuerfestem Ton mit Schamottemehl (gemahlener vorgebrannter Ton):

Schamottesteine zur Ofenmauerung, Abgas-Vierkantrohre.

5.1.3. Herstellung der Ziegel- und Tonwaren

Aufbereitung. Zerkleinern und Kneten des Rohgutes, evtl. unter Zugabe von Magerungsmitteln, durch Walzen auf geschlitzten Stahlplatten (Kollergang) sowie zwischen sich gegenläufig drehenden Walzenpaaren.

Herstellung der Rohlinge. Ausformung von Steinen, Dränrohren oder Strangdachziegeln durch kontinuierlich laufende Strangpresse (Schneckenpresse) mit einem dem Format der Erzeugnisse entsprechenden Mundstück sowie mechanisches Abtrennen des Stranges durch Drahtschneider. Ähnliches Verfahren auch bei Steinzeugrohren.

Die Herstellung von Fliesen und Preßdachziegeln erfolgt auf automatischen Stempelpressen (Revolverpressen). Für oberflächenprofilierte Verblendsteine auch Handstrichverfahren in Formen.

Trocknen der Rohlinge. Trocknung in Trockenkammern oder Durchlauftrocknern mit Abwärme der Brennöfen, heute selten Freilufttrocknung.

Brennen. Früher im Ringofen, heute meist im Tunnelofen: Beidseitig mit Schützen abschließbarer tunnelartiger Brennkanal etwa 100 m Länge mit ortsfester Feuerungszuführung (Kohle-, Öl- oder Gasfeuerung) in Tunnelmitte: Das Brenngut läuft auf sich langsam vorwärts bewegenden Wagen mit feuerfesten Belägen durch die Vorwärme-, Brenn- und Abkühlzone des Tunnelofens. Dauer eines Brennvorganges 1–3 Tage.

5.1.4. Mauerziegel und Klinker

Normen:	DIN 105 Teil 1 (8.89)	Mauerziegel – Vollziegel und Hochlochziegel
	DIN 105 Teil 2 (8.89)	Mauerziegel – Leichthochlochziegel
	DIN 105 Teil 3 (5.84)	Mauerziegel – Hochfeste Ziegel und hochfeste Klinker
	DIN 105 Teil 4 (5.84)	Mauerziegel – Keramikklinker
	DIN 105 Teil 5 (5.84)	Mauerziegel – Leichtlanglochziegel und Leichtlangloch-Ziegelplatten
	E DIN EN 771 Teil 1 (9.92)	Festlegungen für Mauersteine; Teil 1: Mauerziegel
	E DIN EN 772 (09./10.92)	Prüfverfahren für Mauersteine

5.1.4.1. Mauerziegelarten

Die in DIN 105 Teil 1 bis 5 genormten Mauerziegel sind Baustoffe für tragendes und nichttragendes Mauerwerk. Sie werden vorwiegend zur Erstellung von Außen- und Innenwänden verwendet. Hierbei gilt für tragende Wände DIN 1053 Teil 1, 2 und 4, für nichttragende innere Trennwände DIN 4103 Teil 1.

Mauerziegel sind Ziegel, die aus Ton, Lehm oder tonigen Massen mit oder ohne Zusatzstoffe geformt und gebrannt werden. Die Zusatzstoffe (z. B. porenbildende Stoffe) dürfen die Eigenschaften der Ziegel auch auf Dauer nicht nachteilig beeinflussen.

a) Einteilung nach dem Anwendungsbereich

Hintermauerziegel, die für die Erstellung von verputztem oder verblendetem Mauerwerk verwendet werden und daher nicht frostbeständig sein müssen.

Vormauerziegel, die frostbeständig sein müssen und daher ohne Außenputz als Sichtmauerwerk verarbeitet werden können.

Klinker, die bei einer maximalen Wasseraufnahme von 7 M.-% frostbeständig sind und daher zu Sichtmauerwerk vermauert werden können.

Mauertafelziegel werden zur Herstellung von Mauertafeln nach DIN 1053 Teil 4 „Bauten aus Ziegelfertigbauteilen" verwendet.

Leichtlangloch-Ziegelplatten sind für nichttragende Wände bestimmt.

b) Einteilung nach Form und Eigenschaften

Vollziegel (Abb. 83) nach DIN 105 Teil 1 und 3 sind Ziegel, deren Querschnitt durch Lochung senkrecht zur Lagerfläche bis 15% gemindert sein darf.

Hochloch- und Leichthochlochziegel (Abb. 84) nach DIN 105 Teil 1 und 2 sind Ziegel, deren Querschnitt durch Lochung senkrecht zur Lagerfläche bis 50% gemindert sein darf (Hochfeste Hochlochziegel und Keramik-Hochlochziegel: < 35%). Sie dürfen mit Lochung A, B und C ausgeführt werden. Ziegel mit Lochung C sind 5seitig geschlossen.

Leichthochlochziegel W (Abb. 85) sind Ziegel der Lochung B mit einer Höhe von 238 mm, die im Hinblick auf die erhöhte Wärmedämmung besondere zusätzliche Anforderungen hinsichtlich der Lochung erfüllen müssen.

Hochfeste Ziegel und hochfeste Klinker nach DIN 105 Teil 3 (gelocht und ungelocht) sind besonders geeignet zur Erstellung von hochbeanspruchten Außen- und Innenwänden. Vormauerziegel und Klinker müssen frostbeständig sein. Die Prüfung ist nach DIN 52 252 Teil 1 durchzuführen. Weicht das Ergebnis der Frostprüfung nach DIN 52 252 Teil 1 bei bestimmten Anwendungsbereichen vom Verhalten in der Natur ab, so ist die Frostbeständigkeit nach DIN 52 252 Teil 2 oder Teil 3 nachzuweisen.

Klinker sind oberflächig gesinterte, frostbeständige Ziegel mit < 7 M.-% Wasseraufnahme. In DIN 105 wird zwischen Voll- und Hochlochklinkern unterschieden. **Verblendklinker** für nicht im Verband mit anderem Mauerwerk gemauerte nichttragende Verblendschalen können die unterschiedlichsten Abmessungen aufweisen. Sie müssen jedoch in folgenden Grenzen liegen: Länge > 190 mm < 290 mm; Breite > 90 mm < 115 mm; Höhe > 40 mm < 113 mm. **Klinkerriemchen** (auch Sparverblendklinker genannt) sind lange, schmale, durchlochte Riemchen mit Breiten von 30 bis 60 mm.

Kanalklinker nach DIN 4051 und **Pflasterklinker** nach DIN 18 503 werden in Abschnitt 5 1.4.4., **Klinkerspaltplatten** nach DIN 18 166 und **Bodenklinkerplatten** nach DIN 18 158 werden in Abschnitt 5.1.7.2. behandelt.

Keramikklinker nach DIN 105 Teil 4 (gelocht und ungelocht) werden vorwiegend zur Erstellung von Fassaden im Außen- und Innenbereich verwendet. Sie müssen frostbeständig sein und die Wasseraufnahme darf höchstens 6 M.-% betragen. Darüber hinaus werden Anforderungen an die Oberflächenhärte, die Farb- und Lichtbeständigkeit und die Beständigkeit gegen Säuren und Laugen gestellt.

Leichtlanglochziegel (Abb. 86) und **Leichtlangloch-Ziegelplatten** (Abb. 87) nach DIN 105 Teil 5 sind parallel zur Lagerfläche gelochte Ziegel. Sie werden vorwiegend zur Erstellung von Innenwänden verwendet, wobei Leichtlangloch-Ziegelplatten ausschließlich für nichttragendes Mauerwerk bestimmt sind.

Mauertafelziegel (Abb. 88) und **Mauertafel-Leichtziegel** nach DIN 105 Teil 1 und 2 müssen abweichend von den Längen der Voll- und Hochlochziegel Steinlängen von 247, 297, 373 und 495 mm aufweisen. Die Löcher sind so anzuordnen, daß sich bei den im Verband vermauerten Ziegeln senkrecht durchlaufende Kanäle für eine Bewehrung ergeben.

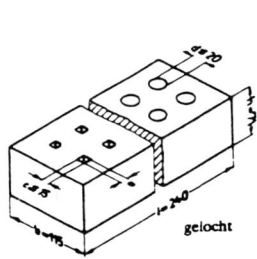

Abb. 83.

Vollziegel, gelocht

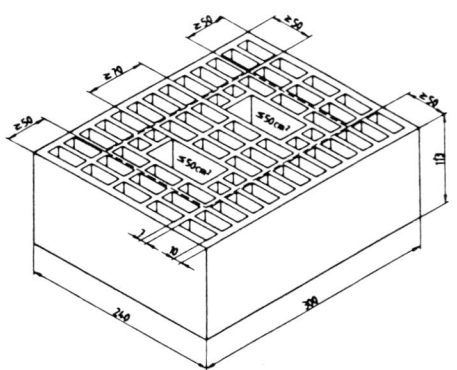

Abb. 84.

Hochlochziegel, Lochung C,
mit Grifflöchern

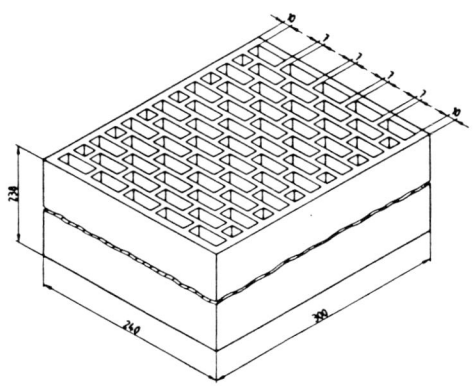

Abb. 85.

Hochlochziegel W 10 DF (300)

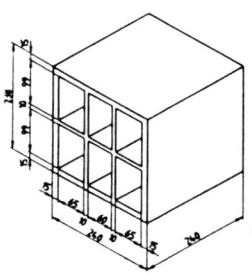

Abb. 86.

Leichtlanglochziegel 8 DF

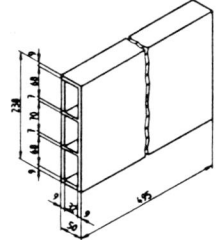

Abb. 87.

Leichtlangloch-Ziegelplatte

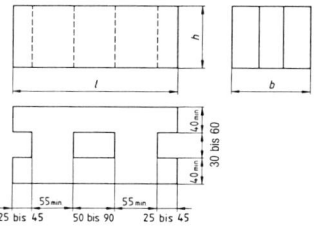

Abb. 88.

Mauertafelziegel

Zu den Mauerziegeln gemäß DIN 105 zählen auch **Handformziegel** mit unregelmäßiger Oberfläche, deren Gestalt von der prismatischen Form geringfügig abweichen darf. **Formziegel** werden in von der Rechteckform abweichenden Formen hergestellt, um u. a. das Behauen und Schneiden von Mauerziegeln auf der Baustelle zu vermeiden.

Zu den nicht in DIN 105 genormten Sonderziegeln sind **Schornsteinziegel** nach DIN 1057 (vgl. Abschnitt 5.1.4.4.) und **Schallschutzziegel** zu zählen.

5.1.4.2. Anforderungen und Bezeichnungen

DIN 105 Teil 1 bis 5 stellt Anforderungen an:

- Lochungsarten, Lochquerschnitt, Loch- und Stegabmessungen
- Maße und Maßabweichungen
- Ziegel- und Scherbenrohdichte
- Druckfestigkeit (bzw. Biegefestigkeit bei Leichtlangloch-Ziegelplatten)
- Frostbeständigkeit (nur Vormauerziegel und Klinker)
- Gehalt an treibenden Einschlüssen und ausblühenden Salzen
- Wasseraufnahme, Oberflächenhärte, Farb- und Lichtbeständigkeit, Säure- und Laugenbeständigkeit, Aussehen der Ansichtsflächen (nur Keramikklinker)

Lochquerschnitt und **Loch- und Stegabmessungen** müssen Tafel 64 entsprechen. Werden Grifflöcher (Einzelquerschnitt $< 50\,\text{cm}^2$) und Mörteltaschen (ab 8DF) angeordnet, so darf ihre Gesamtfläche nicht mehr als 12,5% der Lagerfläche betragen.

Ziegelmaße

Die Ziegelmaße entsprechen den Nennmaßen der DIN 4172 „Maßordnung im Hochbau" und berücksichtigen eine Lagerfuge von 12,3 mm (10,5 mm) und eine Setzfuge von 10 mm. Sie können beliebig miteinander kombiniert werden. Für die meistgebräuchlichen Maßkombinationen gibt es Formatkurzzeichen, die sich von Dünnformat (DF) und Normalformat (NF) ableiten (Tafel 65).

Für Leichtlangloch-Ziegelplatten gibt es besondere Format-Kurzzeichen (z. B. 80s).

Tafel 64: Maße für Löcher und Stege von Mauerziegeln nach DIN 105 Teil 1 bis 4

Ziegelart	Gesamtlochquerschnitt in % der Lagerfläche		Löcher[1]		Außenwandungen mm	
	Teil 1 und 2	Teil 3 und 4	Einzelquerschnitt cm^2	Maße mm	Teil 1 und 2	Teil 3 und 4
Vollziegel[2]	$\leqq 15$	$\leqq 15$	$\leqq 6$	$k \leqq 15$ $d \leqq 20$ $d' \leqq 18$	$\geqq 10$ $\geqq 20^{3)}$	$\geqq 15$ $\geqq 20^{3)}$
Hochlochziegel, Lochung A[2]	> 15 $\leqq 50$	> 15 $\leqq 35$	$\leqq 2{,}5$	beliebig		
Hochlochziegel, Lochung B[2]			$\leqq 6$	$k \leqq 15$ $d \leqq 20$ $d' \leqq 18$		
Hochlochziegel, Lochung C[2]	$\leqq 50$		$\leqq 16$	$k \leqq 25$ $d \leqq 45$ $d' \leqq 35$		

[1] k = kleinste Rechteckseite
    d = Kreisdurchmesser
    d' = kleinster Ellipsendurchmesser, kleinste Rhombusdiagonale
[2] auch Voll- und Hochlochklinker.
[3] an den Sichtseiten von Vormauerziegeln und Klinkern.

Tafel 65: Mauerziegelarten nach DIN 105

Ziegelart	Kurz-bezeich-nung	Druck-festigkeits-klasse	Roh-dichte-klasse	Format-kurz-zeichen[1])	Abmessungen[1])		
					Länge cm	Breite cm	Höhe cm
Leichthochloch-ziegel DIN 105 Teil 2	HLz A oder HLz B oder HLzW	2 4 6 12 20	0,6 0,7 0,8 0,9 1,0	2 DF	24,0	11,5	11,3
				5 DF	24,0	30,0	11,3
				6 DF	24,0	36,5	11,3
				10 DF	30,0 (30,7)	24,0	23,8
				10 DF	24,0 (24,7)	30,0	23,8
				12 DF	24,0 (24,7)	36,5	23,8
				16 DF	24,0 (24,7)	49,0	23,8
Hochlochziegel DIN 105 Teil 1	HLz A oder HLzB	4 6 12 20 28	1,2 1,4 1,6 1,8	NF	24,0	11,5	7,1
				2 DF	24,0	11,5	11,3
				3 DF	24,0	17,5	11,3
				5 DF	24,0	30,0	11,3
				10 DF	24,0 (24,7)	30,0	23,8
				12 DF	36,5 (37,3)	24,0	23,8
				12 DF	24,0 (24,7)	36,5	23,8
Vormauer-hochlochziegel DIN 105 Teil 1	VHLz A oder VHLz B	12 20 28	1,4 1,6 1,8	DF	24,0	11,5	5,2
				NF	24,0	11,5	7,1
				2 DF	24,0	11,5	11,3
Vollziegel Vormauer-vollziegel DIN 105 Teil 1	Mz VMz	12 20 28	1,6 1,8 2,0 2,2	NF	24,0	11,5	7,1
				2 DF	24,0	11,5	11,3
				SF	30,0	14,5	11,3
				3 DF	24,0	17,5	11,3
Hochlochklinker DIN 105 Teil 1	KHLz A oder KHLz B	28	≧ 1,9[2])	DF	24,0	11,5	5,2
				NF	24,0	11,5	7,1
				2 DF	24,0	11,5	11,3
Vollklinker DIN 105 Teil 1	KMz	28	≧ 1,9[2])	DF	24,0	11,5	5,7
				NF	24,0	11,5	7,1

Hochfeste Ziegel und hochfeste Klinker DIN 105 Teil 3

Ziegelart	Kurz-bezeich-nung	Druck-festigkeits-klasse	Roh-dichte-klasse	Format-kurz-zeichen	Länge cm	Breite cm	Höhe cm
Hochlochziegel	HLz	36 48 60	1,2 1,4 1,6 1,8 2,0 2,2	DF	24,0	11,5	5,2
Vollziegel	Mz			NF	24,0	11,5	7,1
				2 DF	24,0	11,5	11,3
Hochlochklinker[4])	KHLz			3 DF[3])	24,0	17,5	11,3
				4 DF[3])	24,0	24,0	11,3
Vollklinker[4])	KMz			5 DF[3])	24,0	30,0	11,3

Keramikklinker nach DIN 105 Teil 4

Ziegelart	Kurz-bezeich-nung	Druck-festigkeits-klasse	Roh-dichte-klasse	Format-kurz-zeichen	Länge cm	Breite cm	Höhe cm
Keramik-Hochlochklinker[5])	KHK	60	1,4 1,6 1,8 2,0 2,2	DF	24,0	11,5	5,2
				NF	24,0	11,5	7,1
Keramik-Vollklinker[5])	KK			2 DF	24,0	11,5	11,3

Fortsetzung nächste Seite

[1]) Beispiele
Bei den Abmessungen bedeutet „Länge" das Maß des Ziegels in der Mauerlängsrichtung, „Breite" das Maß in Richtung der Mauerdicke. Die in Klammern angegebenen Längenmaße gelten für Ziegel mit Stoßfugen unter 0,5 cm (knirschvermauert oder verzahnt). Leichthochlochziegel werden in den wichtigsten Formaten auch als Ziegel für Mauerwerk, ohne Stoßfugenvermörtelung oder mit Stoßfugenverzahnung, sowie als Planziegel für Mauerwerk im Dünnbettverfahren, hergestellt.

[2]) Scherbenrohdichte   [3]) nur als Hochlochziegel   [4]) Scherbenrohdichte ≧ 1,9 kg/dm^3 [5]) Scherbenrohdichte ≧ 2,0 kg/dm^3

Tafel 65: (Fortsetzung)

Ziegelart	Kurz-bezeich-nung	Druck-festigkeits-klasse	Roh-dichte-klasse	Format-kurz-zeichen[1]	Abmessungen[1]		
					Länge cm	Breite cm	Höhe cm
Leichtlanglochziegel und -ziegelplatten nach DIN 105 Teil 5							
Leichtlangloch-ziegel	LLz	2 4 6 12	0,5 0,6 0,7 0,8 0,9 1,0	NF 2 DF 3 DF 10 DF 12 DF 16 DF	24,0 24,0 24,0 24,0 36,5 49,0	11,5 11,5 17,5 30,0 24,0 24,0	7,1 11,3 11,3 23,8 23,8 23,8
Leichtlangloch-Ziegelplatte	LLp	–		60 s 80 s 115 s	33,0 33,0 33,0	6,0 8,0 11,5	23,8 23,8 23,8

Maßhaltigkeit

Abweichungen von den Ziegelnennmaßen sind bis zu 4% zulässig. Innerhalb einer Lieferung ist jedoch die zulässige Meßspanne zwischen kleinstem und größtem Ziegel begrenzt: Bei kleineren Formaten bis zu 5% der Nennmaße, bei größeren Formaten weniger.

Rohdichte

Die **Ziegelrohdichte** wird aus der Masse des getrockneten Ziegels und dem Volumen einschließlich aller Hohlräume errechnet. Die Ziegel werden einer Rohdichteklasse (Tafel 65) zugeordnet, die nach dem oberen Wert bezeichnet wird, der vom Mittelwert nicht überschritten werden darf (Beispiel für Rohdichteklasse 1,6: Mittelwert 1,41 bis 1,6 kg/dm^3). Einzelwerte dürfen die Klassengrenzen um nicht mehr als 0,1 kg/dm^3 (Leichtziegel 0,05 kg/dm^3) unter- bzw. überschreiten.

Für einzelne Ziegelarten wird die **Scherbenrohdichte** vorgegeben. Bei Voll- und Hochloch-klinker muß sie im Mittel mindestens 1,90 kg/dm^3, bei Keramikklinker mindestens 2,0 kg/dm^3 betragen. Für Leichthochlochziegel W sind Höchstwerte angegeben.

Druckfestigkeit

Die Druckfestigkeit errechnet sich aus der im Druckversuch erreichten Höchstlast und der Probenquerschnitts- bzw. -lagerfläche. Die Einordnung der Ziegel in Druckfestigkeitsklassen (Tafel 66) erfolgt nach dem kleinsten Einzelwert (Nennfestigkeit) und dem Mittelwert (Serienfe-stigkeit) einer Prüfserie. Maßgebend für die Einstufung ist die Ziegelfestigkeit β_{ST}, die sich aus der mit einem Formfaktor f multiplizierten Druckfestigkeit β_{PR} des Probekörpers errechnet (Ausnahme: Leichtlanglochziegel).

	Ziegelhöhe in (mm)	Formfaktor f
$\beta_{ST} = \beta_{PR} \cdot f$	< 155	1,0
	175	1,1
	238	1,2

Bei Leichtlangloch-Ziegelplatten wird anstelle der Druckfestigkeit eine mittlere Biegekraft von 500 N im Biegeversuch gefordert.

Höchstens jeder 200. Mauerziegel wird mit dem Werkkennzeichen, der Rohdichteklasse und einer Farbmarkierung für die jeweilige Druckfestigkeitsklasse gekennzeichnet. Bei Paketie-rung wird die Verpackung entsprechend beschriftet.

Tafel 66: Druckfestigkeitsklassen

Druckfestigkeitsklasse und Kennzeichnung		Druckfestigkeit N/mm²	
		Mittelwert	kleinster Einzelwert
2	grün	2,5	2,0
4	blau	5,0	4,0
6	rot	7,5	6,0
12	–	15,0	12,0
20	gelb	25,0	20,0
28	braun	35,0	28,0
36*)	ein violetter Streifen	45,0	36,0
48*)	zwei schwarze Streifen	60,0	48,0
60*)	drei schwarze Streifen	75,0	60,0

*) Für hochfeste Ziegel und Klinker – DIN 105 Teil 3.

Frostbeständigkeit

Die Frostbeständigkeit wird bei allen Vormauerziegeln und Klinkern gefordert. Sie wird nach DIN 52 252 Teil 1 (ggf. Teil 2 oder 3) „Prüfung der Frostwiderstandsfähigkeit von Vormauerziegeln und Klinkern" beurteilt.

Treibende Einschlüsse und ausblühende Salze

Die Ziegel sollen frei von treibenden Einschlüssen (z.B. Kalk) und Salzen sein, die zu Gefügezerstörungen der Ziegel oder des Putzes bzw. zu Ausblühungen führen. Gegebenenfalls ist der Dampftest nach DIN 105 Teil 1, Abschnitt 6.6.1, durchzuführen und der Gehalt an wasserlöslichen Salzen nach DIN 51 100 zu bestimmen.

Bezeichnung

Für die verschiedenen Ziegelarten gelten folgende Kurzzeichen

Mz	Vollziegel	KHLz	Hochlochklinker
HLz	Hochlochziegel	KK	Keramik-Vollklinker
VMz	Vormauerziegel	KHK	Keramik-Hochlochklinker
VHLz	Vormauerhochlochziegel	LLz	Leichtlanglochziegel
HLzT	Mauertafelziegel	LLp	Leichtlangloch-Ziegelplatten
KMz	Vollklinker		

Formziegel und Handformziegel haben keine Kurzzeichen.

Vormauerziegel oder Klinker mit von den Nennmaßen abweichenden Werkmaßen erhalten zum Kurzzeichen den Buchstaben V bzw. K (z.B. VMz, KMz).

Hochlochziegel erhalten zusätzlich den Buchstaben A, B oder C der Lochungsart. Leichthochlochziegel können zusätzlich mit W gekennzeichnet werden.

Ziegel werden in der Reihenfolge DIN-Hauptnummer, Ziegelart (Kurzzeichen), Druckfestigkeitsklasse (nicht LLp), Rohdichteklasse und Format-Kurzzeichen und ggf. Wanddicke in mm (bei LLp Wanddicke und Zusatz s) gekennzeichnet.

Beispiele:	Teil 1:	Ziegel DIN 105 Mz 12–1,8–2 DF
		Ziegel DIN 105 HLzA 12–1,2–2 DF
	Teil 2:	Ziegel DIN 105 HLzW 6–0,7–10 DF (300)
	Teil 3:	Ziegel DIN 105 Mz 60–1,8–2 DF
		Ziegel DIN 105 HLzB 36–1,4–5 DF
	Teil 4:	Klinker DIN 105 KHKB 60–1,6–DF
	Teil 5:	Ziegel DIN 105 LLz 12–0,9–3 DF
		Ziegel DIN 105 LLp C,6–80s

5.1.4.3. Verwendung von Mauerziegeln für Außenwandkonstruktionen

Bei *Außenwänden* in Ziegelsicht- oder Ziegelverblendmauerwerk entsprechend DIN 1053 Teil 1, Abs. 8.4 stehen neben statischen Anforderungen vor allem bauphysikalische Aspekte – insbesondere Schlagregen- und Wärmeschutz – im Vordergrund. Ziegelmauerwerk kann einen ein- oder zweischaligen Wandaufbau aufweisen. Aufgrund erhöhter bauphysikalischer Anforderungen ist aber eine eindeutige Tendenz zu den zweischaligen Außenwänden erkennbar.

Einschaliges geputztes Ziegelmauerwerk besteht aus nicht frostbeständigen Hintermauerziegeln (meist großformatige Hochloch- oder Blockziegel) und einem Außenputz, der die Anforderungen nach DIN 18550 Teil 1 erfüllt. Die Mindestwanddicke beträgt ≥ 240 mm.

Bei *einschaligem Ziegel-Verblendmauerwerk* (Abb. 89a) übernimmt der gesamte Wandquerschnitt die Aufgaben der Lastabtragung sowie des Wärme- und Feuchteschutzes. Die in den Sichtflächen außen liegenden Ziegel müssen frostbeständig sein. Aus Gründen der Schlagregensicherheit muß jede Mauerschicht mindestens zwei Steinreihen aufweisen, zwischen denen eine durchgehende, schichtweise versetzte hohlraumfrei vermörtelte, 20 mm dicke Längsfuge verläuft. Aus dieser Forderung ergibt sich z. B. die Wanddicke ohne Putz von ≥ 375 mm. Die geforderte Mindestwanddicke von 310 mm sollte nur bei geringer Wetterbeanspruchung und ausreichendem Wärmeschutz gewählt werden.

Bei *zweischaligem Ziegel-Verblendmauerwerk mit Luftschicht* (Abb. 89b, oben) kann die äußere i. d. R. 115 mm dicke Verblendschale sowohl aus Ziegeln als auch aus Klinkern bestehen. Die Dicke der allein tragenden Innenschale kann unter besonderen Voraussetzungen 115 mm sein, meist wird jedoch ≥ 175 mm gewählt. Beide Mauerwerksschalen sind je Quadratmeter Wandfläche mit mindestens 5 Drahtankern aus nichtrostendem Stahl mit mindestens 3 mm Durchmesser zu verbinden. Die verschiedenen Drahtankertypen müssen bauaufsichtlich zugelassen sein. Eine mindestens 60 mm und höchstens 150 mm breite Luftschicht verhindert die Feuchteübertragung von der äußeren zur inneren Wandschale und führt evtl. auftretende Kondensfeuchte ab. Belüftung und Abdichtung sind erforderlich. Besondere Beachtung erfordert die Ausbildung der Fußpunkte an Aufstandsflächen, der Anschlüsse im Bereich der Fensterstürze und -leibungen sowie der obere Abschluß der Wandschalen.

Bei *zweischaligem Ziegel-Verblendmauerwerk mit Luftschicht und Wärmedämmung* (Abb. 89b, unten) darf der Abstand der Mauerwerksschalen 150 mm nicht überschreiten. Zur Abführung von Feuchtigkeit muß die freie Luftschicht mindestens 40 mm dick sein.

Bei *zweischaligem Ziegel-Verblendmauerwerk mit Kerndämmung* (Abb. 89c) ist die Außenschale mindestens 115 mm dick auszuführen; der Abstand der Mauerwerksschalen darf 150 mm nicht überschreiten. Als Kerndämmsysteme gelten alle mehrschichtigen Wandbauarten, bei denen zwischen Innen- und Außenschale

a) der Hohlraum zwischen Innen- und Außenschale ohne verbleibende Luftschicht mit Wärmedämmsystemen verfüllt wird, die für diesen Anwendungsbereich genormt sind oder deren Brauchbarkeit z. B. durch eine „Allgemeine bauaufsichtliche Zulassung" nachgewiesen ist,

b) der Hohlraum mit sog. Luftschichtdämmplatten oder Dämmplatten aus Mineralfasern bzw. Hartschaum ausgefüllt ist,

c) eine hohlraumfreie Verfüllung in Form hydrophobierter Schütt-Dämmstoffe oder nachträgliches Ausschäumen mit Kunstharz-Ortschaum nach bauaufsichtlicher Zulassung erfolgt.

Bei *zweischaligem Ziegel-Verblendmauerwerk mit Putzschicht* (Abb. 89d) ist auf der Außenseite der Innenschale eine zusammenhängende Putzschicht aufzubringen. Davor ist die Verblendschale so dicht wie es das Vermauern erlaubt (Fingerspalt) vollfugig zu errichten. Wird statt der Verblendschale eine geputzte Außenschale angeordnet, darf auf die Putzschicht auf der Außenseite der Innenschale verzichtet werden. Die Mauerwerksschalen sind durch Drahtanker mit 3 mm Durchmesser zu verbinden.

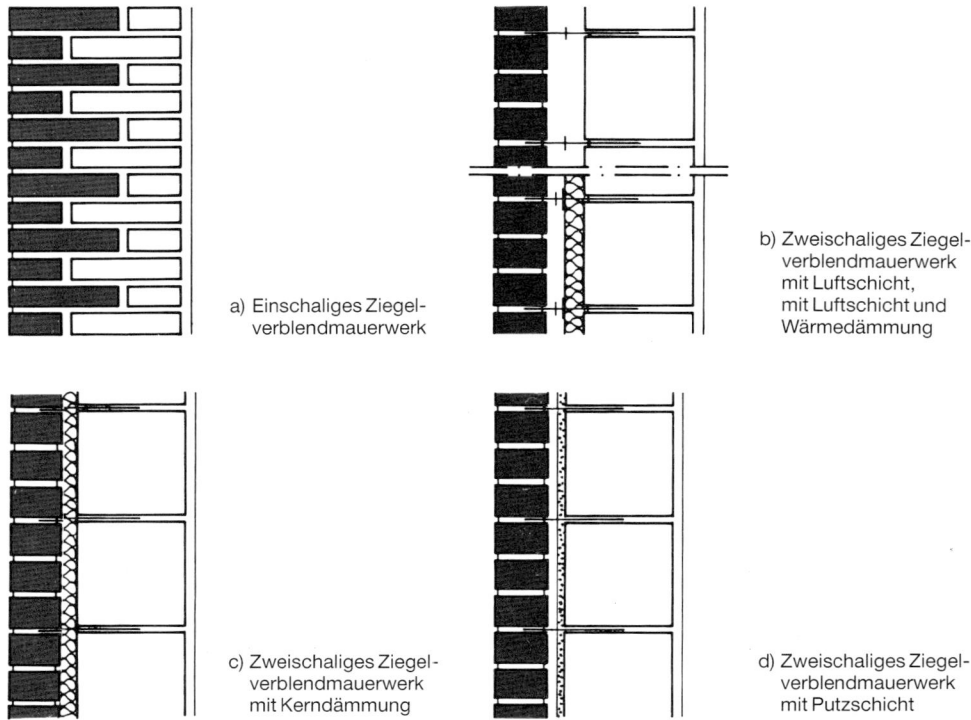

a) Einschaliges Ziegel-
verblendmauerwerk

b) Zweischaliges Ziegel-
verblendmauerwerk
mit Luftschicht,
mit Luftschicht und
Wärmedämmung

c) Zweischaliges Ziegel-
verblendmauerwerk
mit Kerndämmung

d) Zweischaliges Ziegel-
verblendmauerwerk
mit Putzschicht

Abb. 89. Außenwandkonstruktionen

5.1.4.4. Mauerziegel und Klinker für Sonderzwecke

a) Mauersteine für freistehende Schornsteine (Schornsteinziegel)

Nach DIN 1056 „Freistehende Schornsteine in Massivbauart" dürfen für den Außenschaft gemauerter Schornsteine nur Mauersteine nach DIN 1057 (7.85) „Baustoffe für freistehende Schornsteine" verwendet werden. Sie müssen eine Druckfestigkeit von mindestens 12 N/mm^2 aufweisen, die Rohdichte muß mindestens 1,8 kg/dm^3 betragen und die Steine müssen frostbeständig sein.

Runde Schornsteine mit einem Durchmesser < 4 m werden mit Ziegeln und Klinkern im Radialformat (R) gemauert. Sie werden als Vollziegel gelocht und ungelocht hergestellt und müssen die in DIN 105 festgelegten Eigenschaften aufweisen. Die jeweiligen für die verschiedenen Schornsteinhalbmesser geeigneten Radialformate (R) werden in drei durch eine entsprechende Kerbung gekennzeichneten Größen hergestellt. Die Verwendung von Mauerziegeln und Klinkern im Normalformat (NF) ist zulässig, wenn sie in ihren Eigenschaften den Radialziegeln entsprechen.

b) Kanalklinker

Kanalklinker nach DIN 4051 (8.76) werden zur Herstellung von gemauerten, meist eiförmigen Kanälen und Einstiegschächten verwendet.

Neben dem Normalformat (NF) für ebene oder nur schwach gewölbte Profilbereiche werden Keilklinker A für Kopfgewölbe, Keilklinker B für Sohlgewölbe und Schachtklinker C hergestellt.

Druckfestigkeit:	Mittelwert	$> 45\,N/mm^2$
	Einzelwert	$> 40\,N/mm^2$
Scherbenrohdichte:	Mittelwert	$> 1,9\,kg/dm^3$
	Einzelwert	$> 1,8\,kg/dm^3$
Wasseraufnahme:	$< 6\,M.\text{-}\%$	
Schleifverschleiß:	$< 15\,cm^3/50\,cm^2$ („Böhmescheibe")	
Frostbeständigkeit:	gefordert	
Klinker für Wasserbau:	Wasseraufnahme $< 4\,M.\text{-}\%$	

Klinker für Tunnelmauerwerk: Druckfestigkeit $> 50\,N/mm^2$ und Anforderungen nach Bundesbahn-Vorschrift „Abdichtung von Ingenieurbauwerken".

c) Pflasterklinker

Pflasterklinker nach DIN 18 503 (8.81) werden zur Befestigung von Flächen, insbesondere Verkehrsflächen, verwendet. Sie werden im rechteckigen oder quadratischen Format für Fugenraster von 100 bis 300 mm hergestellt. Die Herstellmaße richten sich nach der Verlegeart. Die Mindestdicke beträgt 40 mm.

Abweichend von der Rechteckform werden auch Verbundklinker in S-Form, Schwalbenschwanz- oder Doppel-T-Form hergestellt. Die Bettung der Pflasterklinker erfolgt in Sand oder feinkörnigem Kies oder auf Unterbeton.

Druckfestigkeit:	Mittelwert	$> 80\,N/mm^2$
	Einzelwert	$> 70\,N/mm^2$
Biegezugfestigkeit:	Mittelwert	$> 10\,N/mm^2$
	Einzelwert	$> \ \ 8\,N/mm^2$
Scherbenrohdichte:	Mittelwert	$> 2,0\,kg/dm^3$
	Einzelwert	$> 1,9\,kg/dm^3$
Wasseraufnahme:	$< 6\,M.\text{-}\%$	
Schleifverschleiß:	$< 20\,cm^3/50\,cm^2$	
Frostbeständigkeit:	gefordert	
Frost-Tausalz-Beständigkeit:	gefordert	

Rattlerprobe zur Prüfung der Kantenfestigkeit: Gewichtsverlust von 10 Klinkern in rotierender Stahltrommel durch schlagende Kugeln $< 30\,M.\text{-}\%$.

Anforderungen sind auch festgelegt in den „Richtlinien für die Verwendung von Klinkern im Straßenbau" (Herausgeber: Forschungsgesellschaft für das Straßen- und Verkehrswesen e. V., Köln).

5.1.5. Ziegel für Decken und Wandtafeln

Normen:

DIN 4159	(4.78)	Ziegel für Decken und Wandtafeln; statisch mitwirkend
DIN 4160	(8.78)	Ziegel für Decken; statisch nicht mitwirkend
DIN 278	(9.78)	Tonhohlplatten (Hourdis) und Hohlziegel

Mitgültige Normen:

| DIN 1045 | (7.88) | Beton und Stahlbeton; Bemessung und Ausführung |
| DIN 1053 T. 4 | (9.78) | Mauerwerk; Bauten aus Ziegelfertigbauteilen |

5.1.5.1. Statisch mitwirkende Ziegel für Decken und Wandtafeln nach DIN 4159

Statisch mitwirkende Ziegel werden verwendet:

- als Deckenziegel für Stahlsteindecken nach DIN 1045, Abschnitt 20.2. und 19.7.10.,
- als Deckenziegel für Stahlbetonrippendecken mit Ortbetonrippen nach DIN 1045, Abschnitt 21.2.,

– als Zwischenbauteile für Stahlbetonrippendecken mit ganz oder teilweise vorgefertigten Rippen nach DIN 1045, Abschnitt 19.7.8.2,
– für vorgefertigte Wandtafeln nach den Richtlinien für Bauten aus großformatigen Ziegelfertigbauteilen.

a) Deckenziegel für Stahlsteindecken

Bezeichnung: ZSV – Deckenziegel für vollvermörtelbare Stoßfugen
 ZST – Deckenziegel für teilvermörtelbare Stoßfugen

Stahlsteindecken können als vorgefertigte Platten oder auf Schalung hergestellt werden. Der Achsabstand der bewehrten Mörtellängsrippen beträgt einheitlich 25 cm. Druckkräfte werden von den Mörtelrippen und den Ziegeln aufgenommen; eine zusätzliche Ortbetondruckplatte ist nicht erforderlich (Konstruktionsprinzip siehe Abb. 90, 91).

Für die Stoßvermörtelung befindet sich an einer oder beiden Querschnittseiten der Ziegel eine etwa 4–5 cm breite Aussparung, die – je nach statischem Erfordernis einer oberen oder unteren Druckzone – entweder nur im oberen enggelochten Druckbereich des Querschnitts vermörtelt wird (teilvermörtelte Stoßfuge) oder bis zur enggelochten Querschnittstiefe gehend die Vermörtelung der gesamten Fuge zuläßt (vollvermörtelbare Stoßfuge).

In den Stoßfugen kann Querbewehrung angeordnet werden.

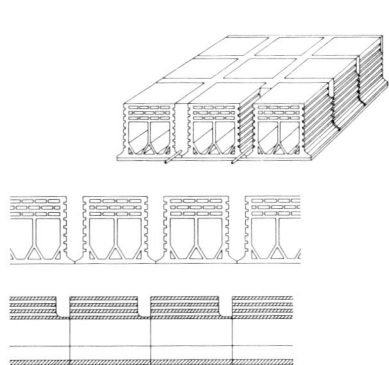

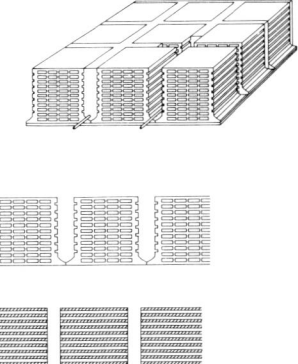

Abb. 90.

Stahlsteindecke aus Ziegeln für teilvermörtelbare Stoßfugen

Abb. 91.

Stahlsteindecke aus Ziegeln für vollvermörtelbare Stoßfugen

Ziegelabmessungen

Breite (mm)	250								
Länge (mm)	166	250	333	500					
Dicke (mm)	90[1]	115	140	165[2]	190[2]	215	240	265	290

[1] nur ZSV
[2] häufig verwendete Deckendicke.

Druckfestigkeiten und Rohdichten

Rohdichte (kg/dm³)			Druckfestigkeit (N/mm²)	
			Mittelwert	kleinster Einzelwert
0,60			22,5	18,0
0,80	1,00	1,20	22,5 30,0	18,0 24,0

b) Deckenziegel für Stahlbetonrippendecken

Bezeichnung: ZRV – Deckenziegel für vollvermörtelbare Stoßfugen
ZRT – Deckenziegel für teilvermörtelbare Stoßfugen

Stahlbetonrippendecken mit Ziegeln können als vorgefertigte Platten oder auf Schalung hergestellt werden. Sie unterscheiden sich von den Stahlsteindecken i. w. durch den größeren Rippenabstand und der Beschränkung der Verkehrslast auf 5,0 kN/m².

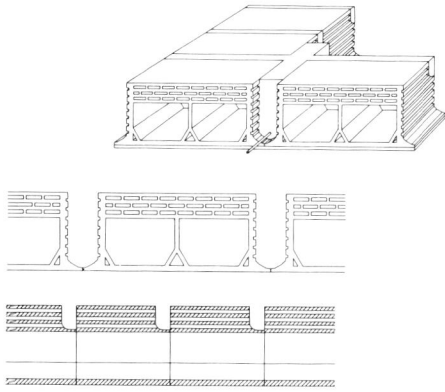

Abb. 92.

Stahlbetonrippendecke mit statisch mitwirkenden Zwischenbauteilen

Ziegelabmessungen

Breite (mm)	333	500	625							
Länge (mm)	166	250	333							
Dicke (mm)	115	140	165	190	215	240	265	290	315	340

Druckfestigkeiten und Rohdichten: wie a) Deckenziegel für Stahlsteindecken.

c) Ziegel für Zwischenbauteile für Stahlbetonrippendecken

Bezeichnung: ZZV – Ziegel als Zwischenbauteile für den Bereich negativer Momente
ZZT – Ziegel als Zwischenbauteile für teilvermörtelbare Stoßfugen

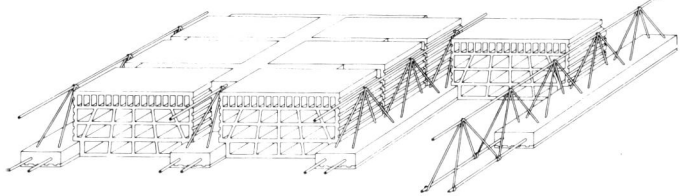

Abb. 93.

Stahlbetonrippendecke mit statisch mitwirkenden Deckenziegeln

Die als „Ziegelfertigteildecken" bezeichneten Deckensysteme bestehen aus teilweise vorgefertigten Rippen und Zwischenbauteilen aus Ziegeln. Diese lagern auf den unteren Vorsprüngen der Rippen mindestens 25 mm tief auf.

Ziegelabmessungen: Die Breite der Zwischenbauteile (333, 500, 625 und 750 mm) ergibt sich aus den Rippenachsabständen. Längen und Dicken entsprechen den für Deckenziegel nach b) geltenden Werten.

Druckfestigkeiten und Rohdichten: wie a) Deckenziegel für Stahlsteindecken.

d) Ziegel für vorgefertigte Wandtafeln

Bezeichnung: ZWV – Ziegel für vollvermörtelbare Stoßfugen für Wandtafeln
ZWT – Ziegel für teilvermörtelbare Stoßfugen für Wandtafeln

Ziegelabmessungen: Die Wandziegel entsprechen in Form und Abmessungen den Deckenziegeln nach a). Ziegel für Außenwandtafeln dürfen an ihrer Außenseite statisch nicht mitwirkende und nicht vermörtelbare Lochkanäle aufweisen.

Druckfestigkeiten und Rohdichten

Rohdichte (kg/dm^3)			Druckfestigkeit (N/mm^2)	
			Mittelwert	kleinster Einzelwert
0,60	0,80	1,00	16,0 22,5	12,5 18,0
0,80	1,00	1,20	22,5 30,0	18,0 24,0
1,00	1,20		45,0	38,0

5.1.5.2. Statisch nicht mitwirkende Deckenziegel nach DIN 4160

Statisch nicht mitwirkende Ziegel werden verwendet:

- als Deckenziegel für Stahlbetonrippendecken mit Ortbetonrippen (Form A)
- als Zwischenbauteile für Stahlbetonrippendecken mit ganz oder teilweise vorgefertigten Rippen (Form B)
- als Deckenziegel für Balkendecken mit Ortbetonrippen (Form C)
- als Zwischenbauteile für Balkendecken mit ganz oder teilweise vorgefertigten Rippen (Form D)

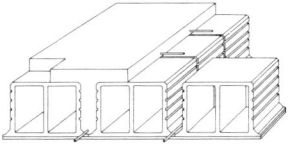

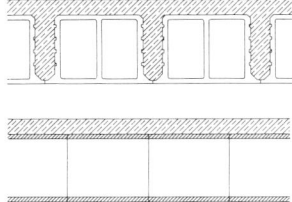

Abb. 94.

Stahlbetonrippendecke mit statisch nicht mitwirkenden Zwischenbauteilen aus Ziegeln

Verwendung von Deckenziegeln nach DIN 4160; mindestens 5 cm dicke Betondruckplatte mit Querbewehrung erforderlich

In den genannten Deckensystemen werden die Ziegel lediglich als Füllkörper oder Schalkörper eingesetzt.

Ziegelabmessungen: Die Breiten sind auf die Rippenachsmaße von 333, 500, 625 und 750 mm abgestimmt. Die Regellängen betragen 250 und 333 mm. Die Dicken sind so gewählt, daß sich die Dicken der Rohdecken ab 115 mm um jeweils 25 mm erhöhen.

Rohdichten: Mittelwert höchstens 0,60 und 0,80 kg/dm^3.

Festigkeiten: An die Ziegelfestigkeiten werden keine Anforderungen gestellt. Wegen der Beanspruchung beim Einbau werden aber Bruchlasten bei der Biegeprüfung von mindestens 2 kN, 3 kN und 4 kN je nach Ziegellänge gefordert.

5.1.5.3. Tonhohlplatten (Hourdis) und Hohlziegel nach DIN 278

Es sind folgende Ziegelformen zu unterscheiden:

- Tonhohlplatten (Hourdis) als Zwischenbauteile für Decken (HD)
- Hohlziegel für vorgefertigte Verbundtafeln (HV)
- Hohlziegel für vorgefertigte Wandtafeln (HW)
- Langlochziegel für leichte Trennwände (HT)

Tonhohlplatten (HD) haben Rechteckquerschnitt und weisen Längen zwischen 500 und 1 000 mm, Breiten von 200 und 250 mm und Dicken zwischen 60 und 120 mm auf. Sie sind in die Rohdichteklassen 0,8 und 1,0 kg/dm^3 eingeordnet. Die bei der Biegeprüfung geforderten Mindestbruchlasten sind von den Querschnittsabmessungen abhängig.

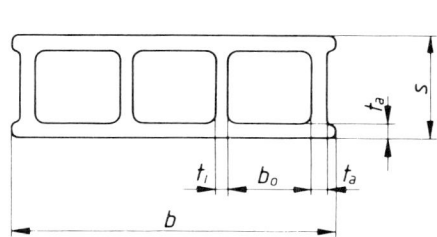

Abb. 95.

Beispiel (HD)

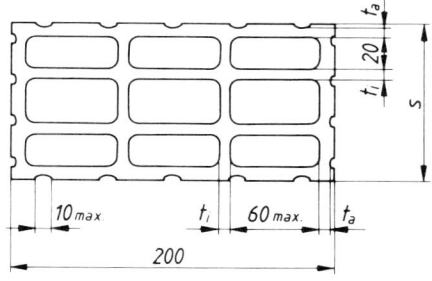

Abb. 96.

Tonhohlplatten (Hourdis) als Langlochziegel für leichte Trennwände (HT)

Hohlziegel (HV) werden als tragende Teile in vorgefertigte Montagewände eingebaut. Sie weisen Rechteckquerschnitt auf und sind an den Außenwandungen profiliert. Die Breiten betragen 200 bis 313 mm, die Längen 250 und 330 mm und die Dicken 80 bis 140 mm. Sie sind in die Rohdichteklassen 0,8 1,0 und 1,2 kg/dm^3 und entsprechend ihrer Druckfestigkeit in Richtung der Lochkanäle in die Klassen 6,0; 12,5; 18,0; 24,0 und 38,0 N/mm^2 eingeteilt.

Hohlziegel (HW) sind ähnlich Tonhohlplatten (HD) ausgebildet. Sie sind in die Rohdichteklassen 0,8; 1,0 und 1,2 kg/dm^3 eingeteilt, denen die Druckfestigkeitsklassen 6,0; 12,5 und 18 N/mm^2 zugeordnet sind.

Langlochziegel (HT) für leichte Trennwände sind den Tonhohlplatten ähnlich. Sie weisen bei Dicken von 100 und 120 mm Rohdichten von 0,8 und 1,0 kg/dm^3 auf. Die Druckfestigkeit in Lochrichtung muß mindestens 2,5 N/mm^2 betragen.

5.1.6. Dachziegel

Norm: DIN 456   (8.76)   Dachziegel; Anforderungen, Prüfung, Überwachung
EDIN 456 A 1   (12.89)   Dachziegel; Anforderungen, Prüfung, Überwachung; Änderung 1

5.1.6.1. Dachziegelarten

Dachziegel sind flächige, keramische Bauteile zur Deckung von geneigten Dachflächen. Sie werden aus tonigen Massen, ggf. mit Zusätzen geformt und in natürlicher Brennfarbe, durchgehend gefärbt, engobiert (Engobe = mitgebrannte farbige Tonschlämme), glasiert oder gedämpft gebrannt.

Dachziegel werden nach der Art der Herstellung in Preßdachziegel und Strangdachziegel unterteilt. **Preßdachziegel** (Beispiele Abb. 97) haben einen oder mehrere Kopf-, Fuß- und/ oder Seitenfalze (z. B. Falzziegel, Flachdachpfannen) oder sind konisch geformt ohne Verfalzung (z. B. Mönch und Nonne). **Strangdachziegel** (Beispiele Abb. 98) werden ohne oder mit Seitenverfalzung hergestellt (z. B. Biberschwanzziegel, Hohlpfannen, Strangfalzziegel). Zu beiden Ziegelarten werden nicht genormte Formziegel, wie z. B. First- und Gratziegel, Ortgangziegel, Kehlziegel, Lüftungsziegel usw. geliefert. Dachziegel werden handelsüblich nach Sorte I und Sorte II unterschieden. Bei der Sorte II sind lediglich die zulässigen Maßtoleranzen größer.

5.1.6.2. Anforderungen

Oberflächenbeschaffenheit. Die Oberfläche soll rißfrei sein und keine Deformierungen aufweisen.

Maße. Die Maße werden vom Hersteller festgelegt. Bei nicht verfalzten Dachziegeln sind die Breiten- und Längenmaße, bei verfalzten Dachziegeln die Deckmaße kennzeichnend. Abweichungen von ± 2% sind zulässig.

Formhaltigkeit. Verkrümmungen und Flügeligkeit sind nur innerhalb der in DIN 456 festgelegten Abmaße zulässig.

Wasserundurchlässigkeit. Dachziegel gelten als wasserundurchlässig, wenn bei der Belastung mit einer 50 mm hohen Wassersäule ein Tropfenabfall an der Ziegelunterseite nicht vor 3 Stunden eintritt.

Frostbeständigkeit. Für die Beurteilung der Frostbeständigkeit ist das Verhalten der Ziegel auf dem Dach maßgebend. Ein genormtes Prüfverfahren wird vorbereitet.

Gehalt an schädlichen Stoffen. Ausblühfähige Salze, Kalkeinschlüsse sowie andere schädliche Stoffe dürfen nicht in solchen Mengen vorhanden sein, daß hierdurch Schäden hervorgerufen werden, die die Dachziegel für die Bildung einer regensicheren Dachhaut unbrauchbar machen.

Tragfähigkeit. Lufttrockene Dachziegel müssen bei der Biegeprüfung mit 25 cm Stützweite und einer mittigen Einzellast mindestens folgende Tragfähigkeiten erreichen:

Dachziegelart	Formen	Mittelwert aus 6 Prüfungen kN	kleinster Einzelwert kN
Preßdachziegel	alle Formen	1,50	1,20
Strangdachziegel	Hohlpfanne	1,50	1,20
	sonstige Formen	0,50	0,40

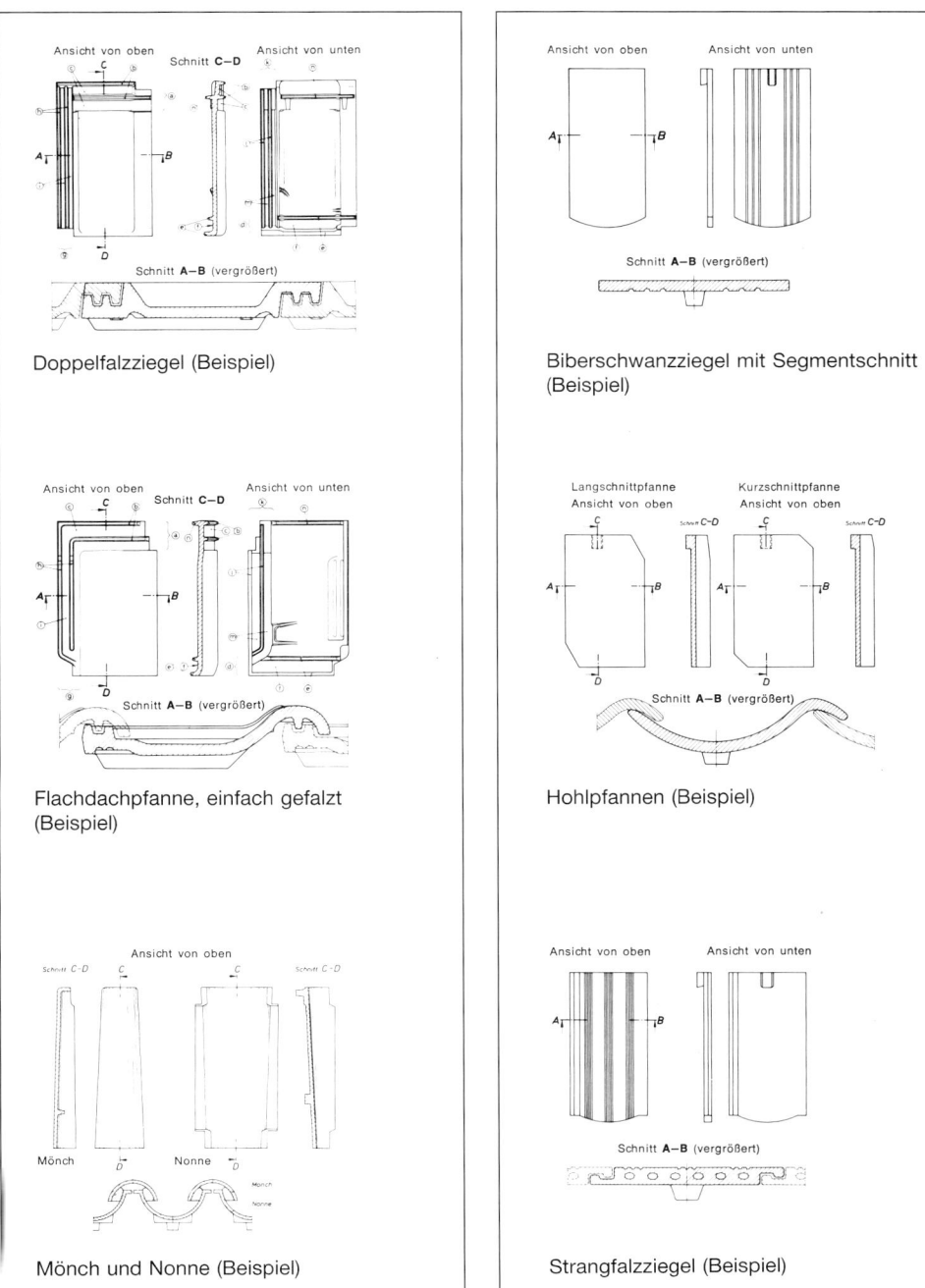

Doppelfalzziegel (Beispiel)

Flachdachpfanne, einfach gefalzt
(Beispiel)

Mönch und Nonne (Beispiel)

Biberschwanzziegel mit Segmentschnitt
(Beispiel)

Hohlpfannen (Beispiel)

Strangfalzziegel (Beispiel)

Abb. 97.
Preßdachziegel

Abb. 98.
Strangdachziegel

5.1.6.3. Ausführung von Ziegeldächern

Dachneigung

Für die Eindeckung geneigter Dachflächen mit Dachziegeln gelten die „Regeln für Dachdek-kungen mit Dachziegeln". Eine der wichtigsten Festlegungen der Dachdeckerregeln ist die Regeldachneigung. Für jedes Dachziegelmodell ist eine Regeldachneigung festgelegt. Sie wird als die untere Dachneigungsgrenze verstanden, bei der sich eine Deckung in der Praxis als ausreichend regensicher erwiesen hat. Bei Unterschreitung der Regeldachneigung oder wenn klimatische Verhältnisse, Dachausbauten oder sehr steile oder flache Dachneigungen erhöhte Anforderungen an das Dach stellen, sind zusätzliche Maßnahmen zur Abdichtung bzw. Sicherung der Dachkonstruktion erforderlich. Als zusätzliche Maßnahmen gelten z. B.: Verklammerung, Mörtelverstrich, Papp- oder Strohdocken und Unterspannbahnen.

Werkstoffe für die Deckung

Dachlatten werden nach statischen Erfordernissen (Sparrenabstand, Dachziegelgewicht, Dachneigung, Schnee- und Windlast) bemessen. Handelsübliche Querschnitte sind z. B.: 24/48, 30/50 und 40/60 mm. Bretter können bei Kehlen, Traufen u. ä. als Unterlage, bei Firsten, Graten u. ä. zur Befestigung der Formziegel und zur Herstellung der Dachschalung dienen. Werkstoffe für die Unterlage sind weiter: wasserfeste Bauplatten, Bitumen- und Polymerdach-bahnen, Kunststoff-Formteile. Nägel, Schrauben, Klammern u. ä. zur Befestigung von Dach-latten und Brettern müssen mindestens korrosionsgeschützt sein. Vermörtelungen von Firsten und Graten sind in Kalkzementmörtel (auch Fertigmörtel) auszuführen.

Dachziegelgewichte

Die Dachziegelgewichte sind als Rechenwerte zur Ermittlung der Eigenlasten in DIN 1055 Teil 1 für 1 m^2 Dachfläche ohne Sparren, Pfetten und Dachbinder angegeben. Die Gewichte gelten, soweit nichts anderes festgelegt ist, ohne Vermörtelung, aber einschließlich der Latten. Bei einer Vermörtelung sind 0,1 kN/m^2 zuzuschlagen.

Biberschwanzziegel	
bei Spließdach (einschl. Schindeln)	0,60 kN/m^2
bei Doppeldach und Kronendach	0,75 kN/m^2
Falzziegel, Reformpfannen, Falzpfannen,	
Flachdachpfannen	0,55 kN/m^2
Großformatige Pfannen (bis zu 10 Stück je m^2)	0,50 kN/m^2
Kleinformatige Biberschwanzziegel und Sonderformate	
(Kirchen-, Turmbiber usw.)	0,95 kN/m^2
Krempziegel, Hohlpfannen	0,45 kN/m^2
Krempziegel, Hohlpfannen in Pappdocken verlegt	0,55 kN/m^2
Mönch und Nonne (mit Vermörtelung)	0,90 kN/m^2
Strangfalzziegel	0,60 kN/m^2

Lüftung von Ziegeldächern

Feuchtigkeit muß durch eine ausreichende Lüftung des Dachraumes abgeführt werden.

– Bei **nichtausgebauten Dächern** (Abb. 99a) stellt i. a. das große Luftvolumen im Dachraum und eine ausreichende Anzahl von Öffnungen an Traufen und First den Feuchte- und Temperaturausgleich her.

– Bei **nichtausgebauten Dächern mit Unterspannbahnen,** aber keiner Wärmedämmung (Abb. 99b) ist sowohl der Raum zwischen Unterspannbahn u. ä. und Dachdeckung als auch der Raum unter der Unterspannbahn u. ä. an Traufe und First zu lüften.

– Bei **ausgebauten** und **wärmegedämmten Dächern** (Abb. 99c) entfällt der Luftspeicher. Er muß konstruktiv durch Unterlüftung der Dachhaut ersetzt werden. Hierfür ist eine mindestens 2 cm hohe belüftete Ebene oberhalb der Wärmedämmung vorzusehen, die an der Traufe belüftet und am First entlüftet wird. Die Zuluftquerschnitte an der Traufe betragen mindestens 2‰, die Abluftquerschnitte am First mindestens 0,5‰ der zugehörigen Dachfläche.

Angaben zur Lüftung wärmegedämmter Dächer und zur Sicherung der Funktionsfähigkeit von Wärmedämmschichten enthält DIN 4108 „Wärmeschutz im Hochbau".

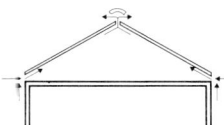
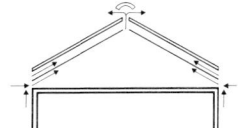
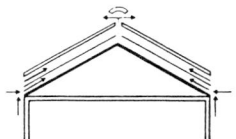

a) Dach ohne zusätzliche Maßnahmen, trockene Verlegung, bauphysikalisch problemlos

b) Dach mit Unterspannbahn oder mit Unterdach, nicht ausgebaut

c) Dach mit zusätzlichen Maßnahmen und mit Unterdach, ausgebaut. Wärmedämmung

Abb. 99. Lüftung von Ziegeldächern

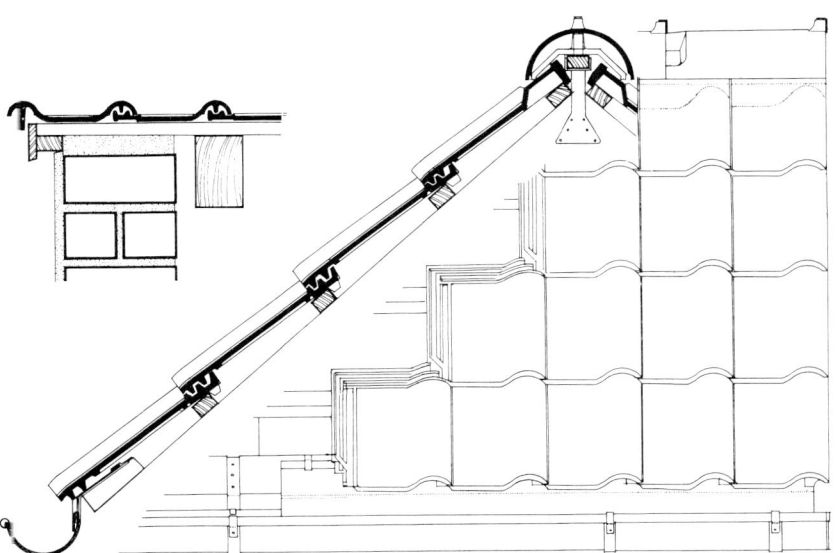

Abb. 100. Flachpfannendeckung

5.1.7. Keramische Fliesen und Platten

Normen: DIN EN 87   (1.92) Keramische Fliesen und Platten für Bodenbeläge und Wandbekleidungen; Begriffe, Klassifizierung, Anforderungen und Kennzeichnung

DIN EN 121   (12.91) Stranggepreßte keramische Fliesen und Platten mit niedriger Wasseraufnahme $E \leqq 3\%$ (Gruppe A I)

DIN EN 159   (12.91) Trockengepreßte keramische Fliesen und Platten mit hoher Wasseraufnahme $E > 10\%$ (Gruppe B III)

DIN EN 176   (1.92) Trockengepreßte keramische Fliesen und Platten mit niedriger Wasseraufnahme $E \leqq 3\%$ (Gruppe B I)

DIN EN 177   (12.91) Trockengepreßte keramische Fliesen und Platten mit einer Wasseraufnahme $3\% < E \leqq 6\%$ (Gruppe B IIa)

DIN EN 178   (12.91) Trockengepreßte keramische Fliesen und Platten mit einer Wasseraufnahme $6\% < E \leqq 10\%$ (Gruppe B IIb)

DIN EN 186 T 1 u. 2 (12.91) Keramische Fliesen und Platten; Stranggepreßte keramische Fliesen und Platten mit einer Wasseraufnahme von $3\% < E \leqq 6\%$ (Gruppe A IIa); Teil 1 und 2

DIN EN 187 T 1 u. 2 (12.91) Keramische Fliesen und Platten; Stranggepreßte keramische Fliesen und Platten mit einer Wasseraufnahme von $6\% < E \leqq 10\%$ (Gruppe A IIb); Teil 1 und 2

DIN EN 188   (12.91) Keramische Fliesen und Platten; Stranggepreßte keramische Fliesen und Platten mit einer Wasseraufnahme von $E > 10\%$ (Gruppe A III)

DIN 18 158   (9.86) Bodenklinkerplatten

In DIN EN 87 wird eine Einteilung der keramischen Fliesen und Platten nach dem **Herstell- bzw. Formgebungsverfahren** und der **Wasseraufnahme** vorgenommen (siehe Tafel 67).

Tafel 67: Klassifizierung der keramischen Fliesen und Platten nach Produktgruppen und -normen

Formgebungsverfahren	Wasseraufnahme E			
	I $E \leqq 3\%$	IIa $3\% < E \leqq 6\%$	IIb $6\% < E \leqq 10\%$	III $E > 10\%$
A Stranggepreßte Fliesen und Platten	Gruppe A I DIN EN 121	Gruppe A IIa DIN EN 186	Gruppe A IIb DIN EN 187	Gruppe A III DIN EN 188
B Trockengepreßte Fliesen und Platten	Gruppe B I DIN EN 176	Gruppe B IIa DIN EN 177	Gruppe B IIb DIN EN 178	Gruppe B III DIN EN 159
C Gegossene Fliesen und Platten	Gruppe C I DIN EN . . .	Gruppe C IIa DIN EN . . .	Gruppe C IIb DIN EN . . .	Gruppe C III DIN EN . . .

Die **feinkeramischen Steingutfliesen (STG)** und **Irdengutfliesen (IG)** sind demnach der Gruppe B III (Trockengepreßte keramische Fliesen und Platten mit hoher Wasseraufnahme $E > 10\%$ nach DIN EN 159) zuzuordnen.

Die **feinkeramischen Steinzeugfliesen (STZ)** sind in die Gruppe B I (Trockengepreßte keramische Fliesen und Platten mit niedriger Wasseraufnahme $E \leqq 3\%$ nach DIN EN 176) einzuordnen.

Für die **grobkeramischen Bodenklinkerplatten** gilt DIN 18158, für die **Spaltplatten** gelten DIN EN 121 und DIN EN 186.

5.1.7.1. Trockengepreßte keramische Fliesen und Platten

a) Fliesen und Platten mit hoher Wasseraufnahme E > 10%

Steingutfliesen (STG) mit weißem oder leicht getöntem Scherben und Irdengutfliesen (IG) mit farbigem Scherben bestehen aus einer Mischung von Ton, Kaolin, Quarzsand und Kreide, die in Stahlformen gepreßt und bei Temperaturen über 1000 °C (STG) bzw. um 1000 °C (IG) gebrannt wird. Nach dem ersten Brand, bei dem keine Sinterung erfolgt, wird auf den porösen Scherben eine Glasur aufgebracht, die durch einen zweiten Brand sintert (Glattbrand).

Die Fliesen sind nicht frostbeständig und dürfen daher nur zur Wand- und Bodenbekleidung im Innenbereich verwendet werden.

Die **Fliesenabmessungen** sind durch das modulare Koordinierungsmaß C oder das Nennmaß N bestimmt; beide sind jeweils um die Fugenbreite größer als das Werkmaß W. Die zulässigen Abweichungen beziehen sich auf das Werkmaß W. In DIN EN 159 sind für das Koordinierungsmaß modulare Vorzugsmaße (z. B.: M 30×30 cm), aber auch verbreitete Nennmaße handelsüblicher Fliesen und Platten (z. B.: 20×20 cm) angegeben.

Die **Güteanforderungen** beziehen sich auf Maße und Oberflächenbeschaffenheit, sowie auf physikalische und chemische Eigenschaften, wie z. B. Biegefestigkeit, Längen- und Säurebeständigkeit u. a. Die jeweils anzuwendenden Prüfverfahren sind in gesonderten DIN EN-Normen festgelegt (z. B. DIN EN 100: Bestimmung der Biegefestigkeit, DIN EN 122: Bestimmung der chemischen Beständigkeit).

Fliesen und Platten sind nach folgendem Beispiel zu bezeichnen:

Trockengepreßte Fliesen und Platten, DIN EN 159, B III, M 15 cm × 15 cm (W 148 mm × 148 mm), GL
Es ist: M = modulares Maß, W = Werkmaß, GL = glasiert.

b) Fliesen und Platten mit niedriger Wasseraufnahme E ≤ 3%

Steinzeugfliesen (STZ) sind durch einen feinkörnigen, kristallinen und dichtgesinterten Scherben gekennzeichnet, der hohe Festigkeit, Frostbeständigkeit und chemische Widerstandsfähigkeit aufweist. Sie eignen sich daher für Wand- und Bodenbeläge im Innen- und Außenbereich von Bauten.

Steinzeugfliesen können **glasiert** (STZ-GL) und **unglasiert** (STZ-UGL) hergestellt werden. Die Oberfläche unglasierter Fliesen wird glatt, gerauht oder profiliert hergestellt.

Für die **Fliesenabmessungen** gilt Absatz a) sinngemäß. Neben den genormten Quadrat- und Rechteckformaten werden Fliesen in Sonderformaten und -formen hergestellt, z. B.:

— Steinzeugriemchen (Seitenverhältnis ≥ 3 : 1; Fläche > 90 cm^2)
— Mosaik (Fläche < 90 cm^2)
— Großplatten (z. B. 60 cm×60 cm)
— Formstücke für Sockel, Rinnen, Kanten usw.

Güteanforderungen wie an Fliesen und Platten mit E > 10% (siehe Absatz a). Zusätzlich ist die Frostbeständigkeit nach DIN EN 202 zu überprüfen.

Verarbeitungsrichtlinien:

DIN 18515 T 1	(4.93)	Außenwandbekleidungen; Angemörtelte Fliesen oder Platten; Grundsätze für Planung und Ausführung
DIN 18352	(12.92)	VOB; Teil C; Fliesen- und Plattenarbeiten
DIN 18157 T 1	(7.79)	Ausführung keramischer Bekleidungen im Dünnbettverfahren; Hydraulisch erhärtende Dünnbettmörtel
T 2	(10.82)	—; Dispersionsklebstoffe
T 3	(4.86)	—; Epoxidharzklebstoffe

Die Verarbeitungsrichtlinien gelten für Fliesen und Platten mit hoher und niedriger Wasseraufnahme.

5.1.7.2. Grobkeramische gesinterte Erzeugnisse

a) Keramische Spaltplatten

Keramische Spaltplatten und Spaltplatten-Formteile (z. B. Hohlkehlen, Kehlsockel, Schenkel) werden zur Herstellung frost- und ggf. säurebeständiger Wand- und Bodenbeläge, insbesondere im Fassaden-, Schwimmbecken- und Behälterbau verwendet.

Die Spaltplatten werden durch Strangpressen zu Doppelplatten geformt und nach dem Brennen zu Einzelplatten aufgespalten. Die schwalbenschwanz- oder rillenförmige Profilierung auf der Rückseite verbessert den Verbund mit dem Verlegemörtel.

Die Ansichtsflächen können glasiert (GL) und unglasiert (UGL) sein. Es wird zwischen Spaltplatten E3 mit hellem oder grauweißem Scherben (Wasseraufnahme E <3 M.-%) und Spaltplatten E6 mit farbigem Scherben (Wasseraufnahme E <6 M.-%) unterschieden.

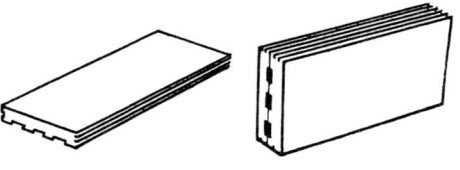

Abb. 101.

Spaltplatten: Doppelstück und Einzelstück

Abmessungen (Vorzugsmaße in mm):

Breite×Länge: 115×240, 52×240, 240×240, 94×194, 194×194 mm
Dicke: 6 bis 40 mm

Anforderungen werden an Maße, Form und Oberflächenbeschaffenheit, sowie an physikalische und chemische Eigenschaften gestellt. Insbesondere muß die Biegefestigkeit bei E3-Spaltplatten im Mittel $>25 \, N/mm^2$ und bei E6-Spaltplatten $>20 \, N/mm^2$ sein. In allen Fällen wird Frostbeständigkeit gefordert. Die einzelnen Prüfverfahren sind in DIN EN-Normen beschrieben (z. B. DIN EN 100 „Keramische Fliesen und Platten; Bestimmung der Biegefestigkeit").

b) Ziegel- und Klinkerriemchen

Herstellung im gleichen Verfahren wie Ziegel. Verwendung zur dünnwandigen Fassadenbekleidung. Farblich unterschiedlich.

Herstellung auch als gelochte Riemchen durch Längshalbierung (gebietsweise auch „Sparverblender" genannt) (Abb. 102).

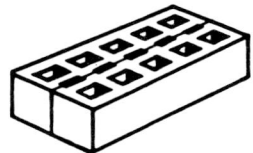

Abb. 102.

Doppel-Lochklinkerriemchen

Breite (Einbautiefe) 30, 40, 52 mm; Länge 240 mm; Höhe 40, 52, 65, 71 mm. Befestigung am Untergrund durch Haftverbund des Mörtels, durch rostfreie Drahtanker sowie Sicherung durch Aufstandsflächen.

Verarbeitung von Platten und Riemchen siehe DIN 18515 „Außenwandbekleidungen" und VOB, DIN 18352 „Fliesen- und Plattenarbeiten". Für Dünnbett-Spaltplatten siehe auch DIN 18157 „Ausführung keramischer Bekleidungen im Dünnbettverfahren".

c) Bodenklinkerplatten

Unglasierte Bodenklinkerplatten werden vorwiegend im gewerblich genutzten Bereich, im Wohnbereich als Balkon- und Terrassenbelag, sowie für Gehwege verwendet.

Abmessungen (Vorzugsmaße in mm):

Breite × Länge: 290×290, 240×240, 115×240, 194×194, 94×194 mm
Dicke: 10, 15, 20, 25, 30, 35, 40 mm

Bodenklinkerplatten müssen Anforderungen an Maße, Form und Oberflächenbeschaffenheit erfüllen und folgende Eigenschaften aufweisen:

Biegefestigkeit: Mittelwert >20 N/mm^2
                   Einzelwert >15 N/mm^2

Schleifverschleiß: Mittelwert <10 cm^3/50 cm^2
                    Einzelwert <12 cm^3/50 cm^2

Wasseraufnahme: Mittelwert: <3 M.-%
                   Einzelwert: <4 M.-%

Frostbeständigkeit wird gefordert.

In besonderen Fällen müssen Druckfestigkeit (>150 N/mm^2), Längenausdehnungskoeffizient (5 bis 8 · 10^{-6}/K), sowie Beständigkeit gegen Temperaturwechsel und Chemikalien nachgewesen werden.

d) Steinzeugrohre

DIN EN 295 Teil 1 (11.91) Steinzeugrohre und Formstücke sowie Rohrverbindungen für Abwasserleitungen und -kanäle; Anforderungen
Teil 2 (11.91) –; Güteüberwachung und Probenahme
Teil 3 (11.91) –; Prüfverfahren

Unter Steinzeug werden grobkeramische aus Ton bis zur Sinterung (1150 °C) dichtgebrannte und mit einer keramischen Glasur überzogene wasserdichte Erzeugnisse verstanden, die von sauren und alkalischen Wässern nicht angegriffen werden.

Ausbildung von Steinzeugrohren:

Nennweiten (DN): 100 bis 1200 mm, Sonderanfertigungen bis 2000 mm.
Regelbaulängen in Abhängigkeit von DN: 500 – 750 – 1000 – 1250 – 1500 – 2000 mm.

Ausführung in Normalwanddicken (N), ab DN 200 auch mit verstärkter Wanddicke (V) (etwa 1,5fache Normalwanddicke).

Die frühere Rillung der Muffen und Spitzenden zur Dichtung mit Teerstrick und Teerverschluß sind zugunsten werkseitig angebrachter dichtschließender Kunststoff-Steckmuffen-Verbindung entfallen.
Bis DN 200: Steckmuffe L als Lippendichtring in Muffe eingebaut.
Ab DN 200: Steckmuffe K (zweiteilig) am Spitzende und in der Muffe eingebaut.

Güteanforderungen:

Prüfung auf Maßhaltigkeit, Scheiteldruckfestigkeit, Biegezug-, Spalt- und Druckfestigkeit von Bruchstücken, Beschaffenheit (Fehlstellen), Wasserdichtheit, Korrosionsbeständigkeit, Wandrauhheit und Abriebwiderstand.

5.1.8. Feuerfeste keramische Baustoffe

DIN 1081   (01.88) Feuerfeste Baustoffe; Feuerfeste Rechtecksteine, Maße
DIN 1082   (8.70)   Feuerfeste Baustoffe; Feuerfeste Halb- und Ganzwölber, Maße
DIN 1089 Teil 1 (02.95) Feuerfeste Werkstoffe für Koksöfen; Silikasteine; Anforderungen und Prüfung

Feuerfeste Steine sind bis 1500 °C, hochfeuerfeste Steine bis 1800 °C beständig. Sie werden zur Auskleidung von Herden, Industrieöfen, Schornsteinen usw. verwendet.

Schamottesteine und **Schamotterohre** werden aus feuerbeständigem Ton unter Zusatz von gemahlenem, gebranntem Schamotteton (Schamottemehl) bei über 1250 °C gebrannt. In Rauch- und Abgasschornsteinen werden Schamotterohre (Vierkant- und Rundrohre bis 60 cm Durchmesser) mit Ziegeln oder Mauersteinen ummauert oder in Leichtbeton-Formstücke eingesetzt. Zwischen Innenrohr und Mantel wird eine Dämmschicht (z. B. Perlite) eingefüllt.

Silika- und Dinassteine werden aus Quarzsand oder zerkleinertem Quarzsandstein mit Quarzmehl und wenig Ton bei etwa 1500 °C gebrannt. Hochfeuerbeständig.

Magnesitsteine werden aus Magnesit ($MgCO_3$) bei über 1500 °C bis zur Sinterung gebrannt. Hochfeuerbeständig.

5.2. Kalk- und zementgebundene Erzeugnisse

5.2.1. Aus Mörtel durch Dampfhärtung gefertigte Wandbausteine

5.2.1.1. Kalksandsteine (DIN 106)

Normen:	DIN 106 Teil 1	(9.80)	Kalksandsteine; Vollsteine, Lochsteine, Blocksteine, Hohlblocksteine
	E DIN 106 Teil 1 A 1	(9.89)	Kalksandsteine; Vollsteine, Lochsteine, Blocksteine, Hohlblocksteine; Änderung 1
	DIN 106 Teil 2	(11.80)	Kalksandsteine; Vormauersteine und Verblender
	E DIN EN 771 Teil 2	(9.92)	Festlegungen für Mauersteine; Teil 2: Kalksandsteine
	E DIN EN 772	(09./10.92)	Prüfverfahren für Mauersteine

a) Herstellung

Kalksandsteine sind Mauersteine, die aus einer Mischung von Kalk, kieselsäurehaltigen Zuschlägen (Sand) und Wasser hergestellt werden. Das Mischungsverhältnis Kalk zu Sand beträgt in Massenteilen etwa 1 zu 12. Nach der intensiven Vermengung wird das Mischgut in einen Reaktionsbehälter gefüllt, wo der Branntkalk in Gegenwart des Sandes zu Kalkhydrat ablöscht. Mit vollautomatischen Pressen werden anschließend die Steinrohlinge geformt und in Härtekesseln (Autoklaven) bei Temperaturen von 160 bis 200 °C unter Sattdampfdruck etwa 4 bis 8 Stunden gehärtet. Nach dem Abkühlen sind die Kalksandsteine gebrauchsfertig.

Durch den im hochgespannten Dampf erfolgenden chemischen Aufschluß der Kieselsäure entsteht auf der Oberfläche der Zuschläge mit dem Kalk eine Kalk-Kieselsäure-Verbindung (Calciumsilikathydrat), die eine widerstandsfähige Verkittung der angelösten Oberfläche der Zuschläge bewirkt.

b) Steinarten

KS-Vollsteine (KS) sind Mauersteine mit einer Steinhöhe von ≤ 113 mm, deren Querschnitt durch Lochung senkrecht zur Lagerfläche bis zu 15% gemindert sein darf.

KS-Lochsteine (KSL) sind, abgesehen von durchgehenden Grifföffnungen, fünfseitig geschlossene Mauersteine mit einer Steinhöhe von ≤ 113 mm, deren Querschnitt durch Lochung senkrecht zur Lagerfläche um mehr als 15% gemindert sein darf.

KS-Blocksteine (KS) sind, abgesehen von durchgehenden Grifföffnungen, fünfseitig geschlossene Mauersteine mit Steinhöhen von > 113 mm, deren Querschnitt durch Lochung senkrecht zur Lagerfläche bis zu 15% gemindert sein darf.

KS-Hohlblocksteine (KSL) sind, abgesehen von durchgehenden Grifföffnungen, fünfseitig geschlossene Mauersteine mit einer Steinhöhe von > 113 mm, deren Querschnitt durch Lochung senkrecht um mehr als 15% gemindert sein darf.

Tafel 68: KS-Steinarten und Anwendungsbereiche

Kalksandsteine DIN 106				Mauerwerk				Anwendungsbereich
	Festigkeitsklasse	Rohdichteklasse	Wanddicken cm	tragend	nicht tragend	Mörtel¹⁾	Ausführung der Stoßfugen	
Klein- und Mittelformate, Schichthöhe ≦ 12,5 cm								Außen- und Innenwände:
KS Vollsteine	12–20–28	1,6–1,8–2,0	11,5–17,5–24–30–36,5	x	x	N	vermörtelt	– hohes Tragvermögen
KSL Lochsteine	12–20	1,2–1,4–1,6	11,5–17,5–24–30–36,5	x	x	N		– hoher Schallschutz – hoher Brandschutz
Großformate, Schichthöhe ≧ 25 cm								– hoher Wärmeschutz in Verbindung mit Wärmedämmplatten
KS-R Blocksteine	12–20	1,8–2,0	11,5–17,5–24–30–36,5	x	x	N		– rationelle Bauweise
KS-R (P) Planblocksteine	12–20	1,6–1,8–2,0	11,5–17,5–24–30–36,5	x	x	D	vorzugsweise mörtelfrei verzahnt	– Sichtmauerwerk (KS Vb/KS Vb L, KS-Struktur)
KS-PE Planelemente	20	1,8–2,0	11,5–15–17,5–20–24–30	x	x	D		
KS L-R Hohlblocksteine	6–12	1,2–1,4–1,6	11,5–17,5–24–30–36,5	x	x	N		
KS L-R (P) Planhohlblocksteine	6–12	1,2–1,4–1,6	11,5–17,5–24–30–36,5	x	x	D		
KS-P7 Bauplatten	–	2,0	7	–	x	D	vermörtelt	nichttragende leichte Innenwände

¹) Mörtel: N = Normalmörtel   D = Dünnbettmörtel

KS-Vormauersteine (KS Vm) sind frostbeständige Kalksandsteine (25facher Frost-Tau-Wechsel) mindestens der Festigkeitsklasse 12.

KS-Verblender (KS Vb) sind frostbeständige Kalksandsteine mindestens der Festigkeitsklasse 20. An sie werden höhere Anforderungen hinsichtlich Ausblühungen und Verfärbungen, Maßabweichungen und Frostbeständigkeit (50facher Frost-Tau-Wechsel) gestellt als an Vormauersteine (KS Vm).

Block- und Hohlblocksteine werden als sogenannte „R (Ratio)-Blöcke" geliefert.

KS-R-Blocksteine und KSL-R-Hohlblocksteine für Mauerwerk mit mörtelfrei verzahnten Stoßfugen und 12 mm dicken Lagerfugen aus Normalmörtel.

KS-R(P)-Planblocksteine und KSL-R(P)-Planhohlblocksteine für Mauerwerk mit mörtelfreien Stoßfugen und 1 bis 3 mm dicken Lagerfugen aus Dünnbettmörtel.

KS Planelemente (KS-PE) sind 0,5 m hohe und 1,0 m lange Wandplatten für Mauerwerk in Dünnbettmörtel.

KS-Bauplatten (z. B. **KS-P7**) mit 7 cm Breite werden für nichttragende, leichte Innenwände hergestellt.

Einen Überblick über die unterschiedlichen KS-Steinarten gibt Tafel 68 (S. 259).

c) Steinmaße

Die Maße für Länge, Breite und Höhe von KS-Steinen und KS-Plansteinen sind in der Tafel 69 angegeben. Sie können beliebig untereinander kombiniert werden und entsprechen DIN 4172 „Maßordnung im Hochbau". Ergänzungssteine mit abweichenden Maßen sind zulässig, wenn sie DIN 4172 entsprechen. Für KS-Vormauersteine und KS-Verblender, die für nichttragende Verblendschalen verwendet werden sind ebenfalls abweichende Maße zulässig.

Tafel 69: KS-Maße

Länge[1] mm	Breite[2] [3] mm	Höhe mm
240	115	52
248	123	71
298	145	113
300	175	155
308	185	175
365	240	238
373	248	249
490	298	
498	300	
623	365	
	373	
	490	
	498	

[1] Bei Steinen mit Nut- und Federsystemen gelten die Maße als Abstand zwischen der Außenfläche der einen Stirnseite und der Nutengrundfläche der anderen Stirnseite.
[2] Steinbreite gleich Wanddicke
[3] Plansteine dürfen auch in den Breiten 150, 200, 225 und 275 mm hergestellt werden.

d) Anforderungen

Druckfestigkeit

KS-Steine sind in den Festigkeitsklassen 4 – 6 – 8 – 12 – 20 – 28 – 36 – 48 – 60 genormt, Vormauersteine (KS Vm) in den Festigkeitsklassen 12 bis 60 und Verblender (KS Vb) in den Festigkeitsklassen 20 bis 60.

Für die jeweilige Festigkeitsklasse müssen die in der Tafel 70 angegebenen Anforderungen an die Druckfestigkeit erfüllt werden. Die Prüfung der Druckfestigkeit erfolgt nach DIN 106 Teil 1 und 2, Abschn. 7.3.

Tafel 70: KS-Festigkeits- und Rohdichteklassen

Festigkeitsklasse[1])	4	6	8	12	20	28	36	48	60		
Mittelwerte der Druckfestigkeit in N/mm²	5	7,5	10	15	25	35	45	60	75		
Rohdichteklasse	0,6	0,7	0,8	0,9	1,0	1,2	1,4	1,6	1,8	2,0	2,2
Mittelwerte der Stein-rohdichten[2]) [3]) in kg/dm³	0,51 bis 0,60	0,61 bis 0,70	0,71 bis 0,80	0,81 bis 0,90	0,91 bis 1,00	1,01 bis 1,20	1,21 bis 1,40	1,41 bis 1,60	1,61 bis 1,80	1,81 bis 2,00	2,01 bis 2,20

[1]) Benennung nach dem kleinsten Einzelwert
[2]) auf den getrockneten Stein bezogen
[3]) Einzelwerte dürfen die Klassengrenzen um nicht mehr als 0,1 kg/dm³ unter- bzw. überschreiten

Stein-Rohdichte

KS-Steine sind in den Rohdichteklassen 0,6 – 0,7 – 0,8 – 0,9 – 1,0 – 1,2 – 1,4 – 1,6 – 1,8 – 2,0 – 2,2 genormt, Vormauersteine (KS Vm) und Verblender (KS Vb) in den Rohdichteklassen 1,0 bis 2,2. Die Mittelwerte der Stein-Rohdichten müssen für die jeweiligen Rohdichteklassen in den in Tafel 70 angegebenen Grenzen liegen.

Die Steinrohdichte wird aus der Masse der lufttrockenen bzw. gegebenenfalls konstant trockenen Steine und ihrem Volumen, einschließlich aller Hohlräume, nach DIN 106 Teil 1 und 2, Abschn. 7.2, bestimmt.

Frostbeständigkeit

Anforderungen an die Frostbeständigkeit werden nur an KS-Vormauersteine (KS Vm) und KS-Verblender (KS Vb) gestellt, die einer wiederholten Frost-Tauwechsel-Beanspruchung mit Temperaturen zwischen – 15 °C und + 20 °C unterzogen werden. KS-Vormauersteine (KS Vm) gelten als frostbeständig, wenn nach 25 Frost-Tauwechseln keine wesentlichen Schäden, wie z. B. Aufbauchungen der Flächen, Kavernen mit > 5 mm Durchmesser und eine Minderung der Kantenfestigkeit zu beobachten sind oder die Minderung der Druckfestigkeit nicht mehr als 20 % beträgt. Für KS-Verblender (KS Vb) gelten die gleichen Kriterien nach einer verschärften Prüfung mit 50 Frost-Tauwechseln. Die Durchführung der Prüfung ist in DIN 106 Teil 2, Abschn. 7.4, beschrieben.

Einschlüsse, Ausblühungen, Verfärbungen

KS-Verblender (KS Vb) müssen frei sein von schädlichen Einschlüssen (Pflanzenreste, kohleartige und lehmige oder tonige Bestandteile), die später zu Abblätterungen und Gefügestörungen sowie zu Ausblühungen und Verfärbungen führen können.

e) Bezeichnung und Kennzeichnung

Die Kurzbezeichnungen für die verschiedenen Steinarten, -formate und -eigenschaften setzen sich wie folgt zusammen:

Nach der maßgebenden Norm (DIN 106) werden Steinart, Festigkeits- und Rohdichteklasse angegeben. Die abschließende Formatangabe erfolgt mit Format-Kurzzeichen oder bei nicht in Tafel 69 aufgeführten Maßkombinationen mit den Steinmaßen.

> Beispiele: Kalksandstein DIN 106 – KSL–6–1,2–3DF
> Kalksandstein DIN 106 – KSL–R–12–1,2–12DF (240)

Die Kennzeichnung, aus der Herstellwerk, Festigkeits- und Rohdichteklasse hervorgehen, erfolgt durch Stempelaufdruck oder Farbstreifen auf mindestens jeden 200. Stein oder durch Beschriften der Verpackung. Für Vollsteine der Rohdichteklassen 1,6; 1,8 und 2,0 sowie für Loch-, Block- und Hohlblocksteine der Rohdichteklassen 1,4 und 1,6 und KS-Steine der Festigkeitsklasse 12 ist eine Kennzeichnung nicht erforderlich.

f) Anwendung im Bauwesen

KS-Mauerwerk

Tragendes KS-Mauerwerk zur Erstellung von Außen- und Innenwänden ist nach DIN 1053 Teil 1 und 2 zu berechnen und auszuführen. Für Sonderbauweisen, wie KS-Mauerwerk mit Stumpfstoß und Mauerwerk mit mörtelfreien Stoßfugen, sind zusätzlich geprüfte Typenberechnungen und bauaufsichtliche Zulassungen maßgebend.

DIN 1053 Teil 2 (7.84) enthält die Bemessungsverfahren für Mauerwerk nach Eignungsprüfung, während DIN 1053 Teil 1 (2.90) für die Bemessung von Rezeptmauerwerk gilt und Konstruktionsdetails und Ausführungsregeln beinhaltet.

KS-Mauerwerk für nichttragende Innenwände ist nach DIN 4103 Teil 1 (7.84) auszuführen.

Bauphysikalische Anforderungen und Brandschutzanforderungen an Hochbauten bzw. Mauerwerkswände sind in DIN 4108 (Wärmeschutz im Hochbau), DIN 4109 (Schallschutz im Hochbau), DIN 4102 (Brandverhalten von Baustoffen und Bauteilen) enthalten.

KS-Sichtmauerwerk

KS-Sicht- und Verblendmauerwerk aus Vormauersteinen (KS Vm) und Verblendsteinen (KS Vb) wird nach bautechnischen Bestimmungen, z. B. DIN 1053 Teil 1 ausgeführt. Im Gegensatz zur konstruktiven Ausführung gibt es für die gestalterische Beurteilung von Mauerwerks-Sichtflächen keine verbindlichen Regeln. Festgelegt sind lediglich die Soll-Fugendicke (Stoßfugen 1 cm, Lagerfugen 1,2 cm) und das Überbindemaß im Mauerwerk (0,4 h $<$ Ü $>$ 4,5 cm) sowie die zulässigen Maßabweichungen der Steine.

Für die Außenschale von zweischaligem KS-Verblendmauerwerk mit Kerndämmung mit und ohne Luftschicht sind KS-Verblender als Vollsteine zu vermauern.

Deckende Anstriche (z. B. Dispersionssilikat-, Silikonemulsions-, Kunststoffdispersions- und Siloxanfarben) und farblose Imprägnierungen (z. B. Silikon-, Silan-, Siloxan- und Kieselsäureimprägniermittel) vermindern die Feuchtigkeitsaufnahme des KS-Sichtmauerwerks bei Regen und Schlagregen und wirken einer Verschmutzung entgegen.

Grundsätzlich sollten nur geschlossene Anstrichsysteme verwendet werden, bei denen die einzelnen Anstrichschichten aufeinander abgestimmt sind. Durch den Hersteller sind insbesondere hohe Haftfestigkeit und Kälteelastizität, Alkali- und UV-beständigkeit und Wasserdampfdurchlässigkeit (Richtwert s_d $<$ 0,4 m) zu gewährleisten. Farblose Imprägnierungen können bereits kurz (etwa 4 Wochen) nach Fertigstellung des Gebäudes aufgebracht werden, deckende Anstriche dagegen erst frühestens nach 3 Monaten.

KS-Schornsteine

Nach DIN 18160 Teil1 (2.87) „Hausschornsteine" können Schornsteine einschalig (DIN 18150) und mehrschalig (DIN 18147) ausgeführt werden. Für einschalige Schornsteine sind KS-Vollsteine, für die Außenschale dreischaliger Schornsteine KS-Vollsteine und KS-Lochsteine (über Dach KS-Verblender) einsetzbar. Bei den vor allem aus energiewirtschaftlichen Überlegungen vorzuziehenden dreischaligen Hausschornsteinen mit beweglicher Innenschale (Innenrohrformstücke nach DIN 18147 Teil3 und 4) und Dämmstoffschicht (Dämmstoffe nach DIN 18147 Teil5) kann die Ummantelung mit vermörtelten, aber auch mörtelfreien Stoßfugen hergestellt werden.

5.2.1.2. Hüttensteine (DIN 398)

> Normen: DIN 398 (6.76) Hüttensteine – Vollsteine, Lochsteine, Hohlblocksteine
>
> DIN 398 ist hinsichtlich Steinarten, -formen, -maßen und -eigenschaften weitgehend an DIN 106 „Kalksandsteine" angelehnt.

a) Herstellung

Hüttensteine sind Mauersteine, die im wesentlichen aus einer Mischung von granulierter Hochofenschlacke (Hüttensand), Zement nach DIN 1164 oder anderen genormten hydraulischen Bindemitteln (auch Kalk nach DIN 1060) und Wasser hergestellt werden. Die Steinrohlinge werden geformt, durch Pressen oder Rütteln verdichtet und an der Luft unter Dampf oder in kohlesäurehaltigen Abgasen gehärtet.

b) Steinarten

Hütten-Vollsteine (HSV) sind ungelochte Mauersteine, deren Querschnitt durch Lochung senkrecht zur Lagerfläche bis 25% gemindert sein darf.

Hütten-Lochsteine (HSL) sind fünfseitig geschlossene Mauersteine mit mehrseitiger Lochung senkrecht zur Lagerfläche.

Hütten-Hohlblocksteine (HHbl) sind großformatige, fünfseitig geschlossene Mauersteine mit Hohlräumen senkrecht zur Lagerfläche.

c) Anforderungen

Steinmaße

Die Steinmaße müssen DIN 4172 „Maßordnung im Hochbau" entsprechen. Die zulässigen Abweichungen von den Nennmaßen sind in DIN 398 angegeben.

Rohdichte

Hüttensteine sind in die Rohdichteklassen 1,0 – 1,2 – 1,4 – 1,6 – 1,8 – 2,0 eingeteilt.

Die Rohdichte errechnet sich aus dem Steingewicht und dem Steinvolumen einschließlich aller Hohlräume.

Druckfestigkeit

Hüttensteine müssen spätestens 28 Tage nach der Herstellung die in der Tabelle angegebenen Druckfestigkeiten aufweisen:

Rohdichteklasse	Druckfestigkeit in (N/mm²)		Farbzeichen
	Mittelwert	kleinster Einzelwert	
1,0 bis 1,6	7,5	6,0	rot
1,0 bis 2,0	15,0	12,0	–
1,6 bis 2,0	25,0	20,0	weiß
1,8 bis 2,0	35,0	28,0	braun

Frostbeständigkeit

Frostbeständigkeit wird von Hüttensteinen mit den Druckfestigkeiten 15, 25 und 35 N/mm² gefordert, wenn diese als Vormauersteine verwendet werden sollen.

d) Kennzeichnung und Bezeichnung

Mindestens jeder 200. Stein ist mit einem Farbzeichen und einem Herstellerkennzeichen zu versehen. Bezeichnung (Beispiel): HSL 1,6–15–2DF DIN 398

5.2.1.3. Porenbetonsteine und -bauteile

Normen:	DIN 4165	(12.86)	Gasbeton-Blocksteine und Gasbeton-Plansteine
	E DIN 4165 A 2	(02.94)	Porenbeton-Blocksteine und Porenbeton-Plansteine; Änderung 2
	DIN 4166	(12.86)	Gasbeton-Bauplatten und Gasbeton-Planbauplatten
	E DIN 4166 A 2	(02.94)	Porenbeton-Bauplatten und Porenbeton-Planbauplatten; Änderung 2
	DIN 4223	(07.58)	Bewehrte Dach- und Deckenplatten aus dampfgehärtetem Gas- und Schaumbeton; Richtlinien für Bemessung, Herstellung, Verwendung und Prüfung (teilweise ersetzt durch DIN EN 678, 679, 680, 990, 991)
	E DIN EN 771 Teil 4	(9.92)	Festlegungen für Mauersteine; Teil 4: Porenbetonsteine
	E DIN EN 772	(09./10.92)	Prüfverfahren für Mauersteine

a) Herstellung von Porenbeton[1])

Quarzsand und geringe Mengen Flugasche werden feingemahlen oder feinkörnig mit den Bindemitteln Zement und/oder Kalk, Wasser und dem Treibmittel Aluminiumpulver zu einer dünnflüssigen Suspension gemischt und in Formwagen gegossen. Das Calciumhydroxid des Bindemittels und Aluminiumpulver reagieren unter Gasbildung (Wasserstoff), die zum Aufblähen des Mörtels führt und eine Porenstruktur entstehen läßt. Nach etwa zwei Stunden ist der Mörtel soweit verfestigt, daß er entschalt und maschinell zu Blöcken, Platten oder großformatigen Bauelementen geschnitten werden kann. Bei der Produktion von stahlbewehrten Montagebauteilen (Wand-, Dach- und Deckenplatten) werden vor dem Gußvorgang korrosionsgeschützte Bewehrungskörbe in die Gußformen montiert.

Die Härtung des Porenbetons erfolgt in Autoklaven, ähnlich wie Kalksandsteine (vgl. Abschn. 5.2.1.1.), unter hochgespanntem Dampf bei etwa 180 °C. Angestrebte Festigkeit und Raumbeständigkeit der Porenbeton-Produkte sind sofort nach dem Härteprozeß gewährleistet.

b) Porenbeton-Blocksteine und Porenbeton-Plansteine nach DIN 4165

Blocksteine nach DIN 4165 sind Vollsteine, die nach DIN 1053 Teil 1 und 2[2]) und DIN 4103 Teil 1 in üblicher Mauerwerkstechnik in Normal- oder Leichtmauermörtel versetzt werden. Die

---

[1]) Der Begriff „Gasbeton" wurde durch den Begriff „Porenbeton" ersetzt. Damit wird der Baustoff treffender und allgemeingültiger beschrieben.
[2]) Bis zu einer endgültigen Regelung für Plansteinmauerwerk nach DIN 1053 Teil 1 und 2 gelten hierfür allgemeine bauaufsichtliche/baurechtliche Zulassungen.

Lagerfugen sind stets vermörtelt, die Stoßfugen können alternativ vermörtelt, mit Mörtel vergoßen oder mit Nut und Feder bzw. glatt ohne Vermörtelung gestoßen werden.

Plansteine nach DIN 4165 sind Vollsteine, die nach DIN 1053 Teil 1 und 2 und DIN 4103 Teil 1 in Dünnbettechnik in 1 bis 3 mm dickem Dünnbettmörtel versetzt werden.

Die Rohdichte- und Festigkeitsklassen von Blocksteinen und Plansteinen sind in Tafel 71 zusammengestellt.

Tafel 71: Rohdichteklassen und Festigkeitsklassen von Porenbetonsteinen und -bauplatten

Porenbetonprodukte	Festigkeits-klasse	Mindestdruckfestigkeit (Steinfestigkeit)		Rohdichte	
		Mittelwert	kleinster Einzelwert	Klasse	Mittelwert
		[N/mm^2]	[N/mm^2]		[kg/dm^3]
Plansteine Blocksteine	2	2,5	2,0	0,35 0,40 0,45 0,50	≥ 0,30 bis 0,35 > 0,35 bis 0,40 > 0,40 bis 0,45 > 0,45 bis 0,50
	4	5,0	4,0	0,55 0,60 0,65 0,70 0,80	> 0,50 bis 0,55 > 0,55 bis 0,60 > 0,60 bis 0,65 > 0,65 bis 0,70 > 0,70 bis 0,80
	6	7,5	6,0	0,65 0,70 0,80	> 0,60 bis 0,65 > 0,65 bis 0,70 > 0,70 bis 0,80
	8	10,0	8,0	0,80 0,90 1,00	> 0,70 bis 0,80 > 0,80 bis 0,90 > 0,90 bis 1,00
Planbauplatten Bauplatten	–	–	–	0,35 0,40 0,45 0,50 0,55 0,60 0,65 0,70 0,80 0,90 1,00	≥ 0,30 bis 0,35 > 0,35 bis 0,40 > 0,40 bis 0,45 > 0,45 bis 0,50 > 0,50 bis 0,55 > 0,55 bis 0,60 > 0,60 bis 0,65 > 0,65 bis 0,70 > 0,70 bis 0,80 > 0,80 bis 0,90 > 0,90 bis 1,00

Block- und Plansteine müssen rechteckig und ebenflächig sein. Die Stirnflächen sind glatt, können aber auch mit Mörteltaschen und, bei Knirsch-Stößen, mit Nut und Feder versehen sein. Die wesentlichen Abmessungen sind den Tafeln 72 und 73 zu entnehmen.

Das Steingewicht ist auf etwa 26 kg begrenzt. Daher werden einige Steingrößen nur in bestimmten Rohdichteklassen hergestellt.

Porenbeton-Mauerwerk bedarf bei Verwendung als Außenmauerwerk eines Putzes oder Anstrichs.

Tafel 72: Abmessungen von Blocksteinen und Bauplatten

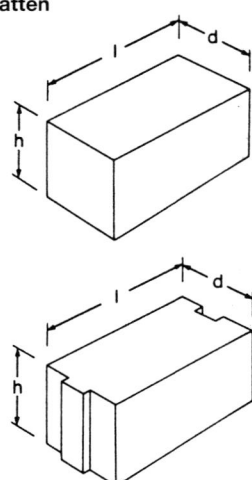

Blocksteine und Bauplatten
Länge: bis 615 mm
Höhe: bis 240 mm
Dicken/Breiten: 50; 75; 100; 115;
                125; 150; 175; 200;
                240; 300; 365; 375 mm

Blocksteine mit Nut und Feder
Länge: bis 624 mm
Höhe: bis 240 mm
Dicken/Breiten: 75; 100; 115; 125;
                150; 175; 200; 240;
                300; 365; 375 mm

c) Porenbeton-Bauplatten und Porenbeton-Planbauplatten nach DIN 4166

Bauplatten nach DIN 4166 werden für nichttragendes Mauerwerk nach DIN 4103 Teil 1 verwendet. Das Vermauern erfolgt in üblicher Fugendicke in Normal- oder Leichtmauermörtel. **Planbauplatten** nach DIN 4166 werden für nichttragende, leichte Trennwände verwendet. Das Vermauern erfolgt nach der Dünnbettechnik.

Die Rohdichteklassen von Bauplatten und Planbauplatten sind Tafel 71 zu entnehmen. Eine Zuordnung zu Festigkeitsklassen erfolgt nicht. Die Biegefestigkeit muß aber mindestens $0,4 \text{ N/mm}^2$ betragen.

Bauplatten und Planbauplatten müssen rechteckig und ebenflächig sein. Die Stirnflächen können glatt, mit Mörteltaschen und/oder Nut und Feder ausgebildet sein. Nut und Feder können auch in Lagerfuge von Planbauplatten vorhanden sein. Die wesentlichen Abmessungen sind den Tafeln 72 und 73 zu entnehmen.

Tafel 73: Abmessungen von Plansteinen und Planbauplatten

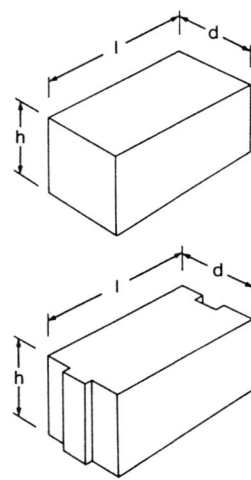

Plansteine und Bauplatten
Länge: bis 749 mm
Höhe: bis 249 mm
Dicken/Breiten: 50; 75; 100; 125;
                150; 175; 200; 240;
                250; 300; 365; 375 mm

Plansteine mit Nut und Feder
Länge: bis 749 mm
Höhe: bis 249 mm
Dicken/Breiten: 75; 100; 125; 150;
                175; 200; 250; 300;
                365; 375 mm

d) Bewehrte Porenbeton-Bauteile (Montagebauteile)

Zu den bewehrten Porenbeton-Bauteilen gehören Dach- und Deckenplatten, Wandplatten und Wandtafeln für tragende und nichttragende Innen- und Außenwände sowie Sonderbauteile, wie z. B. Stürze und Treppenstufen. Es gelten die einzelnen bauaufsichtlichen Zulassungen (DIN 4223 (07.58) „Bewehrte Dach- und Deckenplatten aus dampfgehärtetem Gas- und Schaumbeton" ist veraltet und soll neu gefaßt werden).

Die Bewehrung wird aus Betonstahlmatten aus BSt 500 G oder aus Rundstahl St 37-2R gefertigt. Eine spezielle Oberflächenbehandlung (z. B. mit Zementleim, bituminösen Anstrichen usw.) schützt den Stahl vor Korrosion.

Dach- und Deckenplatten werden bis 7500 mm Länge und und 750 mm Breite hergestellt. Sie sind an den Plattenlängsseiten mit Nut und Feder und/oder einer durchgehenden Vergußnut ausgestattet. Durch Fugenbewehrung und sogenannte „Betondübel" kann eine schubfeste Verbindung zwischen den Einzelplatten hergestellt und eine Scheibenwirkung erzielt werden. Dachscheiben aus Porenbetonplatten mit einer Scheibenstützweite bis 35 m können so z. B. zur Windaussteifung horizontal belasteter Gebäude in Längs- und Querrichtung herangezogen werden.

Liegend oder stehend angeordnete Wandplatten werden bis 7500 mm Länge, 750 mm Breite und 300 mm Dicke hergestellt. Sie werden i. d. R. zur Ausfachung von Skelettbauten aus Stahl, Stahlbeton oder auch aus Holz eingesetzt. Die Wandplatten werden als „nichttragende" Elemente bezeichnet, da sie neben den bauphysikalischen Funktionen lediglich die Ableitung der Eigen- und Windlasten auf die Tragkonstruktion übernehmen. Die Wandplatten können als raumabschließende Bauteile liegend (horizontal) oder stehend (vertikal) eingebaut werden. Im ersten Fall beträgt die maximal mögliche Wandhöhe ohne Zwischenabfangung 20 m. Im zweiten Fall kann mit zwei oder drei Platten übereinander eine Wandhöhe bis 12 m erreicht werden. Die Platten werden mit speziellen Befestigungsmitteln (Nagel- oder Ankerlaschen, Gewindebolzen, Ankerschlaufen u. ä., jeweils aus nichtrostendem Stahl) vor, zwischen oder hinter der tragenden Konstruktion verankert.

Geschoßhohe tragende bewehrte Wandtafeln werden bis zu 3500 mm Höhe, 1500 mm Breite und 300 mm Dicke hergestellt. Sie übernehmen neben den vertikalen auch horizontale Lasten, z. B. aus dem Erddruck, wenn sie zur Errichtung von Kellerwänden eingesetzt werden. Die Wandtafeln werden in Mörtel versetzt und in den senkrechten Fugen knirsch gestoßen. Die Verbindung der Tafeln untereinander in den vertikalen Fugen erfolgt bei Nut und Feder mit Dünnbettmörtel, bei Vergußnuten durch Verguß mit Zementmörtel.

Tafel enthält die wichtigsten Kenndaten bewehrter Porenbeton-Bauteile (Fa. Ytong). In Tafel 75 sind die Liefermaße zusammengestellt.

Tafel 74: Bewehrte Porenbeton-Bauteile (Produkte der Fa. YTONG)

Bauteil	Festigkeits-klasse	Rohdichte kg/dm³	Rechnungs-gewicht kN/m³	Druckfestig-keit N/mm²	Wärmeleit-fähigkeit λ_R W/mK
YTONG-Dachplatten	GB 3,3	0,50[1])	6,2	3,50	0,16
YTONG-Deckenplatten	GB 3,3	0,60	7,2	3,50	0,19
	GB 4,4	0,60	7,2	5,00	0,19
	GB 4,4	0,70	8,4	5,00	0,21
YTONG-Wandelemente	GB 3,3	0,50	6,2	3,50	0,16
	GB 3,3	0,60	7,2	3,50	0,19
	GB 4,4	0,60	7,2	5,00	0,19
	GB 4,4	0,70	8,4	5,00	0,21
YTONG-Stürze	GB 4,4	0,64	8,4	5,00	0,27

[1]) nur für YTONG-Dachplatten.

Tafel 75: Abmessungen von bewehrten Porenbeton-Bauteilen

Produkte	Abmessungen in cm	Festigkeitsklasse/ Rohdichte
YTONG-Wandelemente liegend, nichttragend stehend, nichttragend	Länge: bis 600 Breite: 62,5 Dicke: 15/17,5/20/24/30	GB 3,3/0,50 GB 3,3/0,60 GB 4,4/0,60 GB 4,4/0,70
YTONG-Wandelemente stehend, tragend	Höhe: bis 350 Breite: 62,5 Dicke: 15/17,5/20/24/30	GB 3,3/0,50 GB 4,4/0,70
YTONG-Deckenplatten	Länge: bis 600 Breite: 62,5 Dicke: 20/24	GB 4,4/0,60
YTONG-Dachplatten	Länge: bis 600 Breite: 62,5 Dicke: 15/17,5/20/24/30	GB 3,3/0,50 GB 3,3/0,60 GB 4,4/0,60

5.2.2. Wandbausteine und -platten aus Leichtbeton

Normen:	DIN 18148	(10.75)	Hohlwandplatten aus Leichtbeton
	DIN 18151	(9.87)	Hohlblöcke aus Leichtbeton
	DIN 18152	(4.87)	Vollsteine und Vollblöcke aus Leichtbeton
	DIN 18162	(3.76)	Wandbauplatten aus Leichtbeton, unbewehrt
	E DIN EN 771 Teil 3	(9.92)	Festlegungen für Mauersteine; Teil 3: Mauersteine aus Beton
	E DIN EN 772	(09./10.92)	Prüfverfahren für Mauersteine

Wandbausteine und -platten werden aus mineralischen Zuschlägen und hydraulischen Bindemitteln hergestellt. Als Bindemittel dürfen Zement nach DIN 1164 oder andere bauaufsichtlich zugelassene hydraulische Bindemittel verwendet werden. Die porigen Zuschläge (z. B. Naturbims, Blähton) müssen DIN 4226 Teil 2 (Leichtzuschlag) entsprechen. Unter Umständen können Zuschläge mit dichtem Gefüge entsprechend DIN 4226 Teil 1 sowie Zusatzstoffe und -mittel zugemischt werden. Steine, Blöcke und Platten werden in Stahlformen durch Vibrations- und Stampfeinwirkung geformt, verdichtet und nach dem Entschalen meist einer Wärmebehandlung unterzogen.

a) Vollsteine und Vollblöcke aus Leichtbeton (DIN 18152)

Als **Vollsteine** (V) werden Mauersteine mit einer Höhe bis zu 115 mm bezeichnet, die Grifflöcher aufweisen können. **Vollblöcke** (Vbl) sind bis zu 238 mm hohe Mauersteine, die mit bis zu 11 mm breiten Schlitzen und Griffhilfen ausgestattet sein dürfen. In der Regel sind an den Stirnseiten 20 mm tiefe Nuten zur Vermörtelung bei Knirschvermauerung angeordnet. Vollblöcke mit Schlitzen werden durch den Buchstaben S zusätzlich gekennzeichnet (VblS). Der Zusatzbuchstabe W kennzeichnet geschlitzte Vollblöcke mit besonderen Wärmedämmeigenschaften (VblS-W).

Für die Außenmaße und zulässigen Maßabweichungen von Vollsteinen (V) und Vollblöcken (Vbl) gelten die Tafeln 76 und 77.

Tafel 76: Maße und Formate der Vollsteine (V)

Format-Kurzzeichen	Länge l ±3	Breite b ±3	Höhe h ±3
DF (Dünnformat)	240	115	52
NF (Normalformat)	240	115	71
2 DF	240	115	113
3 DF	240	175	113
3,1 DF	300	145	113
4 DF	240	240	115
5 DF	300	240	115
6 DF	365	240	115
8 DF	490[1]	240	115
10 DF	490[1]	300	115

[1] Auch 495 mm, wenn der Vollstein mit Stirnseitennuten ausgestattet ist.

Tafel 77: Maße und Formate der Vollblöcke (Vbl)

Format-Kurzzeichen	Länge[1] l ±3	Breite b ±3	Höhe h ±4
6 DF	245	175	238
8 DF	245	240	238
10 DF	245	300	238
12 DF	245	365	238
16 DF	245	490	238
10 DF	305	240	238
9 DF	370	175	238
12 DF	370	240	238
15 DF	370	300	238
18 DF	370	365	238
24 DF	370	490	238
8 DF	495	115	238
12 DF	495	175	238
16 DF	495	240	238
20 DF	495	300	238
24 DF	495	365	238

[1] Die angegebenen Längen gelten im Regelfall für knirsch gestoßene Vermauerung. Bei Vollblöcken mit Nut- und Federausbildung an den Stirnseiten dürfen die Längen 247 mm, 307 mm, 372 mm bzw. 497 mm betragen. Längen von 240 mm, 300 mm, 365 mm bzw. 490 mm sind zulässig, bei Vollblöcken mit zwei ebenflächigen Stirnseiten verbindlich.

Steinrohdichte und Druckfestigkeit

Die Einteilung der Vollsteine und -blöcke erfolgt nach der jeweils mittleren Steinrohdichte (= Steintrockenmasse/Steinvolumen) einer Prüfserie in die Rohdichteklassen und nach der jeweils kleinsten Druckfestigkeit in die Festigkeitsklassen.

Rohdichteklassen:　0,5; 0,6; 0,7; 0,8; 0,9; 1,0; 1,2; 1,4; 1,6; 1,8; 2,0
　　　　　　　　　　VblS-W: 0,5 bis 0,8
Festigkeitsklassen:　2; 4; 6; 8; 12

Die Festigkeitsklassen nach Tafel 78 werden durch Nuten auf einer Steinlängsseite oder Farbzeichen kenntlich gemacht.

Tafel 78: Festigkeitsklassen und Kennzeichnung

Steinfestigkeits-klasse	Anforderungen an die Druckfestigkeit Mittelwert N/mm^2	kleinster Einzelwert N/mm^2	Anzahl der Nuten	Farbzeichen
2	2,5	2,0	–	grün
4	5,0	4,0	1	blau
6	7,5	6,0	2	rot
8	10,0	8,0	–	[1]
12	15,0	12,0	3	schwarz

[1] Keine Farbkennzeichnung. Kennzeichnung erfolgt durch Aufstempelung der Festigkeitsklasse und Rohdichteklasse in schwarzer Farbe.

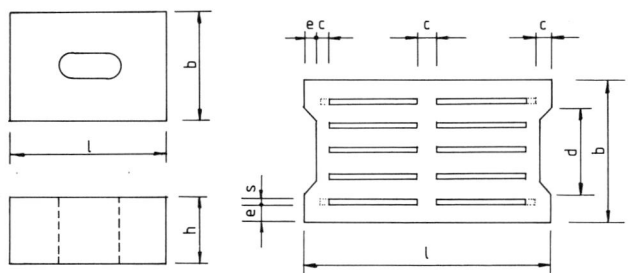

Abb. 103.　　　　　　　　　　**Abb. 104.**

Vollstein mit Griffloch (Beispiel)　　Geschlitzter Vollblock mit Stirnseitennut (Beispiel)

Bezeichnung

　　Beispiel: Vollstein aus Leichtbeton (V), Steinfestigkeitsklasse 6, Rohdichteklasse 1,2, Länge 240 mm, Breite 115 mm, Höhe 113 mm (2DF):

　　　　　　　Vollstein DIN 18152 –V6–1,2–2DF

　　Beispiel: Vollblock aus Leichtbeton (Vbl) mit Schlitzen und besonderen Wärmedämmeigenschaften, Steinfestigkeitsklasse 2, Rohdichteklasse 0,5, Länge 495 mm, Breite 300 mm, Höhe 238 mm (20DF) aus Naturbims (NB):

　　　　　　　Vollblock DIN 18152 –Vbl S–W2–0,5–20DF–300–NB

　　Die Breite wird zusätzlich angegeben, wenn unterschiedliche Breiten bei gleichen Format-Kurzzeichen möglich sind. Vbl S-W sind stets nach dem verwendeten Zuschlag zu benennen (NB für Naturbims, BT für Blähton, Q für Quarzsand).

b) Hohlblöcke aus Leichtbeton (DIN 18 151)

Hohlblocksteine (Hbl) sind großformatige fünfseitig geschlossene, mit Kammern senkrecht zur Lagerfläche versehene Mauersteine. Die Außenmaße und zulässigen Maßabweichungen sind in Tafel 79 zusammengestellt.

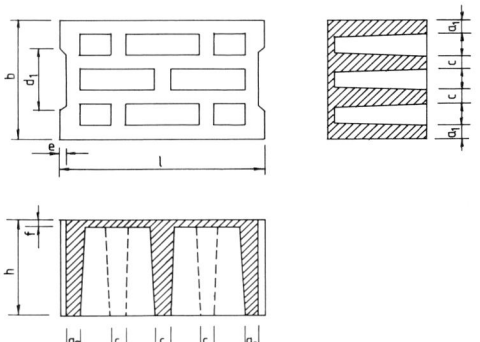

Abb. 105.

Dreikammer-Hohlblock, 3K Hbl (Beispiel)

Die Hohlblöcke werden nach der Anzahl der Hohlkammerreihen in Steinbreiterichtung als Einkammer-Hohlblock (1 K Hbl), Zweikammer-Hohlblock (2 K Hbl), usw. bezeichnet (Beispiele in Abb. 106). Die Mindestdicken der Innen- und Außenstege, sowie die Abmessungen der Stirnseitennuten sind vorgegeben. Die Dicke der oberen Kammerabdeckung beträgt mindestens 15 mm.

Tafel 79: Außenmaße Hbl

Form	Format-kurz-zeichen	Länge[1] l ± 3	Breite b ± 3	Höhe h ± 4
1 K Hbl	12 DF	495	175	
2 K Hbl	9 DF	370		
2 K Hbl	16 DF	495	240	
3 K Hbl	12 DF	370		
4 K Hbl	8 DF	245		
2 K Hbl	20 DF	495	300	238[2])
3 K Hbl	15 DF	370		
4 K Hbl				
5 K Hbl	10 DF	245		
3 K Hbl	24 DF	495	365	
4 K Hbl	18 DF	370		
5 K Hbl				
6 K Hbl	12 DF	245		
5 K Hbl	16 DF	245	490	
6 K Hbl				

[1] Die angegebenen Längen gelten im Regelfall für knirsch gestoßene Vermauerung. Bei Hohlblöcken mit Nut- und Federausbildung an den Stirnseiten dürfen die Längen 247 mm, 372 mm bzw. 497 mm betragen. Längen von 240 mm, 365 mm bzw. 490 mm sind zulässig, bei Hohlblöcken mit ebenflächigen Stirnseiten verbindlich.

[2] Regional auch 175 mm.

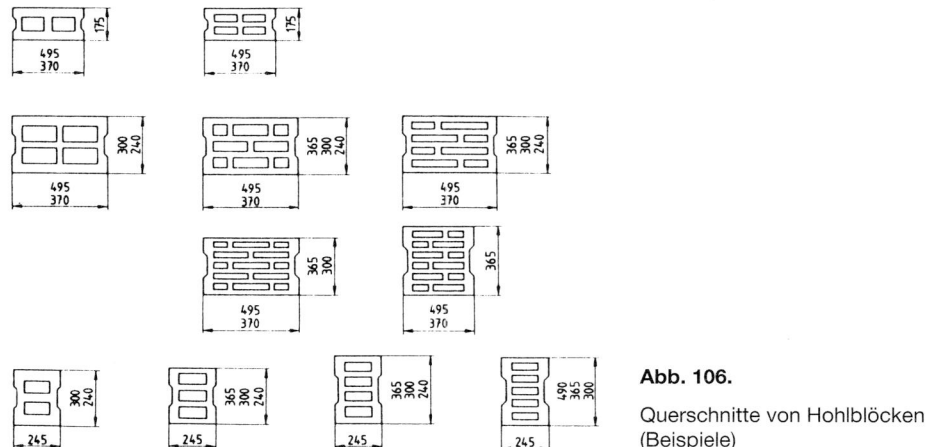

Abb. 106.

Querschnitte von Hohlblöcken
(Beispiele)

Steinrohdichte und Druckfestigkeit

Rohdichteklassen: 0,5; 0,6; 0,7; 0,8; 0,9; 1,0; 1,2; 1,4
Festigkeitsklassen: 2, 4, 6, 8

Die Festigkeitsklassen nach Tafel 80 werden durch Nuten auf einer Steinlängsseite oder Farbzeichen kenntlich gemacht.

Tafel 80: Festigkeitsklassen und Kennzeichnung

Festigkeitsklasse	Anforderungen an die Druckfestigkeit		Anzahl der Nuten	Farbzeichen
	Mittelwert N/mm^2	kleinster Einzelwert N/mm^2		
2	2,5	2,0	–	grün
4	5,0	4,0	1	blau
6	7,5	6,0	2	rot
8	10,0	8,0	–	*)

*) Keine Farbkennzeichnung. Kennzeichnung erfo gt durch Aufstempelung der Festigkeitsklasse und Rohdichteklasse in schwarzer Farbe.

Bezeichnung (Beispiel):

Dreikammer-Hohlblock (3K Hbl) aus Leichtbeton, Festigkeitsklasse 2, Rohdichteklasse 0,7, Länge 495 mm, Breite 300 mm, Höhe 238 mm (20 DF):

Hohlblock DIN 18 151 –3 K Hbl 2–0,7–20 DF–300

Die Steinbreite wird zusätzlich angegeber, wenn unterschiedliche Breiten bei gleichem Format-Kurzzeichen möglich sind.

c) Hohlwandplatten aus Leichtbeton (DIN 18 148)

Hohlwandplatten (Hpl) sind fünfseitig geschlossene Mauersteine mit Kammern senkrecht zur Lagerfläche. Sie werden bei der Herstellung von Wänden und Bauteilen eingesetzt.

Die Form der Hohlwandplatten entspricht einem Einkammerstein. Es gelten folgende Maße und Maßabweichungen:

	Format 10	Format 11,5	Abweichungen
Länge (mm)	490 (495)	490 (495)	± 3
Breite (mm)	100	115	± 3
Höhe (mm)	175, 238	175, 238	± 4

Die Hohlwandplatten werden ohne und mit Stirnseitennut ausgeführt.

Rohdichte und Druckfestigkeit

Die Hohlwandplatten werden nach der mittleren Plattenrohdichte (= Plattentrockengewicht/Plattenvolumen) in die Rohdichteklassen 0,6; 0,7; 0,8; 0,9; 1,0; 1,2; 1,4 eingeteilt. 28 Tage nach der Herstellung soll eine mittlere Druckfestigkeit von mindestens 2,5 N/mm² (Einzelwert > 2,0 N/mm²) vorhanden sein.

Bezeichnung (Beispiel): Hohlwandplatten Hpl 0,8–11,5 DIN 18148

c) Unbewehrte Wandbauplatten aus Leichtbeton (DIN 18162)

Wandbauplatten (Wpl) sind Bauplatten ohne Hohlräume. Sie werden für die Herstellung von Wänden und Bauteilen verwendet, die überwiegend durch ihr Eigengewicht beansprucht werden (z. B. leichte Trennwände nach DIN 4103).

Wandbauplatten weisen eine rechteckige Form auf. Es gelten folgende Maße und Maßabweichungen:

	Format 5, 6, 7	Format 10	Abweichungen
Länge (mm)	990	490	± 3
Breite (mm)	50, 60, 70	100	± 3
Höhe (mm)	240, 320	240	± 4

Die Flächen der Stoß- und Lagerfugen werden entweder glatt oder mit Nuten bzw. Nut und Feder ausgebildet.

Rohdichte und Biegefestigkeit

Die Wandbauplatten werden nach der mittleren Plattenrohdichte in die Rohdichteklassen 0,8; 0,9; 1,0; 1,2; 1,4 eingeteilt. 28 Tage nach der Herstellung wird eine mittlere Biegezugfestigkeit von 1,0 N/mm² (Einzelwert > 0,8 N/mm²) gefordert.

Bezeichnung (Beispiel): Wandbauplatten Wpl 0,9-6-990 DIN 18162

5.2.3. Mauersteine aus Beton

Normen:	DIN 18153	(9.89)	Mauersteine aus Beton (Normalbeton)
	E DIN EN 771 Teil 3	(9.92)	Festlegungen für Mauersteine; Teil 3: Mauersteine aus Beton
	E DIN EN 772	(09./10.92)	Prüfverfahren für Mauersteine

Herstellung aus haufwerksporigem oder gefügedichtem Beton aus mineralischen Zuschlägen, hydraulischen Bindemitteln und ggf. Zusatzstoffen und -mitteln.

Es sind zu unterscheiden:

Hohlblöcke (Hbn)   sind großformatige, fünfseitig geschlossene Steine mit Kammern senkrecht zur Lagerfläche.

Vollblöcke (Vbn)   sind Steine ohne Kammern mit einer Höhe von 175 oder 238 mm.

Vollsteine (Vn)   sind Steine ohne Kammern mit einer Höhe von 115 mm.

T-Hohlblöcke (Tbn)   sind großformatige, T-förmige Steine mit Kammern senkrecht zur Lagerfläche.

Vormauersteine (Vm)   sind Steine ohne Kammern mit ebener oder werksteinmäßig bearbeiteter Sichtfläche.

Vormauerblöcke (Vmb)   sind Steine mit Kammern und ebener oder werksteinmäßig bearbeiteter Sichtfläche.

Form und Maße

Die Stirnseiten von Hbn, Vbn, Vn (8 DF und 10 DF), Vmb können eben sein aber auch Stirnseitennuten und/oder Nut- und Feder (nicht Vmb), aufweisen. Bei Hbn, Vbn und Vmb sind Griffhilfen, bei Vn und Vm Grifflöcher (< 15% der Lagerfläche) zulässig. Die Stirnseitennutabmessungen sowie die Steganordnungen und -abmessungen bei Hbn und Vmb sind vorgegeben.

Die Maße der Hohlblöcke Hbn entsprechen weitgehend den Maßen der Hohlblöcke Hbl nach DIN 18 151 (vgl. Tafel 79). Gleiches gilt für die Form: Einkammer-Hohlblock (1 K Hbn), Zweikammer-Hohlblock (2 K Hbn), usw. (vgl. Abb. 106).

T-Hohlblöcke (Tbn) müssen in Form und Abmessungen Abb. 107 entsprechen.

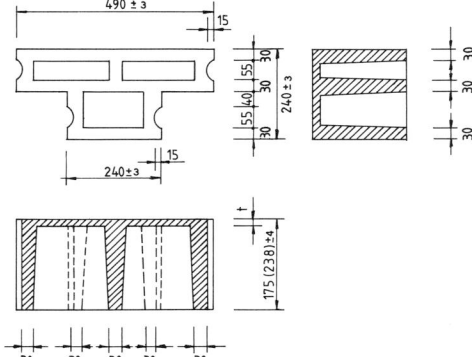

Abb. 107.

T-Hohlblock Tbn

Steinrohdichte und Druckfestigkeit

Rohdichteklassen: 0,9; 1,0; 1,2; 1,4; 1,6; 1,8; 2,0; 2,2; 2,4
Festigkeitsklassen: 2; 4; 6; 8; 12; 20; 28; 36; 48

Den Mauersteinen sind folgende Rohdichte- und Festigkeitsklassen zugeordnet:

	Rohdichteklasse	Festigkeitsklasse
Hbn, Tbn	0,9 bis 2,0	2 bis 12
Vbn, Vn	1,4 bis 2,4	4 bis 28
Vm, Vmb	1,6 bis 2,4	6 bis 48

Die Festigkeitsklassen werden nach Tafel 81 durch Nuten auf einer Steinlängsseite oder Farbzeichen gekennzeichnet.

Frostwiderstandsfähigkeit wird von Vm und Vmb gefordert.

Bezeichnung

    Beispiel: Vollstein, Festigkeitsklasse 12, Rohdichteklasse 1,8, Länge 365 mm, Breite 240 mm, Höhe 115 mm (6 DF).
             Vollstein DIN 18 153 – Vn 12-1,8-6 DF

    Beispiel: Vierkammer-Hohlblock, Steinfestigkeitsklasse 4, Rohdichteklasse 1,4, Länge 370 mm, Breite 300 mm, Höhe 238 mm (15 DF).
             Hohlblock DIN 18 153 – 4 K Hbn 4-1,4-15 DF-300

Außer den genormten Steinen stehen der Baupraxis eine Reihe von allgemein bauaufsichtlich zugelassenen Steinen und Bauverfahren zur Verfügung. Diese weisen i. w. folgende von der Norm abweichende Merkmale auf:

– besondere Formen und Formate, z. B. H-Steine
– besondere Anordnung und Ausbildung von Kammern, Schlitzen und Löchern
– Anbringung zusätzlicher Wärmedämmschichten
– abweichende Festigkeits- und Rohdichtebereiche
– Sonderbauverfahren, z. B. Schalungssteine

Tafel 81: Festigkeitsklassen und Kennzeichnung

Steinfestigkeits-klasse	Anforderungen an die Steindruckfestigkeit		Anzahl der Nuten	Farbzeichen
	Mittelwert N/mm²	kleinster Einzelwert N/mm²		
2	2,5	2,0	–	grün
4	5,0	4,0	1	blau
6	7,5	6,0	2	rot
8	10,0	8,0	–	*)
12	15,0	12,0	3	schwarz
20	25,0	20,0	–	gelb
28	35,0	28,0	–	braun
36	45,0	36,0	–	violett
48	60,0	48,0	–	zwei schwarze Streifen

*) Keine Farbkennzeichnung. Kennzeichnung erfolgt durch Aufstempeln der Festigkeitsklasse und Rohdichteklasse in schwarzer Farbe.

5.2.4. Sonstige vorgefertigte Beton- und Stahlbetonbauteile

5.2.4.1. Genormte Betonbauteile (Auswahl)

Betonrohre nach DIN 4032 (01.81) werden hergestellt als:

- Rohre mit Kreisquerschnitt, ohne Fuß (K) oder mit Fuß (KF), normaler Wanddicke und Nennweiten von DN 100 bis 800.
- Rohre mit Kreisquerschnitt, ohne Fuß (KW) oder mit Fuß (KWF), verstärkter Wanddicke und Nennweiten von DN 300 bis 1500.
- Rohre mit Eiquerschnitt (E) und Nennweiten von DN 500/750 bis 1200/1800.

Die Rohrverbindungen sind als Muffen- (M) oder Falzverbindung (F) ausgeführt. Sonderformen, wie z. B. Rohre mit Maul-, Rechteck- und Rinnenquerschnitt können gefertigt werden.

Stahlbetonrohre nach DIN 4035 (08.95) Abb. 108a haben i. d. R. Kreisquerschnitte mit Nennweiten von DN 250 bis 4000 und größer. Rohrverbindungen werden als Glockenmuffen

(GM), Falzmuffen (FM) und muffenlos (OM) hergestellt. Sonstige Formen, wie z. B. Rohre mit Fuß und andere Querschnittsformen (Ei-, Maul- und Rechteckquerschnitte) können je nach hydraulischen oder statischen Erfordernissen gefertigt werden.

Gehwegplatten nach DIN 485 (04.87) aus unbewehrtem Beton mit oder ohne Vorsatzschicht werden zur Befestigung von Bürgersteigen, Plätzen, Fußgängerzonen aber auch als Bodenbelag in Lager- und Verkaufsflächen verwendet. Vorzugsgrößen: 30×30×4; 35×35×5; 40×40×5; 50×50×6.

Pflastersteine nach DIN 18501 (11.82) werden mit oder ohne Vorsatzschicht evtl. eingefärbt und/oder oberflächenbearbeitet hergestellt. Die Norm gibt die qualitativen Anforderungen, aber keine Formate und Abmessungen vor. Vorzugshöhen sind 60, 80, 100, 120 und 140 mm; die Maximallänge ist 280 mm. Neben Quadrat- und Rechtecksteinen werden Sechsecksteine, Steine in Kreuzform und eine Vielzahl von Verbundsteinformaten hergestellt.

Dachsteine nach DIN EN 490 (05.94) Abb. 108b aus Beton werden zur Deckung geneigter Dächer (Dachneigung ≥ 20 °) verwendet. Nach der Form werden Dachsteine mit Falz (IL); profiliert und eben, ohne Falz (NL), mit regelmäßiger Vorderkante (RF) und mit unregelmäßiger Vorderkante (IF) unterschieden. Üblich sind Dachsteingesamtlängen von 420 mm und mittlere Deckbreiten von 170, 200 und 300 mm.

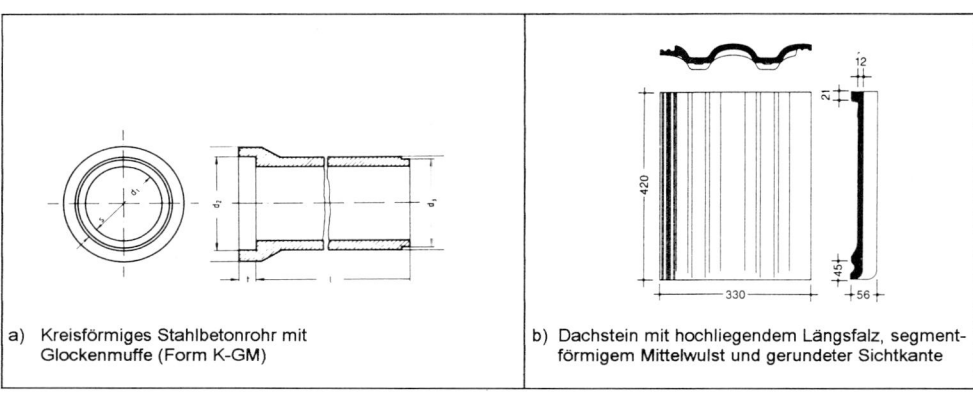

a) Kreisförmiges Stahlbetonrohr mit
    Glockenmuffe (Form K-GM)

b) Dachstein mit hochliegendem Längsfalz, segment-
    förmigem Mittelwulst und gerundeter Sichtkante

Abb. 108. Beispiele für genormte Bauteile

5.2.4.2. Nichtgenormte Betonbauteile (Auswahl)

Straßenbau

Leitpfosten, Leitplanken, Kilometersteine, Randsteine, Verkehrsschilder, Leuchtsäulen, Verbundpflastersteine.

Eisenbahnbau

Spannbetonschwellen, Platten für Bahnübergänge, Bahnsteigeinfassungen.

Wasserbau

Deckwerksteine, Tetrapoden, Fertigteile für Uferbefestigungen.

Sonstige Verwendungszwecke

Stahlbetonpfosten, Hochspannungsmasten, Anschlagsäulen, Müllboxen, Gartenplatten (strukturiert oder Waschbeton), Strukturelemente für Fassaden und Umfriedungen, Schallschluckelemente.

5.2.4.3. Herstellen tragender Beton- und Stahlbetonfertigteile

Herstellung in Betonfertigteilwerken als Beton B I oder bei Betongüten ≥ B 35 als Beton B II nach den bauaufsichtlichen Bestimmungen der DIN 1045 sowie der DIN 1048 T. 2 „Güteüberwachung im Beton- und Stahlbetonbau; Fertigteile". (Dieses gilt auch für vorübergehende Fertigungseinrichtungen im Bereich von Baustellen.)

Betonfertigteilwerke müssen hinsichtlich Herstellung und Überwachung des Betons die gleichen Bedingungen erfüllen wie Baustellen für Beton B II.

Die Lieferscheine für Stahlbetonfertigteile sollen u. a. die Angaben über Beton- und Stahlgüte enthalten. Ferner muß die Gewähr für ausreichende Festigkeit während des Transportes und Einbaus gegeben sein (Transportvorschrift seitens des Herstellers).

Für den Montagebau sind umfassende Vorschriften in der DIN 1045 gegeben (Zwischenstützung, Zusammenwirken des Ortbetons mit den Fertigteilen, Fugenvermörtelung u. dgl.).

5.2.4.4. Güteüberwachung der Betonerzeugnisse

Die Güteüberwachung bauaufsichtlich zugelassener Baustoffe erfolgt durch anerkannte Güteschutzgemeinschaften, soweit nicht von Werken Güteüberwachungsverträge unmittelbar mit amtlich anerkannten Prüfstellen abgeschlossen werden.

Der Güteüberwachung der Baustoffe liegen deren Normen zugrunde, soweit diese durch Veröffentlichung in den Ministerialblättern der Länder als „Technische Baubestimmungen für die Bauaufsicht" als allgemein anerkannte Regeln der Baukunst maßgebend sind. Für neue Baustoffe werden befristete amtliche Zulassungen erteilt.

Bei Verwendung nicht der Güteüberwachung unterliegender Bauteile ist der Gütenachweis im Einzelfall erforderlich.

Die einer Güteschutzgemeinschaft angehörenden Betriebe müssen die erforderlichen betrieblichen Voraussetzungen erfüllen und sind zur laufenden Eigenüberwachung ihrer Produktion verpflichtet. Ferner erfolgt eine jährlich mindestens zweimalige Überwachung (Fremdüberwachung) durch Probeentnahmen und deren Prüfung auf normengerechte bzw. zulassungsgerechte Beschaffenheit.

Das verliehene Gütezeichen bzw. Prüfzeichen berechtigt den Hersteller, die Erzeugnisse bzw. – bei nicht möglicher Anbringung – die Lieferscheine hiermit zu kennzeichnen. Die bauaufsichtliche Überprüfung einer Baustelle erstreckt sich lediglich auf die Feststellung der Verwendung güteüberwachter Erzeugnisse, deren Gütenachweis im Einzelfall nur gefordert wird, wenn nach Augenschein Zweifel an deren Güte bestehen.

Gütezeichen für Betonerzeugnisse*)

Material-prüfungs-anstalten	Güteüberwachung Beton B II-Baustellen E. V.	Güteschutz Beton- und Stahl-betonfertigteile e.V.	Bundesüber-wachungsverband Transportbeton e.V.
	Kennzeichnung einer vom Güte-schutzverband B II-Baustellen über-wachten Baustelle.	Güteschutz Beton- und Stahlbetonfer-tigteile (bei klein-formatigen Bautei-len z. B. auf jedem 15. Mauerstein).	Güteschutz Transportbeton (auf Lieferschein).

Bauprodukte, für die der Nachweis der Konformität mit Richtlinien und CEN-Normen erbracht wurde, tragen künftig das „EG-Konformitätszeichen".

---

*) Die Bestimmungen für die Verleihung des Gütezeichens für den Güteschutz aller Stoffgebiete ergehen vom „RAL-Ausschuß für Lieferbedingungen und Gütesicherung" als zentrales Organ der Deutschen Wirtschaft. (Bezug des Gesamtverzeichnisses des RAL: Siegburger Str. 69, 53757 St. Augustin)

5.3. Mauerwerk

5.3.1. Mauerwerksnormung

Mauerwerksbauten werden auf der Grundlage von Normen und bauaufsichtlichen Zulassungen geplant, berechnet und ausgeführt.

In DIN 1053 Teil 1 (02.90) „Mauerwerk"; Rezeptmauerwerk; Berechnung und Ausführung" wird zwischen Rezeptmauerwerk (RM) und Mauerwerk nach Eignungsprüfung (EM) unterschieden. Die Bemessung kann nach einem vereinfachten Verfahren auf der Basis von zulässigen Spannungen oder nach einem genaueren Verfahren (Traglastverfahren) unter Bezug auf Rechenwerte der Festigkeit erfolgen.

DIN 1053 Teil 2 (07.84) „Mauerwerk; Mauerwerk nach Eignungsprüfung; Berechnung und Ausführung" enthält nur noch die Verfahrensweise für die Festlegung von Mauerwerksfestigkeitsklassen durch Eignungsprüfungen an Mauerwerk.

DIN 1053 Teil 3 (02.90) „Mauerwerk; Bewehrtes Mauerwerk; Berechnung und Ausführung" wurde zeitgleich mit der Neufassung von DIN 1053 Teil 1 veröffentlicht. Teil 3 enthält alle wesentlichen technischen Regeln für die Bemessung, Konstruktion und Ausführung von bewehrtem Mauerwerk.

DIN 1053 Teil 4 (09.78) „Mauerwerk; Bauten aus Ziegelfertigbauteilen" wird derzeit überarbeitet und soll künftig unter dem Titel „Mauerwerk; Bauten aus Fertigteilbauten" für Bauten aus geschoßhohen, vorwiegend raumbreiten Fertigbauteilen – Mauertafeln, Vergußtafeln und Verbundtafeln – gelten.

Die europäische Norm ENV 1996 Teil 1-1 „Eurocode 6: Bemessung von Mauerwerksbauten – Teil 1-1: Allgemeine Regeln – Regeln für bewehrtes und unbewehrtes Mauerwerk" und Teil 1-2 „Eurocode 6: Bemessung von Mauerwerksbauten – Teil 1-2: Allgemeine Regeln – Ergänzende Regeln für die brandschutztechnische Bemessung" wird Ende 1996 wahlweise zu DIN 1053 Teil 1 bis 3 bzw. DIN 4102 anwendbar sein.

Aufgrund bauaufsichtlicher Zulassungen kann Mauerwerk auch ohne Mörtel als Trockenmauerwerk ausgeführt werden.

5.3.2. Einteilung von Mauerwerk

Tafel 82: Einteilung von Mauerwerk

Mauerwerk		Mauersteine		Mauermörtel	
Gruppe	Festigkeits-klasse	Rohdichte-klasse	Festigkeits-klasse	Art	Gruppe[2])
Leichtmauerwerk (LMW)	≤ 4 (≤ 5)	$\leq 1,0$	≤ 6 (8, 12)[1])	LM DM (NM)	LM 21, LM 36 (IIa)[3]) III II, IIa (III)[3])
Normalmauerwerk (NMW)	$\geq 2,5$ (4) ≤ 11	$\geq 1,0$ ($\leq 1,4$)	$\geq 12 \leq 28$	NM DM	II, IIa, III (IIIa)[3]) III
Hochfestes Mauerwerk (HMW)	$\geq 11 \leq 20$	$\geq 1,6$	$\geq 36 \leq 60$	NM DM	(IIa)[3]), III, IIIa III

[1]) ( ) Leichthochlochziegel, sonst nicht sinnvoll.
[2]) Mindestdruckfestigkeit im Alter von 28 d in N/mm^2: II: 2,5; IIa: 5; III: 10; IIIa: 20.
[3]) ( ): nicht sinnvoll.

5.3.3. Tragverhalten von Mauerwerk

Die Druckfestigkeit von Mauerwerk ist von den Festigkeiten der Steine und des Mörtels, vorrangig aber von deren Verformungsverhalten abhängig. Die Verformung des Mörtels ist größer als die der Steine, sie wird jedoch durch Verbund zwischen Steinen und Mörtel in Querrichtung verhindert. Daraus resultieren in der Lagerfuge im Mörtel Querdruckspannungen und in den Steinen Querzugspannungen. Die Tragfähigkeit des Mauerwerks wird damit im wesentlichen durch die Zugfestigkeit der Steine begrenzt. Die Druckfestigkeit des Mauerwerks kann somit nie die Druckfestigkeit der Steine erreichen; auch bei einer Steigerung der Mörteldruckfestigkeit wird die Zugfestigkeit der Steine maßgebend sein.

Weitere Einflüsse auf die Mauerwerksdruckfestigkeit: Fehlstellen in der Lagerfuge, Verhältnis der Quer- zur Längsverformung des Mörtels, Verhältnis der Zug- zur Druckfestigkeit der Steine, Fugendicke, Format und Lochanteil der Steine.

Bei Verwendung von Normalmörtel kann die Mindestdruckfestigkeit des Mauerwerks nach folgender Formel abgeschätzt werden:

$$\beta_{D,\,mw} = 0{,}83 \cdot \beta_{D,\,st}^{0,66} \cdot \beta_{D,\,m\ddot{o}}^{0,18}$$

$\beta_{D,\,mw}$ = mittlere Druckfestigkeit des Mauerwerks

$\beta_{D,\,st}$ = mittlere Druckfestigkeit der Steine

$\beta_{D,\,m\ddot{o}}$ = mittlere Druckfestigkeit des Mörtels

Man erkennt, daß die Mörteldruckfestigkeit auf die Druckfestigkeit des Mauerwerks einen erheblich geringeren Einfluß ausübt als die Steinfestigkeit.

Für die Bemessung von Mauerwerk werden in DIN 1053 Teil 1 Grundwerte der zulässigen Druckspannung in Abhängigkeit von der verwendeten Stein/Mörtel-Kombination angegeben (Tafel 83a). Da sich Leichtmauermörtel stärker verformt als Normalmörtel sind für Leichtmauermörtel (vgl. Abschn. 3.2.3.) geringere Grundwerte zugelassen (Tafel 83b).

DIN 1053 Teil 2 unterscheidet sich von DIN 1053 Teil 1 in der Ausnutzbarkeit der Baustoffe und in den Bemessungsverfahren für tragende Mauerwerkswände. In Teil 2 wurden Mauerwerks-

Tafel 83a: Grundwerte der zulässigen Druckspannungen in MN/m² für Mauerwerk mit Normalmörtel (DIN 1053, Teil 1 (2.90))

Steinfestig-keitsklasse	Grundwerte σ_o in MN/m² für Normalmörtel Mörtelgruppe				
	I	II	IIa	III	IIIa
2	0,3	0,5	0,5¹⁾	–	–
4	0,4	0,7	0,8	0,9	–
6	0,5	0,9	1,0	1,2	–
8	0,6	1,0	1,2	1,4	–
12	0,8	1,2	1,6	1,8	1,9
20	1,0	1,6	1,9	2,4	3,0
28	–	1,8	2,3	3,0	3,5
36	–	–	–	3,5	4,0
48	–	–	–	4,0	4,5
60	–	–	–	4,5	5,0

¹) $\sigma_o = 0{,}6$ MN/m² bei Außenwänden mit Dicken $\geqq 300$ mm. Diese Erhöhung gilt jedoch nicht für den Nachweis der Auflagerpressung.

festigkeitsklassen eingeführt, die für Mauerwerk nach Eignungsprüfung und für Rezeptmauerwerk verwendet werden. Für jede Mauerwerksfestigkeitsklasse ist ein Rechenwert der Druckfestigkeit festgelegt. Durch Erweiterung um die Mörtelgruppe IIIa und Einbeziehung der Steinfestigkeitsklassen 36, 48 und 60 können im Mauerwerksbau nach DIN 1053 Teil 2 wesentlich höhere Druckbeanspruchungen aufgenommen werden.

Tafel 83b: Grundwerte der zulässigen Druckspannungen in MN/m² für Mauerwerk mit Dünnbett-und Leichtmörtel (DIN 1053, Teil 1 (2.90))

Steinfestigkeitsklasse	Dünnbettmörtel	Grundwerte σ_0 in MN/m²	
		Leichtmörtel	
		LM 21	LM 36
2	0,6	0,5[1]	0,5[1])[2]
4	1,0	0,7[3]	0,8[4]
6	1,4	0,7	0,9
8	1,8	0,8	1,0
12	2,0	0,9	1,1
20	2,9	0,9	1,1
28	3,4	0,9	1,1

[1]) Für Mauerwerk mit Mauerziegeln nach DIN 105 Teil 1 bis 4 gilt $\sigma_0 = 0{,}4\,MN/m^2$.
[2]) $\sigma_0 = 0{,}6\,MN/m^2$ bei Außenwänden mit Dicken $\geqq 300\,mm$. Diese Erhöhung gilt jedoch nicht für den Nachweis der Auflagerpressung.
[3]) Für Mauerziegel nach DIN 105 Teil 1 bis 4 und für Kalksandsteine nach DIN 106 Teil 1 der Rohdichteklasse $\geqq 0{,}9$ gilt $\sigma_0 = 0{,}5\,MN/m^2$.
[4]) Für Mauerwerk mit den in Fußnote [3]) genannten Mauersteinen gilt $\sigma_0 = 0{,}7\,MN/m^2$.

Bei größeren Bauten und bei Großtafelbauweisen ist das Formänderungsverhalten des Mauerwerks zu berücksichtigen, um Rißbildungen, die das Eindringen von Feuchtigkeit begünstigen und u. U. die Standsicherheit beeinträchtigen, sowie Verbiegungen der Mauerwerksplatten, die zum Abplatzen von Wandplatten führen können, zu vermeiden.

Schäden der oben genannten Art können entstehen, wenn größere Verformungen von Bauteilen durch angrenzende Bauteile verhindert werden.

Die Gesamtverformung bzw. -dehnung setzt sich aus lastabhängigen und lastunabhängigen Dehnungen zusammen und kann näherungsweise durch folgende Formel errechnet werden:

$$\varepsilon_{ges} = \varepsilon_{el} + \varepsilon_K + \varepsilon_f + \varepsilon_T \text{ in mm/m}$$

Im einzelnen ist: ε_{el} = σ/E elastische Dehnung (mm/m)

σ = Mauerwerksspannung (N/mm²)

E = Elastizitätsmodul des Mauerwerks (N/mm²)

ε_K = $\varphi \cdot \varepsilon_{el}$ Kriechdehrung (mm/m)

φ = Kriechzahl (−)

ε_f = Feuchtedehnung (Schwinden) (mm/m)

ε_T = $\alpha_t \cdot \varDelta T$ Temperaturdehnung (mm/m)

α_t = Wärmeausdehnungskoeffizient (1/K)

$\varDelta T$ = Temperaturänderung (K)

Die gesamte Längenänderung eines Bauteils der Länge l in m ergibt sich zu:

$$\varDelta l = \varepsilon_{ges} \cdot l \text{ in mm}$$

Bei der Berechnung der Längenänderung sind die aus DIN 1053 Teil 2 entnommenen Werte der Tafel 84 einzusetzen.

Als Richtwerte für zulässige Dehnungsunterschiede gelten:

in der Horizontalen $\Delta\,\varepsilon_H \leqq 0{,}20\,\text{mm/m}$
in der Vertikalen $\Delta\,\varepsilon_V \leqq 0{,}30\,\text{mm/m}$

Tafel 84: Elastizitätsmoduln und Verformungskennwerte von Mauerwerk nach DIN 1053 Teil 2

Steinfestigkeitsklasse	Elastizitätsmodul (10^3 MN/m²)		Endkriechzahl $\varphi = \dfrac{\varepsilon_K}{\varepsilon_{el}}\,(-)$		Endwert der Feuchtedehnung ε_f (mm/m)		Wärmeausdehnungskoeffizient α_t (10^{-6}/K)		
	Mörtelgruppe IIa	III/IIIa	Mauerziegel	Bindemittelgebundene Steine	Mauerziegel	Bindemittelgebundene Steine	Mauerziegel	Kalksandstein und Gasbetonstein	Beton- und Leichtbetonsteine
2	2	–	0,75	2,0	0³⁾	−0,2 (bei Verwendung von Naturbims −0,4)	6	8	10 (bei Verwendung von Blähton: 8)
4	3 (8)¹⁾	–							
6	5 (10)¹⁾	–							
12	6 (11)¹⁾	7 (13)¹⁾		1,5					
20	7	8							
28	8	10							
36	–	14 (10)²⁾							
48	–	20 (11)²⁾							
60	–	24 (12)²⁾							

¹⁾ Klammerwerte gelten für Steine aus Beton mit geschlossenem Gefüge nach DIN 18 153.
²⁾ Klammerwerte gelten für Kalksandsteine nach DIN 106.
³⁾ Schwinden und Quellen im Bereich von −0,1 bis +0,2 mm/m möglich.

Schrifttum für die Anwendung

Beton- und Fertigteil-Jahrbuch 1996 (und frühere Jahrgänge), Hrsg.: Bundesverband Deutsche Beton- und Fertigteilindustrie e. V., Bonn, Bauverlag, Wiesbaden / Berlin.

Handbuch Betonfertigteile – Betonwerkstein – Terrazzo, Beton-Verlag GmbH, Düsseldorf, 1991.

Informationen der Fliesenberatungsstelle e. V., Burgwedel.

Kalksandstein: Planung, Konstruktion, Ausführung, Hrsg.: Kalksandstein-Information, Hannover, Beton-Verlag, Düsseldorf, 3. Aufl. 1994.

Kalksandstein: Rezeptmauerwerk. Berechnung und Ausführung, DIN 1053 Teil 1, Hrsg.: Kalksandstein-Information, Hannover, Beton-Verlag, Düsseldorf, 1990.

Kalksandstein: Statik und Bemessung; DIN 1053 Teil 2, Hrsg.: Kalksandstein-Information, Hannover, Beton-Verlag, Düsseldorf, 2. Aufl. 1986.

Mauerwerk-Kalender 1996 (und frühere Jahrgänge), Verlag W. Ernst & Sohn, Berlin.

SCHNEIDER, K.-J., u. a.: Mauerwerksbau, Werner-Verlag, Düsseldorf, 5. Aufl. 1996.

Schriftenreihe „Porenbeton", Hrsg.: Bundesverband Porenbetonindustrie e. V., Wiesbaden.

Steinzeug-Handbuch, Hrsg.: Fachverband Steinzeugindustrie e. V., 5. Aufl. 1993.

Technische Informationsreihe der Ziegelbau-Beratung, Hrsg.: Bundesverband der Deutschen Ziegelindustrie e. V., Bonn.

WEBER, H., u. a.: Das Porenbetonhandbuch, Bauverlag GmbH, Wiesbaden / Berlin, 2. Aufl. 1995.

WESCHE, K.: Baustoffe für tragende Bauteile, Band 2, Bauverlag, Wiesbaden / Berlin, 3. Aufl. 1993.

6. Bauglas

6.1. Zusammensetzung der Rohstoffe

D e Herstellung von Gläsern für Schmuck und Gebrauchsgegenstände ist in geringem Umfang schon seit dem Altertum bekannt.

G as ist chemisch ein Gemenge (Mehrstoffgemisch) mit den Hauptgrundstoffen:

Quarzsand + Soda + Kalkstein + Dolomit
(Alkali-Kalk-Silikatglas)

Das Erschmelzen des Glases erfolgt in langgestreckten Wannenöfen, die mit feuerfesten Steinen ausgekleidet und überwölbt sind.

Der eigentliche Glasbildner ist Quarzsand (SiO_2) mit mindestens 60% Anteil. Die hohe Schmelztemperatur des Quarzes von über 1600 °C wird durch Zuschläge von Soda (Na_2CO_3) und Glasbruch als Flußmittel auf unter 1500 °C vermindert. Ferner Zugaben von Kalk und Dolomit (je etwa 10%) zur Regelung der Festigkeitseigenschaften und der Witterungsbeständigkeit sowie Sulfatzusatz zur Läuterung des Glases (Entfernen der Gasblasen).

Zusätze von Metallverbindungen verändern Farbe und Durchsichtigkeit der Gläser (z.B. Blauglas durch Kobaltoxid, Trübglas durch Zinnoxid). Im Quarzsand meist vorhandene Spuren an Eisenoxid bewirken „Grünstichigkeit" der Gläser.

Die Begriffe der Glasarten und Glaserzeugnisse sind in DIN 1259 9.86 festgelegt.
(DIN EN 572, T. 1–7, Glas im Bauwesen, Basis-Glaserzeugnisse)

Bauglas, d.h. Fensterglas, ist als **Kalknatronglas** zusammengesetzt aus:

69–74% SiO_2	0–6% MgO
5–12% CaO	0–3% Al_2O_3
12–16% Na_2O	

6.2. Glaseigenschaften (DIN 1249 T. 10, 8.90)

Unkontrollierte Abkühlung von Glasschmelzen sowie stellenweises Erhitzen von Glas können zu nachteiligen inneren Spannungen führen, daher Tunnelabkühlung bei der Herstellung.

Glas ist praktisch säurebeständig, jedoch nicht gegen Flußsäure (Vorsicht bei Fassadenbehandlung mit Fluatverbindungen oder bei Spritzen mit meist fluathaltigen Holzschutzmitteln). Silikone verbinden sich unlöslich mit den Glassilikaten (Vorsicht bei Fassadenimprägnierungen).

Laugen, z.B. Kalkwasser, können bei längerer Einwirkung deutlich lösend bzw. trübend wirken. Ferner Lösung der alkalischen Bestandteile des Glases an der Oberfläche durch langstehendes Kondenswasser:

Bei längerem unsachgemäßem Lagern frisch hergestellter Scheiben kann Kondenswasser Erblinden oder farbiges Schillern (Irisieren) der Glasoberfläche bewirken (Papierzwischenlagen erforderlich). Belüftete Scheiben bilden Schutzschicht mit erhöhtem Kieselsäuregehalt.

Auch Mineralfarben können zu Flecken führen.

Glas hat amorphes, d. h. nichtkristallines Gefüge. (Nach seiner Molekularstruktur und Durchsichtigkeit entspricht es einer „Flüssigkeit mit unendlich großer Zähigkeit".) Die Lichtdurchlässigkeit beträgt bei Fensterglas 90–92%.

Die Gesamtenergie des Sonnenlichtes verteilt sich etwa zu 3% auf UV-Strahlung > 0,3 μm und etwa je zur Hälfte auf Lichtstrahlung 0,4–0,76 μm und auf Infrarot-Wärmestrahlung bis 2,8 μm Wellenlänge (s. Abb. 122a).

Rohdichte des Glases 2,5 g/cm³. Mohssche Härte: 6 (Quarz 7).

Druckfestigkeit des Glases etwa 700–900 N/mm², Biegezugfestigkeit 30–90 N/mm², jedoch sprödes Verhalten durch geringe Verformbarkeit, außer vorgespanntes Glas. Elastizitätsmodul 70 000 N/mm², Wärmeleitzahl von Glas λ = 1,0 W/m K.

Die Wärmeausdehnung beträgt i. M. $9 \cdot 10^{-6}$ je K (Stahlbeton $12 \cdot 10^{-6}$), das ist bei 100 K Temperaturveränderung etwa 1 mm/m: Berücksichtigung beim Einbau von Glas (keine feste Einspannung!), insbesondere bei verstärkt aufwärmenden farbigen Gläsern.[*)]

Das Schneiden (Trennen) des Glases durch Anritzen der Oberfläche mit Diamant oder Stahlrädchen beruht auf örtlicher Störung des inneren Spannungszustandes (Kerbempfindlichkeit).

Die Durchführung von Verglasungsarbeiten erfolgt nach VOB, Teil C, DIN 18361, Ausg. 9.88. Siehe auch Abschn. 12.3., Dichtstoffe.

6.3. Einteilung der Gläser nach dem Herstellungsverfahren

Benennung der Gläser, Glasarten und Glasgruppen, die sich durch ihre chemische Zusammensetzung unterscheiden, nach DIN 1259, T.1, Ausg. 9.86, „Glas; Begriffe für Glasarten und Glasgruppen" und T.2 „Glas; Begriffe für Glaserzeugnisse".

(DIN EN 572 T. 1, 1.95: Glas im Bauwesen; Basis Glaserzeugnisse; Definitionen und allgemeine physikalische und mechanische Eigenschaften)

6.3.1. Gezogenes Flachglas

In der Ziehmaschine wird Flachglas („honigartig") aus der Schmelzwanne in unterschiedlichen Verfahren als endloses Band mit feuerblanken ebenen Oberflächen gezogen und nach spannungsfreier Abkühlung in langen Kühlkanälen auf kontinuierlich laufenden Transportrollen zu gebrauchsfertigen Scheiben geschnitten. Die Glasdicke ist durch die Ziehgeschwindigkeit regulierbar; Ziehbreite bis 2,40 m (Abb. 109).

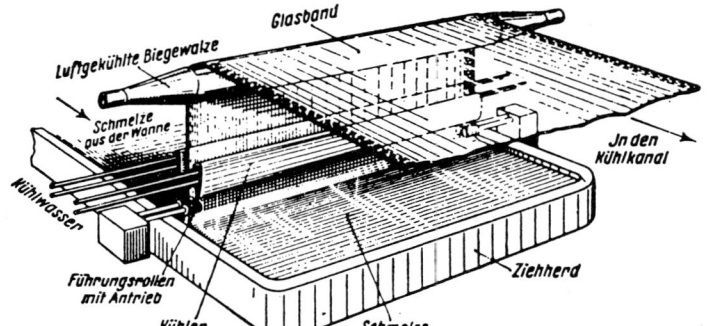

Abb. 109.

Maschinengezogenes Flachglas: Schema eines Ziehvorgangs

---

*) Die Temperaturbeständigkeit von Spezialgläsern (z. B. Jenaer Glas) beruht auf stofflichen Zusammensetzungen geringerer Wärmedehnung.

Dünnglas (0,5–2,0 mm) nur für Sonderzwecke: Bilderglas, Objektträger, Feuermelder.

Fensterglas (DIN 1249, Teil 1, Ausg. 8.81) ist durchsichtiges, ungefärbtes, gleichmäßig dickes Glas mit beiderseits feuerblanken, nahezu ebenen Oberflächen. Heutzutage findet es nur noch geringe Anwendung zu Fensterverglasungen. Es kann bis zu einer Breite von 3180 mm und einer Länge von 3620 mm hergestellt werden.

> *(s. DIN EN 572 T. 4, 1.95: Glas im Bauwesen: Basis- Glaserzeugnisse; Gezogenes Flachglas)*
> Längen 1600–2160 mm, Breiten 2440–2880 mm, Dicken 2–12 mm

Nenndickenbezeichnungen in mm

2 ($\pm$ 0,2)   3 ($\pm$ 0,2)   4 ($\pm$ 0,3)   5 ($\pm$ 0,3)   6 ($\pm$ 0,3)   8 ($\pm$ 0,4)   10 ($\pm$ 0,5)   12 ($\pm$ 0,6)
15 ($\pm$ 1,0)

Gartenbauglas; Gartenblankglas, Gartenklarglas; (DIN 11525, Ausg. 6.92)

Gartenblankglas (GB) ist ein durchsichtiges fast farbloses Flachglas, maschinell im Ziehverfahren hergestellt, beiderseits mit blanken Oberflächen, praktisch eben und gleichmäßig dick, mit herstellungsbedingten Bläschen, Schlieren, Knoten, Wellen oder Kratzer

Dicke 3–5 mm, Längen bis 2080 mm und Breiten bis 997 mm.

Gartenklarglas s. Ziff. 6.3.2.2.

Scheibenbemessungen

Die Wahl der Glasdicken erfolgt entsprechend den Scheibengrößen nach Bemessungstafeln oder bei größeren Scheibenabmessungen unter Berücksichtigung der Gebäudehöhe (Winddruck) nach DIN 18056, Ausg. 6.66 „Fensterwände". – Für Einfachverglasungen s. Abb. 110.

> Mit Rücksicht auf die oft in Bandrichtung verlaufenden Ziehstrukturen, die bei der Fensterdurchsicht waagerecht liegen sollen, ist bei Bestellungen stets die Reihenfolge „Breite × Höhe" anzugeben (sonst „Tanzen" der Linien bei Durchsicht).

Nach DIN EN 572 T. 1, 1.95 ist für „durchsichtiges" Klarglas gegenüber „durchscheinendem" Klarglas in Abhängigkeit von der Dicke ein höherer Lichttransmissionsgrad gefordert.

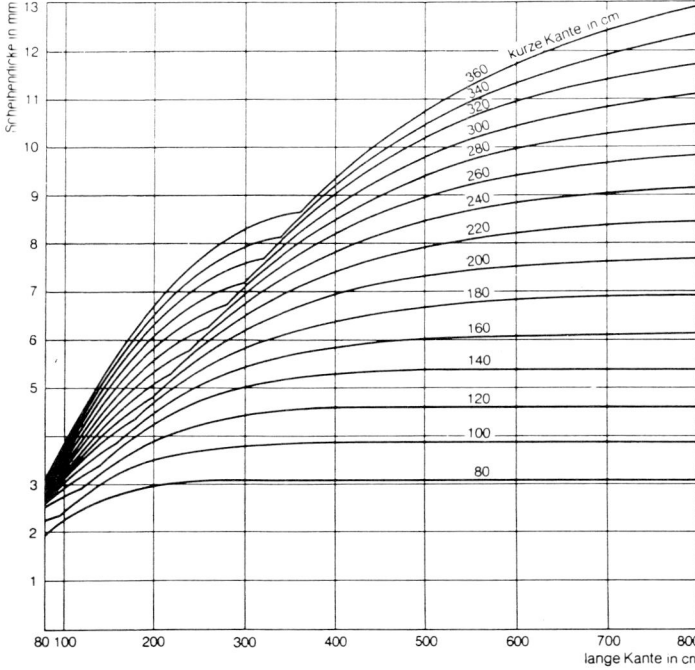

Abb. 110.

Windlastdiagramm zur Ermittlung der Glasdicken von Isolierglaseinheiten gemäß DIN 1055 nach der Bachschen Plattenformel, aus „Das Glashandbuch 1982", hier für vierseitige Lagerung und Windbelastung von 0,60 kN/m^2

Sondergläser aus gezogenem Flachglas

Überfangglas. Zweischichtig verschmolzene Herstellung aus Klarglas und Trüb- bzw. Farbglas: Milchüberfangglas, Farbüberfangglas.

„Opalglas", d.i. halbdurchsichtiges Glas mit opalisierendem Schimmer, wird i. allg. nur als Hohlglas bei Beleuchtungskörpern verwendet.

Ferner durch nachträgliche Bearbeitung veredelte Gläser:

Mattglas. Mit Sandstrahl aufgeraut oder seltener mit Flußsäure geätzt (säuremattiert), meist in Musterungen. Rauhe Oberfläche gegen Verschmutzung, z.B. Fingerabdrücke, empfindlich (eventuell Aufbringen einer Kunststoffschicht).

Eisblumenglas. Herstellung durch Überziehen von Mattglas mit heißem Tischlerleim: Bei Trocknung Aussplittern der Oberfläche.

6.3.2. Gegossenes und gewalztes Flachglas

6.3.2.1. Spiegelglas (DIN 1249, T. 3, Ausg. 2.80, T. 6, E, Ausg. 10.90)
(DIN EN 572 T. 2; Glas im Bauwesen; Basis- Glaserzeugnisse; Floatglas)

Aus möglichst reinen Ausgangsstoffen maschinell im Fließbandverfahren gegossenes und gewalztes hochwertiges Spiegelglas (Abb. 111). Nach Durchlaufen des Kühltunnels werden die durch die abkühlende Walzung nicht klarsichtigen Oberflächen beiseitig mit Sand geschliffen und mit Eisenoxid („Polierrot") auf Hochglanz mit verzerrungsfreier Durchsicht poliert.

Fast nur noch Herstellung von Spiegelglas im „Float-Verfahren" (Abb. 112) bei dem die Glasschmelze kontinuierlich auf ein flüssiges Zinnbad in einer langgestreckten Wanne gegossen wird, so daß ein Schleifen der Oberflächen entfällt.

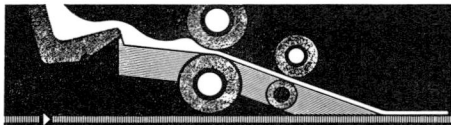

Abb. 111.

Gußglas: Gieß- und Walzverfahren (Verfahren nach Bicheroux zur Herstellung dicker Glasplatten)

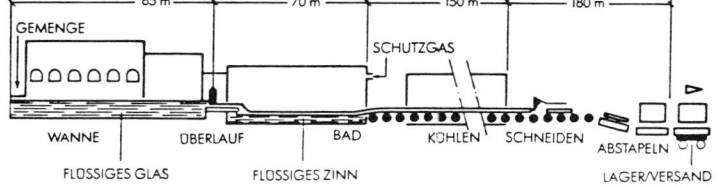

Abb. 112.

Floatglasherstellung, Längsschnitt durch die Anlage

Nenndicken nach DIN EN 572-2 (zul. Abweichungen):
2 − 3 − 4 − 5 − 6 (± 0,2) − 8 − 10 − 12 (± 0,3) − 15 (± 0,5) − 19 − 25 (± 1,0) mm.

Flächengrößen bis zu 9000 × 3180 mm.

Dicken bis 42 mm werden als „dickes Spiegelglas" bezeichnet.
Verwendung für Sonderzwecke (Aquarien, Trittstufen).

Lieferung von Spiegelglas auch im ungeschliffenen Zustand als „Spiegelrohglas".

Ferner schwachgefärbtes Spiegelglas sowie Drahtspiegelglas mit quadratischem oder diagonalem Drahtnetz mit einbruch- und feuerhemmenden Eigenschaften. (Fabrikat z. B. Dravel)

Brandschutz von Drahtglas unter Abschr. 6.3.2.2.

Spiegelglas mit dünnen, in 5 cm Abstand verlaufenden Drähten wird als „Chauvelglas" bezeichnet. (Vorgespanntes Spiegelglas s. unter Abschn. 6.4.1., S. 353)

6.3.2.2. Gußglas (DIN 1249, T. 4, Ausg. 8.81)
(DIN EN 572 T. 5, 1.95: Glas im Bauwesen; Basis-Glaserzeugnisse; Ornamentglas)

Herstellung durch Gießen und Walzen im Fließbandverfahren, ähnlich wie bei Spiegelglas. Die Durchsicht des Gußglases wird jedoch durch Walzenprägung, d. h. durch verschiedenartige, die Lichtstreuung begünstigende Ornamentierung der Glasoberfläche behindert („Durchscheinendes Glas").

Auch leichte Färbung des Glases. Lichtdurchlässigkeit je nach Farbgebung, Dicke und Oberflächenprofil 92 bis 50%.

Scheibengrößen bei d = 4 mm: 2100 × 1500 mm; bei $\geqq$ 6 mm: 4500 × 2520 mm.

Rohglas (4 bis 9 mm) meist rückseitig gehämmert, gerippt oder gerautet.

Ornamentglas (4, 6 u. 8 mm) mit verschiedenartigsten ein- oder beidseitig gemusterten Oberflächen, z. B. Altdeutsch, Butzenglas, Listral. (Kennzeichnung nach Nummern.)

Kathedralglas (4 mm). Besondere Form des Ornamentglases mit klein- oder großgehämmerter Oberfläche.

Gartenklarglas (GK) ist farblos, im endlosen Bandverfahren hergestelltes Gußglas, mit glatt gewalzter Außenseite und lichtstreuende Oberflächenstruktur der Innenseite, mit zulässigen Bläschen, Schlieren, Kratzer und Unterschiedlichkeiten auf der Oberfläche und im Glaskern (DIN 11525, Ausg. 6.92)

Dicke 3–5 mm, Längen bis 2080 mm und Breiten bis 997 mm.

Abb. 113. Gußglasmuster

a) Kathedralglas, kleingehämmert

b) Ornamentglas „Listral"

Drahtglas und Drahtornamentglas *(DIN EN 572; T. 3: Glas im Bauwesen; Basis Glaserzeugnisse; poliertes Drahtglas; T. 6: Glas im Bauwesen; Basis-Glaserzeugnisse; Drahtornamentglas)*

Beim Walzverfahren eingelegtes punktverschweißtes quadratisches (früher auch sechseckiges) Drahtnetz. Glasdicken 6 bis 10 mm. Oberfläche glatt oder ornamentiert, auch farbige Gläser.

Durch die Drahteinlage splitterbindende Eigenschaften, jedoch Minderung der Biegefestigkeit. Bei außermittiger Lage des Drahtes Anordnung in der Druckzone erforderlich (beim Einbau beachten!).

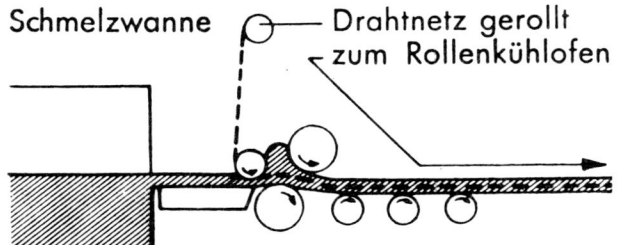

Abb. 114.

Schematische Darstellung einer
Drahtglasherstellung

Feuerwiderstandsklasse F 60 (feuerhemmend): bis 80 cm Breite und 250 cm Höhe, jedoch nicht über 1,6 m², in feuerbeständigem Mauerwerk (Prüfnachweis nach DIN 4102, T. 3 u. 4), mit der Maßgabe, daß die Scheiben im Falz mit beidseitig ringsum verlaufenden Asbeststreifen (20 × 3 mm) vermörtelt und zwischen Scheibenrand und Mauerwerk mit Mineralwolle ausgefüllt werden.

Formprofiliertes Gußglas

Welldrahtglas (Form wie Faserzementplatten). Oberseite („Himmelseite") feuerpoliert glatt. Unterseite zur Lichtbrechung gerippt. Verwendung für Dacheindeckungen und Brüstungen.

Profilbauglas (DIN 1249, T. 5, Ausg. 4.83): *(DIN EN 572 T. 7, Glas im Bauwesen; Basis-Glaserzeugnisse; Profilbauglas mit oder ohne Drahteinlage)* mit U-förmigem Querschnitt und rohglasähnlicher Oberfläche. Als endloses Band ohne oder mit Drahteinlage hergestellt, in 232 bis 498 mm Breite, mit Schenkelhöhen von 41 und 60 mm, in Längen bis zu 7 m geschnitten (s. Abb. 115). Glasdicke 6 und 7 mm.

Abb. 115. Profilbauglas
a) Normalprofil
b) Beispiel einschaligen Einbaus
(Einbindung in Hartschaumstoff)

a)

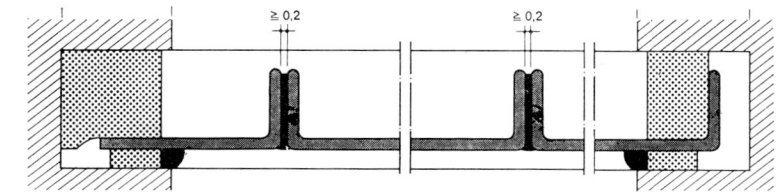

b)

Verwendung in sprossenlosen durchscheinenden Wänden. Abdichtung der sich berührenden Seitenkanten ohne Zwängungen mit dauerplastischen oder elastischen Dichtungsstoffen. (Einbau evtl. oben- und unterseitig in U-förmigen Metallzargen.) Auch zweischaliger, kehrläufig ineinandergreifender Verbau zur Erhöhung der Wärme- und Schalldämmung.

Längenbegrenzung je nach Gebäudehöhe gemäß DIN 18 056, Ausg. 6.66 „Fensterwände".

6.3.2.3. Opakes Gußglas

Opakglas (opak = undurchsichtig) ist nicht durchsichtig und nicht durchscheinend eingefärbtes Glas für Wandverkleidungen mit glatter (feuerpolierter), feinmatt gemusterter oder geschliffener Oberfläche. Die Rückseite ist zur Mörtelhaftung gerillt.

Glaswandplatten. Breiten bis etwa 1,5 m; Dicken 6 bis 10 mm. Zur elastischen Spannungsaufnahme mit Spezialkitt anzusetzen. Bei Außenfassaden an oberen Stockwerken stets mit zusätzlichen nichtkorrodierenden Halterungen. Befestigung größerer Platten auch in Metallrahmen mit „Lufthinterspülung" zur Gewährleistung der Diffusion des Mauerwerks: Bei dunkelfarbigen Platten höhere Temperaturbeweglichkeit erforderlich.

Glasfliesen. Kantenlängen bis zu 300 mm; Dicke 7 mm. Verlegung in Traßmörtel.

Glasmosaik. Gegossenes oder gepreßtes gefärbtes undurchsichtiges Glas mit glänzender Oberfläche, quadratisch oder rechteckig mit 20 bis 40 mm Kantenlänge und etwa 5 mm Dicke. Verlegung der plattenförmig vorderseitig auf Papier oder auf Gewebe gehefteten Mosaiksteine in Zementmörtel.

6.3.3. Preßglas – Bauhohlglas

Im maschinellen Preßverfahren aus zähflüssiger Glasmasse hergestellte Glaskörper mit glatter (feuerblanker) oder profilierter Sichtfläche.

6.3.3.1. Glasbausteine (DIN 18 175, Ausg. 5.77)

Allseitig luftdicht geschlossene quadratische, rechteckige, dreieckförmige oder auch runde Hohlglasbausteine mit Seitenabmessungen 115 bis 300 mm. Auch Glasbausteine mit Entlüftungen. Dicken je nach Größe **80** oder 100 mm. Herstellung durch Zusammenschweißen an den Randzonen wiedererwärmter Preßglashälften.

Sichtflächen glatt oder zur Verbesserung der Lichtstreuung verschiedenartig dekorativ geprägt. Seitenflächen ringsum meist mit weißer Farbe aufgehellt oder hell besandet.

Auch Einfärbung von Glasbausteinen durch innenseitiges Ausschwenken und Einbrennen mit Farbe oder durch Einlagen von Farbglasscheiben.

Ferner wärmereflektierende Steine mit innenseitiger lichtdurchlässiger bronzefarbener Beschichtung.

Verwendung der Glasbausteine für lichtdurchlässige, wärme- und schalldämmende Innen- und Außenwände, jedoch nicht zur Aufnahme zusätzlicher Lasten. Vermeidung von Zwängungskräften und Gewährleistung der Temperaturbeweglichkeit seitlich und oberhalb durch verkittete Gleit- und Dehnungsfugen sowie Trennung vom Auflager durch unterlegte Bitumenbahn (s. Abb. 116) – Lieferung auch als Fertigwandelement.

Schalldämmung R_W 40–45 dB (Fensterglas 20 bis 25 dB).

Der Einbau der Glasbausteinwände erfolgt nach DIN 4242 (Ausg. 1.79) „Glasbausteinwände, Ausführung und Bemessung", in der Regel mit einem bewehrten Betonrandstreifen. Bei Länge der kleinsten Wandseite $\geqq$ 1,50 m ist ferner eine Bewehrung der Wände nach statischer Berechnung erforderlich. (Rostschutz der Stähle durch genügende Fugenüberdeckung und Mörteldichte.)

Brandverhalten je nach Zulassung, unter bestimmten Voraussetzungen feuerbeständig G 60 (z. B. für Glasbausteine 190/190/80 mm bis zu 185 × 185 cm), mit 2 Glasbausteinwänden G 120.

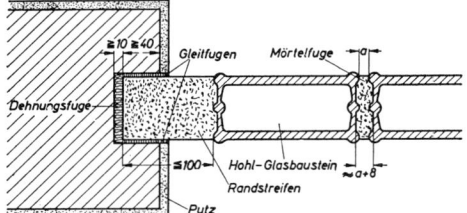

Abb. 116.

In Mauerschlitz eingreifende Glasbausteinwand

6.3.3.2. Betongläser (DIN 4243, Ausg. 3.78)

Quadratisches oder rundes Betonglas, unterseitig zur Lichtbrechung meist bemustert, evtl. auch wegen Rutschgefahr mit Oberflächenprägung (s. Abb. 117).

Form A   b = 160, h = 30 mm ⎫ Voll-Betonglas
         b = 200, h = 22 mm ⎭   ⎧ Hohl-Betonglas
Form B   b = 220, h = 100 mm   ⎨ unterseitig geschlossen
Form C   b = 117, h = 60 mm ⎫   ⎩
Form D   ∅ = 117, h = 60 mm ⎭ unterseitig hohl

Betongläser dienen zur Herstellung begehbarer „Tragwerke aus Glasstahlbeton" oder auch befahrbarer „verglaster Stahlbetonrippen".

Tragwerke aus Glasstahlbeton (DIN 1045 „Beton- und Stahlbetonbau")

Ebene oder gewölbte Decken oder Dächer aus kreuzweise angeordneter Stahlbetonbewehrung und dazwischen fest einbetonierten statisch wirksamen Glaskörpern (Abb. 117) nach DIN 4243

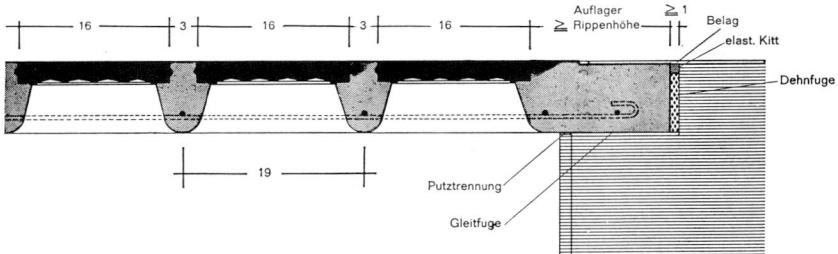

Abb. 117. Tragteil aus Glasstahlbeton

Verwendung nur als Abschluß gegen Außenluft (Verkehrslast $\leqq 5$ kN/m^2, z. B. Oberlichter, Abdeckung von Lichtschächten. (Rippenhöhe mind. 6 cm, Rippenbreite $\geqq 3$ cm, Bewehrungs-∅ $\geqq 6$ mm). Auch räumliche Tragteile mit zylindrischen Glaskörpern. – Betondeckung der Stähle nach DIN 1045 entsprechend den Umweltbedingungen.

Bei Verwendung der Formen C und D ist in Sonderfällen ein Befahren von Glasstahlbeton erlaubt.

Die einzelnen Tragwerke müssen durch einen Stahlbetonringbalken umschlossen werden. Sicherung gegen Beanspruchung aus Gebäudeeinflüssen (Zwängungskräfte) durch ringsum verlaufende nachgiebige Fugen.

Unterbindung unterseitiger Tauwasserbildung durch entsprechende Raumbelüftung.

6.3.3.3. Glasdachsteine

Die Herstellung erfolgt durch Pressen entsprechend den Dachziegelformen (Abschn. 5.1.5.2.). Durchschnittliche Dicke 10 mm. Starke Lichtstreuung. Hagelschlagsicher.

6.3.4 Schaumglas (DIN 18174, Ausg. 1.81)

Geschlossenzellig geschäumte, dunkelfarbige, widerstandsfähige Glasmasse ohne Lichtdurchlässigkeit mit dampfdiffusionsdichtem Gefüge.

Dicke 40–130 mm. Rohdichte 100–150 kg/m^3. (Fabrikat: Foamglas.)

Leichte Bearbeitbarkeit durch Sägen, Bohren, Schleifen.

Druckfestigkeit: Typ WDS mind. 0,50 N/mm^2 (DIN 18174)
WDG mind. 0,70 N/mm^2

Baustoffklasse A 1 nicht brennbar nach DIN 4102

Verwendung als Wärmedämmplatten für Dächer und Wände (Wärmeleitzahl = 0,040–0,060 W/m K). Verlegung mit Heißbitumen.

Anwendung auch für zusammengesetzte Bauelemente mit hoher Wärmedämmung: Außenseitig Einscheiben-Sicherheitsglas mit aufgebrannter Farbschicht, Kern aus Foamglas, innenseitig Gipskartonplatte (Gesamtdicke 50 mm). Auch feuerbeständig (Typ F) lieferbar. (Fabrikate: Opal-Bauelemente.)

Foamglas-Perinsul als Dämmstreifen in tragenden Wänden in Mörtel Gr. III (Zementmörtel) vermauert, Rohdichten 110–165 kg/m^3, Nenndruckfestigkeit 0,70–1,7 N/mm^2.

Ferner Herstellung von Blähglasgranalien (ähnlich Blähton) für Leichtbeton auf Kunststoffbasis. (Wegen alkalischer Eigenschaften nicht mit unmittelbarer Zementbindung.)

6.4. Vergütete Gläser (Gläser mit Sondereigenschaften)

6.4.1. Sicherheitsglas

a] Einscheiben-Sicherheitsglas (Vorgespanntes Glas) DIN 1249, T. 12, 9/90

Herstellung aus Flachglas (auch aus Ornamentglas, nicht jedoch aus Drahtglas) durch Erhitzen über 600 °C und Abschrecken mit Luftgebläse: innere Spannungen zwischen Glasoberfläche und später abkühlendem Glaskern. Die Vorspannung bewirkt eine wesentliche Erhöhung der Biegefestigkeit (Abb. 118.) Biegefestigkeit mind. 120 N/mm^2 bei Spiegelglas, Elastizitätsmodul 70 000 N/mm^2.

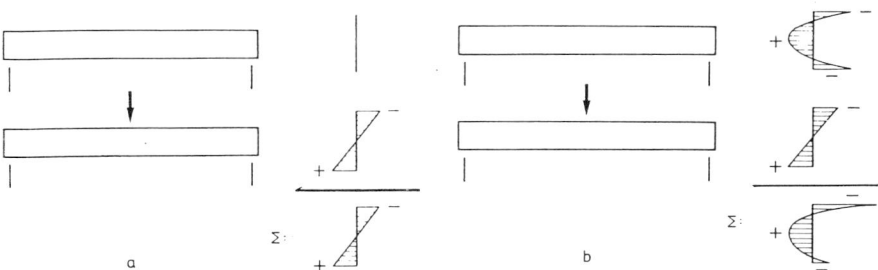

Abb. 118. Spannungsverlauf in biegebeanspruchten Glasscheiben
a) = nicht vorgespannt, b) = vorgespannt

Bei Bruch durch Lösen der inneren Spannung splitterfreies Zerfallen in Krümel. Gute Verwindungsfähigkeit und Temperaturbeständigkeit.

Unempfindlich gegen Temperaturwechsel, z. B. teilweise Erwärmung durch Heizung am Fenster oder Sonneneinwirkung. (Fabrikate: Sekurit, Delodur.)

Anwendung: Ganzglasfertigtüren (z. B. Fabrikat: Klarit), Fenster in Turnhallen, Brüstungs- und Gebäudeverkleidungen sowie im Fahrzeugbau.

> Ferner oberflächenglattes oder genörpeltes Einscheiben-Sicherheitsglas mit oberseitig eingebrannter Emaille-Farbschicht für Fassadenverkleidungen, Brüstungen und kratzfeste Tischauflagen. Elastische Einspannung wegen Wärmedehnung. (Fabrikate: Emalit, Delogcolor.)

Keine nachträgliche Bearbeitung von vorgespanntem Glas möglich (ausgenommen Bemusterung durch Ätzung und vorsichtiger Spezialbearbeitung): Fertigbestellung einschließlich Bohrungen und Kantenbearbeitung.

b) Verbund-Sicherheitsglas

Verbund von zwei oder mehreren Fensterglas- oder Spiegelglasscheiben mittels splitterbindender klarsichtiger, eingefärbter oder bemusterter Kunststoff-Folie aus Polyvinylbutyral (PVB).

Auch Draht-Verbund-Sicherheitsglas mit dünnen parallelen Stahlfäden (0,1 mm) oder mit Feinsilberdrähten für Alarmanlagen („Alarmglas") sowie Verbundglas mit Heizdrähten.

Angriffshemmende Verglasung DIN 52 290, T.1–5.

Nach Anzahl und Dicke der Einzeltafeln ergeben sich unterschiedliche Eigenschaften:

         A = durchwurfhemmend   C = durchschußhemmend
         B = durchbruchhemmend   D = sprengwirkungshemmend

E DIN EN 1063; 7.93: Spezifikation für angriffshemmende Verglasungen, Durchschußhemmende Verglasungen.

6.4.2. Isolierglas (Wärme- und Schalldämmglas)

Herstellung aus Flachglas (Fenster-, Spiegel-, Ornament- oder Drahtglas sowie aus vorgespanntem oder Verbundsicherheitsglas) als Doppel- oder Dreifachscheiben (letztere insbesondere für Kühlräume), deren meist 12 mm breiter Zwischenraum mit getrockneter Luft oder Gasgemisch zur weitgehenden Minderung von Kondenswasserbildung gefüllt ist (Taupunkt bis zu −80 °C). Es wird auch zur Verhinderung von Kondensatbildung der Metallsteg mit Trocknungsmittel gefüllt (Silicagel, Zeolith-Granulat).

Den im Vergleich zu Einfachscheiben höheren Kosten steht u. a. eine wesentliche Heizkostenersparnis sowie eine Verbesserung des Schallschutzes gegenüber.

> Verbund der Isoliergläser
> mit kunststoffverklebtem verzinktem Stahlrahmen (Abb. 119 u. 120) oder Aluminiumhohlprofil
>> Größtabmessungen der Doppelscheiben bis zu 5 m Breite und 3 m Höhe. Flächengestaltung nach Bestellung. Einbaudicken je nach Scheibendicke und Scheibenabstand 15–36 mm.
>
> Thermopane mit eingeschweißtem Bleisteg wird nicht mehr hergestellt.
>
> Wärmedurchgangswert hellsichtiger Isolierscheiben, k = 0,4–3,0 W/m^2 K
> – (Vgl. Einfachscheiben $\sim$ 6 W/m^2 K) –

Wärmeschutzverbesserung durch Kombination der Isoliergläser mit Sonnenschutzgläsern (Absorptions- und Reflexionsgläser) s. Abschn. 6.4.3. sowie zwischengespannten durch-

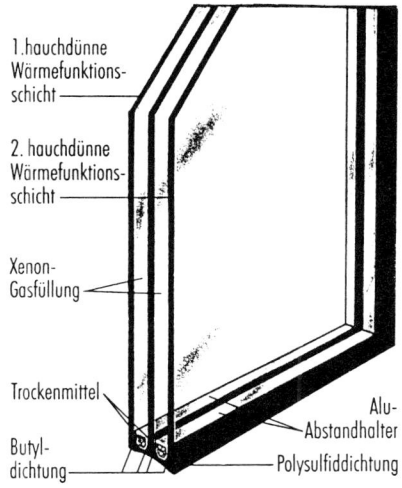

1.hauchdünne Wärmefunktions-schicht

2. hauchdünne Wärmefunktions-schicht

Xenon-Gasfüllung

Trockenmittel

Butyl-dichtung

Alu-Abstandhalter

Polysulfiddichtung

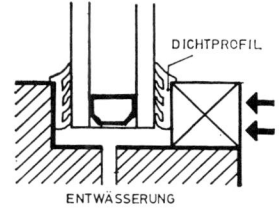

DICHTPROFIL

ENTWÄSSERUNG

Abb. 119.

Querschnitt durch hochdämmende Isolierglasscheibe

Abb. 120.

Einbau einer Isolierscheibe mit Dichtprofil in Holzfensterrahmen

sichtigen Kunststoffolien mit IR-Reflexionsbeschichtungen sowie Füllung des Zwischenraums mit Argongas, Kryptongas oder Xenongas.

Schallschutzverbesserung durch Kombination zweier Scheiben unterschiedlicher Dicke und damit Frequenz (dicke Scheibe nach außen liegend) sowie Spezialluftfüllung. Dämmwerte bis zu 42 dB.) Fabrikate: Phonstop, Contrasonor.), unter Verwendung von Verbundscheiben bis zu 53 dB.

Einbau der Isoliergläser (Abb. 119–121)

Bei allen Isoliergläsern Beachtung der Falzausbildung, der Unterklotzung sowie der spannungsfreien Dichtung mit schaumgummiartigem Vorlegeband und vollsatter Ausfüllung des Falzes mit formbarem dauerplastischem Dichtstoff sowie außenseitig mit dauerelastischer Versiegelung.

Auch Verglasungen mit gummiartigen Dichtprofilen unter Anpreßdruck (Druckverglasung). – Bei Nichthinterfüllung mit Dichtstoff ist Glasfalzentwässerung erforderlich (s. Abb. 120 u. 121).

6.4.3. Sonnenschutzglas

Verhinderung der Blendung durch einfallendes Sonnenlicht sowie Begrenzung der Raumerhitzung durch Begegnung des sogenannten „Treibhauseffektes" (Innenerwärmung durch auffallendes Sonnenlicht).

Strahlungsphysikalische Begriffe:

Beim Einfallen von Strahlung auf Glas werden davon Teile reflektiert, absorbiert (in Wärme umgewandelt) oder durchgelassen (transmittiert). Diese Eigenschaften sind abhängig von der spektralen Strahlungszusammensetzung und dem Winkel des Strahlungseinfalls.

Die **Lichtdurchlässigkeit T_L** (%) wird für die sichtbare Strahlung (Wellenlänge 380–780 nm) angegeben.

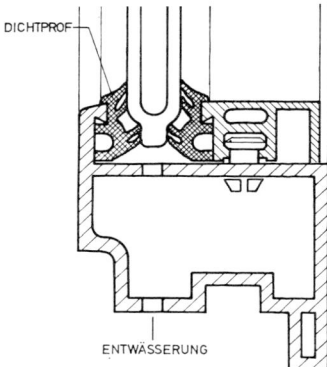

DICHTPROF

ENTWÄSSERUNG

Abb. 121.

Einbau einer Isolierscheibe mit Dichtprofil in Kunststoff-
oder Metallfensterrahmen

Die **UV-Durchlässigkeit T_{UV}** (%) wird für die UV-Strahlung (Wellenlänge 280–380 nm) angegeben.

Die **Gesamtenergiedurchlässigkeit g** (%) wird nach der Verteilung der Globalstrahlung (C. I.
E. Nr. 20) bestimmt.

Der **mittlere Durchlaßfaktor b** (b-Faktor = shading coefficient) bezieht den Energiedurchlaß
auf den Wert einer Einfachscheibe von 3 mm Dicke (b = g/87).

Der **Facteur solair** gibt den Energiedurchlaß einer Verglasungseinheit in bezug auf eine nicht
verglaste Fensteröffnung an (g/100).

Die **Selektivitätskennzahl S** ist das Verhältnis von Lichtdurchlässigkeit zur Gesamtenergiedurchlässigkeit (S = T_L/g).

Der **Farbwiedergabe-Index R_a** beschreibt den Einfluß der veränderten Transmissionsstrah-
lung auf die Farbwiedergabe im Raum. Er beträgt bei unbeschichtetem Floatglas 99%. Eine
gute Farbwiedergabe liegt bei 90%.

> *E DIN EN 410; 1.91: Glas im Bauwesen. Bestimmung des*
> *Lichttransmissionsgrades,*
> *direkten Sonnenenergietransmissionsgrades,*
> *Gesamtenergiedurchlaßgrades,*
> *UV-Transmissionsgrades und*
> *damit zusammenhängende Glasdaten.*

Nach der Wirkungsweise werden unterschieden:

a) Farbig getönte Gläser (Absorptionsgläser)

In der Masse bronzefarben, grau oder grün getönt, nicht vorgespanntes oder vorgespanntes
Kristallspiegelglas von 4–12 mm Dicke, das insbesondere die Infrarotstrahlung absorbiert.
Lichtdurchlässigkeit je nach Glasdicke und Färbung 78–25%. (Fabrikat: Parsol.)

Verwendung als Einzelscheiben oder in Verbindung mit innenseitigem hellem Kristallspiegelglas zu Isolierglaseinheiten mit Luftzwischenraum (Thermopane oder Cudo-Perfect-
System). Auch Verarbeitung zu Verbundsicherheitsglas.

> Wärmedurchgang bei Isolierglas k = 2,8 W/m^2 K
>
> Berücksichtigung der Glasaufheizung durch genügend Spiel im Falz (Wärmedehnung). Bei Teilaufhei-
> zung (Beschattung) evtl. Verwendung von vorgespannten Scheiben.

b) **Metallbedampfte reflektierende Gläser** (Reflexionsgläser)

Doppelscheibige Isoliergläser, deren äußere dem Luftzwischenraum zugewandte Seite mit hauchdünner, verschiedenfarbig reflektierender Gold- bzw. Metalloxidschicht versehen ist: Geringe Durchlässigkeit wärmender langwelliger Infrarotstrahlen.

> Lichtdurchlässigkeit je nach Beschichtung 65–30% (farbloses Isolierdoppelglas 80%). Wärmedurchgangszahl k = 1,3–1,7 W/m^2 K. (Fabrikate: Infrastop, Elioterm, Calorex, u. a.)
> – Sonnenenergieverteilung s. Abb. 122 b u. c –

Lieferung der reflektierenden Gläser auch als Verbundsicherheitsglas, z. B. für Brüstungsplatten (Fabrikat: Sigla-Infrastop).

Weitere Fabrikate

> Parelio. Isolierglas mit reflektierender Metalloxidbeschichtung auf Kristallspiegelglas oder auf farbigem Sonnenschutzglas Parsol aufgeschmolzen, so daß diese durch spezielle Abkühlung zugleich die Eigenschaften von einscheibigem Sicherheitsglas haben.
>
> Thermoplus (Wärmeschutzisolierglas). Raumseitige Scheibe auf der inneren Seite mit unsichtbarer Goldschicht versehen und Zwischenraum mit schlecht wärmeleitendem Gas (Argon) gefüllt, so daß der Wärmestrom von innen nach außen gebremst wird. k = 1,6 W/m^{2}K.
>
> Calorex. Beidseitig abriebfest eingebrannte Metalloxidschicht. Verwendung als Einzelscheibe (vorteilhaft bei vorhandenen Fensterrahmen) oder als Mehrscheiben-Isolierglas, bei denen jeweils die äußere Glastafel mit einem beidseitigen Reflexionsbelag versehen ist.

c) **Isolierglas mit diffusem Lichtdurchgang**

Verbund zweier Scheiben aus Fensterglas, Ornamentglas oder Drahtglas mit luftdicht eingeschlossener 1,5 mm dicker Glasfasereinlage zur Verhinderung direkter Sonneneinstrahlung (durchscheinendes

Anteil der Sonnenenergie (nach Cammerer, BAM Berlin)

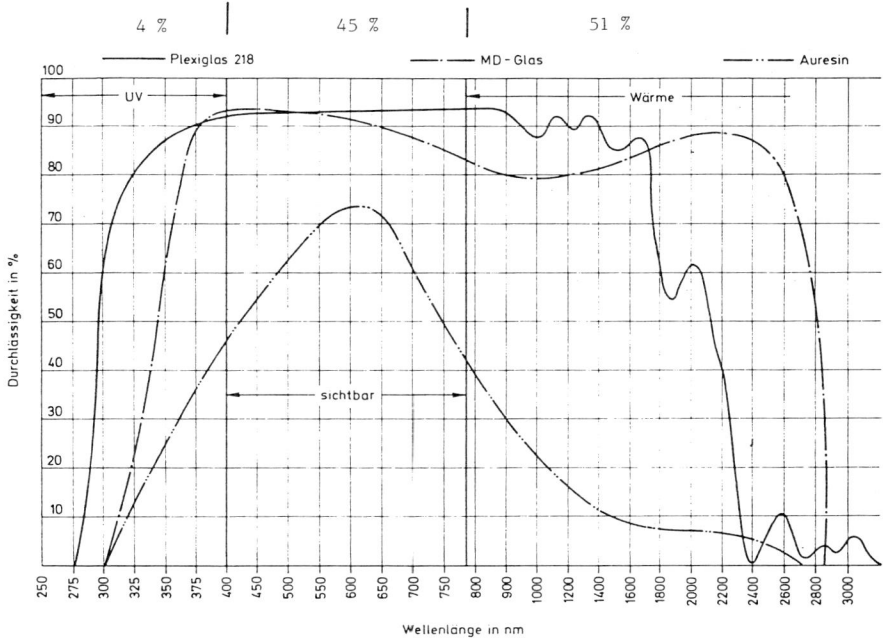

Abb. 122a. Durchlässigkeit von normalem Fensterglas, bedampftem Fensterglas und Acrylglas für Sonnenlicht

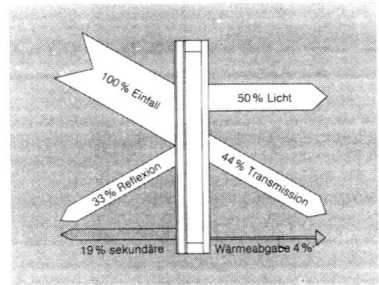

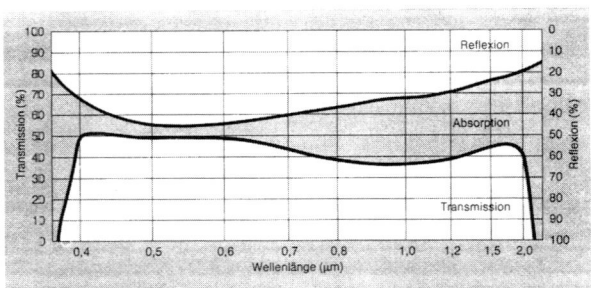

Abb. 122b.

Energiebilanz von Sonnenschutzscheibe, Beispiel Calorex AO hell, besonders gute Lichtdurchlässigkeit, vorzugsweise für kleine Fenster und Einzelräume

Abb. 122c.

Werte für Reflexion (R), Transmission (T) und Absorption (A) bei Einfallwinkel O °, Beispiel Calorex Isolierglas 2×6 mm.

diffuses Licht). Für Lager und Archive geeignet, auch in direkter Verbindung mit Isolierglas. (Fabrikat: Thermolux.)

Wesentliche Verbesserung der Wärmedämmung bei Isoliergläsern mit durchscheinendem festem Isolierkern aus kapillaren, senkrecht zur Glasebene geschichteten Glas- oder Kunststoffasern, je nach Kerndicke bis zu k = 1,15 W/m² K. (Fabrikate: Thermolux-k-Spezial, Okalux.)

d) Brandschutzgläser (DIN 4102 T 13, Ausg. 5.90)

Mehrscheibig. Ähnlich Isolierglas, mit klarsichtiger Füllmasse. Bei Hitze Zerspringen der äußeren Scheibe und Aufschäumen der nichtbrennbaren Füllung. Feuerwiderstandsklasse bis F 90 (Fabrikat: Flachglas AG: Pyrostop.)

Einscheibig. Bei Hitze widerstandsfähige und klarsichtig bleibende Scheibe von 5–8 mm Dicke. Feuerwiderstandsklasse bis F 120. (Fabrikat Schott: Pyran.)

Bei den Feuerwiderstandsklassen G 30 bis G 120 werden für die Verglasungen nur die Rauch- und Flammdichtigkeit gefordert. Die sonstigen Forderungen der Klassen F bezüglich Wärmeübertragung und Stoßfestigkeit sind eingeschränkt.

E DIN EN 357; 1.91: Glas im Bauwesen; Verglasungen mit feuerwiderstandsfähigem, durchsichtigen oder durchscheinendem Glas.

6.4.4. Sonstige Spezialgläser

Gebogenes Glas. Biegen von Fensterglas, Kristallspiegelglas oder Gußglas unter Hitze, meist auf Schamotteformen (Bestellung nach Modell oder Zeichnung).

Die Herstellung von Lichtkuppeln für Dächer erfolgt fast ausschließlich aus Kunststoffen (s. Abschn. 10.4.1.)

Kleinere Fensterscheiben aus vierseitig gewölbtem Glas werden als „bombiertes Glas" bezeichnet (vgl. Butzenglas, Abschn. 6.5.).

Glasspiegel. Rückwärtiger chemischer Silberniederschlag auf Kristallspiegelglas. Ferner „Durchsichtspiegel" aus Verbundglas mit innerem dünnen Silberniederschlag (Durchsicht nur von dunkel nach hell: „Spionglas").

Entspiegeltes reflexarmes Glas. Nur für Bilder und Schauvitrinen verwendetes Glas (Interferenzschicht) mit kaum sichtbarer schwacher Oberflächenätzung.

Ultraviolettdurchlässiges Glas. Herstellung aus eisenfreiem Glas besonderer Zusammensetzung. Anwendung zu Heilzwecken, z. B. in Höhenluftkurorten (Fabrikat: z. B. Sanalux).

6.5. Glas für künstlerische Gestaltung

Farbige Glasplatten (Dallglas). Handgegossene, farbige lichtdurchlässige, bis 25 mm dicke Rohglasplatten mit feuerpolierter Oberfläche. Verarbeitung der nach künstlerischer Vorlage in Formstücke zerschlagenen Dallen zur farbigen Gestaltung von Betonfensterwänden. Ferner gegossen als Handgriffe für Ganzglastüren.

Glasmalerei. Pulverisiertes farbiges Glas mit öligen Bindemitteln auf Flachglas aufgetragen und bei 700 °C gebrannt. Verbindung der Glasmalereistücke durch liegend-H-förmige Bleifassungen, die gleichzeitig die Umrisse der Hauptkonturen bilden (Bleiverglasung).

Oberflächenbearbeitetes Glas. Schmucktechnik im Schleifverfahren, durch Ätzung oder Sandstrahlung auf Dickglas, farbigen Überfanggläsern, Spiegelglas, Gußglas, Kristallglas (Bleiglas).

Ferner mundgeblasenes „Antikglas" sowie „Butzenglas" (6–10 cm runde Scheiben mit äußerem Wulstrand und nabelförmiger Mitte).

6.6. Glasfasern

Herstellung ähnlich anderen Mineralfasererzeugnissen (Steinwolle, Schlackenwolle) durch Auslaufen des Glasschmelzflusses besonderer Zusammensetzung aus feinen Düsen. Ausziehen der Fasern in Dicken von 5 bis 30 μm.

Die Zugfestigkeit von Glasfasern ist ungleich größer als die von Glasstäben gleichen Materials und kann bis 1,5 kN/mm^2 betragen (auf Minderung durch Mikrostrukturfehler bei kleineren Querschnitten zurückzuführen). – Vgl. Spannstahlfestigkeit.

6.6.1. Spinnbare Glasfasern (Textilglas)

(Begriffe in DIN 61850, Ausg. 5.76)

Ausziehen des Schmelzflusses auf rotierenden Trommeln zu Textilglasfasern unendlicher Länge (Glasfilament) oder begrenzter Länge (Glasstapelfasern), aus denen mit oder ohne Drehung Textilglasgarn hergestellt wird (Abb. 123a).

Anwendung

Textilglasroving (Spinnfädenschnüre) nach DIN 61855 (Abb. 123b), die z. B. bei „Glasfaserverstärkten Kunststoffen" (GFK) im Verarbeitungsgang mechanisch auf Länge geschnitten werden (s. Abschn. 10.4.2.2.b).

Ferner Textilglasgewebe und durch Binder verfestigte dünnschichtige Textilglasmatten nach DIN 61853/87 u. 61854/87 als Verstärkungseinlagen bei Kunststoffen sowie Textilglasvlies (Abb. 123c, d u. e). Auch Verwendung als Einlagen bei Dach- und Dichtungsbahnen.

Farbiges Textilgewebe für nichtbrennbare Dekorationsstoffe.

Verarbeitungshilfsmittel bei der Herstellung

Glasfasern werden bei der Herstellung mit umhüllenden anorganischen und/oder organischen „Schlichten" oder „Schmälzen" versehen, um Beschädigungen durch Scheuern von Glas auf Glas zu mindern. Bei Verarbeitung mit Kunststoffen auch Zusatz von „Haftmitteln".

Alkaliunempfindliche Glasfasern (E-Glasfasern) für Betonbewehrungen bestehen aus Bor-Silikat-Glas (s. Abschn. 4.10.6.2. Glasfaserbewehrter Beton).

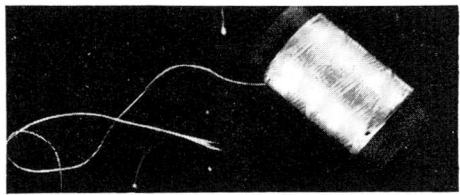

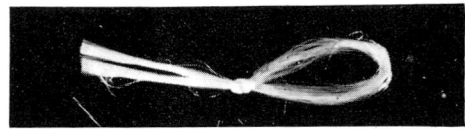

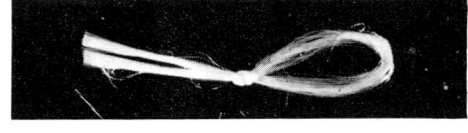

a) Textilglasgarn   b) Textilglasroving

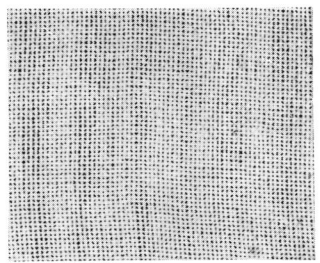

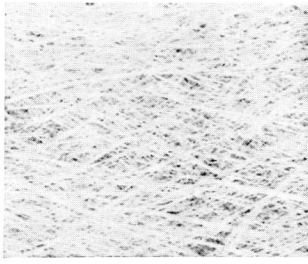

c) Textilglasgewebe   d) Textilglasmatte   e) Glasvlies

Abb. 123.

6.6.2. Nichtspinnbare Glasfasern

(Glaswolle zum Wärme-, Schall- und Brandschutz)

Ausziehen von leicht gewellten k u r z e n Fasern in Wirrlage aus Düsen durch parallelgerichtete Dampfströme (Düsenblasverfahren) oder durch Schleudern auf schnell rotierender, mit gelochtem Ring umgebender Scheibe (Schleuderverfahren).

Hohe Wärmedämmung durch stehende Lufteinschlüsse (96–99%). Rohdichte 10–100 kg/m^3. Unveränderliches elastisches Verhalten (keine Alterung).

Anwendung der Fasern in verschiedener Verarbeitung (Fabrikate: z. B. Tel-Glasfasern, Abb. 124).

Matten (Wärmeschutzmatten)

In verschiedenen Dicken auf Wellpappe oder Drahtgeflecht sowie zwischen Papierbahnen versteppte lose Glasfasern.

Kunstharzgebundene Rollfilze und Platten

Filze ohne und mit einseitiger Wellpappe-, Bitumenpapier- oder Aluminiumfolien-Kaschierung. Stabilisierung der Dämmstoffdicke und Zugfestigkeit durch warm ausgehärtetes Kunstharz (gelbe Färbung).

Dicken 20–120 mm; Breiten 50–125 cm.
Bei Estrichdämmplatten Doppelangabe für die Dicke, z. B. 25/20 mm (25 = Lieferdicke, 20 = Einbaudicke unter 2 kN/m^2 Belastung).

Kunstharzgebundene Glasfaserschalen (zur Montage einseitig längs aufgeschlitzt) sowie **Glasfaserzöpfe** (Schnüre von 20–50 mm ∅) in Rollen zur Wärmedämmung von Rohren.

Fugendichtungsstreifen zur Abdichtung von Dachziegeln und Wellfaserzementplatten.

5–15 mm Dicke und 35 mm Breite.

Abb. 124.

Dämmstoffe aus Glasfasern

Glasvliese (Abb. 123e). Dünne durchscheinend verfilzte Fasergewebe. Herstellung durch Aufwickeln der aus Düsen austretenden Glasfaserströme auf Trommeln und Aufschneiden der Trommelwicklung.

Verwendung als Einlagen für Dach- und Dichtungsbahnen (DIN 52 141/43: s. Abschn. 9.5.1.la).

B r a n d v e r h a l t e n kunstharzgebundener Filze, Platten und Schalen: Baustoffklasse A 1 oder B 1.

Wichtige Normen für die Anwendung von Glasfaser-Dämmstoffen: DIN 4108, 4109, 18165.

Literatur für die Anwendung

Technischer Leitfaden „Glas im Bau" 1976. Bezug durch Glasberatungsstellen.

KLINDT/KLEIN: Glas als Baustoff. Verlagsgesellschaft Müller, Köln.

SPIEKERMANN, H.: Gußglas im Hochbau, Verlag Karl Hofmann, Schorndorf

Ferner Informationsschriften der Beratungsstelle des Glaserhandwerks, Verlag Karl Hofmann, Schorndorf.

7. Baumetalle

7.1. Eisenwerkstoffe (Gußeisen und Stahl)

Chemisch reines Eisen (Fe) wird vor allem wegen seiner geringen Festigkeit im Bauwesen nicht verwendet. Technisches Eisen ist stets eine Legierung von reinem Eisen mit Elementen metallischer Art, wie z. B. Mangan, Chrom, Nickel, Molybdän oder nichtmetallischer Art, wie z. B. Kohlenstoff, Silicium, Phosphor, Schwefel.

Wichtigstes Legierungselement ist der im Eisen als Eisenkarbid (Zementit) chemisch gebundene oder als Graphit teilweise auch in freier Form vorkommende Kohlenstoff. Obwohl er nur mit einem Anteil von etwa 0,1 bis 5% im Gefüge vertreten ist, beeinflußt er dessen Aufbau, die Höhe der Schmelz- und Umwandlungstemperaturen, die mechanischen Eigenschaften (wie z. B. Festigkeit, Härte, Zähigkeit), die Schweißbarkeit und die Eignung zur Formgebung und Härtung. Der Legierungsanteil des Kohlenstoffs ist die Grundlage für die Einteilung der Eisensorten in Roheisen, Gußeisen und Stahl.

Roheisen (s. Abschnitt 7.1.1.) aus dem Hochofen ist besonders wegen der hohen Anteile an Kohlenstoff (3 bis 5%), Phosphor und Schwefel technisch nicht verwendbar. Es ist sehr spröde und läßt sich weder kalt noch warm umformen.

Gußeisen (s. Abschnitt 7.1.2.) entsteht durch Umschmelzen des Roheisens unter Zugabe von Schrott, Gußbruch und Schlackenbildnern. Durch Einstellen des C-Anteils auf etwa 2 bis 4% und Absenken der P- und S-Gehalte läßt sich Gußeisen mit günstigen mechanischen, physikalischen und chemischen Eigenschaften herstellen.

Stahl (s. Abschnitt 7.1.3.) wird ebenfalls durch Umschmelzen des Roheisens gewonnen. Die unterschiedlichen Umwandlungstechnologien führen zu C-Gehalten von weniger als 2% und zu einer weiteren Reduzierung des Gehaltes an unerwünschten Begleitelementen, wie z. B. P und S. Stahl kann dadurch nach dem Gießen im warmen oder kalten Zustand umgeformt werden (Stahl = schmiedbares Eisen). Für Stähle des Bauwesens liegt der übliche C-Gehalt zwischen 0,1 und 0,5%, im Mittel bei 0,2%.

Nebenprodukt der Roheisengewinnung ist die Hochofenschlacke, die in verschiedenartiger Aufbereitung Verwendung im Bauwesen findet (s. Abschnitt 7.1.1.3.).

7.1.1. Roheisen

7.1.1.1. Ausgangsstoffe

Eisenerz

Eisen kommt in der Natur nur als Erz, d. h. einem Gemisch von Eisenoxiden mit kieseligem, tonigem und kalkigem Gestein („Gangart") vor. Zur Verhüttung kommen heute vorwiegend Erze mit Eisengehalten zwischen etwa 60 bis 70% aus Skandinavien, Brasilien und Westafrika. Durch neue Technologien (z. B. Direktreduktion) können heute auch Erze mit geringeren Eisengehalten wirtschaftlich genutzt werden.

Die wichtigsten Eisenerze sind:

Magneteisenstein (Magnetit)	(Fe_3O_4)	mit 60–70% Fe
Roteisenstein (Hämatit)	(Fe_2O_3)	mit 30–50% Fe
Brauneisenstein (Limonit)	$(2Fe_2O_3 \cdot 3H_2O)$	mit 20–35% Fe
Spateisenstein (Siderit)	$(FeCO_3)$	mit 30–45% Fe

Die im Tage- oder Schachtbau abgebauten Eisenerze werden vor der Verhüttung einer Aufbereitung unterzogen:

Anreichern des Eisengehaltes durch Entfernen von Beimengungen (Magnetscheidung) und Abtrennen leichterer Bestandteile (Flotation). Entfernen von Feuchtigkeit und Umwandeln der Karbonate und Schwefelverbindungen in Eisenoxide durch Rösten. Stückigmachen feinkörniger Erze durch Sintern, Pelletieren oder Brikettieren bzw. grobkörniger Erze durch Brechen.

Koks

Koks ist ein druckfester, poröser und gasdurchlässiger Brennstoff mit großem Heizwert. Seine Aufgaben sind: Lieferung von Wärme, Reduktion des Eisenerzes und Aufkohlung des Eisens. Ausgangsprodukt ist die Steinkohle, die durch Verkokung (Vergasen flüchtiger Bestandteile) in Koks (Heizwert größer als Steinkohle) umgewandelt wird. 1000 kg Steinkohle liefern etwa 780 kg Koks, 320 m^3 Kokereigas und 30 kg Teer.

Zuschläge

Zuschläge von Kalkstein $CaCO_3$ bzw. Kalk CaO, Dolomit $(Ca, Mg)CO_3$ sowie Magnesit $MgCO_3$ (= basische Zuschläge) oder Quarzsand SiO_2 und Tonschiefer $(Al_2O_3 + SiO_2)$ (= saure Zuschläge) überführen die Gangart und die Asche des Brennstoffs in leichtschmelzende Schlacke. Saure Erze mit vorwiegend kieseliger Gangart erfordern basische Zuschläge, basische Erze mit vorwiegend kalkiger Gangart erfordern saure Zuschläge.

7.1.1.2. Herstellung

Hochofen

Der Hochofen, ein mit feuerfesten Steinen ausgekleideter Schachtofen, wird von oben in wechselnden Lagen mit Eisenerz, Zuschlägen und Koks beschickt. Im unteren Teil des Ofens wird „Wind" (Luft oder Heizgase) eingepreßt, der in Winderhitzern auf etwa 1300 °C vorgewärmt ist.

Erze und Brennstoffe werden im Hochofen oben („Gicht") getrocknet und erhitzt; im mittleren Teil („Schacht") erfolgt die indirekte Reduktion durch das aufsteigende Kohlenmonoxid CO, weiter unten („Kohlensack" und „Rast") die direkte Reduktion durch den weißglühenden Koks; ganz unten („Gestell") sammelt sich das geschmolzene Roheisen an. Auf dem Eisen schwimmt die leichtere Schlacke und fließt durch eine Öffnung laufend ab. Das flüssige Roheisen wird alle 2 bis 4 Stunden bei einer Abstichtemperatur von 1400 bis 1500 °C durch das am Boden des Ofens befindliche „Stichloch" abgelassen (Abb. 125).

Ein moderner Großhochofen ist auf die Erzeugung von 10000 t Roheisen pro 24 Stunden ausgelegt. Dazu wären 16500 t Erz und Zuschläge und 4500 t Koks erforderlich.

Direktreduktion

Bei den unter dem Begriff „Direktreduktion" zusammengefaßten Verfahren werden brikettierte oder zu Pellets gepreßte Eisenerze bei 700 °C–900 °C, also im festen Zustand, in porigen Eisenschwamm mit etwa 90% Eisengehalt umgewandelt. Als Energieträger wird Koks durch billigere Brennstoffe, wie z. B. Kohle, Erdöl oder Erdgas ersetzt. Pro Tag können etwa 1000 bis 1500 t Eisenschwamm erzeugt werden. Einsatz in „Ministahlwerken" (< 1 Mill. Jahrestonnen).

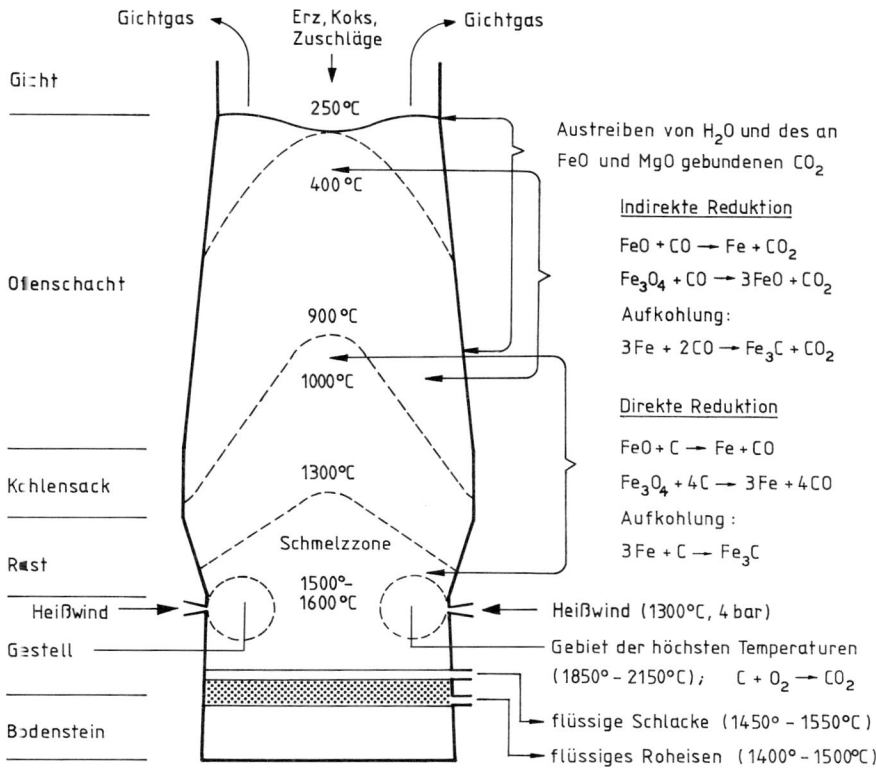

Abb. 125. Zonen der Reaktionen und Temperaturen im Hochofen

Schmelzreduktion

Erzeugung von Roheisen in zwei Schritten: Durch Kohlevergasung hergestelltes Reduktionsgas (CO) reduziert die Erze ganz oder teilweise (1. Schritt), anschließend erfolgen Endreduktion und Aufschmelzen zu Roheisen (2. Schritt). Vorteile: Einsatz von Kohle, kleine Reduktions- und Schmelzgefäße, Wiederverwendung von Hüttenwerksabfallstoffen. Einsatz in „Ministahlwerken".

Das Roheisen wird für Gießereizwecke zu Masseln (Barren) in einem dem Hochofen vorgelagerten Sandbett oder in einer Masselgießmaschine vergossen bzw. es gelangt flüssig in Pfannenwagen direkt zur Stahlerzeugung oder zur Eisengießerei.

7.1.1.3. Nebenprodukte der Roheisengewinnung

Die auf dem Roheisen schwimmende spezifisch leichtere Schlacke (Hochofenschlacke), die je nach Erz und Zuschlägen aus unterschiedlichen Mengen SiO_2, Al_2O_3, CaO, MgO besteht, wird gesondert abgestochen und findet in verschiedenartiger Aufbereitung Verwendung im Bauwesen:

Stückschlacke. Auf Halden langsam abgekühlte (auskristallisierte) sehr feste Schlacke. Verwendung im Straßenbau (Tragschicht und bituminiertes Mischgut), im Gleisbau und als Betonzuschlag.

Hüttensand. Im Wasserstrom abgeschreckte (glasartig granulierte) basische Hochofenschlacke mit „latent hydraulischen Eigenschaften" durch besonders hohen Kalkanteil der Schlacke ($\geqq 45\%$ CaO). Verwendung als Mauersand oder mit Portlandzementklinkern zu Hüttenzementen vermahlen (s. Abschn. 2.1.2.a und 3.1.4.2. und 4., S. 24, 68 und 73).

Hüttenbims. Durch Wasser aufgeschäumte porige Schlacke. Verwendung als Leichtbetonzuschlag.

Pflastersteine. In Formen vergossene Schlacke. Verwendung z. B. zur Einfassung von Straßenbahnschienen.

Hüttensteine. Aus Hüttensand mit Kalk oder Zement durch Dampfhärtung gefertigte Mauersteine nach DIN 398 (s. Abschn. 5.2.1.2., S. 263).

Schlackenwolle (Hüttenwolle). Gewinnung aus der durch Dampfstrahl fadenförmig zerteilten flüssigen Schlacke auf rotierenden Zylindern. (Ähnlich der Gewinnung von Steinwolle aus geschmolzenem Basalt sowie von Glaswolle (s. Abschn. 6.6.2., S. 298).

7.1.2. Gußeisen

Als Gußeisen werden alle Eisen-Kohlenstoff-Legierungen mit etwa 2 bis 4,0 % C bezeichnet. Kennzeichnende Eigenschaften sind gute Gießbarkeit, hohe Bruch- und Verschleißfestigkeit bei geringem Verformungsvermögen, hohes Dämpfungsvermögen und Korrosionsbeständigkeit.

Gußeisen wird in Kupolöfen (Schachtöfen) oder Induktionsöfen aus Roheisenmasseln zusammen mit Schrott, Gußbruch und ggf. weiteren Zusätzen (z. B. Kalk) umgeschmolzen. Das Vergießen von Formgußstücken erfolgt in Formen aus Sand, feuerfester Formmasse oder Metall. Rotationssymmetrische Teile, z. B. Druck- und Abflußrohre, werden meist im Schleuder-Gußverfahren hergestellt.

Die Gußeisenwerkstoffe werden nach der Form der Kohlenstoffanteile (Graphitkristalle) im erstarrten Guß in Gußeisen mit Lamellengraphit, Gußeisen mit Kugelgraphit und Temperguß unterteilt. Der graphitfreie, kohlenstoffarme Stahlguß (Stahl) und der graphitfreie kohlenstoffreiche und teilweise hochlegierte Sonderguß (Hartguß) lassen sich nicht in die vorstehende Gliederung einordnen (Abb. 126).

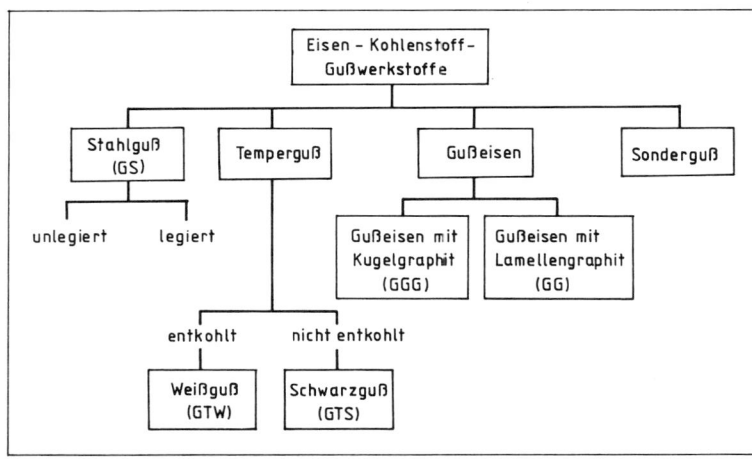

Abb. 126.

Einteilung der
Fe-C-Gußwerkstoffe

a) Gußeisen mit Lamellengraphit (GG) nach DIN 1691

Der freie, d. h. chemisch nicht gebundene Kohlenstoff scheidet sich als lamellenförmig ausgebildeter Graphit aus, der den Zusammenhang der metallischen Grundmasse unterbricht und eine Kerbwirkung verursacht. Daraus resultieren geringe Zugfestigkeiten und geringe Bruchdehnungen. GG besitzt eine gute Korrosionsbeständigkeit.

DIN 1691 unterteilt GG in sieben Festigkeitsklassen zwischen GG-10 und GG-40, wobei die Zahl die Mindestzugfestigkeit in kp/mm^2 ($\triangleq 10\,N/mm^2$) angibt. Modifizierung der Eigenschaften durch Legieren (z. B. GG-NiCr 20 3 für Pumpen).

Anwendungsbereiche: Heizkörper, Kanalroste, Abflußrohre (GA) im Hausbereich, Druckrohre und Tübbings (Zylindersegmente) im Schacht-, Stollen- und Tunnelbau, Textil- und Werkzeugmaschinen, Dieselmotore, Getriebe.

b) Gußeisen mit Kugelgraphit (GGG) nach DIN 1693

Durch Zugabe von einigen $1/100\%$ Mg oder Cer scheidet sich Kohlenstoff beim Erstarren in Kugelform aus. Im Vergleich zu den Lamellen ist die Kerbwirkung der Kugeln wesentlich geringer, so daß GGG gegenüber GG höhere Zugfestigkeiten und Bruchdehnungen aufweist (duktiles Gußeisen). Variieren der Eigenschaften durch Legieren und Wärmebehandlung.

DIN 1693 unterteilt GGG in fünf Festigkeitsklassen zwischen GGG-40 und GGG-80.

Anwendungsvorzüge: Hoher Verschleißwiderstand, gute Bearbeitbarkeit und dynamisches Verhalten, günstiges Korrosionsverhalten, hohe Warmfestigkeit der legierten Sorten, auch Schweißen bei thermischer Vor- und Nachbehandlung möglich.

Anwendungsbereiche: Druckrohre der Wasser- und Gasversorgung („Duktile Gußrohre"), Gußteile für schwere Baumaschinen (Bagger, Walzen, Rammen, Kompressoren), Turbinenschaufeln, Zahnräder, Tübbings.

c) Temperguß (GT) nach DIN 1692

Der C-Gehalt liegt im Gußzustand (Temperrohguß) zunächst als Eisenkarbid (Zementit) vor. Durch Glühen (Tempern) zerfällt Zementit ganz oder teilweise in „Temperkohle", die sich flockenförmig ausscheidet (Graphit in Flockenform).

Es wird zwischen weißem (GTW) und schwarzem (GTS) Temperguß unterschieden. GTW ist entkohlend geglühter Temperguß: Der Rand wird völlig entkohlt, im Kern sinkt der C-Gehalt ab, was zur ferritischen Gefügeausbildung (vgl. Abschnitt 7.1.4.1.) führt (weiße Bruchfläche). GTS ist n i c h t entkohlend geglühter Temperguß. Da der gesamte C-Gehalt als Temperkohle in einer ferritischen Grundmasse auftritt, ist die Bruchfläche grauschwarz.

DIN 1692 unterteilt GT in elf Sorten mit Mindestfestigkeiten zwischen 35 und $70\,kp/mm^2$, entsprechend 350 und $700\,N/mm^2$.

Anwendungsbereiche: Dünnwandige, kompliziert geformte Gußteile (z. B. Beschläge), Fittings (Rohrverbindungen). Wegen des teuren Vorgangs der Wärmebehandlung wird GT zunehmend von GGG verdrängt.

7.1.3. Stahl

Als Stahl werden Fe-C-Legierungen bezeichnet, die ohne Nachbehandlung warm verformbar sind und im unlegierten Zustand weniger als 2% C aufweisen.

Im Stahl liegt der Kohlenstoff chemisch gebunden als Eisenkarbid Fe_3C (Zementit) vor und beeinflußt je nach Menge die Gefügeausbildung und die Festigkeitseigenschaften sowie Härte- und Schmiedbarkeit.

7.1.3.1. Herstellung

Bei der Stahlherstellung werden dem flüssigen Roheisen Kohlenstoff und unerwünschte Begleitelemente durch Luft- bzw. Sauerstoffzufuhr entzogen. Dieser Oxidationsvorgang, bei dem insbesonders C, P und S verbrennen, wird „Frischen" genannt.

Von den nachstehend beschriebenen Stahlerzeugungsverfahren sind lediglich die Sauerstoffblasverfahren (80% Anteil) und das Elektrostahlverfahren (20% Anteil) in Deutschland von Bedeutung.

Windfrischverfahren

Das Thomas-Verfahren frischt in einem „basisch" ausgemauerten Konverter phosphor- und schwefel-reiches Roheisen zu Stahl, während das Bessemer-Verfahren in einem „sauer" ausgekleideten Konverter siliciumreiches und phosphorarmes Roheisen zu Stahl umwandelt. Wegen mangelnder Stahlqualität und geringer Wirtschaftlichkeit werden beide Verfahren heute nicht mehr angewendet.

Sauerstoffblasverfahren

Durch die Verwendung von reinem Sauerstoff und die damit verbundene Ausschaltung des Luftstick-stoffs werden die Frischreaktionen beschleunigt und die Stahlqualitäten verbessert.

Die wichtigsten Sauerstoffblasverfahren sind: Sauerstoffaufblasverfahren (LD- und LDAC-Verfahren), Sauerstoffbodenblasverfahren (OBM-Verfahren) und kombinierte Blasverfahren (Abb. 127). Die we-sentlichen Nachteile der Aufblasverfahren (wenig intensive Durchmischung des Schmelzbades) und der Durchblasverfahren (nur geringe Schrottzugabe möglich) werden durch die heute überwiegend angewendeten kombinierten Blasverfahren aufgehoben.

Siemens-Martin-Verfahren

Beim Siemens-Martin-Verfahren erfolgt das Herausbrennen der Eisenbegleiter in einer flachen Wanne durch darüberstreichende heiße Verbrennungsgase (Koksofengase, evtl. mit Zusatz von Öl).

Das SM-Verfahren ermöglicht erhebliche Schrottzusätze. Durch Schrottauswahl und Möglichkeit von Probennahmen während des Verfahrens gute Regulierung der Stahlgüte. Das unwirtschaftliche SM-Verfahren wurde in den westlichen Ländern weitgehend durch die Blasverfahren ersetzt (1983 wurde das letzte SM-Stahlwerk in Deutschland stillgelegt).

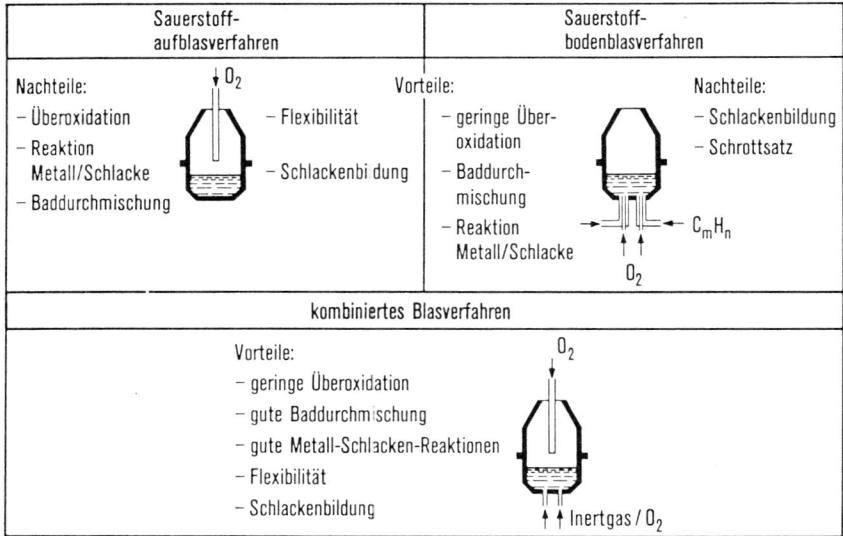

Abb. 127. Charakteristische Merkmale der Sauerstoffblaserzeugungsverfahren

Elektrostahlverfahren

Erzeugung hochwertiger (hochlegierter) Stähle durch elektrischen Lichtbogen zwischen den durch den Deckel des Elektroofens geführten Elektroden und dem Schmelzgut (Elektrolichtbogenöfen) oder in Induktionsöfen: Einschmelzen von hochwertigem Stahlschrott mit Legierungszusätzen und sauer-stoffzuführenden Erzen.

Gute Möglichkeit zur metallurgischen Behandlung der Schmelze und keine Beeinträchtigung durch Heizgase.

7.1.3.2. Vergießen und Desoxidieren

Der erschmolzene Rohstahl wird vor der Formgebung durch Walzen, Schmieden und Pressen in Formen (Kokillen) im Blockgußverfahren zu Blöcken vergossen oder im heute überwiegend angewendeten Stranggießverfahren zu nahezu beliebig langen „Knüppeln" ausgeformt.

Blockguß

Beim Blockguß sind folgende Vergießungsarten zu unterscheiden: unberuhigt (U), beruhigt (R) und besonders beruhigt (RR). Die Vergießungsarten bezeichnen das unterschiedliche Erstarrungsverhalten.

a) Unberuhigt vergossener Stahl (U)

Beim Abkühlen der Schmelze wird der durch das Frischen eingetragene überschüssige Sauerstoff frei und reagiert mit dem Restkohlenstoff im Stahl unter Bildung von Gas. Die starke Gasentwicklung führt zu einer wallenden Schmelzbadbewegung und beim Erstarren des Blockes zur Bildung kleiner Hohlräume (Gasblasen), die aber beim Auswalzen des Stahls verschweißen. Gleichzeitig begünstigt die Schmelzbadbewegung Anreicherungen (Seigerungen) von insbesondere Phosphor, Schwefel und Kohlenstoff im Kopf und im Kern des Blockes. Dies führt zu einer Verschlechterung der Zähigkeit und Schweißeignung des Stahls.

b) Beruhigt und halbberuhigt vergossener Stahl (R)

Durch Zugabe von Desoxidationsmitteln, wie z. B. Silicium und Mangan zur Schmelze wird die Gasbildung und Schmelzbadbewegung weitgehend verhindert. Da der Stahl beruhigt erstarrt, enthält er keine Seigerungen, wohl aber einen Hohlraum (Lunker) am Blockkopf, der vor der Weiterverarbeitung entfernt werden muß.

c) Besonders beruhigt vergossener Stahl (RR)

Besonders beruhigt vergossener Stahl enthält als Desoxidationsmittel außer Silicium und Mangan auch Aluminium und u. U. weitere Elemente. Derart beruhigte Stähle besitzen ein feinkörniges Gefüge und eine erhöhte Alterungsbeständigkeit.

Vakuumstahl: Auch nach der Behandlung mit Desoxydationsmitteln verbleiben noch gelöste Gase im Stahl, vor allem Wasserstoff. Durch Vakuumbehandlung kann der Gehalt an Gasen und Verunreinigungen verringert werden.

Stranggießen

Beim Stranggießen wird die Schmelze kontinuierlich in eine unten offene Kokille gegossen, aus der sie, am Rande erstarrt, als endloser Strang abgezogen wird. Vorteile des Stranggießens sind die gleichmäßige Zusammensetzung des Gußstranges und das Wegfallen des Verlustes an abzuschneidenden Blockenden.

7.1.3.3. Formgebung

Etwa 98% des erzeugten Rohstahls werden durch Umformen weiterverarbeitet. Etwa 2% werden als Formguß verarbeitet.

Stahlguß (GS) nach DIN 1681

Stahlguß wird nach dem gleichen Verfahren erschmolzen wie in Abschnitt 7.1.3.1. beschrieben. Beim Vergießen dürfen sich keine Gasblasen bilden, d. h. Stahlguß muß beruhigt vergossen werden. Da die Zähigkeit nach dem Gießen gering ist, wird Stahlguß meist Warmbehandlungsverfahren (s. Abschnitt 7.1.4.3.) unterzogen.

DIN 1681 teilt Stahlguß in sechs Festigkeitsklassen zwischen GS-38 und GS-70 ein.

> Anwendungsbereiche: Hochbeanspruchte und nach ihrer Form nicht walz- und schmiedbare Gußstücke, z. B. Maschinenteile, Brückenlager.

Für besondere Beanspruchungen wie z. B. Verschleiß, Korrosion, hohe und tiefe Temperaturen sind zahlreiche Typen in weiteren DIN-Normen und Werkstoffblättern genannt.

Stahlumformung

Blöcke, Brammen und Knüppel werden durch Warmverformungsverfahren (Glatt- oder Profilwalzen, Schmieden, Stauchen oder Pressen) zu Profilen, Stabstahl, Rohren, Blechen und Schmiedestücken weiterverarbeitet. Daran können sich Kaltverformungsverfahren (Kaltwalzen, Kaltpressen, Kaltziehen, Kaltrecken und Tordieren) anschließen.

7.1.4. Beeinflussung der Stahleigenschaften

Die mechanischen Eigenschaften des Stahls leiten sich aus dessen mikroskopisch feststellbarem kristallinen Gefüge her. Dieses kann durch die Zusammensetzung (Legierungselemente, Stahlbegleiter), durch die Herstellung (Vergießungsart) und die Nachbehandlung des Stahls (Wärmebehandlung, Kaltverformung) verändert werden.

7.1.4.1. Gefügeaufbau des Stahls

a) Strukturen des reinen Eisens

Die kristalline Struktur aller Metalle beruht auf der regelmäßigen Ordnung der Atome im „Raumgitter", deren je nach Werkstoff unterschiedliche geometrische Formen die Elementarzellen der Kristalle bilden. Die äußere Unregelmäßigkeit der Kristalle (Kristallite) wird durch die gegenseitige Behinderung des Kristallwachstums in der abkühlenden Schmelze bewirkt.

Reines Eisen (Fe) bildet in verschiedenen Temperaturbereichen unterschiedliche Kristallstrukturen aus:

Bei Raumtemperatur weist reines Eisen ein kubisch-raumzentriertes Gitter (krz) auf und wird α-Eisen (α-Fe) genannt. 8 Atome bilden die Eckpunkte, 1 Atom befindet sich im Schwerpunkt eines gedachten Würfels. Bei Erwärmung auf 911 °C „klappt" das kubisch-raumzentrierte Gitter in ein kubisch-flächenzentriertes Gitter (kfz) um: 8 Atome bilden die Eckpunkte, je 1 Atom befindet sich im Zentrum einer Würfelfläche, das Würfelinnere bleibt frei. Dieses Eisen wird γ-Eisen (γ-Fe) genannt.

Bei weiterer Erwärmung auf 1392 °C erfolgt ein erneutes „Umklappen" des Gitters, diesmal vom flächen- in das raumzentrierte Gitter. Das entstehende δ-Eisen (δ-Fe) ist mit dem α-Eisen (α-Fe) identisch. Der Schmelzpunkt des reinen Eisens liegt bei 1536 °C.

b) Strukturen des Eisen-Kohlenstoff-Systems (Abb. 128)

Lagert das Eisenkristall noch andere Elemente (wie z. B. C) ein, so bildet sich ein Mischkristall. Die Löslichkeit des Kohlenstoffs im Eisen ist aber eingeschränkt. Daher entstehen Fe-C-Mischkristalle nur bei kleinen C-Gehalten. Die Menge an gelöstem Kohlenstoff fällt mit sinkender Temperatur und ist beim γ-Eisen größer als beim α-Eisen bzw. δ-Eisen.

α-Fe kann bei 723 °C nur bis zu 0,02% C aufnehmen. Diese im Temperaturbereich < 911 °C entstehenden α-Mischkristalle (α_M) werden als Ferrit bezeichnet. Ferrit ist weich und hat bei hoher Dehnbarkeit geringe Festigkeit. γ-Fe kann dagegen bei 1147 °C etwa 2% C lösen. Diese im Temperaturbereich zwischen 911 °C und 1392 °C entstehenden γ-Mischkristalle (γ_M) werden als Austenit bezeichnet. Überschreitet der C-Gehalt die im Eisen löslichen C-Anteile, so bildet sich Eisenkarbid (Fe_3C) mit bis zu 6,67% C-Gehalt. Dieser sogenannte Zementit ist sehr hart und spröde und hat bei geringer Dehnbarkeit eine hohe Festigkeit.

Austenit mit einem C-Anteil von 0,8% wandelt sich bei Abkühlung unter 723 °C in Perlit um. Perlit besteht aus dünnen, aufeinanderfolgenden Schichten aus Ferrit und Zementit. Bei höheren C-Gehalten als 0,8% scheidet sich neben Perlit auch reiner Zementit aus, bei niedrigeren C-Gehalten als 0,8% wird neben Perlit auch Ferrit frei.

Gefüge	Bezeichnung	Phase	C in %	Eigenschaften in Stichworten
	Ferrit	α-MK krz	0 bis 0,02	kohlenstoffarm, weich, wenig fest aber zäh, gut verformbar.
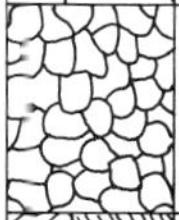	Austenit	γ-MK kfz	0 bis 2,1	sehr zäh und sehr gut verformbar, nur bei legierten Stählen bei Raumtemperatur existent.
	Perlit = Ferrit + Zementit	α-MK + Z	0,8	fest und noch gut verformbar, härtbar, nicht schweißbar.
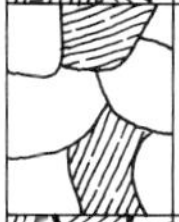	Ferrit + Perlit	α-MK + Z	< 0,8	Gefüge der schweißbaren Baustähle mit C ≤ 0,3%. Mit C-Gehalt steigt Festigkeit und Härtbarkeit; Verformbarkeit sinkt.
	Perlit + Sekundär- zementit	α-MK + Z	> 0,8	hart und spröde; Festigkeit und Verformbarkeit sinken.

Abb. 128.

Gefüge von Stahl

c) Eisen-Kohlenstoff-Diagramm

Das Auftreten der einzelnen Gefügebestandteile in Abhängigkeit vom Kohlenstoffgehalt und der Temperatur wird im Eisen-Kohlenstoff-Diagramm aufgezeigt. Dieses sogenannte „Zustandsschaubild" dient vor allem dem Verständnis der bei der Wärmebehandlung des Stahls (s. Abschnitt 7.1.4.3.) ablaufenden Vorgänge. Für das Bauwesen ist der Bereich bis etwa 2% C (Stahlgrenze) von Bedeutung.

Zu unterscheiden ist das für sehr langsame Abkühlung oder Erwärmung gültige „stabile Eisen-Graphit-System" und das technisch wichtigere „metastabile (instabile) Eisen-Karbid-System" (Abb. 129), das den bei Stahl gegebenen Verhältnissen schneller Abkühlung (und damit behinderter Graphitausscheidung) entspricht.

Folgende Kurvenzüge sind von Bedeutung:

Linie P-S-K: „Perlitlinie"

Bei 723 °C Erwärmung Zerfall der Karbidplatten des Perlitgefüges, d. h. chemischer Zerfall von Fe_3C in Fe und C. Das gelöste C-Atom beginnt sich in das freiwerdende Zentrum des gleichzeitig zu flächenzentriertem γ-Eisen umklappenden Raumgitters zu setzen: Umwandlung in γ-Mischkristalle aus Fe und C.

Kurve G-S-E

Obere Grenze der an der Perlitlinie beginnenden Umwandlung in γ-Eisen: Bezeichnung der Misch-kristall-Gefügeform oberhalb dieser Linie als „Austenit".

Kurve A-E-C-F: „Soliduslinie" (vgl. solide: fest).

Schmelzbeginn, d. h. Teigigwerden des C-haltigen Eisens.

Das Eutektikum des unlegierten Stahls bei 4,3% C (Punkt C) besitzt den niedrigsten Schmelzpunkt.

Kurve A-B-C-D: „Liquiduslinie" (vgl. liquid: flüssig)

Verflüssigungsgrenze. Mit steigendem C-Gehalt von 1536 °C auf 1147 °C fallend und wieder ansteigend.

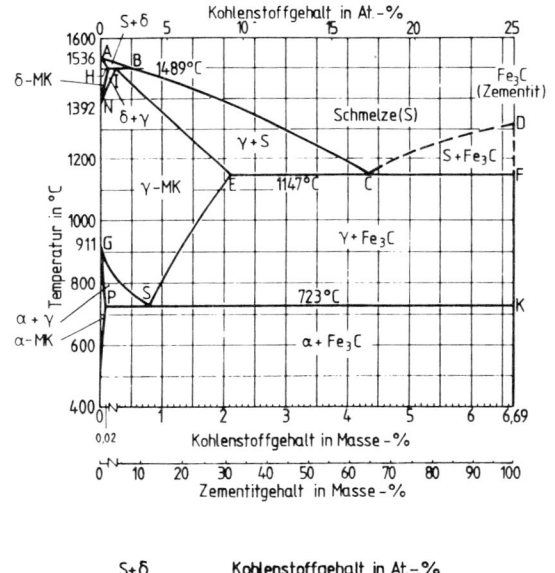

a) Phasendiagramm

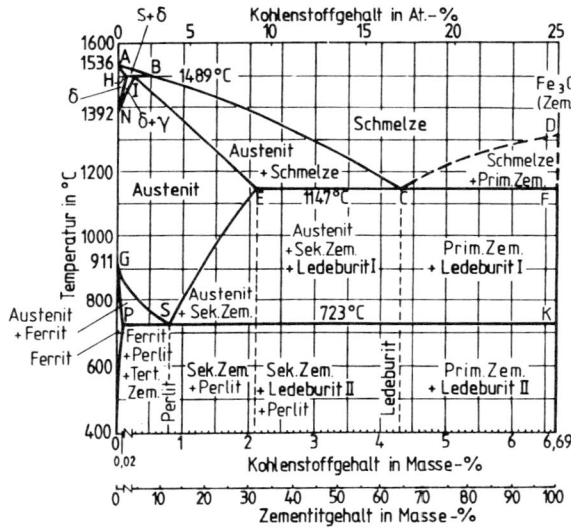

b) Gefügediagramm

Abb. 129. Eisen-Kohlenstoff-Diagramm

7.1.4.2. Einfluß der Eisenbegleiter und Legierungselemente

Eisenbegleiter sind Elemente, die aus dem Erz stammen oder bei der Stahlherstellung unvermeidlich in den Stahl gelangten. Sie beeinflussen die Stahleigenschaften i. a. negativ. Durch Zusatzelemente werden die Eisenbegleiter gebunden und in ihrer Wirksamkeit eingeschränkt. Eisenbegleiter wie auch die gezielt zugegebenen Legierungselemente beeinflussen die Zustandsform des Eisens im Fe-C-Diagramm und damit die Stahleigenschaften.

a) Wirkung einzelner Eisenbegleiter:

Phosphor macht Stahl kaltbrüchig bzw. -spröde, fördert die Neigung zum Seigern, setzt die Schweißbarkeit herab und verschlechtert das Alterungsverhalten. Phosphor erhöht aber die Verschleißfestigkeit und insbesondere in Verbindung mit Cu den Korrosionswiderstand bei atmosphärischen Angriffen (wetterfester Baustahl). Im allgemeinen ist der P-Gehalt auf 0,06% begrenzt.

Schwefel, Stickstoff und **Sauerstoff** fördern die Neigung zur Warm- oder Rotbrüchigkeit (= Versprödung in der Wärme beim Schweißen). Insbesondere Stickstoff verringert die Verformungsfähigkeit und ist die Hauptursache für das „Altern", d. h. die allmähliche Versprödung des Stahls.

Wasserstoff führt im Stahl zu einer erheblichen Abnahme der Verformbarkeit.

b) Legierungselemente bei unlegierten Stählen

Unlegierte Stähle enthalten Kohlenstoff und als Hauptlegierungselemente höchstens 0,5% Si, 0,8% Mn und 0,1% Al.

Kohlenstoff beeinflußt bereits in kleinen Mengen die Stahleigenschaften (Abb. 130). Stahl mit 0,1% C ist weich, zäh und leicht zu bearbeiten aber nicht härtbar. Stahl mit etwa 0,6% C ist hart, wenig verformungsfähig und schlecht bearbeitbar. Ab etwa 0,25% C verbessert sich die Härtbarkeit mit zunehmendem C-Gehalt, während sich die Schweißbarkeit verschlechtert.

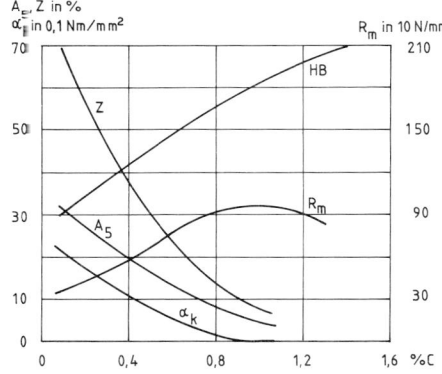

Abb. 130.

Einfluß des Kohlenstoffgehalts auf die Eigenschaften des Stahls

Übliche C-Gehalte: Baustahl St 37[1]):   0,15 bis 0,20% C
                    Baustahl St 70[2]) (nicht schweißgeeignet): 0,50 bis 0,60% C
                    Betonstahl: 0,05 bis 0,20% C

Negative Auswirkungen hoher **Silicium**-Gehalte (> 0,7% Si) auf die Schmied- und Schweißbarkeit der Stähle können durch Zusatz von **Mangan** (> 0,25% Mn) ausgeglichen werden, da Mangan Schwefel und Sauerstoff bindet und die Gefahr der Rotbrüchigkeit vermindert. Mn erhöht die Festigkeitseigenschaften ohne Verschlechterung der Verformbarkeit. **Aluminium** bindet die Eisenbegleiter N und O. Dies führt zu beruhigtem Erstarren (s. Abschnitt 7.1.3.2.) und zu feinkörnigem Gefüge.

---

[1]) Bezeichnung nach DIN EN 10027 (09.92): S 235 JR (Werkstoffnummer: 1.0037).
[2]) Bezeichnung nach DIN EN 10027 (09.92): E 360 (Werkstoffnummer: 1.0070).

c) Legierte Stähle

Liegen die Gehalte von Si, Mg und Al über den Grenzen für unlegierte Stähle und sind weitere Elemente, wie z. B. Kupfer, Titan, Chrom, Nickel, Kobalt, Wolfram, Molybdän, Vanadium und Niob im Stahl vorhanden, so spricht man von niedrig legierten Stählen ($<5\%$ Legierungselemente). Liegt der Gehalt an Legierungselementen $>5\%$, so spricht man von hochlegierten Stählen.

Die Wirkung der Legierungselemente beruht meist auf einer Veränderung der Grenzlinien im Fe-C-Diagramm. Die Temperaturgrenzen für die Strukturumwandlung werden verschoben oder ganz aufgehoben. Durch Hinzulegierung von Ni zu C-armen Stählen oder Mn und Ni zu C-reichen Stählen kann das γ-Feld (Austenit) so erweitert werden, daß im abgekühlten Zustand ein austenitisches Gefüge mit besonders zähen Eigenschaften entsteht (Austenitischer Stahl). Austenit ist bei unlegierten Stählen bei Raumtemperatur i. a. nicht beständig. Die Legierungselemente Al, Cr und Mn erweitern dagegen den Bereich der Ferritstruktur (α-Eisen) und verengen das γ-Feld. Ferritischer Stahl geht bei Erwärmen nicht mehr in die γ-Struktur über.

Einen groben Überblick über die Wirkung von Legierungselementen gibt folgende Tabelle:

Eigenschaft	C	Si	Mn	Cr	Al	Ti	Mo	Ni	V	W	Nb
Festigkeit	+	+	+	+	+	+	+		+	+	+
Streckgrenze	+	+	+	+	+	+	+		+	+	+
Härte	+	+	+	+	+	+	+		+	+	+
Verformungsvermögen	−	−	−	−	−	−		+	−	−	−
Kerbschlagzähigkeit	−	−	+			−		+			
Kaltverformbarkeit	−	−	−	−	−	−	−		−	−	
Warmverformbarkeit	−	−	+								
Schweißbarkeit	−	−	+		−	+					+
Kaltverfestigung	+	+	+	+	+			+			
Härtbarkeit, Vergütbarkeit	+	+	+	+	+	+	+		+		
Korrosionsbeständigkeit		+	−	+	+	+	+	+	+	+	
Verschleißfestigkeit		+	−					+	+	+	+
Warmfestigkeit			+	+					+	+	+
Kaltzähigkeit		+		−	−			+	−	−	−

Cr – Chrom	Ni – Nickel	+ positiver Einfluß
Ti – Titan	V – Vanadium	− negativer Einfluß
Mo – Molybdän	W – Wolfram	ohne Zeichen: kein oder unbekannter Einfluß
Al – Aluminium	Nb – Niob	

7.1.4.3. Einfluß der Nachbehandlung

Die Stahleigenschaften lassen sich durch Maßnahmen nach der Stahlherstellung gezielt beeinflussen.

a) Kaltverformung

Zweck der Kaltverfomung ist die Veränderung der Gestalt (Ziehen), die Schaffung bestimmter Oberflächengüten (Walzen), hauptsächlich aber die Kaltverfestigung, d. h. die Erzielung erhöhter Festigkeiten durch Veränderungen des Gefüges und Verzerrungen der Kristallgitter (Rekken, Tordieren). Die Auswirkungen der Kaltverfestigung können durch Erwärmen auf höhere Temperaturen beeinflußt werden. Wird dabei eine bestimmte Temperatur nicht überschritten, so führen als „Kristallerholung" bezeichnete Vorgänge zum Abbau von Spannungen, während Kornform und -größe des Verformungsgefüges erhalten bleiben. Übersteigt dagegen die Temperatur die sogenannte „Rekristallisationsschwelle" (etwa 600 °C bei Stahl), so wird die Wirkung der Kaltverfestigung wieder aufgehoben. Ursache dafür ist eine völlige Neubildung (Umkristallisation) des verformten Gefüges.

b) Wärmebehandlung

Alle Verfahren der Wärmebehandlung haben das Ziel, die Stahleigenschaften durch temperatur- und zeitabhängige Gefügeveränderungen in gewünschter Weise zu verändern oder zu verbessern (vgl. auch DIN EN 10052 (01.94)).

Die Behandlung durch „Wärme" besteht im Erwärmen, Halten der Temperatur und Abkühlen nach bestimmten Verfahren. Dabei werden die Umwandlungen des Stahlgefüges im festen Zustand ausgenutzt. Die Anwendungstemperaturen hängen in erster Linie vom C-Gehalt des Stahls ab. Damit bildet das Fe-C-Diagramm (s. Abschnitt 7.1.4.1., c) die Grundlage für das Verständnis der Wärmebehandlung.

Nachfolgend sind die wichtigsten Glüh-, Härte- und Vergütungsverfahren beschrieben.

b1) Glühen

Glühen ist ein Erwärmen auf bestimmte Temperaturen unterhalb der Soliduslinie (Abb. 131), ein Halten auf dieser Temperatur und nachfolgendes Abkühlen.

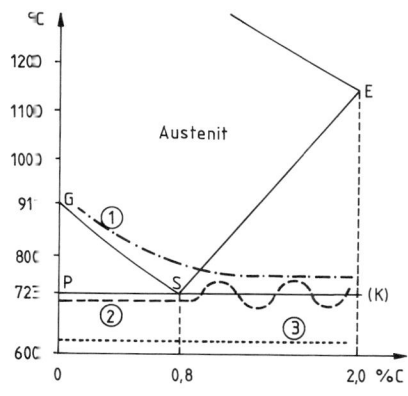

Abb. 131.

Glühtemperaturen der Stähle in Abhängigkeit vom C-Gehalt.
1 Normalglühen,
2 Weichglühen,
3 Spannungsarmglühen

Die wichtigsten Glühverfahren sind:

Normalglühen (Normalisieren)

Ziel: Beseitigung der Beeinflussung des durch Schmieden, Walzen, Ziehen und Gießen veränderten Gefüges durch vollständige oder teilweise Umkristallisation.

Verfahren: Erwärmen auf etwa 50 °C oberhalb der Linie GS (911–723 °C), Halten der Temperatur für 2 Stunden, Luftabkühlung.

Weichglühen (Glühen auf kugeligem Zementit)

Ziel: Umwandlung des perlitischen Gefüges in Ferrit mit körnigem Zementit; dadurch Verbesserung der spanlosen und spanabhebenden Bearbeitung.

Verfahren: C-Gehalt $< 0,8\%$: Erwärmen auf eine Temperatur knapp unterhalb der Linie PS (650–700 °C), Halten der Temperatur für 1–2 Stunden, Luftabkühlung.
C-Gehalt $> 0,8\%$: Pendeln der Temperatur um die Perlitlinie (723 °C) und Luftabkühlung.

Spannungsarmglühen

Ziel: Beseitigung oder Abbau innerer Spannungen (Eigenspannungen), die von der Herstellung herrühren.

Verfahren: Langsames Erwärmen auf 550 bis 650 °C, etwa 4 Stunden halten, dann langsame Abkühlung.

Weitere Glühverfahren:

Grobkornglühen

Durch Erwärmen auf über 1000 °C wird das Korn gröber und die Zerspanbarkeit des Stahls verbessert.

Rekristallisationsglühen

Durch Erwärmen kaltverformter Stähle auf 600 bis 800 °C wird das verformte Gefüge beseitigt. Die Verfestigung geht verloren; die Eigenschaften des unverformten Zustandes werden wiederhergestellt.

Diffusionsglühen

Lösliche Bestandteile des Gefüges werden gleichmäßig verteilt, um die Homogenität möglichst zu erhalten (Ausgleich von z. B. Sulfidseigerungen).

b2) Härten und Vergüten

Das Härteverfahren gliedert sich in drei Abschnitte: Erwärmen („Austenitisieren"), schnelles Abkühlen („Abschrecken") und Erwärmen („Anlassen").

Zum Härten („Umwandlungshärten") muß der Stahl zunächst „austenitisiert", d. h. auf Temperaturen von etwa 50 °C oberhalb der Linie GSK erhitzt werden. Diese Temperatur wird bis zur völligen Umwandlung von Perlit in Austenit gehalten. Bei langsamen Abkühlen wird Austenit unterhalb der Linie GSK wieder in Perlit und Ferrit umgewandelt. Dabei wandert ein Fe-Atom aus dem flächenzentrierten γ-Fe in das raumzentrierte α-Fe und verdrängt das zuvor dort liegende C-Atom. Bei schneller Abkühlung („Abschrecken") durch Luft oder im Wasser-, Öl- oder Salzbad kann das C-Atom diesen Platz nicht verlassen. Fe- und C-Atome sind also in einem raumzentrierten Gitter verspannt, was zu hohen Gefügespannungen und, als deren Folge, zu hohen Festigkeiten führt. Das neu entstandene Gefüge heißt Martensit; es ist hart, verschleißfest und spröde.

Bedingung für eine wesentliche Härtesteigerung durch Abschrecken ist ein C-Gehalt von mindestens 0,2%.

Nach dem Abschrecken wird der Stahl je nach Sorte und Verwendungszweck auf Temperaturen zwischen 150 und 650 °C wiedererwärmt („Anlassen"). Dabei werden die hohen Gefügespannungen und die damit verbundenen glasartig spröden Eigenschaften zugunsten eines zähharten Stahls abgebaut. Die Verbindung von Härten und Anlassen wird als Vergüten bezeichnet. Durch Vergüten sollen Konstruktionsstähle eine höhere Streckgrenze und eine höhere Zähigkeit erhalten.

Die Vergütungsschaubilder in Abb. 132 zeigen, wie sich die mechanischen Eigenschaften ändern, wenn der abgeschreckte Stahl auf Temperaturen zwischen 450 und 650 °C angelassen wird.

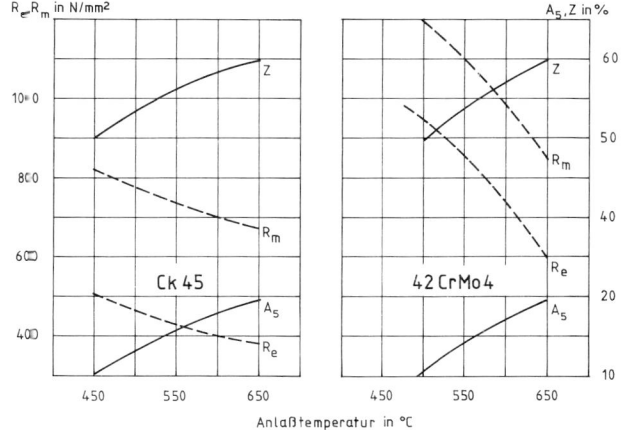

Abb. 132.

Vergütungsschaubilder für zwei Stähle nach DIN EN 10083

Eine besondere Art des Vergütens ist das Patentieren, das bei Spannstählen, Seildrähten und Bändern angewendet wird.

Unter Einsatzhärten (Aufkohlen), Nitrieren und Karbonitrieren werden Verfahren zur Randschicht – oder Oberflächenhärtung nicht härtbarer Stähle verstanden, deren Randzone während des Haltens durch Eindiffundieren von C und N härtbar gemacht werden.

Bei der Ausscheidungshärtung (Aushärten) wird der Härteanstieg durch Teilchen bewirkt, welche die Grundmasse feinstverteilt durchsetzen und als Gleitblockierungen wirken. Durch dieses, von der Umwandlungshärtung abweichende Verfahren, lassen sich bestimmte Stahlsorten und Legierungen aus NE-Metallen härten.

7.1.5. Einteilung und Kennzeichnung der Stähle

Die Stähle werden nach der DIN EN 10020 nach den Ordnungskriterien

- gewährleistete mechanische Eigenschaften (Hauptgüteklassen),
- chemische Zusammensetzung

eingeteilt.

Nach den gewährleisteten Eigenschaften (Hauptgüteklassen) unterteilt man weiter in Grund-, Qualitäts- und Edelstähle, nach der chemischen Zusammensetzung in unlegierte, niedrig legierte und legierte Stähle. Die Einteilungen überschneiden sich: so handelt es sich z. B. bei den Edelstählen zumeist um höherlegierte Sorten.

Die früher übliche Einteilung der Stähle nach ihrer Erschmelzungsart ist wegen des dominierenden Marktanteils der Sauerstoffblas- und Elektroverfahren und des damit erzeugten hochwertigen Stahls i. d. R. nicht mehr üblich.

Grundstähle

Zu den Grundstählen zählen nur *unlegierte* Sorten, die folgende Bedingungen erfüllen:

- Eine Wärmebehandlung – mit Ausnahme des Normal-, Weich- oder Spannungsarmglühens – ist als Lieferzustand nicht vorgesehen.

- Die nach den Normen und Lieferbedingungen genannten Anforderungen liegen innerhalb festgelegter Grenzen (z. B. Mindestzugfestigkeit $\leq 690\,N/mm^2$).
- Weitere besondere Gütemerkmale, wie z. B. Eignung zum Ziehen, sind nicht vorgeschrieben.
- Bis auf den Si- und den Mn-Gehalt sind keine weiteren Gehalte für Legierungselemente vorgeschrieben.

Qualitätsstähle (unlegiert und legiert)

Die größte Zahl der *unlegierten* Sorten, die nicht durch die Merkmale des Grund- oder Edelstahls erfaßt werden, fällt in den Bereich des Qualitätsstahls.

Zu den *legierten* Sorten, die als Qualitätsstähle gelten, gehören folgende für das Bauwesen wichtige Stähle:

- Schweißbare Feinkornstähle mit einer zu gewährleistenden Mindeststreckgrenze, sofern ihr Legierungsgehalt innerhalb festgelegter Grenzen beibt.
- Stähle für Schienen, Spundwanderzeugnisse und Grubenausbauprofile.
- Wetterfeste Stähle, die nur mit Kupfer legiert sind.

Edelstähle (unlegiert und legiert)

Zu den *unlegierten* Edelstählen zählen u. a.:

- Stähle mit Anforderungen an besonders niedrige Gehalte an nichtmetallischen Einschlüssen.
- Stähle mit einem vorgeschriebenen Höchstgehalt an P und S.
- Stähle mit Anforderungen an die Kerbschlagarbeit (in vergütetem Zustand) und an die Einhärtungstiefe (im gehärteten Zustand).
- Kernreaktorstähle mit begrenztem Cu-, Co- und V-Gehalt.
- Spannbetonstähle.

Zu den *legierten* Edelstählen zählen insbesondere nichtrostende Stähle (einschließlich der hitzebeständigen und warmfesten Stähle), Werkzeugstähle, Wälzlagerstähle, schweißbare Feinkornstähle (außer legierte Qualitätsstähle) und wetterfeste Stähle (außer legierte Qualitätsstähle).

7.1.5.1. Stähle für den Stahlbau

Nach der chemischen Zusammensetzung werden folgende Stahlgruppen unterschieden, deren einzelne Sorten nach mechanischen Eigenschaften, Verarbeitbarkeit und Schweißeignung weiter unterteilt werden:

- Warmgewalzte unlegierte Baustähle (DIN EN 10025) und schweißgeeignete Feinkornstähle (DIN EN 10113-1),
- Wetterfeste Baustähle (DIN EN 10155), die aufgrund eines erhöhten Cu-Gehalts eine korrosionshemmende Oxidschicht bilden können,
- Nichtrostende Stähle (DIN EN 10088-1) mit einer erhöhten Beständigkeit gegen atmosphärische Korrosion.

Warmgewalzte unlegierte Baustähle nach DIN 10025

Als warmgewalzte unlegierte Baustähle gelten Stähle, die im warmgeformten Zustand, nach einem Normalglühen oder nach einer Kaltumformung im wesentlichen aufgrund ihrer Zugfestigkeit und Streckgrenze im Bauwesen eingesetzt werden.

Einteilung der Stähle nach dem Mindestwert der Streckgrenze (Erzeugnisdicke $\leq 16\,mm$) in Stähle für den allgemeinen Stahlbau (Sorten S 185, S 235, S 275, S 355) und Maschinenbaustähle (Sorten E 295, E 335, E 360). Weitere Unterteilung der Sorten nach der Schweißeignung bzw. nach der Sprödbruchempfindlichkeit (Kerbschlagarbeit).

Bezeichnung durch Kurznamen[1]) nach DIN EN 10027-1.

Beispiel: Stahl EN 10025-S 275 JR
EN 10025 .... Nummer der Europäischen Norm
S .... Hauptsympbol für Stähle für den Stahlbau
275 .... Mindestwert für die Streckgrenze in N/mm^2 für Erzeugnisdicken $\leq$ 16 mm
JR .... Kerbschlagarbeit $\geq$ 27 J bei 20 °C

Tafel 85: Warmgewalzte Erzeugnisse aus unlegierten Baustählen (Auszug aus DIN EN 10025)

Stahlsorte Bezeichnung (DIN EN 10025)	Frühere Bezeichnung (DIN 17100)	Stahl- art*	Mindeststreckgrenze R_{eH} in N/mm^2 für Nenndicken in mm		Zugfestigkeit R_m in N/mm^2 für Nenndicken in mm	
			$\leq$ 16	> 100 $\leq$ 150	< 3	> 100 $\leq$ 150
S 235 JR	St 37-2	BS	235	–	360	–
S 235 JR G2	RSt 37-2	BS	235	195	bis	340
S 235 J2 G4	–				510	bis 470
S 275 JR	St 44-2	BS	275	225	430	400
S 275 J2 G3	St 44-3N	QS			bis 580	bis 540
S 355 JO	St 52-3U	QS			510	470
S 355 J2 G3	St 52-3N	QS	335	295	bis	bis
S 355 K2 G4	–	QS			680	630
E 335	St 60-2	BS	335	275	590 bis 770	550 bis 710

* BS = Grundstahl; QS = Qualitätsstahl

Schweißgeeignete Feinkornstähle nach DIN EN 10113-1

Feinkornstähle besitzen ein feinkörniges Gefüge mit einer Ferritkorngröße von 6 und kleiner (Ermittlung nach Euronorm 103).

Einteilung der Stähle nach dem Mindestwert der Streckgrenze (bei Erzeugnisdicken $\leq$ 16 mm) in die Sorten S 275 und S 355 (unlegierte Qualitätsstähle) und S 420 und S 460 (legierte Edelstähle). Weitere Unterteilung der Sorten nach den Anforderungen an die Kerbschlagarbeit und den Lieferzustand.

Bezeichnung durch Kurznamen nach DIN EN 10027-1.

Beispiel: Stahl EN 10113-2 – S 355 NL
EN 10113-2 .... Nummer der Europäischen Norm
S .... Hauptsymbol für Stähle für den Stahlbau
355 .... Mindestwert für die Streckgrenze in N/mm^2 für Dicken $\leq$ 16 mm.
N .... Kennbuchstaben für den Lieferzustand
L .... Kennbuchstaben für den Mindestwert der Kerbschlagarbeit bei –50 °C

Hinweis: Die Bezeichnung S 355 N ersetzt die frühere Bezeichnung StE 355; S 460 M ersetzt StE 460 TM (Beispiele).

---

[1]) Außer durch Kurznamen (Hauptsymbole nach DIN EN 10027 T. 1, Zusatzsymbole nach DIN V 17006 T 100) werden Stähle auch durch Werkstoffnummern (DIN EN 10027 T. 2) gekennzeichnet. Die fünfstelligen Werkstoffnummern setzen sich aus einer Zahl für die Werkstoffhauptgruppe und vier Zahlen für die Sorte zusammen.

Wetterfeste Baustähle nach DIN EN 10155

Durch Zugabe von Legierungselementen, vor allem Cu (0,25 bis 0,55 M.-%) und Cr (0,30 bis 1,25 M.-%), wird der Widerstand der Stähle gegen atmosphärische Korrosion erhöht.

Einteilung der Stähle nach ihren mechanischen Eigenschaften in die Sorten S 235 und S 355. Weitere Unterteilung in Gütegruppen, die sich in der Schweißeignung und in den Anforderungen an die Kerbschlagarbeit unterscheiden. Die Klassen W und WP bei der Sorte S 355 unterscheiden sich i. w. in den C- und P-Gehalten und in der Lieferbarkeit.

Bezeichnung durch Kurznamen[1]) nach DIN EN 10027-1:

Beispiel: Stahl EN 10155-S 355 JOW

EN 10155 .... Nummer der Europäischen Norm

S .... Hauptsymbol für Stähle für den Stahlbau

355 .... Mindestwert für die Streckgrenze in N/mm^2 für Dicken $\leq 16\,mm$

JO .... Kerbschlagarbeit $\geq 27\,J$ bei $0\,°C$

W .... Kennzeichen der Wetterfestigkeit

Hinweis: Die Bezeichnung S 235 J2W ersetzt die frühere Bezeichnung WTSt 37-3; S 355 J2G1W ersetzt WTSt 52-3.

Nichtrostende Stähle nach DIN EN 10088-1

Als nichtrostende Stähle im Sinne der Norm gelten Stähle mit mindestens 10,5% Cr und höchstens 1,2% C. Sie haben im Vergleich zu den unlegierten Baustählen deutlich höhere Zugfestigkeiten bei gleicher Streckgrenze sowie eine größere Bruchdehnung.

Die Stähle werden nach ihrem Gefüge und ihrer chemischen Zusammensetzung in ferritische, martensitische, ausscheidungshärtende, austenitische und austenitisch-ferritische Stähle eingeteilt.

Bezeichnung durch Kurznamen[1]) nach DIN EN 10027-1.

Beispiel: Stahl EN 10088-2-X5CrNi18-10+1D

EN 10088-2 .... Nummer der Europäischen Norm

X .... Hochlegierter Stahl (Legierungsgehalt ≥ 5 M.-%)

5 .... C-Gehalt $\leq 0,07$ M.-%

CrNi .... Legierungselemente

18 .... 17 bis 19,5 M.-% Cr

10 .... 8 bis 10,5 M.-% Ni

+1D .... Kennung für warmgewalzt, wärmebehandelt, gebeizt

7.1.5.2. Stähle für den Massivbau

Einteilung und allgemeine Eigenschaften von Beton- und Spannstählen: vgl. Abschnitt 4.12.

7.1.6. Mechanische Eigenschaften der Stähle

Die mechanischen Eigenschaften sind im wesentlichen die Ergebnisse des Zugversuchs, der Härteprüfverfahren, des Kerbschlagbiegeversuchs und der Stand- und Dauerschwingversuche. Sie werden ergänzt durch die physikalischen und chemischen Eigenschaften und vor allem durch die technologischen Eigenschaften.

---

[1]) vgl. Fußnote 1) auf S. 317.

Kennzeichnend für die technologischen Prüfungen ist die Untersuchung der Eignung des Stahls für ein bestimmtes Fertigungsverfahren oder einen speziellen Verwendungszweck. Im Gegensatz zu den mechanischen Prüfverfahren, die die Ermittlung einzelner Kennwerte zum Ziel haben, wird bei den technologischen Verfahren (z. B. Faltversuch, Hin- und Herbiegeversuch, Wickelversuch) das Gesamtverhalten beurteilt.

Auf die technologischen Prüfverfahren kann im weiteren nicht eingegangen werden. Ebenso bleiben die mechanischen Prüfverfahren untergeordneter Bedeutung (z. B. Druck-, Biege- und Torsionsversuch), die zerstörungsfreien Prüfmethoden und die Verfahren zur Untersuchung der stofflichen Zusammensetzung und Gefügebeschaffenheit unberücksichtigt.

Stähle des Bauwesens weisen folgende allgemeine Eigenschaften auf:

Dichte	$\varrho = 7{,}85$	(kg/dm^3)
Elastizitätsmodul	$E = 210\,000$	(N/mm^2)
Schubmodul	$G = 85\,000$	(N/mm^2)
Querdehnungszahl	$\mu = 0{,}28$	$(-)$
Wärmeausdehnungszahl	$\alpha_T = 10 \cdot 10^{-6}$	$(1/K)$ (Allgemeiner Baustahl)
	$\alpha_T = 16 \cdot 10^{-6}$	$(1/K)$ (Nichtrostender Stahl)

7.1.6.1. Zugversuch (DIN EN 10002 T. 1)

Die grundlegenden mechanischen Kenngrößen, wie z. B. Zugfestigkeit, Streckgrenze und Bruchdehnung lassen sich aus den im einachsigen Zugversuch ermittelten Spannungs-Dehnungs-Linien ablesen. Unbehandelte (naturharte) Stähle weisen unstetig verlaufende σ-ε-Linien (Abb. 133a), kaltverformte Stähle dagegen stetig verlaufende σ-ε-Linien auf (Abb. 133b). Beide Linien lassen sich in einen elastischen Bereich (a), einen plastischen Bereich (b) und einen sogenannten Einschnürbereich (c) unterteilen.

Der lineare Anstieg der Dehnung ε mit der Spannung σ wird durch den Elastizitätsmodul E ausgedrückt. Entsprechend dem Hookeschen Gesetz $\sigma = \varepsilon \cdot E$ bezeichnet man diesen Teil

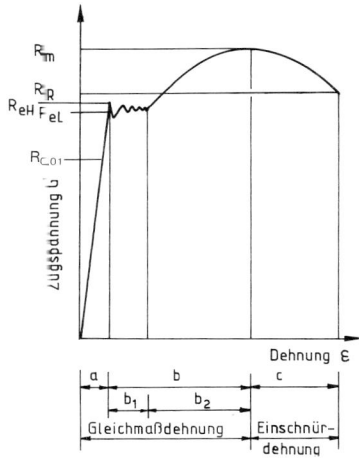

Bereich a: Elastischer Bereich
Bereich b: Plastischer Bereich
    b_1: Fließbereich
    b_2: Verfestigungsbereich
Bereich c: Einschnürbereich

Abb. 133a.

σ-ε-Linie eines naturharten Stahls

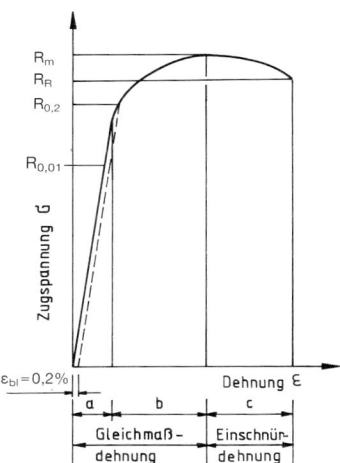

Bereich a: Elastischer Bereich
Bereich b: Plastischer Bereich = Verfestigungs-
        bereich
Bereich c: Einschnürbereich

Abb. 133b.

σ-ε-Linie eines kaltverformten Stahls

einer σ-ε-Linie als Hookesche Gerade. Die Elastizitätsgrenze $R_{0,01}$ wird bei 0,01% bleibender Verformung bei Entlastung angesetzt. Eine Spannungserhöhung über die Elastizitätsgrenze hinaus führt zu größerer bleibender plastischer Verformung.

Mit Erreichen der Streckgrenze R_e setzt bei unbehandelten Stählen ausgeprägtes Fließen ein, d. h. der Stahl verformt sich ohne erkennbaren Widerstand bei praktisch gleichbleibender Zugspannung so lange, bis infolge Gefügeveränderungen die Spannung bei zunehmender Verformung wieder ansteigt. Der Stahl befindet sich in einem Verfestigungsbereich, in dem jede weitere Verformung eine erhöhte Spannungsaufnahme bewirkt. Der Stahl wird kalt verfestigt. Kaltverformte Stähle zeigen häufig keine ausgeprägte natürliche Streck- oder Fließgrenze. An deren Stelle wird dann die 0,2%-Dehngrenze (technische Streckgrenze) $R_{0,2}$ definiert, das ist die Spannung, bei der die bleibende Verformung nach der Entlastung 0,2% beträgt. Mit Erreichen der Höchstzugspannung R_m ist die plastische Verformung beendet. Bei weiterer Zugbeanspruchung schnürt sich der Stahl an einer Stelle stark ein (Einschnürbereich). Die auf den Anfangsquerschnitt der Zugprobe bezogene Spannung nimmt ab, die Dehnung nimmt weiter zu, bis es an der eingeschnürten Stelle zum Reißen der Probe kommt (R_R = Reißfestigkeit).

Die Bruchdehnung A kennzeichnet die bleibende Dehnung einer Probe nach dem Bruch. Sie setzt sich aus der Gleichmaßdehnung und der Einschnürdehnung zusammen. Da der Einfluß der Einschnürdehnung bei einer kurzen Probe wesentlich größer ist als bei einer langen Probe, muß die Meßlänge L_o, auf die die Bruchdehnung bezogen wird, festgelegt werden. A_5 ist die Bruchdehnung bei einer Meßlänge gleich dem 5-fachen Probendurchmesser D_o (kurzer „Proportionalstab" mit $L_o = 5 \cdot D_o$)*).

Als Brucheinschnürung Z wird die bleibende Querschnittsverminderung nach dem Bruch bezeichnet.

Zusammenstellung der wichtigsten Begriffe:

Zugfestigkeit $R_m = F_m/S_o$ (N/mm^2)

Bruchdehnung $A = \dfrac{L_u - L_o}{L_o} \cdot 100$ (%)

Brucheinschnürung $Z = \dfrac{S_o - S_u}{S_o} \cdot 100$ (%)

Elastizitätsmodul $E = \dfrac{\sigma}{\varepsilon_{el}} \cdot 100$ (N/mm^2)

mit F_m = Höchstzugkraft
    S_o = Ausgangsquerschnitt
    L_o = Ausgangsmeßlänge
    L_u = Meßlänge nach dem Bruch
    S_u = kleinster Querschnitt nach dem Bruch
    σ = Spannung
    ε_{el} = elastische Dehnung

7.1.6.2. Härteprüfung

Unter **Härte** ist der Widerstand zu verstehen, den ein Werkstoff dem Eindringen eines härteren Prüfkörpers entgegensetzt. Härtewerte stellen im Bauwesen keine Berechnungsgrundlage dar. Der eigentliche Wert der Härteprüfung besteht darin, daß Werkstoffe hinsichtlich ihrer

---

*) Für Zugversuche an **Betonstählen** beträgt die Meßlänge L_o unabhängig vom Durchmesser vorzugsweise 100 oder 200 mm.

Spannung σ in N/mm²

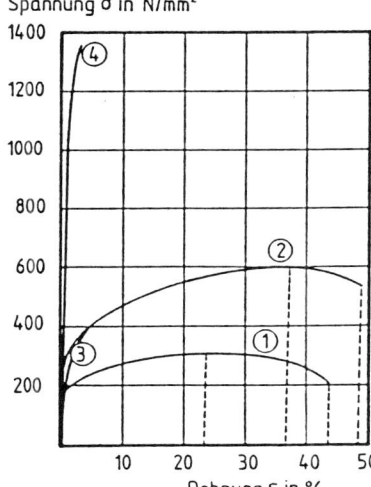

Abb. 134.

Spannungs-Dehnungs-Diagramme von Eisenwerkstoffen. Unlegierter weicher Stahl für Kaltumformzwecke (1), Nichtrostender Cr-Ni-Stahl (2), Gußeisen mit Lamellengraphit (3), Gehärteter Stahldraht (4)

Härte miteinander verglichen werden können und z. B. bei Stahl ein einfacher numerischer Zusammenhang zwischen Härte und Zugfestigkeit besteht.

Bei der i. a. angewendeten Härteprüfung nach **Brinell** (DIN EN 10003-1) wird eine gehärtete Stahlkugel bestimmten Durchmessers D mit einer Kraft F innerhalb einer bestimmten Zeit t in die zu prüfende Stahloberfläche eingedrückt und aus der Prüfkraft F und der Eindruckoberfläche A die Brinellhärte HB ermittelt (Abb. 135).

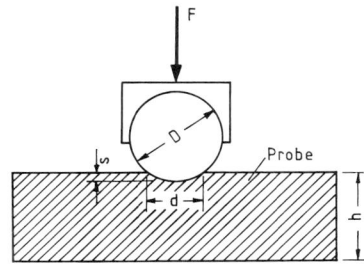

Abb. 135. Prinzip der Härtemessung nach BRINELL

Die Brinell-Härte HB berechnet sich nach der Formel

$$HB = 0{,}102 \, \frac{2\,F}{\pi\,D\,(D-\sqrt{D^2-d^2})}$$

Das Kurzzeichen HB gilt für D = 10 mm, F = 30 kN und t = 10 bis 15 Sekunden.

Für nicht oberflächenbehandelte unlegierte und niedriglegierte Baustähle ist näherungsweise:

$$R_m \text{ (in N/mm}^2\text{)} = 3{,}5 \, (\pm \, 0{,}1) \, \cdot \, HB$$

Weitere Härteprüfverfahren:

Härteprüfung nach Vickers in DIN 50133
Härteprüfung nach Rockwell in DIN EN 10109-1

7.1.6.3. Kerbschlagbiegeversuch (DIN 50115 und DIN EN 10045 T. 1)

Der Kerbschlagbiegeversuch dient der Beurteilung der Zähigkeit von Stahl und Stahlguß und zum Nachweis der Neigung zu verformungslosen Brüchen (Trennbrüchen) infolge Alterung, Sprödigkeit und Werkstoffschädigung.

Der Kerbschlagbiegeversuch gibt Aufschluß über die Zähigkeit bzw. Sprödbruchneigung des Stahls in Abhängigkeit von Stahlzusammensetzung, Temperatur und geometrischer Form des Kerbgrundes. In einem Pendelschlagwerk wird eine gekerbte Probe, die verschieden groß und in der Kerbe verschieden geformt sein kann, mit den Enden an zwei Widerlagern angelegt und durch einen einzigen Schlag entweder durchgebrochen oder durch die Widerlager gezogen. Gleichzeitig wird die verbrauchte Schlagarbeit A_v in (J) gemessen. Die Kerbschlagzähigkeit a_k errechnet sich aus Kerbschlagarbeit A_v dividiert durch den Prüfquerschnitt S (cm^2):

$$a_k = A_v/S \ (J/cm^2)$$

a_k ist sehr stark von Probenform und -größe abhängig. In DIN 50115 wird daher empfohlen, anstelle der Kerbschlagzähigkeit die Kerbschlagarbeit A_v zu verwenden.

Die Kerbschlagarbeit-Temperatur-Kurve (A_v-T-Kurve in Abb. 136) gibt die Abhängigkeit zwischen A_v und der Prüftemperatur bei gleicher Probenform an. Die Kurve besteht aus einem Bereich hoher Zähigkeit (Hochlage), einem Bereich niedriger Zähigkeit (Tieflage) und einem dazwischenliegenden Übergangsgebiet (Steilabfall). Der Hochlage lassen sich faserige Verformungsbrüche, der Tieflage kristalline Trennbrüche zuordnen. Im Übergangsbereich treten beide Bruchformen auf.

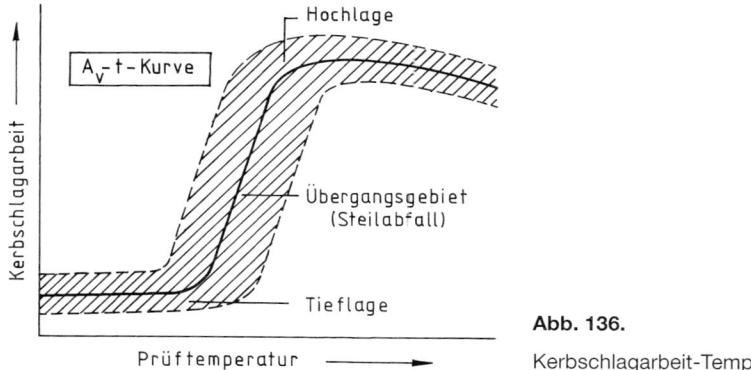

Abb. 136.
Kerbschlagarbeit-Temperatur-Kurve

Die nach bestimmten Kriterien festzulegende Übergangstemperatur $T_ü$ kennzeichnet die Lage des Steilabfalls in der A_v-T-Kurve und damit den Übergang vom spröden zum zähen Bruchverhalten. Es gilt: Je höher die Übergangstemperatur bei sonst gleichbleibenden äußeren Bedingungen (Probenform, Schlaggeschwindigkeit, usw.) ist, umso spröder ist der Stahl. Die Lage der Übergangstemperatur ist für die Beurteilung der Sprödbruchsicherheit entscheidend, wenngleich sich die am Grundwerkstoff ermittelten Versuchsergebnisse nicht unmittelbar auf z. B. eine geschweißte Konstruktion übertragen lassen.

7.1.6.4. Standversuch (DIN 50118)

Zeitstand- bzw. Dauerstandversuche dienen der Ermittlung des Werkstoffverhaltens bei ruhender, dauernd wirkender Beanspruchung unter Bedingungen, bei denen neben den Einflüssen aus Beanspruchungshöhe und Temperatur ein wesentlicher Einfluß der Beanspruchungszeit vorhanden ist.

Begriffe:
- Zeitstandfestigkeit = bei bestimmten Temperaturen auf den Anfangsquerschnitt bezogene ruhende Spannung, die nach bestimmter Beanspruchungszeit einen Bruch der Probe hervorruft.
- Dauerstandfestigkeit = die höchste ruhende Spannung, die eine Probe „unendlich lange" ohne Bruch ertragen kann.
- Kriechen = Zeitabhängige Verformungsänderung unter konstanter Spannung.
- Relaxation = Zeitabhängige Abnahme der zur Aufrechterhaltung einer Verformung erforderlichen Spannung.

Baustähle zeigen bei normaler Temperatur kein Absinken der Festigkeit unter dauernd wirkender ruhender Beanspruchung. Es treten keine zeitabhängigen Verformungen auf.

Spannstähle dagegen kriechen bzw. relaxieren bei hohen Dauerbeanspruchungen und insbesondere bei hohen Temperaturen.

7.1.6.5. Dauerschwingversuch (DIN 50100)

Dauerschwingversuche dienen der Ermittlung von Kennwerten für das Verhalten von Werkstoffen oder Bauteilen bei dauernd oder häufig wiederholter schwellender oder wechselnder Zug-, Druck-, Biege- oder Torsionsbeanspruchung.

Ermittelt werden Dauerschwing-, Zeitschwing- oder Betriebsfestigkeiten, d. h. Spannungen die „unendlich oft", über einen gewissen Zeitraum oder im Betrieb ertragen werden können.

Bei **Betonstählen** sind die in DIN 488 Teil 1 geforderten Dauerschwingfestigkeiten an vor der Prüfung abgebogenen, angelassenen und im Biegebalken einbetonierten Proben nachzuweisen.

Die Beanspruchung erfolgt bei einer Oberspannung:

$$\sigma_o = 0{,}7\ R_e\ (\text{bzw. } R_{0,2})$$

mit einer Grenzlastspielzahl von $2 \cdot 10^6$.

7.1.7. Korrosion und Korrosionsschutz

7.1.7.1. Ursachen der Korrosion

Unter Korrosion versteht man die von der Oberfläche ausgehende, durch chemischen oder elektrochemischen Angriff bewirkte Zerstörung eines Werkstoffes.

Umfassende Begriffserläuterungen sind in der DIN 50900 „Korrosion der Metalle" gegeben.[*]

Korrosion kann durch die Luft (bei Stahl etwa ab 70% rel. Luftfeuchte) und deren Verunreinigungen, insbesondere SO_2 und Cl, durch Wasser sowie durch Berühren mit anderen feuchten Baustoffen (z. B. Holz, Holzschutzsalze), mit Auftausalzen oder mit Erdreich verursacht werden.

Chemische Korrosion erfolgt durch unmittelbare chemische Umsetzung, d. h. durch Bildung chemischer Verbindungen.

Elektrochemische Korrosion beruht auf Bildung galvanischer Elemente bei Berührung unterschiedlicher Metalle unter Mitwirkung einer leitenden Flüssigkeit (Elektrolyt), die zum Abtrag des in der Spannungsreihe unedleren Stoffes führt (Kontaktkorrosion).

Die elektrochemische Korrosion erfolgt bei sauerstofffreien Elektrolyten unter Bildung von H_2: „Wasserstoffkorrosion". Bei meist sauerstoffhaltigen Elektrolyten entstehen unter Bildung von OH-Ionen Metallhydroxide: „Sauerstoffkorrosion".

---

[*] s. a KARSTEN: Bauchemie, Verlag C. F. Müller GmbH, Heidelberg
WESCHE: Baustoffe für tragende Bauteile, Band 3 (Abschn. H), Bauverlag, Wiesbaden.

Beispiel: Entstehung von Rost $Fe(OH)_2$ (Eisenhydroxid) bzw. entwässert $FeO(OH)$ (Eisenoxidhydroxid) bei sauerstoffhaltigem Wasser infolge Spannungsgefälle zwischen einer zunächst chemisch gebildeten Oxidschicht und dem „unedleren" Fe.

Sprengwirkung des Rostes durch mehrfache Volumenvergrößerung gegenüber Fe: Aufplatzen von Farbanstrichen und zu geringen Betonüberdeckungen (Stahlbetonbau).

Es wird stets das unedlere Metall zur Anode und damit zerstört. Die Geschwindigkeit der Korrosion hängt von der Potentialdifferenz, d. h. vom gegenseitigen Abstand der Metalle in der elektrochemischen Spannungsreihe, ab.[*])

Auftreten der Korrosion als ebenmäßiger bzw. narbenförmiger Flächenabtrag oder mit örtlicher Tiefenwirkung als „Lochfraß", z. B. bei undichter Schutzschicht. Bei Legierungen auch interkristalline Korrosion längs der Korngrenze möglich (Korngrenzenkorrosion). Ferner können Korrosionsvorgänge unter Einwirkung von statischen oder dynamischen Zugspannungen gefördert werden (Spannungsrißkorrosion oder Schwingungsrißkorrosion).

7.1.7.2. Aktiver Korrosionsschutz (Korrosionsschutzplanung)

a) Stahlhochbau, Brücken- und Wasserbau

Konstruktive Gestaltung

Vermeiden von Formgebungen, die die Rostbildung fördern; Profile so anordnen, daß eine Ansammlung von Schmutz und Wasser ausgeschlossen wird; leichte Zugänglichkeit (Vermeidung toter Winkel); klare Konstruktionen (Schweißungen) oder Hohlquerschnitte zur Verringerung der Unterhaltungskosten; gefährdete und unzugängliche Stellen mit Pasten, Vergußmassen, o. ä. isolieren.

Wahl der Stahlsorte

Wetterfeste Baustähle (vgl. 7.1.5.1.)

Bei normaler Witterungsbeanspruchung: Verwendung niedrig legierter Baustähle, die an der Atmosphäre eine etwa 0,5 mm dicke oxidische Deckschicht bilden.

Bei Verbindung mit anderen Bauteilen ist der Rostablauf und die damit verbundene Braunfärbung zu beachten. Ungenügend belüftete Bauteile müssen mit Schutzanstrich versehen werden. Bei Anstrichen wird die Unterrostung wesentlich gehemmt.

Beispiel: S235J2W (1.8961); frühere Bezeichnung: WT St 37-3
Handelsnamen: COR-TEN, Patinax, Resista

Nichtrostende Stähle (vgl. 7.1.5.1)

Bei besonders intensiver Witterungsbeanspruchung und für korrosionsfeste dekorative Zwecke: Verwendung hochlegierter austenitischer Chrom-Nickel-Stähle und Chrom-Nickel-Molybdän-Stähle. Chrom verbindet sich mit Sauerstoff zu Chromoxid und breitet sich als dünner, für das Auge unsichtbarer Oxidfilm auf der Stahloberfläche aus.

Beispiel: X 5 CrNi 18–10 + 1 D (1.4301 + 1D)
Handelsnamen: V2A, Nirosta, Remanit

---

[*]) Spannungsreihe (Auszug):   (negativ) Al – Zn – Fe – Ni – Pb – **H** – Cu – Ag – Au (positiv)

Unterbindung der Korrosionsmöglichkeiten

Keine Berührung mit Baustoffen, die stahlangreifende Bestandteile enthalten (Gips, Kessel-schlacke, Magnesitmörtel). Unterbindung von Elementbildungen beim Einbau von NE-Metallen (Kontaktkorrosion).

Kathodischer Korrosionsschutz (Abb. 137)

Bei zu erwartender starker Korrosion schwer zugänglicher Bauteile (Kessel, Spundwände) im Boden oder Wasser wird ein unedleres Metallstück (Zn, Al, Mg) als „Opferanode" mit dem kathodischen (elektronenabgebenden) Stahl kurzgeschlossen, so daß die positiven Metallionen (Me^+) im wäßrigen Elektrolyt zum Stahl wandernd diesen mit einer metallischen Schutzschicht überziehen. Die „Opferanode" muß nach Zerstörung ersetzt werden.

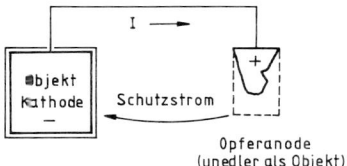

Galvanische Kathodisierung

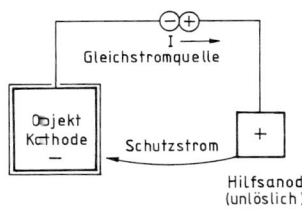

Elektrolytische Kathodisierung

Abb. 137.

Schematische Darstellung der Verfahren des kathodischen Schutzes

Die Stahlkorrosion kann auch im „Fremdstromverfahren" unmittelbar verhindert werden, indem durch kontinuierliche Zuführung von Gleichstrom an den Stahl und eine außerhalb befindliche edlere (unlösliche) Elektrode die gegenüber Rostansätzen anodische Stahloberfläche einen kathodischen Elektronenüberschuß erhält, so daß durch Spannungsausgleich der elektrochemische Korrosionsvorgang am Stahl unterbunden wird (elektrolytische Kathodisierung).

b) Stahlbetonbau

(Korrosionsschutzbestimmungen nach DIN 1045, Abschn. 13)

Der Schutz der Stahleinlagen ist durch die alkalischen Bestandteile des Betons bedingt, die durch Abspaltung von Kalkhydrat $Ca(OH)_2$ bei der Hydratation des Zementes entstehen (s. Abschn. 3.1.4.3.1.). Dauerhafter Korrosionsschutz setzt voraus, daß das Eindringen von Luftkohlensäure, die die alkalischen Bestandteile des Betons von außen nach innen fortschreitend zu $CaCO_3$ umwandelt, weitgehend unterbunden wird:

Ausreichende Betonüberdeckung je nach Umweltbedingungen, Begrenzung des W/Z-Wertes, Einhaltung einer Mindestzementmenge und Nachbehandlung.

Keine Verwendung chloridhaltiger Zusatzmittel! Für Spannbeton sind besondere Bestimmungen gegeben.

7.1.7.3. Passiver Korrosionsschutz

Fernhalten aggressiver Stoffe von der Stahloberfläche durch nichtmetallische oder metallische Überzüge (DIN 50 902 (9.91) „Schichten für den Korrosionsschutz von Metallen; Begriffe, Verfahren und Oberflächenvorbereitung; Anwendung").

Verfahrensrichtlinien

DIN 18 364 (9.88) „Oberflächenschutzarbeiten an Stahl und Aluminium"
DIN 55 928, T. 1–9 (05.91), „Korrosionsschutz von Stahlbauten durch Beschichtungen und Überzüge"
DV 807 (RoSt) der DB „Technische Vorschriften für den Rostschutz von Stahlbauwerken"
AGI-Arbeitsblatt K 20 (8.91) „Feuerverzinkung plus Beschichtung (Duplex-System)"

a) Vorbereitung der Stahloberfläche

Voraussetzung eines langfristig wirksamen Oberflächenschutzes ist die gründliche Entfernung artfremder Bestandteile (Schmutz, Öle, abblätternde Farben) sowie von arteigenen Oxydationsschichten (Walzzunder und Rost). Verbleibender Rost ist Ausgangspunkt von Unterrostungen neuer Überzüge („Rost erzeugt neuen Rost").

Die Entrostung bzw. Entzunderung erfolgt zumeist durch mechanische Verfahren, bei Teilen geringerer Abmessung auch durch chemische Behandlung (Beizen).

Über den Ausgangszustand der vorzubereitenden Oberflächen sollten folgende Angaben vorliegen (vgl. DIN 55 928 Teil 4):

– Stahlsorte und Rostgrad A bis D bei unbeschichteten Oberflächen,
– Art der Beschichtung, Rostgrad R1 bis R5 nach DIN 53 210, Blasengrad nach DIN 53 209 und ergänzende Hinweise über Verunreinigungen u. ä. bei beschichteten Oberflächen.

Als Bezugsgröße für den zu fordernden Reinheitsgrad gelten die Norm-Reinheitsgrade nach DIN 55 928 Teil 4.

Die Norm-Reinheitsgrade erfordern bestimmte Reinigungsverfahren:

– mechanische Verfahren (Bürsten, Blasen, Saugen, Schleifen, Druck-Wasserstrahlen),
– thermische Verfahren (Flammstrahlen),
– chemisch-physikalische Verfahren (Waschen, Beizen, Dampf- oder Heißwasserstrahlen).

Sogenannte Rostumwandler und Roststabilisatoren sind für den Bereich des Stahlbaus nicht zulässig.

Im Anschluß an die Reinigungsarbeiten muß der erste Anstrich sofort aufgebracht oder der Stahl durch Haftgrundierung (Wash-Primer) geschützt werden.

b) Oberflächenschutz durch Beschichtungen (Anstriche)

Eine Beschichtung ist wie folgt aufgebaut:

– Grundbeschichtung (GB) schützt die Oberfläche gegen Korrosion,
– Kantenschutz (KS) gleicht Minderdicken an den Kanten aus,
– Deckbeschichtung (DB) schützt die Grundbeschichtung vor schädigenden äußeren Einflüssen.

Beschichtungen (Anstriche) bestehen aus Pigment- und Füllstoffen, Bindemitteln sowie Lösungs- oder Verdünnungsmitteln.

Pigmente dienen der Einfärbung, der Dickenkontrolle bei unterschiedlichen Schichten und als Schutz gegen mechanische Beschädigungen. Pigmente erschweren oder verhindern die

Wasserdiffusion durch den Anstrichfilm und wirken durch die Passivierung der Oberfläche, die Neutralisation eingedrungener saurer Stoffe und die Bildung eines kathodischen Schutzes korrosionsverhindernd.

In der Tabelle sind die gebräuchlichen Pigmente und Füllstoffe zusammengestellt:

Pigmente für		Füllstoff für
GB (aktive Pigmente)	DB (passive Pigmente)	DB
Bleimennige[2]	Aluminiumpulver[1]	Asbest[3]
Zinkchromat[2]	Bleiweiß	Bariumsulfat
Zinkphosphat[1]	Eisenglimmer	Glimmer
Zinkstaub	Eisenoxid	Graphit
Bleistaub	Titandioxid	Talkum
Basisches Bleisilichromat	Zinkoxid	

[1] werden z. Zt. bevorzugt angewandt.
[2] sollen für neue GB nicht mehr verwendet werden.
[3] darf nicht mehr verwendet werden.

Füllstoffe haben keine aktive korrosionsschützende Wirkung; sie schützen das Bindemittel vor Lichteinwirkung und hemmen die Diffusion aktiver Stoffe.

Als filmbildendes Trägermaterial kommen u. a. folgende **Bindemittel** zur Anwendung:

Ölbindemittel, meist Leinöl, sind preisgünstig und witterungsbeständig, trocknen aber langsam und sind empfindlich gegen Wasser sowie chemische und mechanische Beanspruchung.

Alkydharze trocknen schnell und besitzen gegenüber den Ölbeschichtungsstoffen wesentlich verbesserte Wasserbeständigkeit und eine gute Beständigkeit gegen chemische und mechanische Beanspruchung.

Chlorkautschuke bzw. Chlorkautschuk-Alkydharzkombinationen sind relativ einfach zu verarbeitende Stoffe mit hoher Mineralöl- und Wasserbeständigkeit (Unterwasseranstriche), guter Chemikalienbeständigkeit und relativ hoher Oberflächenhärte.

Bituminöse Stoffe (Bitumen, Teer und Teerpech) werden bei Einwirkung von Feuchtigkeit, Wasser, schwachen Säuren, Laugen und Salzlösungen verwendet. Bei mechanischer Beanspruchung und Sonneneinwirkung i. a. gefüllt oder mit Polyurethan- oder Epoxidharzen kombiniert aufgetragen.

Polyurethane, Acrylharze und Epoxidharze sind als 2-Komponenten-Beschichtungsstoffe schwieriger zu verarbeiten als z. B. Leinöl oder Alkydharze. Hohe Säure-, Wasser-, Lösungsmittel-, Fett- und Ölbeständigkeit, große Oberflächenglätte und -härte sowie Temperaturbeständigkeit bis etwa 120 °C.

Siliconharze erreichen bei Pigmentierung mit Zinkstaub o. ä. eine hohe Temperaturbeständigkeit bis 600 °C und sind mechanisch gut beanspruchbar.

Beschichtungsaufbau im Stahlhochbau und Brückenbau

Im allgemeinen 2 Grundanstriche und 2 Deckanstriche.

Erster Grundanstrich als Werkstättenanstrich (Vereinbarung gründlicher Entrostung!).

Grundanstriche, zugleich dem Ausgleich von Unebenheiten dienend, erfolgen im Pinselauftrag, insbesondere bei winkligen Konstruktionen (Ringpinsel): Steigerung des Fließvermögens und Gewähr eines Mindestgleichmaßes der Schichtdicke. Deckanstrich bei großflächigen Bauteilen auch im Spritzverfahren (Schutzmaßnahmen erforderlich!).

Verschiedene Farbtönungen zur Unterscheidung der Anstriche. Anstrichaufträge nicht bei Nässe und Taubildung!

Schichtdicken bei Pinselauftrag 20–60 µm, bei Spritzauftrag 5–15 µm, Gesamtschichtdicke nicht unter 130 µm, je nach aggressiver Belastung bis 220 µm.

Beschichtungsüberholung alle 5–10 Jahre (Garantie nach RoSt: 5 Jahre).

Bei einwandfreier Ausführung je nach Klima auch 15–20 Jahre Lebensdauer.

Beurteilung des Erneuerungsgrades (nach DIN 53 210 „Bezeichnung des Rostgrades von Anstrichen") nach dem Anteil der mit Rost bedeckten Fläche in 5 Rostgraden: R 1 bis R 5.

Bei geringerer Rostbildung, ($\leqq$ 5% der Fläche) erfolgt „Ausfleckung", bei 5–20% der Fläche ebenfalls, jedoch geschlossener Deckanstrich, bei mehr als 20% Schäden vollständige Entfernung des alten Anstrichs und Neuanstrich.

c) Metallische Überzüge (s. a. Abschn. 7.2.3.5., Tafel 87)

Schmelztauchüberzüge

Aufgeschmolzene metallische Überzüge, insbesondere mit Zink (Feuerverzinkung), sind wirkungsvoller als Anstriche und in Verbindung mit Deckanstrichen von besonders hoher Lebensdauer (Keine Unterrostung). Bevorzugte Verwendung bei feingliedrigen Bauteilen (Stahlleichtbau, Gittermasten, Leitplanken usw.).

Verzinken durch kontinuierliches Tauchen in Zinkbäder unmittelbar nach dem Walzvorgang (Bandverzinken) oder durch stückweises Tauchen von Konstruktionsteilen (Stückverzinken).

Die Kosten der Feuerverzinkung sind den Anstrichkosten etwa gleich, bei Kombination mit Deckanstrichen hinsichtlich der längeren Haltbarkeit insgesamt geringer.

Spritzmetallüberzüge

Aufbringen bei nicht tauchbaren großflächigen Konstruktionen mittels gas- oder elektrischbeheizter Spritzpistole unter Zuführung eines NE-Metalldrahtes und Druckluft (Drahtspritzverfahren).

Lediglich physikalische Verklammerung des verflüssigten Metalls mit dem durch Sandstrahlen aufgerauhten metallisch blanken Untergrund bei Abkühlung. Meist Verwendung von Zink, auch Blei, bei stärkerer Beanspruchung Aluminium. Zusätzliche Porendichtung durch Anstriche erforderlich. Anwendung insbesondere bei erschwerter Beobachtung und Unterhaltung von Konstruktionen.

Elektrolytische Schutzüberzüge (Galvanisieren)

Bei kleineren Metallteilen (Beschläge, Installationen) Überzüge von Zink, Zinn, Kupfer, Aluminium, Blei, Nickel, Chrom, Cadmium und Edelmetallen und deren Salzen im galvanischen Verfahren. Das gegen mechanische Beanspruchungen sehr widerstandsfähige Chrom bedarf wegen seiner nicht völligen Porenfreiheit vorheriger Verkupferung oder Vernickelung des Untergrundes.

Diffusionsüberzüge

Durch Glühen der zu schützenden Metallteile, z. B. in Chrom, diffundiert dieses unlösbar in die Randzone des Grundwerkstoffes (Chromatisieren). In 0,1 mm Tiefe soll der Cr-Gehalt noch mindestens 12% betragen.

Plattieren

NE-Metallfolien werden zumeist auf Stahlblech im festen Verbund warm aufgewalzt.

d) Beschichtungen auf verzinkten Stahlbauteilen

Trotz der guten Korrosionsschutzwirkung von Zinküberzügen ist es in einer Reihe von Anwendungsfällen (z. B. Bleche für Fassadenbekleidungen und Dacheindeckungen) vorteilhaft, werksseitig eine zusätzliche organische Schutzbeschichtung aufzubringen. Die Beschichtung erfolgt nach einer intensiven Reinigung der Zinkoberfläche durch Spritzen oder Aufwalzen von Folien. Als Beschichtungsmaterialien werden u. a. modifizierte Alkydharze, Polyvinylchlorid (nur als Folie), Acrylharze, Polyurethan und Epoxidharze verwendet.

e) Nichtmetallische-organische Beschichtungen

Feinstgemahlene Silikate und Metallverbindungen werden durch Tauchen oder Spritzen in mehreren Schichten möglichst dünn auf die Metalloberfläche aufgezogen und schmelzen nach sorgfältiger Trocknung durch Brennen zu einer festen und dichten Emailleschicht zusammen.

Emailleschichten besitzen eine hohe Lebensdauer, sind aber stoß- und wärmeschockempfindlich.

f) Korrosionsschutz der Stahlbewehrung im Stahlbetonbau

Siehe Abschnitt 4.12.

7.2. Nichteisen-Werkstoffe (NE-Metalle)

Die überragende technische Bedeutung der Eisenwerkstoffe hat dazu geführt, diesen alle übrigen technischen Metalle unter dem Begriff „Nichteisenmetalle" gegenüberzustellen. Nichteisenmetalle bilden z. T. mit eigenen Legierungen wichtige Werkstoffe des Bauwesens, andere haben ihre Bedeutung durch ihre Legierbarkeit zu Stahl erhalten.

Die Systematik der Kurzzeichen nach DIN 1700 sieht vor, Legierungen der NE-Metalle nach dem Grundmetall zu benennen. Es folgen die Legierungselemente in der Reihenfolge ihres prozentualen Anteils und hinter dem Buchstaben F eine Zahl für die Mindestzugfestigkeit.

Beispiel: AlMg 3 F 29 = Al-Legierung mit i. M. 3% Magnesium und min. R_m = 290 N/mm^2.

Legierungen der NE-Metalle haben z. T. überlieferte Namen, wie z. B. Messing (CuZn-Legierung), Bronze (CuSn-Legierung), Neusilber (CuNiZn-Legierung).

Legierungen auf der Basis von Al, Cu, Mg und Ni werden in Knet- und Gußlegierungen unterteilt. Knetlegierungen müssen sich im kalten und warmen Zustand gut umformen lassen, während Gußlegierungen gute Gießeigenschaften aufweisen sollten. Die Gießart beeinflußt das entstehende Gefüge und damit die mechanischen Eigenschaften. Sie wird daher – nur bei Gußlegierungen – durch vorgestellte Buchstaben kenntlich gemacht: G = Sandguß, GK = Kokillenguß, GD = Druckguß, GZ = Schleuderguß.

Beispiel: GD-ZnAl4Cu1 = Feinzink-Druckgußlegierung mit i. M. 4% Al und 1% Cu.

7.2.1. Aluminium

Al (3wertig), Dichte 2,7 kg/dm^3 (Legierungen bis 2,85 kg/dm^3), Schmelztemperatur 660 °C, Wärmedehnzahl (je nach Legierung) α_T = 23–24 · 10^{-6} · K^{-1}.

7.2.1.1. Gewinnung und Verarbeitung

Rohstoff ist B a u x i t mit einem Al_2O_3 (Tonerde-)Gehalt von etwa 60% und Anteilen von Fe_2O_3, SiO_2 und H_2O. Die Aluminiumgewinnung erfolgt in zwei Stufen:

– Al_2O_3-Gewinnung durch Aufbereiten des Bauxits und Abtrennen der Begleitstoffe,
– Elektrolytische Abscheidung (Abb. 138) des reinen Aluminiums aus der mit Kryolith als Schmelzmittel verflüssigten Tonerde (40% der Gestehungskosten sind Stromkosten).

Anhaltswerte: $4\,t$ Bauxit $\rightarrow 2\,t\ Al_2O_3 \xrightarrow[13500\,kWh]{} 1\,t$ Aluminium

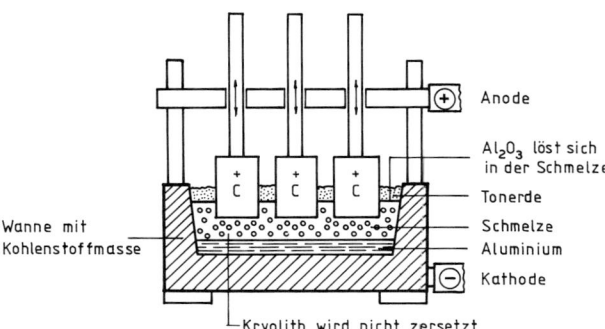

Abb. 138.

Wannenofen zur Schmelzfluß-Elektrolyse des Aluminiums

Das Hüttenaluminium (bis 99,8% Al) wird zu Masseln, Barren oder Blöcken vergossen, aus denen in der Weiterverarbeitung Halbzeuge aus Reinaluminium und Knetlegierungen sowie Formgußteile aus Gußlegierungen hergestellt werden.

7.2.1.2. Werkstoffarten

Aluminium (EN AB-Al 99 bis EN AB-Al 99,99 nach DIN EN 576) hat eine besonders gute Korrosionsbeständigkeit, aber nur eine geringe Zugfestigkeit. Diese läßt sich zwar durch Kaltverformung (z. B. Walzen, Ziehen) steigern, eine wesentliche Beeinflussung ist aber erst durch die Zugabe von Legierungselementen (i. w. Mn, Mg, Si, Cu und Zn) möglich.

Man unterscheidet zwischen Gußlegierungen (DIN 1725 Teil 2[1]) und Knetlegierungen (DIN 1725 Teil 1) und weiter zwischen nicht aushärtbaren und aushärtbaren Legierungen.

Die Zugfestigkeit nicht aushärtbarer Legierungen (z. B. AlMn, AlMg, AlMgMn) läßt sich durch Kaltverformung auf bis zu $300\,N/mm^2$ steigern.

Durch eine besondere, als „Aushärtung" bezeichnete Wärmebehandlung kann die Zugfestigkeit aushärtbarer Legierungen (z. B. AlMgSi, AlCuMg, AlZnMg, AlZnMgCu) auf über $500\,N/mm^2$ erhöht werden.

Das Aushärten erfolgt in drei Arbeitsstufen:

Lösungsglühen bei etwa 500 °C: Gleichmäßige Anreicherung der Raumgitter mit Legierungsbestandteilen (Mischkristallbildung).

Abschrecken durch Abkühlung mit Wasser oder Luft: Verhinderung des Ausscheidens der Fremdatome aus den im Kaltzustand übersättigten Mischkristallen (Zwangszustand).

Auslagerung je nach Legierung: Bei mehrtägiger Kaltauslagerung (bei Raumtemperatur) oder mehrstündiger Warmauslagerung (bei etwa 150 °C) wird durch nachträgliches Ausscheiden (Diffundieren) eines Teils der Fremdatome eine weitere Güteverbesserung bewirkt.

Beim Schweißen oder Glühen oberhalb der Warmauslagerungstemperatur geht der Härtungseffekt zurück. Bei kaltverfestigten Werkstoffen ebenfalls entsprechender Rückgang.

---

[1]) Soll durch DIN EN 1706 ersetzt werden.

7.2.1.3. Werkstoffeigenschaften

Die wichtigsten Kennwerte des Reinaluminiums, die näherungsweise auch für Aluminiumlegierungen gelten, sind in folgender Tabelle im Vergleich zu den Werten für Stahl angegeben:

		Aluminium	Stahl
Elastizitätsmodul	E (N/mm²)	72 000	210 000
Schubmodul	G (N/mm²)	27 000	85 000
Querdehnungszahl	μ (–)	0,34	0,28
Wärmeausdehnungszahl	α_T (1/K)	$24 \cdot 10^{-6}$	$10 \cdot 10^{-6}$
Dichte (bei 20 °C)	ϱ (kg/dm³)	2,70	7,85

Die bautechnisch wichtigsten Eigenschaften von Aluminiumlegierungen im Vergleich zu Baustahl sind:

– ihre geringe Dichte: etwa ein Drittel von Stahl;
– ihre guten Festigkeitseigenschaften: bestimmte Legierungen erreichen eine Zugfestigkeit von 600 N/mm²;
– die gute Korrosionsbeständigkeit: die natürliche Oxydhaut, die künstlich noch verstärkt werden kann, schützt gegen Einflüsse der Witterung und zahlreicher chemischer Stoffe;
– die Möglichkeit der leichten Formgebung der Einzelteile: eine hochentwickelte Fertigungstechnik, z. B. Strangpreßverfahren und moderne Gießverfahren, wie Kokillen- und Druckguß, ermöglichen eine weitgehende Annäherung des Halbfabrikats an die Endform.

Dagegen ist gegenüber Stahl vorrangig zu beachten:

– der niedrige Elastizitätsmodul (große Verformungen),
– die Veränderung der Festigkeit bei zunehmender Temperatur (Brandverhalten),
– und der höhere Einheitspreis.

Im Gegensatz zu unbehandeltem Stahl tritt bei Aluminium keine scharf definierte, durch plötzliche plastische Verformung gekennzeichnete Streckgrenze auf, sondern der Übergang von elastischer zu plastischer Verformung erfolgt allmählich. Als technische Streckgrenze wird daher – ähnlich kaltverformtem Stahl – die 0,2%-Dehngrenze definiert (Abb. 139).

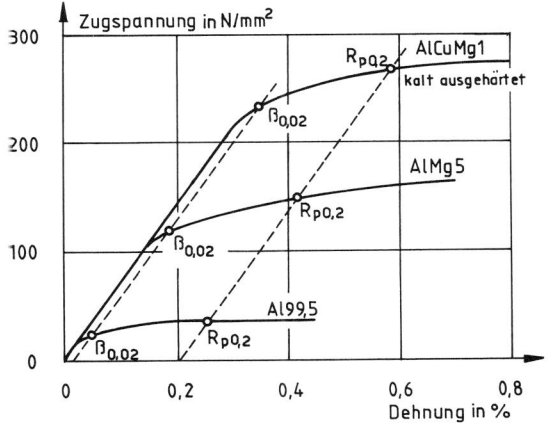

Abb. 139.
Spannungs-Dehnungs-Linien
verschiedener Al-Werkstoffe

7.2.1.4. Verarbeitungsweisen

In DIN 4113 T 1 sind die Mindestzugfestigkeiten und -streckgrenzen sowie die zulässigen Spannungen der für Konstruktionsteile (Bleche, Rohre, Profile) zugelassenen Legierungen angegeben. DIN 4113 T 2 enthält die entsprechenden Angaben über geschweißte Konstruktionen.

Der geringe Elastizitätsmodul der Aluminiumlegierungen von $E = 72\,000\,N/mm^2$ erfordert im Verhältnis zum dreimal größeren E-Modul des Stahls bei Biegeträgern steifere Konstruktionen. Die wirtschaftlichere Gestaltung der Strangpreßprofile ermöglicht jedoch eine feingliedrigere Bauweise.

> Die Gewichtsersparnis gegenüber Stahlkonstruktionen beträgt etwa 50%. Leichterer Transport und Montage ermöglichen zudem eine weitgehende Vorfertigung. Ferner bedingt die Korrosionsfestigkeit des Aluminiums eine Verringerung der Unterhaltungskosten.

Verbindungsmittel (DIN 4113 T 1 und Merkblätter der Aluminium-Zentrale e. V., Düsseldorf).

Die bei Verbindung von Aluminium mit edleren Metallen unter Feuchtigkeitseinwirkung entstehende Elementbildung (Kontaktkorrosion) erfordert entsprechende Isolierungsmaßnahmen, z. B. bei Berühren mit Stahlteilen durch Spezialfolien, Lack- oder Bitumenanstriche.

Niet- und Schraubverbindungen erfolgen grundsätzlich durch kaltschlagbare (gestauchte) Niete, die die Kräfte durch Lochleibungsdruck übertragen, bzw. durch Schrauben gleichen Materials sowie auch durch nichtrostende oder oberflächengeschützte (verchromte) Stahlschrauben.

Beim Schweißen und Hartlöten Verwendung von Flußmitteln zur Lösung der sich beim Aluminium sofort bildenden Oxidhaut oder Lichtbogenschweißung unter Edelgasschutz (Argon) bzw. Widerstandsschweißung (Punkt- oder Stumpfschweißung) ohne Flußmittel.

> Bei Schweißarbeiten an ausgehärteten und kaltverfestigten Al-Legierungen ist der Festigkeitsabfall in der Wärmeeinflußzone neben der Schweißnaht zu beachten.

Weitere Verbindungsmöglichkeiten durch Kleben mittels Zweikomponenten-Kunstharzkleber (nur für Schubbeanspruchung, d. h. in Richtung der Klebeflächen wirkende Kräfte). Klebeverbindungen sind gegen Wärme nur begrenzt widerstandsfähig! Ferner Falzen bei Dachdeckungen sowie Steck- und Klemmverbindungen bei Strangpreßprofilen.

Gestaltung der Oberfläche des Aluminiums

Je nach Verwendungszweck durch Sandstrahlen (Gußstücke), Abbeizen durch chemische Behandlung, Schleifen, Polieren oder großflächige Bemusterung durch rotierende Drahtbürsten.

7.2.1.5. Korrosionsverhalten

Die Witterungsbeständigkeit des Aluminiums wird durch die sich bei Verletzung der Oberfläche sofort neu bildende dünne, aber dichte, festhaftende Oxidschicht Al_2O_3 gewährleistet.

Verstärkung der Oxydationsschicht durch anodische Oxydation („Eloxalbehandlung": **El**ektrolytische **Ox**ydation des **Al**uminiums entsprechend DIN 17 611).

> Die Oxydation erfolgt durch Sauerstoffabscheidung an der Anode eines Säurebades unter Erhaltung des metallischen Glanzes infolge Durchsichtigkeit der sehr abriebfesten 10–25 μm dicken Oxydationsschicht. (Bei Außenfassaden i. allg. keine Reinigung und Pflege erforderlich.)

> Für dekorative Zwecke Eigenfärbung der Oxydierung (je nach Verfahren und Legierung: grau, gelb, braun, bronze, schwarz) oder Einfärbung mit verschiedenen Farbstoffen, die in die kristallinen Poren eindringen, mit anschließender Nachverdichtung in siedendem Wasser (Volumenvergrößerung der Oxydationsschicht).

> Verformung und Bearbeitung der Bauteile vor der anodischen Behandlung!

Farbanstriche auf Aluminium in Fällen besonders hoher Beanspruchung nach Vorbehandlung mit dünnflüssigem zweikomponentigem Wash-Primer und Spezialgrundierung (VOB, DIN 18 364).

Auch wetterfestes Emaillieren von Aluminium (kein Abplatzen bei Verformung) mit unbegrenzten Einfärbmöglichkeiten (preisgleich mit Eloxieren).

Empfindlichkeit des Aluminiums gegen Säuren und Basen (u. a. Kalkwasser). Keine Verwendung laugenhaltiger Abwaschmittel!

Berührung mit Mörtel und Beton erfordert bituminöse Isolierung: Schutz der Sichtflächen für die Zeit des Einbaus gegen Mörtelspritzer durch Auftrag eines „Abziehlacks". Mit Gips ist Aluminium verträglich.

Berührungen mit Holz (Säurebildung, unverträgliche Holzschutzmittel) erfordern Dachbahnenunterlagen.

Bei Metalldachdeckungen grundsätzlich Belüftung der Dachhaut zur Vermeidung schädlicher Schwitzwasserbildung: Elementbildung des Kondenswassers an der Unterseite des Metalls durch CO_2- und SO_2-Aufnahme. Beeinträchtigung der Wärmeisolierung durch Tropfwasser.

7.2.1.6. Anwendung im Bauwesen

Einen Überblick über die Anwendungsmöglichkeiten von Aluminium gibt folgende tabellarische Zusammenstellung:

Bezeichnung (Zustandsbezeichnung)	Besondere Eigenschaften	Anwendung
1. Aluminium (DIN EN 576)		
Al 99,5 ... Al 99,8 (N 7 ... F 13)	gut verformbar, witterungsbeständig, schweißgeeignet	Bedachung, Wandbekleidung, Rinnen und Rohre, Fensterbänke, Dichtungsbänder, Blitzableiter
2. Nicht aushärtbare Legierungen (DIN 1725 Teil 1 und Beiblatt 1)		
AlMn (W 9 ... F 19) AlMn 1 Mg 1 (W 16 ... G 26)	gut verformbar und witterungsbeständig, schweißgeeignet	Bedachungen, Fassadenbekleidungen
AlMg 1 (W 10 ... G 19) AlMg 2 Mn 0,8 (W 18 ... G 24) AlMg 3 (W 18 ... G 29) AlMg 4,5 Mn (W 28 ... G 31)	mit steigendem Mg-Gehalt höhere Festigkeit, weniger verformbar, bessere Schweißeignung und Witterungsbeständigkeit	Fassadenbekleidungen, Fenster, Türen, Behälter, tragende Bauteile
3. Aushärtbare Legierungen (DIN 1725 Teil 1 und Beiblatt 1)		
AlMgSi 0,5 (F 13 und 22) AlMgSi 1 (F 21 ... 30) AlZn 4,5 Mg 1 (F 34 und 35)	gut witterungsbeständig, gut schweißgeeignet	für normale und höhere Beanspruchung, Fenster und Türen, Ingenieurbau
4. Gußlegierungen (DIN 1725 Teil 2)		
G-AlSi 12 G-AlSi 10 Mg	sehr gut gießbar, ausgezeichnete Schweißbarkeit	Baubeschläge, Fassadenelemente, Kunstguß
G-AlMg 3 G-AlMg 5	sehr gut polierfähig, beständig gegen Meerwasser	

Fachschrifttum für die Anwendung:

„Aluminium-Merkblätter" der Aluminium-Zentrale e. V., Königsallee 30, 40212 Düsseldorf.

„Aluminium-Taschenbuch", Aluminium-Verlag, Königsallee 30, 40212 Düsseldorf.

DIN 4113, Teil 1 und 2, „Aluminiumkonstruktionen unter vorwiegend ruhender Belastung.

7.2.2. Kupfer

Cu (1- u. 2wertig), Dichte $8,9\,kg/dm^3$,
Schmelztemperatur $1083\,°C$, Wärmedehnzahl $\alpha_T = 17 \cdot 10^{-6} \cdot K^{-1}$.

7.2.2.1. Gewinnung und Verarbeitung

Die beiden wichtigsten Kupfererze sind Kupferkies $CuFeS_2$ und Kupferglanz Cu_2S mit einem Cu-Gehalt von meist weniger als 1%.

Aufbereitung der Erze durch Trennung vom tauben Gestein nach Feinmahlung und Schwimmverfahren (Flotation). Erschmelzen aus dem Erzkonzentrat (20–30% Cu) in Flammöfen zu „Kupferstein" (Verwendung der abgeschiedenen Schlacke für den Straßenbau als sehr witterungsbeständige Pflastersteine). Anschließendes Verblasen im Konverter zu Rohkupfer ($\sim$ 98% Cu).

Weitere Reduktion des Kupfers in Flammöfen („Zähpolen") oder elektrolytische Raffination für Sorten mit besonderem Reinheitsgrad (Elektrolytkupfer).

Auch naßmetallurgisches Gewinnungsverfahren durch chemische Auslaugung und anschließende elektrolytische Abscheidung.

7.2.2.2. Werkstoffarten

Kupfersorten

Die Bezeichnung „Kupfer" umfaßt außer Reinkupfer auch sauerstoffhaltige Kupfersorten, die kontrollierte Mengen Sauerstoff in Form von Kupfer(I)-oxid enthalten, und sauerstofffreie Kupfersorten mit Restgehalten eines Desoxidationsmittels (vorzugsweise Phosphor).

Die Kupfersorten für Kathoden und Gußformate (Masseln, Barren) sind in DIN 1708[1]), die für Halbzeug in DIN 1787 genormt. In beiden Normen wird zwischen sauerstoffhaltigen und sauerstofffreien Sorten unterschieden:

Die sauerstoffhaltigen Sorten E-Cu 58 und E-Cu 57 enthalten bis zu 0,04% Sauerstoff. Aufgrund der hohen elektrischen Leitfähigkeit von 58 bzw. 57 m/Ω mm^2 sind diese Sorten vor allem für die Elektrotechnik bestimmt. Sauerstoffhaltiges Kupfer ist beim Schweißen und Hartlöten mit offener Flamme durch Versprödung („Wasserstoffkrankheit") gefährdet. Die sauerstofffreien Sorten OF-Cu, SE-Cu und SF-Cu sind wasserstoffbeständig. Sie werden wegen ihrer hohen elektrischen Leitfähigkeit (SE-Cu) und guter Schweiß- und Hartlöteignung (SW-Cu) in der Elektrotechnik und im Apparatebau verwendet. SF-Cu ist besonders gut schweiß- und hartlötgeeignet und damit die wichtigste Kupfersorte für das Bauwesen.

Die Gußkupfersorten nach DIN 17 655 (z. B. G-Cu L 45) besitzen i. a. eine gute Korrosionsbeständigkeit.

Kupferlegierungen (DIN 1718)

Das Legieren von Kupfer mit verschiedenen Metallen (Zn, Sn, Ni, Al, Pb u. a.) oder Nichtmetallen (P, Si, S) bewirkt Veränderungen der Festigkeitseigenschaften, der Härtbarkeit, der Verarbeitbarkeit und des Korrosionswiderstandes (z. B. gegen Meerwasser).

Es wird zwischen Kupfer-**Gußlegierungen** (DIN 1705, 1709, 1714, 1716, 17 658) und Kupfer-**Knetlegierungen** (DIN 17 660, 17 662 bis 17 666) unterschieden.

Benennung der Kupferlegierungen nach dem Hauptlegierungselement bzw. den Hauptelementen bei Mehrstofflegierungen:

Die bisherigen Bezeichnungen Messing, Sondermessing, Zinnbronze, Neusilber, Aluminium- und andere Bronzen sind durch die Bezeichnung der Legierungszusammensetzung ersetzt

---

[1]) (soll durch DIN 17933-1 ersetzt werden).

(Tafel 86). Nur die Begriffe „Messing" für Kupfer-Zink-Legierungen und „Zinnbronze" für Kupfer-Zinn-Legierungen können wegen der althergebrachten Gebräuchlichkeit gleichzeitig verwendet werden.

Bei den Kurzzeichen der Legierungen werden nur noch die Zeichen der chemischen Elemente verwendet (z. B. für Messing nicht mehr Ms), wobei der Prozentanteil der Hauptlegierungselemente mit einer nachgestellten Zahl gekennzeichnet ist. Gußlegierungen erhalten ein vorgesetztes G.

Die aus Kupferlegierungen bestehenden Hartlote für Schwermetall, z. B. zum Hartlöten von Eisenteilen, Kupfer und Kupferlegierungen, haben das Vorzeichen „L".

Die Festigkeitseigenschaften von Kupfer und Kupferlegierungen für Bleche, Bänder, Rohre, Stangen, Profile, Drähte und Gesenkschmiedestücke sind in DIN 17 670/74 festgelegt.

Tafel 86: Terminologie der Kupferlegierungen (Beispiele)

| Benennungen | | Kurzzeichen | |
Neu	Bisher	Neu	Bisher
Kupfer-Zink-Legierungen	Messing	CuZn37	Ms63
Kupfer-Zink-Legierungen mit Zusätzen	Sondermessing	CuZn35Ni2	SoMs59
Kupfer-Zinn-Legierungen	Zinnbronze	CuSn6	SnBz6
Kupfer-Zinn-Zink-Gußlegierungen	Rotguß	G-CuSn10 Zn	Rg10
Kupfer-Nickel-Zink-Legierungen	Neusilber	CuNi18Zn20	Ns6218
Kupfer-Aluminium-Legierungen	Aluminiumbronze	CuAl8	AlBz8

7.2.2.3. Eigenschaften

Mit einer Dichte von $8,90\,kg/dm^3$ zählt Kupfer zu den Schwermetallen. Sein Schmelzpunkt beträgt 1083 °C. Die besondere Eigenschaft des reinen Kupfers ist die hohe Leitfähigkeit für Wärme (bis 395 W/mK bei 20 °C) und Elektrizität (bis $60\,m/\Omega\,mm^2$ bei 20 °C). Die Wärmedehnzahl ist mit $17 \cdot 10^{-6}/K$ größer als bei Eisen. Der Elastizitätsmodul beträgt etwa $100\,000\,N/mm^2$, der Schubmodul $40\,000\,N/mm^2$.

Die Zugfestigkeit von reinem Kupfer beträgt mindestens $200\,N/mm^2$, die Bruchdehnung liegt über 40%. Durch Kaltumformung kann die Zugfestigkeit auf über $400\,N/mm^2$, die Brinellhärte von 50 auf über 100 gesteigert werden, dabei nimmt aber die Bruchdehnung stark ab.

Insbesondere die mechanischen Eigenschaften von Kupferlegierungen weichen z. T. erheblich von denen des reinen Kupfers ab. Der Einfluß der Legierungselemente auf wichtige mechanische Eigenschaften wird am Beispiel einer Kupfer-Zink-Legierung (Messing) verdeutlicht (Abb. 140).

7.2.2.4. Korrosionsverhalten

Bei Witterungseinflüssen zunächst kurzfristig Bildung von dunkelbraunem Kupfer(I)-oxid (Cu_2O), das weitere Korrosion verhindert. Beginnende Patinabildung nach mehreren Jahren je nach klimatischen Verhältnissen (See- und Industrieluft 4–8 Jahre, Stadtluft 8–12 Jahre, Gebirgsluft $\sim$ 30 Jahre).

Die Patina kann entsprechend der atmosphärischen Zusammensetzung aus basischem Kupfersulfat ($CuSO_4 \cdot 3\,Cu(OH)_2$), in Meeresnähe aus basischem Kupferchlorid oder in Land- und Gebirgsluft aus basischem Kupferkarbonat bestehen. Eine künstliche Beschleunigung der Patinabildung hat bisher nur begrenzten Erfolg gezeigt.

Kupfer ist gegen Gips, Kalk, Zement und aggressive Wässer beständig, als Legierung auch gegen Meerwasser. Im Bereich von Dungabwässern erfordert die Bildung tierschädlicher Salze einen Schutz durch bituminöse Isolierung.

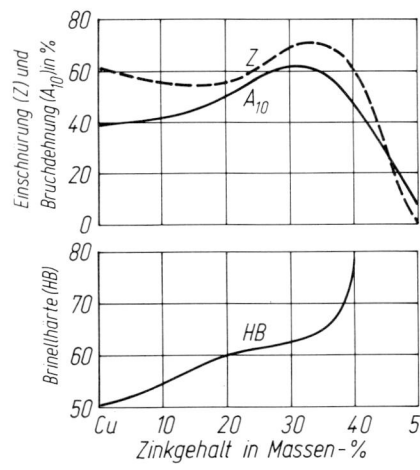

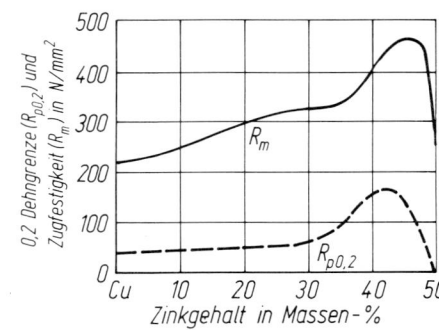

Abb. 140.

Festigkeitseigenschaften von Kupfer-Zink-Legierungen bei 20 °C im weichgeglühten Zustand in Abhängigkeit vom Zinkgehalt

Das positive Spannungspotential von Kupfer gegen die Normal-Wasserstoffelektrode H führt in Verbindung mit unedlen Metallen (Aluminium, Zink, Eisen) bei Feuchtigkeit infolge galvanischer Elementbildung zu deren Zersetzung (ausgenommen Blei, da rasch oxydierend):

> Bei unvermeidbarem Kontakt metallischer Bedachungselemente ist Isolierung mit Bitumenbahnen, Bitumenanstrich, Kunststoffolie o. ä. erforderlich.

> Bei Installationen werden Kupferleitungen stets nach Warmwasserbereitern aus Stahl oder nach verzinkten Stahlrohren angeordnet („Kupfer nach Stahl"). Beim Übergang von Fe zu Cu Zwischenstücke aus Legierungen, z. B. Rotguß oder elektrisch nicht leitenden Stoffen einbauen.

7.2.2.5. Anwendung im Bauwesen

Kupferbleche

Bedachungen: Blechdicke meist 0,6 mm, bei Turmdeckungen auch 0,7 mm. Bleche (DIN 1751, DIN 17 670) 1000 × 2000 mm oder Bänder (DIN 1791), gerollt, 600 mm breit. Gefalzte Verlegung der Bleche.

> Bezeichnungsbeispiel: Band 0,6 × 600 DIN 1791 – SF-Cu F 20

Abdichtungen: Kupferriffelband, gerollt, bis 1000 mm breit, 0,1 bis 0,2 mm dick (Verlegung in bituminöser Klebemasse).

Kupferrohre (DIN 17 671, DIN 1754, DIN 1786)

Lieferung der aus SF-Kupfer durch Strangpressen und Nachziehen nahtlos hergestellten Rohre „hart" in 5 m langen Stangen mit 6 bis 54 mm Außendurchmesser und „weich" in 50 m langen Ringen mit 6 bis 22 mm Außendurchmesser. Die Rohre werden blank und isoliert (Wicurohre) geliefert.

> Bezeichnungsbeispiel: Rohr 20 × 2 DIN 1754 – SF-Cu F 29

Verwendungseigenschaften

Wegen glatter Innenwände und hoher Korrosionsbeständigkeit keine Innenverkrustungen. Gegenüber Stahlrohren geringere Wanddicken und damit geringeres Metergewicht; durch geringere Wanddicken auch geringerer Wärmeverlust beim Einfließen warmen Wassers.

Gute Kaltverformbarkeit weicher Kupferrohre bis 18 mm Außen-$\varnothing$ (Biegen von Hand oder mit Handbiegegeräten). Rohrverbindungen meist durch „Kapillarlötung" (Spaltlöten, DIN 8505) mit Lötfittings (Ansaugen des flüssigen Lots in Kapillarspalt von 0,2–0,3 mm Weite unter Vorwärmung von Rohrende und Fitting).

Bei größeren Abmessungen sind als Verbindungstechniken auch Schweißungen, Verschraubungen und Flansch- oder Fittingverbindungen üblich.

Fachschrifttum für die Anwendung:

DKI-Informationsdrucke; Hrsg. und Bezug: Deutsches Kupfer-Institut e. V., Knesebeckstraße 96, 10623 Berlin.

7.2.3. Zink

Zn (2wertig), Dichte 7,1 kg/dm^3, Schmelztemperatur 420 °C, Wärmedehnung je nach Walzrichtung oder Legierung zwischen $\alpha_T = 22 \cdot 10^{-6}$ und $29 \cdot 10^{-6} \cdot K^{-1}$.

7.2.3.1. Gewinnung und Verarbeitung

Zink wird aus seinen karbonatischen (Zinkspat = Zinkkarbonat $ZnCO_3$) und sulfidischen (Zinkblende = Zinksulfid ZnS) Erzen gewonnen.

Nach Aufbereitung des Roherzes und Rösten der schwefelhaltigen Erze zu Oxiden erfolgt die Verhüttung unter Kokszugabe durch Reduktion ($ZnO + C \rightarrow Zn + CO$): Abscheiden des über 900 °C verdampften Zinks als Hüttenzink, das durch nochmalige Destillation zu Feinzink raffiniert werden kann (heute meist durch Zink-Elektrolyse).

7.2.3.2. Werkstoffarten

Zinksorten

Nach dem Reinheitsgrad werden in DIN EN 1179 unterschieden:

Hüttenzink mit 97,5 bis 99,5 % Zn für Verzinkungen und Zinkblech,
Feinzink mit 99,95 bis 99,995 % Zn für Anoden, elektrolytische Überzüge und Legierungen,
Umschmelzzink mit 96 % Zn für Verzinkungen und Zinkfarben.

Zinklegierungen

Titanzink ist legiertes Zink nach DIN 17 770[1]) mit der Kurzbezeichnung D-Zn bd (D = Dauerstandfestigkeit, bd = bandgewalzt). Es basiert auf elektrolytisch gewonnenem Feinzink und weist geringe metallische Zusätze (Titan, Kupfer, u. a.) auf.

Feinzink-Gußlegierungen nach DIN 1743[2]) enthalten 4 bis 6 % Al und etwa 1 % Cu und werden im Sand- oder Druckgußverfahren zu Gußstücken aller Art verarbeitet (Bezeichnung: z. B. Gk-ZnAl6Cu1).

Zink-Aluminium-Legierungen ähneln dem reinen Zink, jedoch liegen die Festigkeiten bedeutend höher.

Kupfer-Zink-Legierungen (Messing): s. Abschnitt 7.2.2.2.

---

[1]) Soll durch DIN EN 988 ersetzt werden.
[2]) Soll durch DIN EN 1774 ersetzt werden.

7.2.3.3. Eigenschaften

Zink hat eine Dichte von $7,13\,kg/dm^3$ und einen Schmelzpunkt von $419,5\,°C$. Die Gefügestruktur bewirkt, daß das Formänderungsvermögen von Zink begrenzt ist und die Eigenschaften eine starke Richtungsabhängigkeit aufweisen. So ist Zink bei Temperaturen um $20\,°C$ spröde; erst ab etwa $100\,°C$ läßt es sich walzen und ziehen.

Die hohe Wärmedehnzahl von $\alpha_T = 29 \cdot 10^{-6}/K$ (im Vergleich Stahl: $\alpha_T = 12 \cdot 10^{-6}/K$) bedingt Konstruktionsformen, die temperaturabhängige Bewegungen zulassen (Falzungen). Der Elastizitätsmodul liegt bei $130\,000\,N/mm^2$.

Zinklegierungen haben im Unterschied zu gegossenem Feinzink höhere Dehnbarkeit und Festigkeit. So weisen Feinzink-Gußlegierungen (DIN 1743)[1] Zugfestigkeiten zwischen 250 und $350\,N/mm^2$ und Bruchdehnungen zwischen 3 und 8% auf. Für Titanzink (DIN 17 770)[1] liegen die Mindestanforderungen an die 0,2%-Dehngrenze bei $100\,N/mm^2$, an die Zugfestigkeit bei $150\,N/mm^2$ und an die Bruchdehnung bei 40%. Titanzink weist zudem eine verbesserte Dauerstandfestigkeit und eine geringere Wärmedehnung ($\alpha_T = 22 \cdot 10^{-6}/K$) auf.

7.2.3.4. Korrosionsverhalten

Zink bildet bei Bewitterung eine festhaftende und „selbstheilende" Schutzschicht vorwiegend aus Zinkoxid ZnO und Zinkkarbonat $ZnCO_3 \cdot Zn(OH)_2$. Zinkblech, vorwiegend aus Titanzink, wie auch die in unterschiedlichen Verfahren auf Stahl aufgebrachten Zinkschichten zeigen dabei ein gleichartiges Verhalten.

Gemäß DIN 50 976 werden je nach Wanddicke der Konstruktion Zinkauflagen zwischen 50 und $86\,\mu m$ gefordert. In der Praxis werden diese geforderten Mindestschichtdicken in Anbetracht der zu erwartenden jährlichen Abtragung aber überschritten. Legt man die folgenden Abtragmittelwerte zugrunde:

Landluft	$1,9\,\mu m/$Jahr
Stadtluft	$3,5\,\mu m/$Jahr
Industrieluft	$10,1\,\mu m/$Jahr
Meeresluft	$4,7\,\mu m/$Jahr,

dann ergibt sich die der Abb. 141 zu entnehmende Schutzdauer von Zinküberzügen.

Zink ist unbeständig gegen schwache Säuren und Alkalien. Eine mangelnde Hinterlüftung oder Kondenswasserbildung führt zu Zinkabbau, da sich infolge fehlendem CO_2 nur lösliches $Zn(OH)_2$ ausbilden kann. Daher:

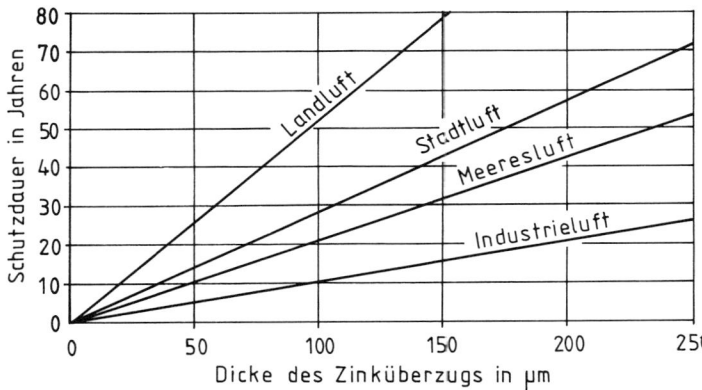

Abb. 141.

Schutzdauer von Zinküberzügen

---

[1] s. Fußnoten S. 337.

Sauberhalten der Dachrinnen von Laub und keine Verwendung von Zinkrinnen bei Strohdächern (Humussäurebildung). Unterlüftung von Zinkabdeckungen zur ausreichenden Heranführung von Kohlensäure und zur Vermeidung von Schwitzwasserbildung (Entstehen von Lochfraß, Verrottung organischer Dämmstoffe und Minderung der Wärmedämmung).

Zink wird in heißem Wasser ($> 60\,°C$) stark korrodiert. Ursache ist die bei dieser Temperatur eintretende Potentialumkehr zwischen Zink und Eisen: Zink wird edler als Eisen.

Bei Kontakt von Zink-Bauteilen mit Kupfer oder ungeschütztem (nichtverzinktem) Stahl können bei Gegenwart von Feuchtigkeit durch elektrochemische Reaktionen Schäden entstehen (Kontaktkorrosion). Kupfer sollte daher bei Dachdeckungen, in Wasserleitungen usw. stets nach Zink eingebaut werden, damit weder Kupferspäne noch Kupferionen an die Zinkoberfläche gelangen können. Unbedenklich ist der Zusammenbau von Zink mit Aluminium, Blei, nichtrostendem Stahl und feuerverzinktem Stahl.

Eine relativ hohe Luftfeuchtigkeit ($> 70\%$ r. F.) zusammen mit einem hohen Gehalt an Luftverunreinigungen (besonders SO_2) fördern die Zinkkorrosion und bedingen zusätzliche Schutzmaßnahmen (z. B. Anstrich mit Chlorkautschuk). Dies gilt auch für Fälle, bei denen Zink-Bauteile mit Niederschlagwasser von regelwidrig ungeschützten bituminösen Dachflächen in Berührung kommen.

7.2.3.5. Anwendung im Bauwesen

Zinkblech (DIN 9722, DIN 17 770)[1])

Herstellung heute nur noch aus Titanzink in Bändern bis 1000 mm Breite, aus denen schmalere Bänder in den bauüblichen Abmessungen sowie Tafeln von 2000 × 1000 und 3000 × 1000 mm zugeschnitten werden.

Bevorzugte Zinkblechdicken:

$$0,60 - 0,65 - 0,70 - 0,80 - 1,00\,mm$$

Zinkblech läßt sich gut verarbeiten und unabhängig von der Walzrichtung allen Bauformen anpassen. Verwendet wird es für Dachrinnen, Fallrohre, Abdeckungen, Einfassungen, Dachdeckungen, Außenwandbekleidungen, u. a. m.

Zinkblech wird auch maschinell zu fertigen Elementen verarbeitet:

- Dachrinnen (DIN 18 460 und DIN 18 461)
- Regenfallrohre (DIN 18 460)
- Klempnerprofile mit Längen ab 3 m

Feinzinkdruckguß

Verarbeitung von Feinzink-Gußlegierungen im Druckgußverfahren zu

- Automobilteilen (Benzinpumpen, Vergaser, u. a.)
- Lagern
- Schneckenrädern
- Teilen von Haushalts- und Küchengeräten u. a. m.

Verzinkungen (s. a. Abschn. 7.1.7.3c)

Feuerverzinkungen (Schmelztauchverfahren) von Eisenteilen durch Tauchen in flüssiges Zink nach Vorbehandlung (Beizen) der Oberfläche („Eisblumenbildung" bei langsamer Abkühlung). Auch Verzinkung von endlos in heißem Zustand durch Zinkbad laufendem Stahlbreitband

---

[1]) Soll durch DIN EN 988 ersetzt werden.

(„Sendzimirverfahren") sowie seltener Verzinkung im elektrolytischen (galvanischen) Verfahren. Ferner Verzinkung im Spritzverfahren (Spritzverzinkung) sowie Wälzen erhitzter Kleineisenteile in Zinkstaub (Sherardisieren). Übersicht in Tafel 87.

Tafel 87: Übersicht der wichtigsten Schutzverfahren

VERFAHREN	Übliche Dicke des Überzuges bzw. der Beschichtung [μm]	Legierung mit dem Untergrund	Aufbau und Zusammensetzung des Überzuges bzw. der Beschichtung	Verfahrenstechnik	übliche Nachbehandlung/Beschichten möglich
A. Überzüge **Feuerverzinken** a) Diskontinuierlich: – Stückverzinken DIN 50 976	50–150	ja	Eisen-Zink-Legierungsschichten am Stahluntergrund, in der Regel mit einer darüberliegenden Zinkschicht	Eintauchen in flüssiges Zink	–
– Rohrverzinken DIN 2444	50–100	ja			–
b) Kontinuierlich: – Bandverzinken DIN 17 162	15–25	ja		Durchlaufen durch flüssiges Zink	Chromatieren
– Kontinuierliches Feuerverzinken von Bandstahl	20–40	ja			–
– Drahtverzinken DIN 1548	5–30	ja			–
Thermisches **Spritzen** – Spritzverzinken DIN 8565	80–150	nein	Überzug aus Zinktropfen mit Oxidhaut	Aufspritzen von geschmolzenem Zink	Versiegeln
Galvanisches bzw. **elektrolytisches** **Verzinken** – Einzelbäder DIN 50 961	5–25	nein	lamellarer Zinküberzug	Zinkabscheidung durch elektrischen Strom in wäßrigen Elektrolyten	Chromatieren
– Durchlaufverfahren	2,5–5	nein			
Metallische **Überzüge mit Zinkstaub** a) Sherardisieren	15–25	ja	Eisen-Zink-Legierungsschichten	Diffusion Stahl-Zink unterhalb Zn-Schmelztemperatur,	–
b) Mechanisches Plattieren	10–20	nein	homogener Zinküberzug, gegebenenfalls auf Kupfer-Zwischenschichten	Aufhämmern von Zinkpulver durch Glaskugeln	zum Teil Chromatieren

Tafel 87 (Fortsetzung)

VERFAHREN	Übliche Dicke des Überzuges bzw. der Beschichtung [μm]	Legierung mit dem Untergrund	Aufbau und Zusammensetzung des Überzuges bzw. der Beschichtung	Verfahrenstechnik	übliche Nachbehandlung/ Beschichten möglich
B. BESCHICHTUNG **Zinkstaubbeschichtung**	dünnsch. 10–20 normalsch. 40–80 dicksch. 60–120	nein	Zinkstaubpigment in Bindemittel	Auftragen durch Streichen, Rollen, Spritzen, Tauchen	Deckbeschichtung, auf Grundbeschichtung abgestimmt
C. Kathodischer Korrosionsschutz	Zink-Anoden hoher Reinheit (99,995%) zur Verhinderung der Eigenpolarisierung sind selbstregulierend und optimal in wäßrigen Elektrolyten mittlerer und hoher Leitfähigkeit. Fremdstromanlagen erfordern begrenztes Schutzpotential und Sicherung gegen Übersteuerung. Die Stromkapazität je dm^2 Zinkanode von etwa 5300 A × h ermöglicht kleine Anoden mit geringem Strömungswiderstand. Die erforderliche Schutzstromdichte ist vom Zustand und den äußeren (Bewegungs-)Bedingungen abhängig. Optimal ist der aktiv in den Korrosionsprozeß eingreifende kathodische Schutz in Verbindung mit einer Beschichtung.				

Fachschrifttum für die Anwendung

Veröffentlichungen der Zinkberatung e. V., Friedrich-Ebert-Str. 37/39, 40210 Düsseldorf.

7.2.4. Blei

Pb (2- und 4wertig), Dichte 11,3 kg/dm^3, Schmelztemperatur 327 °C, Wärmedehnzahl $\alpha_T = 29 \cdot 10^{-6} \cdot K^{-1}$.

7.2.4.1. Gewinnung und Verarbeitung

Gewinnung vorwiegend aus Bleiglanz PbS (meist in Verbindung mit Zinkblende vorkommend), auch aus oxidischen Bleierzen. Pb-Gehalt der Erze 5–10%. Aus Lagerstätten in der Bundesrepublik (Harz, Aachener Gebiet) wird etwa ⅓ des Eigenbedarfs gedeckt.

Aufbereitung durch Schwimmverfahren (Flotation) auf 40 bis 80% Pb. Durch Rösten (Schwefelentzug) erfolgt Umwandlung in Bleioxid, und durch Reduktion entsteht Werkblei mit 95 bis 98% Pb. Nach Raffination werden die in DIN 1719 genormten Bleisorten erhalten.

7.2.4.2. Werkstoffarten

Nach dem Reinheitsgrad (99,99–98,50% Pb) werden nach DIN 1719 unterschieden:

Feinblei – Hüttenblei – Umschmelzblei.

Für den Bausektor sind kupferhaltige Legierungen nach DIN 17 640 mit Kupfergehalten von 0,03–0,05% anzuwenden: Durch größere Feinkörnigkeit wird höhere Dauerstandfestigkeit erreicht.

Blei-Antimon-Legierungen (DIN 17 640)

Rohrblei mit 0,2 bis 1,25% Sb für Druck- und Abflußrohre, Hartblei mit 5 bis 13% Sb für Druckverteilungsplatten sowie für höhere Druckbelastungen, Kabelblei Kb-Pb mit 0,03 bis 0,05% Cu.

Weichlot zum Löten von Schwermetallen (DIN 1707)

Aus Blei und Zinn, mit Antimon-, Kupfer- oder Silberzusatz. Bezeichnung je nach überwiegendem Metall:

Blei-Zinn-Weichlot (z. B. L-PbSn30Sb)
Zinn-Blei-Weichlot (z. B. L-Sn60PbCu)

7.2.4.3. Eigenschaften

Blei ist weich und in kaltem Zustand verformbar. Es läßt sich ziehen, walzen, gießen und löten. Durch seine hohe Dichte (11,3 kg/dm^3) absorbiert Blei Schallwellen (Sandwichbauweise), sowie Röntgenstrahlen und radioaktive Strahlen (Strahlenschutz). Die mechanische Beanspruchbarkeit ist durch die begrenzte Zeitstandfestigkeit eingeschränkt (Kriechen von Bleiabdeckungen). Blei färbt ab und ist giftig (Bleimerkblatt beachten).

7.2.4.4. Korrosionsverhalten

Blei ist an Luft durch die sich sofort bildende Oxidschicht und die sich anschließende wasserunlösliche Bleikarbonatbildung ($PbCO_3$) unbegrenzt haltbar.

Gegen freien Kalk $Ca(OH)_2$ ist Blei empfindlich (Lochfraß): Schutzmaßnahmen bei Wasser- und Abwasserrohren durch Anstrich mit Teerpech oder Umwickeln mit Asphaltpapier (das Einbinden von Bleidichtungsblechen in Mörtel ist wegen kurzfristiger Karbonatisierung des Kalkes unbedenklich).

Gips ist mit Blei verträglich: Bildung von unlöslichem Bleisulfat $PbSO_4$ (Eingipsen von Bleirohren und Kabeln).

Blei wird in Verbindung mit anderen Metallen infolge seiner dicken Oxidschicht elektrolytisch nicht zersetzt.

Infolge Umwandlung des Bleis in weichem (mineralarmen) Wasser zu gesundheitsschädlichem $Pb(OH)_2$ ist die Korrosionsfestigkeit von Trinkwasserleitungen von der Härte des Wassers abhängig: Bildung einer Schutzschicht von Bleikarbonat*).

Bei Wasser mit weniger als 8 deutschen Härtegraden sowie auch bei aggressiven, z. B. kohlensäurehaltigen Wässern, die die Bildung der Schutzschicht verhindern, ist die Verwendung von „Mantelrohren" (in Bleirohr eingepreßtes Zinnrohr von 0,5 oder 1 mm Wanddicke) oder von innen verzinntem Bleirohr erforderlich. (Die Rohre sind außen durch „Ziehstreifen" kenntlich gemacht.)

7.2.4.5. Anwendung im Bauwesen

Bleidruckrohre (DIN 1262)

Technische Bestimmungen für Bau und Betrieb: Siehe DIN 1988, T. 1 (12.88) „Technische Regeln für Trinkwasser-Installationen (TRWI)"

Abmessungen in mm	Außen-$\varnothing$ von – bis	Innen-$\varnothing$ von – bis	Wanddicke von – bis*)	Bezeichnungsbeispiel für Rohr mit 25 mm Innen-$\varnothing$
Druckrohre aus Weichblei	16–60	10–40	3–10	Druckrohr 37 × 6 DIN 1262 Pb
Druckrohre aus Hartblei	14–54	10–40	2–7	Druckrohr 34 × 4,5 DIN 1262 R-Pb

*) Materialersparnis bei Hartblei durch geringere Wanddicken.

---

*) s. a. KARSTEN: Bauchemie, Abschn. „Korrosion der Baumetalle". C. F. Müller Verlag, Heidelberg.

Abflußrohre und -bogen aus Blei (DIN 1263)

Innendurchmesser 30–125 mm, Wanddicken 2,0–2,5 mm.

Bleibleche (Walzblei)

DIN 17 640, T. 1–3 (Materialnorm), DIN 59 610 (Maßnorm).

Dicken 0,5–10 mm. Breiten bis 1,25 m in jeder Abmessung.

Für Dachdeckungen und Fassaden: Verbindung durch Falze oder Wulste, 2 mm Blechdicke bei maximaler Bahnenlänge von 1,60 m. Ferner alle Formen von Dachdurchdringungen, Anschlüssen und Einfassungen.

Für Isolierungen im Hoch- und Tiefbau: Verwendung von 1 mm dickem gerolltem Bleiblech (Unterlegung und Abdeckung mit Bitumendachbahnen).

Bleifolien (0,1–0,3 mm) zur Feuchtigkeitsisolierung bitumenkaschiert und glasfaserverstärkt, mit passierender Flamme zu verschweißen, auch als Dampfsperre zu verwenden.

Bleiwolle und Riffelblei

Dichtungsmaterial zur Stemmuffenverbindung bei Gas-, Wasser- und Abwasserleitungen: Lagenweises Kalteinstemmen der Bleiwolle oder des Riffelbleis in Zopfform nach Unterlegen mit unbituminiertem Hanfstrick. (Dichtigkeit kennzeichnet sich durch metallischen Klang beim Verstemmen. Kein Gußschwund wie bei Gießblei.)

Verbleiung von Geräten und Blechen durch Tauchen, Spritzen, Galvanisieren.

Bleifarben. Mennige (hochoxydiertes Blei Pb_3O_4) als Rostschutzpigment (Passivierung des Eisens). Bleiweiß (basisches Bleikarbonat) als hochwirksame Deckfarbe bei Außenanstrichen. Bei Verarbeitung von Bleifarben Beachtung der Schutzmaßnahmen!

Sonstige Verwendungen. Bleiverglasungen, Bleiummantelungen bei Kabeln, Akkumulatoren.

Ferner Isoliertapete mit verzinnter Bleifolie (0,02 mm) und außenseitiger Papieroberfläche zum metallseitigen Aufkleben auf feuchte oder ausblühende Flächen.

Güteschutz

Bleirohre (DIN 1262 und DIN 1263), Geruchverschlüsse (DIN 1260) sowie Bleibleche (DIN 59 610) unterliegen der Güteüberwachung: Kennzeichnung „Saturn 1719" durch Prägestempel (Rohre und Geruchverschlüsse) oder Banderolen (Bleibleche).

Fachschrifttum für die Anwendung:

„Schriftenreihe" und „Arbeitsblätter" der Bleiberatung e. V., Tersteegenstraße 28, 40474 Düsseldorf.

Literatur und Technische Regelwerke

Bücher und Informationsschriften

WESCHE, K.: Baustoffe für tragende Bauteile, Band 3, 2. Auflage, Wiesbaden/Berlin: Bauverlag, 1985.

WEIßBACH, W.: Werkstoffkunde und Werkstoffprüfung, 11. Auflage, Braunschweig/Wiesbaden: Vieweg, 1994.

MACHERAUCH, E.: Praktikum in Werkstoffkunde, 10. Auflage, Braunschweig/Wiesbaden: Vieweg, 1992.

Verein Deutscher Eisenhüttenleute (Hrsg.): Stahlfibel, Düsseldorf: Verlag Stahleisen, 1989, und Stahl-Eisen-Werkstoffblätter (SEW).

Aluminium-Zentrale e. V. (Hrsg.): Aluminium-Taschenbuch, 14. Auflage, Düsseldorf: Aluminium-Verlag, 1983 und 1988 (3. aktualisierter Druck).

Deutsches Kupfer-Institut (Hrsg.): Informationsdrucke, Berlin: DK, 1988.

Beratungsstelle für Stahlverwendung (Hrsg.): Merkblatt 399, Düsseldorf: Bfs, 1983.

Zinkberatung e. V. (Hrsg.): Titanzink im Bauwesen, Düsseldorf: Zinkberatung e. V., 1989.

7.3. Vorschriften und Normen

Es werden nur die allgemein wichtigen Normausgaben aufgeführt. Weitere im Text genannte Normen sind u. a. in den DIN-Taschenbüchern: Stahl und Eisen (4), NE-Metalle (26, 27, 54) und Materialprüfnormen (19, 56, 205), Berlin: Beuth-Verlag, enthalten.

DIN 488	T 1	(9.84)	Betonstahl; Sorten, Eigenschaften, Kennzeichen (wird durch DIN EN 10 080 ersetzt)
DIN 1045		(7.88)	Beton- und Stahlbetonbau; Bemessung und Ausführung
DIN 1681		(6.85)	Stahlguß für allgemeine Verwendungszwecke; Gütevorschriften
DIN 1691		(5.85)	Gußeisen mit Lamellengraphit (Grauguß); Eigenschaften
DIN 1692		(1.82)	Temperguß; Begriffe, Eigenschaften
DIN 1693	T 1	(10.73)	Gußeisen mit Kugelgraphit; Werkstoffsorten
DIN 1700		(7.54)	Nichteisenmetalle; Systematik der Kurzzeichen
DIN 1708		(1.73)	Kupfer; Kathoden und Gußformate (wird durch DIN 17 933 ersetzt)
DIN 1718		(11.59)	Kupferlegierungen; Begriffe
DIN 1719		(1.86)	Blei; Zusammensetzung
DIN 1725	T 1	(2.83)	Aluminiumlegierungen; Knetlegierungen
	T 2	(2.86)	Aluminiumlegierungen; Gußlegierungen (wird durch DIN EN 1706 ersetzt)
DIN 1743	T 1	(7.78)	Feinzinkgußlegierungen; Blockmetalle (wird durch DIN EN 1774 ersetzt)
	T 2	(4.78)	Feinzinkgußlegierungen; Druckstücke aus Druck-, Sand- und Kokillenguß (wird durch DIN EN 1774 ersetzt)
DIN 1787		(1.73)	Kupfer; Halbzeug
DIN 4113	T 1	(5.80)	Aluminiumkonstruktionen unter vorwiegend ruhender Belastung; Berechnung und bauliche Durchbildung
	E T 2	(3.93)	Berechnung, bauliche Durchbildung und Herstellung geschweißter Aluminiumkonstruktionen
DIN V 17 006	T 100	(11.93)	Bezeichnungssysteme für Stähle; Zusatzsymbole für Kurznamen
DIN 17 611		(6.85)	Anodisch oxidiertes Halbzeug aus Aluminium und Al-Knetlegierungen mit Schichtdicken von mindestens 10 μm; Technische Lieferbedingungen
DIN 17 640	T 1	(01.86)	Bleilegierungen; Legierungen für allgemeine Verwendung
DIN 17 655		(11.81)	Kupfer-Gußwerkstoffe unlegiert und niedriglegiert; Gußstücke
DIN 17 770		(2.90)	Bänder und Bleche aus legiertem Zink für das Bauwesen; Technische Lieferbedingungen (wird durch DIN EN 988 ersetzt)
E DIN 17 993-1		(08.95)	Kupfer und Kupferlegierungen; Teil 1: Kupfer-Kathoden
E DIN 17 993-2		(08.95)	–; Teil 2: Vordraht aus Kupfer
E DIN 17 993-3		(08.95)	–; Teil 3: Gegossene Rohformen aus Kupfer
DIN 50 100		(2.78)	Werkstoffprüfung; Dauerschwingversuch, Begriffe, Zeichen, Durchführung, Auswertung
DIN 50 115		(4.91)	Prüfung metallischer Werkstoffe; Kerbschlagbiegeversuch; Besondere Probenform und Auswerteverfahren
DIN 50 118		(1.82)	Zeitstandversuch unter Zugbeanspruchung
DIN 50 900	T 1	(4.82)	Korrosion der Metalle; Begriffe, allgemeine Begriffe
DIN 50 900	T 2	(1.84)	Korrosion der Metalle; Begriffe, elektrochemische Begriffe
DIN 50 902		(9.91)	Schichten für den Korrosionsschutz von Metallen; Begriffe, Verfahren und Oberflächenvorbereitung; Anwendung
DIN 50 976		(5.89)	Korrosionsschutz; Feuerverzinken von Einzelteilen (Stückverzinken); Anforderungen und Prüfung

DIN 55 928	T 1–9	(5.91)	Korrosionsschutz von Stahlbauten durch Beschichtungen und Überzüge
DIN EN 576		(09.95)	*Aluminium und Aluminiumlegierungen; Unlegiertes Aluminium in Masseln; Spezifikationen*
E DIN EN 988		(04.93)	*Zink und Zinklegierungen; Technische Lieferbedingungen für gewalzte Flacherzeugnisse für das Bauwesen*
DIN EN 1173		(12.95)	*Kupfer und Kupferlegierungen; Zustandsbezeichnungen*
DIN EN 1179		(03.96)	*Zink und Zinklegierungen; Primärzink*
E DIN EN 1706		(02.95)	*Aluminium und Aluminiumlegierungen; Gußstücke; Chemische Zusammensetzung und mechanische Eigenschaften*
E DIN EN 1774		(04.95)	*Zink und Zinklegierungen; Gußlegierungen in Blockform und in flüssiger Form*
DIN EN 10 002-1		(04.91)	*Metallische Werkstoffe; Zugversuch; Teil 1: Prüfverfahren bei Raumtemperatur*
DIN EN 10 003-1		(01.95)	*Metallische Werkstoffe; Härteprüfung nach Brinell; Teil 1: Prüfverfahren*
DIN EN 10 020		(09.89)	*Begriffsbestimmungen für die Einteilung der Stähle*
DIN EN 10 025		(03.94)	*Warmgewalzte Erzeugnisse aus unlegierten Baustählen; Technische Lieferbedingungen*
DIN EN 10 027-1		(09.92)	*Bezeichnungssystem für die Einteilung der Stähle; Teil 1: Kurznamen*
DIN EN 10 027-2		(09.92)	*Bezeichnungssystem für die Einteilung der Stähle; Teil 2: Nummernsystem*
DIN EN 10 045-1		(04.91)	*Metallische Werkstoffe; Kerbschlagbiegeversuch nach Charpy; Teil 1: Prüfverfahren*
DIN EN 10 052		(01.94)	*Begriffe der Wärmebehandlung von Eisenwerkstoffen*
DIN V ENV 10 080		(08.95)	*Betonbewehrungsstahl; Schweißgeeigneter gerippter Betonstahl B 500; Technische Lieferbedingungen für Stäbe, Ringe und geschweißte Matten*
DIN EN 10 083-1		(10.91)	*Vergütungsstähle; Teil 1: Technische Lieferbedingungen für Edelstähle*
DIN EN 10 083-2		(10.91)	*Vergütungsstähle; Teil 2: Technische Lieferbedingungen für unlegierte Qualitätsstähle*
DIN EN 10 088-1		(08.95)	*Nichtrostende Stähle; Teil 1: Verzeichnis der nichtrostenden Stähle*
DIN EN 10 109-1		(01.95)	*Metallische Werkstoffe; Härteprüfung; Teil 1: Rockwell-Verfahren*
DIN EN 10 113-1		(04.93)	*Warmgewalzte Erzeugnisse aus schweißgeeigneten Feinkornstählen*
E D N EN 10 138-1		(02.92)	*Spannstähle; Teil 1: Allgemeine Anforderungen*
DIN EN 10 155		(08.93)	*Wetterfeste Baustähle; Technische Lieferbedingungen*

8. Holzbaustoffe

8.1. Wirtschaftliche Bedeutung des Holzes

Die planmäßige Forstwirtschaft dient außer der Holznutzung auch der Regelung von Klima und Wasserhaushalt sowie der Erhaltung des Waldes als Erholungsraum.

Waldflächenanteil im Bundesgebiet etwa 30% der Fläche:

Laubhölzer ⅓, Nadelhölzer ⅔.

Jährlicher Holzeinschlag ~ 30 Mio. Festmeter (Hälfte des Gesamtbedarfs).

Holzeinfuhr der Bundesrepublik aus Nord-, Ost- und Südosteuropa, Afrika, Südostasien, Südamerika, Kanada.

Holzverwendung in der Bauwirtschaft (ohne Möbel) etwa 33% des Gesamtbedarfs.

Bauliche Vorzüge des Holzes: Geringes Gewicht, leichte Bearbeitung, hohe Biege- und Druckfestigkeit, elastisches Verhalten sowie idealer Baustoff hinsichtlich wärmetechnischer und akustischer Eigenschaften (Nachhallregulierung). Es dient zudem ästhetischer Gestaltung.

Nachteilige Eigenschaften: Arbeiten unzulänglich getrockneten Holzes bei wechselnder Luftfeuchtigkeit sowie Zerstörung durch Feuer, Fäulnis und Insekten bei fehlendem Holzschutz.

8.2. Biologischer Aufbau des Holzes

Aufbau der Zellenstruktur (s. Abb. 142)

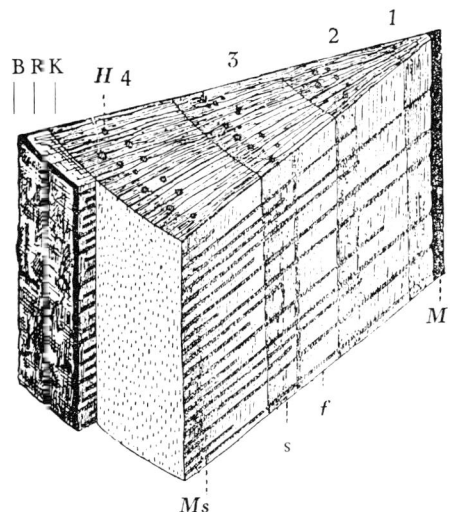

Abb. 142.

Hirn- und Radialschnitt einer vierjährigen Kiefer

M   Markröhre
1–4 Jahrringe mit Frühholz (f) und Spätholz (s)
K   Kambiumring (Zuwachsschicht)
R   Bast und Rinde
B   Borke
H   Harzkanäle
Ms Markstrahlen

Markröhre: Erstjähriger Trieb (Sproß).

Jahrringe: Aus dem im Frühjahr weitzellig (großlumig) wachsenden helleren Frühholz und dem in den Sommermonaten entstehenden engzelligeren und daher dunkleren sowie festeren Spätholz bestehend (im Winter Wachstumsruhe).

Kambium (Zuwachsschicht): Dickenwachstum und Bastbildung durch Zellteilung.

Bast und Rinde: Im Bast Transport der in den Blättern gebildeten Aufbaustoffe, darüber Rinde als Schutzschicht (Borke: Abgestorbene Rinde).

Markstrahlen: Leitung der Aufbau- und Reservestoffe vom Bast zum Kambium und in das Stammesinnere.

Harzkanäle: In meist unregelmäßigen Abständen parallel zu den Zellen verlaufend.

Altersmerkmale

Splintholz: Saftführender Teil des Holzes.

Kernholz: Härterer und dauerhafterer, durch Verstopfung der Zellenverbindungen verkernter, d. h. kaum wasserführender innerer Teil des Holzes.

Bei manchen Holzarten dunklere Färbung des Kernholzes durch Ablagerung farbiger Stoffe (Tafel 88).

Tafel 88: Bezeichnung der Holzarten nach der Kernbildung

Kernbildung	Bezeichnung	Beispiele
Farbiger Kern	Kernholzbäume	Kiefer, Lärche, Eiche
Nicht farbiger Kern	Reifholzbäume	Fichte, Tanne, Buche
Keine Kernbildung	Splintholzbäume	Birke, Erle

Merkmale der Stammschnitte

Quer- oder Hirnschnitt: Jahrringe gut sichtbar.
Radial- oder Spiegelschnitt: Jahrringe kennzeichnen sich als parallelverlaufende Maserung.

Tangential- oder Fladerschnitt: Durch Stammverjüngung langelliptische Maserung (Kegelschnitte).

Beschaffenheit und Bestandteile des Holzes

Wasserfreies Holz enthält bis zu 55 M.-% Zellulose und bis 30 M.-% Lignin, das durch Anlagerung die Versteifung (Verholzung) des Zellgewebes bewirkt.

Der Rest besteht aus zelluloseähnlichen Stoffen (Hemizellulose) sowie aus den in den Zellen angelagerten Stoffen (Zellinhalt), z. B. Harze, Fette, Gerb- und Farbstoffe.

Zellenarten

Die Zellen des Holzes dienen der Leitung des Wassers mit gelösten Nährstoffen, der Stoffumwandlung, der Speicherung sowie der Festigung.

Nadelholz (Abb. 143)

Tracheiden [spr. -e|iden] („Tüpfelzellen"). Langgestreckte, spitz zulaufende Zellen von 1–4 mm Länge (Breite $\frac{1}{100}$ der Länge) mit dünnem Stützgewebe und innerem Hohlraum.

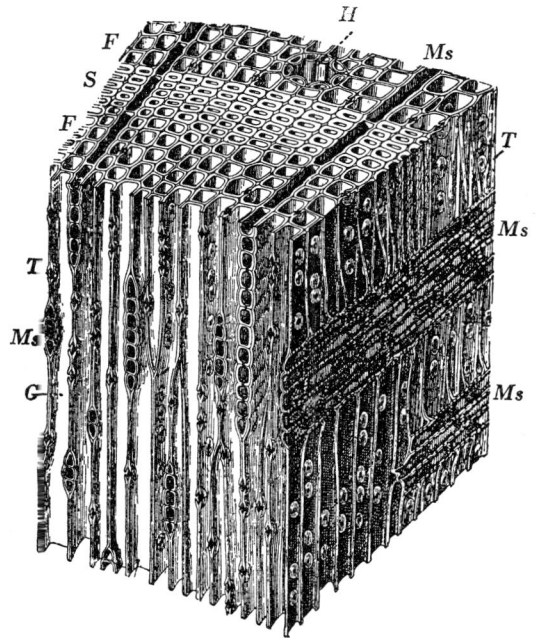

Abb. 143.

Aufbau der Zellenstruktur von Nadelholz

Ms Markstrahlen
F   Frühholzzellen
S   Spätholzzellen
G Gefäßzellen (Tracheiden)
H Harzgänge
T   Holztüpfel

Leitung des Wassers durch Öffnungen (Hoftüpfel) in den Wänden, die sich häufig bei der Verkernung oder auch bei Austrocknung (Fichte) schließen: Behinderung der Imprägnierbarkeit.

Harzkanäle. Senkrecht und waagerecht langgestreckt verlaufende Zellengänge (Ausscheidungen des unter Druck stehenden Harzes bei Verletzungen des Holzes).

Laubholz

Stützzellen (Holzfasern) und Gefäße (Tracheen).

Die Stützzellen sind kleiner ($\sim$ 1 mm lang) und dickwandiger als die Tracheiden. Dem Wassertransport dienen schlauchartige, zwischen den Zellen senkrecht verlaufende Gefäßzellen. Diese sind entweder ringförmig im Frühholz angeordnet, z. B. bei Eiche und Esche, oder verstreutporig verteilt innerhalb der sich daher nur schwach kennzeichnenden Jahrringe, z. B. bei Buche und Pappel.

Nadel- und Laubholz

Markstrahlen (Parenchymzellen, spr. -chüm). Breitbändrige vom Kambium nach innen verlaufende als Speicherzellen dienende Zellenkörperketten. (Bei Tangentialschnitten der Buche als dunklere längliche Striche, im Radialschnitt als „Spiegel" erkennbar; bei Hirnschnitten der Eiche als weiße, zügig radial verlaufende Linien.)

Wachstum des Holzes

Das von den Wurzeln aufgenommene Wasser steigt mit den im Erdreich gelösten mineralischen Stoffen durch das äußere Splintholz zur Baumkrone, wo der größte Teil des Wassers an der Unterseite der Blätter verdunstet und dadurch einen fortlaufenden Nährstoffaufstieg bewirkt.

Durch Wasser und Blattgrün (Chlorophyll) erfolgt unter Lichteinwirkung (Fotosynthese) tagsüber die Umwandlung (Spaltung) der Luftkohlensäure CO_2 zu Kohlenhydraten (Traubenzucker $C_4H_{12}O_6$) unter Sauerstoffabgabe an die Luft.

Die durch die Bastschicht rücklaufenden Assimilationsprodukte dienen unter Umwandlung in Zellulose ($C_6H_{10}O_5$) der Vermehrung der äußeren Zellen. (Die in den Markstrahlen gespeicherte Stärke bewirkt durch Rückverwandlung in Zucker die Blattbildung im Frühjahr.)

Schlagreife des Holzes

Kiefer 60–100 Jahre, Fichte und Buche bis 120 Jahre, Eiche 200 Jahre. Fällzeit meist in der Saftruhe, d. h. im Winter (Zellsaft ist Nährboden für Fäulniserreger und Insekten).

8.3. Holzarten

(Benennung und Kurzzeichen: DIN 4076, Teil 1, 10.85, Teil 3, Ausg. 1.74, Teil 5, Ausg. 11.81, DIN 68 364, 11.79: Kennwerte von Holzarten; Festigkeit, Elastizität, Resistenz)

Heimische Hölzer

Bauholz: Fichte, Tanne, Kiefer, Lärche, Eiche, Buche, Esche, Erle.

Tafel 89: Merkmale und Verwendungseigenschaften der gebräuchlichsten heimischen Bauholzarten

A. Nadelholz

Holzart und Rohdichte kg/dm³	Merkmale	Eigenschaften	Dauerhaftigkeit (ohne Imprägn.) im Wechsel Luft/Wasser	Vorwiegende Verwendung
Fichte und Tanne ("Fi/Ta") 0,47	Kaum unterscheidbar, Holz gelblichweiß, Splint und Kern gleichfarbig. Astschnitte bei Tanne rund	Fichte weniger harzig als Kiefer. Tanne harzfrei. Gute Elastizität. Gradschaftig	Nicht witterungsfest	Konstruktionsholz, Gerüste, Maste (impr.), Tischlerholz, Verkleidungen, Fußböden
Kiefer (Föhre) 0,52	Splint hellgelb, Kern rotbraun. Deutliche Jahrringe	Stark harzhaltig, besonders Kernholz. Harzfluß möglich. Bläue, keine Festigkeitsminderung	Kern mäßig, Splint nicht witterungsfest	Konstruktions-, Fenster- und Türholz, Holzpflaster, Fußböden, Verkleidungen
Lärche 0,50	Ähnlich Kiefer. Dunkelroter Kern. Schmales Splintholz	Starker Harzgehalt, jedoch ohne Harzfluß. Wenig arbeitend	Mäßig (dauerhaftestes europäisches Nadelholz)	Wasserbau, Verkleidungen

B. Laubholz

Eiche 0,67	Heller, schmaler Splint, Kern braun, deutliche Jahrringe und Markstrahlen. Im Längsschnitt nadelförmige Gefäße sichtbar	Fest und nach Trocknung wenig arbeitend	Sehr dauerhaft. Nur Kern verarbeitbar	Außenverarbeitung, Wasserbau, Treppen, Parkett, Furniere

Fortsetzung nächste Seite

Tafel 89 (Fortsetzung):

Holzart und Rohdichte kg/dm³	Merkmale	Eigenschaften	Dauerhaftigkeit (ohne Imprägn.) im Wechsel Luft/Wasser	Vorwiegende Verwendung
Rotbuche 0,69	Frisches Holz gelblich, später rötlich, Kern nicht erkennbar. Markstrahlen dunkle kurze Striche	Druck- und abnutzungsfest. Durch Dämpfen biegbar	Wenig beständig. Durch Voll-imprägnierung von hoher Dauerhaftigkeit	Schwellen, Fußböden, Sperrholz, Tischlerholz, Furniere
Esche 0,70	Grobe Struktur	Biegsam elastisch	Weniger dauerhaft	Leitern, Furniere

Furnierholz: Wie vor, ferner Ulme/Rüster, Ahorn, Nußbaum, Birne, Kirsche.

Ausländische Hölzer s. Tafel 90.

Tafel 90: Ausländische Hölzer (Exoten)
    Auswahl gebräuchlicher Hölzer: Verwendung z. T. durch Mode bedingt.
    Häufig andere Namen (Synonyme) je nach Lieferland.

Bauholz für Außen- und Innenausbau:
(Dauerhaftigkeitsklasse I–III) *)

Afrormosia	Niangon
Afzelia	Oregon Pine (Douglasie)
Alerce	Pitch Pine
Basralocus	Red Pine, nur innen
Bongossi (Azobe)	Red Cedar (Rot-Zeder)
Brasilkiefer (nur innen)	Redwood
Dark red Meranti	Teak
Kambala	Wengé
Mahagoni (Sipo-M., Sapeli-M.)	
Hemlock (nur innen)	

Furniere

Afrormosia	Okoumé (Gabun)
Avodiré	Palisander
Koto	Schitola
Limba	Sen
Macoré	Teak
Mahagoni	Wengé
Makassar (Ebenholz)	Zebrano
Nußbaum (Amerik.)	

Sonstige Zwecke:
        Pockholz (Hochwiderstandsfähiges, schweres Holz für Wellenlager, Kegelkugeln)
        Balsaholz (Leichtholz für Modellbau)

---

*) s. Abschn. 8.5.b

8.4. Beeinträchtigung der Güteeigenschaften des Holzes durch Wuchs und Gewinnung

Natürliche Mängel:

Äste. Herabsetzung der Festigkeit durch Abweichen des Faserverlaufs, evtl. auch günstig durch verdübelnde Wirkung. (Astiges Holz ist den DIN-Sortierklassen entsprechend verwendbar.)

Wuchsfehler. Drehwuchs und exzentrischer Wuchs bedingen Verziehen der Schnittware (Faserabweichungen).

Harzgallen. Harzfluß, schlechtes Haften von Anstrichen (Nadelholz).

Druckholz, Reaktion im lebenden Baum auf äußere Beanspruchung, verursacht eine vom üblichen Holz unterschiedliche Struktur, insbesondere mit ausgeprägtem Längsschwindverhalten mit der Folge erheblicher Krümmungen des Schnittholzes.

Markröhre, zentrale Röhre im Stamm innerhalb des ersten Jahresringes.

Insektenfraßgänge. Herabsetzen der Festigkeit und Eindringen von Feuchtigkeit (Oberflächengänge unschädlich).

Verfärbungen. Rot- und Braunstreifigkeit nach den DIN-Sortierklassen (DIN 4074) im begrenzten Umfang zulässig (Zeichen beginnenden Stockens). Blaufärbung insbesondere von Splintholz der Kiefer („Bläue") ist statisch unbedenklich, nachteilig jedoch bei lasierenden Anstrichen.

Rot- und Weißfäule stellen einen fortgeschrittenen Befall durch Pilze dar, die Holz zerstören.

Frostrisse. Senkrechte Spaltung durch Zusammenziehen des Splintholzes bei großer Kälte. (Spätere äußere Verwachsung.)

Blitzrisse verlaufen wie Frostrisse radial und weisen einen nachgedunkelten Rand auf.

Mistelbefall verursacht im Holz des Wirtsbaumes etwa 5 mm im Durchmesser messende dicht beieinander liegende Löcher.

Trockenmängel:

Durch Lagerungsbedingungen verursacht.

Trockenrisse. Radialer Verlauf von außen nach innen. Geringe Verminderung der Festigkeit, jedoch Begünstigung des Eindringens von Wasser und Schädlingen.

Kernrisse. Verlauf von innen nach außen, durch überschnelle Austrocknung an der Schnittlänge beginnend. Holz nur bedingt brauchbar (Vermeidung durch Lagern im Schatten oder durch Bestreichen der Hirnfläche mit Pasten).

Ringrisse. Im Kern- und Reifholz längs der Jahrringe entstehend.

8.5. Technologische Eigenschaften

Die Beurteilung der physikalisch-technologischen Eigenschaften des Holzes erfolgt nach DIN 52180 bis 52189. Es handelt sich hierbei um die Prüfung des Rohstoffes Holz an relativ kleinen und fehlerfreien Proben von nur wenigen cm^2 Querschnitt zur Beurteilung von Holzarten, Einflüssen örtlicher Wachstumsverhältnisse, Tränkungen u. dgl.

Die Proben sind im allg. bis zum Gleichgewichts-Holzfeuchtegehalt im Normalklima DIN 50014 − 20/65 − 1 (Temp. 20 °C, rel. Luftfeuchte 65%) zu lagern. Das sind etwa 12% bezogen auf das Darrgewicht.

E DIN EN 789, 10.92: Holzbauwerke, Prüfung von Holzwerkstoffen zur Bestimmung der mechanischen Eigenschaften für tragende Zwecke.

DIN EN 408, 4.96: Holzbauwerke, Bauholz für tragende Zwecke und Brettschichtholz, Bestimmung physikalischer und mechanischer Eigenschaften.

E DIN EN 384, 11.90: Bauholz, Bestimmung charakteristischer Festigkeits-, Steifigkeits- und Rohdichtewerte.

DIN EN 383, 11.93: Holzbauwerke, Bestimmung der Lochleibungsfestigkeit.

E DIN EN 385, 11.90: Keilzinkenverbindungen in Bauholz.

Prüfungen von Bauholz sowie Holzwerkstoffen und deren Verbindungen zur Beurteilung der Gebrauchseigenschaften werden in bauüblichen Größen vorgenommen.

a) Chemische Eigenschaften

Holz ist gegen schwache Säuren und Basen sowie gegen die meisten Chemikalien beständig (z. B. Verwendung als Behälter sowie in Fabrikations- und Lagerhallen in Chemiebetrieben). Verwitterung des Holzes (Korrosion) unter normalen Umständen nur an der Oberfläche durch Licht-, Wasser- und Sauerstoffeinfluß (Vergrauen: Beeinträchtigung des Erscheinungsbildes).

b) Resistenz (DIN 68 364, Ausg. 11.79)

Resistenz ist das Verhalten von ungeschütztem Kernholz bei Holzfeuchte $> 20\%$ oder Erdkontakt. Einteilung in Resistenzklassen. (Siehe Tabelle)

Resistenzklasse	Resistenz	
1	sehr resistent	z. B. Teak
1 bis 2	sehr resistent bis resistent	z. B. Makoré
2	resistent	z. B. Eiche
2 bis 3	resistent bis mäßig resistent	z. B. Meranti
3	mäßig resistent	z. B. Lärche
3 bis 4	mäßig resistent bis wenig resistent	z. B. Kiefer
4	wenig resistent	z. B. Fichte/Tanne
5	nicht resistent	z. B. Buche

DIN EN 350 T. 1, 10.94: Natürliche Dauerhaftigkeit von Holz, Grundsätze für die Prüfung und Klassifikation:

Dauerfestigkeitsklassen gegen Pilze 1: sehr dauerhaft   2: dauerhaft
3: mäßig dauerhaft   4: nicht dauerhaft
5: vergänglich
gegen Termiten 0–1: dauerhaft   2: mäßig dauerhaft
3–4: anfällig
gegen Organismen im Meerwasser

DIN EN 350 T. 2, 10.94: Dauerhaftigkeit und Tränkbarkeit von ausgewählten Hölzern von besonderer Bedeutung in Europa, mit Bezeichnungen:

zur Dauerhaftigkeit: *zur Tränkbarkeit:*
D = dauerhaft   *1 = durchlässig*
S = anfällig   *2 = mäßig widerstehend*
SH = auch Kernholz anfällig   *3 = widerstehend*
M = mäßig dauerhaft   *4 = extrem widerstehend*

c) Dichte und Rohdichte (DIN 52 182, Ausg. 9.76)

Dichte (Stoffdichte ohne Poren) aller Hölzer $\varrho = 1,56$ kg/dm^3 (Zellstoff).
Rohdichte der Holzarten: Je nach Zellenaufbau zwischen 0,05 (Balsaholz) und 1,25 kg/dm^3 (Pockholz).

Rohdichtebestimmung i. allg. nach Lagerung in Normalklima 20/65: Normalrohdichte (ϱ_N); bei abweichender Feuchte, z. B. 12 M.-% (ϱ_{12}); zusätzlich auch im Darrzustand (ϱ_0).

d) Festigkeitseigenschaften

Die Holzfestigkeiten stehen – unbeschadet des Einflusses der Feuchte – im wesentlichen Zusammenhang mit den unterschiedlichen Holzrohdichten.

Druckfestigkeit

Unterscheidung zwischen der Druckfestigkeit parallel zur Faser und der wesentlich geringeren Druckfestigkeit senkrecht zur Faser:

Prüfung auf:

a) Längsdruck (DIN 52185, Ausg. 9.76) (∥ zur Faser an quadratischen Prüfkörpern (Querschnitt 20–50 mm). Zerstörung durch seitliches Ausknicken oder Splittern. Länge der Probe 1,5–3faches der Seitenlänge.

b) Querdruck (DIN 52192, Ausg. 5.79) (⊥ zur Faser). Keine Brucherscheinung: Ermittlung der 1%-Stauchgrenze (Zusammendrückung auf 1% der Prüfhöhe).

    Mit Druckversuch auch Bestimmung des Elastizitätsmoduls E_D

Zugfestigkeit (Längszugfestigkeit) (DIN 52188, Ausg. 5.79)

Die Zugfestigkeit in Faserrichtung ist größer als die Druckfestigkeit, durch Äste und Holzfehler jedoch stärker beeinflußbar.

Prüfung an Flachstäben mit Einspannköpfen (Abb. 144).

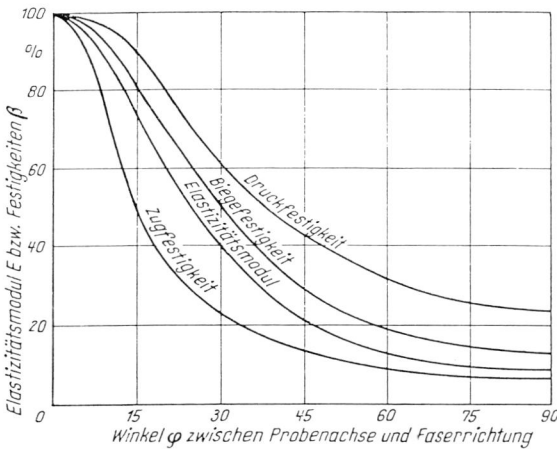

Abb. 144a.

Abhängigkeit der Biege-, Zug- und Druckfestigkeit sowie des E-Moduls vom Winkel zwischen Last- und Faserrichtung des Holzes (nach GHELMEZIU 1938)

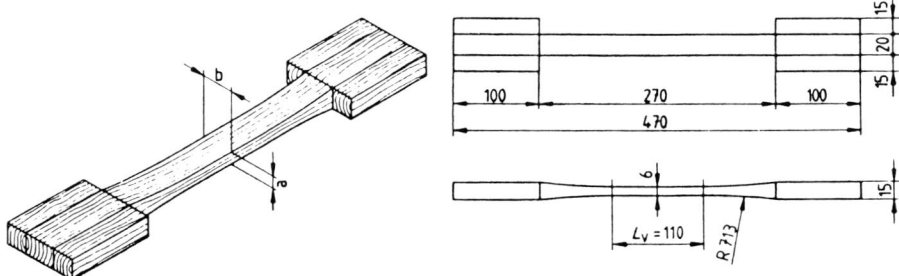

Abb. 144b. Zugfestigkeitsprüfung

Biegezugfestigkeit

Die Biegezugfestigkeit des Holzes liegt, als Funktion der Zug- und Druckfestigkeit, höher als die Druckfestigkeit. Prüfung (DIN 52186, Ausg. 6.78) an gradfaserigen Stäben mit quadratischem Querschnitt unter meist mittiger Belastung.

Mit Biegeversuch auch Bestimmung des E-Moduls E_{BZ}

Scherfestigkeit

Prüfung (DIN 52187, Ausg. 5.79) in Faserrichtung tangential oder radial in N/mm^2.

Schlagbiegefestigkeit

Prüfung (DIN 52189) der schlagartigen (dynamischen) Biegebeanspruchung mit Pendelschlagwerk an quadratischem Probestab.

Nichtgenormte Prüfungen:

Spaltfestigkeit: Erforderliche Kraft zum Auseinanderreißen eines Prüfkörpers von bestimmter Länge in N/mm^2 Spaltfläche.

Härte: Eindringtiefe einer Stahlkugel in die Holzoberfläche (ähnlich Brinell- bzw. Kugelschlagverfahren).

Einteilung der Hölzer nach der Härte (Beispiele):

Harthölzer:	Eiche, Buche, Esche
Mittelharte Hölzer:	Lärche, Kiefer, Erle
Weichhölzer:	Fichte, Tanne, Pappel

Abnutzwiderstand (für Fußböden): Prüfung des Abriebverlustes eines Probekörpers durch pendelndes Schmirgelleinen ("*Stuttgart*-Gerät").

Tafel 91: Beispiel für Holzfestigkeiten

Beanspruchung	Mittelwert*) $MN/m^2 = N/mm^2$		Zulässige Spannungen $MN/m^2 = N/mm^2$ nach DIN 1052	
	Eiche	Fichte	Eiche, Buche (mittl. Güte)	Nadelholz (Gütekl. II)
Druckfestigkeit				
‖ zur Faser	65	50	10	8,5
⊥ zur Faser	11	6	3	2
Biegefestigkeit	110	78	11	10
Scherfestigkeit	11	7	1	0,9

*) Nach KOLLMANN

Elastizitätsmodul:
Nadelhölzer ∼ 10 000 N/mm²
Eiche, Buche ∼ 12 500 N/mm²

Einfluß der Eigenfeuchte auf die Festigkeit

Durch den stets wechselnden Feuchtegehalt werden die verschiedenen Festigkeitseigenschaften der Hölzer zum Teil erheblich beeinflußt. (Erweichen bzw. Austrocknen der Zellwände.)

Eine Zunahme der Holzfeuchte um 1% (im Bereich des Holzfeuchtegehaltes von 10–20%) bewirkt ein Absinken der Längsdruckfestigkeit um etwa 4% (Abb. 145).

Zum Teil werden zur Zeit die ermittelten Prüfwerte noch nach den in den Prüfnormen angegebenen Umrechnungsformeln auf eine Prüffestigkeit bei 12% Eigenfeuchte bezogen.

Gemäß DIN 1052 „Holzbauwerke" sind bei Bauteilen, die ungeschützt der Feuchtigkeit ausgesetzt werden, die zulässigen Spannungen zu ermäßigen!

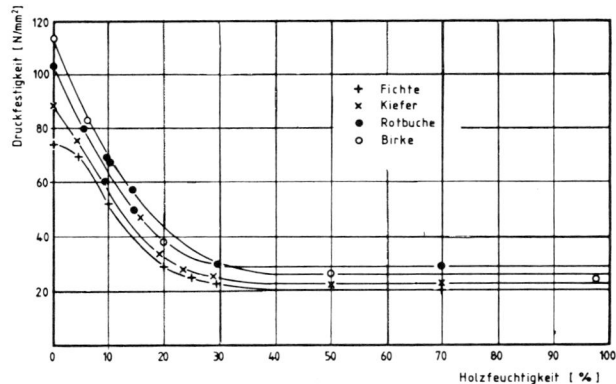

Abb. 145.

Einfluß der Eigenfeuchte auf die
Druckfestigkeit des Holzes
(nach KOLLMANN)

e) Schwinden und Quellen (DIN 52184, Ausg. 5.79)

Feuchtegehalt

Nach seinem Feuchtegehalt wird das Bauholz gemäß DIN 4074, Ausg. 9.89, in folgende Gruppen
eingeteilt:

Trockenes Bauholz	$\leqq$ 20 M.-% Feuchte
Halbtrockenes Bauholz	20–30 M.-% Feuchte
(Bei Querschnitten $\geqq$ 200 cm² 35%)	
Frisches Bauholz	ohne obere Begrenzung

Tischlerholz (DIN 18355, Ausg. 12.92)
Für Arbeiten in Innenräumen   6–10 M.-% Feuchtige
für Außenbauteile   10–15 M.-% Feuchte

Die Sättigungsgrenze der Zellfasern liegt bei etwa 30 M.-%. (Frischholz enthält i. allg. freies Zellwasser.)

> Bestimmung des auf das Darrgewicht zu beziehenden Feuchtegehaltes mit Feuchtemeßgeräten oder
> durch Darren im Trockenschrank, bei 103 °C (DIN 52183, Ausg. 11.77).

Arbeiten des Holzes

Eine Veränderung des in den Zellwänden gebundenen Feuchtegehaltes bewirkt Schwinden
(Schrumpfen) oder Quellen der Zellen:

Schwinden des Holzes im Radialschnitt	3 – 5 %
im Tangentialschnitt (vorwiegend Splintholz)	6 –11 %
Längsschwindung	0,1– 0,5%

> Im noch saftgefüllten Holz kein Schwindvorgang.

> Schwinden und Quellen im Kernholz geringer als im Splintholz.
> Durchführung der Schwind- und Quellversuche i. allg. an kleinen Proben.

Der Feuchtegehalt des Holzes ist durch sein hygroskopisches Verhalten je nach Luftfeuchtigkeit
veränderlich (Faustregel: Holzfeuchte ¼–⅕ der rel. Luftfeuchtigkeit). Bei zunehmendem Alter Nachlassen der Wechselwirkung. Die Holztrocknung erfolgt an der Luft oder im Trockenofen, bei Tischlerholz stets Ofentrocknung.

Schwind- und Quellveränderung des Holzes (s. Abb. 146).

Maßnahmen zur Behinderung des Arbeitens

> S-Haken bei Schwellen, Wellennägel bei Brettern, Einschubleisten bei Fenster- und Zeichenbrettern.
> Auslösung von Konstruktionsgliedern durch Brettschichtverleimung o. ä. (Leimbau, Nagel- oder Dübelbau).

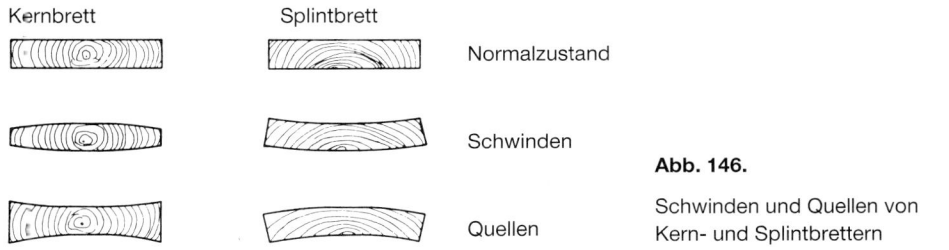

Kernbrett   Splintbrett

                                        Normalzustand

                                        Schwinden   **Abb. 146.**

                                                            Schwinden und Quellen von
                                        Quellen   Kern- und Splintbrettern

Verbindungen durch Nut und Feder, z. B. bei Parkettböden, bei Wand- und Deckenverkleidungen auch durch Deckleisten.

Sperren des Holzes durch kreuzweises Verleimen (Furnier- und Tischlerplatten) sowie Auflösung des Holzes in Späne und Fasern (Holzspan- und Holzfaserplatten).

8.6. Bauholz

Für die Ausführung von Holzbauwerken gilt insbesondere DIN 1052, Teil 1 „Holzbauwerke, Berechnung und Ausführung".

Die Ausformung („Aushaltung") des Holzes erfolgt forstseitig nach der „Homa" (**Holzmeßanweisung**): Optimale Ausnutzung entsprechend dem Verwendungszweck bei geringstmöglichen Holzverlusten.

Holzmaße: 1 Festmeter (1 fm) = 1 m³ Holzmasse
                  1 Raummeter (1 rm) = 1 m³ aufgestapeltes Rohholz

Beurteilung des Stammes: Stammende – Mittelblock – Zopfende. Allmählich verjüngende Stämme werden als „vollholzig", stark verjüngende Stämme als „abholzig" bezeichnet.

8.6.1. Bauschnittholz

Einteilung und Maße nach DIN 4070/74,
Begriffe: DIN 68 252, T. 1, Ausg. 1.78

E DIN EN 975 T. 1, 4.93: Holz, Laubschnittholz, Klassifizierung nach dem Aussehen, Buche und Eiche

Kanthölzer: Schnittholz mit Querschnittseiten ≧ 6 cm.
Ausformung als Vollholz, Halbholz, Viertelholz.

Kanthölzer mit einer größeren Querschnittseite als 20 cm werden als Balken bezeichnet.

Bezeichnung der Querschnittmaße: Breite/Höhe in cm.

Bretter und Bohlen (rauh, gehobelt, gespundet):
Dicke der Bretter (Breiten 75–300 mm) 8–38 mm (in Stufen von 2–5 mm).
Dicke der Bohlen 40–120 mm (in Stufen von 5–20 mm).

Längenabstufungen von Brettern und Bohlen in Dezimetern.

Dachlatten und Leisten: Geringere Abmessungen als Kanthölzer und Bretter.

Abmessungen der Dachlatten
                  24/48   30/50   40/60 mm.

Schwarten: Reststücke bei der Ausformung. Verwendung als Einschubböden bei Decken (angesäumt und entrindet).

Für bestimmte Holzprofilbretter bestehen Normen. (Fasebretter, Stülpschalungsbretter, Akustikbretter u. a. m.)

Gütebeurteilung des Bauschnittholzes

Für Holzbauwerke, deren Querschnitte auf Tragfähigkeit bemessen werden, ist die DIN 4074, Teil 1, Ausg. 9.89, Teil 2, Ausg. 12.58 „Gütebedingungen für Bauschnittholz und Baurundholz (Nadelholz)", DIN 68 256, Ausg. 4.76 „Gütemerkmale von Schnittholz", sowie DIN 68 365, Ausg. 11.57 „Bauholz für Zimmerarbeiten, Gütebedingungen", maßgebend.

E DIN EN 519, 9.91: Bauholz für tragende Zwecke, Sortierung maschinell

E DIN EN 338, 11.92: Bauholz; Festigkeitsklassen,
Einteilung in Klassen C13–7E bis C60–22E,
z. B. 13 = Biegefestigkeit in Megapascal
7 = mittlerer E-Modul in Megapascal

Nach seiner Beschaffenheit wird das Bauholz entsprechend den statisch zu stellenden Anforderungen eingeteilt in:

nach visueller Beurteilung

Sortierklasse S 7:   Schnittholz mit geringer Tragfähigkeit

Sortierklasse S 10:   Schnittholz mit üblicher Tragfähigkeit

Sortierklasse S 13:   Schnittholz mit überdurchschnittlicher Tragfähigkeit

(früher Güteklassen I, II und III)

nach maschineller Sortierung:

Sortierklasse MS 7:   Schnittholz mit geringer Tragfähigkeit

Sortierklasse MS 10:   Schnittholz mit üblicher Tragfähigkeit

Sortierklasse MS 13:   Schnittholz mit überdurchschnittlicher Tragfähigkeit

Sortierklasse MS 17:   Schnittholz mit besonders hoher Tragfähigkeit

Für die an die Sortierklassen nach DIN 4074 gestellten Anforderungen sind die in Tafel 92 und 93 aufgeführten Gesichtspunkte maßgebend. Die Prüfung der Baumkante, Ästigkeit und Astansammlung, Krümmung und Faserneigung erfolgt gemäß den Skizzen:

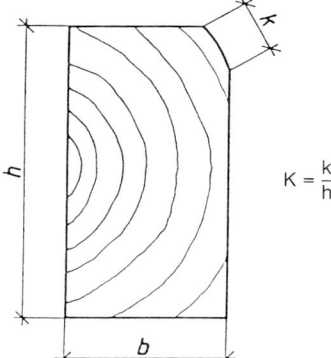

Messung und Berechnung der Baumkante

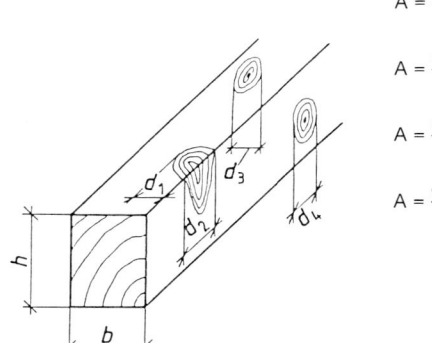

Messung und Berechnung der Ästigkeit in Kanthölzern

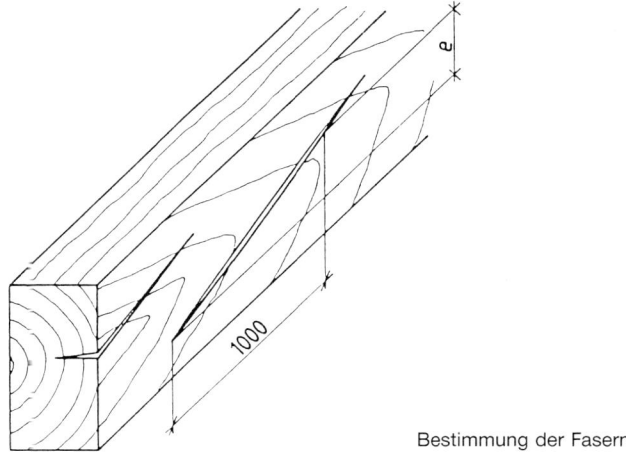

Bestimmung der Faserneigung nach Schwindrissen

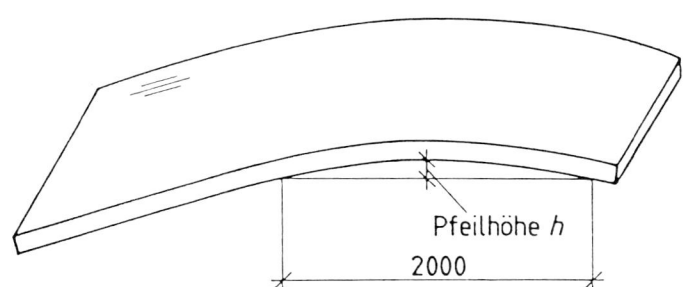

Berechnung der Ästigkeit A bei Astansammlung

$$A = \frac{a_1 + a_2 + a_3 + a_4 + a_5 + a_6}{2\,b}$$

Pfeilhöhe h

2000

Längskrümmung von Schnittholz-Krümmung in Richtung der Dicke

Die Gütebedingungen von Holz für Tischlerarbeiten sind in DIN 68360, T.1 u. T.2, Ausg. 5.81 „Holz für Tischlerarbeiten" festgelegt: Güteanforderungen je nach Verwendungsweise (Fenster, Türen, Klappläden) und nach der vorgesehenen Anstrichweise.

E DIN EN 942, 4.93: Holz in Tischlerarbeiten, Klassifizierung der Holzqualität nach Ästen, Rissen, Ringschäle, Endrissen und Splintverfärbungen.

Tafel 92: Sortierkriterien für Kanthölzer bei der visuellen Sortierung nach DIN 4074, Teil 1 (Auszug)

Sortiermerkmale (siehe Abschnitt 4)	Sortierklassen		
	S 7	S 10	S 13
1. Baumkante	alle vier Seiten müssen durchlaufend vom Schneidwerkzeug gestreift sein	bis $\frac{1}{3}$, in jedem Querschnitt muß mindestens $\frac{1}{3}$ jeder Querschnittsseite von Baumkante frei sein	bis $\frac{1}{8}$, in jedem Querschnitt muß mindestens $\frac{2}{3}$ jeder Querschnittsseite von Baumkante frei sein
2. Äste	bis $\frac{3}{5}$	bis $\frac{2}{5}$ nicht über 70	bis $\frac{1}{5}$ nicht über 50

3. Jahrringbreite
  – im allgemeinen
  – bei Douglasie
	–
	–
		bis 6
		bis 8
			bis 4
			bis 6

4. Faserneigung	bis 200 mm/m	bis 120 mm/m	bis 70 mm/m

5. Risse
  – radiale Schwindrisse (= Trockenrisse)
  – Blitzrisse Frostrisse Ringschäle
	zulässig
	
	nicht zulässig
		zulässig
		
		nicht zulässig
			zulässig
			
			nicht zulässig

6. Verfärbungen
  – Bläue
  – nagelfeste braune und rote Streifen
  – Rotfäule Weißfäule
	zulässig
	bis zu $\frac{3}{5}$ des Querschnitts oder der Oberfläche zulässig
	nicht zulässig
		zulässig
		bis zu $\frac{2}{5}$ des Querschnitts oder der Oberfläche zulässig
		nicht zulässig
			zulässig
			bis zu $\frac{1}{5}$ des Querschnitts oder der Oberfläche zulässig
			nicht zulässig

7. Druckholz	bis zu $\frac{3}{5}$ des Querschnitts oder der Cberfläche zulässig	bis zu $\frac{2}{5}$ des Querschnitts oder der Oberfläche zulässig	bis zu $\frac{1}{5}$ des Querschnitts oder der Oberfläche zulässig
8. Insektenfraß	Fraßgänge bis 2 mm Durchmesser von Frischholzinsekten zulässig		
9. Mistelbefall	nicht zulässig	nicht zulässig	nicht zulässig
10. Krümmung – Längskrümmung, Verdrehung	bis 15 mm/2 m	bis 8 mm/2 m	bis 5 mm/2 m

8.6.2. Baurundholz

Die Gütebeurteilung der Baurundhölzer erfolgt in Güteklassen I, II, III gemäß DIN 4074, Teil 2, nach ähnlichen Gesichtspunkten wie bei Bauschnittholz (vgl. Tafel 93), jedoch ohne Bewertung der Maßhaltigkeit, der Jahrringbreite und des Faserverlaufs (Messen des Durchmessers an geschälter Stammitte).

Im eingebauten Zustand müssen Baurundhölzer von Rinde und Bast befreit sein.

E DIN EN 844 T. 1–11: Terminologie, Rund- und Schnittholz, Allgemeine Begriffe.

Tafel 93: Zusätzliche Sortierkriterien für Schnittholz bei der maschinellen Sortierung

Sortiermerkmale (siehe Abschnitt 4)	Sortierklassen			
	MS 7	MS 10	MS 13	MS 17
7. Baumkante	alle vier Seiten müssen durchlaufend vom Schneidwerkzeug gestreift sein	bis ⅓, in jedem Querschnitt muß mindestens ⅓ jeder Querschnittsseite von Baumkante frei sein	bis ⅛, in jedem Querschnitt muß mindestens ⅔ jeder Querschnittsseite von Baumkante frei sein	bis ⅛, in jedem Querschnitt muß mindestens ⅔ jeder Querschnittsseite von Baumkante frei sein
5. Risse – radiale Schwindrisse (= Trockenrisse)	zulässig	zulässig	zulässig	zulässig
– Blitzrisse Frostrisse Ringschäle	nicht zulässig	nicht zulässig	nicht zulässig	nicht zulässig
6. Verfärbungen – Bläue	zulässig	zulässig	zulässig	zulässig
– nagelfeste braune und rote Streifen	bis ⅗ des Querschnitts oder der Oberfläche	bis ⅖ des Querschnitts oder der Oberfläche	bis ⅕ des Querschnitts oder der Oberfläche	bis ⅕ des Querschnitts oder der Oberfläche
– Rotfäule Weißfäule	nicht zulässig	nicht zulässig	nicht zulässig	nicht zulässig
8. Insektenfraß	Fraßgänge bis 2 mm Durchmesser von Frischholzinsekten zulässig			
9. Mistelbefall	nicht zulässig	nicht zulässig	nicht zulässig	nicht zulässig
10. Krümmung – Längskrümmung, Verdrehung	bis 15 mm/2 m	bis 8 mm/2 m	bis 5 mm/2 m	bis 5 mm/2 m

8.6.3. Gesägte Spezialhölzer

8.6.3.1. Parkett (DIN 280, Teil 1 + 2, Ausg. 4.90, Teil 3, Ausg. 12.70; Teil 4, Ausg. 6.73; Teil 5, Ausg. 4.90)

Parkett ist ein Fußboden aus gewachsenem Holz (Vollholz), bestehend aus Parketthölzern verschiedenartigen Aufbaus.

Es werden nach Form und Verlegeweise unterschieden:

Parkettstäbe (DIN 280, T. 1), von 22 mm Dicke, die ringsum genutet sind und beim Verlegen mit 3 mm dicken Hirnholzfedern aus Weichholz zu Stabparkett miteinander verbunden werden.

Breiten 45–80 mm, Längen 250–1000 mm

Bezeichnungsbeispiel: Parkettstab 60 × 360 DIN 280.

Parkettstab (Querschnitt)

Parkettriemen (DIN 280, T. 3), von 22 mm Dicke, die an gegenüberliegenden Seiten eine angehobelte Feder bzw. eine Nut haben, an der Hirnseite auch nur mit Nut versehen sein können. Breiten und Längen wie Parkettstäbe.

Tafeln für Tafelparkett werden nach Vorlagen aus unterschiedlichen Holzarten in verschiedenen Formen und Abmessungen ringsum genutet oder auch mit Nut und Feder hergestellt.

Mosaikparkettlamellen (DIN 280, Teil 2) von 8 mm Dicke, Breiten bis 25 mm und Längen bis 165 mm, deren Seiten ringsum glatt bearbeitet sind. Zur Verlegung des Mosaikparketts werden die Lamellen fabrikmäßig durch ablösbare Oberflächenverklebungen zu bestimmten Verlegeeinheiten (Platten) zusammengesetzt.

Parkettstäbe und Parkettlamellen werden auch zu größeren Verlegeeinheiten zusammengesetzt geliefert:

a) Nicht fertig oberflächenbehandelte Verlegeeinheiten (DIN 280, T. 4)

Massiv(V)-Parkettdielen sind Verlegeeinheiten aus Parketthölzern, die miteinander in Länge und Breite so verbunden sind, daß sie eine Dielenform (bis 240 mm Breite und > 1200 mm Länge) mit seitlich angehobelter Nut und Feder ergeben.

Auch mehrschichtiger Aufbau (Mehrschichten(M)-Parkettdielen) wie bei Parkettplatten.

Mehrschichten(M)-Parkettplatten sind 13–26 mm dicke Verlegeeinheiten bis zu 650 mm Seitenabmessungen, bei denen mind. 5 mm dicke Parketthölzer auf einer Unterlage aufgeleimt sind. Verlegung ringsum genutet oder mit seitlicher Nut und Feder.

b) Fertigparkett-Elemente (DIN 280, T. 5)

Es handelt sich um industriell hergestellte, oberflächenversiegelte Fußbodenelemente verschiedenartigen stofflichen Aufbaus, deren Oberseite aus Parketthölzern besteht, die jedoch nach ihrer Montage auf der Baustelle keines Schleifvorgangs und keiner Nachbehandlung der Oberfläche bedürfen.

Die 7–26 mm dicken Parkettelemente werden in quadratischen oder rechteckigen Formen verschiedener Größen nach den technischen Gegebenheiten geliefert. Verbindung der Elemente nach Firmenermessen.

Verlegung

Die Verlegung des bei inländischen Hölzern auf 9 M.-% Feuchtegehalt ($\pm$ 2%) künstlich ausgetrockneten Parketts erfolgt (gemäß VOB, DIN 18356, Ausg. 9.88) auf ebenen Untergrund vollflächig mit kaltstreichbaren, meist schubfesten Parkettklebestoffen (DIN 281, Entw. 6.88) auf Natur- oder Kunstharzbasis (gelöst, emulgiert bzw. dispergiert: Erhärtung beim Austrocknen). Je nach Unterlage auch schwimmende Verlegung.

Parkettböden (außer Fertigparkett-Elemente) werden nach dem Verlegen maschinell geschliffen und abgezogen. Oberflächenbehandlung zur Vermeidung von Verschmutzungen und zur Verminderung des Verschleißes durch Wachs oder Versiegelung mit Kunstharzen.

Güteanforderungen

Gebräuchliche heimische Holzarten sind Eiche (EI), Rotbuche (BU) und Kiefer (KI), bei Mosaiklamellen nur Eiche. Ferner eine Reihe widerstandsfähiger ausländischer Hölzer (Benennung u. Kurzzeichen der Holzarten siehe DIN 4076, T. 1).

Sortierung. Nach Aussehen und Güte (z. B. Äste, Splintholz, Risse) werden nach den in DIN 280 festgelegten Güteanforderungen unterschieden die Sortierungen:

Bei Parkettstäben und -riemen:

Exquisit (E) – Standard (S) – Rustikal (R), d. i. mit lebhafter Struktur (nur Eiche)

Bei Mosaikparkettlamellen:

Natur (N) – Gestreift (G) – Rustikal (R) (nur Eiche)

Bezeichnungsbeispiele:

Parkettstab   60 × 360 DIN 280 – EI – S
Lamelle   24 × 120 DIN 280 – EI – N

Auch werkseigene Sortierungskennzeichen zugelassen.

8.3.3.2. Holzpflaster

Holzpflaster besteht aus scharfkantig geschnittenen Holzklötzen, die so verlegt werden, daß eine Hirnholzfläche als Lauffläche dient (Abb. 147).

Abb. 147.

Holzpflaster

Nach der Verwendungsart werden unterschieden:

„Holzpflaster GE für **ge**werbliche Zwecke", DIN 68 701, Ausg. 2.89. Anwendung: Metallverarbeitende Industrie, Werkstätten, Lagerhaltung.

„Holzpflaster RE für **R**äume in Schulen, Verwaltungsgebäuden, Versammlungsstätten und ähnlichen Anwendungsgebieten", DIN 68 702, Ausg. 6.87.

Verwendungsvorzüge: Geringere Wärmeableitung (fußwarm), Verbesserung der akustischen Verhältnisse, natürliche Rauhigkeit und Staubbindung, geringer Abrieb und leichte Auswechselbarkeit bei betrieblichen Veränderungen, geringe Brandgefahr (nur Verkohlung der Oberfläche).

Abmessungen (in mm)	GE				RE					
Höhen	50	60	80	100	22	25	30	40	50	60
Breiten		80					40–80			
Längen		80–160					40–120			

Holzarten

Kiefer (KI), Lärche (LA), Eiche (EI) oder in der Anwendung gleiche Holzarten.

Holzschutz. Bei Holzklötzen GE gegen Pilze und Insekten Tiefschutz durch Tränken im Tauchverfahren oder im Kesseldruckverfahren (s. Abschn. 8.8.3.1a) mit Steinkohlenteeröl oder nach Erfordernis mit geruchlosen Holzschutzpräparaten.

Verlegung (VOB, DIN 18 367, Ausg. 12.92 „Holzpflasterarbeiten")

Die Verlegung von Holzpflaster GE für gewerbliche Zwecke erfolgt auf fester und völlig ebener und trockener Unterlage mit Heißkleber auf bituminöser Basis. Bei aufsteigender Feuchtigkeit ist Sperrschicht erforderlich, z. B. heißverklebte stumpfgestoßene bituminöse nackte Pappe.*)

Für das Verlegen von Pflasterklötzen GE sind zwei Verfahren möglich:

a) Beim Preßverlegen erfolgt nach Voranstrich des Untergrundes eine preßgestoßene Aneinanderlegung der mit der Unterseite in Klebemasse getauchten Klötze. Anschließendes Abkehren mit trockenem oder bituminiertem Sand.

b) Beim Verlegen mit Längsfugenleisten (Lättchenverlegung) werden nur die Querfugen wie vor preßverklebt und in die Längsfugen etwa 5 mm dicke Holzlättchen, deren Höhe ⅓ bis ⅔ der Klotzhöhe beträgt, eingelegt. Ausgießen der Längsfugen mit heißer Vergußmasse (Abb. 148).

Dehnungsfugen und Arbeitsfugen an Wänden, Pfeilern, Schienen u. dgl. sind in jedem Fall erforderlich.

Das Verlegen von Holzpflaster RE (für nichtindustrielle Anwendungszwecke) erfolgt ausschließlich als Preßverlegung in einem vollflächig auf dem Untergrund mit einem Spachtel aufgetragenen hartplastischen (schubfesten) Klebstoff nach DIN 281.

Nach dem Verlegen erfolgt gleichmäßiges Abschleifen und Versiegeln der Oberfläche.

---

*) s. a. Arbeitsblatt 70 „Industrieböden" der Arbeitsgemeinschaft Industriebau e.V. (AGI), Braunschweig.

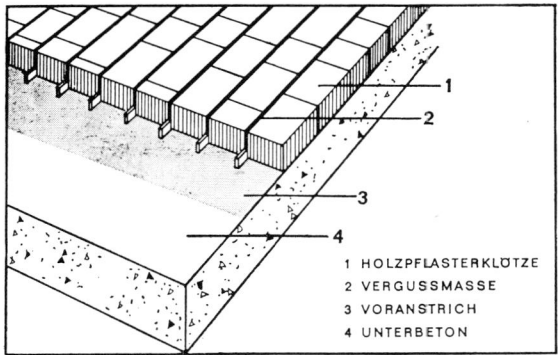

1 HOLZPFLASTERKLÖTZE
2 VERGUSSMASSE
3 VORANSTRICH
4 UNTERBETON

Abb. 148.

Lättchenverlegung von Holzpflaster
auf Unterbeton

8.6.4. Vergütetes Vollholz

Vollholz kann für Spezialzwecke durch Pressen senkrecht zur Faserrichtung, durch Stauchen in der Faserrichtung oder durch Tränken in seinen Eigenschaften verbessert werden.

Preßvollholz: Steigerung der Druckfestigkeit senkrecht zur Faser sowie der Scherfestigkeit unter Erhöhung der Rohdichte (bis zu 1,45 kg/dm^3) und Verringerung der Feuchteempfindlichkeit durch Pressen von gedämpftem Buchenholz.

Formvollholz (Biegeholz): Kaltverformbarkeit des Holzes (Laubholz) durch geringe Stauchung in Faserrichtung. Anwendung bei Leisten im Möbelbau sowie im Flugzeug- und Fahrzeugbau.

Isoliervollholz IVH (DIN 7707, Teil 1 u. 2, Ausg. 1.79): Vergütung durch Tränken, Imprägnieren, Verdichten und Oberflächenbehandlung. Eigenschaften ähnlich Kunstharzpreßholz.

8.7. Holzwerkstoffe

Unter Holzwerkstoffe werden (nach DIN 4076, Teil 2) durch Zerlegen des Holzes in Furniere (d. h. dünne Holzblätter), Späne oder Fasern hergestellte Platten verstanden: Weitgehende Unabhängigkeit der Festigkeit und Formänderung von Belastungsrichtung und Feuchteeinflüssen.

Paneele sind nach DIN 68 740, Teil 1 (Ausg. 3.82), T. 2 (Ausg. 9.82) in der Oberfläche veredelte Produkte aus Holzwerkstoffen mit Decklage.

8.7.0. Klebstoffe für tragende Holzbauteile

E DIN EN 923, 4.93: Klebstoffe, Begriffe und Definition

DIN EN 301, 8.92: Klebstoffe für tragende Holzbauteile Phenoplaste und Aminoplaste: Einteilung in Klebstofftypen zum Einsatz unter verschiedenen Klimabedingungen:
Typ I: Längeneinfluß von hohen Temperaturen,
*   uneingeschränkte Bewitterung*
Typ II: beheizte und belüftete Gebäude,
*   Schutz gegen Außenbewitterung,*
*   kurzzeitige Bewitterung*

DIN EN 302 T 1–4, 8.92: Klebstoff für tragende Holzbauteile, Prüfverfahren

DIN EN 204, 10.91: Beurteilung von Klebstoffen für nicht tragende Bauteile zur Verbindung von Holz und Holzwerkstoffen

DIN EN 120, 8.92: Holzwerkstoffe; Bestimmung des Formaldehydgehalts

8.7.1. Sperrholz

(DIN 68 705, Teil 2–5, Ausg. 80–84; DIN 68 706, Teil 1 u. 3, Entw. 9.87; DIN 68 708, Ausg. 4.76; DIN 68 709, Ausg. 9.76; DIN 4078, Ausg. 3.79)

E DIN EN 313 T. 2, 2.92: Sperrholz: Terminologie

DIN EN 314 T 2, 8.93: Sperrholz; Qualität der Verklebung, Anforderungen

Bei den mindestens in drei Lagen kreuzweise aufeinandergeleimten Sperrhölzern unterscheidet man zwischen F u r n i e r s p e r r h o l z (FU), bei denen alle kreuzweise oder sternförmig verleimten Lagen aus mindestens drei Furnieren bestehen, und S p e r r h o l z m i t M i t t e l l a g e, z. B. Tischlerplatten, bei denen die Mittellage aus nebeneinanderliegenden Holzleisten besteht. Außerdem gibt es H o h l r a u m - S p e r r h o l z mit Hohlraummittellagen aus verschiedenen Werkstoffen.

Herstellung der Furniere (DIN 68 330, Ausg. 8.76)

Das Zerlegen des Holzes in dünne Lamellen nach DIN 4079 erfolgt durch Rundschälen oder Messern in Dicken von 0,55 bis 1 mm oder durch Sägen bis 3,6 mm Dicke.

M e s s e r - und S ä g e f u r n i e r e ergeben als Längsschnitte (Spiegel- oder Fladerschnitte) die natürliche Holzmaserung.

S c h ä l f u r n i e r e bedingen durch einen tangential am zentrisch oder exzentrisch eingespannten Rundholz ausgeführten Schnitt eine verzerrte Maserung. Herstellung mit Rundschälmaschine (Abb. 149) als fortlaufendes Band und Aufwicklung in Rollen (vorausgehende Dämpfung zur Geschmeidigmachung).

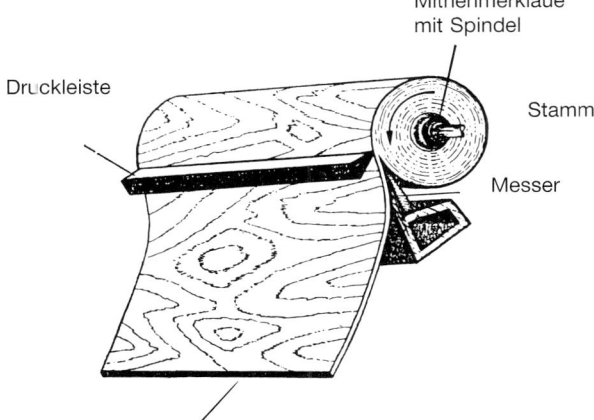

Abb. 149.

Rundschälfurnier
(Verfahrensdarstellung)

8.7.1.1. Furniersperrholz (FU)

DIN EN 313 T 1, 8.92: Sperrholz, Klassifizierung nach dem allgemeinen Aussehen:
  Plattenaufbau: Furniersperrholz, Mittellagensperrholz, Stabsperrholz, Stäbchensperrholz, Verbund-
            sperrholz
  Form: eben und geformt
nach den Haupteigenschaften:
  Dauerhaftigkeit, mechanische Eigenschaften, Aussehen der Oberfläche, Oberflächenzustand
den Anforderungen des Verbrauchers

DIN EN 635 T 1–3, 95: Sperrholz, Klassifizierung nach dem Aussehen der Oberfläche E DIN EN 636
T 1–3, 92: Sperrholz, Anforderungen

Herstellung i. allg. in ungerader Lagenzahl mit 3 – 5 – 7 . . . Lagen (Abb. 150). Für die in der Faserrichtung gleichlaufenden Deckfurniere werden auch hochwertige Hölzer (Edelfurniere) verwendet. (Bei gerader Zahl der Furniere sind die beiden innersten Lagen faserparallel.)

Dicke der Platten 4–15 mm (DIN 4078, Ausg. 3.79). Breiten und Längen in verschiedenen Standardmaßen bis etwa 1220/3050 mm.

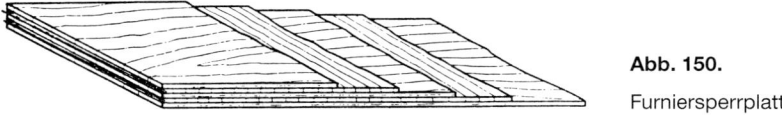

Abb. 150.

Furniersperrplatte

Nach Art der Verleimung wird (nach DIN 68705, T. 2, Ausg. 7.81) zwischen Sperrholz zur Verwendung in Räumen mit geringer Luftfeuchtigkeit Type IF) und Sperrholz, das gegen Witterungseinflüsse bedingt beständig ist (Type AW) unterschieden.

Entsprechend der Beschaffenheit der verwendeten Deckfurniere werden diese in die Güteklassen 1, 2, 3 (nach DIN 68705, T. 2, Ausg. 7.81) eingeteilt. Bei unterschiedlichen Ober- und Unterdeckfurnieren Sortenbezeichnung z. B. 1–2, 1–3).

Bau-Furniersperrholz (DIN 68705, T. 3, Ausg. 12.81) – BFU –

Mit besonderen Gütebedingungen für erhöhte Festigkeitsbeanspruchungen im Bauwesen (Holzhausbau) je nach Feuchtebeständigkeit in den Werkstoffklassen 20, 100 und 100 G nach DIN 68800.

Ferner Großflächenschalungsplatten für Beton und Stahlbeton (DIN 68791 + 68792, Ausg. 3.79).

Bau-Furnierplatten und Bau-Tischlerplatten für tragende und aussteifende Zwecke bedürfen der Güteüberwachung durch die Gütegemeinschaft Sperrholz e.V.

Prüfung von Sperrholz
nach DIN 52371 – 52377 (Ausg. 68–77).

Brandverhalten

Sperrholz ab 8 mm Dicke gilt bei beiderseitig verkleideten fugendichten Holztafeln als feuerhemmend (F 30).

8.7.1.2. Stab- und Stäbchensperrholz (ST–STAE)

Tischlerplatten bestehen aus mindestens zwei Deckfurnieren, die mit einer Mittellage aus nebeneinanderliegenden Holzstäben verleimt sind (Abb. 151a und b).

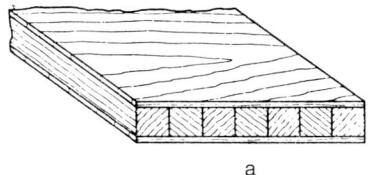   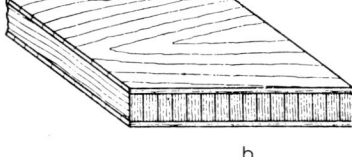

a   b

Abb. 151. Stab- und Stäbchensperrholz:

a) mit Stabmittellage   b) mit Stäbchenmittellage

Nach Art der Mittellage werden unterschieden:

Streifenplatte: Mittellage aus nichtverleimten Vollholzleisten von 24–30 mm Breite

Stabplatte: Mittellage aus verleimten 24–30 mm breiten Holzleisten

Stäbchenplatte: Mittellage aus aneinandergeleimten hochkant stehender Holzstäbchen
                     oder Furnierstreifen

Dicke der Platten 13–38 mm (DIN 4078).

Die Typenbezeichnungen sind entsprechend der Verleimung und Deckfurniersorten die gleichen wie bei Furnierplatten.

Ferner Bau-Stab- und Stäbchensperrholz (DIN 68705, T. 4, Ausg. 12.81) – BSt u. BSTAE – mit besonderen Gütebedingungen, ähnlich dem Bau-Furniersperrholz.

8.7.1.3. Hohlraum-Sperrholz

Bei Verbundplatten, die aus Furnierlagen in Verbindung mit Mittellagen aus anderen Holzwerkstoffen bestehen, ist eine größere Anzahl von Kombinationen gebräuchlich:

Holzzellen-Mittellage mit Schloß- und Fitschenverstärkungen oder Holzspanplatteneinlage (Abb. 152).

Deckfurnierplatten auch mit dekorativer Kunststoffbeschichtung.

Abb. 152.

a) Türblattkonstruktion mit Lamellen-Mittellage aus Strohpappe

b) Türblattkonstruktion mit Einlage aus stranggepreßten Röhrenspanplatten

8.7.1.4. Kunstharz-Preßholz KP
(DIN 7707, Teil 1 + 2, Ausg. 1.79 und DIN 40603, Ausg. 3.77)

Schichtpreßstoff aus parallelfaserig, kreuzweise oder sternförmig aufeinandergelegten dünnen, mit Kunstharz getränkten Rotbuche-Furnieren, die unter Druck und Hitze preßblank zu hochwiderstandsfähigen Tafeln ausgehärtet werden. Meist Verwendung von Phenolharz (s. Abschn. 10.4.2.2.).

Furnierschichten mind. 5 Lagen je cm Erzeugungsdicke (Typenunterscheidung nach Anzahl und Lage sowie nach mechanischen und elektrischen Eigenschaften). – Geringe Feuchtigkeitsaufnahme.

Biegefestigkeit 100–190 N/mm^2. Dicken 2–8 mm
Rohdichten $\geqq$ 0,90; meist > 1,35 kg/dm^3
Temperaturbeanspruchung 90–120 $^\circ$C

Verwendung für wetterfeste Wandbekleidung, für kratzfeste gebogene Sitzmöbel, Tribünen-
bestuhlungen im Freien usf.

8.7.1.5. Schichtholz

Parallelfaserig verleimte, sehr dünne Furnierlagen, die sich durch hohe Zugfestigkeit und
Biegefestigkeit in der Faserrichtung auszeichnen.

Es werden unverdichtete oder durch Kunstharztränkung verdichtete Schichthölzer hergestellt:
Herstellung wie Furnierplatten bzw. Kunstharz-Preßholz (s. Abschn. 8.7.1.4.).

DIN EN 438, 12.92: Dekorative Hochdruck-Schichtpreßstoffplatten (HPL), Platten auf Basis härtbarer
Harze, Klassifizierung und typische Anwendung:
S = Standardqualität
P = dekorativ, nachformbar
F = dekorativ mit bestimmten Brandverhalten

8.7.2. Brettschichtholz

Aus mind. 3 Einzelbrettern an den Breitseiten übereinander verleimt, Brettdicken normal
höchstens 30 mm, bei geraden Bauteilen auch bis 40 mm, normale Brettbreite 20 cm, bei
Binderbreiten über 20 cm 2 nebeneinander liegende Bretter übereinander längs versetzt, bei
Einzelbrettern über 20 cm Breite sind Entlastungsnuten erforderlich, verwendete Leime je
nach Klimabeanspruchung z. B. Kunstharzleime auf Harnstoff- oder Resorcinharzbasis, Regellängen bis 35 m und Höhen bis 2,20 m möglich.

E DIN EN 386, 11.90: Brettschichtholz, Anforderungen an die Herstellung

DIN EN 390, 3.95: Brettschichtholz, Maße, Grenzabmaße

8.7.3. Holzspanwerkstoffe

8.7.3.1. Spanplatten
(DIN 68 761/65)

Holzwerkstoff aus Holzspänen (– H –) und/oder anderen holzartigen Faserstoffen, wie
Flachschäben (– F –), die mit einem Bindemittel (Kunstharz, Zement und Magnesiabinder)
unter Druck und Wärme verleimt werden. – Nenndicken 6–70 mm.

DIN EN 309, 8.92: Spanplatten, Definition und Klassifizierung
Klassifizierung nach Herstellverfahren
*   flachgepreßt, kalandergepreßt, stranggepreßt mit/ohne Röhren*
*   Oberflächenbeschaffenheit*
*   Form*
*   nach Größe und Form der Teilchen*
*   Plattenaufbau*
*   Verwendungszweck*

E DIN EN 300, 2.93: Platten aus langen, schlanken, ausgerichteten Spänen (OSB), Platten für
Inneneinrichtungen und tragende Zwecke im Trocken- und Feuchtbereich, Dicken 6 bis 25 mm

E DIN EN 312 T2–7: Spanplatten, Anforderungen an Platten (auch hochbelastbare) für tragende
Zwecke zur Verwendung im Trockenbereich und Feuchtebereich

Nach der Anordnung der Späne sind zu unterscheiden:

Flachpreßplatten (DIN 68 761, T. 1, Ausg. 11.86 u. T. 4, Ausg. 2.82) – FPY – FPO – mit vorzugsweise parallel zur Plattenebene liegenden Spänen.

Strangpreßplatten (DIN 68 764, T. 1, Ausg. 9.73; T. 2, Ausg. 9.74) – S – mit vorzugsweise senkrecht zur Plattenebene liegenden Spänen.

Für die **Anwendung im Bauwesen** auch statisch für tragende und aussteifende Zwecke verwendbare Spanplatten (DIN 68 763, Ausg. 9.90) mit verschiedenen Verleimungen je nach Feuchtigkeitsbeanspruchung: V 20, V 100 und V 100 G (mit eingearbeiteten Holzschutzmitteln gegen Pilze)*). Ferner Verwendung als Unterböden auf Lagerhölzern (DIN 68 771, Ausg. 9.73).

Die zulässigen Beanspruchungen sind in ergänzenden Bestimmungen zu DIN 1052, „Holzbauwerke, Richtlinien für die Bemessung und Ausführung" enthalten.

Platten für Sonderzwecke im Bauwesen, insbesondere für dekorative und akustische Zwecke (DIN 68 762, Ausg. 3.82).

Bei Flachpreßplatten hat der aus Grobspänen bestehende Plattenkern i. allg. beiderseitige Deckschichten aus Flachspänen, deren Oberfläche preßblank ist oder geschliffen wird. Auch dekorative Beschichtung mit Kunststoff (DIN 68 765, Ausg. 11.87 – KF –).

Strangpreßplatten als oberflächendichte oder poröse (schalldämpfende) Voll- oder Röhrenplatten (s. Abb. 153), auch Beschichtung mit Anstrichen oder beplankt mit Furnieren oder glasfaserbewehrtem Kunststoff nach DIN 68 764 – SV und TSV bzw. SVR.

– Prüfung von Spanplatten nach DIN 52 360/52 368 –

Abb. 153.

Holzspanplatten

Brandverhalten

Feuerhemmend (F 30) an Wänden als fugendicht versetzte Holztafeln (gem. DIN 4102, T. 4).

DIN EN 633, 12.93: Zementgebundene Spanplatten (mit Portlandzement gebunden)

DIN EN 634, T 1, 4.95 und E 2, 5.93: Zementgebundene Spanplatten, allgemeine und spezielle Anforderungen:
Rohdichte mind. 1000 kg/m³
Biegefestigkeit mind. 9 N/mm²

8.7.3.2. Holzwolle-Leichtbauplatten (HWL-Platten)
(DIN 1101, Ausg. 11.89)

Herstellung aus Holzwolle mit mineralischen Bindemitteln, wie Magnesitbinder („Heraklith": Firmenbezeichnung magnesiagebundener Platten) oder Zement.

Vorbehandlung der langfaserigen nach Norm geschnittenen Holzwolle mit Tränkstoffen zur Verbesserung der Bindemittelhaftung (Mineralisierung) sowie zum Schutz gegen pflanzliche und tierische Schädlinge. Die Platten werden bei hoher Temperatur gepreßt und getrocknet.

---

*) s. Abschn. 8.8.2.2.

Plattendicken: 15, 25, 35, 50, 75, 100 mm; Plattengrößen: 500 × 2000 mm.

Holzwolle-Leichtbauplatten (DIN 1101) gelten gem. DIN 4102, T. 4, als schwer entflammbar (Klasse B 1).

Ferner Mehrschicht-Leichtbauplatten aus einer Schicht Dämmstoff (Hartschaum oder Mineralfasern) und einer ein- (Zweischichtplatten) oder beidseitigen (Dreischichtplatten) Schicht aus mineralisch gebundener Holzwolle – nachstehend auch Hartschaum-ML-Platten (HS-ML) und Mineralfaser-ML-Platten (Min-ML) oder, zusammenfassend, ML-Platten genannt, Deckschichtstärken 5 oder 10 mm.

Über die Verwendung von Holzwolle-Leichtbauplatten und Mehrschicht-Leichtbauplatten sind in der DIN 1102 bzw. 1104, T. 2, Richtlinien gegeben:

> Vor dem Einbau Schutz gegen Feuchtigkeit, hochkantiges Tragen, flaches Lagern. Befestigung der Platten im Verband auf Holzrosten mit Nägeln aus nichtrostendem Stahl, auf Mauerwerk durch Vermörtelung. Beim Betonieren Einlegen der Platten in die Schalung mit rückwärtigen Halteschlaufen. Bewehrung der Plattenfugen mit Drahtnetzstreifen zur Vermeidung von Schwindrissen im Putz.

> Ferner Vorschriften für die Verkleidung von Fachwerken, Trennwänden und Dachgeschossen sowie für die Aufbringung von Innen- und Außenputzen. (Bei magnesiagebundenen Platten: Vorsicht bei Berührung mit Metallabdeckungen.)

8.7.4. Holzfaserplatten

(DIN 68 750, Ausg. 4.58, sowie DIN 68 753, Ausg. 1.76)

E DIN EN 622 T 1–5: Faserplatten, allgemeine Anforderungen zur Verwendung im Trocken- und Feuchtbereich

Herstellung der Platten aus mechanisch unter Dampfeinwirkung zerfaserten Holzabfällen durch Zusammenpressung und Entwässerung des Faserbreis. Bindung durch Eigenharze des Holzes bzw. Bitumen bei porösen Platten oder durch Kunstharzzugabe bei harten Platten. (Prüfungen nach DIN 52 350/51.)

> Auch Einarbeiten von Holzschutzmitteln gegen Pilz- und Insektenbefall.

a) Holzfaserdämmplatten (SB.W) (DIN 68 755, Ausg. 7.92)

Im Naßverfahren für Wärme- und Schalldämmzwecke im Bauwesen werkmäßig hergestellte Platten aus Ligno-Cellulosefasern, Bindung der Fasern durch Verfilzung und eigener Verklebungsfähigkeit sowie ggf. durch Zusätze, Rohdichte bis 450 kg/m^3, Dicken bis 20 mm, Wärmeleitfähigkeitsgruppen 0,040 bis 0,070 W/mK, mindestens Brandbaustoffklasse B 2.

Ferner Bitumen-Holzfaserplatten (DIN 68 752, Ausg. 12.74):

„normal" mit 10–15 M.-% Bitumenzusatz, „extra" mit 15 M.-%.

Verwendung

Für Wärme- und Trittschalldämmzwecke.

Ferner für akustische Zwecke zur Nachhallregulierung: Schallschluckende Platten mit gelochter oder geschlitzter Oberfläche (Befestigung durch Nagelung auf Lattenroste) (Abb. 154).

b) Mittelharte und harte Holzfaserplatten
   (DIN 68 754, Teil 1, Ausg. 2.76)

Mittelharte Holzfaserplatten (HFM) $\varrho \geqq$ 350–800 kg/m^3
Harte Holzfaserplatten (HFH) $\varrho \geqq$ 800 kg/m^3 (auch Extrahartplatten HFE, nach besonderem Verfahren)
Dicken 3–16 mm

Typen 20 und 100 je nach Feuchtigkeitsbeständigkeit (s. Abschn. 8.8.2.2. „Holzschutz").

Oberfläche durch Preßdruck glänzend, Rückseite rauh (Siebabdruck).

Abb. 154.

Schallschluckende Holzfaser-
Dämmplatte

Verwendung für Wand- und Deckenverkleidungen.

Ferner Herstellung von kunststoffbeschichteten dekorativen Holzfaserplatten für Möbelbeläge (DIN 68 751, Ausg. 11.87 und 53 799, Ausg. 5.75 u. E 3.84).

Prüfbedingungen: Verhalten gegen Zigaretten, Topfböden, Wasserdampf, Lichtechtheit, Fleckenempfindlichkeit.

8.8. Holzschutz

Richtlinien über die erforderlichen Maßnahmen sind in DIN 68 800, Teil 1–5, Ausg. 74–92, „Holzschutz im Hochbau" sowie in DIN 52 175, Ausg. 1.75, „Holzschutz, Begriffe, Grundlagen" und DIN 68 805, Ausg. 10.83, „Schutz des Holzes von Fenstern und Außentüren", gegeben.

Neu eingeführt ist DIN EN 335 T 1, Ausg. 9.92: Dauerhaftigkeit von Holz und Holzprodukten; Definition von Gefährdungsklassen für einen biologischen Befall; Teil 1: Allgemeines, DIN EN 335 T 2; Ausg. 10.92: Teil 2: Anwendung bei Vollholz, DIN EN 335 T 3; Ausg. 3.92: Anwendung bei Holzwerkstoffplatten, und DIN EN 460, Ausg. 10.94: Dauerhaftigkeit von Holz und Holzprodukten; Dauerhaftigkeitsklassen und Gefährdungsklassen, DIN EN 350-1, 10.94: Dauerhaftigkeit von Holz und Holzprodukten; Natürliche Dauerhaftigkeit von Vollholz; Grundsätze für die Prüfung und Klassifikation. DIN EN 350-2, 10.94: Leitfaden für die natürliche Dauerhaftigkeit und Tränkbarkeit von ausgewählten Holzarten von besonderer Bedeutung in Europa. DIN EN 599 T 2, Ausg. 8.95: Dauerhaftigkeit von Holz und Holzprodukten; Anforderungen an Holzschutzmittel, wie sie durch biologische Prüfungen ermittelt werden.

Der Holzschutz befaßt sich mit der Verhinderung der Zerstörung von Holz und Holzwerkstoffen durch Insekten und Pilze sowie mit vorbeugenden Maßnahmen gegen Feuer.

Die Erhaltung der Güte des Holzes durch sachgemäßen Einbau und Schutzbehandlung ist im Hoch- und Ingenieurbau eine gleichwichtige Aufgabe wie der Korrosionsschutz bei Metallen. Die erforderlichen baulichen und chemischen Maßnahmen sind daher bereits bei der Planung und Ausschreibung von Holzkonstruktionen zu berücksichtigen!

8.8.1. Holzzerstörer

8.8.1.1. Insekten

Entwicklungsstadien: Ei – Larve – Puppe – Vollinsekt.
Die Holzzerstörung erfolgt fast nur durch die Fraßtätigkeit der Insektenlarven (außer bei Termiten).

a) Frischholzinsekten (Stamm- und Holzlagerschädlinge)

Holzwespen, Borkenkäfer und Bockkäfer verschiedener Art. Mit Frischholz in Bauten einschleppbar, jedoch dort keine Vermehrung.

b) Trockenholzinsekten (Gebäudeschädlinge)

Hausbockkäfer (Hylotrupes bajulus): Entwicklungszeit der Larve in der Regel 3–5 Jahre. Länge der Larve bis 30 mm. Nur im Nadelholz auftretend (Kiefern- und Lärchenkernholz selten angreifend, wohl aber Reifholz der Fichte). Holzzerstörung äußerlich nicht erkennbar, nur Fluglöcher. Umfassende Sicherungsmaßnahmen und statische Überprüfung bei Befall erforderlich (behördliche Meldepflicht!).

Poch- oder Nagekäfer (Anobium punctatum): Larve als „Holzwurm" bezeichnet. Erkennbar an kreisrunden Fraßgängen von etwa 2 mm $\varnothing$, auch an ausfallendem Bohrmehl. In Nadel- und Laubholz vorkommend, vielfach in alten Möbeln, besonders in feuchten und kühlen Räumen.

Totenuhr (Xestobium rufovillosum): kcmmt nur in pilzbefallenem Holz vor.

Splintholzkäfer (Lyctus brunneus): Überwiegend in tropischen Importholzarten und im Splintholz einheimischer Laubhölzer vorkommend. Löcher wie Anobien.
Hesperophanes spp.: im Splintholz südeuropäischer Laubhölzer vorkommend.

Termiten (Isopetra): In tropischen und subtropischen Gegenden vorkommend, auch im südosteuropäischen Raum. Fast alle Holzarten befallend. Holzzerstörung äußerlich nicht wahrnehmbar.

Ameisen: Holz nicht als Nahrung, sondern nur als Wohn- und Brutplatz benutzend. In pilzbefallenem Holz regellose Hohlräume, im gesunden Holz nur Ausfressen der Frühholzringe.

8.8.1.2. Im Meerwasser lebende Schädlinge

Bohrasseln (Krebsart). Etwa 3 mm groß, Holzabbau von außen nach innen fortschreitend.

Schiffsbohrwurm (Muschelart). An unseren Küsten bis 40 cm Länge, Gänge bis 10 mm $\varnothing$. Zerstörung von außen nicht erkennbar.

8.8.1.3. Pilze

Das äußere Erscheinungsbild der holzabbauenden Tätigkeit von Pilzen wird als „Fäulnis" bezeichnet. Abnorme Feuchtigkeit ist Wachstumsvoraussetzung holzzerstörender Pilze. Keine Entwicklungsfähigkeit in Holz mit $\leq$ 20% Feuchte (mit Ausnahme des Echten Hausschwamms) und in saftgefülltem Holz (Sauerstoffmangel). Befallene Hölzer können Ursache der Zerstörung gesunden Holzes sein.

Biologie der Fäulnispilze (Entwicklung und Fortpflanzung)

Fadengeflecht

Die Fäulnispilze bestehen aus Zellfäden (Hyphen), die in ihrer Gesamtheit als Pilzgeflecht (Myzel) bezeichnet werden. Die Nahrungsaufnahme erfolgt durch Abbau der Holzzellen infolge zersetzender Ausscheidungen an den Zellfädenspitzen (Fäulnisbildung). Ausnahme: Bläuepilz (vom Zellinhalt lebend).

Nach dem Auftreten des Myzels wird unterschieden zwischen Oberflächenmyzel, das besonders an der lichtabgewandten Seite des Holzes gewebe- und wurzelartig verläuft, und dem im Inneren des Holzes wachsenden Substratmyzel, dessen Anwesenheit oft nur an der auf der Lichtseite des Holzes auftretenden Fruchtkörperbildung erkennbar ist.

Unterscheidung der Fäule nach der Zerstörungsart:

Destruktionsfäule (Braunfäule): Substanzzerstörung durch Abbau der weißen Zellulose unter Verbleib des braunen Lignins (würfelartiger Zerfall des Holzes).

Korrosionsfäule (Weißfäule): Allgemeiner Abbau des Lignins (Zellgerüst bleibt erhalten).

Moderfäule: Langsam wirkende Zerstörung (Aushöhlung der Zellwände) durch niedere Pilzarten bei hoher Dauerfeuchtigkeit (modrig-weich werdendes Holz, z. B. bei Rieselwerk in Kühltürmen).

„Trockenfäule" ist eine irreführende Bezeichnung:

Durch abgestorbene Naßfäulepilze oder Hausschwamm braunfarbiges, würfelförmig zerstörtes Holz (Destruktionsfäule).

Fruchtkörper

Nach starker Entwicklung des Myzels, meist an der Lichtseite des Holzes hervortretende „Pilze bzw. Schwämme" (Sporenausstreuung): Das Auftreten von Fruchtkörpern ist ein Zeichen bereits fortgeschrittener innerer Zerstörung! (Abb. 156).

Hauptsächliche Pilzarten

Nach dem Vorkommen werden unterschieden:

a) Stammfäule

Infektion über Astabbrüche und Wundstellen im Splint- und Kernholz (z. B. Baumschwämme, Halimasch).

Abb. 155.

Echter Hausschwamm

Abb. 156.

Ausbreitung des Hausschwamms (nach GIESEKING):
Samen (Sporen) keimen bei günstiger Feuchtigkeit und Temperatur (Pfeilkennzeichnung). Fruchtkörperbildung im Stadium der Reife. Durchwachsung des Mauerwerks bei Suche nach neuer Nahrung

b) Lagerfäule

An lagerndem Holz, Zaunpfählen, Masten, Schwellen auftretend. Unterschiedliche Fruchtkörper.

c) Hausfäule

Vorwiegend unter Dach verbautes Holz befallend.

Echter Hausschwamm (Abb. 155, 156, S. 373). Wattiges und hautartiges Oberflächenwachstum an der lichtabgewandten Seite des Holzes mit wurzelartigen Strängen. Besonders gefährlich, da auch an halbtrockenem Holz wachsend (20–30% Feuchte) und sich über trockenes Holz ($\leqq$ 20% Feuchte) hinweg ausbreitend.

Die Ausbreitung erfolgt auch auf und durch mangelhaftes Mauerwerk. („Mauerschwamm" gibt es nicht, da hier kein Nährboden vorhanden.) Längeres Überdauern des Hausschwamms bei Trockenheit.

Weißer Porenhausschwamm (nach porigen Fruchtkörpern benannt). Ähnlich Hausschwamm, jedoch weißes Myzel und Stränge. Nur bei hoher Feuchtigkeit lebend.

Kellerschwamm (brauner Warzenschwamm), mit anfänglich weißlich gelblichem Myzel, wird im Alter dunkel- bis schwarzbraun, benötigt hohe Holzfeuchte (50–60 M.-%, befallenes Holz zeigt typischen Würfelbruch, stirbt bei Austrocknung ab).

Bläuepilz. Das unmittelbar nach der Fällung sowie an verbautem Holz bei Wiederbefeuchtung die Zellen durchwachsende Myzel bewirkt Blaufärbung des Holzes. Keine Beeinträchtigung der Festigkeitseigenschaften. Hauptsächlich im Splintholz der Kiefer vorkommend.

8.8.2. Vorbeugender baulicher Holzschutz gegen Fäulnis

8.8.2.1. Konstruktive und bauphysikalische Maßnahmen

a) Einbaufeuchte

Holz- und Holzwerkstoffe sollen mit dem Feuchtegehalt eingebaut werden, der während der Nutzung als Mittelwert zu erwarten ist (DIN 1052, Teil 1). Halbtrockenes Holz darf nur unter Bedingungen eingebaut werden, die die baldige Austrocknung sicherstellen (anfangs insbesondere auch keine luftabsperrenden Farbanstriche und Fußbodenbeläge).

An Bauhölzern, auch an Brettern und Schwarten, müssen vor dem Einbau Rinde und Bast entfernt werden. – Gegen Insekteneinwirkung sind bauliche Maßnahmen nicht möglich.

Der Feuchtegehalt darf sich während Transport und Lagerung nicht nachteilig verändern: Abdecken gegen Niederschläge, Schutz vor Bodenfeuchtigkeit und bei Montage Schutz vor Baufeuchte, z. B. auch beim Stapeln.

b) Feuchteeinwirkung im Einbauzustand

Niederschläge. Vermeiden von Feuchteansammlungen auf Holzkonstruktionen und Verhinderung des Eindringens von Wasser an Verbindungsstellen, z. B. bei Verschalungen, bei Anschlüssen von Fenstern und Türen, Verankerungen von Holzstützen.

Feuchträume. Ausreichende Belüftung nicht unterkellerter Räume. Keine direkte Feuchtebeanspruchung (Duschen, Waschräume), insbesondere an Schnittkanten.

Bauwerksfeuchte. Schutz gegen aufsteigende Bodenfeuchtigkeit sowie gegen Bauwerksfeuchte durch Unterlegen von Balkenauflagen mit Sperrbahn, auch bei Fußböden. Balkenköpfe belüftet vermauern, keine Umhüllung mit Sperrschicht!

Tauwasserbildung. Verbesserung des Wärmeschutzes an Kältebrücken. Beachtung der Schichtenfolge in Wänden: Abnehmen des Diffusionswiderstandes in Richtung des Dampfdruckgefälles! Hinterlüftung bei dampfdichter Außenhaut von Dächern und z. B. kunststoffbeschichteten Außenwänden.

Hinsichtlich zusätzlicher Behandlung mit Holzschutzmitteln bei vorstehenden Gegebenheiten siehe Abschnitt 8.8.3.3., S. 380.

8 8.2.2. Anforderungen an die Feuchtebeständigkeit von Holzwerkstoffen

Hinsichtlich Feuchtebeständigkeit der Holzwerkstoffe wird nach DIN 68 800, T. 2, Ausg. 5.96, zwischen Holzwerkstoffklassen – 20 – 100 u. 100 G – unterschieden.

Die Tafel zeigt die Höchstwerte der Feuchte der Holzwerkstoffklassen, die während des Gebrauchszustandes nicht überschritten werden dürfen.

Holzwerkstoff-klasse	Max. Feuchte in M.-% bezogen auf das Darrgewicht im Gebrauchszustand
20	15 (Holzfaserplatten 12)
100	18
100 G	21

Für die häufigsten Anwendungsfälle sind in Tabelle 2 der DIN 68 800, T. 2, die erforderlichen Holzwerkstoffklassen aufgeführt.

8.8.3. Vorbeugender chemischer Schutz von Vollholz
(DIN 68 800 T 2, 5.96; T 3, 4.90; T 4, 11.92)
und Holzwerkstoffen
(DIN 68 800, T. 5, Entw. 1.90)

mit Festlegung von Gefährdungsklassen in Abhängigkeit der Holzresistenzklassen nach DIN 68 364, Anwendungsbereiche und Anforderungen an Holzschutzmittel *nach DIN EN 335 T 2 Entscheidungsabfolge für Gefährdungsklasse und Schutzmaßnahme*

8.8.3.1. Holzschutzmittel (Imprägniermittel)

Die Anwendung der Holzschutzmittel beruht auf einer Durchdringung der Holzfaser mit öligen Schutzmitteln oder wasserlöslichen Salzverbindungen, die auf holzzerstörende Pilze und Insekten eine Giftwirkung haben.

DIN EN 20–22, 46–49, 84, 113, 117, 118, 152, 252, 273, 370: Holzschutzmittel gegen Insekten, Pilze und marine Organismen, vorbeugend und bekämpfend, Eigenschaften und Wirksamkeitsprüfungen.

Die Wahl des Schutzmittels erfolgt nach der vorhandenen oder zu erwartenden Feuchtigkeit, nach den Möglichkeiten der Schutzausführung sowie nach der voraussichtlichen Wirksamkeitsdauer des Schutzmittels.

Es dürfen nur amtlich zugelassene Holzschutzmittel verwendet werden, unter Beachtung der in den Prüfbescheiden angegebenen Bestimmungen hinsichtlich der Verwendbarkeit in Aufenthaltsräumen und in Lagerräumen für Lebens- und Futtermittel (s. Abschn. c und d).

Nach der Verteilung der Schutzmittel im Holz werden nach DIN 52 175 (Ausg. 1.75) unterschieden:

Oberflächenschutz: Eindringtiefe nicht angestrebt.

Randschutz: Eindringtiefe in der Größenordnung von Millimetern.

Tiefschutz: Eindringtiefe in der Größenordnung von Zentimetern (nicht unter 1 cm).

Teilschutz: Auf gefährdete Stellen beschränkter Tiefschutz.

Bei der Fertigung von Holzwerkstoffplatten Einarbeitung von Schutzstoffen (DIN 68 800, Teil 5, Ausg. 5.78).

Das Imprägnierverfahren (s. Abschn. 8.8.3.2.) wird sich nach den zu erwartenden Gefahrenstufen (geringe bis starke Gefährdung) richten.

Holzschutzmittelarten

(E DIN EN 599 T 1 u. 2; 4.92: Anforderungen an Holzschutzmittel)

a) Schutzöle und lösemittelhaltige Präparate

Wasserabweisend und nicht auslaugbar. Besonders geeignet für der Witterung ausgesetzte Hölzer. Imprägnierung i. allg. nur bei trockenem und halbtrockenem Holz.

Steinkohlenteer-Imprägnieröl. Anwendung nur im Kesseldruckverfahren für Schwellen, Maste und im Wasserbau (Tiefschutz).

Karbolineum. Dünnflüssige Steinkohlenteerölpräparate zum Streichen, Spritzen, meist Tauchen (Randschutz). Starker Eigengeruch.

Weitere ölige Schutzmittel
Chlornaphthalin-Präparate, stark riechend (nicht in bewohnten Räumen). Ferner mit pilz- und insektenwidrigen Wirkstoffen versehene farblose oder gefärbte wiederverdunstende Mineralöle; auch als Anstrichgrundierung bei Fenstern mit fäulnisschützenden und bläuewidrigen Eigenschaften (s. Abschn. 11.1.2a). Lösemittelhaltige Präparate können auch für verleimtes Holz, z. B. Brettschichtholz vor Verleimung, verwendet werden, pentachlorphenolhaltige Mittel jedoch im Aufenthaltsbereich von Mensch und Tier unzulässig.

b) Schutzsalze

Die Wirksamkeit der Eindringung wasserlöslicher Schutzsalze beruht auf dem Lösungsausgleich (Diffusion) zwischen der Salzlösung und der Feuchte im Holz. Verwendung nur bei halbtrockenem und frischem Bauholz. Salzlösungen sind geruchfrei. Deckende Anstriche mit verträglichen Farben möglich.

Löslich bleibende Salze („mobile Salze") finden bei Holz Verwendung, das vor und nach dem Einbau witterungsgeschützt ist.

Holz, das stärkerer Auswaschung unterliegt, erfordert die Verwendung „fixierender Salzgemische", die nach dem Eindringen im Holz schwer wasserlösliche („immobile") Verbindungen bilden.

Das tiefere Eindringen von Salzlösungen wird durch größere Eigenfeuchte des Holzes gefördert. Die in der Randzone gespeicherte Salzmenge muß daher genügend groß sein.

Chemische Zusammensetzung der Salze

Die Grundstoffe der in ihrer Wirkungsweise und Löslichkeit unterschiedlichen Salze sind zumeist Fluorverbindungen. Nach der Auslaugbarkeit sind im wesentlichen zu unterscheiden:

1) Auswaschbare Salze:
   SF-Salze (**S**ilico**f**luoride) und HF-Salze (**H**ydrogen**f**luoride), ferner B-Salze (**B**or-Salze).

2) Fixierende Salze:
   CF-Salze (**C**hrom-**F**luor-Salzgemische). Schwer auslaugbar werdend.
   – Früher „U-Salze" genannt: **U**nauslaugbarkeit angenommen –

3) Witterungsbeständige, hochfixierende Salze:
   CFA-Salze (**C**hrom-**F**luor-**A**rsen-Basis). – Früher „UA-Salze" – Nicht in Aufenthaltsräumen von Menschen und Tieren verwendbar; sowie CKA – Salze (Alkalichromate, Kupfer, Arsen).

   Auch andere Verbindungen ohne das hochgiftige Arsen, z. B. CKB (Chrom/Kupfer/Bor), CFK (Chrom-Fluor/Kupfer), CK (Kupfersalze, Alkalichromate), CFB (Borfluoride Alkalichromate).

c) Kennzeichnung der Holzschutzmittel

Es sind nur Holzschutzmittel zugelassen, die im amtlichen „Verzeichnis der Holzschutzmittel" enthalten sind (etwa 300 Fabrikate).*)

Die Kennzeichnung der Mittel erfolgt nach deren wirksamer Anwendung, z. B. nach pilzwidriger (fungizider) und insektenwidriger (insektizider) Wirkung:

---

*) Bezug durch Institut für Bautechnik, Reichpietschufer 72/76, 10785 Berlin.

P	=	wirksam gegen Pilze (Fäulnisschutz)
Iv, Ib	=	wirksam gegen Insekten (Iv vorbeugend, Ib bekämpfend)
(Iv)	=	nur bei Tiefschutz gegen Insekten vorbeugend
F	=	zur Schwerentflammbarmachung des Holzes (Feuerschutz)
E	=	wirksam bei extremer Beanspruchung, z. B. Erdkontakt oder unter Wasser

Nach Verwendung: z. B.

S	=	Auch zum Streichen, Spritzen, Tauchen geeignet
W	=	Für der Witterung ausgesetztes Holz (nicht bei Erdberührung und Gewässern)
St	=	zum Streichen und Tauchen, sowie Spritzen in stationären Anlagen

Bezeichnungsbeispiel für kombinierte Mittel: P Iv S

K_1	=	behandeltes Holz führt nicht zu Lochkorrosion bei Chromnickelstahl.

d) Umgang mit Holzschutzmitteln

Für die Aufbewahrung und Anwendung von Holzschutzmitteln gilt hinsichtlich deren toxischer (giftiger) Wirkung das im amtlichen Holzschutzmittelverzeichnis enthaltene „Merkblatt für den Umgang mit Holzschutzmitteln".

Beachtung der Reizwirkung auf Haut, Augen und Atmungsorgane. (Größte Reinlichkeit! Einkremen der Haut, Spezialhandschuhe, Augenschutz sowie Atmungsschutz bei Sprühverfahren.)

Je nach verwendetem Schutzmittel sind folgende mögliche Einflüsse auf andere Baustoffe zu berücksichtigen.

Wasserlösliche Schutzmittel: Korrosionsförderung an Metallteilen.
Fluorhaltige Schutzmittel: Gefährdung von Glas und von Keramikglasuren, z. B. beim Sprühen.
Ölhaltige Schutzmittel: Lösung von Kunststoffen, z. B. Dämmstoffe und elektrische Isolierungen.

Bei Holzverleimungen muß (gemäß DIN 1052, DIN 68 602 u. DIN 68 140/41) die Verträglichkeit mit dem Holzschutzmittel nachgewiesen sein. Ebenfalls soll bei Holzanstrichen die Gebrauchsanweisung des Herstellers bzw. der Prüfbescheid Auskunft über die Zulässigkeit geben.

8 8.3.2. Einbringverfahren

Die Wahl des Einbringverfahrens richtet sich nach dem Einsatzzweck.

Kernholz ist weniger aufnahmefähig als Splintholz. – Fichten nehmen Schutzmittel schwer auf.

Die Holzschutzmittelmengen richten sich nach Art des Holzes, des Schutzmittels und des Einbringverfahrens und werden bei Tiefschutz in kg/m^3 des Holzvolumens und bei Randschutz in g bzw. ml/m^2 der Holzoberfläche angegeben. (Bei wasserlöslichen Mitteln auf das Salz bzw. auf das unverdünnt gelieferte Konzentrat bezogen.)

Einbringmenge siehe DIN 68 800, T. 3, Tabelle.

a) Oberflächen- und Randschutzverfahren

Streichen, Spritzen, Tauchen

Beim Streichen und Spritzen mindestens zwei Arbeitsgänge (jeder Auftrag satt bis zum Ablaufen, nächster Auftrag erst nach Abtrocknen der Oberfläche). Die Tauchzeit beträgt je nach erforderlicher Mindestmenge und Tiefenwirkung Sekunden bis Minuten, bei höherer Aufnahme ebenfalls in zwei Arbeitsgängen (Abb. 157, S. 378).

Bei Schutzmittelauftrag vor der Bearbeitung des Holzes ist eine Nachbehandlung der Schnittstellen erforderlich!

Nachteile des Randschutzes: Eine zu erwartende Trockenrißbildung des Holzes erfordert im Bauwerk eine meist nur unter erschwerten Umständen ausführbare und daher oft unterlassene Nachbehandlung nach 1–2 Jahren zum Schutz gegen Eindringen von Pilzsporen und Eiablage von Insekten.

Abb. 157.

Randschutz durch Trogtränkung

b) Tiefschutzverfahren

Trog- und Einstelltränkung

Untertauchen bzw. Einstellen gefährdeter Teile bis zu mehrtägiger Dauer, je nach Holzart, Holzschutzmittel und Feuchtigkeitsgehalt. Zur Beschleunigung meist bei öligen Schutzmitteln auch Heiß-Kalt-Tränkung.

Kesseldrucktränkung

Einbringen des entrindeten und zugeschnittenen Holzes (Schwellen, Masten, Grubenholz, Bauholz) auf Gleiswagen in Druckkessel: Nach Erzeugung eines Unterdrucks erfolgt Einpressung des Schutzmittels unter hohem Druck (etwa 10 bar), sowie bei Teeröl anschließende Kurzevakuierung zur Trocknung der Holzoberfläche (Abb. 160 Volltränkung).

> Ferner Spartränkung für Teerölimprägnierungen: Durch Einpressen von Luft vor der mit höherem Druck erfolgenden Nachpressung von Teeröl wird das in den Zellhohlräumen befindliche Öl wieder ausgetrieben (nur Zellwände imprägniert: Verbrauch der halben Ölmenge gegenüber Volltränkung).
>
> Auch andere Tränkverfahren je nach Gegebenheiten üblich.

Saftverdrängung

Anwendung zur Vollimprägnierung des Splintes, insbesondere von saftfrischem Fichtenholz, dessen bei Trocknung sich schließende Zellverbindung (Hoftüpfel) eine spätere Imprägnierung erschwert.

> Einpressen einer Schutzsalzlösung bei berindeten Stämmen durch Aufsetzen einer Kappe am Wurzelende. (Gleichzeitiger Anschluß zahlreicher Stämme an Druckleitung.) Durchtränkungsdauer 5 bis 7 Tage (BOUCHERIE-Verfahren, Abb. 158).
>
> Ferner beschleunigende Verfahrensweisen durch Einlagern entrindeter Stämme in Salzlösungen unter Anwendung von Saug- und Druckkappen an beiden Stammenden (Trogdrucksaug-Verfahren).

Diffusionstränkung

Bei frischem und feuchtem geschälten Holz mehrmonatige Einlagerung in abgedeckten Stapeln nach Behandlung mit Salzgemisch (Pasten) von hoher Konzentration („Einpökeln" (Abb. 159)).

c) Teilschutzverfahren

Einbringen stärkerer Schutzmittelmengen in besonders gefährdete Zonen:

Bandagen mit Salzpasten in der Erd-Luft-Zone von Leitungsmasten (Außenschutz durch eine gegen das Erdreich abdichtende Folie): Allmähliches Eindiffundieren des Salzes in den erdfeuchten Teil des Holzes.

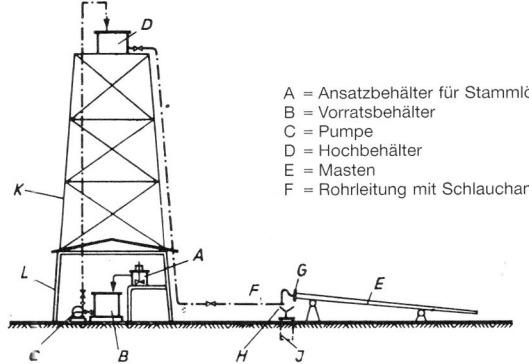

A = Ansatzbehälter für Stammlösung
B = Vorratsbehälter
C = Pumpe
D = Hochbehälter
E = Masten
F = Rohrleitung mit Schlauchanschlüssen

G = Anschlußkappen für Masten
H = Rinne für Tropfflüssigkeit
J = Auffangtopf
K = Hochgerüst
L = Salzlager

Abb. 158.

Saftverdrängungsverfahren an Fichte
(BOUCHERIE-Verfahren)

C = Bestreichen der geschälten Stämme mit Paste
D = Stapelung der behandelten Stämme
E = Wasserdichte Abdeckung
F = Imprägnierte Stämme nach 2–3 Monaten

Abb. 159.

Osmose-Verfahren (Diffusionstränkung)

Abb. 160.

Kesseldruckverfahren

Bohrlochbehandlung im Bereich der Holzverbindungen namentlich im Freien: Einbringen öliger Schutzmittel oder meist von Salzpasten in Bohrungen (Beachtung von Querschnittsschwächungen!). Einpressen flüssiger Mittel auch unter Verwendung aufschraubbarer Druckflaschen (Presserverfahren). Ferner Einlagerung von Pasten in Schnittverbindungen.

d) Nachweis der Schutzausführung

Die Überprüfbarkeit bzw. Überprüfung der als „Baunebenleistung" getätigten chemischen Holzbehandlung ist eine wichtige Voraussetzung für die Abnahme der den Bestand des Bauholzes zu gewährleistenden Holzschutzmaßnahmen.

Chemische Holzbehandlungen sollen nur durch erfahrene Unternehmer (Mitglieder von Güteschutzverbänden) erfolgen:

> Ausführungsangaben an sichtbarer Stelle des Bauwerks (Firma, Datum, Holzschutzmittel, Menge in g/m^2 bzw. kg/m^3 und Verarbeitungsart) bzw. Abgabe einer Gewährleistungserklärung, aus der auch die Dauer der Wirksamkeit des Holzschutzmittels und das Erfordernis einer Nachbehandlung hervorgeht.

Die Beurteilung der Imprägnierung (Art und Tiefenverteilung) kann mit Reagenzmitteln der Lieferfirma des Schutzmittels durch Kontrollanschnitt oder durch Bohrkernprobe nach DIN 52161 erfolgen (Verfärbung der Querschnittsflächen s. Abb. 161). Wesentlich ist hierbei die Miterfassung der Trockenrisse sowie der konstruktiven Gefahrenpunkte. Quantitative Feststellungen erfordern chemische Untersuchungen im Laboratorium.

> Für die Prüfung der Holzschutzmittel hinsichtlich Wirkungsweise und Eindringvermögen sind Richtlinien in DIN 52160– 52168, 52172, 52175/76, 52179 gegeben.

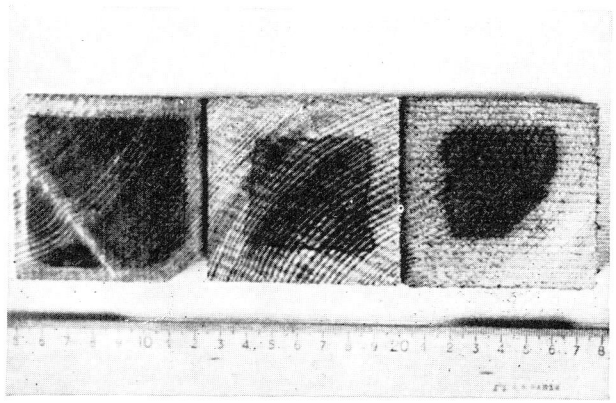

Abb. 161.

Nachweis der Eindringtiefe mit Reagenzien

8.8.3.3. Anwendung der Holzschutzmittel im Bauwerk

Das für die Standsicherheit des Bauwerks wirksame Holz muß vorbeugend geschützt werden. Für das übrige Bauholz ist ein vorbeugender Holzschutz zweckmäßig.

> Anweisungen und Empfehlungen nach DIN 68800 „Holzschutz" und in VOB, DIN 18334 „Zimmerarbeiten".

Bei nachträglicher Bearbeitung von schutzmittelbehandeltem Holz sind Schnittflächen erneut zu schützen. Nach dem Einbau chemisch zu behandelndes Holz muß an den Schnittflächen vor dem Zusammenbau behandelt werden.

Gegen Pilze

Bei geschlossenen Bauwerken müssen außer den getroffenen baulichen Maßnahmen alle Holzteile, die mit Mauerwerk und Beton in Berührung kommen – Balkenköpfe bis 20 cm über das Auflager hinaus –, mit Holzschutzmitteln (bei salzhaltigen Mitteln besonderer Konzentration) behandelt werden. Diese Notwendigkeit ergibt sich auch bei Hölzern unter dichter, wenig dämmender Dachhaut (Tauwasserbildung).

Bei nichtunterkellerten Gebäuden sowie bei Holzlagen im Bereich von Waschbecken, in Küchen oder Aborten, ist Tiefschutz erforderlich!

> Empfohlen wird u. a. die allseitige Behandlung von Lagerhölzern auf massiven Geschoßdecken sowie der Unterseiten und Seitenkanten von Fußbodenbrettern. Ferner die Rückseiten von Türbekleidungen sowie Tiefschutz von Holzdübeln und gefährdeten Kellerverschlägen.

Bei allen nicht überdachten Bauwerken ist bei tragenden Holzteilen Tiefschutz erforderlich sowie eine Sonderbehandlung der Trockenrisse, besonders an waagerecht liegenden Kanthölzern!

Gegen Insekten

Alle Holzteile des Daches, einschließlich der Verschläge und der Holzfußboden, bedürfen einer Schutzbehandlung.

Bei nicht überdeckten Holzteilen allgemein Tiefschutzbehandlung.

8.8.4. Bekämpfungsmaßnahmen bei Befall (DIN 68 800 Teil 4, Ausg. 11.92)

Pilzbefall

Beseitigung der Feuchtigkeitsquellen. Ferner, unter Beachtung der erforderlichen statischen Sicherheit, Abbeilen bzw. Ausbau des befallenen Holzes bis zu 1 m über die Befallstelle hinaus – und geordnete Entsorgung. (Nicht als Brennholz einlagern!)

Entfernen durchwachsenen Füllmaterials. Abschließen des Mauerwerks durch Zementputz unter Zusatz eines (kalkunempfindlichen) Holzschutzmittels sowie Schutzmittelbehandlung der neueingebauten und der angrenzenden gefährdeten Hölzer.

Insektenbefall

Bei Hausbock Abbeilen oder Auswechseln stark befallenen Holzes und sofortige geordnete Entsorgung. (Überprüfen eines Befalls mit elektrischen Abhörgeräten auf Nagegeräusche.) Behandeln der Hölzer im Befallsbereich mit bekämpfenden Holzschutzmitteln. Bei dickeren Hölzern und bei schwerzugänglichen Teilen zusätzliche Bohrlochtränkung.

> Bekämpfung von Insekten auch mittels Heißluft- und Begasungsverfahren.

8.8.5. Vorbeugender Holzschutz gegen Feuer

a) Brandverhalten

Der Abbau eines Stoffes beim Brennvorgang muß als Vergasung und Entzündung durch Hitzeeinwirkungen angesehen werden.

Die bei Holz gleichzeitig von außen nach innen fortschreitende Verkohlung bildet eine die Abbrandgeschwindigkeit verzögernde Schutzschicht mit geringerer Wärmeleitfähigkeit als Holz, die sich bei stärkeren Querschnittsabmessungen durch den Schutz des tragenden „Restquerschnitts" besonders günstig auswirkt, so daß Holzkonstruktionen je nach Gegebenheiten (Verschalung) vielfach als „feuerhemmend" (F 30 oder auch F 60, nach DIN 4102) einstufbar sind.[*]

> Holz in Dicken von mehr als 2 mm ist in die Klasse B 2 (normal entflammbare Baustoffe) eingestuft. Durch chemische Feuerschutzmittel kann die Klasse B 1 (schwer entflammbare Baustoffe) erreicht werden.[*]
>
> Holzwerkstoffe siehe unter Abschn. 8.7.).

---

[*] siehe auch Anhang.

b) Bauliche Maßnahmen

Für die Ausführung der nach den Bauorcnungen geltenden Brandschutzbestimmungen ist die DIN 4102, „Brandverhalten von Baustoffen und Bauteilen", Teil 4, „Einreihung in die Begriffe" maßgebend.

> Durch bauliche Maßnahmen, z. B. Verputz auf Putzträgern, Verkleidung aus Gipskarton-, Sperrholz- oder Holzspanplatten, kann für Holzbauteile die Feuerwiderstandsklasse F 30 oder auch F 60 (feuer-hemmend) erreicht werden.

>> Beispiele für F 30 und F 60 siehe DIN 4102, Teil 4, (Ausg. 3.81). – Diese Bauteile (Wände, Holztafeln, Balken, Türen, Treppen) können ohne besonderen Nachweis in die jeweilige Feuerwiderstandsklasse eingeordnet werden.

c) Chemische Maßnahmen

Schutzmittel auf Salzbasis

Tiefschutz durch Salzlösungen im Kesseldruckverfahren (vorwiegend auf Phosphatbasis) mit feuerhemmendem Charakter: Bei Hitze erfolgt Bildung einer die Flammausbreitung behin-dernden Gasschicht. Anwendung nur für Holz unter Dach. Anwendung auch in Verbindung mit Schutzmitteln gegen Pilze und Insekten (P, Iv, F).

Schaumbildende Mittel

Anstriche mit schaumkrustenbildenden, lasierenden oder farbig pigmentierten Mitteln auf Kunstharzbasis: Verhinderung des Sauerstoffzutritts und wärmedämmende Isolierung gegen Entflammung. Aufbringen der feuerschützenden Mittel, die feuchtigkeitsempfindlich sind, erst nach Behandlung mit anderen Holzschutzmitteln.

Fachschrifttum für die Anwendung:

„Informationsdienst Holz", Arbeitsgemeinschaft Holz e. V., Füllenbachstraße 6, 40474 Düsseldorf.

9. Bitumen und Steinkohlenteerpech (Bituminöse Stoffe)*)

9.1. Begriffe und Herkommen

Die Definition der Begriffe und Benennungen für Bitumen und Teer sind in DIN 55 946, T. 1 u. 2, Ausg. 12.83, neu festgelegt.

Dabei wird nicht mehr Teer als Grundlage der in der Bauindustrie angewandten Stoffe definiert sondern Steinkohlenteerpech.

Bitumen: Produkt der Aufbereitung (Destillation) von hierfür geeignetem Erdöl (Rohöl).

Asphalte: Gemische aus Bitumen und Mineralstoffen. Diese werden vorwiegend technisch herge-stellt, treten aber auch als natürliche Vorkommen auf (Naturasphalt). Anwendung bereits vor 5000 Jahren als Baustoff.

Steinkohlenteerpech: Rückstände der Destillation von Steinkohlenteeren. Konsistenz plastisch bis fest. Steinkohlenteere sind wiederum Destillationsprodukte (Verkokung) der Steinkohle.

Straßenpech (bisher Straßenteer): wird aus Steinkohlenteer-Spezialpech – einem veränderten Stein-kohlenteerpech – mit Hilfe von Lösungsmitteln hergestellt.

Allgemeine Eigenschaften

Bitumen, Teer und Teerpech sind nach ihrer chemischen Zusammensetzung Kohlenwasser-stoffgemische mit temperaturabhängigem (thermoplastischem) Verhalten.

Im Bitumen sind auch Heteroverbindungen mit Schwefel, Stickstoff, Sauerstoff und Metallen enthalten.

Sie sind wasserunlöslich und für wassersperrende Abdichtungen geeignet. Durch ihre geringe chemische Reaktionsfähigkeit haben sie gute Beständigkeit gegen anorganische Säuren sowie gegen Alkalien und salzhaltige Lösungen (aggressive Wässer). Gegenüber organischen Lösungsmitteln reagieren Teer und Bitumen jedoch unterschiedlich.

Bitumen ist biologisch unschädlich (Anwendung bei Einrichtungen der Trinkwasserversor-gung).

Mit zunehmender Abkühlung des Bitumens Übergang vom plastischen zum elastischen Verhalten.

Bitumen ist in Erdölfraktionen (z. B. Benzin) und in Teerölen (z. B. Benzol) sowie in einer Reihe anderer organischer Mittel (Schwefelkohlenstoff, Chloroform, Trichloräthylen) löslich.

Teer enthält giftige Stoffe wie u. a. Phenol (Anwendung als Holzschutzmittel oder zur Verhinde-rung des Pflanzendurchwuchses).

---

*) Der Begriff „bituminös" gilt nach DIN 55 946, Ausg. 12.83, nicht mehr für Bitumen und Teer (Steinkohlenteer-pech) gemeinsam.
Bis zur Umstellung der einschlägigen Normen und Vorschriften werden die alten Begriffe angewandt.

Ein Gemisch von Bitumen und Teer ist bis jeweils etwa 40% des einen oder anderen Stoffes möglich.

Dichte des Bitumens ϱ_{25}*$^{)}$ = 1,01–1,07 g/cm^3
Dichte des Straßenteers   = 1,20–1,25 g/cm^3
Dichte der Pechharze   =   –1,60 g/cm^3

Bitumen und Teerpeche sind auch durch geringe Zusätze von Kunststoffen (Polymere) in ihren Eigenschaften modifizierbar.

9.2. Bitumen

9.2.1. Gewinnung

a) Technische Gewinnung

Die technische Gewinnung des Bitumens erfolgt in Erdölraffinerien durch fraktionierte Destillation bitumenhaltiger Erdöle (Mineralöle): Mit zunehmender Temperatur stufenweises Abdestillieren von Leichtölen (Benzin), Mittel- und Schwerölen (Diesel-, Heiz- und Schmieröle) bis zu etwa 350 °C.

Das verbleibende Bitumen stellt stofflich eine kolloidale Mischung von öligen Maltenen niederen Atomgewichtes und hochmolekularen festeren Mizellen dar, die aus Asphaltenen und Harzen bestehen. Das Oxydationsvermögen des Bitumens an der Luft ist äußerst gering.

Bitumenausbeute je nach Herkommen des Erdöls.

> Die Entstehung der in porösen Sedimentgesteinen angereichten Erdöle wie auch der Erdgase wird auf Umwandlungen der Fett- und Eiweißstoffe niedriger Organismen in sauerstofffreien Gewässern mit Fäulnisbakterien zurückgeführt.

b) Natürliche Vorkommen des Bitumens im „Naturasphalt"

Verdunstungsreste von Erdölen in Sedimentgesteinen. Vorkommen in Deutschland südlich von Hannover im Untertagebau mit etwa 3–9% Bitumengehalt und Kalksteinmehlen (z. Zt. für die Herstellung von Asphaltplatten); ferner in Mittelamerika auf der Insel Trinidad in einem Asphaltsee vulkanisch aufsteigend mit über 50% Bitumengehalt + vulkanischer Asche („Trinidad-Epuré" = Gereinigte Rohmasse) und Selenizza (Albanien) mit 85% Bitumengehalt.

9.2.2. Anwendungsformen des Bitumens im Bauwesen

Nach Aufbereitung und Verwendungseigenschaften werden unterschieden:

Bitumen   Bitumenhaltige Bindemittel
Asphalte   Bitumenbahnen

9.2.2.1. Bitumen („Heißbitumen")

a) Destillationsbitumen, vorwiegend unter Vakuumanwendung.

Verarbeitung im dünnflüssigen Zustand bei 120–200 °C.

b) Straßenbaubitumen nach DIN 1995, Teil 1 (Ausg. 10.89)

Je nach Schwerölentzug bei der Destillation gewonnenes weiches bis mittelhartes Bitumen verschiedener Sorten (Härtestufen):

---

*) bei 25 °C gemessen.

B 200 – B 80 – B 65 – B 45 – B 25
← weicher   härter →

Sortenbezeichnung in $^1/_{10}$ mm der Eindringtiefe (Nadelpenetration) einer Stahlnadel bei 25 °C in 5 Sekunden in die Bitumenoberfläche (s. Abschn. 9.2.3.1., S. 388).

z. B. B 200: $^{200}/_{10}$ = 20 mm oder B 25: $^{25}/_{10}$ = 2,5 mm

Zur Verwendung kommen im neuzeitlichen Straßenbau hauptsächlich die mittleren bis härteren Sorten (B 80–B 25) für gewalzte oder gegossene Asphaltbeläge. Die Sorten B 300 und B 15 sind nicht mehr genormt.

c) Bitumen besonderer Aufbereitung

Hochvakuumbitumen (Hartbitumen)

Bei der Destillation unter Vakuum durch Entziehen hochsiedender Öle (Zylinderöl) hergestellt. Harte bis springharte Beschaffenheit, Oberfläche klebfrei. Verwendung vorwiegend für bituminöse Anstriche (Bitumenlacke). HVB 85/95, HVB 95/105, HVB 130/140.

Plastizitätsbezeichnung nach Erweichungspunkt (Ring und Kugel), z. B. 95/105 °C (s. Abschn. 9.2.3.2.).

Oxidationsbitumen (bisher „Geblasenes Bitumen")

Durch Einblasen von Luft in geschmolzenes Destillationsbitumen infolge innerer Umwandlung (Oxydation) besonders wärme- und kälteunempfindliche Bitumensorten mit größerer Plastizitätsspanne und elastischeren Eigenschaften. Verwendung für Dachbahnen und Rohrisolierungen.

Sortenkennzeichnung durch Erweichungspunkt und Penetration, (s. Abschn. 9.2.3.1.).
75/30; 85/25; 85/40; 100/25; 100/40; 115/15; 135/10 (Hartbitumen)

Fällungsbitumen

Durch selektive Fällung mit Löse- und/oder Fällungsmittel aus Destillationsrückständen oder hochsiedenden Destillaten von Erdöl gewonnen.

Industriebitumen

vorzugsweise Oxidationsbitumen in definierten Sorten für Industrie außerhalb des Straßenbaus.

9.2.2.2. Bitumenhaltige Bindemittel

Bitumenlösungen

Fluxbitumen

Fluxbitumen besteht aus Normenbitumen, dessen Zähigkeit (Viskosität) durch langsam verdunstende Verschnittmittel („Fluxöle") herabgesetzt ist, um die Verarbeitung bei niedrigen Temperaturen zu erleichtern. Als Verschnittmittel werden Steinkohlenteeröle und Erdöldestillate verwendet.

Eignung für den Warmeinbau bei kühleren Außentemperaturen. Anwendung nur bei hohlraumreichen Straßenbauweisen, die eine Verdunstung der Verschnittmittel und eine Nachverdunstung zulassen.

Erwärmung bis 90 °C. Vorsichtsmaßnahmen beim Öffnen von Behältern und beim Mischen. (Kein offenes Feuer!)

Fluxbitumen werden nur noch selten im Straßenbau angewandt.

Fluxbitumensorte:
Fluxbitumen FB 500, nach DIN 1995 Teil 2, 10.89, mit einem Erweiterungspunkt Ring und Kugel von mind. 30 °C und einer Nadelpenetration von mind. 100 × 0,1 mm, i. a. jedoch 500 × 0,1 mm.

Kaltbitumen (DIN 1995 Teil 4, Ausg. 10.89)

Herstellung wie Fluxbitumen, jedoch mit leichtflüchtigen Lösungsmitteln (Benzol, Benzin). Durch Haftmittelzusatz auch Verwendung bei feuchtem Gestein. Kaltverarbeitung.

Bei kühlerer Temperatur zunehmende Verdickung. (Untere Verarbeitungsgrenze +5 °C.)

Verwendung für Ausbesserungszwecke. Für Schlämmen mit Füllmassen sowie für Anstriche („Bitumenlack") und für Voranstriche geringerer Konzentration.

Sortenbezeichnung: **Kaltbitumen** DIN 1995-KB

Vorsichtsmaßnahmen: Rauchverbot beim Hantieren mit Behältern. In geschlossenen Räumen Beeinträchtigung der Atmung infolge Sauerstoffverdrängung durch Lösungsmitteldämpfe. Behälter bei Sonnenbestrahlung wegen Überdruckes vorsichtig öffnen!

Bitumenemulsionen

Herstellung durch Dispergierung von erwärmtem Destillationsbitumen (B 200 bis B 45) in heißem Wasser mittels Rührwerk oder Kolloidmühle unter gleichzeitiger Stabilisierung der in der „wäßrigen Phase" freischwebenden Bitumenkügelchen (1–5 μm) mit einem „Emulgator".

Die Oberfläche der Bitumenteilchen überzieht sich hierbei mit einer seifenartigen bzw. eiweißhaltigen alkalischen oder auch mit einer sauren trennenden Substanz. Bitumengehalt der Emulsionen 55–70 M.-%.

Bei Berührung mit der Gesteinsoberfläche erfolgt das „Brechen" (Zerfall) der Emulsion, d. h. das Ineinanderfließen des Bitumens unter Abscheiden des alsdann verdunstenden oder versickernden Wassers. Der Vorgang beruht auf einer Adsorption bei den anionischen Emulsionen bzw. Zerstörung des elektrischen Gleichgewichtes der Bitumenkügelchen (Ladungsaustausch) bei den kationischen Emulsionstypen.

Anwendung der Emulsionen auch auf feuchter Unterlage. Geruchfreie und nicht feuergefährliche Verarbeitung.

Lösungsmittelhaltige Bitumenemulsionen zum Verkleben von Asphaltschichten werden Haftkleber genannt.

Bitumenemulsionen sind zur Zeit nicht genormt.

Für die im Straßenbau gebräuchlichen Emulsionen bestehen „Technische Lieferbedingungen".

Anionische (alkalische) Emulsionen

Emulsionen dieser Art werden als „anionisch" bezeichnet, da durch den alkalischen Emulgator die Oberfläche der Bitumenteilchen eine negative Ladung erhält (die in einem Gleichstromkreis zur positiven Anode wandern würde): Optimale Haftung nur bei „basischem Gestein" (Kalkstein.)*)

Unterschiedliches Brechungsverhalten je nach Stabilisierungsvermögen der verwendeten Emulgatortypen.

U = unstabil
H = halbstabil
S = stabil

Kationische Emulsionen

Bei Verwendung von quarzitischem (saurem) Gestein, das negative Oberflächenladung besitzt, haben die negativ geladenen Bitumenteilchen anionischer Emulsionen nur begrenzte Haftfähigkeit, da die beim Brechen zunächst zwischenliegende Wasserschicht trennend wirkt (s. a. Abb. 162).

Kationische Emulsionen mit positiver Oberflächenladung der Bitumenkügelchen haben dagegen bei Berührung mit quarzhaltigem Gestein negativer Ladung infolge elektrischen Ladungsausgleichs eine unmittelbare Haftung unter Verdrängung der beim Brechen zwischenliegenden Wasserschicht. (Regenfeste Verarbeitung.) Die kationischen Emulsionen sind demzufolge stets unstabil.

---

*) s. a. W. Georgy: Die Baustoffe Bitumen und Teer. Verl.-Ges. Rud. Müller, Köln.

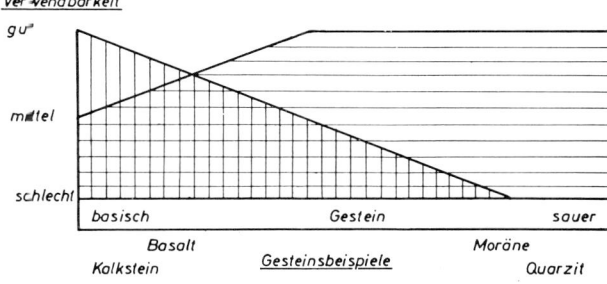

Abb. 162.

Verwendbarkeit anionischer und kationischer Emulsionen

Zur Zeit entsprechend „Technische Lieferbedingungen", Ausg. 1980 nur unstabile Bitumenemulsionen (anionisch U 60, U 70 mit 60 bzw. 70% Bitumengehalt; kationisch U 60 K, U 70 K, M 65 K für Asphaltmischgut, B 65 K für Bodenverfestigung).

Haftkleber 40% Bitumenanteil mit Lösemittel
US = Bitumenemulsion mit verbesserter Hafteigenschaft
F = frostbeständig nach DIN 52 043.

Die Lagerfähigkeit der Emulsion soll mindestens 8 Wochen betragen. Zum Verspritzen z. T. Erwärmung erforderlich.

Nach DIN 1995 Teil 3, 10.89, derzeit genormte Sorten:

Bitumenemulsion DIN 1995 – U 60   (anionisch)
Bitumenemulsion DIN 1995 – U 70   (anionisch)
Bitumenemulsion DIN 1995 – U 60 K (kationisch)
Bitumenemulsion DIN 1995 – U 70 K (kationisch)
Bitumen-Haftkleber DIN 1995 – HK   (lösemittelhaltige Bitumenemulsion)

Polymermodifiziertes Bitumen PmB

durch Kunststoffzusätze (Thermoplaste, Elastomere) Erhöhung des Erweichungspunktes und Erniedrigung des Brechpunktes, Anwendung für hochwertige Asphaltdecken und Dichtungsbahnen.

Technische Lieferbedingungen für polymermodifizierte Bitumen in Asphaltschichten im Heißeinbau TL-PmB, 1991:

– mit heißlagerbeständigem bitumenverträglichem Elastomer nach Tab. A und B (Unterschied in Herstellungsverfahren und Duktilität bei 7 °C)
– mit Thermoplasten nach Tab. C.

Sorten: PmB 80   A   B
         PmB 65   A   B   C
         PmB 45   A   B   C

Bitumen mit Teerzusatz

70–85% Bitumengehalt, besonders gute Klebefähigkeit, TB 65, TB 80.

9.2.3. Prüfverfahren für bitumenhaltige Bindemittel

Die Anforderungen für bitumenhaltige Bindemittel für den Straßenbau sind in DIN 1995 enthalten für:

Straßenbaubitumen – Straßenteere – Straßenteere mit Bitumen – Verschnittbitumen – Kaltteer.

Anforderungen an Bitumenemulsionen und Sonderbindemittel auf Teerbasis enthält z. Zt. nur die Sammlung „Technische Lieferbedingungen für Bindemittel auf Bitumen- und Teerbasis", Stand 1980, der Forschungsgesellschaft für das Straßenwesen.

Die Prüfungen bitumenhaltiger Bindemittel sind beschrieben in DIN 52 000 – DIN 52 048, „Prüfung bituminöser Bindemittel". DIN 52 000 bringt Hinweise für mitgeltende Normen und Unterlagen. Die Probenahme ist in DIN 52 001 geregelt.

Es werden unterschieden: Probenahme aus fest installierten Entnahmevorrichtungen (z. B. Ventile u. ä.) und Probenahme durch Tauchverfahren (z. B. Stechheber).

Die wesentlichen Prüfungen sind nachfolgend beschrieben.

9.2.3.1. Nadelpenetration (DIN 52 010, Ausg. 12.83) *(E DIN EN 1426)*

Festlegung der Bitumenhärte zur Sortenbezeichnung mittels Penetrometer: Eindringen einer mit 100 g belasteten genormten Nadel in die Oberfläche des in ein Blechgefäß eingeschmolzenen Bitumens bei +25 °C in 5 s (Abb. 163).

Die Eindringtiefe der Nadel wird mittels eines aufliegenden Meßfühlers auf eine Rundskala mit $\frac{1}{10}$ mm-Teilung übertragen. Meßspanne (Toleranz) z. B. für B 200: 160–210 ($\frac{1}{10}$ mm).

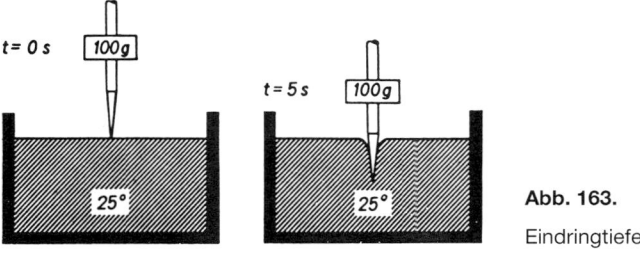

Abb. 163.

Eindringtiefe

9.2.3.2. Erweichungspunkt Ring und Kugel (DIN 52 011, Ausg. 10.86) EP RuK *(E DIN EN 1427)*

Zur Ermittlung der Temperatur, bei der eine definierte plastische Verformung erreicht wird (thermoplastisches Verhalten).

Verformung des in einen Metallring eingeschmolzenen Bitumens durch Belastung mit einer zentrisch aufgelegten Stahlkugel von ≈ 10 mm ∅, bei gleichmäßig steigender Erwärmung (5 °/min) in Wasser (Abb. 164).

Feststellung der Temperatur beim Durchhängen der Kugel bis zur Bodenplatte = Erweichungspunkt (EP).

Beispiele: (Vergleich von Penetration und Erweichung)

         B 200 = EP 37–44° (RuK)
         B   25 = EP 59–67° (RuK)

         Geblasenes Bitumen bis über 100° (RuK)

9.2.3.3. Erweichungspunkt nach Kraemer-Sarnow (DIN 52 025, Ausg. 6.89) EP KS

Nur anwendbar bei Bindemitteln mit EF KS von > 30°.

Belastung der in kurzen Glasröhrchen von 6 mm ∅ eingeschmolzenen Probe mit 5 g Quecksilber unter vorgeschriebener gleichmäßig steigender Wassererwärmung: (Abb. 165).

Erreichen des Erweichungspunktes (EP) beim Durchbrechen des Quecksilbers durch die Proben. Die Werte nach Kraemer-Sarnow (KS) liegen etwa 12–25 °C tiefer als die bei RuK.

9.2.3.4. Brechpunkt nach Fraass (DIN 52 012, Ausg. 8.85) BP Fr

Verhalten des Bitumens bei tiefen Temperaturen (untere Verformungsgrenze):

Genormte (mittels einer Kurbelvorrichtung mechanisch durchgeführte Biegung und Streckung eines dünn mit Bitumen überzogenen Metallblättchens in geschlossenem wärmeisoliertem Gefäß bei gleichmäßig abnehmender Temperatur (1° je min). Feststellung der Temperatur bei Rißbildung: „Brechpunkt nach Fraass" (Abb. 166).

Beispiele: B 200 = –15 °C; B 25 = –2 °C.

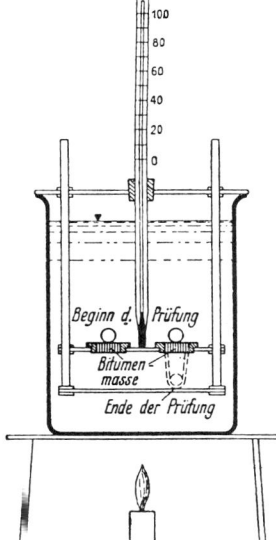

Abb. 164.

Gerät zur Bestimmung des Erweichungspunktes mit Ring und Kugel

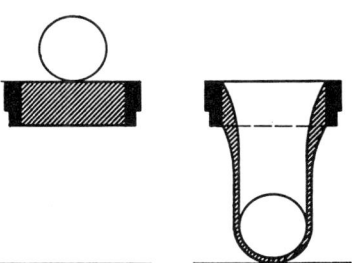

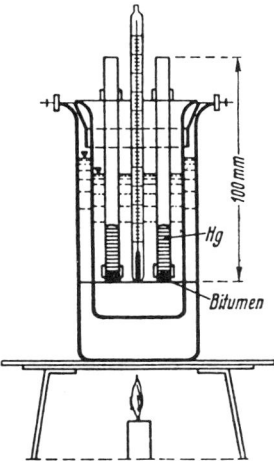

Abb. 165.

Gerät zur Bestimmung des Erweichungspunktes nach
KRAEMER-SARNOW

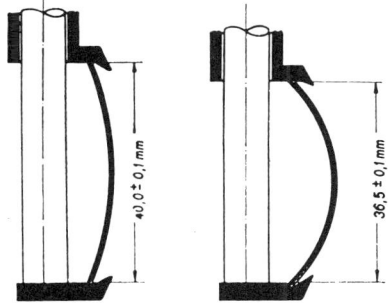

Abb. 166.

Brechpunkt nach FRAASS: Mechanisches Verbiegen eines
bitumenbeschichteten Stahlblattes

9.2.3.5. Duktilität (DIN 52 013, Ausg. 7.85)

Erfassung des Fadenziehvermögens (Streckbarkeit)

Auseinanderziehen eines Prüfkörpers von 1 cm^2 kleinstem Prüfquerschnitt unter Wasser bei 25 °C, 13° und 7 °C und Messen der ausgezogenen Fadenlänge in cm: „Duktilität" (Abb. 167).

Beispiele: B 45 mind. 15 cm; B 25 mind. 5 cm bei 25 °C.

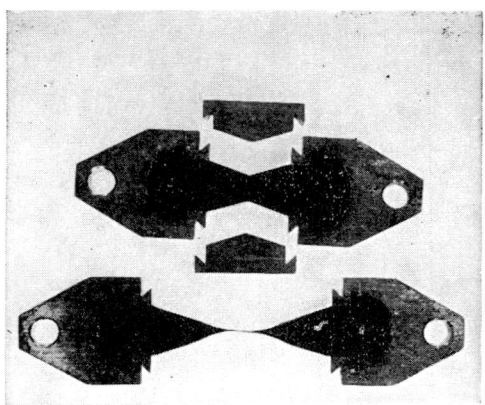

a)

b)

Abb. 167.

Prüfkörper zur Bestimmung der Duktilität (Streckbarkeit) von Bitumen

a) Ausgangszustand
b) Prüfzustand

9.2.3.6. Ausflußzeit mit dem Straßenpech-Ausflußgerät (DIN 52 023, T. 1, Ausg. 6.89)

Die Bestimmung der Ausflußzeit erfolgt bei Steinkohlenteerpechen – Bitumen-Teerpech-Gemischen – Verschnittbitumen – Kaltteeren – Kaltbitumen – Bitumen- u. Teeremulsionen – Haftklebern.

Das Straßenteer-Ausflußgerät (früher Viskosimeter) besteht aus einem in einem Wasserbad zu erwärmenden, mit der Probe zu füllenden zylindrischen Auslaufgerät, dessen am Boden befindliche 10- oder 4-mm-Düse mit einem Kugelverschlußstab abgedichtet wird.

In den unter der Auslaufdüse stehenden Meßzylinder werden aus prüftechnischen Gründen etwa 20 ml Mineralöl gegeben, der Verschlußstab geöffnet und mit einer Stoppuhr die Auslaufzeit festgestellt, die das Bindemittel zwischen der 25 ml- und 75 ml-Marke des Meßgefäßes benötigt (Abb. 168).

U. U. Messung der Temperatur gleicher Ausflußzeit, TGA (DIN 52 023, T 2).

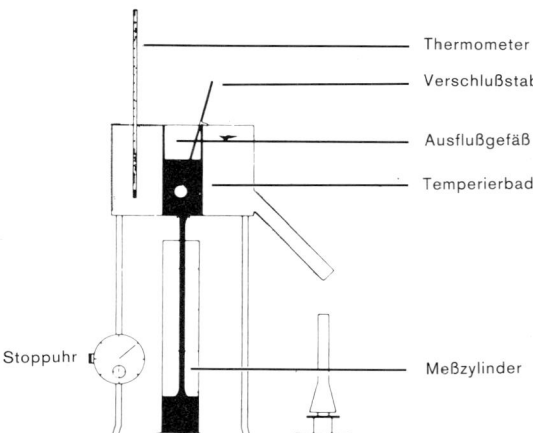

Thermometer

Verschlußstab

Ausflußgefäß

Temperierbad

Stoppuhr

Meßzylinder

Abb. 168.

Straßenteer-Ausflußgerät

9.2.3.7. Weitere Prüfverfahren

Dichte u. Dichteverhältnis (DIN 52 004)

Asche (DIN 52 005)

Unlösliche Anteile (DIN 52 014);

Veränderungen nach thermischer Beanspruchung und weitere Verfahren, s. DIN 1995 Tab. 1–5.

Bestimmung des Splitthaltevermögens von polymermodifiziertem Bindemitteln für Oberflächenbehandlungen (E DIN 52 022, 3.93).

9.3. Steinkohlenteerpeche

9.3.1. Gewinnung

Rohteergewinnung

Die Gewinnung des Rohteeres als Ausgangsprodukt der im Bauwesen verwendeten Steinkohlenteere und Peche erfolgt i. allg. durch Erhitzen zerkleinerter Steinkohle unter Luftabschluß (Verkokung). Die flüchtigen heißen Gase ergeben bei der Abkühlung im Wasserbad (in der sogenannten „Teervorlage") den Rohteer.

Verwendung der sich nicht kondensierenden Gase nach Reinigung als Heiz- und Leuchtgas. Der verbleibende poröse Kokskuchen mit hohem C-Gehalt wird für Hochöfen und kleingebrochen für Heizzwecke verwendet.

Weiterverarbeitung des Rohteers zu Teerölen und Pechen

Stoffliche Zerlegung des Rohteers durch stufenweises Erhitzen („Fraktionierte Destillation"):

Abdestillieren des Wassers, der Leichtöle (u. a. Benzol), der Mittel- und Schweröle sowie über 300 °C der Anthracenöle.

Brikettpech (mittelhart): Rückstand bei 350 °C.

(Benennung nach seiner Verwendung zur Brikettherstellung als Bindemittel.)

Hartpech (hart und spröde): Rückstand bei weiterer Steigerung der Destillationstemperatur.

Die Peche bilden die Grundlage für die Straßenteere und für die Bautenschutzmittel. Sie sind, ähnlich wie Bitumen, hochmolekulare harzartige Kohlenwasserstoffverbindungen, deren bleibende oder vorübergehende Plastizität durch niedermolekulare Öle bewirkt wird.

Die je nach Verwendungszweck erforderlichen Zähigkeitsstufen (Viskositätsstufen) werden durch Zumischen bestimmter Teerölfraktionen erreicht: „Präparierte Teere".

(Die unmittelbare Herstellung der Straßenteere aus Rohteer durch stufenweises Abdestillieren der niedrigsiedenden Öle zu „Destilliertem Teer" wird heute nicht mehr angewandt.)

Steinkohlenteere bzw. -peche sind in Benzol, Toluol, Trichloräthylen, jedoch nicht in Benzin und Mineralölen löslich.

(Nach der Sammlung „Technische Lieferbedingungen für Bindemittel auf Bitumen- und Teerbasis" Ausg. 80.)

9.3.2. Anwendungsformen

Nach Verarbeitungseigenschaften werden unterschieden:

Heißteerpech – Kaltteerpech – Teerpechemulsion

9.3.2.1. Heißteere

Verarbeitung im dünnflüssigen Zustand bei 70 °–140 °C.

a) Straßenpeche T nach DIN 1995, Teil 5, Ausg. 10.89 (bisher „Straßenteere")

Die Straßenpeche werden nach der Ausflußzeit im Straßenpech-Ausflußgerät in 4 Sorten eingeteilt: (s. Abschn. 9.2.3.6.)

T 40–70	T 80–125	T 140–240	T 250–500
← plastischer		zäher →	

Die Grundbestandteile der Straßenpeche sind Pech und das geschmeidig machende Anthracenöl. Die Schwer- und Mittelöle dienen je nach Zähigkeitssorte der Verflüssigung.

b) Bitumenpeche BT nach DIN 1995, Teil 5, Ausg. 10.89 (bisher „Straßenteere BT")

Gemisch von 85% Straßenpech mit 15% Bitumen (B 45).

Gleiche Zähigkeitsstufen wie Straßenpech T:

$$\text{BT 40–70} \quad \text{BT 80–125} \quad \text{BT 140–240} \quad \text{BT 250–500}$$

c) Sonderbindemittel auf Teerpechbasis

Alterungsbeständige Straßenpeche AT 80/125, AT 140/240, AT 250/500
Niedrig- bis mittelviskos; besonders witterungsbeständig

Hochviskose Straßenpeche HT 49/51°, HT 51/53°, HT 53/55°
Niedriger Gehalt an Verschnittmittel; rasches Abbindevermögen

Pechbitumen TB (bisher Teerbitumen)
Gemisch aus mindestens 70% Bitumen + entsprechender Menge Teer. Verwendung für Heißeinbau.

Straßenpech mit erhöhtem Bitumengehalt (VT)
Gemisch aus mindestens 55% Teer (höchstens 65%).
Verbesserte Eigenschaften gegenüber Straßenpech BT.

9.3.2.2. Kaltpeche (bisher Kaltteer)

Kaltpechlösung nach DIN 1995, Teil 5 Ausg. 10.89, Sorte KP

Verflüssigter Straßenpech durch Zugabe von etwa 15% eines leicht flüchtigen Lösungsmittels. Nach Verdunsten des Lösungsmittels verbleibt normaler Straßenteer.

Spezialkaltteer VT auf der Basis eines Straßenpechs mit erhöhtem Bitumengehalt unter Zusatz eines hochwirksamen Haftmittels (Haftung auch an nassem Gestein).
Anwendung zur Herstellung von Teersplitt bei Ausbesserungsarbeiten.
Vorsichtsmaßnahmen wegen leichter Entzündlichkeit wie bei Bitumenlösungen.

9.3.2.3. Pechemulsion

Maschinelle Zerteilung (Dispergierung) eines erwärmten Straßenpechs in Wasser und Stabilisierung des Gemisches durch Zugabe e nes Emulgators.

S 60 = Stabile Straßenpechemulsion mit 60% Straßenpechgehalt T 80/125.

Brechen der Emulsion bei Verdunsten des Wassers.

Anwendung vorwiegend zur Herstellung von Teerschlämmen (s. Abschn. 9.4.1.4 D).
Lagerbeständigkeit der Emulsion mindestens 8 Wochen. Frostbeständige Lieferung auf Anforderung.

9.3.3. Zubereitungen aus Steinkohlenteerspezialpech

Die als Pech bezeichneten Rückstände bei der Steinkohlenteerdestillation werden wegen ihrer Unempfindlichkeit gegen Witterung, Industriegase und aggressive Wässer sowie wegen ihrer bakterien- und pflanzenfeindlichen Eigenschaften für Anstriche im Bautenschutz verwendet.

Da sich gewöhnliche Teerpeche (Normalpeche) wegen ihrer geringen Plastizitätsspanne (etwa 30 K) nur in begrenztem Umfange verwenden lassen, sind durch Abwandlung der inneren Struktur dieser Peche (durch Anreicherung mit hochmolekularen Teerharzen) sogenannte „Sonderpeche" entwickelt worden.

Sonderpeche zeichnen sich durch eine besonders große Plastizität (Spanne zwischen Erweichungs- und Brechpunkt) aus, die durch Zusatz von Füllstoffen bis zu 100 K gesteigert werden kann.

Verwendung der Teerpeche oder Sonderpeche, ungefüllt oder gefüllt, als
Teerpechheißmassen (Verarbeitungstemperatur 120–200 °C)
Teerpechlösungen (Pechlack)
Teerpechemulsionen

Die Sortenbezeichnung der Teerpeche erfolgt meist nach ihrem Erweichungspunkt (EP) nach „Kraemer-Sarnow" (KS)

z. B. 45/50 = Erweichungspunkt bei 45–50° n. KS (s. Abschn. 9.2.3.3.).

Anwendung der Steinkohlenteerpeche für Anstriche zur Bautendichtung sowie als nicht abfließende hochwertige Korrosionsanstriche im Industrie-Stahlbau, im Wasserbau und zur Rohrisolierung.

Präpariertes Pech
Lösung von Steinkohlenteer-Spezialpech in niedrig und/oder höhersiedenden Lösemitteln, die mineralöl- und/oder steinkohlenteerstämmig sein können, gegebenenfalls auch mit anorganischen Füllstoffen vermischt.

Polymermodifiziertes Steinkohlenteerspezialpech
physikalische Mischungen und/oder Reaktionsprodukte aus präpariertem Pech und Polymeren. Die Polymersysteme verändern die thermoplastischen und/oder elastischen Eigenschaften der Steinkohlenteerspezialpeche.

Pechsuspension
Suspension aus Steinkohlenteerspezialpech mit Wasser, die mit Hilfe von Emulgatoren und ggf. Stabilisatoren hergestellt ist.

Steinkohlenteerspezialpech mit Mineralstoffen
bestehen aus Straßenpech, Pechbitumen, Bitumenpech oder polymermodifiziertem Steinkohlenteerspezialpech und verschiedenen Mineralstoffkörnungen sowie ggf. weiteren Zuschlägen und/oder Zusätzen.

9.4. Anwendung bitumenhaltiger und steinkohlenteerpechhaltiger Stoffe im Straßenbau und in verwandten Gebieten

9.4.1. Straßenbau

9.4.1.1. Vorschriften und Richtlinien

DIN 1996 „Bituminöse Massen für den Straßenbau und verwandte Gebiete", Teil 1–20 (Ausg. ab 1971).

VOB, DIN 18317, Ausg. 12.92 „Straßenbauarbeiten, Oberbauschichten mit bituminösen Bindemitteln".

Technische Vorschriften (TV), Richtlinien, Merkblätter und Schriftenreihen der Forschungsgesellschaft für das Straßenwesen e. V. (Konrad-Adenauer-Str. 13, 50996 Köln):

Die wichtigsten sind durch Rundschreiben des Bundesministers für Verkehr eingeführt, z. B.

ZTV Asphalt-StB 94:	Zusätzliche Vertragsbedingungen und Richtlinien für den Bau von Fahrbahnen aus Asphalt
ZTVT-StB 86:	zusätzliche Technische Vorschriften und Richtlinien für Tragschichten im Straßenbau.
ZTV-LW 87:	zusätzliche Technische Vorschriften und Richtlinien für die Befestigung ländlicher Wege.
RStO 86/91:	Richtlinien für die Standardisierung des Oberbaus von Verkehrsflächen.
TLMin-StB 94:	Technische Lieferbedingungen für Mineralstoffe im Straßenbau

9.4.1.2. Begriffsbestimmungen

Beim Straßenbau werden begrifflich unterschieden (gem. Richtlinien des Bundesministers für Verkehr):

Oberbau: Decke = Deckschicht + Binderschicht

       Anforderungen:

       Deckschicht: Ebenheit, Griffigkeit, Verschleißfestigkeit, Dichte

       Binderschicht: Verformungsstabilität

       Tragschicht, einschließlich Frostschutzschicht

       Anforderungen: Verteilung der Verkehrskräfte, Frostsicherheit

Unterbau: Künstlich hergestellter Dammkörper
Untergrund: Natürlich anstehender Boden

Die Bemessung der Fahrbahnbefestigung erfolgt nach Bauklassen (Tafel 94, S. 394).

Tafel 94: Nach Verkehrsbelastung oder Straßentypen zugeordnete Bauklassen

VB	Bauklasse	Straßentyp	frostsicherer Oberbau	
			F 2	F 3
über 3200	SV		60 cm	70 cm
über 1800 bis 3200	I	Schnellverkehrsstraße	50 cm	60 cm
über 900 bis 1800	II	Schne lverkehrsstraße Industriesammelstraße	50 cm	60 cm
über 300 bis 900	III	Hauptverkehrsstraße, Industriestraße Fußgängerzone mit schwerem Ladeverkehr	50 cm	60 cm
über 60 bis 300	IV	Sammelstraße Fußgängerzone mit Ladeverkehr	50 cm	60 cm
über 10 bis 60	V	Anliegerstraße Fußgängerzone	40 cm	50 cm
bis 10	VI	befahrbarer Wohnweg	40 cm	50 cm

9.4.1.3. Bitumen- und teerpechhaltiges Mischgut

Technisch hergestelltes Gemisch aus bitumen- und teerpechhaltigen Bindemitteln und natürlichen oder/und künstlichen Mineralstoffen.

Die Bindung der Mineralstoffe erfolgt in Deutschland im wesentlichen durch Bitumen, in geringem Umfang auch Pechbitumen und Straßenpech.

Je nach Bindemittelsorte und Einbauverfahren wird das Mischgut hauptsächlich im Heißeinbau, seltener im Warmeinbau oder im Kalteinbau eingebracht.

Das Mischgut besteht zu etwa 82–97 % M.-% aus Mineralstoffen und dem Rest aus Bindemitteln.

Das Mineralgemisch wiederum besteht aus Füller (Feinstanteile $\leqq 0,09$ mm), Natursanden und/oder Brechsanden, Kiesen und/oder Splitten, Schlacken u. ä.

Die Trag-, Binder- und Deckschichten sind nach dem Betonprinzip (korngestufte Mineralstoffe) aufgebaut.

Sorte und Menge des Bindemittels richten sich nach Verkehrsbelastung, Kornaufbau usw. Sie können durch Eignungsprüfung ermittelt werden.

Die Einbautemperaturen beim Heißeinbau sind hauptsächlich abhängig von der Bindemittelhärte, der Verdichtungswilligkeit des Mischgutes, Schichtdicke und Außentemperatur, sowie den zum Einsatz kommenden Verdichtungsgeräten.

Zur Erreichung der Einbautemperaturen und zur Sicherung der Haftung der Bindemittel werden die Mineralstoffe erhitzt und getrocknet.

		B 65	B 80
Vor dem Einbau:	Kühles Wetter Warmes Wetter	190 °C 160 °C	180 °C 150 °C
Bei Walzbeginn:		$\geqq 180$ °C	$\geqq 170$ °C
Bei Walzende:		120 °C	100 °C

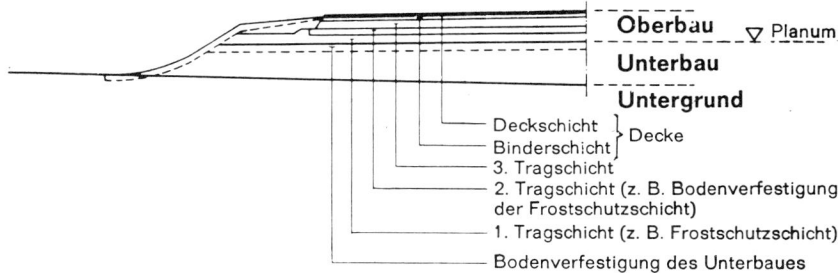

Abb. 169a. Bituminöse Bauweise: Damm
(Aus RStO 86)

Bei land- und forstwirtschaftlichen Wegen auch Kombination von Deckschicht und Tragschicht: Tragdeckschicht.

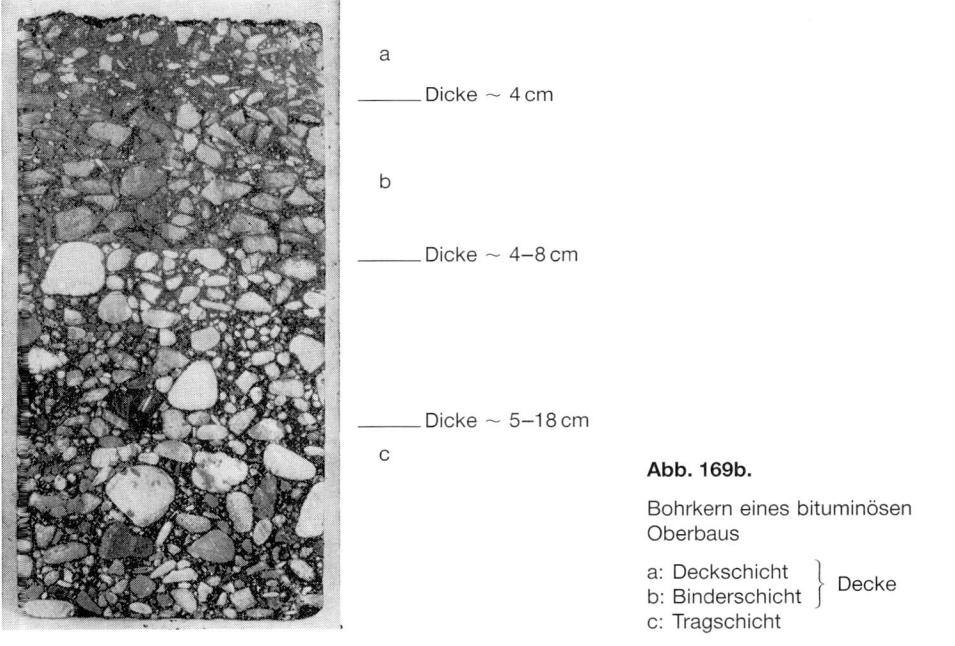

Abb. 169b.

Bohrkern eines bituminösen
Oberbaus

a: Deckschicht ⎫
b: Binderschicht ⎬ Decke
c: Tragschicht ⎭

Beim Warmeinbau liegen allgemein die Temperaturen über 30 °C, beim Kalteinbau sind Tagestemperaturen über 0 °C erforderlich.

Bei Ausschreibungen werden die erforderlichen Dicken der Einbauschichten in cm, seltener das Gewicht des Einbaumaterials in kg/m^2 angegeben.

Als Mineralstoffe werden meist gebrochene Naturgesteine verwendet sowie ungebrochene Naturgesteine, ferner Hochofenschlacken oder Metallhüttenschlacken.

Lieferung nach TL Min-St B 94 (Technische Lieferbedingungen für Mineralstoffe im Straßenbau), Güteüberwachung nach RG Min-St B 93.

Klassierung der mineralischen Stoffe in Korngruppen mit Sieben.

a) **Ungebrochene Mineralstoffe** (Natursand, Kies)

Lieferkörnung entsprechend DIN 4226:
0/2 2/4 4/8 8/16 16/32 32/63 mm

b) **Gebrochene Mineralstoffe** nach TL Min-StB 83

Gesteinsmehl 0/0,09 mm				
Brechsand-Splitt-Gemisch	0/5 mm			
Edelbrechsand	0/2 mm			
Splitt 5–32 mm	5/11		11/22	22/32
Edelsplitt 2–22 mm	2/5 5/8	8/11	11/16	16/22
Schotter 32–56 mm	32/45		45/56	

Gesteinsmehl dient insbesondere als „Füller" ($\leqq 0{,}09$ mm) der Stabilisierung des bituminösen Bindemittels.

9.4.1.4. Bauelemente bitumen- und steinkohlenteerpechhaltiger Bauweisen

Im neuzeitlichen Straßenbau kommen vorwiegend Asphaltbeton für den Asphaltoberbau und Gußasphalt für die Deckschicht zur Anwendung.

A) Deckschichten (siehe Abb. 169a + b)

Asphaltbeton im Heißeinbau (ZTV Asphalt-StB 94)

Dicke im allgemeinen 4 cm.

Korngestuftes Mineralstoffgemisch aus Splitten, Sand und Gesteinsmehl nach Sieblinie und abgestimmtem Bindemittelgehalt. Einbau unter Verdichtung durch Walzen („Walzasphalt") (Abb. 170).

Abb. 170.

Einbau von Asphaltbeton mit Straßenfertiger

Die Herstellung des Mischgutes geschieht, ähnlich wie bei Transportbeton, hauptsächlich über ein dichtes Netz von stationären Aufbereitungsanlagen mit Kapazitäten bis zu 300 t/h Mischgut.

Vorverdichtung beim Einbau mit Vibrations- und Stampfbohlen. Als Einbauhilfen automatische Nivelliereinrichtungen (Führung hinsichtlich Einbauhöhe).

Verdichtung durch statische Walzen, Vibrationswalzen und Gummiradwalzen.

Nach ZTV Asphalt-StB 94

Asphaltbeton

Splittgehalt 30–65 M.-%. Bindemittelgehalt 5,2–8,0 M.-%, Mineralstoffgemische 0/16S, 0/11S, 0/11, 0/8, 0/5.

Gute Rauhigkeit der Oberfläche, günstige Wasserverdrängung des Wasserfilms unter Kfz.-Reifen.

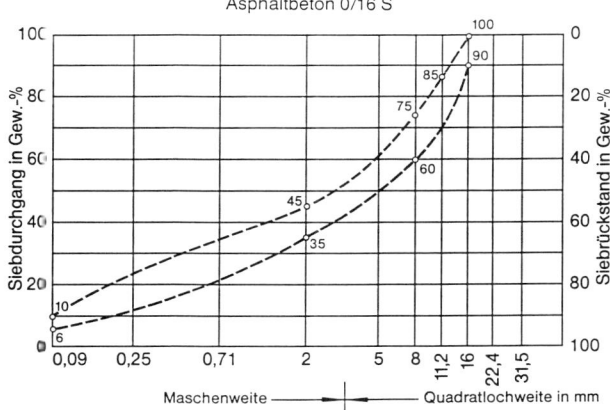

Abb. 171.

Sieblinien nach ZTVbit-StB 84
Asphaltbeton 0/16 S

Asphaltbeton 0/16 mm

Gußasphalt und Asphaltmastix ZTV Asphalt-StB 94

Gußasphaltdeckschichten bestehen aus einem hohlraumfreien abgestuften feinkörnigen Gemisch 0/5, 0/8 oder 0/11 mm von Splitten, Sanden, Füller und Straßenbaubitumen (meist B 45) mit geringem Bindemittelüberschuß im eingebauten Zustand.

Je nach Beanspruchung wird Gußasphalt mit 35–55 M.-% Splittgehalt verwendet. Bindemittelgehalt bis 8,5 M.-%. Zur inneren Stabilisierung Gehalt an Füller (Steinmehl) über 20 M.-%, evtl. auch Zusatz von Trinidadasphalt. Dicke der einzelnen Gußasphaltschicht je nach Korngröße 2–4 cm.

Lagenweiser Einbau durch Verteilen des Gußasphaltes bei Straßendecken mit maschinellen Einbaugeräten oder bei kleineren Flächen im Handverstrich. Verlegung nur auf standfester Unterlage (Binderschichten, Beton).

Aufrauhen der Oberfläche durch Eindrücken von Feinsplitt mittels Gummiradwalze oder Glattmantelwalze (Gewalzter Gußasphalt).

Ferner Aufhellung von Fahrbahndecken durch Verwendung hellfarbiger Stoffe wie gebranntem Flintstein (Handelsbezeichnung z. B. Luxovit) oder synthetischer Schmelze (z. B. Synopal).

Anwendung bei Autobahnen, Bundes- und Stadtstraßen. Wegen Löslichkeit des Bitumens durch Öle und Benzin beschränkte Anwendung bei stärkerer Einwirkung, z. B. bei Tankstellen, Kfz.-Betrieben (s. Abb. 174).

Gußasphaltbeläge ohne Fahrzeugverkehr (VOB, DIN 18354, Ausg. 11.92: „Gußasphaltarbeiten" und AGI-Arbeitsblatt 61 „Gußasphalt als Nutzboden" der Arbeitsgemeinschaft Industriebau AGI).

Anwendung bei Bürgersteigen, Höfen, Lagerhallen, Terrassen, Dächern sowie als Unterlage für Linoleum, Parkett, Gummi- und Kunststoffböden. Ferner als schwimmender Estrich in 20–30 mm Dicke (gemäß DIN 4109 „Schallschutz", Teil 4 und DIN 18560). Bei säurefesten Belägen Verwendung von quarzitischen Zuschlägen statt Kalkstein.

Asphaltmastix

Asphaltmastix ist eine im heißen Zustand gießbare Masse aus Bitumen und feinkörnigen Mineralstoffen im Kornbereich 0/2 mm. Der Bindemittelgehalt beträgt 13–18 M.-%. Verwendet werden relativ weiche Bitumen B 200-B 65, in Ausnahmefällen auch B 45. Ein Splittgehalt bis zu 15 M.-% ist möglich. Wegen des fehlenden Splittgehalts sind weder Standfestigkeit noch Griffigkeit für den Verkehr ausreichend. Abgesehen von der Anwendung als Dichtungsschichten wird Mastix im Straßenbau mit einem fremden standfesten Splittgerüst eingesetzt.

Splittmastixasphalt ZTV Asphalt-StB 94

als Mischgutsorten 0/11 S, 0/8 S, 0/8 und 0/5, Splittgehalt von 60–80 M.-%, Bindemittelgehalt 6,0–7,5 M.-%, mit stabilisierenden Zusätzen, für relativ dünne Deckschichten von 1,5–5,0 cm Dicke, mit hoher Stand- und Verschleißfestigkeit und ausgeprägter Rauhtiefe, fehlende Anfangsgriffigkeit ersetzt durch Aufstreuen und Einwalzen von Brechsand.

Asphaltmastix-Eingußdecken

Hier werden die Hohlräume einer mit Splitt verkeilten Schotterlage durch Eingießen von Mastix verfüllt. Zum Aufrauhen der Oberfläche wird anschließend noch Splitt nachgestreut und mit einer leichten Walze eingedrückt.

Asphaltmastix-Deckschichten

Hier wird eine Mastixschicht auf der Unterlage (alte bituminöse Decke, Pflaster u. a.) ausgebreitet und durch Einwalzen von nachgestreutem bituminiertem Splitt versteift. Bewährt haben sich Beläge aus 15–20 kg/m^2 Mastix und etwa der gleichen Menge Splitt 8/11.

Asphaltbeton im Warmeinbau

Gemische bis 11 mm Splittgröße mit Verschnittbitumen, als Deckenabschluß in einschichtiger Bauweise bis etwa 2 cm Dicke (Kompressionsbelag). Hierzu gehören auch die Feinkornbeläge bei großflächigen Deckeninstandsetzungen mit beschränkter Einbauhöhe.

Durch anfänglich höheren Hohlraumgehalt erfolgt Verdunstung der Verschnittmittel bzw. der Fluxöle. Endgültige hohlraumarme Lagerungsdichte erst nach dichtender und kornverfeinernder Wirkung des Verkehrs.

Sonderdeckschichten

Sonderdeckschichten zeichnen sich durch geringe Einbaudicken bzw. hohen Verschleißwiderstand aus. (Feinkorndeckschichten bzw. Splitt-Mastix-Deckschichten). Nach ZTV-LW 87 (Ländliche Wege) besondere Deckschichten und Tragdeckschichten. Sog. „offene" (wasserdurchlässige) Beläge für Sportplätze u. ä.

Dränasphalt

hohlraumreich zusammengesetztes Mischgut für Deckschichten mit Dränagevermögen, Hohlraumgehalt von 15–20 Vol.-%, Korngehalt etwa 85 M.-%, in der Körnung 0/11, als Bindemittel Straßenbaubitumen B 80, B 65 oder polymermodifiziertes Bitumen. PmB 80 und PmB 65.

Lärmmindernde Fahrbahndecken

bei Rauhtiefe von 0,5–0,8 mm geringste Rollgeräusche, Absorption der Geräusche durch Hohlräume in Deckschicht, ähnlich zusammengesetzt wie Dränasphalt.

Mikrobeton

Mischung aus Straßenbaubitumen, Gesteinsmehl, Natursand und/oder Brechsand und ggf. Feinsplit, als dünnschichtiger Überzug auf verschlissenen, ausgemagerten oder glatten Fahrbahnen in Stärken von 1–2 cm, Körnung 0/2 oder 0/5 mm.

Eishemmende Deckschicht

Durch Einmischen von 5–6 Gew.-% chemischer Auftaumittel (vorwiegend imprägniertes Kalziumchlorid) in herkömmlichem Asphaltbeton soll eine frühzeitige Glatteisbildung verzögert werden. Der Hohlraumgehalt der fertigen Deckschicht soll 3–4 Vol.-% betragen.

Aufgehellte Deckschicht

Zur Verbesserung der Verkehrssicherheit durch höhere Reflexion des Lichtes der Straßenbeleuchtung und der Kraftfahrzeuge werden vor allem auf Stadtstraßen künstliche Aufhellungsgesteine wie z. B Luxovite, oder Anorthosit, dem Mineralstoff beigegeben.

Farbige Deckschicht

Eine dauerhafte Einfärbung von Asphalt kann nur durch den Einsatz von farbigen Splitten, wie z. B. rotem Porphyr oder rotem Liparit in Verbindung mit ca. 4 Gew.-% Eisenoxydrot erreicht werden.

Lagerfähiges Mischgut

Mit speziellen Bitumenemulsionen oder Kaltbitumen läßt sich Kaltmischgut herstellen, das monatelang im Haufen lagerfähig ist und auch bei ungünstiger Witterung eingebaut werden kann. Es wird vorwiegend für Ausbesserungsarbeiten eingesetzt, wobei die Schichtdicke nicht größer als 3 cm betragen darf, damit das Bindemittel aushärten kann.

Halbstarrer Belag

Ein halbstarrer Belag besteht aus einer Asphalttragschicht, deren Hohlräume von etwa 20 Vol.-% mit einem Zement-Kunststoff-Mörtel verfüllt sind. Er weist eine hohe Standfestigkeit und ein günstiges Verschleißverhalten auf, wird jedoch wegen der mangelhaften Rißsicherheit und der hohen Kosten nur selten ausgeführt.

Elastomer- und polymermodifizierte Decken

Durch Zugabe von 2–4 Gew.-% nichtvulkanisierter Naturkautschuk in Form von Kautschukpulver, Naturkautschuk (Latex) oder Gummimehle aus Alt- und Neugummischliff werden bituminöse Decken mit einer Verbesserung der Haftung und des Dehnverhaltens bei Kälte sowie höherer Standfestigkeit bei Wärme erreicht. Polymerzusätze verbessern die Haftfestigkeit und die Elastizität.

B) Binderschichten (ZTV Asphalt-StB 94 s. Abb. 172)

Dicke je nach Bauklasse und Korngröße 3–10 cm.

Binderschichten dienen als Übergang zwischen Tragschicht und Deckschicht. Wie Asphaltbeton nach Sieblinie aufgebaut (Abb. 171b), jedoch in hohlraumreicherer Zusammensetzung mit größerem Splitanteil und geringerem Sand-, Füller- und Bindemittelanteil (Bindemittelanteil 3,8–6,5 M.-%). Mineralstoffgemische 0/11, 0/16, 0/22 mm.

Dichte Binder ähneln dem Asphaltbeton der Deckschicht.

Binderschichten werden nur im Heißeinbau hergestellt.

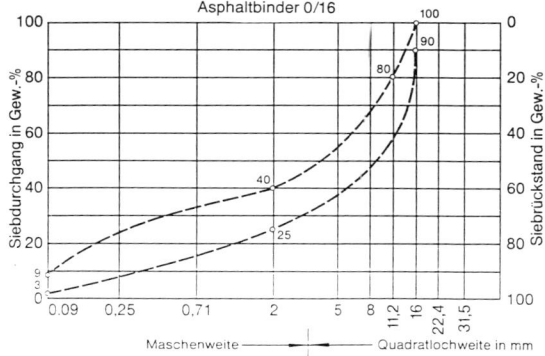

Abb. 172.

Asphaltbinder 0/16 mm

C) Bituminöse Tragschichten ZTVT-StB 86/90

Die bituminösen Tragschichten werden im Heißeinbau hergestellt und bestehen aus korngestuften Mineralgemischen mit Straßenbaubitumen.

Hinsichtlich Kornzusammensetzung werden 5 Mischgutarten unterschieden:

Mischgutart AO	max. 30 M.-%	Korn über 2 mm
Mischgutart A	max. 35 M.-%	Korn über 2 mm
Mischgutart B	35–60 M.-%	Korn über 2 mm
Mischgutart C	60–80 M.-%	Korn über 2 mm
Mischgutart CS	wie C, jedoch Verhältnis Brechsand/Natursand mind. 1:1

Dicke der bituminösen Tragschicht je nach Bauklasse 5 bis 18 cm und mehr.

Hohlraumgehalt des Probekörpers nach Marshall 4–20 Vol.-% je nach Mischgutart.

Herstellung und Einbau des Mischgutes entsprechend.

Nach ZTV LW 87 (Ländliche Wege) besondere Tragschichten.

D) Oberflächenschutzschichten ZTV Asphalt-StB 94

Es werden unterschieden: Oberflächenbehandlung und bituminöse Schlämmen.

Aufbringen bituminöser Überzüge zum Schutz der Fahrbahnoberfläche gegen Einwirkung von Witterung und Verkehr. (Keine selbständige Deckenbauweise.)

Es wird zwischen Erstbehandlung und Nachbehandlung der Decken unterschieden.

Unter „Oberflächenbehandlung" versteht man die Auffrischung und Aufrauhung abgängiger bituminöser Beläge nach vorangegangener Profilverbesserung. Sie bewirkt eine griffigere Oberfläche, geringere Glatteisgefahr sowie Minderung der Blendgefahr bei Regen. (Aufhellung der Decke bei Verwendung hellen Splitts.)

> **Verfahrensweise:** Aufspritzen bituminöser Bindemittel (Fluxbitumen, polymermod. Bitumen, Bitumenemulsionen) mit anschließendem Abdecken und Einwalzen einer Rohsplittlage (2/5–8/11 mm) oder Feinkies.
>
> Die Körnung muß bis zu ⅔ in der bituminösen Masse („bis zur Schulterhöhe") eingebettet liegen (Abb. 173).
>
> Bei starkem und schnellem Verkehr Verwendung leicht bituminös umhüllten Splittes („Verlackter Splitt").

„Bituminöse Schlämmen" sind kaltverarbeitbare oberflächenabdichtende Gemische aus feinkörnigen Mineralstoffen, Bitumen oder Straßenteer und Wasser, die je nach Erfordernis dünnflüssig oder breiartig verarbeitet werden.

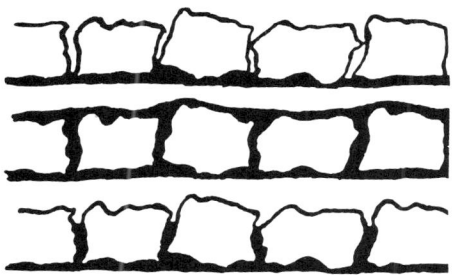

a) Zuwenig Bindemittel (Splittablösung)

b) Zuviel Bindemittel (Schwitzen)

c) Richtige Bindemittelmenge (gegenseitiges Verkitten der Körner)

Abb. 173. Oberflächenbehandlung

Anwendung in dünnem Auftrag zur Abdichtung (Versiegelung), z. B. neuerstellter hohlraumreicher Beläge (s. auch Abb. 174).

Verfahrensweise: Die Schlämmen sind auf Bitumen- oder Pechbasis am Ort herstellbar (auch kationische Schlämmen), oder es werden fabrikmäßig hergestellte Schlämmenkonzentrate pastenartiger Konsistenz mit Wasser verdünnt verwendet. Auch Anwendung farbiger Schlämmen. Verteilung der Schlämmen mit Besen oder Gummischwabbern, auch maschinell.

Eine Schlämmeschutzschicht kann auch als zweiter Arbeitsgang einer Oberflächenbehandlung folgen.

Ferner Verwendung von Pechschlämmen als Oberflächenschutz von Asphaltdecken gegen Einwirkung von Treibstoffen und Ölen (Werkstätten, Tankstellen, Abb. 174).

Abb. 174.

Auftragen einer Schlämme auf Pechbasis zur Oberflächenabdichtung mit Gummischwabbern

E) Asphalttragdeckschichten ZTV Asphalt-StB 94

Asphalttragdeckschichten stellen eine Kombination aus Asphalttragschichten und Asphaltdeckschichten dar. Sie wurden für den ländlichen Wegebau entwickelt zur Verringerung der Gesamtdicke der Asphaltbefestigung auf 5–10 cm und einfacheren Einbauweise einer Schicht anstelle von 2 kritischen Schichten (5 cm Asphalttragschicht und 2 cm Asphaltdeckschicht) zur Kostenersparnis. Mit einer Körnung 0/16 mm und einem Mindestbindemittelgehalt von 5,2 M.-% B 200 oder B 80 soll der Hohlraumgehalt zwischen 1–3 Vol.-% betragen.

9.4.2. Bodenverfestigung mit bitumen- und steinkohlenteerpechhaltigen Bindemitteln*)

Bodenverfestigungen können zur Verfestigung der oberen Zone der Frostschutzschicht des Oberbaus oder in der oberen Zone des Unterbaus bzw. des Untergrundes ausgeführt werden.

Der Boden wird ohne besondere Anforderungen an die Kornzusammensetzung und ohne Aufbereitung unter Zumischung des Bindemittels, u. U. auch weiterer Zusatzstoffe, verarbeitet.

Als Bindemittel werden Bitumenemulsionen oder Straßenpeche (Heißteer) mittlerer Viskosität verwendet. Bindemittelbedarf nach Eignungsprüfung.

Hinsichtlich der Vermischung ist das örtliche „Baumischverfahren" (mixed-in-place) und das in besonderen Mischanlagen erfolgende „Zentralmischverfahren" (mixed-in-plant) zu unterscheiden.

> Anhaltswerte für Schichtdicken: 15–30 cm. Endverdichtung mit selbstfahrenden Gummiradwalzen.

Anwendung der Bodenverfestigung auch beim Bau von Betonfahrbahnen.

> **Anm.:** Bodenverbesserungen mit hydraulischen Bindemitteln oder mit Kalk: Siehe Abschn. 3.1.4.4.6., zweiter Absatz, u. 3.1.3.7.

9.4.3. Anwendung bitumen- und steinkohlenteerpechhaltiger Stoffe im Wasserbau

Grundsätzlich gleiche Bauweisen wie im Straßenbau unter Berücksichtigung der sich im Wasserbau vorwiegend auf Dichtigkeit und auf plastisches Verhalten erstreckenden Anforderungen: Flußufer-, Deich- und Küstenbefestigungen, Auskleiden von Kanälen, Wasserbecken, Talsperren.

Bindemittel: Straßenbaubitumen; im Seewasserbau und bei Gefahr des Pflanzendurchwuchses auch Straßenpech, jedoch nur, wenn keine Gefahr einer Grundwasserverseuchung wegen löslicher Pechsubstanzen besteht.

Einbauweisen

a) Asphaltverguß

Die Festlegung und Fugenverfüllung der auf Böschungen und Untergrund aufgebrachten Setz- und Schüttlagen erfolgt durch Eingießen von Asphaltmastix oder ähnlichen heißvergießbaren Massen mit anschließendem Eindrücken von Splittkorn zur Verspannung (vgl. Asphalttränkmakadam und Mastixeingußdecken).

> Heißvergießbare Massen können infolge ihres hohen Wärmegehaltes und ihrer geringen Wärmeleitfähigkeit auch unter Wasser durch Fallrohre eingebaut werden.

b) Asphaltbetondichtungen

Außenhautdichtungen: Fugenloser maschineller Heißeinbau eines hohlraumarm zusammengesetzten Asphaltbetons auf Böschungen mit durch Seilwinden betriebenen Fertigern und Walzen (Abb. 175). Bindesmittelgehalt etwas höher als im Straßenbau. Einbau meist zweilagig mit versetzten Arbeitsnähten.

> Auch Einbau einer Schotterschicht als Dränage zwischen einer oberen und unteren Asphalt- oder Pechbeton-Dichtungslage.

---

*) Ausführung nach den „Technischen Vorschriften und Richtlinien für die Ausführung von Bodenverfestigungen und Bodenverbesserungen im Straßenbau" (ZTVV-St B 81)

Abb. 175.

Einbau und Verdichten der Asphaltbetondichtung einer Kanalböschung

Kerndichtung bei Talsperrendämmen (Abb. 176): Senkrechte bis zur Dammkrone durchgehende etwa 50 cm dicke Asphaltbetondichtung.

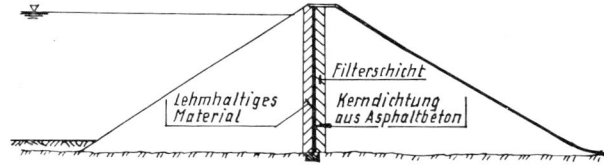

Abb. 176.

Querschnitt durch Talsperre mit Asphaltbeton-Kerndichtung

c) Asphaltmatten

Vorgefertigte, bis einige Zentimeter dicke, mit Glasfaser- oder Jutegewebe bewehrte Asphaltmatten zur Verlegung auf Böschungen und auf der Sohle von Gewässern.

d) Bitumenmembranen

Sie werden meist aus reinem Bitumen, häufig Blasbitumen, mit Glasvlies-Zwischenlagen und Dicken von 6–10 mm hergestellt. Als preiswerte Dichtungen müssen sie jedoch durch Auflagen aus Erdreich oder Kies gegen Beschädigungen geschützt werden.

e) Sandasphalt und Gußasphalt

Sandasphalt ist hohlraumarm, Gußasphalt ist hohlraumfrei. Beide sind bewährte, aber auch teuere Bauweisen und daher nur von geringer Bedeutung.

9.4.4. Asphaltplattenbeläge

Asphaltplatten bestehen aus pulverförmig gemahlenem und erhitztem Naturasphalt oder aus Naturstein mit Bindemitteln, auch Einfärben der Oberflächenschicht (dunkelrot, grün, grau) mit Metalloxiden. Verdichten der Platten durch Pressen („Hochdruck-Asphaltplatten").

Plattengrößen bis 30 × 30 cm. Verlegung in Zementmörtel oder in Asphaltmastix.

Im Freien, in feuchten Räumen und in Werkstätten Verwendung von ölfesten Hochdruck-Asphaltplatten, die als Bindemittel Steinkohlenteerpech enthalten und gegen Einwirkung von Mineralöl widerstandsfähig sind.

Platten für säurefeste Beläge enthalten keine säurelöslichen Mineralstoffe (Kalkstein).

Plattenverlegung nach VOB, DIN 18354 und für Industrieböden nach AGI-Arbeitsblatt A 60 „Asphaltplattenbeläge".

9.4.5. Wiederverwendung von Asphalt

Energiemangel und ökologische Gesichtspunkte machen die Wiederverwendung des Mischguts beschädigter Straßen notwendig (Recycling). Auch wirtschaftliche und technische Begründung.

Es zeichnen sich z. Z. Baustellenverfahren und Mischanlagenverfahren ab.

Baustellenverfahren: Eine Art „mixed in place" wie bei der Bodenverbesserung. Sofortiger Wiedereinbau gefrästen Materials mit oder ohne Zugabe neuen Materials (Repave – Remix).

Repave = Aufheizen und Auflockern alter Deckschicht, Aufbringen neuer Deckschicht und Verdichtung gemeinsam mit der erwärmten alten Deckschicht

Remix   = Aufnehmen alter Deckschicht, mit neuem Asphaltmischgut, Splitt oder Bitumen vermischt, und wieder eingebaut

Mischanlagenverfahren: Zugabe von Altasphalt im aufbereiteten Zustand in die Trockentrommel oder in den Mischer.

Baustellenverfahren überwiegend für die Decke.

Mischanlagenverfahren überwiegend für Tragschichten.

9.4.6. Prüfung bitumen- und steinkohlenteerpechhaltiger Massen

Straßenbeläge und ähnliche Massen werden nach DIN 1996, „Prüfung bituminöser Massen für den Straßenbau und verwandten Gebiete", Teil 1–20, geprüft.

Die Prüfung der Massen erfolgt auf Dichte, Hohlraumgehalt und Wasserlagerung (Haftfestigkeit, Wasseraufnahme, Quellen) sowie durch folgende Versuche zur Feststellung des Stabilitätsverhaltens, des Bindemittelgehaltes und der Mineralzusammensetzung.

a) **Prüfung mit dem Marshallgerät** (DIN 1996, Teil 11, Ausg. 7.81)

Das Verfahren dient der labormäßigen Ermittlung der hinsichtlich des mechanischen Verhaltens günstigen Zusammensetzung bituminöser Mineralgemische (Abb. 177).

Herstellung von zylindrischen Prüfkörpern (Durchmesser ~ 10 cm, Höhe 6–7 cm) unter beidseitiger Verdichtung mit je 50 Schlägen eines Fallhammers (ähnlich dem Proctorgerät). Nach halbstündiger Einlagerung der Prüfkörper in Wasser (Bitumen bei 60 °C) erfolgt die Prüfung im Marshallgerät mit

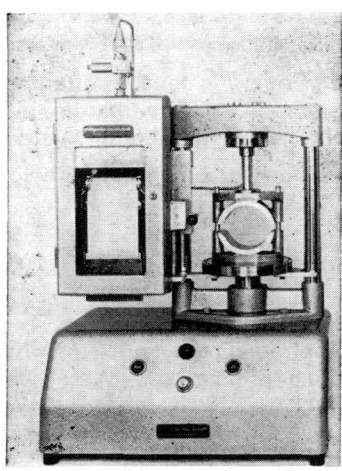

Abb. 177.

Marshallpresse mit Schreibeinrichtung

gleichmäßig steigender, auf die Rundflächen des Prüfkörpers wirkender Last über die Höchstkraft hinaus. Gleichzeitig wird die erfolgte Deformation an einer Meßuhr abgelesen (Fließwert). Herstellen von Probekörpern aus Mischgut nach DIN 1996, T. 4, Ausg. 11.84 – Herstellen von Mischgut im Labor nach DIN 1996, T. 20, Ausg. 11.84.

Die Auswertung von Versuchsreihen zur Ermittlung der optimalen Zusammensetzung einer Mischung erfolgt durch graphische Auswertung der festgestellen Werte für die Rohdichte, den Hohlraumgehalt, die Stabilität und den Fließwert in Abhängigkeit vom Bindemittelgehalt.

b) Prüfung der Eindrucktiefe: Stempelprüfung (DIN 1996, Teil 13, Ausg. 7.84 u. T. 12, Ausg. 2.85)

Bei Gußasphalt erfolgt die Messung des Eindrucks eines Stahlstempels an Probekörpern mit einer Stempellast von 525 N.

Straßenbaubeläge werden mit einer Stempelfläche von 5 cm² bei einer Temperatur von 40 °C und ½ h Belastungsdauer geprüft. (Zulässige Eindrucktiefe 5 mm.)

Bei Gußasphalt im Hochbau beträgt die Stempelfläche 1 cm² bei 22 °C und 5 h Belastungsdauer. (Zulässige Eindrucktiefe 1 mm.)

c) Bestimmungen des Bindemittelgehaltes (DIN 1996, Teil 6, Ausg. 10.88)

Extrahieren des Bindemittels aus den Mineralgemischen durch Lösungsmittel (Toluol, Trichlorethen).

Bestimmung des Gehalts an löslichem Bindemittel o h n e anschließende Prüfung oder m i t anschließender Prüfung (P) der Eigenschaften des Bindemittels.

Kaltextraktion (K) sowie Heißextraktion (H) mit Destilliergerät (S) oder Rotationsverdampfer (R), für Mischgutprüfungen im Werk und bei Anlieferung radiometrische Bindemittelgehaltmessung.

c) Kornzusammensetzung der Mineralstoffe (DIN 1996, Teil 14, Ausg. 7.90)

Die getrockneten Rückstände des Extraktionsversuches werden mit Sieben (gem. DIN 4187/88) auf ihre Korngrößenverhältnisse geprüft.

e) Dichte und Hohlraumgehalt (DIN 1996, Teil 7, Ausg. 12.92)

Bestimmung des Hohlraumgehaltes bzw. des Verdichtungsgrades an Prüfkörpern nach Marshall (siehe DIN 1996, Teil 11) oder Ausbaustücken, auf der Straße durch radiometrische Meßverfahren.

f) Bestimmung der Einbaudicken bituminöser Schichten (RBE 71)

Meßverfahren z. Zt. üblich: Dickenmessung mit Tiefenlehre – Dickenmessung an Bohrkernen – Abstandsmessung von einer Schnur – Höhenmessung mittels Nivellement – elektromagnetische Dickenmessung mit Sonde.

g) Ebenheitsprüfungen

Ebenheitsmessung mit R i c h t l a t t e (4,0 m) und Meßkeil oder P l a n o g r a f (ca. 4,30 m langer Meßwagen mit Schreibeinrichtung, Anzeiger und Meterzähler) zur Zeit üblich.

Gemessen werden Buckel, Schwellen, Mulden, Löcher, Rinnen, Spalten, Wellen, Verwölbungen, Stufen, Knicke.

Merkblatt für Ebenheitsprüfung der Forschungsgesellschaft für das Straßenwesen.

9.5. Bitumen- und steinkohlenteerpechhaltige Stoffe im Bautenschutz

Bautenschutz umfaßt Maßnahmen gegen die Korrosion von Bauwerken, hervorgerufen durch Niederschläge, Bodenfeuchtigkeit, Grundwasser und Chemikalien.

Die Hauptanwendungsgebiete sind D a c h d e c k u n g e n , D a c h a b d i c h t u n g e n und Bauwerksabdichtungen. Je nach Erfordernis werden Bitumen, Teerpeche oder Teersonderpeche (Abschn. 9.3.3.) in heißflüssigem, gelöstem oder emulgiertem Zustand verwendet.

Bitumen ist bei normalen Temperaturen geruchlos und weder pflanzen- noch gesundheitsschädlich. Die Vorzüge der Teere liegen biologisch in deren Widerstandsfähigkeit gegen Bakterien, Pilze (Holzschutz), Algen und Pflanzen (Wurzeldurchwuchs).

Unterscheidungsmerkmale: Beim Erhitzen stechender Geruch des Teeres gegenüber dem nicht unangenehmen (süßlichen) Geruch des Bitumens. Chemische Untersuchungen mit Reagenzstoffen (s. KARSTEN: Bauchemie 9. Aufl., Ziff. 98).

Bitumen wird heute gegenüber Teerpechen und Teersonderpechen weitgehend der Vorzug gegeben.

DIN 18195 Teil 1–4, 6, 8–10; 8.83 „Bauwerksabdichtungen"
            Teil 5;   2.84
            Teil 7;   6.89
VOB 18337   10.79 „Abdichtung gegen nicht drückendes Wasser"
VOB 18336   9.88 „Abdichtung gegen drückendes Wasser"
VOB 18338   9.88 „Dachdeckungs- und Dachabdichtungsarbeiten"
„Richtlinien für die Ausführung von Flachdächern", herausgegeben vom Zentralverband des Dachdeckerhandwerks (Flachdachrichtlinien Ausg. 91)
„Technische Regeln für die Planung und Ausführung von Bauwerksabdichtungen", herausgegeben vom Hauptverband der Deutschen Bauindustrie e. V. (Am Hofgarten 9, 53113 Bonn)

9.5.1. Bitumenbahnen

I. Bahnen für Dachdichtung

Nach den Flachdachrichtlinien werden unterschieden:

- – flache und geneigte Dächer,
- – nicht genutzte und genutzte Flächen (z. B. Terrassen, Balkone, Gründächer),
- – belüftete und nicht belüftete Dächer.

Bei den Einwirkungen auf die Dachfläche sind zu beachten:

- – Feuchtigkeitseinwirkungen (Niederschlag, Baufeuchte, Nutzungsfeuchte),
- – Temperatur (mit und ohne Schutzschichten),
- – mechanische Einwirkungen (Art der Unterlage, Baustellenbetrieb, aus der Unterkonstruktion, besondere Auflasten, Windlasten)
- – fotochemische Einflüsse, thermische Wechselbeanspruchungen, UV-Strahlung

Dachbahnen für die Dachabdichtung müssen mehrlagig aufgebracht werden, bei der Verwendung von Dachdichtungsbahnen mindestens 2 Lagen, bei Spezialbahnen auch 1 Lage (Herstellerrichtlinien beachten).

a) Dachbahnen

Dachbahnen mit Rohfilzeinlagen: für Dachabdichtungen nicht geeignet

Bitumendachbahnen, DIN 52 128, Ausg. 3.77

    Bezeichnung nach dem Nennflächengewicht der Rohfilzpappe (DIN 52 117, Ausg. 3.77):
        $0,500\,kg/m^2 = 500$
        $0,333\,kg/m^2 = 333$ („500er oder 333er Pappe")
    z. B. Bitumendachbahn mit Rohfilzpappe: R 500 DIN 52 128 bzw. mineralfaserhaltige Rohfilzpappe: M 500 DIN 52 128.

Dachbahnen mit Glasvlieseinlage[*]) bei Dachabdichtungen nur als zusätzliche Lagen zu verwenden

Glasvlies-Bitumendachbahnen (V 13), DIN 52 143, Ausg. 8.85

    Bezeichnung nach dem Gewicht an löslichen Stoffen:
    V 13 = mind. $1300\,g/m^2$
    Gewicht des Glasvlieses (DIN 52 141, Ausg. 12.80): $60\,g/m^2$

Feststellung des Gewichtes der Einlagen durch Extraktion, d. h. durch Herauslösen der bituminösen Stoffe (s. Abschn. 9.4.6.).

---

[*]) Glasvlies und Glasgewebe s. Abschn. 6.6.

b) Dachdichtungsbahnen

Gegenüber Dachbahnen mit beiderseitig verstärkten Deckschichten. Gehalt an löslichen Tränk- und Deckmassen mind. 1600 g/m^2; Einlage aus Jutegewebe, Glasgewebe oder Polyestervlies. DIN 52 130, Ausg. 9.95

Bitumen-Dachdichtungsbahnen mit Jutegewebeeinlagen: J 300 DD
Bitumen-Dachdichtungsbahnen mit Glasgewebeeinlagen: G 200 DD
Bitumen-Dachdichtungsbahnen mit Polyestervlies als Einlage: PV 200 DD
Bezeichnung nach Flächengewicht der Einlage

c) Bitumen-Schweißbahnen, DIN 52 131, Ausg. 9.95

4 oder 5 mm dick, mit Einlagen aus Glasgewebe (Gewicht der Einlage 200 g/m^2) Jutegewebe (300 g/m^2) oder Glasvlies (60 g/m^2) sowie Polyesterfaservlies.

Bitumen-Schweißbahnen werden im Flammschmelz-Klebeverfahren durch Erhitzen der Oberfläche, z. B. mit Propangasbrennern, vollflächig mit 10 cm Stoßüberdeckung verschweißt (s. Abb. 180b).[*)]

Bezeichnung z. B. DIN 52 131 – V 60 S 4 (Bitumen-Schweißbahn mit 60 g Glasvlieseinlage, Dicke 4 mm).

d) Polymerbitumen-Dachdichtungsbahnen DIN 52 132 Ausg. 5.96

werden unter Verwendung von polymermodifiziertem Bitumen (Polymerbitumen) hergestellt und besandet oder beschiefert geliefert.

Kurzzeichen PYE bei Modifizierung mit thermoplastischen Elastomeren
Kurzzeichen PYP bei Modifizierung mit thermoplastischen Kunststoffen
Bezeichnung: z. B. Dachdichtungsbahn DIN 52 132-PYE-PV 200 DD
Gehalt an Tränk- und Deckschicht mind. 2100 g/m^2

e) Polymerbitumen-Schweißbahnen DIN 52 133 Ausg. 11.95

Talkumierte oder beschieferte Schweißbahnen unter Verwendung von Polymerbitumen als Tränk- und Deckmassen, Trägereinlagen Jutegewebe J 300, Textilglasgewebe G 200 oder Polyestervlies PV 200, Stärke im Mittel 4 oder 5 mm,
Bezeichnung z. B.: Schweißbahn DIN 52 133-PYE-G 200 S 4

f) Herstellung der Dachbahnen

Tränken der Einlagen mit Destillationsbitumen bei Bitumenbahnen, mit Weichpech bei Teerbahnen. Anschließend beiderseitiger Auftrag einer Deckschicht aus geblasenem Bitumen (hohe Plastizitätsspanne, s. Abschn. 9.2.2.1.b) bzw. bei Teer-Sonderdachbahnen aus Sonderpech, meist Zusatz von Gesteinsmehl zur Erhöhung der Widerstandsfestigkeit bei Wärme.

Abstreuen der Deckschicht zur Verhinderung des Zusammenklebens der Bahnen bei Rollen mit Talkum sowie zum Schutz gegen Beschädigungen oder zur farbigen Belebung der Oberfläche mit Feinsand, Schiefer oder sonstigen farbigen Mineralien, bzw. zur Reflexion bei Sonnenstrahlung Alu-Anstriche; ferner Korkabstreuung für Wärmedämmzwecke.

Rollenbreite 1 m, Rollenlänge 10–15 m (stehende Lagerung der Rollen).

g) Durchführung der Deckung bzw. Dichtung

Voraussetzung bei der Verlegung: Trockenheit der Unterkonstruktion und Temperaturen nicht unter +5 °C. Zum Druckausgleich des Wasserdampfes, d. h. zur Vermeidung von Blasenbildung, ist bei nicht belüfteten Dächern (Warmdächern) die Verwendung von Dampfdruckausgleichsschichten erforderlich: Einseitig grobbestreute Dachbahnen, Lochglasvlies-Dachbahnen (Abb. 178), Wellenentlüftungspappen oder ähnliche Spezialbahnen.

[*)] s. Merkblatt für bituminöse Schweißbahnen im „abc der Dachbahn" (Bezug durch Verband der Dach- und Dichtungsbahnen-Industrie e.V., Karlstraße 21, 60329 Frankfurt/M.)

Abb. 178.

Punktförmiges Verkleben einer Dampfdruck-
ausgleichsschicht mit unterseitig bekiester
Lochglasvlies-Dachbahn

Verlegung auf Massiv- und Holzdächern stets mehrlagig. Bei Holzdächern Nagelung der unteren
Lage, bei Massivdächern Klebung. (Zur Sicherung der Haftung auf Betonuntergrund kaltflüssiger
Voranstrich mit Bitumen- bzw. Teerpechlösung erforderlich).

Ganzflächiges Verkleben der Dachbahnlagen mit heißflüssiger Klebemasse bei $\geqq$ 10 cm Nahtüber-
deckung (Bitumen bei Bitumenbahnen, Teerpeche bei Teerbahnen) im Streichverfahren bei vollflächi-
gem Vorstreichen der Unterlage, besser jedoch im Gieß- und Einrollverfahren (Abb. 179 und 180a).

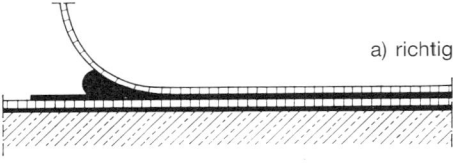

a) richtig

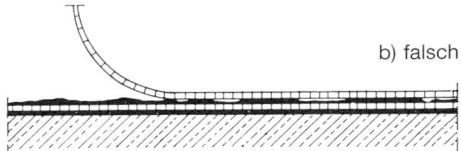

b) falsch

Abb. 179. Luftblasenfreies Verkleben zweier Bahnen

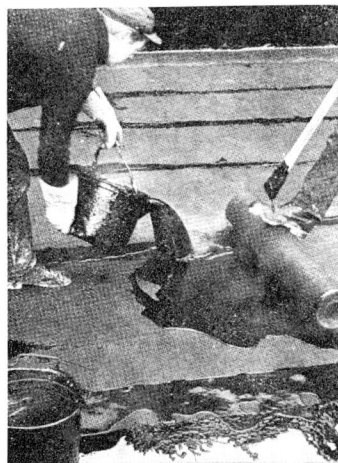

Abb. 180a.

Einbau bituminöser Bahnen im
Einrollverfahren

Abb. 180b.

Einbau bituminöser Schweißbahnen im
Flammschmelz-Klebeverfahren

Neu entwickelte **Kaltselbstklebebahnen** erlauben eine vollflächige Verklebung im kalten Zustand, da auf der Bahnenunterseite die Klebemasse bereits werksmäßig aufgebracht worden ist.

Behandlung freiliegender Bahnen zur Vermeidung von Versprödungen mit bituminösen Anstrichen (Teerbahnen bei Verlegung und dann alle 2–3 Jahre, bei Bitumen- und Sonderdachbahnen in größeren Abständen Auffrischung mit Anstrichen auf Lösungsbasis).

Abdeckungen mit $\geqq 5$ cm Kies (Kiesschüttdach) erfordern heißflüssigen Deckaufstrich mit pflanzenwuchsabweisenden Mitteln (15–20 Jahre keine Pflege erforderlich).

> Als Dichtung gegen aufsteigende Bodenfeuchtigkeit im Mauerwerk werden teerhaltige 500er Bahnen verwendet (Teer-Bitumendachbahnen oder Teer-Sonderdachbahnen); andere und dünnere Bahnen zweilagig. (Kein Aufkleben bzw. Verkleben der Bahnen.)

h) Brandverhalten von bituminösen Dachabdichtungen

> Genormte Dachbahnen und Dachdichtungsbahnen gelten (gem. DIN 4102, Teil 4, Ziff. 7.5) ohne besonderen Nachweis als widerstandsfähig gegen Flugfeuer und strahlende Wärme, wenn sie normgerecht von VOB, DIN 18338 (Dachdeckungsarbeiten) auf Holzschalung oder anderen mindestens gleichwertigen Unterlagen aus Baustoffen der Klasse B ohne Dämmschichten verlegt werden.

i) Bitumen-Schindeln für Dachdeckungen

E DIN EN 544 12.91: Bitumenschindeln

Einlagen aus Glasfasergewebe, Glasfaservlies, Polyesterfaservlies,
Polyester- und Glasfaservlies und andere Materialien,
Tränkmasse aus oxidiertem Bitumen, elastomermodifiziertem Bitumen,
plastomermodifiziertem Bitumen und Spezialbitumen,
Oberfläche mit Schieferplättchen, Keramikgranulat, Kupferfolie oder anderen Materialien,
sowie unterschiedlich behandelte Unterseiten

II. Bahnen für Bauwerksabdichtung

für Abdichtungen gegen Bodenfeuchtigkeit, nicht drückendes und drückendes Wasser gemäß DIN 18195, T. 4–6, Ausg. 8.83

a) Nackte Bitumenbahnen DIN 52129 Ausg. 11.93

Mit Bitumen nach DIN 1955 oder Naturasphalt getränkte Rohfilzpappe ohne Deckschicht: Die nackten Pappen haben selbst keine feuchtigkeitssperrende Wirkung, sondern dienen lediglich als Träger der Dichtungsaufstriche aus Bitumen bzw. Steinkohlenteer-Sonderpech. Abschließend ist ein Deckaufstrich erforderlich.

> Anwendung von 500er Bahnen für „Wasserdruckhaltende Dichtungen" im mehrfachen Wechsel Bahnen/Heißaufstrich zum Abdichten von Bauteilen im Grundwasserbereich. Verstärkung der Abdichtung evtl. durch Einbetten einer Lage geriffelter Kupfer- oder Aluminiumfolie (0,1 bzw. 0,2 mm) zwischen den Aufstrichen („Wannenausbildung").
>
> Das Auftragen der Klebemassen erfolgt im Streichverfahren mittels Bürste oder im Gieß- und Einwalzverfahren, bei dem fortlaufend heißflüssige Klebemasse zwischen Untergrund und abrollende Bahn gegossen wird, so daß beim Andrücken der Rolle die Klebemassen luftblasenfrei wulstartig vorwärts gedrängt werden.
>
> Schutz der Abdichtungen gegen Abrutschen und Beschädigungen durch äußeres Abkleiden mit dünner Betonschicht oder mit halbsteinstarkem Mauerwerk (Anpreßdruck durch anliegende Verfüllung des Erdreiches).

b) Bitumendachbahn R 500 DIN 52128

c) Dachbahn V 13 DIN 52143 Ausg. 8.85

d) Dichtungsbahnen (DIN 18190, Teil 1–3, 5, Ausg. 7.75, Teil 4 Ausg. 10.92)

Feinbesandete Dichtungsbahnen („D") mit beiderseitig stärkerer Deckschicht (Bahndicke je nach Einlage 3,5–2,5 mm) aus Bitumen oder Steinkohlenteerpech oder Sonderpech.

Einlage aus 500er Rohfilzpappe (R), 300er Jutegewebe (J), 220er Glasgewebe (G) Gespinst, 0,1 mm-Kupfer- bzw. 0,2 mm-Aluminiumband (glatt oder geprägt) oder Kunststoff-(Polyäthylenterephthalat)-Folie (PETB) mit mind. 0,03 mm Dicke.

> Bezeichnung der Dichtungsbahnen, z. B. R 500 D DIN 18 190 oder Cu 0,1 glatt D DIN 18 190.

– Prüfung der Dach- und Dichtungsbahnen s. Abschn. 9.5.5. –

e) Dachdichtungsbahnen DIN 52 130 Ausg. 11.95

Besandete oder beschieferte Bitumen-Dachdichtungsbahnen mit Trägerlagen aus Jutegewebe, Glasgewebe oder Polyestervlies.

f) Bitumenschweißbahnen DIN 52 131 Ausg. 11.95

Talkumierte oder beschieferte Bitumenbahnen, die durch Anschmelzen der Deckschicht (Schweißen) verarbeitet werden, mit Trägerlagen aus Jutegewebe, Glasgewebe, Glasvlies oder Polyestervliese.

g) Polymerbitumen-Dachdichtungsbahnen DIN 52 132 Ausg. 5.96, s. Ziff. 9.5.1.l

III. Kunststoffdachbahnen und Kunststoffdichtungsbahnen, s. Ziff. 10.9.3.1.

9.5.2. Stoffe und Massen zur Abdichtung von Bauwerken

9.5.2.1. Deckaufstrichmittel gegen Feuchtigkeit

Die außenseitige Abdichtung der Bauwerke erfolgt bei nichtdrückendem Wasser (Bodenfeuchtigkeit) gemäß DIN 18 195 mit bituminösen Deckaufstrichmitteln.

> **Im Heißauftrag:** Bitumen nach DIN 1995 oder Blasbitumen
> **Im Kaltauftrag:** Bitumenlösung oder Bitumenemulsion

Zur Stabilisierung der Deckaufstriche auch Beimischung von Füllern (Steinmehl, Mineralfasern) sowie Kombination mit Kunstharzen.

> Zur Schließung möglicher Fehlstellen sind mindestens zwei heiß- oder drei kaltflüssige Deckanstriche erforderlich. Bei Dichtungsaufstrichen stets kalter Voranstrich (Haftanstrich) mit verdünnter Lösung oder Emulsion gleicher Grundstoffbasis.

9.5.2.2. Spachtelmassen aus Bitumen

Anwendung bei erforderlicher höherer Widerstandsfähigkeit gegen mechanische Beanspruchung. Zweilagiger Auftrag mit mind. 8 mm Dicke nach Voranstrich.

> Untergrund der Abdichtungsflächen:
>
> Putzflächen abgerieben, aber nicht geglättet; Betonflächen entgratet, Mauerwerk bündig gefugt. Voranstrich kaltflüssig.
>
> **Im Heißauftrag:** Fabrikfertiges Gemisch von Sand und Füller mit 16–22% Bitumengehalt (Asphaltmastix).
>
> **Im Kaltauftrag:** Fabrikfertige Spachtelmassen plastischer Konsistenz auf Lösungs- oder Emulsionsbasis mit Füllergehalt aus Mineralstoffen und Fasern (z. B. Asbest).

9.5.2.3. Korrosionsschutzanstriche bei Stahlbauten (s. auch Abschn. 7.1.7.3.)

> Richtlinien in DIN 55 928, Teil 1, Ausg. 11.76 „Schutzanstriche von Stahlbauwerken" sowie in den „Technischen Vorschriften für den Rostschutz von Stahlbauwerken" (RoSt) der Deutschen Bundesbahn.

Anstriche mit Bitumenlösungen (Bitumenlack) oder mit besonders gut haftenden Sonderpechlösungen (Pechlack) verbunden mit einem Bleimennige-Grundanstrich bei Stahlkonstruktionen, Spundbohlen, Schleusen, Wehranlagen.

Auch Modifizierung von Pechlack mit Kunstharz-Reaktionslacken (Epoxid- oder Polyurethanharz).

Zur Unterscheidung mehrfachen Anstrichauftrags erfolgt Zugabe von verschiedenfarbig getönten Pigmenten (Eisenoxide, Aluminiumbronze).

Schutz von Gas- und Wasserleitungsrohren durch werkseitiges Tauchen und Wälzen. Zusätzlicher Außenschutz durch Glasfasergewebe, das in „Bitumenwickelmasse" eingebettet wird (Geblasenes Bitumen) und abschließender Kalkanstrich gegen Sonneneinwirkung.

9.5.3. Vergußmassen

Anforderungen hinsichtlich der Wärme- und Kältebeständigkeit, Haftfestigkeit und Dehnbarkeit der Vergußmassen sind in DIN 1996, Teil 15–19, gegeben und in den „Vorläufigen Lieferbedingungen für bituminöse Fugenvergußmassen" (Forschungsgesellschaft für das Straßenwesen e. V.).

Die heiß zu verarbeitenden Fugenvergußmassen bestehen aus Bitumen bzw. Sonderpech und bis zu 50% Füllstoffen. Kaltvoranstriche erforderlich! Verwendung als Pflaster- bzw. Schienengußvergußmasse oder als Vergußmasse für Fugen in Betonkonstruktionen.

Ferner Verwendung von Vergußmassen für Rohrverbindungen von Abwasserkanälen (Muffendichtungen) unter Einlegen von wurzelfesten Teerstricken.

9.5.4. Sonstige Anwendungsgebiete bituminöser Stoffe

Klebemassen. Für Dachbahnen und Dichtungsträger aus Bitumen oder Sonderpech, auch Kaltkleber für Dächer.

Fußbodenbeläge. Mit mittelhartem Bitumen getränkte und auf der Oberfläche mit Ölfarbenmustern bedruckte Rohfilzpappen: Balatum und Stragula (Firmenbezeichnungen).

Bitumenwellpappen für Belüftungs- und Drainagezwecke.
E DIN EN 534, 12.91

Holzimprägnierung. Tränkung von Schwellen, Masten u. dgl. mit Teerölen (s. Holzschutz, Abschn. 8.8.3.).

Imprägnierung von Holzfaserdämmplatten und Papierbahnen.

(Weitere Anwendungsgebiete in der Elektroindustrie für Isolierzwecke).

9.5.5. Prüfung der Bautenschutzmittel

a) Prüfung bituminöser Bahnen

Die Prüfungen erfolgen nach DIN 52 123/85

Geprüft werden:

Äußere Beschaffenheit und Durchtränkung durch Betrachten
Dicke
Gehalt an Löslichem durch Extraktionsverfahren
Mittleres Flächengewicht der Einlage und Fadendichte bei Jutegewebe
Kornzusammensetzung der Bestreuung
mineralische Füllstoffe der Deckmasse
Wasserundurchlässigkeit
Höchstzugkraft und Dehnung bei Bruch an 50 mm breiten Streifen in Längs- und Querrichtung der Bahn
Biegsamkeit bei $0°$ (Kaltbiegeverhalten)
Wärmestandfestigkeit

b) Prüfung von Abdichtungsstoffen

In der „Anweisung für Abdichtung von Ingenieurbauten" (AIB) der Deutschen Bundesbahn sind umfassende Vorschriften für die chemische und physikalische Prüfung von Aufstrichmitteln, Klebemassen u. dgl. auf Bitumen- und Steinkohlen-Teerpechbasis gegeben.

Fachschrifttum für die Anwendung:

Arbit-Schriftenreihe „Bitumen", Arbeitsgemeinschaft der Bitumenindustrie e. V., Steindamm 71, 20099 Hamburg.

„Bitumen- und Asphalt-Taschenbuch". Bauverlag, Wiesbaden.

VELSKE: Baustofflehre – Bituminöse Stoffe. Werner-Verlag, Düsseldorf.

GEORGY: Bitumen und Teer. Aufbau, Eigenschaften und Anwendung im Bauwesen. Verlagsgesellschaft Müller, Köln.

Zeitschrift „Bitumen", Arbeitsgemeinschaft der Bitumen-Industrie e. V.

10. Kunststoffe

10.1. Begriffe und Merkmale

Unter Kunststoffen werden künstlich hergestellte Werkstoffe organischer Grundsubstanz verstanden, die in ihrem Molekularaufbau den organisch gewachsenen makromolekularen Naturstoffen entsprechen, jedoch diesen gegenüber in der Anwendung infolge ihrer stofflich homogeneren Beschaffenheit meist verbesserte Eigenschaften aufweisen.

Kennzeichnend für Kunststoffe ist die meist harzähnliche dichte Beschaffenheit ihrer Grundsubstanz („Kunstharze"), der durch Zumischung von anorganischen oder organischen Füllstoffen (Mineralien, Holzstoffe u. dgl.) eine besondere Stabilität verliehen werden kann. Kunststoffe sind während ihres Herstellungsprozesses plastisch verformbar.

Weitere Merkmale der Kunststoffe sind ihre geringe Rohdichte (von 0,9 bis 2,1 kg/dm^3, je nach Füllergehalt auch darüber, Schaumkunststoffe von 0,015 bis 0,065 kg/dm^3), einfache Verarbeitbarkeit, gut Einfärbbarkeit sowie hohes elektrisches Widerstandsvermögen.

Kunststoffe sind je nach ihrer Art weitgehend korrosionsfest, so daß sie keines Oberflächenschutzes bedürfen. Ferner sind sie schlechte Wärmeleiter (λ meist 0,1–0,4 W/m K ohne Einlagen), als Schaumstoffe sind sie hochwärmedämmend (λ = 0,04 W/m K) und haben körperschalldämmende Eigenschaften.

Kunststoffe sind allgemein gegenüber Wasser, sauren und alkalischen Wässern sowie Salzlösungen hervorragend beständig. Gegenüber Lösungsmitteln ist die Widerstandsfähigkeit unterschiedlich (s. auch Abschn. 10.7.4.).

Kunststoffe sind als organische Stoffe brennbar, lassen sich jedoch auch schwer entflammbar herstellen.

Eine Einschränkung in der Kunststoffverwendung ist bei konstruktiver Anwendung in einer aus der harzartigen Struktur herrührenden temperaturabhängigen begrenzten Dauerstandfestigkeit (Langzeitverhalten), in dem geringen E-Modul sowie in einer gegenüber anderen Baustoffen relativ hohen Wärmedehnung gegeben. Diesen Nachteilen läßt sich allerdings teilweise durch geeignete Profilgebung oder durch Kombination mit anderen Baustoffen begegnen (Verbundelemente).

Bei der Anwendung im Freien ist der Einwirkung von Witterung und ultravioletter Strahlung durch Auswahl geeigneter Kunststoffe zu entsprechen.

10.2. Geschichtliche und wirtschaftliche Entwicklung

Die Herstellung der ersten Kunststoffe, z. B. von Celluloid aus Zellulose unter bestimmter chemischer Veränderung derselben sowie der zunächst für Koffer verwendeten Vulkanfiber – ein auch heute noch für technische Zwecke hoher Beanspruchung verwendeter Kunststoff –, fällt in die 60er Jahre des vorigen Jahrhunderts. Um die Jahrhundertwende erfolgt die Herstellung von Kunsthorn aus Kasein und etwas später die erste vollsynthetische Herstellung von Phenoplast („Bakelite", nach Erfinder BAKELAND benannt).

Eine sprunghafte Aufwärtsentwicklung erfuhren die Kunststoffe in den 50er Jahren: Sie bilden nicht nur einen hochwertigen Ersatz bisher verwendeter Naturprodukte, sondern ermöglichen durch maschinelle Ausformung aus der plastischen Masse vereinfachte Fertigungsverfahren. Auch in Verbindung mit vorhandenen Naturstoffen (z. B. Kunstharzpreßholz, Holzspanplatten) oder mit anderen Materialien (z. B. als glasfaserverstärkte Kunststoffe) ergeben sich ständig steigende Anwendungsmöglichkeiten.

Einen wesentlichen Sektor in der Kunststoffverarbeitung bilden auch die Lacke und Klebstoffe.

> Durch zunehmende Massenfertigung ist der Preisindex von Kunststoffen im Gegensatz zu anderen Verbrauchsgütern nur gering gestiegen.

> Weltproduktion an Kunststoffen:
> 1938 = 0,3 Mio t   1965 = 14 Mio t   1970 ~ 30 Mio t   1973 ~ 40 Mio t

> Im Jahre 1988 betrug die Kunststoffproduktion der BRD 9,2 Mio t entsprechend einem Wert von 28,3 Milliarden DM.

10.3. Einteilung der Kunststoffe

10.3.1. Einteilung nach dem Herkommen

a) Abgewandelte Naturstoffe: Halbsynthetische Kunststoffe. Umwandlung pflanzlicher und tierischer Stoffe durch chemische Veränderungen der reaktionsfähigen Gruppen ihrer Makromoleküle (vorwiegend Zellulose und Kasein).

b) Vollsynthetische Kunststoffe: Großmolekularer Aufbau mit zweckbestimmter physikalischer Beschaffenheit aus niedermolekularen Rohstoffen:

> Kohle (Gas- und Teergewinnung), Erdgas und Erdöl.

> Ferner Luft und Wasser (Sauerstoff-, Stickstoff- sowie Wasserstoff-Gewinnung), Kalk (mit Kohle zu Karbid), Kochsalz (Salzsäure-Gewinnung), Fluor.

Die niedermolekularen Ausgangsstoffe werden „Monomere", die großmolekularen Stoffe „Polymere" genannt.

> (Griechisch: polys = viel, meros = Teil, monos = eins, makros = groß.)

10.3.2. Einteilung nach der Verwendungsform

a) Feste und elastische Kunststoffe: Formteile, Rohre, Schläuche, Platten, Profile, Beläge, Folien.

b) Geschäumte Kunststoffe (Harte und weichelastische Kunststoffe): Dämmplatten, Polsterungen, Ortschaum.

c) Flüssige Kunststoffe: Lacke, Anstrichdispersionen, Kleber.

d) Plastische Kunststoffe: Dichtungsmassen.

10.3.3. Einteilung nach dem Molekularaufbau

Die Anwendungs- und Verarbeitungseigenschaften der Kunststoffe werden nicht nur durch deren stoffliche Zusammensetzung, sondern wesentlich auch durch den sich aus dem Verfahrensgang der Herstellung ergebenden Molekularaufbau bestimmt.

a) Kunststoffe mit Fadenmolekülen: Plastomere (Thermoplaste)

Das thermoplastische, d. h. temperaturabhängige Verhalten von Kunststoffen ist in der fadenförmigen Struktur ihrer Moleküle begründet. Thermoplastische Kunststoffe erweichen bei höheren Temperaturen bis zur Fließbarkeit. Dieses Verhalten beruht darauf, daß die fadenförmigen Moleküle unter dem Einfluß der Wärme (Molekularbewegungen) voneinander abgleiten können.

Die Anzahl der in einem Makromolekül vereinigten Monomere kann bis über 100 000 betragen. Da die Länge der Fadenmoleküle 100- bis 1000fach größer ist als ihr Durchmesser, der unter 1 millionstel mm liegt, sind Fadenmoleküle im Lichtmikroskop nicht sichtbar, obwohl ihre Länge in den Lichtwellenbereich hineinragt.

Zu unterscheiden sind amorphe glasartige bzw. glasklare thermoplastische Kunststoffe, in denen die Molekülfäden ungeordnet, wattebauschig verfilzt liegen (Abb. 181a), und solche thermoplastischen Stoffe, in denen sich Teile der Fadenmoleküle zu geordneten Bündeln längs auseinanderlagern können und somit zufolge teilkristalliner Struktur nicht glasklar, jedoch zähfest sind (Abb. 181b).

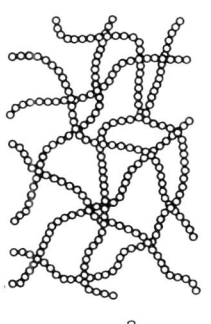
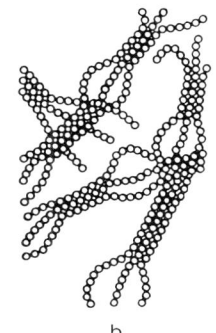

a   b

Abb. 181.

Plastomere: Fadenmoleküle

a) amorph
b) teilkristallin

Temperaturen von etwa 200–300 °C führen bei allen Plastomeren schließlich zum Zerfall des großmolekularen Aufbaus. Umgekehrt erfolgt bei Abkühlung eine Versteifung des Materials, die bei niederen Temperaturen auch Sprödigkeit bedingen kann.

Die thermisch bedingte Veränderlichkeit des mechanischen Verhaltens der Thermoplaste läßt eine gute Verarbeitbarkeit im Warmzustand durch Verformen und durch Schweißen zu, begrenzt allerdings deren Anwendbarkeit teilweise schon bei 80 °C, bei höher entwickelten Thermoplasten etwa bis 140 °C. Bei normalen Temperaturen sind Thermoplaste „spanend" bearbeitbar. Löslichkeit in flüchtigen Lösungsmitteln (z. B. Verwendung als Lacke).

Thermoplastische Kunststoffe können auch durch Zusatz nichtflüchtiger Gleitmittel („Weichmacher") dauerelastisch eingestellt werden, so daß sie durch reibungsloses Aneinandergleiten der Molekülfäden im Verhalten den gummiartigen Kunststoffen (Elastomeren) ähneln. Unter besonderen Bedingungen neigen manche Weichmacher wieder zum Auswandern.

b) Kunststoffe mit netzförmigen Molekülen: Duromere (Duroplaste)

Eine in ihrem Verarbeitungsverhalten andere Art von Kunststoffen entsteht, wenn die Molekülketten miteinander räumlich zu einem starren Netzwerk verknüpft werden (Raumnetzmoleküle).

Hierbei wird zunächst von flüssigen bzw. schmelzbaren harzigen Massen ausgegangen, die in der Formgebung entweder unter Einwirkung von Hitze und Druck oder im Kaltverfahren unter Zufügung bestimmter Stoffe (Härter) zu einer starren Masse, d. h. molekular vernetzend, aushärten (Abb. 182).

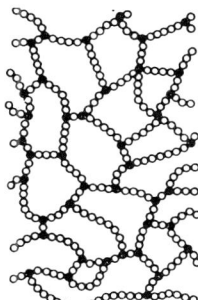

Abb. 182.

Duromere: Raumnetzmoleküle

Diese als Duromere oder Duroplaste bezeichneten Kunststoffe sind bei hohen Temperaturen nicht mehr verformbar und auch nicht schweißbar, sondern nur spanend verarbeitbar und klebbar. Demgemäß liegt ihre Temperaturbeständigkeit auch höher als bei Plastomeren (Thermoplasten).

Durch Hinzufügen von Füllmitteln (Fasern, Schnitzel, Bahnen u. dgl.), gleichsam als innere Bewehrung, läßt sich die Brüchigkeit duroplastischer Kunststoffe wesentlich herabmindern.

c) Kunststoffe mit lose vernetztem Molekularaufbau: Elastomere

Von gummiartiger, elastischer Beschaffenheit sind Kunststoffe, deren Molekülketten nur in größeren Abständen, d. h. weitmaschig durch Querverbindungen chemisch vernetzt werden, so daß sie nach einer Verformung sogleich wieder in ihren ursprünglichen Zustand zurückfallen (Abb. 183).

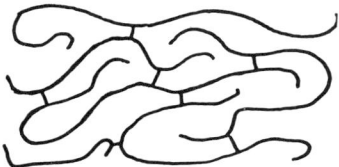

Abb. 183.

Elastomere: Weitmaschig verknüpfte Molekülketten

Gegenüber weich eingestellten Thermoplasten gehen sie in gleicher Weise wie Duroplaste auch bei steigenden Temperaturen durch ihre molekulare Verknüpfung nicht in einen plastisch fließenden Zustand über und sind demgemäß nicht schweißbar.

10.4. Herleitung, Eigenschaften und Verwendung der Kunststoffe

Die Kunststoffbenennungen leiten sich aus ihrer chemischen Zusammensetzung her.

Für die wesentlichen Kunststoffe sind gemäß DIN 7728, Teil 1 und Folgeblätter, die folgenden Kurzzeichen international vereinbart worden (Auszug):

ABS	= Acrylnitril-Butadien-Styrol-(Polymer)	MF	= Melamin-Formaldehyd-Harze
ASA	= Acrylnitril-Styrol-Acryl-ester-(Polymer)	NBR	= Nitrilkautschuk
CA	= Cellulose-Acetat	PA	= Polyamid
CAB	= Cellulose-Acetobutyrat	PB	= Polybuten
CP	= Cellulose-Propionat	PC	= Polycarbonat
CR	= Chloropren-Kautschuk	PE	= Polyäthylen (HDPE = Hochdruckpolyäthylen)
CSM	= Chlorsulfoniertes Poly-äthylen	PEC	= chloriertes Polyäthylen
ECB	= Äthylen-Copolymer-Bitumen	PETP	= Polyäthylenterephthalat
		PE-X	= vernetztes PE
EP	= Epoxidharz	PF	= Phenol-Formaldehyd-Harze
EPDM	= Äthylen-Propylen-Ter-polymer-Kautschuk	PIB	= Polyisobutylen
		PIR	= Polyisocyanurat
EPS	= Expandierbares Polystrol	PMMA	= Polymethylmethacrylat
EVA	= Äthylen-Vinylacetat-(Polymer)	PP	= Polypropylen
		PS	= Polystyrol
IIR	= Butylkautschuk	PTFE	= Polytetrafluoräthylen

PUR	= Polyurethan	UP (PES)	= ungesättigte Polyester-harze
PVAC	= Polyvinylacetat		
PVC	= Polyvinylchlorid	VPE	= vernetztes PE
PVF	= Polyvinylfluorid		
SAN	= Styrol-Acrylnitril-Copolymere		

Verstärkte Kunststoffe

SB	= Styrol-Butadien-Copolymere		
		GFK	= glasfaserverstärkte Kunststoffe
SBR	= Styrol-Butadien-Kautschuk	GF-UP	= glasfaserverstärktes ungesättigtes Polyester-harz
SI	= Silikone		
SR	= Polysulfid-Kautschuk		
UF	= Harnstoff-Formaldehyd-Harze	CEP (CF-EP)[1]	= carbonfaserverstärktes Expoxidharz

Außerdem sind von den Rohstoffherstellern gewählte Handelsnamen üblich[2]).

Zur Unterscheidung der Kunststoffe nach dem chemischen Aufbau, insbesondere für deren Benennungen, ist die Kenntnis der Grundlagen der Kohlenstoffchemie unerläßlich.

10.4.1. Abgewandelte Naturstoffe (Halbsynthetische Kunststoffe)

Als Vorläufer abgewandelter großmolekularer Naturstoffe kann der aus Naturkautschuk (Latexmilch) hergestellte Gummi bezeichnet werden, dessen elastisches Verhalten auf einer lockeren Vernetzung der Kautschukmoleküle durch „Schwefelbrücken" (Näheres s. KARSTEN: Bauchemie. 9. Auflage, Ziff. 73.2) beruht.

Zu den halbsynthetischen Kunststoffen werden die auf Zellulose- und Kaseinbasis zufolge chemischer Veränderung ihrer funktionellen Gruppen entstandenen Produkte gezählt. Auf Grund ihrer besonderen Eigenschaften (Zähigkeit, Einfärbbarkeit, elektrisches Verhalten) haben sie auf bestimmten Anwendungsgebieten bis jetzt nicht an Bedeutung verloren, wenn auch ihr Marktanteil gegenüber vollsynthetischen Kunststoffen wesentlich geringer ist.

a) Zelluloseabkömmlinge

Vulkanfiber VF: Herstellung durch Aufquellen von Papierbahnen in Zinkchlorid und Aufeinanderpressen zu Platten. Hohe Widerstandsfähigkeit. Druckfestigkeit bis 180 N/mm^2. – Verwendung zu Koffern, Dichtungsscheiben.

Celluloid (Zellhorn): Herstellung durch Behandlung von Zellulose mit Nitriersäure (Gemisch von Salpeter- und Schwefelsäure) unter Zumischung von Kampfer. – Gut einfärbbares, zähes, zerreißfestes, jedoch leicht entzündliches Material. – Verwendung für Gebrauchsgegenstände, z. B. Brillengestelle und in der Anstrichtechnik (Nitrolacke).

Cellulose-Acetat (CA): Veresterung von Zellulose durch Essigsäure. Glasklar und durchsichtig einfärbbar. Ähnlich dem Celluloid, jedoch schlagfest und schwer entflammbar. – Verwendung für Bau- und Möbelbeschläge, Zeichengeräte, Sicherheitsfilme und in der Anstrichtechnik (Lacke).

---

[1] neu vorgeschlagene Kurzzeichen.
[2] Hauptrohstoffhersteller in der Bundesrepublik:
Badische Anilin- und Soda-Fabrik, Ludwigshafen (BASF)
Farbenfabriken Bayer, Leverkusen b. Köln (Bayer)
Chemische Werke Hüls, Marl/Westf. (CW-Hüls)
Farbwerke Hoechst, Frankfurt (Hoechst)
Hüls-Troisdorf AG, Troisdorf bei Köln
Wacker-Chemie, München

Ferner **Cellulose-Acetobutyrat** (CAB) sowie **Cellulose-Propionat** (CP), mit Essig-Buttersäure-Gemisch bzw. mit Propionsäure hergestellt. – Verwendung für anspruchsvollere Gebrauchsartikel und für glasklare Lichtkuppeln auf Dächern (Abb. 184).

Abb. 184.

Lichtkuppeln

Zellglas: Mit Natronlauge und Schwefelkohlenstoff behandelte Zellulose läßt sich zu dünnen, klarsichtigen, geruchlosen und dichten Folien ausziehen (Cellophan). Auch Herstellung von Textilfasern (Zellwolle). – Verwendung der Folien für Verpackung.

Zellkleister MC (Methylzellulose): Durch Behandlung von Zellulose mit Methylalkohol entstehend. – Verwendung als wasserlöslicher Tapetenkleister und Malerleim.

b) Kaseinabkömmlinge CS

Kunsthorn: Aus gesäuerter Magermilch (Kasein) und Formaldehyd. Hornartig, leicht spanend bearbeitbar. – Verwendung als Drechslerware.

10.4.2. Vollsynthetische Kunststoffe

Der synthetische Aufbau von Kunststoffen aus festen, flüssigen oder gasförmigen Ausgangsstoffen (Monomeren) kann nach folgenden Verfahren erfolgen, durch die weitgehend das physikalische Verhalten der Kunststoffe hinsichtlich Anwendung und Verarbeitbarkeit bestimmt wird:

Polymerisation – Polykondensation – Polyaddition

Bei Kunststoffen höher entwickelter Art („Kunststoffe nach Maß") werden vorstehende Verfahren je nach Erfordernis kombiniert, indem zunächst Zwischenprodukte mittlerer Molekülgröße durch Polykondensation aufgebaut werden, die durch Polymerisation oder Polyaddition weiter verkettet oder vernetzt werden können.

10.4.2.1. Thermoplastische Kunststoffe: Plastomere (Thermoplaste)

a) Polymerisationskunststoffe

Bei den Polymerisationsverfahren handelt es sich um die kettenförmige Aneinanderlagerung gleichartiger ungesättigter, d. h. paarweise mehrarmig gebundener Kohlenwasserstoff-Monomere zu einem Kunststoff (Polymerisat) mit thermoplastischen Eigenschaften (s. Abschn. 10.3.3.a).

Die Polymerisation kann unter Mitwirkung von Katalysatoren (z. B. Peroxidverbindungen), unter Druck, durch Lichteinwirkung oder unter Dispergierung in Wasser zur Abführung der in dem Prozeß freiwerdenden Wärme herbeigeführt werden und vollzieht sich ohne Abspaltung von Stoffen.

Unter Polymerisationsgrad wird die Anzahl der zu einem Makromolekül vereinigten Monomere verstanden. Mischpolymerisate entstehen durch Vereinigung von Monomeren verschiedener Grundstoffe (Copolymerisation).

Vermischungen verschiedener Polymerisate zur Modifizierung der Eigenschaften werden als „Polyblends" bezeichnet (v. engl. blend = mischen).

Polyäthylen (PE, von engl. **E**thylene)
– Polymerisat der Olefinreihe –

Ausgangsstoff: Äthylengas C_2H_4; aus Kohle, Erdöl oder meist aus Erdgas (Methan) gewonnen.

Aufhebung der Doppelbindung des ungesättigten Äthylens durch Hoch- oder Niederdruckpolymerisation:

Molekulare Veränderung ohne stoffliche Abspaltung

Eigenschaften: Je nach Verfahrensweise entstehen verschiedene Sorten unterschiedlicher Rohdichte ($0{,}92$–$0{,}96\,kg/dm^3$) und Eigenschaften:

PE weich und PE hart. PE ist biegsam, stoßfest, korrosions- und kältefest (Flexibilität bis $-50\,°C$). Die Temperaturbeständigkeit ist mit etwa $100\,°C$ begrenzt. Milchweiß durchsichtig, mit Ruß schwarz eingefärbt auch dauerhaft licht- und wetterbeständig. Wärmedehnung $200 \cdot 10^{-6}/K$. Schweißbar (DIN 16960).

Verwendung: Druckwasserleitungen (DIN 8072/72, 19532/79, 19533/76, 19535/88), aus PE-HD (DIN 8074/87, 8075/87) und PE-weich (DIN 8073/76) auf Ringe gewickelt (Abb. 185), in größeren Abmessungen auch schweißbare dickwandige Abwasserrohre, gewickelte Rohre bis 3000 mm Innendurchmesser (DIN 16961), Rohre und Formstücke aus HDPE für Abwässerkanäle (DIN 19537). Ferner Behälter (Eimer, Wannen, Mörtelkübel, Öltanks), Tafeln (DIN 16925/87 und DIN 16927/88), Folien für Verpackungen und Bautenwetterschutz (Abb. 186) sowie Sperrbahnen im Erdbau und Trennfolien.

Weitere Polymerisate der Olefinreihe:

Polypropylen (PP): Härter und temperaturstandfester als PE (bis $140\,°C$), weniger kältefest.

Verwendung: Rohrleitungen (DIN 8077/89, 8078/96) und temperaturbeanspruchte Geräte, ferner Textilfasern.

Rohstoffmarken (PE, PP): Hostalen (Hoechst), Lupolen (BASF, Ludwigshafen), Vestolen (CW-Hüls, im Vestischen, nördl. Ruhrgebiet, gelegen).

Polyisobutylen (PIB): Gummiartige dunkelfarbige, mit Lösungsmitteln „kalt verschweißbare" Folien (DIN 16935).

Verwendung: Bautendichtungsbahnen und Dachbahnen. Fabrikat: Rhepanol.

Polybuten-1 (PB-1 oder PB): ähnlich dem PP, jedoch höhere Zeitstandfestigkeit auch bei höheren Temperaturen und gut spannungsrißbeständig, schweißbar.

Verwendung: Heißwasserleitungen (DIN 16968 und 16969) und Großrohre.

Abb. 185.

Frischwasserleitung aus Polyäthylen:
Verlegung in gefrästem Graben

Abb. 186.

Polyäthylen-Folie als Baustellen-
schutz: Fahrbares Gerüst beim
Autobahnbau

Polyvinylchlorid (PVC):

Ausgangsstoffe:

Acetylen + Salzsäure → Vinylchlorid

$$H-C\equiv C-H + \quad HCl \quad \rightarrow \quad \begin{matrix} H & H \\ | & | \\ C & = & C \\ | & | \\ Cl & H \end{matrix}$$

Polymerisation unter Druck oder mit
Peroxiden zu Polyvinylchlorid

$$\begin{matrix} H & H & Cl & H & H & H \\ | & | & | & | & | & | \\ -C & -C & -C & -C & -C & -C- \\ | & | & | & | & | & | \\ Cl & H & H & H & Cl & H \end{matrix}$$

Verschmelzen des anfallenden weißen Pulvers unter Farb- oder Füllerzusätzen zu PVC hart oder unter Zugabe von Weichmachern (nichtflüchtige organische Gleitmittel) zu PVC weich.

Vielseitiger und bei Bauten meistangewandter thermoplastischer Kunststoff. Rohdichte etwa 1,2–1,4 kg/dm³. Wärmedehnung $70–80 \cdot 10^{-6}$/K. Gut schweißbar. (DIN 16960).

PVC hart

Korrosionsfest und widerstandsfähig gegen mechanische Beanspruchung. Spanend verarbeitbar, warm verformbar bei etwa 120 °C und gut schweißbar. Temperaturstandfestigkeit bis 70 °C, flammwidrig und im Freien alterungsbeständig. Druckfestigkeit bis 100 N/mm², im Brandfall jedoch nachteilige Entwicklung von Chlorwasserstoff bzw. Chlorgas.

Verwendung: Frischwasserrohre, Abwasserrohre (Abb. 187), Gasrohre, einschl. Formstücke (DIN 8061/84, 8079/91, 16928),

Rohre aus chloriertem Polyvinylchlorid PVC-C (DIN 8079/91, 8080/91), mit Steckmuffen für heißwasserbeständige Abwasserleitungen (HT) innerhalb von Gebäuden (DIN 19538/80),

Rohre und Formstücke aus weichmacherfreiem PVC-U (DIN 19531/87, 19532/79, DIN V 19534 T 1 u. 2, 11.92), PVC-HI (DIN 8062/88, 8063/86)

Vorzüge der Kunststoffrohre: Leichte Verlegbarkeit, Korrosionsbeständigkeit (keine Inkrustation), Frostbeständigkeit.

Ferner Platten (Halbzeug DIN 16927/88, 16959, 16941), Dachrinnen (DIN 18469/88) und Fallrohre (DIN 18460/89), Kanalisationsrohre, Dränrohre (DIN 1187) (Abb. 188), Rolladenprofile, Wellplatten.

Schlagzähe Sorten aus PVC-Polyblends

Fenster und Türen in verschiedenen selbsttragenden Systemen sowie Verbundprofile mit anderen Materialien. Profilierte Fassaden- und Balkonbekleidungsplatten. Ferner druckwiderstandsfähiger Schaumstoff für Bauelemente.

Abb. 187.

Abwasserleitungen aus PVC hart, durch Steckverbindungen zusammengefügt

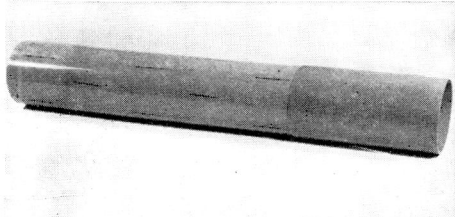

Abb. 188.

Dränrohr aus PVC hart mit Anschlußmuffe

Rohstoffmarken: Hostalit (Hoechst), Vestolit (CW-Hüls), Vinoflex (BASF), Trosiplast (Hüls Troisdorf AG, Troisdorf)

E DIN EN 477–479, 7.91: Profile aus weichmacherfreiem PVC-U zur Herstellung von Fenstern. Bestimmung von bautechnischen Eigenschaften.

PVC weich: Gummielastisches, gut schweißbares Material

Verwendung: Durchsichtige oder gefärbte Schläuche (DIN 16940 u. 42), Dekorationsfolien, Fußbodenbeläge (s. Abschn. 12.2.2), Ausbauprofile (Handläufe, Treppenkanten, usf.), Fugenbänder, Abdichtungsbahnen für Bauwerke (DIN 16937/86 bitumenverträglich, 16938/86 nicht bitumenverträglich), durchsichtige Wetterschutzfolien sowie Folien für Wasserbehälter und Heizöltanks, Überzüge für Metallbleche und Drähte sowie Kabelisolierungen.

Ferner glattes oder profiliertes Kunstleder auf Gewebebahnen (DIN 16922) und Weichschaumstoffe für Polsterungen.

Weitere Polyvinyle:

Polyvinylacetat (PVAC), mit Essigsäure statt mit Salzsäure hergestellt. Glasklare geschmeidige Filme bildend.

Verwendung für Dispersionsfarben (Vernetzung nach Verdunsten des Wassers).

Rohstoffmarken: Movilith (Hoechst), Vinnapas (Wacker).

Polyvinylpropionat (PVP). Dispersionsfarben, Zusatzmittel für Mörtel und Beton zur Verbesserung der Haftung (Haftemulsionen).

Fabrikate: PCI, Compakta, MC–13.

Polystyrol (PS)

Ausgangsstoffe: Äthylen + Benzol = Styrol (Vinylbenzol)

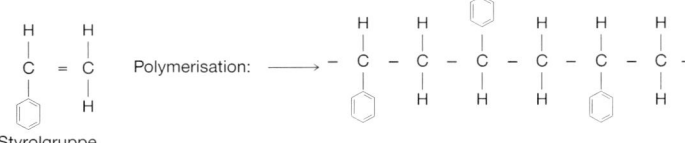

Styrolgruppe

Eigenschaften: Meist glasklar, hellklingend, spröde; bei 80 °C erweichend. Druckfestigkeit etwa 100 N/mm², Zugfestigkeit etwa 50 N/mm².

Umfangreiches Verwendungsgebiet: Als Spritzguß für komplizierte Massenartikel, Lebensmittelbehälter usw. Ferner als Großformteile für Frühbeet- und Schwimmbadabdeckungen.

Rohstoffmarken: Hostyron (Hoechst), Vestyron (Hüls).

Polystyrol-Schaumstoffe: Mit Blähmitteln versehene vorgeschäumte Granulate. Unter Hitzeeinwirkung durch weiteres Aufblähen Verschweißen zu homogenen Schaumkörpern in Formen oder zu Blöcken, die zu Platten aufgeschnitten werden. Rohdichten 10–40 kg/m³. Extrudierter PS-Schaum (EPS) Hartschaum. Baustoffklasse B2 nach DIN 4102, T 1.

Verwendung: Dämmstoffe (DIN 18164), leicht entfernbare Aussparungen im Betonbau, Verpackungsmaterial, bituminiert als Dränplatten.

Auch Herstellung als geschlossenzellige Flocken („Styromull") zur landwirtschaftlichen Bodenauflockerung.

Rohstoffmarke: Styropor (BASF)

Verbesserte Styrol-Polymerisate:

Schlagfestes Polystrol (SB) durch Einarbeiten von synthetischem Kautschuk (**S**tyrol-**B**utadien-Kautschuk).

Acrylnitril-Butadien-Styrol-Copolymere (ABS) mit besonders schlagzähen Eigenschaften, Verwendung für Rohre, Gehäuse, Schutzhelme.

Rohstoffmarken: Novodur (Bayer), Teluran (BASF).

Acrylnitril-Styrol-Acrylester-Copol. (ASA) für Rohre, Straßenschilder.

Acrylglas (PMMA): Organisches Glas

Chemische Benennung: Polymethylmethacrylat (Abk.: Polymetacrylat). Herleitung von den Estern der ungesättigten Acrylsäure (Polyacrylester).

$CH_2 = CH \cdot COOH$ (einfachste ungesättigte Säure) durch Methylgruppe CH_3 zu $COOCH_3$ verestert.

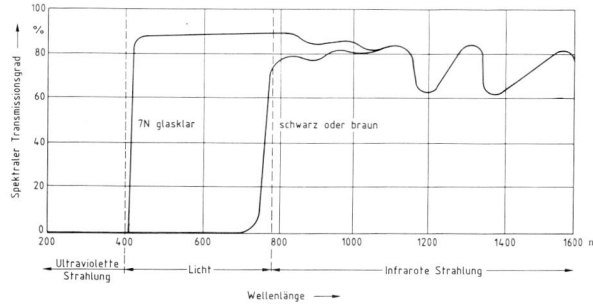

Eigenschaften: Lichtdurchlässiger als Glas, bruchfest, federnd hart, jedoch kratzfest (Vorsicht bei Reinigung). Auch durchsichtige Einfärbung wie Glas. (Abb. 189).

Verwendung: Elastische Verglasungen, Lichtdecken (Wellpappen), Lichtkuppeln, sanitäre Einrichtungen. Ferner Acrylfasern, Lacke.

Rohstoffmarken: Plexiglas (Röhm u. Haas), Resarit (Resart).

Abb. 189.

„Plexiglas"-Formmasse Transmission von 7 N Glasklar (Probendicke 3 mm) und Schwarz oder Braun (Probendicke 0,5 mm). Die Einfärbungen sind speziell IR-durchlässige Einstellungen.
(Zeichnung: Röhm), aus BmK 2/87

b) Polymere mit gemischtem Kettenaufbau (Heteropolymere)

Auf Polykondensationszwischenprodukten*) durch fadenförmige Verknüpfung aufgebaute thermoplastische Kunststoffe. (Vgl. Bauen mit vorfabrizierten Fertigteilen.)

Polyamide (PA)

Stickstoffhaltiger thermoplastischer Kunststoff, der im chemischen Aufbau sowie in seinem zähfesten Verhalten etwa den tierischen Eiweißstoffen (Horn, Sehnen, Naturseide) entspricht.

Eigenschaften: Gute Wärmestandfestigkeit und Schlagzähigkeit. Milchigweißes bis gelbliches Aussehen. Zugfestigkeit etwa 50 N/mm.

Besondere Eignung zur Herstellung von Synthesefasern, Schnüren, Borsten (Perlon, Nylon). Wesentliche Erhöhung der Zerreißfestigkeit durch „Recken" (Ausrichten der regellos gelagerten teilkristallisierten Fadenmoleküle in Dehnrichtung) auf mehrere hundert N/mm².

Verwendung: Beschläge, Schutzhelme, Maschinenelemente: Geräuschloser und schmiermittelfreier Lauf (Büro- und Haushaltsmaschinen). Rohre, Stäbe (DIN 16980/87, 16981/74, 16983/80), Tafeln (DIN 16984/80).

Rohstoffmarken: Ultramid (BASF), Vestamid (Hüls), Trogamid (Troisdorf).

---

*) Polykondensation: s. Abschn. 10.4.2.2.

Polyoxymethylen (POM) (Acetalharz). Polymerisierter Aldehyd

Verwendung für hochbeanspruchte technische Teile (Zahnräder).
Rohstoffmarken: Hostaform (Hoechst), Delrin (Du Pont).

Polyterephthalat (Polyäthylenterephthalat) (PETP)

Polyester aus Terephthalsäure (Benzoldicarbonsäure) und Glykol (zweiwertiger Alkohol).

Verwendung: Durch Recken verfestigte Fäden (Diolen, Trevira) und besonders widerstandsfähige Folien für Bautendichtung (DIN 18190, T. 5).
Rohstoffmarke: Hostadur (Hoechst).

(Weitere Polyester aus verschiedensten Dicarbonsäuren werden als „Alkydharze" bezeichnet: Verwendung für Lacke, s. Abschn. 11.3.2.3., S. 455).

Polycarbonat (PC) Polyester der Kohlensäure

Eigenschaften: glasklarer Kunststoff mit hoher Schlagfestigkeit und Widerstandsfähigkeit bei Temperaturen von $-140\,°C$ bis $+140\,°C$, farblos bis gelblich.

Verwendung: Explosionssichere Schaltschutzkästen. Unzerbrechliche kochfeste Geschirre, Lichtdächer, Lichtkuppeln.
Rohstoffmarke: Makrolon (Bayer).

Polytetrafluoräthylen (PTFE)

Aus Tetrafluoräthylen hergestellt:

```
   F   F           F   F   F   F
   |   |           |   |   |   |
   C = C    →    - C - C - C - C -
   |   |           |   |   |   |
   F   F           F   F   F   F
```

Eigenschaften: Höchste Korrosionsfestigkeit, Chemikalien- und Temperaturbeständigkeit bis $300\,°C$, niedriger Reibungskoeffizient $\mu \le 0,01$.

Vergießen zu spanend weiterverarbeitbaren Blöcken. Zähelastisch, jedoch in der Verarbeitbarkeit nicht mehr unter eigentliche Thermoplaste fallend.

Verwendung: Für Gleitfolienlager von Bauteilen.
Rohstoffmarken: Hostaflon (Hoechst), Teflon (Du Pont).

Polyvinylalkohol (PVAL): Herstellung durch Verseifen von PVAC

Verwendung: Trennfolien, Dichtungen, Klebstoff, benzinfeste Schläuche, Schutzkolloid und Verdikkungsmittel bei Dispersionsanstrichen.

Polyvinylbutyral (PVB): entsteht durch Umsetzung von Polyvinylalkohol mit Butyraldehyd.

Verwendung: In Lack- und Klebetechnik, Dichtungen, als Zwischenschicht in Mehrscheibensicherheitsglas.

Polyvinylether: Polymerisationsprodukt von Vinylethern.

Verwendung: Klebstoff auf Klebebändern, als Weichharz für Lacke.

Polychlortrifluorethylen (PCTFE): ähnlich wie PTFE, jedoch billiger, temperaturbeständig bis ca. $150\,°C$.

Verwendung: Für Beschichtungen, Handelsname Hostaflon C2.

Polyvinylfluorid (PVF): besonders beständig gegen Chemikalien- und Witterungseinwirkung.

Verwendung: Wetterfeste Folien, Gießfolien mit Lösungsmitteln, Beschichtungen, Straßenschilder, Trennfolien.

10.4.2.2. Duroplastische Kunststoffe: Duromere (Duroplaste)

a) Polykondensationsharze (Härtbare Kondensationsharze)

Unter Kondensation versteht man die Bindung hochmolekularer Stoffe aus niedermolekularen reaktionsfähigen Grundstoffen unter Abspaltung kleinerer Moleküle (z. B. Wasser, Ammoniak).

Die Herstellung der Kondensationsharze erfolgt in zwei Verfahrensstufen:

Verkochen der Grundstoffe unter gleichzeitiger Kondensation der sich abspaltenden wässrigen Bestandteile. Es entstehen zähflüssige oder feste schmelzbare sowie lösliche Harze (Resole).

In einem weiteren Verfahrensgang erfolgt die Aushärtung der zur Verbesserung der Festigkeit zumeist mit Füllstoffen vermischten Harze unter Hitze und Druck. Auch Kaltaushärtung durch zugegebene „Härter" (säurehaltige Katalysatoren).

Hierbei geht eine weitere molekulare räumliche Vernetzung (Polykondensation) zu nicht mehr schmelzbaren sowie unlöslichen duroplastischen Kunststoffharzen (Resite) vor sich (s. Abschn. 10.3.3.b).

Phenoplaste: Phenol-Formaldehyd-Harze (PF)

Ausgangsstoffe: Phenol (Destillationsprodukt von Steinkohlenteer) und Formaldehyd.

Phenol (2fach)	Formaldehyd	Diphenylolmethan

(s. a. Karsten: Bauchemie. 9. Aufl., Ziff. 73.3)

Eigenschaften: Phenolharze sind gegen die meisten Chemikalien beständig. Die ausgehärteten Phenoplaste sind spröde und werden zu Gebrauchsgegenständen daher meist mit Füllern verarbeitet. Herstellung in dunklen Farbtönen, da die gelblichbräunlichen Harze nachdunkeln. Wegen nicht völliger Geruchfreiheit keine Berührung mit Lebensmitteln! Temperaturbeständigkeit je nach Füllstoff bis 150 °C.

Verwendung:

Technische Harze: Flüssig oder fest (spritlöslich).

Phenolharzlacke für Ofentrocknung (Einbrennlacke) oder zur Kaltverarbeitung mit Härter (Zweikomponentenlacke).

Heißleim (Leimfolien) für wetterfestes Sperrholz und Kunstharzpreßholz (Preßschichtholz) sowie Verleimung von Schichtpreßstoffplatten (Aushärtung in beheizten Etagenpressen), ferner als Bindemittel für Karborund-Schneidscheiben.

Phenolharz-Schaumstoffplatten: Aushärtung flüssiger Harze nach Zugabe von Treibmitteln. Druckfestigkeit $4\,\text{N/mm}^2$. Wärmestandfestigkeit bis 130 °C. Schwer entflammbar.

Preßmassen: Genormte, meist körnige Preßmassentypen aus vernetzten Phenolharzen mit Füllstoffen (z. B. Typ 11 mit Gesteinsmehl, Typ 31 mit Holzmehl, usf. mit Fasern, Papier, Textilien). Aushärtung unter Druck und Hitze in Formpressen zu duroplastischen Formteilen, z. B. Schalter, Stecker, Gehäuse, Telefone, Wellenlager.

Aminoplaste: Harnstoff-Formaldehyd-Harze (UF)

Ausgangsstoffe: Harnstoff (auch Carbamid genannt) und Formaldehyd.

Herstellung von Harnstoff aus Ammoniak NH_3 und CO_2.

$$\begin{array}{c} NH_2 \\ NH_2 \end{array} > C = O$$

Verfahrensgang zur Herstellung der Harnstoffharze (Carbamidharze) sowie deren Warm- und Kaltaushärtung wie bei Phenolharzen.

Bei höheren Anforderungen Verarbeitung von Melamin zu

Melamin-Formaldehyd-Harzen (MF)

Verwendung:

Harnstoff- und Melaminharze: Wie Phenoplaste als warm- und kaltaushärtende technische Harze für wasserfeste Holzleime („Kaurit") und Lacke (Versiegelungen) sowie als typisierte Harnstoffharz- oder Melaminharz-Preßmassen für weißfarbige geruchlose Formteile, z.B. Elektroinstallationen (Schalter), Küchen- und Haushaltsgeräte. Ferner Dekorationsplatten für Wand- und Möbelbelag (Resopal, Ultrapas u.a.), Beschichtung von Holzspanplatten u.a.m.

Harnstoff-Schaumstoffe: Zum Kaltausschäumen von Rohrleitungsschlitzen (Ortschaum DIN 18159) Herstellung mit transportablen Geräten unter Zuführung von Druckluft. Ferner Verwendung der offenporigen Schäume für Bodenkulturen („Hygromull"), zugleich mit düngender Wirkung infolge Zersetzung der Carbamidharze.

Resorcinformaldehydharz (RF): Polykondensat von Formaldehyd und Resorcin, höhere Beständigkeit gegen Chemikalien, heißes Wasser und Wärme, Verwendung als Holzleim (Kauresinleim BASF).

b) Auf Zwischenprodukten aufgebaute duroplastische Polykondensationskunststoffe

Ungesättigte Polyester (UP)

Entstehung und Eigenschaften: Ausgangsprodukte wie bei thermoplastischen Polyesterharzen (Polyterephthalat) aus Dicarbonsäure und zweiwertigem Alkohol, wird jedoch durch Einbau von Stoffen mit Doppelbindungen zu ungesättigten Polyesterharzen.

Durch Zugabe eines Härters (doppelt gebundenes Styrol) sowie eines Beschleunigers drucklose Warm- oder Kaltaushärtung zu duroplastischem transparentem Polyesterharz („Gießharz"). Kurzfristige Verarbeitung (Einhalten der „Topfzeit").

Durch Einlage von Glasfasern, Glasfasermatten oder -geweben sowie Rovings (s. Abschn. 6.6.1.) in Harze („Laminate") besonders elastischer und widerstandsfähiger Baustoff: „Glasfaserverstärkte Kunststoffe" (GFK). Reißfestigkeiten von 100 bis 1000 N/mm^2.

Verwendung: Als Bindemittel für „Kunstharzbeton" oder für Estriche, als Kleber für Beton und Metalle sowie für Lacke (s.a. Epoxidharze), nach Vorvernetzung als Dachabdichtung mit Gewebeeinlage, dampfdiffusionsfähig (Kemperverfahren).

Glasfaserverstärkte ungesättigte Polyester (GUP):

Hochwiderstandsfähige wasserdichte Auskleidungen im Tiefbau im „Faser-Harz-Spritzverfahren" (s. Abb. 191), Welldachplatten und Balkonverkleidungen, gewölbte Dachelemente (milchig durchscheinend), größere Rohre gewickelt im Schleuderguß (DIN 16964/88, 16965/82, 16966, 16967). Formgepreßte Fenster, Schalungskörper für Beton, Silos, Kläranlagen u.a.m.

DIN EN 59–63: Prüfung glasfaserverstärkter Kunststoffe

Rohstoffmarken: Leguval (Bayer), Palatal (BASF), Vestopal (Hüls) als Spannstahlersatz im Spannbetonbau: Markenname Polystal (Abb. 190).

Epoxidharze (EP)

In der Anwendung dem ungesättigten Polyester ähnlich, Entstehung der Ausgangsstoffe jedoch durch Polyaddition. Korrosions- und widerstandsfester als UP. Fast verlustlose (schrumpffreie) Härtung.

	Betonstahl BSt 500 S	Spannstahl St 1470/1670	Polystal® (68% Glasfasern)	Kohlenstoffasern
Zugfestigkeit (N/mm²)	>500	>1670	1520	2800
Streckgrenze (N/mm²)	>420	>1470	–	–
Bruchdehnung (%)	10	6	3,3	0,7
Elastizitätsmodul (N/mm²)	210 000	210 000	51 000	400 000*)
Reißlänge (km)	6,4	21,5	84	160
Dichte (g/cm³)	7,85	7,85	2,0	1,75

* Kohlenstoff-Fasern werden im Flugzeugbau verwendet. Wegen ihres hohen E-Moduls kommen sie im Spannbetonbau nicht zur Verwendung.

Abb. 190. Werkstoffkennwerte und -vergleiche

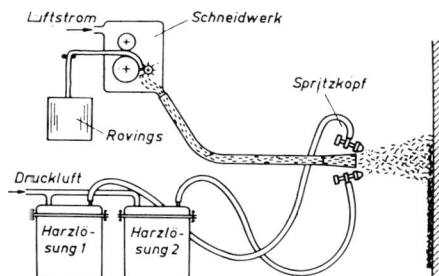

Abb. 191.

Faser-Harz-Spritzverfahren zur Herstellung von Abdichtungen (Nachverdichten des Harz-Glasfaser-Gemisches mit Lammfellwalze)

Im Betonbau verwendet als kraftschlüssiger Kleber, als Kleber für Stahlverbindungen, widerstandsfähige Beschichtungen, Korrosionsanstriche, als Bindemittel in Mörteln und Betonen (PCC).

Eigenschaften von Reaktionsharzen:

Eigenschaften	Einheit	Polyester		Epoxidharz (flüssig)		
		Standard-typ	erhöht wärme-beständig	RT-gehärtet	warm-gehärtet	heißgehärtet
Typ nach DIN 16 946		1110	1140	1042	1021	nicht typisiert cycloaliphatisch
Dichte	g/cm³	1,2	1,2	1,2	1,2	≦ 1,25
Zugfestigkeit	N/mm²	≧30	55	50	60	≦ 130
Elastizitätsmodul	N/mm²	3500	3500	3500....4000	3500....4000	≦6000
Kerbschlagzähigkeit	kJ/m²	1....2	2	≧1,2	≧1,5	3
Wärmedehnungs-koeffizient	$10^{-6} \cdot 1/K$	60....80	60....80	90	75	n. b.

aus Wesche: Baustoffe für tragende Bauteile Bd. 4

c) Polyadditionsprodukte (Polyaddukte)

Polyurethane (PUR)

Ausgangsstoffe: Aus Di- oder Tri-Isocyanaten (Kohlenwasserstoffe mit $-N=C=O$-Gruppe) und mehrwertigen Alkoholen durch Polyaddition entstehend: Verknüpfung zu Großmolekülen ohne Abspaltung dritter Stoffe durch Verschiebung (Wanderung) von H-Atomen zum Nachbarmolekül.

Eigenschaften und Verwendung

Abwandlung der Herstellungsprodukte je nach Vernetzung zu verlustlos kalthärtenden duroplastischen Kunststoffen für Kleber, Lacke („DD-Lacke")[1]) oder Industriefußböden.

In der Warmherstellung zu gummielastischen (elastomeren) alterungsbeständigen Werkstoffen („Vulkollan"), z. B. für Brückenwiderlager und Schwingungsdämpfer im Fahrzeugbau, oder zu elastischen Schaumstoffen („Moltopren") für Polsterungen und in härterer Einstellung als Wärmedämmplatten für Verbundbauelemente (Sandwichbauweise) und Ortschaum nach DIN 18159 – Baustoffklasse B 2, u. U. B 1 nach DIN 4102, T. 1, spritzfähiger Dachdämmstoff mit UV-Schutz.

10.4.2.3. Elastomere (Elaste)

a) Synthetischer Kautschuk (Kunstkautschuk)

Synthetischer Kautschuk ist vorwiegend auf der Basis von Butadien (spr. di | en) aufgebaut, das aus Butan hergeleitet wird.

Butadienformel:

$$\underset{\substack{|\\H_2C=C}}{\overset{H}{|}} - \underset{\substack{|\\C=CH_2}}{\overset{H}{|}}$$

Baustein des Naturkautschuks
(Methylbutadien = Isopren):

$$H_2C=C \underset{\substack{|\\CH_3}}{} - C \underset{\substack{|\\H}}{} =CH_2$$

Kautschuk-Kunststoffe

Styrol-Butadien-Kautschuk (SBR)[2]

Herstellung unter Zusatz von **Na**trium als Aktivator. Hohe Verschleißfestigkeit. Verwendung für Autoreifen, Förderbänder, Puffer.

Rohstoffmarken: Buna (CW-Hüls)

Chloropren-Kautschuk (CR) = Polychloropren

Verwendung für Dichtungsfolien besonderer Beanspruchung, für Fugenprofile sowie als Platten für Drucklager (Schwingungsdämpfung) und Gleitlager.

(Vgl. Chlorkautschuklack: Nichtpolymerisierter chlorierter Kautschuk, s. Anstrichstoffe, Abschn. 11.3.2.8., S. 455).

Rohstoffmarken: Baypren (Bayer), Neoprene (Du Pont)

Nitrilkautschuk, (NBR), mit Zusatz von Acrylnitril (Formel $CH_2=CH - CN$). Für ölfeste Dichtungen und Schläuche.

Rohstoffmarke: Perbunan N.

Polysulfid-Kautschuk (SR)

Dichtungsmasse für elastische und elastisch-plastische Fugendichtungen sowie Fugenbänder

Rohstoffmarke: Thiokol (Thiokol GmbH)

Butyl-Kautschuk IIR

Dichtungsbahnen (Butylbahnen) und Fugendichtungsmassen.

---

[1]) Firmenbezeichnung nach den Ausgangsprodukten **D**esmodur/**D**esmophen (Bayer).
[2]) Abkz. „R" von engl. rubber (Gummi).

b) Weitere elastomere Kunststoffe

Polyurethan (PUR) mit gummielastischen Eigenschaften (s. Abschn. 10.4.2.2.).

Silikon-Kautschuk (Si) als Einkomponenten-Paste für elastische Fugendichtungen (s. Abschn. 10.4.3.).

10.4.3. Kunststoffe auf Siliciumbasis: Silikone (SI)

Im stofflichen Aufbau stimmen Silikone insoweit mit Kohlenwasserstoffen überein, als diese bei der Vierwertigkeit des Siliciums faden- oder netzförmige Gerüste bilden, die abwechselnd aus Si und O bestehen. Die Außenglieder sind jedoch Kohlenwasserstoffgruppen, so daß die Silikone als organisch-anorganische Kunststoffe anzusprechen sind.

Der Ausgangsstoff ist Sand SiO_2, aus dem durch Reduktion im Elektroofen Silicium gewonnen wird. Durch organische Bindungen sind weitgehende Abwandlungen der Silikone möglich.

$$
\begin{array}{ccccc}
 & R & & R & & R \\
 & | & & | & & | \\
-\text{Si} & -\text{O}- & \text{Si} & -\text{O}- & \text{Si}- \\
 & | & & | & & | \\
 & R & & R & & R
\end{array}
$$

Formelschema: R = Radikale (verschiedene org. Gruppen)

Eigenschaften:
Silikone werden als Harze, Öle und gummielastische (elastomere) Stoffe hergestellt. Temperaturbeständigkeit der Harze bis 400 °C, stark wasserabweisend und auch von anderen Stoffen schwer benetzbar.

> Verwendung der Silikonharze. Als Imprägniermittel für Textilien und mit Lösungsmitteln stark verdünnt als wasserabweisender, aber dampfdurchlässiger Oberflächenschutz von Bauteilen. Ferner als dauerhafte Trennmittel für Formen, als temperaturstandfeste Schmiermittel (Silikonöle) und für hitzebeständige Lacke.
>
> Silikon-Kautschuk wird für Fugendichtungen und für hitzebeständige Dichtungen verwendet.

10.5. Herstellungsverfahren der Kunststoffprodukte

Die Herstellung („Urformen") der Kunststoffe aus den vorgefertigten Formmassen (Flüssigkeiten, Pulver, Granulate) erfolgt entweder als weiterverarbeitbares Halbzeug oder als verwendungsfertige Formteile.

> Bei der Erhärtung der Kunststoffe erfolgt je nach Art der Harze und Anteil der Füllstoffe eine Schrumpfung.

10.5.1. Herstellung thermoplastischer Produkte: Plastomere

a) **Halbzeug:** Bahnen, Tafeln, Rohre, Profile

Kalandrieren mit Kalander (Abb. 192)

Kontinuierliches Auswalzen von vorgeheizten plastischen Massen in beheizter Walzenfolge (Kalander) mit enger werdendem Schlitz zu Folien und dünnen Platten (Bahnen) für Fußbodenbeläge und Dichtungsbahnen.

Auch Beschichtung von Gewebebahnen mit evtl. anschließendem Durchlauf durch Präge- oder Farbdruckwalzen.

Extrudieren mit Extrudern (Schneckenstrangpresse)

Herstellen von Rohren, Schläuchen, Profilen, Platten im kontinuierlich laufenden Strangverfahren:

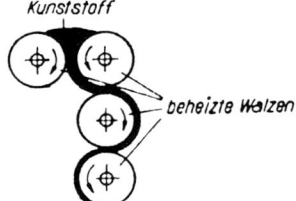

Abb. 192.

Folienziehen auf beheiztem Vierwalzen-Kalander

Pressung der im fleischwolfähnlichen Gerät elektrisch erhitzten Rohmassen durch Ring-, Profil- oder Breitschlitzdüse.

Ferner Herstellung dünner Folien (Blasfolien) durch Aufweiten eines aus der Ringdüse tretenden dünnwandigen Schlauches mit Druckluft, der anschließend breitflächig aufgewickelt wird.

b) Formteile

Hohlkörperblasen in Hohlform

Zur Herstellung geschlossener Behälter, z. B. Flaschen, wird ein noch warmplastischer Schlauch in einer Hohlform abgequetscht und von innen mit kalter Druckluft an die Konturen der zweiteiligen Form gepreßt, aus der nach Öffnung das Fertigteil durch Preßluft aufgeworfen wird.

Spritzgießen mit Schneckenspritzgußmaschine

Die Massenfertigung von Formstücken einfacher Art (Eimer, Wannen) sowie komplizierter Art (Apparateteile) erfolgt durch Einspritzen der Kunststoffmassen, die in einer der Schneckenpresse ähnlichen Maschine erhitzt werden, unter hohem Druck in eine gekühlte zweiteilige Form, die sich im Taktverfahren schließt und öffnet. Nach Ausstoß der Preßlinge ist lediglich der wiedereinschmelzbare Gußansatz zu entfernen (Abb. 193).

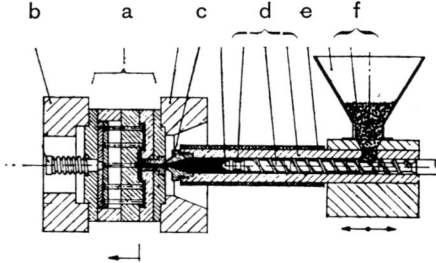

Abb. 193.

Spritzgußverfahren (Schneckenspritzgußmaschine): Plastifizierung der thermoplastischen Masse im beheizten Zylinder:
a) Spritzgußform
b) Auswurfvorrichtung
c) Düsenring
d) Schnecke und Zylinder
e) Elektr. Heizband
f) Materialaufgabe

Gießverfahren

Rotationsguß von Hohlkörpern oder Schleuderguß von großen Rohren.

Pulververfahren:

Wirbelsintern. Zum Überziehen von Metallteilen (Bleche, Draht, Rohre) werden diese in erhitztem Zustand in aufgewirbelte pulverisierte Thermoplaste eingebracht, so daß der Kunststoff in gleichmäßiger Schicht auf dem Metall aufsintert.

Aufbringen kalter Pasten aus pulverisiertem Kunststoff mit Weichmachern auf Gewebe (Kunstleder) oder Metalle mit anschließender Aufschmelzung (Gelatinierung) im Ofen.

10.5.2. Herstellung duroplastischer Produkte: Duromere

a) Halbzeug

Pressen von Teilen in Hochdruck-Plattenpressen: Hartpapier, Hartgewebe, Preßschichtholz.

Herstellung durch heißes Verpressen von aufeinandergelegten phenolharzgetränkten Papieren, Geweben oder dünnen Furnieren zwischen zahlreichen übereinanderliegenden beheizten hochglanzpolierten Platten in einer Etagenpresse (bei Dekorplatten obere Schicht mit Melaminharz).

b) Formteile

Pressen in Hochdruck-Formpressen

Die in bemessenen Mengen aufgeschmolzenen Kunstharzpreßmassen werden in beidseitig beheizten Formen unter hohem Druck ausgehärtet und im Taktverfahren ohne Abkühlung ausgestoßen (Abb. 194).

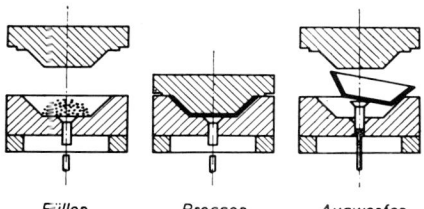

Füllen   **Pressen**   **Auswerfen**

Abb. 194.

Formpressen von Duroplasten im Gesenk

Niederdruck-Preßverfahren

Für Formung von glasfaserverstärkten kaltaushärtenden ungesättigten Polyesterharzen und Epoxidharzen (z. B. für Wellplatten) werden Niederdruckpressen verwendet. Bei großflächigen Elementen (z. B. Betonschalungen, Karosserien) wird auf einteiligen Formen im „Handauflegeverfahren" gearbeitet („Laminieren") (Abb. 195).

Verstärkungsmaterial mit Harz   Abdeckung

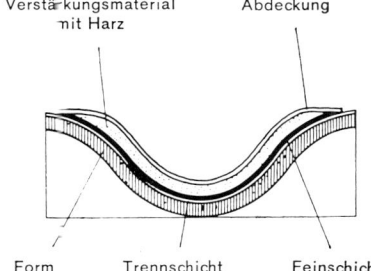

Form   Trennschicht   Feinschicht

Abb. 195.

Im Handverfahren mit lagenweise harzbeschichteten Glasmatten (Laminaten) hergestellte Formkörper

10.5.3. Herstellung von Schaumkunststoffen

Schaumkunststoffe (DIN 7726) können offenporig oder geschlossenporig aus thermoplastischer Massen (z. B. Polyvinylchlorid, Polystyrol), aus duroplastischen Massen (z. B. Phenolharz, Harnstoffharz) oder aus elastoplastischen Massen (z. B. Polyurethane) durch Zugabe von Blähmitteln (z. B. chemisch freiwerdendes CO_2, verdampfende Lösungsmittel) oder durch eingeschlagene Luft hergestellt werden.

Herstellung von Blöcken und Aufschneiden zu Platten oder Aufschäumen in Formen („Struktursch äume").

Schäume können hart, halbhart, weich, elastisch und weich elastisch eingestellt werden. Integral-Schaumkunststoffe weisen einen porigen Kern und eine dichte Oberfläche auf.

10.6. Verarbeitung der Kunststoffprodukte

Plastomere, Duromere und Elastomere können spanend oder trennend durch Bohren, Drehen, Sägen, Fräsen, Stanzen, Schleifen oder Schneiden bearbeitet werden. Ferner durch Kleben mit vernetzenden Zweikomponentenklebern oder mit Löseklebern, die bei Thermoplasten durch Anlösen und Verpressen eine homogene Verbindung herbeiführen („Quellschweißen"), z. B. bei PVC- und PIB-Bahnen (nicht PE-Folien).

Thermoplastische Kunststoffe lassen sich weiterhin durch Warmformen (Umformen) sowie durch Schweißen bearbeiten.

Warmformen

Abkanten von Platten. Biegen von Rohren (Sandfüllung gegen Deformierung). Ferner Aufschrumpfen von ausgeweiteten Rohrenden bei der Installation sowie von Profilen, z. B. bei Treppengeländern, infolge des „Rückstellungsbestrebens" der ursprünglichen Formgebung von Thermoplasten unter Wärme sowie Aufschrumpfen von geweiteten Folien für feuchtigkeitsdichte Verpackungen.

Tiefziehen mit Vakuum

Zur Herstellung von profilierten Platten (z. B. Fassadenprofile) oder von Verpackungseinlagen werden mit Infrarotstrahlen vorgewärmte Tafeln auf eine Tiefziehform gespannt, die durch Anlegen eines Vakuums die warmelastische Kunststoffplatte auf das Formprofil saugt und nach Luftkühlung auswirft.

Schweißen

Vereinigung der Verbindungsflächen von Thermoplasten (DIN 1910, T. 3, 16 960), ebenso Sonderform des EPDM-Elastomer-Werkstoffs.

Warmgasschweißen: Auftrag einer Schweißraupe mit Kunststoffschweißdraht als X- oder V-Naht unter Erwärmung mit Warmgasschweißgerät (äußerlich Metallschweißgeräten ähnlich), meist mit elektrisch auf 200–300 °C erhitztem Luftstrom (Abb. 196).

Heizelementschweißen: Erwärmung der zu verschweißenden Teile an beheizter Metallplatte und Aneinanderpressen der verflüssigten Flächen (Abb. 197).

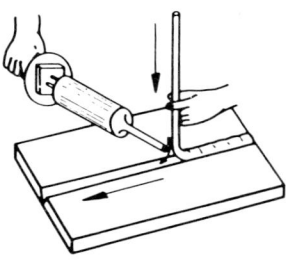

Abb. 196.

Warmgasschweißen thermoplastischer Kunststoffe mit Schweißstab

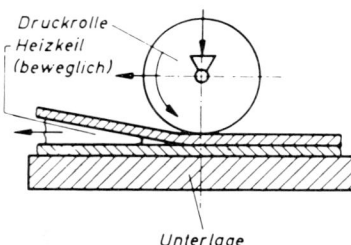

Abb. 197.

Schweißen thermoplastischer Kunststoffe mit Heizelement (Heizkeil)

Tafel 95: Zusammenstellung der hauptsächlichen Kunststoffarten sowie deren Herstellungs- und Verarbeitungsverfahren

Thermoplaste (Plastomere)		Duroplaste (Duromere)		

I. Hauptsächliche Kunststoffarten

Polymerisationskunststoffe (Polymerisate)	Polymere gemischten Kettenbaus (Heteropolymere)	Technische Harze, gefüllt, für typisierte Hochdruck-preßstoffe und Schichtpreßstoffe	Drucklos härtende Reaktionsharze (auch für verstärkte Kunststoffe)	Polyadditionskunststoffe
Polyolefine: Polyäthylen PE Polypropylen PP Polyisobutylen PIB Polyvinylchlorid PVC (Hart- und Weich-PVC) Styrolpolymerisate: Polystyrol PS Polystyrol schlagfest und ABS-Copolymere Polymethylmethacrylat PMMA	Polyamide PA Polyoxymethylen POM Polycarbonat PC Polyterephthalat PETP Polytetrafluoräthylen PTFE Celluloseester: Cellulose-Acetat CA Cellulose-Acetobutyrat CAB Cellulose-Propionat CP	Phenolharze PF Harnstoffharze UF Melaminharze MF Silikone SI: Silikonharze und Silikonkautschuk	Ungesättigte Polyester UP Epoxidharze EP	Vernetzende Polyurethane PUR: Harze (Duromere) Elastische Schaumstoffe (Elastomere)

II. Urformverfahren

Thermoplaste	Duroplaste
Halbzeug. Kalandrieren: Folien, Kunstleder Extrudieren: Rohre, Profile, Platten, Folien Formteile. Spritzgießen: Formstücke, Behälter Hohlkörperblasen: Flaschen, Folien Pulververfahren: Kunststoffauftrag (Aufschmelzen) auf Metall oder Gewebe Gießverfahren: Schleuderguß	Hochdruckwarmpressen: Halbzeug. Hartgewebe, Preßschichtholz, Dekorplatten Formteile. Gehäuse, Geräte Niederdruckformung: Flächenpreßverfahren mit kaltaushärtenden glasfaserverstärkten Harzen (Lichtplatten, Wellplatten, Behälter) Handauflegeverfahren: Mit glasfaserverstärkten Harzen auf einteiligen Formen Mehrkomponenten-Spritzverfahren: Auskleiden von Bauwerken (Tunnels, Becken) mit GFK, Ausschäumungen zur Dämmung und Dichtung Anstriche, Beschichtungen, Verklebungen: Mit Vorprodukten duroplastischer Kunstharze

III. Formänderungsverfahren

Thermoplaste	Duroplaste
Warmformen (Umformen von Halbzeug) Schweißen: Warmgas-, Heizelement-, Reibungs-, Hochfrequenz-, Ultraschall-Schweißen Verkleben mit Mehrkomponentenklebern oder mit Löseklebern Spanende und trennende Bearbeitung: Drehen, Sägen, Fräsen, Stanzen, Schleifen, Schneiden	Spanende oder trennende Bearbeitung: Drehen, Sägen, Fräsen, Stanzen, Schleifen, Schneiden Verkleben mit Mehrkomponentenklebern

Heizwendelschweißen: Anwendung bei Rohrfittings durch Erhitzen bereits bei der Fertigstellung eingelegter elektrischer Widerstandsdrähte.

Reibschweißen: Verschweißung der unter Druck gegenläufig rotierenden und dadurch sich erwärmenden Verbindungsflächen.

Hochfrequenzschweißen (HF-Schweißen): Vorwiegende Anwendung zur Herstellung von Schweißnähten an Folien, bei denen durch beidseitiges Anpressen von Elektroden ein hochfrequentes Spannungsfeld erzeugt wird (Verursachung der inneren Erhitzung durch Molekularreibung infolge des sehr hohen Frequenzwechsels).

Ultraschallschweißen: Erwärmung und Verschweißung aneinandergepreßter Teile durch mechanische Schwingungen im Ultraschallbereich.

Kunststoffprodukte lassen sich auch nach Vorbehandlung metallisch überziehen (Galvanisieren).

10.7. Technische Eigenschaften der Kunststoffe

Kunststoffe umfassen eine große Gruppe von Werkstoffen, die in ihren Eigenschaften in weiten Bereichen schwanken.

Verbundwerkstoffe, die aus einer Kunststoffmatrix und aus körnigen Zuschlägen (z. B. Kiessand) oder einem Verstärkungsstoff (z. B. Glasfasern) bestehen, erweitern das Spektrum insbesondere der mechanischen, aber auch der thermischen Eigenschaften beträchtlich.

Dadurch weitgehende Anpassung an die Anforderungen der Baupraxis möglich.

Im nachfolgenden sind nur die wichtigsten der im Bausektor verwendeten Kunststoffe berücksichtigt.

10.7.1. Mechanische Eigenschaften

Die mechanischen Eigenschaften der Kunststoffe sind, neben der Stärke der Sekundärbindungen zwischen den Molekülen, sehr stark im allgemeinen von den äußeren Einflüssen, insbesondere von der Belastungsdauer und von der Temperatur sowie vom Einfluß der Quellung (Weichmacherzusatz) bei Thermoplasten und bei Verbundwerkstoffen von der Art der festen Füllstoffe, abhängig. Im allgemeinen gilt:

Bei langanhaltenden Belastungen unterliegen Kunststoffe mehr oder weniger einer plastischen Verformung (Kriechen).

Mit steigender Temperatur nimmt die mechanische Festigkeit ab. Es treten beim Erwärmen mehr oder weniger sprunghafte Änderungen auf, s. Beispiel Acrylglas:

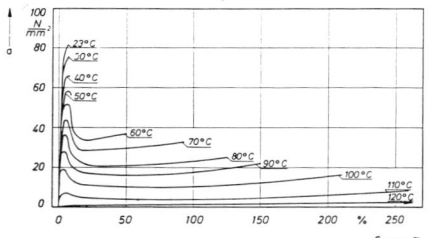

$\sigma \cdot \varepsilon$-Diagramme von „Plexiglas GS" bei verschiedenen Temperaturen
(Grafik: Röhm GmbH)

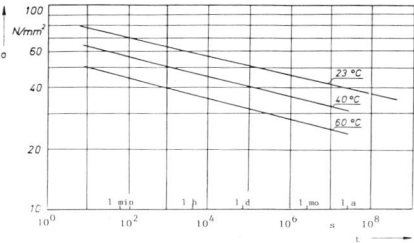

Zeitbruchspannung $\sigma_{B \cdot t}$ von „Plexiglas GS" in Luft bei erhöhter Temperatur: 23, 40 und 60 °C
(Grafik: Röhm GmbH)

Mit dem Grad der Quellung steigt die Verformbarkeit sowie Bruchdehnung, dagegen nimmt die mechanische Festigkeit ab.

Feste Füllstoffe rufen eine Versteifung und damit eine Erhöhung des E-Moduls des Materials hervor. Körnige Füllstoffe setzen die Zugfestigkeit herab, Glasfasern oder ähnliche Fasern erhöhen diese Eigenschaft.

Die Abb. 198 u. 199 geben die Zugfestigkeit und den E-Modul einiger Kunststoffe bei Normaltemperatur im Vergleich zu Baumetallen wieder.

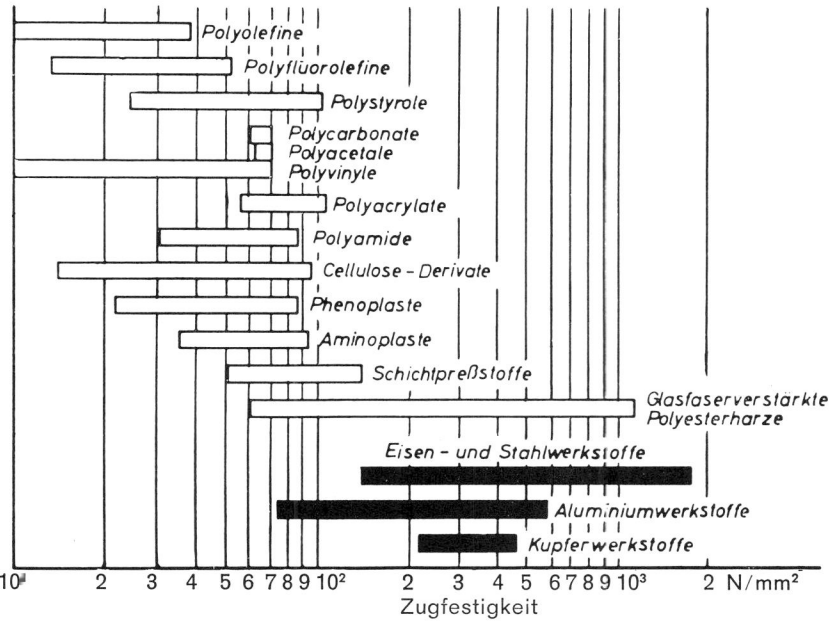

Abb. 198. Überblick über Zugfestigkeiten der Kunststoffe und (vergleichsweise) einiger Baumetalle bei +20 °C

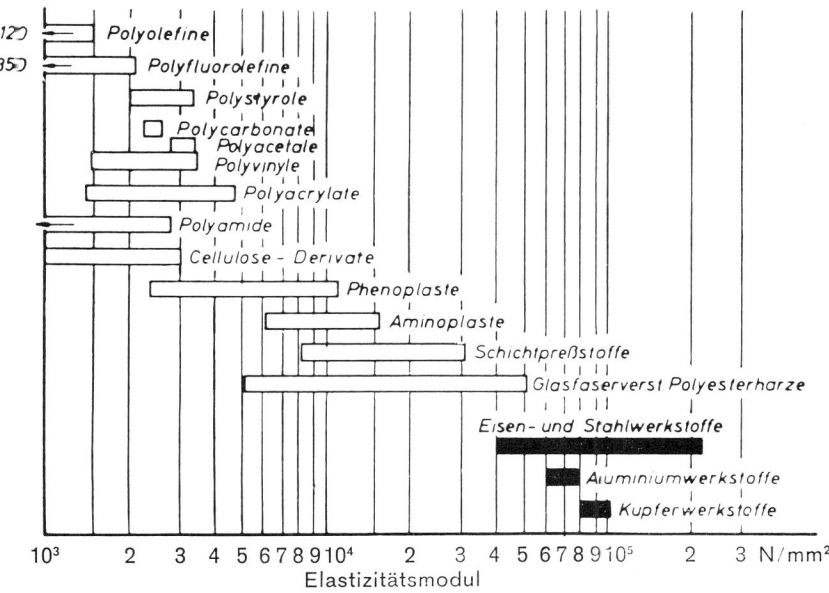

Abb. 199. E-Modul von Kunststoffen und (vergleichsweise) von Baumetallen

10.7.2. Thermische Eigenschaften

Ganz allgemein gilt, daß Kunststoffe mit abnehmender Temperatur fester, härter und spröder werden, mit zunehmender Temperatur dagegen „erweichen", d. h. an Härte und Festigkeit abnehmen, dagegen an Zähigkeit gewinnen.

Dieser Temperatureinfluß ist bei den einzelnen Kunststoffen und je nach der Lage des fraglichen Temperaturbereiches unterschiedlich stark und verschieden geartet.

Der Einfluß der Temperatur auf die mechanischen Eigenschaften der Kunststoffe ist oft schon nahe bei Raumtemperaturen sehr ausgeprägt.

Die Vielfalt der Einzelerscheinungen der Kunststoffe in ihrem mechanisch-thermischen Verhalten kann in charakteristische Gruppen eingeteilt werden, die mit dem molekularen Aufbau der Kunststoffe (s. Abschn. 10.3.3a) in engem Zusammenhang stehen und die durch unterschiedliche Zustands- und Übergangsbereiche gekennzeichnet sind (vergleichbar etwa den Zustandsänderungen des Stahls bei Temperaturen $\geqq 500\,°C$):

> Amorphe Thermoplaste – Kristalline Thermoplaste
> Elastomere – Duroplaste

Die in Abb. 200 für einige Kunststoffe im Vergleich zu den Baumetallen dargestellten Gebrauchsgrenztemperaturen stellen mittlere Richtwerte dar.

Die Wärmeleitfähigkeit der Kunststoffe ist mit $\lambda = 0{,}1-0{,}3$ W/m K relativ gering. Schaumstoffe weisen ein λ von 0,01–0,04 W/m K auf.

Die Wärmeausdehnungskoeffizienten sind meist sehr hoch, was bei der Verarbeitung mit anderen Baustoffen zu beachten ist (Abb. 201).

10.7.3. Brandverhalten*)

Kunststoffe fallen in Baustoffklasse B „brennbare Baustoffe nach DIN 4102 und gehören hier zu den „schwerentflammbaren" (B 1) oder „normalentflammbaren" (B 2) Baustoffen. Vereinzelt auch „leichtentflammbar" (B 3).

Bei geringen Kunststoffzusätzen zu mineralischen Baustoffen (z. B. Beton, Mörtel) ist auch Baustoffklasse A2 möglich.

Darüber hinaus können einige Kunststoffe beim Überschreiten der Zersetzungstemperatur ätzende oder stark korrosionsfördernde Gase freisetzen (z. B. Chloride bei PVC und CR).

Für die Beurteilung des **Brandrisikos** gilt grundsätzlich der Anwendungszustand (Verbundbauweise):

> Leichtentflammbare Baustoffe (B 3) dürfen bei Bauten und Umbauten nur verwendet werden, wenn sie im Einbauzustand konstruktiv, z. B. durch Überdeckung mit Baustoffen der Baustoffklasse B 1 oder B 2, oder durch Feuerschutzmittel geschützt sind.
>
> > Für noch nicht endgültig verbaute Baustoffe B 3 gelten zum Schutz der Bauarbeiter die Unfallverhütungsvorschriften der Berufsgenossenschaft (Begrenzte Lagerung, Vorsicht bei Schweißarbeiten!).
>
> Hinsichtlich des Brandrisikos ist bei Verwendung von Kunststoffen, unabhängig von der Brandklasse der Kunststoffe als Brandnebenerscheinung, je nach verwendetem Material die Dichte der Rauchbildung (Sichtminderung bei Rettungs- und Löscharbeiten), das Erweichen (Abminderung der Festigkeit) sowie das Abtropfen und Abfallen von geschmolzenen Kunststoffteilen (zusätzliche Flammausbreitung), ferner die Toxizität (Giftigkeit) entstehender Schwel- und Brandgase in Betracht zu ziehen.
>
> > Zum Nachweis der bauaufsichtlichen Zulässigkeit vorstehender Gegebenheiten sind entsprechende Angaben der Erzeuger erforderlich.

---

*) S. auch Abschnitt „Baulicher Brandschutz" im Anhang.

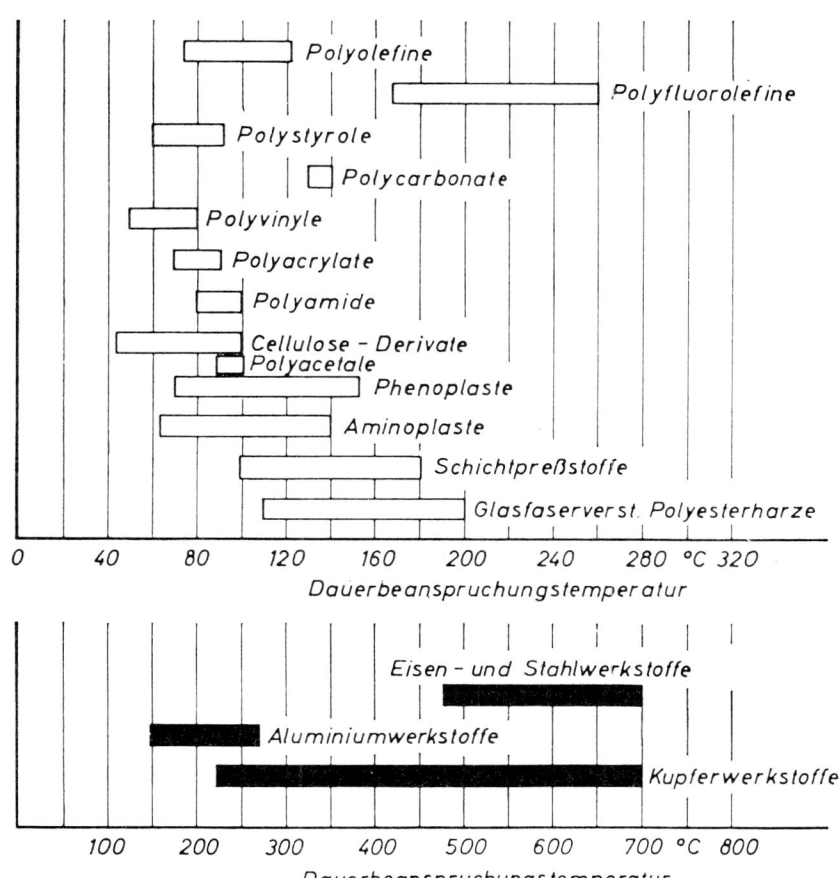

Abb. 200. Gebrauchsgrenztemperaturen einiger Kunststoffe und Metalle

10.7.4. Chemisches und elektrisches Verhalten

Die Kunststoffe besitzen eine meist gute Beständigkeit gegenüber aggressiven Flüssigkeiten (Tafel 96, S. 438).

Für die **Widerstandsfähigkeit gegen Chemikalien** ist die chemische Konstitution der Kunststoffe maßgebend.

Estergruppen werden von Säuren und Alkalien zersetzt. Doppelbindungen reagieren leicht auf Luftsauerstoff und Halogene.

Hydroxylgruppen sind in Gegenwart von Alkalien oxydationsempfindlich.

Folgende Faktoren begünstigen den Angriff von chemischen Agenzien:

Weichmachergehalt – Füllstoffgehalt (bei quellbaren und zersetzbaren Füllstoffen) – Gehalt an Polymerisationszusätzen (z. B. Katalysatoren) – Gehalt an sonstigen niedermolekularen Bestandteilen.

Bei Kunststoffen, die unter starken inneren Spannungen stehen, kann bei Berührung mit Lösungs- und Emulgiermitteln (z. B. Waschmitteln) Rißbildung auftreten.

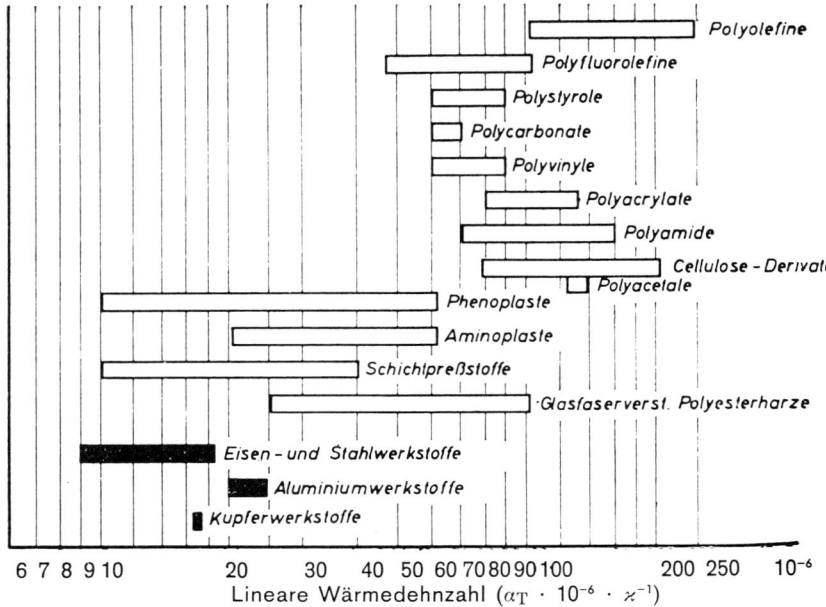

6 7 8 9 10   20   30   40   50 60 70 80 90 100   200 250 10^{-6}

Lineare Wärmedehnzahl ($\alpha_T \cdot 10^{-6} \cdot \varkappa^{-1}$)

Abb. 201. Linearer Wärmedehnungskoeffizient einiger Kunststoffe und Metalle

Tafel 96: Korrosionsbeständigkeit der wichtigsten Kunststoffe

Kunststoff	Kurz-zeichen	Beständigkeit bei 20 °C gegen Dauereinwirkung von					
		schwachen Säuren	konzen-trierten Säuren	schwachen Laugen	konzen-trierten Laugen	Benzin	Mineral-ölen
Polyäthylen	PE						
weich		+	○	+	○	−	○
hart		+	○+	+	+	○+	○+
Polytetrafluor-äthylen	PTFE	+	+	+	+	+	+
Polystyrol	PS	+	+	+	+	−	+
Polyvinylchlorid	PVC	+	+	+	+	+	+
Polyamid	PA	−	−	+	○+	+	+
Polymethyl-methacrylat	PMMA	+	−	+	−	+	+
Phenoplaste	z. B. PF	+	−	○+	−	+	+
Aminoplaste	z. B. UF	+	−	+	−	+	+
Polyesterharz	UP	+	○−	○+	○−	+	+
Polyurethan	PUR	+	−	+	+	+	+
Epoxidharz	EP	○−	○	+	○	+	+

+ = beständig
− = unbeständig
○ = bedingt beständig
○+ = bedingt beständig bis beständig
○− = bedingt beständig bis unbeständig

Unter **Witterungseinfluß** können Kunststoffe durch das Zusammenwirken von UV-Licht (Sonnenbestrahlung), Feuchtigkeit und Frost mehr oder weniger verändert bzw. abgebaut werden.

Kunststoffe weisen ein gutes **elektrisches Verhalten** auf, d. h. das Isolationsvermögen, die Kriechstromfestigkeit und das dielektrische Verhalten sind günstig. Dadurch können jedoch auch störende Nebenerscheinungen wie starke elektrostatische Aufladungen auftreten, was starke Verschmutzungen von Kunststoffbauteilen zur Folge haben kann.

10.8. Güteeigenschaften und Materialprüfung

Die Materialeigenschaften der Kunststoffe und deren Prüfungen sind in umfassenden Normen festgelegt (DIN-Taschenbuch 18, 21, 48 u. 51).

Die Normung erstreckt sich auf Prüfverfahren, auf die Zusammensetzung von Formmassen und Schichtpreßstofferzeugnissen sowie auf Rohre, Tafeln, Folien, Fußbodenbeläge und Schaumstoffe.

Außerdem bestehen zahlreiche Richtlinien der Güteschutzgemeinschaften der Kunststoffindustrie, deren Produkte mit einem entsprechenden Gütezeichen versehen sind (Abb. 202).

Abb. 202.

Kunststoff-Gütezeichen: Beispiele

Gütebeurteilung: Je nach dem beabsichtigten Verwendungszweck werden u. a. die in Tafel 97 (S. 440) aufgeführten meßtechnischen, mechanischen, thermischen, elektrischen und optischen Eigenschaften geprüft.

Stoffliche Beschaffenheit

Der stofflichen Unterscheidung der Kunststoffe dient neben der Rohdichtebestimmung der sogenannte „Brenntest", d. h. das Verhalten der Kunststoffe beim Erhitzen, wofür bestimmte Merkmale gegeben sind: Entzündbarkeit, Brennbarkeit, Flammfärbung und Geruch der Schwaden.

Die Verfahren ergeben jedoch nur Anhaltspunkte, da das Verhalten der Kunststoffe durch Beimengungen von Füllstoffen, Pigmenten und Weichmachern oder durch Vermischen mit anderen Kunststoffen beeinflußt sein kann.

10.9. Anwendung der Kunststoffe im Bauwesen

10.9.1. Kunststoffe im Hochbau

10.9.1.1. Ausbau des Rohbaus

Fassadenbekleidungen (aus PVC, PMMA, GUP)

Bekleidungsprofile:
Wellplatten, Wellbahnen, Hohl- und Brettprofile.

Räumlich geformte Bekleidungselemente:
Kassetten- und Polyfaltelemente, Großschindelplatten.

Verbundelemente verschiedener Art:
Zementbeton oder Kunstharzbeton mit PVC-Beschichtung oder -Platten. – Holzspanpreßstoff mit Kunstharzpreßholz. – Hartschaumkern mit Stahlblechhaut, usf.

Tafel 97: Hauptsächliche Prüfungsarten an Kunststoffen

Physikalische Prüfungen		Prüfungsnormen
		DIN
a.	Abmessungen, Dichte	53 479
b.	Wasseraufnahme	53 495
c.	Mechanische Eigenschaften:	53 454
	Druckfestigkeit	53 455 u. 53 457
	Zugfestigkeit und E-Modul	53 452
	Biegefestigkeit	53 453
	Schlagzähigkeit	53 456
	Kugeldruckhärte	53 444
	Zeitstandfestigkeit	53 443, T. 1 u. 2
	Stoßfestigkeit	51 963
	Verschleiß	
d.	Technische Eigenschaften:	
	Formbeständigkeit in der Wärme	53 458
	Längenausdehnung	(Dilatometermessung)
	Wärmeleitfähigkeit	52 612, T. 1–3
	Glutbeständigkeit	53 459
	Verhalten bei Beflammung	53 438, T. 1–3
	Wetterbeständigkeit	53 386
e.	Elektrische Eigenschaften (Bodenbeläge)	51 953
f.	Optische Eigenschaften:	53 388/89
	Lichtbeständigkeit	

Ferner Prüfung des Verhaltens gegen chemische Einflüsse sowie Verschleiß, Shóre-Härte, Torsionssteifheit, Dampfdurchlässigkeit u. a. m.

Anwendung

Bekleidung von Massivwänden, Brüstungen, Trennwände und Überdachungen von Terrassen und Balkonen, Haltestellen- und Parkplatzüberdachungen. Ferner von Stahl- und Stahlbetonfachwerkskonstruktionen im industriellen Hallenbau.

Leichtfassaden

Vorhangwände als Sandwiches ausgebildet: meist innen Schaumstoffkern, außen mit GUP beschichtet.

Leichtwände für Innenausbau

Gewellte Platten und doppelwandige Profile. Gespritzte durchsichtige Profile (aus PMMA oder GUP).

Fenster*)

Metall- und Holzfenster mit PVC-Ummantelung oder mit einseitiger PVC-Verblendung. Vollkunststofffenster (aus PVC- oder GUP-Profilen mit PUR-Schaumfüllung).

Fensterzubehör

Fensterbänke (aus Kunstharzbeton mit UP- oder PMMA-Harz als Bindemittel oder aus PVC-Hohlkammerprofilen), Rolläden (aus PVC-Mehrkammerprofilen), Rolladenkästen (aus PS- oder PUR-Hartschaum oder aus UP-Harz-Leichtbeton). Sonnenschutz: Markisen (aus PVC-beschichtetem Polyesterfasergewebe, Jalousetten (aus PVC-hart-Lamellen).

Türen

Türzargen (aus kunststoffbeschichtetem Preßholz oder aus PVC), Garagenrolltore (aus GUP-Profilen), Durchfahrttüren in Betrieben (aus durchsichtigem PVC weich).

*) „Güterichtlinien für Kunststoffenster" der Gütegemeinschaft Kunststoffenster im Qualitätsverband Kunststofferzeugnisse e. V.

Dachelemente

Selbsttragende Verbundelemente mit Hartschaumkern.

Dachbelichtungselemente

Oberlichte und Lichtkuppeln (aus PMMA, GUP, CAB und PC)

Dachentwässerung (aus PVC hart)

Dachrinnen, Regenfallrohre, Dachgullis, Dachentlüfter für Flachdächer.

Kellerlichtschächte u. ä.

10.9.1.2. Installation und Haustechnik

Frischwasser- und Verbrauchsleitungen (vorwiegend aus PVC hart, zunehmend PP und PE hart)[1])
Kunststoffdruckrohre für Haupt- und Anschlußleitungen in der öffentlichen Wasserversorgung, Fittinge
und Armaturen als Zubehör, Abflußrohre und Formteile.

Sanitäre Installation (s. Abb. 203)

Installationsblöcke und Vorstellwände, enthaltend alle erforderlichen Leitungen, Rohre, Anschlußstutzen
und Befestigungsteile: Geringes Gewicht (Herstellung meist aus Hartschaum-Leichtbetonen auf UP-,
PUR- oder PS-Basis).

Abb. 203.

Sanitärraum mit Waschbecken, Toilette und
Duschnische

Ablaufgarnituren für Wasch- und Spültische (aus PVC hart und PP). Objektzubehör (aus ABS, PA, PVC,
PP, PE): Braseköpfe, Ventile und Wasserhähne, Griffe für Badezimmerarmaturen, Spülrohre, Fußbo-
densinkkästen, Spülkästen, WC-Sitze und Deckel, Waschbecken und Badewannen (aus PMMA, GFK),
Bade- und Sanitärzellen.

Zentralheizung

Heizöltanks (aus HDPE[2]), GFK, PA), Tankinnenisolierung bei Stahl- und Stahlbetontanks, Radiatoren
(vorwiegend aus PB und PP), Fußbodenheizungsrohre (aus PB und PE).

Lüftung und Klimatisierung

Lüftungs- und Abluftkanäle (meist aus PVC hart) als Rohre bis 800 mm ⊘ oder Viereckrohre. Zubehör wie
Lüftungsklappen und Schieber, Abluftventilatoren, Hauben und Abgaskamine. Kanäle oder Schläuche
mit aufgeschweißter Stahldrahtspirale für Zu- und Abluft in Klimaanlagen.

---

[1]. Gütesicherung durch Gütegemeinschaft Kunststoffrohre e.V. im Qualitätsverband Kunststofferzeugnisse
[2]) HDPE = high density polyethylene, Polyäthylen hoher Dichte

Elektroinstallation

Isoliermäntel von E-Leitungen und E-Kabel (meist PVC weich und PE), Kabelkanäle (PVC schlagzäh), Schalt- und Verteilerschränke (aus GUP). Schalter, Steckdosen, Lichtschienen und Befestigungssysteme.

10.9.1.3. Innenausbau

Fußboden- und Treppenbeläge: Kunststoffbahnen und Teppichböden (s. Abschn. 12.2.2., S. 467). Fußbodenrandprofile, Treppenprofile und Handlaufprofile (aus PVC).

Wand und **Decke:** Kunststoffkacheln und -fließen (aus PVC hart, PS und Vinyl-Asbest), Kunststofftapeten, Raumvertäfelungen und Paneele aus Schichtstoffplatten oder kunststoffbeschichteten Holzwerkstoffplatten.
Abgehängte Decken aus Kunststoffdeckenprofilen, Form- und Rasterelementen.

Möbel

Schrankmöbel aus kunststoffbeschichteten Holzwerkstoffen und Schichtstoffplatten. Schaumstoffpolster und -polstermöbel (aus Latexschaum und PUR-Schäumen).
Möbel aus Vollkunststoffen, wie Gestühle, Sessel, Liegen.

10.9.2. Kunststoffe im Tief- und Ingenieurbau

10.9.2.1. Kunststoffe im konstruktiven Ingenieurbau

Kunststoff-Tragwerke aus Faser-Harz-Verbundwerkstoffen:

Selbsttragende Sandwich-Elemente (meist aus GUP). Vorgefertigte Wandelemente, Raumzellen.
Faltwerke als Dachkonstruktionen, Faltwerkkuppeln, Faltwerkwände.
Raumgitter-Flächentragwerke, Kunststoffkuppeln, Hyperbolische Membrankonstruktionen.

Kunststoff-Tragwerksverbund mit Stahl und Leichtmetall:

Kombinierte Leichtbau-Tragwerke mit Kunststofffüllungen, Seilnetzkonstruktionen, z. B. Olympiadach (s. Abb. 204).

Abb. 204.

Olympiagelände
in München

Tragende Bauwerksteile aus Kunststoffen

Scheiben- und plattenförmige Bauteile: Großtafeln zum Verschließen offener Wand- und Dachflächen. Zylinderschalen als Frischluft- und Abluftkamine. Turmartige Bauwerke.

Bauwerke mit nichtbiegesteifen Kunststoffhäuten

Kunststoffbeschichtete Chemiefasergewebe.
Pneumatische Konstruktionen: Traglufthallen.

Gleit- und Verformungslager (aus PTFE oder Chloropren-Gummi CR).

10.9.2.2. Kunststoffe im Wasserbau, in der Wasserversorgung und Abwasserbeseitigung

Wasserschutzbauten: Folien, Matten und Gewebe (aus PE, PVC)

Foliendichtungen für Auskleidung von Bewässerungskanälen, Bachläufen, Erdklärbecken, Flußdeichen (s. Abb. 205).

Verpackte Böden in großen Kunststoffgewebesäcken (aus PE, PVC) zum Stützen von Erdkörpern sowie betongefüllte Kunststoffgewebehüllen beim Unterwasser- und Tunnelbau. Filtergewebe (aus PA und PE).

Böschungsschutz an Flüssen und Becken sowie bei Wellenbrandung durch Kunststoffgewebematten.

Buhnenbau mit Leitwerken aus gelochten PE-Tafeln oder rundgewebten Endlosschläuchen, die mit einem Sand-Wasser-Gemisch gefüllt werden.

Abb. 205.

Begeh- und befahrbare PE-Auskleidung eines Wasserbeckens: Verschweißung der 2,7 mm dicken, in 10 m Breite und 200 m Länge fabrikfertiggeschweißten Bahnen (Rollendicke ca. 1,10 m)

Wasserversorgung

Frischwasserrohrleitungen, bis 450 mm ⌀ (aus PVC-C, PE-X, PE, PP, PB). Druckrohrleitungen. Filter- und Aufsatzrohre für Rohrbrunnen.

Abwasserbeseitigung

Kanalrohre (aus PVC hart, PE, PB, PP, GFK und PUR-Wickelrohre, UP-Beton). Kanalschächte und Schachtanschlüsse. Kläranlagenbauteile wie Sprührohre, Überlaufschwellen, Scheibenwalzen für Tauchkörper-Tropfanlagen. Kleinkläranlagen (aus GUP).

Dükeranlagen: Aus Kunststoffrohren.

0.9.2.3. Kunststoffe im Straßen- und Verkehrsbau

Straßenunterbau

Folien als Planumsschutz (aus PE und PVC). Schaumstoffe als Frostschutzschicht: Vorgefertigte Schaumstoffplatten (aus PS) und PS-Schaumstoff-Beton (s. Abb. 206, S. 444).
Örtliches kontinuierliches Aufschäumen einer PUR- oder PF-Schaumschicht.

Straßenentwässerung

Sicker- und Drainrohre, geschlitzt (aus PVC, PE).
Abflußrohre.

Abb. 206.

Styropor-Leichtbeton als Frostschutz und Tragschicht unter einer
bituminösen Straßendecke

Straßenausstattung

Verkehrszeichen und Hinweisschilder (aus GUP, PC). Oberflächenbeschichtung von Metallschildern (mit PVC).

Leiteinrichtungen und Markierungen: Straßenleitpfosten (aus GUP, PVC, PE), Markierungen auf Fahr-bahnen (mit aufklebbaren PVC-Folien). Markierungsnägel auf Fahrbahnen (aus PVC, PA).

Sicherheitseinrichtungen und Absperrvorrichtungen: Blendschutzzäune und -lamellen (aus PVC, PE). Längsabsicherungen für Bau- und Gefahrenstellen. Kunststoffgliederketten zur Absicherung von Kreu-zungen und Übergängen.

Gleisbau

Sperrfolien im Gleisunterbau. Frostschutz aus PS-Schaumstoffplatten oder PS-Leichtbeton.

Schienenbefestigung: Unterlagsplatten aus PA als Isolierung gegen Rückströme. Verklebungen von Schienen auf Betonplatten im Tunnel und auf Brücken unter Verzicht des Schotterbettes.

10.9.2.4. Kunststoffe im Erd- und Grundbau

Festlegung von Böden durch Kunststoffdispersionen und Polymeremulsionen sowie Kultivierung mit synthetischen Schaumstoffen (verwitternder stickstoffhaltiger UF-Schaum: Hygroschaum).

Kunstharzinjektionen zur Verfestigung und Abdichtung des Baugrundes.

Dränrohre (überwiegend aus PVC).

Geotextilien (aus PES, PP, PA, PAC und PE), gewebt und ungewebt, zum Ausgleichen, Verstärken, Dränieren, Filtern, Trennen, Schützen, Absorbieren.

10.9.3. Bautenschutz

10.9.3.1. Feuchtigkeitsschutz

Kunststoffbahnen zur Dachdichtung von Flachdachkonstruktionen sowie zur Abdichtung von Bauwerken gegen drückendes und nichtdrückendes Wasser (DIN 16726/86).

Dachbahnen

DIN 16729/84   Dachbahnen aus Ethylencopolymerisat-Bitumen (ECB)
DIN 16730/86   Dachbahnen aus PVC weich, nicht bitumenbeständig
DIN 16731/86   Dachbahnen aus Polyisobutylen (PIB)
DIN 16734/86   Dachbahnen aus weichmacherhaltigem PVC mit Verstärkung aus synthet. Fasern, nicht bitumenbeständig
DIN 16735/86   Dachbahnen aus weichmacherhaltigem PVC mit einer Glasvlieseinlage, nicht bitumen-beständig

DIN 16736/86   Dachbahnen aus chloriertem Polyethylen (PE-C), einseitig kaschiert
DIN 16737/86   Dachbahnen aus chloriertem Polyethylen (PE-C) mit einer Gewebeeinlage
sowie Dachbahnen aus EVA/VAE Ethylen-Vinylacetat-Copolymer bzw. Vinylacetat-Ethylen.
CSM chlorsulfoniertes Polyethylen.
EPDM Ethylen-Propylen-Terpolymer-Kautschuk
CR Chloropren-Kautschuk ⎱
IIR Butyl-Kautschuk ⎰ DIN 7864 T 1

Abdichtungsbahnen

DIN 16935/86   Polyisobutylen-Bahnen für Bautenabdichtungen
DIN 16937/86   PVC-weich-Bahnen, bitumenbeständig für Bautenabdichtungen
DIN 16938/86   Wie vor, nicht bitumenbeständig
sowie Abdichtungsbahnen aus PE-C und CSPE (chlorsulfoniertes PE)

E DIN EN 495, T 1–5, 12.91: Dach- und Dichtungsbahnen aus Kunststoffen und Elastomeren, Prüfverfahren.

Verbindung der Folien durch Warmschweißen, durch Quellschweißen, mit Lösungsmitteln, je nach Folienart auch mit Heißbitumen.

DIN-Vorschriften und Richtlinien für die Anwendung der Bahnen: siehe Abschnitt 9.5.

Dichtungs- und Abdeckprofile für Baufugen in verschiedener Profilgebung (aus PVC, CR, EPDM u. a. m.): Bewegungs- und Arbeitsfugenbänder, Raumfugen- und Scheinfugenbänder für Betonfahrbahnen, Profile für Brückenübergänge, Fassadenklemmprofile, Profile für Wand- und Bodenfugen, Flachdachprofile.

10.9.3.2. Wärme- und Schallschutz

Schaumstoffe für den baulichen Wärme- und Schallschutz (vorwiegend aus PS-, PUR-, PF- und UF-Schäumen bestehend).

DIN 7726   (Ausg. 5.82)   „Schaumstoffe, Begriffe, Einteilung" und
DIN 18164   „Schaumstoffe für das Bauwesen"
                           Teil 1, Ausg. 6.79: „Dämmstoffe für die Wärmedämmung"
                           Teil 2, Ausg. 3.91: „Dämmstoffe für die Trittschalldämmung"
DIN 18159, T. 1 u. 2 (Ausg. 6.78) „Schaumstoffe als Ortschäume im Bauwesen"

Schwerentflammbare Schaumstoffe unterliegen besonderen Prüfungen.

Anwendungstypen und Rohdichten nach DIN 18164, T 1

Typkurz-zeichen	Verwendung im Bauwerk	Rohdichte in trockenem Zustand bei			
		Phenolharz-Hartschaum kg/m³ mindestens	Polystyrol-Hartschaum		Polyurethan-Hartschaum kg/m³ mindestens
			Partikel-schaum kg/m³ mindestens	Extruder-schaum kg/m³ mindestens	
W	Wärmedämmstoffe, nicht druckbelastet, z. B. in Wänden und belüfteten Dächern	30	15	25	30
WD	Wärmedämmstoffe, **d**ruckbelastet, z. B. unter druckverteilenden Böden (ohne Trittschallanforderung) und in unbelüfteten Dächern unter der Dachhaut	35	20		
WS	Wärmedämmstoffe, mit erhöhter Belastbarkeit für **S**ondereinsatzgebiete, z. B. Parkdecks		30	30	

Sandwichplatten mit Hartschaum als Kern und verschiedenen Deckschichten wie Holzwolle-Leichtbauplatten, Gipskartonplatten, Holzspanplatten, ein- oder zweiseitig beschichtet.

Dachdämmplatten mit unterschiedlichen Profilierungen und Falzungen sowie mit verschiedenen ein- oder zweiseitigen Kaschierungen mit Dachbahnen, Bitumenpapier, Metall- oder Kunststoffolien usf.

Putzträgerplatten mit z. B. Rippenstreckmetall.

Bezeichnung eines Wärmedämmstoffes auf Polyurethan-(PUR)-Hartschaum als Platte (P) des Anwendungstyps WD, Wärmeleitfähigkeitsgruppe 030, 50 mm dick, normalentflammbar Baustoffklasse B 2 nach DIN 4102 Teil 1:

Wärmedämmstoff DIN 18164 – PUR P – WD – 030 – 50 – B 2

Trittschalldämmplatten nach DIN 18164, T 2, sind mit T gekennzeichnet. Sie werden nach Steifigkeitsgruppen, nach Wärmedurchlaßwiderstand sowie nach Brandverhalten unterschieden.

Bezeichnung eines Trittschalldämmstoffes aus Polystyrol-(PS)-Schaum als Platte (P) des Anwendungstyps T, Steifigkeitsgruppe 20, Nenndicke 30/25 mm, Wärmedurchlaßwiderstand $1/\Lambda = 0,62\,\text{m}^2\,\text{K/W}$, schwerentflammbar Baustoffklasse B 1 nach DIN 4102, Teil 1:

Schalldämmstoff DIN 18164 – PSP T 20 – 30/25 – 0,62 – B 1

10.9.4. Schalungen, Bindemittel, Bauhilfsstoffe

10.9.4.1. Schalungen

Selbständige Schalungen mit gebogenen und abgerundeten Formen (aus GUP), z. B. für Pilzdecken oder für Betonwaren (aus PVC hart). Leichtschalkörper für Rippen- und Kassettendecken.

Oberflächenschalungen mit besonderer Struktur für Oberflächenmuster (aus PVC hart) als Einlage in herkömmlicher Schalung. Ferner räumliche Zierschalungen aus Gießharz bzw. Synthesekautschukmassen: Ausgießen der Masse auf Positivmodell (ähnlich Gipsabdruck), so daß nach dem Erhärten die Negativ-Betonform entsteht.

Aufblasbare Folienschalung für kuppelartige Bauteile oder Schalungsschläuche zur Herstellung zylindrischer Bauteile oder Aussparungen.

Verlorene Schalungen in Form von Hartschaumplatten oder -schalkörpern, die zugleich als Wärmedämmung dienen.

Ferner Schalungsmatrizen für gestalteten Sichtbeton aus PS-Hartschaum.

10.9.4.2. Bindemittel

Reaktionsharz-Bindemittel (Mehrkomponentenharze) PC (Polymer-Concrete)

Zur Herstellung von Kunstharzmörtel sowie von kunstharzgebundenen Leicht- und Schwerbetonerzeugnissen (aus UP, EP, PUR, PMMA).

Die Eigenschaften hängen vom Harzgehalt, von den Zuschlageigenschaften und von der Kornverteilung ab:

	(Reines Harz bis Harzbeton)			
Druckfestigkeit	60	bis	150	N/mm^2
Biegezugfestigkeit	15	bis	30	N/mm^2
E-Modul	4000	bis	40 000	N/mm^2
Wärmedehnzahl	0,1	bis	0,02	mm/m K

Leichtbetonerzeugnisse: Installationszellen, Raumzellen
Schwerbetonerzeugnisse: Korrosionsbeständige Rohre und Zubehör

Reaktionsharze als Zusatz zu zementgebundenem Mörtel und Beton

Zur Erhöhung der Druck-, Biegezug- und Haftfestigkeit des Mörtels und Betons. Anwendung vom Preis her begrenzt.

Bewährung als dünne Fußbodenbeläge in Industriebetrieben, als Oberflächenschutz mit hoher Beständigkeit gegen aggressive Wässer sowie als Flick- und Reparaturmörtel.

Kunstharzgebundene Putze

aus Dispersionen von Mischpolymerisaten (meist Verbindungen des PVC, PMMA u. a.) mit mineralischen Füllstoffen bestehend: Streich-, Spritz-, Reibe-, Waschputze.

Kunstharzdispersionen als Zusatz zu zementgebundenen Mörteln und Betonen PCC = Polymer-Cement-Concrete

Haftbrücken zur Verbindung von altem und neuem Beton.

Bei Estrichen zur Verbesserung der elastischen Eigenschaften, Abriebfestigkeit und Rissefreiheit.

Reparaturmörtel mit dünn auslaufenden Anschlüssen. Dünnbrettmörtel für Verlegearbeiten von Platten aller Art. Ferner als Korrosionsschutz von Stahlbewehrung in Gasbeton.

geeignete Bindemittel: PVAC-, SB-, PMMA-, PVP-Copolymerisate

reaktionsharzmodifizierte Betone PCC mit EP-Harz/Härter-Systemen, auch als Emulsionen.

1C.9.4.3. Bauhilfsstoffe

Flüssigkunststoffe für Beschichtungen und Imprägnierungen

Wassersperrende Beschichtungen (bestehend aus GUP, EP, CSM und kautschukvergütetem Bitumen). Imprägnierungen zum Schlagregenschutz sind wasserdampfdurchlässig (vorwiegend aus SI bestehend).

Klebemörtel aus Reaktionsharzen

Zur Herstellung kraftschlüssiger Verbindungen von Beton- und Stahlbetonfertigteilen sowie Stahlbauteilen untereinander (meist EP und UP).

Kunstharzinjektionen und Verankerungen

Sanierung von Rißbildungen zur Erhaltung der Standsicherheit von Bauwerken. Vergußmassen zur Verankerung von Stahlseilen in Ankerköpfen (z. B. Dachkonstruktion des Olympiastadions München). Unterfüttern von Schienenunterlagsplatten bei schwellenloser Gleisverlegung auf Betonfundamenten.

Fugendichtungsmassen und Dichtstoffe als Ein- oder Zweikomponentenkunststoffe zur Abdichtung von Bauwerksfugen und für Glasabdichtungen. (Rohstoffbasis: Polysulfid, Acrylharz, SI, PUR, PIB, IIR.) Einteilung in: Elastische Fugenmassen (Verhalten wie Gummiwerkstoffe) – Plastisch-elastische Fugenmassen (zunächst Spannungsanstieg, mit zeitabhängiger Verminderung) – Plastische Massen (Dauerplastisches Verhalten: Krafteinwirkungen bewirken bleibende Formänderungen).

Folien als Schutz von Materialien und Bauten gegen Witterungseinflüsse (aus PE und PVC).

Kunstharzgebundene Holzwerkstoffe, Schichtpreßstoffe und beschichtete Holzwerkstoffe: s. Abschn. 8.7. Holzwerkstoffe, s. a. Abschn. 12.

Fachschrifttum für die Anwendung:

DR. HANSJÜRGEN SAECHTLING: Baustofflehre, Kunststoffe für Bauingenieure und Architekten. Carl Hanser Verlag, München.

DR. HANSJÜRGEN SAECHTLING: Bauen mit Kunststoffen. Carl Hanser Verlag, München.

Zeitschrift BmK Bauen mit Kunststoffen und neuen Baustoffen, Darmstadt.

11. Anstrichstoffe und Tapeten

11.1. Begriffsbestimmungen

Die Begriffsbestimmungen für Anstrichstoffe, Farbmittel und Beschichtungsstoffe sowie Kunststoffe sind in den DIN 55 943 E (Ausg. 12.89), DIN 55 944 (Ausg. 4.90). DIN 55 945 (Ausg. 12.88). DIN 55 949 (Ausg. 1.86) sowie 55 950 (Ausg. 4.78) enthalten.

Umfassende Ausführungsrichtlinien hinsichtlich der Erfordernisse für Innen- und Außenanstriche bei verschiedenen Untergründen siehe VOB, DIN 18 363 (Ausg. 12.92) „Anstricharbeiten".

Ferner DIN 55 928 T. 1–9. Korrosionsschutz von Stahlbauten durch Beschichtung und Überzüge" und VOB, DIN 18 364 (Ausg. 12.92). „Oberflächenschutzarbeiten an Stahl und an Aluminiumlegierungen" (s. a. Abschn. 7.1.7.3., S. 326).

Anstriche dienen der Sachwerterhaltung, der Hygiene, der Kennzeichnung sowie der Verschönerung oder der künstlerischen Gestaltung.

Ein Anstrich ist ein in verschiedenen Verfahrensweisen gleichmäßig verteilter, ein- oder mehrschichtiger Auftrag von Anstrichstoffen (Anstrichmitteln) auf einem Untergrund, auf dem er nach dem Trocknen haftet.

Ein Anstrich kann auch als Beschichtung bezeichnet werden.

Die Anstriche erfolgen durch Streichen, Spritzen, Bedampfen, Sprühen, Gießen, Walzen (Rollen), Tauchen, Fluten (Übergießen) oder bei Fertigungen auch mit elektrischen Verfahren (Abb. 207 u. 208).

Anstrichstoff (auch Anstrichmittel) besteht aus Farbmittel zur Farbgebung und aus Bindemitteln zur Haftung der Farbmittel.

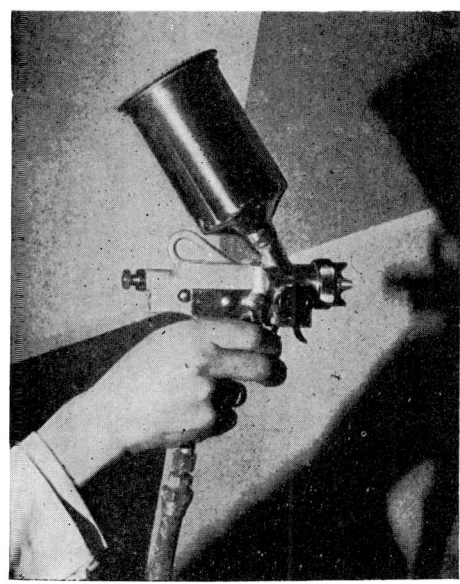

Abb. 207.

Spritzpistole

Abb. 208.

Tauchverfahren: Fensterrahmen

Farbmittel ist der Sammelbegriff für alle farbgebenden Stoffe (Farblack, Farbstoff, Pigment).

Bindemittel verbinden Pigmentteilchen untereinander und mit dem Untergrund.

Verdünnungsmittel dienen der Verbesserung der Verarbeitbarkeit bei der Herstellung und/oder Anwendung der Anstrichstoffe.

Die Benennung der Anstrichstoffe erfolgt entweder nach dem Verwendungszweck (z. B. Fassaden-, Innen-, Fußbodenanstrich) oder nach dem verwendeten Bindemittel (z. B. Kalk-, Öl-, Lack- und Dispersionsfarbenanstriche).

Bei den Lackfarben wird wiederum unterschieden nach der Rohstoffbasis (z. B. Öllacke, Nitrozelluloselacke, Alkydharzlacke), nach der Trocknung (z. B. Einbrennlacke), nach der Reihenfolge des Anstrichaufbaus (z. B. Vorlack, Decklack), nach Art des Oberflächeneffektes (z. B. Mattlack) oder nach Art des Auftrags (z. B. Spritzlack, Tauchlack) und anderen speziellen Merkmalen.

11.2. Farbmittel (DIN 55943, Ausg. 9.84 und E 12.89)

11.2.1. Begriffsbestimmungen der Farbe (Sinneseindruck)

Der Einfluß der Farbgebung auf den Menschen – als „Farbdynamik" bezeichnet – wirkt sich auf die Hebung des Wohlbefindens aus (Farbgestaltung in Wohnräumen und in Betrieben). Ferner Warnfarben.

Die Kennzeichnung und physikalische Messung der Farbe (Farbwahrnehmung) erfolgt nach den „DIN-Farbkarten" (DIN 6164) durch folgende Bestimmungsgrößen.

1. **Farbton** (T): Buntheit
   (In 24 Farbfolgen: gelb-rot-violett-blau-grün)

2. **Sättigungsstufe** (S): Grad der Buntheit
   (Je nach Intensivwirkung der Farben bis zu 7 Stufen)

3. **Dunkelstufe** (D): Maß der Helligkeit
   (Je nach Grautönung der Farbe bis zu 8 Stufen)

Bezeichnungsbeispiel einer Farbe („Farbzeichen"):

T : S : D = 7 : 3 : 5 DIN 6164   (rötliche Farbe)

In der Praxis auch Verwendung des „RAL-Farbregisters" (RAL 840 HR) mit etwa 130 in Wirtschaft und Verkehr für bestimmte Zwecke gleichbleibend verwendeten Farbmustern mit vierstelliger Zahlenkennzeichnung (z. B. RAL 1004 gelb für Verkehrszeichen)*).

– Farbmessungen nach DIN 5033 –

11.2.2. Einteilung der Farbmittel (DIN 55 944, Ausg. 4.90)

Be den in trockenem Zustand pulverförmigen Farbmitteln wird nach ihren Eigenschaften zwschen löslichen Farbstoffen und unlöslichen Pigmenten unterschieden.

a) Farbstoffe

In Lösungsmitteln oder in Bindemitteln lösliche natürliche Stoffe (Tier- und Pflanzenfarbstoffe) oder synthetische Stoffe (z. B. Teerfarbstoffe).

Farbstoffe sind nicht filtrierbar, haben keine deckende Wirkung und lassen den eingefärbten Untergrund durchscheinen. Im Bauwesen nur von geringer Bedeutung.

Verwendung meist zum Einfärben von Textilfasern und Holz (Holzbeizen) sowie als Druckfarben.

b) Pigmente

In Flüssigkeiten unlösliche (filtrierbare) eingemahlene Farbmittel (Farbkörper) natürlicher oder synthetischer Art. Pigmente haben deckende Wirkung und werden durch Bindemittel mit dem Untergrund verbunden. Für Anstriche im Bau werden im allgemeinen nur Pigmente verwendet.

11.2.3. Pigmente

Pigmente können organischer oder anorganischer Herkunft sein und werden zusätzlich auch in natürliche und synthetische Pigmente unterteilt.

11.2.3.1. Anorganische Pigmente

a) Natürliche Pigmente: Erdpigmente („Erdfarben")

In der Natur gewonnene, durch Mahlen, Schlämmen oder Glühen aufbereitete Erden, die durch die natürliche Auswitterung besonders farbechte Eigenschaften haben.

> **Weißpigmente:** Kreide, Kalk, Zement, Kaolin (z. T. auch nur Füllstoffe).
>
> **Buntpigmente:** z. B. Ocker (eisenhaltiger Ton), Umbra (braunfarbiger manganhaltiger Ton), Schieferschwarz (Tonschiefer), Grünerde.

b) Synthetische Pigmente

Auf chemischem oder physikalischem Wege aus Mineralien hergestellte, meist leuchtkräftige metallische Verbindungen:

> **Weißpigmente**
>
> Titandioxid, Titanweiß (= Titandioxid + Verschnittmittel), Zinkweiß (Zinkoxid), Lithopone (Zinksulfid + Schwerspat, nur für Innenanstriche).
>
> Bleiweiß, vornehmlich in Ölfarbentechnik (für Innenanstriche wegen Giftigkeit nicht zugelassen).

---

*) RAL = (**R**eichs-) **A**usschuß für **L**ieferbedingungen und Gütesicherung beim Deutschen Normenausschuß.

Rostschutzpigmente

Mennige (Gemisch von Bleioxiden). Zinkchromate, Zink- und Bleistaub (s. a. Korrosionsschutz, Abschn. 7.1.7.3b).

Buntpigmente

Unterschiedliche chemische Verbindungen von Metallen (Beispiele):

Gelb: Chromgelb, Zinkgelb, Cadmiumgelb, Eisenoxidgelb
Rot: Eisenoxidrot, Cadmiumrot, Zinnoberrot (Quecksilberverbindung)
Grün: Chromgrün, Chromoxidgrün, Zinkgrün
Blau: Kobaltblau, Berliner Blau (Eisencyan), Ultramarinblau (Natrium-Aluminium-Silikat)
Violett: Manganviolett, Kobaltviolett
Schwarz: Eisenoxidschwarz, Manganschwarz. (Ferner organisch: Ruß)

Leuchtpigmente

Phosphoreszierende Pigmente

Meist aus Sulfiden mit Spuren von Erregermetallen bestehend. Im Dunkeln nach Bestrahlung nachleuchtend (DIN 67 510, Ausg. 1.92) oder bei Zusatz geringer Mengen radioaktiver Stoffe selbstleuchtend (DIN 5043, T. 1 u. 2, Ausg. 12.73 bzw. 11.78).

Anwendung: Nachleuchtende Pigmente für Hinweisschilder, Stufen, Schalter; selbstleuchtende Pigmente für Zifferblätter.

Fluoreszierende Pigmente

Metallische oder organische Verbindungen. Reflexion auffallenden Lichtes durch Umwandlung kurzwelliger Tageslichtstrahlen oder künstlich erzeugter UV-Strahlen in sichtbare längere Wellen.

Anwendung als „Tagesleuchtfarben" für Plakate und Verkehrsschilder. Bei UV-Bestrahlung für Reklame- und Bühnenbeleuchtung sowie als Innenbelag der kurze Lichtwellen aussendenden Leuchtstoffröhren.

Metallische Pigmente

Pulverisierte Metalle („Bronzepulver"):

Goldbronze (Kupfer-Zink-Legierung), Silberbronze (Aluminium), Kupferbronze.

Ferner Zinkstaub (s. Abschn. 7.2.3.5., Tafel 87)
Echte Vergoldungen werden aus aufgeklebten dünnen Metallfolien hergestellt (Blattgold).
Blattsilber nur innen und mit Schutzüberzug.

11.2.3.2. Organische Pigmente (Unlösliche Farbmittel)

Organische Pigmente werden aus tierischen oder pflanzlichen Stoffen (z. B. Sepiabraun vom Tintenfisch, Indigoblau vom Indigobaum) oder aus synthetischen Farbstoffen (z. B. Teerfarbstoffe) hergestellt.

Dabei werden Farbstoffe durch chemische Verfahren zu unlöslichen Pigmenten umgewandelt, z. B. sogen. „Verlackung" durch Einfärben einer nichtfarbigen mineralischen Unterlage (Substrat) mit anschließender chemischer Stabilisierung des löslichen Farbstoffes.

Die synthetischen organischen Pigmente (Pigmentfarbstoffe) nehmen an praktischer Bedeutung zu.

11.2.3.3. Anforderungen an die Pigmente

Nach den Verwendungseigenschaften unterliegen die Pigmente verschiedenen, meist genormten Prüfungen:

Deckvermögen: Anstrich auf kontrastreichem hellen und dunklen Untergrund.

Lichtechtheit: Einwirkung von Sonne oder UV-Licht (Quarzlampe) bei stellenweise abgedeckten Flächen.

Wetterbeständigkeit (Wasserunlöslichkeit): Einrühren der Pigmente in Wasser (nach Absetzen keine Färbung des Wassers).

Kalk- und Zementechtheit: Einrühren der Pigmente in Kalkteig oder Zementbrei (keine farblichen Veränderungen).

> **Weitere Prüfungen:** Wasserglas- und Ölechtheit, Verträglichkeit mit Lacken und Dispersionen, Leim- und Ölverbrauch, Körnigkeit der Pigmente, Aufhellvermögen der weißen Pigmente, Ergiebigkeit, usf.

11.3. Bindemittel

Bindemittel geben dem Anstrich die Haltbarkeit und sollen die Pigmente je nach Erfordernis zu einem wischbeständigen, waschbeständigen, scheuerbeständigen oder wetterbeständigen Anstrich binden. Farbmittel u. Bindemittel sind die nichtflüchtigen Anteile eines Anstrichstoffes.

Es werden unterschieden:

Wasserverdünnbare Bindemittel: Kalk, Zement, Wasserglas, Dispersionen, Leim, Kasein.

Lösungsmittelverdünnbare Bindemittel: Lacke, Leinöl-Firnis, Natur- und Kunstharze.

11.3.1. Wasserverdünnbare Bindemittel

11 3.1.1. Gelöschter Kalk (Calciumhydroxid Ca(OH)$_2$)

Kalk ist zugleich Bindemittel und Weißpigment; Tönung erfolgt mit geringem Zusatz von Buntpigmenten. Bindung (Karbonatisierung) durch Kohlendioxidaufnahme (CO$_2$) aus der Luft zu wasserunlöslichem Kalkstein (CaCO$_3$) (s. Abschn. 3.1.3.3.1.).

Anwendung i. allg. nur auf weniger anspruchsvollem Putz, Mauerwerk und Beton. Vornässen des Untergrundes erforderlich. Auch Verwendung für Fresco-Malerei (Wandmalerei auf frischem Kalkputz).

> Vgl. Kreide CaCO$_3$: Nur Weißpigment.

11 3.1.2. Zemente

Zemente sind ebenfalls zugleich Bindemittel und Pigment. Meist Verwendung von weißem Zement mit geringen Zusätzen. (Mit Feinsandzusatz auch als „Schlämmputz" auftragbar.) (s. Abschn. 3.1.4.).

11.3.1.3. Wasserglas (Kaliumsilikat K$_2$SiO$_3$) (Silikatfarben)

Flüssiges, wasserlösliches Kaliwasserglas, das beim Trocknen unter Kohlensäureaufnahme aus der Luft zu wasserfester Kieselsäure SiO$_2$ umgewandelt wird („Verkieselung"):

$$K_2SiO_3 + H_2O + CO_2 \rightarrow SiO_2 + K_2CO_3 \text{ (lösliche Pottasche)} + H_2O$$

Bei Verwendung von Wasserglasfarben (früher „Silikatfarben") auf Putz Bildung von wasser- und wetterfesten Anstrichen durch Umsetzen des Wasserglases mit dem reaktionsfähigen Kalk zu Calciumsilikat (CaSiO$_3$) z. B. Keim-Mineralfarben.

11.3.1.4. Pflanzliche Leime

Die im Handel erhältlichen pulverförmigen kaltwasserlöslichen Leime entstehen durch chemische Umwandlung pflanzlicher Stoffe (Zellulose, Stärke). Die aus Leim, Pigment und Wasser bestehenden Leimfarben erhärten durch Verdunsten des Wassers, bleiben jedoch nach dem Trocknen wasserlöslich (Abwaschen alter Leimfarben vor Neuanstrichen).

> **Stärkeleime:** Herstellung durch Aufschluß von Stärke durch Natronlauge.

> **Zelluloseleime:** Herstellung durch chemische Umwandlung von Zellulose (durch Methylalkohol) zu Methylcellulose (s. Abschn. 10.4.1a)

Verbesserung der Wischbeständigkeit der Leime durch Zugabe von geringen Mengen Dispersionsfarben. Leichte Entfernbarkeit mit Wasser muß gewährleistet sein.

> Stärke- und Zelluloseleime höherer Viskosität werden als „Kleister" bezeichnet und dienen als Klebemittel für Tapeten.

11.3.1.5. Kaseinleime: Herstellung als Kaltleimpulver

Aufschluß von Kasein (gesäuerter Magermilch) im Wasser durch beigemischte Alkalien. Bei Aufschluß mit Kalk wasserunlösliche Eigenschaften (Kalkkasein).

Anwendung für wetterbeständige Außenanstriche sowie für Holzverleimungen.

11.3.1.6. Kunststoffdispersionen (Dispersionsfarben)

Dispersionsfarben, früher als „Binderfarben" bezeichnet, enthalten als Bindemittel in Wasser dispergierte Polymerisatharze mit oder ohne Weichmacheranteil, z. B. Polyacrylate, Polyvinyl-acetate, Polyvinylpropionate, Styrolacrylate. Ferner enthalten sie je nach Gegebenheiten in unterschiedlichen Mengen Pigmente und Füllstoffe (DIN 53 778, Teil 1–4, Ausg. 8.83).

> Die Herstellung der Dispersionspolymerisate erfolgt durch Emulsionspolymerisation: Die in Wasser mit Emulgatoren vermischten dünnflüssigen Ausgangsstoffe (Monomere) polymerisieren durch Zugabe von Katalysatoren zu Polymerisationsharzen unter feiner Verteilung derselben in der wäßrigen Phase.
>
> Beim Verdunsten des Wassers erfolgt ein langsames „Verschweißen" der dispergierten Teilchen (Kaltfließvermögen), so daß nach dem Trocknen eine geschlossene wasserundurchlässige Beschichtung entsteht, die jedoch wasserdampfdurchlässig ist.

Die Dispersionsfarben werden in dünnflüssiger bis pastöser Form hergestellt, sind mit Wasser verdünnbar und eignen sich für jede Art Anstrichauftrag mit glatter oder strukturierter Oberfläche, als wasch- und scheuerbeständige Innenanstriche sowie für Decken und für wetterbeständige Außenanstriche. Auch gespachtelte Verwendung als „kunstharzgebundener Putz" (quarzgefüllte Dickschicht-Dispersionsfarbe).

Ferner Dispersionssilikate und Lasurdispersionen.

11.3.2. Lösungsmittelverdünnbare Bindemittel

11.3.2.1. Ölige Bindemittel (Ölfarben)

Nur noch begrenzte Anwendung

> Ölfarben bestehen aus Pigmenten und öligen Bindemitteln, meist Leinölfirnis. – Firnis wird aus Leinöl mit Zusätzen von Stoffen, die die Trocknungsfähigkeit fördern („Sikkative"), hergestellt. Gewinnung des Leinöls aus Flachssamen („Leinsamen").
>
> Die aus einer Verbindung von Metallen (Kobalt, Mangan, Blei) mit organischen Säuren bestehenden Sikkative beschleunigen die Sauerstoffaufnahme und den Polymerisationsvorgang, so daß sich ein harziger Film bildet.
>
> Elastisches Verhalten, Dichtigkeit und Glanz für wetterfeste Deckanstriche werden durch Zusatz von zähem „Standöl" verbessert: Durch Erhitzen infolge Polymerisation eingedicktes Leinöl. (Name von der früheren Herstellung durch längeres Stehenlassen in offenen Gefäßen hergeleitet.)
>
> Verdünnung streichfertiger Ölfarben durch Terpentinöl (Destillationsprodukt von Naturharzen) oder Testbenzin („Terpentinersatz"), d. i. Benzin mit gewährleistetem Siedepunkt $\geqq$ +21 °C.
>
> Keine Verträglichkeit öliger Bindemittel mit alkalischem Untergrund (Verseifung)!

11.3.2.2. Lacke (Lackfarben)

Lacke sind entweder in Lösungsmitteln gelöste Filmbildner (Natur- oder Kunstharze) oder sie bestehen aus mehreren Komponenten flüssiger, lösungsmittelfreier Kunstharze, die miteinander eine filmbildende Reaktion eingehen (Mehrkomponentenlacke).

Pigmentierte Lacke werden als Lackfarben (vgl. Ölfarben), unpigmentierte Lacke als Klarlacke bezeichnet. Transparentlack ist ein durch Farbstoffe oder geringe Mengen lasierender Pigmente eingefärbter Lack.

Je nach Trocknungsverfahren wird zwischen luft- und ofentrocknenden Lacken (Einbrennlacke) und chemisch aushärtenden Lacken unterschieden.

> Ferner Herstellung von Lacken, die bei der Verarbeitung nicht tropfen, durch Beifügung gelierender (thixotroper) Stoffe, sowie Verwendung von lasierenden Lacken auf Holz, die in dünnem Auftrag eine bessere Dampfdiffusion zulassen (s. Abschn. 11.4., S. 457).

Einteilung der Lacke nach der Rohstoffbasis

a) Bei Verdunsten des Lösungsmittels durch Luftoxydation trocknende Lacke

11 3.2.3. Alkydharzlacke (Alkydharzlackfarben)

Durch Veresterung mehrwertiger Alkohole (z. B. Glyzerin) mit mehrbasischen Säuren (z. B. Phthalsäure) entstehendes Polyesterharz, mit unterschiedlichem Zusatz von Fettsäuren und anderen ihre Eigenschaften beeinflussenden chemischen Stoffen.

> (Bildung des Begriffes „Alkyd" aus **Alk**ohol + Ac**id** (Säure) → Ester)

> Alkydharze werden hinsichtlich ihres Ölgehaltes fett oder bei Grundierungen und Ofentrocknung mager eingestellt.

Im Bauwesen meistverwendete, sehr widerstandsfähige, streich- und spritzfähige, schnelltrocknende Lackfarben.

> Die verwendungsfähigen Alkydharzlacke sind zu unterscheiden von den aus zwei Komponenten bestehenden ungesättigten Polyesterlacken, Polyurethan- und Epoxidharzlacken (s. Abschn. b).

11.3.2.4. Öllacke (Öl-Lackfarben)

> Mischung vorwiegend von eingedickten oder mit Trockenstoffen versehenen Ölen (s. Abschn. 11.3.2.3.) mit natürlichen oder künstlichen Harzen verschiedener Art. Lösungsmittel meist Terpentin oder Testbenzin. – Durch Verdunsten des Lösungsmittels physikalische Härtung und weitere oxydative Härtung infolge Sauerstoffaufnahme der Ölanteile. (Magere Lacke bei Innenanstrichen, fette Lacke bei Außenanstrichen.)

11.3.2.5. Polymerisatharzlacke (Polymerisatharzlackfarben)

Lacke auf der Basis von gelösten Polymerisationskunststoffen, z. B. Polyvinylchlorid-, Polyvinylacetat-, Polyacrylat-Lacke. Trocknung und Filmbildung durch Verdunstung des Lösungsmittels.

11.3.2.6. Zelluloselacke (Zelluloselackfarben)

Nitrocelluloselack. Entstehung der „Nitrolacke" durch chemische Veränderung (Nitrierung) der Zellulose zu Nitrocellulose. Durch hohen Lösungsmittelgehalt besonders schnelle Erhärtung.

> Anwendung vorwiegend bei industriellen Lackierungen im Spritzverfahren. (Wegen leichter Löslichkeit des Voranstrichs nicht im Streichverfahren.)

> Zum Korrosionsschutz blanker Metalle in starker Verdünnung als „Zaponlack" verwendet (Körpergehalt 5%).

> Zur Abwandlung der Eigenschaften (schnellere Trocknung) auch Kombinationen aus Nitrocellulose- und Alkydharzlack („Nitrokombinationslack").

Ferner Celluloseacetat (Cellulose-Essigsäureverbindung) für schwerentflammbare Anstriche.

11.3.2.7. Spirituslacke

> Klarlacke durch Spirituslösung von natürlichen Harzen (Schellack) oder von spirituslöslichen Kunstharzen.

> Verwendung für schnelltrocknende Polituren von Hölzern, zum Absperren (Grundieren) harzhaltiger Äste sowie zum Fixieren von Bleistift- und Kohlezeichnungen („Fixativ").

Weitere Lacke anderer Rohstoffbasis

11.3.2.8. Chlorkautschuklack (Chlorkautschuklackfarben)

aus chloriertem Kautschuk bestehend; elastisch, säure- und alkalibeständig; besonders für Anstriche auf Beton in Schwimmbecken geeignet. (Nicht lösungsmittelbeständig)

11.3.2.9. Bitumen- und Teerpechlacke

Bitumen- und Teerpechlòsungen, evtl. mit Zusatz von Füllstoffen und Pigmenten (s. Abschn. 9., Bituminöse Stoffe, 9.5.2.).

> Verwendung als „Bautenschutzmittel" für Dichtungsanstriche auf Beton sowie für korrosionsfeste Anstriche von Stahlbauten und Rohrleitungen. Ferner als ofentrocknende Lacke für Werkzeuge und Beschläge.
>
> Unter „Asphaltlack" versteht man einen auf natürlichem Asphalt aufgebauten (gefüllten oder ungefüllten) Lack.

b) Chemisch härtende Reaktionslacke

(s. a. unter Polykondensationsharze, Abschn. 10.4.2.2.)

11.3.2.10. Phenolharz-, Harnstoffharz- und Melaminharzlacke (. . . bzw. -Lackfarben) (Ein- oder Mehrkomponentenlacke)

Aus gelösten Phenol-Formaldehyd-Harzen bestehend. Wasser- und chemikalienbeständige Aushärtung der Harze infolge hochpolymerer räumlicher Vernetzung entweder durch Erhitzen als Einbrennlacke oder im Kaltverfahren durch Zugabe eines Härters als säurehärtende „Zweitopflacke". (Die Reaktionsdauer wird als „Topfzeit" bezeichnet.)

> Harnstoff- und Melaminharzlacke sind gegenüber Phenolharzlacken von besserer Lichtbeständigkeit und zeigen bei Erwärmung keine Vergilbung. Anwendung bei Geräten für Klar- und Weißlacke.

11.3.2.11. Epoxidharzlacke, Polyurethanlacke und Polyesterlacke (EP-, PUR- u. UP-Lackfarben) (Ein- oder Mehrkomponentenlacke)

Ungesättigte Polyester-Lacke (Kurzbezeichnung: „Polyesterlack") ähneln im chemischen Aufbau den Alkydharzlacken, jedoch ungesättigte Dikarbonsäuren enthaltend: Zweikomponentenlack. – Evtl. Zusatz eines Beschleunigers.

> Dicker Auftrag der sehr widerstandsfähigen Lacke in einem Arbeitsgang durch Spritzen (Zweikomponenten-Spritzdüse) oder durch Gießen möglich. Verwendung für Holzlackierungen.
>
> Firmenmarke der Polyurethanlacke: DD-Lacke (Bayer).

11.3.2.12. Silikonharzlacke (Silikonharzlackfarben)

Als Einbrennlack mit Temperaturbeständigkeit bis 230 °C, z. B. für Heizgeräte (s. Abschn. 10.4.3.).

Ferner in Lösungen als Hydrophobierungsmittel auf mineralischen Untergründen (z. B. Ziegel, Putze).

> **Bei verschiedenen Lackfarben bzw. deren Komponenten sind Vorsichtsmaßnahmen wegen Explosionsgefahr, giftiger und ätzender Wirkung der Lösungsmittel zu beachten!**

11.4. Anstriche

11.4.1. Anstrichaufbau (Anstrichsystem)

Beim Anstrichaufbau sind Grund- und Deckanstrich zu unterscheiden.

a) Grundanstriche (Grundierung)

Ein oder zwei Anstrichschichten je nach Erfordernis verschiedenartiger stofflicher Zusammensetzung als Verbindungsglied („Anstrichfundament") zwischen Untergrund und weiteren Anstrichen. Je nach Untergrundverhältnissen gehört hierzu das Behandeln des Untergrundes mit Einlaßmitteln, die in den Untergrund eindringend dessen Saugfähigkeit verringern oder

Absperrmittel zur Verhinderung alkalischer Einflüsse, bei bituminösem Untergrund, bei Ausblühungen, bei Rauch- und Wasserflecken, ferner Entfettungsstoffe zum Entfernen von Schalöl.

Zur Vorbereitung der Grundierung gehören im Freien und bei Nässe häufig Imprägniermittel, z. B. für den Holzschutz (bei Fenstern Bläueschutz), auch in Kombination mit den Einlaßmitteln.

Ferner Haftgrundmittel, sogen. Wash-primer, die bei glattem Untergrund eine dünne haftvermittelnde und bei metallischem Untergrund zugleich eine passivierende Wirkung haben (sofern nicht beim Grundanstrich Rostschutzpigmente verwendet werden, z. B. Mennige).

Dem Grundanstrich folgt im allgemeinen bei Unebenheiten eine Spachtelung.

b) Deckanstriche

Deckanstriche erfolgen je nach Deckvermögen (Deckfähigkeit) im ein- oder zweifachen Auftrag. Sie dienen dem Schutz der darunterliegenden Anstriche und geben dem Anstrichsystem die erforderlichen Oberflächeneigenschaften. (Die letzte Schicht wird auch als „Schlußanstrich", die vorhergehende Schicht als „Zwischenanstrich" bezeichnet.)

Mehrere dünne Anstriche sind hinsichtlich der Austrocknung und Gleichmäßigkeit (kein Ablaufen der Farben) günstiger als dicke Farbaufträge. Zur Einsparung von Arbeitsgängen auch Verwendung von nicht ablaufenden und gut durchtrocknenden „Dickschichtanstrichstoffen".

11.4.2. Anstriche besonderer Art

Plastische Farbaufträge (Plastikmassen)

Streich-, Spritz- oder Reibeputz auf Dispersionsbasis mit Füllstoffen für widerstandsfähige Innen- und Außenflächen.

Auch Aufspritzen von Rauhfaserfarben, ähnlich Rauhfasertapeten.

Lasuranstriche

Imprägnierlasuren sind geeignet, oft unter Zusatz von fungiziden (pilzwidrigen) Wirkstoffen, nicht ausgetrocknetes Holz eine Zeitlang vor Witterungsunbilden zu schützen.

Filmbildende Lasuren sind Lasurmaterialien, die nach Grundierung mit Imprägnierlasuren in der Lage sind, trockenes Holz über längere Zeit vor Schäden zu bewahren.

Holzbeizmittel

Beizen sind lasierende Lösungen von organischen Farbstoffen oder anorganischen Salzen, die durch Eindringen in das Rohholz die Maserung erkennen lassen.

Als Lösungsmittel werden Wasser, Salmiakgeist, Spiritus oder Terpentinöl verwendet. – Schutz gebeizter Flächen gegen Feuchtigkeit durch Klarlacke.

Bei organischen Farbstoffen entsteht „negatives" Holzbild (helle Jahrringe bei Spätholz), bei Salzen „positives" Holzbild (dunkle Jahrringe).

Feuerschutzanstriche

für Holzbaustoffe und Stahl gemäß DIN 4102.

Feuerschutzanstriche sind Anstriche auf Kunststoffbasis (Aminoplaste), die im Brandfall eine dämmende Schaumschicht bilden. Dabei Verbrauch von beträchtlichen Wärmemengen durch Bildung von kühlenden, nichtgiftigen Gasen.

Bei Holz versperrt die Schaumschicht dem Luftsauerstoff den Zutritt zur Holzoberfläche und verhindert Fortschritt der Flamme und Aufheizen des Untergrundes.

Bei Stahl auch einsetzbar. Meist zwei Arbeitsgänge erforderlich $(1,3\,kg/m^2)$, mit Rostschutz und Schutz-Schlußanstrich zu verbinden.

Prüfung nach DIN 4102. Amtliche Zulassung Vorschrift.

11.5 Hilfsmittel für die Anstrichtechnik

Verdünnungsmittel

Verdünnungsmittel dienen der Verbesserung der Streichbarkeit von Anstrichen und sollen nach Anstrichauftrag wieder verdunsten.

Je nach Bindemittelart werden verwendet:

Wässerige Bindemittel (Kalk, Wasserglas, Leime, Dispersionen):	Wasser
Ölige Bindemittel (Leinöl-Firnis, Öllacke, Alkydharzlacke):	Terpentin oder Testbenzin
Ölfreie Lacke:	Speziallösungsmittel entsprechend der Lackart (Lieferung durch Herstellerfirmen)

Die Verwendung von Verdünnungsmitteln ist wegen der Möglichkeit evtl. Anlösens vorangegangener Anstriche grundsätzlich begrenzt.

Abbeizmittel zur Entfernung von Dispersions-, Ölfarbenanstrichen und Lackierungen.

Alkalische Abbeizmittel: Wirkung durch Verseifen („Ablaugen") ölhaltiger Anstriche (Chem. Seifen = Lauge + Organische Säure).

Lösende Abbeizmittel: Der Gehalt an verschiedenartigen Lösungsmitteln bewirkt das Erweichen der Bindemittel.

Flüssiger Auftrag mit Pinsel oder bei Pasten mittels Spachtel.

Wenn Abbeizmittel nicht wirken, Abbrennen der Farbreste mit Abbrennlampe.

(Reste der Abbeizmittel vor Neuanstrich entfernen, da sonst zu Anstrichschäden führend).

Glättungsmittel

Das Glätten eines rauhen Untergrundes oder Anstrichs kann durch Abschleifen der Erhöhungen oder Ausfüllen der größeren Vertiefungen und der flächigen Unebenheiten mit geeigneten Spachtelmassen erfolgen.

Spachtelmassen. Als Zieh-, Streich- oder Spritzspachtel verwendet.

Die Füllstoffe bestehen aus Kreide + Schwerspat + Weißpigment. Auch Gipsspachtelmassen u. ä.

Bezeichnung der Spachtel nach dem Bindemittel: Leimspachtel, Dispersionsspachtel, Ölspachtel, Kunstharzspachtel, Gipsspachtel, Zementspachtel.

Mittel zur Vorbereitung der Grundierung

Imprägniermittel und Haftgrundmittel siehe Abschn. 11.4.1.

Bei Untergründen, die sich hinsichtlich ihrer stofflichen Zusammensetzung nachteilig auf den Farbauftrag auswirken (Bituminöse Stoffe, Versottungen u. dgl.), Verwendung von Absperrmitteln oder bei alkalischem Untergrund Neutralisierung (z. B. durch Fluatieren).

Anstricharmierungen

Die Instandsetzung rissiger Putzfassaden erfordert die Einbettung von farbdurchlässigen Glasfaservliesen oder besser von elastischen Kunstfasergeweben in klebeartige elastische Kunstharzdispersionen und anschließendes Überstreichen der armierten Flächen mit entsprechenden Dispersionsfarben (Abb. 209). Zur Überdeckung feiner Haarrisse auch Verwendung kunstfaserhaltiger Dispersionsfarbpasten („Streichvliese").

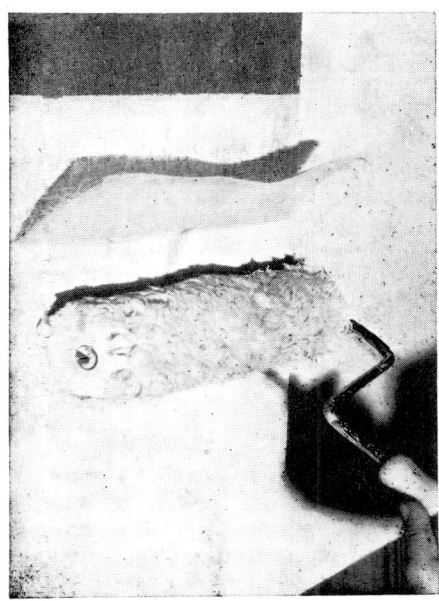

Abb. 209.

Anstricharmierung mit Kunstfasergewebe

Fungizidfarben (Pilzwidrige Anstriche)

Zusätze pilzwidriger (fungizider) Giftstoffe in Leim-, Dispersions-, Öl- und Lackfarben zur Verhinderung von Schimmelbildung in feuchten Räumen.

> Holzschutzmittel gegen Insekten und Pilze auf Öl- und Salzbasis, die durch Streichen, Spritzen oder Tauchen aufgebracht werden, sind keine Anstrichstoffe, sondern „Imprägniermittel", die in den Untergrund einziehen. Farbanstriche sind i. allg. auf salzhaltigen Holzschutzmitteln sowie auf öligen Spezialschutzmitteln möglich (s. Abschn. 8.8.3.1. Holzschutz).

11.6. Prüfung der Bindemittel und Anstriche

Die Gütebeurteilung der Bindemittel und Anstriche auf ihre Eignung erfolgt labormäßig nach einer Anzahl Normen-Prüfverfahren (DIN 53150 usf.) an Proben auf nichtsaugendem Untergrund (Glas oder Blech).

> Geprüft werden z. B. Trockengrad, Geschmeidigkeit, Oberflächenhärte, Eindrückwiderstand, Verformbarkeit, Biegebeanspruchung, Haftfestigkeit, Deckvermögen. Das Fließvermögen von Anstrichstoffen (DIN 53211 Ausg. 6.87) wird durch Bestimmung der Auslaufzeit aus einem Auslaufbecher von 100 cm^3 Inhalt bei i. allg. 20 °C festgestellt (Abb. 210 u. 211).

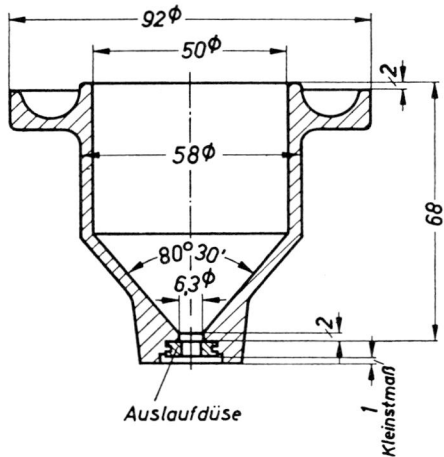

Abb. 210.

DIN-Auslaufbecher zur Bestimmung der Auslaufzeit von Anstrichstoffen

Abb. 211.

Bestimmung der Auslaufzeit

Vereinfachte Prüfverfahren bei Durchführung der Anstriche

Trockenfähigkeit (kein Fingerabdruck beim Betasten), **Härte** (Daumennagelprobe), **Verlaufeigenschaften** (glatte Oberfläche nach Auftrag), **Ausgiebigkeit** (Verbrauch je m² Anstrichfläche).

Ferner **Haftfestigkeit** auf Untergrund (DIN 53 151, Ausg. 5.81) durch Feststellung des Zerstörungsgrades mittels „Gitterschnittprüfung". (Je 5 in 1 oder 2 mm Abstand parallel und senkrecht dazu verlaufende Schnitte mit Schnittwalzen oder Rasierklinge. Feststellung der Gitterschnittkennwerte Gt 0 bis Gt 5 gem. Abb. 212.)

Für die **Abnutzungsbeanspruchung** von Anstrichen auf Putz- und Mauerflächen ist die VOB, Teil C, DIN 18 363, maßgebend:

Wischbeständigkeit. Beim Reiben mit Hand oder weichem Tuch keine Farbablösung.

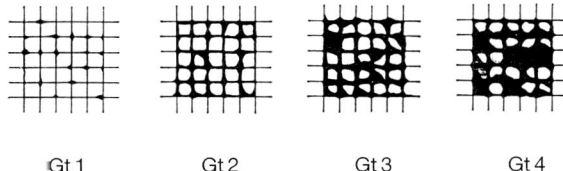

Gt 1   Gt 2   Gt 3   Gt 4

Abb. 212.

Prüfung der Haftfestigkeit auf dem Untergrund durch Gitterschnitt-kennwerte (für Gt 0 und Gt 5 keine Bilder zum Vergleich)

Wasch- bzw. Scheuerbeständigkeit. Beim Überwischen mit weichem Schwamm bzw. beim Bürsten mit Wasser unter Zusatz von neutralen Reinigungsmitteln keine Wasserverfärbung.

Wetterbeständigkeit. Freilagerung (2 Jahre) oder künstliche Bewitterung: Keine Zustandsveränderungen.

Genauere Angaben enthalten die „Anforderungen und Prüfverfahren für Anstrichstoffe für Wände und Decken"*).

11.7. Tapeten

Tapeten bestimmen als Wandbekleidung weitgehend die Wohnlichkeit von Räumen und können in gewissem Sinne als vorgefertigte Anstriche angesehen werden.

Tapeten und aufzuklebende tapetenähnliche Stoffe müssen der VOB, DIN 18366 (Ausg. 12.92) entsprechen.

Herstellung

Die Tapetenpapiere bestehen überwiegend aus dem durch Schleifen von Holz gewonnenen kurzfaserigen Holzschliff und zu einem geringen Teil aus dem durch chemische Aufbereitung des Holzes als reine Zellulose gewonnenen langfaserigen Zellstoff. (Bei wertvollen Tapeten holzfreies Papier.)

Zur Verbesserung der Dichte und Bedruckbarkeit meist Zusätze von Kaolin sowie von Leim zur Regulierung der Saugfähigkeit.

Der auf abrollenden Metallsiebgeweben verteilte Faserbrei verfilzt durch Entwässerung zu Papierbahnen.

Die Unterscheidung der Rohpapiersorten erfolgt nach dem Gramm-Gewicht je m². (Für Tapeten meist 60–120-g-Papiere.) Tapetenrollen werden in Breiten von 56 cm (Gebrauchs-breite 53 cm) und in Längen von 10 oder 15 m geliefert.

Tapetenarten

Nach Farbgebung und Oberflächengestaltung der Tapete werden unterschieden:

Naturelltapeten

Unmittelbarer Aufdruck farbiger Muster mittels Walzen auf die evtl. in ihrer Masse auch farbig getönten Papierrollen. Nachteilig ist die leichte Vergilbung, von Vorteil deren gute Saug- und Atmungsfähigkeit auf feuchten Wänden. (Billige Tapeten für Neubauten.)

Fondtapeten

Zur Verbesserung der Farbwirkung wird der Grund (fond) der Tapete vor dem Bedrucken zunächst mit einer gleichmäßig deckenden Farbschicht versehen.

Auch Hervorhebung der Bemusterung durch einfarbigen oder gemusterten Reliefdruck (Relief-tapeten).

Prägetapeten

Durch Prägung schweren Papiers gemusterte und bedruckte, wischbeständige Tapeten.

*) Bezug über Bundesverband des Deutschen Farbhandels e. V., Geibelstraße 46, Düsseldorf.

Rauhfasertapeten

Herstellung durch Verleimung von zwei Papierbahnen mit eingestreuten Holzsplittern oder Fasern. Anstrich nach dem Tapezieren möglich.

Allgemeine Güteanforderungen

Lichtbeständigkeit von allen Tapeten, außer Naturelltapeten, gefordert.

Wischbeständigkeit von allen Tapeten gefordert.

Waschbeständigkeit kann außer von Naturelltapeten zusätzlich von Tapeten gefordert werden.

Sonderausführungen von Tapeten und aufzuklebenden tapetenähnlichen Stoffen

Seidenglanztapeten, seidenglänzende Aufdrucke und eingeprägte Muster, festes, pergamentähnliches Papier.

Velourstapeten, aufgebrauchte Faserschichten, mit und ohne Muster.

Linkrusta, Spezialpapier mit Linoleummasse, glatt oder geprägt, strapazierfähig, waschbeständig.

Vinyl-Tapeten, Kunststofftapeten, wie Wandfliesen zu verwenden für Feuchträume; waschbeständig, pflegeleicht, strapazierfähig.

Holztapeten, sehr festes Papier mit dünnem Furnier.

Textiltapeten, auf Papier kaschierte Textilien (Leinen, Jute u. ä.), schalldämpfende Wirkung.

Metalltapeten, Metallfolien (Alu) auf Papier kaschiert.

Dämmende Tapeten, Tapeten für Schall- und Wärmedämmung, z. T. als Unterlage, auch als Tapete z. B. aus Polystyrolschaum.

Spannstoffe aus Textilien (Leinen, Bast usw.) und Kunststoff-Folien müssen sich glatt spannen und mit Spezialklebern kleben lassen.

Isoliertapete, einseitig mit Papier kaschierte, zinnbeschichtete dünne Bleifolie zur Verhinderung des Durchschlagens von Feuchtigkeitserscheinungen (Ausblühungen). Aufkleben mit Spezialkleber.

Tapezieren (VOB, DIN 18366)

Trockener und fester Untergrund erforderlich! Unterkleben der Tapete zur Erlangung glatter Flächen mit Rohpapier (keine Verwendung von bedrucktem Papier, z. B. Zeitungsmakulatur) oder Vorstrich mit Pulvermasse aus Faser-, Kleb- und Füllstoffen („Flüssige Makulatur"). Bei stärkeren Unebenheiten Ausgleich mit Spachtelmasse aus Bindemitteln und Füllstoffen. Auch Verwendung von Schaumstoff-Unterlagen.

Bei Neubauten Festigkeit der Putzoberflächen beachten. (Starke Zugkräfte der Tapeten beim Trocknen.)

Zur Vermeidung von Schattenkanten des überstehenden Tapetenstoßes wird dieser in Richtung zum Licht geklebt. Tapeten aus schweren Papieren sind beidseitig geschnitten zu stoßen. Als Klebstoff sind Leime bzw. Kleber zu verwenden, die ohne Beschädigung des Untergrundes wieder gelöst werden können (s. Abschn. 12.4.).

Schrifttum für Anwendung und Grundlagen der Anstrichtechnik

KARSTEN: Bauchemie (Kap. 67–69). 9. Auflage, Verlag C. F. Müller, Karlsruhe, 1992.

KLOPFER: Anstrichschäden. Bauverlag, Wiesbaden / Berlin, 1976.

Glasurit-Handbuch „Lacke und Farben" (Bezug: Glasurit-Werke BASF, Münster-Hiltrup).

Merkblätter des Bundesausschusses Farbe und Sachwertschutz, Frankfurt.

12. Dämmstoffe – Bodenbeläge – Dichtstoffe – Klebstoffe – Bauhilfsstoffe

12.1. Dämmstoffe

Unter Dämmstoffen werden Baustoffe verstanden, die bei sachgerechter Verarbeitung den Wärmeschutz und/oder Schallschutz der Baukonstruktion entsprechend den DIN-Normen gewährleisten und dabei keine statischen Funktionen übernehmen.

Meistens sind Dämmstoffe sowohl für Wärme- als auch Schalldämmung geeignet. Bei den Wärmedämmstoffen ist mehr die Rohdichte und die damit verbundene günstige Wärmedämmfähigkeit maßgebend, während bei der Trittschalldämmung ein ausreichendes Federungsvermögen (Dynamische Steifigkeit) entscheidend ist.

Normen für Dämmstoffe

DIN	Ausgabe	Teil	
4108	8.81	1–5	Wärmeschutz im Hochbau
4109	11.89		Schallschutz im Hochbau
18 164			Schaumkunststoffe als Dämmstoffe für das Bauwesen
	3.91	1	Wärmedämmung
	8.92	2	Trittschalldämmung
18 165			Faserdämmstoffe für das Bauwesen
	7.91	1	Wärmedämmung
	3.87	2	Trittschalldämmung
VOB			
18 421	9.88		Wärmedämmarbeiten an betriebstechnischen Anlagen

Lieferform der Dämmstoffe als Bahnen, Matten, Filze, Platten und lose geschüttet.

Die Eigenschaften (z. B. Brandverhalten) können wesentlich von Beschichtung und Umhüllung beeinflußt werden.

Wärmedämmung

Nach DIN 18 164 T.1 „Schaumkunststoffe" werden 3 Anwendungstypen unterschieden:

W = **W**ärmedämmstoffe, nicht druckbelastet
WD = **W**ärmedämmstoffe, **d**ruckbelastet
WS = **W**ärmedämmstoffe, **d**ruckbelastet mit bes. Formbeständigkeit für **S**ondereinsatzgebiete, z. B. Parkdecks
Weitere Angaben s. Abschn. 10.9.3.2.

Nach Din 18 165 T.1 „Faserdämmstoffe" werden 4 Anwendungstypen unterschieden:

W = **W**ärmedämmstoffe, nicht druckbelastet
WZ = **W**ärmedämmstoffe mit leichter **Z**usammendrückbarkeit
WD = **W**ärmedämmstoffe, **d**ruckbeansprucht
WV = **W**ärmedämmstoffe mit Beanspruchung auf Abreiß- und Scherfestigkeit, z. B. für angesetzte **V**orsatzschalen ohne Unterkonstruktion

– Zusätzliche Gruppeneinteilung nach der Wärmeleitfähigkeit –

Trittschalldämmung

Nach DIN 18164 T. 2 „Schaumkunststoffe" und DIN 18165 T. 2 „Faserdämmstoffe" werden unterschieden:

Dämmschichtgruppe I: dynamische Steifigkeit s′ = bis 30 MN/m³ } nach DIN 18165 T. 2
Dämmschichtgruppe II: dynamische Steifigkeit s′ = bis 30 MN/m³

– Typenkennzeichnung „T" –

Hinsichtlich **Brandverhalten** Zusatz zum Typenkurzzeichen je nach Baustoffklasse nach DIN 4102 (z. B. WZ-A1 = Wärmedämmstoff mit leichter Zusammendrückbarkeit, nicht brennbar).

Weitere Güteanforderungen an Dämmstoffe

Maßhaltigkeit, Lieferdicke und Dicke unter Belastung, Rohdichte (Flächengewicht), Zugfestigkeit, Zusammendrückbarkeit, Formbeständigkeit bei Wärmeeinwirkung, Druckspannung bei 10% Stauchung, Abreißfestigkeit, Strömungswiderstand.

12.1.1. Anorganische Dämmstoffe

Steinwolle
Durch Schmelzen und Zerblasen aus Kalkstein, Dolomit, Basalt u. a. gewonnen. Lieferbar in Platten, Filzen und lose. Nichtbrennbar, hitzebeständig, alterungsbeständig, fäulnissicher.

Glaswolle, Glasfasern
Feine Glasfäden durch Blas-, Schleuder- und Ziehverfahren, siehe Abschn. 6.6.

Schlackenwolle
Unter Druck fadenförmig zerteilte flüssige Hochofenschlacke, siehe Abschn. 7.1.2.

Geschäumtes Glas
Im Spezialverfahren hergestellt, siehe Abschn. 6.3.4.

Perlite (Blähperlit)
Geblähtes Ergußgestein, siehe Abschn. 2.1.3.

Vermiculite (Blähglimmer)
Geblähtes glimmerartiges Mineral, s. Abschn. 1.3. und 2.1.3.

Kieselgur
Ablagerungsgestein aus verkieselten Algen, o. ä., siehe Abschn. 1.4.2.2.

Ferner eine Vielzahl von Fertigteilen und Sandwiches für Dämmzwecke (z. B. Gipskartonplatten) sowie auch Leichtbetone, Leichtziegel u. a. m.: Siehe jeweilige Abschnitte.

12.1.2. Organische Dämmstoffe

Kork (DIN 18161, Teil 1, Ausg. 12.76)

Gewinnung aus der nachwachsenden Rinde (nicht Borke) der in Portugal, Spanien und Nordwest-Afrika vorkommenden Korkeichen.

Naturkork
Verwendung von Naturkork aus Stücken zusammengesetzt und mit Stahlband bandagiert zu Unterlagsplatten für Maschinen, ferner für Rettungsgürtel, Flaschenkorken.

Preßkork

Der Naturkork wird meist zu Korkschrot und Korkmehl vermahlen und unter Zusatz von harzigen Bindemitteln zu Blöcken verpreßt und zu Platten geschnitten (Preßkorkplatten).

Verwendung zur Körperschalldämmung bei leichteren Maschinen und zum Wärmeschutz bei Dächern; ferner in dünnen Platten und Rollen von 5–10 mm Dicke und bis zu 1 m Breite zur Verbesserung des Trittschallschutzes als Unterlage von Belagsbahnen. Besonders dichte und oberflächengeschliffene Korkschrotplatten werden auch als elastischer Fußbodenbelag oder als Tapete (Korktapete) verwendet.

Blähkork

Herstellung durch Ausweitung der Korkschrotzellen bei 400 °C infolge Expandierens darin enthaltener flüchtiger Stoffe.

Verwendung der fäulnissicher mit Teerpech gebundenen Platten (Abb. 213) bei Flachdächern und Kühlräumen sowie zu Schalen für Rohrummantelungen im Wärme- und Kälteschutz (bei höheren Temperaturen Bindung mit Tonmilch).

Abb. 213.

Blähkorkplatte

Filze (DIN 61 200, Ausg. 12.85, u. 61 205, Ausg. 6.85)

Herstellung vorwiegend aus Tierhaaren, die sich unter Feuchtigkeit, Wärme, Druck und Schub unter Zusatz eines Gleitmittels in regelloser Lagerung zu Matten oder Platten verschlingen (verfilzen). Verwendung als Unterlage für Erschütterungsdämpfung (Büro- und Haushaltsmaschinen), für Raumschalldämpfung an Wänden und Decken, als elastische Unterlagen für Teppiche (Waffelfilze) sowie als Fußbodenbeläge in Fliesenform.

Ferner Verwendung von bituminös gebundenen Filzen (Dicke 2–4 mm) evtl. mit Korkschrotbeimischung (Dicke 5–10 mm) als Unterlage unter Holz- und Parkettfußböden (nach DIN 4109 T. 3).

Fasergewebe

Kokosfasern

Gewinnung von der Umhüllung der Kokosnüsse. Verwendung zu trittschalldämmenden, auf bituminösem Papier gesteppten Matten sowie für strapazierfähige Teppichwaren (Kokosläufer).

Sisal (Sisalhanf), aus Agaven gewonnen, in Art und Verwendung der Kokosfaser ähnlich.

Stroh

Verwendung von handgedroschenem Stroh für Strohdächer, früher auch für Lehmstaken bei Zwischenböden. Ferner Herstellung von dichtgepreßten, drahtgebundenen Strohplatten für schalldämmende Mehrfachwände sowie Matten zur wärmedämmenden Abdeckung beim Bau.

Flachsfasern

Mit Kunstharz gebundene Platten. Verwendung für wärmedämmende Dacheindeckungen mit zugleich tragenden Eigenschaften.

Schilfrohr (Ried)

Verwendung in verschiedenen Bindungen als Putzträger (Rohrmatten) sowie in enger Bindung als Schilfrohrplatten.

Seegras

Zwischen Bitumenpapier zu Matten gesteppte getrocknete Meerespflanze (Zosteramatten) mit trittschalldämmenden Eigenschaften.

Jute

Aus dem Bast der 3–5 m hohen einjährigen Jutepflanze in Ost-Pakistan und Indien gewonnen. Wegen ihrer Feuchtigkeitsbeständigkeit als Einlage für Bitumen-Gewebe-Bahnen (Rohjutegewebe 300 g/m^2) mit besonders biegsamen Eigenschaften zur Isolierung von Ecken und Bauwerkskanten.

Ferner zur Wandbespannung („Rupfen"), als Linoleumunterboden, als Grundgewebe für Teppiche sowie zur Herstellung von Säcken geeignet.

Holzwolleleichtbauplatten und poröse Holzfaserplatten

Siehe Abschn. 8.7.3.2. bzw. 8.7.4.

Schaumkunststoffe

Heute meist verwendete Dämmstoffe, z. T. genormt, aus UF, PF, PS, PVC, PUR, siehe auch Abschn. 10.9.3.2. u. 12.1.

Ferner für Dämmzwecke geeignete Bodenbeläge wie Teppiche und Gummibeläge.

12.1.3. Isolierpapiere und -pappen

Luft- oder feuchtigkeitssperrende, meist öl- oder bitumenimprägnierte kräftige Papiere (Kraftpapier, Ölpapier, Bitumenpapier) als Dämmattenauflage bei Estrichen oder zur Isolierung bei Betonarbeiten (z. B. beim Straßenbau).

> Ferner mehrlagig mit Bitumen verklebte Papiere (Kaschierte Bitumenpapiere), z. B. für feuchtigkeitsbeständige Zementsäcke.

Schwere Papiere werden als Karton und dickerer Karton als Pappe bezeichnet. (Keine verbindlichen Gewichtsgrenzen, s. auch DIN 6730 „Papier und Pappe".)

> Pappen werden in ähnlicher Verfahrensweise wie Papiere, jedoch wesentlich aus Altpapier hergestellt. Verwendung als Unterlagen für Fußbodenbeläge sowie für Wandverkleidungen bei glattem Untergrund (Gipsplatten, Gasbeton) an Stelle von Putz, ferner für Gipskartonplatten.
>
> Rohfilzpappen (DIN 52117) werden aus Altpapier und Lumpen hergestellt. Verwendung für Bitumen- und Teerpappen. Bezeichnung nach Rohgewicht in g/m^2 als 333er- und 500er-Pappen.
>
> Kreuzweise aufeinandergeklebte Lagen aus Wellpappe sind als wärme- und schalldämmende Füllstoffe verwendbar.

12.2. Bodenbeläge

Bodenbeläge haben den verschiedensten Anforderungen zu genügen: Je nach Verwendung Tritt- und Luftschalldämmung, Schallschluckvermögen, Wärmedämmung, ästhetischer Abschluß, Farb- und Lichtechtheit, Pflegeleichtigkeit, Beständigkeit gegen Chemikalien und mechanische Beanspruchung, Schutz gegen Feuchtigkeit.

Estriche können sowohl als abschließender Belag wie auch als Unterlage für weiteren Belag dienen. Sie können als Verbund- und als schwimmende Estriche ausgebildet werden (s. Abschn. 3.3.).

– VOB, DIN 18365, Ausg. 12.92, „Bodenbelagarbeiten" –

12.2.1. Anorganische Bodenbeläge

Magnesiaestrich
Mörtel aus Magnesitbinder und Füllstoffen, siehe Abschn. 3.3.6.

Anhydritestrich, siehe Abschn. 3.3.5.

Zementestrich
Mörtel aus Zement und Zuschlägen, Sonderverwendung: Hartstoffestrich. Siehe Abschn. 3.3.4.

Keramische Bodenbeläge
Bodenfliesen, Spaltplatten, Klinker und Ziegel, siehe Abschn. 5.1.7.

Natursteine
Gesägte, z. T. geschliffene und polierte Natursteine in Plattenform, siehe Abschn. 1.5.2.

Kunststeinbeläge
Zementgebundene Platten mit verschiedenen Zuschlägen (Betonpflastersteine, Waschbetonplatten, Gehwegplatten).

Terrazzo: Bodenbelag aus verschiedenfarbigen Natursteinen als Zuschläge, meist Kalksteine, Oberfläche geschliffen.

Gipsplatten und Mosaik
Siehe Abschn. 6.3.2.3.

Metalle
Bodenbelag für Sonderzwecke (Riffelbleche, Gußplatten).
Stoß- und schlagfester sowie hitzebeständiger Belag.

12.2.2. Organische Bodenbeläge

a) **Textile Fußbodenbeläge** (Teppichböden und Nadelvliesböden)

Im Raum ganzflächig in Bahnen oder in Form von Fliesen verlegte Fußbodenbeläge. Neben der Raumgestaltung und elastischen Begehbarkeit dienen textile Beläge wesentlich auch schall- und wärmetechnischen Zwecken:

Schalltechnische Vorzüge: Minderung des Geräuschpegels infolge Schallabsorption, wesentliche Verringerung der Gehgeräusche gegenüber hartem Fußboden sowie Trittschalldämmung.

Wärmetechnische Vorzüge: Verbesserung der Fußwärme von Böden infolge höheren Wärmeableitungswiderstandes. (Bei Fußbodenheizung nur Verwendung von textilen Fußbodenbelägen mit Wärmedurchlaßwiderstand unter 0,17 K m^2/W für normale Heizbarkeit.)

Teppichherstellung (DIN 61151, Ausg. 12.76, „Kennzeichnende Merkmale von Teppichwaren")

Verwendet werden Garne verschiedenen Herkommens aus

Naturfasern

Schafwolle (Schurwolle, an lebenden Schafen geschoren)
Tierhaare (Haargarn, z. B. Rinder- oder Ziegenhaare). Geringe Bedeutung.
Pflanzliche Fasern (Baumwolle, Flachs, Hanf, Jute, Sisal, nur für spezielle Belange)
Naturseide von Seidenraupen (nur für Wandteppiche)

Chemiefasern

Zellulosefasern: Durch chemische Umwandlung aus Zellulose gewonnen (Viskosefasern, Zellwolle). Nur noch geringe Bedeutung.

Synthetische Fasern: Aus Polyamiden (Nylon, Perlon), Polyacryl (Dralon, Acrylan), Polyester (Diolen, Trevira), Polypropylen.

Herstellung als kurze Fasern (Stapelfasern) sowie als Endlosgarne, oft texturiert (gekräuselt). Dauerhafte Einfärbung mit Farbstoffen. Bei der Verarbeitung auch Mischung von Natur- und Chemiefasern.

Nach der Herstellung unterscheidet man zwischen Webware (Webteppiche), Tuftingware (Nadelflorteppiche) und Nadelvliesware (Nadelfilz- oder Nadelvliesböden: Filzartiges Aussehen der Oberfläche).

Im Aufbau der textilen Beläge ist zwischen Trägergewebe oder Trägervlies, ggf. auch mit Rückenbeschichtung, und der Laufschicht (Nutzschicht) zu unterscheiden.

1. Beim Webverfahren (Abb. 214) besteht das Trägergewebe aus der senkrecht verlaufenden Kette mit dem quer verlaufenden Schuß; die Nutzschicht (Pol oder Flor genannt) besteht aus den Polfäden.

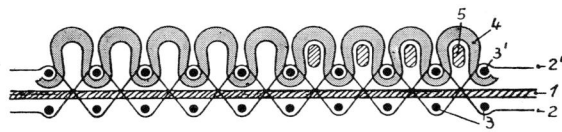

Abb. 214.

Längsschnitt durch einen gewebten Schlingenflorteppich (Schema):
1   = Füllkette
2, 2′ = Bindeketten
3, 3′ = Unter- und Oberschuß
4   = Polkette
5   = Zugrute für die Noppenbildung

2. Beim Tuftingverfahren (Abb. 215) werden die Polgarne in ein vorgefertigtes Trägergewebe oder -vlies von der Unterseite her schlingenbildend eingenadelt und alsdann mit einer dichtenden Rückenbeschichtung aus Natur- oder Syntheselatex verankert.

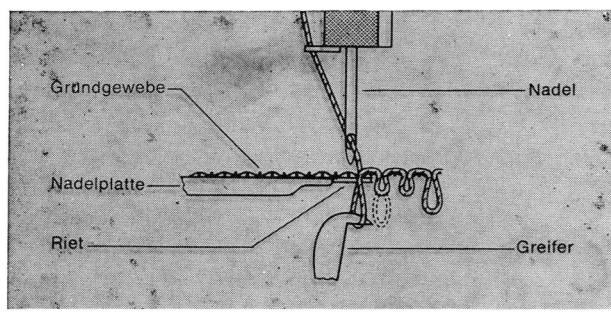

Abb. 215.

Tuftingverfahren (Funktionsschema)

3. Beim Nadelvliesverfahren (Abb. 216) werden watteartige übereinanderliegende Faservliesbahnen (Laufschicht und Füllschicht) durch häufiges Durchstechen mit Widerhaken versehener Nadeln, oft auch mit Trägermaterial, miteinander verfilzend verdichtet und sodann durch Bindemittel oder thermisch, d. h. durch Verschmelzen der Faserberührungspunkte, miteinander verbunden.

Nach der Beschaffenheit der Oberfläche (Pol-, Florschicht) sind bei Web- und Tuftingware zu unterscheiden:

Schlingenflorteppiche (Bouclé-Teppiche, Abb. 214). Oberfläche aus geschlossenen Garnschlingen (Noppen) bestehend.

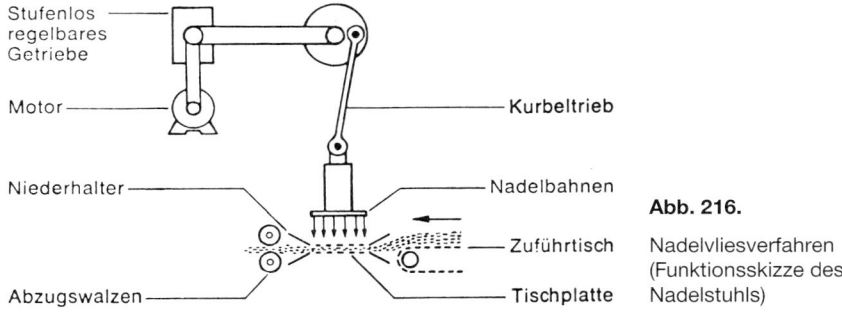

Stufenlos regelbares Getriebe

Motor

Niederhalter

Abzugswalzen

Kurbeltrieb

Nadelbahnen

Zuführtisch

Tischplatte

Abb. 216.

Nadelvliesverfahren
(Funktionsskizze des
Nadelstuhls)

Schnittflorteppiche (Veloursteppiche). Herstellung wie Schlingenflorteppiche, jedoch gleichzeitiges Aufschneiden der Schlingennoppen, so daß ein offener plüschartiger Flor entsteht.

Hoch-Tief-Struktur-Teppiche. Gemusterte Oberfläche durch Flächenteile kurzer und höherer Schlingennoppen.

Verlegung

Übliche Verlegarten von Teppichböden (Bahnbreiten 200 und 400 cm) sind vollflächiges Verkleben direkt auf dem Unterboden oder Verspannen auf Nagelleisten über einem Unterlagefilz. Nadelvlies-Rollenwaren werden überwiegend vollflächig verklebt. Lose Verlegung bei Flächen bis 20 m².

Fliesen (meist 40 × 40 oder 50 × 50 cm) aus Teppich oder Nadelvlies sind **s**elbst**k**lebend (selbsthaftend) ausgerüstet (SK-Fliesen) oder brauchen durch eine rückwärtige Schwerbeschichtung nicht weiter befestigt zu werden (SL-Fliesen = **s**elbst**l**iegende Fliesen).

Qualitätsgewährleistung von Teppichböden durch Materialsiegel und Verwendungsbereichseinstufung mit Kennbildern (Abb. 217):

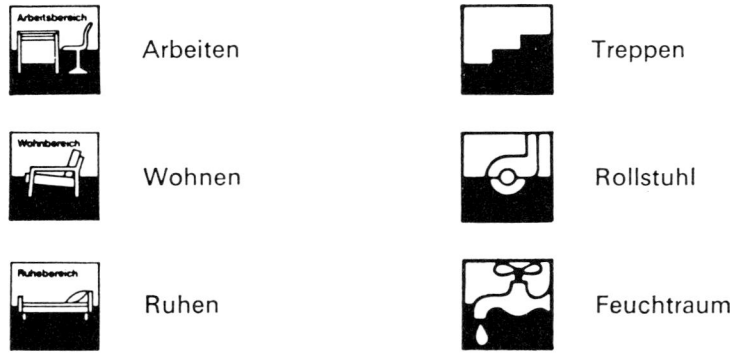

Arbeiten

Wohnen

Ruhen

Treppen

Rollstuhl

Feuchtraum

Abb. 217.

Symbole für Verwendungsbereiche

Symbole für Einsatzkriterien

– Reinigen von Teppichböden jeweils nach Firmenanweisung –

Sonderproduktion synthetischer Teppichböden:

Mit permanenten antistatischen Eigenschaften durch leitfähiges Polmaterial in Zusammenwirken mit leitfähigem Träger und Verfestigung bzw. Estrich. Bei ableitfähigen Oberbodenkonstruktionen zusätzliche Verwendung leitfähiger Kleber und geerdeter Kupferbänder.

Prüfungen

Textile Fußbodenbeläge werden meist nach DIN geprüft auf:

Gewicht, Dicke, Zusammendrückbarkeit, Maßbeständigkeit unter Einwirkung von Wasser und Wärme, Abnutzung, Brennverhalten, elektrostatisches Verhalten, Lichtechtheit, Wasserechtheit, Luft- und Trittschallschutz, Wärmeableitung, Stuhlrollverhalten, Poldicke, Verhalten gegenüber Fetten und Chemikalien u. a.

Brennbarkeit von Teppichböden

Beurteilung des Brennverhaltens erfolgt nach DIN 66081. Dabei werden Brennklassen mit der Bezeichnung T-a, T-b und T-c angegeben.

In der Rangfolge bedeutet die Klassifizierung T-a einen textilen Fußbodenbelag, der sich am wenigsten entzündet und am wenigsten zu einer Brandausbreitung beiträgt. – Textile Fußbodenbeläge in Fluchtwegen z. T. Verwendung von Belägen der Klasse B 1 nach DIN 4102. Erforderliche Prüfungen siehe Prüfgrundsätze für schwerentflammbare Baustoffe des Deutschen Instituts für Bautechnik, Berlin. – Brennklasse T-b entspricht der Klasse B 2 nach DIN 4102, T-c entspricht B 3.

b) Linoleumbeläge (DIN 18171 u. 18173, Ausg. 2.78)

Seit Ende vorigen Jahrhunderts bekannter Belag, heute zugunsten anderer Beläge mit nur noch geringem Marktanteil.

Grundbestandteil ist die Linoleumdeckmasse, ein Schmelzprodukt aus verharztem Leinöl (Linoxyn) und anderen Harzen, das mit Holz- bzw. Korkmehl sowie mit Farbstoffen verknetet auf ein Jutegewebe unter Druck aufgewalzt wird. Die Geweberückseite ist zum Schutz gegen etwaige Feuchtigkeit mit einem meist roteingefärbten Schutzüberzug versehen.

Herstellung in verschiedenen Farben und Mustern:

Einfarbig (Uni- oder Walton-Linoleum), feinstreifig (Jaspé-L.), grobstreifig (Moiré-L.), marmoriert (Marmor-L.).

Bahnbreite meist 2 m; Dicken 2–4 mm (Rollen stehend lagern).

Korklinoleum bis 6 mm, durch erhöhten Korkzusatz besonders elastisch.

Ferner Linoleum-Verbundbelag: Linoleumnutzschicht auf Trägerschicht aus linoxyngebundenem grobkörnigen Korkmehl („Korkment").

c) Gummi- und Kunststoffbeläge

Gummibeläge, auf der Basis Synthesekautschuk, als Bahnen und Platten bewirken durch ihr elastisches Verhalten nur geringe Gehgeräusche, sind fast unbegrenzt haltbar, trittsicher und leicht zu pflegen. (Anfänglich leichter Gummigeruch.) – Keine elektrostatische Aufladung. (DIN 16850–52)

Herstellung einfarbig oder marmoriert ohne Gewebeeinlage in Dicken von 2–5 mm, auch zweilagig aus Nutzschicht und elastischer Unterschicht bestehend. Ganzflächige Verklebung mit elastischen Klebern.

Industriebeläge mit profilierter Oberfläche bis 10 mm dick.

PVC-Beläge aus weichgestelltem Polyvinylchlorid sind ähnlich Gummibelägen fast unbegrenzt haltbar. Dicken 1,5–3 mm (DIN 16951 E, Ausg. 9.91). Die Kunststoffbahnen oder -platten (Fliesen) werden geklebt und gegebenenfalls mit Heißluftspezialgeräten bei V-förmig zugeschnittenen Stoßfugen mittels PVC-Schweißdraht nahtlos verschweißt.

Ferner trittelastische PVC-Beläge auf Trägerschichten (DIN 16952, Teil 1–5, Ausg. 4.77 bis 12.80) aus Filz, Kork oder PVC-Schaumstoff. Ganzflächige Verklebung mit elastischen Klebern.

(Fabrikate: Contan, Deliplan, Dunloplan, Mipolam, Pegulan)

Flexplatten (DIN 16950 E Ausg. 9.91) aus Vinyl- oder Kunstharz-Asbest-Gemisch, auch mit Bitumenzusatz („Asphalttiles"). – Verlegung mit Bitumenklebern.

Quadratische Fliesengrößen 25 oder 30 cm. (Fabrikate: Deliflex, Floorflex, Marleyflex)

Kunststoffspachtelbeläge. Mehrlagige Spachtelung auf widerstandsfähigem Untergrund mit Polyvinylacetat (PVAC) auf Dispersionsbasis. Dicke 2–3 mm.

Kunststoffestriche. Einlagige 5–10 mm dicke Spachtelung mit Mehrkomponenten-Reaktionsharzen auf widerstandsfähigem Untergrund für höhere Beanspruchungen siehe Abschn. 3.3.8.

Prüfungen

Die Prüfung des Gebrauchsverhaltens organischer Beläge (Kunststoffbeläge) kann nach verschiedenen Normen erfolgen:

Biegeversuch an flexiblen und nichtflexiblen Belägen (DIN 51 949), Verschleißbeanspruchung (DIN 51 963), Ermittlung des Resteindrucks bei Belastung (DIN 51 955), Beurteilung der Entzündlichkeit (DIN 51 960), Chemisch-physikalische Einwirkung von Prüfmitteln, Kurzzeitprüfungen mit Säuren, Laugen oder organischen Flüssigkeiten (DIN 51 958), Elektrostatische Ladung (DIN 51 953), Prüfung der Nutzschichtdicke (DIN 51 964).

Ferner Trittschall- und Wärmedämmprüfungen.

d) Bodenbeläge aus Holz

Vollhölzer: Parkett und Holzpflaster siehe Abschn. 8.6.3.
Harte Holzfaserplatten siehe Abschn. 8.7.4.

e) Bituminöse Bodenbeläge

Gußasphalt und Asphaltplattenbeläge siehe Abschn. 9.4.1.4. u. 9.4.4.

f) Sonstige Beläge

Feltbase-Beläge*) (Auslegeware). Mit Öllacken bedruckte, bitumengetränkte Wollfilzpappen (Fabrikate: Stragula, Balatum) oder mit Kunstharz beschichtet (Fabrikate: Balaflex, Pegufelt, Stravinyl).

Wachstuch. Herstellung durch oberseitige Beschichtung eines filzartig aufgerauhten Baumwollgewebes mit Leinölfirnis, das nach Trocknung mit Mustern bedruckt werden kann und einen wasserabstoßenden Lacküberzug erhält. Statt Leinölfirnis auch Kunstharzbeschichtung. (Nicht für Fußböden.)

Verlegehinweise für Fußbodenbeläge

Die Voraussetzung ebenflächiger Verlegung von Fußbodenbelägen ist eine einwandfrei glatte Ausführung des Unterbodens, dessen Unebenheiten evtl. durch Spachteln auszugleichen sind. Bei Holzuntergrund werden i. allg. Holzfaser-Hartplatten aufgenagelt.

Alle dichtenden Beläge erfordern zudem zur Vermeidung von Blasenbildung feuchtigkeitsfreie Unterböden (1–3 % Höchstfeuchtigkeit)!

12.3. Dichtstoffe (Fugendichtungsmassen)

Dichtstoffe dienen zur Herstellung von Abdichtungen. Diese verhindern das Eindringen von Feuchtigkeit und Zugluft zwischen Bauteilen aus gleichen und verschiedenen Baustoffen.

Auch bei Bewegungen infolge Schwinden, Kriechen, Temperaturdehnung, Winddruck, Feuchtigkeit, mechanischer Beanspruchung sollen Abdichtungen wirksam bleiben (Dauerdichtigkeit).

---

*) Wenig gebräuchliche Bezeichnung (engl. spr. = bees: „Filzbasis").

Unterteilung in **erhärtende, plastische** und **elastische** Dichtstoffe nach DIN 52 460 „Fugen- und Glasabdichtungen; Begriffe". Die Dichtstoffe können 1- oder 2-komponentig sein.

Dichtstoffe werden im plastischen Zustand verarbeitet. Beibehaltung dieses Zustands möglich oder Übergang in verfestigten Zustand durch chemische oder physikalische Reaktionen.

Das gummi-elastische Verhalten der Dichtstoffe wird durch den Begriff „Rückstellvermögen" definiert.

Fugenausbildung und Wahl des Dichtstoffes weitgehend vom Material der Bauteile abhängig. Zur Ausbildung gehört die Hinterfüllung mit Hinterfüllungsmaterial. Fugenbreite „b" zwischen Bauteilen muß bemessen werden (Abb. 218).

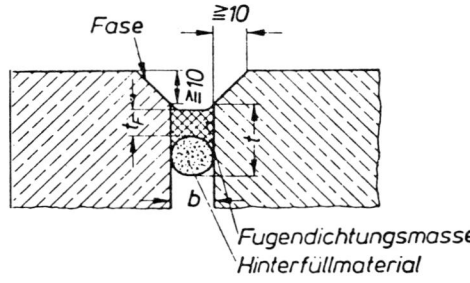

Abb. 218.

Fugenausbildung zwischen Beton- und Stahlbetonfertigteilen im Hochbau nach DIN 18 540, T. 1

t_F Dicke der Fugendichtungsmasse

Sollwerte für Fugenabstand, Fugenbreite und Fugentiefe nach DIN 18 540, T. 1

Fugenabstand in m	bis 2	über 2 bis 3,5	über 3,5 bis 5	über 5 bis 6,5	über 6,5 bis 8
Sollfugenbreite b in mm	15	20	25	30	35
Tiefe t in mm	30	$\geqq 30$			

Für Verglasungen ist entsprechend der Falzhöhe zu bemessen (DIN 18 545).

Werkstoffe für Dichtungsmassen auf folgender Kunststoffbasis:

Polysulfid-(Thiokol-)Basis, teils 1-, teils 2-Komponentendichtstoff,

Polysiloxan-Basis(Silicone), meist 1-Komponentendichtstoff,

Polyurethan-Basis, teils 1-, teils 2-Komponentendichtstoffe,

Polyacryl-Basis, meist 1-Komponentendichtstoff.

Ferner Isobutylen-Basis, Kautschuk-Bitumen, Butylkautschuk und andere.

„Kitte" auf Ölbasis (Glaserkitt) nur noch für Einfachverglasung.

Hartes Fugenmaterial, wie z. B. Kalkmörtel, als Dichtstoff nur beschränkt zu verwenden, da keine Aufnahme von Dehnungen möglich.

Fugenbänder und Abdeckprofile s. auch Abschn. 10.9.3.1.

Vergußmassen für Straßen- und Tiefbau auf bituminöser Basis siehe Abschn. 9.5.3.

Dichtringe für Rohrverbindungen in Abwässerkanälen aus Elastomeren (DIN 4060).

Normen für Dichtstoffe im Hochbau

DIN	Ausgabe	Teil	
18540	10.88	1–3	Abdichten von Außenwandfugen zwischen Beton- und Stahlbetonfertigteilen im Hochbau mit Fugendichtungsmassen T. 1: Konstruktive Ausbildung der Fugen T. 2: Anforderungen und Prüfung für Fugendichtungsmassen T. 3: Baustoffe, Verarbeiten von Fugendichtungsmassen
18545	2.92	1	Abdichtung von Verglasungen mit Dichtstoffen
	2.92	2 u. 3	Anforderungen an Glasfalze
52451–52460	1977–1993		Prüfung von Materialien für Fugen- und Glasabdichtung im Hochbau auf Volumenänderung, Verträglichkeit mit anderen Baustoffen, Einfluß von Chemikalien, Bindemittelabwanderung, Standvermögen, Haftung und Dehnung, Wechsellagerung, Lichteinwirkung und Rückstellvermögen.

Normen für Dichtstoffe im Straßen- und Tiefbau
(Anforderungen, Prüfung und Richtlinien für die Verarbeitung)

DIN	Ausgabe	
4062	9.78	Kalt verarbeitbare plastische Dichtstoffe für Abwasserkanäle und -leitungen; Dichtstoffe für Bauteile aus Beton, Anforderungen, Prüfungen und Verarbeitung.

Schrifttum für die Anwendung:

GRÜNAU: Fugen im Hochbau. Verlagsges. R. Müller, Köln.

BAUST, Praxishandbuch Dichtstoffe, Industrieverband Dichtstoffe e.V. (IVD), Wiesbaden, 1987.

12.4. Klebstoffe (DIN 16920, Ausg. 6.81)

Unter Klebstoffen werden Stoffe meist organischer Art verstanden, mit deren Hilfe Werkstoffe verbunden werden. Die Festigkeit einer Klebung hängt sowohl von den Grenzflächenkräften (Achäsion) der Kleblinge (zu verbindende Teile) als auch von der inneren Festigkeit (Kohäsion) des Klebstoffs ab.

Die Einteilung der Klebstoffe erfolgt nach DIN 16920, s. Tafel 98. Für Holzleimverbindungen siehe auch DIN 4076, T 3.

Schrifttum für die Anwendung:

PLATH: Taschenbuch der Kitte und Klebstoffe. Wissenschaftliche Verlagsgesellschaft, Stuttgart.

12.5. Bauhilfsstoffe

Unter Bauhilfsstoffen im Sinne der Baustofftechnologie sind Stoffe zu verstehen, die in technologischen Prozessen Anwendung finden. Z. T. gehen sie stofflich nicht in das Bauwerk ein (Trennmittel), z. T. bewirken sie eine zusätzliche Funktion am Bauwerk (Imprägniermittel, Dichtungsschlämmen).

12.5.1. Trennmittel

Für Trennmittel gelten die Richtlinien des Deutschen Beton-Vereins e. V. „Trennmittel für Betonschalungen und -formen – Richtlinien für die Lieferung, Anwendung und Prüfung".

Tafel 98: Einteilung der Klebstoffarten (nach DIN 16920)

Klebstoffart	Grundstoff	Anzahl der Komponen-ten*)	Abbinden warm (w) oder kalt (k)		
Leime	Stärke, Dextrin Celluloseäther Casein Polyacrylsäure-Derivate Polyvinylalkohol Polyvinylpyrrolidon	1	k		flüchtiges Lösungs-mittel (vorwiegend Wasser) entweicht während des Klebens
	Glutin (tierische Leime)	1	w		
Kleister	Stärke Celluloseäther	1	k		
Lösungs-mittel und Dispersions-Klebstoffe	Naturkautschuk, synth. Kautschuk geringer Polarität, z. B. Styrol-Butadien-Copolymere Acrylnitril-Butadien-Copolymere Polychlobutandien Polyurethane Polyvinylacetat Vinylacetat-Copolymere, z. B. Ethylen-Vinylacetat-Copolymere Polyvinylpropionat Polyacrylsäureester Polyvinyläther Polyvinylchlorid Vinylchlorid-Copolymere Vinylidenchlorid-Copolymere Polyester Polystyrol Styrol-Acrylsäureester	1, (2)	k, w	physikalisch abbindend	flüchtige Lösungs-oder Dispersionsmittel entweichen entweder weitgehend vor oder während des Klebens
	Vinylchlorid-Polymerisate (Plastisol-Klebstoffe)	1	w		ohne flüchtige Lösungs- oder Dispersionsmittel
Schmelz-klebstoffe	Styrol-Butadien- und Styrol-Isopren-Blockcopolymere Ethylen-Vinylacetat-Copolymere Vinylacetat-Vinylester-Copolymere Polyamide und Polyamido-amine Polyester	1	w		

*) Die in Klammern gesetzten Symbole kennzeichnen mögliche Alternativen

Fortsetzung nächste Seite

Tafel 98 (Fortsetzung):

Klebstoffart	Grundstoff	Anzahl der Komponenten*)	Abbinden warm (w) oder kalt (k)		
Reaktions-klebstoffe	Wasserglas	1, (2)	k, (w)		flüchtige Lösungsmittel bzw. Wasser entweichen, ggf. gemeinsam mit flüchtigen Reaktionsprodukten, während des Klebens
	Zement und organischem(n) Grundstoff(en)	1, (2)	k		
	wasserlösliche Kondensationsharze (Phenol-, Melamin-, Harnstoff-Formaldehydharze)	2, (1)	w, k		
	Phenolformaldehydharze in Kombination mit Polyvinylacetalen oder Nitrilkautschuk	1, 2	w		flüchtige Reaktionsprodukte entweichen während des Klebens
	Polyimide, Polybenzimidazole	2	w		
	spezielle Siliconharze, abbindend mit Feuchtigkeit	1	k	chemisch abbindend	
	ungesättigte Polyesterharze, Vinyl- und Acryl-Verbindungen	2	k		flüchtige, jedoch reaktive Bestandteile sind an der Bildung der Klebschicht beteiligt
	Dimethylacrylsäureester von Diolen, anaerob abbindend	1	k		ohne flüchtige Bestandteile
	Cyanacrylsäureester	1	k		
	Polyisocyanate, abbindend mit Feuchtigkeit	1	k		
	Polyisocyanate + Polyolverbindungen	2	k, (w)		
	Epoxidharze + Polyamine od. Polyamidoamine	2	k, (w)		
	Epoxidharze + Säureanhydride	2	w		
	Epoxidharze, spezielle Formulierungen	1	w		

*) Die in Klammern gesetzten Symbole kennzeichnen mögliche Alternativen

Ferner Kaltkleber auf bituminöser Basis für Dächer

Trennmittel werden vor dem Einbringen des Frischbetons auf die Schalung aufgetragen. Sie sollen die Haftung zwischen Schalung und Beton verringern. Sie können Wirkstoffe gegen Fäulnis oder Zusätze gegen Korrosion enthalten.

Hierher gehören nicht Imprägnierungen, Versiegelungen und Beschichtungen der Schalung.

Trennmittel dürfen keine Verfärbung der Betonoberfläche verursachen. Sie sollen die Haftung von Putz u. ä. nicht verringern. Beeinflussung des Erstarrens und Erhärtens höchstens im Kontaktbereich zulässig.

Unterscheidung von Trennmitteln für saugfähige und nicht saugfähige Schalung. Stofflich kommen Mineralöle, Öle mit Zusätzen, Lösungen, Emulsionen und Wachse zu Anwendung.

12.5.2. Imprägniermittel

Unter Imprägniermitteln sind Stoffe zu verstehen, die eine ausgeprägte wasserabweisende Wirkung besitzen. Verminderung der Wasserdampfdurchlässigkeit darf nur gering sein.

Imprägniermittel sind keine Versiegelungen oder Beschichtungen.

Verwendung auf Naturstein, Beton, Putz, Ziegel, Kalksandstein.

Wirkung der Imprägniermittel meist zeitlich begrenzt. Eindringtiefe zwischen 1–8 mm.

Rohstoffe: Siliconharze – Siliconate – Metallseifen – Silane – Silikate mit hydrophobierenden Zusätzen – Kieselsäureester – Acrylharze u. a.

Im Betonstraßenbau verschiedene Merkblätter für das Imprägnieren von Betonfahrbahnen. Hier wird Imprägnieren zur Verbesserung des Widerstands gegen Frost und Tausalz verstanden. Hier andere Rohstoffe, wie z. B. Leinöl, Epoxidharze u. a. (siehe dazu Merkblätter).

12.5.3. Dichtungsschlämmen

Dichtungsschlämmen sind Hilfsmittel zur Abdichtung von Bauwerken. Starre Dichtung. Keine Möglichkeit, auch nur geringe Bewegungen mitzumachen, wie z. B. Setzungen.

Rohstoffe auf mineralischer Basis, meist Zement. Wasserundurchlässig auch bei hohem Wasserdruck. Frostsicher, gute mechanische Eigenschaften, langanhaltende Wirkung, kein Angriff auf Stahl und Beton.

Auftrag in putzartiger Konsistenz nur wenige Millimeter dick. Hohe Anforderungen sind an Untergrund zu stellen.

Anhang

Gliederung

1. Wärmeschutz

2. Feuchteschutz

3. Brandschutz

4. Schallschutz

1. Wärmeschutz

1.1. Grundlagen

Die Wärmeleitfähigkeit λ ist eine Stoffkonstante mit der Dimension W/mK.

Sie gibt die Wärmemenge in Watt an, die durch $1\,m^2$ einer 1 m dicken Schicht eines Stoffes fließt, wenn das Temperaturgefälle in Richtung des Wärmestromes 1 K beträgt.

In DIN 4108, Teil 4, sind Rechenwerte der Wärmeleitfähigkeit λ_R (W/mK) für die üblichen Baustoffe angegeben, die auszugweise die folgende Tabelle wiedergibt:

Wärme- und feuchtschutztechnische Kennwerte (Auszug aus DIN 4108)

Tabelle 1: Rechenwerte der Wärmeleitfähigkeit und Richtwerte der Wasserdampf-Diffusionswiderstandszahlen

Zeile	Stoff	Rohdichte oder Rohdichteklassen[1][2]) kg/m^3	Rechenwert der Wärmeleitfähigkeit λ_R[3]) $W/(m \cdot K)$	Richtwert der Wasserdampf-Diffusionswiderstandszahl μ[4])
1. Putze, Estriche und andere Mörtelschichten				
1.1	Kalkmörtel, Kalkzementmörtel, Mörtel aus hydraulischem Kalk	(1800)	0,87	15/35
1.2	Zementmörtel	(2000)	1,4	15/35
1.3	Kalkgipsmörtel, Gipsmörtel, Anhydritmörtel, Kalkanhydritmörtel	(1400)	0,70	10
1.4.	Gipsputz ohne Zuschlag	(1200)	0,35	10
1.5.	Anhydritestrich	(2100)	1,2	
1.6.	Zementestrich	(2000)	1,4	15/35
1.7.	Magnesiaestrich nach DIN 272			
1.7.1.	Unterböden und Unterschichten von zweilagigen Böden	(1400)	0,47	
1.7.2.	Industrieböden und Gehschicht	(2300)	0,70	
1.8.	Gußasphaltestrich, Dicke $\geqq 15\,mm$	(2300)	0,90	[5])
2. Großformatige Bauteile				
2.1.	Normalbeton nach DIN 1045 (Kies- oder Splittbeton mit geschlossenem Gefüge; auch bewehrt)	(2400)	2,1	70/150
2.2.	Leichtbeton und Stahlleichtbeton mit geschlossenem Gefüge nach DIN 4219 Teil 1 und Teil 2, hergestellt:			
2.2.1.	unter Verwendung von Zuschlägen mit porigem Gefüge nach DIN 4226 Teil 2	1000 1200 1400 1600 1800 2000	0,47 0,59 0,72 0,87 0,99 1,2	70/150

Fortsetzung Tabelle 1:

Zeile	Stoff	Rohdichte oder Rohdichte-klassen[1][2] kg/m^3	Rechenwert der Wärme-leitfähigkeit λ_R[3] W/(m · K)	Richtwert der Wasser-dampf-Diffu-sionswider-standszahl μ[4]
2.2.2.	ausschließlich unter Verwendung von Blähton, Blähschiefer, Naturbims und Schaumlava nach DIN 4226 Teil 2 ohne Quarzsandzusatz. Herstellung des Betons güteüberwacht gemäß DIN 4219 Teil 1	800 900 1000 1100 1200 1300 1400 1500 1600	0,30 0,35 0,38 0,44 0,50 0,56 0,62 0,67 0,73	70/150
2.3.	Dampfgehärteter Gasbeton nach DIN 4223 (z. Z. noch Entwurf)	400 500 600 700 800	0,14 0,16 0,19 0,21 0,23	5/10
2.4.	Leichtbeton mit haufwerksporigem Gefüge, z. B. nach DIN 4232			
2.4.1.	mit nichtporigen Zuschlägen nach DIN 4226 Teil 1, z. B. Kies	1600 1800 2000	0,81 1,1 1,4	3/10 5/10
2.4.2.	mit porigen Zuschlägen nach DIN 4226 Teil 2, ohne Quarzsandzusatz[6]	600 700 800 1000 1200 1400 1600 1800 2000	0,22 0,26 0,28 0,36 0,46 0,57 0,75 0,92 1,2	5/15
2.4.2.1.	ausschließlich unter Verwendung von Natur-bims	500 600 700 800 900 1000 1200	0,15 0,18 0,20 0,24 0,27 0,32 0,44	5/15
2.4.2.2.	ausschließlich unter Verwendung von Blähton	500 600 700 800 900 1000 1200	0,18 0,20 0,23 0,26 0,30 0,35 0,46	5/15

Fortsetzung Tabelle 1:

Zeile	Stoff	Rohdichte oder Rohdichteklassen[1])[2]) kg/m^3	Rechenwert der Wärmeleitfähigkeit λ_R[3]) W/(m·K)	Richtwert der Wasserdampf-Diffusionswiderstandszahl μ[4])
3. Bauplatten				
3.1.	Asbestzementplatten nach DIN 274 Teil 1 bis Teil 4	(2000)	0,58	20/50
3.2.	Gasbeton-Bauplatten, unbewehrt, nach DIN 4166			
3.2.1.	mit normaler Fugendicke und Mauermörtel nach DIN 1053 Teil 1 verlegt	500 600 700 800	0,22 0,24 0,27 0,29	5/10
3.2 2.	dünnfugig verlegt	500 600 700 800	0,19 0,22 0,24 0,27	5/10
3.3.	Wandbauplatten aus Leichtbeton nach DIN 18 162	800 900 1000 1200 1400	0,29 0,32 0,37 0,47 0,58	5/10
3.4.	Wandbauplatten aus Gips nach DIN 18 163, auch mit Poren, Hohlräumen, Füllstoffen oder Zuschlägen	600 750 900 1000 1200	0,29 0,35 0,41 0,47 0,58	5/10
3.5.	Gipskartonplatten nach DIN 18 180	(900)	0,21	8
4. Mauerwerk einschließlich Mörtelfugen				
4.1.	Mauerwerk aus Mauerziegeln nach DIN 105			
4.1.1.	Vollklinker	(2000)	0,96	50/100
4.1.2.	Hochlochklinker	(1800)	0,81	50/100
4.1.3.	Vollziegel, Lochziegel, hochfeste Ziegel	1200 1400 1600 1800 2000	0,50 0,58 0,68 0,81 0,96	5/10
4.1.4.	Leichthochlochziegel nach DIN 105 Teil 2, Typ A und B	700 800 900 1000	0,36 0,39 0,42 0,45	5/10
4.1.5.	Leichthochlochziegel nach DIN 105 Teil 2, Typ W_1	700 800 900 1000	0,30 0,33 0,36 0,39	5/10

Fortsetzung Tabelle 1:

Zeile	Stoff	Rohdichte oder Rohdichte-klassen[1])[2]) kg/m^3	Rechenwert der Wärme-leitfähigkeit λ_R[3]) W/(m·K)	Richtwert der Wasser-dampf-Diffu-sionswider-standszahl μ[4])
4.2.	Mauerwerk aus Kalksandsteinen nach DIN 106 Teil 1 und Teil 2	1000 1200 1400 1600 1800 2000 2200	0,50 0,56 0,70 0,79 0,99 1,1 1,3	5/10 ——— 15/25
4.3.	Mauerwerk aus Hüttensteinen nach DIN 398	1000 1200 1400 1600 1800 2000	0,47 0,52 0,58 0,64 0,70 0,76	70/100
4.4.	Mauerwerk aus Gasbeton-Blocksteinen nach DIN 4165	500 600 700 800	0,22 0,24 0,27 0,29	5/10
4.5.	Mauerwerk aus Betonsteinen			
4.5.1.	Lochsteine aus Leichtbeton nach DIN 18 149	600 700 800 900 1000 1200 1400 1600	0,35 0,40 0,47 0,56 0,65 0,77 0,91 1,0	5/10 ——— 10/15
4.5.2.	Hohlblocksteine aus Leichtbeton nach DIN 18 151 mit porigen Zuschlägen nach DIN 4226 Teil 2 ohne Quarzsandzusatz[7])			
4.5.2.1.	2-K-Steine, Breite ≦ 240 mm 3-K-Steine, Breite ≦ 300 mm 4-K-Steine, Breite ≦ 365 mm	500 600 700 800 900 1000 1200 1400	0,29 0,32 0,35 0,39 0,44 0,49 0,60 0,73	5/10
4.5.2.2.	2-K-Steine, Breite = 300 mm 3-K-Steine, Breite = 365 mm	500 600 700 800 900 1000 1200 1400	0,29 0,34 0,39 0,46 0,55 0,64 0,76 0,90	5/10

Fortsetzung Tabelle 1:

Zeile	Stoff	Rohdichte oder Rohdichte-klassen[1][2) kg/m³	Rechenwert der Wärme-leitfähigkeit λ_R[3) W/(m · K)	Richtwert der Wasser-dampf-Diffu-sionswider-standszahl μ[4)
4.5 3.	Vollsteine und Vollblöcke aus Leichtbeton nach DIN 18 152			
4.5 3.1.	Vollsteine (V)	500 600 700 800 900 1000 1200 1400 1600 1800 2000	0,32 0,34 0,37 0,40 0,43 0,46 0,54 0,63 0,74 0,87 0,99	5/10 10/15
4.5.4.	Hohlblocksteine und T-Hohlsteine aus Normal-beton mit geschlossenem Gefüge nach DIN 18 153			
4.5.4.1.	2-K-Steine, Breite ≦ 240 mm 3-K-Steine, Breite ≦ 300 mm 4-K-Steine, Breite ≦ 365 mm	(≦ 1800)	0,92	
4.5.4.2.	2-K-Steine, Breite = 300 mm 3-K-Steine, Breite = 365 mm	(≦ 1800)	1,3	

5. Wärmedämmstoffe

Zeile	Stoff	Rohdichte oder Rohdichte-klassen kg/m³	Rechenwert der Wärme-leitfähigkeit W/(m · K)	Richtwert der Wasser-dampf-Diffu-sionswider-standszahl
5.1.	Holzwolle-Leichtbauplatten nach DIN 1101[6) Plattendicke ≧ 25 mm = 15 mm	(360 bis 480) (570)	0,093 0,15	2/5
5.2.	Mehrschicht-Leichtbauplatten nach DIN 1104 Teil 1 aus Schaumkunststoffplatten nach DIN 18 164 Teil 1 mit Beschichtungen aus mine-ralisch gebundener Holzwolle			
	Schaumkunststoffplatte	(≧ 15)	0,040	20/70
	Holzwolleschichten (Einzelschichten)			
	Dicke ≧ 10 bis < 25 mm ≧ 25 mm	(460 bis 650) (360 bis 460)	0,15 0,093	
	Holzwolleschichten (Einzelschichten) mit Dicken < 10 mm dürfen zur Berechnung des Wärme-durchlaßwiderstandes $1/\Lambda$ nicht berücksichtigt werden (siehe DIN 1104 Teil 1)	(800)		
5.3.	Schaumkunststoffe nach DIN 18 159 Teil 1 und Teil 2 an der Baustelle hergestellt			
5.3.1.	Polyurethan (PUR)-Ortschaum nach DIN 18 159 Teil 1	(≧ 37)	0,030	30/100

Fortsetzung Tabelle 1:

Zeile	Stoff	Rohdichte oder Rohdichte- klassen[1][2] kg/m^3	Rechenwert der Wärme- leitfähigkeit λ_R[3] W/(m · K)	Richtwert der Wasser- dampf-Diffu- sionswider- standszahl μ[4]
6. Holz und Holzwerkstoffe[10]				
6.1.	Holz			
6.1.1.	Fichte, Kiefer, Tanne	(600)	0,13	
6.1.2.	Buche, Eiche	(800)	0,20	40
6.2.	Holzwerkstoffe			
6.2.1.	Sperrholz nach DIN 68 705 Teil 2 bis Teil 4	(800)	0,15	50/400
6.2.2.	Spanplatten			
6.2.2.1.	Flachpreßplatten nach DIN 68 761 und DIN 68 763	(700)	0,13	50/100
6.2.2.2.	Strangpreßplatten nach DIN 68 764 Teil 1 (Voll- platten ohne Beplankung)	(700)	0,17	20
6.2.3.	Holzfaserplatten			
6.2.3.1.	Harte Holzfaserplatten nach DIN 68 750 und DIN 68 754 Teil 1	(1000)	0,17	70
6.2.3.2.	Poröse Holzfaserplatten nach DIN 68 750 und Bitumen-Holzfaserplatten nach DIN 68 752	$\leqq$ 200 $\leqq$ 300	0,045 0,056	5
7. Beläge, Abdichtstoffe und Abdichtungsbahnen				
7.1.	Fußbodenbeläge			
7.1.1.	Linoleum nach DIN 18 171	(1000)	0,17	
7.1.2.	Korklinoleum	(700)	0,081	
7.1.3.	Linoleum-Verbundbeläge nach DIN 18 173	(100)	0,12	
7.1.4.	Kunststoffbeläge, z. B. auch PVC	(1500)	0,23	
7.2.	Abdichtstoffe, Abdichtungsbahnen			
7.2.1.	Asphaltmastix, Dicke $\geqq$ 7 mm	(2000)	0,70	[5]
7.2.2.	Bitumen	(1100)	0,17	
7.2.3.	Dachbahnen, Dachdichtungsbahnen			
7.2.3.1.	Bitumendachbahnen nach DIN 52 128	(1200)	0,17	10 000/ 80 000
7.2.3.2.	nackte Bitumendachbahnen nach DIN 52 129	(1200)	0,17	2000/20 000

Fortsetzung Tabelle 1:

Zeile	Stoff	Rohdichte oder Rohdichte-klassen[1])[2]) kg/m³	Rechenwert der Wärme-leitfähigkeit λ_R[3]) W/(m · K)	Richtwert der Wasser-dampf-Diffu-sionswider-standszahl μ[4])
8. Sonstige gebräuchliche Stoffe[11])				
8.1.	Lose Schüttungen[12]), abgedeckt			
8.1.1.	aus porigen Stoffen:			
	Blähperlit	(≦ 100)	0,060	
	Blähglimmer	(≦ 100)	0,070	
	Korkschrot, expandiert	(≦ 200)	0,050	
	Hüttenbims	(≦ 600)	0,13	
	Blähton, Blähschiefer	(≦ 400)	0,16	
	Bimskies	(≦ 1000)	0,19	
	Schaumlava	≦ 1200	0,22	
		≦ 1500	0,27	
8.1.2.	aus Polystyrolschaumstoff-Partikeln	(15)	0,045	
8.1.3.	aus Sand, Kies, Splitt (trocken)	(1800)	0,70	
8.2.	Fliesen	(2000)	1,0	
8.3.	Glas	(2500)	0,80	
8.4.	Natursteine			
8.4.1.	Kristalline metamorphe Gesteine (Granit, Basalt, Marmor)	(2800)	3,5	
8.4.2.	Sedimentsteine (Sandstein, Muschelkalk, Nagelfluh)	(2600)	2,3	
8.4.3.	Vulkanische porige Natursteine	(1600)	0,55	
8.5.	Böden (naturfeucht)			
8.5.1.	Sand, Kiessand		1,4	
8.5.2.	Bindige Böden		2,1	
8.6.	Keramik und Glasmosaik	(2000)	1,2	100/300
8.7.	Wärmedämmender Putz	(600)	0,20	5/20
8.8.	Kunstharzputz	(1100)	0,70	50/200
8.9.	Metalle			
8.9.1.	Stahl		60	
8.9.2.	Kupfer		380	
8.9.3.	Aluminium		200	
8.10.	Gummi (kompakt)	(1000)	0,20	

Fußnoten zu Tabelle 1 siehe Seite 486!

Weitere Rechenwerte von Baustoffen, die eine amtliche Zulassung erhalten haben, werden jeweils im „Bundesanzeiger" veröffentlicht.

Fußnoten zu Tabelle 1:

[1]) Die in Klammern angegebenen Rohdichtewerte dienen nur zur Ermittlung der flächenbezogenen Masse, z. B. für den Nachweis des sommerlichen Wärmeschutzes.

[2]) Die bei den Steinen genannten Rohdichten sind Klassenbezeichnungen nach den entsprechenden Stoffnormen.

[3]) Die angegebenen Rechenwerte der Wärmeleitfähigkeit λ_R von Mauerwerk dürfen bei Verwendung von werksmäßig hergestellten Leichtmauermörteln aus Zuschlägen mit porigem Gefüge nach DIN 4226 Teil 2 ohne Quarzsandzusatz – bei einer Festmörtelrohdichte $\leqq 1000$ kg/m³ – um 0,06 W/(m · K) verringert werden, jedoch dürfen die verringerten Werte bei Vollblöcken S-W aus Bims und Blähton nach den Zeilen 4.5.3.3. und 4.5.3.4. sowie bei Gasbeton-Blocksteinen nach Zeile 4.4. die Werte der entsprechenden Zeilen 2.4.2.1., 2.4.2.2. und 2.3. nicht unterschreiten.

[4]) Es ist jeweils der für die Baukonstruktion ungünstigere Wert einzusetzen. Bezüglich der Anwendung der μ-Werte siehe DIN 4108 Teil 3 und Beispiele in DIN 4108 Teil 5.

[5]) Praktisch dampfdicht. Nach DIN 52615 Teil 1: $s_d \geqq 1500$ m.

[6]) Bei Quarzsandzusatz erhöhen sich die Rechenwerte der Wärmeleitfähigkeit um 20%.

[7]) Die Rechenwerte der Wärmeleitfähigkeit sind bei Hohlblocksteinen mit Quarzsandzusatz für 2-K-Steine um 20% und für 3-K-Steine und 4-K-Steine um 15% zu erhöhen.

[8]) Platten der Dicken < 15 mm dürfen wärmeschutztechnisch nicht berücksichtigt werden (siehe DIN 1101).

[9]) Bei Trittschalldämmplatten aus Schaumkunststoffen oder aus Faserdämmstoffen wird bei sämtlichen Erzeugnissen der Wärmedurchlaßwiderstand $1/\Lambda$ auf der Verpackung angegeben (siehe DIN 18164 Teil 2 und DIN 18165 Teil 2).

[10]) Die angegebenen Rechenwerte der Wärmeleitfähigkeit λ_R gelten für Holz quer zur Faser, für Holzwerkstoffe senkrecht zur Plattenebene. Für Holz in Faserrichtung sowie für Holzwerkstoffe in Plattenebene ist näherungsweise der 2,2fache Wert einzusetzen, wenn kein genauerer Nachweis erfolgt.

[11]) Diese Stoffe sind hinsichtlich ihrer wärmeschutztechnischen Eigenschaften nicht genormt. Die angegebenen Wärmeleitfähigkeitswerte stellen obere Grenzwerte dar.

[12]) Die Dichte wird bei losen Schüttungen als Schüttdichte angegeben.

Die Wärmeleitfähigkeit eines Baustoffes korrespondiert jeweils mit seiner Rohdichte. Mit steigender Rohdichte ϱ vergrößert sich die Wärmeleitfähigkeit λ des Baustoffes.

Der **Wärmedurchlaßwiderstand** $1/\Lambda$ in m²K/W ist das Maß für die Wärmedämmung eines Baustoffes bzw. einer Baustoffschicht.

Sie ergibt sich als Quotient aus der Stoffdicke s in m und der Wärmeleitfähigkeit λ_R des Stoffes:

$$\frac{1}{\Lambda} = \frac{s}{\lambda_R} \ (m^2 \ K/W)$$

Bei mehrschichtigen Bauteilen ergibt sich der Wärmedurchlaßwiderstand des Bauteils aus der Summe der Einzel-Wärmedurchlaßwiderstände der Bauteilschichten zu:

$$\frac{1}{\Lambda} = \frac{s_1}{\lambda_{R1}} + \frac{s_2}{\lambda_{R2}} + \frac{s_3}{\lambda_{R3}} + \ldots \frac{s_n}{\lambda_{Rn}} \ (m^2 \ K/W)$$

Der **Wärmedurchgangskoeffizient** k oder der k-Wert dient zur Beurteilung des Transmissionswärmeverlustes durch Bauteile oder Bauteilschichten.

Er gibt die Wärmemenge an, die durch 1 m² Bauteilfläche bestimmter Dicke bei 1 K Temperaturunterschied der Luft auf beiden Seiten abfließt.

Der k-Wert setzt sich aus dem Wärmedurchlaßwiderstand $1/\Lambda$ des Bauteils unter Berücksichtigung der Wärmeübergangswiderstände $1/\alpha_a$ auf der Außenseite und $1/\alpha_i$ auf der inneren Bauteiloberfläche zusammen und wird wie folgt berechnet:

$$k = \frac{1}{\dfrac{1}{\alpha_i} + \dfrac{1}{\Lambda} + \dfrac{1}{\alpha_a}} \ \left(\frac{W}{m^2 K}\right)$$

Betrachtet man die Dimension genauer, so wird deutlich, daß es sich hier um die durch das Bauteil hindurchgehende Wärmemenge Q in W h pro 1 m² Bauteilfläche pro Stunde Wärmedurchgang pro 1 K Temperaturdifferenz zwischen Außen- und Innenluft handelt.

1.2. Anforderungen nach DIN 4108

Zur Sicherstellung eines ausreichenden Wärmeschutzes im Winter in Wohn- und Arbeitsräumen sind in der DIN 4108 Mindestwerte der Wärmedurchlaßwiderstände $1/\Lambda$ von Wänden, Decken und Dächern festgelegt, die in keinem Fall unterschritten werden dürfen (siehe Tabelle 3, Seite 488).

Der geforderte Mindestwärmeschutz beruht auf der Forderung, daß an den Innenseiten von Wänden, Decken und Dächern keine Tauwasserbildung erfolgt.

Zusätzliche Anforderungen an Außenwände, Decken unter nicht ausgebauten Dachräumen und Dächern mit einer flächenbezogenen Gesamtmasse unter 300 kg/m^3 (leichte Bauteile) gibt die folgende Tabelle wieder:

Tabelle 2:

Flächenbezogene Masse der raum-seitigen Bauteil-schichten[1][2] kg/m^2	Wärmedurchlaß-widerstand des Bauteils $1/\Lambda$[1][2] m$^2 \cdot$ K/W	Wärmedurchgangskoeffizient des Bauteils k[1][2] W/(m^2 K)	
		Bauteile mit nicht hinterlüfteter Außenhaut	Bauteile mit hinterlüfteter Außenhaut
0	1,75	0,52	0,51
20	1,40	0,64	0,62
50	1,10	0,79	0,76
100	0,80	1,03	0,99
150	0,65	1,22	1,16
200	0,60	1,30	1,23
300	0,55	1,39	1,32

[1] Als flächenbezogene Masse sind in Rechnung zu stellen:
– bei Bauteilen mit Dämmschicht die Masse derjenigen Schichten, die zwischen der raumseitigen Bauteiloberfläche und der Dämmschicht angeordnet sind. Als Dämmschicht gilt hier eine Schicht mit $\lambda_R \leqq 0,1$ W/(mK) und $1/\Lambda \geqq 0,25$ m^2 K/W (vergleiche auch Beispiel A in Abschnitt 5.3.).
– bei Bauteilen ohne Dämmschicht (z. B. Mauerwerk) die Gesamtmasse des Bauteils.
Werden die Anforderungen nach Tabelle 3 bereits von einer oder mehreren Schichten des Bauteils – und zwar unabhängig von ihrer Lage – (z. B. bei Vernachlässigung der Masse und des Wärmedurchlaßwiderstandes einer Dämmschicht) erfüllt, so braucht kein weiterer Nachweis geführt zu werden (vergleiche auch Beispiel B in Abschnitt 5.3.).
Holz und Holzwerkstoffe dürfen näherungsweise mit dem 2fachen Wert ihrer Masse in Rechnung gestellt werden.
[2] Zwischenwerte dürfen geradlinig interpoliert werden.

1.3. Anwendung der Wärmeschutzverordnung

Bedingt durch die Forderung nach Energieeinsparung wurde aufgrund des Energieeinsparungsgesetzes die erste Wärmeschutzverordnung erlassen, die für alle zu beheizenden Räume die Beschränkung des Wärmeverlustes auf der Außenhülle eines Gebäudes auf bestimmte Werte beschränkte.

Hierbei mußte der mittlere k-Wert k_m eines Baues oder Bauteils mit Flächen unterschiedlicher Wärmedämmfähigkeit berechnet werden und der Nachweis des durchschnittlichen Wärmeverlustes geführt werden.

Ab 1. 1. 1995 ist eine neue Wärmeschutzverordnung mit neuen Ansätzen und neuen Nachweisverfahren in Kraft getreten, die die Anforderungen an den baulichen Wärmeschutz um etwa 30% erhöht.

Eine weitere Erhöhung der Anforderungen um weitere 30–35% ist für 1999 angekündigt.

Tabelle 3: Mindestwerte der Wärmedurchlaßwiderstände 1/Λ und Maximalwerte der Wärmedurchgangskoeffizienten k von Bauteilen nach DIN 4108

Spalte	1		2		3	
Zeile	Bauteile		Wärmedurchlaßwiderstand $1/\Lambda$		Wärmedurchgangskoeffizient k	
			2.1. im Mittel	2.2. an der ungünstigsten Stelle	3.1. im Mittel	3.2. an der ungünstigsten Stelle
			$m^2 \cdot K/W$		$W/(m^2 \cdot K)$	
1	Außenwände¹)	1.1. allgemein	0,55		1,39; 1,32²)	
		1.2. für kleinflächige Einzelbauteile (z. B. Pfeiler) bei Gebäuden mit einer Höhe des Erdgeschoßfußbodens (1. Nutzgeschoß) ≦ 500 m über NN	0,47		1,56; 1,47²)	
2	Wohnungstrennwände³) und Wände zwischen fremden Arbeitsräumen	2.1. in nicht zentralbeheizten Gebäuden	0,25		1,96	
		2.2. in zentralbeheizten Gebäuden⁴)	0,07		3,03	
3	Treppenraumwände⁵)		0,25		1,96	
4	Wohnungstrenndecken³) und Decken zwischen fremden Arbeitsräumen⁶)⁷)	4.1. allgemein	0,35		1,64⁸); 1,45⁹)	
		4.2. in zentralbeheizten Bürogebäuden⁴)	0,17		2,33⁸); 1,96⁹)	
5	Unterer Abschluß nicht unterkellerter Aufenthaltsräume⁶)	5.1. unmittelbar an das Erdreich grenzend			0,93	
		5.2. über einen nicht belüfteten Hohlraum an das Erdreich grenzend	0,90		0,81	
6	Decken unter nicht ausgebauten Dachräumen⁶)¹⁰)		0,90	0,45	0,90	1,52
7	Kellerdecken⁶)¹¹)		0,90	0,45	0,81	1,27
8	Decken, die Aufenthaltsräume gegen die Außenluft abgrenzen⁶)	8.1. nach unten¹²)	1,75	1,30	0,51; 0,50²)	0,66; 0,65²)
		8.2. nach oben¹³)¹⁴)	1,10	0,80	0,79	1,03

Fußnoten zu Tabelle 3:

[1]) Die Zeile 1 gilt auch für Wände, die Aufenthaltsräume gegen Bodenräume, Durchfahrten, offene Hausflure, Garagen (auch beheizte) oder dergleichen abschließen oder an das Erdreich angrenzen. Zeile 1 gilt nicht für Abseitenwände, wenn die Dachschräge bis zum Dachfuß gedämmt ist (siehe Abschnitt 4.2.1.8.).

[2]) Dieser Wert gilt für Bauteile mit hinterlüfteter Außenhaut.

[3]) Wohnungstrennwände und -trenndecken sind Bauteile, die Wohnungen voneinander oder von fremden Arbeitsräumen trennen.

[4]) Als zentralbeheizt im Sinne dieser Norm gelten Gebäude, deren Räume an eine gemeinsame Heizzentrale angeschlossen sind, von der ihnen die Wärme mittels Wasser, Dampf oder Luft unmittelbar zugeführt wird.

[5]) Die Zeile 3 gilt auch für Wände, die Aufenthaltsräume von fremden, dauernd unbeheizten Räumen trennen, wie abgeschlossenen Hausfluren, Kellerräumen, Ställen, Lagerräumen usw. Die Anforderung nach Zeile 3 gilt nur für geschlossene, eingebaute Treppenräume; sonst gilt Zeile 1.

[6]) Bei schwimmenden Estrichen ist für den rechnerischen Nachweis der Wärmedämmung die Dicke der Dämmschicht im belasteten Zustand anzusetzen.
Bei Fußboden- oder Deckenheizungen müssen die Mindestanforderungen an den Wärmedurchlaßwiderstand durch die Deckenkonstruktion unter- bzw. oberhalb der Ebenen der Heizfläche (Unter- bzw. Oberkante Heizrohr) eingehalten werden. Es wird empfohlen, die Wärmedurchlaßwiderstände $1/\Lambda$ über diese Mindestanforderungen hinaus zu erhöhen.

[7]) Die Zeile 4 gilt auch für Decken unter Räumen zwischen gedämmten Dachschrägen und Abseitenwänden bei ausgebauten Dachräumen.

[8]) Für Wärmestromverlauf von unten nach oben.

[9]) Für Wärmestromverlauf von oben nach unten.

[10]) Die Zeile 6 gilt auch für Decken, die unter einem belüfteten Raum liegen, der nur bekriechbar oder noch niedriger ist, sowie für Decken unter belüfteten Räumen zwischen Dachschrägen und Abseitenwänden bei ausgebauten Dachräumen (bezüglich der erforderlichen Belüftung siehe DIN 4108 Teil 3).

[11]) Die Zeile 7 gilt auch für Decken, die Aufenthaltsräume gegen abgeschlossene, unbeheizte Hausflure o. ä. abschließen.

[12]) Die Zeile 8.1. gilt auch für Decken, die Aufenthaltsräume gegen Garagen (auch beheizte), Durchfahrten (auch verschließbare) und belüftete Kriechkeller abgrenzen.

[13]) Siehe auch DIN 18530 (Vornorm).

[14]) Zum Beispiel Dächer und Decken unter Terrassen.

Je nachdem, ob es sich um Neu- oder Altbauten handelt, dürfen folgende Nachweisverfahren angewendet werden:

Anwendungsbereiche	Nachweisverfahren
Neubauten	
Raumlufttemperatur $\geq 19\,°C$	a) Jahresheizwärmebedarf
	b) Bauteilverfahren
	Jahrestransmissionswärmebedarf
Raumlufttemperatur $\geq 12\,°C \leq 19\,°C$	
Altbauten	
Raumlufttemperatur $\geq 19\,°C$	Bauteilverfahren
Raumlufttemperatur $\geq 12\,°C \leq 19\,°C$	Bauteilverfahren

1.3.1. Jahresheizwärmebedarf

Während bisher in der WSchV festgelegte maximale mittlere k-Werte ($k_{m\,max}$) in Abhängigkeit vom Verhältnis der wärmeübertragenden Umfassungsfläche A zum Bauwerksvolumen V nicht überschritten werden durften (k_m-Verfahren), wurden in der nunmehr gültigen Fassung der WSchV bei Neubauten für die weitaus größte Gebäudegruppe mit normalen Innentemperaturen ($\geq 19\,°C$) wichtige wesentliche inhaltliche und methodische Änderungen vorgenommen.

In Abhängigkeit vom Verhältnis der wärmetauschenden Hüllfläche A zu dadurch umschlossenen Volumen V eines Gebäudes wird der Jahresheizwärmebedarf Q_H je m³ beheiztes Volumen V bzw. m² beheizte Nutzfläche A_N nach oben begrenzt. Die Anforderungen gibt die Tabelle 4 wieder.

Tabelle 4: Maximaler Jahresheizwärmebedarf Q_H in Abhängigkeit vom Verhältnis A/V

A/V	Maximaler Jahres-Heizwärmebedarf	
	bezogen auf V $Q'_H{}^1)$	bezogen auf A_N $Q''_H{}^2)$
in m^{-1}	in kWh/$m^3 \cdot$ a	in kWh/$m^2 \cdot$ a
1	2	3
$\leq 0{,}2$	17,3	54,0
0,3	19,0	59,4
0,4	20,7	64,8
0,5	22,5	70,2
0,6	24,2	75,6
0,7	25,9	81,1
0,8	27,7	86,5
0,9	29,4	91,9
1,0	31,1	97,3
$\geq 1{,}05$	32,0	100,0

[1] Zwischenwerte sind nach folgender Gleichung zu ermitteln:
$Q'_H = 13{,}82 + 17{,}32$ (A/V) in kWh/$m^3 \cdot$ a.
[2] Zwischenwerte sind nach folgender Gleichung zu ermitteln:
$Q''_H = Q'_H/0{,}32$ in kWh/$m^2 \cdot$ a.

Mit einem vorgeschriebenen Rechenverfahren und einheitlichen für Deutschland festgelegten Randbedingungen ist der Jahresheizwärmebedarf nachzuweisen. Dabei werden die Wärmeverluste durch die Außenbauteile Q_T und die Lüftung Q_L mit den internen Wärmegewinnen aus Haushaltsgeräten, Beleuchtung oder Wärmeabgabe durch Mensch und Tier Q_I, sowie aus der Sonneneinstrahlung Q_S miteinander verrechnet nach der Gleichung:

$$Q_H = 0{,}9 \, (Q_T + Q_L) - (Q_I + Q_S) \; [kWh/a]$$

1.3.2. Bauteilverfahren

Bei kleinen Wohngebäuden bis zu zwei Vollgeschossen und nicht mehr als 3 Wohneinheiten darf der Nachweis nach dem Bauteilverfahren geführt werden. Dabei müssen die Anforderungen der Tafel 5 an dem max. Wärmedurchgangskoeffizienten k_{max} der wärmeübertragenden Bauteile erfüllt werden:

Tabelle 5: Maximale Wärmedurchgangskoeffizienten k_{max} für die einzelnen Bauteile

Zeile	Bauteil	max. Wärmedurchgangskoeffizient k_{max} in W/$m^2 \cdot$ K
Spalte	1	2
1	Außenwände	$k_w \leq 0{,}50^1)$
2	Außenliegende Fenster und Fenstertüren sowie Dachfenster	$k_{m, \, Feq} \leq 0{,}70^2)$
3	Decken unter nicht ausgebauten Dachräumen und Decken (einschließlich Dachschrägen), die Räume nach oben und unten gegen die Außenluft abgrenzen	$k_D \leq 0{,}22$
4	Kellerdecken, Wände und Decken gegen unbeheizte Räume sowie Decken und Wände, die an das Erdreich grenzen	$k_G \leq 0{,}35$

[1] Die Anforderung gilt als erfüllt, wenn Mauerwerk in einer Wandstärke von 36,5 cm mit Baustoffen mit einer Wärmeleitfähigkeit von $\lambda \leq 0{,}21$ W/(m · K) ausgeführt wird.
[2] Der mittlere äquivalente Wärmedurchgangskoeffizient $k_{m, \, Feq}$ entspricht einem über alle außenliegenden Fenster und Fenstertüren gemittelten Wärmedurchgangskoeffizienten, wobei solare Wärmegewinne zu ermitteln sind.

1.3.3. Jahrestransmissionswärmebedarf

Gebäude, die nach ihrem üblichen Verwendungszweck in der Regel auf eine Innentemperatur $\geq 12\,°C \leq 19\,°C$ jährlich mehr als 4 Monate beheizt werden, wird nach der WSchV der jährliche Transmissionswärmebedarf der wärmetauschenden Gebäudehüllfläche A je m^3 beheiztes Gebäudevolumen V begrenzt.

Die Anforderungen enthält die Tabelle 6:

Tabelle 6: Maximaler Jahres-Transmissionswärmebedarf in Abhängigkeit von A/V

A/V in m^{-1}	Q'$_T$[1]) in kWh/m^3 · a
$\leq 0{,}20$	6,20
0,30	7,80
0,40	9,40
0,50	11,00
0,60	12,60
0,70	14,20
0,80	15,80
0,90	17,40
$\geq 1{,}00$	19,00

[1]) Zwischenwerte sind nach folgender Gleichung zu ermitteln:
$Q'_T = 3{,}0 + 16 \cdot (A/V)$ in kWh/m^3 · a.

Der Jahres-Transmissionswärmebedarf wird nach folgender Gleichung berechnet:

$$Q_T = 30\,(k_W \cdot A_W + k_F \cdot A_F + 0{,}8 \cdot k_D \cdot A_D + f_g \cdot k_g \cdot A_g + k_{DL} \cdot A_{DL} + 0{,}5\,k_{AB} \cdot A_{AB})\ [kWh/a]$$

Die Indices bedeuten:

W = Außenwände   g = Grundfläche
F = Fenster   DL = Decken nach unten gegen Außenluft (Durchfahrten)
D = Dach   AB = Abgrenzende Bauteilflächen zu angrenzenden Bauteilen mit wesentlich niedrigeren Raumtemperaturen

Der Faktor 30 berücksichtigt eine mittlere Heizgradtagzahl von 1250 = 30 000 Heizgradstunden.

f_G stellt einen Reduktionsfaktor dar, der bei wärmegedämmten Fußböden mit $f_g = 0{,}5$ anzusetzen ist. Bei ungedämmten Fußböden ist f_g abhängig von der Gebäudegrundfläche. Er liegt nach der WSchV zwischen $f_g = 0{,}50$ bei $\leq 100\,m^2$ bis $f_g = 0{,}12$ bei $\geq 8000\,m^2$.

Der Wärmedurchgangskoeffizient k_g von Fußböden gegen Erdreich braucht nicht höher als $2{,}0\,W/m^2 \cdot k$ angesetzt zu werden.

2. Feuchteschutz

2.1. Tauwasserschutz

Die Tauwasserbildung auf Oberflächen von Bauteilen wird im allgemeinen bei Einhaltung der Mindestdurchlaßwiderstände $1/\Lambda$ nach DIN 4108 bei Raumlufttemperaturen und rel. Luftfeuchtigkeiten, wie sie sich in nicht klimatisierten Aufenthaltsräumen einschl. häuslichen Küchen und Bädern bei üblicher Nutzung, Heizung und Lüftung einstellen, nicht auftreten.

In Sonderfällen, z. B. bei dauernd hoher Luftfeuchtigkeit, ist der erforderliche Wärmedurchlaßwiderstand zu berechnen, wobei die vorliegenden entsprechenden raumklimatischen Bedingungen zugrunde zu legen sind.

Die erforderlichen Wärmedurchlaßwiderstände $1/\Lambda$ bzw. die erforderlichen Wärmedurchgangskoeffizienten k können wie folgt berechnet werden:

$$1/\Lambda_{\text{erf.}} = \frac{1}{\alpha_i} \cdot \frac{\partial_{Li}}{\partial_{Li}} - \frac{\partial_{La}}{\partial_{LS}} - \left(\frac{1}{\alpha_i} + \frac{1}{\alpha_a}\right)$$

$$k_{\text{erf.}} = \frac{\partial_{Li} - \partial_{La}}{\dfrac{1}{\alpha_i}(\partial_{Li} - \partial_{La})}$$

∂_{Li}	= Lufttemperatur innen
∂_{La}	= Lufttemperatur außen
∂_{LS}	= Taupunkttemperatur nach DIN 4108, Teil 5, Tabelle 1
$1/\alpha_i$, $1/\alpha_a$	= Wärmeübertragungswiderstände innen bzw. außen

Eine Tauwasserbildung im Inneren von Bauteilen wird solange als unschädlich angesehen, wie durch Erhöhung des Feuchtegehaltes der Bau- und Dämmstoffe der Wärmeschutz und die Standsicherheit der Bauteile nicht gefährdet werden.

Dies ist der Fall, wenn folgende Bedingungen erfüllt sind:

- Die während der Tauperiode anfallende Feuchtigkeit muß in der Verdunstungsperiode wieder abgegeben werden;
- die mit Tauwasser in Berührung kommenden Baustoffe dürfen nicht z. B. durch Korrosion oder Pilzbefall geschädigt werden;
- die Tauwassermenge von insgesamt 1,0 kg/m^2 darf bei mineralischen Wand- und Dachkonstruktionen nicht überschritten werden;
- an Berührungsflächen von kapillar nicht wasseraufnahmefähigen Schichten darf zur Begrenzung des Ablaufens oder Abtropfens die Tauwassermenge nicht größer als 0,5 kg/m^2 sein;
- bei Holz ist eine Erhöhung des Feuchtigkeitsgehaltes um mehr als 5 Gew.-%, bei Holzwerkstoffen um mehr als 3 Gew.-% unzulässig.

In DIN 4108, Teil 3, sind für Außenwände und Dächer eine Anzahl von Regelausführungen aufgeführt, für die kein rechnerischer Nachweis des Tauwasserausfalls infolge Dampfdiffusion erforderlich ist.

Im anderen Ausführensfall ist ein rechnerischer Nachweis des Tauwasseranfalls und der Verdunstung nach DIN 4108, Teil 5, erforderlich, wobei folgende vereinfachten Annahmen zugrunde gelegt werden:

Tauperiode
Außenklima: −10 °C und 80% rel. Luftfeuchtigkeit
Innenklima: +20 °C und 50% rel. Luftfeuchtigkeit
Dauer: 1440 Stunden (60 Tage)

Verdunstungsperiode
    Außenklima: −12 °C und 70% rel. Luftfeuchtigkeit
    Innenklima: +12 °C und 70% rel. Luftfeuchtigkeit
    Klima im Tauwasserbereich: +12 °C und 100% rel. Luftfeuchtigkeit
    Dauer: 2160 Stunden (90 Tage).

2.2. Schlagregenschutz

Bei Regenbeanspruchung von Außenbauteilen kommt es zur kapillaren Wasseraufnahme der außen verwendeten Baustoffe.

Insbesondere bei der Beanspruchung durch Schlagregen kann unter dem Einfluß des Staudruckes des Windes auch das Niederschlagswasser durch Risse, Fugen und Fehlstellen in die Konstruktion gelangen.

Maßnahmen zur Begrenzung der kapillaren Wasseraufnahme von Außenbauteilen können darin bestehen, daß

- der Regen durch eine wasserdichte oder mit Luftabstand vorgesetzte Schicht abgehalten wird;
- die Wasseraufnahme durch wasserhemmende oder wasserabweisende Außenputze vermindert wird;
- die Wasseraufnahme durch Schichten im Inneren der Konstruktion oder auf einen bestimmten Bereich (z. B. Vormauerschale) beschränkt wird;
- ein sicheres und schnelles Ableiten des Niederschlagswassers durch konstruktive Maßnahmen erfolgt (z. B. durch Dachüberstände, Abdeckungen, Sperrschichten, Fensteranschläge).

Die Schlagregenbeanspruchung von Gebäuden bzw. Gebäudeteilen wird nach DIN 4108, Teil 3, durch Beanspruchungsgruppen definiert, bei der im Einzelfall die regionalen klimatischen Verhältnisse (Wind, Regen), die örtliche Lage und die Gebäudeart zu berücksichtigen sind.

Beanspruchungsgruppe I: Geringe Schlagregenbeanspruchung
    Gebiete mit Jahresniederschlagsmengen unter 600 mm und besonders windgeschützten Lagen.

Beanspruchungsgruppe II: Mittlere Schlagregenbeanspruchung
    Gebiete mit Jahresniederschlagsmengen zwischen 600 mm und 800 mm und windgeschützten Lagen;
    Hochhäuser und Häuser in exponierten Lagen mit geringerer Schlagregenbeanspruchung.

Beanspruchungsgruppe III: Starke Schlagregenbeanspruchung
    Gebiete mit Jahresniederschlagsmengen über 800 mm sowie windreiche Gebiete auch mit geringeren Niederschlagsmengen;
    Hochhäuser und Häuser in exponierten Lagen mit mittlerer Schlagregenbeanspruchung.

Beispielhaft sind in DIN 4108, Teil 3, genormte Wandbauarten in Abhängigkeit von der Schlagregenbeanspruchung aufgeführt, die den geforderten Schlagregenschutz erfüllen.

Dabei werden andere Ausführungen mit einer entsprechenden gesicherten Erfahrung nicht ausgeschlossen.

Tabelle 6: Beispiele für die Zuordnung von genormten Wandbauarten und Beanspruchungsgruppen nach DIN 4108

Spalte	1	2	3
Zeile	Beanspruchungsgruppe I geringe Schlagregenbeanspruchung	Beanspruchungsgruppe II mittlere Schlagregenbeanspruchung	Beanspruchungsgruppe III starke Schlagregenbeanspruchung
1	Mit Außenputz ohne besondere Anforderung an den Schlagregenschutz nach DIN 18 550 Teil 1 (z. Z. noch Entwurf) verputzte – Außenwände aus Mauerwerk, Wandbauplatten, Beton o. ä. – Holzwolle-Leichtbauplatten, ausgeführt nach DIN 1102 (mit Fugenbewehrung) – Mehrschicht-Leichtbauplatten, ausgeführt nach DIN 1104 Teil 2 (mit ganzflächiger Bewehrung)	Mit wasserhemmendem Außenputz nach DIN 18 550 Teil 1 (z. Z. noch Entwurf) oder einem Kunstharzputz[1]) verputzte – Außenwände aus Mauerwerk, Wandbauplatten, Beton o. ä. – Holzwolle-Leichtbauplatten, ausgeführt nach DIN 1102 (mit Fugenbewehrung) oder Mehrschicht-Leichtbauplatten mit zu verputzenden Holzwolleschichten der Dicken $\geqq$ 15 mm, ausgeführt nach DIN 1104 Teil 2 (mit ganzflächiger Bewehrung) – Mehrschicht-Leichtbauplatten mit zu verputzenden Holzwolleschichten der Dicken $<$ 15 mm, ausgeführt nach DIN 1104 Teil 2 (mit ganzflächiger Bewehrung) unter Verwendung von Werkmörtel nach DIN 18 557 (z. Z. noch Entwurf)	Mit wasserabweisendem Außenputz nach DIN 18 550 Teil 1 (z. Z. noch Entwurf) oder einem Kunstharzputz[1]) verputzte – Außenwände aus Mauerwerk, Wandbauplatten, Beton o. ä.
2	Einschaliges Sichtmauerwerk nach DIN 1053 Teil 1, 31 cm dick[2])	Einschaliges Sichtmauerwerk nach DIN 1053 Teil 1, 37,5 cm dick[2])	Zweischaliges Verblendmauerwerk mit Luftschicht nach DIN 1053 Teil 1[3]); Zweischaliges Verblendmauerwerk ohne Luftschicht nach DIN 1053 Teil 1 mit Vormauersteinen
3		Außenwände mit angemörtelten Bekleidungen nach DIN 18 515	Außenwände mit angemauerten Bekleidungen mit Unterputz nach DIN 18 515 und mit wasserabweisendem Fugenmörtel[4]); Außenwände mit angemörtelten Bekleidungen mit Unterputz nach DIN 18 515 und mit wasserabweisendem Fugenmörtel[4])
4			Außenwände mit gefügedichter Betonaußenschicht nach DIN 1045 und DIN 4219 Teil 1 und Teil 2
5			Wände mit hinterlüfteten Außenwandbekleidungen nach DIN 18 515 und mit Bekleidungen nach DIN 18 516 Teil 1 und Teil 2[5])
6		Außenwände in Holzbauart unter Beachtung von DIN 68 800 Teil 2 mit 11,5 cm dicker Mauerwerks-Vorsatzschale[6])	Außenwände in Holzbauart unter Beachtung von DIN 68 800 Teil 2 a) mit vorgesetzter Bekleidung nach DIN 18 516 Teil 1 und Teil 2[5]) oder b) mit 11,5 cm dicker Mauerwerks-Vorsatzschale mit Luftschicht[6])[7])

Fußnoten siehe Seite 496!

Fußnoten zu Tabelle 6:

[1] Eine Norm ist in Vorbereitung.
[2] Übernimmt eine zusätzlich vorhandene Wärmedämmschicht den erforderlichen Wärmeschutz allein, so kann das Mauerwerk in die nächsthöhere Beanspruchungsgruppe eingeordnet werden.
[3] Die Luftschicht muß nach DIN 1053 Teil 1 ausgebildet werden. Eine Verfüllung des Zwischenraumes als Kerndämmung darf nur nach hierfür vorgesehenen Normen durchgeführt werden oder bedarf eines besonderen Nachweises der Brauchbarkeit, z. B. durch allgemeine bauaufsichtliche Zulassung.
[4] Wasserabweisende Fugenmörtel müssen einen Wasseraufnahmekoeffizienten $w \leqq 0,5\,kg/(m^2 \cdot h^{1/2})$ aufweisen, ermittelt nach DIN 52 617 (z. Z. noch Entwurf).
[5] Z. Z. noch Entwürfe, es gelten z. Z. die „Richtlinien mit und ohne Unterkonstruktion".
[6] Durch konstruktive Maßnahmen (z. B. Abdichtung des Wandfußpunktes, Ablauföffnungen in der Vorsatzschale) ist dafür zu sorgen, daß die hinter der Vorsatzschale auftretende Feuchte von den Holzteilen ferngehalten und abgeleitet wird (über Ausführungsbeispiele ist ein Beiblatt zu DIN 68 800 Teil 2 in Vorbereitung).
[7] Die Luftschicht muß mindestens 4 cm dick sein. Die Vorsatzschale ist unten und oben mit Lüftungsöffnungen zu versehen, die jeweils eine Fläche von mindestens 150 cm² auf etwa 20 m² Wandfläche haben. Bezüglich ausreichender Belüftung für den Tauwasserschutz siehe DIN 68 800 Teil 2.
Für den Nachweis des Wärmeschutzes und der Tauwasserbildung an der raumseitigen Oberfläche dürfen jedoch die Luftschicht und die Vorsatzschale nicht in Ansatz gebracht werden.

2.3. Feuchte- und Diffusionsverhalten

Baustoffe weisen in der Regel einen mehr oder weniger großen Feuchtegehalt auf, der entweder als massebezogene Feuchte u_m in Gew.-% oder als volumenbezogene Feuchte $u_v = u_m \cdot \varrho_R/1000$ in Vol.-% angegeben wird.

Der Feuchtegehalt, der bei der Untersuchung genügend ausgetrockneter Bauten, die zum dauernden Aufenthalt von Menschen dienen, in 90% aller Fälle nicht überschritten wurde, wird als praktischer Feuchtegehalt bezeichnet.

Tabelle 7: Praktische Feuchtegehalte von Baustoffen

Zeile		Stoffe	Praktischer Feuchtegehalt[1]	
			volumen-bezogen[2] u_v %	masse-bezogen u_m %
1		Ziegel	1,5	–
2		Kalksandsteine	5	–
3		Beton mit geschlossenem Gefüge mit dichten oder porigen Zuschlägen	5	–
4	4.1	Leichtbeton mit haufwerksporigem Gefüge mit dichten Zuschlägen nach DIN 4226 Teil 1	5	–
	4.2	Leichtbeton mit haufwerksporigem Gefüge mit porigen Zuschlägen nach DIN 4226 Teil 2	4	–
5		Gasbeton	3,5	–
6		Gips, Anhydrit	2	–
7		Gußasphalt, Asphaltmatrix	≈ 0	≈ 0
8		Anorganische Stoffe in loser Schüttung; Expandiertes Gesteinsglas (z. B. Blähperlit)	–	5

Fortsetzung nächste Seite

Tabelle 7 (Fortsetzung):

Zeile	Stoffe	Praktischer Feuchtegehalt[1] volumen-bezogen[2] u_v %	masse-bezogen u_m %
9	Mineralische Faserdämmstoffe aus Glas-, Stein-, Hochofen-schlacken-(Hütten-)Fasern	–	5
10	Schaumglas	≈ 0	≈ 0
11	Holz, Sperrholz, Spanplatten, Holzfaserplatten, Holzwolle-Leichtbau-platten, Schilfrohrplatten und -matten, Organische Faserdämmstoffe	–	15
12	Pflanzliche Faserdämmstoffe aus Seegras, Holz-, Torf- und Kokos-fasern und sonstigen Fasern	–	15
13	Korkdämmstoffe	–	10
14	Schaumkunststoffe aus Polystyrol, Polyurethan (hart)	–	5

[1] Unter praktischem Feuchtegehalt versteht man den Feuchtegehalt, der bei der Untersuchung genügend ausgetrockneter Bauten, die zum dauernden Aufenthalt von Menschen dienen, in 90% aller Fälle nicht überschritten wurde.

[2] Der volumenbezogene Feuchtegehalt bezieht sich auch bei Lochsteinen, Hohldielen oder sonstigen Bauelementen mit Lufthohlräumen immer auf das Material allein ohne die Hohlräume.

Das Verhalten von Baustoffoberflächen bei einseitiger Berührung mit Feuchtigkeit, z. B. bei Beregnung von Bauteiloberflächen, wird durch den Wasseraufnahmekoeffizienten w

$$w = \frac{W}{\sqrt{t}} \text{ kg/m}^2 \cdot \text{s}^{0,5} \text{ oder kg/m}^2 \cdot \text{h}^{0,5}$$

gekennzeichnet, wobei W die Wasseraufnahme in kg/m² und t die Zeit in Sekunden oder Stunden bedeutet.

Einige typische Wasseraufnahmekoeffizienten w verschiedener Baustoffe gibt die folgende Tabelle wieder:

Tabelle 8: Wasseraufnahmekoeffizienten w einiger Stoffe

Material	Wasseraufnahmekoeffizient w	
	kg/(m² h^{0,5})	kg/(m² s^{0,5})
Vollziegel	20 bis 30	0,33 bis 0,50
Kalksandvollstein	4 bis 8	0,07 bis 0,13
Bimsbeton	1,5 bis 2,5	0,03 bis 0,04
Gasbeton	4 bis 8	0,07 bis 0,13
Gipsbauplatten	35 bis 70	0,58 bis 1,17
Weißkalkputz	7	0,12
Kalkzementputz	2 bis 4	0,03 bis 0,07
Zementputz	2 bis 3	0,03 bis 0,05
Kunststoffdispersionsbeschichtung	0,05 bis 0,2	$8,35 \cdot 10^{-4}$ bis $33,4 \cdot 10^{-4}$

Der Wasseraufnahmekoeffizient w zeigt den zeitlichen Verlauf der Wasseraufnahme vom trockenen Zustand des Baustoffes bis zur Durchfeuchtung unter der Voraussetzung auf, daß an der Saugfläche ständig ein Wasserüberschuß vorliegt.

Die Dampfdiffusionswiderstandszahl μ kennzeichnet das Verhalten eines Stoffes bei der Dampfdiffusion. μ gibt an, um wieviel mal größer der Diffusionswiderstand einer Stoffschicht ist, als der einer gleich dicken Luftschicht unter denselben Bedingungen.

Bei der Wasserabgabe eingedrungener Niederschlagsfeuchtigkeit oder ausgefallenen Tauwassers in der Baukonstruktion während Trockenperioden ist die diffusionsäquivalente Luftschichtdicke s_d maßgebend:

$$s_d = \mu \cdot s \quad \text{in m}$$

wobei μ die Dampfdiffusionswiderstandszahl und s die Dicke der Bauteilschicht darstellt.

Für die Praxis gilt, daß eine Konstruktion grundsätzlich trocken bleibt und rechnerisch nicht nachgewiesen werden muß, wenn s_d von innen nach außen kleiner wird.

Bei wasserhemmenden und wasserabweisenden Oberflächenschichten bestimmt sowohl der Wasseraufnahmekoeffizient w als auch die diffusionsäquivalente Luftschichtdicke s_d das Verhalten im Hinblick auf den Regenschutz.

Oberflächenschichten gelten als

wasserhemmend, wenn $w \leqq 0{,}04\,\text{kg/m}^2\,\text{s}^{0{,}5}$
und $s_d \leqq 2\,\text{m}$
wasserabweisend, wenn $w \leqq 0{,}01\,\text{kg/m}^2\,\text{s}^{0{,}5}$
und $s_d \leqq 2\,\text{m}$
wasserdicht, wenn $w \leqq 2 \cdot 10^{-5}\,\text{kg/m}^2\,\text{s}^{0{,}5}$.

Tabelle 9: Diffusionswiderstandszahlen μ von Bau- und Dämmstoffen

Stoff	Diffusionswiderstandszahl μ*)
Kalkzementmörtel	15/35
Kalk-Gips-Mörtel	10
Normalbeton	70/150
Bimsbeton	3/10
Gas- und Schaumbeton	5/10
Gipskartonplatten	8
Asbestzementplatten	20/50
Mauerwerk aus: Kalksandsteinen	5/25
Hochbauklinkern	100
Hochlochklinkern	100
Vollziegeln, Vormauerziegeln, Lochziegeln	5/10
Außenwandbekleidung aus Glasmosaik oder Spaltklinkern	200
Holzwolle-Leichtbauplatten	2/5
Korkplatten	10
Holz: Eiche, Buche, Fichte, Kiefer, Tanne	40
Sperrholz	50/400
poröse Holzfaserplatten	5
harte Holzfaserplatten	70
Holzspanplatten	50/100
Mineralische und pflanzliche Faserdämmstoffe	1
Schaumkunststoffe: Polystyrol-Partikelschaum, je nach Rohdichte	20/100
Polystyrol, extrudiert	80/300
Polyurethan	30/100
Bitumenpappe, nackt, nach DIN 52 129	2000/3000
Dachpappe nach DIN 52 128	15 000/100 000
Polyvinylchlorid-Folie	20 000/50 000
Polyäthylen-Folie	ca. 100 000
Aluminiumfolie mit einem Flächengewicht $\geqq 125\,\text{g/m}^2$	∞

*) Bei Berechnungen ist jeweils der für die Baukonstruktion ungünstigere Wert einzusetzen.

3. Brandschutz

3.1. Rechtsverordnungen, Richtlinien und Normen

Die in den **Landesbauordnungen** festgelegten Anforderungen an den baulichen Brandschutz sind darauf ausgerichtet, die Rettung von Menschen und Tieren sicherzustellen, die Brandausbreitung zu verhindern und Sachwerte zu erhalten. Um dies zu gewährleisten werden bestimmte Anforderungen an die Brennbarkeit der Baustoffe und an die Feuerwiderstandsdauer der Bauteile gestellt. Für Gebäude besonderer Art und Nutzung werden die Landesbauordnungen durch **Rechtsverordnungen,** wie z. B. die Geschäftshausverordnung und **Richtlinien,** wie z. B. die Hochhausrichtlinien ergänzt (Abb. 1).

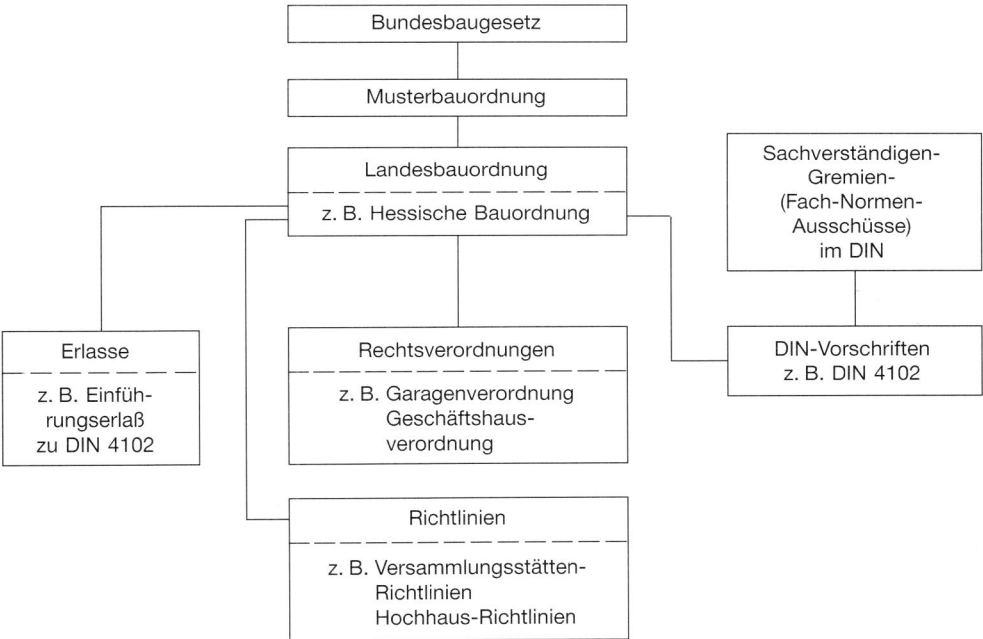

Abb. 1: Gesetzliche Grundlagen

Für den Bereich des allgemeinen Hochbaus wird die Umsetzung der bauaufsichtlichen Anforderungen in die Praxis der Bauausführung durch **DIN 4102 „Brandverhalten von Baustoffen und Bauteilen"** ermöglicht.

Für den Bereich des Industriebaus wird mit der **DIN 18 230 „Baulicher Brandschutz im Industriebau"** versucht, eine bauwerksbezogene rechnerische Brandschutzbemessung aufzustellen. Damit sollen die für die Einzelbauteile erforderlichen Brandschutzklassen ermittelt werden, die wiederum Feuerwiderstandsklassen nach DIN 4102 zugeordnet sind.

DN 4102 definiert den Brennbarkeitsgrad von Baustoffen und die Feuerwiderstandsfähigkeit von Bauteilen und gibt somit an, wie der in den Bauordnungen geforderte bauliche Brandschutz zu realisieren ist.

DIN 4102 besteht aus folgenden Teilen:

Teil 1   (5.81)   Baustoffe; Begriffe, Anforderungen und Prüfungen

Teil 2   (9.77)   Bauteile; Begriffe, Anforderungen und Prüfungen

Teil 3   (9.77)   Brandwände und nichttragende Außenwände; Begriffe, Anforderungen und Prüfungen

Teil 4   (3.94)   Zusammenstellung und Anwendung klassifizierter Baustoffe, Bauteile und Sonderbauteile

Teil 5   (9.77)   Feuerschutzabschlüsse, Abschlüsse in Fahrschachtwänden und gegen Feuer widerstandsfähige Verglasungen; Begriffe, Anforderungen und Prüfungen (teilweise ersetzt durch DIN 4102-13)

Teil 6   (9.77)   Lüftungsleitungen; Begriffe, Anforderungen und Prüfungen

Teil 7   (3.87)   Bedachungen; Begriffe, Anforderungen und Prüfungen

Teil 8   (5.86)   Kleinprüfstand

Teil 9   (5.90)   Kabelabschottungen; Begriffe, Anforderungen und Prüfungen

Teil 11 (12.85)   Rohrummantelungen, Rohrabschottungen, Installationsschächte und -kanäle; Begriffe, Anforderungen und Prüfungen

Teil 12 (1.91)   Funktionserhalt von elektrischen Kabelanlagen; Anforderungen und Prüfungen (E DIN 4102-12 (02.95))

Teil 13 (5.90)   Brandschutzverglasungen; Begriffe, Anforderungen und Prüfungen

Teil 14 (5.90)   Bodenbeläge und Bodenbeschichtungen; Bestimmung der Flammenausbreitung bei Beanspruchung mit einem Wärmestrahler

Teil 15 (5.90)   Brandschacht

Teil 16 (5.90)   Durchführung von Brandschachtprüfungen

Teil 17 (12.90)   Schmelzpunkt von Mineralfaserdämmstoffen; Begriffe, Anforderungen, Prüfung

Teil 18 (3.91)   Feuerschutzabschlüsse; Nachweis der Eigenschaft „selbstschließend" (Dauerfunktionsprüfung)

3.2. Brandverhalten von Baustoffen und Bauteilen

3.2.1. Einteilung der Baustoffe

In DIN 4102 Teil 1 werden brandschutztechnische Anforderungen an Baustoffe festgelegt. Es wird zwischen nichtbrennbaren Baustoffen (Baustoffklasse A) und brennbaren Baustoffen (Baustoffklasse B) unterschieden (Tabelle 10).

Als Baustoffe im Sinne der Norm gelten hierbei auch platten- und bahnenförmige Materialien, Verbundwerkstoffe, Bekleidungen, Dämmschichten, Beschichtungen, Rohre und Formstücke. Vereinbarungsgemäß können Baustoffe, die in geringem Umfang brennbare Bestandteile enthalten (z. B. Gipskartonplatten bestimmter Ausbildung oder Leichtbetone mit Polystyrolzusatz) als „nichtbrennbar" klassifiziert werden. Sie werden dann in die Baustoffklasse A2 eingeordnet, während die klassischen nichtbrennbaren Brennstoffe, wie z. B. Beton, Stahl, Naturstein u. a. der Baustoffklasse A1 angehören. Brennbare Baustoffe werden nach ihrem Entflammbarkeitsgrad in schwer entflammbare (B1), normalentflammbare (B2) und leichtentflammbare (B3) Baustoffe eingeteilt.

Nach den Prüfzeichenverordnungen der Länder müssen nichtbrennbare Baustoffe, die brennbare Bestandteile enthalten (Klasse A2) sowie schwerentflammbare Baustoffe (Klasse B1) ein Prüfzeichen des Deutschen Instituts für Bautechnik, Berlin, aufweisen und gekennzeichnet werden. Besondere Bedeutung fällt der Bezeichnung „DIN 4102-B3 leichtentflammbar" zu. Sofern diese Baustoffe nach ihrem Einbau dieser Baustoffklasse zuzuordnen sind, dürfen sie bei baulichen Anlagen nicht verwendet werden.

Ohne besondere Prüfungen können die in DIN 4102 Teil 4 aufgezählten „klassifizierten" Baustoffe in die dort angegebenen Baustoffklassen eingeteilt werden.

Tabelle 10: Baustoffklassen

Baustoffklasse		Bauaufsichtliche Benennung	Hinweise
A		nichtbrennbare Baustoffe	
	A 1	Baustoffe ohne brennbare Anteile, wie z. B. Beton, Stahl, Naturstein	
	A 2	Baustoffe mit geringen brennbaren Anteilen, wie z. B. Gipskartonplatten	fallweise Prüfbescheid erforderlich[1]);
B		brennbare Baustoffe	
	B 1	schwerentflammbare Baustoffe, wie z. B. imprägnierte Holzbauteile oder Textilien	Prüfbescheid erforderlich[1]) Güteüberwachung
	B 2	normalentflammbare Baustoffe, wie z. B. Holzbohlen, -dielen	Mindestanforderung an Baustoffe
	B 3	leichtentflammbare Baustoffe, wie z. B. Folien, Papier	Verwendung i. a. unzulässig

[1]) Soweit nicht durch DIN 4102 Teil 4 und eingeführte Konstruktionsnorm ausgenommen.

3.2.2. Einteilung der Bauteile

In DIN 4102 Teil 2 werden brandschutztechnische Begriffe, Anforderungen und Prüfungen für Bauteile festgelegt. Als Bauteile im Sinne der Norm gelten z. B. Wände, Decken, Stützen, Balken, Treppen. Bauteile mit brandschutztechnischen Sonderanforderungen, wie z. B. Brandwände, nichttragende Außenwände, Feuerschutzabschlüsse usw. werden in DIN 4102 Teil 3, 5, 6, 7, 9, 11 und 12 behandelt.

Das Brandverhalten von Bauteilen wird durch die Feuerwiderstandsdauer und weitere in der Norm geforderte Eigenschaften gekennzeichnet. Sie ist u. a. von dem verwendeten Baustoff, von Querschnittsabmessungen, der Spannungshöhe und von der Konstruktionsart (statisches System) abhängig.

Die Feuerwiderstandsdauer ist die Mindestdauer in Minuten, während der ein Bauteil unter einer Wärmebeanspruchung gemäß der Einheitstemperaturzeitkurve (Abb. 2) folgende Prüfkriterien erfüllt:

– Raumabschließende Bauteile dürfen sich auf der feuerabgekehrten Seite im Mittel um nicht mehr als 140 K erwärmen (Einzelwerte < 180 K).
– Raumabschließende Bauteile – Anschlüsse, Fugen und Stöße eingeschlossen – müssen während der Versuchszeit entsprechend der Feuerwiderstandsdauer den Durchtritt von Flammen verhindern.

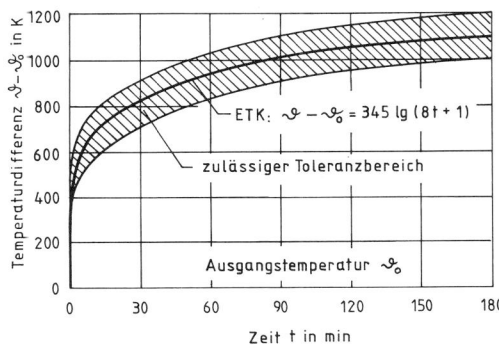

ETK: $\vartheta - \vartheta_0 = 345 \lg (8t + 1)$

Abb. 2

Einheitstemperaturzeitkurve (ETK) DIN 4102 Teil 2 und ISO 834

– Raumabschließende Wände müssen einer Festigkeitsprüfung durch Pendelstoß mit 20 Nm widerstehen.

– Tragende Bauteile dürfen unter ihrer rechnerisch zulässigen Gebrauchslast und nichttragende Bauteile unter ihrem Eigengewicht nicht zusammenbrechen.

– Bei statisch bestimmt gelagerten Bauteilen darf eine von Stützweite und statischer Höhe abhängige Durchbiegungsgeschwindigkeit nicht überschritten werden.

Bauteile werden entsprechend ihrer Feuerwiderstandsdauer in die Feuerwiderstandsklassen 30, 60, 90, 120 und 180 eingeteilt. Vorangestellte Buchstaben kennzeichnen die Bauteilart:

    F: Wände, Stützen, Decken, Balken, Treppen
    W: nichttragende Außenwände
    T: Feuerschutzabschlüsse (Türen, Tore usw.)
    G: Verglasungen
    L: Lüftungsleitungen

Die nachgestellten Buchstaben A und B kennzeichnen die Baustoffklasse.

Tabelle 11: Klassifizierung von Bauteilen entsprechend DIN 4102 Teil 2, Tabelle 2, gezeigt am Beispiel für die Feuerwiderstandsklasse F 90

Feuer-widerstands-klasse	Baustoffklasse nach DIN 4102 Teil 1		Benennung der Bauteile	Kurz-bezeichnung
	wesentliche Teile[1])	übrige Bestand-teile		
	B	B	Feuerwiderstandsklasse F 90	F 90 – B
F 90	A	B	Feuerwiderstandsklasse F 90 und in den wesentlichen Teilen aus nichtbrennbaren Baustoffen[1])	F 90 – AB
	A	A	Feuerwiderstandsklasse F 90 und aus nichtbrennbaren Baustoffen	F 90 – A

[1]) Zu den wesentlichen Teilen gehören:
  a) alle tragenden oder aussteifenden Teile, bei nichttragenden Bauteilen auch die Bauteile, die deren Standsicherheit bewirken (z. B. Rahmenkonstruktionen von nichttragenden Wänden).
  b) bei raumabschließenden Bauteilen eine in Bauteilebene durchgehende Schicht, die bei der Prüfung nach dieser Norm nicht zerstört werden darf. Bei Decken muß diese Schicht eine Gesamtdicke von mindestens 50 mm besitzen; Hohlräume im Innern dieser Schicht sind zulässig.

Die Kurzbezeichnungen in Tabelle 11 weisen auf das Brandverhalten und die Art der verwendeten Baustoffe in den Bauteilen hin.

    A : Das Bauteil besteht ausschließlich aus Baustoffen der Klasse A (nicht brennbar).
    AB: Alle wesentlichen Bauteile bestehen aus Baustoffen der Klasse A.
    B : Alle Bestandteile, auch die wesentlichen, bestehen aus Baustoffen der Klasse B.

Zu den wesentlichen Teilen gehören alle tragenden oder aussteifenden Teile, bei nichttragenden Bauteilen auch die Bestandteile, die deren Standsicherheit bewirken (z. B. Rahmenkonstruktionen). Bei raumabschließenden Bauteilen handelt es sich um eine in Bauteilebene durchgehende Schicht, die bei der Brandbeanspruchung nicht zerstört werden darf.

Bei der Bemessung werden nur die Baustoffe berücksichtigt, die für die Klassifizierung nötig sind. So behält z. B. ein Bauteil, das aus Baustoffen der Klasse A besteht, diese Benennung, auch wenn nachträglich eine Verkleidung aus Baustoffen der Klasse B angebracht wird.

Die Zuordnung der normmäßigen Bauklassen zu den Begriffen in den Landesbauordnungen ist in Tabelle 12 enthalten.

Tabelle 12: Zuordnung der bauaufsichtlichen Benennung und der Benennungen nach DIN 4102 Teil 2 für Bauteile

Bauaufsichtliche Benennung	Benennung nach DIN 4102 Teil 2	Kurz-bezeichnung
feuerhemmend	Feuerwiderstandsklasse F 30	F 30 – B
feuerhemmend und in den tragenden Teilen aus nichtbrennbaren Baustoffen	Feuerwiderstandsklasse F 30 und in den wesentlichen Teilen aus nichtbrennbaren Baustoffen	F 30 – AB
feuerhemmend und aus nichtbrennbaren Baustoffen	Feuerwiderstandsklasse F 30 und aus nichtbrennbaren Baustoffen	F 30 – A
feuerbeständig	Feuerwiderstandsklasse F 90 und in den wesentlichen Teilen aus nichtbrennbaren Baustoffen	F 90 – AB
feuerbeständig und aus nichtbrennbaren Baustoffen	Feuerwiderstandsklasse F 90 und aus nichtbrennbaren Baustoffen	F 90 – A

Bauteile, die die Bedingungen der Normbrandprüfung erfüllt haben, sind in DIN 4102 Teil 4 entsprechend „klassifiziert". Diese katalogartige Klassifizierung ist für die praktische Bauplanung von besonderer Bedeutung. Sie bietet die Möglichkeit, nicht nur den Brennbarkeitsgrad von Baustoffen abzulesen, sondern auch die Feuerwiderstandsfähigkeit von Bauteilen, Anschlüssen, Verbindungen, Fugen usw. in einfacher Weise mit Hilfe von Tafeln und Bildern zu ermitteln.

Bauaufsicht und die Sachversicherer fordern für bestimmte Bauteile bestimmte Feuerwiderstandsklassen. Dabei sind die Anforderungen der Sachversicherer oft weitreichender, denn die Brennbarkeit der Baustoffe sowie die Feuerwiderstandsfähigkeit von Bauteilen und damit die Bauart eines Gebäudes sind von entscheidendem Einfluß auf die Schadenshöhe. Die Art der Gebäudekonstruktion wird daher von den Sachversicherern bei der Beitragskalkulation zur Feuerversicherung berücksichtigt. Entsprechend dem Brandverhalten der Baustoffe und den Feuerwiderstandsklassen der verwendeten Bauteile werden die Gebäude in Bauartklassen R (Rabatt-Klasse), N (Neutrale Klasse) und Z (Zuschlag-Klasse) eingeteilt.

3.3. Brandschutztechnische Anforderungen an Bauteile

Gebräuchliche Bauteile sind in DIN 4102 Teil 4 zusammengestellt und klassifiziert. Ihre Ausführung ist im Rahmen bestimmter bauaufsichtlicher Anforderungen ohne besonderen Nachweis des Brandverhaltens möglich. Die Feuerwiderstandsdauer und damit auch die Feuerwiderstandsklasse eines Bauteils hängt im wesentlichen von folgenden Einflüssen ab:

a) Brandbeanspruchung (ein- oder mehrseitig),
b) verwendeter Baustoff oder Baustoffverbund,
c) Bauteilabmessungen (Querschnitt, Schlankheit, Achsabstände usw.),
d) bauliche Ausbildung (Anschlüsse, Fugen, Auflager, Befestigungen, Verbindungsmittel usw.),
e) statisches System,
f) Ausnutzungsgrad der Festigkeiten der verwendeten Baustoffe infolge äußerer Lasten,
g) Anordnungen von Bekleidungen (Ummantelungen, Putze, Unterdecken, Vorsatzschalen usw.).

Zu den klassifizierten Bauteilen zählen: Wände, Decken, Dächer, Balken und Träger, Verbindungen zwischen Holzbauteilen, Zugglieder und Stützen (mit und ohne Ummantelung).

Als klassifizierte Sonderbauteile sind zu bezeichnen: Nichttragende Außenwände (W), Feuerschutzabschlüsse (T), Brandschutzverglasungen (G), Lüftungsleitungen (L), Installationsschächte und -kanäle (I), Fahrschachtabschlüsse und Bedachungen.

Bauteile und Sonderbauteile, die nicht in DIN 4102 Teil 4 aufgeführt sind, bedürfen besonderer Prüfzeugnisse anerkannter Prüfstellen über die bei genormten Brandbeanspruchungen erzielte Feuerwiderstandsklasse.

3.3.1. Brandverhalten von Bauteilen aus Stahl

Im Brandfall erreichen Stahlbauteile sehr schnell (< 30 min) die „kritische Stahltemperatur" crit T, d. h. die Temperatur, bei der die Streckgrenze des Stahls auf die im Bauteil vorhandene Stahlspannung absinkt. crit T ist für die nach DIN 18 800 bemessenen Bauteile aus St 37 und St 52 vom Ausnutzungsgrad der Stähle abhängig (z. B.: Ausnutzungsgrad 0,6: crit T = 500 °C).

Um sicherzustellen, daß sich Stahlbauteile bei Brandbeanspruchung nur auf Temperaturen < crit T erwärmen, ist i. a. die Anordnung einer **Bekleidung** erforderlich. Ihre Bemessung richtet sich nach dem Verhältniswert U/A, d. h. nach dem Verhältnis von beflammten Umfang U zu der zu erwärmenden Querschnittsfläche A.

Zur Bekleidung können eingesetzt werden: Putze mit Putzträgern, Gipskarton- oder Faserzementplatten, Vermiculite- oder Perlitemörtel, Unterdecken und andere Vorsatzschalen.

Stahlträger und **Stahlstützen** können mit Putz (DIN 18 550) und Dämmputz auf Putzträgern oder Gipskarton-Bauplatten (GKB) und Gipskarton-Feuerschutzplatten (GKF) nach DIN 18 180 bekleidet werden (Tabelle 13 und 14). Bei Stahlstützen kommen zusätzlich Bekleidungen aus Stahlbeton und bewehrtem Gasbeton, Mauerwerk und Wandbauplatten zur Anwendung, für die je nach Feuerwiderstandsklasse Mindestbekleidungsdicken zwischen 50 und 120 mm gefordert werden.

Tabelle 13: **Mindestbekleidungsdicke d in mm von Stahlträgern mit U/A $\leqq$ 300 m^{-1} mit einer Bekleidung aus Gipskarton-Feuerschutzplatten (GKF) nach DIN 18 180 mit geschlossener Fläche*)**

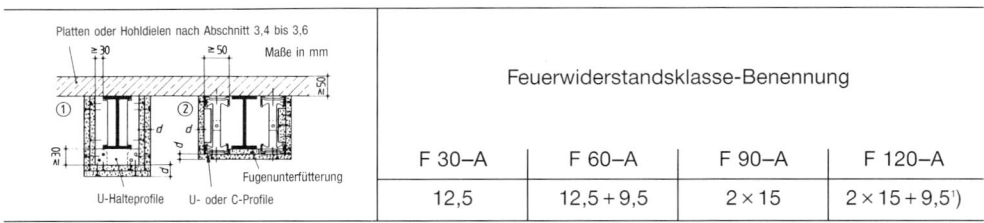

	Feuerwiderstandsklasse-Benennung			
	F 30–A	F 60–A	F 90–A	F 120–A
	12,5	12,5 + 9,5	2 × 15	2 × 15 + 9,5[1])

[1]) Die raumseitige 9,5 mm dicke Bekleidungsschale darf auch aus Gipskarton-Bauplatten (GKB) nach DIN 18 180 bestehen.

Stahlträgerdecken sowie gleichzustellende Dächer werden durch eine mindestens 5 cm dicke Abdeckung aus Normal- oder Leichtbeton von oben und durch Unterdecken nach DIN 18 168 „Leichte Deckenbekleidung und Unterdecken" vor raumseitiger Brandbeanspruchung von unten geschützt.

Als Unterdecken kommen Drahtputzdecken nach DIN 4121, Holzwolle-Leichtbauplatten nach DIN 1101 mit oder ohne Putz, Gipskarton-Putzträgerplatten (GKP) nach DIN 18 180 mit Putz,

---

*) Die in der Tafel genannten „Abschnitte" beziehen sich auf DIN 4102 Teil 4.

Tabelle 14: Mindestdicken von Putzen bekleideter Stahlstützen*)

U/A nach Abschnitt 6.1.2.	Mindestputzdicke d in mm über Putzträger (Rippenstreckmetall, Streckmetall oder Drahtgewebe) gemäß nebenstehender Schemazeichnung bei Verwendung von Putz[1] aus

Schemazeichnung: Kantenschutz; ≥5mm geglätteter Putz nach DIN 18550 Teil 2; Drahtgewebe; Putz; Bindedraht $a \leq 500$ mm; Rundstahl $\geq \phi 5$ mm als Abstandshalter, 2 bis 3 Stück je Breite; Kern ggf. ausgemauert oder ausbetoniert; Rippenstreckmetall; Streckmetall oder Drahtgewebe

m^{-1}	Mörtelgruppe P II oder P IVc nach DIN 18550 Teil 2					Mörtelgruppe P IVa oder P IVb nach DIN 18550 Teil 2					Vermiculite- oder Perlitemörtel nach Abschnitt 3.1.6.5[2]				
	F 30	F 60	F 90	F 120	F 180	F30	F 60	F 90	F 120	F 180	F 30	F 60	F 90	F 120	F 180
< 90	15	25	45	45	65	10	10	35	35	45	10	10	35	35	45
90 bis 119	15	25	45	55	65	10	20	35	45	60	10	20	35	45	55
120 bis 179	15	25	45	55	65	10	20	45	45	60	10	20	35	45	55
180 bis 300	15	25	55	55	65	10	20	45	60	60	10	20	45	45	55

[1] Die Benennungen lauten jeweils F 30–A, F 60–A, F 90–A, F120–A und F 180–A.
[2] Der in Abschnitt 3.1.6.5 geforderte 5 mm dicke Vermiculite- bzw. Perlite-Oberputz darf durch einen Putz nach DIN 18550 Teil 2 ersetzt werden.

Gipskarton-Feuerschutzplatten (GKF) nach DIN 18180 mit geschlossener Fläche und Gips-Deckenplatten DF oder SF nach DIN 18169 zur Anwendung.

Stahlträgerdecken mit Unterdecken und einer oberen Abdeckung aus Leichtbeton werden der Bauart I zugeordnet (Abb. 3). Zur Bauart I zählen in brandschutztechnischer Hinsicht auch Stahlbeton- und Spannbetondecken bzw. -dächer mit Zwischenbauteilen aus Leichtbeton oder Ziegeln und entsprechend ausgeführten Unterdecken. Stahlträgerdecken mit Unterdecken und einer oberen Abdeckung aus Normalbeton werden der Bauart II zugeordnet. Die für diese Bauart geltenden Feuerwiderstandsklassen gelten auch für Stahlbeton- und Spannbetondecken bzw. -dächer mit und ohne Zwischenbauteilen aus Normalbeton und entsprechend ausgeführten Unterdecken (Bauart III). In begrenztem Umfang gelten die Feuerwiderstandsklassen von Stahlträgerdecken mit Unterdecken auch für Holzbalkendecken bzw. -dächer (Bauart IV).

3.3.2. Brandverhalten von Mauerwerk und Wandbauplatten

Mauerwerk besteht in der Regel aus nichtbrennbaren mineralischen Baustoffen: Mauerziegel nach DIN 105, Kalksandsteine nach DIN 106, Hüttensteine nach DIN 398, Porenbeton-Blocksteine oder -Bauplatten nach DIN 4165 und DIN 4166, Hohlblock- oder Vollsteine bzw. Wandbauplatten aus Normal- und Leichtbeton nach DIN 18151, DIN 18152, DIN 18153 und DIN 18162, Gips-Wandbauplatten nach DIN 18163 sowie Ziegelfertigbauteile nach DIN 1053 Teil 4.

Aus der Sicht des Brandschutzes wird zwischen nichttragenden und tragenden sowie nicht-raumabschließenden und raumabschließenden Wänden unterschieden (vgl. DIN 1053 Teil 1):

*) Die in der Tafel genannten „Abschnitte" beziehen sich auf DIN 4102 Teil 4.

Bauart I[2])   (gilt auch für gleichzustellende Dächer)

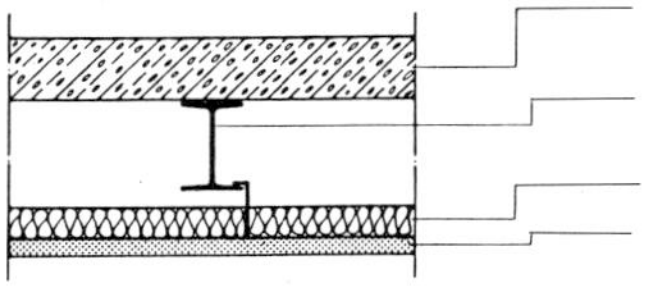

Leichtbetonabdeckung, $\geqq 5$ cm dick, gegen Brandbeanspruchung von oben.

Stahlträger (Vollwandträger, Fachwerkträger, Gitterträger) mit Verhältniswert[1]) $U/A \leqq 300$ m^{-1}.

Dämmschicht (erlaubt/nicht erlaubt)

Deckenbekleidung bzw. Unterdecke nach DIN 18 168 gegen Brandbeanspruchung von unten.

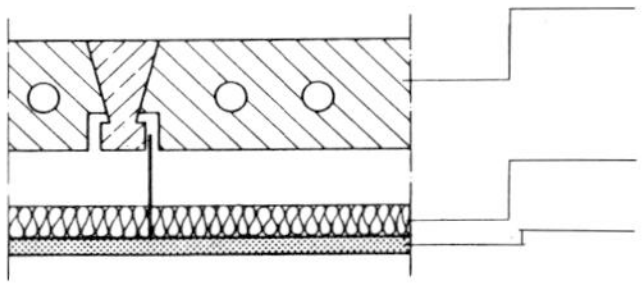

Hohlkörperdecke (Stahlbeton- und Spannbetondecken mit Zwischenbauteilen aus Leichtbeton oder Ziegeln) gegen Brandbeanspruchung von oben.

Dämmschicht (erlaubt/nicht erlaubt)

Deckenbekleidung bzw. Unterdecke nach DIN 18 168 gegen Brandbeanspruchung von unten.

Bauart II[2])   (gilt auch für gleichzustellende Dächer)

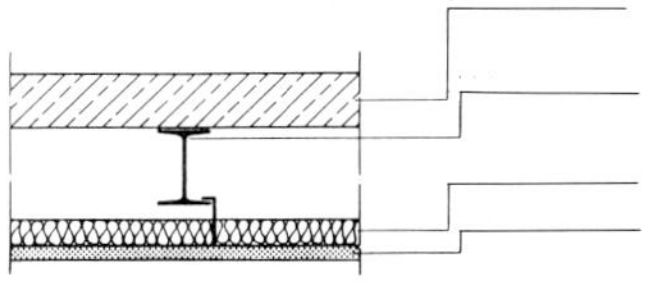

Normalbetonabdeckung, $\geqq 5$ cm dick, gegen Brandbeanspruchung von oben.

Stahlträger (Vollwandträger, Fachwerkträger, Gitterträger) mit Verhältniswert[1]) $U/A \leqq 300$ m^{-1}.

Dämmschicht (erlaubt/nicht erlaubt)

Deckenbekleidung bzw. Unterdecke nach DIN 18 168 gegen Brandbeanspruchung von unten.

Bauart III[2])   (gilt auch für gleichzustellende Dächer)

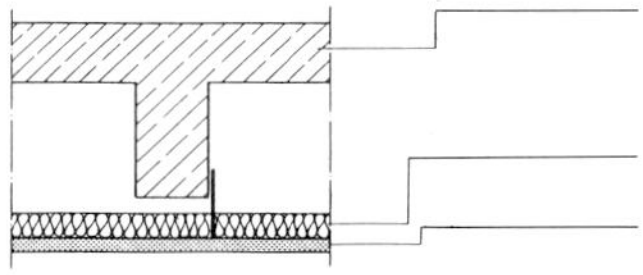

Stahlbeton- und Spannbetondecke aus Normalbeton mit und ohne Zwischenbauteile aus Normalbeton gegen Brandbeanspruchung von oben.

Dämmschicht (erlaubt/nicht erlaubt)

Deckenbekleidung bzw. Unterdecke nach DIN 18 168 gegen Brandbeanspruchung von unten.

[1]) Bei der Ermittlung des U/A-Verhältniswertes ist zu unterscheiden, ob es sich um eine profilfolgende oder kastenförmige Bekleidung bei drei- oder vierseitiger Brandbeanspruchung handelt. Erläuterungen und Berechnungen siehe DIN 4102 Teil 4.

[2]) Bekleidungen an der Deckenunterseite – z. B. Holzschalungen – und die Anordnung von Fußbodenbelägen oder Bedachungen auf der Decken- bzw. Dachoberseite sind bei den in DIN 4102 Teil 4 klassifizierten Decken bzw. Dächern ohne weitere Nachweise erlaubt; ggf. sind bei Verwendung von Baustoffen der Klasse B jedoch bauaufsichtliche Anforderungen zu beachten.

Abb. 3: Decken der Bauart I, II und III entsprechend DIN 4102 Teil 4 in Verbindung mit Deckenbekleidungen und Unterdecken.

Nichttragende Wände sind scheibenartige Bauteile, die auch im Brandfall überwiegend nur durch ihr Eigengewicht beansprucht werden und nicht der Knickaussteifung tragender Wände dienen; sie müssen aber auf ihre Fläche wirkende Windlasten auf tragende Bauteile, z. B. Wand- oder Deckenscheiben, abtragen.

Tragende Wände sind überwiegend auf Druck beanspruchte scheibenartige Bauteile zur Aufnahme vertikaler Lasten (z. B. Deckenlasten) sowie horizontaler Lasten (z. B. Windlasten).

Nichtraumabschließende, tragende Wände sind Wände, die zweiseitig – im Fall teilweise oder ganz freistehender Wandscheiben auch drei- oder vierseitig – vom Brand beansprucht werden.

Raumabschließende Wände sind z. B. Wände in Rettungswegen, Treppenraumwände, Wohnungstrennwände und Brandwände. Sie dienen der Verhinderung von Brandübertragung von einem Raum zum anderen und werden nur einseitig vom Brand beansprucht. Als raumabschließende Wände gelten auch Außenwandscheiben mit einer Breite von > 1 m. Raumabschließende Wände können tragende oder nichttragende Wände sein.

Tabelle 15: Mindestdicke *d* tragender, raumabschließender Wände aus Mauerwerk (1seitige Brandbeanspruchung)

Die ()-Werte gelten für Wände mit beidseitigem Putz

Zeile	Konstruktionsmerkmale	Mindestdicke *d* in mm für die Feuerwiderstandsklasse-Benennung				
	Wände	F 30–A	F 60–A	F 90–A	F 120–A	F 180–A
1	Porenbeton-Blocksteine und Porenbeton-Plansteine nach DIN 4165, Rohdichteklasse $\geq 0,5$ unter Verwendung von [1][2]					
1.1	Ausnutzungsfaktor $a_2 = 0,2$	115 (115)	115 (115)	115 (115)	115 (115)	150 (115)
1.2	Ausnutzungsfaktor $a_2 = 0,6$	115 (115)	115 (115)	150 (115)	175 (150)	200 (175)
1.3	Ausnutzungsfaktor $a_2 = 1,0$	115 (115)	150 (115)	175 (150)	200 (175)	240 (200)
2	Hohlblöcke aus Leichtbeton nach DIN 18 151, Vollsteine und Vollblöcke aus Leichtbeton nach DIN 18 152, Mauersteine aus Beton nach DIN 18 153, Rohdichteklasse $\geq 0,6$ unter Verwendung von [1][3]					
2.1	Ausnutzungsfaktor $a_2 = 0,2$	115 (115)	115 (115)	115 (115)	140 (115)	140 (115)
2.2	Ausnutzungsfaktor $a_2 = 0,6$	140 (115)	140 (115)	175 (115)	175 (140)	190 (175)
2.3	Ausnutzungsfaktor $a_2 = 1,0$	175 (140)	175 (140)	175 (140)	190 (175)	240 (190)
3 3.1	Mauerziegel nach DIN 105 Teil 1 Voll- und Hochlochziegel Lochung: Mz, HLz A, HLz B unter Verwendung von [1]					
3.1.1	Ausnutzungsfaktor $a_2 = 0,2$	115 (115)	115 (115)	115 (115)	115 (115)	175 (140)
3.1.2	Ausnutzungsfaktor $a_2 = 0,6$	115 (115)	115 (115)	140 (115)	175 (115)	240 (140)
3.1.3	Ausnutzungsfaktor $a_2 = 1,0$[4]	115 (115)	115 (115)	175 (115)	240 (140)	240 (175)
3.2	Mauerziegel nach DIN 105 Teil 2 Leichthochlochziegel Rohdichteklasse $\geq 0,8$ unter Verwendung von [1][3]					
3.2.1	Lochung A und B					
3.2.1.1	Ausnutzungsfaktor $a_2 = 0,2$	(115)	(115)	(115)	(115)	(140)
3.2.1.2	Ausnutzungsfaktor $a_2 = 0,6$	(115)	(115)	(115)	(115)	(140)
3.2.1.3	Ausnutzungsfaktor $a_2 = 1,0$	(115)	(115)	(115)	(140)	(175)
3.2.2	Leichthochlochziegel W					
3.2.2.1	Ausnutzungsfaktor $a_2 = 0,2$	(115)	(115)	(140)	(175)	(240)
3.2.2.2	Ausnutzungsfaktor $a_2 = 0,6$	(115)	(140)	(175)	(300)	(300)
3.2.2.3	Ausnutzungsfaktor $a_2 = 1,0$	(115)	(175)	(240)	(300)	(365)

Tabelle 15 (Fortsetzung):

Zeile	Konstruktionsmerkmale	Mindestdicke *d* in mm für die Feuerwiderstandsklasse-Benennung				
	Wände	F 30–A	F 60–A	F 90–A	F 120–A	F 180–A
4	Kalksandsteine nach DIN 106 Teil 1 Voll-, Loch-, Block- und Hohlblocksteine DIN 106 Teil 1 A1 (z. Z. Entwurf) Voll-, Loch-, Block-, Hohlblock- und Plansteine DIN 106 Teil 2 Vormauersteine und Verblender unter Verwendung von [1]) [2])					
4.1	Ausnutzungsfaktor $\alpha_2 = 0{,}2$	115 (115)	115 (115)	115 (115)	115 (115)	175 (140)
4.2	Ausnutzungsfaktor $\alpha_2 = 0{,}6$	115 (115)	115 (115)	115 (115)	140 (115)	200 (140)
4.3	Ausnutzungsfaktor $\alpha_2 = 1{,}0$[4])	115 (115)	115 (115)	115 (115)	200 (140)	240 (175)
5	Mauerwerk nach DIN 1053 Teil 4 Bauten aus Ziegelfertigbauteilen	115 (115)	165 (115)	165 (165)	190 (165)	240 (190)

[1]) Normalmörtel
[2]) Dünnbettmörtel
[3]) Leichtmörtel
[4]) Bei $3{,}0\,\text{N/mm}^2 < \text{vorh } \sigma \le 4{,}5\,\text{N/mm}^2$ gelten die Werte nur für Mauerwerk aus Voll-, Block- und Plansteinen.

Die Einstufung von Wänden aus Mauerwerk in eine bestimmte Feuerwiderstandsklasse hängt i. w. von der Wanddicke (nichttragende Wände) bzw. von der Wanddicke und dem Ausnutzungsfaktor α_2 (tragende Wände) ab.

Die geforderten Mindestwanddicken beziehen sich immer auf unbekleidete Wände und bei zweischaligen Wänden auf den Feuerwiderstand der gesamten, zweischaligen Wand. Ferner gelten die Angaben für von Rohdecke zu Rohdecke gespannte Wände ohne Einbauten (Ausnahmeregelungen hierzu bestehen).

Im weiteren gibt DIN 4102 Teil 4 detaillierte Hinweise, die bei der brandschutztechnischen Bemessung und bei der Ausführung zu beachten sind:

Der Ausnutzungsfaktor α_2 ist das Verhältnis der vorhandenen zur zulässigen Beanspruchung nach DIN 1053 Teil 1 (vorh σ/zul σ). Bei Bemessung nach DIN 1053 Teil 2 ist bei planmäßig ausmittig gedrückten Pfeilern bzw. nichtraumabschließenden Wandabschnitten für die Ermittlung von α_2 von einer über die Wandhöhe konstanten Ausmitte nach DIN 1053 Teil 1 auszugehen. Für die Ermittlung der Druckspannungen σ gilt DIN 1053 Teil 1 bzw. Teil 2.

Lochungen von Steinen oder Wandbauplatten dürfen nicht senkrecht zur Wandebene verlaufen.

Aussteifende Riegel und Stützen müssen mindestens derselben Feuerwiderstandsklasse wie die Wände angehören.

Dämmschichten in Anschlußfugen, die aus schalltechnischen oder anderen Gründen angeordnet werden, müssen aus mineralischen Fasern bestehen, der Baustoffklasse A angehören, einen

Schmelzpunkt $> 1000\,^\circ$C besitzen und eine Rohdichte $> 30\,\text{kg/m}^3$ aufweisen; gegebenenfalls vorhandene Hohlräume müssen dicht ausgestopft werden.

Zur Verbesserung der Feuerwiderstandsdauer können Putze der Mörtelgruppe P IV nach DIN 18 550 Teil 2 oder Putze aus Leichtmörtel nach DIN 18 550 Teil 4 verwendet werden. Vorausetzung für die brandschutztechnische Wirksamkeit ist eine ausreichende Haftung am Putzgrund. Der Putz kann durch eine zusätzliche Mauerwerksschale oder eine Verblendung aus Mauerwerk ersetzt werden. Wenn ein Wärmedämmverbundsystem bei Außenwänden aufgebracht wird, darf bei Verwendung

– einer Dämmschicht aus Baustoffen der Klasse B der Aufbau nicht als Putz angesetzt werden,
– einer Dämmschicht aus Baustoffen der Klasse A (z. B. Mineralfaserplatten oder Foamglas) der Aufbau als Putz angesetzt werden.

3.3.3. Brandverhalten von Bauteilen aus Beton, Stahlbeton und Spannbeton

Vorbemerkung: DIN 4102 Teil 4 (3.94) ist weitgehend (wertemäßig) identisch mit DIN V ENV 1992 Teil 1–1 „Eurocode 2, Planung von Stahlbeton- und Spannbetontragwerken; Teil 1: Grundlagen und Anwendungsregeln für den Hochbau".

DIN 4102 Teil 4 umfaßt Bauteile aus Normalbeton nach DIN 1045 und Leichtbeton mit geschlossenem Gefüge nach DIN 4219 Teile 1 und 2.

Die Bemessungstabellen gelten für eine kritische Stahltemperatur crit T = 500 $^\circ$C. Sie enthalten die für die einzelnen Feuerwiderstandsklassen erforderlichen Mindestquerschnittsabmessungen und Mindestachsabstände in Abhängigkeit von den statischen Randbedingungen.

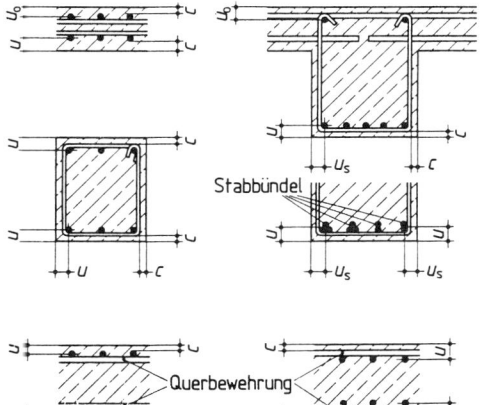

Abb. 4:

Achsabstände u, u_o und u_s sowie Betondeckung c

Der **Achsabstand u** der Bewehrung ist der Abstand zwischen der Längsachse der tragenden Bewehrungsstäbe oder Spannglieder und der beflammten Betonoberfläche. Die **Betondeckung c** ist der Abstand zwischen Staboberfläche der Bewehrungsstäbe und der Bauteiloberfläche (Abb. 4). Die Betondeckung entspricht nom c nach DIN 1045.

Der für höhere Feuerwiderstandsklassen notwendige Achsabstand u oder die erforderlichen Querschnittsabmessungen können durch Putzbekleidungen ersetzt werden.

Tab. 16 enthält die Mindestdicken und die Mindestachsabstände von unbekleideten **Stahlbetonstützen** aus Normalbeton bei ein- und mehrseitiger Brandbeanspruchung. Der Ausnutzungsfaktor α_1 ist das Verhältnis der vorhandenen Beanspruchung zur zulässigen Beanspruchung nach DIN 1045. (Anmerkung: Der entsprechende Normabschnitt beschreibt nach DIN 1045 berechnete Stützen, die aufgrund ihrer Ausführung im Brandfall dem „Euler-Fall 4" entsprechen; die Pendelstütze („Euler-Fall 2") wird also ausgeschlossen.)

Tabelle 16: Mindestdicke und Mindestachsabstand von Stahlbetonstützen aus Normalbeton

Zeile	Konstruktionsmerkmale[1]		F 30–A	F 60–A	F 90–A	F 120–A	F 180–A
1	**Mindestquerschnittsabmessungen unbekleideter** Stahlbetonstützen bei **mehrseitiger** Brandbeanspruchung bei einem						
1.1	Ausnutzungsfaktor $\alpha_1 = 0{,}3$						
1.1.1	Mindestdicke d in mm		150	150	180	200	240
1.1.2	zugehöriger Mindestachsabstand u in mm		[2]	[2]	[2]	40	50
1.2	Ausnutzungsfaktor $\alpha_1 = 0{,}7$						
1.2.1	Mindestdicke d in mm		150	180	210	250	320
1.2.2	zugehöriger Mindestachsabstand u in mm		[2]	[2]	[2]	40	50
1.3	Ausnutzungsfaktor $\alpha_1 = 1{,}0$						
1.3.1	Mindestdicke d in mm		150	200	240	280	360
1.3.2	zugehöriger Mindestachsabstand u in mm		[2]	[2]	[2]	40	50
2	**Mindestquerschnittsabmessungen unbekleideter** Stahlbetonstützen bei **1seitiger** Brandbeanspruchung						
2.1	Mindestdicke d in mm		100	120	140	160	200
2.2	zugehöriger Mindestachsabstand u in mm		[2]	[2]	[2]	45	60

[1] Mindestabmessungen für umschnürte Druckglieder, soweit in der Tabelle keine höheren Werte angegeben sind:
    F 30 $d = 240$ mm
    F 60 bis F 180 $d = 300$ mm
[2] Bezüglich c: Mindestwerte nach DIN 1045

Tab. 17 enthält Mindestdicken bzw. Mindestbreiten von verschiedenen **Betonbauteilen F 90–A**.

Ausführliche Angaben über das Brandverhalten von Gesamtkonstruktionen sowie von Rahmen, Scheiben, Lagern usw. sind dem „Beton-Brandschutz-Handbuch", Betonverlag GmbH, Düsseldorf, 2. Auflage, 1994, zu entnehmen.

3.3.4. Brandverhalten von Bauteilen aus Holz und Holzwerkstoffen

Die brandschutztechnischen Anforderungen an Wände lassen sich durch die in DIN 4102 Teil 4 klassifizierten **Wände in Holztafelbauart** erfüllen. Bei dieser Bauart werden Holzrippen mit Nadelholzbrettern, Holzwerkstoffplatten, Gipskarton-Bauplatten oder Holzwolle-Leichtbauplatten innen und außen beplankt bzw. bekleidet. Die Feuerwiderstandsklasse wird i. w. von den Querschnittsabmessungen der Holzrippen, den Plattendicken und der Höhe der Druckspannung bestimmt.

In allen raumabschließenden Wänden sind Dämmschichten zur Verbesserung des Feuerwiderstandes notwendig. Sie müssen aus Mineralfaserdämmstoffen nach DIN 18 165, Baustoffklasse A, oder Holzwolle-Leichtbauplatten nach DIN 1101 bestehen. Bei der Ausführung raumabschließender Wände sind die in DIN 4102 Teil 4 angegebenen Anschlüsse und Befestigungsdetails zu beachten.

Tabelle 17: Mindestdicken bzw. Mindestbreiten von Betonbauteilen F 90–A

Bauteil	Brand-beanspruchung	Mindestdicke bzw. Mindestbreite (in mm)	Bemerkungen
Balken	3seitig	150	$\text{crit } T \geq 450\,°C$
		190	$\text{crit } T = 350\,°C$
Deckenplatten	–	100	ohne Hohlräume
Konsolen an Stützen	–	170	Am Stützenanschnitt: $A \geq 2 \cdot b^2$
Konsolen an Wänden	3seitig	150	
	2seitig	100	
	1seitig	80	
Stützen	mehrseitig	240	Bei Lastausnutzung $< 100\%$: Minderung auf 180 mm möglich
	1seitig	140	
Wände	mehrseitig	170	Bei Lastausnutzung $< 100\%$: Minderung auf 120 mm möglich
	1seitig	140	Bei Lastausnutzung $< 100\%$: Minderung auf 100 mm möglich
	–	100	nichttragend
Zugglieder	–	150/270	siehe DIN 4102 Teil 4

Bei den in F 30–B und F 60–B klassifizierten Decken ist zwischen Decken in Holztafelbauart und Holzbalkendecken zu unterscheiden. Die **Decken in Holztafelbauart** bestehen aus mindestens 40 mm breiten Holzrippen, die oben beplankt und unten beplankt bzw. bekleidet sind. Eine ggf. zwischen den Beplankungen anzuordnende Dämmschicht aus mineralischen Fasern kann je nach Deckenaufbau brandschutztechnisch notwendig oder nicht notwendig sein. Auf den Einbau eines schwimmenden Estrichs bzw. Fußbodens zum Schutz gegen Brandbeanspruchung von oben kann unter bestimmten Bedingungen verzichtet werden.

Ein Beispiel für eine Decke in Holztafelbauart mit brandschutztechnisch notwendiger Dämmschicht ist in Tabelle 18 gegeben.

Klassifizierte **Holzbalkendecken** werden mit verdeckten, vollständig freiliegenden und teilweise freiliegenden Holzbalken ausgeführt. Für Holzbalkendecken mit verdeckten Holzbalken gelten die Anforderungen an Decken in Holztafelbauart sinngemäß. Decken mit vollständig freiliegenden Holzbalken werden mit oder ohne schwimmenden Estrich oder Fußboden ausgeführt. Bei Decken mit teilweise freiliegenden Holzbalken kann eine brandschutztechnisch notwendige oder nicht notwendige Dämmschicht angeordnet werden.

Die in F 30–B und F 60–B klassifizierten **Holzbalken** und **Holzstützen** können aus Vollholz oder Brettschichtholz unbekleidet oder bekleidet hergestellt werden.

Die Querschnittsabmessungen unbekleideter Holzbalken aus Voll- und Brettschichtholz sind von der Brandbeanspruchung (drei- oder vierseitig) und der Spannungsausnutzung abhängig. Die Querschnittsabmessungen bekleideter Balken sind davon unabhängig.

Unbekleidete Holzstützen aus Brettschichtholz und Vollholz müssen in Abhängigkeit von der Spannungsausnutzung bestimmte Mindestquerschnittsabmessungen aufweisen. Die Quer-

Tabelle 18: Decken in Holztafelbauart mit brandschutztechnisch notwendiger Dämmschicht*)

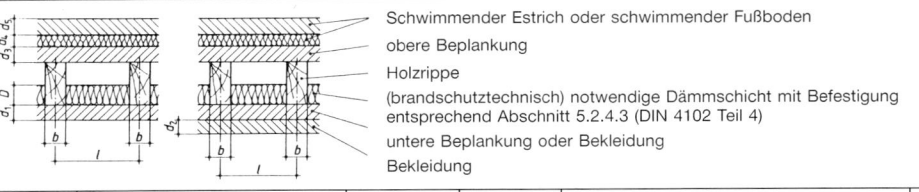

Schwimmender Estrich oder schwimmender Fußboden

obere Beplankung

Holzrippe

(brandschutztechnisch) notwendige Dämmschicht mit Befestigung entsprechend Abschnitt 5.2.4.3 (DIN 4102 Teil 4)

untere Beplankung oder Bekleidung

Bekleidung

Holz-rippen nach Abschnitt 5.2.2	untere Beplankung oder Bekleidung nach Abschnitt 5.2.3 aus			notwendige Dämm-schicht nach Abschnitt 5.2.4		obere Beplankung nach Abschnitt 5.2.3 aus	Schwimmender Estrich oder schwimmender Fußboden nach Abschnitt 5.2.5 aus					Feuer-wider-stands-klasse-Benen-nung
	Holzwerk-stoffplatten mit $\varrho \geqq$ 600 kg/m³	Gipskarton-Feuer-schutz-platten (GKF)	max. zul. Spann-weite	aus Mineral-faser-Platten oder -Matten		aus Holzwerk-stoff-platten mit $\varrho \geqq$ 600 kg/m³	Dämm-schicht mit $\varrho \geqq$ 30 kg/m³	Mörtel, Gips, oder Asphalt	Holzwerk-stoffplatten, Brettern oder Parkett	Gips-karton-platten	
Mindest-breite	Mindestdicke			dicke	roh-dichte	Mindest-dicke	Mindestdicke				
b	d_1	d_1	d_2	l	D	ϱ	d_3	d_4	d_5	d_5	d_5	
mm	mm	mm	mm	mm	mm	kg/m³	mm	mm	mm	mm	mm	
40	16¹)			625	60	30	13²)	15³)	20			F30–B
	16¹)			625	60	30	13²)	15³)		16		
	16¹)			625	60	30	13²)	15³)			9,5	
40		12,5	12,5	500	60	30	13²)	15³)	20			F60–B
		12,5	12,5	500	60	30	13²)	30⁴)		25		
		12,5	12,5	500	60	30	13²)	15³)			18⁵)	

¹) Ersetzbar durch
   a) $\geqq$ 13 mm dicke Holzwerkstoffplatten (untere Lage) + 9,5 mm dicke GKB- oder GKF-Platten (raumseitige Lage) oder
   b) $\geqq$ 12,5 mm dicke Gipskarton-Feuerschutzplatten (GKF) mit einer Spannweite l $\leqq$ 500 mm oder
   c) Bretterschalung mit einer Dicke $d_D \geqq$ 16 mm.
²) Ersetzbar durch Bretterschalung (gespundet) mit d $\geqq$ 21 mm.
³) Ersetzbar durch $\geqq$ 9,5 mm dicke Gipskartonplatten.
⁴) Ersetzbar durch $\geqq$ 15 mm dicke Gipskartonplatten.
⁵) Erreichbar z. B. mit 2 × 9,5 mm.

schnittsabmessungen von z. B. mit Gipskarton-Feuerschutzplatten (GKF) bekleideten Holz-stützen sind von Holzart und Spannungsausnutzung unabhängig; die Bekleidung muß jedoch eine Mindestdicke aufweisen.

3.3.5. Brandwände

Brandwände sind Wände zur vertikalen Trennung oder Abgrenzung von Brandabschnitten innerhalb von Gebäuden oder zwischen engstehenden benachbarten Bauwerken. Ihre Auf-gabe ist es, die Ausbreitung von Feuer auf andere Gebäude oder Gebäudeabschnitte zu

*) Die in der Tafel genannten „Abschnitte" beziehen sich auf DIN 4102 Teil 4.

verhindern. Dazu müssen sie aus nichtbrennbaren Baustoffen der Klasse A bestehen, den Durchgang des Feuers ausreichend lange verhindern (F 90–A nach DIN 4102 Teil 3 und 4) und unter Brandeinwirkung und den bei Bränden möglichen Nebenwirkungen (Stoßbeanspruchung etwa durch einstürzende Bauteile) standsicher und raumabschließend bleiben.

Brandwände können ein- und zweischalig mit den in Tabelle 19 (entspricht Tab. 45, DIN 4102 Teil 4) angegebenen Mindestwanddicken ausgeführt werden.

Brandwände mit höherer Feuerwiderstandsdauer (F 180–A) und höheren Anforderungen an die Stoßbeanspruchbarkeit werden als **„Komplextrennwände"** bezeichnet. Sie werden von den Sachversicherern zur Abtrennung von Gebäudekomplexen mit unterschiedlich hohen Brandrisiken gefordert. Gegenüber den Brandwänden nach DIN 4102 Teil 3 weisen Komplextrennwände höhere Mindestwanddicken und höhere Betonüberdeckungen bei bewehrten Wänden auf.

3.3.6. Nichttragende Außenwände (W)

Unter nichttragenden Außenwänden im Sinne von DIN 4102 Teil 3 werden beispielsweise Außenwandelemente und Ausfachungen verstanden, die nur einer Belastung aus Eigengewicht und ggf. Wind und horizontalen Verkehrslasten ausgesetzt sind. Zu den nichttragenden Außenwänden zählen raumabschließende Wandbauteile, aber auch nichtraumabschließende Brüstungen und Schürzen oder deren Kombinationen. Brandschutztechnische Aufgabe dieser Wandarten ist es, die Ausbreitung des Feuers über die Fassade von Geschoß zu Geschoß zu verhindern bzw. zu hemmen. Nichttragende Außenwände, Brüstungen und Schürzen werden entsprechend den Angaben von DIN 4102 Teil 3 in die Feuerwiderstandsklassen W 30 bis W 180 eingestuft. Nichttragende Wände mit „F"-Klassifizierung erfüllen auch die Anforderungen der W-Klassen.

Tabelle 19: Zulässige Schlankheit, Mindestwanddicke und Mindestachsabstand von 1- und 2schaligen Brandwänden (1 seitige Brandbeanspruchung)
Die ()-Werte gelten für Wände mit Putz

Zeile	Schemaskizze für bewehrte Wände	Schema-Skizze für Wände aus Mauerwerk		Zulässige Schlankheit h_s/d	Mindestdicke d in mm bei		Mindestachsabstand u mm
	Querbewehrung Querbewehrung	unverputzt	verputzt		1schaliger	2schaliger[10]	
	Wandart				Ausführung		
1 1.1	Wände aus Normalbeton nach DIN 1045 Unbewehrter Beton			Bemessung nach DIN 1045	200	2 × 180	nach DIN 1045
1 2 1 2.1	Bewehrter Beton Nichttragend			Bemessung nach DIN 1045	120	2 × 100	nach DIN 1045
1 2.2	Tragend			25	140	2 × 120[1]	25
2 2 1	Wände aus Leichtbeton mit haufwerksporigem Gefüge nach DIN 4232 der Rohdichteklasse ≥ 1,4			Bemessung nach DIN 4232	250	2 × 200	entfällt
2 2	≥ 0,8				300	2 × 200	

Tabelle 19 (Fortsetzung):

Zeile	Schemaskizze für bewehrte Wände / Wandart	Zulässige Schlankheit h_s/d	Mindestdicke d in mm bei 1schaliger Ausführung	Mindestdicke d in mm bei 2schaliger[10] Ausführung	Mindestachsabstand u mm
3	Wände aus bewehrtem Porenbeton				
3.1	Nichttragende Wandplatten der Festigkeitsklasse 4.4, Rohdichteklasse $\geq 0,7$	nach Zulassungsbescheid	175	2 × 175	20
3.2	Nichttragende Wandplatten der Festigkeitsklasse 3.3, Rohdichteklasse $\geq 0,6$		200	2 × 200	30
3.3	Tragende, stehend angeordnete Wandtafeln der Festigkeitsklasse 4.4, Rohdichteklasse $\geq 0,7$		200[2]	2 × 200[2]	20[2]
4	Wände aus Ziegelfertigbauteilen nach DIN 1053 Teil 4				nach DIN 1053 Teil 4
4.1	Hochlochtafeln mit Ziegeln für vollvermörtelbare Stoßfugen	25	165	2 × 165	
4.2	Verbundtafeln mit zwei Ziegelschichten	25	240	2 × 165	
5	Wände aus Mauerwerk[8] nach DIN 1053 Teil 1 und Teil 2 unter Verwendung von Normalmörtel der Mörtelgruppe II, IIa oder III, IIIa				
5.1	Steine nach DIN 105 Teil 1 der Rohdichteklasse $\geq 1,4$[3]		240	2 × 175	entfällt
	$\geq 1,0$		300 (240)	2 × 200 (2 × 175)	
	DIN 105 Teil 2 der Rohdichteklasse $\geq 0,8$	Bemessung nach DIN 1053 Teil 1[3], Teil 2[3]	365[6] (300)[6]	2 × 240 (2 × 175)	
5.2	Steine nach DIN 106 Teil 1 und Teil 1 A1[4] (z. Z. Entwurf) sowie Teil 2 der Rohdichteklasse $\geq 1,8$		240[5]	2 × 175[9]	entfällt
	$\geq 1,4$		240	2 × 175	
	$\geq 0,9$		300 (300)	2 × 200 (2 × 175)	
	$= 0,8$		300	2 × 240 (2 × 175)	
5.3 5.3.1	Steine nach DIN 4165 der Rohdichteklasse $\geq 0,6$		300	2 × 240	entfällt
5.3.2	$\geq 0,6$[7]		240	2 × 175	
5.3.3	$\geq 0,5$[11]		300	2 × 240	

Tabelle 19 (Fortsetzung):

Zeile	Schemaskizze für bewehrte Wände		Schema-Skizze für Wände aus Mauerwerk			
			unverputzt		verputzt	
	Querbewehrung	Querbewehrung	Zulässige Schlank-heit h_s/d	Mindestdicke d in mm bei		Mindest-achs-abstand u mm
	Wandart			1schali-ger Ausführung	2schali-ger[10])	
5.4	Steine nach DIN 18 151, DIN 18 152, DIN 18 153		Bemessung nach DIN 1053 Teil 1[3]), Teil 2[3])			
5.4.1	der Rohdichteklasse	$\geq 0,8$		240 (175)	2×175 (2×175)	entfällt
		$\geq 0,6$				
5.4.2				300 (240)	2×240 (2×175)	

[1] Sofern infolge hohen Ausnutzungsfaktors nach Tabelle 35*) keine größeren Werte gefordert werden.
[2] Sofern infolge höheren Ausnutzungsfaktors nach Tabelle 44*) keine größeren Werte gefordert werden.
[3] Exzentrizität $e \leq d/3$.
[4] Auch mit Dünnbettmörtel.
[5] Bei Verwendung von Dünnbettmörtel und Plansteinen $d = 175$ mm.
[6] Bei Verwendung von Leichtmauermörtel; Ausnutzungsfaktor $\alpha_2 \leq 0,6$.
[7] Bei Verwendung von Dünnbettmörtel und Plansteinen mit Vermörtelung der Stoß- und Lagerfugen.
[8] Weitere Angaben siehe z. B. Mauerwerk-Kalender 1994.
[9] Bei Verwendung von Dünnbettmörtel und Plansteinen: $d = 150$ mm.
[10] Hinsichtlich des Abstandes der beiden Schalen bestehen keine Anforderungen.
[11] Bei Verwendung von Dünnbettmörtel und Plansteinen mit Nut und Feder nur bei Vermörtelung der Stoß- und Lagerfugen.

---

*) Die Tabellen sind in DIN 4102 Teil 4 enthalten.

4. Schallschutz

(Verfasser: Prof. Dipl.-Phys. Rostock)

4.1. Grundlagen des Schallschutzes

Bei Schall handelt es sich um periodische Dichteschwankungen in festen Körpern, Flüssigkeiten und Gasen, die in einem Frequenzbereich von 20 Hz bis 20 kHz liegen. Bei Frequenzen, die niedriger sind als 20 Hz, spricht man von Infraschall, entsprechend spricht man bei Frequenzen größer als 20 kHz von Ultraschall. Der Hörbereich des menschlichen Ohres von 20 Hz bis 20 000 Hz wird in der Regel in den bauakustischen Bereich, der sich von 100 Hz bis 3150 Hz erstreckt, untergliedert.

Im Bauwesen sind vor allem Luftschall und Körperschall zu beobachten. Bei **Luftschall** handelt es sich um periodische Druckschwankungen der uns umgebenden Luft, die beispielsweise durch menschliche Sprache, aber auch durch Radios, Fernsehgeräte oder Musikinstrumente verursacht werden können.

Die schallbedingten Druckschwankungen liegen in einem Bereich von $2 \cdot 10^{-5} \, N/m^2$ bis $20 \, N/m^2$. Der erstgenannte Wert von $2 \cdot 10^{-5} \, N/m^2$ stellt die Empfindlichkeitsgrenze des menschlichen Ohres, die sogenannte **Hörschwelle,** im Bereich der höchsten Empfindlichkeit bei 1000 Hz, dar. Der um 6 Zehnerpotenzen höher liegende Wert von $20 \, N/m^2$ gibt an, von welchem Schallwechseldruck an akute, sofort schädigende Schmerzempfindungen auftreten. Man nennt diesen Wert daher auch **Schmerzschwelle**.

Neben dem Schallwechseldruck gibt es eine zweite schallfeldbestimmende Größe. Es handelt sich um die Schallschnelle, d. h. die mittlere Geschwindigkeit, die die im Schallfeld bewegten Teilchen, z. B. Luftmoleküle, während ihrer periodischen Schwingungen haben. Das Produkt aus Schallschnelle und Schallwechseldruck ergibt die Schallintensität. Es gilt: **I = p · v**. Mit Dimensionsangabe ergibt sich: $(W/m^2) = (N/m^2) \cdot (m/s)$, da $(N) \cdot (m) = (W) \cdot (s)$ ist.

Der hohe Dynamikbereich des menschlichen Ohres über 6 Zehnerpotenzen bezüglich des Schallwechseldruckes bzw. 12 Zehnerpotenzen bezüglich der Schallintensität und die quasi logarithmische Kennlinie des menschlichen Ohres haben dazu geführt, Pegeldefinitionen aus der Nachrichtentechnik für den Schallpegel zu übernehmen. Der Schallpegel wird somit wie folgt definiert:

$$L = 10 \cdot \lg (I/I_0)$$

Hierbei bedeuten:

L Schallpegel
I Schallintensität
I_0 Schallintensität an der Hörschwelle ($10^{-12} \, W/m^2$).

Unter Freifeldbedingungen (keine Reflexionen) ist die Schallschnelle zum Schallwechseldruck proportional. Daraus ergibt sich, daß: I proportional p^2 ist. Dieser Umstand ist für die Schallmeßtechnik besonders wichtig, da mit einfachen Mitteln heute nur der Schallwechseldruck meßbar ist. Der Schallpegel läßt sich somit auch zu:

$$L = 10 \cdot \lg (p^2/p_0{}^2)$$

angeben.

Hierbei bedeuten:

p Schallwechseldruck
p_0 Schallwechseldruck an der Hörschwelle ($2 \cdot 10^{-5} \, N/m^2$).

Der Schallpegel läßt sich somit in dB (dezi Bel) über p_0 angeben. Das menschliche Ohr empfindet eine Pegelzunahme um 10 dB als subjektive Verdopplung der Lautstärke, während eine Verdopplung der Schallintensität einem Pegelanstieg von 3 dB entspricht.

Werden statt einer Schallquelle zwei gleiche Quellen betrieben, z. B. statt einer Kaffeemühle zwei Mühlen gleicher Bauart, so kommt es zu einem Pegelanstieg von 3 dB. Dieser Pegelanstieg ist gerade als Erhöhung der Lautstärke wahrnehmbar. Gleiches gilt übrigens für den Verkehrslärm. Eine Verdopplung des Verkehrsaufkommens bei gleicher Verkehrszusammensetzung ergibt einen Pegelanstieg von 3 dB. Erst eine Verzehnfachung des Verkehrsaufkommens führt zu einer Verdopplung der subjektiven Lautstärkeempfindung, d. h. zu einem Pegelanstieg um 10 dB. Die Pegeladdition läßt sich allgemein rechnen zu:

$$L = 10 \cdot \lg \left(10^{(0,1 \cdot L_1)} + 10^{(0,1 \cdot L_2)} \right).$$

Normale menschliche Sprache, oder das, was man unter Zimmerlautstärke versteht, liegt bei Pegeln zwischen 60 und 70 dB(A). Leichtes Rauschen der Blätter liegt zwischen 25 und 40 dB(A). Verkehrslärm bei Straßen mit dichter beidseitiger Bebauung und hohem Verkehrsaufkommen liegt im Bereich des Bürgersteiges bei etwa 80 dB(A) oder darüber.

Von **Körperschall** spricht man bei der Schallausbreitung in festen Körpern. Im Bauwesen wird Körperschall vor allem beim Beklopfen von Wänden oder beim Begehen von Böden angeregt. Körperschall unterscheidet sich vom Luftschall einerseits in der wesentlich höheren Ausbreitungsgeschwindigkeit von ca. 5000 m/s im Vergleich zum Luftschall von 340 m/s, andererseits auch dadurch, daß beim Luftschall praktisch immer rein longitudinale Wellen auftreten, während beim Körperschall verschiedene Wellenarten möglich sind. Zwischen Luft- und Körperschall findet Energieübertragung statt, so daß Körperschall auch als Luftschall wahrgenommen und durch Luftschall Körperschall angeregt werden kann.

Ein Schallereignis wird neben dem Schallpegel auch durch die Frequenzzusammensetzung charakterisiert. Die Empfindlichkeit des menschlichen Ohres ist für verschiedene Frequenzen unterschiedlich. Bei tiefen Frequenzen ist die Empfindlichkeit klein. Gleiches gilt für hohe Frequenzen. Im Bereich zwischen 1000 und 4000 Hz liegt das Empfindlichkeitsmaximum des gesunden Ohres. Zur Bewertung kann man in Schallpegelmessern die Empfindlichkeitskurve des menschlichen Ohres bei mittleren Pegeln mit Filtern nachbilden. Eine mit einem derartigen Filter bewertete Messung nennt man A-bewertet. (Angabe der Pegel in dB(A).)

Für bauakustische Untersuchungen sind die A-bewerteten Pegel häufig nicht aussagekräftig genug. Es sind schmalbandige Untersuchungen erforderlich. Heute werden dazu Filter mit Terzbandbreite (⅓-Oktave) eingesetzt. Die Mittenfrequenzen dieser Filter liegen für die Bauakustik im Bereich zwischen 100 und 3150 Hz.

4.2. Luftschalldämmung

Zur Charakterisierung der Schalldämmung von Bauelementen dient das Schalldämmaß. Es handelt sich um eine Einwertgröße, die durch Vergleich von Einzelmessungen mit einer Sollkurve, die in DIN 4109, Schallschutz im Hochbau, beschrieben wird, bestimmbar ist. Die Meßvorschrift zur Bestimmung des Schalldämmaßes steht in DIN 52 210.

Das Bauelement wird im Prüfstand als Trennwand zwischen einem Sende- und Empfangsraum eingebaut. Dieser Prüfstand soll im Bereich der Längswände bauübliche Nebenwege aufweisen. Im Senderaum wird ein Lautsprecher aufgestellt, der einen Mindestabstand von 2,0 Metern vom Prüfobjekt und von 0,5 Metern von den Begrenzungswänden haben muß. Es ist empfehlenswert, mit zwei Lautsprecherstellungen zu arbeiten. Der Senderaumpegel wird entweder an mindestens sechs verschiedenen Stellen des Raumes, oder mit einer Mikrofonschwenkanlage ermittelt. Das Mikrofon muß vom Prüfobjekt einen Abstand von 0,5 Metern, von den Begrenzungswänden einen Abstand von 0,5 Metern und vom Lautsprecher von 1,0 Metern aufweisen.

Der Empfangsraumpegel wird ebenfalls entweder mit einem Schwenkmikrofon oder mit Hilfe von wenigstens sechs Einzelmessungen ermittelt. Für die Mindestabstände zum Prüfobjekt und zu den Begrenzungswänden gelten die gleichen Anforderungen wie beim Senderaum.

Wichtig bei Messungen im Empfangsraum ist weiterhin, daß beachtet wird, daß im Empfangsraum auch noch die Nachhallzeiten zur Bestimmung der Raumkorrekturen ermittelt werden müssen. Hierzu ist ein Nachhallautsprecher erforderlich, der auch während der Pegelmessung im Empfangsraum stehen muß, um nicht die Absorptionsfläche zu verändern.

Als geometrische Größen müssen das Volumen des Empfangsraumes und die Fläche des Prüfobjektes ermittelt werden. Die Prüffläche sollte nach DIN 52 210 größer als $10\,m^2$ sein, das Volumen des Empfangsraumes soll zwischen 30 und $100\,m^3$ liegen. Die Grenzdämmung des Prüfstandes soll um mindestens 10 dB höher sein, als das Schalldämmaß des Prüfobjektes.

Die Pegel des Sende- und Empfangsraumes und die Nachhallzeiten des Empfangsraumes werden mit Terzbandbreite in Terzschritten im Bereich von 100 bis 3150 Hz ermittelt. Als Prüfschall dient gefiltertes Rauschen mit Terzbandbreite. Aus den Nachhallzeiten läßt sich die äquivalente Absorptionsfläche nach der Sabine'schen Formel:

$$A = 0,163 \cdot V/T \quad (V = \text{Volumen})$$

berechnen. Daraus wird das Raumkorrekturglied: **$10 \cdot lg(S/A)$** (S ist die Prüffläche) berechnet. Zur Berechnung des Schalldämmaßes wird zunächst aus den energetisch gemittelten Sende- und Empfangsraumpegeln die Schallpegeldifferenz D berechnet. Aus der Schallpegeldifferenz wird mit Hilfe der Raumkorrekturen das Schalldämmaß R berechnet:

$$R = D + 10 \cdot lg(S/A).$$

Diese so ermittelte Größe R ist frequenzabhängig. Um eine Einwertgröße zu erhalten, ist es erforderlich, die ausgewerteten Meßwerte (R) mit der Sollkurve nach DIN 4109 zu vergleichen und die Sollkurve solange um ganze dB zu verschieben, bis der im ungünstigen Bereich verbleibende Teil im Mittel gerade kleiner als 2 dB wird. Als ungünstig sind hierbei die Werte zu verstehen, die jeweils unter der Sollkurve liegen. Die Mittelwertbildung erfolgt derart, daß jeweils die Differenzen zur Sollkurve im ungünstigen Bereich gebildet werden. Liegen die Werte von R im günstigen Bereich, so werden die jeweiligen Differenzen zu Null gesetzt. Die Summe der Differenzen wird durch die Anzahl der Mittelfrequenzen (16) geteilt. Dieser Wert muß dann gerade kleiner als 2 dB sein. Ist dies nicht erfüllt, muß weiter um ganze dB verschoben werden. Der Funktionswert der verschobenen Sollkurve bei 500 Hz ist die gesuchte Einwertgröße, das bewertete Schalldämmaß (Rw). Das auch gebrauchte Luftschallschutzmaß LSM berechnet sich aus dem bewerteten Schalldämmaß durch Subtraktion von 52 dB.

Häufig kommt es in der Praxis vor, daß die Prüffläche kleiner wird als $10\,m^2$, oder die Räume sind versetzt angeordnet, oder es muß diagonal gemessen werden. In diesen Fällen ist auf die Besonderheiten hinzuweisen und es ist in der Regel an Stelle des Schalldämmaßes die Normschallpegeldifferenz auszuwerten. Diese berechnet sich nach folgender Gleichung:

$$D_n = Ls - Le + 10 \cdot lg(A_0/A)$$

A_0 sind hierbei $10\,m^2$,
A ist die äquivalente Schallschluckfläche.

4.3. Trittschalldämmung

Bei der Bestimmung der Trittschalldämmung erfolgt die Anregung mit einem Normhammer-werk, das mit Hilfe von 5 Hämmern mit der Masse 500 g aus einer Höhe von 40 mm pro Hammer zwei Schläge pro Sekunde auf die Decke abgibt.

Die Messung erfolgt in der Regel im darunterliegenden Empfangsraum mit Terzschritten und Terzbandbreite. Um ein bauteilbezogenes Ergebnis zu erhalten, müssen wiederum die spe-ziellen akustischen Gegebenheiten des Empfangsraumes durch Berücksichtigung der äquiva-lenten Schallschluckfläche eliminiert werden. Hierzu ist es erforderlich, die Nachhallzeit bei den einzelnen Meßfrequenzen zu ermitteln. Der Normtrittschallpegel errechnet sich nach folgender Formel:

$$L_n = L_t - 10 \cdot lg (A_0/A)$$

Hierbei ist:
L_t der gemessene Trittschallpegel
A   die äquivalente Schallschluckfläche (= 0,163 · V/T)
A_0 die Bezugsfläche von $10 \, m^2$.

Um eine Einwertgröße zu erhalten, ist es erforderlich, die ausgewerteten Meßwerte (L_n) mit der Sollkurve nach DIN 4109 zu vergleichen und die Sollkurve solange um ganze dB zu verschie-ben, bis der im ungünstigen Bereich verbleibende Teil im Mittel gerade kleiner als 2 dB wird.

Als ungünstig sind hierbei die Werte zu verstehen, die über der Sollkurve liegen. Die Mittelwert-bildung erfolgt derart, daß jeweils die Differenzen zur Sollkurve im ungünstigen Bereich gebildet werden. Liegen die Werte von L_n im günstigen Bereich, so werden die jeweiligen Differenzen zu Null gesetzt. Die Summe der Differenzen wird durch die Anzahl der Mittenfre-quenzen (16) geteilt. Dieser Wert muß dann gerade kleiner als 2 dB sein. Ist dies nicht erfüllt, muß weiter um ganze dB verschoben werden. Der Funktionswert der Sollkurvenverschiebung bei 500 Hz ist die gesuchte Einwertgröße, der bewertete Normtrittschallpegel (L_n, w). Werden die Einwertgrößen mit einem Strich angegeben, bedeutet das, daß es sich um eine Messung am Prüfstand mit bauüblichen Nebenwegen handelt.

4.4. Schalldämmung von Bauteilen

4.4.1. Luftschall

Das Schalldämmaß von Bauteilen ist abhängig von der flächenbezogenen Masse m'. Bis zu einer flächenbezogenen Masse von ca. $6 \, kg/m^2$ nimmt die Schalldämmung pro Verdopplung von m' um 6 dB zu. (s. Abb. 5, Berger'sches Massengesetz.)

Bei leichten, einschaligen Wand-Bauelementen lassen sich mit den oben angegebenen $6 \, kg/m^2$ Schalldämmwerte von ca. 28 dB erzielen. Bei einschaligen Wandelementen, deren flächenbezogene Masse größer wird als ca. $6 \, kg/m^2$, kommt es zu einer Vergrößerung der Biegesteife der Wand. Dies wiederum führt dazu, daß die Wand durch schrägen Schalleinfall zu Biegeschwingungen angeregt wird. Obwohl es nach dem Reflexionsgesetz für den schräg auftreffenden Schall unmöglich sein müßte, in die Wand einzudringen, kommt es durch die An-regung von Biegeschwingungen zu einer ggf. erheblichen Schallübertragung durch die Wand. Die schräg auftreffenden Schallwellen erzeugen immer abwechselnd einen Über- bzw. Unter-druck in einigen Bereichen der Wand und regen damit die Wand zu Biegeschwingungen an.

Für streifenden Schalleinfall erhält man die niedrigste Spuranpassungsfrequenz, die Grenzfre-quenz. Von dieser Frequenz an wird zu höheren Frequenzen hin die Schalldämmung geringer, als sie nach dem Massengesetz zu erwarten wäre.

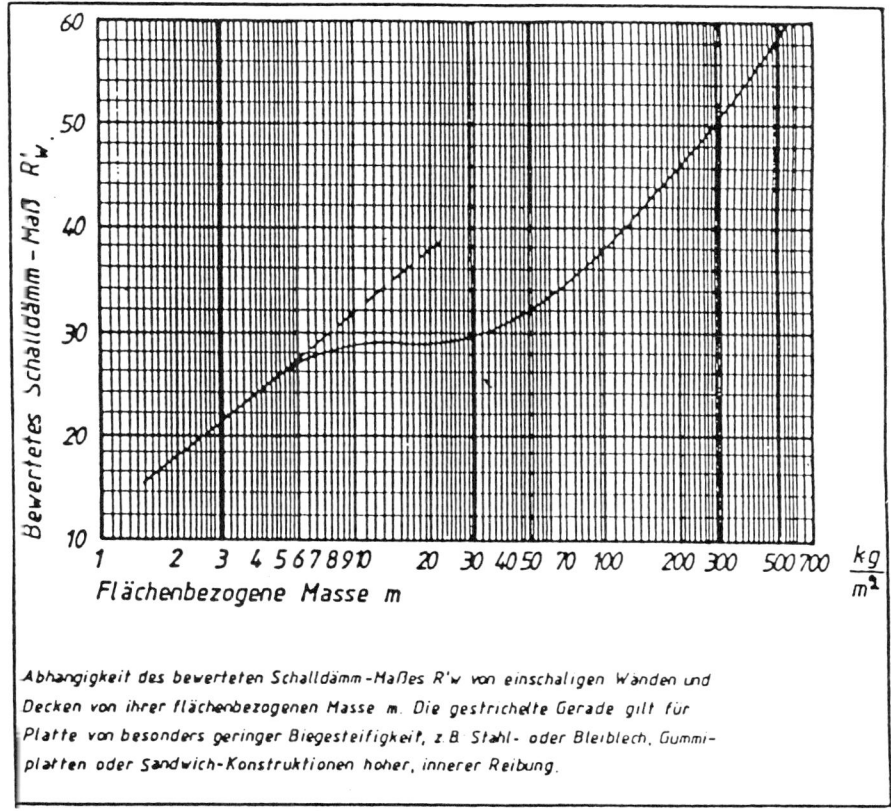

Abhängigkeit des bewerteten Schalldämm-Maßes R'w von einschaligen Wänden und Decken von ihrer flächenbezogenen Masse m. Die gestrichelte Gerade gilt für Platte von besonders geringer Biegesteifigkeit, z.B. Stahl- oder Bleiblech. Gummi-platten oder Sandwich-Konstruktionen hoher, innerer Reibung.

Abb. 5: Bewertetes Schalldiagramm

Da es sich bei dem Schalldämmaß um eine frequenzabhängige Größe handelt, und mit zunehmender Biegesteife die Grenzfrequenz zu immer tieferen Frequenzen wandert, kommt es bei der Betrachtung der Schalldämmung in Abhängigkeit der flächenbezogenen Masse m' zu einem Sattelpunkt. Es muß daher im Bereich von $m' \approx 6 \, kg/m^2$ bis $m' \approx 50 \, kg/m^2$ zu einem annähernd gleich großen Schalldämmaß kommen.

Erst bei flächenbezogenen Massen von mehr als $50 \, kg/m^2$ nimmt die Schalldämmung wieder mit steigendem m' zu. Die Zunahme wird dann sogar geringfügig größer als 6 dB pro Verdopplung der flächenbezogenen Masse m'.

Bei Sandwich-Konstruktionen, deren Schichten mit einem Kleber mit hoher innerer Reibung verbunden sind, tritt die oben beschriebene Spurwellenlängenanpassung praktisch nicht auf.

Schwere, beidseitig verputzte Mauern von $350 \, kg/m^2$ erreichen ein Schalldämmaß von 52 dB. Bei m' größer $500 \, kg/m^2$ kann man Werte für R'w von 55 dB erreichen.

Will man hohe Schalldämmung bei kleinen Wandgewichten erreichen, muß man zweischalige Konstruktionen anwenden. Hierzu werden zwei einfache Schalen mit Abstand hintereinandergeschaltet. Der Zwischenraum muß zur Vermeidung von zusätzlichen Resonanzerscheinungen absorbierend ausgekleidet sein. Die Resonanz, die durch Zusammenwirken der beiden Schalen und des dazwischenliegenden Luftpolsters auftritt, läßt sich jedoch nicht vermeiden. Da die Steife des Luftpolsters dickenabhängig ist, wird auch die Resonanzfrequenz von der Dicke der Luftschicht abhängig. Hohe Dämmwirkung des Systems ist nur oberhalb der

Resonanzfrequenz zu erwarten. Es ist daher in der Regel sinnvoll, den Schalenabstand so groß zu machen, daß die Resonanzfrequenz unterhalb des bauakustischen Bereiches liegt.

Die Resonanzfrequenz berechnet sich nach folgender Gleichung:

$$fr = 900/(m' \cdot d)^{0,5} \, Hz.$$

Diese Gleichung gilt für zwei biegeweiche Schalen, wobei die Luftschicht mit schallschlucken-der Einlage ausgestattet ist. Es ist zu beachten, daß jede Schale eines zweischaligen Systems eine Grenzfrequenz besitzt, wie sie von einschaligen Systemen her bekannt ist.

Zur Optimierung der Schalldämmung verwendet man entweder Schalen, deren Grenzfrequen-zen oberhalb des bauakustischen Bereiches liegen, oder, wenn das nicht möglich ist, wählt man unterschiedliche Dicken der Schalen, um verschiedene Grenzfrequenzen zu erhalten. Außerdem ist der Schalenabstand so zu wählen, daß die Resonanzfrequenz unterhalb des bauakustischen Bereiches liegt. Besonders günstig wirken sich Materialien hoher Dichte aus, da hier der Abstand der Schalen klein gehalten werden kann (Bleigummi, bleibeschichtete Platten). Abb. 6 zeigt einen Schnitt durch eine zweischalige Wand hoher Schalldämmung.

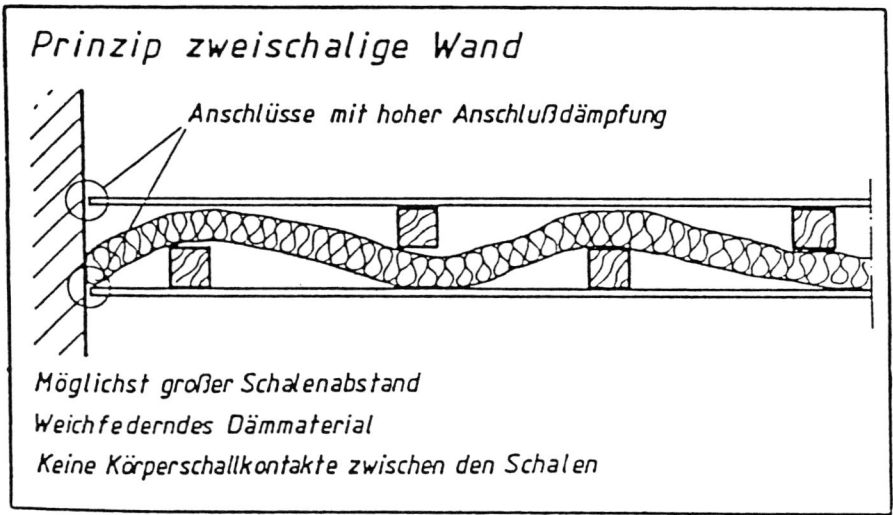

Abb. 6: Schnitt durch eine zweischalige Wand hoher Schalldämmung

Bei hochschalldämmenden Zwischenwänden sollte kein schwimmender Estrich zur Anwen-dung kommen, bzw. der Estrich muß aufgetrennt werden, da sonst die Schalldämmung durch die Schallängsleitung begrenzt wird. Auch bei Haustrennwänden gilt, daß sich die erwartete Schalldämmung nur einstellt, wenn die Schallängsleitung unterbunden ist. Hierzu siehe Abb. 7.

4.4.2. Trittschall

Im Hochbau werden heute vorwiegend Betondecken verwendet. Ermittelt man die Trittschall-dämmung solcher Decken, ergeben sich bewertete Normtrittschallpegel um 71 dB. Die Anforderungen an den Trittschallschutz von $L_{n,w} \geqq 10 \, dB$ werden damit bei weitem nicht erreicht. Somit sind Verbesserungsmaßnahmen erforderlich. Beim normalen Massivbau stellt die Verwendung eines schwimmenden Estrichs die Regel der Technik dar.

Da es sich beim schwimmenden Estrich um ein zweischaliges System mit einer Resonanzfre-quenz handelt, ist, um ausreichend hohe Schalldämmung zu erreichen, bei vorgegebener

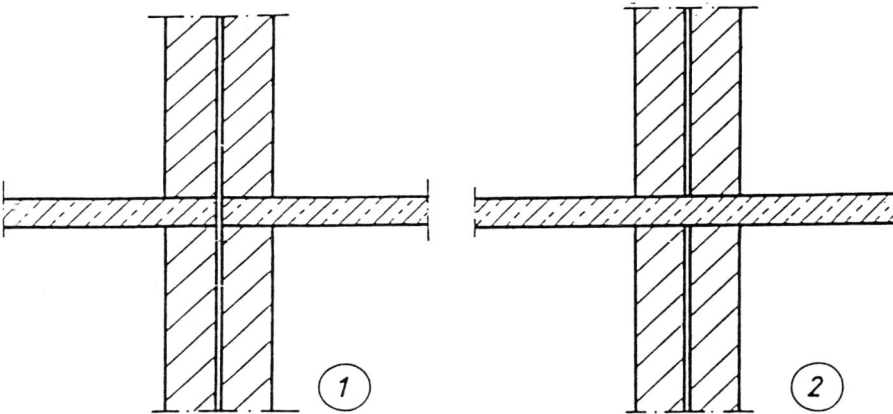

Abb. 7: Zwei schwere biegesteife Wände
Maximal erreichbare Schalldämmung: ① R'w = 67 dB   ② R'w = 57 dB

flächenbezogener Masse des Estrichs ($\approx 100\,kg/m^2$) ein weichfederndes Dämmaterial zwischen Betondecke und Estrichplatte erforderlich. Die dynamische Steifigkeit dieses Dämmaterials sollte einen Wert von $35\,MN/m^3$ nicht überschreiten, um die Resonanzfrequenz unter 100 Hz, und damit die Dämmung hoch zu halten.

Weiterhin ist es zur Erzielung einer ausreichenden Trittschalldämmung erforderlich, daß die Estrichplatte keine Körperschallkontakte zum Baukörper aufweist. Derartige Kontakte treten vor allem im Wandanschlußbereich auf. Hier ist besondere Sorgfalt geboten, da sich die Trittschalldämmung durchaus um 10 dB bei nur einer Schallbrücke verschlechtern kann.

Weichfedernde Bodenbeläge sind beim Nachweis eines ausreichenden Trittschallschutzes nicht zugelassen, da es dem Bewohner freigestellt ist, den Bodenbelag jederzeit auszutauschen.

In Skelettbauten läßt sich eine ausreichende Trittschalldämmung auch mit einem Verbundestrich erzielen, wenn eine Unterdecke mit ausreichender Luftschalldämmung verwendet wird. Es ist somit möglich, versetzbare Wände mit hoher Schalldämmung zu planen.

Vorschriften zum Schallschutz

Die Hauptvorschrift zum Schallschutz ist die DIN 4109 (Schallschutz im Hochbau), Ausgabe November 1989. Die Norm ist bauaufsichtlich eingeführt.

Die DIN 4109 besteht aus einem Hauptteil und zwei Beiblättern. Im Hauptteil sind die Anforderungen an den Schallschutz angegeben. Neben den Anforderungen gibt es in Beiblatt 2 Vorschläge für einen erhöhten Schallschutz, die aber derzeit nicht ganz dem Anspruch, eine Halbierung des subjektiven Lautstärkeeindruckes zu bewirken, gerecht werden, da diese Werte teilweise nur um 1 dB über den normalen Anforderungen liegen.

Es ist zu beachten, daß zu den Anforderungen ein Vorhaltemaß von 2 dB, bei Türen von 5 dB, hinzukommt. Dieses Vorhaltemaß soll gewährleisten, daß die Anforderungen am Bau auch tatsächlich eingehalten werden. In die Dämmwerttabellen der im Beiblatt 1 aufgeführten Konstruktionen ist das Vorhaltemaß bereits eingearbeitet, so daß diese Tabellen direkt verwendet werden können.

Soll erhöhter Schallschutz vertraglich festgelegt werden, ist es empfehlenswerter, den Entwurf der VDI-Richtlinie 4100, Schallschutz von Wohnungen, Kriterien für Planung und Beurteilung, zugrunde zu legen. In dieser Richtlinie werden drei Schallschutzklassen von Wohnungen beschrieben. Die Schallschutzklasse I entspricht in ihren Anforderungen denen der DIN 4109, Ausg. 11.89, Schallschutzklasse II beschreibt einen erhöhten Schallschutz, während Schall-schutzklasse III so definiert ist, daß laute Sprache aus einer anderen Wohnung im allgemeinen nicht verstehbar und andere Geräusche in der Regel nicht hörbar sind. Gleichfalls wird gezeigt, daß derart hoher Schallschutz nicht mit immensen Nebenkosten verbunden sein muß.

Schutz von Aufenthaltsräumen gegen Schallübertragung aus einem fremden Wohn- oder Arbeitsbereich; Anforderungen an die Luft- und Trittschalldämmung (Auszug aus DIN 4109)

Allgemeines

Die in Tabelle 10 angegebenen Anforderungen sind mindestens einzuhalten.

Die für die Schalldämmung der trennenden Bauteile angegebenen Werte gelten nicht für diese Bauteile allein sondern für die resultierende Dämmung unter Berücksichtigung der an der Schallübertragung beteiligten Bauteile und Nebenwege im eingebauten Zustand; dies ist bei der Planung zu berücksichtigen.

Bei Türen und Fenstern gelten die Werte für die Schalldämmung bei alleiniger Übertragung durch Türen und Fenster. Sind Aufenthaltsräume oder Wasch- und Aborträume durch Schächte oder Kanäle miteinander verbunden (z. B. bei Lüftungen, Abgasanlagen und Luftheizungen), so dürfen die für die Luftschall-dämmung des trennenden Bauteils in Tabelle 3 genannten Werte durch Schallübertragung über die Schacht- und Kanalanlagen nicht unterschritten werden.

Tabelle 10: Erforderliche Luft- und Trittschalldämmung zum Schutz gegen Schallübertragung aus einem fremden Wohn- oder Arbeitsbereich

Zeile		Bauteile	Anforderungen		Bemerkungen
			erf. R'_w dB	erf. $L'_{n,w}$ (erf. TSM)[1] dB	
1 Geschoßhäuser mit Wohnungen und Arbeitsräumen					
1	Decken	Decken unter allgemein nutzbaren Dachräumen, z. B. Trockenböden, Ab-stellräumen und ihren Zugängen	53	53 (10)	Bei Gebäuden mit nicht mehr als 2 Wohnungen betragen die Anforde-rungen erf. R'_w = 52 dB und erf. $L'_{n,w}$ = 63 dB (erf. TSM = 0 dB).
2		Wohnungstrenndecken (auch -trep-pen) und Decken zwischen fremden Arbeitsräumen bzw. vergleichbaren Nutzungseinheiten	54	53 (10)	Wohnungstrenndecken sind Bauteile, die Wohnungen voneinander oder von fremden Arbeitsräumen trennen. Bei Gebäuden mit nicht mehr als 2 Wohnungen beträgt die Anforderung erf. R'_w = 52 dB. Weichfedernde Bodenbeläge dürfen bei dem Nachweis der Anforderungen an den Trittschallschutz nicht ange-rechnet werden; in Gebäuden mit nicht mehr als 2 Wohnungen dürfen weich-federnde Bodenbeläge, z. B. nach Bei-blatt 1 zu DIN 4109/11.89, Tabelle 18, berücksichtigt werden, wenn die Be-läge auf dem Produkt oder auf der Verpackung mit dem entsprechenden $\Delta L_w(VM)$ nach Beiblatt 1 zu DIN 4109/ 11.89, Tabelle 18, bzw. nach Eig-nungsprüfung gekennzeichnet sind und mit der Werksbescheinigung nach DIN 50 049 ausgeliefert werden.

Tabelle 10 *(Fortsetzung):*

Zelle		Bauteile	Anforderungen		Bemerkungen
			erf. R'_w	erf. $L'_{n,w}$ (erf. TSM)[1]	
			dB	dB	

1 Geschoßhäuser mit Wohnungen und Arbeitsräumen (Fortsetzung)

Zelle		Bauteile	erf. R'_w dB	erf. $L'_{n,w}$ (erf. TSM) dB	Bemerkungen
3	Decken	Decken über Kellern, Hausfluren, Treppenräumen unter Aufenthaltsräumen	52	53 (10)	Die Anforderung an die Trittschalldämmung gilt nur für die Trittschallübertragung in fremde Aufenthaltsräume, ganz gleich, ob sie in waagerechter, schräger oder senkrechter (nach oben) Richtung erfolgt. Weichfedernde Bodenbeläge dürfen bei dem Nachweis der Anforderungen an den Trittschallschutz nicht angerechnet werden.
4		Decken über Durchfahrten, Einfahrten von Sammelgaragen und ähnliches unter Aufenthaltsräumen	55	53 (10)	
5		Decken unter / über Spiel- oder ähnlichen Gemeinschaftsräumen	55	46 (17)	Wegen der verstärkten Übertragung tiefer Frequenzen können zusätzliche Maßnahmen zur Körperschalldämmung erforderlich sein.
6		Decken unter Terrassen und Loggien über Aufenthaltsräumen	–	53 (10)	Bezüglich der Luftschalldämmung gegen Außenlärm siehe aber Abschnitt 5.
7		Decken unter Laubengängen	–	53 (10)	Die Anforderung an die Trittschalldämmung gilt nur für die Trittschallübertragung in fremde Aufenthaltsräume, ganz gleich, ob sie in waagerechter, schräger oder senkrechter (nach oben) Richtung erfolgt.
8		Decken und Treppen innerhalb von Wohnungen, die sich über zwei Geschosse erstrecken	–	53 (10)	Die Anforderung an die Trittschalldämmung gilt nur für die Trittschallübertragung in fremde Aufenthaltsräume, ganz gleich, ob sie in waagerechter, schräger oder senkrechter (nach oben) Richtung erfolgt. Weichfedernde Bodenbeläge dürfen bei dem Nachweis der Anforderungen an den Trittschallschutz nicht angerechnet werden. Die Prüfung der Anforderungen an das Trittschallschutzmaß nach DIN 52 210 Teil 3 erfolgt bei einer gegebenenfalls vorhandenen Bodenentwässerung nicht in einem Umkreis von $r = 60$ cm. Bei Gebäuden mit nicht mehr als 2 Wohnungen beträgt die Anforderung erf. $R'_w = 52$ dB und erf. $L'_{n,w} = 63$ dB (erf. $TSM = 0$ dB).
9		Decken unter Bad und WC ohne / mit Bodenentwässerung	54	53 (10)	

Tabelle 10 *(Fortsetzung):*

Zeile		Bauteile	Anforderungen		Bemerkungen
			erf. R'_w dB	erf. $L'_{n,w}$ (erf. *TSM*)[1] dB	

1 Geschoßhäuser mit Wohnungen und Arbeitsräumen (Fortsetzung)

Zeile		Bauteile	erf. R'_w	erf. $L'_{n,w}$	Bemerkungen
10	Decken	Decken unter Hausfluren	–	53 (10)	Die Anforderung an die Trittschalldämmung gilt nur für die Trittschallübertragung in fremde Aufenthaltsräume, ganz gleich, ob sie in waagerechter, schräger oder senkrechter (nach oben) Richtung erfolgt. Weichfedernde Bodenbeläge dürfen bei dem Nachweis der Anforderungen an den Trittschallschutz nicht angerechnet werden.
11	Treppen	Treppenläufe und -podeste	–	58 (5)	Keine Anforderungen an Treppenläufe in Gebäuden mit Aufzug und an Treppen in Gebäuden mit nicht mehr als 2 Wohnungen.
12	Wände	Wohnungstrennwände und Wände zwischen fremden Arbeitsräumen	53		Wohnungstrennwände sind Bauteile, die Wohnungen voneinander oder von fremden Arbeitsräumen trennen.
13		Treppenraumwände und Wände neben Hausfluren	52		Für Wände mit Türen gilt die Anforderung erf. R'_w (Wand) = erf. R_w (Tür) + 15 dB. Darin bedeutet erf. R_w (Tür) die erforderliche Schalldämmung der Tür nach Zeile 16 oder Zeile 17. Wandbreiten $\leq$ 30 cm bleiben dabei unberücksichtigt.
14		Wände neben Durchfahrten, Einfahrten von Sammelgaragen u. ä.	55		
15		Wände von Spiel- oder ähnlichen Gemeinschaftsräumen	55		
16	Türen	Türen, die von Hausfluren oder Treppenräumen in Flure und Dielen von Wohnungen und Wohnheimen oder von Arbeitsräumen führen	27		Bei Türen gilt nach Tabelle 1 erf. R_w.
17		Türen, die von Hausfluren oder Treppenräumen unmittelbar in Aufenthaltsräume – außer Flure und Dielen – von Wohnungen führen	37		

2 Einfamilien-Doppelhäuser und Einfamilien-Reihenhäuser

Zeile		Bauteile	erf. R'_w	erf. $L'_{n,w}$	Bemerkungen
18	Decken	Decken	–	48 (15)	Die Anforderung an die Trittschalldämmung gilt nur für die Trittschalldämmung in fremde Aufenthaltsräume, ganz gleich, ob sie in waagerechter, schräger oder senkrechter (nach oben) Richtung erfolgt.

Tabelle 10 *(Fortsetzung):*

Zeile		Bauteile	Anforderungen		Bemerkungen
			erf. R'_w dB	erf. $L'_{n,w}$ (erf. TSM)[1] dB	
2 Einfamilien-Doppelhäuser und Einfamilien-Reihenhäuser (Fortsetzung)					
19	Decken	Treppenläufe und -podeste und Decken unter Fluren	–	53 (10)	Bei einschaligen Haustrennwänden gilt: Wegen der möglichen Austauschbarkeit von weichfedernden Bodenbelägen nach Beiblatt 1 zu DIN 4109/ 11.89, Tabelle 18, die sowohl dem Verschleiß als auch besonderen Wünschen der Bewohner unterliegen, dürfen diese bei dem Nachweis der Anforderungen an den Trittschallschutz nicht angerechnet werden.
20	Wände	Haustrennwände	57		
3 Beherbergungsstätten					
21	Decken	Decken	54	53 (10)	
22		Decken unter/über Schwimmbädern, Spiel- oder ähnlichen Gemeinschaftsräumen zum Schutz gegenüber Schlafräumen	55	46 (17)	Wegen der verstärkten Übertragung tiefer Frequenzen können zusätzliche Maßnahmen zur Körperschalldämmung erforderlich sein.
23		Treppenläufe und -podeste	–	58 (5)	Keine Anforderungen an Treppenläufe in Gebäuden mit Aufzug. Die Anforderung gilt nicht für Decken, an die in Tabelle 5, Zeile 1, Anforderungen an den Schallschutz gestellt werden.
24		Decken unter Fluren	–	53 (10)	Die Anforderung an die Trittschalldämmung gilt nur für die Trittschallübertragung in fremde Aufenthaltsräume, ganz gleich, ob sie in waagerechter, schräger oder senkrechter (nach oben) Richtung erfolgt.
25		Decken unter Bad und WC ohne/mit Bodenentwässerung	54	53 (10)	Die Anforderung an die Trittschalldämmung gilt nur für die Trittschallübertragung in fremde Aufenthaltsräume, ganz gleich, ob sie in waagerechter, schräger oder senkrechter (nach oben) Richtung erfolgt. Die Prüfung der Anforderungen an den bewerteten Norm-Trittschallpegel nach DIN 52 210 Teil 3 erfolgt bei einer gegebenenfalls vorhandenen Bodenentwässerung nicht in einem Umkreis von $r = 60$ cm.
26	Wände	Wände zwischen – Übernachtungsräumen, – Fluren und Übernachtungsräumen	47		

Tabelle 10 *(Fortsetzung):*

Zeile		Bauteile	Anforderungen		Bemerkungen
			erf. R'_w dB	erf. $L'_{n,w}$ (erf. *TSM*)[1]) dB	

3 Beherbergungsstätten (Fortsetzung)

27	Türen	Türen zwischen Fluren und Übernachtungsräumen	32		Bei Türen gilt nach Tabelle 1 erf. R_w.

4 Krankenanstalten, Sanatorien

28	Decken	Decken	54	53 (10)	
29		Decken unter/über Schwimmbädern, Spiel- oder ähnlichen Gemeinschaftsräumen	55	46 (17)	Wegen der verstärkten Übertragung tiefer Frequenzen können zusätzliche Maßnahmen zur Körperschalldämmung erforderlich sein.
30		Treppenläufe und -podeste	–	58 (5)	Keine Anforderungen an Treppenläufe in Gebäuden mit Aufzug.
31		Decken unter Fluren	–	53 (10)	Die Anforderung an die Trittschalldämmung gilt nur für die Trittschallübertragung in fremde Aufenthaltsräume, ganz gleich, ob sie in waagerechter, schräger oder senkrechter (nach oben) Richtung erfolgt.
32		Decken unter Bad und WC ohne/mit Bodenentwässerung	54	53 (10)	Die Anforderung an die Trittschalldämmung gilt nur für die Trittschallübertragung in fremde Aufenthaltsräume, ganz gleich, ob sie in waagerechter, schräger oder senkrechter (nach oben) Richtung erfolgt. Die Prüfung der Anforderungen an den bewerteten Norm-Trittschallpegel nach DIN 52 210 Teil 3 erfolgt bei einer gegebenenfalls vorhandenen Bodenentwässerung nicht in einem Umkreis von $r = 60$ cm.
33	Wände	Wände zwischen – Krankenräumen, – Fluren und Krankenräumen, – Untersuchungs- bzw. Sprechzimmern, – Fluren und Untersuchungs- bzw. Sprechzimmern, – Krankenräumen und Arbeits- und Pflegeräumen	47		
34		Wände zwischen – Operations- bzw. Behandlungsräumen, – Fluren und Operations- bzw. Behandlungsräumen	42		

Tabelle 10 *(Fortsetzung):*

Zeile		Bauteile	Anforderungen		Bemerkungen
			erf. R'_w dB	erf. $L'_{n,w}$ (erf. *TSM*)[1] dB	

4 Krankenanstalten, Sanatorien (Fortsetzung)

Zeile		Bauteile	erf. R'_w	erf. $L'_{n,w}$	Bemerkungen
35	Wände	Wände zwischen – Räumen der Intensivpflege – Fluren und Räumen der Intensiv-pflege	37		
36	Türen	Türen zwischen – Untersuchungs- bzw. Sprechzim-mern, – Fluren und Untersuchungs- bzw. Sprechzimmern	37		Bei Türen gilt nach Tabelle 1 erf. R_w.
37		Türen zwischen – Fluren und Krankenräumen, – Operations- bzw. Behandlungsräu-men, – Fluren und Operations- bzw. Be-handlungsräumen	32		

5 Schulen und vergleichbare Unterrichtsbauten

Zeile		Bauteile	erf. R'_w	erf. $L'_{n,w}$	Bemerkungen
38	Decken	Decken zwischen Unterrichtsräumen oder ähnlichen Räumen	55	53 (10)	
39		Decken unter Fluren	–	53 (10)	Die Anforderung an die Trittschalldäm-mung gilt nur für die Trittschallübertra-gung in fremde Aufenthaltsräume, ganz gleich, ob sie in waagerechter, schräger oder senkrechter (nach oben) Richtung erfolgt.
40		Decken zwischen Unterrichtsräumen oder ähnlichen Räumen und „beson-ders lauten" Räumen (z. B. Sporthal-len, Musikräume, Werkräume)	55	46 (17)	Wegen der verstärkten Übertragung tiefer Frequenzen können zusätzliche Maßnahmen zur Körperschalldäm-mung erforderlich sein.
41	Wände	Wände zwischen Unterrichtsräumen oder ähnlichen Räumen	47		
42		Wände zwischen Unterrichtsräumen oder ähnlichen Räumen und Fluren	47		
43		Wände zwischen Unterrichtsräumen oder ähnlichen Räumen und Treppen-häusern	52		
44		Wände zwischen Unterrichtsräumen oder ähnlichen Räumen und „beson-ders lauten" Räumen (z. B. Sporthal-len, Musikräumen, Werkräumen)	55		
45	Türen	Türen zwischen Unterrichtsräumen oder ähnlichen Räumen und Fluren	32		Bei Türen gilt nach Tabelle 1 erf. R_w.

[1]) Zur Berechnung der bisher benutzten Größen *TSM*, TSM_{eq} und *VM* aus den Werten von $L'_{n,w}$, $L_{n,w,eq}$ und ΔL_w gelten folgende Beziehungen: $TSM = 63\,dB - L'_{n,w}$, $TSM_{eq} = 63\,dB - L_{n,w,eq}$, $VM = \Delta L_w$.

Literatur:

GÖSELE/SCHÜLE: Schall, Wärme und Feuchte. Bauverlag.

BERBER: Bauphysik. Bernh. Friedr. Voigt Verlag.

DIN 52 210, Ausgabe 8/1984, Bauakustische Prüfungen, Luft- und Trittschalldämmung. Beuth Verlag.

DIN 4109, Ausgabe 11/1989, Schallschutz im Hochbau. Beuth Verlag.

VDI 4100, Entwurf 10/1989, Schallschutz von Wohnungen, Kriterien für Planung und Beurteilung. Beuth Verlag.

Quellennachweis der Abbildungen

Abbildung

2	Informationsstelle Naturwerkstein, Würzburg
9	Bundesverband Naturstein-Industrie e.V.
14	K. Wesche, Baustoffe für tragende Bauteile, Bd. 3, Bauverlag GmbH, Wiesbaden
27, 28	Volkart, K.: Bauen mit Gips, Hrsg.: Bundesverband der Gips- und Gipsbauplattenindustrie e.V., Darmstadt, 1986
34	Zement-Merkblatt Nr. 1, Hrsg.: Bundesverband der Deutschen Zementindustrie e.V., Köln, 1988
35, 36	Zement-Taschenbuch, 48. Ausgabe, Hrsg.: Verein Deutscher Zementwerke e.V., Düsseldorf, 1984
42	Kirtschig, K.: Zur Prüfung von Mauermörtel, Forschungsbericht T 154, Informationszentrum Raum und Bau, Stuttgart, 1976
43, 44b, 45, 56, 51	Curt Weisgerber, Prüfgeräte, Frankfurt/M.
48	Betonhandbuch, Bauverlag GmbH, Wiesbaden
49, 50	Verein Deutscher Zementwerke, Düsseldorf
51	A. Basalla, Praktische Betontechnologie, Bauverlag GmbH, Wiesbaden
71	Betoninformation Montanzement 1973/1
73	Der Baukasten, Deutsche Bauindustrie, Düsseldorf
89	Mauerwerk aktuell, Hrsg.: Deutsche Gesellschaft für Mauerwerksbau e.V., Essen, 1986
90–100, 108	Technische Informationsreihe der Ziegelbauberatung, Hrsg.: Bundesverband der Deutschen Ziegelindustrie e.V., Bonn, 1982–86
109	Jebsen-Marwedel, Tafelglas, Girardet-Verlag, Essen
111, 112	L. Sautter, Großes ABC des Bauens
127	Stahlfibel, Hrsg.: Verein Deutscher Eisenhüttenleute, Verlag Stahleisen mbH, Düsseldorf, 1989
129	Baumgartl, E.: Metallische Werkstoffe, Heyne Verlag, 1978
130, 131, 132	Weissbach, W.: Werkstoffkunde und Werkstoffprüfung, Vieweg-Verlag, Braunschweig/Wiesbaden, 1988
139	Wesche, K.: Baustoffe für tragende Bauteile, Band 3, 2. Aufl., Bauverlag, Wiesbaden/Berlin, 1985
140	Informationsdrucke, Hrsg.: Deutsches Kupfer-Institut, Berlin, 1988
141	Merkblatt 399, Hrsg.: Beratungsstelle für Stahlverwendung, Düsseldorf, 1983
142/143	Schmeil-Franke, Naturkunde, Verlag Quelle und Meyer, Leipzig
147	Arbeitsgemeinschaft Holz, Düsseldorf
145, 150, 151	F. Kollmann, Technologie des Holzes, Bd. 1, Springer-Verlag, Berlin
149	E. König, Verarbeitung und Verwertung des Holzes, DRW-Verlags-GmbH, Stuttgart
152	Wirus-Werke, Gütersloh/Westf.
157, 161	Desowag-Bayer-Holzschutz GmbH, Düsseldorf
162	Fachverband Kaltasphalt-Industrie, Hamburg
163, 164, 165, 166, 170, 175, 178, 180	Arbeitsgemeinschaft Bitumenindustrie (Arbit), Hamburg
177	Prüfgeräte-Gesellschaft mbH, Hannover

181, 182, 185, 188, 191, 197, 202, 206	Institut für das Bauen mit Kunststoffen (IBK), Darmstadt
184	Flachglas AG, Delog-Detag, Fürth
190	Schaumchemie, Essen
198, 201	Karsten, Bauchemie, Verlag C. F. Müller, Heidelberg
207, 208, 211	Glasurit-Werke, Hamburg / Hiltrup i. Westf.
215, 216	Teppichboden-Handbuch, ICI (Deutschland), Frankfurt / M.
Anhang Abb. 3	Info Technik BS 3, Hrsg.: Bundesarbeitskreis Trockenbau, Bonn, 1981

Stichwort-Verzeichnis

Vorbemerkung:

Die Zahl hinter dem Stichwort gibt die Nummer der Seite an. Ist der Stoff zum Stichwort auf mehreren, aufeinanderfolgenden Seiten behandelt, wurde jeweils nur die erste Seite aufgeführt.